BIOLOGIE HEUTE 2 entdecken

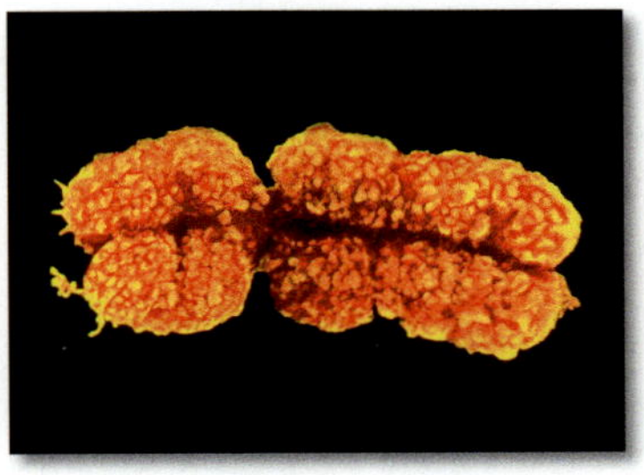

Ein Lehr- und Arbeitsbuch

herausgegeben von

Michael Jütte
Harald Kähler

Schroedel

Biologie heute entdecken 2

Bearbeitet von
Heinrich Joußen
Michael Jütte (Hrsg.)
Dr. Harald Kähler (Hrsg.)
Jens Kloppenburg
Dr. Erich Kretzschmar
Gisela Telgmann
Dr. Friedrich Twenhoeven

Unter Mitarbeit von
Rainer Adolph
Dr. Heimo Jordan
Svenja Kläsen
Dr. Norbert Müller
Dr. Eckhard Philipp
Christian Wendel
Elsbeth Westendorf-Bröring
Dr. Reinhard Wiedemann

Druck A ^{5} / Jahr 2011
Alle Drucke der Serie A sind im Unterricht parallel verwendbar.

Redaktion: Ulrike Wallek
Illustrationen:
Birgitt Biermann-Schickling, Brigitte Karnath, Liselotte Lüddecke, Karin Mall, Tom Menzel, Heike Möller
Layout: Jesse Konzept & Text GmbH
Einbandgestaltung: Janssen Kahlert Design & Kommunikation GmbH
Satz: CMS – Cross Media Solutions GmbH, Würzburg
Druck und Bindung: Westermann Druck GmbH, Zwickau

ISBN 978-3-507-**87302**-5

Inhalt

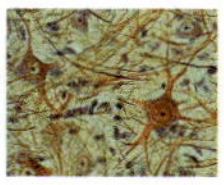

Aufnahme und Verarbeitung von Information 180

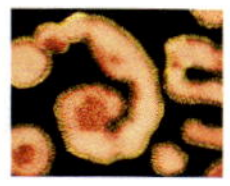

Immunbiologie 224

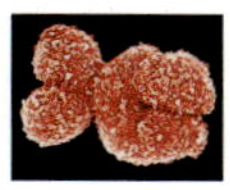

Grundlagen der Vererbung 248

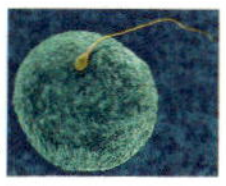

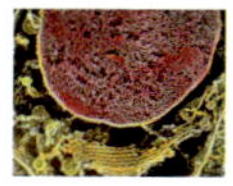

Abstammungslehre 350

Womit beschäftigt sich dein Biologiebuch?

Dein Biologie-Buch ist Informationsbuch, Arbeitsbuch und Lernbuch zugleich. Damit du dich leicht darin zurechtfinden kannst, sind die Seiten unterschiedlich gestaltet.
Es gibt Informationsseiten und Sonderseiten. Die Informationsseiten sind zweispaltig gestaltet. Die Sonderseiten sind dreispaltig gedruckt und durch eine farbige Einrahmung mit entsprechendem Schriftbalken gekennzeichnet.

Wirbellose Tiere

Hauptkapitel-Einstieg

Dein Biologiebuch ist in 13 Hauptkapitel gegliedert. Jedes Hauptkapitel beginnt mit einem zweiseitigen Einstieg. Die Einstiege sollen neugierig machen: auf der linken Seite durch ein großes Foto sowie fragenstellende Comic-Figuren, auf der rechten Seite durch interessante Aufgaben und Abbildungen zum Thema des Hauptkapitels.

46 Wirbellose Tiere

Informationsseiten

Die Informationsseiten umfassen in der Regel zwei Seiten. Hier wird ein Inhalt zu einem Hauptkapitel an einem Beispiel beschrieben. Wichtige Begriffe sind **fett** gedruckt. Diese solltest du dir einprägen. Als *Abbildungen* findest du Fotos und Zeichnungen. Die Fotos stellen biologische Phänomene dar, die im Text behandelt werden. Die *Aufgaben* am Schluss des Textes sollen dir helfen zu überprüfen, ob du die Inhalte behalten und verstanden hast.

Sonderseiten

Die Sonderseiten enthalten zusätzliche Materialien und Arbeitsmöglichkeiten, die den Informationstext des Lehrbuches vielfältig ergänzen. Im Buch findet man sechs verschiedene Typen von Sonderseiten.

METHODE **Betrachten – Beobachten – Beschreiben**

16.1 Hufeisenazurjungfer: Männchen

16.2 Hufeisenazurjungfer: Eiablage

METHODE

Um Fragen an die Natur zu beantworten, benötigst du Informationen. Diese erhältst du durch die Anwendung bestimmter Methoden wie Betrachten, Beobachten, Untersuchen oder Experimentieren. Auf den METHODEN-Seiten werden solche naturwissenschaftlichen Arbeitsweisen an ausgewählten Beispielen vorgestellt. Außerdem finden sich auf diesen Seiten Hinweise zu Methoden wie Umfrage und Lösen einer materialgebundenen Aufgabe.

16 Biologie – die Wissenschaft vom Lebendigen

EXKURS **Massentourismus gefährdet Pflanzen und Tiere**

113.1 Ferntourismus

EXKURS

Diese Seiten greifen Inhalte anderer Fächer oder Lebensbereiche wie der Gesundheitserziehung auf, die zum Inhalt des Lehrbuchkapitels in Beziehung stehen. Damit werden die biologischen Inhalte der Lehrbuchkapitel vertieft, sodass das Verständnis verbessert wird. Die EXKURS-Seiten bieten auch Informationen zu den „Basiskonzepten".

Natur- und Umweltschutz 113

MAGAZIN

Auf den Informationsseiten wird in der Regel der Inhalt eines Kapitels an ausgewählten einzelnen Tier- oder Pflanzenarten behandelt. Magazin-Seiten bieten zusätzliche Informationen über verwandte Tier- und Pflanzengruppen im Sinne eines Lexikons. Sie sind daher auch alphabetisch geordnet. Somit kannst du deine Kenntnisse über Artenvielfalt und Artenschutz vertiefen.

PRAKTIKUM

Hier lernst du Arbeitsweisen der Biologie praktisch kennen. Neben leicht durchführbaren Experimenten findest du auch Anleitungen zum Bau von Modellen und zu Modellversuchen. Jede Anleitung enthält die Gliederungspunkte *Thema, Material* und *Durchführung,* wie du sie zum Protokollieren benötigst.

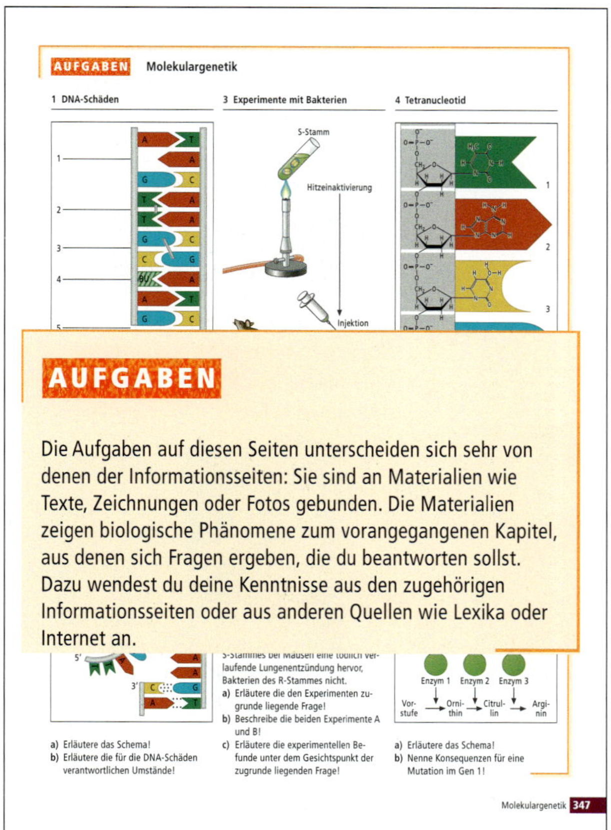

AUFGABEN

Die Aufgaben auf diesen Seiten unterscheiden sich sehr von denen der Informationsseiten: Sie sind an Materialien wie Texte, Zeichnungen oder Fotos gebunden. Die Materialien zeigen biologische Phänomene zum vorangegangenen Kapitel, aus denen sich Fragen ergeben, die du beantworten sollst. Dazu wendest du deine Kenntnisse aus den zugehörigen Informationsseiten oder aus anderen Quellen wie Lexika oder Internet an.

RÜCKBLICK

Am Ende eines größeren Unterkapitels werden die wesentlichen Inhalte zusammengetragen. Dabei werden in diesem Rückblick nicht nur Inhalte zusammengefasst, sondern in der Regel unter einer neuen Fragestellung und unter Berücksichtigung der Basiskonzepte beschrieben und erläutert. Durch diesen Rückblick kannst du zusätzlich dein erworbenes Wissen überprüfen und festigen.

TIPP: Am Schluss deines Biologiebuches findest du ein REGISTER. Dort kannst du alle wichtigen Begriffe, die im Buch vorkommen, nachschlagen.

Biologie – die Wissenschaft vom Lebendigen

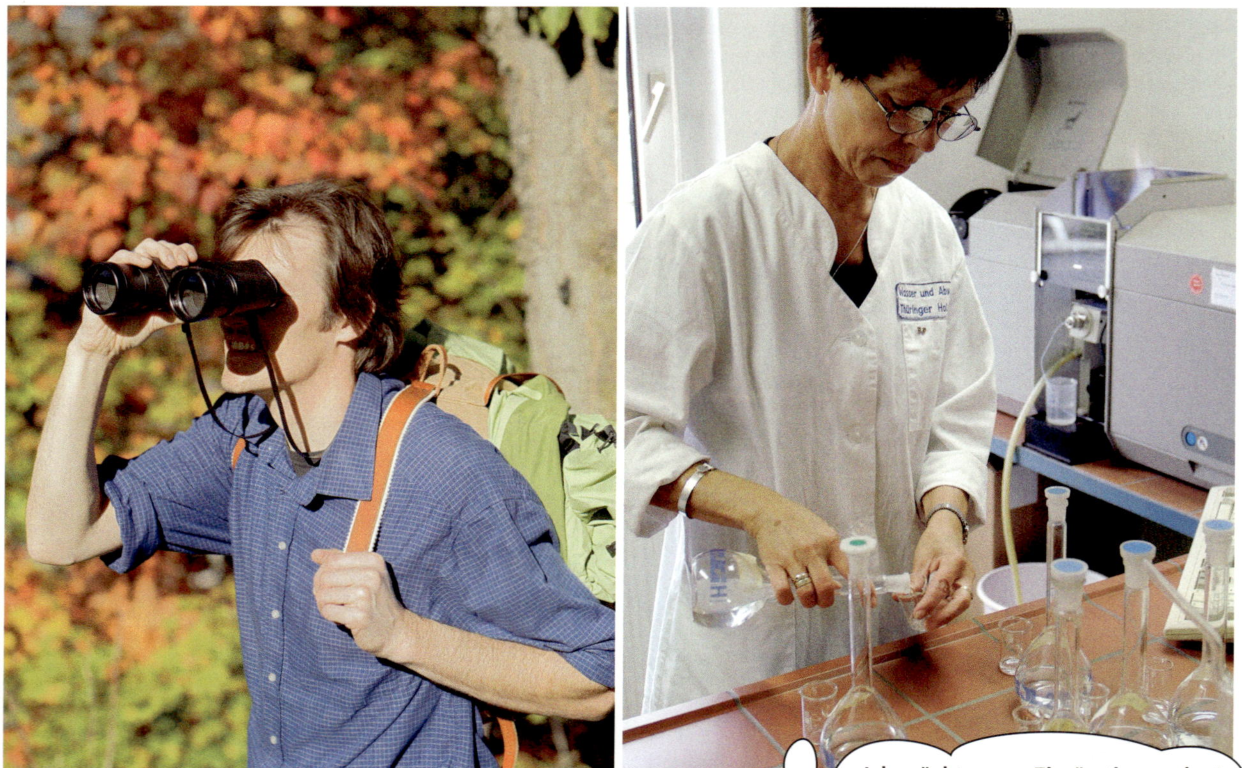

10.1 Biologen bei der Arbeit

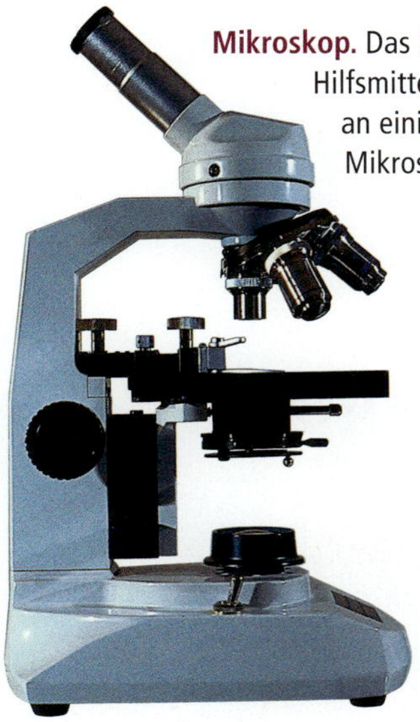

Mikroskop. Das Mikroskop ist ein wichtiges Hilfsmittel in der Biologie. Beschreibe an einigen Beispielen, wozu man ein Mikroskop verwenden kann!

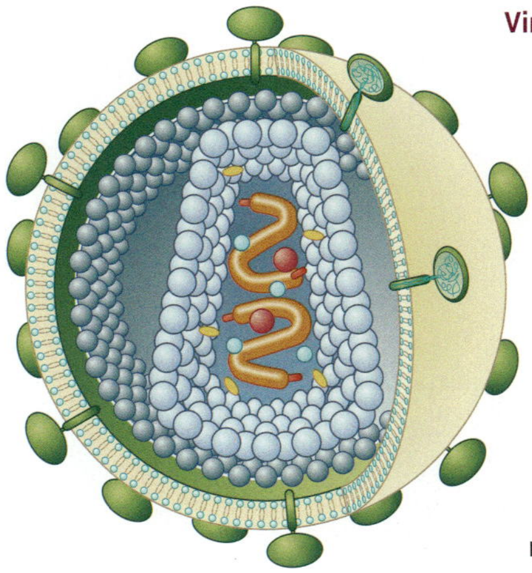

Viren. Manche der winzigen Viren gehören zu den gefährlichsten Krankheitserregern, die man kennt – zum Beispiel HI-Viren oder Grippeviren. Sie vermehren sich in lebenden Zellen. Doch sind Viren selbst auch Lebewesen? Diskutiert diese Frage in Dreiergruppen und notiert, welche Eigenschaften ein Lebewesen eurer Meinung nach besitzen muss!

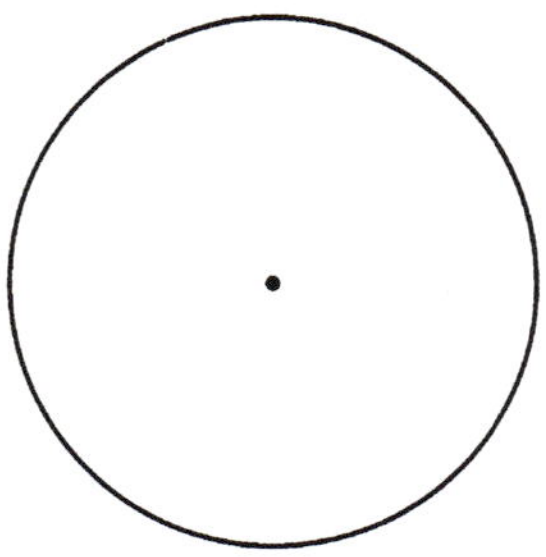

Experiment. Fixiere den Mittelpunkt des linken Bildes etwa eine Minute lang. Fixiere anschließend den Mittelpunkt des rechten Bildes. Beschreibe deine Beobachtungen! Stelle Vermutungen an, wozu dieses Experiment durchgeführt werden könnte!

Biologen bei der Arbeit. Beschreibe die Tätigkeiten der Personen in Abbildung 10.1! Stelle Vermutungen darüber an, womit sie sich gerade beschäftigen!

Planung.

Alle Schülerinnen und Schüler der Klasse bekommen drei DIN-A5-Karteikarten. Jeder schreibt nun auf jeweils eine Karte, was seiner Meinung nach bei der Besprechung des Themas „Biologie – die Wissenschaft vom Lebendigen" besonders wichtig ist. Die Buchstaben sollten möglichst groß geschrieben werden. Die Karteikarten werden gesammelt und gut gemischt. Alle Karten werden mit Klebeband an die Tafel geheftet. Nun werden die Begriffe geordnet, sodass ein Plan für den nachfolgenden Unterricht entsteht.

12.1 Lebensraum Stillgewässer

1 Womit beschäftigt sich die Biologie?

In der Umgebung vieler Schulen gibt es Stillgewässer wie Weiher oder Seen, in kleinerer Form oft auch einen Schulteich im Schulgarten. Hier kann man viele Lebewesen beobachten. Am Ufer wachsen Röhrichtpflanzen wie Schilf oder Rohrkolben, auf der Wasseroberfläche liegen die Blätter von Seerosen. Auch die Tierwelt ist artenreich. Auf dem Seegrund liegen Teichmuscheln, im Wasser schwimmen Fische und Gelbrandkäfer, auf einem Seerosenblatt sonnt sich ein Teichfrosch und über dem Wasser sausen Libellen in schnellem Flug hin und her. An größeren, fischreichen Gewässern leben auch Haubentaucher. Diese fangen ihre Beute tauchend unter Wasser und bauen ihre Nester aus Wasserpflanzen meist am Rand des Röhrichtgürtels.

Der Haubentaucher zeigt alle **Kennzeichen des Lebendigen.** Seine typische Gestalt unterscheidet ihn von allen anderen Lebewesen. Er kann tauchen, schwimmen und fliegen, zeigt also verschiedene Formen der *Bewegung*. Dazu wird Energie benötigt, die aus der Nahrung freigesetzt wird. Aufnahme und Umsetzung von Nährstoffen werden als *Stoffwechsel* bezeichnet.

Nur durch Wahrnehmung und schnelle Reaktion kann er seine Beute fangen, *Reizbarkeit* und *Reaktionsfähigkeit* sind dafür erforderlich.

Haubentaucher legen Eier, aus denen die Jungen schlüpfen. *Fortpflanzung* und *Vermehrung* sind typisch für alle Lebewesen.

Die Jungen nehmen Nahrung auf, wachsen heran und entwickeln sich zu erwachsenen Tieren. Auch *Wachstum* und *Entwicklung* sind Kennzeichen des Lebendigen.

Die genannten Kennzeichen des Lebendigen findet man bei allen Lebewesen.

Die Biologie als **„Wissenschaft vom Lebendigen“** beschäftigt sich mit diesen Kennzeichen der Lebewesen und ihren Beziehungen untereinander. Diese Vielfalt von Phänomenen wird in den verschiedenen Teildisziplinen der Biologie untersucht.

Im Frühjahr ist das Wasser des Sees grün gefärbt. Eine mikroskopische Untersuchung des Seewassers zeigt, dass die Färbung von vielen einzelnen Zellen, von Algen, hervorgerufen wird. Diese Zellen zeigen alle Kennzeichen des Lebendigen. Auch alle größeren Lebewesen wie der Haubentaucher bestehen aus Zellen. Mit dem Aufbau und den Bestandteilen der Zellen beschäftigt sich ein Teilbereich der Biologie, die **Zellbiologie.**
In den Zellen werden Stoffe auf- und abgebaut. So können Zellen wachsen, sich teilen und ihre Lebensvorgänge aufrechterhalten. Die Vorgänge der Stoff- und Energieumwandlung untersucht die **Stoffwechselbiologie.**

Um ihre Beute fangen zu können, müssen Haubentaucher sie sehen. Eine solche Aufnahme von Reizen und die Verarbeitung von Informationen sind Inhalt der **Nerven- und Sinnesbiologie.**

Haubentaucher bauen schwimmende Nester im Röhrichtgürtel eines Sees. Sie legen vier bis sechs Eier, aus denen Jungvögel schlüpfen, die sofort schwimmen können. Mit solchen Vorgängen beschäftigt sich die **Fortpflanzungsbiologie.**

Die Jungvögel sind ihren Eltern ähnlich, gleichen ihnen jedoch nicht vollständig. Die Frage nach den Vererbungsmechanismen für solche Ähnlichkeiten und Unterschiede ist Inhalt der **Genetik.** Dabei werden im Rahmen der **Molekulargenetik** die chemischen Abläufe der Vererbung untersucht. Die **Gentechnologie** beschäftigt sich mit dem Eingriff in solche Abläufe, um die so veränderten Organismen für den Menschen nutzbar zu machen.

Lebensraum der Haubentaucher sind zur Brutzeit Schwimmblatt- und Röhrichtgürtel eines Sees. Hier halten sich oft auch ihre Beutefische auf, die selbst von Wasserinsekten und Pflanzen leben. Solche Beziehungen zwischen Lebewesen und ihrer Umwelt werden im Rahmen der **Ökologie** untersucht.
Die **Evolutionsbiologie** befasst sich mit den Fragen der Entstehung der Lebewesen und der Artenvielfalt.
Die **Systematik** klärt die Verwandtschaftsbeziehungen zwischen Lebewesen und ordnet sie.

Im Interesse der **Immunbiologie** steht vor allem die Funktionsweise des Immunsystems und damit eng verbunden die Abwehr von Krankheiten.

13.1 Tiere und Pflanzen im Stillgewässer.
1 Blaugrüne Mosaikjungfer, 2 Wasserläufer, 3 Hufeisenazurjungfer, 4 Stockente, 5 Gelbrandkäfer, 6 Gelbrandkäferlarve, 7 Mückenlarve, 8 Dreistacheliger Stichling, 9 Kammmolch, 10 Froschlaich und Kaulquappen, 11 Spitzschlammschnecke, 12 Teichmuschel, 13 Teichfrosch, 14 Blässhuhn, 15 Breitblättriger Rohrkolben, 16 Gelbe Teichrose, 17 Pfeilkraut, 18 Wasserstern, 19 Haubentaucher

1. Nenne die Kennzeichen des Lebendigen!
2. Überprüfe die Abbildung 13.1 darauf, ob sie alle Kennzeichen des Lebendigen widerspiegelt!
3. Nenne und erläutere drei Teildisziplinen der Biologie!
4. Erkläre, welche Teildisziplin der Biologie sich mit der Laichablage des Kammmolchs beschäftigt!

14.1 Untersuchungen in der Biologie. A Untersuchungsobjekt Stichling; **B** Arbeitsmittel von Biologen: 1 Mikroskop, 2 Präparierbesteck, 3 Binokular, 4 Fernglas, 5 Laptop, 6 Einschlaglupe, 7 Becherlupe, 8 Digitalkamera, 9 Sammelglas, 10 Bestimmungsbücher, 11 Notizbuch, 12 Planktonnetz, 13 Leitfähigkeitsmessgerät

2 Wie gewinnt der Biologe Erkenntnisse?

Auf einer Frühjahrsexkursion an einem See werden von Schülern etwa sechs Zentimeter lange Fische beobachtet. Einige sind silbrig grau, andere sind oben blau, an der Unterseite aber leuchtend rot gefärbt. Wie heißen diese Fische? Ein Bestimmungsbuch aus dem Exkursionsgepäck gibt Auskunft, dass es sich um *Dreistachelige Stichlinge* handelt. Die silbrig grauen sind Weibchen und die bunt gefärbten sind Männchen im Brutkleid. Wie kommt ihre unterschiedliche Färbung zustande? Wie lässt sich ihre Lebensweise beschreiben? Was fressen sie?

Beobachtungen stehen meist am Anfang jeder biologischen Erkenntnisgewinnung. Ein bestimmtes Phänomen erscheint vor dem Hintergrund der **Vorkenntnisse** auffällig. Aus dieser Beobachtung wird eine **Problemfrage** abgeleitet, die beantwortet werden soll. Die Schüler wollen zum Beispiel erfahren, wie sich Stichlinge ernähren.

Zu diesem **Problem** werden verschiedene **Vermutungen** oder **Hypothesen** geäußert. Zu deren Überprüfung wird ein **Experiment** geplant und durchgeführt. Die Schüler wollen Stichlinge in einem Aquarium halten und bei der Nahrungsaufnahme beobachten. Für solche Untersuchungen sind in den Schulen viele moderne Arbeitsmittel vorhanden.
Bei der Beobachtung von Lebewesen an einem See leisten Fernglas und Lupe gute Dienste. Mit geeigneter Bestimmungsliteratur kann man viele Arten, zum Beispiel Vögel oder Pflanzen, auch direkt vor Ort bestimmen. Mithilfe einer Digitalkamera kann man ihr Vorkommen dokumentieren. Alle Nachweise sollten in einem Notizbuch oder auf dem Laptop protokolliert werden. Doch oft ist die Bestimmung nicht so einfach, zum Beispiel bei Algen oder Wasserflöhen. Dann müssen mit dem Planktonnetz Proben genommen und im Sammelglas zur Schule gebracht werden. Erst mithilfe von Binokular oder Mikroskop kommt man zur richtigen Bestimmung. Mithilfe von Experimenten lassen sich schließlich besondere Fragestellungen, zum Beispiel zur Ernährungsweise einer Art wie des Stichlings, beantworten.

Das **Ergebnis,** Stichlinge sind Fleischfresser, führt zur Lösung des Problems. Durch Schlussfolgerungen und Rückfragen kommt man schließlich zur **Verallgemeinerung** oder allgemeinen **Erkenntnis.** Diese Erkenntnis kann Ausgangspunkt für neue Fragestellungen sein, so zum Beispiel für die Frage, ob sich die Ernährung der Stichlinge im Laufe des Jahres ändert.

1. Plane ein Experiment, mit dessen Hilfe die Bedeutung der Färbung des Stichlingsmännchens überprüft werden kann!
2. Diskutiere, ob man ohne Vorkenntnisse zu Erkenntnissen gelangen kann!

Alina und Philipp wissen, dass sich Fische von Pflanzen oder Tieren ernähren.

Sie entdecken *Dreistachelige Stichlinge* im Gewässer.

„Die müsste man im Aquarium haben", sagt Alina. „Ja, aber was fressen sie denn?", fragt Philipp.

„Ganz einfach", sagt sie, „das probieren wir aus!" „Ausprobieren?" „Na klar, es gibt doch nur wenige Möglichkeiten: Schlamm, Pflanzen, Tiere." „Na gut, probieren wir es aus."

Ein Aquarium wird eingerichtet, ein Stichling in der Zoohandlung gekauft und dann geht das Experiment los: Frisst er Schlamm? Nein! Frisst er Blätter? Er schnuppert etwas daran herum, aber Fressen kann man das nicht nennen. Also: Nein! Dann ein paar Fadenalgen aus dem Teich: Nein! Aus dem Teich haben die beiden auch Mückenlarven mitgebracht. Sobald sie ins Aquarium geworfen sind, werden sie auch schon gefressen. Erster Erfolg: Stichlinge fressen Mückenlarven. Was passiert mit Wasserflöhen? Auch sie werden gefressen. „Die Zoohandlung verkauft kleine rote Würmer, Tubifex heißen die, glaub' ich", sagt Philipp. „Wollen wir die auch ausprobieren?" „Ja klar!" Gekauft – ins Aquarium gesetzt – gefressen!

„Sag mal, der frisst nur Tiere, also Fleisch, richtig?"

„Fleisch? Auch Rindfleisch?" „Das probieren wir auch aus!" Am nächsten Tag bekommt der Stichling einige Krümel Hackfleisch. Er zögert etwas, dann aber schnappt er nach den Krümeln.

„Du, ich glaube, der Stichling ist ein richtiges Raubtier", meint Alina. „Er ist ein Raubfisch!" – „Ein Fleischfresser!"

A

Vorkenntnisse

Du **kennst** biologische Phänomene aus deinem Alltag, aus Büchern, aus dem Unterricht …

Beobachtung

Du **beobachtest** und **beschreibst** ein biologisches Phänomen.

Problem

Du **fragst** nach einer Erklärung des biologischen Phänomens.

Vermutungen (Hypothesen)

Du **vermutest** mögliche Antworten auf deine Problemfrage, indem du deine Vorkenntnisse **anwendest**.

Überprüfungen

Du **planst** Experimente oder Untersuchungen, mit deren Hilfe du deine Vermutungen überprüfen kannst, und führst sie durch.

Einzelergebnis

Du **wertest** das Ergebnis deiner Überprüfung **aus** und erhältst so eine Antwort auf deine Frage.

Ausweitung

Du **verknüpfst** und **vergleichst** das Ergebnis mit ähnlichen biologischen Phänomenen.

Erkenntnis – Verallgemeinerung

Du gewinnst eine Erkenntnis, wenn das Ergebnis im Vergleich mit ähnlichen Phänomenen immer zutrifft.

B

15.1 Der Weg der naturwissenschaftlichen Erkenntnisgewinnung. A Beispiel; **B** Schema

METHODE Betrachten – Beobachten – Beschreiben

16.1 **Hufeisenazurjungfer: Männchen**

An einem See kann man viele Libellen wie die Hufeisenazurjungfer und die Blaugrüne Mosaikjungfer entdecken. Sie fliegen niedrig über der Wasseroberfläche, manchmal steigen sie auf und häufig landen sie auf Blättern von Pflanzen am Ufer. Will man die Lebensäußerungen der Hufeisenazurjungfer für andere beschreiben, die das Tier nicht sehen können, muss man ihre Aktivitäten zunächst genau beobachten und betrachten.
Beim **Betrachten** geht es vor allem darum, genaue Kenntnisse über ein biologisches Objekt zu erlangen. Bei Lebewesen geht es insbesondere um das Erfassen von Gestalt, Größe, Färbung und weiteren Merkmalen. Eine **Beschreibung** ist das Ergebnis der Betrachtung, das schriftlich festgehalten wird.

Eine Beschreibung könnte wie folgt lauten:
„Die Hufeisenazurjungfer ist etwa vier Zentimeter lang und hat eine Flügelspannweite von etwa fünf Zentimetern. Am Kopf befinden sich zwei große blau und schwarz gefärbte Facettenaugen, die aus vielen Einzelaugen zusammengesetzt sind. Das blaue Bruststück ist schwarz gestreift. Am Bruststück sitzen sechs Beine und vier durchsichtige Flügel. Die Flügel werden beim Sitzen über dem Hinterleib zusammengeklappt. Der Hinterleib ist dünn und lang gestreckt. Er besteht aus zehn Abschnitten. Auch der Hinterleib ist abwechselnd blau und schwarz gefärbt. Das zweite Hinterleibssegment trägt eine hufeisenförmige Zeichnung."

Allerdings gehören nicht nur Wahrnehmungen mit den Augen zu einer Beschreibung. Es können auch akustische Wahrnehmungen, wie zum Beispiel der Gesang von Vögeln oder Heuschrecken, oder Geruchswahrnehmungen, wie der Duft einer Blüte, in eine Beschreibung aufgenommen werden. Das gilt auch für gefühlte Beobachtungen, wie etwa die raue Oberfläche eines Samens oder das durch das Berühren einer Brennnessel erzeugte Brennen. Wichtig ist, dass eine Beschreibung keine Erklärungen oder Bewertungen enthält.

Im Biologieunterricht werden häufig *Modelle* verwendet. Modelle sind mehr oder weniger vereinfachte Abbilder biologischer Objekte, die in wesentlichen Eigenschaften dem Original entsprechen, sich aber zum Beispiel durch das Material, die Größe oder das Weglassen bestimmter Details unterscheiden. Sie sollen zur Veranschaulichung biologischer Objekte dienen. Auch die Beschreibung von Modellen darf keine Erklärungen enthalten.

Im Gegensatz zur Betrachtung werden bei einer **Beobachtung** Vorgänge, also Veränderungen in Raum und Zeit, erfasst. Je nach Dauer unterscheidet man zwischen Kurzzeit- und Langzeitbeobachtungen.
So ist die Beobachtung der Eiablage bei Libellen eine Kurzzeitbeobachtung. Untersucht man dagegen das Wachstum von Pflanzen im Röhrichtgürtel im Verlauf von Frühjahr und Sommer, handelt es sich um eine Langzeitbeobachtung.

Die Beobachtung der Eiablage bei der Hufeisenazurjungfer kann folgendermaßen beschrieben werden:
„Nach der Begattung fliegen Hufeisenazurjungfern auf die offene Wasserfläche hinaus und lassen sich auf den Spitzen von aus dem Wasser herausragenden Pflanzen, hier einem Laichkraut, nahe der Wasseroberfläche nieder. Dabei hält das Männchen das Weibchen mit den Hinterleibszangen fest und steht fast senkrecht auf dessen Vorderbrust. Das Weibchen sticht die Eier in ein Blatt der Wasserpflanze ein. Nach der Eiablage bleiben beide Tiere noch einige Minuten sitzen, trennen sich dann und fliegen davon."

16.2 **Hufeisenazurjungfer: Eiablage**

Eine Beobachtung ist meist wesentlich schwieriger zu beschreiben als eine Betrachtung, kommt es doch oft darauf an, komplizierte Verhaltensabläufe oder Veränderungen exakt darzustellen.
Wie bei der Betrachtung darf auch die Beschreibung von Beobachtungen keine Erklärungen enthalten. Auch menschliche Bewertungen, wie zum Beispiel *„die Libelle fühlt sich im Röhricht sehr wohl"*, haben in einer Beschreibung nichts zu suchen. Hier werden menschliche Bewertungen und Mutmaßungen, die nicht biologisch überprüfbar sind, auf Lebewesen übertragen. Dies gilt vor allem für die Beschreibung von tierischen Verhaltensweisen.

1. Betrachte eine sitzende Großlibelle (sehr häufig und an fast allen Stillgewässern zu finden ist beispielsweise die Blaugrüne Mosaikjungfer) und fertige eine Beschreibung dieser Libelle an!
2. Beobachte und beschreibe die Eiablage einer Libelle!
3. Stelle die Unterschiede und Gemeinsamkeiten zur Eiablage der Hufeisenazurjungfer heraus!

METHODE Untersuchen

Will man Einzelheiten über ein biologisches Objekt erfahren, die man durch bloße Betrachtung nicht gewinnen kann, muss man es untersuchen. Bei jeder Untersuchung müssen alle Tier- und Naturschutzbestimmungen beachtet werden. So dürfen zum Beispiel auf keinen Fall geschützte Arten untersucht werden. Unproblematisch ist es dagegen, Pflanzen aus dem Schulteich oder Schulgarten zu entnehmen.

Zwei sehr häufig an Schulteichen gepflanzte Arten sind die Sumpfdotterblume und die Sumpfschwertlilie. Man findet sie oft auch im Uferbereich natürlicher Gewässer. Beide Arten besitzen gelbe Blüten. Trotzdem sehen sie sehr unterschiedlich aus. Gibt es aber neben der Farbe weitere Übereinstimmungen zwischen den Blüten beider Arten? Zur Klärung dieser Frage muss man die Blüten genauer untersuchen.

Um den Aufbau der Blüten genauer kennenzulernen, zerlegt man sie in ihre Bestandteile. Dazu werden mit einer Pinzette vorsichtig jeweils die einzelnen Teile der Blüten abgezupft und von außen nach innen getrennt auf ein Blatt Papier gelegt. Mit etwas Klebstoff kann man sie aufkleben. Auch das Aufkleben auf durchsichtige, farblose Klebefolie hat sich bewährt. Dreht man die Folie dann um und klebt sie auf Papier oder Zeichenkarton, hat man die Blütenbestandteile auch für spätere Betrachtungen zur Verfügung. Man bezeichnet eine solche Anordnung der Blätter einer Blüte als Legebild.
Die hier vorgestellte Arbeitsweise steht beispielhaft für eine **Untersuchung.** Dabei wird ein biologisches Objekt unter Verwendung von Hilfsmitteln wie Lupen oder Mikroskopen betrachtet oder beobachtet oder es wird in das Objekt eingegriffen, indem man es in seine Bestandteile zerlegt oder öffnet.

Stellt man die Anordnung der verschiedenen Blütenteile zeichnerisch dar, erhält man ein Blütendiagramm. Dabei werden Kelchblätter grün, Kronblätter rot, Staubblätter gelb und Fruchtblätter, der Stempel, blau dargestellt. So kann man auf einen Blick den Bau einer Blüte erfassen und verschiedene Blüten miteinander vergleichen.

17.1 Blüten. A Sumpfdotterblume; **B** Sumpfschwertlilie

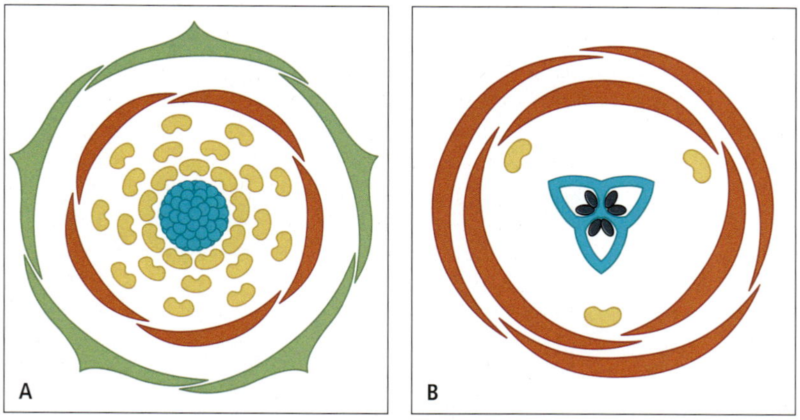

17.2 Blütendiagramme. A Sumpfdotterblume; **B** Sumpfschwertlilie

1. Untersuche weitere Pflanzenarten vom Teichufer! Fertige von ihren Blüten Legebilder und Blütendiagramme an! Triff eine allgemeine Aussage über den Aufbau von Blüten!
2. Erläutere, welchen Vorteil es hat, in Blütendiagrammen immer gleiche Farben für entsprechende Blütenteile zu verwenden!
3. Überprüfe folgende Aussage: „Untersuchen ist ein Beobachten mit Hilfsmitteln!"
4. Ermittle, von welchen Pflanzen man kein Legebild der Blütenteile anfertigen darf!

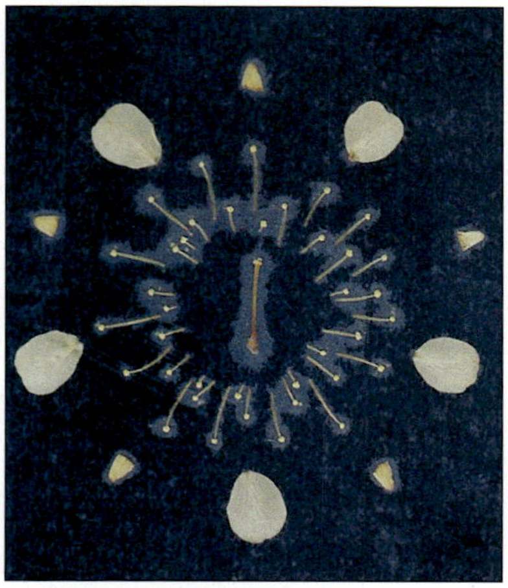

17.3 Legebild einer Kirschblüte

5. Fertige mithilfe des Legebildes der Kirschblüte ein Blütendiagramm an! Vergleiche es mit dem Blütendiagramm der Schwertlilie!

METHODE Experimentieren – Protokollieren

Versuchsprotokoll (Datum)

Problemfrage: Verringern Federn die Abgabe von Wärme?

Material: Daunenfedern; zwei Bechergläser (250 ml); 2 gleich große Reagenzgläser; etwa 40 °C warmes Wasser; Stoppuhr; 2 Thermometer

Versuchsaufbau:

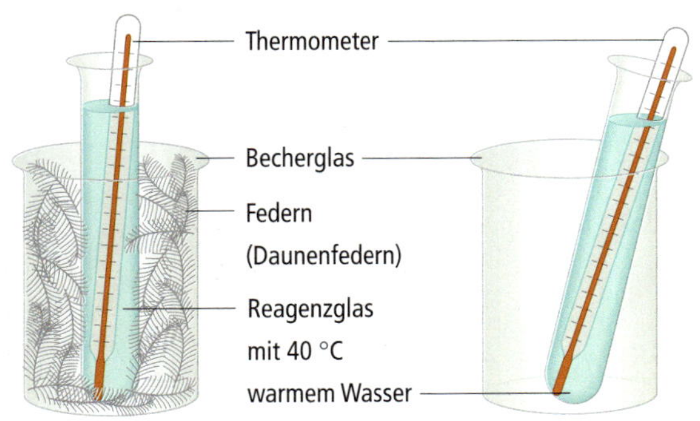

Durchführung:
Fülle ein Becherglas locker mit Daunenfedern!
Gib anschließend in beide Reagenzgläser bis etwa zwei Finger breit unter den Rand gleichwarmes Wasser!
Stelle in beide Reagenzgläser jeweils ein Thermometer!
Stelle ein Reagenzglas nun in das Becherglas mit den Daunenfedern, das andere in das leere Becherglas!
Miss und notiere die Temperatur in beiden Gläsern im Abstand von einer Minute zehn Minuten lang!

Beobachtung:

Zeit (min)	0	1	2	3	4	5	6	7	8	9	10
Temperatur (°C) mit Federn	38,8	38,7	38,6	38,4	38,3	38,1	37,9	37,6	37,5	37,3	37,2
Temperatur (°C) ohne Federn	38,8	38,0	37,3	36,6	36,0	35,5	35,1	34,6	34,0	33,5	33,1

Auswertung: Die Versuche zeigen, dass das Wasser im von Daunenfedern umgebenen Reagenzglas deutlich langsamer abkühlt als im frei stehenden Reagenzglas. Daunenfedern verringern also die Wärmeabgabe.

18.1 Versuchsprotokoll (Muster)

Weshalb erfrieren Wasservögel wie Stockenten oder Blässhühner auch im Winter nicht? Vögel sind gleichwarme Tiere, das heißt, ihre Körpertemperatur bleibt immer gleich hoch. Man kann vermuten, dass die Federn die Vögel warm halten, also die Wärmeabgabe aus dem Vogelkörper verringern. Um diese Vermutung oder Hypothese zu überprüfen, plant man ein **Experiment.**

Dazu formuliert man zunächst das Thema des Experiments, die *Problemfrage*. Dann überlegt man sich, welche *Materialien* notwendig sind: Daunenfedern, ein Thermometer, eine Stoppuhr, Becher- und Reagenzgläser sowie Wasser. Anschließend baut man den Versuch auf. Der *Versuchsaufbau* wird beschrieben oder gezeichnet. Jetzt kann das Experiment gestartet werden. Die *Durchführung* wird im Protokoll genau festgehalten.

Beim Experimentieren wird in biologische Vorgänge oder Abläufe gezielt eingegriffen. Im beschriebenen Experiment werden die Versuchsbedingungen so geändert, dass das Experiment jeweils mit und ohne Federn durchgeführt wird. So kann der Einfluss der Federn auf die Wärmeabgabe überprüft werden. Die Versuchsergebnisse werden als *Beobachtung* in Form eines Textes oder einer Tabelle im Versuchsprotokoll festgehalten. Nun erfolgt die *Auswertung* der verschiedenen Beobachtungen. Auch diese werden im Protokoll notiert.

Die Gliederungspunkte Problemfrage, Material, Versuchsaufbau, Durchführung, Beobachtung und Auswertung ergeben die Aufzeichnung des Experimentes, das **Versuchsprotokoll.** Zur Abfassung eines Protokolls sind die Methoden des *Beobachtens* und *Beschreibens* unentbehrlich.

1. Führe das Experiment mit locker und dicht gepresst eingefüllten Daunenfedern durch! Protokolliere und vergleiche die Ergebnisse!
2. Plane ein Experiment zur Isolationswirkung von Fell, führe es durch und erstelle ein Versuchsprotokoll!

METHODE **Messen und Auswerten**

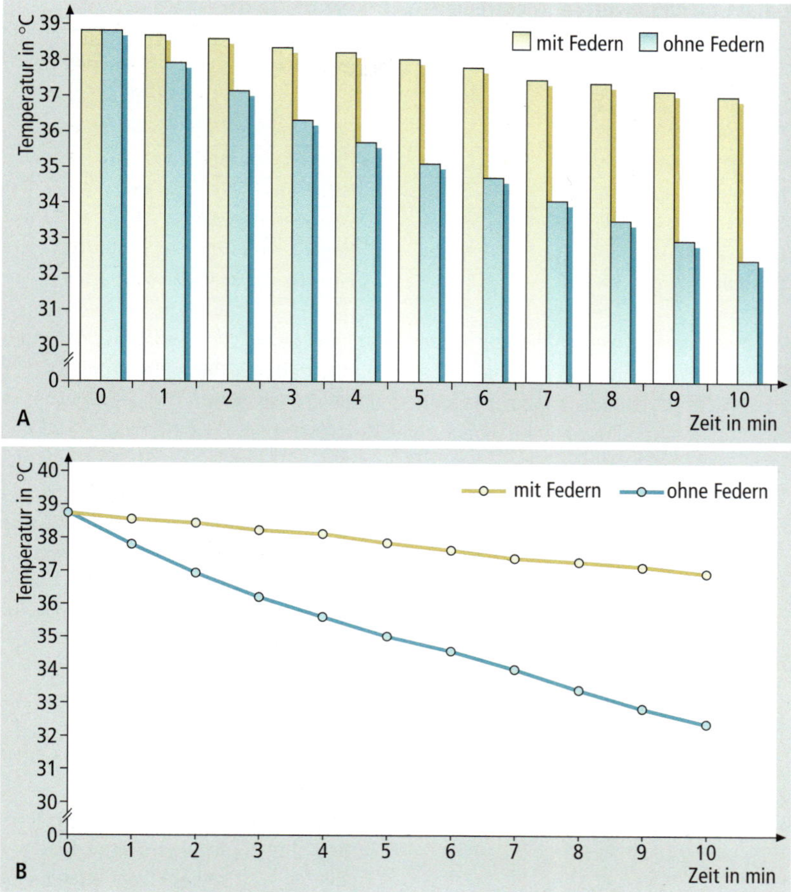

19.1 Isolationswirkung von Daunen. A Säulendiagramm; **B** Kurvendiagramm

19.2 Stockenten

Im Experiment zur Überprüfung der Isolationswirkung des Gefieders von Wasservögeln, wie zum Beispiel der Stockente, liefert das **Messen** der Temperaturen in zwei Versuchsansätzen insgesamt 20 Messwerte. Diese werden in einer Tabelle im Versuchsprotokoll wie in Abbildung 18.1 festgehalten. In der oberen Reihe der Tabelle stehen die Messzeitpunkte, darunter die Temperaturen in den beiden Versuchsansätzen.

Um einen schnellen Überblick über die erfassten Daten zu bekommen, empfiehlt sich eine grafische Darstellung der Werte in einem **Diagramm.** Ein Diagramm besitzt zwei Achsen, eine Abszisse und eine Ordinate. Auf der Abszisse werden die Messzeitpunkte, auf der Ordinate die gemessenen Temperaturen aufgetragen. Markiert man die Temperaturen zum jeweiligen Zeitpunkt durch einen Punkt und zieht eine senkrechte Linie zur Abszisse, erhält man ein *Säulendiagramm.* Die Höhe der Säulen zeigt die jeweilige Temperatur an. Verbindet man die Messpunkte durch eine Linie, erhält man ein *Kurvendiagramm,* das den Temperaturverlauf während des Messzeitraumes wiedergibt.
Diagramme erleichtern das **Auswerten** von Messwerten. So wird im hier abgebildeten Kurvendiagramm schnell die isolierende Wirkung der Federn sichtbar. Allerdings erklärt diese Auswertung nicht, weshalb die Kurve so verläuft.

Mithilfe eines Tabellen-Kalkulations-Programms kann man Diagramme auf einem Computer erstellen. Man muss lediglich die Datensätze eingeben, dann eine geeignete Darstellungsform, zum Beispiel Säulen-, Kurven- oder Kreisdiagramm, auswählen und schon erstellt der Computer das entsprechende Diagramm. Werden mehrere Datenreihen miteinander verglichen, kann man diese in unterschiedlichen Farben darstellen.

Bei der Auswahl eines Diagrammtyps darf man nicht beliebig vorgehen. So eignet sich ein Kurvendiagramm nur für Werte, die in einem unmittelbar fortlaufenden Zusammenhang gemessen werden. Das gilt zum Beispiel für das hier vorgestellte Experiment. Werden aber Werte beispielsweise nur einmal pro Monat erhoben, etwa bei der Messung des Sauerstoffgehaltes oder des pH-Wertes in einem Gewässer, darf man die Messpunkte nicht einfach verbinden. Man kann ja keine Aussagen über den Zeitraum zwischen den einzelnen Messungen machen. Hier empfiehlt sich zur grafischen Darstellung ein Säulendiagramm. *Kreisdiagramme* sind wiederum besonders für die Darstellung von prozentualen Anteilen geeignet.

1. An einem See werden Stockenten (S) und Blässhühner (B) gezählt:
   10. Januar: 52 S und 31 B,
   10. Februar: 80 S und 34 B,
   10. März: 34 S und 29 B.
   Erstelle ein geeignetes Diagramm!
2. Nenne und erläutere die Einflüsse des Versuchsaufbaus und der Versuchsdurchführung, die die Messergebnisse verfälschen!

AUFGABEN Erkenntnisgewinnung in der Biologie

1 Naturwissenschaftliche Erkenntnisgewinnung

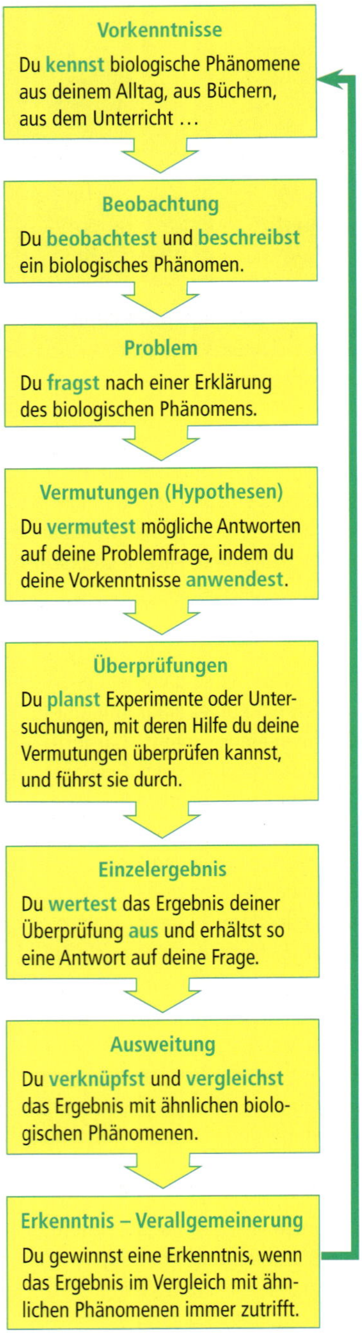

a) Beschreibe die Schritte der naturwissenschaftlichen Erkenntnisgewinnung!
b) Verdeutliche diese Vorgehensweise an einem selbst gewählten Beispiel!

2 Auswertung mehrerer Messreihen

Art	Tauchzeit [sec]	Gewicht [kg]	Nahrung	max. Tauchtiefe [m]
Prachttaucher	bis 120	1,3 – 3,4	Fische, Krebse	46
Haubentaucher	bis 45	0,7 – 0,9	Fische, Kaulquappen	2 – 4
Kormoran	bis 70	1,7 – 3,2	Fische	16
Reiherente	20	0,4 – 0,9	Weichtiere, Samen	1 – 2
Gänsesäger	30	1,1 – 2,0	Fische	5 – 10
Blässhuhn	bis 20	0,6 – 1,3	Pflanzen, Weichtiere	bis 2

An einem Stausee werden die Tauchzeiten verschiedener Wasservogelarten gemessen.
a) Erstelle je ein Säulendiagramm, in dem die Tauchzeiten im Verhältnis zum Gewicht beziehungsweise zur Tauchtiefe dargestellt werden!
b) Leite mögliche Zusammenhänge aus den Angaben ab!

3 Arbeitsmethoden

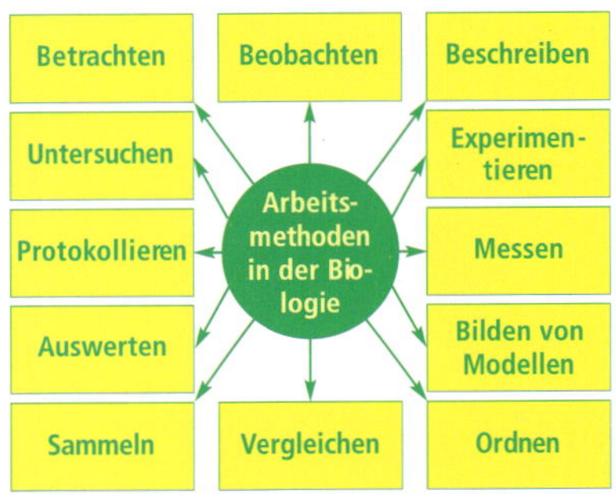

Erläutere an Beispielen aus deinem bisherigen Biologieunterricht die Anwendung der in der Abbildung dargestellten Arbeitsmethoden!

4 Beschreibung durch einen Biologen?

In einem Buch aus dem Jahr 1931 findet man folgenden Text über Libellenlarven: *„Abschreckend hässlich, als präge sich Hinterlist und Fressgier schon in der Gestalt aus, bietet sich die Libellenlarve dem Auge dar, das sie einmal entdeckt hat. Auf sechs dünnen Stelzbeinen ruht ein plumper Leib, missfarben braun und düsteroliv wie faulendes Laub und Schlamm. Dicke Glotzaugen sitzen zu beiden Seiten des Kopfes; sie können alles sehen, was in der Runde vor sich geht. […] Bald erwacht ihre Beutegier, und dann wird die plumpe Kriecherin zum schleichenden Raubtier."*
a) Nimm Stellung zur Ausdrucksweise in dieser Beschreibung!
b) Fertige eine sachgemäße Beschreibung an!

5 Säulendiagramm

Untersuchte Probe	Relative Stärke der radioaktiven Strahlung/kg Körpergewicht
Hecht	8000
Plötze	950
Rotfeder	560
Plankton (Mischprobe)	32
Seewasser	0,2

Hinweis: Nach der Reaktorkatastrophe in Tschernobyl 1986 gelangten dort freigesetzte radioaktive Stoffe auch bis nach Deutschland. Zahlreiche Lebewesen nahmen diese Stoffe auf.
a) Erstelle aus den Daten ein Säulendiagramm!
b) Beschreibe und deute das entstandene Diagramm!
c) Kurz nach dem Reaktorunfall war in Tageszeitungen zu lesen, dass man nicht mehr als 250 g Wildpilze pro Woche essen sollte, da diese radioaktiv belastet waren. Erläutere diese Empfehlung!

METHODE Katalogisieren und Dokumentieren – Führen einer Biologiemappe

Im Biologieunterricht kann man etwas über den Lebensraum Stillgewässer und die dort vorkommenden Lebewesen lernen. Durch Anwendung biologischer Arbeitsweisen und Arbeitsmittel gelangt man zu Informationen über Lebewesen und ihre Beziehungen untereinander.
Auch aus Arbeitsblättern, dem Biologiebuch, Fachliteratur, Lexika und dem Internet kann man Informationen gewinnen. Sie werden übersichtlich in einer Biologiemappe gesammelt.
Einzelne Blätter sollten in die Mappe eingeheftet und wieder herausgenommen werden können. Diese Möglichkeit bieten Ringbücher und Schnellhefter.

Auch Zeichnungen, Merksätze, Versuchsprotokolle, Beschreibungen, Lösungen von Aufgaben aus dem Unterricht und die Hausaufgaben gehören in die Biologiemappe. Um die abgehefteten Informationen schnell finden zu können, sollte die Mappe mit einem Inhaltsverzeichnis versehen und sollten alle Blätter mit Datum und Seitenzahl beschriftet werden. In der Randspalte können Querverweise zu anderen Seiten oder zum Schulbuch notiert werden. Mithilfe einer gut geführten Mappe kann man die Unterrichtsinhalte leichter wiederholen und verstehen und sich besser auf Tests, Klassenarbeiten und Prüfungen vorbereiten.

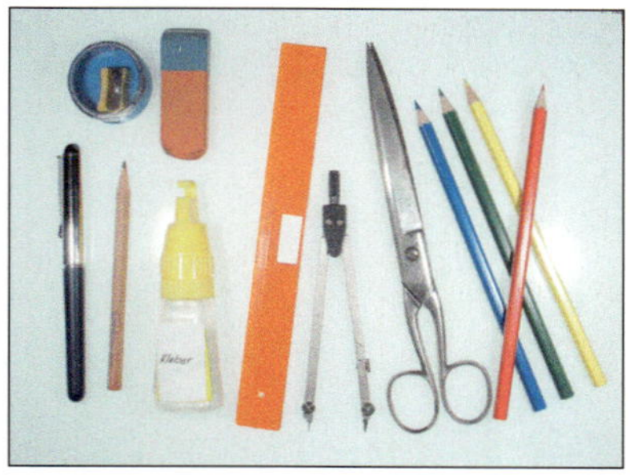

21.2 Arbeitsmaterial zur Führung einer Biologiemappe

03.09.06

Kartierung der Pflanzen am See

Aufgabe:
Erstelle eine Karte mit dem Vorkommen der wichtigsten Pflanzenarten am See! Verschaffe dir dazu einen Überblick über das Gewässer und zeichne dessen Umriss sowie Landschaftselemente wie Wege, Wald, Weide, Wiese und Stege ein! Umrunde das Gewässer, bestimme die auffälligen Pflanzenarten am Ufer und im Wasser und zeichne sie in die Karte ein!

Vgl. Buch S. 62–63

Material:
Bestimmungsbuch; Schreibzeug

Durchführung:
Zunächst haben wir den Gewässerumriss und dann die Wege, die umgebenden Flächen, die Badestelle und den Steg gezeichnet.

Zeichnung:

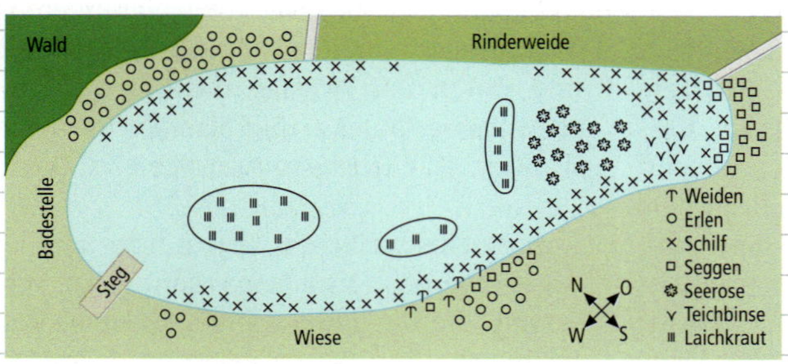

18

21.1 Beispielseite aus einer Biologiemappe

Regeln zur Führung einer Biologiemappe

1. Lege ein Inhaltsverzeichnis an! Fertige dazu ein Blatt mit folgender Einteilung an, das du vorn in deine Mappe einheftest:

Datum	Thema	Seite

2. Schreibe auf jede Seite das Thema (Überschrift) und das Datum!
3. Schreibe auf jede Seite rechts oder links unten fortlaufend eine Seitenzahl! Sie muss mit dem Thema und der Seite im Inhaltsverzeichnis übereinstimmen.
4. Hebe Überschriften, wichtige Begriffe und Merksätze durch Unterstreichen oder Farbgebung hervor!
5. Schreibe gut lesbar!
6. Fertige Zeichnungen mit spitzem, mittelhartem Bleistift auf unliniertem oder unkariertem Papier an! Beschrifte deine Zeichnungen!
7. Abbildungen können ausgemalt werden. Achte dabei auf die Farbgebung, die in deinem Biologiebuch verwendet wird!
8. Suche passend zum Thema Bilder und Texte aus Zeitungen, Zeitschriften oder dem Internet und klebe sie ein! Quellenangabe nicht vergessen!
9. Ordne Arbeitsblätter oder andere Kopien immer an der richtigen Stelle mit entsprechender Seitenzahl ein!
10. Achte auf Vollständigkeit deiner Biologiemappe!

21.3 Regeln zur Mappenführung

22.1 **Lebensraum Teich. A** Uferbereich des Teiches; **B** Larven und **C** Puppen der Stechmücke; **D** Wasserlinse; **E** Wasserläufer

3 Basiskonzepte

An einem Teich können viele Lebewesen beobachtet werden. Im Uferbereich wachsen viele Pflanzen wie zum Beispiel Schilf oder Rohrkolben. Manche Bäume, wie die Weide, die Staunässe ertragen kann, wurzeln in unmittelbarer Ufernähe. Die Pflanzen bieten vielen Tieren Nahrung und Versteckmöglichkeiten. Auch auf der Wasseroberfläche sind Pflanzen und Tiere anzutreffen. Wasserlinsen, die zu den kleinsten Blütenpflanzen der Welt gezählt werden, bilden ausgedehnte Bestände auf der Wasseroberfläche. Etwas weiter entfernt findet man Wasserläufer, die sich mit ihren langen Beinen sehr schnell auf dem Wasser bewegen können. Knapp unter der Oberfläche kann man Lebewesen entdecken, die senkrecht nach unten hängen. Es sind die etwa zwei Zentimeter langen Larven von Stechmücken, die sich nach einiger Zeit verpuppen. Auch die Puppen verbleiben knapp unter der Wasseroberfläche. Weshalb halten sich diese Lebewesen an der Wasseroberfläche auf? Und wie können sie es verhindern, in tiefere Wasserschichten abzusinken?

Wasserlinsen besitzen eine etwa zwei Zentimeter lange Wurzel. Eine Untersuchung der Pflanzenteile oberhalb der Wasseroberfläche zeigt, dass der Spross nicht in Stängel und Blätter gegliedert ist, sondern linsenförmig aussieht und flach dem Wasser aufliegt. An bestimmten Stellen des Sprosses entspringen neue Sprossglieder, die ebenfalls linsenförmige Gestalt annehmen und eine Wurzel ausbilden. So entstehen auf einer Teichoberfläche zusammenhängende Bestände von Wasserlinsen. Wasserlinsen betreiben Fotosynthese und sind daher auf die Zufuhr von Lichtenergie angewiesen. Wenn sie in tiefere Wasserschichten absinken, so reicht die Lichtintensität nicht aus, um Fotosynthese zu betreiben, und sie sterben ab. Durch ihren besonders leichten, linsenförmigen Bau können sie jedoch die Oberflächenspannung des Wassers an der Teichoberfläche ausnutzen, sodass ein Absinken verhindert wird. Der Körperbau der Wasserlinse, ihre Struktur, erfüllt damit eine bestimmte Aufgabe, eine Funktion, die für ihr Überleben unerlässlich ist.

Der Wasserläufer lebt von Beutetieren, die auf die Wasseroberfläche fallen. Mithilfe besonderer Sinnesorgane an seinen Beinen kann der Wasserläufer die Wellenbewegung der Wasseroberfläche wahrnehmen, die von den Beutetieren ausgelöst wird. Er fängt die Beutetiere und saugt sie mithilfe seines langen Stechrüssels aus. Anschließend wartet er unbeweglich auf erneute Wasserbewegungen. Dabei erkennt man, dass die Wasseroberfläche an der Kontaktstelle mit den Füßen des Wasserläufers aufgrund seines Gewichtes eingedellt ist. Er sinkt jedoch nicht in das Wasser ein, weil sein ganzer Körper und somit auch die Füße von einer stark wasserabweisenden und fein strukturierten Außenschicht überzogen sind. Sie sind durch das Wasser nicht benetzbar. Auch beim Wasserläufer erfüllt also der Körperbau, die Struktur, eine lebensnotwendige Funktion.

Stechmückenweibchen legen ihre Eier auf der Wasseroberfläche ab. Aus den Eiern schlüpfen Larven, die an ihrem Hinterleib eine Atemröhre ausbilden. Die Larven sinken im Wasser ein. Die Atemröhre besitzt an ihrem Ende einen Kranz aus unbenetzbaren Haaren, mit denen die Larve von unten die Wasseroberfläche durchstößt und so Zugang zum Luftsauerstoff hat. Die übrige

Körperoberfläche der Larve ist durch Wasser benetzbar und bleibt deshalb im Wasser. Die Larve ernährt sich von Kleinstlebewesen im Wasser, die sie mithilfe ihrer Mundwerkzeuge herbeistrudelt. Verliert der Haarkranz den Kontakt zur Wasseroberfläche, so sinkt die Larve in tiefere Wasserschichten ab. Sie muss aktiv zur Oberfläche zurückschwimmen. Am Ende der Larvalzeit erfolgt die Verpuppung. Die Puppe der Stechmücke heftet sich unter die Wasseroberfläche an. Auch der Körperbau der Stechmückenlarve zeigt also den Zusammenhang von Struktur und Funktion.

Dieser Zusammenhang zwischen den Strukturen eines Lebewesens und deren Funktionen ist nicht nur bei Wasserlinsen, Wasserläufern und Stechmückenlarven und auch nicht nur bei Lebewesen in einem Gewässer anzutreffen. Vögel beispielsweise besitzen hohle Knochen, so können sie beim Starten und beim Fliegen aufgrund des geringeren Gewichtes Kraft und Energie sparen. Bei Säugetieren besitzen Fleischfresser und Pflanzenfresser ganz unterschiedlich gebaute Zähne, die für die Zerkleinerung der verschiedenartigen Nahrung zuständig sind. Die Blüten von Pflanzen, die vom Wind bestäubt werden, sind oft anders gebaut als solche, die von Insekten bestäubt werden. Da man also bei allen Lebewesen den Zusammenhang zwischen der Struktur eines Merkmals und seiner Funktion finden kann, spricht man von einem **Basiskonzept**.

Neben dem **Basiskonzept „Struktur und Funktion“** lassen sich noch weitere Basiskonzepte erkennen. Alle Basiskonzepte gehen auf Gemeinsamkeiten in den Baueigentümlichkeiten oder Verhaltensweisen von Lebewesen zurück. Aus der *Beschreibung* dieser für alle Lebewesen geltenden Gemeinsamkeiten ergibt sich die *Schlussfolgerung* eines Basiskonzeptes: Alle Lebewesen stammen von gemeinsamen Vorfahren ab. Man spricht vom **Basiskonzept „Stammesgeschichtliche Verwandtschaft“**.

Alle Lebewesen müssen Stoffe aufnehmen und umwandeln, um Energie zur Aufrechterhaltung ihres Stoffwechsels freizusetzen oder um körpereigene Stoffe zu bilden, die für Wachstum und Entwicklung benötigt werden. Daraus ergibt sich als Schlussfolgerung das **Basiskonzept „Stoff- und Energieumwandlung“**.

Welche Bedeutung aber haben Basiskonzepte für die Biologie? Die Anzahl von Beobachtungen zu biologischen Phänomenen erreicht eine unübersehbare Fülle. Basiskonzepte erlauben es, die Beobachtungen zu gliedern und übersichtlicher zu gestalten. Wenn eine neue Art von Lebewesen entdeckt wird, so lassen sich darüber hinaus anhand der Basiskonzepte *Leitfragen* formulieren, mit denen die Erforschung dieser neuen Art vorangetrieben werden kann. Da bei allen bisher bekannten Lebewesen der Zusammenhang von Struktur und Funktion gefunden wurde, muss es einen solchen Zusammenhang auch bei neuen Arten geben. So lassen sich die Basiskonzepte, die selbst als Schlussfolgerungen aus der Beschreibung von biologischen Sachverhalten hervorgegangen sind, für die Beschreibung von neuen biologischen Phänomenen nutzen. Dies führt zum besseren Verständnis der Biologie.

„Stoff und Energieumwandlung“ **Seite 43**

Alle Lebewesen wandeln Stoffe um, um Energie freizusetzen, die sie für ihren Stoffwechsel brauchen, und um körpereigene Stoffe zu bilden, die sie für ihr Wachstum benötigen.

„Kompartimentierung“ **Seite 95**

Alle Lebensräume von Lebewesen und Lebensvorgänge im Inneren von Lebewesen sind voneinander abgegrenzt, sodass unterschiedliche Kompartimente entstehen.

„Struktur und Funktion“ **Seite 98**

Alle Lebewesen besitzen bestimmte Baueigentümlichkeiten mit bestimmten Aufgaben, die ihr Überleben in ihrem Lebensraum sichern.

„Steuerung und Regelung“ **Seite 194**

Bei allen Lebewesen werden die Vorgänge so gesteuert und reguliert, dass optimale Bedingungen für die Lebensvorgänge im Inneren des Körpers gewahrt bleiben.

„Information und Kommunikation“ **Seite 222**

Alle Lebewesen senden Signale aus, die von anderen Lebewesen aufgenommen werden und die dann bestimmte Reaktionen auslösen können.

„Reproduktion“ **Seite 294**

Die meisten Lebewesen pflanzen sich durch die Bildung von Geschlechtszellen mit anschließender Befruchtung fort.

„Stammesgeschichtliche Verwandtschaft“ **Seite 356**

Alle Lebewesen stammen von gemeinsamen Vorfahren ab, sie sind deshalb stammesgeschichtlich miteinander verwandt.

„Variabilität und Angepasstheit“ **Seite 367**

Alle Lebewesen einer Art unterscheiden sich geringfügig voneinander; diese Variabilität ist die Ursache für die Angepasstheit von Lebewesen an wechselnde Umweltverhältnisse.

23.1 Basiskonzepte

1. Beschreibe den Zusammenhang von Struktur und Funktion an den Beispielen der Wasserlinse, des Wasserläufers und der Stechmückenlarve!
2. Beschreibe weitere Beispiele zum Zusammenhang von Struktur und Funktion bei Lebewesen im Teich und bei anderen Lebewesen!
3. Erläutere den Begriff „Basiskonzept“!
4. Finde für jedes Basiskonzept, das in der Abbildung 23.1 genannt ist, mindestens ein Beispiel!

Grundlagen des Stoffwechsels

24.1 Wasserpest im Experiment

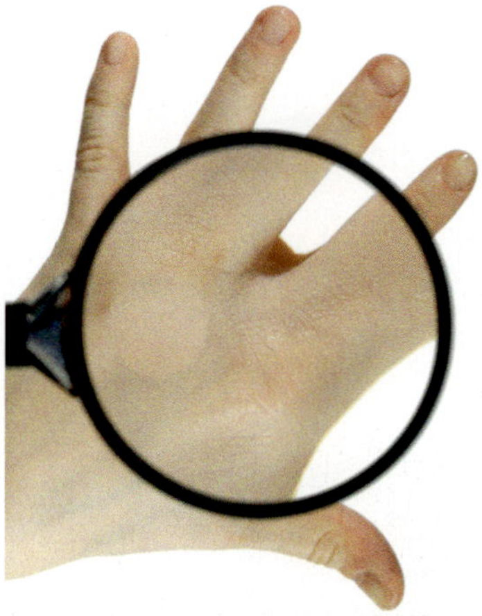

Haut unter der Lupe. Betrachte mithilfe einer Lupe die Haut deiner Handoberfläche! Zeichne das vergrößerte Bild in dein Heft und beschreibe es! Stelle Vermutungen an, welche Vorgänge in einer Hautzelle ablaufen könnten!

Verbrennung. Beschreibe die Versuchsapparatur und das Versuchsergebnis! Suche nach Parallelen zum Stoffwechsel von Menschen!

Margerite im Experiment. Stelle eine Margerite in ein Glas mit Tintenwasser! Lasse sie einen Tag auf dem Fensterbrett stehen! Untersuche anschließend die Unterseite der Blütenblätter mit einer Lupe! Beschreibe deine Beobachtung! Suche nach einer Erklärung!

Wasserpest im Experiment. Beschreibe das Experiment in Abbildung 24.1! Stelle Vermutungen an, was der Versuch mit Stoffwechsel zu tun hat! Diskutiere mit deinem Tischnachbarn, was passiert, wenn man das Licht ausschaltet!

Planung.

Alle Schülerinnen und Schüler der Klasse bekommen drei DIN-A5-Karteikarten. Jeder schreibt nun auf jeweils eine Karte, was seiner Meinung nach bei der Besprechung des Themas „Grundlagen des Stoffwechsels" besonders wichtig ist. Die Buchstaben sollten möglichst groß geschrieben werden. Die Karteikarten werden gesammelt und gut gemischt. Alle Karten werden mit Klebeband an die Tafel geheftet. Nun werden die Begriffe geordnet, sodass ein Plan für den nachfolgenden Unterricht entsteht.

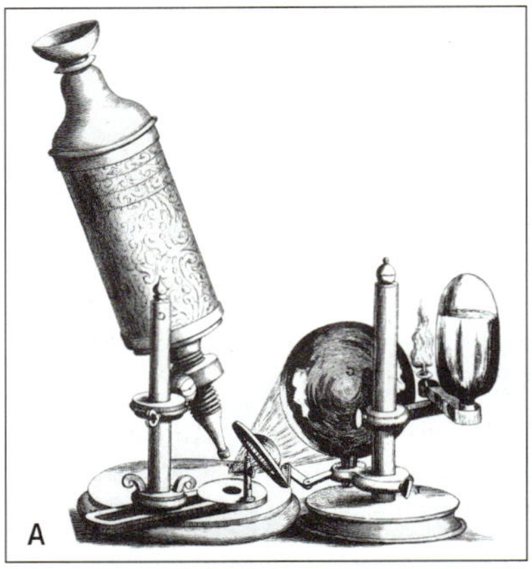

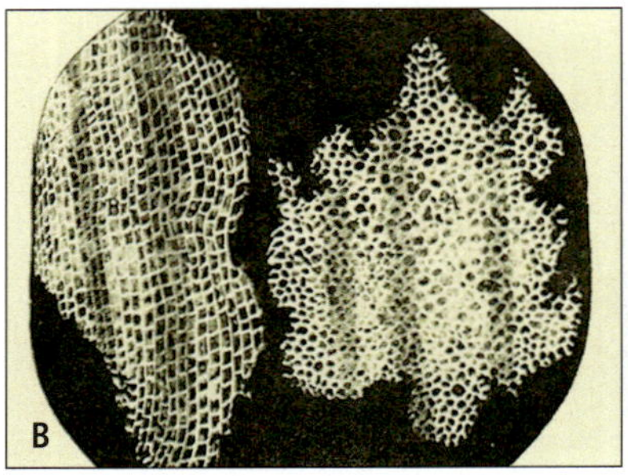

26.1 Untersuchung von Kork. A Mikroskop von HOOKE; **B** Borke der Korkeiche

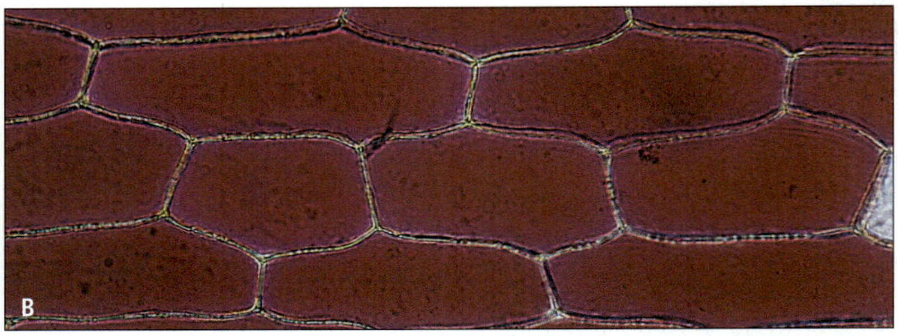

26.2 Rote Küchenzwiebel. A Längsschnitt; **B** Hautzellen eines Schuppenblattes

1 Bau einer Pflanzenzelle

Untersucht man die rot gefärbte Haut eines Schuppenblattes der Roten Küchenzwiebel mit einem modernen Lichtmikroskop, erkennt man einen Aufbau aus bausteinähnlichen, netzartig miteinander verzahnten Bereichen, den Zellen. Der Begriff geht auf Robert HOOKE zurück, der 1667 mit einem einfach gebauten Mikroskop die Borke der Korkeiche untersuchte. Die dabei sichtbaren „Kämmerchen“ nannte er Zellen. Einzelheiten konnte HOOKE jedoch mit seinem Mikroskop nicht sehen.

Moderne **Mikroskope** sind Mehrlinsenmikroskope. Bereits das **Objektiv** ist aus mehreren Linsen zusammengesetzt. Durch dieses Linsensystem wird ein Objekt vergrößert abgebildet. Das vergrößerte Bild wird durch ein zweites Linsensystem, das **Okular,** wie durch eine Lupe nochmals vergrößert. Die **Gesamtvergrößerung** eines Mikroskops ergibt sich also aus dem Produkt der Vergrößerungen von Objektiv und Okular. Mit einem Mikroskop sieht man mehr Einzelheiten eines Objektes als mit dem bloßen Auge. Man sagt, das Lichtmikroskop hat ein höheres **Auflösungsvermögen** als das Auge. Hierunter versteht man die Fähigkeit, zwei dicht nebeneinanderliegende Punkte eines Objektes als getrennte Punkte wiederzugeben. So beträgt das Auflösungsvermögen des Auges etwa ein Zehntel Millimeter, das heißt, zwei Punkte, die dichter als ein Zehntel Millimeter zusammenliegen, werden nicht mehr als getrennte Punkte wahrgenommen.

Die mikroskopische Untersuchung der rot gefärbten Zwiebelhautzellen zeigt, dass jede Zelle von einer **Zellwand** umgeben ist. Sie verleiht der Zelle Festigkeit und bestimmt ihre Gestalt. Das Zellinnere einer jeden Zelle wird von dem zähflüssigen **Zellplasma** ausgefüllt. Das Zellplasma wird durch die mikroskopisch nicht erkennbare **Zellmembran** gegen die Zellwand abgegrenzt. Der meist kugelförmige **Zellkern** ist gut zu sehen. Er steuert alle Lebensvorgänge in der Zelle. Auffallend sind die bläschenähnlichen Zellbestandteile, die **Vakuolen.** Sie sind mit einer Lösung aus roten Farbstoffen, den Anthocyanen, gefüllt. Grüne Blätter besitzen den grünen Farbstoff Chlorophyll. Er liegt in körnchenähnlichen Zellbestandteilen, die **Chloroplasten** heißen.

1. Erläutere, wie man die Gesamtvergrößerung eines Mikroskops ermittelt!
2. Erläutere am Beispiel einer Pflanzenzelle das Basiskonzept „Kompartimentierung“!

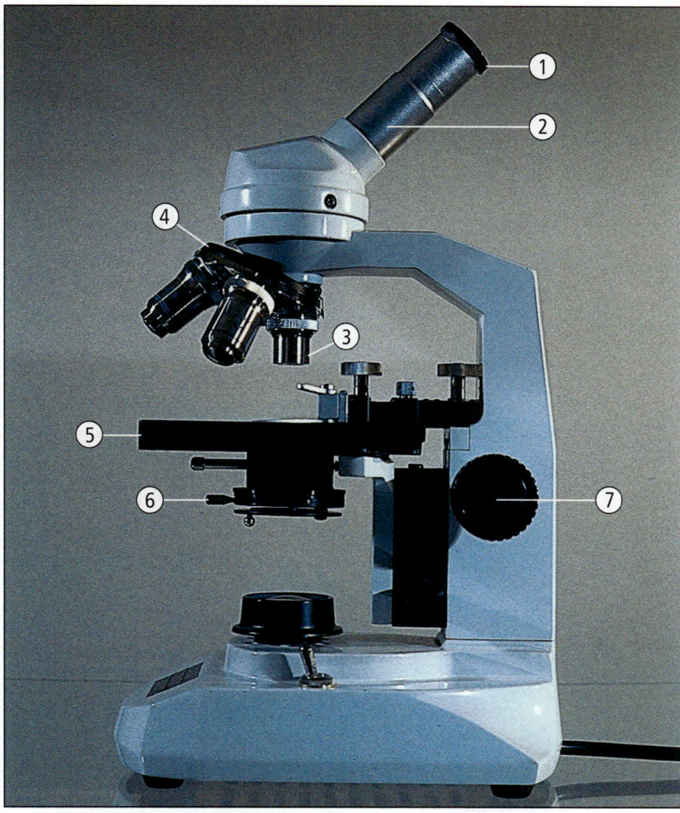

1 Okular. Das Okular ist das dem Auge zugewandte Linsensystem. Es vergrößert wie eine Lupe, zum Beispiel 5 ×, 10 ×.

2 Tubus. Der Tubus ist eine Röhre aus Metall, die Okular und Objektiv in einem bestimmten Abstand voneinanderhält.

3 Objektiv. Das Objektiv ist dem Untersuchungsgegenstand, dem Objekt, zugewandt. Es vergrößert zum Beispiel 10 ×, 45 ×, 100 ×.

4 Objektivrevolver. Dies ist eine drehbare Scheibe, in die verschiedene Objektive eingeschraubt sind. Sie können durch Drehen der Scheibe ausgewechselt werden.

5 Objekttisch. Auf den Objekttisch wird das Präparat gelegt. Das Präparat ist der Objektträger mit dem Objekt, das durch ein Deckglas bedeckt ist.

6 Kondensor. Der Kondensor erhöht die Bildhelligkeit und dient der gleichmäßigen Ausleuchtung des Präparates. Er enthält eine Blende. Mit ihr können Helligkeit und Kontrast reguliert werden.

7 Triebräder. Mit dem Grobtrieb kann der Abstand zwischen Objektiv und Objekttisch so verändert werden, dass das Objekt scharf abgebildet wird. Mit dem Feintrieb können dann verschiedene Bildebenen des Objektes scharf eingestellt werden.

27.1 Bau eines Lichtmikroskops

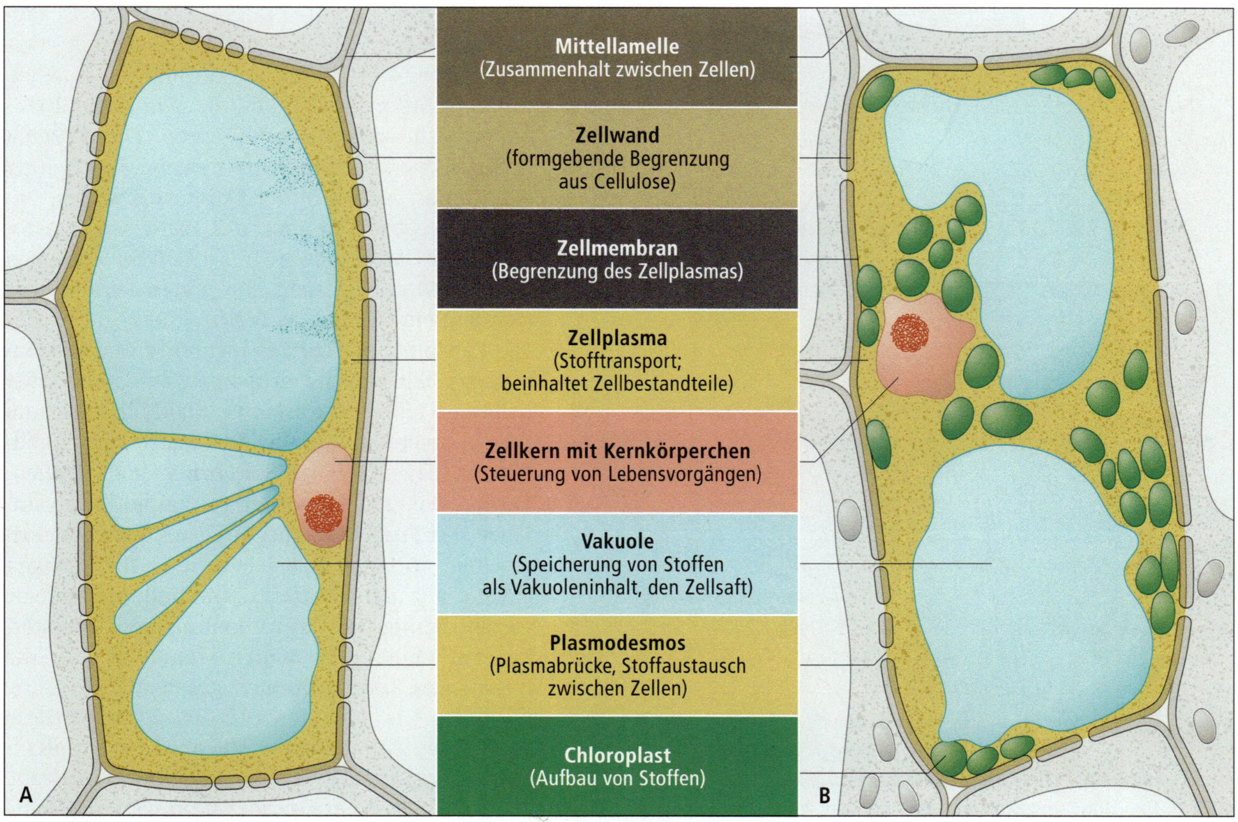

27.2 Pflanzliche Zellen (Schema). A Hautzelle eines Schuppenblattes der Roten Küchenzwiebel; **B** Blattzelle der Wasserpest

2 Unterschiedliche Pflanzenzellen

28.1 Keimpflanzen vom Raps. A Foto; **B** Schema

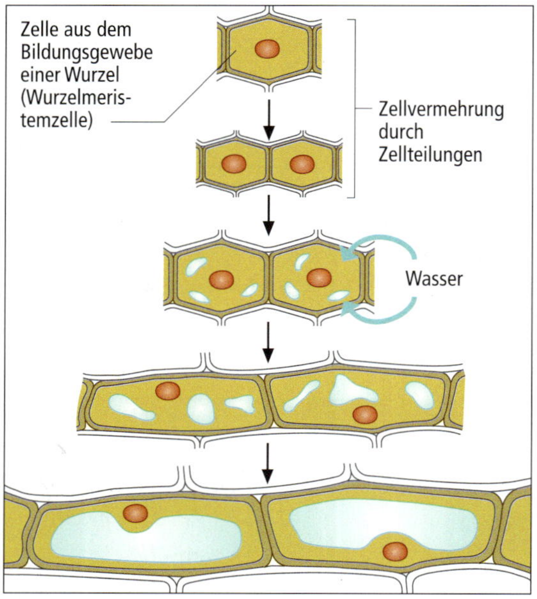

28.2 Differenzierung pflanzlicher Zellen

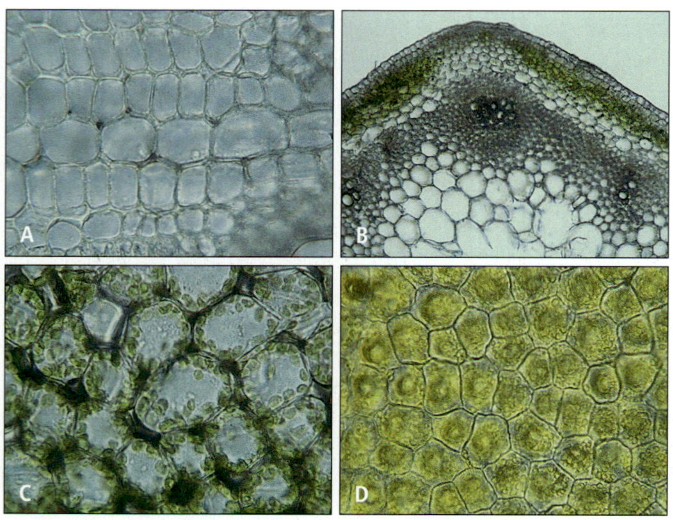

28.3 Zellen der Rapspflanze. A Wurzelzellen; **B** Sprossachsenzellen; **C** Laubblattzellen; **D** Kronblattzellen

Mikroskopische Untersuchungen an Keimpflanzen des Rapses zeigen, dass Blätter, Sprossachse und Wurzeln aus verschiedenartigen Zellen bestehen.

Alle Zellen sind aus der befruchteten Eizelle entstanden. Aus dieser Zygote entwickelt sich ein vielzelliger Embryo, der im Samen eingeschlossen ist. Alle Zellen des Rapsembryos sehen zunächst fast gleich aus. Dies ändert sich aber mit der Samenkeimung. Zuerst entwickeln sich eine kleine Wurzel und der Sprossansatz. Dann entfalten sich die Keimblätter. Später entstehen die Laubblätter und zum Schluss die Blüten. Im Mikroskop sieht man, dass im Laufe dieser Entwicklung immer neue Zelltypen gebildet werden. Man sagt, die Zellen **differenzieren** sich.

Betrachtet man die Differenzierungen innerhalb der Rapspflanze genauer, fällt auf, dass gleich gebaute Zellen meist in größeren Verbänden vorkommen. Einen solchen Verband von Zellen gleichen Typs mit gleichen Aufgaben nennt man **Gewebe.** Gewebe, in denen während des Wachstums noch Zellteilungen stattfinden, heißen **Bildungsgewebe** oder *Meristeme*. Man findet sie unter anderem an den Wurzelspitzen und in den Knospen an der Sprossachse. Hat ein Gewebe seine endgültige Gestalt und Größe erreicht, hören die Zellteilungen auf. Ein **Dauergewebe** ist entstanden.

Mit dem Mikroskop erkennt man in einem Blattquerschnitt verschiedene Gewebe. Die äußeren Zellen dienen als **Abschlussgewebe** dem Schutz des Blattes. Neben dieser **Epidermis** sorgen andere Gewebe im Inneren des Blattes für Ernährung und Gasaustausch. Diese Gewebe ergänzen sich in ihren Aufgaben. Sie bilden in ihrer Gesamtheit ein **Organ,** das Blatt.

Die Rapsblüte besteht aus mehreren verschiedenartigen Blättern: vier grünen Kelchblättern, vier gelben Kronblättern, sechs Staubblättern und zwei Fruchtblättern, die den Fruchtknoten bilden. In den Staubblättern entstehen die Pollenkörner. Die Eizellen bilden sich in den Samenanlagen des Fruchtknotens. Die Kronblätter locken Insekten an, zum Beispiel Bienen. Diese saugen Nektar aus den Nektardrüsen und sorgen „als Gegenleistung" für die Verbreitung der Pollenkörner auf andere Rapsblüten. Dadurch wird die Bestäubung fremder Blüten gesichert. Die Blüte wird also aus mehreren Organen gebildet. Diese dienen der gemeinsamen Aufgabe, der Fortpflanzung. Organe, die eine gemeinsame Aufgabe erfüllen, bilden ein **Organsystem.** Organsysteme setzen den **Organismus** zusammen.

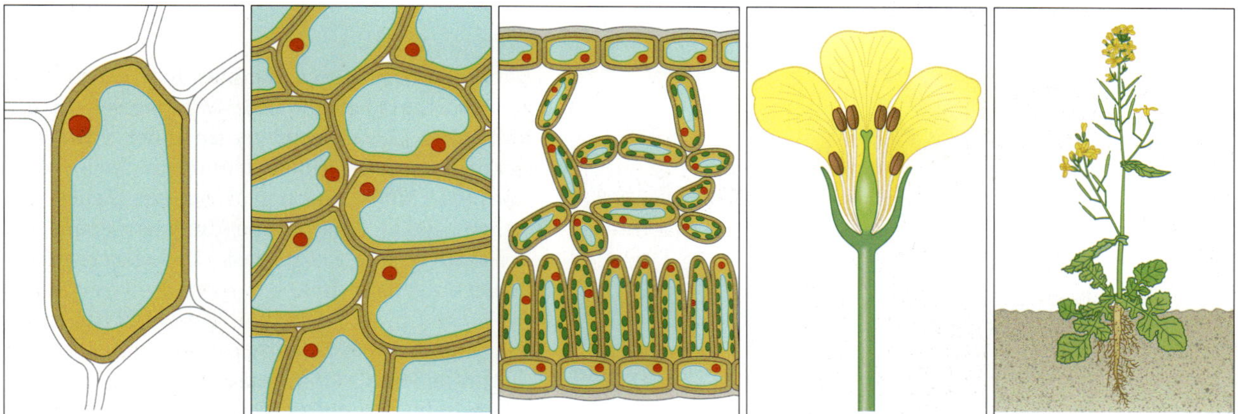

Zelle
Verband von Zellbestandteilen zur Erfüllung einer bestimmten Aufgabe

Gewebe
Verband von Zellen eines Zelltyps mit bestimmter Aufgabe
(Beispiel: Grundgewebe des Blattstiels)

Organ
mehrere verschiedene Gewebe ergänzen sich zur Erfüllung bestimmter Aufgaben
(Beispiel: Laubblatt)

Organsystem
mehrere verschiedene Organe ergänzen sich zur Erfüllung bestimmter Aufgaben
(Beispiel: Blüte)

Organismus
Lebewesen aus vielen Organen und Organsystemen ergänzen sich zur Erfüllung der Kennzeichen des Lebendigen
(Beispiel: Rapspflanze)

29.1 Organisationsstufen bei der Rapspflanze

1. Erläutere am Beispiel des Rapsembryos, was man unter Differenzierung versteht!
2. Beschreibe die Organisationsstufen bei einer Tulpenpflanze!
3. Erläutere an diesem Beispiel das Basiskonzept „Kompartimentierung"!
4. Die Kronblätter einer Blüte locken mit ihrer Farbe Insekten an. Erläutere das zugrunde liegende Basiskonzept!

AUFGABEN Pflanzliche Zellen

1 Das Mikroskop von HOOKE

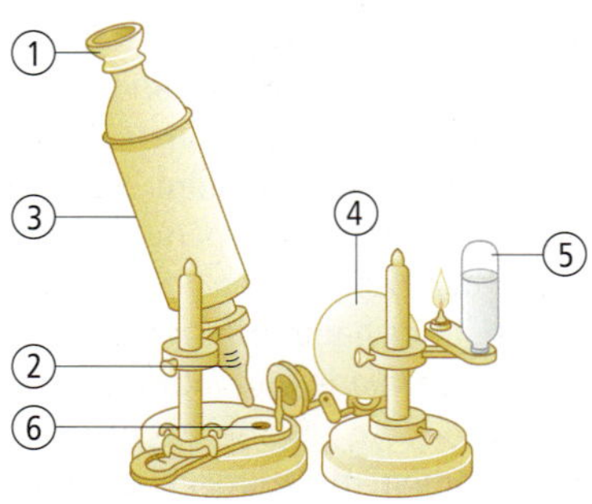

Die Abbildung zeigt eine Zeichnung des Mikroskopes von Robert HOOKE: 1 Okular; 2 Objektiv; 3 Tubus; 4 Glaskugel mit Wasser; 5 Ölbehälter für Lampe; 6 Objekt.

a) Beschreibe das Vergrößerungsprinzip beim Mikroskop von HOOKE!

b) Nenne Unterschiede zwischen dem HOOKEschen Mikroskop und dem Schülermikroskop in Abbildung 27.1!

c) Nenne die Zellbestandteile der Korkzellen, die HOOKE erkennen konnte!

2 Bau einer Küchenzwiebel

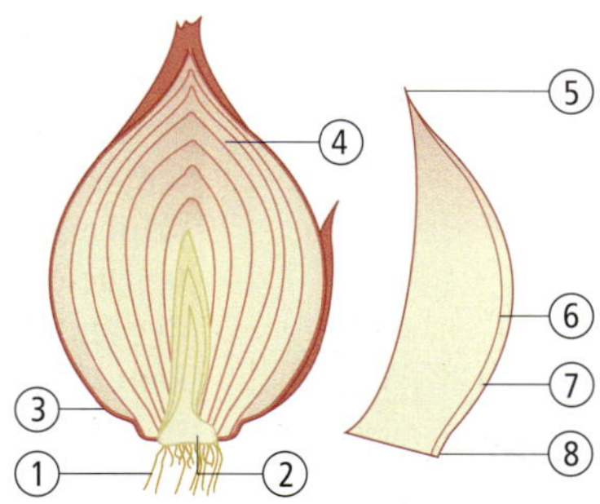

a) Ordne den Zahlen des Längsschnittes durch eine Rote Küchenzwiebel sowie durch ein Zwiebelschuppenblatt die richtigen Begriffe zu!

b) Ordne Küchenzwiebel und Zwiebelschuppenblatt den Organisationsstufen bei Pflanzen zu! Erläutere deine Zuordnung!

c) Das „Zwiebelhäutchen" lässt sich leicht von einem Zwiebelschuppenblatt abziehen. Ordne es einer Organisationsstufe zu!

3 Schülerzeichnung einer Zelle

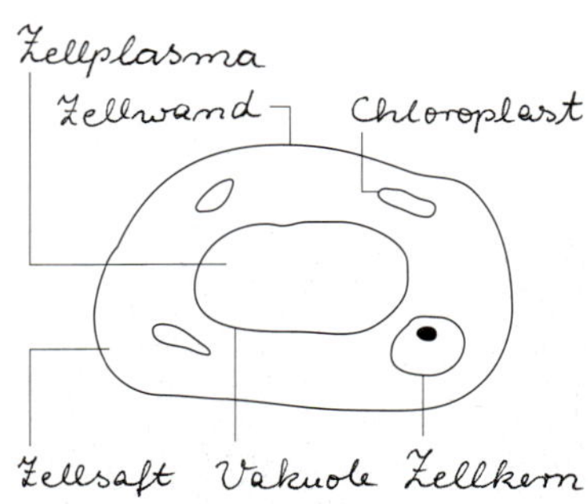

Schüler mikroskopierten das Häutchen eines Zwiebelschuppenblattes der Weißen Küchenzwiebel und fertigten von ihren Objekten Zeichnungen mit Beschriftungen an. Eine Schülerzeichnung gibt die Abbildung wieder.

a) Schreibe auf, was in der Schülerzeichnung falsch gemacht wurde!

b) Zeichne eine richtige Darstellung der Zelle eines „Zwiebelhäutchens" in dein Heft! Beschrifte deine Darstellung!

3 Unterschiedliche Tierzellen

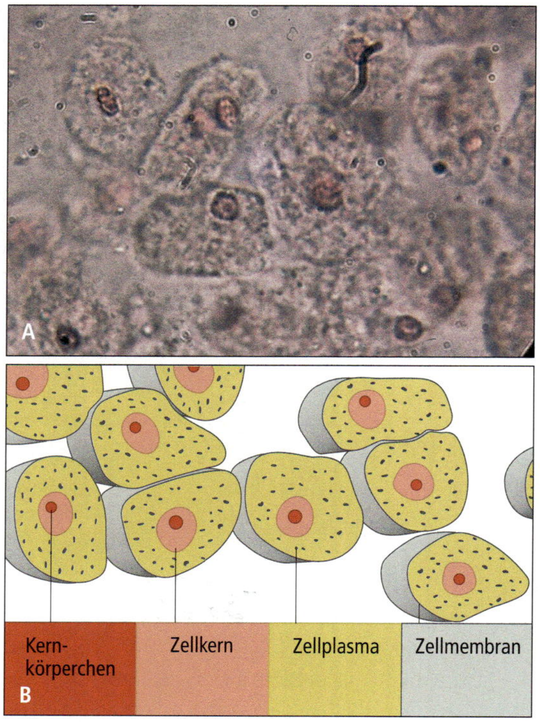

30.1 Leberzellen. A Foto, gefärbt; **B** Schema

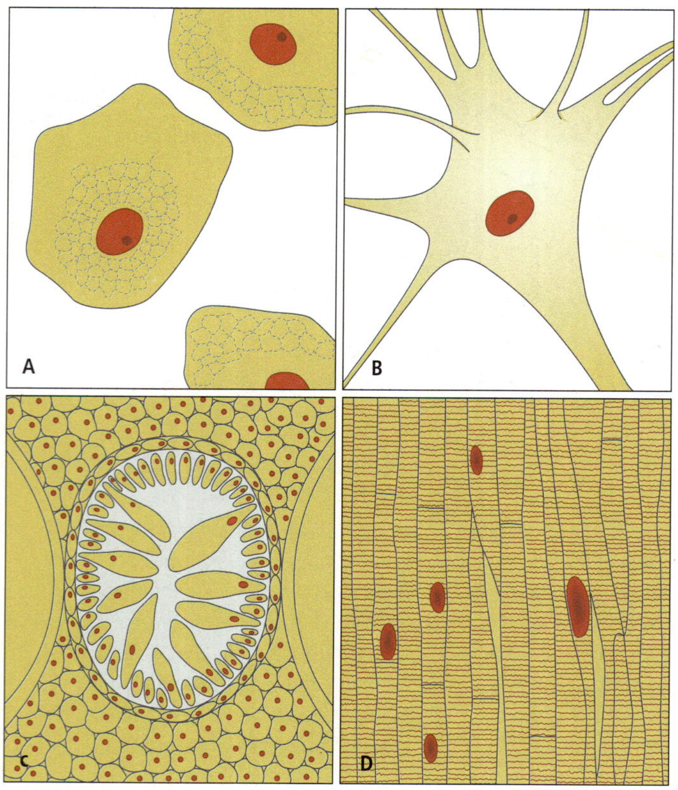

30.2 Zelltypen beim Menschen (Schemata).
A Deckzellen (Mundschleimhaut); **B** Nervenzelle;
C Drüsenzellen (Dünndarm); **D** Muskelzellen (quer gestreifte)

Der Botaniker Jakob Matthias SCHLEIDEN und der Zoologe Theodor SCHWANN wiesen in der Mitte des 19. Jahrhunderts an einer Fülle von mikroskopischen Untersuchungen nach, dass Pflanzen, Menschen und Tiere aus Zellen bestehen. Beide Forscher begründeten damit die **Zelltheorie.** Sie besagt, dass alle Lebewesen aus Zellen aufgebaut sind.

Um zum Beispiel Zellen einer Schweineleber zu mikroskopieren, kann man Präparate aus frischen, fein zerriebenen Leberstückchen herstellen. Leider werden dabei die Zellen voneinander getrennt. Um den Zellverband zu erhalten, wendet man ein anderes Verfahren an. Man stellt **Dauerpräparate** her. Hierbei werden Leberstückchen durch Einbetten in Paraffin gehärtet. Mit einem besonderen Schneidegerät lassen sich aus dem so behandelten Leberstück Dünnschnitte herstellen. Sie werden dann auf einen Objektträger übertragen. In einem weiteren Präparationsschritt wird das Paraffin durch Lösungsmittel entfernt. Anschließend färbt man das Objekt. Durch bestimmte Farbstoffe werden einzelne Zellbestandteile unterschiedlich stark hervorgehoben.

Betrachtet man das mikroskopische Bild eines gefärbten Leberpräparates, so sind deutlich die einzelnen Zellen mit der begrenzenden *Zellmembran* zu erkennen. Vom körnigen *Zellplasma* hebt sich besonders der stark angefärbte *Zellkern* ab. Auch gefärbte Präparate von Haut-, Nerven-, Drüsen-, Muskel- oder Eizellen zeigen grundsätzlich den gleichen Zellaufbau aus Zellmembran, Zellkern und Zellplasma. Sie unterscheiden sich jedoch in Größe, Gestalt und Aufgaben. Die verschiedenen Zelltypen eines Tieres sind aus der befruchteten Eizelle hervorgegangen. Im Verlaufe der Entwicklung des Tieres haben sie sich differenziert und bilden *Gewebe, Organe* und *Organsysteme.*

Welche Gewebe kommen im tierischen beziehungsweise im menschlichen Körper vor? Nach außen wird der Körper abgeschlossen und geschützt durch die Zellen des **Deckgewebes.** Bei den Wirbeltieren bilden mehrere verschieden aufgebaute Schichten von Deckgeweben die Haut. Sie ist also ein Organ. Die äußere Schicht der menschlichen Haut ist verhornt und trocken. Bei Amphibien wie den Fröschen dagegen sorgen Drüsenzellen im Deckgewebe für eine feuchte Haut. Überall im Körper, wo Flüssigkeiten ausgeschieden werden, wirken Drüsenzellen oder **Drüsengewebe.** Die Ausscheidungsprodukte von Drüsengeweben, zum Beispiel Schleim, Speichel oder Schweiß, nennt man *Sekrete.* Viele Vorgänge im Körper werden durch Hormone gesteuert. Sie entstehen in besonderen Hormondrüsen wie beispielsweise in der Schilddrüse. Die Hormondrüsen geben ihre Produkte zum Weitertransport ins Blut ab. Der Hauptbestandteil des Blutes ist eine wässrige Flüssigkeit, das Blutplasma. Im Blutplasma kommen mehrere verschiedene Zelltypen vor wie zum Beispiel Rote und Weiße Blutkörperchen. Alle Roten Blutkörperchen bilden also ein Gewebe. Dasselbe gilt für die Weißen Blutkörperchen. Wegen dieser verschiedenartigen Zelltypen kann das Blut als ein flüssiges Organ bezeichnet werden. Das Blut fließt in Blutgefäßen. Diese liegen in einem weiteren Gewebe, dem lockeren **Bindegewebe.**

Beim Zerteilen von rohem Fleisch kann man leicht sehen, dass ein durchsichtiges und dehnbares Bindegewebe auch die Muskeln umgibt. Das **Muskelgewebe** besteht aus lang gestreckten Zellen, die sich verkürzen können. Bei den Wirbeltieren erfolgt die Bewegung durch das Zusammenspiel von Muskeln, Knochen und Gelenken. *Knorpelgewebe* und *Knochengewebe* zählt man zum **Stützgewebe**. Das zugleich elastische und feste Knorpelgewebe besteht aus einer gummiartigen Grundsubstanz, in die Eiweißfasern und Knorpelzellen eingelagert sind. Der Mensch hat in der Embryonalzeit knorpelige Anteile im Skelett. Sie werden nach und nach durch Knochengewebe ersetzt. Dieses besteht aus Knochenzellen, die wie Knorpelzellen nach außen eine Grundsubstanz und elastische Eiweißfasern abgeben. Durch Einlagerung von Calciumsalz sind Knochen härter als Knorpel, ohne spröde zu sein.

Auch die Zähne bestehen aus Knochensubstanz. Erkrankte Zähne schmerzen, weil sie von Nervenzellen durchzogen sind. Das **Nervengewebe** sorgt zusammen mit den Sinnesorganen dafür, dass wir unsere Umwelt wahrnehmen und Veränderungen in unserem Körper spüren.
So sorgen Nervenzellen wie die Sehzellen im Auge für die Umwandlung von Lichtreizen und für die Weiterleitung der Erregung zum Gehirn. Die verschiedenen Sehzellen der Netzhaut bilden in ihrer Gesamtheit mit den Pigmentzellen ein Organ. Weitere Organe wie das Blutgefäßsystem und die Muskeln tragen zur Erfüllung der Aufgabe bei. Das Auge ist also ein Organsystem. Alle Organsysteme des Menschen wirken bei der Erfüllung der Lebensvorgänge zusammen: Sie bilden den *Organismus* Mensch.

1. Formuliere Begriffsbestimmungen zu den in der Abbildung 31.1 wiedergegebenen Organisationsstufen!

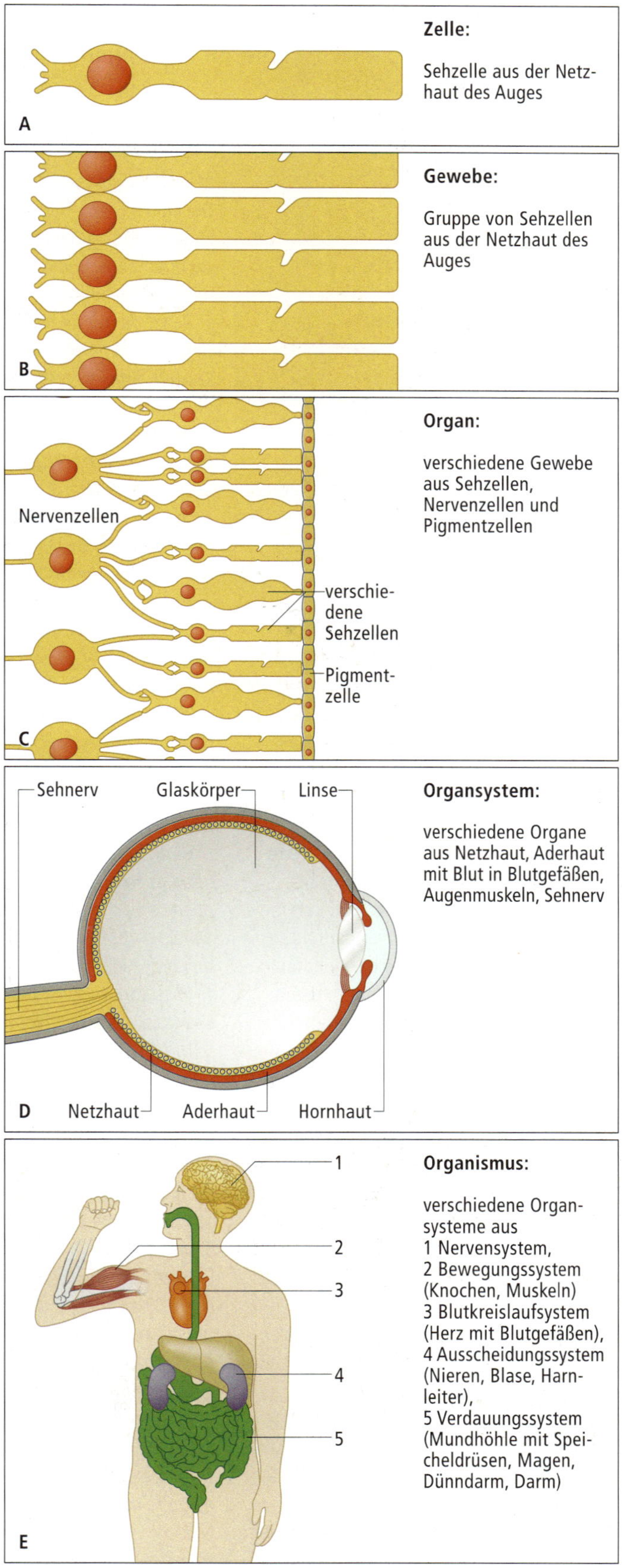

31.1 Organisationsstufen des Organismus Mensch

 Mikroskopieren von Zellen

1 Einlinsenmikroskope

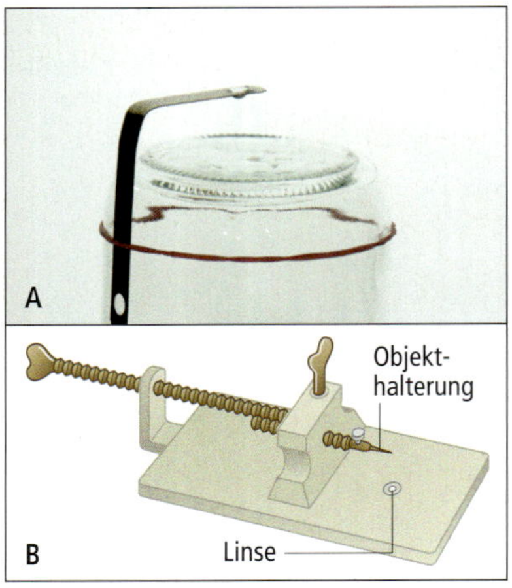

32.1 Einlinsenmikroskope. A selbst gebautes Mikroskop; **B** Zeichnung eines Mikroskops des holländischen Naturforschers Anthony VAN LEEUWENHOEK aus der Mitte des 17. Jahrhunderts

Material: Marmeladenglas; Lochstreifen (zum Beispiel Schnellhefter); Gummiband; Wasser; Wasserpestpflanze
Durchführung: Biege den Lochstreifen in der Mitte in einen rechten Winkel! Befestige den gewinkelten Streifen mit einem Schenkel an dem umgedrehten Marmeladenglas, wie es die Abbildung zeigt! Tauche den Zeigefinger kurz in Wasser und übertrage den anhaftenden Wassertropfen in das Loch des Metallstreifens über dem Boden des Glasgefäßes! Gib auf den Boden des Glasgefäßes einen Tropfen Wasser! Lege in diesen Tropfen ein abgezupftes Blatt der Wasserpest! Betrachte das Objekt durch den Wassertropfen im Lochstreifen! Zur Scharfeinstellung verändere die Höhe des gewinkelten Metallstreifens!
Aufgaben:
a) Beschreibe das Bild des Blattes der Wasserpest, das du durch den Wassertropfen siehst! Erläutere!
b) Vergleiche den Bau eines „Einlinsenmikroskops" mit dem Bau eines Lichtmikroskops! Stelle die Mikroskopteile in einer Tabelle gegenüber!
c) Nenne Unterschiede zwischen deinem „Einlinsenmikroskop" und dem Mikroskop des VAN LEEUWENHOEK!

2 Bedienung eines Mikroskops

Material: Mikroskop; Objektträger; Deckglas; Filzstift (wasserlöslich)
Durchführung: In der Anleitung zur sachgemäßen Bedienung eines Schülermikroskops heißt es:
1. Bevor du mit dem Mikroskopieren beginnst, stelle an deinem Mikroskop die kleinste Objektivvergrößerung ein, schiebe den Kondensor bis zum oberen Anschlag und schließe die Blende etwa zur Hälfte! Schalte die Mikroskopierlampe ein!
2. Lege das Präparat so auf den Objekttisch, dass sich das Objekt über der Mitte der Objekttischöffnung befindet! Klemme den Objektträger mit den Klemmen fest!
3. Bewege unter seitlichem Beobachten Objekttisch und Objektiv durch Drehen des Grobtriebes so weit wie möglich aufeinander zu, ohne dass sich das Objektiv und das Deckglas berühren! Erst jetzt darfst du durch das Okular schauen!
4. Drehe dann den Grobtrieb vom Objekttisch weg, bis das Objekt scharf erscheint! Reguliere gegebenenfalls mit der Blende Helligkeit und Kontrast! Stelle durch Drehen des Feintriebs die gewünschte Bildebene scharf ein! Drehe niemals das Objektiv auf das Objekt zu, während du durch das Mikroskop schaust! Die Objektivlinse könnte sonst beschädigt oder das Objekt zerstört werden.
5. Um eine bestimmte Stelle des Objektes näher zu untersuchen, schiebe sie in die Mitte des Gesichtsfeldes! Vergrößere dann durch Drehen des Grobtriebs den Abstand zwischen Objektiv und Objekttisch! Schwenke nun ein Objektiv in den Strahlengang! Verfahre dann weiter nach 3. und 4.!
6. Nach dem Mikroskopieren schalte zunächst die Lampe aus und stelle die kleinste Objektivvergrößerung ein! Entferne das Präparat vom Objekttisch! Säubere gegebenenfalls Objekttisch und Objektivfrontlinse mit einem weichen Lappen!
Aufgabe:
Schreibe in die Mitte eines Objektträgers ein „O" und lege ein Deckglas darüber! Mikroskopiere dieses ,,Präparat" bei verschiedenen Vergrößerungen!
Gehe dabei nach der Anleitung vor!

3 Untersuchung von Staubfadenhaaren

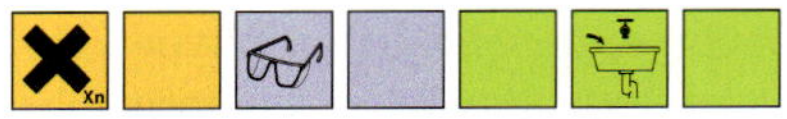

Material: Mikroskop und Zubehör; Zeichenpapier; Zeichenmaterial; Methylenblau-Lösung (Xn); Filtrierpapierstreifen (etwa 5 cm × 1 cm); Pipette; Blüte einer Ampelpflanze (*Tradescantia*; siehe Abbildung)
Durchführung: Bringe mit einer Pipette einen Tropfen Wasser auf einen Objektträger! Entferne mit der Pinzette einige Staubfadenhaare kurz oberhalb ihrer Ansatzstelle am Blütenboden und übertrage sie in den Wassertropfen! Lege ein Deckglas auf!
Aufgaben:
a) Mikroskopiere das Frischpräparat! Zeichne eine Staubfadenhaarzelle! Beschrifte deine Zeichnung!
b) In lebenden Zellen bewegt sich das Zellplasma. Diese *Plasmaströmung* erkennt man gut an den mitgeführten Zellbestandteilen. Beobachte die Plasmaströmung der unter a) eingestellten Haarzelle! Trage die Bewegungsrichtung – auch in den angrenzenden Zellen – durch Pfeile in deine Zeichnung von a) ein!
c) Gib mit einer Pipette einen Tropfen Methylenblau-Lösung an den Rand des Deckgläschens! Halte den Filtrierpapierstreifen an den anderen Rand! Sauge auf diese Weise den Farbstoff so lange durch das Präparat, bis es sichtbar angefärbt ist! Mikroskopiere das angefärbte Präparat! Nenne die Zellbestandteile, die sich jetzt besser erkennen lassen als bei a)!
d) Ordne das Staubfadenhaar von Tradescantia einer Organisationsstufe bei Pflanzen zu!

4 Weiße und Rote Küchenzwiebel

Material: Mikroskop und Zubehör; Messer; Rasierklinge; Zeichenpapier; Zeichenmaterial; Wasser; Methylenblau-Lösung (Xn); Filtrierpapierstreifen (etwa 5 cm × 1 cm); Weiße Küchenzwiebel; Rote Küchenzwiebel

Durchführung: Schneide die Weiße Küchenzwiebel längs durch! Löse eine Zwiebelschuppe (= Zwiebelschuppenblatt) mit einer Pinzette vorsichtig heraus! Das Schuppenblatt ist auf der nach innen gewölbten Seite von einer matten, durchscheinenden Haut begrenzt. In dieses „Zwiebelhäutchen" schneide mit einer scharfen Rasierklinge ein Muster kleiner Quadrate (Kantenlänge etwa 3 mm)!
Gib einen Tropfen Wasser in die Mitte eines Objektträgers! Löse dann mit einer Pinzette ein quadratisches Stück des Zwiebelhäutchens ab und übertrage es in den Wassertropfen! Setze ein Deckglas seitlich an den Wassertropfen und lege es vorsichtig auf!

Aufgaben:

a) Mikroskopiere das Frischpräparat bei kleinster Vergrößerung! Zeichne!

b) Färbe das Objekt mit Methylenblau-Lösung wie in Versuch 3 unter c) beschrieben! Mikroskopiere und zeichne eine Zelle! Beschrifte deine Zeichnung!

c) Das Zwiebelhäutchen ist ein Abschlussgewebe, eine Epidermis, des Zwiebelschuppenblattes. Das Schuppenblatt ist ein Organ der Zwiebelpflanze. Untersuche, aus welchen verschiedenen Geweben das Schuppenblatt aufgebaut ist!

d) Bei der Roten Küchenzwiebel ist eine Epidermis durch einen Farbstoff in den Vakuolen rot gefärbt. Die andere Epidermis ist ungefärbt. Löse ein Schuppenblatt aus einer geviertelten Roten Küchenzwiebel! Ordne diese beiden Epidermisschichten des Zwiebelschuppenblattes einer Roten Küchenzwiebel der unteren und der oberen Blattepidermis zu! Erläutere deine Entscheidung!

5 Blattzellen der Wasserpest

Material: Mikroskop und Zubehör; Zeichenpapier; Zeichenmaterial; Wasserpest

Durchführung: Gib einen Tropfen Wasser auf einen Objektträger! Zupfe dann mit einer Pinzette ein Blatt vom Spross der Wasserpest ab und übertrage es in den Wassertropfen! Lege vorsichtig ein Deckglas auf!

Aufgaben:

a) Mikroskopiere das Zupfpräparat! Wähle dann eine Vergrößerung, bei der du eine Zelle gut erkennen kannst! Zeichne eine Blattzelle aus dem Gewebe heraus und deute die angrenzenden Zellen an! Beschrifte deine Zeichnung!

b) Erläutere am Beispiel der Blattzelle der Wasserpest das Basiskonzept „Kompartimentierung"!

6 Menschliche Mundschleimhautzellen

Material: Mikroskop und Zubehör; Zeichenpapier; Zeichenmaterial; Holzspatel oder Teelöffel; Pipette; Glasstab; Methylenblau-Lösung (Xn); Filtrierpapierstreifen (etwa 5 cm × 1 cm)

Durchführung: Gib einen Tropfen Wasser auf einen Objektträger! Schabe mit dem Stiel eines sauberen Teelöffels von der Innenseite deiner Wange etwas Schleimhaut ab! Übertrage sie in den Wassertropfen auf dem Objektträger! Nimm einen Glasstab und vermische die Schleimhautstückchen vorsichtig mit dem Wasser! Setze ein Deckglas seitlich an den Wassertropfen und lege es vorsichtig auf!

Aufgaben:

a) Mikroskopiere das Präparat bei starker Vergrößerung und zeichne! Beschrifte deine Zeichnung!

b) Färbe das Objekt mit Methylenblau-Lösung wie in Versuch 3 unter c) beschrieben!
Mikroskopiere bei starker Vergrößerung! Beschreibe den Unterschied zwischen dem gefärbten und dem ungefärbten Präparat!

7 Untersuchung von Leberzellen

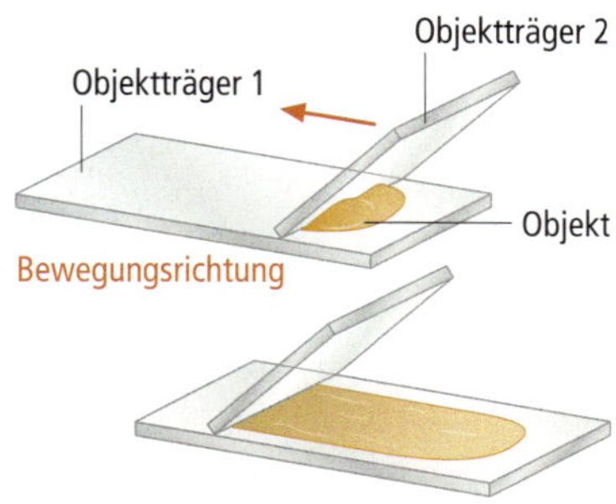

Material: Mikroskop und Zubehör; Pipette; Glasstab; Becherglas (50 ml); Zeichenpapier; Zeichenmaterial; Orcein-Essigsäure (Xi); kleines Stück frische Schweineleber

Durchführung: Gib das Leberstückchen mit etwas Wasser in das Becherglas! Zerschneide das Leberstückchen mit einer spitzen Schere im schräg gestellten Glasgefäß so lange, bis eine braunrote Flüssigkeit entstanden ist! Übertrage nun vorsichtig mit einer Pipette einen Tropfen dieser Flüssigkeit an ein Ende eines Objektträgers! Stelle nun ein *Ausstrichpräparat* her:
Setze dazu einen zweiten Objektträger mit der schmalen Kante im schrägen Winkel an den Tropfen auf dem ersten Objektträger auf, sodass sich der Tropfen bei Berührung an der Kante ausbreiten kann! Dann schiebe den schräg gestellten Objektträger zum anderen Ende des liegenden Objektträgers! Dabei wird die braunrote Flüssigkeit verteilt, man sagt, sie wird ausgestrichen. Gib hierauf mit einem Glasstab einen Tropfen Orcein-Essigsäure und lege ein Deckglas auf! Mikroskopiere dieses bei mittlerer Vergrößerung! Du siehst sowohl Leberzellen im Verband als auch isolierte Leberzellen und Zellreste, die durch das Präparieren entstanden sind. Suche eine Stelle mit vollständig erhaltenen Leberzellen!

Aufgabe:
Nenne Zellbestandteile, die durch Orcein-Essigsäure gefärbt werden!

AUFGABEN Zellen

1 Zwiebelhautzellen

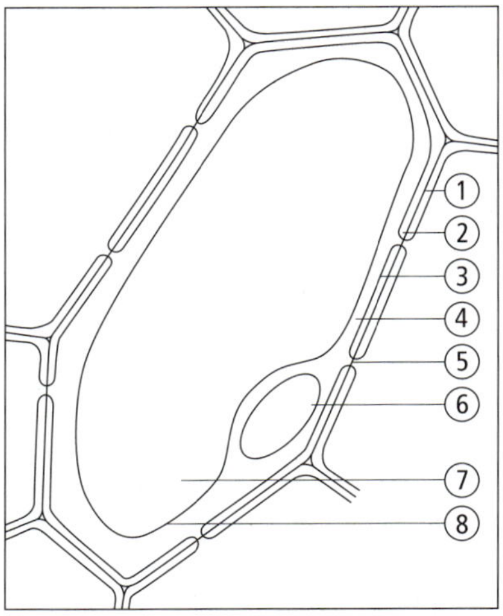

a) Ordne den Zahlen des Schemas von Zellen eines „Zwiebelhäutchens" des Schuppenblattes der Weißen Küchenzwiebel die richtigen Begriffe zu!
b) Ordne das „Zwiebelhäutchen" einer Organisationsstufe bei Pflanzen zu! Erläutere!

2 Zellmodell

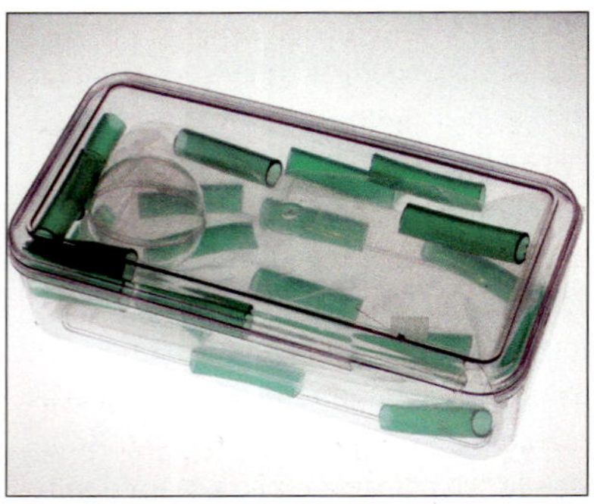

Schüler haben ein Zellmodell aus einer Kunststoffbox, einem Kunststoffbeutel, einer Kunststoffkugel und Aquarienschlauchstücken gebaut.
a) Nenne den Zelltyp, den das Modell veranschaulichen soll!
b) Ordne den Modellteilen die Bestandteile einer lebenden Zelle zu! Fertige dazu eine Tabelle an!
c) Äußere dich kritisch zu dem dargestellten Zellmodell!

3 Knorpelzellen

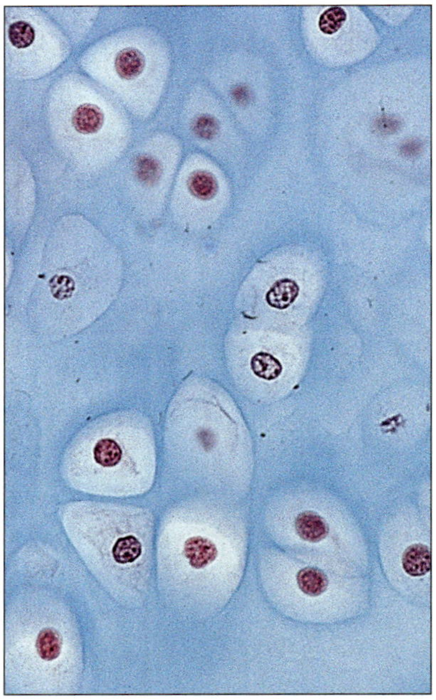

a) Zeichne ein Schema einer der abgebildeten Knorpelzellen! Beschrifte!
b) Vergleiche den Aufbau der Knorpelzelle mit dem einer Leberzelle! Nimm das Buch zu Hilfe!
c) Nenne Unterschiede und Gemeinsamkeiten einer Blattzelle der Wasserpest und einer Zelle der Mundschleimhaut des Menschen! Fertige eine Tabelle an!

4 Vergleich pflanzlicher und tierischer Zellen

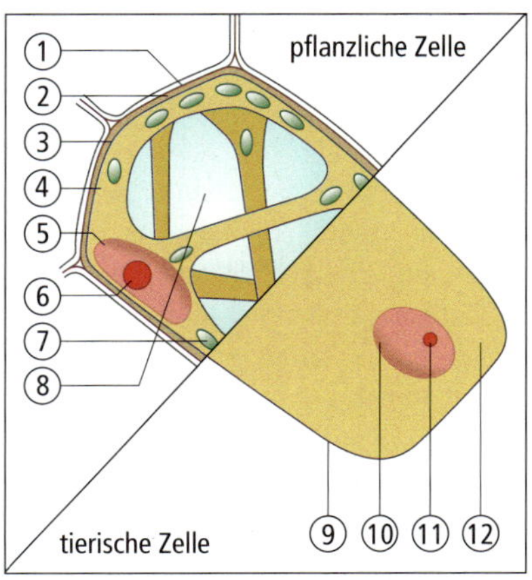

a) Ordne den Zahlen in der Schemazeichnung die richtigen Begriffe zu!
b) Nenne die Kennzeichen pflanzlicher und tierischer Zellen! Fertige dazu eine Tabelle an!
c) Erläutere am Beispiel der Zelle das Basiskonzept „Struktur und Funktion"!
d) Tierische Organe lassen sich für mikroskopische Untersuchungen schwieriger präparieren als pflanzliche. Erläutere!

5 Zellen

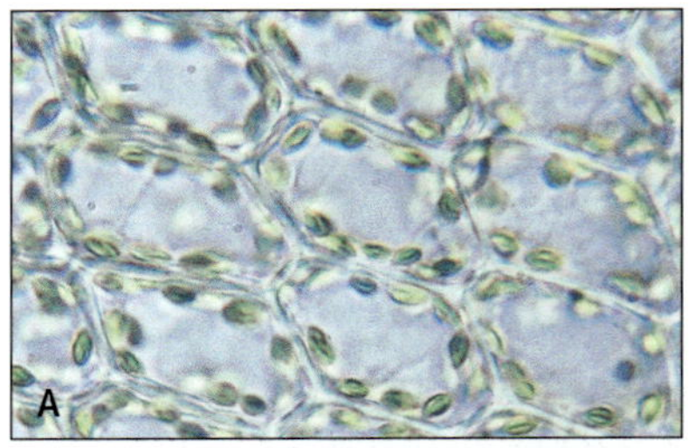

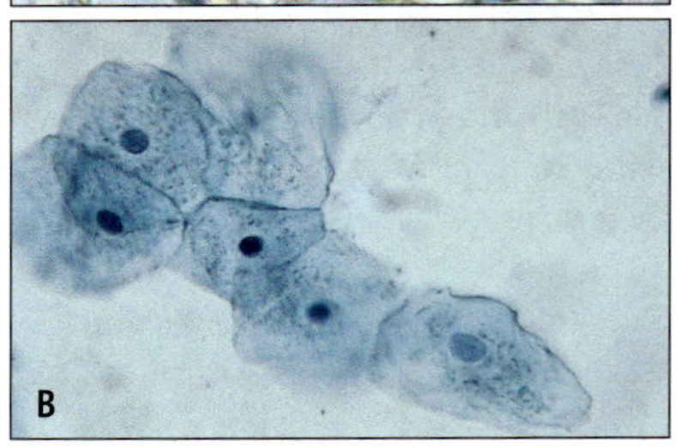

Ordne die Zellen A und B tierischen und/oder pflanzlichen Zellen zu! Erläutere!

6 Zellen des Blutes

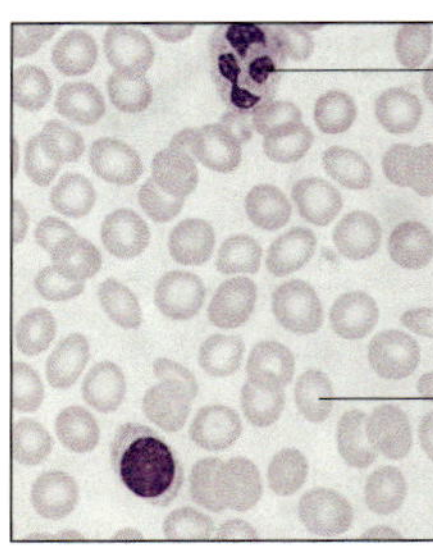

Weiße und Rote Blutzellen werden von Zellen im Knochenmark gebildet. Erläutere, weshalb Blut als flüssiges Gewebe bezeichnet werden kann!

RÜCKBLICK mit Basiskonzepten: Lebewesen bestehen aus Zellen

Bereits vor über 2000 Jahren untersuchte der Mensch Pflanzen und Tiere. Dabei beschäftigte ihn zunächst die äußere Gestalt der Lebewesen. Erste Beobachtungen über ihren inneren Aufbau wurden von ARISTOTELES (384–322 vor Christi Geburt) festgehalten. Er vermutete, dass die verschiedenartig aussehenden Pflanzen und Tiere aus ähnlich aussehenden Grundbausteinen zusammengesetzt sind. Dies war jedoch bis vor etwa 300 Jahren nicht nachprüfbar, denn der Feinbau der Lebewesen aus Zellen lässt sich mit dem bloßen Auge nicht erkennen. Erst die Erfindung des Mikroskops ermöglichte den Blick auf Gewebe und Zellen.

Einer der ersten, die einen Vorstoß in die Welt des Unsichtbaren wagten, war der Niederländer Anthony VAN LEEUWENHOEK (1632–1723). Sein Mikroskop bestand aus einer einfachen Metallplatte, in die eine Linse aus Diamant oder Bergkristall eingelassen war. Hiermit konnte er eine bis zu 270-fache Vergrößerung erzielen. So entdeckte und beschrieb er Rote Blutkörperchen, Bakterien und andere Kleinstlebewesen. Die Entdeckung weiterer Zellen und vor allem der Zellbestandteile war von der Entwicklung wesentlich leistungsfähigerer Mikroskope abhängig.

Der Engländer Robert HOOKE (1635–1703) untersuchte die Rinde von Korkeichen und war von der besonderen Nachgiebigkeit dieses Pflanzenmaterials beeindruckt. Mit einem selbst gebauten Mikroskop betrachtete er einige Schnitte durch die Korkrinde. Er entdeckte ein Muster von hohlen „Kämmerchen", die ihn an die Zellen von Bienenwaben erinnerten. HOOKE nannte die „Kammern" *Zellen.* In den folgenden Jahrzehnten wurden die Mikroskope ständig verbessert. Dies führte zu ständig neuen Entdeckungen über den Bau von Lebewesen. So konnten Jakob Matthias SCHLEIDEN (1804–1881) und Theodor SCHWANN (1810–1882) um 1840 eine allgemeine *Zelltheorie* aufstellen. Sie besagt, dass alle Lebewesen aus Zellen aufgebaut sind. Diese Erkenntnis wurde durch

35.1 Einlinsenmikroskop nach VAN LEEUWENHOEK

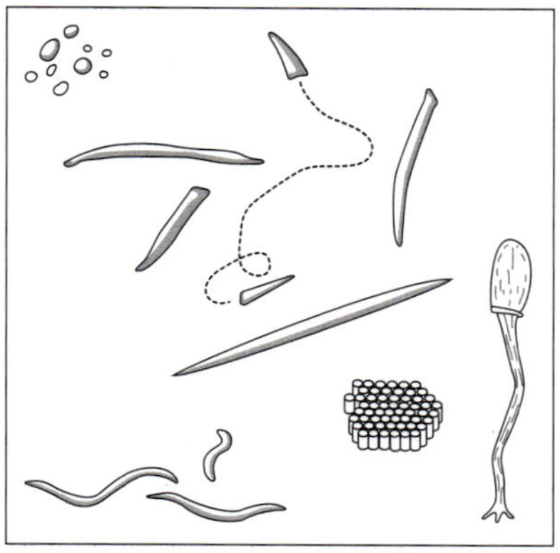

35.2 Darstellung von Zellen und Kleinstlebewesen nach VAN LEEUWENHOEK

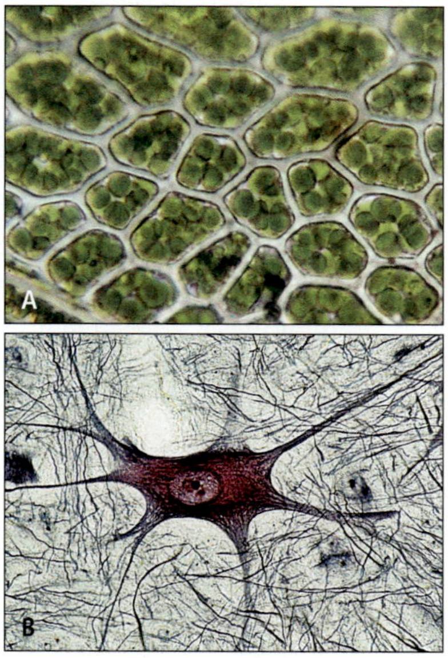

35.3 Darstellung von Zellen mit einem modernen Mikroskop. A Moosblattzellen; **B** Nervenzelle

Rudolf Ludwig VIRCHOW um 1855 erweitert. Er beobachtete mit seinem Mikroskop die Teilung von Zellen und behauptete: „Jede Zelle (entsteht) aus einer Zelle."

Allen Zellen gemeinsam ist ihr Aufbau aus einem *Protoplasten.* Darunter versteht man das *Zellplasma* mit Zellbestandteilen, das von einer *Zellmembran* begrenzt ist. Jede Zelle besitzt einen *Zellkern.* Er ist vom Zellplasma durch eine Kernhülle getrennt und weist Kernkörperchen auf. Diese Aufteilung der Zelle in unterschiedliche Reaktionsräume entspricht dem **Basiskonzept „Kompartimentierung".** Der Zellkern steuert sämtliche Lebensvorgänge in der Zelle. Pflanzliche Zellen besitzen zusätzlich zum Protoplasten eine *Zellwand* aus Cellulose. Sie gibt der Zelle ihre Form und Festigkeit. Auch unterscheiden sich pflanzliche von tierischen Zellen durch den Besitz von Vakuolen und Chloroplasten. *Vakuolen* können große Teile des Zellinneren ausfüllen. Sie sind von einer Membran, dem Tonoplast, begrenzt. Die Vakuole kann im Zellsaft bestimmte Stoffe, zum Beispiel Farbstoffe, speichern.
Der grüne Farbstoff, das Chlorophyll, befindet sich hingegen in den *Chloroplasten.* Sie sind körnchenförmig und von einer Hülle umgeben. Chloroplasten dienen der Ernährung der Pflanze. Jeder Zellbestandteil hat also eine bestimmte Funktion. Dieser Zusammenhang entspricht dem **Basiskonzept „Struktur und Funktion".**

Pflanzen, Tiere und Menschen gehen jeweils aus einer befruchteten Eizelle durch Zellteilungen hervor. Die Tochterzellen differenzieren sich in ihrer Entwicklung und erfüllen unterschiedliche Aufgaben. Ein Zusammenschluss gleich gestalteter Zellen heißt *Gewebe.* Verschiedenartige Gewebe können zur Ausübung einer bestimmten Aufgabe des Lebewesens als *Organe* zusammenwirken. Solche Organe bilden wiederum die Funktionseinheit *Organsystem.* Am Ende dieser Organisationsstufen steht der *Organismus.*

36.1 **Transpiration.** **A** zu Beginn des Versuchs; **B** nach fünf Minuten

4 Pflanzen produzieren Biomasse

4.1 Wasserhaushalt der Pflanzen

In einem Versuch wird das Blatt einer Pflanze von einem kleinen Kunststoffbeutel luftdicht umschlossen. Bestrahlt man nun das Blatt mit einer Lampe, so beschlägt der Beutel, während die Temperatur nur langsam ansteigt. Pflanzen verdunsten unter Aufnahme von Lichtenergie Wasser über ihre Blätter. Die Verdunstung verursacht einen kühlenden Effekt. Den Vorgang nennt man **Transpiration.**

Die Blattunterseite ist von vielen **Spaltöffnungen** durchbrochen. Jeder Spaltöffnungsapparat setzt sich aus zwei bohnenförmigen, chlorophyllhaltigen *Schließzellen* und den angrenzenden Zellen zusammen. Gewöhnlich sind die Spaltöffnungen im Sonnenlicht bei Tage geöffnet. Bei starker Sonneneinstrahlung jedoch schließen sie sich. So schützt sich die Pflanze vor zu großem Wasserverlust.

Die Schließzellen liegen in einer Zellschicht, der **Epidermis.** Das Blatt ist oben und unten von solch einem Abschlussgewebe begrenzt. Die Außenwände der Epidermiszellen sind mit einer wachsartigen, wasserabweisenden Schicht, der **Cuticula,** überzogen. Sie schützt die Pflanze vor Verdunstung. Zwischen den Epidermisschichten liegen das **Palisaden-** und das **Schwammgewebe.** Im Schwammgewebe werden Luft und Wasser ausgetauscht. Sie entweichen über einen großen Hohlraum, die *Atemhöhle.* Diese ist mit dem Spaltöffnungsapparat verbunden. Ein Laubbaum verdunstet an einem Sommertag bis zu 400 Liter Wasser. Dabei sorgt ein Wasserstrom aus den Wurzeln über die Sprossachse für den Nachschub. Wie wird das Wasser transportiert?

Blattadern sind Bündel von Leitungsbahnen. Sie sind mit den Leitungsbahnen der Sprossachse verbunden. Ein Querschnitt zeigt, dass sie als Leitbündel ringförmig im Spross angeordnet sind. Der Teil eines Leitbündels, der die Wasser und Mineralstoff transportierenden Gefäße enthält, wird **Xylem** genannt. Der Nährstofftransport zur Sprossachse und in die Wurzel dagegen erfolgt im Siebteil eines Leitbündels, dem **Phloem.**
Die Röhren des Xylems sind aus lang gestreckten Zellen durch Auflösung der Querwände entstanden. Sie sind tote Zellen, haben also kein Zellplasma. Ihre Zellwände sind durch innen aufgelegte Verdickungsleisten versteift. Nach Art der Verdickung unterscheidet man *Netz-, Ring-, Schrauben-* und *Tüpfelgefäße.* Dagegen setzen sich die *Siebröhren* aus lang gestreckten, plasmahaltigen Zellen mit unverdickten Zellwänden zusammen. Ihre Querwände sind siebartig durchbrochen. Durch die Poren dieser *Siebplatten* reichen Plasmastränge. Sie verbinden die einzelnen Siebzellen. Zwischen Siebteil und Gefäßteil liegt ein Bildungsgewebe, das **Kambium.** Es bildet durch Zellteilungen nach außen Zellen des Siebteils, nach innen Zellen des Gefäßteils.

Die Leitbündel der Sprossachse führen bis in die **Wurzel.** Dort liegen alle Röhren als *Leitgewebe* in einem **Zentralzylinder,** der bis zur Wurzelspitze reicht. Hier liegt ein Bereich, der Wurzelhaare ausbildet. Wurzelhaare sind Ausstülpungen der Wurzelepidermis. Über die Wurzelhaare nimmt die Pflanze das Wasser und die darin gelösten Mineralstoffe aus dem Boden auf. Sie gelangen über die Zellschichten der *Wurzelrinde* zum Zentralzylinder. Hier wirken vor allem Kräfte, die auf der Transpiration des Wassers durch die Blätter beruhen. Das aus dem Blatt abgegebene Wasser wird ständig aus den Leitbündeln ersetzt. Dieser *Transpirationssog* wirkt bis in die Wurzeln. In der Wurzelspitze findet sich ein Gewebe, das fortwährend durch Teilung neue Zellen bildet. Dieses *Bildungsgewebe* ist von einer schützenden *Wurzelhaube* umgeben.

1. Nenne alle Zelltypen, die an dem Wassertransport von der Wurzel bis in das Blatt beteiligt sind!
2. Beschreibe den Mechanismus, der das Aufsteigen des Wassers ermöglicht!
3. Prüfe folgende Behauptung:
„Durch das Abholzen der Regenwälder wird die Wolkenbildung vermindert und somit auch die Menge der Niederschläge!"

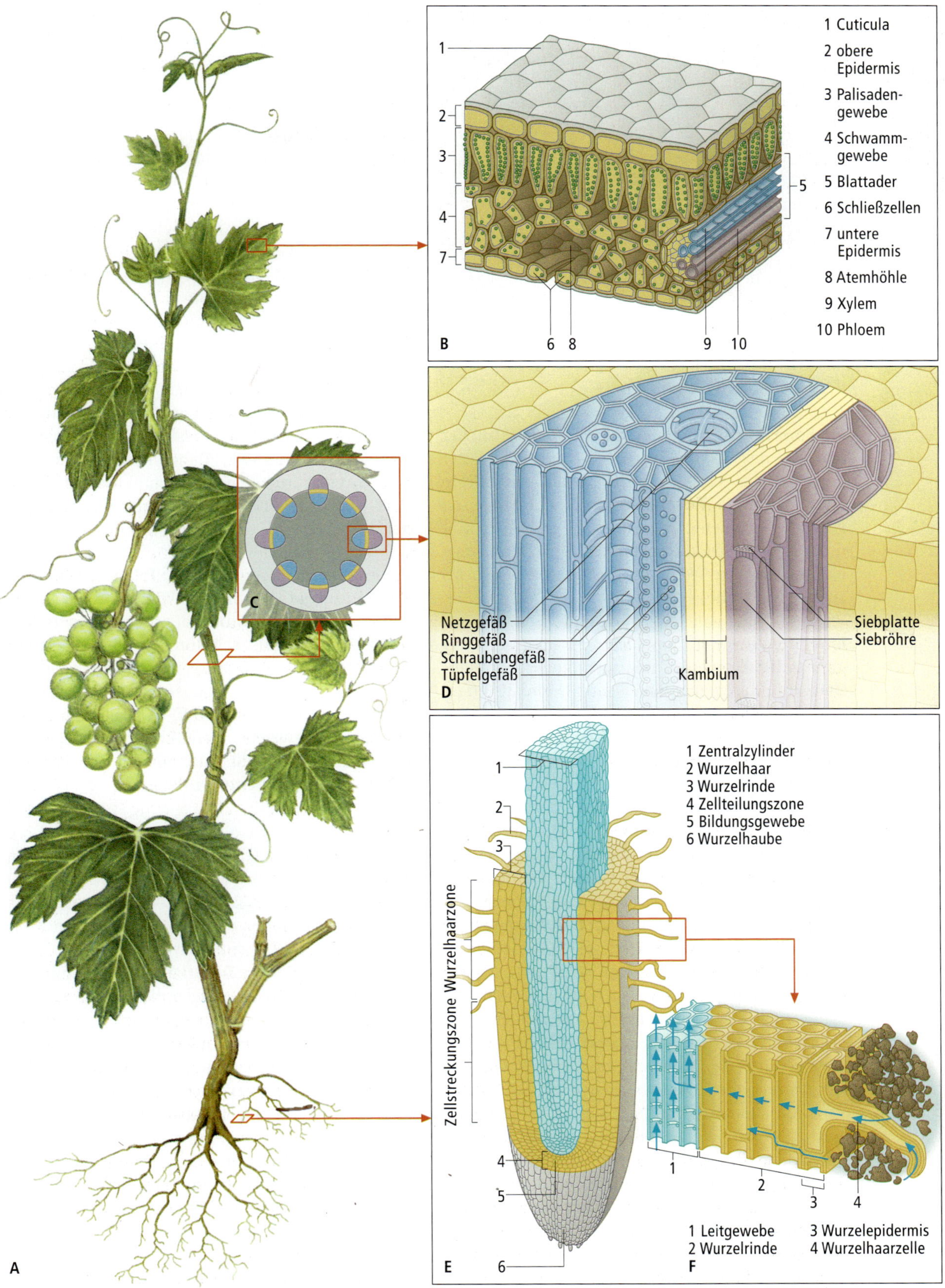

37.1 Wasserhaushalt der Pflanzen. **A** Weinranke; **B** Blattausschnitt; **C** Leitbündel; **D** Stängelquerschnitt; **E** Wurzelspitze im Schnitt; **F** Wurzelhaarquerschnitt

38.1 **Wilder Wein**

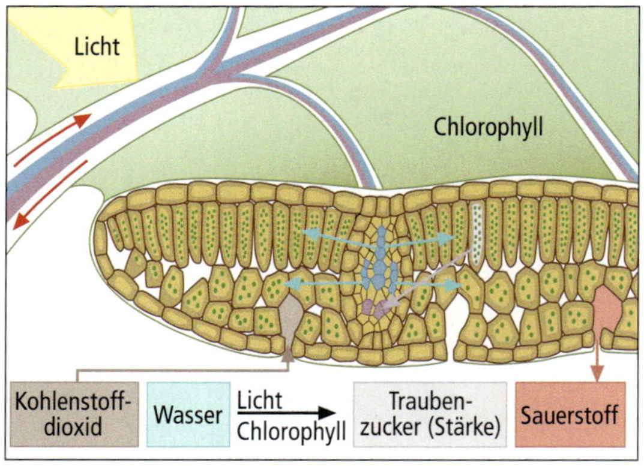

38.2 **Fotosynthese** (Schema)

4.2 Ohne Licht kein Leben

Im Sonnenlicht rankt sich Wilder Wein an der Südseite des Hauses empor. Die grünen Blätter und Trauben sind zu voller Größe entwickelt. Auch an der Nordwand bedeckt diese Pflanzenart viele Quadratmeter. Hier sind die grünen Blätter und Trauben jedoch ausnahmslos kleiner. Weshalb gedeiht der Wein auf der Südseite besser als auf der Nordseite?

Eine Messung mit dem Lichtmessgerät zeigt für die Nordseite eine sehr viel geringere Lichtintensität an. Bodenfeuchtigkeit und Mineralstoffgehalt dagegen stimmen weitgehend überein. Die Pflanze benötigt offenbar für den Aufbau ihrer Blätter und Trauben *Licht*.

Versuche haben ergeben, dass die grünen Blätter in vollkommener Dunkelheit verbleichen. Kurz darauf verkümmert die Pflanze und geht ein. Die Bildung des grünen Blattfarbstoffes **Chlorophyll** ist also lichtabhängig. Das Chlorophyll liegt innerhalb der Zellen in eiförmigen Zellbestandteilen, den Chloroplasten. Besonders viele Chloroplasten enthalten die im Querschnitt lang gestreckten, senkrecht zur Blattfläche stehenden Zellen des Blattes. Da sie palisadenartig angeordnet sind, spricht man von *Palisadengewebe.* Es ist intensiv grün gefärbt. Bei grünweiß gescheckten Blättern des Efeus gibt es Blattbereiche, die kein Chlorophyll enthalten. Auf Zugabe von Iod-Lösung zeigen diese normal belichteten, weißen Blattbereiche keine Blaufärbung. In den grünen Bereichen desselben Blattes dagegen ist eine Blaufärbung zu beobachten. Die Blaufärbung ist ein Nachweis für *Stärke.* Der Farbstoff Chlorophyll ist also für den Aufbau von Stärke notwendig.
Ein Stärketeilchen ist aus vielen Traubenzucker- oder Glucoseteilchen aufgebaut. Erhitzt man diese Kohlenhydrate vorsichtig in einem Reagenzglas, wandeln sie sich zu Kohlenstoff und Wasser um. Um Zucker aufzubauen, benötigen die Pflanzen also Licht, *Chlorophyll,* Wasser und „Kohlenstoff“. Das Wasser nimmt die Pflanze hauptsächlich mit den Wurzeln aus dem Boden auf. Den „Kohlenstoff“ dagegen entnimmt sie dem *Kohlenstoffdioxid* der Luft.

Kohlenstoffdioxid erhält die Pflanze über die Spaltöffnungen der Blätter. Von dort gelangt es über die Zwischenräume der Blattzellen in die chlorophyllhaltigen, lichtdurchfluteten Zellen des Palisaden- und Schwammgewebes. In diesen Zellen bildet die Pflanze Traubenzucker oder *Glucose.* Dabei entsteht *Sauerstoff,* der über die Spaltöffnungen entweicht. Den Aufbau von Glucose aus Kohlenstoffdioxid und Wasser mithilfe des Lichtes nennt man **Fotosynthese:**

$$\textbf{Kohlenstoffdioxid} + \textbf{Wasser} \xrightarrow[\text{Chlorophyll}]{\text{Licht}} \textbf{Glucose} + \textbf{Sauerstoff;}\ \text{Energieaufnahme}$$

Glucose wird dann zu Stärke umgewandelt. Neben Glucose und Stärke bildet die Pflanze im weiteren Verlauf ihres Stoffwechsels auch Cellulose, Fette und Eiweißstoffe. Diese Stoffe sind beteiligt am Aufbau von **Biomasse**. Während Cellulose zum Aufbau des Pflanzenkörpers benötigt wird, speichert die Pflanze Stärke und Fette in Speicherorganen wie Wurzeln, Knollen oder Samen. Zur Aufrechterhaltung der Lebensvorgänge wie Wachstum, Stoffwechsel und Bewegung baut die Pflanze diese energiereichen Stoffe wieder ab. Die dabei freigesetzte Energie stammt letztlich aus der Fotosynthese.

1. Erläutere am Beispiel der Fotosynthese das Basiskonzept „Stoff- und Energieumwandlung“!

39.1 Pflanzliche Atmung. Nachweis der Wärmeabgabe

39.2 Pflanzliche Atmung. Nachweis von Kohlenstoffdioxid

4.3 Pflanzen atmen

Gibt man feuchte Feuerbohnen in ein Glasgefäß, stellt man fest, dass die Bohnen größer werden, sie *quellen*. Ein Thermometer, das in das Gefäß hineinragt, zeigt die langsam ansteigende Temperatur. Etwas später kann man an einigen Bohnen beobachten, wie Keimwurzeln aus den Feuerbohnensamen wachsen. Sie werden dicker und strecken sich immer mehr in die Länge. Da die Bohnen in der Erde liegen, bekommen sie kein Licht. Woher nimmt die Pflanze die Energie zum Wachstum?

Menschen und Tiere benötigen ebenfalls zum Wachsen Energie. Diese nehmen sie mit der Nahrung auf. Um zum Beispiel die Energie in der *Glucose* für das Wachstum zu nutzen, muss Glucose abgebaut werden. Dies geschieht mithilfe des über die Lungen eingeatmeten *Sauerstoffs* in den Zellen. Dabei entstehen die energiearmen Stoffe *Kohlenstoffdioxid* und *Wasser*. Die gleichzeitig freigesetzte *Energie* wird zum großen Teil in Form von Wärme abgegeben. Auch bei den keimenden Feuerbohnen kann man eine Wärmeabgabe beobachten. Zerlegen sie ihre Nährstoffe ebenfalls mit Sauerstoff? Atmen Feuerbohnensamen?

In diesem Falle müsste man die bei einer Atmung entstehenden Stoffe Wasser und Kohlenstoffdioxid nachweisen können. Das Beschlagen des Glasgefäßes weist bereits auf Wasser hin. Zum Nachweis von Kohlenstoffdioxid wird folgender Versuch durchgeführt: Zunächst wird die Luft von Kohlenstoffdioxid befreit. Dazu wird sie durch Kalkwasser geleitet. Das Kalkwasser bindet das Kohlenstoffdioxid. Jetzt kann die kohlenstoffdioxidfreie Restluft über die Feuerbohnen hinwegströmen und das möglicherweise entstehende Kohlenstoffdioxid aufnehmen. Nach kurzer Zeit fällt in der dritten Flasche auch Kalk aus. Damit ist die Atmung von Feuerbohnensamen nachgewiesen. Der Versuch hat gezeigt, dass auch Pflanzen Kohlenstoffdioxid erzeugen, also atmen.
Pflanzen setzen bei der Atmung also Energie frei wie Tiere und Menschen:

Glucose + Sauerstoff ⟶

Kohlenstoffdioxid + Wasser; Energiefreigabe

Da diese Umsetzung von Glucose und Sauerstoff und die Freisetzung von Energie in Zellen stattfindet, spricht man von **Zellatmung.** Pflanzen benötigen dabei ihren eigenen Sauerstoff für ihre Atmung.

Pflanzen sind allerdings im Gegensatz zu Tieren und Menschen mithilfe der Fotosynthese in der Lage, energiereiche Kohlenhydrate sowie Sauerstoff herzustellen. Dabei entsteht fünfmal mehr Sauerstoff als sie selbst wieder veratmen. Somit erhalten Menschen und Tiere von den Pflanzen genügend Sauerstoff zur Atmung.

1. Vergleiche die Zellatmung mit der Fotosynthese!
2. Erläutere, weshalb Menschen und Tiere ohne grüne Pflanzen nicht leben können! Nimm auch das Kapitel 5 auf Seite 42 zu Hilfe!
3. Diskutiere den Ratschlag, in einem Schlafzimmer nachts keine Pflanzen stehen zu lassen!

PRAKTIKUM Stoffwechsel grüner Pflanzen

1 Fotosynthese und Licht

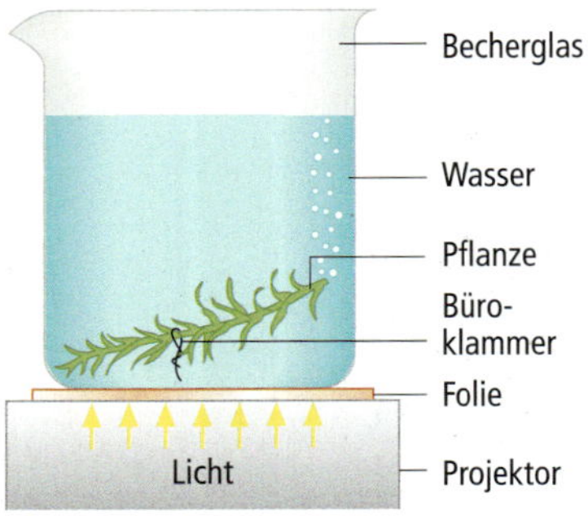

Material: Wasserpestpflanze; Messer; hohes Becherglas (250 ml); Büroklammer; Leitungswasser; transparente Farbfolien (rot, grün, blau); Arbeitsprojektor
Durchführung: Schneide ein 4 cm langes Stück von der Spitze des Wasserpestsprosses ab! Befestige zum Beschweren ein Stück Büroklammer an dem Stängel! Fülle das Becherglas mit Leitungswasser! Lege das Sprossstück in das Glas! Schiebe jeweils eine der Farbfolien vorsichtig unter das Becherglas! Schalte den Projektor ein! Warte 5 Minuten! Zähle an der Schnittstelle des Pflanzenstängels 2 Minuten lang die Sauerstoffblasen!
Aufgabe:
Erstelle ein Versuchsprotokoll! Erläutere!

2 Fotosynthese und Sauerstoff

Hinweis: Eine Indigoblau-Lösung reagiert durch die Zugabe von Natriumdithionit (Xn) zu einer farblosen Lösung. Bei Kontakt mit Sauerstoff färbt sie sich wieder blau.
Material: siehe Versuch 1 (ohne Farbfolien); Indigoblau-Lösung (Xi)
Durchführung: Bereite wie in Versuch 1 einen Wasserpestspross vor! Gib einige Tropfen farblose, frisch angesetzte Indigoblau-Lösung in das Leitungwasser! Schalte danach den Arbeitsprojektor ein und beobachte die Lösung 5 Minuten!
Aufgabe:
Erstelle ein Versuchsprotokoll! Erläutere!

3 Die Bedeutung des Sauerstoffs

Hinweis: Dieser Versuch ähnelt den Versuchen, die Joseph PRIESTLEY etwa 1775 durchführte und die zur Entdeckung des Sauerstoffes führten.
Material: luftdichte Glasglocke; Zimmerpflanze (zum Beispiel Fleißiges Lieschen) mit Wasserreservoir
Durchführung: Platziere die Pflanze unter die luftdichte Glasglocke und stelle die Glocke an einen hellen Ort! Beobachte die Pflanze zwei Wochen lang!
Aufgaben:
a) Erläutere den Zustand der Pflanze mithilfe deiner Kenntnisse zur Fotosynthese und zur Zellatmung!
b) Vergleiche den Versuch mit folgenden Versuchen, die Joseph PRIESTLEY 1775 durchgeführt hat!

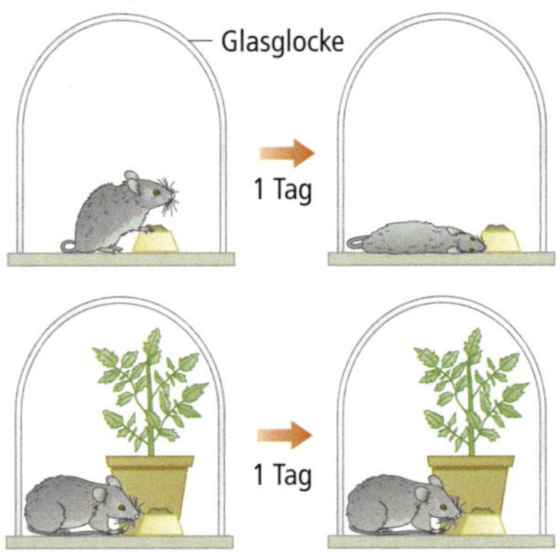

c) Erläutere an diesem Beispiel das Basiskonzept „Stoff- und Energieumwandlung"!

4 Fotosynthese und Stärke

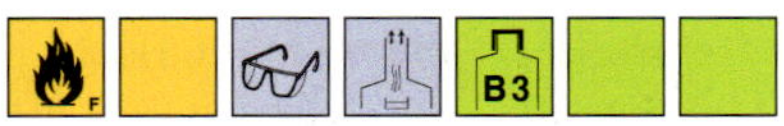

Material: beblätterter Fliederzweig in Wasser stehend; Aluminiumfolie; Lampe (100 Watt); elektrische Heizplatte; Tiegelzange; Petrischale; Wasserbad; Becherglas (250 ml); Siedesteinchen; Iod-Kaliumiodid-Lösung; Brennspiritus (F)
Durchführung: Dunkle einen Tag vor dem Versuch ein Fliederblatt vollständig mit der Folie ab! Decke am nächsten Tag nur einen Teil dieses Blattes mit einem schmalen Streifen der Folie ab! Belichte 2 Stunden lang das Blatt unter der Lampe! Fülle das Becherglas halb voll mit Wasser! Gib einige Siedesteinchen in das Wasser und erhitze es bis zum Kochen! Halte das Blatt mit der Tiegelzange kurz in das kochende Wasser! Spüle es ab und gib es dann in heißen Brennspiritus, der im Wasserbad erhitzt wurde! Wenn das Blatt farblos ist, nimm es heraus und spüle es mit Wasser ab! Lege es für 10 Minuten in die Iod-Kaliumiodid-Lösung!
Aufgaben:
a) Erstelle ein Versuchsprotokoll und erläutere!
b) Erläutere an diesem Beispiel das Basiskonzept „Stoff- und Energieumwandlung"!

5 Pflanzen atmen

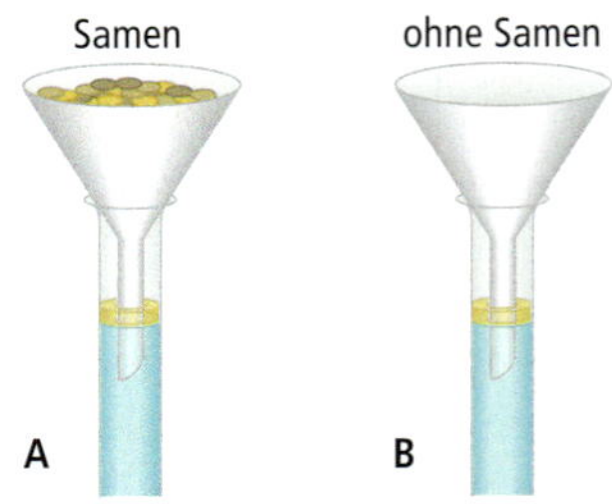

Material: Kresse-, Bohnen-, Erbsensamen; Pflanzenöl; 2 Trichter; Filtrierpapier; 2 Reagenzgläser; Reagenzglasständer; Leitungswasser; Calciumhydroxid-Lösung (Kalkwasser, Xi)
Durchführung: Falte 2 Filtrierpapiere und lege sie in die Trichter! Gib keimende Pflanzensamen auf das erste Filtrierpapier! Das zweite Papier bleibt leer. Fülle beide Reagenzgläser mit der Calciumhydroxid-Lösung und überschichte die Lösungen mit etwas Pflanzenöl! Tauche die Trichter mit ihren Spitzen in die Lösungen! Lasse die Versuchsansätze einige Stunden stehen!
Aufgaben:
a) Erläutere deine Beobachtungen!
b) Erläutere, weshalb der zweite Versuch notwendig ist!

6 Fotosynthese und Temperatur

Material: siehe Versuch 1; Glaswanne; Eiswürfel; Thermometer
Durchführung: Präpariere den Spross einer Wasserpestpflanze wie in Versuch 1 beschrieben! Lege das Sprossstück in ein mit Wasser gefülltes Becherglas! Stelle das Becherglas in die Glaswanne! Gib einige Eisstücke in die Wanne! Warte, bis das Wasser im Becherglas auf etwa 5 °C abgekühlt ist! Kontrolliere die Temperatur mit dem Thermometer! Setze die Wanne mit dem Becherglas auf den Arbeitsprojektor und schalte ihn an! Zähle 2 Minuten lang die Sauerstoffblasen! Wiederhole die Zählung bei 10 °C, 15 °C und 20 °C! Warte dabei jeweils, bis sich das Wasser entsprechend erwärmt hat!
Aufgabe:
Erstelle ein Versuchsprotokoll!

7 Fotosynthese und Kohlenstoffdioxid

Hinweis: Die Löslichkeit von Gasen in Wasser nimmt mit steigender Temperatur ab.
Material: siehe Versuch 1; 3 Bechergläser; Eiswürfel; Mineralwasser; Gasanzünder; Gasbrenner; Dreifuß; Keramiknetz; Thermometer
Durchführung: Erhitze Leitungswasser bis zum Kochen! Kühle das Wasser danach mithilfe der Eisstücke auf Zimmertemperatur ab! Bereite wie in Versuch 1 drei Sprossstücke einer Wasserpestpflanze vor! Fülle die Bechergläser jeweils mit dem abgekochten Leitungswasser, mit frischem Leitungswasser und mit Mineralwasser! Achte darauf, dass die Wassertemperaturen gleich sind! Lege die einzelnen Wasserpeststängel in die Bechergläser! Schalte den Arbeitsprojektor ein! Warte jeweils 5 Minuten! Beginne dann, jeweils 2 Minuten lang die Sauerstoffblasen zu zählen!
Aufgabe:
Erläutere deine Beobachtungen!

8 Fotosynthese – wassergekühlt

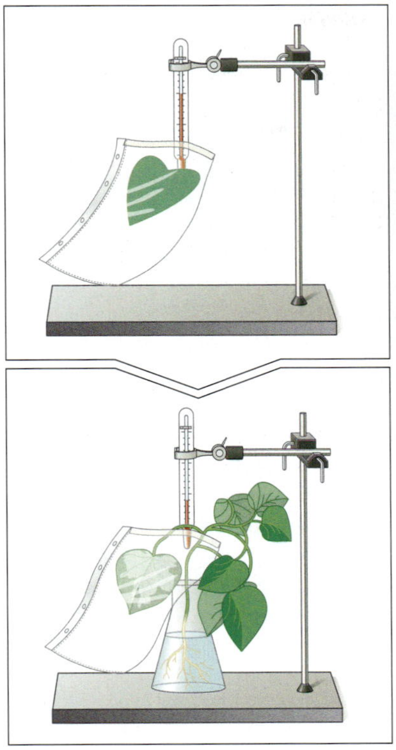

Material: dunkelgrüner Karton; Schere; 2 Klarsichthüllen; Klebeband; Weithalserlenmeyerkolben; beblätterter Fliederzweig; Leitungswasser; 2 Thermometer; 2 Strahlerlampen (100 Watt); Stativmaterial
Durchführung: Schneide den grünen Karton in der Größe eines grünen Fliederblattes des Zweiges aus! Befestige dieses „Kartonblatt" mit einem kleinen Klebebandstreifen an dem unteren Teil des Thermometers! Schiebe beides so in eine Klarsichthülle, dass der Karton zur Lampe zeigt!
Erstelle dieselbe Anordnung mit einem entsprechenden Fliederblatt! Achte darauf, dass das Blatt oder der Blattstiel dabei nicht abgeknickt wird! Klebe beide Klarsichthüllen mit Klebeband zu! Schalte beide Lampen an!
Aufgaben:
a) Beobachte 10 Minuten die Temperaturveränderungen! Fertige dazu eine Grafik an!
b) Erläutere die Temperaturverläufe!

9 Fotosynthese ohne Chlorophyll?

Material: siehe Versuch 4; Zweig mit panaschierten Efeublättern
Durchführung: Dunkle ein Blatt des Zweiges 24 Stunden lang ab! Belichte das Blatt dann 2 Stunden lang und führe den Stärkenachweis nach Versuch 4 durch!
Aufgaben:
a) Erstelle ein Versuchsprotokoll!
b) Vergleiche das Versuchsergebnis mit dem des Versuchs 4!
c) Erläutere hieran das Basiskonzept „Struktur und Funktion"!

10 Fotosynthese ohne Kohlenstoffdioxid?

Material: siehe Versuch 4; Flüssigkleber
Durchführung: Dunkle ein Efeublatt 24 Stunden ab! Bedecke dann die Ober- und Unterseite mit Universalkleber (beachte die Gefahrenhinweise!)! Belichte das Blatt mindestens 2 Stunden! Entferne danach die Klebeschichten und führe den Stärkenachweis nach Versuch 4 durch!
Aufgaben:
a) Erläutere deine Beobachtungen!
b) Vergleiche deine Deutung mit dem Ergebnis aus Versuch 7!

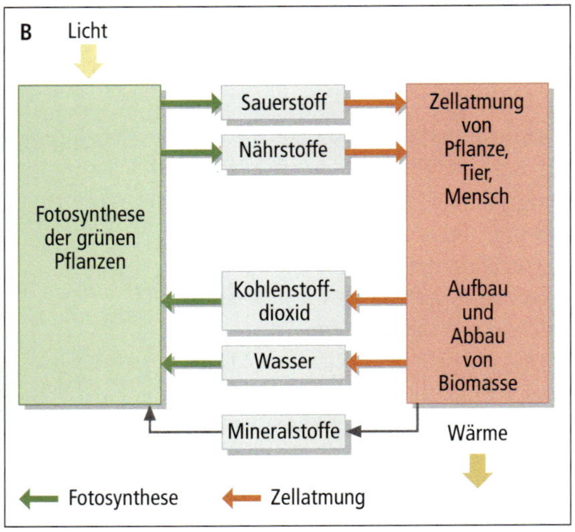

42.1 Stoffkreislauf. **A** weidendes Rind; **B** Stoffkreislauf und Energiefluss (Schema)

5 Tiere und Pflanzen sind voneinander abhängig

Rinder auf der Weide kann man häufig beim Fressen beobachten. Mit ihrer langen Zunge rupfen sie Grasbüschel ab und ziehen sie ins Maul. Von Zeit zu Zeit scheiden Rinder unverwertbare Stoffe über ihren Kot aus. Rinder zeigen also *Stoffwechsel.*

Die Gräser der Weide liefern Rindern Nährstoffe. Diese Stoffe bauen die grünen Pflanzen über die Fotosynthese mithilfe von Sonnenlicht, Wasser sowie Kohlenstoffdioxid auf. Man nennt sie daher **Produzenten.** Die produzierten Nährstoffe dienen Pflanzen im Verlaufe ihres Wachstums als Ausgangsstoffe für den Aufbau von Kohlenhydraten, Fetten und Eiweißstoffen. Pflanzen bauen sich auf diese Weise ihre Stoffe selbst auf. Solche Lebewesen bezeichnet man als **autotroph** (griech. *autos* = selbst; *trophein* = sich ernähren).

Tiere wie das Rind sind nicht in der Lage, ihre Nährstoffe selbst aufzubauen. Sie sind deshalb auf die Nährstoffe von anderen Lebewesen wie zum Beispiel Pflanzen angewiesen. Man nennt sie daher **Konsumenten.** Lebewesen, die sich von Stoffen anderer Lebewesen ernähren, sind **heterotroph** (griech. *heteros* = der andere). Nährstoffe dienen sowohl Pflanzen als auch Tieren zum Aufbau von Stoffen. Die Gesamtheit dieser Stoffe fasst man auch als *Biomasse* zusammen.

Die zum Aufbau der Biomasse benötigten Stoffe Kohlenstoffdioxid und Wasser werden bei der Zellatmung abgegeben. Das Kohlenstoffdioxid wird von grünen Pflanzen erneut in der Fotosynthese umgewandelt. Man spricht deshalb von einem **Kohlenstoffkreislauf.** Auch der *Sauerstoff* durchläuft einen derartigen **Stoffkreislauf:** Mit der Fotosynthese liefern die grünen Pflanzen Sauerstoff, den alle Lebewesen zum Atmen benötigen. Dies ist möglich, da die Pflanzen die fünffache Menge an Sauerstoff erzeugen, als sie selbst zur eigenen Atmung benötigen.

Auch die *Mineralstoffe* durchlaufen einen Stoffkreislauf: Pflanzen benötigen für ihren Stoffwechsel die im Wasser gelösten Mineralstoffe des Bodens. Diese werden mithilfe der Fotosynthese in die Biomasse der Pflanzen eingebaut. Tiere wie das Rind scheiden nicht verwertbare Stoffe der Biomasse aus. Diese Ausscheidungen sowie auch abgestorbene Pflanzen und Tiere werden im Boden durch Kleinstlebewesen zersetzt. Dabei bilden sie Mineralstoffe, die erneut von den grünen Pflanzen aufgenommen werden.

Biomasse dient allen Lebewesen auch zur Energiebereitstellung. Die in der Biomasse gespeicherte Energie ist umgewandelte Sonnenenergie. Durch die Umsetzung von Biomasse mithilfe von Sauerstoff wird diese Energie zur Aufrechterhaltung der Lebensvorgänge umgewandelt und auch als Wärme freigesetzt. Da diese nicht wieder verwertet werden kann, muss Energie ständig von der Sonne nachgeliefert werden. Der Weg der Energie von der Sonne bis zur Zellatmung wird daher als **Energiefluss** bezeichnet.

1. Erläutere die Stoffkreisläufe des Sauerstoffs, Kohlenstoffs und der Mineralstoffe!
2. Erläutere am Beispiel des Rindes das Basiskonzept „Stoff- und Energieumwandlung"!

EXKURS Basiskonzept „Stoff- und Energieumwandlung"

43.1 Aufbau von Glucose: Fotosynthese

43.2 Abbau von Nektar und Pollen: Zellatmung

Es ist Hochsommer geworden. Langsam und gleichmäßig arbeitet sich der Mähdrescher durch das goldgelbe Getreidefeld. Das reife Korn verschwindet in der Maschine, übrig bleibt ein Stoppelfeld. Der Landwirt erwartet eine Ernte von etwa 5000 Kilogramm Getreide pro Hektar. Ausgesät hatte er auf der gleichen Fläche vor Monaten nur 200 Kilogramm Saatgut. Woher kommt diese ungeheure Zunahme an pflanzlicher Biomasse?

Sehen wir uns die Ernte etwas genauer an. Getreidekörner bestehen zu zehn Prozent aus Wasser. Der Landwirt erzielt auf seinem Feld also einen Zuwachs von 4500 Kilogramm Getreide-Trockenmasse. 3140 Kilogramm dieser Trockenmasse bestehen aus Stärke, 540 Kilogramm aus Eiweißstoffen, jeweils 90 Kilogramm aus Fetten und Mineralstoffen. Der Rest sind stickstoffhaltige sonstige Inhaltsstoffe. Die Herkunft der Mineralstoffe und Stickstoffverbindungen ist offensichtlich.
Sie entstammen zu einem großen Teil der Gülle, mit der der Landwirt im Herbst und Frühjahr mehrfach das Feld gedüngt hat. Gülle besteht vorwiegend aus tierischen Fäkalien.

Solange die Getreidepflanzen grün waren, fand in den Chloroplasten ihrer Zellen Fotosynthese statt. Bei der Fotosynthese werden die energiearmen Stoffe Kohlenstoffdioxid und Wasser mithilfe von Lichtenergie in den Energieträger Glucose umgewandelt. Die Glucose wird anschließend zu den energiereichen Nährstoffen Stärke, Fett und zu Eiweißstoffen weiterverarbeitet. Das geerntete Getreide ist also ein Produkt der Fotosynthese, bei der Pflanzen Lichtenergie zum Aufbau energiereicher Stoffe nutzen. In den Zellen der Pflanzen findet eine *Stoff-* und eine *Energieumwandlung* statt.

Leise summend fliegt eine Biene auf der Suche nach Nektar und Pollen von Blüte zu Blüte. Viele sind von anderen Besuchern wie Hummeln, Käfern und Fliegen besetzt. Blütenpflanzen sondern einen Teil der bei der Fotosynthese gebildeten Glucose als Nektar ab. Damit locken sie die für die Bestäubung notwendigen Insekten an. Von Insekten bestäubte Blüten bringen Samen hervor, die zu neuen Pflanzen auskeimen und heranwachsen. Damit ist die Reproduktion der Pflanze gesichert.

Für die Biene lohnt sich die Suche ebenfalls. Die Glucose wird bei der Zellatmung unter Verbrauch von Sauerstoff zu Kohlenstoffdioxid und Wasser abgebaut. Die dabei frei werdende Energie wird zum größten Teil für die Bewegung verwendet. Dies ist ein Teil des *Betriebsstoffwechsels.* Glucose wird aber auch benötigt, um körpereigene Stoffe herzustellen. Man spricht von *Baustoffwechsel.*

Nektar und Pollen stellen ein hervorragendes Futter für den schnell wachsenden Bienennachwuchs dar. Im Körper der Bienenlarven findet eine Stoffumwandlung von Nährstoffen in körpereigene Stoffe statt. Die Larven wachsen und entwickeln sich. Sie nutzen Nektar und Pollen für ihren Baustoffwechsel. Auch bei den Larven findet wie bei den erwachsenen Tieren eine Stoff- und eine Energieumwandlung statt.

Fotosynthese und Zellatmung sind Beispiele für das **Basiskonzept „Stoff- und Energieumwandlung".** Man spricht von einem Basiskonzept, weil alle Lebewesen Stoffe umwandeln, um im Baustoffwechsel den Aufbau körpereigener Stoffe und im Betriebsstoffwechsel die Aufrechterhaltung ihrer Lebensvorgänge sicherzustellen.

1. Benenne die Aufgaben von Bau- und Betriebsstoffwechsel!
2. Erläutere die Bedeutung des letzten Satzes!
3. Erläutere die Stoff- und Energieumwandlung bei der Entwicklung der Bienenlarven!
4. Vergleiche die Stoff- und Energieumwandlung bei Pflanzen und Tieren!

AUFGABEN Grüne Pflanzen

1 Licht und Chlorophyll

Die Bohnenpflanzen wurden bei normaler Beleuchtung (A) und in vollkommener Dunkelheit (B) aufgezogen.

a) Vergleiche das Aussehen der beiden verschieden gehaltenen Bohnenpflanzen!

b) Entwickle eine Hypothese, welche Stoffe die in Dunkelheit aufgezogene Pflanze für den Aufbau ihres Pflanzenkörpers genutzt haben könnte!

2 Bedeutung von Nährstoffen in Samen

Inhaltsstoffe	Samen	Keimling
Gewicht	54 mg	1000 mg
Wasser	10 %	90 %
Trockenmasse	90 %	10 %
– Kohlenhydrate	70 %	55 %
– Proteine	12 %	25 %
– Fette	2 %	6 %
– Mineralstoffe	2 %	10 %
– Sonstiges	14 %	4 %

Vor dem Versuch in Aufgabe 1 wurden Gewicht und Inhaltsstoffe der Samen, nach vier Wochen Gewicht und Inhaltsstoffe der Jungpflanzen bestimmt.

a) Erkläre mithilfe der Messergebnisse die Bedeutung der Inhaltsstoffe in Samen!

b) Erläutere hieran das Basiskonzept „Stoff- und Energieumwandlung"!

3 Stoffkreisläufe

Pflanzen, Tiere und Menschen benötigen und erzeugen durch ihren Stoffwechsel bestimmte Stoffe. Die Verbrennung von Kohle oder Öl beeinflusst die Vorgänge.

a) Beschreibe die Vorgänge, die in den Bildern A, B und C symbolisch dargestellt sind!

b) Erläutere, wie diese Vorgänge durch die Verbrennung von Kohle und Öl beeinflusst werden!

4 Transpiration

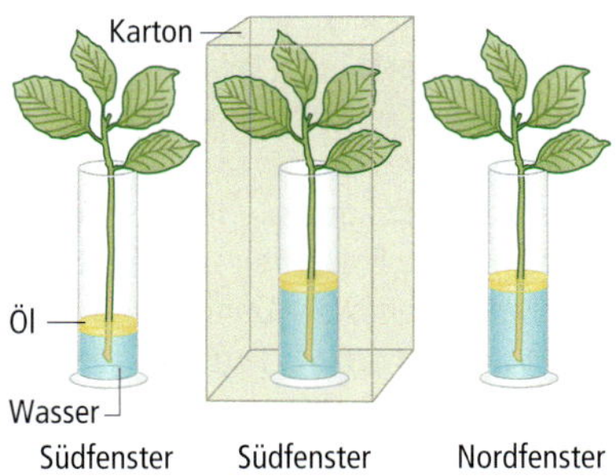

Drei Zweige eines Laubbaumes wurden mehrere Tage den dargestellten Versuchsbedingungen ausgesetzt. Zu Beginn des Versuches waren in allen Standzylindern jeweils 250 Milliliter Wasser enthalten.

a) Formuliere die Untersuchungsfrage, die dem dargestellten Versuch zugrunde liegt!

b) Begründe, weshalb das Wasser in den Standzylindern mit Öl bedeckt ist!

c) Erläutere das Versuchsergebnis unter Berücksichtigung der Informationen auf Seite 36!

5 Modell von Spaltöffnungen

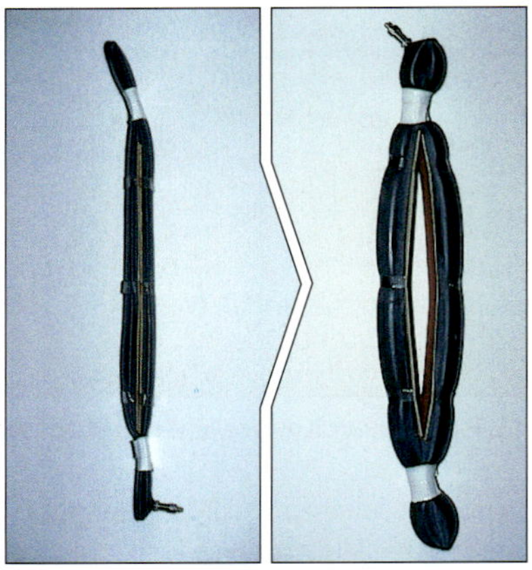

Ein Fahrradschlauch wird an den Enden mit weißem Isolierband umwickelt. In den entstandenen Schlitze sind Pappstreifen zur Verstärkung eingesteckt und mit farblosem Klebeband am Schlauch befestigt. Dann wird Luft in den Schlauch gepumpt. Danach lässt man wieder etwas Luft entweichen.

a) Vergleiche das Modell mit einem Spaltöffnungsapparat!

b) Äußere dich kritisch zu diesem Modell!

6 Guttation

Bei Pflanzenarten wie der Kapuzinerkresse kann man bei feuchter Witterung am frühen Morgen Wassertropfen an den Blatträndern beobachten. Dieses Phänomen, die so genannte Guttation, kann man im Labor an Getreidekeimlingen genauer untersuchen. Die Keimlinge werden dafür warm und feucht gehalten und einen Tag vor der Untersuchung mit einem Becherglas überdeckt.

a) Erläutere die Bedingungen, unter denen es zur Guttation bei Pflanzen kommen kann!

b) Erkläre die Bedeutung der Guttation für Pflanzen!

RÜCKBLICK mit Basiskonzepten: Pflanzen und Tiere

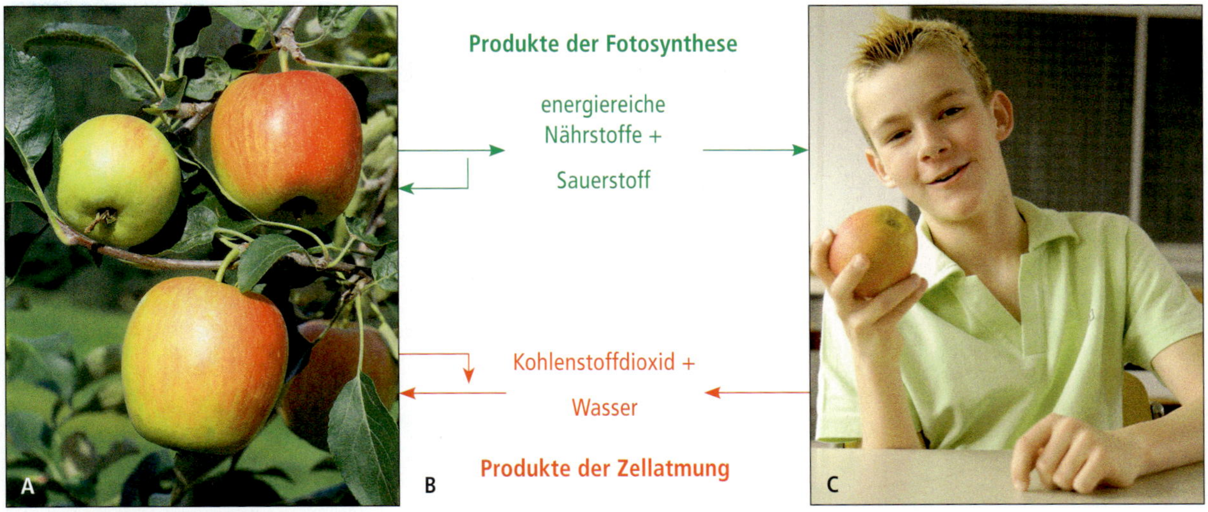

45.1 Stoffkreislauf und Energiefluss zwischen Lebewesen. A Apfel-Produzent; **B** Weg der Stoffwechselprodukte; **C** Apfel-Konsument

Die Bäume in unseren Wäldern werden viele Meter hoch. Für eine ausreichende Wasserversorgung bis in die höchsten Spitzen sorgt ein kompliziertes Transportsystem. Wurzeln, Stängel und Blätter sind so aufgebaut, dass sie das Wasser optimal aufnehmen, weiterleiten und verteilen können. Über die Wurzelhaare der Wurzeln wird Wasser mit darin gelösten Mineralstoffen aufgenommen und in die Leitbündel des Zentralzylinders transportiert. In den Gefäßen der Leitbündel, dem Xylem, gelangt das Wasser durch die Sprossachse bis in die Blattadern. Hier wird es in das Schwammgewebe der Blätter geführt. Das Wasser verdunstet über die Spaltöffnungen. Der dadurch entstehende Transpirationssog bewirkt einen ständigen Wassertransport. Die verschiedenen Gewebe mit ihren unterschiedlichen Aufgaben im Wassertransportsystem einer Pflanze sind ein Beispiel für das **Basiskonzept „Struktur und Funktion"**.

Die im Wasser gelösten Mineralstoffe benötigt die Pflanze für ihren Stoffwechsel. Dazu gehört die Fotosynthese. Hier bauen die grünen Pflanzen in ihren Chloroplasten mithilfe der Sonnenenergie energiereiche Stoffe auf. Landpflanzen nutzen dabei vor allem die roten und blauen Anteile des Lichtes. Fotosynthetisch aktive Pflanzen erscheinen grün, weil sie grünes Licht reflektieren. Bei der Fotosynthese werden aus Kohlenstoffdioxid und Wasser Glucose hergestellt und Sauerstoff abgegeben. Glucose ist der Ausgangsstoff für den Aufbau von weiteren Stoffen wie zum Beispiel anderen Kohlenhydraten (Stärke und Cellulose), Fetten und Eiweißstoffen. Sie bilden mit den aufgenommenen Mineralstoffen die Biomasse der Pflanzen. Glucose wird von den Blättern in alle Zellen transportiert. Dieser Transport erfolgt über die Siebröhren des Phloems, die im äußeren Bereich der Leitbündel liegen.

Menschen und Tiere benötigen zur Aufrechterhaltung ihrer Energieversorgung energiereiche Stoffe – Kohlenhydrate, Fette und Eiweißstoffe. Um die in den Nährstoffen gespeicherte Energie zu nutzen, müssen diese zerlegt werden. Bei der Zellatmung werden sie mithilfe des eingeatmeten Sauerstoffes zu den energiearmen Stoffen Kohlenstoffdioxid und Wasser abgebaut. Die dabei frei werdende Energie wird in den Zellen zur Aufrechterhaltung der Lebensvorgänge sowie zum Aufbau von Biomasse genutzt. Bei diesen Vorgängen wird auch Körperwärme produziert. Fotosynthese und Zellatmung sind Beispiele für das **Basiskonzept „Stoff- und Energieumwandlung"**.

Da Pflanzen ihre eigenen Nährstoffe herstellen, bezeichnet man sie als autotroph. Sie sind die Produzenten von Nährstoffen und Sauerstoff für alle anderen Lebewesen. Diese Konsumenten wie Menschen und Tiere sind heterotroph. Den Sauerstoff benötigen viele Lebewesen zum Atmen – auch Pflanzen. Sie nutzen dafür jedoch den Sauerstoff und die Nährstoffe, die von ihnen im Verlauf der Fotosynthese selbst produziert wurden. Tiere und Menschen brauchen also für ihre Nährstoffversorgung Pflanzen, Pflanzen aber keine Tiere als Nährstofflieferanten. Aus dem bei der Atmung freigesetzten Kohlenstoffdioxid und Wasser bilden die Pflanzen im Verlauf der Fotosynthese wieder Glucose und Sauerstoff. Sauerstoff und Kohlenstoff unterliegen also einem Stoffkreislauf.

Die Fotosyntheseleistung grüner Pflanzen ist abhängig von Lichtstärke, Temperatur, Kohlenstoffdioxidkonzentration sowie einer ausreichenden Versorgung der Pflanzen mit Wasser und Mineralstoffen. Die Produktion pflanzlicher Biomasse ist deshalb in Gebieten wie den Tropen, in denen es warm und feucht ist, höher als in kühleren oder regenarmen Gebieten. Da Tiere bei ihrer Energieversorgung auf Pflanzen angewiesen sind, gibt es in den Tropen mehr Tiere pro Flächeneinheit als zum Beispiel in Skandinavien.

Wirbellose Tiere

46.1 Blütenbesucher

- Wieso gehören Spinnen nicht zu den Insekten?
- Sind Krabben Krebse?
- Stimmt es, dass Heuschrecken mit den Beinen hören?
- Ich habe einmal gehört, dass es eine Bienensprache gibt. Stimmt das?

- Woran erkennt man wirbellose Tiere?
- Wenn wirbellose Tiere keine Knochen haben, wie erhalten sie dann Stabilität?
- Wie kann sich ein Regenwurm ohne Beine fortbewegen?

Honigbiene. Ohne Bienen keine Kirschen? Informiere dich über die Bedeutung von Bienen für die Obstbauern!

Kleiner Fuchs. Stelle Vermutungen an, ob es möglich ist, dass beide Abbildungen den Kleinen Fuchs zeigen!

Experiment. Du benötigst einige Regenwürmer, ein großes Einmachglas, Gaze, Gummiband, feinen Kies, Sand, Kompost oder Blumenerde, Laubstreu und frisches Gras. Fülle zunächst eine Lage Kies und dann abwechselnd Schichten von Sand und Kompost in das Glas! Die Schichten sollten etwa zwei Zentimeter hoch sein und das Glas insgesamt zu drei Vierteln füllen. Feuchte die Schichten leicht an! Setze dann die Regenwürmer auf die oberste Schicht und decke sie mit Laubstreu zu! Lege darauf noch ein wenig frisches Gras! Verschließe das Glas mit Gaze und befestige diese mit einem Gummiband! Stelle dann das Glas an einen dunklen Platz! Schaue täglich nach und protokolliere die Veränderungen! Stelle Vermutungen an, wie die Regenwürmer die beobachteten Veränderungen zustande bringen!
Setze nach Beendigung des Experiments die Regenwürmer in einem geeigneten Biotop aus, vorzugsweise dort, wo sie gefangen wurden.

Ähnlich und doch verschieden. Beschreibe und vergleiche die abgebildeten Tiere! Nenne Unterschiede und Gemeinsamkeiten!

Planung.

Alle Schülerinnen und Schüler der Klasse bekommen drei DIN-A5-Karteikarten. Jeder schreibt nun auf jeweils eine Karte, was seiner Meinung nach bei der Besprechung des Themas „Wirbellose Tiere" besonders wichtig ist.
Die Buchstaben sollten möglichst groß geschrieben werden.
Die Karteikarten werden gesammelt und gut gemischt. Alle Karten werden mit Klebeband an die Tafel geheftet. Nun werden die Begriffe geordnet, sodass ein Plan für den nachfolgenden Unterricht entsteht.

Blütenbesucher. Beschreibe die Abbildung 46.1! Informiere dich über die unterschiedliche Nutzung der Blüten durch die beiden Tiere!

48.1 Entwicklung des Mehlkäfers. A Mehlwurm (Foto und Schema); **B** Puppe (Foto); **C** Vollinsekt (Foto)

1 Insekten

1.1 Der Mehlwurm – ein Wurm?

Mehlwürmer leben unter der Rinde morscher Bäume. Ihren Namen erhielten sie aufgrund ihres häufigen Vorkommens im Getreidemehl von Mühlen. Heute werden Mehlwürmer gezüchtet und können im Zoofachhandel als Köder zum Angeln oder als Lebendfutter für Vögel und Reptilien gekauft werden. Beobachtet man Mehlwürmer im Zuchtglas, fällt sofort ihre wurmähnliche Gestalt auf. Aber handelt es sich beim Mehlwurm überhaupt um einen Wurm?

Betrachtet man einen Mehlwurm mit der Lupe, sieht man, dass der Mehlwurm im Gegensatz zum Regenwurm eine trockene, glänzende und feste Haut besitzt. Sie besteht aus *Chitin*. Diese feste Hülle gibt den Tieren Stabilität. Man bezeichnet diese Hülle als **Außenskelett.** Es ist kennzeichnend für alle Insekten, die im Gegensatz zu den Wirbeltieren kein Innenskelett besitzen. Die Insekten gehören deshalb zu den **wirbellosen Tieren.**

Die Chitinhülle des Mehlwurms gliedert den Körper in drei Abschnitte: Der kleine *Kopf* bildet eine Kapsel mit Mundwerkzeugen, mit zwei Punktaugen und mit einem kurzen Fühlerpaar. Ein *Brustabschnitt* mit drei gegliederten Beinpaaren schließt sich an. Die restlichen Segmente bilden den *Hinterleib* des Mehlwurms. Verfolgt man das Wachstum der Mehlwürmer im Zuchtglas über längere Zeit, kann man sie beim Häuten beobachten. Der feste Chitinpanzer wächst nämlich nicht mit. Er muss von Zeit zu Zeit abgestreift und jeweils neu gebildet werden. Nach 10 bis 14 Häutungen ist der Mehlwurm etwa 28 Millimeter lang. Nach der letzten Häutung verändert sich die Gestalt des Mehlwurms völlig: Im Zuchtglas liegt eine leblos erscheinende, mumienartige Form. Sie hat einen Kopf mit großen Augen, angelegte Beine und sogar Flügelansätze. Der Mehlwurm hat sich in eine **Puppe** verwandelt. Nach einigen Tagen der **Puppenruhe** schlüpft aus der Puppenhaut ein weißlich-gelblicher Käfer. Schnell wird der Mehlkäfer an der Luft schwarz. Die Gliederung seines Körpers in Kopf, Brust und Hinterleib ist jetzt deutlich zu erkennen. Der Käfer sieht durch die Körpergliederung eingekerbt aus. Deshalb nennt man diese Tiere *Kerbtiere* oder nach dem lateinischen Wort *insectum* Insekten. Mehlkäfer wachsen nicht mehr. Sie sind geschlechtsreif. Das Weibchen legt nach einer Paarung Eier.

Der Mehlwurm ist also eine **Larve,** ein Entwicklungsstadium des Mehlkäfers und damit ein Insekt. Der vollentwickelte Mehlkäfer heißt auch Vollinsekt oder die **Imago.** Die Entwicklung vom Ei über Larve und Puppe zum Vollinsekt wird als **vollkommene Verwandlung** oder **vollständige Metamorphose** bezeichnet.

Am Kopf des Käfers erkennt man plattenartige Gebilde. Diese aus Chitin bestehenden Platten bilden die **Mundwerkzeuge** des Käfers. Die Oberlippe überdeckt dabei die drei Paar Mundwerkzeuge. Mit dem ersten Paar, den Oberkiefern, kann der Käfer Teile von der Nahrung abbeißen. Das zweite Paar, die Unterkiefer, besteht aus einer inneren Kaulade und einem äußeren Kiefertaster. Mit ihm schmeckt der Käfer. Das dritte Paar ist zu einer Unterlippe verschmolzen und deckt Ober- und Unterkiefer von unten her ab. Beim Kauen bewegen sich die Ober- und Unterkiefer seitlich hin und her. Der Mehlkäfer hat also *beißend-kauende Mundwerkzeuge*.

Drei Beinpaare sind im Brustbereich zu erkennen. Die **Beine** sind jeweils mit der Hüfte in der Brustkapsel des Mehlkäfers verankert. Der sich an der Hüfte anschließende dünne Schenkelring durchdringt den Chitinpanzer und verbindet Hüfte und Schenkel. Auf den Schenkel folgt die Schiene und der mit Borsten besetzte Fuß. Zwei harte Deckflügel sind an der Rückseite der Brust angewachsen. Sie schützen die beiden häutigen Flügel und die Oberseite des Hinterleibs.

An den Seiten des Hinterleibs liegen kleine Öffnungen. Diese werden als Stigmen bezeichnet. Sie sind die Atemöffnungen des **Tracheensystems,** einem Luftsack- und Röhrensystem aus Chitin. Es durchzieht den Körper und versorgt alle Organe mit Sauerstoff.

Der Hauptstrang des Nervensystems liegt auf der Bauchseite des Käfers. Es besteht aus zwei parallelen Nervensträngen, die sich in jedem Segment zu zwei miteinander verbundenen Nervenknoten, den Ganglien, verdicken. Im Kopf umspannt der Doppelstrang den Schlund und bildet aus mehreren Nervenknoten ein gehirnähnliches Oberschlundganglion. Ein solches Nervensystem heißt wegen seiner Form **Strickleiternervensystem.**

Das Herz des Mehlkäfers liegt auf der Rückenseite von Hinterleib und Brust. Es ist eine muskulöse Röhre, die das farblose Blut durch seitliche Öffnungen ansaugt und nach vorn drückt. Von dort fließt es in die übrigen Bereiche des Körpers und zum Herzen zurück. Diese Form des Blutkreislaufes bezeichnet man als **offenen Blutkreislauf.**

1. Beschreibe die Entwicklung des Mehlkäfers vom Ei bis zum Vollinsekt!
2. Erläutere an einem selbst gewählten Organsystem Bau und Funktion desselben!
3. Erläutere, wie der Körper eines Insekts Stabilität bekommt!

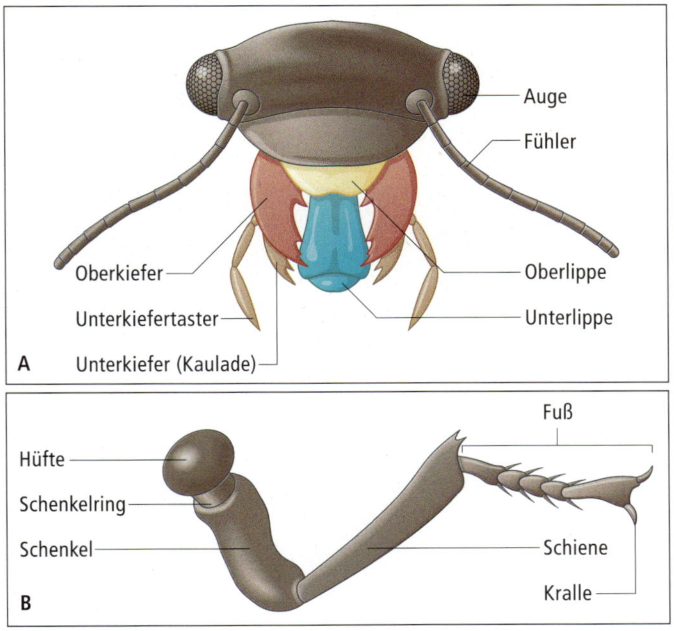

49.1 Mehlkäfer (Schema). **A** Kopf (Vorderansicht); **B** Vorderbein

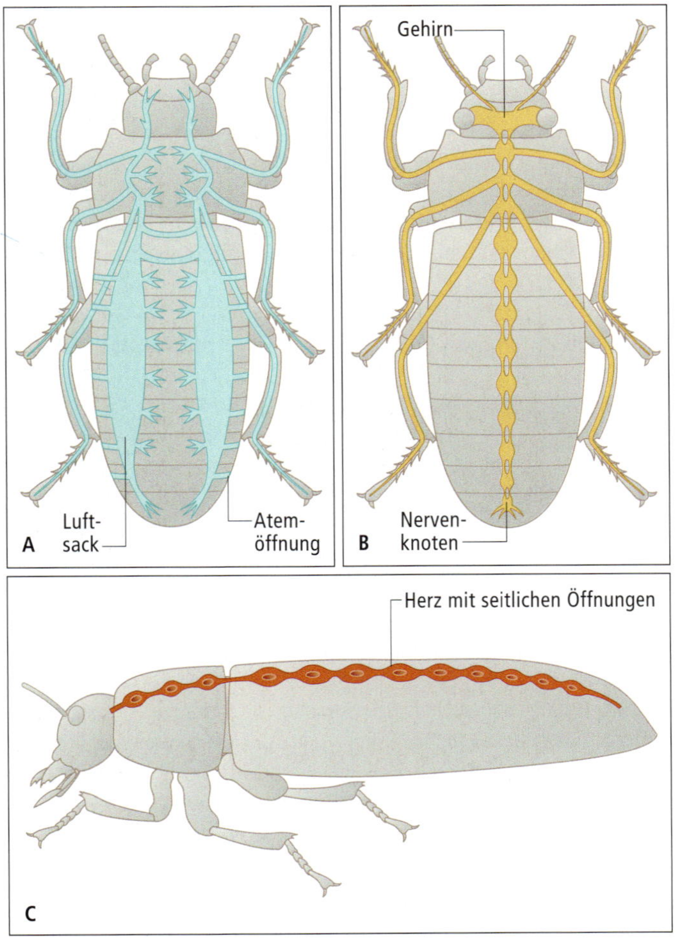

49.2 Organsysteme des Mehlkäfers (Schemata).
A Tracheensystem (Rückenansicht); **B** Nervensystem (Bauchansicht); **C** Blutkreislaufsystem (Seitenansicht)

PRAKTIKUM Untersuchungen am Mehlkäfer

1 Zucht von Mehlkäfern

Material: Einmachglas (1 Liter oder mehr); ein Tuch oder der Rest einer engmaschigen Gardine zur Abdeckung der Glasöffnung; Gummiring; unbehandelte Sägespäne; Speisemehl; trockene Brotreste; angetrocknete Karotten- und Kartoffelscheiben; Lappen; Zeitungspapier; Lupe; Schreibstift; Schreibpapier; 20 Mehlwürmer (Zoofachgeschäft)

Durchführung: Fülle das Einmachglas bis zu einem Drittel mit einem Gemisch aus Sägemehl, Brotresten, Karotten- und Kartoffelscheiben, Speisemehl und einem leicht angefeuchteten Lappen! In keinem Falle darf der Lappen nass sein! Gib die 20 Mehlwürmer in das Einmachglas! Decke das Glas mit dem luftdurchlässigen Stoff ab! Befestige die Abdeckung sorgfältig mit dem Gummiring! Beginnt der Glasinhalt deutlich muffig zu riechen, müssen das Futter und der Lappen sofort erneuert werden! Ansonsten wechsele das Futter alle 14 Tage! Gib dazu den Inhalt des Gefäßes durch das grobmaschige Sieb auf Zeitungspapier, reinige das Glas, und bestücke es wieder wie oben beschrieben! Gib dann die Tiere aus dem Sieb in das Gefäß zurück!

Aufgaben:

a) Kontrolliere die Mehlwurmzucht einmal in der Woche! Siebe dazu den gesamten Inhalt des Glases über einer geöffneten Zeitung! Im Sieb findest du die verschiedenen Entwicklungsstadien des Mehlkäfers.

b) Erstelle eine Tabelle! Notiere unter dem jeweiligen Datum die Zahl der lebenden und toten Mehlwürmer, Puppen und Käfer!

Datum	Mehlwürmer	Puppen	Käfer
30.04.2007	20	keine	keine

2 Beobachtung von Mehlwürmern

Material: Präparierschale; Löschpapier; Schere; Wasser; 10 Mehlwürmer

Durchführung: Lege den Boden der Präparierschale mit Löschpapier aus! Halbiere das Papier! Befeuchte eine Hälfte mit Wasser! Gib 10 Mehlwürmer in die Präparierschale!

Aufgaben:

a) Notiere, wo sich nach fünf Minuten die meisten Tiere aufhalten!

b) Erläutere deine Beobachtungen!

3 Untersuchung eines Käferbeines

Material: Petrischale; Lupe; Vorderbein eines toten Mehlkäfers; Zeichenmaterial

Durchführung: Betrachte das Käferbein unter der Lupe!

Aufgaben:

a) Zeichne das Käferbein!

b) Beschrifte in deiner Zeichnung die Bauteile des Käferbeines!

c) Vergleiche den Bau des Käferbeins mit dem Bau des Beines einer Honigbiene auf Seite 58!

4 Beobachtungen am Mehlkäfer

Hinweis: Gekühlte Mehlkäfer laufen deutlich langsamer.

Material: lebender Mehlkäfer

Durchführung: Lasse einen Mehlkäfer langsam über ein Blatt Papier laufen!

Aufgaben:

a) Beobachte und beschreibe die Schrittfolge des Mehlkäferlaufes!

b) Vergleiche die Fortbewegung des Mehlkäfers mit der des Regenwurms auf Seite 65!

1.2 Schmetterlinge zeigen eine vollkommene Verwandlung

Mit Glück kann man an Blütenständen des Sommerflieders den Schwalbenschwanz beobachten, einer der großen einheimischen Tagfalter. Ende April legt er an den Stängeln der Wilden Möhre und des Fenchels einzelne, kleine, rundliche, hellgefärbte Gebilde ab. Es sind die **Eier** des Schwalbenschwanzes. Aus ihnen schlüpfen Raupen. Bereits an diesen *Larven* sind die äußeren Merkmale eines Insekts zu erkennen.

Der Raupenkörper ist in drei unterscheidbare Abschnitte unterteilt. Die Kopfkapsel trägt Punktaugen, kurze Fühler und gut ausgebildete beißend-kauende Mundwerkzeuge. An den drei Brustsegmenten setzen gegliederte Beinpaare an. Die Segmente des Hinterleibs der Raupe tragen weitere Beine: vier Paar *Bauchfüße* und ein Nachschieberpaar am letzten Segment. Es sind jedoch keine echten Beine, sondern Ausstülpungen der Chitinhaut.
Am Ende der Larvenzeit, nach vier bis fünf Häutungen, stellt die Larve das Fressen ein. Sie sucht eine geschützte Stelle am Pflanzenstängel auf. Dort bildet sie Spinnfäden, die aus zwei Spinndrüsen austreten, deren Öffnungen am Mund liegen. Die Raupe baut sich aus den Spinnfäden eine Haltevorrichtung, an der sie ihr Hinterende befestigt. Dann legt sie sich um die Körpermitte einen Gürtel aus Spinnfäden, um sich anschließend zur **Puppe** zu häuten. Wegen dieser Befestigungsart nennt man die Puppe des Schwalbenschwanzes *Gürtelpuppe*. In der Puppenruhe nimmt sie keine Nahrung auf. Währenddessen werden innerhalb der festen Puppenhülle die Organe der Raupe ab- und Organe des Schmetterlings aufgebaut.

Nach 20 Tagen Puppenruhe schlüpft der geflügelte, geschlechtsreife Schmetterling, das Vollinsekt oder die **Imago.** Bei günstigen Witterungsbedingungen entwickeln sich in einem Jahr zwei Schmetterlingsgenerationen. Die Puppen der zweiten Generation überwintern an Pflanzenstängeln. Der Schwalbenschwanz ernährt sich mit *saugenden Mundwerkzeugen* vom Nektar der Blüten. Er durchläuft eine **vollkommene Verwandlung.**

1. Beschreibe die vollkommene Verwandlung eines Schwalbenschwanzes!
2. Beschreibe den Aufbau des Raupenkörpers!
3. Erläutere, wie der Schwalbenschwanz den Winter überlebt!
4. Beschreibe und vergleiche die Ernährung von Mehlkäfer und Schwalbenschwanz!

51.1 Schwalbenschwanz. A Paarung; **B** Raupe; **C** Puppe; **D** geschlüpfter Schmetterling

52.1 Tagpfauenauge

52.2 Haustaube

1.3 Insekt und Wirbeltier im Vergleich

Schmetterling und Taube haben Flügel und können fliegen. Betrachtet man ihren Körperbau jedoch genauer, stellt man viele Unterschiede fest.

Der Schmetterling besitzt wie alle Insekten ein **Außenskelett** aus Chitin. Kopf, Brust, Hinterleib und Flügel bestehen aus Kapseln, Platten und Röhren. Diese sind durch Gelenkhäute beweglich miteinander verbunden. Insekten gehören zu den *wirbellosen Tieren.*
Das Skelett der Taube ist ein **Innenskelett** aus Knochen und Knorpel. Wie bei allen *Wirbeltieren* sind Kopf und Gliedmaßen mit der *Wirbelsäule* gelenkig verbunden. Rippen und Schädelkapsel schützen wichtige Organe.

Die Schuppen der Schmetterlingsflügel und die Borsten, die seinen Körper bedecken, bestehen ebenfalls aus Chitin. Schuppen enthalten häufig Farbstoffe. So ergeben sich arteigene Farbmuster. Die Federn der Taube und die Haare der Säuger sind dagegen aus Horn und stellen Gebilde der Oberhaut dar. Ihre Farbgebung ist ein arttypisches Merkmal und dient dem Schutz vor Feinden und der Wärmeisolation.

Auch die Augen der Insekten unterscheiden sich von den Augen der Wirbeltiere. Der Schmetterling hat Netzaugen, die man auch *Komplexaugen* nennt. Diese Augen setzen sich aus vielen Einzelaugen zusammen. Mit jedem Auge wird ein Bildpunkt gesehen. So ergibt sich für das Insekt ein Bild der Umgebung, das einem Rasterbild vergleichbar ist. Die Taube besitzt wie alle Wirbeltiere *Linsenaugen.* Die Linse kann in ihrer Krümmung verändert werden. So wird sie auf Gegenstände in unterschiedlicher Entfernung eingestellt. Auf der Netzhaut wird ein scharfes, seitenverkehrtes und verkleinertes Bild des Gegenstandes abgebildet.

Der innere Aufbau von Insekten und Wirbeltieren zeigt ebenfalls Unterschiede. Das Atmungssystem der Insekten besteht aus Atemöffnungen, Luftsäcken und fein verzweigten Röhren. Man nennt es daher *Röhren-* oder *Tracheensystem.* Durch die Tracheen werden alle Körperzellen direkt mit Sauerstoff versorgt. Die Taube atmet durch *Lungen.* Luftsäcke vergrößern das Atemvolumen und dienen durch die Zirkulation der Luft auch der Körperkühlung. In den Lungen übernimmt das Blut den Sauerstoff und transportiert ihn zu den Zellen des Körpers.

Das *Blutgefäßsystem* des Schmetterlings besteht aus einem röhrenförmigen Herzen mit kurzen Seitengefäßen. Es liegt auf der Rückenseite unter dem Chitinpanzer von Hinterleib und Brust. Dieses Röhrenherz presst das farblose Blut nach vorne und seitlich in den Körper. Hier umspült es alle Organe und fließt zum Herzen zurück. Insekten haben also einen *offenen Blutkreislauf.*
Die Taube besitzt wie alle Wirbeltiere einen *geschlossenen Blutkreislauf.* Hier pumpt das Herz das rot gefärbte Blut durch Arterien in den Körper und durch Venen wird es wieder zum Herzen zurückgeführt.

1. Nenne Unterschiede im Bau von Wirbeltier und Insekt!
2. Erläutere, was man unter einem Außenskelett versteht!
3. Beschreibe die Besonderheiten eines offenen Blutkreislaufs!

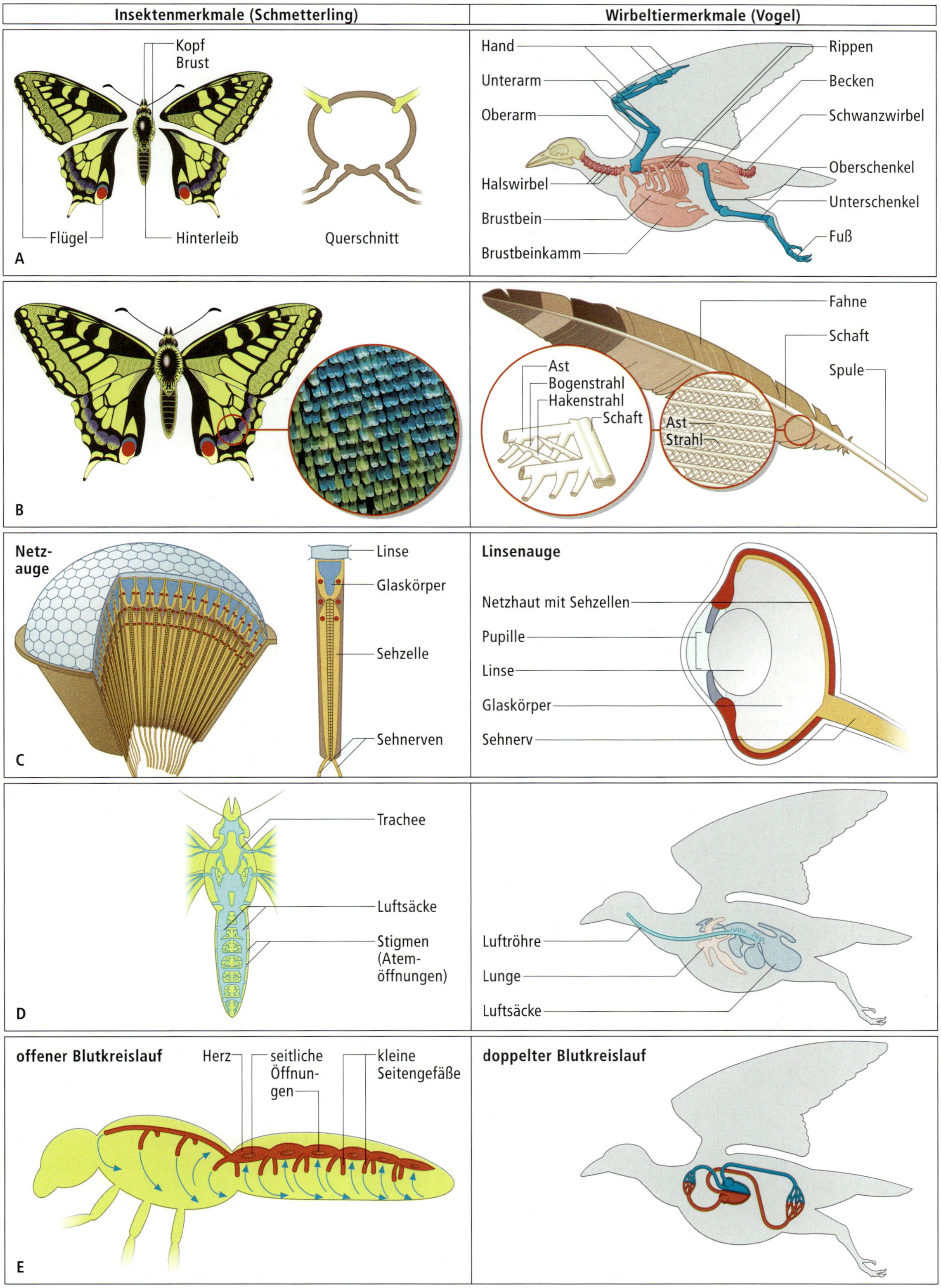

53.1 Insekten und Wirbeltiere im Vergleich. A Skelett; **B** Körperbedeckung; **C** Augen; **D** Atmungsorgane; **E** Blutkreislauf

54.1 Libellenentwicklung (Blaugrüne Mosaikjungfer).
A Paarungsrad; **B** Larve; **C** Schlüpfvorgang; **D** Vollinsekt

1.4 Insekten ohne Puppenstadium

Stehende und langsam fließende Gewässer, selbst kleine Gartenteiche, locken schon im Frühjahr *Libellen* an. Ihre oft intensiv blau, rötlich oder grün gefärbten Körper glänzen auffällig in der Sonne. Alle Libellenarten sind geschickte Jäger. Fast das gesamte Leben des Vollinsekts spielt sich in der Luft ab. Libellen sind Räuber und ernähren sich von kleinen Insekten, die sie im Flug erbeuten und meist auch gleich verzehren. Mit ihren großen Augen können Libellen ihre Beute auch im schnellen Flug erspähen.

Manchmal kann man die Paarung der Libellen beobachten. Sie erfolgt ebenfalls im Flug. Bei einigen Arten ist die Paarung sehr ungewöhnlich: Das Männchen fliegt voran und hält mit Zangen seines Hinterleibes das Weibchen hinter dem Kopf fest. Dabei biegt das Weibchen sein Hinterleibsende so weit nach vorn, dass es sich mit dem männlichen Begattungsorgan vereinigen kann. Das dabei entstehende „Paarungsrad" wird über längere Zeit beibehalten.

Das Weibchen legt seine Eier meist unter Wasser an Pflanzen ab. Manche Arten müssen dazu völlig in das Wasser eintauchen. Die Larven der Libellen leben räuberisch im Wasser. Ihre Unterlippe ist zu einer Art Greifzange umgebildet, die in Ruhestellung zusammengeklappt unter dem Kopf getragen wird. Beim Beutefang wird diese „Fangmaske" blitzschnell vorgestoßen, um die Beute zu ergreifen. Libellenlarven ernähren sich von Wasserinsekten und deren Larven, Kaulquappen und auch kleinen Fischen. Deswegen sind die Larven der Libellen in Fischteichen auch nicht gern gesehen. Die Larven der *Großlibellen* atmen durch den Enddarm, die der *Kleinlibellen* durch drei blattartige Fortsätze am Hinterleib. Durch Pumpbewegungen des Hinterleibs strömt Atemwasser ein und aus. Erfolgt der Wasserausstoß besonders heftig, schießt das Tier durch den Rückstoß schnell vorwärts.

Die Larven der Libellen überwintern im Gewässer. Bevor sie das Wasser endgültig verlassen, häuten sie sich bis zu fünfzehn Mal. Die älteren Stadien, die auch als Nymphen bezeichnet werden, haben bereits kleine Flügelansätze. Die ausgewachsene Larve kriecht an einem Pflanzenstängel aus dem Wasser und krallt sich anschließend dort fest. Bei der nun folgenden letzten Häutung schlüpft das Vollinsekt. Libellen haben also kein Puppenstadium. Man spricht von einer **unvollkommenen Verwandlung** oder **unvollständigen Metamorphose.**

55.1 **Grünes Heupferd. A** Larve; **B** Vollinsekt

55.2 **Feldheuschrecken bei der Paarung**

Durchstreift man an warmen Tagen und Abenden im Sommer trockene Wiesen, springen häufig zahlreiche unterschiedlich große Tiere auf und flüchten in einem weiten Sprung. Manche können auch fliegen. Es sind *Heuschrecken*, die sich vor dem Tritt des Menschen in Sicherheit bringen. Die Aufteilung des Heuschreckenkörpers in Kopf, Brust und Hinterleib weist sie als Insekten aus. Sie besitzen große Augen und Antennen, die bei den Laubheuschrecken fast körperlang ausgebildet sind. Auffallend sind die kräftigen Hinterbeine. Es sind lange Sprungbeine, mit denen Heuschrecken in großen Sätzen fliehen können.

Mit lautem Zirpen locken die Männchen die Weibchen zur Begattung an. Bei dem *Grünen Heupferd* wird das Zirpen durch das Aneinanderreiben der Vorderflügel hervorgerufen. Dabei streicht das Männchen mit dem linken Vorderflügel, der einen gerillten Schrillkamm trägt, über ein starres Häutchen des rechten Flügels. Das Häutchen gerät dabei wie der Resonanzboden eines Streichinstrumentes in Schwingungen und verstärkt die Zirplaute. *Feldheuschrecken* reiben mit einer Zahnleiste am Hinterbein an den Vorderflügeln, um die Zirplaute zu erzeugen. Das Hörorgan der Grünen Laubheuschrecke liegt an den Vorderbeinen. Feldheuschrecken dagegen hören mit einem Organ am ersten Hinterleibssegment.

Die Weibchen der Heuschrecken besitzen eine Legeröhre. Mit ihr legen sie nach der Befruchtung im Herbst Eier in lockeren Boden. Dort überwintern sie geschützt. Im Frühjahr schlüpfen die Larven. Sie sehen ihren Eltern sehr ähnlich. Sie sind jedoch kleiner und an der Stelle der Flügel sind nur fluguntüchtige Stummel ausgebildet. Ihr Sprungvermögen ist sehr groß. In mehreren Häutungen wachsen die Larven heran. Nach der letzten Häutung schlüpft das flugfähige und geschlechtsreife Vollinsekt. Heuschrecken durchlaufen wie die Libellen kein Puppenstadium. Auch ihre Entwicklung ist eine unvollständige Metamorphose.

1. Beschreibe das „Paarungsrad" der Libelle anhand der Abbildung 54.1 A!
2. Nenne mithilfe der Abbildungen Merkmale, an denen man Libellen beziehungsweise Heuschrecken erkennt!
3. Nenne die Körperteile der Heuschrecke, die sich erst von Häutung zu Häutung entwickeln!
4. Vergleiche die Entwicklung der Libellen mit der des Mehlkäfers! Stelle das Ergebnis der Klasse in einem Kurzvortrag dar!

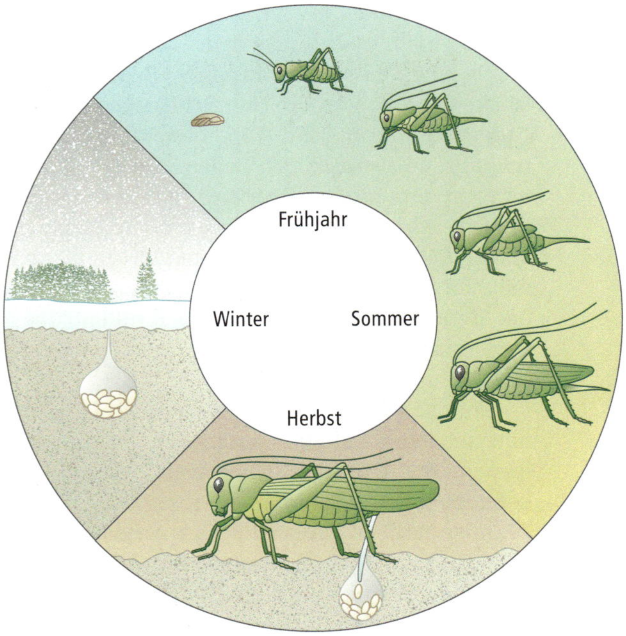

55.3 **Unvollkommene Verwandlung bei der Heuschrecke** (Schema)

56.1 Honigbiene beim Pollensammeln

56.2 Bienenstöcke an einem Rapsfeld

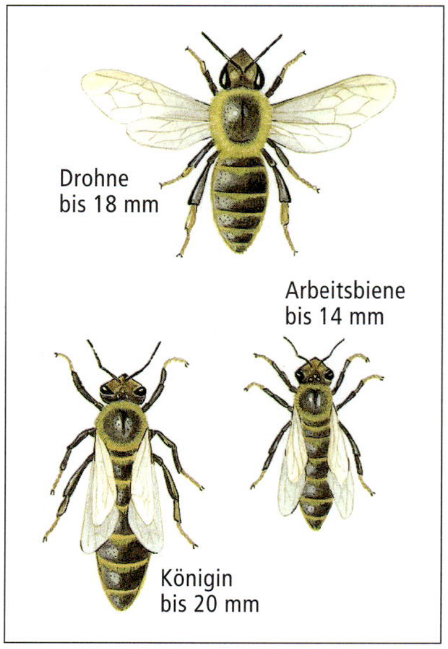

56.3 Die drei Bienenwesen

1.5 Honigbienen leben in einem Staat

An einem sonnigen Frühsommertag summt und brummt es über einem Rapsfeld. Unzählige Bienen besuchen die leuchtend gelben Blüten der Rapspflanzen. Wenn man genau hinschaut, kann man bei vielen Bienen Pollenpakete an den Hinterbeinen erkennen. So bepackt fliegen sie zielgerichtet zu Bienenstöcken, die ein Imker am Rande des Rapsfeldes aufgestellt hat.

In einem Bienenstock lebt ein Bienenvolk. Zu jedem Volk können bis zu 80 000 Bienen gehören. Schaut man etwa in einem Lehrbienenstand durch eine Glasscheibe in einen Beobachtungsstock, sieht man zahlreiche dicht nebeneinander hängende Waben. Jede Wabe besteht aus mehreren tausend sechseckigen Zellen. Auf den Waben herrscht ein großes Gedränge von zahlreichen Bienen. Schnell kann man eine größere Biene mit einem langen, schlanken Hinterleib entdecken, die vom Imker besonders markiert wurde. Es ist die **Bienenkönigin,** die einzige fortpflanzungsfähige weibliche Biene im Bienenstock.

Im Frühjahr kann man im Stock auch die etwas untersetzteren, plump wirkenden männlichen Bienen, die **Drohnen,** beobachten. Von ihnen kommen nur wenige hundert Tiere je Stock vor. Die allermeisten Tiere sind jedoch **Arbeitsbienen.** Es handelt sich bei ihnen um unfruchtbare Weibchen mit verkümmerten Eierstöcken. Arbeitsbienen verrichten im Verlauf ihres nur etwa sechs- bis achtwöchigen Lebens verschiedene Aufgaben. Als *Ammenbienen* kümmern sie sich zunächst um die Bienenbrut, die sich in speziellen Brutwaben entwickelt. Aus den von der Königin abgelegten Eiern schlüpfen die augen- und beinlosen Larven, die Maden. Da auch ihre Mundwerkzeuge noch nicht voll entwickelt sind, müssen sie mit Honig und Pollen gefüttert werden. Frisch geschlüpfte Maden erhalten einen besonderen Futtersaft, der in Futtersaftdrüsen junger Arbeiterinnen produziert wird. Diese Drüsen sind nur wenige Tage aktiv. Dafür reifen jetzt Wachsdrüsen im Hinterleib heran. Als *Baubienen* stellen sie Wachszellen her oder verschließen Brutzellen mit einem Wachsdeckel.

In der nächsten Lebenswoche sind Arbeitsbienen als Honigmacher tätig. Diese verarbeiten Pollen und Nektar, die von anderen Bienen herangeschafft werden, in ihrem Honigmagen zu Honig. Dieser Honig wird in Vorratswaben gespeichert und dient vor allem als Wintervorrat. Wenn die Temperatur im Bienenstock zu hoch ist, erzeugen die Stockbienen durch ein Fächeln mit den Flügeln einen Luftstrom, sodass die Temperatur im Stock stets etwa 35 °C beträgt. Weitere Tätigkeiten sind der Abtransport toter Bienen aus dem Stock und die Bewachung des Einfluglochs.

Den letzten und gleichzeitig längsten Lebensabschnitt verbringen die Tiere aber als *Sammelbienen.* Um Nektar und Pollen zu sammeln, fliegen sie oft mehrere Kilometer weit zu geeigneten Orten mit vielen Blüten, zum Beispiel zu Rapsfeldern. Im Sommer teilt sich das Volk, wenn der Platz im Stock zu eng wird. Die Königin fliegt mit etwa der Hälfte der Arbeitsbienen davon.

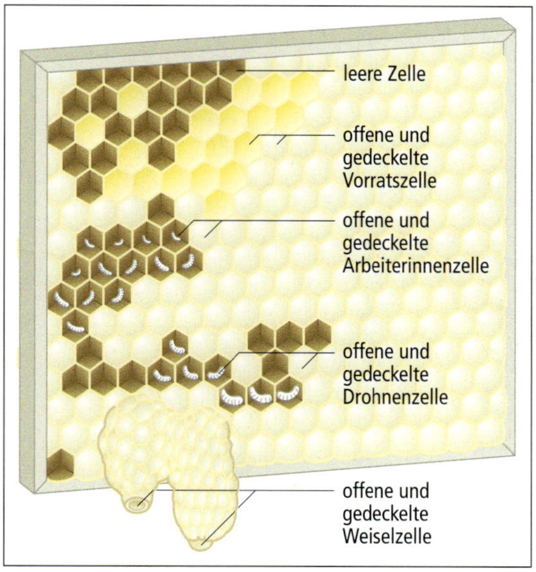

57.1 Brutwabe

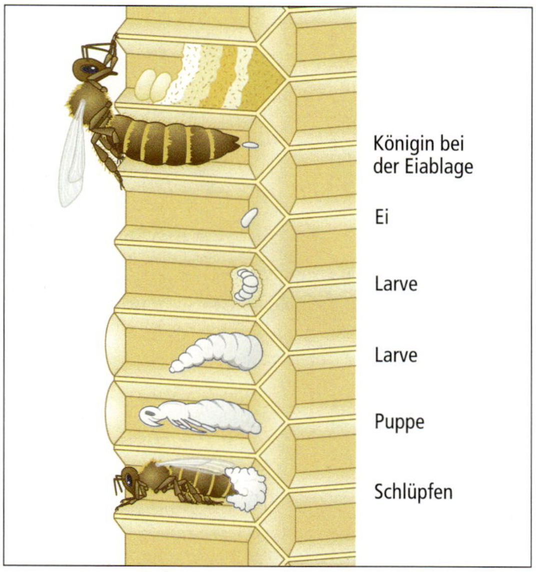

57.2 Entwicklung der Honigbiene

Der Schwarm sammelt sich in einer Traube an einem Baum. Der Imker fängt diese Bienen ein und setzt sie in einen neuen Stock.
Im alten Stock schlüpft eine neue Königin, die sich zuvor in einer Weiselzelle entwickelt hat. Sie wurde mit einem speziellen Futtersaft für Königinnen, dem so genannten *Gelee royale*, gefüttert. Auf dem Hochzeitsflug wird sie von mehreren Drohnen begattet, der dabei empfangene Spermienvorrat reicht für ihr vier- bis fünfjähriges Leben.

Die Drohnen werden nach der Begattung der Königin aus dem Stock vertrieben. Der Imker spricht von einer Drohnenschlacht. Da die Drohnen sich nicht selbst ernähren können, sterben sie kurz darauf.

Die Eier werden ausschließlich von der Königin einzeln in Brutzellen abgelegt. Dies können bis zu 2000 Stück am Tag sein. Die Brutzellen bleiben zunächst offen. Aus den befruchteten Eiern schlüpfen nach drei Tagen Larven, die während der gesamten Larvalentwicklung gefüttert werden, zunächst mit Gelee royale, später dann aber nur noch mit Pollen und Nektar. Kurz vor der Verpuppung werden die Brutzellen mit einem Wachsdeckel verschlossen. Die Larven spinnen einen Kokon. Nach 21 Tagen ist die Entwicklung zur Arbeitsbiene abgeschlossen und die Tiere schlüpfen aus ihren Brutkammern.
Die Drohnen entwickeln sich im Gegensatz zu den anderen Bienen aus unbefruchteten Eiern. Ihre Entwicklung dauert mit 24 Tagen etwas länger als die der Arbeitsbienen, verläuft ansonsten aber ähnlich.

57.3 Aufgaben einer Honigbiene

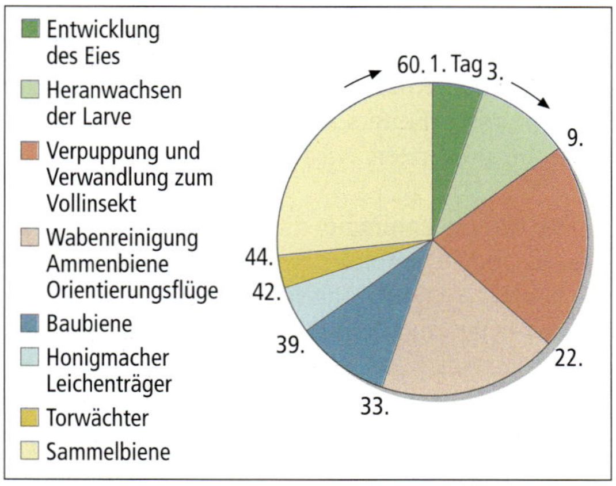

57.4 Lebensuhr einer Arbeitsbiene im Sommer

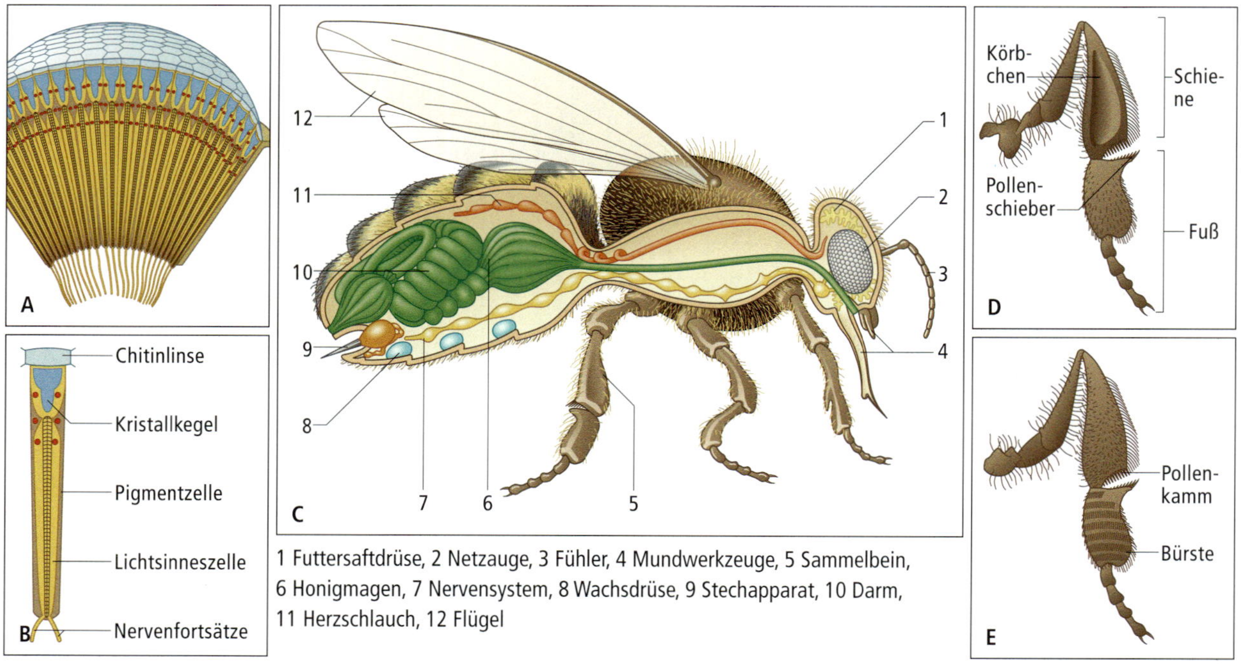

1 Futtersaftdrüse, 2 Netzauge, 3 Fühler, 4 Mundwerkzeuge, 5 Sammelbein, 6 Honigmagen, 7 Nervensystem, 8 Wachsdrüse, 9 Stechapparat, 10 Darm, 11 Herzschlauch, 12 Flügel

58.1 Bauplan der Honigbiene. **A** Netzauge; **B** Einzelauge; **C** Längsschnitt durch den Körper; **D** Sammelbein innen; **E** Sammelbein außen

Honigbienen zeigen alle typischen Insektenmerkmale. Schaut man eine Biene an, erkennt man sofort die Gliederung des Körpers in Kopf, Brust und Hinterleib.

Am Kopf sitzen die beiden großen Netzaugen, die aus jeweils etwa 5000 Einzelaugen zusammengesetzt sind. Jedes Einzelauge besteht aus einer Linse und einem Kristallkegel. Durch Pigmentzellen ist es gegen das Nachbarauge abgeschirmt. Sinneszellen wandeln die eingehenden Lichtreize in elektrische Impulse um. Mit ihren Augen können die Bienen ihre Umgebung gut erkennen. Sie sehen außer Rot alle Farben, zusätzlich aber auch Ultraviolett. Weiterhin fallen am Kopf die beweglichen Fühler auf, mit denen die Bienen tasten und riechen. Nektar saugen sie mit ihrem ausklappbaren Rüssel auf. Von dort gelangt der Nektar bis in den Honigmagen. Hier wird er gespeichert. Als Ammenbienen besitzen die Bienen im Kopf große Futtersaftdrüsen, in denen das Larvenfutter produziert wird.

Außer Nektar sammeln die Bienen beim Blütenbesuch auch Pollenkörner. Diese bleiben am pelzig behaarten Körper haften. Im Flug werden die Pollenkörner mit den Vorderbeinen nach hinten in die Körbchen oder Höschen am letzten Beinpaar befördert. Bei diesem **Höseln** werden vor allem die Hinterbeine benutzt. An ihnen sind das erste Fußglied, die Ferse und die Schienen stark verbreitert. Auf der Innenseite trägt die Ferse mehrere kurze Borstenreihen, die Bürste. Am Schienenrand darüber bilden steife Borsten den Pollenkamm. Mit den Bürsten werden Pollenkörner aus dem Pelz „gefegt" und mit dem Pollenkamm des einen Beines aus der Bürste des anderen zusammengekratzt. Daraus wird mit dem verbreiterten Fußglied ein Ballen geknetet, den der Pollenschieber nach außen in die Höschen drückt.

Am zweiten und dritten Brustsegment tragen die Bienen vier dünnhäutige Flügel. An jedem Brustsegment sitzt außerdem ein Beinpaar.

Im gegliederten Hinterleib befinden sich bei Baubienen die Wachsdrüsen, die das Baumaterial der Waben bilden. Am Ende des Hinterleibs liegt der Stechapparat mit Stachel, Giftblase und Giftdrüsen. Der Stachel besitzt zwei Stechborsten und ist mit Widerhaken versehen. Er ist gegen andere Insekten eine sehr wirksame Waffe und kann nach einem Stich unbeschadet herausgezogen werden. In der menschlichen Haut bleibt er aber fest verhakt, die Biene reißt beim Versuch des Herausziehens den gesamten Stechapparat aus ihrem Hinterleib. An den Folgen dieser Verletzung stirbt sie.

1. Beschreibe den Aufbau des Netzauges! Vergleiche ihn mit dem Bau eines Linsenauges! Nimm die Seite 202 zu Hilfe!
2. Der Imker spricht vom „Höseln" der Bienen. Erläutere!
3. Referiere mit eigener Gliederung über das Thema „Honigbienen"!

1.6 Bienen verständigen sich untereinander

Eine Sammelbiene entdeckt einen blühenden Kirschbaum. Sie sammelt Pollen und fliegt mit „prallen Höschen“ zu ihrem Stock zurück. Kurze Zeit später finden sich an dem Kirschbaum viele Bienen ein. Wie wurden diese verständigt?

Der Biologe und Bienenforscher Karl VON FRISCH hat sich intensiv mit dieser Frage beschäftigt und dazu Versuche mit Honigbienen durchgeführt. So legte er eine künstliche Futterquelle an. Die Besucherbienen markierte der Forscher mit Farbtupfern. Alle von ihm markierten Bienen gehörten zu einem Volk. Er entdeckte, dass die markierten Arbeiterinnen an den senkrecht hängenden Waben im völlig dunklen Stock nach ihrer Rückkehr eigenartige Kreisbewegungen vollführen. Dabei folgen andere Stockbienen diesen Bewegungen und betasten die Heimkehrerinnen mit ihren Fühlern. Liegt die Futterquelle weniger als 100 Meter vom Stock entfernt, läuft die Sammelbiene einmal links und einmal rechts im Kreis herum über die Wabe. Durch den an der Biene anhaftenden Blütenduft werden den anderen Bienen Informationen über die Art der Futterquelle gegeben. Einen Hinweis über die Richtung bekommen sie durch diese auch als *Rundtanz* bezeichnete Bewegung nicht.

Diese Informationen enthält aber der **Schwänzeltanz.** Dabei dient die Sonne als Orientierungshilfe. Liegt die Futterquelle vom Stock aus gesehen genau in Richtung der Sonne, tanzt die Biene auf der senkrecht hängenden Wabe in einer Schlängellinie nach oben. Durch Bögen nach links oder rechts kehrt sie immer wieder zum Ausgangspunkt zurück und beschreibt so eine Acht.

Liegt die Futterquelle entgegengesetzt zur Sonne, wird der Tanz mit dem Kopf nach unten ausgeführt. Ist die Futterquelle in einem Winkel von 30° rechts der Sonne gelegen, tanzt sie um diesen Winkel aus der Senkrechten nach rechts gedreht. Sie übersetzt also den Winkel zwischen Futterplatz und Sonne auf der Wabe in einen Winkel zur Schwerkraft.

Die Geschwindigkeit, mit der die Biene den Tanz ausführt, gibt die Entfernung zur Futterquelle an. Je langsamer der Tanz, desto weiter entfernt liegt sie. Versuche haben ergeben, dass Bienen zu Futterquellen fliegen, die bis zu drei Kilometer von ihrem Stock entfernt liegen.

1. Erläutere den Weg der Erkenntnisgewinnung bei der Untersuchung, wie sich Bienen untereinander verständigen!

59.1 Tänze der Honigbienen. A Rundtanz; **B** Schwänzeltanz, Futterquelle in Sonnenrichtung; **C** Schwänzeltanz, Futterquelle 30° rechts zur Sonne

60.1 Bestäubung. **A** Karthäusernelke; **B** Schema; **C** Zitronenfalter

1.7 Insekten als Bestäuber von Blüten der Samenpflanzen

Das Beobachtungsfeld ist abgesteckt und hat die Größe von etwa 100 Quadratmetern. Eine Schülergruppe protokolliert, welche Insekten die Blüten der Karthäusernelke aufsuchen und zu welchen Blüten diese Insekten dann weiterfliegen. Das Ergebnis ist eindeutig. Blüten der Karthäusernelke werden bevorzugt von Zitronenfaltern und anderen Tagfaltern aufgesucht. Nach einem Besuch auf einer Karthäusernelke lassen sie sich auf einer anderen Karthäusernelke nieder. Wie sind diese Beobachtungen zu erklären?

Viele Blüten enthalten Drüsen, die einen für Insekten und andere Kleintiere nahrhaften Saft herstellen und abgeben. Dieser Saft, der *Nektar*, enthält viel Zucker, aber auch Fette und Vitamine. Untersuchungen haben zu der Erkenntnis bei Biologen geführt, dass es Insekten *angeboren* ist, Blüten aufzusuchen und dort Nektar aufzunehmen. Dieses Verhalten müssen Insekten also nicht lernen. Allerdings müssen sie *lernen*, unter der Vielfalt der Blüten immer wieder diejenigen auszuwählen und aufzusuchen, bei denen sie erfolgreich Nektar aufnehmen können. Dabei stellt sich die Frage, weshalb gerade Tagfalter und nicht Bienen bei der Karthäusernelke so gut an den Nektar gelangen. Ein Grund liegt im Bau der Karthäusernelkenblüte. Ihre Kron- und Kelchblätter bilden eine lange Blütenröhre. In ihr befinden sich der Stempel und zahlreiche Staubblätter. Tief unten in dieser Röhre, auf dem Blütenboden, liegen die Nektardrüsen. Betrachtet man nun die Mundwerkzeuge bei Tagfaltern, so erkennt man einen aufgerollten Saugrüssel. Nur ein so langer und dünner Saugrüssel kann an den Staubfäden und dem Stempel vorbei zum Blütenboden und damit zum Nektar vordringen. Bienen dagegen haben einen kurzen Saugrüssel. Sie besuchen Blüten wie Margeriten, deren Blüten kürzere Röhren haben. In beiden Fällen bleiben klebrige Pollenkörner am Saugrüssel haften. Nach kurzer Zeit hat der Falter die kleine Nektarmenge aufgesaugt und besucht eine andere Karthäusernelkenblüte. Dabei gelangen Pollenkörner der ersten Blüte auf die Narbe der zweiten Blüte. Man nennt diesen Vorgang *Bestäubung*.

Die Blüten von Samenpflanzen sind an bestimmte Bestäuber angepasst. Die Mundwerkzeuge des Falters passen zur Blüte der Pflanze wie ein Schlüssel zu einem Schloss. Diese gegenseitige Angepasstheit von Blüte und Insekt ist für beide Lebewesen von Nutzen. Der Falter hat eine Nahrungsquelle, die Insekten mit anders gebauten Mundwerkzeugen versperrt ist. Die Pflanze hat Helfer bei der Bestäubung. Allerdings entstehen für beide Lebewesen dieser Beziehung auch „Kosten". Der Falter muss nach Karthäusernelken suchen, diese müssen Nektar bereitstellen. Beide, Tagfalter und Karthäusernelke, sind also aufeinander angewiesen.

1. Erläutere, weshalb die Karthäusernelke bevorzugt von Tagfaltern aufgesucht wird!
2. Inwiefern ist es für die Karthäusernelke wichtig, dass sie nur kleine Nektarportionen anbietet? Erläutere!
3. Dieser Seite liegen die Basiskonzepte „Struktur und Funktion" und „Reproduktion" zugrunde. Erläutere!

PRAKTIKUM Insekten

1 Wir bauen einen Bienenkompass

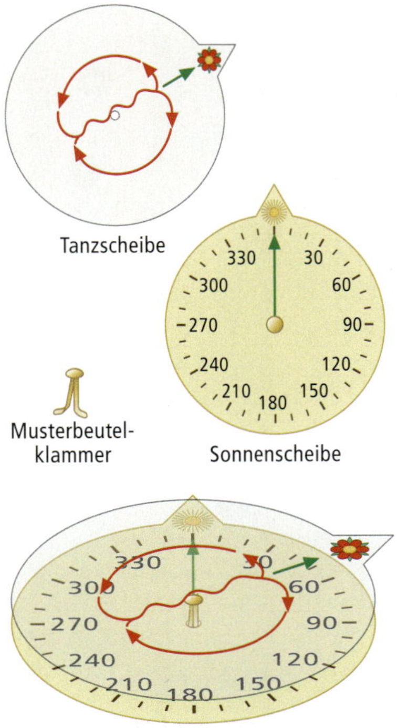

Material: Pappkarton; stabile Transparentfolie; Musterbeutelklammer; Geodreieck; Zirkel; Folienschreiber
Durchführung: Zeichne auf einen Pappkarton einen Kreis von 10 cm Durchmesser! Schneide ihn aus und markiere von einem selbst gewählten Nullpunkt aus in beide Richtungen jeweils Winkel im 30° Abstand! Schneide aus einer Folie ebenfalls eine Scheibe von 10 cm Durchmesser und zeichne darauf die Umrisse einer Schwänzeltanzfigur ein! Bohre in die Mitte beider Scheiben ein Loch und verbinde sie mit der Musterbeutelklammer! Halte den Bienenkompass senkrecht, sodass der Pfeil auf der Pappe nach oben zeigt!
Aufgabe:
Markiere an der Tafel den Standort von Sonne und Futterquelle! Dein Sitzplatz ist der Stock. Miss mit dem Bienenkompass den entsprechenden Winkel! Wiederhole dies mit weiteren Standorten! Wenn du den Kompass draußen benutzt, richte die Sonnenscheibe nach dem tatsächlichen Sonnenstand aus!

2 Untersuchungen an Honigbienen

Hinweis: Diese Untersuchungen sind auch an anderen Insekten möglich. Wasche dir nach den Untersuchungen die Hände!
Material: tote Bienen (von Imkern zu bekommen); starke Handlupe oder Stereolupe (Binokular); Pinzetten
Durchführung: Bringe die Tiere mit einer Pinzette in eine zur Beobachtung günstige Lage!
Aufgaben:
a) Betrachte eine Biene mit der Lupe!
b) Skizziere den äußeren Bau und beschrifte! Entferne dann vorsichtig mithilfe der Pinzette einen Flügel und ein Sammelbein und betrachte diese bei stärkerer Vergrößerung! Skizziere!

3 Wir untersuchen Exuvien

Sachinformation: Exuvien sind Larvenhäute von Libellen. Man findet sie nach dem Schlupf an Halmen von Wasserpflanzen im Schul- oder Gartenteich oder an anderen Gewässern, in denen Libellenlarven leben. Vorsicht, Exuvien sind leicht zerbrechlich!
Material: starke Handlupe oder Stereolupe (Binokular); Pinzetten
Durchführung: Bringe die Exuvien mit einer Pinzette in eine zur Beobachtung geeignete Lage!
Aufgaben:
a) Betrachte eine Exuvie mit der Lupe! Skizziere den äußeren Bau und beschrifte deine Skizze!
b) Erläutere anhand der Häutung das Basiskonzept „Struktur und Funktion"!

4 Nisthilfen für Hautflügler

Material: Holzscheiben oder Holzklötze; Handbohrer; Stroh- oder Schilfhalme; Bindedraht; Bestimmungsbücher
Durchführung: Bohre mit dem Handbohrer etwa 40 mm tiefe Löcher mit unterschiedlichem Durchmesser (2 bis 8 Millimeter) in die Holzscheiben! Bündele die Stroh- und Schilfhalme mit Bindedraht! Hänge die so gefertigten Nisthilfen vor Regen geschützt an sonnigen Stellen auf, zum Beispiel an Hauswände, Mauern, Zäune oder in Bäume!
Aufgabe:
Beobachte im Frühsommer, ob die Nisthilfen angenommen worden sind! Bestimme die Familien, zu denen die Tiere gehören!

5 Verstecke für Ohrwürmer

Material: Blumentopf; Heu; trockenes Moos; Holzstab; Bindedraht
Durchführung: Stopfe Heu und trockenes Moos in einen Blumentopf! Stülpe diesen mit der Öffnung nach unten auf einen in die Erde gesteckten Holzstab oder hänge ihn mit der Öffnung nach unten an einen Baum (zum Beispiel im Schulgarten)! Benutze zum Aufhängen den Bindedraht!
Aufgabe:
Kontrolliere nach einigen Tagen vorsichtig, ob das Versteck von Ohrwürmern angenommen wurde! Prüfe, ob du andere Insekten im Blumentopf findest!

AUFGABEN Insekten

1 Die Mundwerkzeuge von Insekten

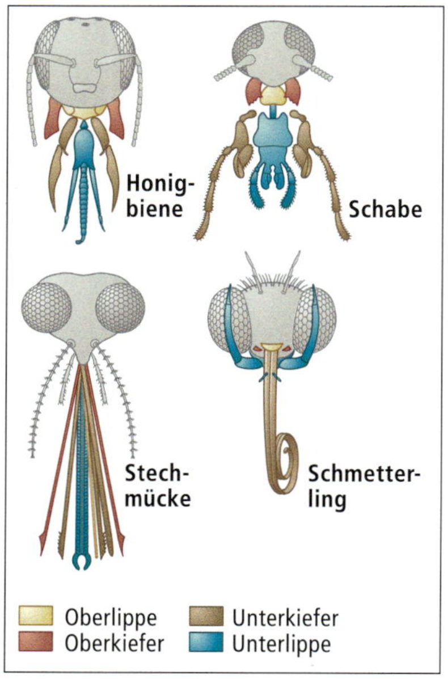

Nach Auffassung von Biologen sind die Mundwerkzeuge aller Insekten auf einen gemeinsamen Grundbauplan zurückzuführen.

a) Belege dies anhand der Abbildung!
b) Vergleiche den Bau der Mundwerkzeuge! Ziehe Schlussfolgerungen (Bau, Funktion, Angepasstheiten) aus dem Vergleich!

2 Die Beine von Insekten

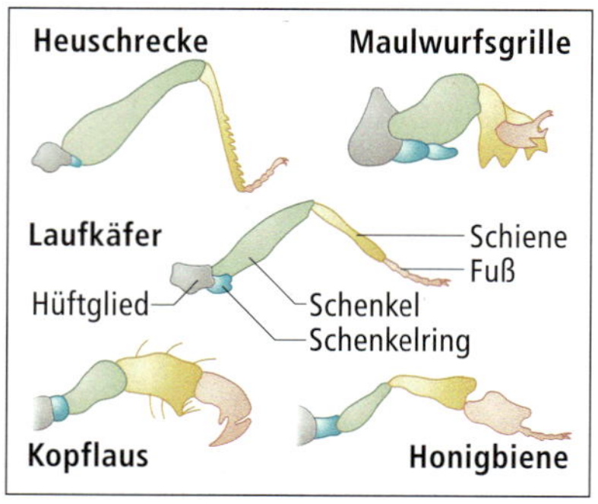

a) Beschreibe den Bau der einzelnen Teile der Beine!
b) Vergleiche den Bau der Beine! Ziehe Schlussfolgerungen (Bau, Funktion, Angepasstheiten) aus dem Vergleich!

3 Grundplan von Insekten

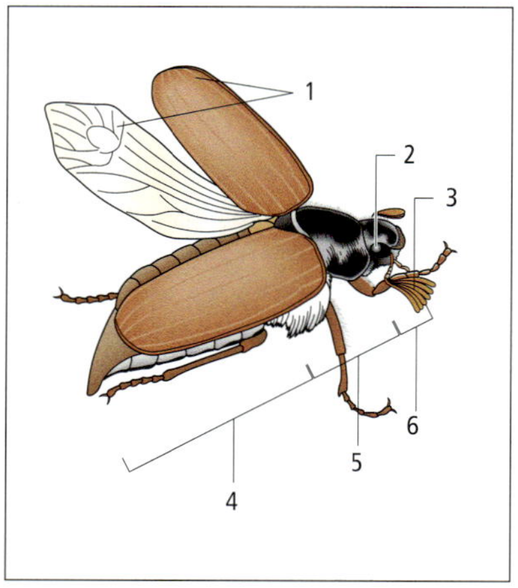

Benenne die abgebildeten Teile des Grundbauplans der Insekten!

4 Verwandlung von Insekten

Welche Aussagen sind zutreffend?

a) Heuschrecken durchlaufen eine unvollkommene Verwandlung.
b) Schmetterlinge durchlaufen eine vollkommene Verwandlung.
c) Bei der unvollkommenen Verwandlung fehlt das Larvenstadium.

5 Bienen

a) Benenne die drei Bienenformen!
b) Gib jeweils ihre Aufgaben an!

6 Die Sprache der Bienen

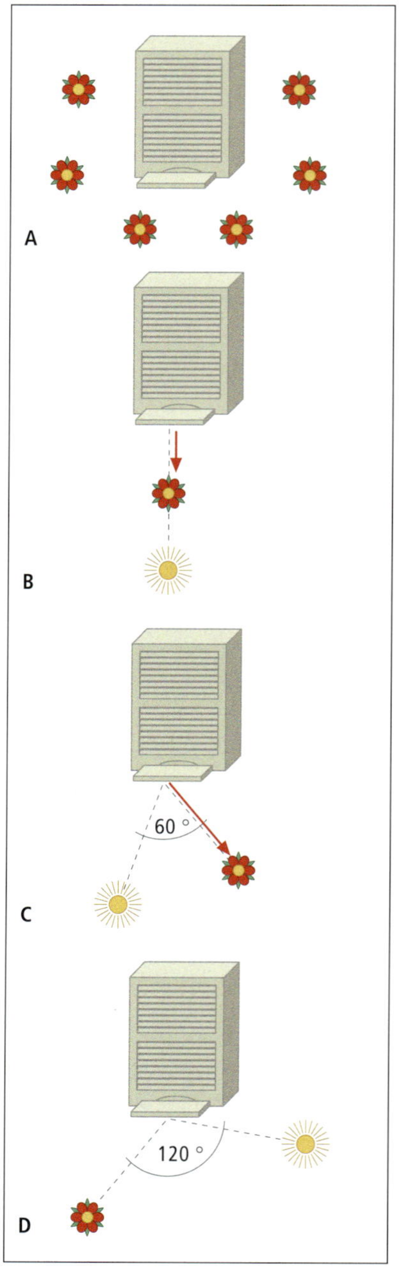

a) Beschreibe anhand der Abbildungen den Zusammenhang zwischen der Lage des Futterplatzes und der Art der Bienentänze!
b) Skizziere für alle hier dargestellten Fälle die Tanzfiguren!
c) Nenne das passende Basiskonzept und begründe deine Nennung!

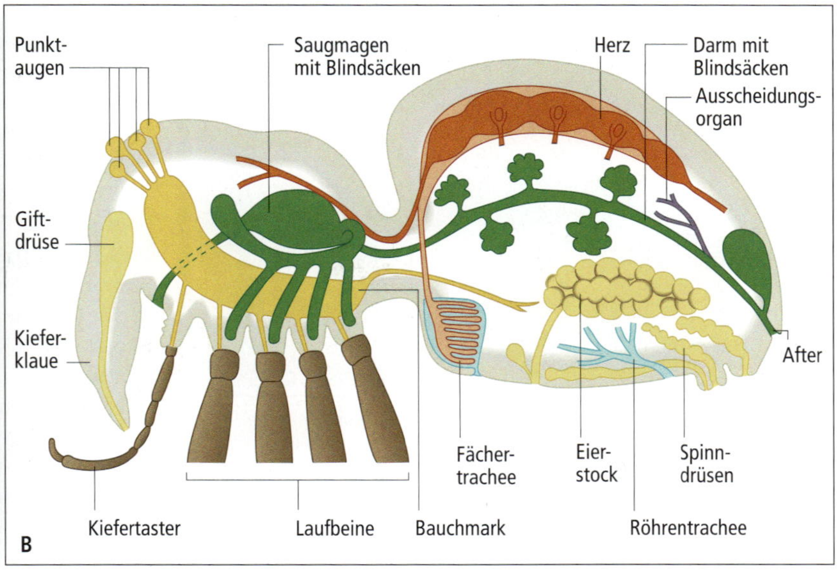

63.1 Kreuzspinne. A im Netz; **B** Schema

2 Auch Spinnen, Krebse und Regenwürmer sind wirbellose Tiere

2.1 Spinnen und Krebse

Eine *Gartenkreuzspinne*, deutlich an ihrem weißen kreuzähnlichen Zeichen auf dem Hinterleib zu erkennen, baut sich zwischen den Zweigen eines Strauches ihr Netz. Die Fähigkeit, Fäden aus Spinnseide zu erzeugen, hat einer ganzen Tiergruppe ihren Namen gegeben: **Spinnentiere.** Allerdings besitzen nur die Webspinnen *Spinndrüsen,* mit denen sie reißfeste Fäden herstellen. Andere Spinnen, wie *Spring-* oder *Wolfsspinnen,* können keine Netze herstellen, sondern nur einzelne Fäden.

Auf den ersten Blick werden Spinnen häufig mit Insekten verwechselt. Wie diese besitzen sie ein Außenskelett aus Chitin, stark gegliederte Beine und einen in Segmente unterteilten Körper. Bei genauerer Betrachtung fallen allerdings einige Besonderheiten auf. Ihr Körper ist in zwei Teile gegliedert: das Kopf-Bruststück und den Hinterleib. Am Kopf-Bruststück sitzen vier Paar Laufbeine und je zwei Kieferklauen und Kiefertaster. Statt der bei Insekten typischen Komplexaugen orientieren sie sich mithilfe von sechs *Punktaugen*. Flügel besitzen sie nicht.

Auch der innere Bau der Spinnentiere zeigt einige Übereinstimmungen und Unterschiede zum Bau der Insekten. Gemeinsam haben sie ein *Strickleiternervensystem*, das *Bauchmark,* und einen *offenen Blutkreislauf* mit *Röhrenherzen*. Spinnentiere atmen wie auch Insekten über *Röhrentracheen*. Zusätzlich verfügen die Spinnentiere über eine *Fächertrachee* auf der Unterseite des Hinterleibs. Weitere Besonderheiten sind die *Giftdrüsen* im vorderen Kopf-Brustabschnitt, der *Saugmagen* und die Spinndrüsen.

Alle Spinnen leben räuberisch. Die zu den Radnetzspinnen gehörende Kreuzspinne baut aus sehr dünnen Fäden ein charakteristisches Netz. Das Grundgerüst besteht aus Rahmen und Speichen sowie der aus einem klebrigen Faden hergestellten Fangspirale. Im Zentrum des Netzes oder abseits in einem Versteck wartet die Kreuzspinne auf Beute. Über einen Signalfaden ist sie dort mit dem Netz verbunden. Verfängt sich ein Beutetier im Netz, nimmt die Spinne die Erschütterungen wahr. Dann läuft sie zum Beutetier und spinnt es mit einem Schwall von Fäden ein. Erst danach lähmt oder tötet sie die Beute durch einen Biss mit den Giftklauen.
Spinnen können ihre Beute nicht mithilfe der Kieferklauen zerkleinern. Stattdessen sondern sie über die Mundöffnung einen Verdauungssaft ab, der dann die Weichteile der Beute zersetzt. Man spricht von einer *Außenverdauung*. Der so entstandene Nahrungsbrei wird mithilfe des Saugmagens aufgenommen.

Spinnen legen Eier ab. Aus ihnen entwickeln sich Jungspinnen, die bis auf die Geschlechtsorgane schon alle Merkmale einer erwachsenen Spinne tragen. Sie müssen sich während des Wachstums mehrfach häuten.

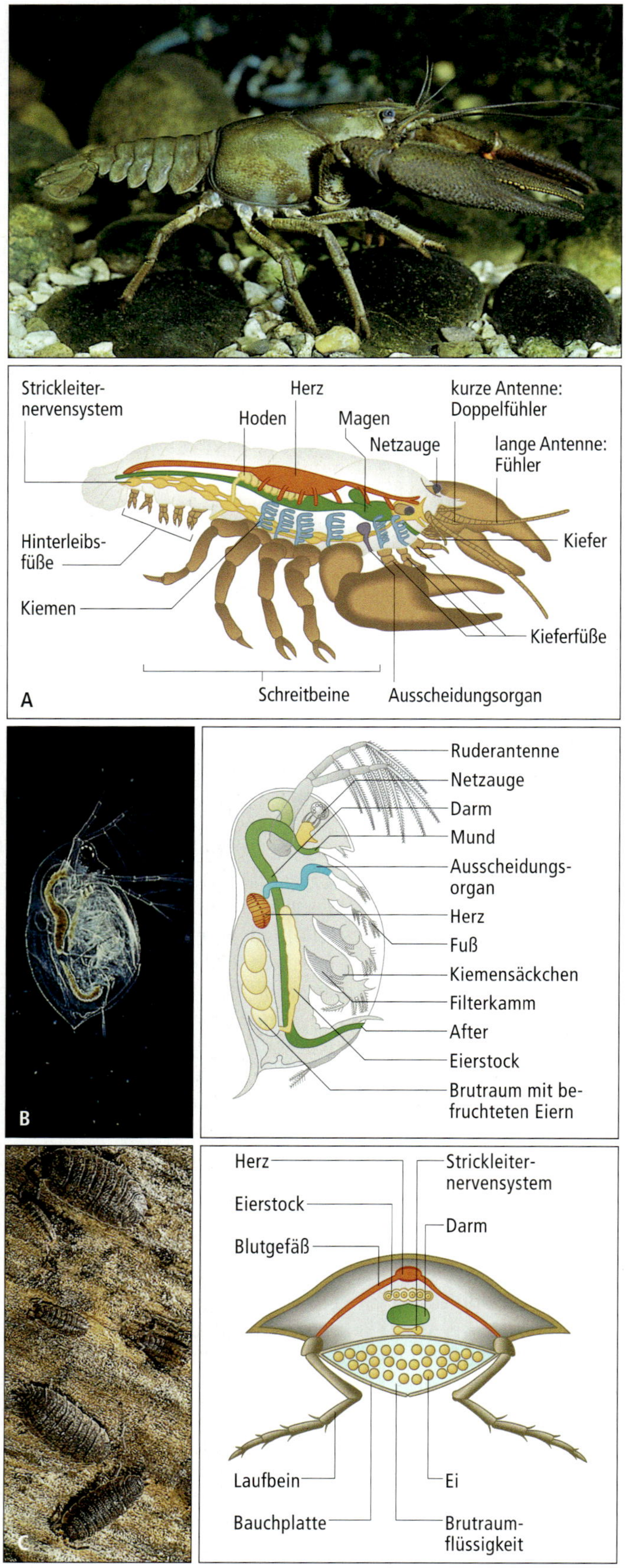

64.1 Krebse. A Flusskrebs; **B** Wasserfloh; **C** Kellerassel

Die **Krebse** sind eine formenreiche Tiergruppe. Gemeinsam ist ihnen ein Außenskelett aus Chitin. Sie sind zumeist Bewohner des Wassers und atmen durch Kiemen.
In Bächen, Flüssen oder Seen mit sauberem Wasser findet man den etwa 18 Zentimeter langen *Flusskrebs.* Sein Außenskelett aus Chitin ist durch Kalk verstärkt. Es gliedert sich in ein starres Kopf-Bruststück und den Hinterleib mit mehreren gegeneinander beweglichen Körperabschnitten, den Segmenten.
Vorn sitzen vier *Antennen*, mit denen der Flusskrebs seine Nahrung aufspürt. Dem ersten der insgesamt fünf Beinpaare, auch *Kieferfüße* genannt, hängen kräftige *Scheren* an, mit denen er seine Nahrung ergreift und zerkleinert: Schnecken, Muscheln und auch kleine Fische. Die anderen vier Beinpaare dienen der Fortbewegung. Die am Hinterleib befindlichen *Hinterleibsfüße* strudeln laufend frisches Wasser zu den Kiemen, die in Hohlräumen des Kopf-Bruststücks liegen. Die unterschiedlichen Füße sind genau wie bei den Insekten und Spinnen stark gegliedert.

Wasserflöhe kann man nur unter dem Mikroskop erkennen. Ihr annähernd runder Körper ist von einer durchsichtigen Chitinschale umgeben. Am Kopf befindet sich ein einzelnes großes Netzauge. Das zweite Antennenpaar ist stark vergrößert zu *Ruderantennen* und dient der Fortbewegung. Der Brustabschnitt ist mit Blattbeinen besetzt, mit deren Hilfe er Nahrungsteilchen aus dem Wasser filtriert. Die befruchteten Eier können extreme Trockenheit überstehen und durch Vögel verfrachtet werden.

Die etwa 2 Zentimeter langen *Kellerasseln* leben unter Steinen, Baumstämmen oder in feuchten Kellern. Sie haben sieben Paar Laufbeine, mit deren Hilfe sie schnell entfliehen können. Von den beiden Antennenpaaren ist das zweite kaum zu erkennen. Auf der Körperunterseite befinden sich die Kiemen. Sie werden durch kleine Doppelplatten geschützt und feucht gehalten.

1. Nenne Gemeinsamkeiten im Körperbau bei Insekten und Spinnen!
2. Erläutere den Vorgang der äußeren Verdauung bei Spinnen!
3. Vergleiche den Körperbau von Flusskrebsen und Insekten!
4. Belege die Zugehörigkeit der Kellerassel zur Gruppe der Krebse!
5. „Insekten, Spinnen und Krebse sind miteinander verwandt!" Erläutere!
6. Erläutere die Angepasstheit von Krebsen an das Leben im Wasser!

2.2 Regenwürmer

Zur Pflege des Bodens gehören eine gute Durchlüftung des Erdreichs, Düngung und genügend Feuchtigkeit, damit die Pflanzen gedeihen. Im Waldboden zum Beispiel übernehmen diese Aufgabe unter anderem die **Regenwürmer.** In einem Laubwald von der Fläche eines Fußballfeldes (7500 Quadratmeter) können bis zu 190 000 Regenwürmer leben. Große Tiere werden bei uns bis zu 20 Zentimeter lang, der Körper besteht dann aus bis zu 180 gleichartigen Ringen, den **Segmenten.** Alle Würmer mit dieser Körpergliederung werden als *Ringelwürmer* bezeichnet. Die Regenwürmer bleiben für uns meist unsichtbar, denn ihr Lebensraum ist der Boden. So umgibt sie in der Regel ständige Dunkelheit. Ihr Sehvermögen ist daher schwach ausgebildet. Regenwürmer können nur Hell und Dunkel unterscheiden. Das ermöglichen ihnen *Lichtsinneszellen,* die in der Körperhaut liegen.

Im Boden ernähren sich die Tiere vorwiegend von Pflanzenresten. Mit ihrem guten *Geruchs-* und *Geschmackssinn* können sie sogar unter den Pflanzenresten eine Auswahl treffen. Regenwürmer sind in der Lage, Laubblätter mit dem Mund zu fassen und mit der Spitze voran in ihre unterirdischen Röhren zu ziehen.
Am Kopfende und am Schwanzende liegen *Tastsinneszellen.* Sie unterstützen die Regenwürmer bei der Suche nach geeigneter Nahrung.
Reize, wie zum Beispiel das Licht, werden durch Sinneszellen aufgenommen. Die so gewonnenen

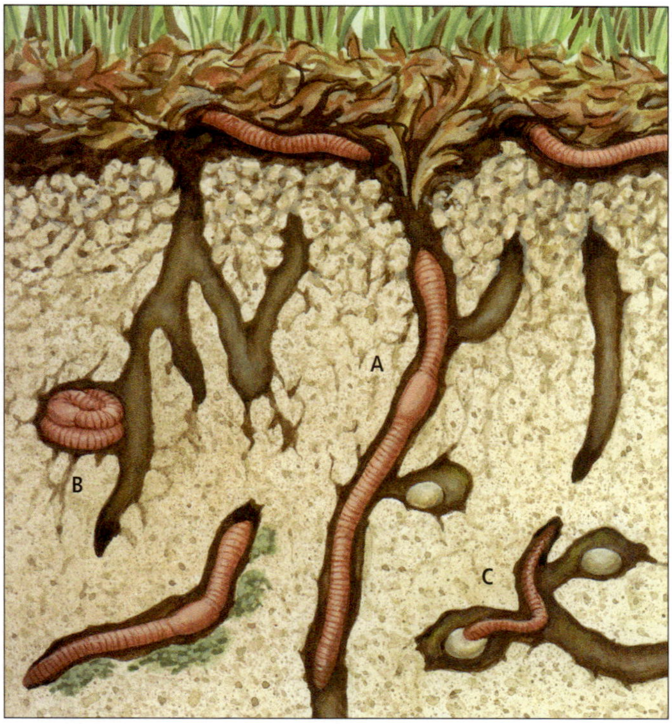

65.2 Regenwürmer im Lebensraum. A in der Wohnröhre; **B** ruhend; **C** aus dem Ei schlüpfend

Informationen gelangen schließlich zum Hauptteil des *Nervensystems,* dem **Bauchmark.** Es besteht aus zwei Nervensträngen, die den ganzen Körper auf der Bauchseite durchziehen. Beide Nervenstränge werden in jedem Körperring (Segment) durch zwei *Nervenknoten* miteinander verbunden. Der vorderste Nervenknoten bildet das

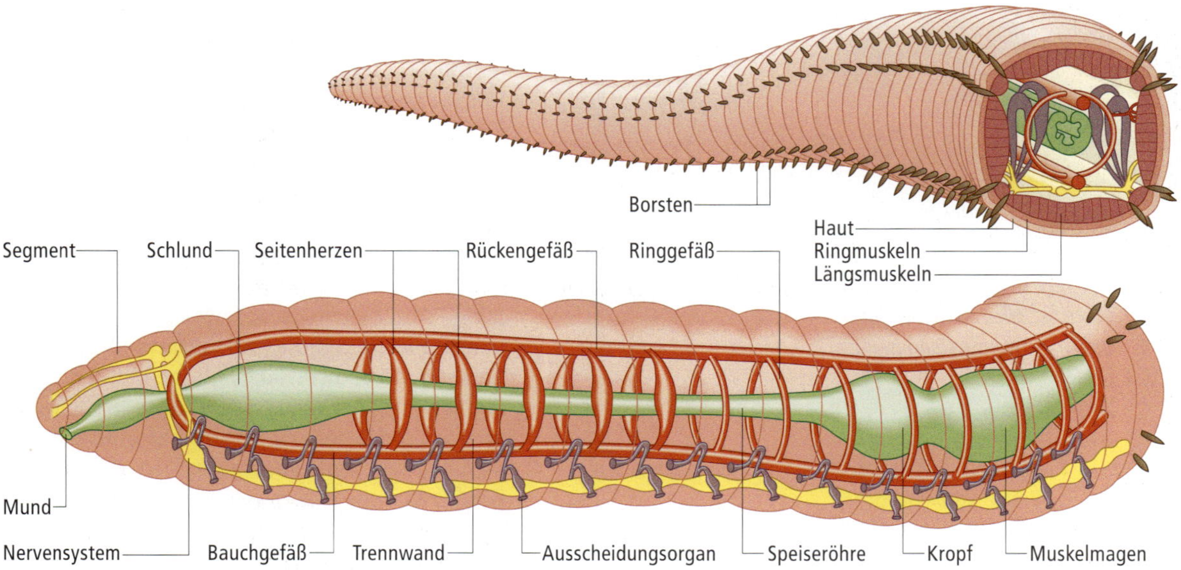

65.1 Bauplan des Regenwurmes

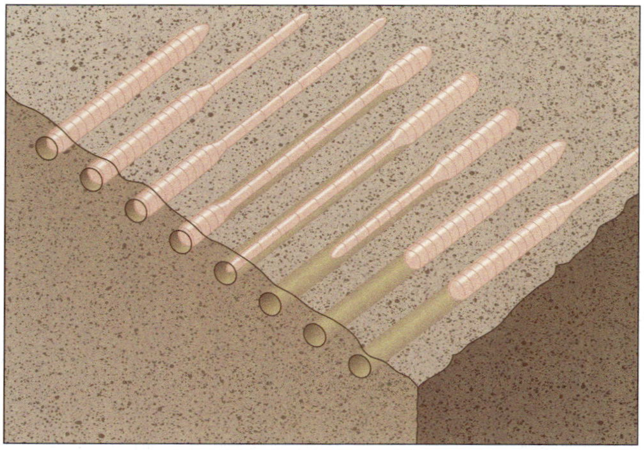

66.1 Fortbewegung des Regenwurms

66.2 Fortpflanzung des Regenwurms. **A** Paarung; **B** Eikokon; **C** schlüpfender Wurm

1. Erläutere, auf welche Weise der Regenwurm den Boden verbessert!
2. Beschreibe, wie der Körperbau die Fortbewegung des Regenwurms ermöglicht!
3. Erläutere am Beispiel des Regenwurms das Basiskonzept „Stoff- und Energieumwandlung"!

sogenannte „Gehirn". Nach seiner Bauweise wird dieses Nervensystem als **Strickleiternervensystem** bezeichnet.

Pflanzenteile in der Erde, die weitgehend vermodert sind, werden von den Regenwürmern zusammen mit Mineralteilen des Bodens gefressen. Die Nahrung gelangt in den Darm, der den ganzen Körper durchzieht. Sie wird dort verdaut, und die Nährstoffe treten durch die Darmwand ins Blut über. Es strömt in einem *geschlossenen Blutgefäßsystem:* im *Rückengefäß* nach vorn, im *Bauchgefäß* von vorn nach hinten. Beide Gefäße sind durch je ein Ringgefäß in jedem Segment verbunden. Ringgefäße in den ersten Segmenten können sich rhythmisch zusammenziehen und das Blut dadurch in Bewegung halten. Die unverdaulichen Nahrungsreste werden ausgeschieden und in den Gängen des Röhrensystems abgelagert oder an die Erdoberfläche gedrückt. Der Wurmkot ist ein wertvoller mineralstoffhaltiger Dünger. Diese Mineralstoffe stehen den Pflanzen für ihr Wachstum zur Verfügung. Regenwürmer tragen also wesentlich zur „Düngung" des Bodens bei.

Beim „Unterpflügen" der Pflanzenreste legen die Regenwürmer ein weit verzweigtes Röhrensystem an, das mehrere Meter tief reichen kann. Obwohl die Regenwürmer keine Gliedmaßen besitzen, bewegen sie sich in ihrem Gangsystem rasch fort. Dabei verkürzen und strecken sie abwechselnd einige Körperabschnitte. Für diese Fortbewegung sorgt ein zweischichtiger **Hautmuskelschlauch,** der aus äußeren Ringmuskeln und aus darunter liegenden Längsmuskeln besteht. Ziehen sich die Ringmuskeln zusammen, wird der Wurm lang und dünn. Verkürzen sich dagegen die Längsmuskeln, wird er kurz und dick. Beim Kriechen auf dem Erdboden und bei der Fortbewegung im unterirdischen Gangsystem unterstützen das Tier vier Paar *Borsten,* die an jedem Segment sitzen.

Regenwürmer lockern also das Erdreich auf und ermöglichen so eine ausreichende Durchlüftung. Sie sorgen für eine gute Düngung und machen den Boden für Regenwasser besonders aufnahmefähig. Für Regenwürmer ist feuchter Boden lebensnotwendig. Sie sind **Hautatmer,** die nur bei feuchter Körperoberfläche atmen können.
Regenwürmer haben eine ungewöhnliche Fortpflanzung. Sie besitzen sowohl männliche als auch weibliche Geschlechtsorgane. Sie sind **Zwitter.** Bei der Paarung liegen jeweils zwei Würmer nebeneinander und begatten sich wechselseitig. Der Regenwurm legt bis zu 12 Eier in eine gemeinsamen Hülle, den *Kokon.* Daraus schlüpfen die jungen Würmer.

RÜCKBLICK mit Basiskonzepten: Wirbellose Tiere

Es sind insgesamt etwa 1,5 Millionen Tierarten beschrieben. Davon gehören 45000 Arten zu den *Wirbeltieren*. Sie tragen als gemeinsames Merkmal eine Wirbelsäule, die ihren Körper durchzieht und dadurch stützt. Die übrigen Tierarten haben keine Wirbelsäule. Man fasst sie daher zu den *wirbellosen Tieren* zusammen. Sie sind sehr vielfältig gebaut und umfassen so unterschiedliche Tiere wie Quallen, Tintenfische, Schnecken, Muscheln, Regenwürmer, Insekten, Spinnentiere und Krebse.

Wie wird der Körper der wirbellosen Tiere gestützt und geschützt? Wirbellose wie Insekten, Spinnentiere oder Krebse haben ein Außenskelett aus Chitin, das ihren Körper umgibt. Es gibt ihnen Halt, schützt sie vor dem Austrocknen und bietet ihnen Schutz gegenüber Feinden. **Struktur und Funktion** stehen in einem Zusammenhang, sie sind ein **Basiskonzept.** Das einmal ausgebildete Außenskelett kann allerdings nicht wachsen. Solange ein wirbelloses Tier wächst, muss sein Außenskelett durch Häutungen mehrfach abgestoßen und ersetzt werden.

Die meisten wirbellosen Tiere pflanzen sich geschlechtlich fort. Sie erfüllen das **Basiskonzept „Reproduktion".** Aus den befruchteten Eizellen entwickeln sich Larven. Sie entwickeln sich zu geschlechtsreifen Tieren. Wirbellose haben häufig sehr viele Nachkommen. So kann eine hohe Sterblichkeit ausgeglichen werden.

Bei Insekten unterscheidet man zwischen der unvollständigen Verwandlung „Ei-Larve-Imago" und der vollständigen Verwandlung „Ei-Larve-Puppe-Imago". Aus dem Larvenstadium geht eine Puppe hervor. Sie nimmt keine Nahrung auf. In ihr findet die Umgestaltung zum geschlechtsreifen Insekt statt, die *Metamorphose.*

Die Struktur des Insektenkörpers zeigt eine typische Gliederung in die Abschnitte Kopf, Brustabschnitt und Hinterleib. Am Brustabschnitt sitzen die drei Beinpaare und meist zwei Flügelpaare. Am Kopf tragen Insekten ein Paar Fühler und Mundwerkzeuge. An deren Ausformung wird der Zusammenhang zwischen dem **Basiskonzept „Struktur und Funktion"** und dem **Basiskonzept „Variabilität und Angepasstheit"** deutlich. Maikäfer sind durch ihre kräftigen Mundwerkzeuge an das Abbeißen von Blattstücken angepasst. Bei Schmetterlingen bilden die Mundwerkzeuge einen Saugrüssel, mit dessen Hilfe sie in die tiefe Blütenröhre zum Beispiel einer Karthäusernelke eindringen können, um Nektar aufzunehmen. Dabei bestäuben sie die besuchte Blüte. Man spricht von einer wechselseitigen Angepasstheit von Insekt und Samenpflanze.

Insekten können sich untereinander verständigen. Die farbtüchtigen *Komplexaugen*, die empfindlichen Fühler und das leistungsfähige *Strickleiternerven*system befähigen Insekten, Informationen aufzunehmen und zu verarbeiten. So zeigen Bienen durch Tanzfiguren an, wo sich eine Futterquelle befindet. Auch das Miteinander in einem Ameisenstaat beruht auf dem **Basiskonzept „Information und Kommunikation".** Mithilfe ihrer Antennen tauschen sie Berührungsreize aus. Man bezeichnet diesen Austausch als „Fühlersprache". Ameisen stellen zudem in besonderen Drüsen Stoffe her, die der Verständigung dienen. Mithilfe solcher Stoffe locken sie Sexualpartner an, markieren sie die Wege zu Nahrungsquellen und erkennen sie die Mitglieder ihres Staates.

Insekten sind von großer Bedeutung. Die meisten Samenpflanzen sind auf die Bestäubung durch Insekten angewiesen, um sich fortzupflanzen. Viele Tiere ernähren sich von Insekten. Der Mensch nutzt Insekten, die für ihn wertvolle Stoffe wie Honig oder Seide herstellen. Insekten schaden dem Menschen, wenn sie in Massen auftreten und Nutzpflanzen befallen, wie zum Beispiel Heuschrecken oder Kartoffelkäfer.

67.1 Wirbellose Tiere. A Tubifex (Ringelwurm); **B** Maikäfer (Insekt); **C** Winkelspinne (Spinnentier)

Ökosysteme

68.1 Lebensraum Wald

Waldformen. Beschreibe die beiden Waldformen! Vergleiche sie im Hinblick auf Lebensräume für Tiere!

Geschlossenes Aquarium. Dieses Aquarium ist vollständig luftdicht verschlossen. Diskutiere, ob und unter welchen Umständen es möglich ist, dass Fische darin längere Zeit überleben!

Beziehungen zwischen Lebewesen. Beschreibe die Abbildung! Nimm Stellung!

Umweltfaktoren. Sammle weitere Umweltfaktoren, die einen Einfluss auf den Frosch haben!

Lebensraum Wald. Beschreibe die Abbildung 68.1! Nenne Lebensbedingungen, die Wildschweinen ein Leben im Wald ermöglichen!

Planung.

Alle Schülerinnen und Schüler der Klasse bekommen drei DIN-A5-Karteikarten. Jeder schreibt nun auf jeweils eine Karte, was seiner Meinung nach bei der Besprechung des Themas „Ökosysteme" besonders wichtig ist.
Die Buchstaben sollten möglichst groß geschrieben werden.
Die Karteikarten werden gesammelt und gut gemischt. Alle Karten werden mit Klebeband an die Tafel geheftet. Nun werden die Begriffe geordnet, sodass ein Plan für den nachfolgenden Unterricht entsteht.

70.1 Lebensraum Dach

1 Lebensräume auf dem Schulgelände

1.1 Was ist ein Lebensraum?

Schon ein Jahr nach dem Projekt der Dachbegrünung blühen *Mauerpfeffer*, *Hauswurz* und *Fetthenne* auf dem Flachdach des Schulanbaus. Offensichtlich bietet das Dach mit der Kiesauflage einen Raum auf dem Schulgelände, in dem diese *Dickblattgewächse* leben können. Welche Lebensräume findet man noch auf dem Schulgelände?

Um diese Frage zu beantworten, muss zunächst geklärt werden, wie sich Lebensräume voneinander unterscheiden lassen. Nach der Begrünung des Schuldaches ist zu vermuten, dass nur bestimmte Pflanzenarten einen Lebensraum besiedeln können. Deshalb wurden zuerst die Pflanzenarten ausgewählter Untersuchungsflächen bestimmt. Zusätzlich untersuchte man auch die besonderen Lebensbedingungen dieser Standorte. Bei den **Lebensräumen** handelt es sich um räumlich mehr oder weniger abgegrenzte Bereiche, in denen bestimmte Lebensbedingungen für Pflanzen und Tiere herrschen. Auf dem Schulgelände findet man zum Beispiel die Lebensräume *Rasen, Pflasterritzen, Mauern, Dächer und Hecken.*

Bei der Untersuchung der Rasenfläche auf dem Schulgelände fallen die vielen kleinen, weißen Blüten auf, die vom Frühjahr bis Herbst hier blühen. Es handelt sich um *Gänseblümchen.* Typisch für den Standort Rasen sind aber einige *Grasarten.* Es handelt sich in der Regel um gezüchtete Gräser, die sich zum Beispiel durch eine besondere Trittfestigkeit auszeichnen. Aber auch Naturgräser, wie das *Weidelgras,* können sich auf den Rasenflächen ansiedeln. Auch andere Pflanzen wie *Löwenzahn, Breitwegerich,* verschiedene Klee- und Moosarten werden sich mit der Zeit auf der Rasenfläche ausbreiten.

Auf den gepflasterten Wegen des Schulgeländes können auch zwischen den Steinen Pflanzen wie *Breitwegerich, Mastkraut, Vogelknöterich, einjähriges Rispengras* sowie verschiedene Moosarten wachsen. Bei den **Pflasterritzen** handelt es sich um einen eigenständigen Lebensraum mit besonderen Lebensbedingungen. Bei genauem Hinsehen zeigt sich, dass die Blätter vieler Pflanzen zerdrückt und abgenutzt sind. Offenbar werden die Pflanzen durch das häufige Betreten besonders stark belastet. Es fällt auf, dass die Pflanzen auf weniger stark genutzten Gehwegen stärker in die Höhe wachsen als auf stark genutzten. Hier wachsen sie flacher mit kriechenden Ausläufern. Man spricht von einer *Trittbelastung* und zählt diese Belastung zu den Umweltbedingungen des Lebensraumes Pflasterritze.

Ganz unterschiedliche Umweltbedingungen kennzeichnen die **Mauern** auf dem Schulgelände. An der Südseite fassen sich die Steine warm und trocken an, zum Norden kalt und etwas feucht. Die Südseite besiedeln bei Wärme gut gedeihende Arten wie *Mauerraute* und *Zimbelkraut*. *Streifenfarn* und *Efeu* sind eher an der Nordseite anzutreffen. Der *Mauerpfeffer* ganz oben auf der Mauer speichert Wasser und Mineralstoffe und gleicht so die hohen Temperaturen und den geringen Mineralstoffgehalt aus.

In den **Hecken** findet man Schatten spendende Bäume wie den *Feldahorn* oder den *Weißdorn*. Sträucher wie *Berberitze, Pfeifenstrauch, Holunder* und *Schlehe* verstärken diesen Schatten. Die *große Brennnessel*, das *Kleinblütige Springkraut* und das *Schöllkraut* entwickeln sich unter diesen lichtarmen Bedingungen. Sie nutzen den mittelfeuchten und mineralstoffarmen Boden dieses Lebensraumes.

Zusammenfassend kann man also sagen, dass ein **Lebensraum** durch bestimmte Bedingungen wie örtliche Begrenzung, Lichtverhältnisse, Temperatur, Feuchtigkeit und Mineralstoffgehalt gekennzeichnet ist. Man spricht von **Umweltfaktoren.** Weil es sich dabei um Umwelteinflüsse aus der unbelebten Natur handelt, bezeichnet man sie als **abiotische Faktoren.** Menschen und Tiere beeinflussen, zum Beispiel durch Betreten und das Nutzen oder durch Fressen von Pflanzen, einen Lebensraum. Da diese Einflüsse zu den Faktoren aus der belebten Natur zählen, spricht man von **biotischen Faktoren.** Die Tiere und Pflanzen sind in Lebensgemeinschaften oder **Biozönosen** miteinander verknüpft. Der Lebensraum einer Biozönose mit seinen Umweltfaktoren wird als **Biotop** bezeichnet. Biotop und Biozönose wiederum bilden ein **Ökosystem.**

1. Nenne die Unterschiede in den Umweltfaktoren für die auf dieser Seite abgebildeten Lebensräume!
2. Beschreibe, wie der Mensch den Lebensraum „Pflasterritze" beeinflusst!
3. Definiere den Begriff „Ökosystem"!

71.1 Lebensraum Rasen

71.2 Lebensraum Pflasterritze

71.3 Lebensraum Trockenmauer

71.4 Lebensraum Hecke

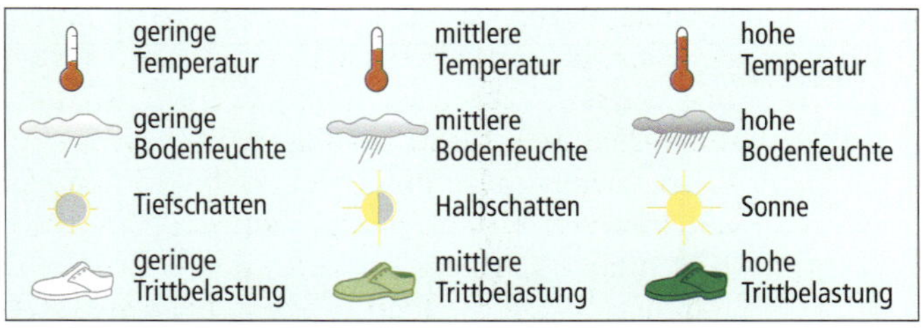

71.5 Bedeutung der Symbole

PRAKTIKUM Exkursion auf dem Schulgelände

1 Festlegung von Untersuchungsflächen

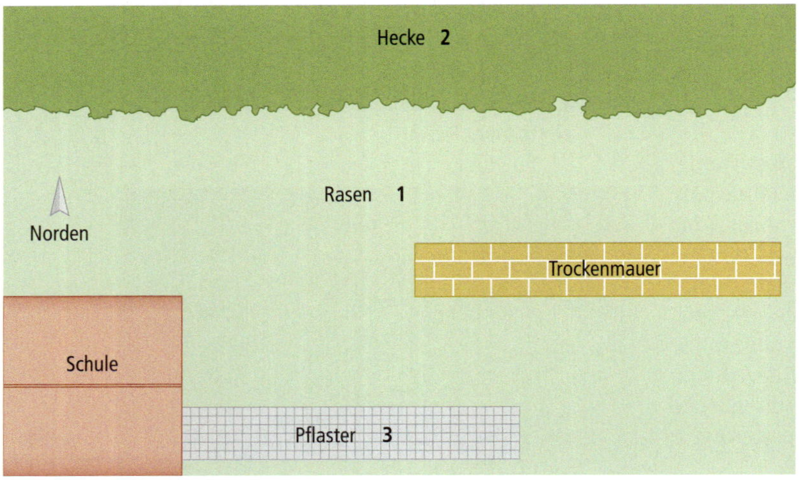

Material: Übersichtsskizze; Bleistift; Kreide; Lineal; Trassenband; Holzpflöcke
Durchführung: Suche auf dem Schulgelände unterschiedliche Lebensräume auf! Meide von Wegen durchschnittene Flächen! Miss mit dem Trassenband jeweils Flächen von 1 m^2 ab! Kennzeichne Flächen von Pflaster und Mauer mit Kreide! Stecke im Wald oder im Rasen Flächen mit Pflöcken ab, die du mit Trassenband umwickelst! Zeichne die Lage der Fläche in die Skizze ein!
Aufgabe:
Erläutere, weshalb Flächen mit einheitlichen Bedingungen gewählt werden sollen!

2 Protokoll zur Untersuchung von Lebensräumen

Protokollblatt Ort: Ricklinger Straße, Hannover			Datum: 2. Juni 2007
	Standort 1: Rasen	Standort 2: Hecke	Standort 3: Pflasterritze
Pflanzen			
Bäume:	—	Hainbuche Bergahorn	—
Sträucher:	—	Schwarzer Holunder	—
krautige Pflanzen:	Gänseblümchen Löwenzahn Weidelgras Klee	Taubnessel Brennnessel Kleines Springkraut	Mastkraut Vogelknöterich Breitwegerich
Bedingungen			
Licht			
Feuchte			
Temperatur			
Trittbelastung			

Material: Protokollblatt; Bleistift; Trassenband; Holzpflöcke; Bestimmungsbuch
Durchführung: Notiere nach nebenstehendem Muster das Datum, den Ort und die Bezeichnung der Untersuchungsflächen im Protokollblatt!
Bestimme in den durch Versuch 1 ausgewählten und markierten Flächen die Pflanzenarten!
Ordne die Pflanzenarten den Gruppen der Bäume, Sträucher oder krautigen Pflanzen zu und trage die Pflanzennamen so geordnet in die Liste ein!
Ergänze das Protokollblatt um eine Tabelle, in die du die auf Seite 71 aufgeführten Symbole der Umweltfaktoren eintragen kannst!
Aufgaben:
a) Sortiere die Pflanzenarten der Untersuchungsfläche nach der Häufigkeit ihres Vorkommens!
b) Nenne mögliche Ursachen für die unterschiedliche Häufigkeit dieser Pflanzen!
c) Vergleiche die Blattgröße, Blattzahl und Wuchshöhe von Pflanzen einer Untersuchungsfläche!
d) Nenne Ursachen für einen unterschiedlichen Wuchs!

3 Messung der Lichtintensität

Material: Protokollblatt; Bleistift; Luxmeter
Durchführung: Miss auf den festgelegten Untersuchungsflächen die Lichtintensität! Miss bei wechselnder Bewölkung nur bei bedecktem Himmel! Ordne die Werte den Symbolen der Lichtintensität zu! Trage ein entsprechendes Symbol in die Tabelle deines Protokollblattes ein!
Aufgaben:
- a) Vergleiche verschiedene Lebensräume!
- b) Analysiere, welche Auswirkungen verschiedene Lichtintensitäten auf die Entwicklung verschiedener Pflanzenarten haben!

4 Messung der Temperatur

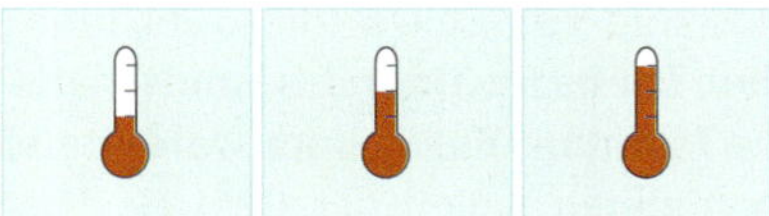

Material: Protokollblatt; Bleistift; Thermometer; Zollstock
Durchführung: Miss die Temperaturen in der vorher festgelegten Untersuchungsfläche! Halte das Thermometer an ein und derselben Stelle in einer Höhe von 5 cm und 150 cm! Bilde Mittelwerte deiner Messungen! Ordne die Werte den Symbolen zu! Trage ein entsprechendes Symbol in die Tabelle deines Protokollblattes ein!
Aufgaben:
- a) Erläutere die Temperaturschwankungen innerhalb eines Lebensraumes!
- b) Vergleiche die Temperaturen verschiedener Lebensräume!
- c) Stelle die Temperaturen verschiedener Lebensräume den Lichtverhältnissen gegenüber! Erläutere!

5 Messung der Bodenfeuchte

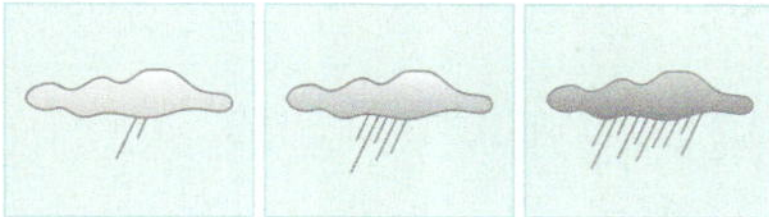

Material: Protokollblatt; Bleistift; Messgerät für Bodenfeuchte (Messgeräte sind im Gärtnereihandel erhältlich)
Durchführung: Miss auf den festgelegten Untersuchungsflächen die Bodenfeuchte! Halte dazu das Gerät mit dem feuchteempfindlichen Teil an den Boden der Untersuchungsfläche! Miss an der vermutlich feuchtesten und der trockensten Stelle! Bilde für jede Untersuchungsfläche einen Mittelwert! Ordne die Werte den Symbolen der Bodenfeuchte zu! Ergänze die Tabelle deines Protokollblattes um dieses Symbol!
Aufgabe:
Erläutere, weshalb man an einer Mauer, an Pflastersteinen und Pflasterritzen höchst unterschiedliche Feuchtewerte messen kann!

6 Bestimmung der Trittbelastung

Material: Protokollblatt; Bleistift; wasserfester Filzstift; Nagel (10 cm lang); kleiner Hammer (150 g)
Durchführung: Markiere den Nagel bei 6 cm Länge mit dem Filzstift! Treibe den Nagel an einer steinfreien Stelle der Untersuchungsflächen 6 cm in den Boden! Zähle die dazu nötigen Hammerschläge! Ordne die Werte wiederum einem Symbol zu! Vervollständige die Tabelle deines Protokollblattes um dieses Symbol!
Aufgabe:
Der Boden speichert Luft und Wasser in seinen Zwischenräumen. Ermittle, welche Folgen das starke Betreten des Bodens für die Belüftung und Wasseraufnahme haben kann!

7 Anlegen eines Herbars

Hinweis: Eine Sammlung getrockneter und gepresster Pflanzen nennt man ein *Herbar.* Nach den Naturschutzbestimmungen dürfen geschützte Pflanzen nicht gesammelt werden!
Material: Messer; Zeitungspapier; zwei Sperrholzplatten (Stärke: 1 cm; Fläche: 44 × 31 cm); zwei Kofferriemen; Bestimmungsbuch
Durchführung: Bestimme die Pflanzen mithilfe des Bestimmungsbuches! Schneide die Pflanzen am Stängel ab! Notiere Fundort, Datum und Pflanzennamen! Bewahre die Pflanzen bis zum Pressen in einer Plastiktüte auf! Falte ein Zeitungsdoppelblatt mehrmals, bis es die Größe der Sperrholzplatten erhält! Gib die Pflanzen zwischen das Papier! Lege bei Bedarf mehrere Schichten Papier und Pflanzen übereinander! Lege diesen Stapel zwischen zwei Sperrholzplatten! Schnalle die Riemen fest um die Platten! Prüfe nach einer Woche die Beschaffenheit des Papiers! Wenn nötig, erneuere das Zeitungspapier, da bei zu großer Feuchte die Pflanzen schimmeln können!
Aufgabe:
- a) Erstelle ein nach Pflanzenfamilien geordnetes Pflanzenherbar! Nimm dazu das Bestimmungsbuch zu Hilfe!
- b) Nenne biologische Zusammenhänge, die durch Pflanzenherbare aufgezeigt werden!

74.1 Buchenwald

74.2 Kiefernwald

2 Ökosystem Wald

2.1 Bäume bestimmen das Aussehen des Waldes

Kommt man an einem sonnigen Sommertag in einen **Buchenwald,** so tritt man in einen dunklen, angenehm kühlen Waldschatten. Das Auge braucht einige Zeit, um sich anzupassen. Wie Säulen ragen die hohen, silbergrauen Stämme der Buchen bis zu 40 Meter hoch in den Himmel. Am Boden liegen die braunen Blätter vom Vorjahr und nur an einigen lichteren Flecken sieht man grüne Pflanzen. In einem **Eichenwald** hingegen dringt sehr viel mehr Licht bis zum Waldboden durch. Selbst unmittelbar unter den alten, knorrigen Eichen ist der Waldboden grün. Überall wachsen Gräser, Brombeergestrüppe erschweren das Durchkommen und mitunter stellen sich mannshohe Wedel des *Adlerfarns* in den Weg.
Auf nassen Böden wachsen **Bruchwälder.** Die hier wachsenden Erlen stehen zum Teil monatelang im Wasser. Sie bilden an Waldtümpeln breite Wurzeln aus, so genannte Brettwurzeln, wie sie in tropischen Regenwäldern vorkommen.

Bei aller Unterschiedlichkeit dieser Wälder haben sie jedoch eines gemeinsam: Es sind *Laub abwerfende, sommergrüne Wälder*. In anderen Teilen Europas bilden stattdessen *immergrüne Wälder* die natürliche Vegetation. So behalten in den Mittelmeerländern die *Pinien-* und *Steineichenwälder* im Winter ihre Blätter und in Nordeuropa ersetzen *immergrüne Fichten-* und *Kiefernwälder* den Laubwald.

In Deutschland finden sich **Nadelwälder** von Natur aus nur in Gebieten, in denen Laubbäume nicht dauerhaft existieren können. Einige Gebiete Ostdeutschlands sind zu trocken für Laubbäume. Dort beherrschen **Kiefernwälder** das Landschaftsbild. Natürliche **Fichten-** und **Tannenwälder** gibt es nur in den höheren Lagen der Gebirge. Hier verhindern die langen Frostperioden das Gedeihen von Laubbäumen.

1. Vergleiche das Aussehen von Buchen- und Eichenwald! Stelle Vermutungen an über den Einfluss auf die Pflanzen- und Tierarten, die in ihm leben!

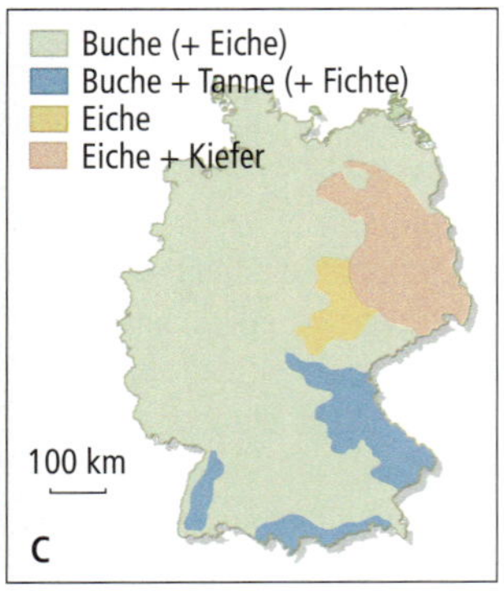

74.3 Waldtypen. A Eichenwald; **B** Bruchwald; **C** Verbreitungskarte

EXKURS

Vom Urwald zum Nutzwald

75.1 Urwald mit Auerochse, Wisent, Braunbär, Wolf und Luchs

Während der Eiszeit war Mitteleuropa waldfrei. Das Land zwischen den Gletschern war von niedrig wachsenden Pflanzen, einer *Tundra*, bedeckt, wie man sie heute in Lappland vorfindet. Die meisten Baumarten hatten die Eiszeit in Südeuropa überdauert und breiteten sich nach dem Rückzug der Gletscher, vor etwa 12000 Jahren, wieder nach Norden aus. Zunächst bildeten sich Birken- und Kiefernwälder, später wanderten Eichen, Ulmen und Linden ein. Vor etwa 4000 Jahren folgte die Buche. Sie wurde bald zur vorherrschenden Baumart. In dem sich entwickelnden Urwald lebten Auerochsen, Wisente, Braunbären und Wölfe.

Die Menschen der Altsteinzeit waren Jäger und Sammler. Sie griffen nur wenig in die Waldentwicklung ein. Dies änderte sich in der Jungsteinzeit. Die Menschen wurden sesshaft. Sie rodeten den Wald, legten Felder an und nutzten die Bäume als Bauholz zur Herstellung von Geräten und als Brennholz.

In der Eisenzeit kam der Holzkohlebedarf für die Eisenverhüttung hinzu. Dazu wurden im Wald große Holzhaufen aufgeschichtet, mit Erde bedeckt und zu Holzkohle verbrannt.

Im Mittelalter stieg die Bevölkerungszahl kräftig an. In den wachsenden Städten wurde Bau- und Brennholz in großem Umfang benötigt. Es wurden viele Bäume gefällt. Das Holz musste bereits aus weit entfernten Landstrichen importiert werden. Zur Versorgung der Bevölkerung mit Fleisch wurde immer mehr Vieh in die Wälder getrieben. Einzelne alte Eichen wurden vor dem Einschlag verschont, um Schweine mit den nahrhaften Eicheln zu mästen. Solche Wälder nannte man **„Hutewälder"**. Einige dieser knorrigen, inzwischen einige hundert Jahre alten Eichen gibt es noch heute. Das Vieh in den Wäldern fraß aber auch den Jungwuchs der Bäume. Dieser fehlte zur Verjüngung des Waldes, da alte Bäume nach dem Absterben nicht mehr durch junge ersetzt wurden.

Der Baumbestand wurde immer lückenhafter, bis schließlich eine **baumfreie Heidelandschaft** übrig blieb.
Erst im 18. Jahrhundert begann eine planmäßige Wiederaufforstung. Um möglichst rasch viel Holz zu produzieren, wurden schnellwüchsige **Fichtenforste** angelegt. Die Holzernte erfolgte im großflächigen Kahlschlag. Anschließend wurden die Flächen wieder mit Fichtensetzlingen bepflanzt. Es zeigte sich, dass diese **Monokulturen** anfälliger gegen Schädlinge waren, leichter von Stürmen umgeworfen wurden und empfindlicher auf Luftschadstoffe reagierten als Mischwälder.
Seit einigen Jahren werden die Fichtenforste durch Laubmischwälder ersetzt.

In **modernen Nutzwäldern** werden neben der Holzproduktion andere Aufgaben des Waldes wie Erholung, Naturschutz sowie der Schutz von Grundwasser und Atmosphäre stärker berücksichtigt. Dies entspricht dem Prinzip der **Nachhaltigkeit.**

75.2 Waldnutzung. A Hutewald (Gemälde,15. Jahrhundert); **B** Fichtenforst, **C** heutige Flächenanteile des Waldes

PRAKTIKUM Erstellen eines Bestimmungsschlüssels für Bäume

1 Erstellen eines dichotomen Bestimmungsschlüssels

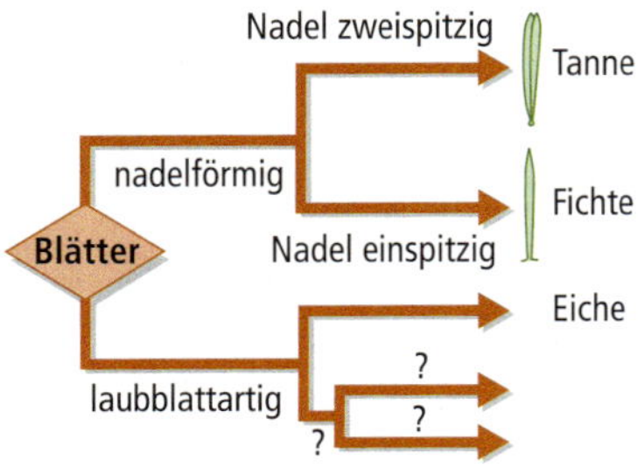

Material: Schreibmaterial
Durchführung: Erstelle nach dem oben vorgegebenen Muster einen Bestimmungsschlüssel für die Blätter der auf dieser Seite abgebildeten Bäume! Einen solchen Bestimmungsschlüssel, der jeweils zwei Entscheidungswege zur Wahl stellt, nennt man *dichotom*. Verwende die in der Bildleiste im Versuch 3 aufgeführten Bestimmungsmerkmale! Achte darauf, dass man die Blätter mit möglichst wenigen, präzisen Fragen bestimmen kann!
Aufgabe:
Nenne Unterschiede zwischen Hainbuche und Buche!

2 Anlegen eines Blattherbars

Material: Blätter von Bäumen; Zeitungspapier; ein schwerer Gegenstand; Schreibpapier; durchsichtiges Klebeband
Durchführung: Sammle Blätter von verschiedenen Baumarten! Bewahre sie, damit sie nicht vertrocknen, bis zur Weiterverarbeitung in einer Plastiktüte auf! Lege die Blätter einzeln zwischen mehrere Lagen Zeitungspapier! Beschwere den Stapel anschließend mit einem schweren Gegenstand! Wechsle das Papier in den darauf folgenden Tagen mehrfach, um die Feuchtigkeit zu entfernen! Klebe die trockenen Blätter mit Klebeband auf weißes Papier! Versieh jedes Blatt mit dem Fundort, dem Datum und dem Artnamen!
Aufgabe:
Lege ein Blattherbar für 10 einheimische Baumarten an!

3 Herstellung eines Bestimmungsposters mit getrockneten Blättern

Material: herbarisierte Blätter von möglichst vielen Bäumen; eine Rolle Dekorationspapier oder eine Papiertischdecke; transparentes Klebeband; Filzstifte
Durchführung: Erweitere den im Versuch 1 erstellten Bestimmungsschlüssel solange, bis alle von dir gesammelten Blätter damit bestimmt werden können! Übertrage den Bestimmungsschlüssel mit Filzstiften auf ein großes Wandposter! Füge die herbarisierten Blätter an den passenden Stellen ein!
Aufgaben:
a) Lege ein Poster mit Blättern möglichst vieler einheimischer Baumarten an!
b) Ermittle die Zahl der Entscheidungsfragen zur eindeutigen Bestimmung des Bergahorns, der Esche und der Buche!

Blattformen

Blattrand

Blattgrund

Berg-Ahorn

Höhe: bis 40 Meter
Höchstalter: 400 Jahre
Der Berg-Ahorn braucht mineralstoffreiche Böden. Besonders häufig wächst er daher in Bergwäldern, in denen die Gesteinsverwitterung für eine stetige Mineralstoffzufuhr sorgt und in flussbegleitenden Wäldern (Auwälder).

Buche

Höhe: bis 44 Meter
Höchstalter: 900 Jahre
Die Buche beherrscht fast alle naturnahen Wälder. Nur dort, wo es zu trocken (ostdeutsche Sandböden), zu nass (Moorböden) oder zu kalt ist (Gebirge), macht sie anderen Bäumen Platz.

Esche

Höhe: bis 30 Meter
Höchstalter: 300 Jahre
Die Esche braucht mineralstoffreiche Böden, ansonsten ist sie sehr anpassungsfähig. Sie nutzt die Bereiche, die ihr die Buche lässt. Man findet sie in besonders trockenen Wäldern ebenso wie in nassen.

Hainbuche

Höhe: bis 25 Meter
Höchstalter: 150 Jahre
Die Hainbuche ist eine vielfach übersehene Begleiterin der Buche in den Wäldern Mitteleuropas. Nach Osten nimmt ihre Häufigkeit zu. Östlich von Warschau ersetzt sie die Buche vollständig.

Tanne

Höhe: bis 65 Meter
Höchstalter: 600 Jahre
Die Tanne hat ihr größtes Vorkommen in Bergwäldern. Hier bildet sie zusammen mit der Buche einen Waldgürtel unterhalb der Fichtenwälder.

Fichte

Höhe: bis 60 Meter
Höchstalter: 1100 Jahre
Die Fichte ist der häufigste Forstbaum. Sie kann sich aber in den natürlichen Wäldern des Flachlandes nicht gegenüber den Laubbäumen behaupten.
Im Gebirge beherrscht sie das Waldbild und bildet meist die Waldgrenze.

Stieleiche

Höhe: bis 50 Meter
Höchstalter: 1800 Jahre
Die Stieleiche braucht viel Licht. Im Schatten der Buche kann sie nicht überleben. Sie verträgt aber Dürreperioden, Mineralstoffmangel und Bodennässe besser als ihre Konkurrentin. In Osteuropa bildet sie ausgedehnte Eichenwälder bis zum Ural.

Winterlinde

Höhe: bis 25 Meter
Höchstalter: 1000 Jahre
Die Winterlinde ist ein anspruchsvoller Baum. Sie braucht gut mit Wasser und Mineralstoffen versorgte Böden. Zusammen mit dem Bergahorn wächst sie daher bevorzugt in Bergwäldern und in flussbegleitenden Auwäldern.

1 Untersuchung von Temperatur und Luftfeuchte in einem Transekt

Material: Maßband; Thermometer; Hygrometer; Schreibzeug; Schreibunterlage

Durchführung: Suche eine gut begehbare Stelle am Waldrand, von der aus man relativ rasch vom hellen Waldrand in den dunklen Waldschatten gelangt! Hier wird ein Untersuchungs-Transekt eingerichtet. Das ist eine gedachte Linie vom ersten Messpunkt, der noch außerhalb des Waldes liegt, bis ins Waldesinnere. Lege mithilfe des Maßbandes im Abstand von 50 Metern die Messpunkte fest und markiere sie mit Stöcken! Miss an jedem Messpunkt mit einem Thermometer die Lufttemperatur und mit einem Hygrometer die Luftfeuchte! Halte dazu die Geräte in etwa 1 Meter Höhe und lies die Messwerte ab, sobald sie sich nicht mehr ändern! Bohre zur Messung der Bodentemperatur mit einem kleinen Stock ein 5 Zentimeter tiefes Loch in den Boden, stecke das Thermometer hinein und drücke den Boden vorsichtig an!

Aufgaben:

a) Stelle deine Messwerte in einem Diagramm dar und erläutere die Ergebnisse!

b) Vergleiche deine Messwerte mit den abgebildeten Ergebnissen einer entsprechenden Untersuchung im Winterhalbjahr! Erläutere!

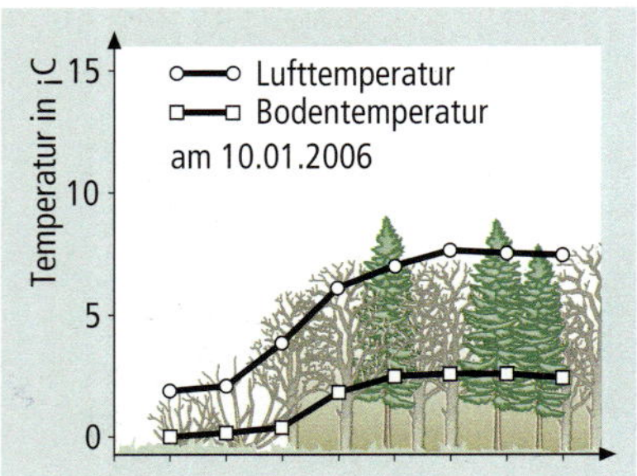

2 Lichtmessungen

Material: Lichtmessgerät; Schreibzeug; Schreibunterlage; Bestimmungsbuch

Durchführung: Bestimme mithilfe des Messgerätes die vom Himmel einfallende Lichtmenge! Halte dazu den Fühler am ausgestreckten Arm in 1 Meter Höhe! Protokolliere die Messwerte! Erfasse bei starkem Wolkenwechsel auch den Minimal- und Maximalwert!

Die erste Messung erfolgt außerhalb des Waldes. Die hier gemessene Einstrahlung wird gleich 100 % gesetzt. Die Messwerte an den Messpunkten des Transekts aus Versuch 1 werden auf diesen Wert bezogen und in Prozent berechnet.

Aufgaben:

a) Miss die Lichtstärke an den Messpunkten des Transektes!

b) Bestimme, mit wie viel Licht die schattenverträglichsten Pflanzenarten auskommen! Suche dazu den tiefsten Waldschatten und miss die Lichtstärke bei den dort wachsenden Pflanzenarten! Notiere die Lichtintensitäten, die du bei mehreren Exemplaren dieser Arten unmittelbar über den Pflanzen messen kannst! Falls du die Arten nicht kennst, nimm ein Bestimmungsbuch zu Hilfe! Achte auf geschützte Pflanzen!

c) Miss die Lichtstärke unter verschiedenen Baumarten! Suche dazu Bereiche, wo mehrere Exemplare einer Baumart zusammenstehen! Notiere die durchschnittliche Lichtstärke sowie die niedrigsten und höchsten Werte!

d) Vergleiche die Messergebnisse mit den in der folgenden Tabelle stehenden Daten!

Waldtypen	relative Lichtstärke am Boden in Prozent	
	im März	im August
Buchenwald	70	4
Eichenwald	75	12
Kiefernwald	7	16
Fichtenwald	10	10
Fichtenforst	1	1
Freiland	100	100

3 Vegetationsaufnahmen in der Krautschicht

Material: Maßband; Paketschnur; Plastikbeutel; Holzstöcke; Schreibzeug; Schreibunterlage; Bestimmungsschlüssel; Sitzunterlage

Hinweis: Mit einer Vegetationsaufnahme erfasst man in einer abgegrenzten Probefläche alle Pflanzenarten und schätzt ihren Anteil an der Pflanzendecke.

Durchführung: Suche am Waldboden eine einheitliche Fläche! Markiere eine quadratische Fläche mit der Seitenlänge von 2 Metern mit Stöcken und einer Schnur! Bestimme die in der Untersuchungsfläche wachsenden Pflanzenarten! Achte auf die Blattmerkmale! Bestimme unbekannte Arten mithilfe eines Bestimmungsschlüssels! Liste in der ersten Spalte einer Tabelle alle gefundenen Pflanzenarten auf! Um zu dokumentieren, welchen Anteil die verschiedenen Pflanzenarten an der Pflanzendecke haben, wird ihr Deckungsgrad abgeschätzt und in die zweite Spalte der Tabelle eingetragen!

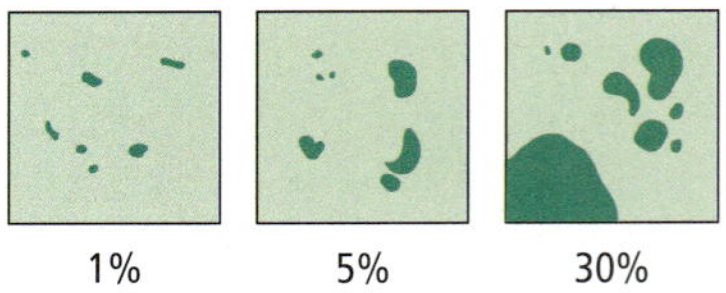

Deckungsgrade in den Probeflächen

Zur Bestimmung des Deckungsgrades stelle dir vor, die Fläche würde senkrecht von oben bestrahlt. Ermittle nun, wie viel Prozent der Probefläche die Pflanzen einer Art beschatten würden! Schätze bei hohen Deckungsgraden in 10 Prozent Intervallen (100 %, 90 %, 80 %...)! Benutze bei Deckungsgraden unter 10 Prozent folgende Skala: 5 %; 1 %; + („Kreuz" bedeutet weniger als 1 % bedeckend).

Aufgaben:

a) Führe Vegetationsaufnahmen im tiefen Waldschatten und auf einer Lichtung durch!

b) Vergleiche die Aufnahmen und arbeite die Unterschiede heraus!

4 Vereinfachte Vegetationsaufnahme

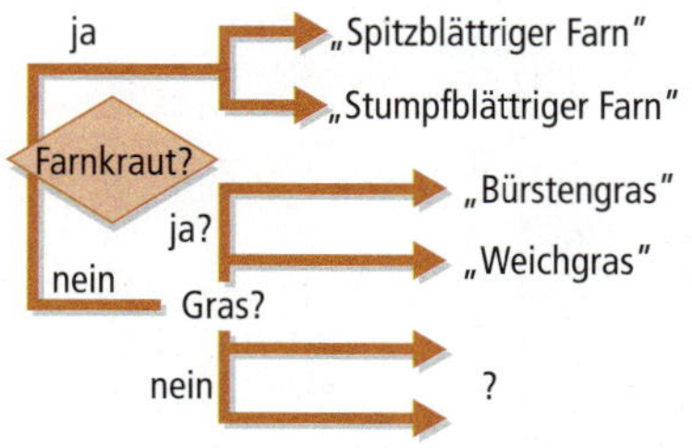

Hinweis: Man kann eine Vegetationsaufnahme am Waldboden durchführen, ohne gleich zu Anfang die wissenschaftlichen Namen der Pflanzen zu kennen. Dabei benutzt man selbstgewählte Arbeitsnamen und erstellt einen provisorischen Bestimmungsschlüssel.
Material: siehe Versuch 3!
Durchführung: Bestimme, wie viel verschiedene Arten in der Probefläche wachsen! Achte darauf, dass die Merkmale einer Art oft stark variieren können! Gib jeder Pflanzenart einen charakteristischen Namen wie zum Beispiel „Zickzackblatt", oder „Stumpfblättriger Farn"! Erstelle einen einfachen Bestimmungsschlüssel, damit die Artbezeichnungen später nachvollziehbar sind und die Arten auch bei weiteren Probeflächen wieder denselben Namen bekommen! Meist lassen sich die Pflanzenarten schon mit wenigen Merkmalen charakterisieren. Die übrigen Arbeitsschritte zur Erstellung einer Vegetationsaufnahme sind im Versuch 3 beschrieben.
Aufgaben:
a) Erstelle einen Bestimmungsschlüssel für die Pflanzenarten in einer Probefläche mit den erfundenen Namen!
b) Erstelle eine Vegetationsaufnahme für die Probefläche und dokumentiere sie in einer Tabelle!
c) Überprüfe die Güte deines Bestimmungsschlüssels! Tausche dazu die Probeflächen und die Bestimmungsschlüssel mit einer anderen Arbeitsgruppe!
d) Finde mithilfe eines Bestimmungsschlüssels die wissenschaftlichen Namen für die Arten in der Vegetationsaufnahme heraus!

5 Ökologische Transektuntersuchung

Ergebnistabelle der ökologischen Transektuntersuchung
Transekt vom Waldrand ins Waldinnere

Ort: Mauseberge bei Husum **Datum:** 12.5.06

Messpunkte:		0 m	50 m	100 m
Umweltfaktoren				
relative Lichtstärke (%)		100	25	8
Lufttemperatur (°C)		17	14	13
Bodentemperatur (°C)		9	7	7
relative Luftfeuchte (%)		79	88	91
Gesamtdeckungen				
Baumschicht (%)		0	85	90
Strauchschicht (%)		0	16	5
Krautschicht (%)		100	20	10
Moosschicht (%)		0	5	5
Deckungen der Planzenarten				
Baumschicht	Buche	-	70	80
	Eiche	-	10	10
	Eberesche	-	5	-
Strauchschicht	Holunder	-	15	-
	Buchenjungwuchs	-	1	5
Krautschicht	Buschwindröschen	-	5	5
	Brombeere	-	10	-
	Dornfarn	-	5	5
	Sauerklee	-	+	+
	Brennessel	80	-	-
	Quecke	20	-	-

Hinweis: Eine ökologische Transektuntersuchung vereint die Messung der abiotischen Faktoren Licht und Temperatur mit Vegetationsuntersuchungen in allen Schichten des Waldes.
Material: Thermometer; Lichtmessgerät; Maßband; Schnur; Schreibmaterial und Sitzunterlagen
Durchführung: Richte ein Untersuchungs-Transekt ein und miss wie in Versuch 1 beschrieben die abiotischen Faktoren! Erstelle Vegetationsaufnahmen für alle Schichten entsprechend der Anleitung in Versuch 3! Wähle für die Aufnahmen in der Strauch- und Baumschicht größere Aufnahmeflächen (siehe nebenstehende Abbildung!)!
Übertrage alle erhobenen Daten in eine Tabelle nach oben stehendem Muster!

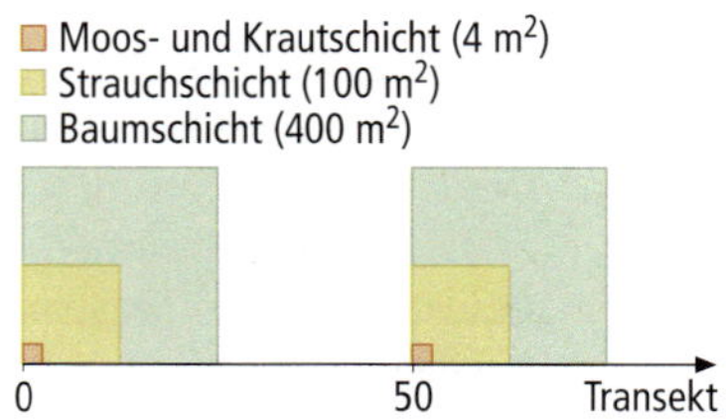

a) Ermittle die relative Lichtstärke, die Lufttemperatur sowie die Gesamtdeckungen in den Vegetationsschichten entlang eines Transektes!
b) Erfasse zusätzlich die Deckungen der einzelnen Pflanzenarten im Transekt!
c) Stelle Bezüge zwischen den Messdaten und Vegetationsaufnahmen her! Erläutere deine Ergebnisse!

80.1 Aufbau des Waldes. **A** Schichtung; **B** Blätter und Früchte des Ahorns; **C** fruchtendes Pfaffenhütchen; **D** Buschwindröschen

2.2 Der Aufbau des Waldes

Untersucht man einen Eichenwald genau, so erkennt man eine Ordnung: Der Wald ist in **Stockwerken** aufgebaut und jede Etage beinhaltet andere Pflanzenarten.

Die **Baumschicht** prägt das Aussehen des Waldes. Die Wipfel der Bäume scheinen harmonisch nebeneinander zu wachsen, gerade so, als wollten sie jede Berührung vermeiden. Der Schein trügt! Es herrscht dort oben ein ständiger Kampf zwischen den Bäumen – ein Kampf ums Licht. Könnten wir die Vorgänge im Zeitraffer beobachten, würden wir sehen, wie jeder Baum seine Zweige in die wenigen, noch offenen, hellen Lücken des Kronendaches schiebt, um mit seinen Blättern die Sonnenstrahlen einzufangen. Bei dieser Konkurrenz ums Licht ist in unseren Wäldern die Buche fast allen anderen Baumarten überlegen. Durch ihr Kronendach dringen nur noch ein bis fünf Prozent des Sonnenlichtes. In ihrem Schatten kann keine Eiche wachsen. Ausschließlich dort, wo einzelne Lichtflecken den Boden erreichen, können sich Sträucher entwickeln. Das schattenverträgliche Pfaffenhütchen ist eine typische Art dieser lückenhaften **Strauchschicht.** Aber auch der Jungwuchs der Bäume verharrt hier, bis ein alter Baum stirbt und einen neuen Zugang zum Licht eröffnet.

Bis zum Boden dringt im Buchenwald noch weniger Licht vor, so findet man im Sommer kaum eine **Krautschicht.** Der Boden ist stattdessen von einem dichten Laubteppich bedeckt. Nur hier und da wachsen einzelne *Schattenpflanzen,* wie der *Sauerklee,* der mit dem wenigen Licht auskommt. Auch die **Moosschicht** ist nur schwach ausgebildet, denn die Moospflänzchen werden im Herbst von den großen Buchenblättern verschüttet.

Besucht man denselben Wald im April, so ist der Waldboden übersät von *Weißen Buschwindröschen* und gelben Blüten des *Scharbockskrauts.* Diese **Frühblüher** haben innerhalb weniger Tage Stängel, Blätter und Blüten entwickelt. Im vergangenen Frühjahr haben sie energiereiche Nährstoffe in ihren unterirdischen Pflanzenteilen eingelagert. Diese versetzen sie nun in die Lage, sehr schnell auszutreiben und die Zeit, in der die Bäume noch unbelaubt sind, für die Fotosynthese zu nutzen. Wenn dann im Mai die Bäume ihr Laub entfalten, verwelken die Blätter der Frühblüher, nur die unterirdischen Teile überdauern bis zum nächsten Jahr.

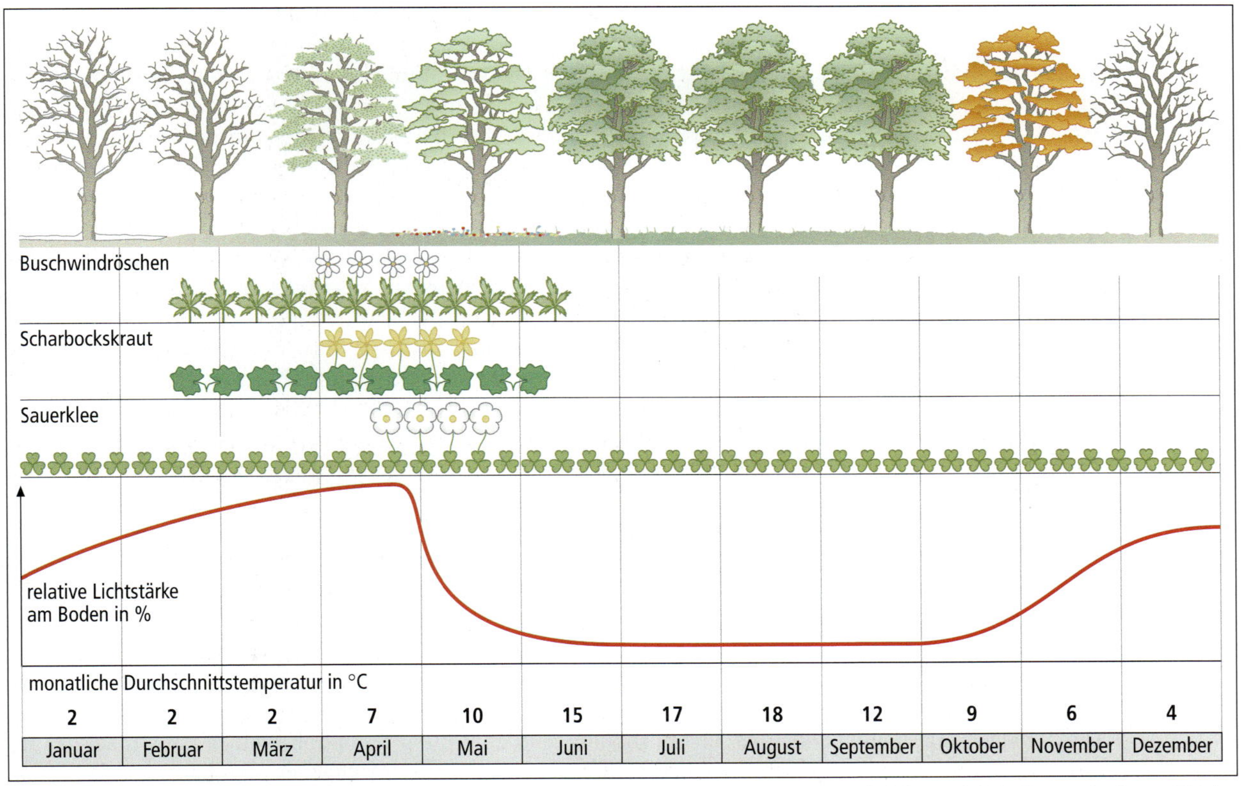

81.1 Wald im Jahresverlauf (Relative Lichtstärke und Temperatur am Waldboden sowie Wachstums- und Blühperiode bei Pflanzen der Krautschicht)

Frühblüher sind typisch für *sommergrüne Wälder,* die im Herbst ihre Blätter abwerfen. In immergrünen Fichtenwäldern wird man sie vergeblich suchen.

Das Kronendach der Fichten beschattet den Boden ganzjährig so stark, dass hier nur wenige, schattenverträgliche Pflanzenarten existieren können. Dafür ist im Fichtenwald die Moosschicht meist stärker entwickelt, weil die herabfallenden Nadeln die Moospolster nicht zudecken. Die vorherrschende Baumart hat also einen großen Einfluss auf die Zusammensetzung der unteren Schichten.

Während die Laubbäume im Herbst ihre Blätter abwerfen, behalten Fichten, Tannen und Kiefern ihre Nadeln auch im Winter. Die Nadeln enthalten Stoffe, die die Eisbildung in den Zellen verhindern und sie so vor Frostschäden bewahren. Außerdem verdunsten die Nadeln nur sehr wenig Wasser. Sie sind von einer dicken wasserundurchlässigen Wachsschicht umgeben und ihre Spaltöffnungen lassen sich sehr dicht verschließen. So überstehen die Nadelbäume ohne Wasseraufnahme den Winter. Laubbäume hingegen würden im Winter vertrocknen. Ihre Blätter verlören ständig Wasser durch Verdunstung, die Wurzeln könnten aber aus dem gefrorenen Boden kein neues Wasser aufnehmen.

1. Erläutere, wie sich die Stockwerke in Buchen- und Fichtenwäldern unterscheiden!
2. Beschreibe die in 81.1 dargestellte Entwicklung der relativen Lichtstärke am Waldboden im Jahresverlauf!
3. Erläutere das Basiskonzept „Variabilität und Angepasstheit“ am Beispiel eines im Buchenwald wachsenden Frühblühers!
4. Erläutere die unten stehende Tabelle!
5. Nenne Pflanzen, die in einem Buchenwald wachsen können! Nimm die unten stehende Tabelle zu Hilfe!

Pflanzen	Lichtbedarf und Lichttoleranz in Prozent	
Bäume	Minimum	Maximum
Buche	2	100
Eiche	7	100
Kiefer	11	100
Waldbodenpflanzen		
Buschwindröschen	20	40
Stinkender Storchschnabel	4	74
Gefleckte Taubnessel	12	67
Wiesenpflanzen		
Wiesensalbei	30	100
Feldthymian	25	100

2.3 Der Wald – ein Platz für Tiere

In einem Buchenwald kommen mehr als 1800 verschiedene Tierarten vor. Sie können dort nebeneinander existieren, weil sie den Lebensraum Wald ganz unterschiedlich nutzen.

Eichhörnchen leben fast ausschließlich im Kronenbereich der Bäume. Ihr geringes Gewicht erlaubt ihnen das Hinausklettern in den äußersten Bereich der Zweige. Hier oben haben sie nur zwei Feinde zu fürchten: den *Habicht* und den *Baummarder.* Ihnen können sie durch meterweite Sprünge zu benachbarten Bäumen entkommen. Sie laufen ebenso geschickt den Baumstamm hinauf wie kopfüber hinunter. Mit ihren spitzen Krallen halten sie sich an der rauen Borke fest. Die Jungen ziehen sie ebenfalls hoch oben in den Baumkronen auf. Dazu bauen sie ein Nest aus Zweigen, den Kobel, in dem sie auch den Winter verbringen. Eichhörnchen sind fast reine Pflanzenfresser, ihr Speisezettel reicht von Nüssen, Bucheckern, Eicheln bis zu Knospen. Manchmal fressen sie auch ein Vogelei.

Der Lebensraum Wald bietet den Eichhörnchen also alles, was sie zur Ernährung, zum Schutz vor Feinden, zur Überwinterung und zur Fortpflanzung benötigen. Die Gesamtheit der Umweltbedingungen, die für das Überleben einer Art notwendig sind, bezeichnet man als die **ökologische Nische** einer Art. Zu einer *Art* gehört die Gesamtheit der Lebewesen, die untereinander Nachkommen haben.

Untersucht man zwei Tierarten eines Lebensraumes, die auf den ersten Blick sehr ähnliche Ansprüche an die Umweltbedingungen haben, so wird man immer Unterschiede feststellen. Indem die Tierarten unterschiedliche ökologische Nischen besetzen, machen sie sich weniger Konkurrenz. Die sehr ähnlichen Meisenarten nutzen zur Nahrungssuche jeweils einen anderen Teil des Kronenbereichs. Die leichte *Blaumeise* findet in den dünnen, äußeren Zweigen Insekten, während die schwere *Kohlmeise* vornehmlich die inneren Kronenbereiche durchsucht.

Die *Mönchsgrasmücke* und der *Grauschnäpper* sind Insekten fressende Vogelarten der Strauchschicht. Die eine Art spürt Raupen und Blattläuse an den Zweigen der Sträucher auf, die andere nutzt den Strauch nur als Sitzwarte. Von dort startet der Grauschnäpper immer wieder zu gewandten Flugmanövern und erbeutet Fliegen, Mücken und andere Fluginsekten.

Mitunter suchen zwei Tierarten sogar im gleichen Bereich eines Lebensraums nach Nahrung, nutzen ihn aber unterschiedlich. Der *Buntspecht* und der *Baumläufer* suchen beide im Stammbereich der Bäume nach Nahrung. Der Specht hackt seine Beute mit seinem kräftigen Schnabel aus der Rinde, der Baumläufer hingegen sucht die feinen Ritzen in der Stammoberfläche nach Insekten ab. Obwohl sie am gleichen Ort leben, besetzen sie unterschiedliche ökologische Nischen. *Habicht* und *Baummarder*, die beide Eichhörnchen jagen, tun dies zu unterschiedlichen Zeiten: tagsüber stellt ihnen der Habicht mit seinen scharfen Augen nach, nachts geht der Baummarder auf Beutefang.

1. Erläutere den Begriff „ökologische Nische"!
2. Erläutere, wie sich die ökologischen Nischen von Blaumeise und Kohlmeise unterscheiden!
3. Erläutere die Konkurrenzvermeidung bei der Nahrungssuche von Buntspecht und Baumläufer!

82.1 Tiere im Wald. **1** Buntspecht, **2** Baumläufer, **3** Blattläuse, **4** Kohlmeise, **5** Blaumeise, **6** Eichhörnchen, **7** Mönchsgrasmücke, **8** Grauschnäpper, **9** Baummarder, **10** Habicht, **11** Fuchs, **12** Amsel, **13** Uhu, **14** Rothirsch, **15** Reh

AUFGABEN Lebensraum Wald

1 Die ökologischen Nischen verschiedener Spechtarten

83.1 Zusammensetzung der Nahrung (Nahrungsspektren) im Jahresverlauf. A Schwarzspecht; **B** Buntspecht; **C** Kleinspecht

83.2 Bevorzugte Nahrungsräume der Spechtarten

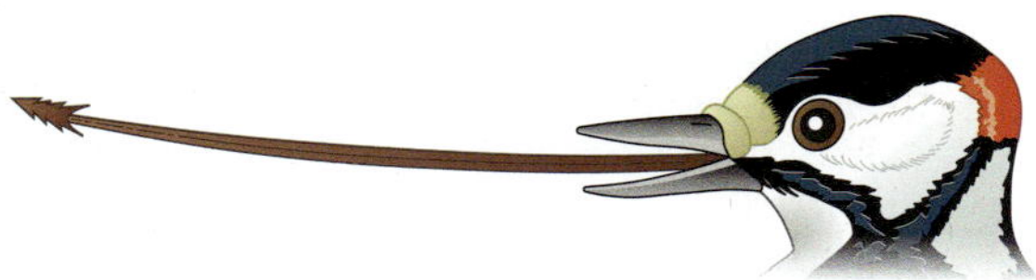

	Zungenlänge	Schnabellänge
Schwarzspecht	10 cm	6,3 cm
Buntspecht	6 cm	2,5 cm
Kleinspecht	3 cm	1,3 cm

83.3 Zungen- und Schnabellängen der Spechtarten

a) Beschreibe die in der Abbildung 83.2 dargestellten Nahrungsräume der Spechtarten!

b) Aufgrund der Unterschiede im Körperbau können die Spechtarten verschiedene Nahrungsquellen erschließen. Erläutere!

c) Vergleiche die Nahrungsspektren der drei Spechtarten miteinander und ziehe Schlussfolgerungen!

d) Mit dem Beginn der Brutzeit (Mai) ändert sich das Nahrungsspektrum des Buntspechts. Diskutiere die Vor- und Nachteile dieses Verhaltens!

e) Fasse zusammen, wie sich die ökologischen Nischen der Spechtarten unterscheiden!

f) Erläutere an dem Beispiel der Spechtarten das Basiskonzept „Kompartimentierung"!

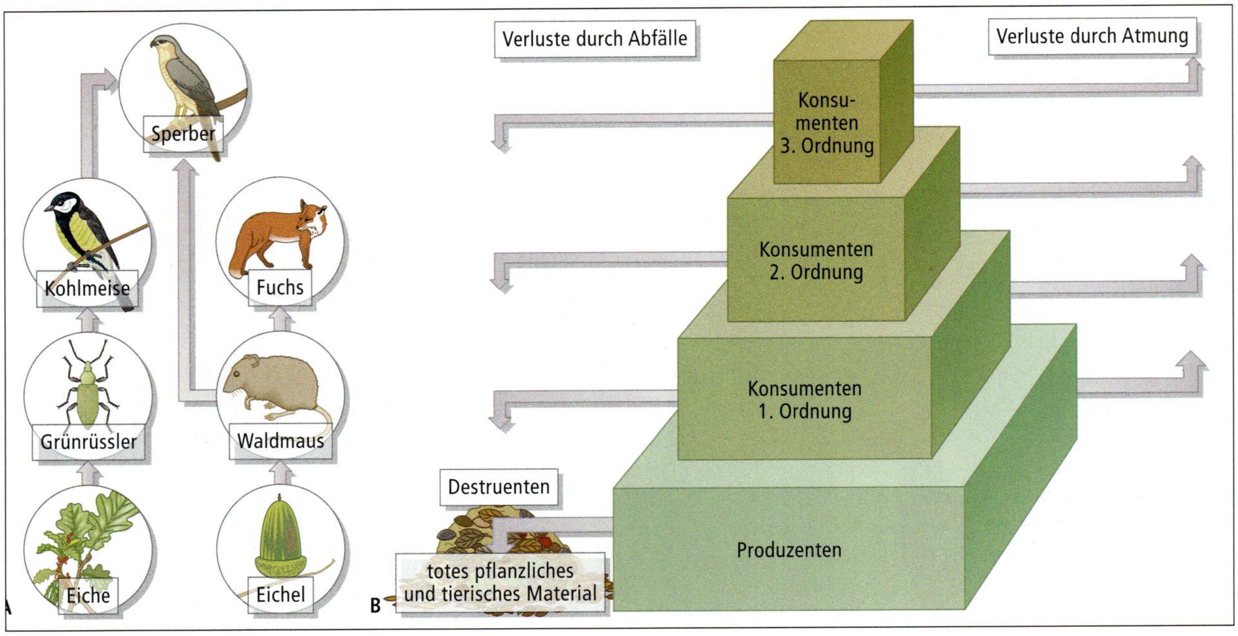

84.1 Nahrungsbeziehungen im Wald. A Nahrungskette und Nahrungsnetz; **B** Nahrungspyramide

2.4 Der Wald – ein Ökosystem

In einem Wald bilden die Bäume die Lebensgrundlage für zahlreiche Tiere. Zum Beispiel hat man an einer Eiche 423 Insektenarten gefunden, die von ihren Blättern, Zweigen, Ästen und Wurzeln leben. Schon im Mai, wenige Tage nach dem Austreiben, gibt es kaum einen Eichenzweig, in dessen Blätter nicht ein Käfer kreisrunde Löcher gefressen hat. Millionen von *Grünrüsslern,* kleinen grün glänzenden Käfern, sind schon bei der Laubentfaltung über die Blätter hergefallen. *Kohlmeisen* finden in dieser Zeit reiche Beute. Sie fressen die Käfer und werden dabei aber ihrerseits von den durchs Geäst fliegenden *Sperbern* gejagt.

Es lassen sich also Nahrungsbeziehungen vom Eichenblatt über Grünrüssler, Kohlmeise zum Sperber verfolgen. Die **Nahrungskette** beginnt immer mit Pflanzen. Nur sie können in ihren Blättern die Energie der Sonne umwandeln und energiereiche Stoffe aufbauen. Pflanzen sind die **Produzenten.** Die produzierten Nährstoffe verwenden sie zum einen als Bausteine für den Aufbau des eigenen Organismus und zum anderen zur Energieversorgung für diejenigen Zellen, die nicht Fotosynthese betreiben, zum Beispiel in den Wurzeln und im Stamm.
Einige Pflanzen werden von Tieren gefressen, die daraus ihre Körpersubstanz aufbauen und ihre Energieversorgung sichern. Diese Pflanzenfresser nennt man *Konsumenten erster Ordnung.* Sie dienen wiederum den Fleischfressern, den *Konsumenten zweiter Ordnung,* als Nahrungsquelle und so weiter. Am Waldboden gibt es ähnliche Nahrungsketten, etwa Eichel – Waldmaus – Fuchs. Sieht man von den Besonderheiten der einzelnen Pflanzen- und Tierarten ab, so erkennt man eine allgemeine Gesetzmäßigkeit: Der Wald ist ein **Ökosystem,** in dem Energie weitergegeben wird. Der **Energiefluss** geht letztlich von der Sonne aus.

Nahrungsketten enden in der Regel nach vier bis fünf Stationen. Den Grund dafür veranschaulicht die **Nahrungspyramide.** Die Pflanzen, die auf einer Fläche wachsen, etwa auf einem Quadratkilometer, produzieren eine bestimmte Menge körpereigener Stoffe, die **Biomasse.** Die Konsumenten können nur einen Teil davon nutzen, da die Pflanzen einen Teil selber veratmen und ein anderer Teil von **Destruenten** zersetzt wird, bevor er gefressen werden kann. So wird die Pyramide nach oben hin immer schmaler. Den Tieren der nächsten Stufen steht immer weniger Biomasse zur Verfügung. Als Faustzahl gilt, dass nur etwa ein Zehntel der Energie in die nächste Stufe gelangt. Ein Quadratkilometer Wald kann gerade noch einen Sperber als Konsumenten dritter Ordnung ernähren.

Im Jahr 1998 war in allen Zeitungen zu lesen, dass innerhalb weniger Monate *Borkenkäfer* Tausende von Fichten zum Absterben gebracht hatten. Wie kam es dazu? Bevor der Wald zum Nationalpark erklärt wurde, waren dort über Jahrzehnte hinweg fast ausschließlich Fichten angepflanzt worden.

Diese **Monokulturen** ließen sich leicht bewirtschaften und versprachen den größten Gewinn. In solchen Wäldern finden aber Fichtenschädlinge, wie die Borkenkäfer, einen gedeckten Tisch vor. Da diese in den **Fichtenforsten** zudem kaum natürliche Feinde haben, können sie sich ungehindert vermehren.

In einem natürlichen Wald frisst zum Beispiel der *Buntspecht* die Larven der Borkenkäfer. Findet er viele, so kann er damit viele Nachkommen großziehen. Die Anzahl der Spechte wird zunehmen. Dadurch werden noch mehr Käfer gefressen, ihre Anzahl wird nun wieder abnehmen. Dann finden aber die Buntspechte weniger Nahrung und bringen weniger Nachkommen hervor. Diese Wechselbeziehung trägt dazu bei, den Bestand der Schädlinge zu begrenzen.

In einer Monokultur sind die Vermehrungsmöglichkeiten der Käfer so gut, dass Buntspechte dagegen wenig ausrichten können. Kommt es allerdings durch ungünstige Witterungsbedingungen oder Parasitenbefall zu einem Zusammenbruch der Borkenkäferpopulation, verschlechtert sich die Ernährungslage der Buntspechte dramatisch. Außerdem bietet ein Fichtenforst den Spechten nicht genügend andere Nahrungsquellen. Im natürlichen Wald frisst er zahlreiche verschiedene Beutetiere und ist in viele Nahrungsketten eingebunden. So überleben die Spechte auch Jahre, in denen es wenige Borkenkäfer gibt. Ein natürlicher Wald bietet auch Kleibern, Baumläufern und räuberischen Insekten Lebensraum, die ebenfalls eine zu starke Vermehrung der Borkenkäfer verhindern. Die Nahrungsketten sind hier zu einem dichten **Nahrungsnetz** verwoben. Dies sorgt dafür, dass die Bestandsgrößen der Tier- und Pflanzenarten nicht überhandnehmen können und immer um einen Mittelwert pendeln. Man spricht von einem **biologischen Gleichgewicht.**

In Fichtenmonokulturen wird das Gleichgewicht zum Beispiel bei einem Massenbefall durch Fichtenborkenkäfer leicht gestört, der Mensch muss regulierend eingreifen. Eine Möglichkeit besteht darin, Borkenkäferfallen mit Lockstoffen aufzustellen. Die angelockten Käfer können nicht mehr aus den Fallen entweichen und werden durch Insektengifte, die **Insektizide,** getötet. Ist diese Methode nicht mehr ausreichend, werden alle befallenen Bäume mit Insektiziden besprüht. Dabei tötet man aber auch viele natürliche Feinde der Borkenkäfer, da sie die Gifte mit ihren Beutetieren aufnehmen. Die meist schwer abbaubaren Insektizide bleiben über lange Zeiträume hinweg in den Nahrungsketten und können sich dort anreichern.

85.1 Von Borkenkäfern vernichteter Fichtenforst

85.2 Wechselbeziehung: Borkenkäfer – Buntspecht

85.3 Borkenkäferfalle

1. Nenne die Gründe, die zur Massenvermehrung von Borkenkäfern führen!
2. Zeichne auf ein DIN-A3-Blatt ein Nahrungsnetz! Verwende dazu die auf der Seite 82 erwähnten Arten!
3. Erläutere, weshalb es keinen „Übersperber" geben kann – einen Vogel, der sich von Sperbern ernährt!
4. Erläutere den Begriff „biologisches Gleichgewicht" mithilfe eines Beispiels aus dem Wald!

86.1 Zersetzungsstadien von Kastanienblättern

2.5 Wer düngt den Wald?

Pflanzen benötigen außer Wasser und Kohlenstoffdioxid viele verschiedene Mineralstoffe. Diese nehmen sie mit den Wurzeln auf und bauen sie in ihre Zellbestandteile ein. Zum Beispiel brauchen die Blattzellen Magnesiumteilchen, um Chlorophyll zu bilden. Fast alle Mineralstoffe, die die Pflanze benötigt, sind im Boden enthalten. Allerdings ist ihre Menge begrenzt. Wenn der Landwirt dem Boden durch die Ernte des Getreides in jedem Jahr Mineralstoffe entzieht, sind die Vorräte nach kurzer Zeit erschöpft, und die Pflanzen leiden an Mineralstoffmangel. Deshalb muss der Bauer düngen. Aber wer düngt den Wald?

Untersucht man den Waldboden, entdeckt man auf der Oberfläche die Laubstreu vom letzten Herbst. Darunter findet man immer stärker zersetzte **Streuschichten.** In der untersten Schicht bleiben nur noch mikroskopisch kleine, dunkel gefärbte Abbauprodukte zurück, der **Humus.**
Am Stoffabbau sind viele Lebewesen, die **Zersetzer** oder **Destruenten,** beteiligt: Bodentiere wie Asseln und Tausendfüßer zerkleinern das Material; Regenwürmer holen die Blattreste von der Oberfläche und arbeiten sie in den feuchten Oberboden ein. Dadurch beschleunigen sie den Abbau. Die große Bedeutung der Regenwürmer belegen folgende Zahlen: Unter einem Quadratmeter Waldboden leben etwa 200 Regenwürmer, die im Jahr zwei Kilogramm Humus und Boden fressen. Im Wurmdarm wird ein Teil des Materials verdaut, der Rest wird, intensiv mit Bodenteilchen vermengt, wieder ausgeschieden. Schließlich bauen Millionen von **Pilzen** und **Bakterien** die im Wurmkot verbliebenen Humusstoffe vollständig zu Kohlenstoffdioxid ab. Es bleiben nur die nicht abbaubaren Mineralstoffe zurück. Man fasst daher diese Vorgänge unter dem Begriff **Mineralisation** zusammen. Die Mineralstoffe können erneut von den Wurzeln aufgenommen werden – der **Mineralstoffkreislauf** ist geschlossen. Der Wald braucht nicht gedüngt zu werden, weil es in ihm ein funktionierendes Recyclingsystem gibt.

1. Fasse den Inhalt der Seite zusammen! Stelle die Inhalte dabei grafisch oder als Fließtext dar!

86.2 Zersetzer in der Streuschicht und ihre Bedeutung

2.6 Stoffkreisläufe im Wald

Produziert ein Wald Sauerstoff? Man ist versucht, diese einfache Frage mit einem klaren „ja" zu beantworten, denn die Bäume und die anderen grünen Pflanzen in einem Wald betreiben Fotosynthese und bilden dabei selbstverständlich Sauerstoff. Wenn man länger darüber nachdenkt, wird die Sache schwieriger, denn die Zellen in Wurzeln und Stamm decken ihren Energiebedarf durch Zellatmung und verbrauchen dabei Sauerstoff. Was überwiegt: Aufnahme oder Verbrauch? Man muss außerdem bedenken, dass das Laub und die abgestorbenen Teile der Bäume von Bakterien und Pilzen zersetzt werden, die dabei ebenfalls Sauerstoff verbrauchen. Um die Frage zu beantworten, müssen also alle Stoffflüsse in einem Wald berücksichtigt werden.

Der **Sauerstoffkreislauf** ist eng mit dem **Kohlenstoffkreislauf** gekoppelt, denn die Sauerstoffproduktion der Pflanzen geht mit der Aufnahme von Kohlenstoffdioxid einher. Der im Kohlenstoffdioxid enthaltene Kohlenstoff wird bei der Fotosynthese in Traubenzucker eingebaut, aus dem ein Baum seine gesamte Biomasse herstellt. Wenn der Baum aber atmet, wird ein Teil der Biomasse wieder verbraucht und Kohlenstoffdioxid an die Luft abgegeben. Also hat ein Baum nur solange einen Zuwachs, solange er mehr Fotosynthese betreibt, als er veratmet. Das ist bei jungen, wachsenden Bäumen der Fall. Wird der Baum älter, so muss er immer mehr Pflanzenteile versorgen, die keine Fotosynthese betreiben können wie Stämme, Äste und Wurzeln. Irgendwann ist ein Zeitpunkt erreicht, an dem ein alter Baum genauso viel Kohlenstoffdioxid freisetzt, wie er zur Fotosynthese benötigt. Dann wächst er nicht mehr.
Um Aussagen über einen ganzen Wald machen zu können, muss man die Tiere und die Zersetzer in die Betrachtung einbeziehen. Wird ein Baum von Tieren gefressen, so durchläuft seine Biomasse alle Stufen der Nahrungskette und wird dabei vollständig zu Kohlenstoffdioxid veratmet.
Wenn ein Baum hingegen stirbt, wird er, ebenso wie das jährlich zu Boden fallende Laub, von den **Destruenten** abgebaut. Bei der Zersetzung wird das gesamte Kohlenstoffdioxid wieder frei, das während des Baumwachstums eingebaut wurde. Zurück bleiben nur die Mineralstoffe, die sich in der Biomasse befanden. Sie können den **Mineralstoffkreislauf** erneut durchlaufen.
Ob ein Wald also Sauerstoff produziert, hängt vom Zustand des Waldes ab: vom Anteil an jungen, wachsenden Bäumen, von der Menge an Totholz und Humus und von allen Umweltfaktoren, die sich auf die Produzenten, Konsumenten und Destruenten auswirken. Seit man weiß, dass der Kohlenstoffdioxidgehalt der Atmosphäre steigt und den Treibhauseffekt verstärkt, arbeiten Forscher auf der ganzen Welt intensiv an dieser scheinbar einfachen Frage.

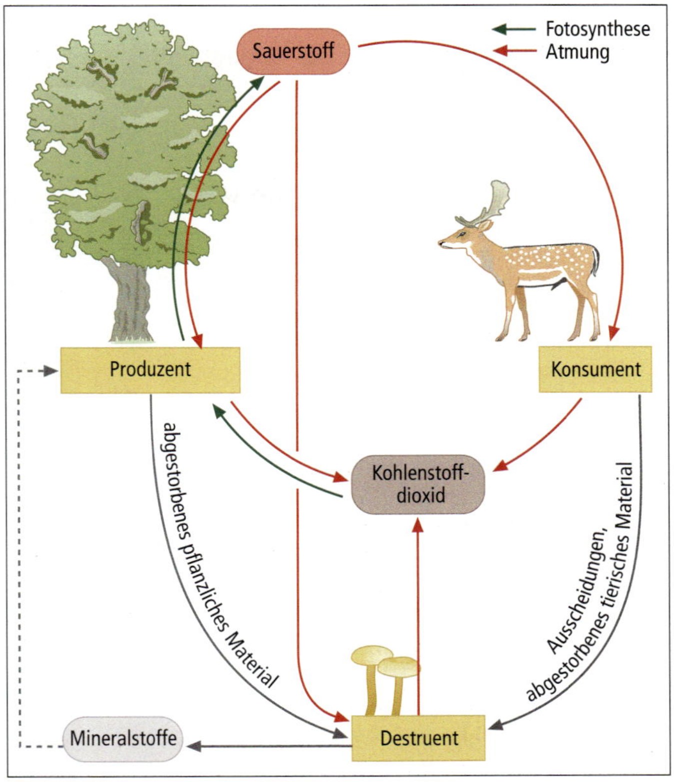

87.1 Stoffkreisläufe im Wald

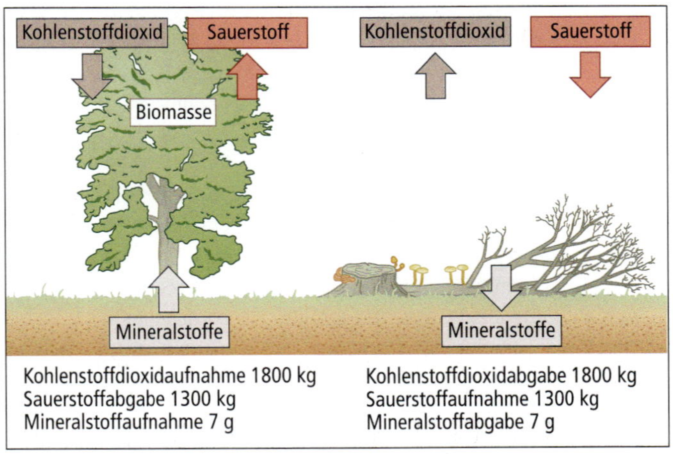

87.2 Stoffbilanz eines hundertjährigen Baumes

1. Vergleiche die Sauerstoffproduktion eines jungen und eines alten Waldes!
2. Erläutere den biologischen Hintergrund des Sprichwortes: „Die Bäume wachsen nicht in den Himmel!"
3. Nenne Folgen einer gehemmten Zersetzung für den Wald!

EXKURS Tropische Regenwälder und ihre Gefährdung

Regenwälder sind der artenreichste Lebensraum der Erde. Hier lebt etwa die Hälfte aller auf der Erde existierenden Pflanzen- und Tierarten.
Tritt man in einen Regenwald, ist es ganz dunkel, denn nur etwa ein Prozent des Lichtes erreicht den Erdboden. Hier wachsen zwischen den gigantischen *Brettwurzeln* der Bäume großblättrige Schattenpflanzen, von denen wir einige als Topfblumen kennen, wie Monstera, das „Große Fensterblatt". Viele Stämme und Äste sind dicht bemoost und von *Lianen* umschlungen, die zum Licht emporklettern. Dort oben türmen sich mehrere Baumschichten übereinander. Die dichte oberste Kronenschicht wird noch von einzelnen, über 70 Meter hohen Baumriesen überragt.
Typisch für die oberen Schichten sind die zahlreichen **Epiphyten.** Sie wachsen auf den Ästen, sitzen dem Baum nur auf, schaden ihm in der Regel aber nicht. Um an Regenwasser zu gelangen, bilden sie besondere Organe aus: Die Orchideen speichern Wasser in ihren Luftwurzeln, andere Pflanzen haben Saugschuppen auf den Blättern und wieder andere, wie die Bromelien, formen mit ihren Blättern einen Trichter, mit dem sie Wasser auffangen. Sieht man hinein, so traut man seinen Augen nicht. In einigen schwimmen Kaulquappen, und das in 30 Meter Höhe! Bestimmte Baumfrösche haben sich auf diese Kleinstgewässer spezialisiert und legen ihre Eier darin ab.
Auch das ist typisch für den Regenwald: die sehr starke Spezialisierung der Tiere auf einzelne Pflanzenarten oder Kleinstlebensräume.

88.1 Baumfrosch auf Bromelie

88.2 Der Aufbau des Regenwaldes

Im Gegensatz zum mitteleuropäischen Wald leben die meisten Tiere in der Kronenschicht. Da es keinen Winter gibt, finden sie hier das ganze Jahr über ein reichhaltiges Nahrungsangebot: die Fruchtfresser wie *Affen*, *Flughunde* oder *Tukane* mit ihren riesigen Schnäbeln und ebenso die Nektarsauger wie die *Kolibris* und *Fledermäuse*. Die Blattfresser stellen die größte Tiergruppe: *Faultiere*, *Flughörnchen* und ein Heer von Insekten, vor allem exotische Käfer in den schillerndsten Farben, verzehren die schwer verdauliche Kost. *Baumschlangen*, *Boas* sowie Greifvögel und Wildkatzen jagen ebenfalls hoch oben in den Bäumen. Nur die größten Raubkatzen, *Tiger* und *Jaguar*, erlegen ihre Beute am Boden.

Was ist die Ursache für diese Artenvielfalt? Ein wichtiger Grund ist sicher das Alter dieser Lebensräume. Diese Wälder konnten sich innerhalb mehrerer Millionen Jahre ungestört entwickeln, während die mitteleuropäischen Wälder immer wieder durch Eiszeiten zerstört wurden. Weiterhin ist die hohe Pflanzenproduktion zu nennen. Die Regenwälder gehören zu den produktivsten natürlichen Ökosystemen. Das tropische Klima, hohe Sonneneinstrahlung, gleichbleibend hohe Temperaturen um 24 °C und hohe Niederschläge um 2000 Millimeter pro Jahr sorgen für ganzjährig günstige Wachstumsbedingungen.
Man könnte vermuten, dass die üppige Vegetation auf einem fruchtbaren Boden wächst. Das Gegenteil ist der Fall! Die Böden der Regenwälder wurden in den Millionen Jahren stark verwittert und durch die starken Regenfälle ausgelaugt. Wie bekommen die vielen Pflanzen dann die lebensnotwendigen Mineralstoffe? Ein Blick in den Boden gibt Auskunft.

88.3 Orang-Utan

An der Oberfläche fällt die ungeheure Vielfalt an Pilzen auf. Zahlreiche Fruchtkörper lassen die Masse an Pilzfäden ahnen, die den Boden durchzieht. Sie zersetzen die pflanzlichen und tierischen Abfälle bei den hohen Temperaturen viel schneller, als wir es aus unseren Wäldern kennen. Die Folge davon ist, dass sich nur sehr wenig Humus im Boden befindet. Ein dunkel gefärbter Oberboden ist nur schwach entwickelt. Außerdem ist der Boden von einem dichten Geflecht aus Wurzeln durchzogen. Es kann fast alle bei der Zersetzung frei werdenden Mineralstoffe sofort wieder aufnehmen. Somit können sie nicht durch den Regen ausgewaschen werden. Nahezu alle Mineralstoffe sind also im Kreislauf.

Bis heute wurde bereits mehr als die Hälfte aller tropischen Regenwälder vernichtet. Die Zerstörung durch Abbrennen und Abholzen schreitet voran. Geht die Entwicklung so weiter, wird es in 30 Jahren keinen Regenwald mehr geben.
Man schätzt, dass jährlich neun Millionen Hektar Regenwald durch Brandrodung vernichtet werden. Dies ist eine unmittelbare Folge der Armut und des Bevölkerungswachstums. Die Pflanzenasche düngt die Ackerfrüchte. Aber schon nach wenigen Jahren ist der Boden durch die tropischen Regengüsse ausgelaugt und völlig unfruchtbar. Die Kleinbauern ziehen dann weiter und setzen ihr Zerstörungswerk andernorts fort.
Weitere 4,5 Millionen Hektar pro Jahr werden durch Großprojekte wie Plantagen, riesige Viehzuchtbetriebe, Stauseen und Industrieansiedlung zerstört.

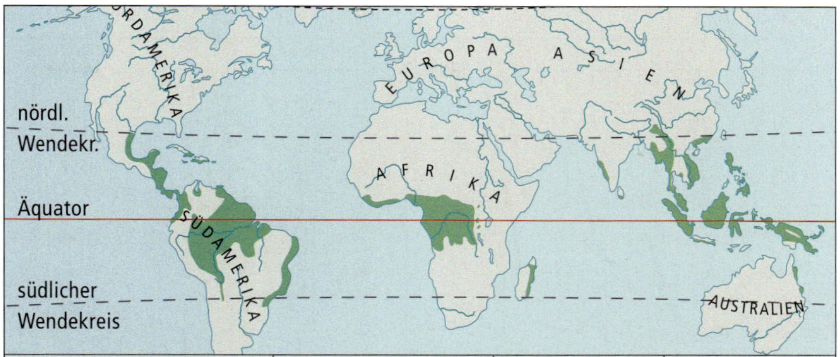

	Mittel-und Südamerika	Afrika	Asien
Fläche in Quadratkilometer	4 000 000	1 800 000	2 500 000
zerstörter Anteil in Prozent	> 50	> 40	> 40

89.2 Weltweite Verbreitung und Gefährdung des Regenwaldes

Schließlich schätzt man, dass durch den Holzeinschlag für die Möbelherstellung weitere 1,5 Millionen Hektar im Jahr verloren gehen. Auf einem Hektar Regenwald wachsen bis zu 100 verschiedene Baumarten, von denen aber mitunter nur eine Edelholzart, beispielsweise Teak, für Gartenmöbel in Europa genutzt werden kann. So geht mit dem Holzeinschlag jährlich eine Schädigung weiterer drei bis vier Millionen Hektar Wald einher.

Die Folgen der Regenwaldzerstörung gehen weit über die unmittelbaren Schäden vor Ort hinaus. Ein Regenwald verdunstet viel mehr Wasser als eine gerodete Fläche. Deshalb führt die Entwaldung zu einer Verminderung der Niederschläge in den angrenzenden Gebieten. Schon heute kann man in Afrika feststellen, dass sich Wüsten- und Trockengebiete ausbreiten. Mit dem Verbrennen der gewaltigen Biomasse der Wälder gelangt zusätzliches Kohlenstoffdioxid in die Atmosphäre, was den Treibhauseffekt anheizt. Mit der Waldrodung zerstört man auch den Lebensraum der Urwaldindianer und ihre Kultur. Außerdem geht damit ein unvorstellbarer Verlust an Tier- und Pflanzenarten einher. Diese Arten und ihre Erbanlagen sind unwiederbringlich verloren und können in Zukunft nicht mehr vom Menschen genutzt werden.

Die moderne Nutzung des Regenwaldes unterliegt dem Prinzip der *Nachhaltigkeit*. So versucht man, den größten Teil der natürlichen Vegetation zu erhalten und steuert nur die Entwicklung des Waldes. Im Handel kann man Holz aus nachhaltig bewirtschafteten Wäldern an einem Gütesiegel erkennen. In anderen Projekten bauen Indios zum Beispiel Kakao unter dem intakten Schirm der Bäume an, um Mineralstoffverluste und Bodenerosion zu vermeiden.

89.1 Brandrodung

89.3 Werbung für Tropenholzmöbel

89.4 Nachhaltiger Waldbau mit FSC-Siegel (Forest Stewardship Council)

AUFGABEN Wald

1 Buntspecht und Borkenkäfer

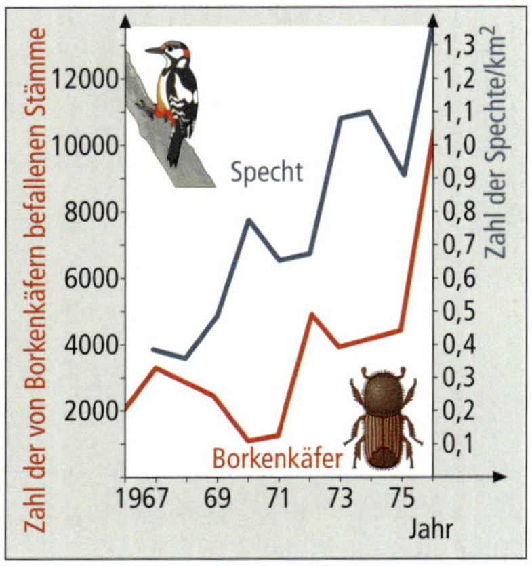

In den Jahren 1967 bis 1976 wurde in einem Wald die Zahl der von Borkenkäfern befallenen Bäume und die Zahl der Spechte pro Hektar ermittelt, die Abbildung zeigt den zeitlichen Verlauf der Entwicklung.

a) Beschreibe, welche regelmäßigen Beziehungen zwischen dem Befall der Bäume und dem Bestand an Spechten besteht!

b) Erläutere diese Beobachtungen!

2 Buchenwald oder tropischer Regenwald

Die abgebildeten Lebewesen kommen nur im Buchenwald oder nur im tropischen Regenwald vor. Die Umgebungstemperatur beeinflusst ihr Vorkommen nicht. Nenne Gründe für ihr Vorkommen!

3 Miniökosysteme auf der Fensterbank

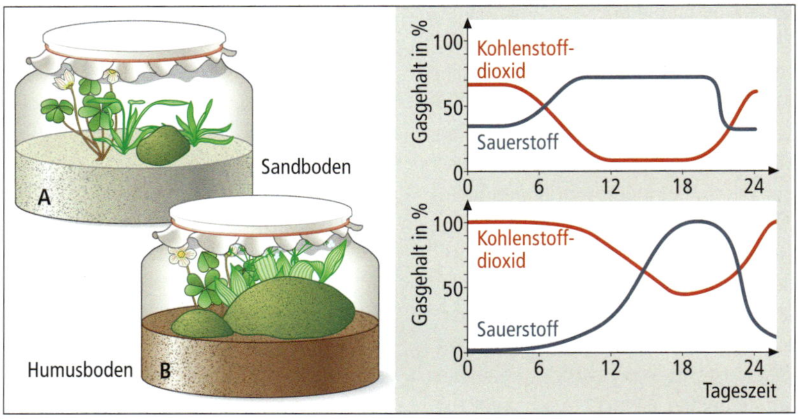

Die mit Moosen und Waldkräutern bepflanzten Miniökosysteme sind mit einer gasdichten Folie verschlossen. Wasser und Mineralstoffe sind in beiden Gläsern ausreichend vorhanden. Sie erhalten das natürliche Tageslicht.

a) Beschreibe und erläutere den Tagesverlauf von Kohlenstoffdioxid und Sauerstoff im Glas A!

b) Erzielen die Pflanzen im Glas A einen Zuwachs an Biomasse? Erläutere!

c) Beschreibe und erläutere die Unterschiede in den Tagesverläufen von Kohlenstoffdioxid und Sauerstoff in den beiden Gläsern!

d) Diskutiere, ob und wie lange die Pflanzen in Glas B einen Biomassezuwachs haben!

e) Was ändert sich, wenn man Regenwürmer in das System setzt? Erläutere!

f) Welche Tiere könnten über einen unbegrenzten Zeitraum in dem System leben und welche Nahrung sollten sie fressen? Erläutere!

4 Ökosystem Raumstation

Stelle dir vor, du sollst eine Raumstation für zwei Personen auf dem Mond aufbauen! Ein funktionierendes Ökosystem unter einer Glaskuppel soll die Besatzung mit Nahrung und Sauerstoff versorgen.

a) Was würdest du mitnehmen? Begründe deine Entscheidungen!

b) Was machst du mit dem Biomüll der Station? Erläutere!

c) Was muss man bei der Planung der Kuppelgröße bedenken? Erläutere!

RÜCKBLICK mit Basiskonzepten: Wald

In einem Laubwald bilden die Buchen, Haselnuss- und Holundersträucher, Maiglöckchen, Farne, Moose und anderen Pflanzen zusammen die Pflanzengesellschaft. Die Tiergesellschaft umfasst Rehe, Baummarder, Eichhörnchen, Rötelmäuse, Regenwürmer, Springschwänze und andere Tiere. Pflanzen- und Tiergesellschaft bilden eine Lebensgemeinschaft, die *Biozönose,* die mit den *Lebensbedingungen* wie Licht, Wärme und Bodenbeschaffenheit in Wechselwirkung steht. Licht, Wärme und Bodenbeschaffenheit sind *abiotische Umweltfaktoren* des Waldes, die man von den *biotischen Umweltfaktoren,* den Lebewesen, unterscheidet. Lebensgemeinschaft und Lebensbedingungen kennzeichnen das *Ökosystem* Wald.

Ein Laubwald ist vom Boden her nach oben gegliedert: *Moosschicht, Krautschicht, Strauchschicht* und *Baumschicht.* Man kann diesen Aufbau mit dem Bild der Stockwerke eines Hauses vergleichen und spricht daher vom Stockwerkaufbau des Waldes. In den einzelnen Stockwerken herrschen unterschiedliche Umweltbedingungen. So sind die Lichtverhältnisse in der Baumschicht günstiger als in der Moosschicht und umgekehrt ist die Luftfeuchtigkeit in der Moosschicht höher als in den Baumkronen. Die Stockwerke werden unterschiedlich genutzt. So baut das Rotkehlchen sein Nest in der Krautschicht, der Buntspecht seine Höhle in den Baumstämmen und Greifvögel ihre Horste in den Baumkronen. Der Wald ist also in unterschiedliche Räume geteilt, die von Tieren verschieden genutzt werden. Solche Räume oder Kompartimente ermöglichen ein Zusammenleben verschiedener Tierarten in einem Ökosystem. Die speziellen Lebensraumbedingungen, das *Biotop,* ermöglichen jeder Art von Tieren und Pflanzen das Überleben. Man nennt das *ökologische Nische.* Da eine solche Aufteilung in Nutzungsräume grundsätzlich das Zusammenleben auch in anderen Ökosystemen wie Hecken oder Wiesen ermöglicht, spricht man von dem **Basiskonzept „Kompartimentierung"**.

Dieses Prinzip gilt auch für Tiere innerhalb eines Nutzungsraumes. So sammelt der Baumläufer mit seinem leicht gebogenen pinzettenartigen Schnabel kleine Insekten von der Oberfläche der Stämme ab, während der Buntspecht mit seinem meißelartigen Schnabel die Rinde bearbeitet, um an tiefer gelegene Beute zu gelangen. Der Bau des jeweiligen Schnabels, seine Struktur, lässt eine besondere Aufgabe, Funktion, zu. Hierdurch sind die Vögel an ihre Lebensbedingungen angepasst. Das **Basiskonzept „Struktur und Funktion"** ist also mit dem **Basiskonzept „Variabilität und Angepasstheit"** verbunden.

91.1 Ökosystem Eichenwald

Ein weiteres Basiskonzept steht mit dem Basiskonzept Struktur und Funktion sowie Variabilität und Angepasstheit in Wechselwirkung, das für alle Lebewesen im Ökosystem Wald gilt: das **Basiskonzept „Stoff- und Energieumwandlung"**.
So gibt es zum Beispiel im Wald *Nahrungsketten,* die immer Pflanzen als erstes Glied aufweisen. Eichenblätter werden von Larven des Eichenwicklers gefressen. Die Larven des Eichenwicklers werden von Vögeln wie zum Beispiel Kohlmeisen gefressen. Lebewesen gehören also meistens mehreren Nahrungsketten an, die zusammen ein *Nahrungsnetz* bilden. Stoffe werden aufgenommen und weitergegeben. So entstehen *Stoffkreisläufe,* zum Beispiel der *Kohlenstoffkreislauf.*
Die aufgenommene Nahrung wird genutzt, um körpereigene Stoffe herzustellen, so zum Beispiel für neue Federn der Vögel des Waldes. Nahrung wird auch benötigt, um die Lebensvorgänge des Körpers aufrechtzuerhalten.

Auch der Mensch nutzt den Wald, so zum Beispiel als Lieferant von Eichenholz. Wie ist gewährleistet, dass der Eichenwickler sich nicht so stark vermehrt, dass viele Eichen geschädigt werden? Kohlmeisen ernähren sich von Eichenwicklern. Wenn die Eichenwickler sich stark vermehren, können die Kohlmeisen viele Eichenwickler erbeuten und somit viele Junge großziehen. Die Zahl der Kohlmeisen nimmt zu. Sie erbeuten viele Eichenwickler und verringern somit deren Zahl. Es stellt sich ein Gleichgewicht zwischen den beiden Arten ein. Man spricht von einem *biologischen Gleichgewicht.*

Das erste Glied in jeder Nahrungskette sind Pflanzen. Pflanzen ernähren sich also nicht von anderen Lebewesen. Sie nehmen aus dem Boden Mineralstoffe und Wasser sowie Kohlenstoffdioxid aus der Luft auf. Mithilfe des Sonnenlichts können sie Nährstoffe selbst herstellen, man nennt sie daher *Produzenten.* Sie erzeugen ihre Nahrung selbst. Andere Lebewesen fressen pflanzliche Nahrung oder Tiere. Sie heißen *Konsumenten.* Stellt man diese Zusammenhänge grafisch dar, erhält man eine *Nahrungspyramide* mit den Produzenten als Basis und den darüber angeordneten Konsumenten. Abgestorbene Lebewesen werden im Streu- und Humusbereich bis hin zu *Mineralien* zersetzt, was *Mineralisation* genannt wird und einem Düngen des Waldbodens gleichkommt. Die Zersetzer bezeichnet man als *Destruenten.* Wichtige Destruenten im Wald sind Bakterien und Pilze.

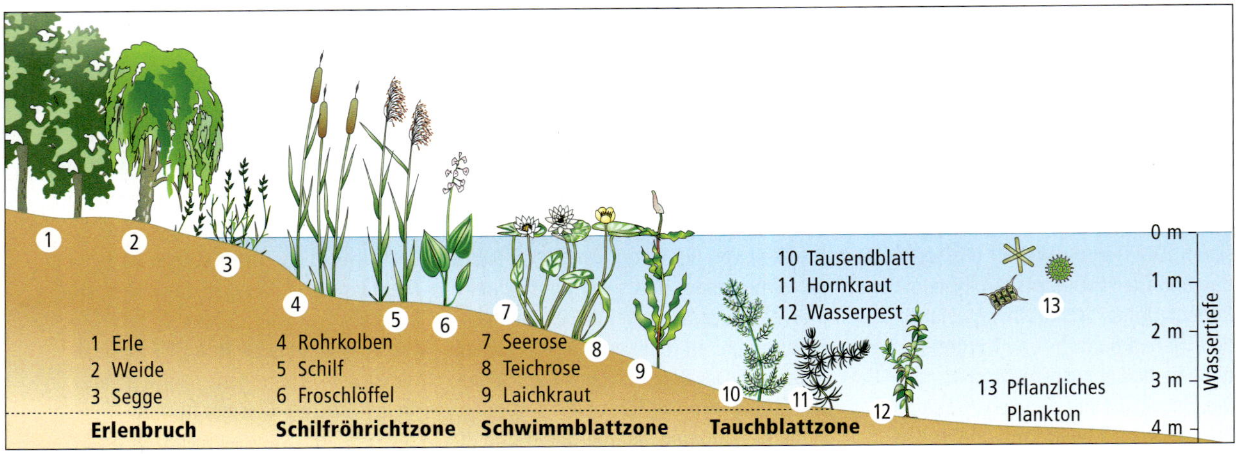

92.1 Pflanzen am Seeufer und im Wasser

3 Lebensraum See

3.1 Der See wird in Zonen eingeteilt

Auf dem Weg zu einem See durchquert man am Ufer mehrere Zonen mit unterschiedlichem Pflanzenbewuchs. Zuerst ändert sich die Zusammensetzung des Waldes: *Schwarzerlen* und *Weiden* treten an die Stelle der sonst vorherrschenden Waldbäume. In der Krautschicht zeigen *Binsen* und *Sumpfdotterblumen* die veränderten Umweltbedingungen an: Der Grundwasserspiegel reicht hier im Sommer bis fast zur Oberfläche. Im Frühjahr steht der Boden in diesem **Bruchwald** sogar vollständig unter Wasser. Der Boden ist schlecht durchlüftet. Die Wurzeln können sich nicht ausreichend mit Sauerstoff versorgen. Die *Erlen* sind an den Sauerstoffmangel angepasst: Sie nehmen Luft durch kleine Öffnungen im unteren Stammbereich auf. Von hier wird sie dann zu den unterirdischen Organen geleitet.

Dort, wo das Wasser ganzjährig bis zur Bodenoberfläche reicht, wächst das **Schilfröhricht.** Der Hauptspross einer Schilfpflanze wächst waagerecht im Uferschlamm. Er verzweigt sich, treibt Wurzeln in den Untergrund, verankert so die Pflanze und gibt ihr Standfestigkeit. Das, was wir vom Schilf sehen, sind die schlanken Seitensprosse, die aus knotigen Verdickungen senkrecht nach oben wachsen. Die ganze Pflanze ist von einem leistungsfähigen Durchlüftungsgewebe, dem **Aerenchym,** durchzogen. Der Stängel ist hohl. Um den zentralen Hohlraum herum liegt ein Ring von Festigungsgewebe, der das Brechen des Halmes verhindert. Aufgrund der hohen Biegefestigkeit können die Halme Windböen und Wellenschlag bis zu einer Wassertiefe von zwei Metern ertragen.

In noch größere Wassertiefen dringen die **Schwimmblattpflanzen** vor. Die armdicken Hauptsprosse der *See-* und *Teichrosen* liegen ebenfalls am Grund und wurzeln in bis zu vier Metern Wassertiefe. Die großen Blätter schwimmen auf der Wasseroberfläche. Im Blattinnern sorgen mit Luft gefüllte Hohlräume für den Auftrieb. Sie leiten den Sauerstoff über die langen, biegsamen Stängel zu den unterirdischen Organen. Der Gasaustausch erfolgt über Spaltöffnungen auf der Blattoberseite, die Wasser- und Mineralstoffaufnahme über spezialisierte Zellen auf der Blattunterseite, die *Hydropoten.*

In noch tieferem Wasser wachsen die **Tauchblattpflanzen** wie das *Tausendblatt* oder die *Wasserpest.* Sie haben keinen Zugang zur Luft. Ihre Zellen müssen das gelöste Kohlenstoffdioxid wie auch die Mineralstoffe aus dem Wasser aufnehmen. Der bei der Fotosynthese produzierte Sauerstoff wird in Luftkanäle im Innern abgegeben. Diese bewirken den Auftrieb und versorgen die Sauerstoff verbrauchenden Pflanzenteile.

Im freien Wasser leben ebenfalls Pflanzen. Millionen winzig kleiner Algen färben das Wasser grün. Häufig kommt das *Schwebesternchen* vor, eine Kieselalge von sternförmiger Gestalt, oder die *Hornalge* mit langen spießförmigen Auswüchsen. Man zählt diese Algen zum **Plankton,** jenen Lebewesen, die im Wasser schweben und sich nicht oder nur geringfügig fortbewegen können. Da sie etwas schwerer als Wasser sind, sinken sie zwangsläufig zu Boden. Die Algen besitzen dünne Fortsätze, um sich möglichst lange in der Schwebe zu halten. Manche enthalten Gas- oder Ölblasen, die für Auftrieb sorgen.

93.1 **Schilf.** **A** äußerer Aufbau (Foto); **B** innerer Aufbau (Schema)

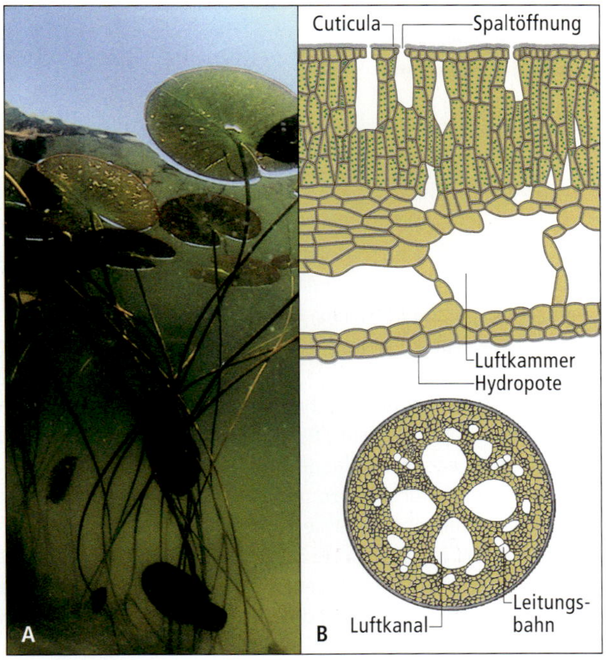

93.3 **Seerose.** **A** äußerer Blattaufbau (Foto); **B** innerer Blattaufbau (Schema)

1. Beschreibe die Pflanzenzonen, die du siehst, wenn du mit einem Boot von der Seemitte zum Ufer fährst!
2. Erläutere, weshalb die Wurzeln von Landpflanzen geschädigt werden, wenn sie längere Zeit unter Wasser stehen!
3. Erläutere, welche Umweltfaktoren die Röhrichtzone seewärts und landwärts begrenzen!
4. Die Schilfpflanze ist stabil, biegsam und im Innern mit Luft gefüllt. Erläutere diese Eigenschaften anhand des inneren Aufbaus des Stängels!
5. Stelle Unterschiede zwischen einem Seerosenblatt und dem Blatt einer Buche in einer Tabelle zusammen!
6. Erläutere an einem selbst gewählten Beispiel das Basiskonzept „Struktur und Funktion"!

93.2 **Tausendblatt.** **A** äußerer Aufbau (Foto); **B** innerer Aufbau des Stängels (Schema)

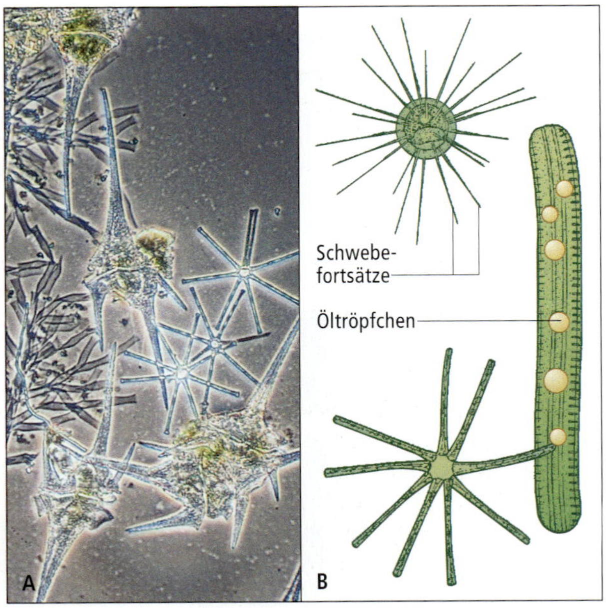

93.4 **Pflanzliches Plankton.** **A** Foto bei 400-facher Vergrößerung; **B** Schwebeeinrichtungen (Schema)

PRAKTIKUM Kartierung und Untersuchung von Pflanzen des Sees

1 Pflanzen eines Gewässers

Hinweis: Beachte bei deiner Arbeit die Naturschutzbestimmungen! Bei der Untersuchung eines Sees sollte man Pflanzen und Tiere nicht unnötig und mutwillig beschädigen oder stören. Das gilt insbesondere für die Brutzeit der dort lebenden Vögel.
Material: Bestimmungsbücher; Schreibunterlage; Papier; Bleistift; Radiergummi
Durchführung: Verschaffe dir zunächst einen Überblick über die Form des Gewässers und übertrage sie auf ein Blatt Papier! Trage Gehölze, Zäune, Wege sowie Badestellen und Stege ein! Geh um das Gewässer herum und bestimme dabei die auffälligen Pflanzenarten! Reiße keine Pflanzen heraus! Ordne den Pflanzen Zeichen zu und vermerke sie am Rand deiner Skizze! Zeichne die Zeichen für die gefundenen und bestimmten Pflanzen in deine Karte ein! Orientiere dich bei der Anfertigung deiner Karte an der Abbildung 21.1 auf der Seite 21!
Aufgaben:
a) Übertrage deine Zeichnung ins Reine und koloriere sie!
b) Vergleiche deine Zeichnung mit der deiner Mitschüler! Erkläre mögliche Unterschiede!
c) Erläutere am Beispiel des Seeufers das Basiskonzept „Kompartimentierung“!
d) Eine Naturschutzgruppe fordert: „Schützen geht vor Untersuchen!“ Bilde zusammen mit Mitschülern eine Gruppe und diskutiert die Forderung der Naturschützer!

2 Untersuchung von Stängeln

Material: Stängel von verschiedenen Uferpflanzen, zum Beispiel Schilf, Binsen und Seggen; Zellstoff; Messer; Becherglas
Durchführung: Stelle etwa 20 cm lange Stängelabschnitte der Uferpflanzen in ein Becherglas! Reinige mit dem Zellstoff das obere Ende und versuche hineinzublasen! Schneide die Stängel anschließend längs auf (Vorsicht!) und untersuche den Längsschnitt!
Aufgaben:
a) Skizziere und beschreibe deine Beobachtungen!
b) Stelle Zusammenhänge zwischen den Versuchsbeobachtungen und dem inneren Stängelaufbau her!

3 Luftleitung in Seerosenblättern

Material: Seerosenblatt mit einem Stück Blattstiel aus dem Schulteich (Naturschutz!); ein großes Gefäß; Luftpumpe oder Blasebalg; Schlauchstücke verschiedenen Duchmessers; Verbindungsstücke
Durchführung: Verbinde das Ende des Blattstiels über einen Schlauch mit der Luftpumpe! Eventuell musst du mehrere verschiedene Schlauchstücke zusammenstecken, um den Durchmesser an die Pumpe anzupassen. Bitte jemanden, das Blatt unter Wasser zu halten, und betätige die Pumpe!
Aufgabe:
Notiere deine Beobachtungen und bringe sie in einen Zusammenhang mit dem Blattaufbau!

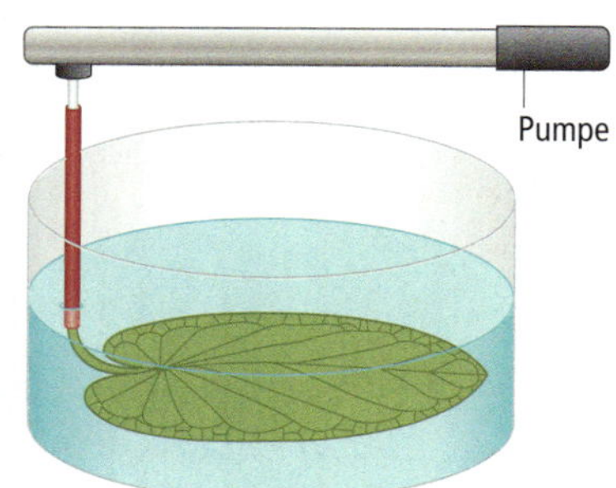

4 Wasseraufnahme in Seerosenblättern

Material: 3 Seerosenblätter aus dem Schul- oder Gartenteich, eines davon mit Stiel; Becherglas; 2 große Plastikwannen
Durchführung: Stelle von 3 frisch abgeschnittenen Seerosenblättern eines mit dem Stiel in ein wassergefülltes Becherglas! Lege eines mit der Unterseite, ein weiteres mit der Oberseite auf das Wasser!
Aufgabe:
Beobachte nach 2 bis 3 Stunden, protokolliere und erläutere deine Ergebnisse!

5 Untersuchung der Blattoberfläche

Material: Seerosenblätter; Petrischale; Neutralrot-Lösung; Mikroskop und Zubehör
Durchführung: Lege ein Stück Seerosenblatt in eine Petrischale und bedecke es mit einer Neutralrot-Lösung! Versuche, bei einem anderen Blatt dünne Flächenschnitte von der Blattoberseite zu schneiden! Spanne dazu ein Stück Blatt über einen Fingerrücken! Die Blattschnitte sollten klein sein. Lege mehrere unter das Mikroskop und suche eine dünne, durchscheinende Stelle! Untersuche nun die Blattunterseite des angefärbten Blattes! Halte das Blattstück mit der Pinzette und spüle es vor dem Schneiden unter fließendem Wasser ab!
Aufgabe:
Ermittle, wie viele Hydropoten und Spaltöffnungen sich bei 400-facher Vergrößerung in deinem Sehfeld befinden! Vergleiche Blattunter- und -oberseite!

Blattquerschnitt der Seerose

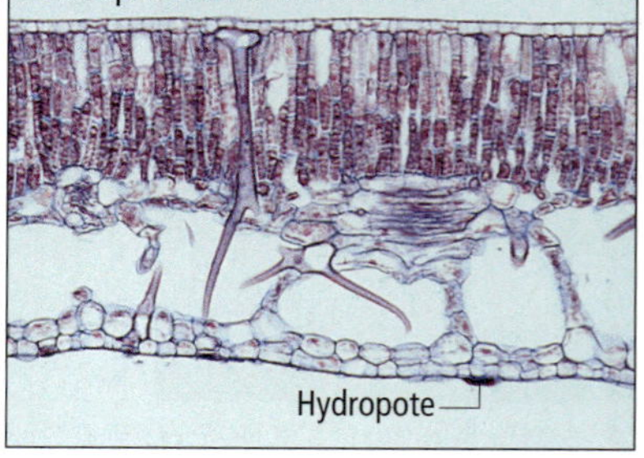

EXKURS Basiskonzept „Kompartimentierung"

Betrachtet man den Pflanzenbewuchs am Ufer eines Sees und vergleicht ihn mit der Ufervegetation anderer Seen, so findet man auffällige Übereinstimmungen. In der näheren Umgebung des Ufers wachsen Bäume, zumeist Weiden und Erlen. Buchen oder Birken wird man in diesem Bruchwald vergeblich suchen. Weiter zum Ufer hin verschwinden die Bäume, dafür wachsen nun Schilfpflanzen, Rohrkolben und Seggen. Diese werden zusammenfassend als Röhrichtpflanzen bezeichnet. Im flachen Wasser des Sees findet man zunächst Pflanzen, die Schwimmblätter ausbilden können wie die Teichrose oder den Wasserknöterich, und dann Pflanzen mit untergetauchten Blättern wie die Wasserpest. Diese Aufteilung in Zonen am Ufer eines Sees, die von Pflanzen mit unterschiedlichen Ansprüchen genutzt werden, bezeichnet man als *Kompartimentierung.*

Gräbt man im Bruchwald ein tiefes Loch in den Boden, so findet man sehr viel Feuchtigkeit: Der Boden ist nass. Er enthält keine Luft. Die Bodenfeuchtigkeit birgt für Pflanzen ein Problem: Wie sollen sie ihre Wurzeln mit Sauerstoff versorgen, den diese für ihre Atmung benötigen? Erlen und Weiden haben das Problem gelöst: In der Rinde der Stämme findet man poröse Korkwarzen, durch die Luft in den Stamm eindringen kann. Die Korkwarzen sind im Inneren des Stammes mit Luftkanälen verbunden, die bis in die Wurzeln reichen. So können die Wurzeln mit Sauerstoff versorgt werden. Die Pflanzen der Schilfröhrichtzone sowie der Schwimmblatt- und Tauchblattzone besitzen hohle Stängel, durch die ebenfalls Sauerstoff bis in die Wurzeln transportiert werden kann.
Weshalb breiten sich die Pflanzen nicht in die jeweils benachbarte Pflanzengürtelzone aus? Erlen und Weiden können nicht in größerer Nähe zum Ufer wachsen, weil dann noch größere Anteile ihrer Wurzeln und ihres Stammes mit Staunässe in Berührung kämen. Die Kapazität ihrer Luftkanäle reichte dann nicht mehr aus, um alle unterirdischen Pflanzenteile mit Sauerstoff zu versorgen.

Röhrichtpflanzen stehen windgeschützt in unmittelbarer Ufernähe. Ihre Stängel weisen Festigungsgewebe auf, die ein Abknicken verhindern. In weiterer Entfernung vom Ufer herrschen höhere Windgeschwindigkeiten, denen die Stängel nicht standhalten könnten. Auch in größeren Wassertiefen würden sie aufgrund des stärkeren Wellenschlags abknicken. Wasserpflanzen besitzen kaum Festigungsgewebe, sodass sie im Luftraum nicht aufrecht stehen könnten. Die Pflanzen sind also an ihren jeweiligen Pflanzengürtel, ihr Kompartiment, angepasst.

Kompartimente sind im Bereich des Lebendigen weit verbreitet. Der Organismus eines Lebewesens wird aus vielen Organen und Organsystemen aufgebaut. In der Lunge tritt der Sauerstoff der Luft ins Blut über und aus dem Blut wird Kohlenstoffdioxid an die Atemluft abgegeben. Das Herz pumpt das Blut durch die Adern des Körpers, wo der Sauerstoff an die Körperzellen, zum Beispiel die Gehirnzellen, abgegeben werden kann. Lunge, Herz und Gehirn stehen zwar im Körper eines Lebewesens miteinander in Verbindung, sie stellen jedoch unterschiedliche Reaktionsräume dar, in denen verschiedenartige Lebensvorgänge stattfinden. Diese Reaktionsräume werden ebenfalls Kompartimente genannt.

Betrachtet man Pflanzenzellen durch ein Lichtmikroskop, so kann man in einer Zelle unterschiedliche Reaktionsräume erkennen. Die Vakuole nimmt den größten Raum in der Zelle ein. Sie ist mit Zellsaft gefüllt. Der Zellkern enthält das Erbmaterial. In den Zellen grüner Pflanzen erkennt man die Chloroplasten, deren grüner Farbstoff Chlorophyll an der Fotosynthese beteiligt ist. Zellkern und Chloroplasten liegen im farblosen Zellplasma, in dem weitere Lebensvorgänge der Zelle stattfinden. Auch eine Pflanzenzelle weist also Kompartimente, Reaktionsräume, auf, die miteinander in Verbindung stehen. Der Vorteil der Kompartimentierung besteht darin, dass Lebensvorgänge der Zelle ungestört voneinander stattfinden können.

Da man Kompartimente überall im Bereich des Lebendigen finden kann, spricht man vom **Basiskonzept „Kompartimentierung".**

1. Beschreibe das Basiskonzept „Kompartimentierung" am Beispiel der Pflanzengürtel eines Sees!
2. Erläutere das Basiskonzept „Kompartimentierung" am Beispiel der Organe einer Samenpflanze!

95.1 Pflanzengürtel an einem See

96.1 Tiere im und am See. **A** Wasserläufer; **B** Taumelkäfer; **C** Wasserspinne; **D** Posthornschnecke; **E** Köcherfliegenlarve; **F** Großlibellenlarve

1. Ordne die im Text genannten Tiere den Bereichen Röhrichtzone, freies Wasser und Seegrund zu!
2. Zeige, weshalb sich zwei Tierarten aus dem gleichen Bereich des Sees nur wenig Konkurrenz machen!

3.2 Tiere im und am See

Wie Schlittschuhläufer gleiten die *Wasserläufer* über die Wasseroberfläche. Luftpolster an ihren Füßen verhindern, dass sie in das Wasser einsinken. Sie haben auf der Wasseroberfläche feste Reviere, die sie gegen Artgenossen verteidigen. Sie fangen dort lebende und tote Tiere, die aufs Wasser gefallen sind. Ähnlich leben die *Taumelkäfer*, die in Gruppen über das Wasser wirbeln. Im Gegensatz zum Wasserläufer können sie auch unter Wasser jagen. Mit zwei Augenpaaren können sie sowohl über als auch unter Wasser sehen. Sie werden von einer an ihrem Körper haftenden Luftschicht getragen. Wenn sie tauchen, müssen sie diese Luftschicht mit hinunterschleppen und gegen deren Auftrieb anschwimmen.

Stockenten und *Schwäne* können aufgrund ihres dicken, luftgefüllten Gefieders nicht tauchen. Sie beschränken sich daher aufs Gründeln: „Köpfchen in das Wasser – Schwänzchen in die Höh'". Die *Reiherente* hingegen hat ein viel dünneres Gefieder und kann bis zu 25 Meter tief tauchen. So besiedeln diese Tiere verschiedene Zonen des Sees und nutzen andere Nahrungsquellen. Man sagt, sie besetzen unterschiedliche *ökologische Nischen*. Darunter versteht man die Gesamtheit der Umweltbedingungen, die für die Existenz einer Art von Bedeutung sind. Da sich die Nischen der Tierarten im See unterscheiden, können sie zusammen leben, ohne sich zu viel Konkurrenz zu machen. Die Stockente frisst die Wasserpflanzen im seichten Uferbereich, während der Schwan mit seinem langen Hals in tieferen Zonen gründelt. Die Reiherenten leben überwiegend in der Seemitte, wo sie im freien Wasser oder am Seegrund nach Nahrung suchen.

Auch im Schilfröhricht finden wir die gleiche Gesetzmäßigkeit: Hier leben zahlreiche Arten auf engstem Raum, besetzen aber ganz unterschiedliche ökologische Nischen. Zum Beispiel findet man *Posthornschnecken* und *Wasserspinnen* an demselben Halm. Die Schnecke raspelt unter Wasser Algen und Kleinstlebewesen von der Halmoberfläche ab. Hin und wieder muss sie aber zum Atmen an die Oberfläche. Die Spinne hat ein Unterwassernetz gebaut, das sie wie eine „Taucherglocke" benutzt. Mit ihrem behaarten Hinterleib hat sie Luft hineingetragen und kann dort nun lange Zeit unbewegt ihrer Beute auflauern.

3. Überprüfe folgende Behauptung: „Je besser Lebewesen an die Lebensbedingungen an der Wasseroberfläche angepasst sind, desto schlechter können sie tauchen!"

Den Lebensbereich Seegrund haben Insektenlarven erobert, die nicht zum Atmen an die Oberfläche aufsteigen müssen. Hier durchsuchen Köcherfliegenlarven den Seegrund nach Zuckmückenlarven und Würmern. Bei Gefahr ziehen sie sich vollständig in einen Köcher zurück, den sie aus Steinchen oder Halmstücken zusammengeklebt haben. Sie atmen mit Tracheenkiemen – dünnhäutigen Körperausstülpungen am Hinterleib, in die Tracheen hineinragen. Bei den *Großlibellenlarven* befinden sich die Tracheenkiemen im Enddarm. Durch rhythmische Bewegungen des Hinterleibs strömt Wasser ein und aus und beschleunigt den Gasaustausch.

Auch im freien Wasser des Sees lässt sich beobachten, dass die Atemtechnik der Tiere und die Art des Nahrungserwerbs eng miteinander verknüpft sind. Besonders eindrucksvoll zeigen dies die *Rückenschwimmer.* Sie sind auf die Jagd unmittelbar unter der Wasseroberfläche spezialisiert. Dabei stecken sie ihren Hinterleib immer wieder aus dem Wasser, um den Luftvorrat zu erneuern, den sie unter langen Borsten auf der Bauchseite aufbewahren. Die Bauchseite erhält dadurch einen größeren Auftrieb, sodass die Tiere auf dem Rücken schwimmen müssen. Diese Lage ist vorteilhaft beim Ergreifen von Tieren, die an der Wasseroberfläche treiben, wie zum Beispiel die *Mückenlarven.* Diese hängen mit einem Atemrohr kopfunter an dem Wasserhäutchen. Mit den Mundwerkzeugen erzeugen sie einen Wasserstrom, aus dem sie Kleinstlebewesen des Planktons herausfiltrieren.

Bei den meisten Filtrierern ist die Atmung mit der Nahrungsaufnahme gekoppelt. So erzeugen die *Wasserflöhe* mit ihren Beinpaaren einen Wasserstrom, der sie sowohl mit Sauerstoff als auch mit Nahrung versorgt. Die bis zu vier Millimeter großen Wasserflöhe gehören zu den Planktonlebewesen. Sie leben in großen Schwärmen im freien Wasser und werden von vielen Fischarten wie den *Maränen* und den *Rotaugen* gefressen.

Am Seegrund liegen *Teichmuscheln.* Auch sie sind Filtrierer. Hier unten bildet abgestorbenes Material, das aus den oberen Schichten zu Boden rieselt, einen großen Anteil der Nahrung. Hiervon leben auch die im Faulschlamm massenhaft vorkommenden *Zuckmückenlarven.* Sie nehmen die geringen Mengen an Sauerstoff, die hier noch im Wasser gelöst sind, über die Haut auf und binden den Sauerstoff an einen roten Blutfarbstoff.

97.1 Tiere im und am See. A Rückenschwimmer; **B** Stechmückenlarven; **C** Wasserfloh; **D** Rotaugen; **E** Teichmuschel; **F** Zuckmückenlarve

4. Enten erschließen sich unterschiedliche Nahrungsquellen. Erläutere den Sachverhalt mithilfe der Basiskonzepte „Struktur und Funktion" und „Variabilität und Angepasstheit"!

5. Verdeutliche anhand von drei im Text beschriebenen Tierarten, wie die Art der Atmung und des Nahrungserwerbs den Bereich festlegen, in dem ein Tier im See vorkommen kann!

EXKURS Basiskonzept „Struktur und Funktion"

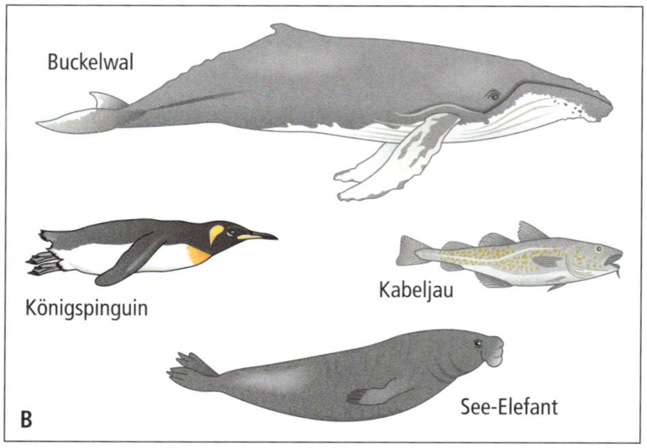

98.1 Struktur und Funktion. A Fischschwarm; **B** Meereslebewesen (Schema)

Manchmal kann man vom Ufer eines Sees aus unter der Wasseroberfläche Fische erkennen. Scheinbar unbeweglich stehen die Fische im Wasser. Nur ihre Kiemendeckel bewegen sich. Fällt ein Steinchen in unmittelbarer Nähe des Fischschwarms ins Wasser, so verlassen die Fische blitzschnell ihre Position und sind anschließend nicht mehr zu sehen.

Durch schnelle Schläge mit der kräftigen Schwanzflosse erhöht der Fisch seine Geschwindigkeit. Die anderen Flossen dienen der Steuerung. Die Bewegung der Fische im Wasser wird durch ihre spindelförmige Körperform erleichtert. Sie setzt dem Wasser wenig Widerstand entgegen. Diesen Effekt kann man durch einen Versuch verdeutlichen: Wenn man aus zwei gleich großen Plastilinmengen einen spindelförmigen und einen quaderförmigen Körper formt und diese in einem Messzylinder mit Wasser zu Boden sinken lässt, so sinkt der quaderförmige Körper deutlich langsamer als der spindelförmige Körper.
Für die Fische hat ihr spindelförmiger Bau viele lebenswichtige Vorteile. Um sich fortzubewegen, müssen sie weniger Energie aufwenden, als wenn ihr Körper anders gebaut wäre. Räuberisch lebende Fische können durch einen schnellen Angriff ihre Beute überraschen. Beutefische können demgegenüber durch eine schnelle Fluchtbewegung dem Angriff von Räubern entkommen. Dies ist ein Beispiel für den Zusammenhang von Struktur und Funktion: Der spindelförmige Körperbau der Fische, ihre Struktur, erfüllt für sie also eine wichtige Funktion, die schnelle Bewegung im Wasser.

Auch wasserlebende Tierarten anderer Wirbeltierklassen zeigen einen spindelförmigen Körperbau. See-Elefanten und Buckelwale sowie Pinguine leben dauerhaft im Wasser und profitieren wie der Kabeljau von ihrer dem Wasser wenig Widerstand entgegensetzenden, strömungsgünstigen Körperform. Bei wirbellosen Tieren wie dem Kalmar kann ebenfalls ein spindelförmiger Körperbau beobachtet werden. Auch für sie trifft der Zusammenhang von Struktur und Funktion zu.

Die Bewegung der Kiemendeckel, die bei den Fischen zu beobachten ist, ist eine Atmungsbewegung. Fische atmen durch Kiemen. Dazu nehmen sie Atemwasser durch das Maul auf und leiten es an ihren gut durchbluteten Kiemenblättchen im hinteren Kopfbereich vorbei wieder nach außen. Dabei kann der im Wasser gelöste Sauerstoff in das Blut der Kiemen aufgenommen werden. Kohlenstoffdioxid geht vom Blut in das Atemwasser über. Auch andere im Wasser lebende Tiere atmen mit Kiemen. So bilden die Kaulquappen der Amphibien gut durchblutete Körperanhänge aus, die als äußere Kiemen bezeichnet werden. Viele Weichtiere und Krebstiere atmen ebenfalls mit Kiemen. Dies ist ein weiteres Beispiel für den Zusammenhang von Struktur und Funktion.

Auch Pflanzen zeigen den Zusammenhang von Struktur und Funktion. So sind die Samen des Löwenzahns besonders leicht gebaut und können mithilfe eines „Fallschirms" vom Wind verbreitet werden. Johannisbeeren werden von Tieren gefressen und die darin enthaltenen unverdaulichen Samen an einem anderen Ort wieder ausgeschieden. Die Struktur der Samen und Früchte ermöglicht die Erfüllung bestimmter lebenswichtiger Funktionen, nämlich die Verbreitung.

Da man bei allen Lebewesen diesen Zusammenhang zwischen der Struktur körperlicher Einrichtungen und speziellen lebenswichtigen Funktionen findet, spricht man vom **Basiskonzept „Struktur und Funktion"**.

Nicht allen Merkmalen im Körperbau von Lebewesen kann eine besondere Aufgabe zugewiesen werden. So findet man bei manchen Schneckenhäusern, die spiralig aufgebaut sind, eine Linkswindung, bei anderen eine Rechtswindung, ohne dass eine besondere Bedeutung erkennbar wäre.

1. Beschreibe das Basiskonzept „Struktur und Funktion" am Beispiel der spindelförmigen Gestalt von im Wasser lebenden Wirbeltieren!
2. Finde mindestens drei weitere Beispiele für das Basiskonzept „Struktur und Funktion"!

3.3 Nahrungskette und Energiefluss

Die einzellige *Speichenalge* lebt in der oberen, vom Licht durchstrahlten Schicht eines Sees, der **Nährschicht.** Solange sie nahe der Wasseroberfläche schwebt, kommt sie in den vollen Lichtgenuss und kann intensiv Fotosynthese betreiben. Hier produziert sie in den Sommermonaten so viel Biomasse, dass sie sich etwa alle zwei Tage teilen kann. Wie alle Planktonlebewesen hat sie aber eine etwas höhere Dichte als das umgebende Wasser und sinkt daher täglich in immer dunklere Schichten ab. Ihre langen Schwebefortsätze verlangsamen zwar diesen Vorgang, können ihn aber nicht verhindern. Manchmal erfasst eine Strömung die Alge und spült sie wieder nach oben. In der Regel wird sie aber nach etwa zwei Wochen so tief gesunken sein, dass sie sich nicht mehr vermehren kann. Hier produziert sie mit dem eingestrahlten Licht nur noch so viel Biomasse, wie sie nachts zur Aufrechterhaltung ihrer Lebensvorgänge wieder veratmet. Diese Schicht nennt man **Kompensationsebene.** Sie liegt in einer Tiefe, in die nur noch etwa ein Prozent des eingestrahlten Sonnenlichts gelangt. Dies ist bei einem unverschmutzten, klaren See in etwa zehn Metern Tiefe der Fall.

Unterhalb dieser Ebene beginnt die **Zehrschicht** eines Sees. Sinkt die Alge in diese Schicht ab, kann sie nur noch einige Tage von Nährstoffreserven zehren. Sind diese aufgebraucht, stirbt die Alge. Die toten Algen sinken ebenso wie alle anderen Abfälle zum Grund und werden dort von Abfallfressern zerkleinert. Schließlich werden sie von Bakterien und Pilzen, den Destruenten, vollständig zersetzt.

Ein Großteil der Algen wird bereits in der Nährschicht von tierischen Planktonlebewesen gefressen, zum Beispiel von Wasserflöhen. Diese gehören zu den Konsumenten 1. Ordnung in einem See. Wasserflöhe strudeln große Mengen von Algen in sich hinein. Sie nutzen die in der Biomasse gespeicherte Energie für die Aufrechterhaltung ihrer Lebensvorgänge wie Stoffwechsel, Bewegung und Vermehrung. Diese Energie wird durch die Zerlegung von Nährstoffen in der Zellatmung bereitgestellt. Nur der Teil der aufgenommenen Nährstoffe, der nicht veratmet wurde, steht für das Wachstum und die Vermehrung der Wasserflöhe zur Verfügung. Als Faustzahl gilt, dass nur etwa ein Zehntel der Biomasse der Algen in tierische Biomasse umgewandelt wird.

Verfolgt man den weiteren Weg der Biomasse, stellt man fest, dass ein Teil der Wasserflöhe abstirbt und zu Boden sinkt. Dieser Teil dient den Destruenten als Nahrungsquelle. Der andere wird zum Beispiel von Rotfedern gefressen, dem dritten Glied in dieser **Nahrungskette.** Die Rotfedern verwerten die energiereichen Stoffe der Wasserflöhe, bauen sie in körpereigene Stoffe um oder veratmen sie für ihren eigenen Energiebedarf.

So fließt die Energie von einem Glied der Nahrungskette zum nächsten. Dieser **Energiefluss** im Ökosystem hat seine Quelle in der Sonne. Die Produzenten wandeln die Sonnenenergie in chemische Energie um, die sie in der Biomasse speichern.

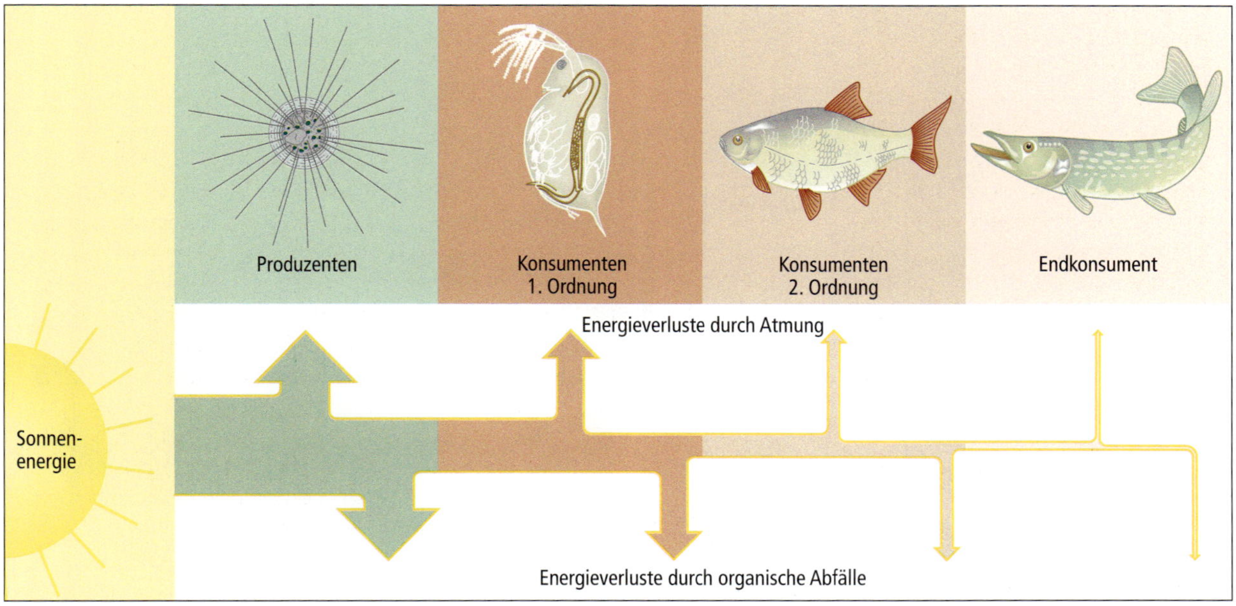

99.1 Nahrungskette und Energiefluss in einem See

Da es in jeder Stufe der Nahrungskette Verluste durch Atmung und Abfall gibt, wird von Stufe zu Stufe immer weniger Energie weitergegeben. Schließlich können nur noch einige wenige Hechte als **Endkonsumenten** von den Rotfedern im See leben und sich fortpflanzen.

Diese ökologischen Gesetzmäßigkeiten haben ganz praktische Konsequenzen für den Menschen. Will jemand beispielsweise vom Fischfang in einem See leben, so ist es klug, sich auf die Pflanzen fressenden Friedfische zu konzentrieren, denn diese produzieren im Jahr etwa zehnmal so viel Biomasse wie die Raubfische. Die Einführung von Raubfischen in einen See kann verheerende Folgen haben: So erhoffte man sich eine Erhöhung des Fischfangs durch die Einführung des Viktoriabarsches im afrikanischen Malawisee. Die Fischer mussten aber bald feststellen, dass ihre früheren Nutzfische, die Buntbarsche, vom Viktoriabarsch stark dezimiert wurden. Der neu eingeführte Fisch brachte ihnen nur noch ein Zehntel der früheren Fangmengen ein.
Vom energetischen Standpunkt aus wäre es am sinnvollsten, Algen direkt für die menschliche Ernährung zu nutzen. In Japan gibt es bereits Algenfarmen, die Produkte für den menschlichen Verzehr auf den Markt bringen.

Eine weitere wichtige Konsequenz ergibt sich, wenn langlebige Schadstoffe in ein Gewässer gelangen. Viele Schadstoffe werden mit der Nahrung aufgenommen, aber nur sehr langsam oder überhaupt nicht wieder ausgeschieden. Sie lagern sich im Körper, meist im Fettgewebe, ab. Werden derart belastete Organismen gefressen, so reichern sich die Schadstoffe in der Nahrungskette an. Die abgebildete Nahrungspyramide und eine stark vereinfachte Berechnung machen das deutlich: Da ein Hecht für die Erzeugung von einem Kilogramm Körpermasse etwa 10 Kilogramm Rotfedern fressen muss, nimmt er deren Schadstoffe in sich auf. Damit ist die Konzentration der Schadstoffe im Körper des Hechts zehnmal so hoch wie in den Rotfedern. Da das Gleiche für die Nahrungsübergänge von den Algen zu den Wasserflöhen und von diesen zu den Rotfedern gilt, weist der Hecht eine tausendfach höhere Schadstoffkonzentration in seinem Körper auf als die Algen.
Für den Menschen kann dies gefährlich werden, wenn die Schadstoffkonzentrationen bestimmte Grenzwerte überschreiten. So erkrankten im japanischen Minamata die Menschen an einer seltsamen Krankheit, nachdem sie mit Quecksilber verseuchte Fische und Krebse gegessen hatten. Die Untersuchung des Wassers hatte keine besorgniserregenden Quecksilberkonzentrationen ergeben. Erst in der Nahrungskette hatte sich das Gift zu gesundheitsschädlichen Werten angereichert.

1. Ein Fischzüchter überlegt, ob er statt Rotfedern Hechte züchten soll, da er Hechtfleisch teurer verkaufen kann. Diskutiere seine Überlegungen!
2. In den Algen eines Sees wurden Quecksilberkonzentrationen von 0,1 mg/kg gemessen. Erläutere, welche Konzentrationen du im Hecht erwartest!
3. Nenne Eigenschaften von Schadstoffen, die sich in der Nahrungskette anreichern! Erläutere!
4. Informiere dich über Ursachen für den Schadstoffeintrag in Gewässer!

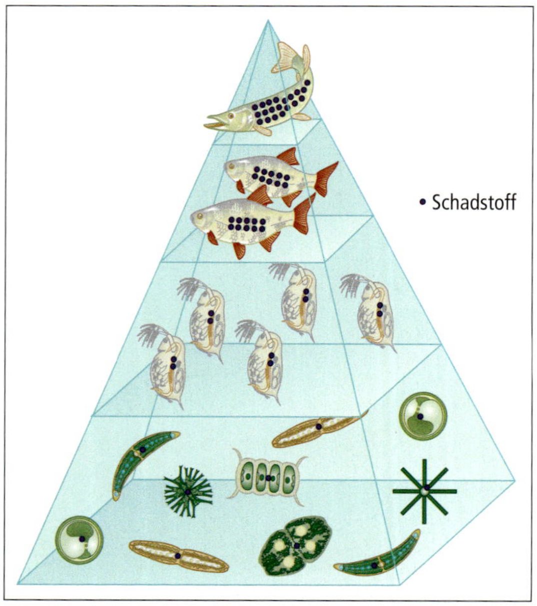

100.1 Schadstoffanreicherung in der Nahrungspyramide

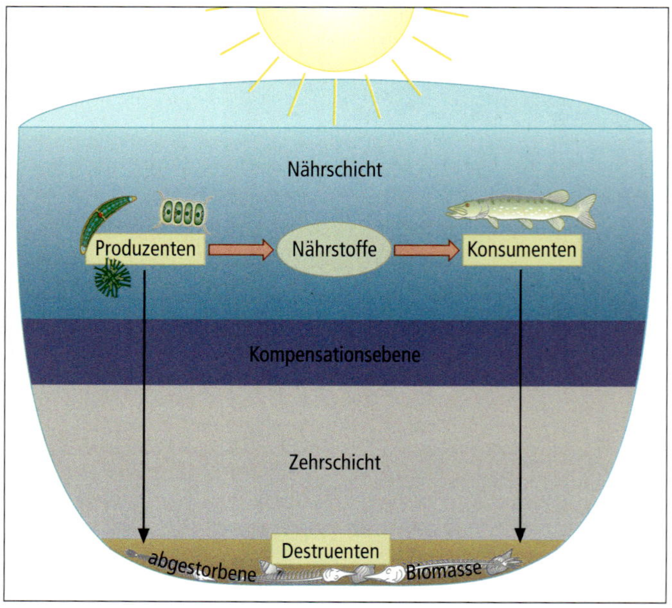

100.2 Verschiedene Schichten in einem See

3.4 Der See im Jahresverlauf

Im Frühjahr fegen Stürme über den See. Es kommt zu einer Wasserzirkulation, die den gesamten See bis zum Grund erfasst. In dem durchmischten Wasser ist die Temperatur überall gleich, sie liegt bei ungefähr 4 °C. Diese **Frühjahrszirkulation** sorgt auch dafür, dass sauerstoffreiches Wasser von der Oberfläche zum Seegrund gelangt.

Sobald die Sonne steigt und die Tage länger werden, erwärmt sich das Oberflächenwasser. Dieses dehnt sich aus, hat dann eine geringere Dichte und schwimmt auf dem darunter liegenden kälteren Wasserkörper. Am Grunde des Sees hat das Wasser immer noch eine Temperatur von 4 °C und damit die größte Dichte. Zwischen dem warmen Oberflächenwasser und dem kalten Tiefenwasser liegt eine relativ dünne Schicht, in der die Temperatur stark abfällt, die **Sprungschicht.** Wenn Winde im Sommer das Wasser durchwirbeln, wird nur das Oberflächenwasser durchmischt. Die Sprungschicht verhindert ein Übergreifen der Zirkulation auf das Tiefenwasser. Diese **Sommerschichtung** hat weitreichende Konsequenzen für die Ökologie des Gewässers. Das warme Oberflächenwasser entspricht der belichteten **Nährschicht,** in der Nährstoffe produziert werden. Im Tiefenwasser, der **Zehrschicht,** werden Abfallstoffe zersetzt. Zwischen diesen Schichten gibt es im Sommer also keinen nennenswerten Wasseraustausch!

Im Herbst kühlt sich das Oberflächenwasser wieder ab und damit werden die Temperatur- und Dichteunterschiede zwischen Oberflächenwasser und Tiefenwasser geringer. Schließlich erreichen die Herbststürme eine Durchwirbelung der Schichtung. Die **Herbstzirkulation** bringt das Tiefenwasser wieder nach oben und sauerstoffreiches Wasser zum Seegrund!
Bis zum Winter hat sich das Wasser weiter abgekühlt. An der Oberfläche bildet sich Wasser, das kälter als 4 °C ist. Aufgrund der Anomalie des Wassers hat auch dieses eine geringere Dichte. Es sammelt sich auf der Oberfläche und gefriert schließlich zu Eis. Die **Winterschichtung** macht ebenfalls eine Durchmischung des Wassers unmöglich. Das Eis isoliert das Seewasser von der kalten Winterluft und verhindert in der Regel ein Durchfrieren des Sees.

1. Beschreibe die Entstehung der Sommerschichtung eines Sees!
2. Ohne die Anomalie des Wassers gäbe es in unseren Breiten keine Fische im See. Erläutere!
3. Diskutiere Schichtungen in sehr flachen Seen!

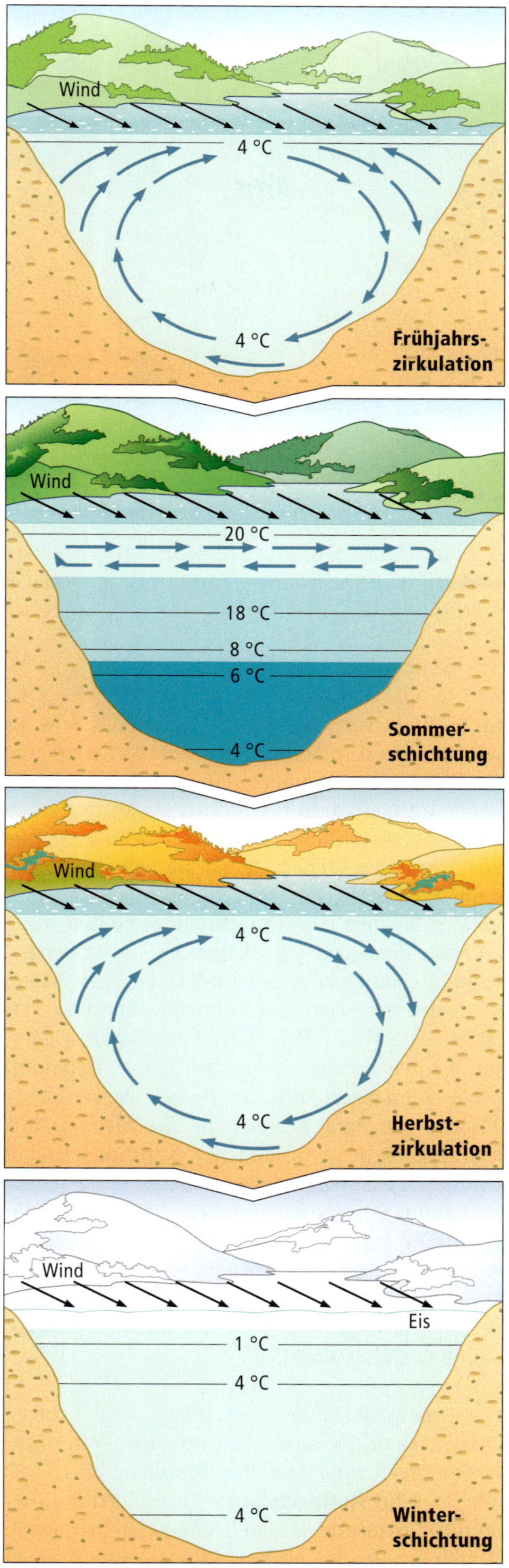

101.1 Temperaturen und Schichtung in einem See im Jahresverlauf

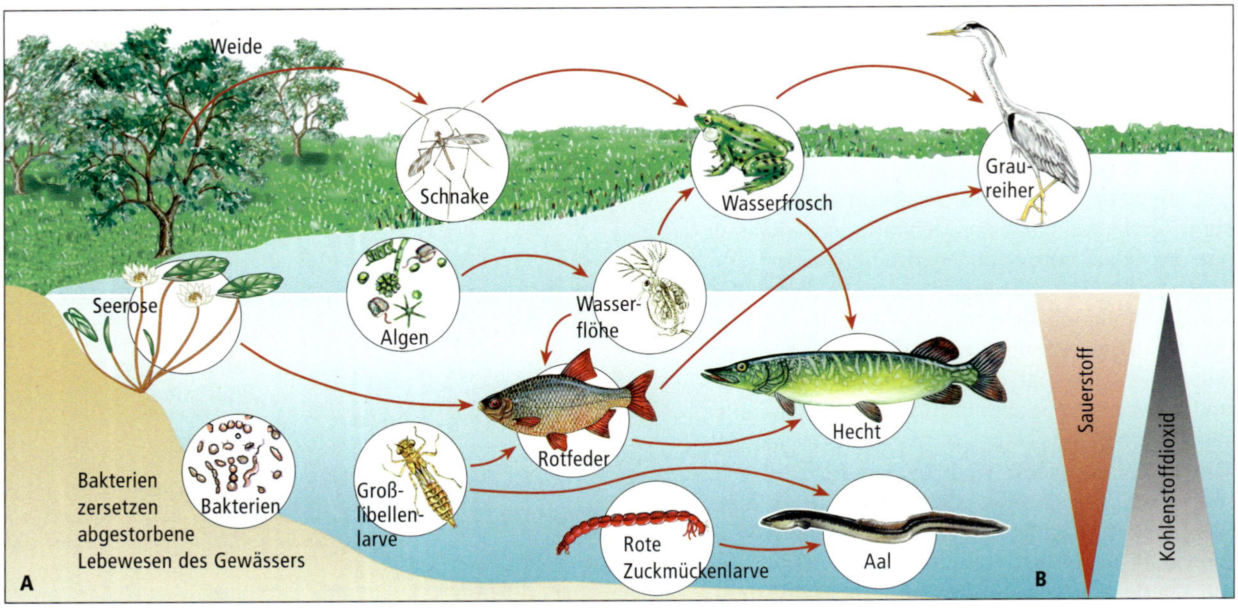

102.1 Wechselwirkungen im See. A Nahrungsbeziehungen; **B** Konzentrationen von Sauerstoff und Kohlenstoffdioxid

3.5 Stoffkreisläufe im See

Im Frühjahr verfärbt sich das Wasser des Sees. Es wird grün und trübe. Die immer stärker werdende Sonneneinstrahlung nutzen die im Wasser schwebenden Algen zur Fotosynthese. Da Mineralstoffe und Kohlenstoffdioxid in ausreichender Menge zur Verfügung stehen, teilen sie sich jeden Tag einmal. Es ist die Zeit der **Algenblüte.**
Wenige Wochen später macht der See einen völlig anderen Eindruck. Das Wasser ist viel klarer geworden. Zahlreiche Arten des Zooplanktons haben die Algen gefressen und sich explosionsartig vermehrt. Die *Wasserflöhe* und *Hüpferlinge* wiederum werden nun Beute verschiedener Fischarten, der Kaulquappen und der Insektenlarven. Eine Tierart, wie zum Beispiel die *Rotfeder,* ernährt sich je nach dem vorhandenen Nahrungsangebot von verschiedenen Beutetieren oder von Pflanzen, sie ist also Bestandteil mehrerer Nahrungsketten. Da die Rotfeder wiederum vom Hecht oder vom Reiher gefressen wird, entsteht ein Nahrungsnetz. Dies bewirkt, dass eine Art sich nicht unbegrenzt vermehren kann. Man spricht von einem **biologischen Gleichgewicht.**

Die Lebewesen eines Sees bilden eine Lebensgemeinschaft. Sie sind nicht nur über Nahrungsbeziehungen miteinander verbunden; sie stehen alle über die **Stoffkreisläufe** von Sauerstoff, Kohlenstoffdioxid und Mineralstoffen miteinander in Beziehung. In der oberen Nährschicht betreiben die Produzenten tagsüber Fotosynthese und entziehen dem Wasser Kohlenstoffdioxid und Mineralstoffe. Sie bauen daraus die pflanzliche Biomasse auf und setzen Sauerstoff frei. Die Konsumenten hingegen verbrauchen Sauerstoff zur Zellatmung und geben Kohlenstoffdioxid ans Wasser ab. Da aber mehr Biomasse produziert als gleichzeitig veratmet wird, bleibt ein Überschuss an Sauerstoff in der oberen Wasserschicht. Der Sauerstoffgehalt im Wasser ist hoch.

In der Zehrschicht fehlt das Licht für die Fotosynthese. Es findet ausschließlich Zellatmung statt. Sowohl die hier lebenden Tiere verbrauchen Sauerstoff als auch die Destruenten, die die zu Boden sinkenden Abfälle zersetzen. Die Sprungschicht verhindert aber, dass neuer Sauerstoff aus den oberen Schichten nachgeliefert wird. Deshalb wird der Sauerstoffgehalt in diesem Bereich im Laufe des Sommers abnehmen. Dies macht sich besonders am Boden bemerkbar, wo es zu Sauerstoffmangel kommen kann. Erst die Herbstzirkulation bringt neues sauerstoffhaltiges Wasser nach unten und verteilt das hier angereicherte Kohlenstoffdioxid und die Mineralstoffe im See.

1. Erläutere Sauerstoff- und Kohlenstoffdioxid-Konzentrationen in den Schichten eines Sees im Sommer!
2. In einem Teich, in dem Rotfedern gezüchtet wurden, beobachtete man, dass das Wasser klarer wurde, nachdem man einen Hecht hineingesetzt hatte. Erläutere!
3. Erläutere das Basiskonzept „Stoff- und Energieumwandlung" am Beispiel der Stoffkreisläufe im See!

3.6 Die Eutrophierung eines Sees

Am Morgen fanden Spaziergänger Hunderte toter Fische überall am Seeufer. Das Wasser hatte einen fauligen Geruch. In der Zeitung stand, der See sei völlig überraschend „umgekippt“. Nichts hätte auf ein bevorstehendes Fischsterben hingedeutet. Noch am Vortag sei das Wasser klar und frisch gewesen. Wie konnte es zum sogenannten „Umkippen“ des Sees kommen?

Die Mineralstoffkonzentrationen im See hatten in den vergangenen Jahren stetig zugenommen. Insbesondere Phosphate und Nitrate, zwei Düngemittel aus der Landwirtschaft, waren aus den umliegenden Äckern und Wiesen in großer Menge in den See geschwemmt worden. Der See war mineralstoffreich, **eutroph,** geworden. Daraufhin hatte sich das pflanzliche Plankton stark vermehrt. Das Seewasser war im Frühsommer von den Algen grün gefärbt und die Sichttiefe hatte erheblich abgenommen. Angler hatten zwar bemerkt, dass anspruchsvolle Fischarten, die eine hohe Wasserqualität brauchen, deutlich zurückgegangen waren. Andererseits hatten sie noch nie so viele *Plötzen* aus dem Wasser gezogen. Diese fanden reichlich Nahrung, da Wasserflöhe und Hüpferlinge sich schneller und zahlreicher entwickelten als früher.

Die Zunahme an Plankton bewirkt, dass immer mehr abgestorbene Algen und Tiere zu Boden sinken und dort von den Zersetzern unter Sauerstoffverbrauch abgebaut werden. Während in der Nährschicht aufgrund der Fotosynthese genügend Sauerstoff vorhanden ist, sinkt die Sauerstoff-Konzentration in der Zehrschicht. Da die Sprungschicht eine Durchmischung verhindert, ist schließlich der Sauerstoff am Boden aufgebraucht. Nun werden Zersetzer aktiv, die ohne gelösten Sauerstoff leben können. Sie bilden bei der Zersetzung der organischen Abfälle Faulschlamm und Faulgase, wie den giftigen Schwefelwasserstoff. Die am Boden lebenden Tiere sterben. Das erhöht nochmals die Menge an Stoffen, die zersetzt werden.

Bei der nächsten Herbstzirkulation kommt es zu einer Durchmischung des Wassers. Mitunter haben sich bis dahin so viel giftige Stoffe und sauerstofffreies Wasser in der Zehrschicht angesammelt, dass alle Fische im Gewässer getötet werden.

1. Erstelle mit Stichwörtern eine Ursachen-Wirkungs-Kette für die nacheinander ablaufenden Vorgänge von der Eutrophierung bis zum „Umkippen“ des Sees!
2. „Ich dünge auch die seenahen Felder, damit mein Ertrag hoch ausfällt.“ Bewerte die Aussage des Landwirts!

103.1 Eutrophierter See

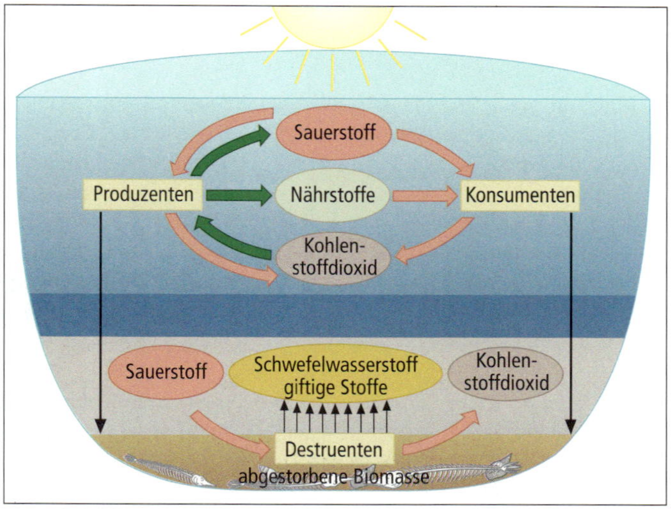

103.2 Stoffflüsse im eutrophierten See

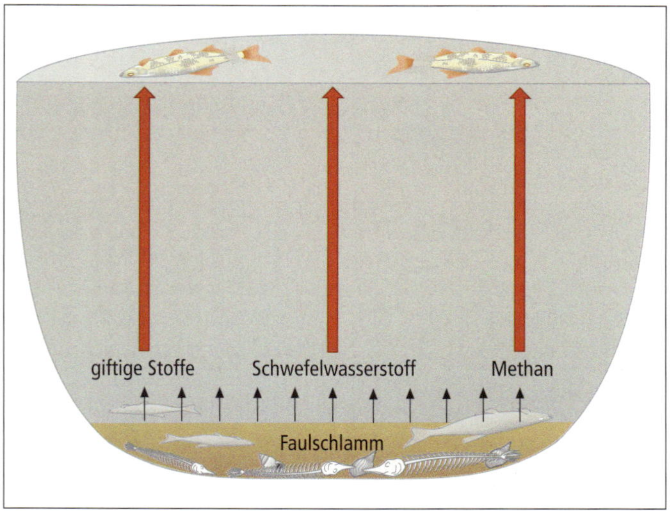

103.3 „Umkippen“ des Sees

PRAKTIKUM Gewässeruntersuchung

1 Bestimmung der See- und Sichttiefe

Material: weiß gestrichene Metallscheibe (Durchmesser etwa 25 cm); Schnur; Gewicht (etwa 1 kg); Boot oder Surfbrett
Durchführung: Befestige die Scheibe wie in der Abbildung dargestellt und beschwere sie mit dem Gewicht! Markiere an der Aufhängeschnur jeden Meter mit einem Knoten! Versenke diese Secchi-Scheibe zur Bestimmung der Sichttiefe so tief, bis sie gerade noch zu sehen ist! Lässt du das Gerät hinunter, bis das Gewicht am Boden aufstößt, kannst du die Seetiefe messen!
Aufgabe:
Miss die Seetiefe und die Sichttiefe an verschiedenen Stellen des Sees!

2 Untersuchungen mit der Schöpfflasche

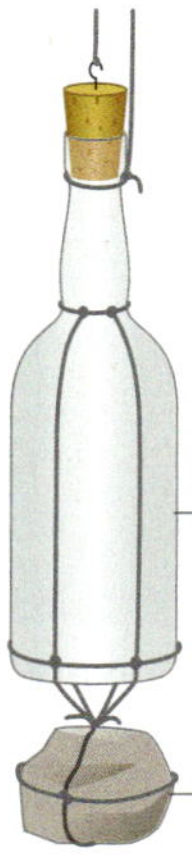

Material: Flasche mit Stopfen (etwa 0,5 l); Schnur; Gewicht (1 kg); Thermometer; Schraubdeckelglas
Durchführung: Befestige Probenflasche und Stopfen wie in der Abbildung dargestellt mit der Schnur und hänge das Gewicht an! Versenke die Flasche bis zur gewünschten Tiefe im See! Ziehe mit der zweiten Schnur den Stopfen heraus! Ziehe die Probe nach einer Weile langsam herauf und gieße das Probenwasser ins Schraubdeckelglas! Schüttle kräftig, um auf Schaumbildung zu prüfen!
Aufgabe:
Ermittle die im Protokollblatt aufgeführten Messwerte in verschiedenen Wassertiefen!

Protokoll zur Gewässeruntersuchung	
Name des Gewässers	Schönsee
Datum/Uhrzeit	10. Juni 2006
Oberflächenwasser (0,5 m)	
Farbe	trübe, klar, grünlich, bräunlich, mit Schwebstoffen
Geruch	frisch, nach Sonnencreme, torfig
Schaumbildung	nach dem Schütteln starke Schaumbildung
Temperatur	überall 20 °C, stellenweise unterschiedlich: 17 bis 20 °C
Tiefenwasser (15 m)	
Farbe	trübe, klar, bräunlich, gräulich, gelblich, milchig
Geruch	nach faulen Eiern, moderig, torfig, frisch
Schaumbildung	geringer als im Oberflächenwasser, stärker …
Temperatur	7 °C

3 Plankton fangen und beobachten

Material: Planktonnetz, Maschenweite: 60 Mikrometer (60/1000 mm); nummerierte Schraubdeckelgläser; Kühlbox; Mikroskop und Zubehör; Bestimmungsbuch
Durchführung: Ziehe das Planktonnetz mehrfach durchs Seewasser! Lasse nach dem Herausholen das überschüssige Wasser ablaufen! Überführe das im Probenbehälter gesammelte Plankton in ein Schraubdeckelglas! Bewahre es beim Transport in einer Kühlbox auf!
Entnimm zur Untersuchung mit dem Mikroskop eine kleine Menge mit einer Pasteurpipette! Halte die Pipette senkrecht, bis sich das Plankton in der Spitze gesammelt hat, und mikroskopiere den ersten austretenden Tropfen!
Aufgabe:
Untersuche die Proben unter dem Mikroskop und bestimme möglichst viele Lebewesen!

4 Miniökosysteme auf der Fensterbank

Material: 2 kleine Aquarien; Planktonproben; filtriertes Seewasser; Blumendünger; Küchensieb oder Nylonstrumpf
Durchführung: Untersuche den Einfluss eines Umweltfaktors oder den Einfluss verschiedener Lebewesen auf dein Mini-Ökosystem! Entwickle dazu eine Fragestellung und ein Experiment!
Richte die beiden Aquarien zunächst mit filtriertem Seewasser oder abgestandenem Leitungswasser ein! Sorge nun passend zu deiner Fragestellung für zwei verschiedene Belichtungsgrade beziehungsweise unterschiedliche Mineralstoff- oder Sauerstoffkonzentrationen in deinen Modellseen! Willst du bestimmte Bestandteile des Planktons ausschließen, so filtriere das zugesetzte Plankton vor der Hinzugabe mithilfe des Küchensiebes oder des Nylonstrumpfes!
Aufgabe:
Kontrolliere die Aquarien regelmäßig und protokolliere deine Beobachtungen!

AUFGABEN Gewässer

1 Überleben im nassen Boden

Zieht man Schilf und Weizen in Töpfen an und setzt die Erde dann unter Wasser, so geht der Weizen innerhalb weniger Tage ein.

a) Erläutere, weshalb der Weizen eingeht!

b) Erläutere anhand des inneren Aufbaus die Angepasstheit der Schilfpflanze!

2 Miniökosysteme

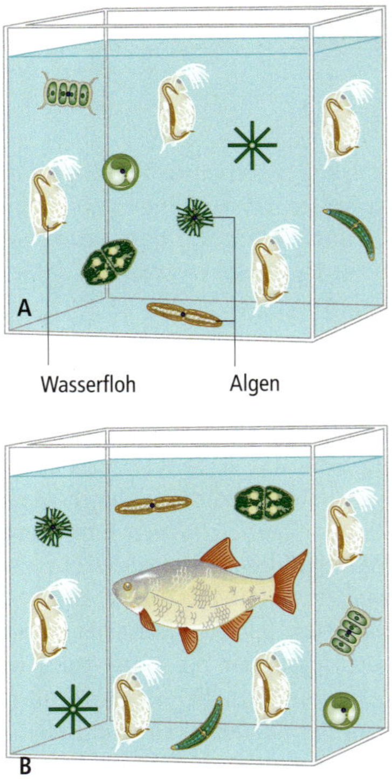

Ins Wasser des Aquariums A wurden Algen und Mineralstoffe gegeben. Nach einiger Zeit wurden Wasserflöhe hinzugesetzt. Ins Aquarium B gab man zusätzlich einen Fisch, der Wasserflöhe frisst.

a) Beschreibe die zu erwartende Entwicklung in Aquarium A! Begründe!

b) Begründe, in welchem Aquarium nach einigen Wochen mehr Algen sein werden!

c) Erläutere den Modellcharakter der Untersuchungen!

3 Mückenbekämpfung durch Öl

Zur Bekämpfung von Mückenplagen kann man einen dünnen, für Luft schlecht durchlässigen Ölfilm auf das Wasser sprühen.

a) Erläutere, weshalb durch den Ölfilm die Mückenplage eingedämmt wird!

b) Fasse die Auswirkungen des Ölfilms auf die Ökologie des Gewässers zusammen!

4 Schadstoffkonzentrationen nach Tschernobyl

	Konzentration an radioaktivem ^{137}Cäsium (Bq/kg)
Hecht	8000
Plötze	950
Rotfeder	560
Plankton (Mischprobe)	28
Seewasser	0,2

Nach der Reaktorkatastrophe von Tschernobyl gelangte radioaktives Cäsium auch in deutsche Seen. In verschiedenen Lebewesen konnte man die angegebenen Cäsiumgehalte ermitteln.
Erkläre die Konzentrationsunterschiede!

5 Sauerstoff-Konzentrationen in Seen

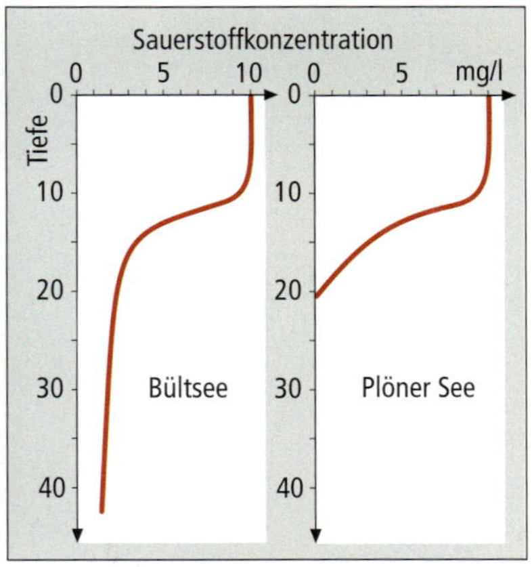

Das Diagramm zeigt für zwei Seen die Sauerstoff-Konzentrationen in verschiedenen Tiefen im Monat August.

a) Begründe, welcher See mineralstoffarm und welcher eutroph ist!

b) Zeichne entsprechende Diagramme für die zu erwartenden Kohlenstoffdioxid-Konzentrationen!

6 Wirkung der Eutrophierung auf Tiere

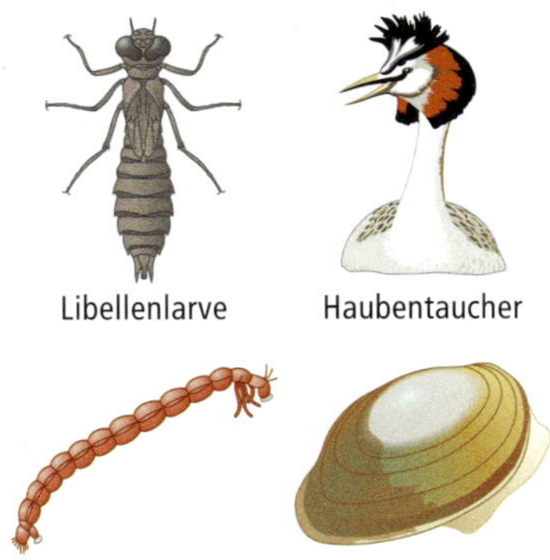

Die abgebildeten Tiere profitieren von der Eutrophierung oder werden durch sie geschädigt. Auf einige Tiere hat die Eutrophierung zunächst einen positiven und später einen negativen Einfluss. Ordne die Tiere diesen Kategorien zu und erläutere deine Entscheidung!

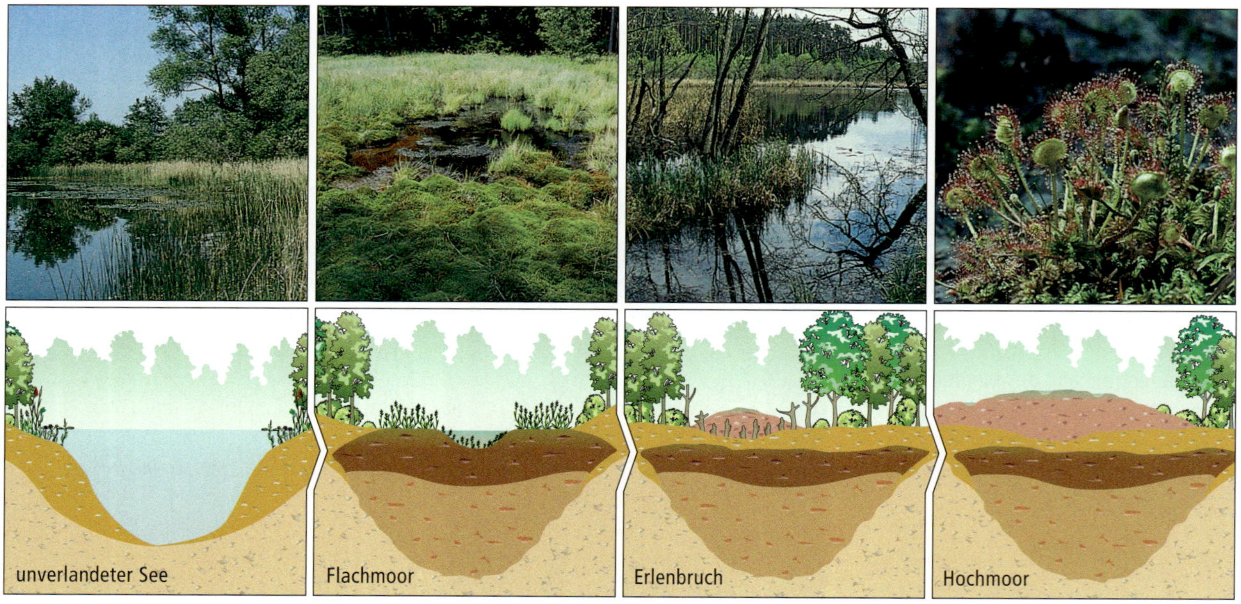

106.1 Die Entwicklung vom See zum Hochmoor

3.7 Aus dem See kann ein Moor entstehen

In einen See werden im Laufe von Jahrtausenden Mineralstoffe aus den Böden der Umgebung gespült. So kann auch ohne den Einfluss des Menschen ein eutropher See entstehen. Sobald in diesem See mehr Biomasse produziert wird, als von den Destruenten zersetzt werden kann, füllt sich der Seegrund mit abgestorbenem Material. Auch in den Uferzonen werden die Überreste der Röhrichtpflanzen nicht mehr vollständig zersetzt und lagern sich am Boden ab. Der See wird flacher und die Wasserfläche kleiner, denn die Röhrichtzone wird sich immer weiter zur Seemitte ausdehnen. Schließlich verlandet auch der letzte Rest des ehemaligen Sees – ein **Flachmoor** ist entstanden.

Moorpflanzen besiedeln den neuen Lebensraum und verdrängen das Schilfröhricht. Besonders erfolgreich sind einige *Seggen.* Bei ihnen häufen sich die abgestorbenen, schwer zersetzbaren Wurzeln zu kleinen, bultigen Erhebungen an, sodass die Pflanzen auch bei hohem Wasserstand aus dem sauerstoffarmen Grundwasser herausragen. Dies ist ein Konkurrenzvorteil gegenüber dem Schilf. Die Bulten ermöglichen aber auch die Besiedlung durch *Weiden* und *Erlen,* die nun ihrerseits die ökologischen Faktoren zuungunsten der Seggen verändern. Es bildet sich ein schattiger Wald mit vielen Schlingpflanzen und hochwüchsigen Stauden, der **Erlenbruch.** Eine solche natürliche Entwicklung, bei der eine Lebensgemeinschaft eine vorhergehende ablöst, nennt man **Sukzession.**

In kühlen, niederschlagsreichen Gebieten geht die Moorsukzession weiter. Dort siedeln sich kleine, unscheinbare Torfmoose an, die den Bruchwald vernichten und ein **Hochmoor** entstehen lassen. Wie machen sie das?

Torfmoose bestehen zum größten Teil aus Wasserspeicherzellen. Mit diesen saugen sie den Regen wie ein Schwamm auf und sichern sich die wenigen Mineralstoffe, die das Regenwasser enthält. Mit der Zeit überwuchern sie die gesamte Mooroberfläche und bilden unter sich einen sehr sauren Torf, der die Bruchwaldpflanzen schwächt und ihre Wurzeln von der Sauerstoffzufuhr abtrennt. Nach einigen Tausend Jahren kann das immer höher wachsende Hochmoor die Umgebung um mehrere Meter überragen. Die Mooroberfläche hat sich dabei immer weiter vom mineralstoffhaltigen Grundwasser entfernt. Daraus folgt ein sehr großer Mineralstoffmangel, an den nur wenige Hochmoorpflanzen angepasst sind. Die bekannteste Art ist der *Rundblättrige Sonnentau.* Diese „fleischfressende" Pflanze verbessert ihre Mineralstoffversorgung, indem sie mit ihren klebrigen Blättern kleine Insekten fängt und anschließend verdaut.

1. Welche ökologischen Faktoren ändern sich im Laufe der Sukzession vom See zum Hochmoor? Erläutere!
2. In Mitteleuropa sind viele Flachmoore und alle großen Hochmoore zerstört worden. Die Reste dieser Lebensräume stehen heute meist unter Naturschutz. Recherchiere die Ursachen dieser Zerstörung!

RÜCKBLICK mit Basiskonzepten: Gewässer

Seen, Weiher und Tümpel sind natürliche Gewässer im Gegensatz zu Teichen, die von Menschen angelegt wurden, wie Fisch- und Gartenteiche. Neben diesen stehenden Gewässern kommen auch fließende Gewässertypen vor, wie Flüsse, Bäche und die künstlich angelegten Kanäle.

Ein See zeigt eine charakteristische Zonierung:
Ufer, offenes Wasser und Seegrund. Der Uferbereich wird umsäumt von einem schmalen Streifen mit Schwarzerlen und Weiden. Die Bäume dieser *Erlenzone* sind besonders an Staunässe des Bodens angepasst. Die Sumpfpflanzen der zum Wasser hin anschließenden *Schilfröhrichtzone* stehen im Wasser. Die Lebensbedingungen in dieser Zone sind besonders vielfältig. So können Lebewesen aufgrund der vielen Halme und der aufsitzenden und im Plankton schwebenden Algen viele ökologische Nischen besetzen. Die unterschiedlichen Überlebensmöglichkeiten verhindern direkte Konkurrenz zwischen den Arten. So besitzt das Schilf durch sein Wurzelsystem besondere Standfestigkeit. Sein Festigungsgewebe ermöglicht ihm trotz Wellengang und Windböen das Überleben. Das sind Beispiele für das **Basiskonzept „Struktur und Funktion"**.

Die Lichteinstrahlung und die gute Wasserversorgung lassen ein üppiges Pflanzenwachstum zu, das von Konsumenten genutzt wird. Den Lebensräumen, *Biotopen,* lassen sich so Lebensgemeinschaften, *Biozönosen,* zuordnen.

See- und Teichrosen zeigen mit ihren tellerartig auf dem Wasser liegenden großen Blättern die *Schwimmblattzone* an. In der *Tauchblattzone* leben Pflanzen ständig unter Wasser. Ab etwa zehn Meter Wassertiefe kommen wegen Lichtmangels keine Pflanzen mehr vor. Bestimmender *Umweltfaktor* für die Wasserpflanzen ist das Licht, welches an der Oberfläche ausreicht, um die Fotosynthese zu fördern. Hier entstehen aus Kohlenstoffdioxid und Wasser Kohlenhydrate und Sauerstoff, von denen die *Produzenten* und *Konsumenten* auch in der Zone offenen Wassers und die *Destruenten* der Tiefenregion leben. Dies kennzeichnet die *Nährschicht.* In der tieferen *Zehrschicht* brauchen die Lebewesen die Nährstoffreserven und den Sauerstoff auf. Man spricht von einem *biologischen Gleichgewicht.*
Das ist ein Beispiel für das **Basiskonzept „Steuerung und Regelung"**.

Die unterschiedlichen Ernährungsweisen der Lebewesen im See führen zu *Nahrungsketten.* Diese sind miteinander zu *Nahrungsnetzen* verknüpft. Die Nahrungsbeziehungen lassen sich als Pyramide darstellen, an deren Basis die Produzenten und an deren Spitze die *Endkonsumenten* wie Hecht oder Mensch stehen.

Die Lebensgemeinschaften eines Sees sind durch *Stoffkreisläufe* miteinander verbunden. Die Produzenten nehmen Kohlenstoffdioxid und Mineralstoffe auf, sie geben Sauerstoff ab und bilden *Biomasse.* Dafür benötigen sie die Lichtenergie der Sonne. Konsumenten und Destruenten nehmen Sauerstoff auf und geben Kohlenstoffdioxid ab. Sie wandeln die aufgenommene Biomasse um und setzen die darin gespeicherte Energie frei. Man spricht von einem *Energiefluss.* Durch die Zersetzung abgestorbener Lebewesen werden auch die Mineralstoffe wieder frei. Sauerstoff, Kohlenstoff und Mineralstoffe sind Bestandteile von Stoffkreisläufen. Dies zeigt beispielhaft das **Basiskonzept „Stoff- und Energieumwandlung"**.

Eisschichten oder gar sommerlich warme Oberflächenzonen verhindern einen allgemeinen Temperaturausgleich. Erst bei einer Wassertemperatur von 4 °C entfallen diese Gewässerschichtungen. Es kommt zu *Frühjahrs-* und *Herbstzirkulationen* und damit zur Durchmischung des Wassers und der darin gelösten Stoffe, was einer Düngung ähnelt. Führt man weitere Stoffe zu, überdüngt also das Gewässer, kommt es unter Sauerstoffmangel am Grund des Sees zur Faulschlammbildung. Dies wird *Eutrophierung* genannt.

107.1 See mit verschiedenen Zonen

Natur- und Umweltschutz

108.1 Naturschutzgebiet

Düngung – nur positiv? Nitrat in Lebensmitteln ist gesundheitsschädlich. Mithilfe von Teststäbchen kann man den Gehalt in Gemüse leicht messen. Recherchiere, weshalb man den Nitratgehalt von Gemüsesorten misst! Stelle Vermutungen an, wie man den unterschiedlichen Nitratgehalt erklären kann!

Umweltschutz endet beim eigenen Auto

Die Bundesbürger verfügen über ein hohes Umweltbewusstsein. Aber in den eigenen vier Wänden nehmen sie es damit oft nicht so genau. Zu diesem Ergebnis kommt eine repräsentative Umfrage, die das Bundesumweltministerium veröffentlichte.

Umfrage. Diskutiere die Aussage des Zeitungsartikels! Überprüfe, ob die Behauptung in der Zeitung für die Menschen in deinem persönlichen Umfeld zutrifft!

Umstrittene Windkraft. „Verspargelung der Landschaft", „Vogelschrädder" oder „hoffnungsvoller Beginn einer umweltfreundlichen Energieversorgung"? Sammle Pro- und Kontra-Argumente und bereite dich auf eine Podiumsdiskussion in der Klasse vor!

Satellitenbilder. Vergleiche die Satellitenbilder der Küste Grönlands von 2001 und 2003! Diskutiere die Ursachen und die Folgen des Phänomens!

Naturschutzgebiet. Beschreibe die Abbildung 108.1! Kann man die Natur in Naturschutzgebieten schützen? Stelle Argumente für die Beantwortung dieser Frage zusammen!

Planung.

Alle Schülerinnen und Schüler der Klasse bekommen drei DIN-A5-Karteikarten. Jeder schreibt nun auf jeweils eine Karte, was seiner Meinung nach bei der Besprechung des Themas „Natur- und Umweltschutz" besonders wichtig ist.
Die Buchstaben sollten möglichst groß geschrieben werden.
Die Karteikarten werden gesammelt und gut gemischt. Alle Karten werden mit Klebeband an die Tafel geheftet. Nun werden die Begriffe geordnet, sodass ein Plan für den nachfolgenden Unterricht entsteht.

110.1 Braunkohletagebau

1 Der Mensch verändert Lebensräume

Braunkohle verwendet man zur Stromerzeugung. Da die Kohleschichten, man nennt sie Flöze, nahe der Erdoberfläche liegen, kann man Braunkohle oberirdisch fördern. Man spricht vom **Tagebau.** Dabei geht man folgendermaßen vor: Zunächst werden die Bäume und Sträucher gefällt und abgefahren. Dann reißen riesige Radbagger große Löcher in die Landschaft: Der schwarzbraune Mutterboden wird auf Lastwagen geladen, auf die Böschung einer im Bau befindlichen Autobahn gekippt und dort verteilt. Die unter dem Mutterboden liegenden Sand- und Gesteinsschichten sind nur in geringem Umfang zu nutzen. Sie werden ebenfalls abgefahren und entweder für den Unterbau von Straßen verwendet oder aber zu riesigen künstlichen Bergen aufgeschüttet. Diese Sand- und Gesteinsberge nennt man **Halden.** Sie können eine Ausdehnung von über einhundert Hektar haben.

Die Förderung von Braunkohle verbraucht in Deutschland viele quadratkilometergroße Lebensräume. Mit ihnen gehen viele Ökosysteme und damit die dort lebenden Pflanzen und Tiere verloren. Jahrhunderte lang waren Laubwald und Feuchtgebiete Lebensräume für seltene Pflanzen und Tiere wie das *Purpurknabenkraut* und den *Flussregenpfeifer.* Mit dem Tagebau sind diese und weitere Arten in dieser Region ausgestorben. Um die Schäden der bergbaulichen Nutzung zu mindern und zu beseitigen, schreiben Gesetze die **Rekultivierung** der betroffenen Landschaften vor.

Dadurch versucht man, den ursprünglichen Zustand der Landschaft wieder herzustellen. Flächen, die ursprünglich bewaldet waren, werden beispielsweise durch Aufforstungen rekultiviert. Dabei wird eine mit Löss und Kies angereicherte Bodenschicht in die ausgeräumten Böden eingebracht. Ehemals landwirtschaftlich genutzte Flächen stellt man durch Auftragung mineralstoffreicher Lössschichten wieder her.

Auch zerstörte Feuchtgebiete vernässt man wieder. Hier nimmt man ebenfalls meist umfangreiche Bodenarbeiten vor. Während bei den forst- und landwirtschaftlich genutzten Flächen jedoch eine vom Menschen stark beeinflusste Landschaft wieder hergestellt wird, entsprechen Feuchtgebiete eher Lebensräumen, die vom Menschen weniger beeinflusst sind. Obwohl man beide Landschaftstypen zu den Kulturlandschaften zählt, spricht man im zweiten Fall daher von einer **Renaturierung.** Durch sie finden viele seltene Pflanzen und Tiere wieder einen Lebensraum.

Vielfach ist es nicht leicht, zwischen den unterschiedlich beeinflussten Landschaftstypen zu unterscheiden, denn meist unterliegt eine Landschaft zusätzlich einem geschichtlichen Wandel. Dieser ergibt sich aus ihrer zunehmenden Besiedlung durch den Menschen.
So besteht ein **Auwald** aus einem natürlichen, flachen und breiten Flussbett, das fließendes Wasser im Flussbett und stehendes Wasser in den gewässerbegleitenden Feuchtgebieten enthält. In den Uferbereichen gedeihen Bäume wie *Grauerlen, Silberweiden* und *Traubenkirschen* sowie in der Krautschicht das *Scharbockskraut* und die *Hain-*

111.1 Auwald – ein ursprünglicher Lebensraum

miere. Nur hier finden Schmetterlingsarten wie der *Große Gabelschwanz* und Käferarten wie der *Weidenbohrer* ihren Lebensraum.

Im Mittelalter besiedelten die Menschen allmählich diesen Lebensraum. Die ersten Wälder wurden abgeholzt. Durch Überschwemmung bildete sich mineralstoffreicherer Auelehmboden. Die Feuchtgebiete wurden kleiner. Damit war eine erste Beweidung und Wiesennutzung möglich. Mitte des 19. Jahrhunderts legte man erste Äcker an und korrigierte die Flussläufe. Keine dieser schon erheblichen Landschaftsveränderungen kommt jedoch dem Tagebau gleich. Bei ihm tragen die riesigen Bagger auch wasserundurchlässige Bodenschichten ab. Das Grundwasser läuft dann in die Gruben. Es wird von dort abgepumpt. Dadurch senkt sich meist auch der Grundwasserstand der benachbarten Lebensräume. Der Wasserverlust gefährdet beispielsweise die seltene Pflanzen- und Tierwelt von Flusswasserauen: So können Pflanzenarten wie *Wassernuss* und *Bach-Nelkenwurz* ohne einen hohen Grundwasserstand nicht überleben.

Um eine Flussaue wieder zu renaturieren, stellt man das Flussbett in seiner natürlichen, teilweise engen, teilweise weiten Ausformung wieder her. Abflüsse dichtet man mit wasserundurchlässigen Bodenschichten ab. Weiter verbindet man alte Flussschleifen mit dem Hauptfluss. So lässt sich die verfügbare Wassermenge steigern. In den verengten Abschnitten nimmt die Fließgeschwindigkeit und damit die Sauerstoffmenge zu. Zusätzlich fordern Experten, das Gewässerrandstreifenprogramm für gefährdete Flussauen zu beantragen. So wird ein mindestens fünf Meter breiter Streifen längs der Gewässer von der landwirtschaftlichen Nutzung ausgenommen.

Beim Abbau von Bodenschätzen in einem Bergwerk oder beim Tagebau fördert man auch Gestein zutage, das nicht genutzt werden kann. Dieser

111.2 Renaturierung. A Verbreiterung eines Flussbettes; **B** künstlich angelegte Stufe im Flussbett

Abraum wird in alte Gruben verfüllt oder auf einer *Halde* gelagert. Der Abraum ist meist mineralstoffarm und grobporig. Regen- und Quellwasser halten sich nicht lange auf solch einem Boden und versickern. Abraum auf einer neu aufgeschütteten Halde ist daher meist trocken. Auch fehlt es meist an Schatten. Das Sonnenlicht fällt direkt auf den Boden und heizt ihn auf.

Als Erstes siedeln daher dort Pflanzen, die an warme und trockene Standorte angepasst sind. Diese Erstbesiedler wie *Huflattich* und *Sandsegge* oder *Natternkopf* entwickeln sich aus den vielen Samen, die mit dem Wind herangeweht wurden. Manche Pflanzen überwinden die Unfruchtbarkeit des Bodens auf besondere Weise: Sie bilden Ausläufer, durch die sie Mineralstoffe und Wasser transportieren. So versorgen sie die neue Ausläuferpflanze unabhängig vom Boden. Gleichzeitig wandern zum Beispiel *Uferschwalben* und *Flussregenpfeifer* aus ihren natürlichen Lebensräumen wie Felsen, Dünen und Kiesbänken ein. Sie tragen Pflanzensamen weiterer Pflanzenarten auf die Halde. Die meisten Arten wie der *Flussregenpfeifer* oder die *Haubenlerche* nutzen die Halde als Notquartier, da ihre ursprünglichen Lebensräume verschwunden oder stark beeinträchtigt sind.

Nach wenigen Jahren nimmt auf einer jungen Halde die Anzahl der Pflanzenarten zu. Immer häufiger besiedeln Tiere des Grünlandes, der Moore und der Heiden wie *Kiebitz, Feldlerche* und *Schafstelze* die Halde.
Auf älteren Halden wachsen Sträucher und Baumarten wie Weiden, Hartriegel und Robinie. Deren größere Beschattung verdrängt Licht und Wärme liebende Kräuter. Durch die Umwandlung von abgestorbenen Pflanzen- und Tierresten in Mineralstoffe verbreiten sich Pflanzen mit größerem Mineralstoffbedürfnis. Magerböden liebende Pflanzenarten dagegen werden verdrängt. Tiere von Hecken, Feldgehölzen und Wäldern wie *Dorngrasmücke, Neuntöter* und *Fitis,* aber auch *Spitzmäuse, Fuchs* und *Iltis* sind immer häufiger zu beobachten.
So verändern sich auf der Halde im Laufe der Zeit die Umweltbedingungen des Standortes und die Lebensgemeinschaften. Lösen sich verschiedene Lebensgemeinschaften aufgrund veränderter Umweltfaktoren an einem Standort ab, so spricht man von einer **Sukzession.**

1. Erläutere Vorgänge, die einen mineralstoffreichen Haldenboden hervorbringen!
2. Erläutere am Beispiel der Sukzession das Basiskonzept „Variabilität und Angepasstheit"!
3. Vergleiche Rekultivierung und Renaturierung! Nenne Beispiele!
4. „Um das Aussterben des Flussregenpfeifers rückgängig zu machen, setzt man in der betroffenen Region zahlreiche Pärchen dieser Vogelart aus." Nimm kritisch Stellung!

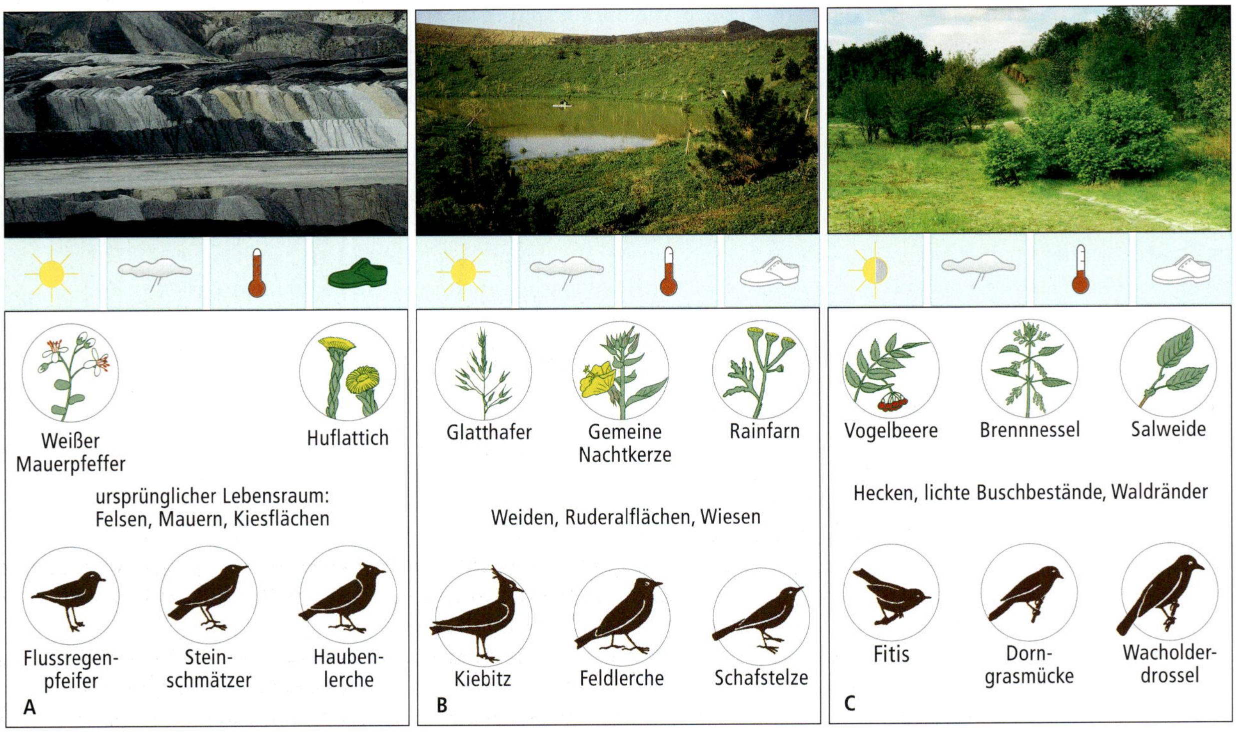

112.1 Besiedelung einer Halde. A neue Halde; **B** junge Halde; **C** alte Halde

EXKURS Massentourismus gefährdet Pflanzen und Tiere

In die Ferne reisen, andere Länder und Leute kennenlernen, ein Leben nach Lust und Laune führen – so versprechen es Ferienkataloge Jahr für Jahr. Viele folgen diesen Angeboten, um sich zu erholen. Sie vergessen dabei häufig, dass Millionen anderer Menschen ähnlich denken. So ist schon die Anreise zum Ferienort recht mühselig: Autos stehen im Stau und zusätzlich eingesetzte Flugzeuge erhöhen häufig die Wartezeiten am Flughafen. Auch die Belastungen für die Umwelt steigen. So gelangen jährlich zur Urlaubszeit durch die Abgase der Verkehrsmittel viele Millionen Tonnen schädlicher Stoffe zusätzlich in die Luft.

Der **Massentourismus** bringt weitere Probleme mit sich. Neben den Autobahnen, den Landebahnen und Startbahnen für Flugzeuge benötigen in den Urlaubsgebieten die neuen Hotelanlagen, Campingplätze und Freizeiteinrichtungen viel Raum. Dazu werden Feuchtgebiete, Wälder, Hecken und Wiesen überbaut. So schwindet Lebensraum für seltene Pflanzen und Tiere. Durch den Bau von Straßen und Flugplätzen werden diese Gebiete für die Urlauber noch schneller erreichbar und die Übernachtungszahlen nehmen zu.

Besonders gern fahren Deutsche in die Alpen oder Küstenregionen der Nord- und Ostsee. Die Alpen sind dabei doppelt gefährdet: Im Sommer betreten Wanderer und Bergsteiger bisher ungestörte Biotope. Im Winter nutzen viele Skifahrer die Skipisten und Lifte, für die häufig Wald gerodet werden musste. Zusätzlich verdichten Pistenraupen durch ihr Gewicht den Boden unter dem Schnee. Die Maschinen für künstlichen Schnee senken durch ihren hohen Wasserverbrauch den Grundwasserspiegel. Eine vielfältige Pflanzen- und Tierwelt kann hier kaum überleben.
In den Küstenregionen übersteigt der Wasserverbrauch während der Urlaubssaison häufig die Kapazität der Trinkwasserwerke. Das Wasser muss dann unter hohen Kosten herantransportiert werden.

113.1 Ferntourismus

113.2 Nachhaltiger Tourismus

113.3 Skihang in den Alpen

Politiker und Touristikunternehmer sehen meist nur das Geld, das in den Hotels verdient wird. Nicht selten fehlt dagegen das Geld für den Ausbau von Müllentsorgungsanlagen oder Kläranlagen für das verstärkt anfallende Abwasser und den Müll. Wilde Mülldeponien und Abwasser führende Flüsse und Meeresküsten sind die Folge.

Um naturnahe Urlaubsgebiete auch langfristig zu sichern, verfolgt man inzwischen andere Wege. So werden Vereinbarungen wie die „Alpenkonvention" getroffen. Mehrere Länder verpflichten sich darin zu einer Entlastung der Umwelt und zu einer Ausweisung von Schutzzonen für seltene Pflanzen und Tiere. Dabei wird die Bevölkerung eingebunden: So führen ortskundige Einheimische Bergwanderungen durch oder informieren in Vorträgen über die Besonderheiten der Natur. Zunehmend bieten Touristikunternehmen auch Arbeitsplätze für die Einheimischen an. Mit den Einkünften aus dieser Arbeit steigen auch die Steuereinnahmen der Gemeinden. Die Steuern können nun zum Bau von Kläranlagen und Müllentsorgungsanlagen eingesetzt werden. Insgesamt folgen diese Maßnahmen dem Prinzip der **Nachhaltigkeit.**

Inzwischen weisen auch Umweltzeichen in den Angeboten der Touristikunternehmen oder in Hotels und Ferienanlagen darauf hin, dass man die Mindestanforderungen eines die Umwelt entlastenden Betriebes erfüllt: Dazu gehört die Bevorzugung öffentlicher und energiearmer Verkehrsmittel, der sparsame Gebrauch von Trinkwasser und nicht erneuerbaren Energiequellen, die Vermeidung und Wiederverwertung von Abfall, der Einkauf regionaler Produkte sowie die Schonung der einheimischen Tier- und Pflanzenwelt.

Die Einhaltung solcher Standards wird regelmäßig von einer unabhängigen Kommission überprüft. In Absprache mit den Tourismus-, Umwelt- und Verbraucherverbänden vor Ort werden sie jeweils neuen technischen Entwicklungen und sozialen Anforderungen angepasst.

1. Beschreibe die Folgen des Massentourismus!
2. Bei der Vorbereitung eines Zeltlagers will man auf umweltbewusstes Verhalten achten. Stelle eine Checkliste auf, an was die Organisatoren alles denken müssen!

114.1 Gefährdung der Großtrappe

2 Gefährdung von Pflanzen und Tieren

Großtrappen gehören mit einer Flügelspannweite von zwei Metern und einem Gewicht von etwa zwölf Kilogramm zu den schwersten flugfähigen Vögeln der Welt. Sie sind extrem scheu und brauchen weitflächige Wiesen und Brachen, auf denen sie sich von Pflanzensamen, aber auch von tierischer Kost wie Mäusen und Insekten ernähren. Während vor hundert Jahren noch mehrere Tausend Trappen in Deutschland lebten, zählt man heute nur noch 50 bis 60 Tiere. Wie ist dieser starke Rückgang zu erklären?

Ein Grund liegt in den vielen maschinellen Arbeitsgängen der heutigen Landwirtschaft. Sie stören die Balz und die Brut dieser scheuen Tiere. Aber auch der umfangreiche Einsatz von Düngern und Pflanzenschutzmitteln auf großen Flächen führt zu Nahrungsmangel. Wenige, schnell wachsende Getreidesorten verdrängen ursprüngliche Ackerwildpflanzen und mit ihnen viele Insekten, die diese Wildpflanzen als Futterquelle benötigen. So finden Insekten wie die *Steppenbeißschrecke* oder *Keulenschrecke* keine Nahrung mehr und sind stark gefährdet. Trappenküken, die sich ausschließlich von Insekten und wirbellosen Tieren ernähren, verhungern sogar.
Das war nicht immer so: Im Mittelalter rodeten die Menschen zunächst weite Flächen für die Landwirtschaft. Mit dem wachsenden Bedarf der Bevölkerung an Grundnahrungsmitteln bemühte man sich zunehmend um höhere Erträge. Dies führte in der Folge zu einer kleinflächigen Dreifelderwirtschaft. Dabei ließ man einen Teil des Bodens zur Erholung ein Jahr lang brachliegen. Vom Pollen, vom Nektar und von Samen der dort wachsenden Ackerwildpflanzen ernährten sich zum Beispiel viele Insekten. Sie wurden gefressen von Vogelarten wie *Brachpieper, Rebhuhn, Feldlerche* und *Großtrappen.* Diese Vögel breiteten sich so über weite Teile Europas aus.

Heute bemüht man sich, gefährdete Pflanzen und Tiere zu erhalten. Daher werden sogenannte **Rote Listen** geführt. In ihnen sind die Gefährdungsgrade aller Arten und naturnahen Biotope beschrieben.

1. Nenne Ursachen für den Rückgang der Großtrappen!
2. Erläutere, wie man Großtrappen schützen kann!
3. Informiere dich über fünf vom Aussterben bedrohte Arten und präsentiere diese der Klasse!
4. „Alle Arten müssen geschützt werden!" Bewerte diese Aussage! Beziehe dabei Beiträge unterschiedlicher Interessengruppen mit ein!
5. Begründe deinen eigenen Standpunkt zum Artenschutz!

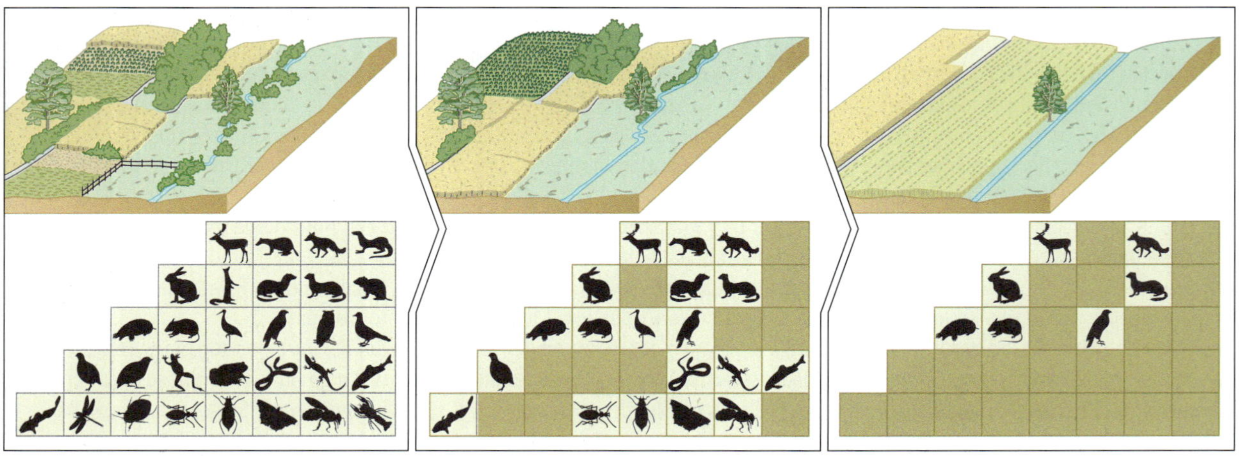

114.2 Landschaftsentwicklung und Artenzahl

Gefährdete Pflanzen und Tiere

Lungenenzian

Die Blütezeit dieser Pflanze erstreckt sich über den gesamten Sommer von Mai bis August. Diese Enzianart erträgt viel Licht, hohe und wechselnde Feuchtigkeitsgehalte sowie sehr geringe Mineralstoffmengen. Vor allem Feuchtwiesen und alte Hochmoorflächen sind Rückzugsgebiete. Sie gingen in den letzten Jahrzehnten durch Deichbau, Grünlandnutzung und Aufforstungen verloren.

Purpurknabenkraut

Im Mai bis Juni blüht diese große, bis zu 80 Zentimetern hoch wachsende Art. Sie lebt in Buchenwäldern und grasigen Waldlichtungen auf kalkreichem Boden. Sie ist durch Aufforstung mit standortfremden, schnell wachsenden Bäumen gefährdet. Orchideen zeigen ihren Neuaustrieb schon im Herbst durch zusammengerollte Blätter.

Zungen-Hahnenfuß

Von Juni bis August blüht der Zungen-Hahnenfuß und bietet mit seinen vier Zentimeter großen Blüten Insekten reiche Nahrung. Die Pflanzenart gedeiht am besten im flachen Wasser. Dort kann sie bis zu einem Meter hoch wachsen. Die Pflanze ist durch Trockenlegung ihrer Standorte sehr selten geworden.

Drosselrohrsänger

Der Drosselrohrsänger brütet von Mai bis August im seeseitig gelegenen Schilfgürtel der Binnengewässer. Sein Lebensraum ist doppelt gefährdet: Einmal lassen düngende Abwassereinleitungen die Halme zu schnell wachsen und dann knicken. Zum anderen schädigen intensive Angelnutzung, Tourismus und Wassersport den Schilfgürtel.

Kleiner Abendsegler

Der Kleine Abendsegler gehört zu den Baumfledermäusen. Die Fledermausart braucht großvolumige Baumstämme als relativ feuchte und nicht zu kalte Winterquartiere. Diese Bäume kommen häufig in Altholzbeständen vor. Sie wurden in den letzten Jahrzehnten häufig abgeholzt. Neue Bewirtschaftungspläne sehen den Schutz von Altholzbeständen vor.

Kreuzotter

Die Kreuzotter ist von der Ringelnatter durch das dunkle Zickzackband auf dem Rücken zu unterscheiden. Sie tötet ihre Beute durch Gift, weshalb sie früher verfolgt wurde. Tödliche Vergiftungen beim Menschen sind sehr selten. Die Schlange braucht kühle, feuchte Lebensräume wie Moore oder Moorheiden. Entwässerung und Torfabbau gefährden diese Biotope und damit die Kreuzotter.

3 Bedeutung und Gefährdung des Lebensraumes Wald

3.1 Bedeutung des Waldes

Fragt man Waldspaziergänger an einem heißen Sommertag, welche Bedeutung der Wald für sie habe, so wird man ungläubige Blicke ernten. Zu offensichtlich sind die wohltuende Kühle und erholsame Stille im Wald. Die Städter fliehen aus den heißen, staubigen Innenstädten in die Wälder. Eine wachsende Buche produziert am Tag 10 000 Liter Sauerstoff und ihr Kronendach kann mehrere Kilogramm Staub und Schadstoffe aus der Luft filtern. Wälder werden daher als die „grünen Lungen" der Städte bezeichnet. Das angenehme Waldklima ist sowohl Folge der Beschattung als auch der Verdunstungskälte, die bei der Transpiration an den Blättern entsteht. Der Wald ist daher ein beliebtes Naherholungsziel für Jogger, Pilzsammler und Naturfreunde.

Die Nutzung des Waldes als **Erholungsraum** hat in den letzten Jahrzehnten stark zugenommen. Die Forstwirtschaft kommt diesem Bedürfnis mit einer veränderten Bewirtschaftung der Wälder entgegen. Die früher vorherrschenden, eintönigen Fichtenforste werden durch naturnahe Laubwälder ersetzt, in denen nicht mehr alle Bäume genutzt werden und wo den natürlichen Abläufen Raum gegeben wird. Dies ist auch ein Beitrag zum **Naturschutz.** Denn in einer Welt, in der viele Tier- und Pflanzenarten vom Aussterben bedroht sind, kommt Wäldern, die den Lebewesen viele ökologische Nischen bieten, eine große Bedeutung zu. Die Wälder in den deutschen Nationalparks bleiben gänzlich unbewirtschaftet und können sich ungestört entwickeln.

Der überwiegende Teil der Wälder wird aber weiterhin durch die **Forstwirtschaft** genutzt. Der Wald versorgt uns mit Holz, das in großen Mengen für den Hausbau, die Möbelindustrie und die Papierherstellung benötigt wird. Die sinnvolle Waldbewirtschaftung im eigenen Land ist auch ein Beitrag zum Erhalt der letzten großen Naturwälder, insbesondere des Regenwaldes. Weltweite Bedeutung gewinnt der Wald auch unter dem Gesichtspunkt des **Klimaschutzes.** Er stellt eine sogenannte „Senke für Kohlenstoffdioxid" dar. Damit ist gemeint, dass ein wachsender Wald der Atmosphäre einen Teil des überschüssigen Kohlenstoffdioxids entzieht und somit dem Treibhauseffekt entgegenwirkt. In diesem Zusammenhang wird der Wald auch als Lieferant von Brennholz wieder interessant. Holz ist eine erneuerbare Energiequelle. In Holzkraftwerken kann daraus Strom und Wärme erzeugt werden.

Weniger offensichtlich ist die Bedeutung des Waldes für den natürlichen **Wasserhaushalt** einer Landschaft. Erst wenn der Wald fehlt und die Flüsse in den Tälern über die Ufer treten, erkennt man seine Schutzwirkung. Bei einem Starkregen wird der Regenguss von den Blättern der Baumkronen in feine Tropfen zerteilt. So wird der Abfluss verlangsamt und das Wasser hat mehr Zeit, in den Boden zu versickern. Der lockere Waldboden nimmt das Wasser auf und dient als **Wasserspeicher.** Langsam gibt er das Wasser an tiefere Bodenschichten ab. Deshalb bildet sich unter einem Wald mehr Grundwasser als unter einer Wiese. In Wasserschutzgebieten, in denen man **Trinkwasser** für die Bevölkerung gewinnt, ist deshalb ein hoher Waldanteil besonders wichtig. Fehlen die Bäume, so fließt das Wasser sehr schnell oberflächlich ab.

In einer entwaldeten Landschaft reißt das abfließende Wasser auch fruchtbaren Boden mit sich. Die Baumwurzeln fehlen, die den Boden zusammenhalten. Im schlimmsten Fall wird der gesamte Boden weggeschwemmt. Nach einem solchen Erdrutsch bleibt nur der nackte Fels zurück. Nach einem erneuten Unwetter wird das Regenwasser noch schneller zu Tale schießen. Im Gebirge können als Folge der Entwaldung ganze Täler unbewohnbar werden. Daher pflegen die Menschen im Gebirge ihren Bergwald – er ist der natürliche **Erosions**- und **Lawinenschutz.**

Wälder beeinflussen auch die **Wolkenbildung** und damit das Klima. Die Transpiration der Blätter befördert große Mengen Wasserdampf in die Atmosphäre. Aufgrund der großen Blattoberfläche der Bäume kann ein Wald viel mehr Wasser abgeben als ein unbewachsener Boden oder eine Wiese. Als Faustzahl gilt, dass ein Wald etwa die Hälfte des Regenwassers, das auf den Boden gelangt, wieder an die Atmosphäre abgibt. Aus dem verdunsteten Wasser entstehen Wolken, die auch entferntere Landstriche mit Wasser versorgen. So kann man nach der Abholzung des tropischen Regenwaldes eine Verschärfung der Dürreperioden in den benachbarten Gebieten feststellen.

1. Erläutere die in der Abbildung 117.5 dargestellten Ergebnisse!
2. Berechne, wie viel Hektar eines wüchsigen Buchenwaldes notwendig sind, um deinen jährlichen Kohlenstoffdioxidausstoß festzulegen!
3. Wälder erhöhen die Verdunstung und bilden mehr Grundwasser. Erläutere den scheinbaren Widerspruch!
4. Erläutere am Beispiel des Waldes das Basiskonzept „Struktur und Funktion"!

117.1 Bedeutung und Gefährdung des Waldes.
A Jogger; **B** Holzgewinnung; **C** Bodenerosion; **D** Elbehochwasser 2002

Ein Hektar Laubwald

produziert im Jahr:	14 t Biomasse 5 t Nutzholz 15 t Sauerstoff
bindet im Jahr:	21 t Kohlenstoffdioxid 60 t Staub

117.2 Leistungen des Waldes

Ein Deutscher verbraucht im Jahr:

200 kg Sauerstoff (Atmung)
850 kg Holz

230 kg Papier (aus 300 kg Holz)

Ein Deutscher produziert im Jahr:

275 kg Kohlenstoffdioxid (Atmung)
12 t Kohlenstoffdioxid (Lebensführung/Wirtschaft)

117.3 Nutzung der Waldprodukte in Zahlen

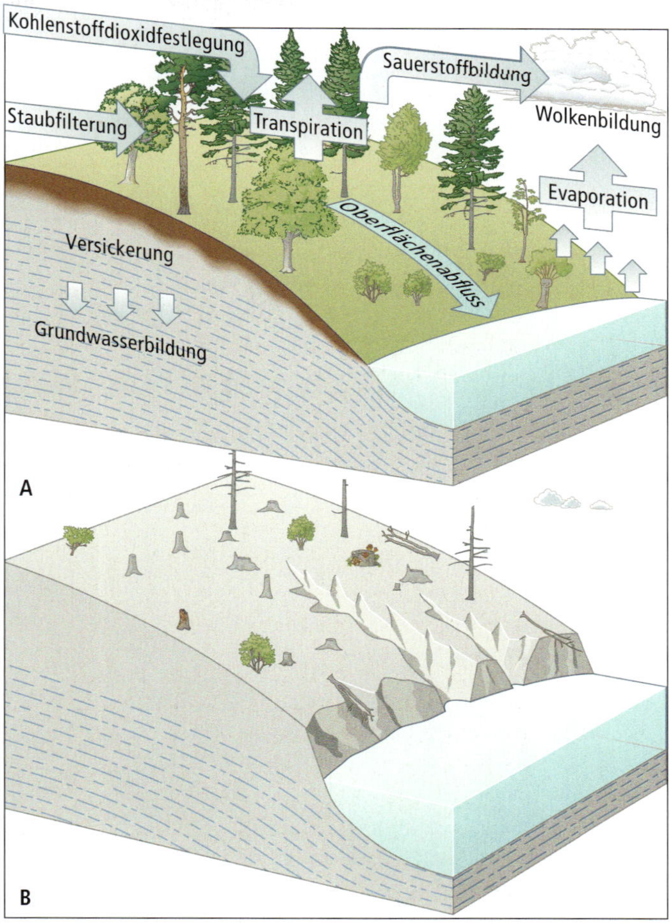

117.4 Wasserhaushalt einer Landschaft.
A bewaldet; **B** unbewaldet

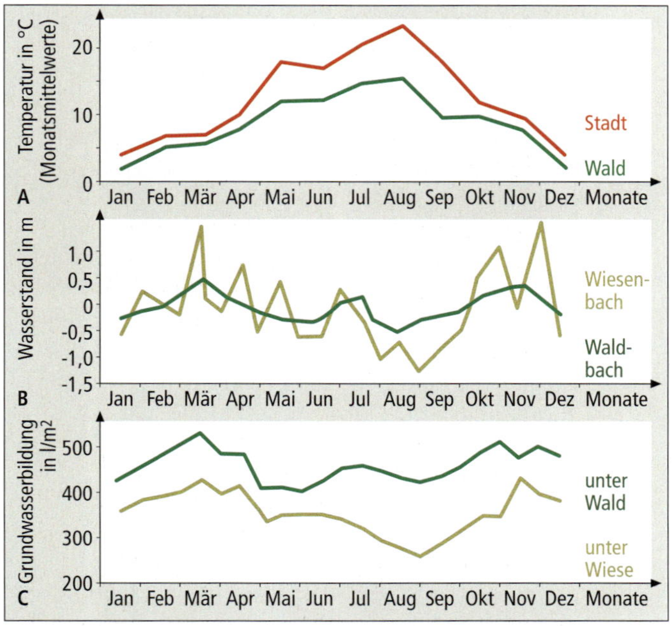

117.5 Umweltwirkungen des Waldes im Jahresverlauf.
A Lufttemperatur; **B** Wasserstand im Fluss; **C** Grundwasserneubildung

118.1 Waldschäden. **A** Ursachen; **B** gesunde und kranker Wipfel; **C** gesunde und kranke Zweige; **D** Mykorrhiza

3.2 Gefährdung des Waldes

Schon in früheren Jahrhunderten wurden in der Nähe von Eisenhütten und Kraftwerken Waldschäden festgestellt. Die Bäume verloren vorzeitig ihre Blätter, kümmerten und starben schließlich ab. Man fand heraus, dass giftige Abgase, hauptsächlich Schwefeloxide, in die Blätter eindringen und die Zellen schädigen.
Gegen Ende der Siebzigerjahre des vergangenen Jahrhunderts traten ähnliche Schäden fernab der Industriegebiete auf. Selbst in Nordskandinavien konnte man ein rätselhaftes „Waldsterben" beobachten. Was war passiert?
Um die Waldschäden in der Umgebung der Industrieanlagen zu vermindern, baute man die Schornsteine immer höher. Die Schadstoffe wurden nun zwar verdünnt, aber über immer größere Entfernungen in alle Regionen Europas transportiert. Die Schwefeloxide verbanden sich mit dem Regenwasser zum so genannten „sauren Regen" und versauerten den Waldboden.

Durch die Reinigung der Industrieabgase und durch die Verwendung schwefelarmen Benzins und Erdöls konnte inzwischen der Schwermetall- und Schwefeloxidausstoß erheblich gesenkt werden. Trotzdem gehen die Schäden nicht zurück. Zum Beispiel ist bei der Buche der Anteil der geschädigten Bäume seit 1984 von 13 Prozent auf über 30 Prozent gestiegen. Die Wipfel werden dürr, die Blätter vergilben vorzeitig und vertrocknen. Die Zweige wachsen unregelmäßig und haben nur einen sehr geringen Jahreszuwachs. Untersuchungen der Jahresringe ergaben, dass die Bäume vorübergehend sogar schneller gewachsen sind und erst dann krank wurden. Auffallend war weiterhin, dass Schadinsekten, wie der Borkenkäfer, vermehrt über die Bäume herfielen.

Heute wird der Wald zunehmend durch den Eintrag von Stickstoffverbindungen geschädigt. Diese kommen als Ammoniakgas aus den Ställen, Güllefässern und Ackerböden der intensiven Landwirtschaft oder als Stickstoffoxide aus den Autoabgasen in den Wald. Nicht selten werden auf diese Weise über 30 Kilogramm Stickstoff pro Hektar in einen Wald eingetragen. Das ist so viel, wie man früher auf die Äcker streute! Die Bäume reagierten zunächst auf die zusätzliche Düngung. Die im Überfluss vorhandenen Stickstoffverbindungen lassen aber die Mykorrhiza verkümmern. So kann der Baum in Trockenperioden nicht mehr genügend Wasser und Mineralstoffe aufnehmen.

1. Nenne Ursachen für Waldschäden und beschreibe die Folgen!

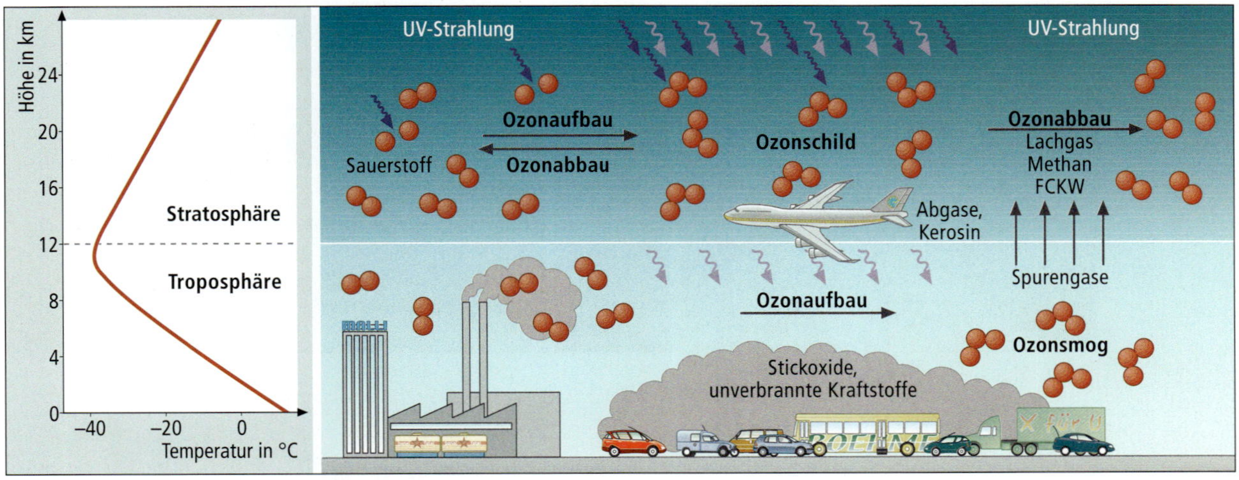

119.1 Ozonentstehung und Ozonabbau in der Atmosphäre

4 Luft, Boden und Wasser sind gefährdet

4.1 Luftschadstoffe

Luftschadstoffe entstehen hauptsächlich bei Verbrennungsvorgängen. In Fabriken, Heizungen und Automotoren bilden sich giftige Stoffe wie Ruß, Kohlenstoffmonooxid, Stickstoff- und Schwefeloxide. Im Winter kann es in den Städten zu Wetterlagen kommen, bei denen sich diese Schadstoffe bis zu gefährlichen Konzentrationen anreichern. In England trat dies erstmals auf und erhielt den Namen **Smog** – ein Wort, das sich aus *smoke* (Rauch) und *fog* (Nebel) zusammensetzt. Besonders katastrophal war der Wintersmog in London im Jahre 1952. Die Bevölkerung litt unter tränenden Augen, Hustenanfällen und Atemnot. Die Sterberate erhöhte sich von 250 auf 900 Personen täglich.

Auch niedrigere Schadstoff-Konzentrationen bleiben nicht ohne Wirkung. Stadtkinder leiden zum Beispiel viel häufiger an Lungen- und Atemwegskrankheiten als Kinder auf dem Lande. Die Luftschadstoffe gelangen über den Regen in alle Ökosysteme. So leiden die Fische in abgelegenen schwedischen Seen unter dem sogenannten „sauren Regen", und die Wälder in ganz Europa zeigen alarmierende Krankheitssymptome. Man fürchtete zeitweise sogar, dass der ganze Wald absterben würde.
Inzwischen hat sich die Luftqualität durch Umweltschutzmaßnahmen verbessert. Der Einbau von Filtern und Entschwefelungsanlagen in den Kraftwerken und die Verwendung schwefelarmen Heizöls verringerten besonders den Ausstoß an Schwefeldioxid, dem Hauptverursacher des Wintersmogs.

Heute ist der Sommersmog das größere Problem. Bei starker Sonneneinstrahlung bildet sich in verschmutzter Stadtluft giftiges Ozon, ein Reizgas, das alle Körperoberflächen angreift. Es beginnt mit Reizung der Augen, führt dann zu Husten bis zu Verätzungen der Lungen. Am Erdboden bildet sich Ozon, wenn Stickstoffoxide aus Autoabgasen von der Sonne bestrahlt werden. Daher entsteht der typische Sommersmog an schönen Tagen mittags nach dem Berufsverkehr. Steigen die Ozonkonzentrationen auf gesundheitsgefährdende Werte an, wird Smogalarm ausgerufen. Das bedeutet Fahrverbot! Nur Fahrzeuge mit geregelten Katalysatoren dürfen weiterfahren. Durch diese werden nämlich die Stickoxide aus dem Abgas entfernt.

Ozon entsteht normalerweise nur in hohen Luftschichten (Stratosphäre), wenn energiereiche Strahlung auf Sauerstoffteilchen einwirkt. Aus dem Sauerstoff, der aus zwei Bausteinen besteht, bildet sich Ozon, das aus drei Bausteinen besteht. Dieses zerfällt unter dem Einfluss der Strahlung wieder, sodass ein ständiger Auf- und Abbau von Ozon stattfindet. Im Endeffekt wird bei diesen Reaktionen der lebensbedrohende Anteil des Sonnenlichtes vollständig verbraucht. Ohne den Schutz durch die Ozonschicht wäre Leben auf der Erde nicht möglich. Diese Schutzschicht ist jedoch in den letzten Jahrzehnten immer dünner geworden. Treibgase, sogenannte FCKW, die in Kühlschränken und Spraydosen verwendet wurden, erwiesen sich als Ozonkiller. Die Verwendung der FCKW wurde inzwischen weltweit verboten. Der Ozonabbau wird aber noch Jahrzehnte andauern.

120.1 Alpengletscher 1900 und 2000

4.2 Klimawandel

Wir erleben zurzeit einen dramatischen Klimawandel. Fast jedes Jahr wird weltweit ein neuer Temperaturrekord gemessen. Die letzten zehn Jahre des 20. Jahrhunderts waren die wärmsten des Jahrtausends! Klimaforscher beobachten diesen Trend schon seit langem. Der unaufhaltsame Rückzug der Alpengletscher und der Anstieg des Meeresspiegels bestätigen ihre Vorhersagen. Am deutlichsten reagieren die Trockenregionen der Erde auf den Temperaturanstieg. Die Wüsten dehnen sich aus und die Trockenwälder gehen in Flammen auf.

Auch in Deutschland lassen sich Veränderungen in der Tier- und Pflanzenwelt beobachten. Die Bäume treiben früher aus und verfärben ihr Laub später. Die Singvögel bleiben im Vergleich zum Jahr 1970 um einen Monat länger bei uns und einige Zugvögel ziehen nicht mehr fort, weil die Winter wärmer geworden sind.

Fast alle Klimaforscher halten den derzeitigen Klimawandel für anthropogen, das heißt „vom Menschen verursacht". Durch die Verwendung von fossilen Brennstoffen hat sich die Kohlenstoffdioxid-Konzentration der Luft in den letzten 200 Jahren um etwa 25 Prozent erhöht. Kohlenstoffdioxid wirkt in der Atmosphäre als „Treibhausgas". In einem Treibhaus wird es warm, weil die Glasscheiben die kurzwellige Sonnenstrahlung ungehindert durchlassen, die vom Boden abgestrahlte, langwelligere Strahlung aber nicht. Die Treibhausgase übernehmen die Rolle der Glasscheibe und sorgen für eine Erwärmung. Ohne diese Gase wäre die Erde eine lebensfeindliche Eiswüste mit einer mittleren Temperatur von minus 18 °C. Zu den Treibhausgasen gehören neben Kohlenstoffdioxid und Wasser auch Methan, das in großen Mengen aus Rindermägen ausströmt, und Lachgas, das aus übermäßig mit Stickstoff gedüngten Ackerböden entweicht. Außerdem tragen FCKW nicht nur zum Ozonabbau, sondern auch zur Erwärmung bei.

Klimaforscher warnen vor einer weiteren Zunahme der Treibhausgase. Ihre Modellrechnungen sagen für die nächsten 100 Jahre eine Erwärmung der Atmosphäre zwischen 1 °C und 5 °C voraus,

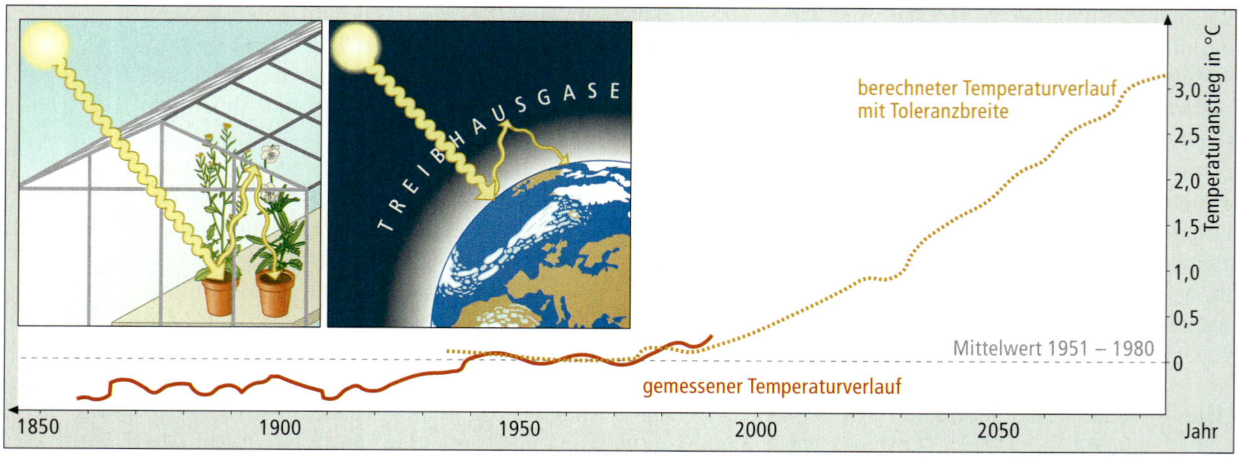

120.2 Entstehung des Treibhauseffektes und globaler Temperaturverlauf mit Prognose

je nachdem wie sich die Menschheit verhalten wird. Falls sie nicht sofort Maßnahmen zur Reduzierung der Treibhausgase ergreift, wird die Situation für unsere Nachkommen nicht mehr beherrschbar sein. Die Zahl der Stürme, der Gewitter und der sintflutartigen Regenfälle wird sich stark erhöhen. Die Ernteerträge werden zurückgehen, Millionen von Menschen durch Hungersnöte, Dürren und Überschwemmungen aus ihrer Heimat vertrieben.
Mit der Umweltkonferenz in Rio de Janeiro im Jahre 1992 reagierten die Nationen der Welt erstmals auf die Bedrohung. Sie verpflichteten sich, den Ausstoß an Treibhausgasen zu reduzieren. Die deutsche Regierung sagte eine Verringerung um 25 Prozent bis zum Jahr 2005 zu.

Um zu beurteilen, welche Mengen Kohlenstoffdioxid (CO_2) durch den Menschen erzeugt werden, kann man CO_2-Bilanzen erstellen. In diesen wird berechnet, wie viel Kohlenstoffdioxid jeder von uns zur Bereitstellung von Energie, für den Verkehr oder zur Produktion von Gütern freisetzt. In die Bilanz eines T-Shirts gehört beispielsweise das Kohlenstoffdioxid, das der Traktor beim Pflügen des Ackers ausstößt. Außerdem wird das Kohlenstoffdioxid berücksichtigt, das bei der Produktion des Handelsdüngers und dessen Transport erzeugt wurde.

Ein Jugendlicher in Deutschland verursacht allein durch seinen Konsum die Bildung von zwei bis acht Tonnen Kohlenstoffdioxid im Jahr. Je nach seinem Lebensstil, ob er viel neue Kleidung braucht, ob er vorwiegend heimische Lebensmittel oder Erdbeeren aus Südafrika kauft oder sein Zimmer jedes Jahr neu einrichtet, wird er mehr oder weniger zum Treibhauseffekt beitragen. Auch beim Verkehr und bei der Heizung der Wohnung bestehen große, individuelle Unterschiede. Im Durchschnitt setzt ein Erwachsener in Deutschland jedes Jahr zwölf Tonnen Kohlenstoffdioxid frei. Ein Vergleich mit den Forderungen der Klimaforscher zeigt, wie groß unsere Anstrengungen zum Klimaschutz sein müssen: Sie halten ein bis zwei Tonnen im Jahr für *nachhaltig*. Das heißt, nur so viel darf ein Mensch langfristig erzeugen, ohne unsere natürlichen Lebensgrundlagen zu zerstören.

1. Erfrage zu Hause die in Abbildung 121.1 genannten Daten, schätze deinen persönlichen Konsum ein und berechne deine CO_2-Bilanz!
2. Vergleiche deine Bilanz mit den Angaben in Abbildung 121.2!
3. Diskutiere die Ursachen des Klimawandels und nimm Stellung!

121.1 Ökobilanz und Kohlenstoffdioxidproduktion

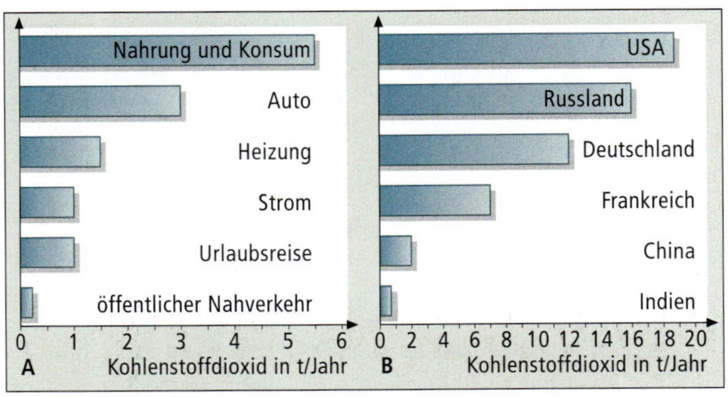

121.2 Ökobilanz. A eines Deutschen; **B** internationaler Vergleich

EXKURS Globaler Kohlenstoffkreislauf

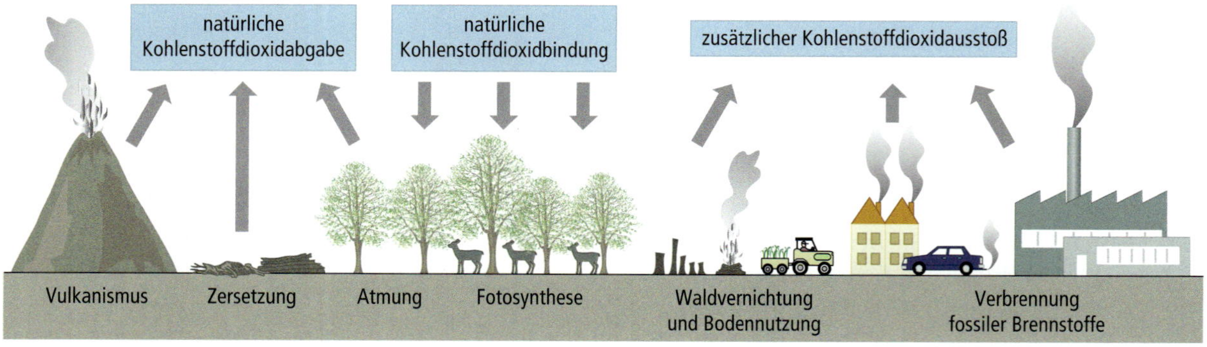

122.1 Bindung und Freisetzung von CO_2

Über vielen Großstädten sieht man heute graue Dunstglocken. Sie entstehen vor allem durch die Verbrennung von **fossilen Brennstoffen** wie Holz, Kohle, Erdöl und Erdgas. Dabei wird neben anderen Schadstoffen auch eine große Menge Kohlenstoffdioxid (CO_2) frei.

Pflanzen sind in der Lage, das Kohlenstoffdioxid durch Fotosynthese unter anderem in Sauerstoff umzuwandeln. In Städten jedoch sind immer weniger Parks und Grünflächen zu finden, die das bei der Verbrennung anfallende Kohlenstoffdioxid binden könnten. So kann es besonders bei Windstille zu einer erhöhten **CO_2-Konzentration** kommen.
Das gleiche Phänomen lässt sich auch weltweit beobachten, denn einem hohen Verbrauch von fossilen Brennstoffen steht die fortschreitende Vernichtung von geschlossenen Waldflächen, zum Beispiel durch Brandrodung, in den Regenwäldern gegenüber. Erhöht sich deshalb auch die CO_2-Konzentration in der Erdatmosphäre?

Der Nachweis einer weltweiten Erhöhung des CO_2-Gehaltes in der Luft gelang durch jahrelange Messungen der Station Mauna Loa auf der Insel Hawaii im Pazifik. Sie befindet sich auf einem Berg in großer Entfernung zu den Kontinenten, auf denen in unterschiedlicher Form CO_2 freigesetzt wird. Seit 1958 wird hier neben den jahreszeitlichen Veränderungen ein kontinuierlicher Anstieg der CO_2-Konzentration um etwa 20 Prozent gemessen. Die natürliche Freisetzung von CO_2 durch Atmung von Lebewesen oder durch Vulkanausbrüche und die Fixierung von CO_2 durch Fotosynthese sowie Fossilien- und Gesteinsbildung ist nahezu ausgeglichen. Das lässt den Schluss zu, dass die erhöhte Verbrennung von fossilen Brennstoffen und die globale Erhöhung der CO_2-Konzentration in engem Zusammenhang stehen. Welche Folgen hat die Erhöhung der CO_2-Konzentration in der Luft?
Als Auswirkung des erhöhten CO_2-Gehalts der Luft wird eine immer weiter steigende Erwärmung vorhergesagt. Man spricht vom **Treibhauseffekt** mit katastrophalen Folgen für das Weltklima. Einige Folgen sind bereits heute beobachtbar. So schmelzen in allen Gebirgen der Welt Gletscher ab. Auch das Eis der Polkappen schmilzt. Wüstenregionen breiten sich aus. In Europa werden die Winter immer wärmer. Aus diesem Grund ist eine *Senkung des CO_2-Ausstoßes* unabdingbar. Erste internationale Vereinbarungen zur Einschränkung der Verbrennung fossiler Brennstoffe und zur Nutzung anderer Energieträger sind getroffen und ihre Umsetzung beginnt.

Eine weitere Möglichkeit zur Regulation des CO_2-Gehaltes sind *nachhaltige Bemühungen beim Klimaschutz.*
Ein Beispiel dafür ist der Umgang mit den **Brandrodungen** im Regenwald. Diese müssen verhindert werden, da neben der Freisetzung von CO_2 viele Pflanzen verloren gehen, die dieses Gas wieder binden können. Die gerodeten Flächen bieten jedoch den im Regenwald lebenden Menschen oft die einzige Möglichkeit zur Land- und Weidewirtschaft. Man versucht deshalb, vorhandene Ackerböden zu verbessern, um weitere Rodungen zu verhindern. Außerdem werden nicht mehr genutzte Flächen mit schnell wachsenden einheimischen Bäumen aufgeforstet. So entsteht ein Gesamtkonzept, das ökologisch verträglich, sozial gerecht und wirtschaftlich leistungsfähig ist.

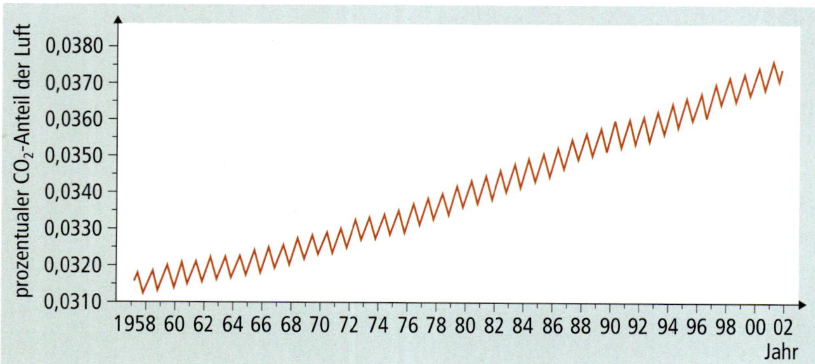

122.2 Anstieg der CO_2-Konzentration in der unteren Atmosphäre, Mess-Station Mauna Loa Observatorium, Hawaii

4.3 Gefährdung des Bodens

In Deutschland werden jeden Tag viele Quadratkilometer Boden mit Häusern, Straßen und Industrieanlagen überbaut. Ginge die **Versiegelung** so weiter, gäbe es bald keinen freien Boden mehr.

Weitere Gefährdungen sind nicht so offensichtlich. Um sie zu verstehen, muss man sich klarmachen, was ein Boden für die darauf wachsenden Pflanzen leistet. Der Hauptbestandteil des Bodens ist das verwitterte, fein zerkleinerte Gestein. Dieses bildet ein lockeres Gefüge mit zahlreichen Zwischenräumen, in denen sich Luft und Wasser befinden. Die Pflanzen können sich aus dem Bodenwasser versorgen, auch wenn es längere Zeit nicht geregnet hat. Aus der Bodenluft beziehen sie den lebensnotwendigen Sauerstoff für die Atmung der Wurzelzellen. Geht ein Teil des Bodens durch **Wind-** oder **Wassererosion** verloren, so fehlt den Pflanzen Wasser, um Trockenperioden zu überstehen. Wird ein Boden oft mit schweren Traktoren oder Erntemaschinen befahren, werden die Hohlräume zusammengedrückt. In **verdichteten Böden** gelangt weniger Sauerstoff in tiefere Schichten. Die Wurzeln werden nicht ausreichend versorgt und die Zersetzung der abgestorbenen Pflanzenteile, das „Recycling" der Mineralstoffe, wird gehemmt. Die Bodenfruchtbarkeit geht zurück.

Bei der Zersetzung durchläuft die Biomasse viele Stufen, in denen sie zu **Humus** umgebaut wird. Er färbt den Boden schwarz und ist die Lebensgrundlage zahlreicher Bodentiere, die den Boden durchwühlen und lockerer machen. Humusstoffe und Tonteilchen aus den fein zerteilten Gesteinen haben eine wichtige Funktion: Sie können Mineralstoffe an ihrer Oberfläche festhalten. Die Speicherfähigkeit für Mineralstoffe ist aber durch **Säureeinträge** aus der Luft gefährdet. Schwefeloxide und Stickstoffoxide aus Fabriken, Heizungen und Autos bilden mit dem Regenwasser große Mengen an Säuren. Diese verdrängen die Mineralstoffe von der Oberfläche der Bodenteilchen. Ein versauerter Boden verliert daher ständig Mineralstoffe an das Sickerwasser. Pflanzen zeigen auf solchen Böden bald Mangelerscheinungen.
Säuren lösen auch Schadstoffe, die sich über Jahrzehnte im Boden angesammelt haben, wie **Schwermetalle** und **Pflanzenschutzmittel.**

1. Nenne die Faktoren, die den Boden gefährden!
2. Bildet Gruppen zu vier Schülern! Ermittelt im Internet mindestens drei Bevölkerungsgruppen, die zu den Verursachern der Bodenschädigungen gehören! Ermittelt Maßnahmen, die diese Schädigungen verringern! Stellt eure Ergebnisse in einem Gruppenvortrag vor!

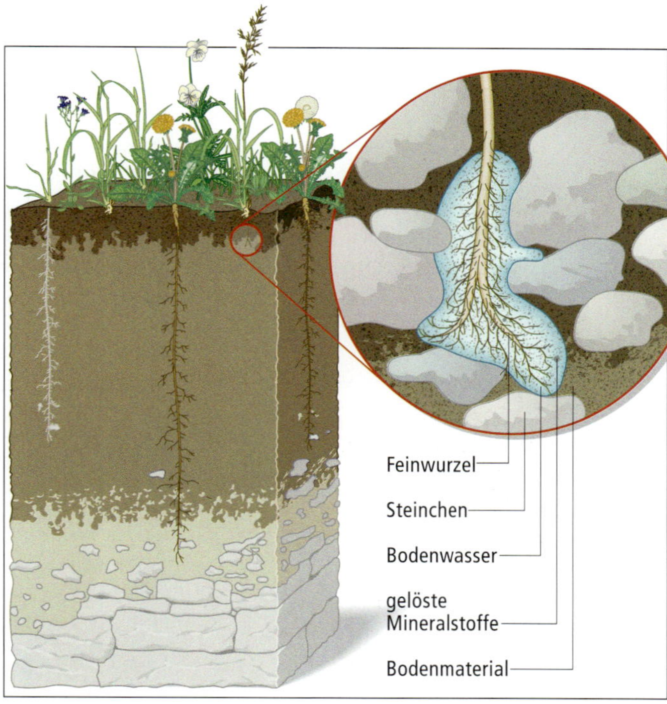

123.1 Aufbau des Bodens

123.2 Bauer beim Ausbringen von Pflanzenschutzmitteln

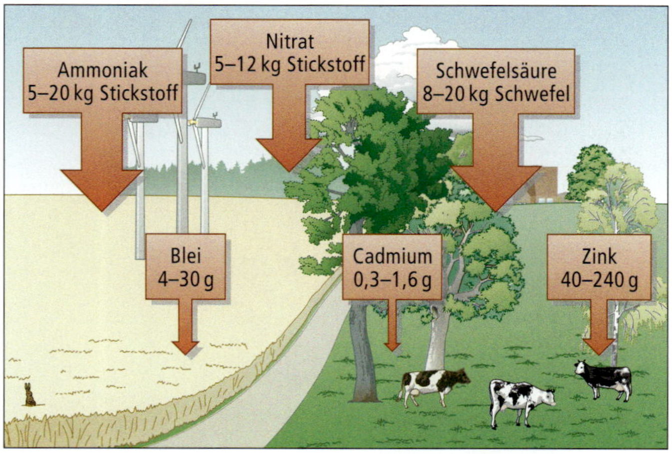

123.3 Schadstoff- und Säureeinträge auf einem Hektar Boden in Deutschland

4.4 Gefährdung des Wassers

Wasser ist das wichtigste Lebensmittel, das durch nichts zu ersetzen ist. Es ist außerdem unverzichtbar für unsere Körperhygiene und erfüllt zahlreiche Aufgaben in der Arbeitswelt. Jeder Bundesbürger verbraucht täglich über 130 Liter Wasser. Die öffentliche Wasserversorgung gewinnt diese großen Mengen hauptsächlich aus dem Grundwasser.

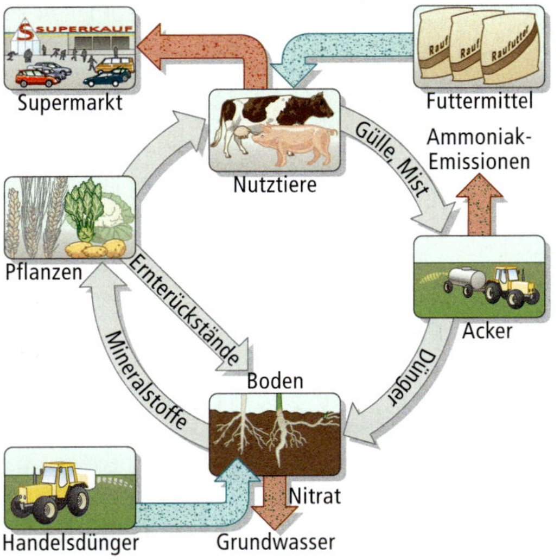

124.1 **Mineralstoffkreislauf in der Landwirtschaft**

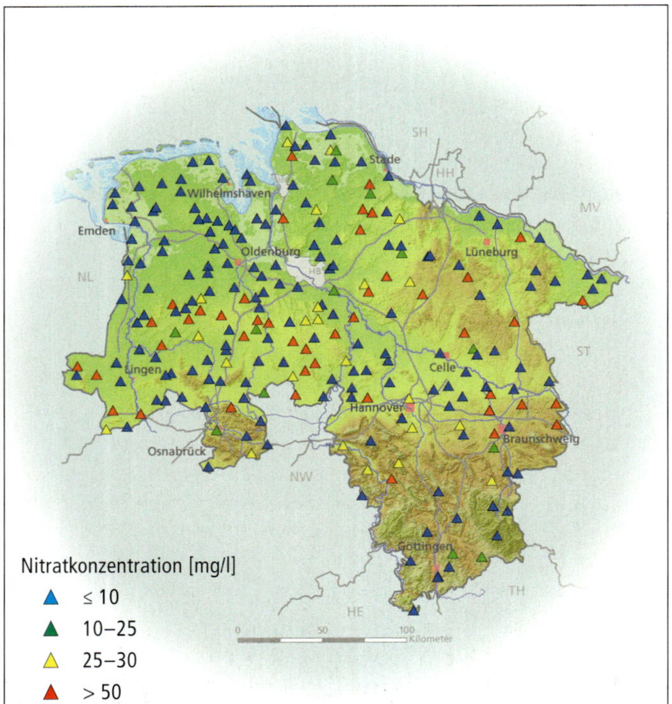

124.2 **Gemittelte Nitratgehalte im Grundwasser in Niedersachsen** (Untersuchungsjahr 2004)

In den Ballungszentren reichen die Grundwasservorkommen aber nicht mehr aus. Zum Teil muss Grundwasser in weit entfernten Gebieten gewonnen werden. Dies kann in den Entnahmegebieten zu folgenreichen Grundwasserabsenkungen führen, gegen die sich die Landwirte wehren. Letztlich muss man auf das verschmutzte Oberflächenwasser aus Seen und Flüssen zurückgreifen. Um es trinkbar zu machen, wird es einer aufwendigen Reinigung unterzogen. So werden über 20 Millionen Menschen mit aufbereitetem Rheinwasser versorgt. Da die Abwässer dieser Menschen wieder in den Rhein zurückfließen, durchläuft ein Teil des Wassers mehrfach den Kreislauf, bevor es das Meer erreicht. Der Gewässerschutz ist daher eine lebensnotwendige, staatliche Aufgabe. Durch strenge Umweltschutzgesetze konnte der Zustand unserer Flüsse verbessert werden. Heute muss die Industrie niedrigere Abwasserwerte einhalten und über 90 Prozent der kommunalen Abwässer werden in Kläranlagen gereinigt.

Sorgen bereitet die zunehmende Verschmutzung des Grundwassers. Zahlreiche Pflanzenschutzmittel, die auf den Äckern ausgebracht werden, sind im Grundwasser nachweisbar. Ein großes Problem stellen zudem die hohen Nitratgehalte dar. Um Spitzenerträge zu erzielen, bringen die Landwirte mehr Stickstoff als Dünger aus, als die Pflanzen dem Boden entziehen können. So bleiben pro Hektar und Jahr etwa 100 Kilogramm Düngestickstoff übrig, der zum größten Teil in Form von Nitrat ins Grundwasser geschwemmt wird. Besonders in Gebieten mit Massentierhaltung sind viele Brunnen stark belastet. Gelangt Nitrat in den Körper des Menschen, wird es sehr rasch in das giftige Nitrit umgewandelt. Bei Säuglingen wird unter dem Einfluss von Nitrit der Sauerstofftransport im Blut behindert, Haut und Lippen laufen blau an. Man spricht von „Blausucht“. In manchen Gebieten führte durch Nitrat verseuchtes Trinkwasser zu bleibenden Hirnschäden bei Kindern. Bei Erwachsenen erhöht die Nitrateinnahme das Krebsrisiko.

1. Erläutere den Zusammenhang zwischen Massentierhaltung und der Nitratbelastung des Grundwassers anhand der Abbildung 124.1!
2. Werte die in Abbildung 124.2 dargestellte Karte der Grundwassersituation in Niedersachsen aus!
3. Grundwasser, das den Grenzwert von 50 mg Nitrat pro Liter überschreitet, darf nicht für die Herstellung von Trinkwasser genutzt werden. Bildet Gruppen zu vier Schülern! Zwei Schüler vertreten Landwirte, zwei Schüler die Trinkwasserwirtschaft. Einigt euch am Gruppentisch auf Maßnahmen, die die Nitratbelastung im Trinkwasser verringern!

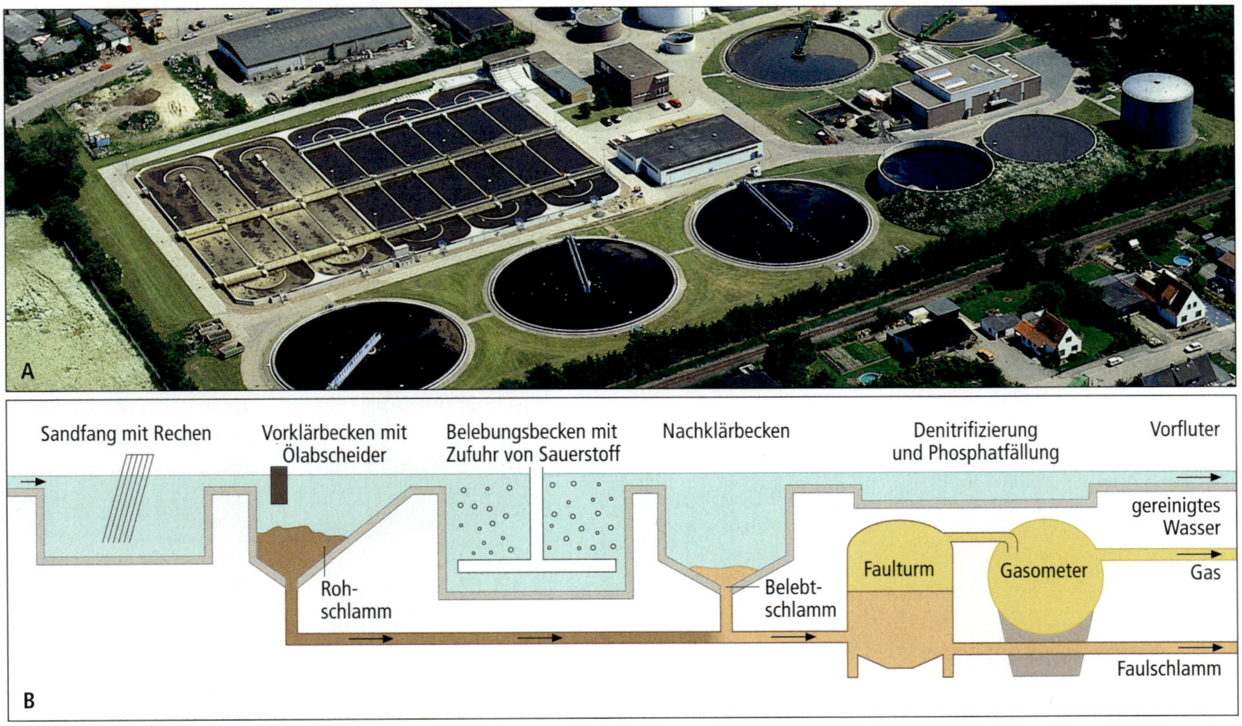

125.1 Kläranlage. A Luftbild; **B** Schema

4.5 Kläranlagen schützen Gewässer

In einer Kläranlage werden die Reinigungsprozesse, die in einem Fließgewässer ablaufen, nachgeahmt. Allerdings laufen die Vorgänge hier wesentlich schneller ab, denn es müssen jeden Tag große Abwassermengen gereinigt werden.

Das einströmende Abwasser fließt zuerst durch einen *Rechen,* grobe Materialien werden herausgefangen. Dann läuft es durch ein Becken, in dem sich der mitgeschwemmte Sand absetzen kann *(Sandfang).* Anschließend passiert das Wasser einen *Ölabscheider.* Öle und Fette, aber auch Benzinreste sammeln sich an der Wasseroberfläche und können abgesaugt werden.
Es schließt sich ein breites *Vorklärbecken* an. Hier strömt das Wasser nur noch so langsam, dass auch feine Schmutzteilchen zu Boden sinken und sich als Rohschlamm absetzen können. Diese ersten vier Schritte nennt man **mechanische Reinigungsstufe.**

Es schließt sich die **biologische Reinigungsstufe** an. In einem Belebtbecken schafft man günstige Bedingungen für Abfall fressende Kleinstlebewesen. Ständig wird Luft ins Wasser geblasen, um den Sauerstoffgehalt zu erhöhen und die Abfallstoffe zu verwirbeln. Bakterien und Einzeller vermehren sich explosionsartig und haften sich an die Schwebstoffe. Diese Belebtschlammflocken nehmen die leicht abbaubaren Stoffe aus Urin, Kot, Essensresten und Waschmitteln auf und zersetzen sie innerhalb weniger Stunden. Es bleiben nur Kohlenstoffdioxid und Mineralstoffe zurück. Im *Nachklärbecken* setzen sich die Belebtschlammflocken ab und werden zusammen mit dem Rohschlamm in eine *Biogasanlage* gepumpt. In dieser setzen Gärungsbakterien den Abbau der Stoffe fort. Dabei entsteht unter Sauerstoffabschluss Methan, das man als Energiequelle nutzt. Letztlich bleibt *Klärschlamm* zurück, den man meist als Dünger auf den Feldern ausbringen kann.

Das geklärte Wasser wird in der Regel über Vorfluter in die Flüsse und schließlich ins Meer geleitet. Da es aber große Mengen an düngenden Phosphaten und Nitraten enthält, trägt es dort zur Eutrophierung bei. Um dies zu verhindern, besitzen moderne Kläranlagen eine **chemische Reinigungsstufe,** in der das Nitrat zu Luftstickstoff umgewandelt und das Phosphat gefällt wird.

1. Beschreibe die Vorgänge in einer Kläranlage!
2. Begründe, weshalb bei der biologischen Reinigungsstufe Luft in das Abwasser geblasen wird!
3. „Säuren, Laugen und Gifte gehören nicht ins Abwasser." Begründe diese Verhaltensmaßregel!
4. Begründe, weshalb man Abwässer nicht ungeklärt in Flüsse und Seen ablaufen lassen kann!

A

Nylonstrümpfe
(etwa 10 Jahre)
Tetra Pak
(etwa 100 Jahre)
Alufolie
(etwa 50 Jahre)
Zigarette
(etwa 5 Jahre)
Getränkedose
(etwa 10 Jahre)
Kondom
(etwa 1 Jahr)
Lederschuh
(etwa 50 Jahre)
Glasflasche
(etwa 1 Million Jahre)
Kunststoffbehälter
(etwa 100 Jahre)
Papier
(etwa 1 Jahr)
Wollsocken
(etwa 5 Jahre)
Obst und Gemüse
B (etwa 1/2 Jahr)

C

126.1 Abfallprobleme. A früher; **B** heute (mit Verrottungszeit); **C** Lösungen

5 Umweltschutz geht alle an

Während es dem **Naturschutz** um die Erhaltung schutzwürdiger Landschaften wie zum Beispiel des Steinhuder Meeres geht, ist der Auftrag des **Umweltschutzes** wesentlich weiter gefasst. Er zielt auf die Gesamtheit der Maßnahmen und Verhaltensweisen des Menschen, seinen Lebensraum, seine Lebensgrundlagen und seine Gesundheit zu erhalten oder gar zu verbessern. Zu diesen Umweltschutzmaßnahmen gehören: Schutz der Gewässer vor der Einleitung schädlicher Stoffe, Schutz der Luft vor der Belastung mit zusätzlichen Gasen oder die Entsorgung von Abfällen. Weshalb messen viele Menschen dem Umweltschutz heute eine so große Bedeutung bei?

Viele Probleme des Umweltschutzes sind so alt wie die Menschheit, so auch die Abfallfrage. *Abfälle* sind für den Menschen nutzlose Stoffe, die zudem belastend oder gar schädigend sein können. Früher, als die meisten Menschen in frei stehenden Häusern oder Dörfern lebten, fiel wenig Abfall an. Er war zudem durch Einzeller und Bakterien gut abbaubar und konnte so in den Kreislauf der Stoffe zurückgeführt werden. In dörflichen Siedlungen wurden Küchenabfälle, Fäkalien und Asche in zentralen Abfallgruben entsorgt. In zahlreichen Städten dagegen wurden Abfälle entweder zentral gesammelt oder im einfachsten Falle auf die Straße gekippt. Ratten, Fliegen und andere krankheitsübertragende Tiere konnten sich vermehren, ansteckende Krankheiten wie Pest und Cholera kosteten vielen Menschen das Leben. Mit der Einführung einer Kanalisation sowie einer professionellen Hausmüllbeseitigung konnte dieses Abfallproblem gelöst werden. Ein anderes Problem tritt an seine Stelle. Es werden zahlreiche neue Stoffe, wie zum Beispiel Kunststoffe, auf den Markt gebracht.
Die Industrie lobt ihre hervorragenden Materialeigenschaften. Umweltschützer beklagen, dass viele dieser Stoffe nicht oder nur sehr langsam abgebaut werden oder dass sie im Laufe der Zeit giftige Reaktionsprodukte hervorbringen. So türmen sich riesige Müllberge auf, deren Gefahrenpotenzial man nicht sicher abschätzen kann.

Jeder Einzelne kann zur Entschärfung des Müllproblems beitragen, wenn er sich als Verbraucher für Produkte entscheidet, deren Stoffe abbaubar, wieder verwertbar oder zumindest problemlos lagerbar sind.

1. Erläutere die Grundsätze: „Vermeiden vor Verwerten“ und „Verwerten vor Beseitigen“!
2. Nenne weitere Problembereiche des Umweltschutzes und mögliche Lösungen, an denen du selbst beteiligt bist!

AUFGABEN Natur- und Umweltschutz

1 Ausgestorben oder gefährdet

a) Beschreibe die Situation der Vögel in Deutschland!
b) Nenne mögliche Gründe, die für die Gefährdung der Vogelarten und anderer Wirbeltiere mitverantwortlich sind!
c) Erläutere mögliche Maßnahmen zum Schutz gefährdeter Vogelarten!

2 Bodennutzung

Die Bundesrepublik Deutschland hat eine Fläche von 356 970 km²

54,7 % Landwirtschaft, Brache
29,2 % Wald
5,8 % Gebäude
4,6 % Verkehrsfläche
2,2 % Gewässer
0,7 % Industriefläche (unbebaut)
0,6 % Freizeitfläche
2,2 % Sonstiges

Siedlung und Verkehrsfläche in % der Gesamtfläche: alte Bundesländer 12,7 %, neue Bundesländer 7,9 %

a) Stelle die Formen der Bodennutzung in einem Tortendiagramm dar!
b) Nenne solche Formen der Bodennutzung, die Pflanzen und Tiere in besonderem Maße gefährden!

3 Wem nützt der Baum in der Stadt?

a) Beantworte die in der Überschrift gestellte Frage!
b) Nenne weitere „nützliche" Wirkungen eines Baumes in der Stadt!
c) Erläutere, weshalb Bäume in der Stadt letztlich nur wenig zum Naturschutz beitragen können!

4 Wirkung eines Katalysators

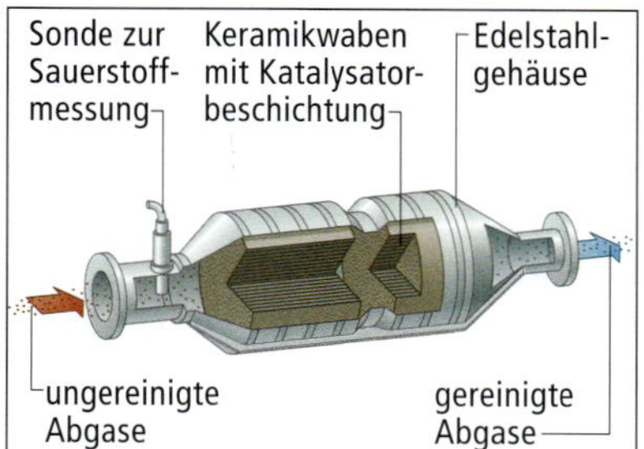

Kohlenwasserstoffe → Kohlenstoffdioxid + Wasser

Kohlenstoffmonooxid → Kohlenstoffdioxid

Stickstoffmonooxid + Kohlenstoffmonooxid → Stickstoff + Kohlenstoffdioxid

a) Nenne die Stoffe in den ungereinigten Abgasen von Verbrennungsmotoren, die für die Umwelt schädlich sind!
b) „Wichtiger als der Einbau eines Katalysators ist es, das Auto einmal nicht zu benutzen." Erläutere!

5 Müll

a) Nenne weitere Abfallformen, die in der Abbildung nicht vertreten sind!
b) Erläutere, inwiefern Restmüll (sonstige nicht wieder verwertbare Stoffe) mit einem hohen Kunststoffanteil problematischer ist als holzhaltiger Restmüll!
c) Erläutere die Trennung von Haushaltsmüll!

6 Plastik- oder Jute-Tüte?

Fast alle Einkaufsmärkte bieten Plastiktüten an. In diesen Tüten werden die gekauften Waren zum Auto getragen. Zumeist landen sie dann im Hausmüll.

A Energieverbrauch für 1 kg Plastiktüten

Herstellen des Stoffs (Polyethylen)	17,4	kWh
Verarbeiten des Stoffs	27,0	kWh
Diverses, Transport	0,6	kWh
Total	45,0	kWh
1 Plastiktüte (25g)	1,12	kWh

B Energieverbrauch für 1 kg Jutetaschen

Waschen, Trocknen des Materials	0,5	kWh
Spinnen maschinell	1,8	kWh
Weben maschinell	1,4	kWh
Nähen	0,4	kWh
Transport	0,6	kWh
Total	4,7	kWh
1 Jutetasche (120g)	0,56	kWh

a) Nenne mögliche Gründe dafür, dass viele Menschen ihre Waren in Plastiktüten nach Hause tragen!
b) Erläutere, warum die Verwendung von Jutetüten für die Umwelt günstiger ist als die von Plastiktüten!

128.1 Nachhaltigkeit betrifft alle Menschen

6 Nachhaltigkeit

In der zweiten Hälfte des 20. Jahrhunderts häuften sich die Schreckensmeldungen wie: Verknappung der Rohstoffe, Ölkrise, Dürreperioden, Hungersnöte, Artenschwund, Hochwasser, Waldsterben, Treibhausgase, Erwärmung der Erdoberfläche. Als Reaktion darauf einigten sich im Juni 1992 anlässlich der Konferenz für Umwelt und Entwicklung 178 Staaten in Rio de Janeiro auf die **Agenda 21.** Agenda ist lateinisch und heißt so viel wie: „Was zu tun ist." Die Agenda 21 ist ein alle Politikbereiche einbindendes Arbeitsprogramm für das 21. Jahrhundert. Die Unterzeichnerstaaten, zu denen auch Deutschland gehört, verpflichten sich zu einer weltweit nachhaltigen Entwicklung. Was bedeutet **Nachhaltigkeit?**

Das *Prinzip der Nachhaltigkeit* erwuchs aus einer Krise. Im 17. Jahrhundert litt insbesondere der Bergbau unter Holzmangel. Als Reaktion darauf wurde das Prinzip der Nachhaltigkeit erdacht und angewendet: Es darf der Natur beziehungsweise den Wäldern nicht mehr Holz entnommen werden als nachwachsen kann. Man pflanzte rasch wachsende Nadelwälder auch dort, wo sie natürlicherweise nicht vorkamen. Solche Monokulturen waren aber extrem anfällig, so auch gegen Schädlinge. Der Einsatz von Pflanzenschutzmitteln war unumgänglich. Dabei wurden auch nicht schädigende Lebewesen getötet oder gar ausgerottet. Die Artenvielfalt solcher Wälder war gering. Die Holzproduktion folgte zwar dem Prinzip der Nachhaltigkeit, die Qualität dieser Waldökosysteme nahm jedoch ab.

Das Nachhaltigkeitsprinzip der Agenda 21 ist weiter gefasst. Im Zentrum steht die Forderung, die menschliche Existenz längerfristig zu sichern. Das Tun der Menschen gilt dann als nachhaltig, wenn es die Lebensbedürfnisse aller heute lebenden Menschen und auch der zukünftigen Generationen sichert. Die moderne Forstwirtschaft hat mit Blick auf die Agenda 21 zwar weiterhin einen hohen nachhaltigen Holzertrag im Auge, es geht ihr aber auch um Artenvielfalt, Boden-, Wasser- und Klimaschutz und um den Wald als Erholungsraum. Diese Ziele versucht man dadurch zu erreichen, dass man abgeholzte Bereiche naturnah wieder aufforstet. Alte, abgestorbene Bäume

129.1 Nachhaltigkeit betrifft alle Lebensbereiche

gehören in einem solchen Wald nicht weggeräumt, sondern bleiben erhalten als Höhlenbäume für Kleinsäuger und Vögel.

Nachhaltigkeit betrifft alle Lebensbereiche. Besonders heftig diskutiert und als dringlich erachtet wird die *Nachhaltigkeit der Kohlenstoffdioxidfreisetzung.* Von 1958 bis 2004 war in der Atmosphäre eine Steigerung des Kohlenstoffdioxidgehaltes um 15 Prozent festzustellen. Kohlenstoffdioxid ist ein Treibhausgas und mitverantwortlich für die Erderwärmung und Klimaveränderungen. Nachhaltig wäre der Zustand, dass alle Lebewesen und der Mensch mit seiner Technik gerade so viel Kohlenstoffdioxid freisetzen, wie die Pflanzen bei der Fotosynthese binden. Von diesem Zustand sind wir aber weit entfernt. In der aktuellen Debatte geht es allenfalls darum, den Ausstoß an Kohlenstoffdioxid durch den Menschen und seine Technik zu vermindern. Das gelingt zum Beispiel durch Energiesparen im Haushalt, bessere Isolierung von Häusern oder Senkung des Treibstoffverbrauchs von Autos. Auch durch den Einsatz alternativer Energiequellen wie Windenergie und Sonnenenergie lässt sich die Freisetzung von Kohlenstoffdioxid verringern.

Ein besonderer Problembereich ist die *Nachhaltigkeit der Regenwaldnutzung.* Gingen 1972 jährlich 100 000 Quadratkilometer Regenwald durch Brandrodung und Fällung verloren, so waren es 2004 über 123 000 Quadratkilometer. Natürliche Regeneration und Aufforstung konnten diesen Raubbau nicht ausgleichen. Die Regenwaldentwicklung ist daher nicht nachhaltig. Der Rückgang der Regenwaldfläche verringert die Menge des durch die Pflanzen aufgenommenen Kohlenstoffdioxids. Dessen Konzentration in der Atmosphäre nimmt zu. Die Probleme der Nachhaltigkeit sind also miteinander vernetzt. Diese Vernetzung erschwert die Bewältigung der einzelnen Probleme.

1. Beschreibe Aspekte der nachhaltigen Forstwirtschaft!
2. Erkläre mithilfe der Kohlenstoffdioxidproblematik folgende Aussage: „Viele Nachhaltigkeitsfragen sind nur global zu lösen!"
3. Bildet Gruppen von 5 bis 7 Schülern und bearbeitet die Abbildung 129.1 unter dem Aspekt der Nachhaltigkeit! Zeigt Vernetzungen auf!
   Trefft bei eurer Arbeit Absprachen in Bezug auf die Verteilung der Aufgaben!
4. Nenne weitere Beispiele für nachhaltige Lebensbereiche!

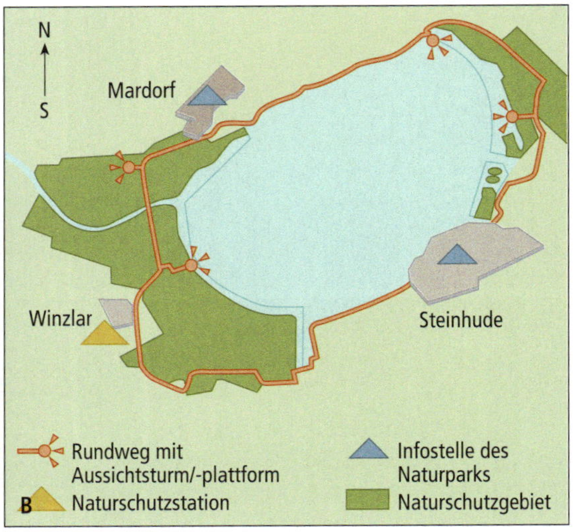

130.1 Steinhuder Meer. A Feuchtwiese; **B** Naturschutzeinrichtungen

7 Biotopschutz bedeutet Artenschutz

Das Steinhuder Meer wurde bereits 1976 zum „Feuchtgebiet internationaler Bedeutung" erklärt. Bestimmte Gebiete, so zum Beispiel der am Westufer gelegene Schlamm- und Flachwasserbereich, wurden zum *Naturschutzgebiet* erklärt. Hier ist eine land- und forstwirtschaftliche sowie touristische Nutzung nur unter Auflagen möglich. So ist zum Beispiel ein später Mahdtermin vorgeschrieben, um die Zerstörung der Nester am Boden brütender Wiesenvögel zu verhindern. Weshalb wird ein Biotop zum Schutzgebiet erklärt?

In vorgeschichtlicher Zeit lebten sehr wenige Menschen auf der Erde. Sie nutzten die heimischen Pflanzen und Tiere, ohne deren Bestand zu gefährden. Mit Beginn der Neuzeit, also seit etwa 500 Jahren, nimmt die Zahl der Menschen über die Maßen zu. Gleichzeitig beobachtet man, dass einzelne Arten immer seltener werden und sogar verschwinden, wie zum Beispiel der Seeadler. Früher begegnete man diesem Artenschwund nach dem Prinzip: Arten brauchen Artgenossen, um sich fortzupflanzen. Man sprach *Jagd-* und *Fangverbote* für Tiere und *Sammelverbote* für Pflanzen aus. Heute weiß man, dass der Artenrückgang noch andere Ursachen hat und solche Verbote allein den Bestand der Arten nicht sichern können.

Moderner Artenschutz orientiert sich an dem Prinzip: Arten brauchen Lebensraum und dort lebende andere Arten. In ihrem Lebensraum finden sie alles, was sie zum Leben brauchen. So ist die bis zu sieben Gramm schwere Zwergmaus an die Feuchtwiesen des Steinhuder Meeres angepasst. Mithilfe ihres Schwanzes und ihrer zangenartigen Hinterfüße kann sie hochstänglige Gräser und Stauden besteigen. Im Sommer legt sie kunstvolle Hochnester an. Sie ernährt sich von den Samen der Hochgräser und dort lebenden Insekten.

130.2 Seltene Arten. A Zwergmaus; **B** Dickkopffalter; **C** Uferschnepfe

Auswahl regelmäßiger Brutvögel am Steinhuder Meer
(Maximalzahlen der Brutpaare/Reviere in den Jahren 1993 bis 1998)

Graugans	50	Rotschenkel	4
Krickente	35	Waldwasserläufer	2
Knäkente	5	Ziegenmelker	25
Löffelente	8	Grauspecht	20
Schwarzmilan	6	Kleinspecht	14
Rotmilan	10	Braunkehlchen	30
Rohrweihe	4	Schwarzkehlchen	8
Wasserralle	100	Schlagschwirl	5
Wachtelkönig	15	Schilfrohrsänger	30
Kiebitz	50	Drosselrohrsänger	2
Bekassine	15	Bartmeise	4
Brachvogel	15	Beutelmeise	25

Auswahl von Rastvogelarten beziehungsweise Wintergästen (gerundet).
Monate mit den festgestellten Bestandsmaxima in Klammern, Erhebungszeitraum Januar 1994 bis Januar 1999

Haubentaucher	850 (Aug.)	Gänsesäger	1600 (Jan.)
Kormoran	1600 (Nov.)	Kiebitz	2500 (Okt.)
Saatgans	250 (Febr.)	Zwergstrandläufer	100 (Sept.)
Blässgans	2100 (Jan.)	Alpenstrandläufer	50 (Sept.)
Graugans	1000 (Dez.)	Kampfläufer	130 (Apr.)
Krickente	1000 (Nov.)	Bekassine	110 (Sept.)
Stockente	4300 (Jan.)	Dunkelwasserläufer	35 (Apr.)
Tafelente	660 (Febr.)	Bruchwasserläufer	50 (Mai)
Reiherente	670 (Okt.)	Fischadler	12 (Sept.)
Zwergsäger	160 (Febr.)		

131.1 Artenvielfalt am Steinhuder Meer

Wenn der Mensch solche Lebensräume schützt, sichert er gleichzeitig den Bestand der dort lebenden Arten: **Biotopschutz** bedeutet **Artenschutz.** Dieser Schutz wird durch internationale Abkommen und nationale Bestimmungen festgeschrieben. Biotopschutz bedeutet also für den Bürger Einschränkung, im ungünstigsten Falle Verbot. Durch *Naturschutzstationen* wird um Verständnis für den Biotopschutz geworben.

1. Vergleiche den Tier- und Pflanzenschutz in früheren Zeiten und heute!
2. Erläutere, weshalb man durch den Schutz von Biotopen gleichzeitig Arten schützen kann!
3. Bildet Gruppen zu je vier Schülern! Erarbeitet Stellungnahmen von Umweltschützern, Straßenbauern, Landwirten, Industrievertretern und Städtebauern zum Biotopschutz! Sammelt alle Stellungnahmen in der Klasse auf Plakaten! Diskutiert das Ergebnis!

RÜCKBLICK mit Basiskonzepten: Natur- und Umweltschutz

Viele Tier- und Pflanzenarten sind in ihrem Bestand stark gefährdet, so zum Beispiel der *Gelbe Günsel* oder das *Breitblättrige Knabenkraut.* Durch Besiedlung, Straßen- und Tagebau gehen ganze Landstriche verloren und mit ihnen besondere Lebensräume und an diese angepasste Lebewesen. Gefährdete Arten werden in den *Roten Listen* geführt.

Landschaften, die stark vom Menschen beeinflusst worden sind, wie Tagebaugruben in Feuchtgebieten, können wieder *renaturiert* werden. Das Phänomen der *Sukzession* kann man besonders gut in Gebieten beobachten, wo Abraum von Tagebau auf Halde gelagert wurde. Nach und nach verändern sich dort die Umweltbedingungen, sodass sich nacheinander verschiedene Tier- und Pflanzenarten dort ansiedeln, um von anderen Arten abgelöst zu werden. Anstrengungen, die Natur zu schützen und zu erhalten, können also erfolgreich sein. Erhält die Natur geeignete Unterstützung vom Menschen, so kann sich wieder ein ursprünglicher Landschaftstyp entwickeln. Bewaldete Gebiete sind unerlässlich für den natürlichen Wasserhaushalt einer Landschaft. Ihr Boden dient als Wasserspeicher, sodass die Tiere und Pflanzen des Waldes auch bei großer Trockenheit mit Wasser versorgt sind. Bei starkem Regen nimmt der Waldboden große Wassermengen auf und verhindert so, dass besiedelte Bereiche überschwemmt werden. Auch am Kohlenstoffkreislauf der Erde ist der Wald beteiligt. Er entzieht der Atmosphäre Kohlenstoffdioxid und wirkt so dem *Treibhauseffekt* entgegen. Diese Phänomene sind ein Beispiel für das **Basiskonzept „Steuerung und Regelung".**

Boden, Wasser und Luft können für den Menschen und andere Lebewesen schädliche Stoffe enthalten. So sind manche Böden durch Schwermetalle und Pestizidrückstände belastet, Meere können durch Öl verschmutzt sein, das Grundwasser kann nitrathaltig sein und die Luft zu hohe Ruß- und Ozonwerte enthalten. Es fällt dem Menschen schwer, die Folgen, die sein Eingreifen in die Natur hat, einzuschätzen. Düngt der Bauer sein Feld, so kann er besonders dicke Mohrrüben ernten. Dies bewirkt jedoch auch, dass die Mohrrüben Nitrat in für den Menschen gesundheitlich bedenklichen Mengen enthalten können. Der Regen schwemmt die Nitrate in die Gewässer und so können Algen und Pflanzen übermäßig wachsen. Folglich kann Sonnenlicht wegen der Trübung des Wassers nicht mehr in die Tiefen eines Sees gelangen, sodass dort weniger Sauerstoff durch Fotosynthese gebildet wird und die Tiere der tieferen Schichten sterben. Der See kann „umkippen". Jede unserer Handlungen hat also direkte Folgen, wie die Erhöhung des Ernteertrags durch Düngung, aber eben auch indirekte Folgen. Diese sind meist unerwünscht, wie der *Klimawandel,* der durch die Erhöhung des Kohlenstoffdioxidausstoßes durch Verkehr und Konsum entsteht. Wichtig ist, dass die Lebensbedingungen für jetzt und zukünftig erhalten bleiben: Prinzip der Nachhaltigkeit.

Stoffwechsel des Menschen

132.1 Guten Appetit!

- Warum essen wir eigentlich?
- Was geschieht mit der Nahrung bei der Verdauung?
- Wie lange dauert die Verdauung einer Mahlzeit?
- Was versteht man unter gesunder Ernährung?

- Was sind Vitamine?
- Kommt man ohne Fette in der Nahrung aus?
- Wie kommt die Nahrung ins Blut?
- Kommt das Blut im Körper überall hin?
- Warum atmen wir?

Ein Experiment. Halte deine Hand erst unter den geöffneten Wasserhahn! Schließe den Hahn wieder und trockne die Hand anschließend mit einem Fön! Beschreibe deine Beobachtungen und vergleiche sie mit dem Schwitzen!

Sprichwort. „Gut gekaut ist halb verdaut!" Setzt euch in Dreiergruppen zusammen! Diskutiert das Sprichwort!

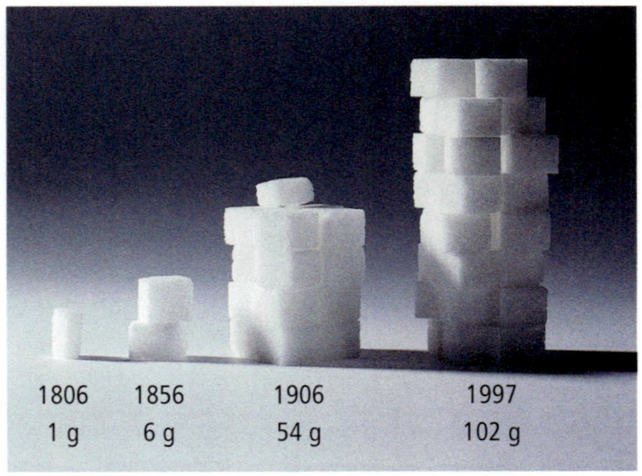

Zucker. Erörtert in Partnerarbeit, was durch die Abbildung dargestellt werden soll! Nennt Probleme, die mit dem dargestellten Sachverhalt verbunden sind!

Pulsschlag und Atemfrequenz. Untersucht in Gruppenarbeit den Pulsschlag und die Atemfrequenz in Ruhe und nach 20 Kniebeugen! Vergleicht die Ergebnisse in der Gruppe und diskutiert die Unterschiede! Findet weitere Einflüsse, von denen Pulsschlag und Atemfrequenz abhängen!

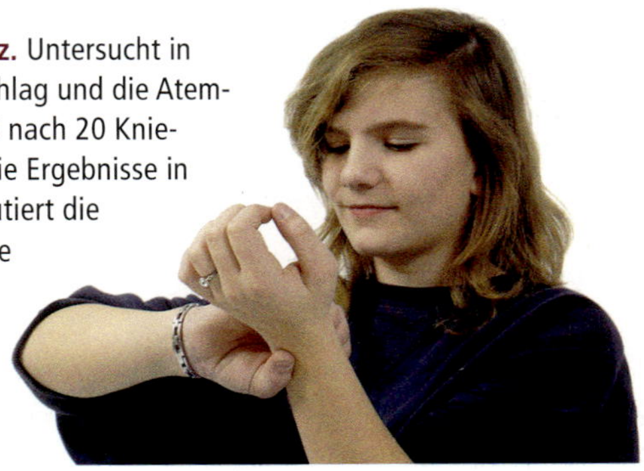

Guten Appetit! Beschreibe die Abbildung 132.1! Stelle einen Bezug zum Thema „Stoffwechsel des Menschen" her!

Planung.

Alle Schülerinnen und Schüler der Klasse bekommen drei DIN-A5-Karteikarten. Jeder schreibt nun auf jeweils eine Karte, was seiner Meinung nach bei der Besprechung des Themas „Stoffwechsel des Menschen" besonders wichtig ist. Die Buchstaben sollten möglichst groß geschrieben werden. Die Karteikarten werden gesammelt und gut gemischt. Alle Karten werden mit Klebeband an die Tafel geheftet. Nun werden die Begriffe geordnet, sodass ein Plan für den nachfolgenden Unterricht entsteht.

134.1 Radfahrer bei der Tour de France

1 Ernährung

1.1 Nährstoffe in unserer Nahrung

Radfahrer bei der Tour de France sind Hochleistungssportler. Sie quälen sich die Berge hinauf und sausen an der anderen Seite wieder hinunter. Am Straßenrand kann man immer wieder Menschen sehen, die den Sportlern Getränke, Obst und Müsli-Riegel reichen. Weshalb tun sie dies?

Radfahrer der Tour de France benötigen bei ihren Tagesfahrten gewaltige Mengen an Energie, Flüssigkeit und Mineralstoffen. Ein Radfahrer kann bei einer Tagestour bis zu zehn Kilogramm an Körpermasse verlieren. Dies ist zum großen Teil auf den Wasserverlust beim starken Schwitzen zurückzuführen. Hinzu kommt jedoch, dass der Körper bei einer solchen Anstrengung zur Energiefreisetzung auch große Mengen an Stoffen verbraucht, die mit der Nahrung aufgenommen werden. Untersucht man beispielsweise die Müsli-Riegel, findet man hauptsächlich **Kohlenhydrate** und geringe Mengen an **Eiweißstoffen** und **Fetten** als Inhaltsstoffe. Diese Stoffe in der Nahrung bezeichnet man als **Nährstoffe.** Sie liefern den Radfahrern die für ihren Sport notwendige Energie und die Stoffe, die ihr Körper zum Aufbau von Muskeln und anderen Körpergeweben benötigt. Genau wie der Müsli-Riegel sind auch Brot und Nudeln reich an Kohlenhydraten, jedoch arm an Eiweißstoffen und Fetten. Käse, Joghurt und Fleisch enthalten dagegen sehr viele Eiweißstoffe, aber kaum Kohlenhydrate. Besonders viele Fette sind in Butter, Wurst und Nüssen enthalten, in magerem Fleisch aber nicht. Die Nährstoffe kommen also in verschiedenen Lebensmitteln in unterschiedlichen Anteilen vor. Woraus bestehen diese verschiedenen Nährstoffe?

Kohlenhydrate sind Nährstoffe, die sich aus Zuckerbausteinen zusammensetzen. Glucose oder Traubenzucker ist ein solcher Baustein. Kohlenhydrate, die nur aus einem Baustein bestehen, nennt man *Einfachzucker*. Malzzucker ist dagegen aus zwei Bausteinen Glucose aufgebaut. Er

gehört zu der Gruppe der *Zweifachzucker*, genauso wie der Milchzucker. Kohlenhydrate aus vielen miteinander verbundenen Zuckerbausteinen heißen *Vielfachzucker*. Ein solcher Vielfachzucker ist die Stärke. Sie besteht aus vielen Glucosebausteinen.
Im Müsli-Riegel der Radfahrer finden sich vor allem Glucose und Fructose (Fruchtzucker) als Kohlenhydrate. Diese Zuckerarten gelangen wegen ihrer geringen Größe sofort ins Blut des Sportlers und müssen nicht erst in ihre Bausteine zerlegt werden. Deshalb kann die in ihnen gespeicherte Energie schnell freigesetzt werden.

Eiweißstoffe werden auch **Proteine** genannt. Ihre Bausteine sind die **Aminosäuren.** Eiweißstoffe bestehen aus einer langen Kette verschiedener Aminosäuren. Es gibt 20 verschiedene natürlich vorkommende Aminosäuren. Die Eiweißstoffe, wie in der Milch oder im Fleisch, unterscheiden sich in der Reihenfolge und Anzahl ihrer Aminosäuren. Einige Aminosäuren kann der Körper nicht selbst aufbauen. Sie heißen **essenzielle Aminosäuren** und müssen mit der Nahrung aufgenommen werden.

Fette sind Nährstoffe, die aus den Bausteinen *Glycerin* und *Fettsäuren* zusammengesetzt sind. Ein Baustein Glycerin ist dabei mit drei Fettsäurebausteinen verbunden. Manche Fettsäuren kann unser Körper nicht selbst aufbauen. Sie werden **essenzielle Fettsäuren** genannt und müssen wie die essenziellen Aminosäuren mit der Nahrung aufgenommen werden.
Der menschliche Körper nutzt Eiweißstoffe zum Beispiel zum Aufbau von Muskeln. Als Energiequelle werden hauptsächlich Kohlenhydrate verwendet. Da der Müsli-Riegel vor allem Kohlenhydrate enthält, ist er sehr geeignet für den Einsatz als Zwischenmahlzeit bei der Tour de France.

1. Erläutere die Zusammensetzung des Eibrotes aus Abbildung 135.1!
2. Zeichne je ein Kreisdiagramm von der Zusammensetzung eines Apfels, eines Brötchens, eines Brathuhns und von Haselnüssen! Vergleiche!
3. Erläutere an diesem Beispiel das Basiskonzept „Stoff- und Energieumwandlung"!
4. Referiere mit eigener Gliederung über die Nährstoffe in unserer Nahrung!
5. Viele Menschen essen kohlenhydratreiche und fettreiche Nahrung, obwohl sie weder Sport treiben noch sich in ihrem Alltag viel bewegen. Begründe, weshalb dieses Verhalten zu Übergewicht führt!
6. Kraftsportler wie Gewichtheber achten bei ihrer Ernährung auf eiweißstoffreiche Nahrungsmittel. Begründe diese besondere Auswahl!

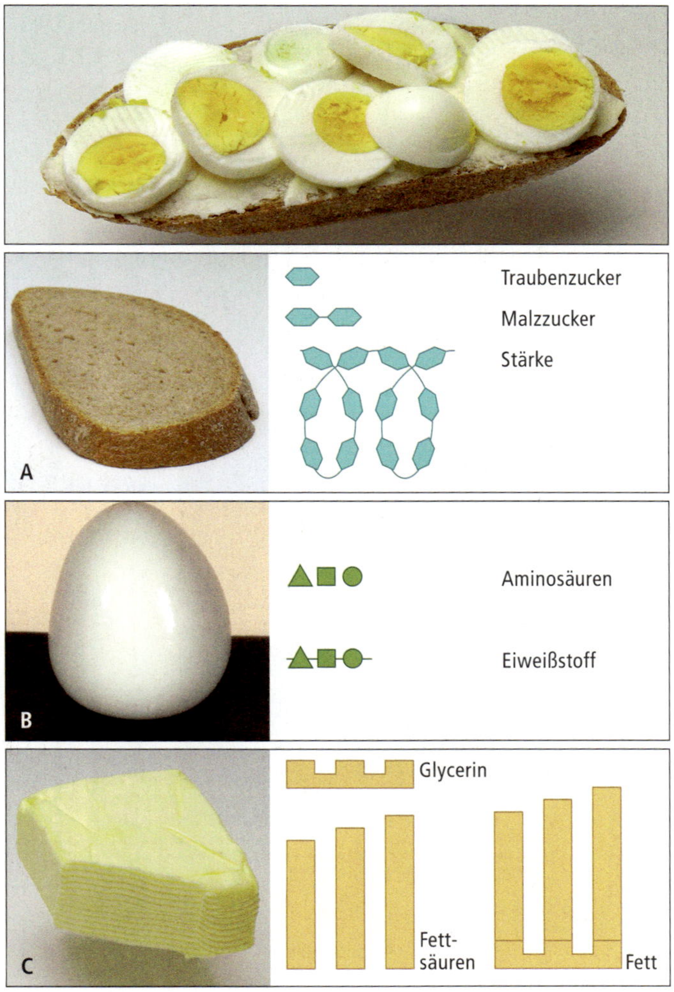

135.1 Aufbau von Nährstoffen (Schema).
A Kohlenhydrate; **B** Eiweißstoffe; **C** Fette

Lebensmittel (100 Gramm)	Wasser in Gramm	Eiweißstoffe in Gramm	Kohlenhydrate in Gramm	Fette in Gramm	sonstige Stoffe in Gramm
Äpfel	84,0	0,3	15,0	0,6	0,1
Bananen	75,7	1,1	22,2	0,2	0,8
Karotten	88,6	1,1	9,1	0,2	1,0
Haselnüsse	6,0	12,7	18,0	60,9	2,4
Butter	17,4	0,6	0,7	81,0	0,3
Brötchen	34,0	6,8	58,0	0,5	0,7
Spagetti	10,4	12,5	75,2	1,2	0,7
Vollmilch	88,1	3,2	4,6	3,7	0,4
Schlagsahne	64,1	2,2	2,9	30,4	0,4
Brathuhn	72,7	20,6	0,0	5,6	1,1
Schweinekotelett	53,9	15,2	0,0	30,6	0,3
Honig	17,2	0,3	82,3	0,0	0,2
Schokolade	0,9	7,7	56,9	32,3	2,2

135.2 Zusammensetzung einiger Lebensmittel

1.2 Die Bedeutung der Nährstoffe für den Stoffwechsel

Leistungssport wie Radrennfahren verursacht viele Veränderungen im Körper. Vergleicht man beispielsweise die Größe der Herzen verschiedener Menschen, stellt man fest, dass das Herz eines trainierten Radrennfahrers viel größer ist als das des untrainierten Menschen. Auch die Muskeln an den Oberschenkeln sind viel dicker und seine Arme sehr viel sehniger und muskulöser. Aber auch im Laufe der Entwicklung vom Baby zum Heranwachsenden verändert sich der Körper. Das Kind wird größer, nimmt an Masse zu und entwickelt eine stärkere Muskulatur. Wie kann es zu diesen Veränderungen kommen?

Muskeln bestehen größtenteils aus Proteinen. Um also Muskeln aufbauen zu können, muss man Eiweißstoffe zu sich nehmen. Die Proteine unserer Nahrung können aber nicht ohne Weiteres in Muskeln eingebaut werden. Sie müssen erst durch die Verdauung in ihre Bestandteile, die Aminosäuren, zerlegt werden. Dann können sie zu körpereigenen Proteinen neu zusammengesetzt werden. Für den Radrennsportler ist der Aufbau von Muskeln sehr vorteilhaft. Starke Beinmuskeln verhelfen ihm zu einer starken Ausdauerleistung, und eine ausgeprägte Herzmuskulatur erleichtert die Versorgung des Körpers mit Sauerstoff. Aber auch für das Baby ist die Stärkung der Muskulatur sehr wichtig für das Erlernen von Krabbeln und Gehen.

Körperzellen enthalten neben Eiweißstoffen und Kohlenhydraten auch Fette und fettähnliche Stoffe. Da ein jugendlicher Körper aus mehr Zellen besteht als ein Babykörper, müssen zum Wachstum auch Fette zur Verfügung stehen. Mit der Nahrung aufgenommene Fette werden in ihre Bestandteile zerlegt, umgebaut und finden dann im Körper als körpereigene Fette Verwendung. Auch Kohlenhydrate und Proteine können unter bestimmten Umständen zu Fetten umgebaut werden. Nimmt ein Mensch zu viele Nährstoffe auf, so verwandeln sich diese in Fette, die gespeichert werden: Ein Mensch wird dick. Diese Umwandlung von Stoffen aus der Nahrung in körpereigene Stoffe und den anschließenden Einbau in Körperstrukturen nennt man **Baustoffwechsel** oder **Assimilation.**

Die Assimilation benötigt allerdings Energie. Energie steckt in den Nährstoffen, die wir über die Nahrung zu uns nehmen. Der wichtigste Energie liefernde Vorgang in den Zellen ist die Umwandlung von Glucose. Dazu kommt es, indem langkettige Kohlenhydrate aus beispiels-

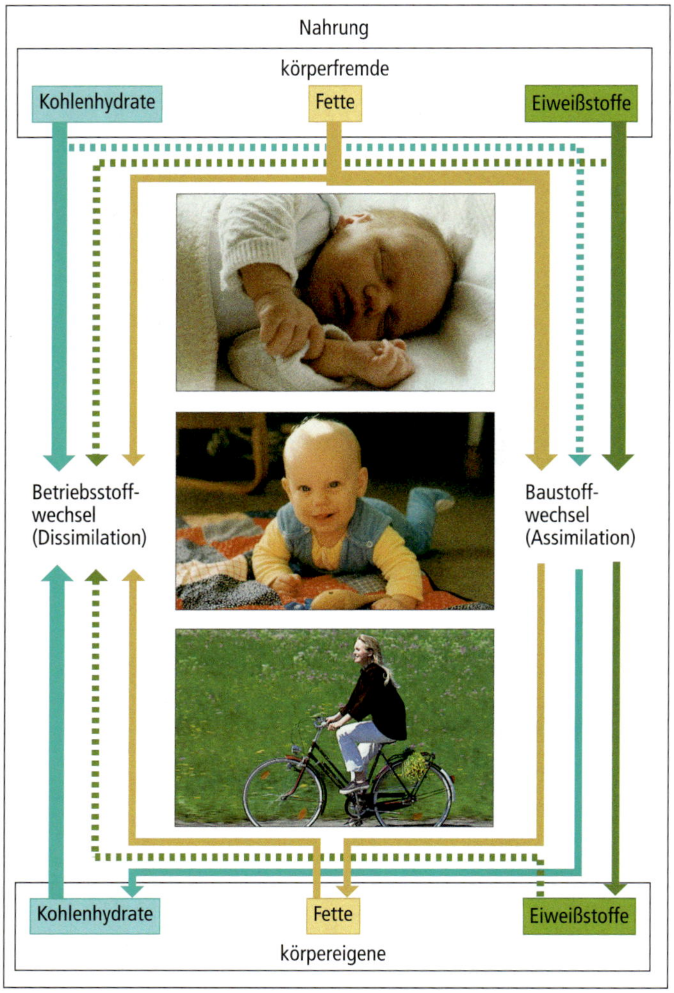

136.1 Bedeutung der Nährstoffe für den Stoffwechsel des Menschen

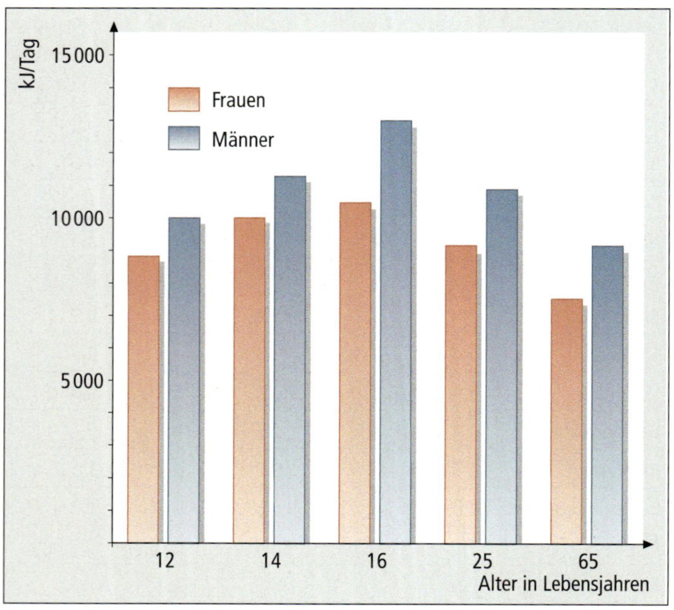

136.2 Energiebedarf in Abhängigkeit vom Alter

weise Brot oder Nudeln in ihre Bausteine zerlegt werden. Der Traubenzucker wird dann in den Körperzellen unter Beteiligung von Sauerstoff zu Kohlenstoffdioxid und Wasser umgewandelt. Dabei wird Energie freigesetzt. Diesen Abbau von Nährstoffen zur Energiefreisetzung nennt man **Dissimilation** oder **Betriebsstoffwechsel.** Der Sauerstoff für den Traubenzuckerabbau stammt aus der Atemluft. Das entstehende Kohlenstoffdioxid wird ausgeatmet. Da diese Dissimilation, bei der Sauerstoff benötigt und Kohlenstoffdioxid abgegeben wird, in den Zellen abläuft, spricht man von **Zellatmung.** Außer durch die Umwandlung von Kohlenhydraten können Zellen auch beim Abbau von Eiweißstoffen und Fetten Energie freisetzen.

Allerdings wird die im Betriebsstoffwechsel freigesetzte Energie nicht ausschließlich im Baustoffwechsel eingesetzt, sondern auch für Bewegungsvorgänge genutzt. Deshalb fühlt sich ein Sportler nach einem Tagesabschnitt der Tour de France ausgezehrt und sehr müde. Aber oft hat er schon nach dem Aufwachen Hunger, obwohl er sich in der Nacht doch kaum bewegt hat. Woran liegt das?
Auch wenn der Körper ruht, benötigen viele Körperfunktionen, beispielsweise Herz- und Atemtätigkeit und die Aufrechterhaltung der Körpertemperatur, Energie. Die Energie, die ein Mensch in absoluter Ruhestellung aufwendet, nennt man **Grundumsatz.** Bei Jugendlichen und Erwachsenen beträgt dieser Grundumsatz etwa 7500 Kilojoule am Tag. Körperliche und geistige Aktivitäten erhöhen den Energiebedarf beträchtlich. Der zusätzliche Energiebedarf ergibt zusammen mit dem Grundumsatz den **Arbeits-** oder **Leistungsumsatz.** Er nimmt beim erwachsenen Menschen beispielsweise durch Stehen um 500 Kilojoule und beim Gehen um 800 bis 1200 Kilojoule pro Stunde zu.

Um ihren hohen **Gesamtenergiebedarf,** also den Energiebedarf für Grund- und Leistungsumsatz zusammen, zu decken, nehmen die Radrennsportler nach einer Tagesetappe dann auch besonders große Portionen Nudeln und Kartoffeln zu sich, aber auch etwas Fisch oder etwas Fleisch. Dann sind sie am nächsten Tag wieder voll leistungsfähig und bereit für einen weiteren sehr anstrengenden Tag der Tour de France.

1. Erläutere, wie sich die Zusammensetzung der Nahrung eines Menschen im Laufe seines Lebens ändern sollte!
2. Erläutere an diesem Beispiel das Basiskonzept „Stoff- und Energieumwandlung"!

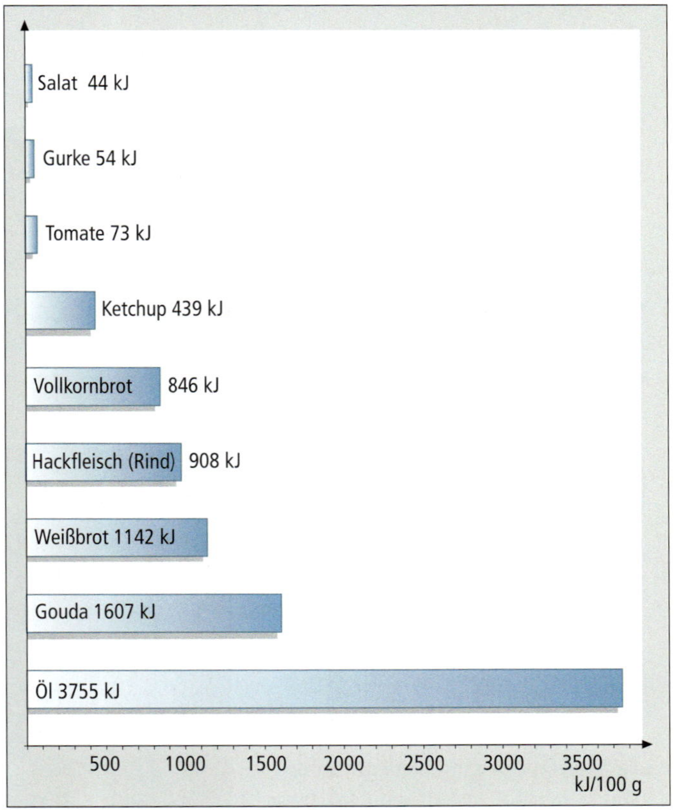

137.1 Energiegehalt verschiedener Lebensmittel

137.2 Energiebedarf bei verschiedenen Tätigkeiten

EXKURS Energie

Energieverschwendung, Windenergie, Kernenergie ... wir benutzen diese Wörter tagtäglich. Was aber ist Energie? Eine Sportlerin isst ein Stück Traubenzucker vor dem Wettkampf. Der Traubenzucker ist ein *Energieträger,* in dem chemische Energie gespeichert ist. Der Körper nutzt diese gespeicherte Energie zum Beispiel zur Muskelbewegung beim anstehenden 100-Meter-Sprint. Die chemische Energie wird also in Bewegungsenergie umgewandelt. Bei dieser Umwandlung entsteht Wärme, die der Aufrechterhaltung der Körpertemperatur von 37 °C dient. Neben *Wärmeenergie, Bewegungsenergie* und *chemischer Energie* sind auch *elektrische Energie* und *Lichtenergie* Formen von Energie. Alle Energieformen lassen sich ineinander umwandeln.

Bei allen Energieumwandlungen wird Wärme frei. Dies kann man fühlen, wenn man nach einer längeren Autofahrt eine Hand auf die Motorhaube legt. Ein mehr oder weniger großer Teil der chemischen Energie des Energieträgers Benzin wird über den Motor des Autos, den *Energiewandler,* nicht in Bewegungsenergie umgewandelt, sondern fließt als Wärme ungenutzt in die Umgebung. Man sagt deshalb, dass die Energie **entwertet** wird.

Die Maßeinheit für Energie ist das Joule (J). Die alte Maßeinheit Kalorie (cal) ist aber noch häufig in Gebrauch.
Es gilt: 1 cal = 4,18 J.

Auch in Nährstoffen wie in einem Würfel Zucker steckt Energie, chemische Energie. Will man seinen Energiegehalt ermitteln, verbrennt man den zunächst gewogenen Zuckerwürfel vollständig in Sauerstoff. Übrig bleiben Kohlenstoffdioxid und Wasser. Aus der frei werdenden Wärmemenge wird der **physikalische Brennwert** des Zuckers ermittelt, also die Energiemenge, die er vor der Verbrennung besaß. Je mehr Wärme bei der Verbrennung frei wird, desto höher ist der physikalische Brennwert. Während der physikalische Brennwert von Kohlenhydraten etwa 17 Kilojoule pro Gramm beträgt und der von Eiweißstoffen 23 Kilojoule pro Gramm, liegt der von Fetten bei etwa 39 Kilojoule pro Gramm. Das heißt, der Energiegehalt von Fetten ist viel höher als der Energiegehalt einer gleich großen Masse an Kohlenhydraten oder Eiweißstoffen.
Die Energiemenge, die im Körper beim Abbau von Nährstoffen frei wird, heißt **physiologischer Brennwert.** Dieser ist sowohl für die Kohlenhydrate als auch für die Fette genauso groß wie ihr physikalischer Brennwert. Der physiologische Brennwert der Eiweißstoffe hingegen ist geringer als der physikalische Brennwert. Wodurch kommt das?

Bei der Zellatmung im Körper werden Kohlenhydrate und Fette vollständig zu Kohlenstoffdioxid und Wasser umgewandelt. Das Kohlenstoffdioxid wird dann mit der ausgeatmeten Luft abgegeben, das Wasser dient entweder anderen Stoffwechselprozessen oder wird ebenfalls ausgeschieden. Eiweißstoffe dagegen werden nur bis zum Harnstoff, einer Verbindung, die immer noch energiereich ist, umgewandelt. Eiweißstoffe setzen also im Körper weniger Energie frei als Fette und Kohlenhydrate. Deshalb ist ihr physikalischer Brennwert höher als ihr physiologischer.

Der Mensch benötigt für alle seine Körperfunktionen wie Herzschlag, Atmung und Bewegungsfähigkeit Energie. Diese Energie setzt er aus den Nährstoffen in seiner Nahrung frei. Ein Teil der Energie wird bei dieser Energieumwandlung in Form von Wärme frei. Diese wird für die Aufrechterhaltung der Körpertemperatur genutzt. Teilweise geht sie aber auch verloren – Energie wird entwertet. Nimmt der Mensch also nicht ständig neue Nahrung zu sich, um den Energieverlust durch die Aufrechterhaltung seiner Lebensfunktionen und durch Entwertung auszugleichen, so stirbt er.

1. Nenne Energieformen und finde Beispiele aus dem Alltag für ihre Umwandlung in andere Energieformen!

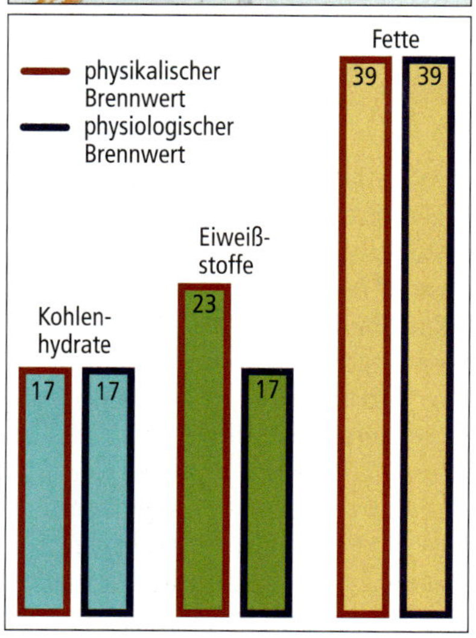

138.1 Physikalischer und physiologischer Brennwert in kJ/g

PRAKTIKUM Nachweis von Nährstoffen

1 Nachweis von Stärke

Material: 1 Reagenzglas; Wasser; Stärke; Spatel; Glasstab; Iod-Kaliumiodid-Lösung; Lebensmittel: 1 Kartoffelscheibe, ein paar Chips, 1 Haselnusshälfte, 1 Scheibe Käse, 1 Scheibe Banane, 1 Wurstscheibe, 1 Scheibe Brot; 1 Petrischale; 1 Pipette

Durchführung: Fülle ein Reagenzglas halb mit Wasser! Gib eine Spatelspitze Stärke hinzu! Rühre um! Füge nun einige Tropfen Iod-Kaliumiodid-Lösung hinzu! Schneide ein Stück Kartoffel ab und gib einige Tropfen Iod-Kaliumiodid-Lösung auf die feuchte Schnittfläche! Beträufle auch die trockenen Lebensmittel, wie das Brot, mit Iod-Kaliumiodid-Lösung!

Aufgabe:
Prüfe die Lebensmittel auf Stärke und nenne die, die Stärke enthalten!

2 Nachweis von Traubenzucker mit Glucose-Teststreifen

Material: 3 Reagenzgläser; Spatel; Wasser; Traubenzucker; Glasstab; Glucose-Teststreifen (aus der Apotheke); Lebensmittel: Apfelsaft, Orangensaft, Banane, Weißbrot, Kartoffel; 5 kleine Bechergläser; Mörser; Pistill

Durchführung: Fülle drei Reagenzgläser mit Wasser! Gib in eines der Reagenzgläser eine Spatelspitze Traubenzucker, in das zweite eine Spatelspitze Haushaltszucker und rühre beide mit einem Glasstab um! Tauche einen Glucose-Teststreifen in jedes der drei Reagenzgläser! Beobachte den Testbezirk und vergleiche mit der Packungsbeilage der Teststreifen!

Aufgaben:
a) Beschreibe deine Beobachtungen am Glucose-Teststreifen! Ziehe Schlussfolgerungen aus deinen Beobachtungen!
b) Gib jeweils ein wenig Fruchtsaft in ein Becherglas und teste mit dem Glucose-Teststreifen!
c) Zerkleinere die festen Lebensmittel und mische sie in Bechergläsern mit Wasser! Tauche die Glucose-Teststreifen in die Gemische! Nenne die Lebensmittel und Getränke, die Glucose enthalten!

3 Nachweis von Eiweißstoffen mit Eiweiß-Teststreifen

Material: 8 Bechergläser; Wasser; Eiklar; Glasstab; Eiweiß-Teststreifen; Mörser; Pistill; Lebensmittel: Quark, Haferflocken, Milch, Kartoffel, Apfel, Käse

Durchführung: Fülle zwei Bechergläser halb mit Wasser und gib in eines etwas Eiklar! Verrühre das Gemisch mit einem Glasstab und tauche in jedes der beiden Bechergläser einen Eiweiß-Teststreifen! Um die anderen Lebensmittel auf Eiweißstoffe zu untersuchen, zerkleinere sie gegebenenfalls in einem Mörser. Vermische sie mit Wasser, bevor du einen Teststreifen hineinhältst!

Aufgabe:
Beschreibe deine Beobachtungen und nenne die Lebensmittel, die Eiweißstoffe enthalten! Trage der Klasse deine Versuchsergebnisse vor!

4 Nachweis von Fetten mit der Fettfleck-Probe

Material: 1 Löschpapierblatt oder Pergamentpapier; Wasser; Öl; Lebensmittel: Fleischwurst, Schinken, Camembert, Gouda, Banane und Brot, Mörser; Pistill; N-Heptan (F, Xn, N) oder Waschbenzin (F, Xn); Trichter; Filtrierpapier; 6 Reagenzgläser; Pipette; Stift

Durchführung: Gib auf ein Blatt Löschpapier jeweils einen Tropfen Wasser und einen Tropfen Öl! Um die Wirkung von Fetten auf Löschpapier zu überprüfen, halte es nach dem Trocknen gegen das Licht! Prüfe die anderen Lebensmittel auf Fette, indem du sie in einem Mörser zerkleinerst! Gib dann zu jeder Probe etwas Heptan oder Waschbenzin! Rühre mit dem Pistill vorsichtig um! Filtriere anschließend das Gemisch aus dem Mörser und fange das Filtrat in einem Reagenzglas auf! Zeichne auf einem Blatt Löschpapier mit dem Stift sechs Kreise! Schreibe unter jeden Kreis den Namen des zu testenden Lebensmittels! Gib jeweils einen Tropfen der Flüssigkeit in den passenden Kreis auf dem Löschpapier!

Aufgaben:
a) Beschreibe deine Beobachtungen und stelle eine Liste der Lebensmittel auf, die Fette enthalten!
b) Stelle eine Vermutung über die Bedeutung von Heptan im Versuchsablauf auf! Überprüfe die Vermutung experimentell!

5 Massenbestimmung von Fetten in Lebensmitteln

Material: Waschbenzin (F, Xn); 8 Erlenmeyerkolben (4 große, 4 kleine); 8 passende Stopfen; Abzug; Glasstab; Waage; Rührgerät; streichfähige Lebensmittel: Leberwurst, Streichkäse, Marmelade, Schokobrotaufstrich

Durchführung: Gib 50 g des zu unter-suchenden Lebensmittels in einen Erlenmeyerkolben und gib 100 ml Waschbenzin hinzu! Schüttle den Erlenmeyerkolben und rühre anschließend etwa 2 Stunden! Lasse danach das Ganze verschlossen etwa 2 Stunden stehen! Wiege nun einen kleineren sauberen und trockenen Erlenmeyerkolben und notiere das Gewicht! Entnimm nun 10 ml aus der Flüssigkeit des Überstandes und gib diese in den gewogenen Erlenmeyerkolben! Stelle ihn anschließend so lange in den Abzug, bis das Waschbenzin verdunstet ist! Wiege den Kolben anschließend noch einmal und vergleiche mit dem vorher notierten Gewicht des Kolbens!

Aufgabe:
Berechne den Fettgehalt der untersuchten Lebensmittel in Prozent! Bedenke dabei, dass du nur 10 % der ursprünglichen Menge an Waschbenzin aus dem großen Erlenmeyerkolben entnommen hast!

C

Tagesbedarf:
100 mg

Mangelerscheinungen:
Anfälligkeit für Infektionen,
Müdigkeit,
Appetitlosigkeit,
Skorbut

A

Tagesbedarf:
1,0 mg

Mangelerscheinungen:
Wachstumsstillstand,
Verhornung der Haut,
Nachtblindheit

D

Tagesbedarf:
0,005 mg

Mangelerscheinungen:
Knochenerweichung und
-verkrümmung (Rachitis),
schlechte Zahnbildung

E

Tagesbedarf:
13 mg

Mangelerscheinungen:
Blutarmut,
Muskelschwäche

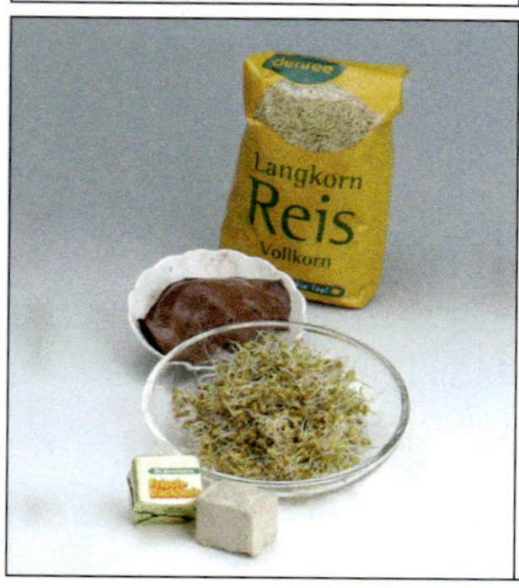

B1

Tagesbedarf:
1,1 mg

Mangelerscheinungen:
Müdigkeit,
Verdauungsstörungen,
Muskelschwund und Lähmungen
(Beri-Beri),
Herzschwäche

140.1 Übersicht über einige Vitamine

1.3 Von Nährstoffen allein kann man nicht leben

Jeder hat schon einmal von den Entdeckungsreisen der berühmten Seefahrer Christoph KOLUMBUS, Ferdinand MAGELLAN, Vasco DA GAMA oder James COOK gehört. Diese Seefahrer hatten nicht nur mit Stürmen und Navigationsproblemen zu kämpfen. Auch die Gesundheit der Seeleute gab oft Anlass zur Sorge. Viele litten unter Mattigkeit, Zahnfleischfäule, Zahnausfall und einer erhöhten Anfälligkeit für Infektionen: *Skorbut,* die berüchtigte Seefahrerkrankheit, ging um. Der Portugiese Vasco DA GAMA, der 1497 den Seeweg um Afrika nach Indien fand, verlor auf dieser Reise 100 seiner 160 Leute durch Skorbut. Bereits im 16. Jahrhundert vermutete man, dass zwischen der Ernährung auf den Schiffen und dem Auftreten von Skorbut ein Zusammenhang bestehen müsse. Die Schiffskost bestand damals vorwiegend aus Pökelfleisch und Zwieback. Wurden den Seeleuten zusätzlich Orangen oder anderes frisches Obst und Gemüse gereicht, trat kein Skorbut auf.

Heute weiß man, dass Skorbut durch Mangel an Vitamin C hervorgerufen wird. Pökelfleisch und Zwieback sowie fast alle Konserven enthalten kaum Vitamin C. Frisches Obst und Gemüse sind dagegen reich an diesem Vitamin.

Vitamine sind Stoffe, die unser Körper nur in winzigen Mengen benötigt. Sie sind jedoch lebenswichtig, da sie für eine Vielzahl von Vorgängen in den Zellen unseres Körpers unentbehrlich sind. Vitamine müssen wir mit der Nahrung aufnehmen, da unser Körper sie nicht selbst aufbauen kann. Viele von ihnen können nur von Pflanzen aufgebaut werden. Die verschiedenen Vitamine kommen in sehr verschiedenen Lebensmitteln vor, zum Beispiel in Orangen, Rindfleisch, Haferflocken, Möhren oder Weizenkeimöl. Deshalb ist es wichtig, dass unser Speiseplan abwechslungsreich ist, damit es nicht zu Vitaminmangelerkrankungen kommt, den *Avitaminosen.* Einige davon, zum Beispiel Skorbut, können tödlich verlaufen.

Die meisten Vitamine sind *in Wasser löslich.* Da Obst und Gemüse immer auch Wasser enthalten, kann der Körper sie leicht aufnehmen. Manche Vitamine jedoch, dazu gehören die Vitamine A, D und E, sind nur *in Fetten löslich.* Ihre Aufnahme in den menschlichen Körper wird durch die Anwesenheit von Fetten in der Nahrung erleichtert. Dabei genügt es schon, wenn man zum Möhrensalat, der viel fettlösliches Vitamin A enthält, ein wenig Öl in der Salatsoße zu sich nimmt.

Wenn man viel Sport getrieben und dabei viel geschwitzt hat, kann es geschehen, dass man Wadenkrämpfe bekommt. Dies liegt an einem Mangel an Magnesium im Körper, das mit dem Schweiß ausgeschieden wird. Deshalb muss man Nahrungsmittel wie zum Beispiel Gemüse zu sich nehmen, die den Mineralstoff Magnesium ausreichend enthalten.

Es gibt viele verschiedene **Mineralstoffe,** die wichtige Aufgaben in unserem Körper erfüllen. So ist Kalium für die Tätigkeit unseres Herzens von großer Bedeutung, Calcium und Phosphat für den Aufbau von Knochen und Zähnen, aber auch für die Blutgerinnung bei Verletzungen. Natrium und Chlorid sind für die Nervenfunktionen wichtig. Der Bedarf des Menschen an den einzelnen Mineralstoffen ist unterschiedlich groß. So benötigt ein Erwachsener täglich mindestens 2 Gramm Kalium, 500 Milligramm Calcium und 350 Milligramm Magnesium. Eisen braucht er jedoch nur 15 Milligramm täglich und Iod gar nur 140 Mikrogramm. Mineralstoffe, die man nur in sehr kleinen Mengen benötigt, werden **Spurenelemente** genannt. Diese Stoffe sind deswegen aber nicht weniger wichtig. Der Kropf, eine krankhafte Vergrößerung der Schilddrüse, ist beispielsweise auf den Mangel des Spurenelements Iod zurückzuführen.

Beim Schwitzen verliert man aber nicht nur wichtige Mineralstoffe, sondern auch **Wasser.** Alle Stoffwechselvorgänge in den Zellen laufen in wässriger Lösung ab. Auch für viele Transportvorgänge, beispielsweise im Blut oder bei der Ausscheidung, ist Wasser unentbehrlich. Sinkt der Wassergehalt der Zellen nur geringfügig, beginnen die Körperzellen zu sterben. Daher verdurstet ein Mensch schon in wenigen Tagen, wenn die Wasserverluste durch Schwitzen und andere Ausscheidungen nicht ausgeglichen werden. Der tägliche Wasserbedarf beträgt etwa zwei bis drei Liter. Bei starkem Schwitzen können es sogar bis zu zehn Liter sein. Ein Teil des Wasserbedarfs wird durch feste Nahrungsmittel gedeckt, denn auch sie enthalten Wasser. Die übrige Flüssigkeit müssen wir durch Getränke zu uns nehmen. Durst lässt sich am besten mit Apfelsaftschorle löschen. Auf diese Weise führen wir unserem Körper nicht nur Wasser zu, sondern auch Mineralstoffe und Vitamine.

Noch besser ist es allerdings, den Apfel gleich ungeschält zu essen. Denn seine Schale und sein Fruchtfleisch enthalten zusätzlich zu Wasser, Vitaminen und Mineralstoffen auch noch **Ballaststoffe.** Diese stecken aber nicht nur in Äpfeln, sondern auch in anderem Obst oder Gemüse und vor allem in Vollkorngetreideprodukten. Das sind Produkte, die auch die äußere, etwas dunklere Fruchtschale von Getreidekörnern enthalten. Meist handelt es sich bei Ballaststoffen um Kohlenhydrate wie die Cellulose aus der Zellwand von Pflanzenzellen. Unserem Verdauungssystem fehlen die Enzyme, um die Ballaststoffe in kleinere Bausteine zu zerlegen. Darum gelangen sie unverdaut und vollständig in den Dickdarm, wo sie große Mengen an Wasser aufnehmen können. Die Ballaststoffe *quellen* und der Darminhalt nimmt an Volumen zu. Ein voller Enddarm verursacht dann den Drang zur Darmentleerung. Ballaststoffe bewirken auf diese Weise also eine Beschleunigung des Transports der Nahrungsreste durch den Darm. Eine solch regelmäßige Verdauung verhindert die Entstehung vieler Darmkrankheiten.

1. Erläutere die Bedeutung von Vitaminen, Mineralstoffen und Ballaststoffen für die menschliche Ernährung!

Mineralstoff	Tagesbedarf	Hauptvorkommen	Mangelerscheinungen
Calcium	1,2 g	Milchprodukte, Eigelb, grünes Gemüse	unzureichende Skelettverknöcherung
Natrium	2 bis 3 g	Kochsalz	Übelkeit, Erbrechen, Blutdruckabfall
Eisen	10 bis 15 mg	Leber, Fleisch, Eidotter, Obst, Gemüse	Blutarmut, erhöhtes Infektionsrisiko, Müdigkeit
Magnesium	300 mg	grünes Gemüse	Herzrhythmusstörungen, Krämpfe
Phosphat	1,4 g	Milchprodukte, Hülsenfrüchte, Fleisch	Knochenerweichung, Störung der Skelettbildung
Iod	0,2 mg	Seefisch, Milchprodukte, iodhaltiges Speisesalz	Müdigkeit, Kälteempfinden, Antriebsarmut, Kropfbildung
Fluorid	1 mg	Seefisch	erhöhte Kariesanfälligkeit

141.1 Wichtige Mineralstoffe

PRAKTIKUM Vitamine, Mineralstoffe, Ballaststoffe

1 Nachweis von Vitamin C

Material: Vitamin C-Teststreifen aus der Apotheke; Zitrone, Orange, Kiwi, Apfel, Paprika, Kartoffel
Durchführung: Gib jeweils einige Tropfen des Saftes des zu untersuchenden Obstes oder Gemüses auf einen Teststreifen! Vergleiche nach 10 Sekunden die entstandene Farbe mit der Farbskala!
Aufgabe:
Ordne die Obst- und Gemüsearten nach dem Vitamin C-Gehalt!

2 Veränderung des Vitamin C-Gehaltes durch Kochen

Material: Vitamin C-Teststreifen aus der Apotheke; Zitronensaft, Apfelsaft; zwei Reagenzgläser; Bunsenbrenner
Durchführung: Miss zunächst den Vitamin C-Gehalt der Säfte mithilfe der Vitamin C-Teststreifen! Gib je 10 ml der Säfte in eines der beiden Reagenzgläser und erhitze sie über dem Bunsenbrenner! Richte die Öffnung der Reagenzgläser nicht auf Personen!
Aufgaben:
a) Vergleiche den Vitamin C-Gehalt des Apfel- und Zitronensaftes vor und nach dem Kochen!
b) Beschreibe, wie Nahrung zubereitet werden sollte, wenn sie nicht zu viel an Vitamin C verlieren soll!

3 Schutzwirkung von Vitamin C

Material: Apfel, Zitrone; zwei kleine Bechergläser; Messer; Stoppuhr
Durchführung: Presse die Zitrone aus und fülle den Saft in das Becherglas! Schneide den Apfel in zwei Teile! Beträufle die Schnittfläche einer Hälfte mit Zitronensaft, die andere Hälfte bleibt unbehandelt!
Stoppe die Zeit, bis sich die Farbe der Apfelstücke verändert!
Aufgaben:
a) Zeichne das Versuchsergebnis als Säulendiagramm!
b) Die Braunfärbung des Apfels beruht auf einer Oxidation, also einer Veränderung von Inhaltsstoffen des Apfels durch den Luftsauerstoff. Stelle eine These auf, die den positiven Einfluss von Vitamin C auf die Zellen des menschlichen Körpers beschreibt!

4 Wir stellen einen Obstsalat her

Material: Saft zweier Orangen, 1 Teelöffel Honig, 300 Gramm Erdbeeren, 2 Bananen, 2 Kiwi, eine Hand voll Mandeln und eine Hand voll Haferflocken
Durchführung: Vermische den Honig mit dem Saft der Orangen! Wasche und schneide das Obst in Stücke! Gib das Obst in eine Schüssel und füge Haferflocken und Nüsse hinzu! Gieße den süßen Orangensaft über die Mischung und verrühre das Ganze vorsichtig!
Nun den Salat sofort genießen!
Aufgabe:
Erläutere, weshalb dieser Obstsalat nicht nur gut schmeckt, sondern auch sehr gut für unseren Körper ist!

5 Stärke

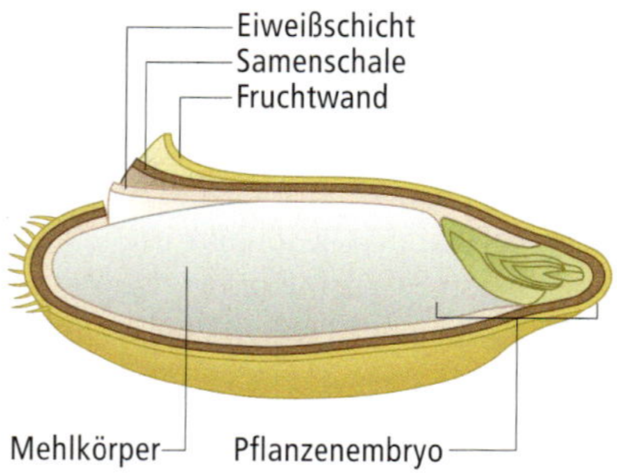

Material: Getreidekörner, Mehl, Brötchen; Rasierklinge; Wasser; Becherglas; Iod-Kaliumiodid-Lösung
Durchführung: Lasse die Getreidekörner über Nacht im Wasser quellen! Schneide die Körner anschließend mit der Rasierklinge längs durch!
Aufgaben:
a) Zeichne einen Längsschnitt! Vergleiche den Aufbau mit der obigen Abbildung und beschrifte deine Zeichnung!
b) Gib je einen Tropfen Iod-Kaliumiodid-Lösung auf die innere Fläche des Getreidekorns, auf ein Stück Brötchen und auf das Mehl! Beobachte, beschreibe und erläutere die Ergebnisse!

6 Ballaststoffe im Mehl

Material: Waage, Weißmehl Typ 405, Vollkornmehl; zwei Bechergläser; Wasser; Rührstab
Durchführung: Wiege je 25 g Mehl ab und fülle diese Menge jeweils in ein beschriftetes kleines Becherglas! Füge 50 ml Wasser hinzu und rühre kräftig, bis sich das Mehl mit dem Wasser vermischt hat! Lasse die Mischung etwa eine halbe Stunde stehen!
Aufgaben:
a) Vergleiche die Beschaffenheit der beiden Mischungen und erläutere!
b) Begründe, weshalb in Rezepten häufig steht: Sollten Sie Vollkornmehl benutzen, so geben Sie die doppelte Menge an Wasser zu!

EXKURS Falsche Ernährung macht krank

In vielen Regionen der Erde ist die Nahrung so knapp, dass Menschen verhungern. Tausende Kinder aus Teilen Afrikas sterben jährlich an **Unterernährung.** Vor allem der Eiweißstoffmangel in der dort erhältlichen Nahrung, wie Getreide, Maniok oder Kochbananen, verursacht das Sterben unterernährter Kinder.

Aber auch in Deutschland sterben Menschen an Unterernährung. Sie leiden an **Magersucht (Anorexia).** Diese Menschen streben danach, immer dünner zu werden, indem sie nur noch sehr wenig und zeitweise gar nichts essen. Sie haben eine falsche Körperwahrnehmung und denken immerzu, sie seien zu dick, obwohl sie schon ungewöhnlich dünn sind. Darum versuchen sie, weiter abzunehmen. Betroffen sind vor allem Mädchen im Alter von 15 bis 25, aber auch jüngere Mädchen oder ältere Frauen und seltener auch Jungen.
Magersüchtige verlieren durch dieses zwanghafte Hungern bis zu 50 Prozent ihrer ursprünglichen Körpermasse.
Die Folgen können ernsthafter Vitamin- und Mineralstoffmangel, Muskelschwäche, Kreislaufprobleme, Ausbleiben der Regelblutung und unter Umständen auch Tod sein. Etwa zehn Prozent aller Magersüchtigen sterben an ihrer Krankheit.

Eine andere Form der Essstörung ist die Ess-Brech-Sucht, die **Bulimie.** Hierbei kommt es zu Heißhungeranfällen, bei denen die Betroffenen immense Mengen an Nahrung essen, um sie dann wieder zu erbrechen. Auf diese Weise wollen sie eine Gewichtszunahme verhindern. Oft bemerken dies nicht einmal enge Angehörige, denn die Essanfälle und das darauf folgende Erbrechen werden verheimlicht. Obwohl sie viel essen, nehmen die Betroffenen nicht zu, werden meist aber auch nicht übermäßig dünn, weshalb die Krankheit oft unerkannt bleibt. Dennoch sind die Folgen für den Körper erheblich und mit denen der Magersucht zu vergleichen. Zusätzlich tritt bei ihnen aber auch noch eine durch das Erbrechen bedingte Zerstörung des Zahnschmelzes auf und damit eine erhöhte Kariesanfälligkeit.

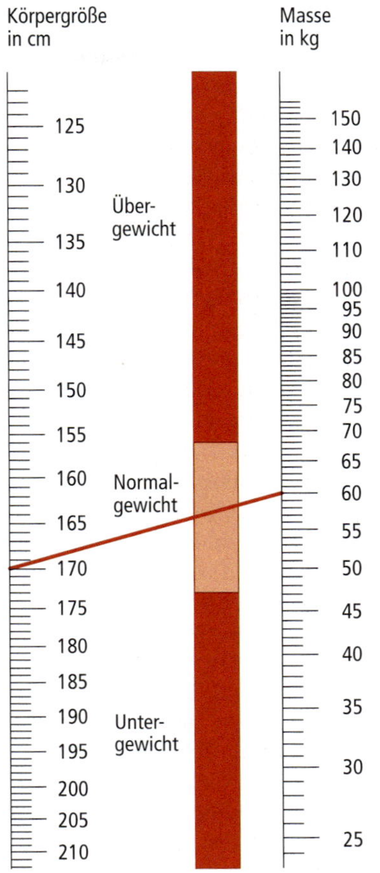

143.1 Tabelle zur Feststellung von Über- und Untergewicht bei Erwachsenen mit einem Lineal

Genauso wie die Unterernährung ist aber auch die **Überernährung** eine Form der Fehlernährung. Hier nimmt der Körper zu viele energiereiche Nährstoffe auf. Die Nährstoffe, die vom Körper nicht benötigt werden, werden umgebaut und in Form von Fetten in Depots gespeichert. Übergewicht ist die Folge.
Durch Übergewicht können eine verminderte Leistungsfähigkeit und Belastungen von Wirbelsäule und Gelenken entstehen. Bei großem Übergewicht entstehen Herz-Kreislauf-Erkrankungen, die zum Tod führen können.

Aber nicht jeder, der nicht so schlank ist wie ein Supermodel, ist auch zu dick. Und nicht jeder, der sehr schlank ist, aber gleichzeitig sehr groß, leidet unter Magersucht. Woran kann man erkennen, ob man unter Über- oder Untergewicht leidet?

Mithilfe des Körpermassenindex, des Bodymass-Index (BMI), lässt sich rechnerisch ermitteln, ob man unter Über- oder Untergewicht leidet oder sich die Körpermasse auf einem völlig unbedenklichen Niveau befindet. Dieser Bodymass-Index errechnet sich folgendermaßen:

$$\text{BMI} = \frac{\textbf{Körpermasse (kg)}}{\textbf{Quadrat der Körperlänge (m}^2\textbf{)}}$$

Liegt der errechnete Wert zwischen 18,5 und 25, so ist das Körpergewicht normal. Liegt er unter 18,5, spricht man von Untergewicht, liegt er über 25, so spricht man von Übergewicht.

Fehlernährung fängt bei alltäglichem Verhalten an. Bereits wenn man morgens nicht frühstückt, kann es zu Konzentrationsstörungen kommen. Isst man zu einseitig, so kann es auch zu einer Mangelernährung kommen. Vor allem strenge Vegetarier, Menschen, die nur pflanzliche Nahrung essen, müssen stark darauf achten, dass sie genügend Eiweißstoffe zu sich nehmen, denn sonst kann es zu Mangelerscheinungen wie Haarausfall und Konzentrationsschwächen kommen.

Wenn man ein normales Verhältnis zum Essen hat, stärkt es, schmeckt einfach gut, macht gute Laune und bringt Menschen am Essenstisch zusammen. Bei angemessenem Essverhalten, genügend Bewegung und einem guten Körpergefühl wird man ein unbedenkliches Körpergewicht behalten oder erreichen können.

1. Nenne mögliche Ursachen für Magersucht und Bulimie!
2. Erkundige dich nach Hilfsangeboten bei dem Beratungslehrer!
3. „Was ich esse, bestimme ich." Diskutiere!
4. Informiere dich über Gebiete der Erde, in denen viele Menschen an Unterernährung leiden! Berichte!

1.4 Gesunde Ernährung

Wenn man mit Freunden weggeht, geht doch nichts über einen Hamburger und ein Glas Cola aus einem Imbiss. Das geht schnell, ist mal etwas anderes als zu Hause und schmeckt auch noch gut. Greift man nur gelegentlich zum Hamburger, ist sein hoher Fettgehalt und sein Mangel an Vitaminen auch nicht schlimm, denn schließlich kann man den Mangel an wichtigen Stoffen im Fastfood mit einer sonst **gesunden Ernährung** ausgleichen. Was aber ist gesunde Ernährung?

Ernährungswissenschaftler haben einige Grundsätze zusammengestellt, die eine gesunde Ernährung ausmachen. Nahrung soll den Körper mit Energie versorgen und gleichzeitig die nötigen Baustoffe, Vitamine, Mineralstoffe und Spurenelemente enthalten. Werden dem Körper alle diese Stoffe im jeweils ausreichenden Umfang zugeführt, spricht man von einer **ausgewogenen Ernährung.** Dabei sollten die Nährstoffe in einem bestimmten Verhältnis in der Nahrung enthalten sein. So wird empfohlen, dass der tägliche Nahrungsbedarf zu etwa 60 Prozent mit Kohlenhydraten gedeckt werden soll, und zwar überwiegend in der Form von Vielfachzuckern. Der Eiweißstoffanteil sollte bei etwa 10 Prozent und der Fettanteil bei etwa 30 Prozent liegen. Dies bedeutet, dass man reichlich Gemüse, Kartoffeln, Nudeln, Brot und Obst essen sollte, aber weniger Fleisch und fetthaltige Nahrungsmittel. Kohlenhydrate bilden das breite Fundament der **Ernährungspyramide.** Bei einer gedankenlosen Ernährung ist der Eiweißstoff- und der Fettanteil in der Nahrung ohnehin viel höher als man annimmt, denn viele Fette sind in Lebensmitteln wie Chips, Wurst und Schokolade verborgen. Wenn man dies vergisst, kommt es zu einer einseitigen Ernährung, die den Körper auf Dauer enormen Belastungen aussetzt. Um dies zu vermeiden, sollte die Nahrung viel frisches Obst und Gemüse enthalten, wodurch dem Körper Vitamine, Mineralstoffe und Wasser zugeführt werden.

Man sollte auch darauf achten, dass man sich **abwechslungsreich** ernährt. Es ist gesund, wenn man häufig Obst und Gemüse isst. Wenn man es aber ausschließlich isst, oder gar immer nur eine Gemüsesorte, so ist die Ernährung zu einseitig und es kommt zu einer Fehlernährung mit Mangelerscheinungen. Das Gemüse sollte außerdem schonend zubereitet werden, denn durch zu langes Kochen werden viele Vitamine zerstört.

Beachtet man diese Grundsätze einer gesunden Ernährung und achtet auch darauf, dass man nicht zu viel isst, schadet es auch nicht, wenn man gelegentlich einen Hamburger oder ein Stückchen Schokolade isst.

1. Fertige eine Liste mit den Grundsätzen einer gesunden Ernährung an!
2. Stelle einen Kostplan für einen Tag auf, der nach den Grundsätzen einer gesunden Ernährung zusammengesetzt ist!
3. Eltern legen den Grundstein für eine gesunde Ernährung ihrer Kinder. Diskutiere!

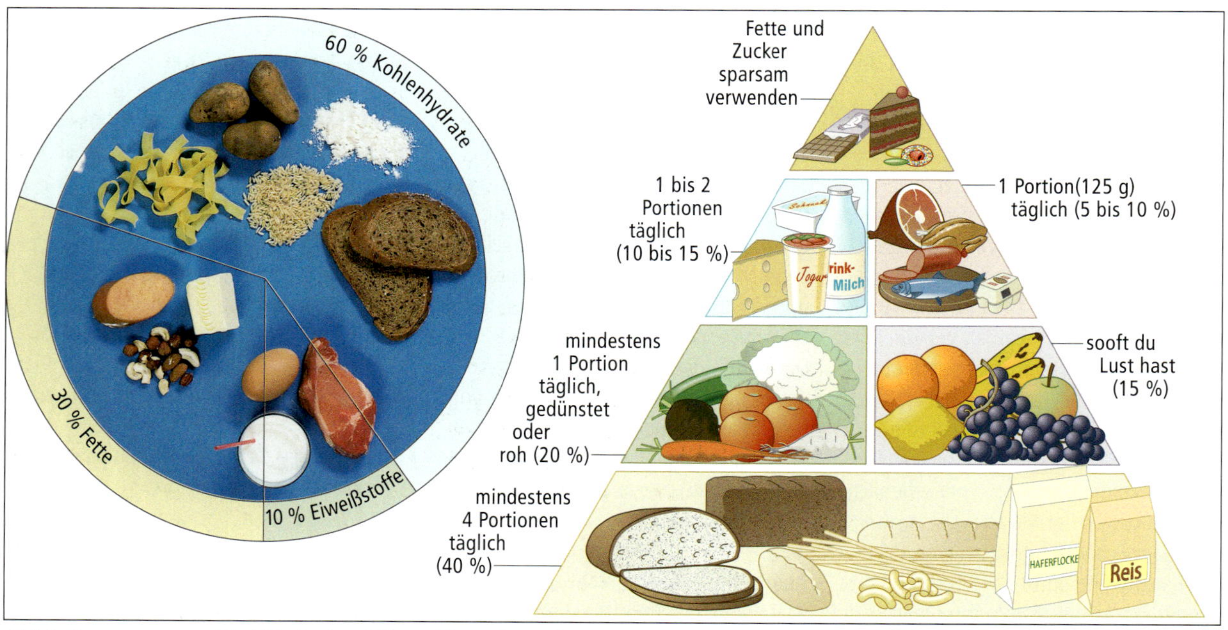

144.1 Ausgewogenes Verhältnis der Nährstoffe und Ernährungspyramide

AUFGABEN Ernährung

1 Nährstoffe

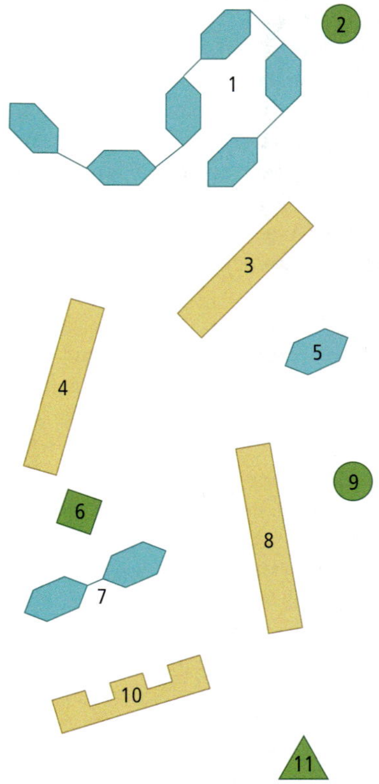

a) Benenne die Nährstoffteilchen aus dem Nahrungsbrei im Dünndarm und ordne sie in Gruppen!

b) Beschreibe die Bedeutung der Nährstoffe für den menschlichen Körper!

c) Erläutere an diesem Beispiel das Basiskonzept „Stoff- und Energieumwandlung"!

2 Fastfood – Junkfood?

Burger A	
80 g	Weißbrot
25 g	Tomate (1 Scheibe)
200 g	Hackfleisch
20 g	Gurke (1 Scheibe)
10 g	Salat (1 Blatt)
15 g	Ketchup
10 g	Öl (zum Braten)
360 g	Gesamtgewicht

Burger B	
160 g	Vollkornbrot
80 g	Tomate
50 g	Gouda (mager)
50 g	Gurke
20 g	Salat
360 g	Gesamtgewicht

Viele Menschen schätzen Burger als schnellen Imbiss. Häufig unterscheiden sie sich jedoch stark in ihrer Zusammensetzung.

a) Betrachte die beiden Burger und vergleiche ihre Zusammensetzung in Bezug auf ihre Bedeutung für eine gesunde Ernährung!

b) Berechne mithilfe von Abbildung 145.1 den Gesamtenergiegehalt der beiden Burger in Kilojoule! Setze den jeweils errechneten Wert in Bezug zu deinem täglichen Gesamtenergiebedarf! Erläutere deine Ergebnisse!

c) Begründe, welcher der beiden Burger der „gesündere" Burger ist!

3 Tagesleistung

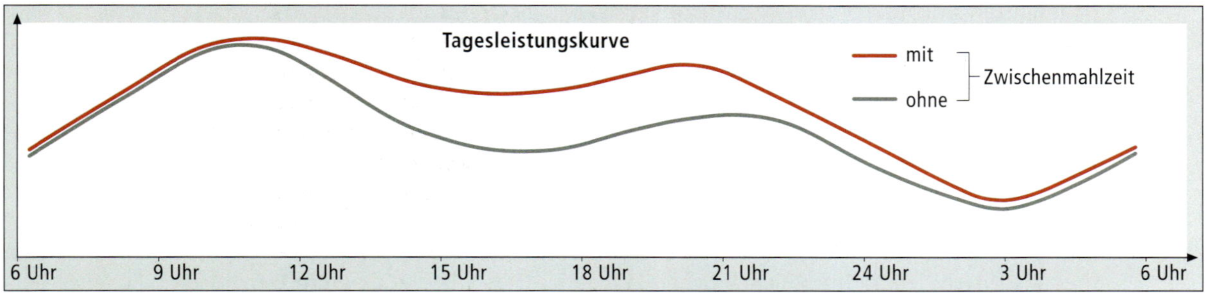

a) Beschreibe den Verlauf der beiden Kurven!

b) Erläutere die Bedeutung von Zwischenmahlzeiten!

c) Erläutere an diesem Beispiel das Basiskonzept „Stoff- und Energieumwandlung"!

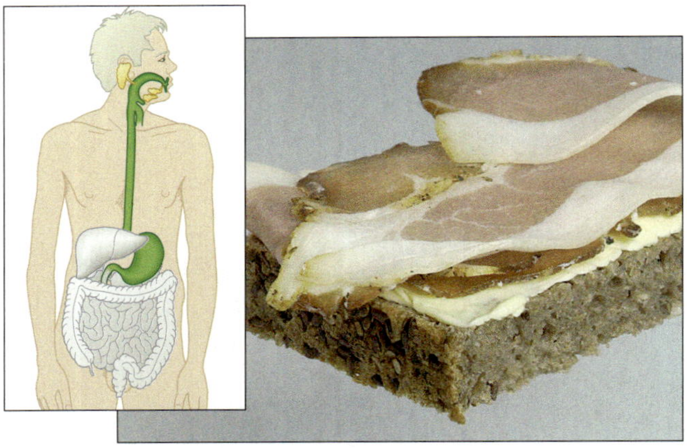

146.1 Schinkenbrot

2 Verdauung

2.1 Verdauung in Mund und Magen

Ein Schinkenbrot setzt sich aus verschiedenen Nährstoffen zusammen: Das Brot ist aus Getreidekörnern hergestellt und besteht daher hauptsächlich aus Kohlenhydraten. Butter oder Margarine enthalten Fette, der Schinken liefert Eiweißstoffe. Was geschieht mit den Nährstoffen im Körper, nachdem ein Stück von dem Schinkenbrot abgebissen wurde?

Im Mund wird der Nahrungsbissen mithilfe der Zähne zunächst mechanisch zerkleinert. Durch die Kaubewegungen werden die *Speicheldrüsen* im Mund massiert und zur Abgabe von Speichel angeregt. Aber auch schon beim Anblick oder Geruch köstlicher Speisen „läuft einem das Wasser im Mund zusammen". Die Ohrspeicheldrüse, die Unterkieferspeicheldrüse und die Unterzungenspeicheldrüse können pro Tag bis zu eineinhalb Liter Speichel bilden. Drüsen bestehen aus Zellen, die bestimmte Körperflüssigkeiten wie Verdauungssäfte und Hormone ausscheiden.
Brot schmeckt nach längerem Kauen süß. Der Speichel enthält einen Wirkstoff, der die im Brot enthaltene Stärke verändert. Dieser Wirkstoff zerlegt Stärketeilchen in Zuckerteilchen, den Malzzucker. Solche Wirkstoffe, die Stoffveränderungen bewirken, nennt man **Enzyme.** Der Speichel enthält das Stärke spaltende Enzym *Amylase.* Die Zerlegung von Nährstoffen wie die der Stärke durch Enzyme bezeichnet man als **Verdauung.** Sie beginnt bereits im **Mund.**

Zur weiteren Verdauung gelangt der Speisebrei durch die *Speiseröhre* in den *Magen.* Der Speisebrei lässt sich leicht hinunterschlucken, da er durch den Speichel gleitfähig gemacht wurde. Beim Schlucken muss verhindert werden, dass Nahrungsteilchen in die vor der Speiseröhre liegende Luftröhre geraten. Dazu legt sich der Kehldeckel auf den Kehlkopfeingang und verschließt die Luftröhre. Die Aufnahme von Sauerstoff für die Atmung wird daher während des Schluckvorgangs kurzzeitig unterbrochen. Auch im Kopfstand wird der Nahrungsbrei beim Schlucken gegen die Schwerkraft durch die Speiseröhre in den Magen transportiert. Hierfür sorgen Bewegungen der Längs- und Ringmuskulatur in der Wandung der Speiseröhre: Berührt der Speisebrei die Speiseröhrenwandung, erschlafft die Längsmuskulatur, die Ringmuskulatur davor zieht sich zusammen. So entstehen wellenförmige Bewegungen der Muskulatur, die den Nahrungsbrei durch die Speiseröhre in den Magen schieben.

Der Speisebrei wird im **Magen** gesammelt. Der Magen ist ein muskulöser, schlauchförmiger Hohlraum. Er ist dehnbar, sodass er bis zu zwei Liter Nahrungsbrei aufnehmen kann. Noch bevor die ersten Nahrungsbissen den Magen erreichen, lösen Geruch und Geschmack die Bildung von Magensaft aus. Er setzt sich aus einer Lösung von Salzsäure und Eiweiß spaltenden Enzymen zusammen. Diese Stoffe werden von zahlreichen Drüsenzellen abgesondert, die in der innersten Schicht des Magens, der *Magenschleimhaut,* liegen. *Belegzellen* bilden Salzsäure und geben sie in das Mageninnere ab. Salzsäure tötet die meisten der mit der Nahrung in den Magen gelangten Kleinstlebewesen, wie zum Beispiel Bakterien. Sie verändert auch die im Nahrungsbrei enthaltenen Eiweißstoffe, sodass diese leichter verdaut werden können. Außerdem wirkt sie mit bei der Bildung von *Pepsin,* einem Enzym, das Eiweißstoffe in kürzere Eiweißketten spaltet. Die Vorstufe dieses Enzyms, das *Pepsinogen,* wird in den *Hauptzellen* der Magenschleimhaut produziert. Auch die Zellen des Magens bestehen zum Teil aus Eiweißstoffen. Wieso verdaut sich der Magen nicht selbst? Neben Beleg- und Hauptzellen gibt es außerdem *Nebenzellen* in der Magenschleimhaut. Diese bilden einen zähflüssigen Schleim, der die Innenseite der Magenwand überzieht. Diese Schleimhaut schützt den Magen vor einer Selbstverdauung.

Die Magenwand wird von kräftigen Muskelschichten aus längs, schräg und ringförmig verlaufenden Muskeln gebildet. Diese erzeugen wellenförmige Bewegungen, die *Peristaltik.* Sie dient der Durchmischung und dem Transport des Speisebreies zum Magenausgang, dem **Magenpförtner.** Dieser ist ein ringförmiger Muskel. Er leitet stets nur kleine Portionen des Mageninhaltes an den Darm weiter.

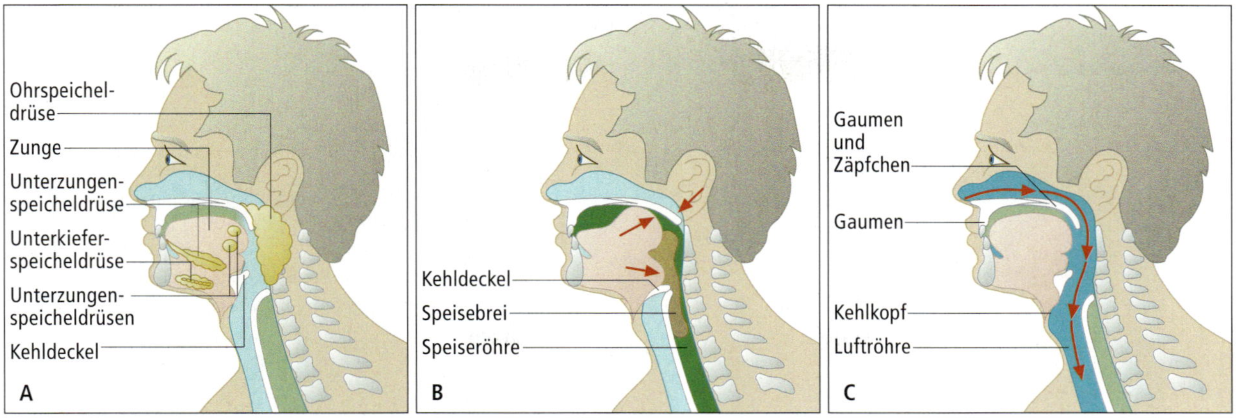

147.1 Mundverdauung. **A** Speicheldrüsen; **B** Weg der Nahrung beim Schlucken; **C** Weg der Atemluft

Die Verweildauer der Speisen im Magen hängt von ihrer Zusammensetzung ab. Kohlenhydrate und Fette verlassen den Magen unverändert. Kohlenhydrate werden nach ein bis zwei Stunden an den Dünndarm weitergegeben, größere Fettmengen erst nach sechs bis acht Stunden. Die zum Teil zerlegten Eiweißstoffe gelangen nach etwa vier Stunden aus dem Magen in den Dünndarm.

1. Erläutere die Verdauung von Stärke im Mund!
2. Erläutere anhand der Abbildung 147.1, welche Ursache es hat, wenn man sich „verschluckt" und dabei sehr stark hustet!
3. Beschreibe den Aufbau des Magens und seine Lage im Bauchraum!
4. Nenne die verschiedenen Drüsenzellen der Magenschleimhaut, die von ihnen abgesonderten Inhaltsstoffe des Magensaftes und deren Wirkung auf den Nahrungsbrei!
5. Nenne die Bestandteile des Nahrungsbreies, die in den Darm gelangen!

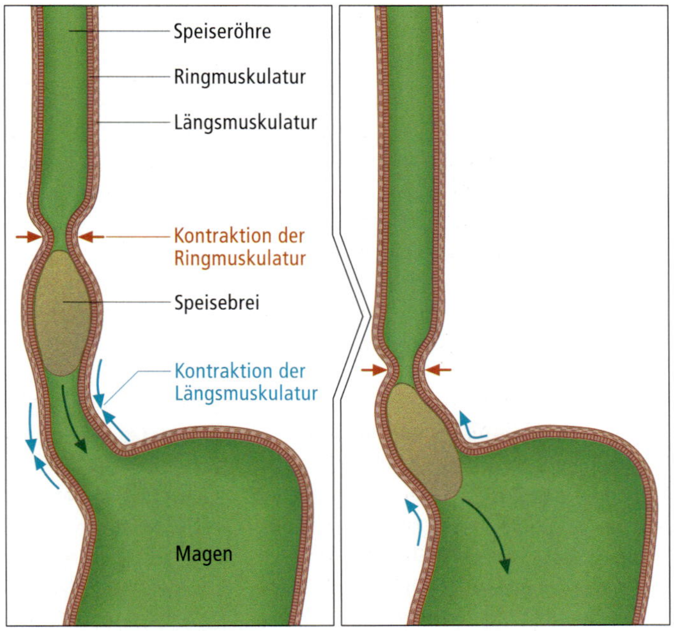

147.2 Transport des Speisebreis in der Speiseröhre

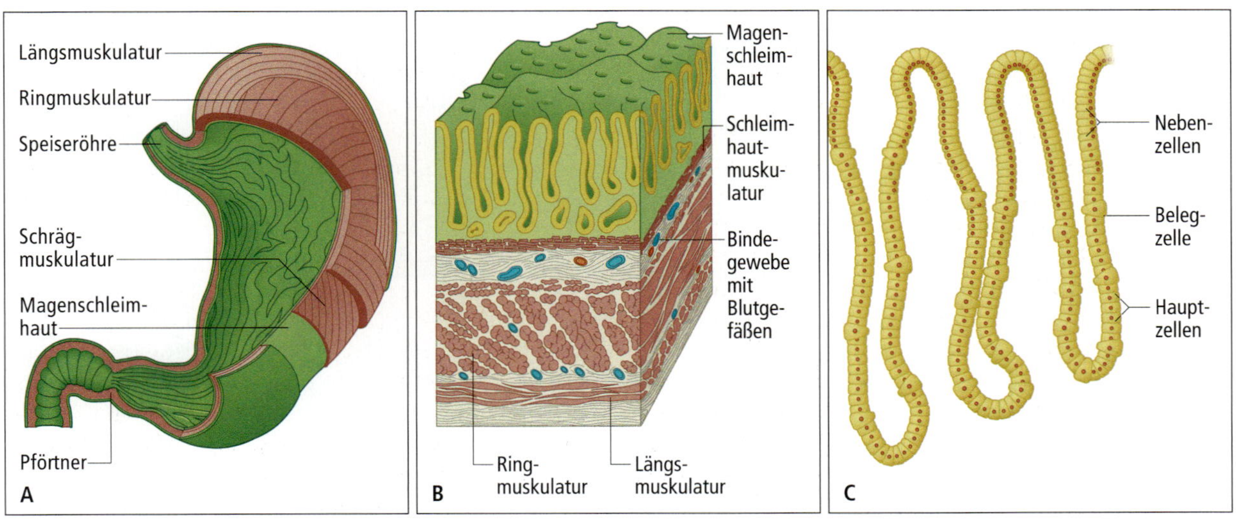

147.3 Magen. **A** Bau; **B** Magenwand (Ausschnitt); **C** Magenschleimhaut (Ausschnitt)

EXKURS Enzyme – stark vereinfacht

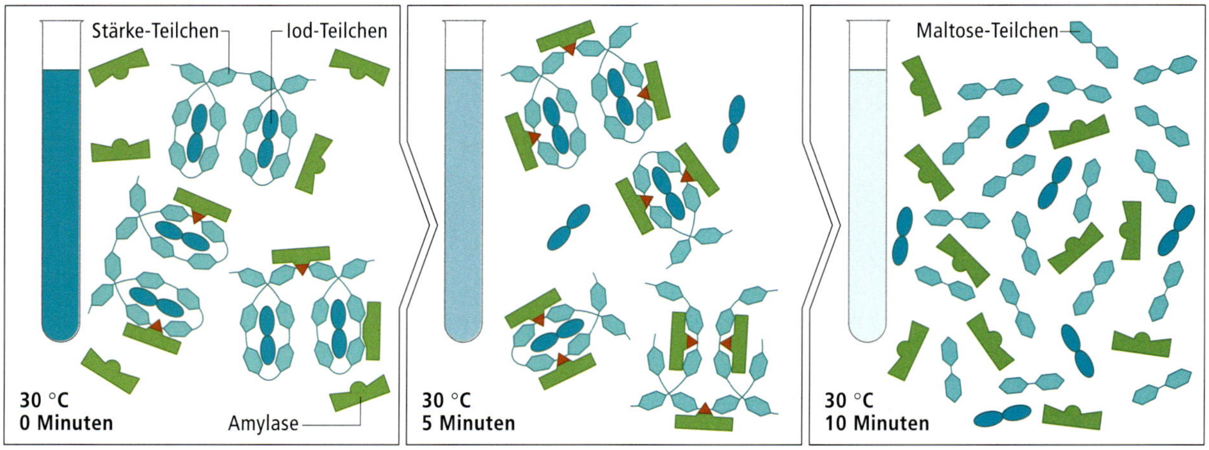

148.1 Verdauung von Stärke zu Malzzucker mithilfe des Enzyms Amylase (Schema)

Eine Stärke-Lösung färbt sich bei Zugabe einer Iod-Lösung durch die enthaltenen Iodteilchen dunkelblau. Wird zu dieser Lösung *Amylase,* ein Bestandteil des Mundspeichels, hinzugefügt, tritt bei einer Temperatur von 30 °C nach kurzer Zeit eine Entfärbung der Lösung auf.
Wie ist diese Beobachtung zu erklären? Ein Stärketeilchen besteht aus einer langen Kette von Glucose-Bausteinen, die schraubig gewunden ist. Die dunkelblaue Färbung bei Zugabe einer Iod-Lösung zu einer Stärke-Lösung entsteht durch die Einlagerung von Iodteilchen in die Schraube. Amylase ist ein Stoff, der Stärketeilchen in Maltoseteilchen zerlegt. Beim Aufbrechen der Kette werden nun die Iodteilchen wieder frei und es kommt zur Entfärbung.

Wirkstoffe, wie die Amylase, die eine Umwandlung von Stoffen bewirken, heißen **Enzyme.** Das Enzym Amylase zerlegt Stärketeilchen in Maltoseteilchen. Jedes Maltoseteilchen besteht wiederum aus zwei Glucose-Bausteinen.
Zur Umwandlung von Maltose in Glucose wird allerdings ein anderer Wirkstoff benötigt. Dieses Enzym, die *Maltase,* findet sich nur im Dünndarm. Daher findet hier die Zerlegung von Maltoseteilchen in Glucose-Bausteine statt.
Glucose-Bausteine gelangen über die Blutbahn in die einzelnen Zellen. Hier werden sie zu Kohlenstoffdioxid und Wasser umgewandelt, wodurch Energie freigesetzt wird. An diesem Stoffwechselprozess sind viele weitere Enzyme beteiligt. Andere Enzyme dagegen können die Glucose aber auch zu einem Speicherstoff, dem **Glykogen,** zusammensetzen. Glykogen wird in der Muskulatur und in der Leber gespeichert.
Auch Eiweißstoffe und Fette sind Nährstoffe, die aus vielen Bausteinen zusammengesetzt sind. Im Verlaufe der Verdauung werden sie ebenfalls durch bestimmte Enzyme der Verdauungssäfte in ihre Bausteine zerlegt.

Für jeden Vorgang, der im Stoffwechsel von Lebewesen stattfindet, ist ein bestimmtes Enzym notwendig. Das liegt daran, dass jedes Enzym einen besonders gestalteten räumlichen Aufbau hat, in den nur der umzusetzende Stoff passt wie ein „Schlüssel in sein Schloss". Setzt das Enzym den gebundenen Stoff um, verändert es kurzfristig seine Gestalt. Nach der Umsetzung wird das Enzym freigesetzt und liegt wieder in der ursprünglichen Form vor. Es steht für eine erneute Umsetzung bereit, bis alle Teilchen gespalten sind.

Enzyme sind also Wirkstoffe, die Stoffwechselvorgänge beschleunigen und nach der Umsetzung unverändert vorliegen. Dies sind charakteristische Eigenschaften von Katalysatoren. Deshalb werden Enzyme **Biokatalysatoren** genannt.

1. Erläutere mithilfe der Abbildung 148.2 die Wirkungsweise eines Enzyms!
2. Erläutere an diesem Beispiel das Basiskonzept „Struktur und Funktion"!

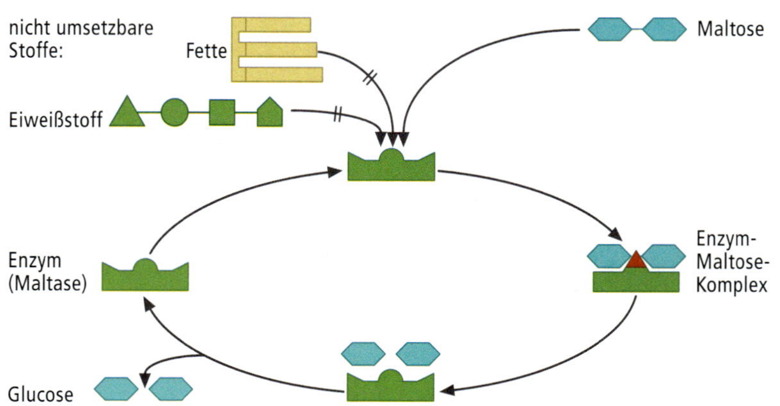

148.2 Wirkungsweise eines Enzyms (Schema)

EXKURS Mundhygiene schützt gegen Karies

Ein gesundes, gepflegtes Gebiss ist nicht nur für ein schönes Lächeln und ein attraktives Äußeres wichtig, sondern auch für die Gesundheit des Körpers. Falsche Ernährung und unzureichende Zahnpflege können zu Zahnerkrankungen führen.

Beim Kauen von Süßigkeiten bleiben häufig Reste auf den Zähnen zurück. Sie verursachen Zahnbeläge, die Plaques. Mundbakterien in der Mundhöhle bilden die *Mundflora.* Sie ernähren sich von diesen Belägen. Die Bakterien können sich innerhalb weniger Stunden, zum Beispiel in der Nacht, stark vermehren. Als Endprodukte ihres Stoffwechsels entstehen Säuren, die dem harten *Zahnschmelz* Mineralstoffe wie Kalk entziehen. So entstehen kleine Löcher und Risse. Durch diese können Bakterien eindringen und das darunterliegende weiche *Zahnbein* schädigen. Diese Zahnerkrankung wird Zahnfäule oder **Karies** genannt.

Gelangen Bakterien zwischen Zahn und Zahnfleisch, kann sich das Zahnfleisch entzünden. Dies kann zu Zahnfleischschwund oder Parodontose führen. Im weiteren Verlauf der Zahnerkrankung

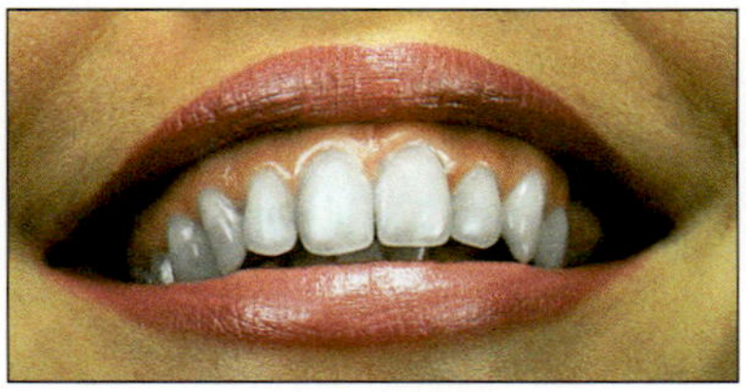

149.1 Gesundes, gepflegtes Gebiss

können auch die Wurzelhaut und der Kieferknochen geschädigt werden. Wird die Krankheit nicht zahnärztlich behandelt, lockern sich die Zähne und können sogar ausfallen.

Die Gesunderhaltung von Zähnen und Zahnfleisch beginnt bereits mit der Ernährung: Wenig Zucker, viel Obst und Vollkornprodukte sowie Milch und Milchprodukte verhindern die Bildung von Zahnbelägen und unterstützen die Remineralisierung der Zähne. Eine ausreichende Mundhygiene umfasst mindestens zweimal täglich drei Minuten Zähne putzen. Die Zahnbürste sollte dabei vom Zahnfleisch zum Zahn geführt werden. Da die Zahnzwischenräume mit der Zahnbürste nicht erreicht werden, sollte Zahnseide verwendet werden. Zusätzlich empfehlen Zahnärzte ein regelmäßiges Putzen mit fluoridhaltiger Zahncreme. Fluorid härtet den Zahnschmelz und macht die Zähne so widerstandsfähiger gegen die Säure der Bakterien. Außerdem hemmt es den Stoffwechsel der Plaque-Bakterien. Regelmäßige Kontrollen der Zähne und Entfernung des Zahnbelags durch den Zahnarzt unterstützen die Pflege von Zähnen und Zahnfleisch.

1. Nenne mindestens drei Verhaltensmaßregeln, die Zahnerkrankungen vorbeugen!

EXKURS Magenerkrankungen

Appetitlosigkeit, Völlegefühl, Aufstoßen oder Übelkeit deuten auf einen *nervösen Magen* hin. Diese Beschwerden sind häufig zurückzuführen auf falsche Ernährungsgewohnheiten wie übermäßige Nahrungszufuhr, schnelles Trinken eiskalter Getränke, zu viel Kaffee, zu starken Alkoholkonsum und übermäßigen Nikotingenuss. Auch seelische Belastungen wie Ärger, Angst, Stress und berufliche Belastungen reizen den Magen.
Treten Schmerzen im Oberbauch und Übelkeit bis zum Erbrechen auf, ist die Magenschleimhaut entzündet. Eine Magenschleimhautentzündung, auch **Gastritis** genannt, bessert sich meist nach wenigen Tagen, wenn der Patient seinen Magen mit leichter Kost und Entspannung schont. Tee mit Zwieback und Wärmezufuhr können die Schmerzen lindern. Klingt die Entzündung nicht ab, kann sich eine chronische Gastritis, die immer wiederkehrt, entwickeln.

Ständige Reizungen der Magenschleimhäute führen zu einer Überproduktion von Salzsäure. Diese greift die Magenwand an und kann schließlich zu Schleimhautverletzungen führen, die kraterförmig in die tiefer liegenden Schichten der Magenwand reichen. Man spricht dann von einem **Magengeschwür.** Dieses heilt in der Regel nach einiger Zeit von allein, wenn der Patient seine Lebens- und Essgewohnheiten entsprechend verändert. Manchmal können eine medikamentöse Behandlung oder sogar eine Operation erforderlich sein. Heilt das Magengeschwür nicht, kann sich die angedaute Nahrung, einschließlich der Enzyme und der Salzsäure, in die Bauchhöhle ergießen. Ein solcher **Magendurchbruch** kann lebensbedrohlich sein.

Nach neueren Erkenntnissen ist in über 90 Prozent eine Infektion mit dem Bakterium *Helicobacter pylori* für das Entstehen von Gastritis und Magengeschwüren verantwortlich.
Der **Magenkrebs** ist eine weitere Erkrankung des Magens. Die Symptome dieser Krankheit sind lange Zeit unspezifisch. Daher wird das *Magenkarzinom* oft erst sehr spät festgestellt.

Zur Untersuchung des Magens bei Erkrankungen wird meist eine Magenspiegelung, auch **Gastroskopie** genannt, durchgeführt. Hierbei wird die Schleimhaut des Rachens durch ein Spray betäubt. Ein dünnes, sehr biegsames Glasfaserröhrchen wird in den Magen eingeführt. Durch das Röhrchen schiebt der Arzt ein Endoskop in den Magen. Mit diesem medizinischen Instrument kann er das Mageninnere untersuchen. Aus auffälligen Zonen der Magenschleimhaut entnimmt er mit einem feinen Zupfer Gewebeproben, um sie auf Krebszellen oder *Helicobacter pylori* zu untersuchen.

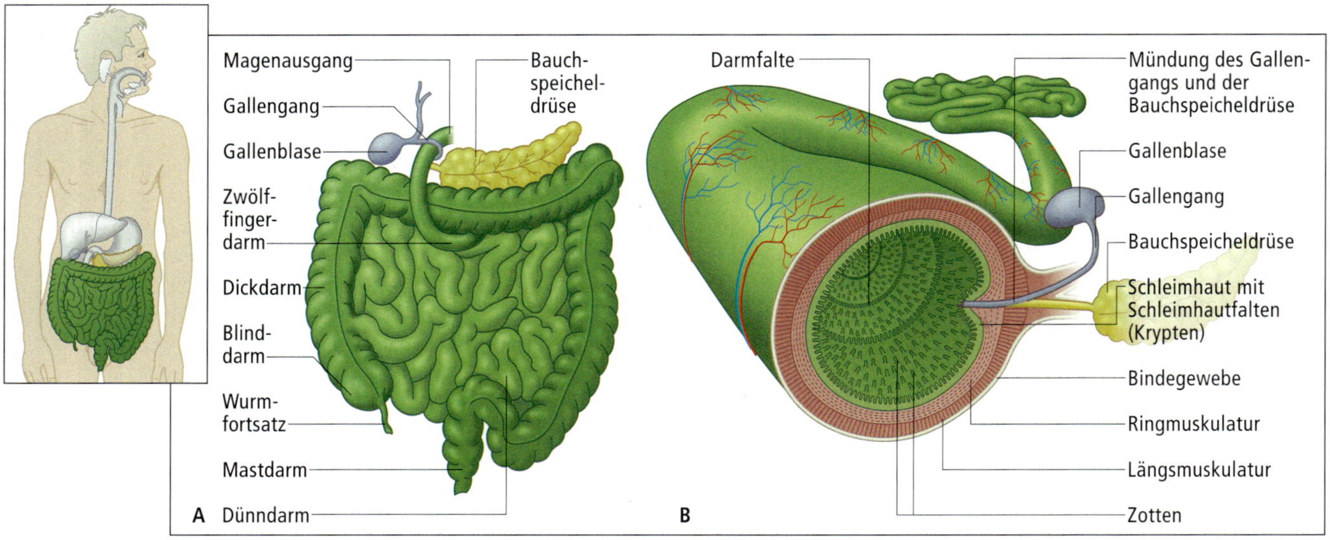

150.1 Dünndarm und Dickdarm (Schema). A Übersicht; **B** Dünndarm mit Bauchspeicheldrüse und Gallenblase

2.2 Verdauung im Darm

Aus dem Magen gelangt der Nahrungsbrei in den drei bis vier Meter langen **Dünndarm.** Der erste Abschnitt heißt **Zwölffingerdarm,** weil er etwa so lang ist, wie zwölf nebeneinandergelegte Finger breit sind. Der Darm ist ein Muskelschlauch mit einer inneren Ring- und einer äußeren Längsmuskelschicht. Beide Muskelschichten ziehen sich, ähnlich den Muskelbewegungen in der Speiseröhre, abwechselnd zusammen. Diese *Darmperistaltik* schiebt den Nahrungsbrei langsam vorwärts durch den Darm.

Im Dünndarm werden alle Nährstoffe bis in ihre Bausteine zerlegt. Die für die Verdauung notwendigen Enzyme produziert die **Bauchspeicheldrüse.** Sie liegt unterhalb des Magens und mündet in den Zwölffingerdarm. Sie liefert täglich etwa eineinhalb bis zwei Liter Bauchspeichelsaft. Da alle Enzyme des Dünndarms nur in leicht alkalischem Milieu wirksam sind, muss der saure Nahrungsbrei aus dem Magen zunächst neutralisiert werden. Der Bauchspeichelsaft enthält dafür Stoffe, die alkalisch wirken.
Die Bauchspeicheldrüse bildet das Enzym *Amylase.* Es zerlegt noch nicht verdaute Stärketeilchen zu Malzzucker. Die Enzyme *Trypsin* und *Chymotrypsin* bauen Eiweißstoffe zu kurzen Eiweißketten ab. *Lipasen* zerlegen Fette in Glycerin und Fettsäuren. Um die Verdauung der Fette zu erleichtern, müssen sie in feinste Tröpfchen zerteilt werden. Diese Emulgierung erfolgt durch Gallensäuren in der *Gallenflüssigkeit.* Sie wird von der **Leber** gebildet und in der **Gallenblase** gespeichert. Bei Bedarf gelangt sie über den **Gallengang** in den Dünndarm. Neben der Bauchspeicheldrüse liefert auch der Dünndarm selber Enzyme für die endgültige Verdauung der Nährstoffe im Darm. Die Drüsenzellen des Dünndarms liegen in Vertiefungen in der innersten Schicht des Dünndarms, der Dünndarmschleimhaut. Sie liefern täglich bis zu drei Liter Verdauungssaft. Er enthält Enzyme, die kurze Eiweißketten in Aminosäuren spalten. Das Enzym *Maltase* des Dünndarms zerlegt den Zweifachzucker Maltose in Glucose-Bausteine. Auch Rohrzucker und Milchzucker werden von den Enzymen des Dünndarms gespalten.

Die Nährstoffbausteine, auch Vitamine, Mineralstoffe, Medikamente und Alkohol, gelangen über die Dünndarmschleimhaut ins Blut und in die Lymphe. Diesen Vorgang nennt man **Resorption.** Die innere Oberfläche der Darmschleimhaut ist durch quer verlaufende Darmfalten stark aufgefaltet. Ihre innerste Zellschicht weist wiederum viele kleine Ausstülpungen auf, die *Darmzotten.* Durch die starke Auffaltung ist die innere Oberfläche der Darmschleimhaut auf über einhundert Quadratmeter vergrößert. Dies *Prinzip der Oberflächenvergrößerung* ermöglicht eine wirkungsvolle Resorption. Die Blutgefäße, die die Nährstoffbausteine aufnehmen, verlaufen im Inneren der Darmzotten. Um vom Darminnenraum ins Blut zu gelangen, müssen die Nährstoffbausteine nur durch die äußere Zellschicht der Zotten und durch eine Zellschicht, die das Blutgefäß abgrenzt, transportiert werden. Die Blutgefäße der Dünndarmzotten vereinen sich zu einer besonderen Vene, der **Pfortader.** Diese transportiert die resorbierten Nährstoffbausteine zunächst in die Leber. Hier werden sie zu körpereigenen Stoffen umgebaut.

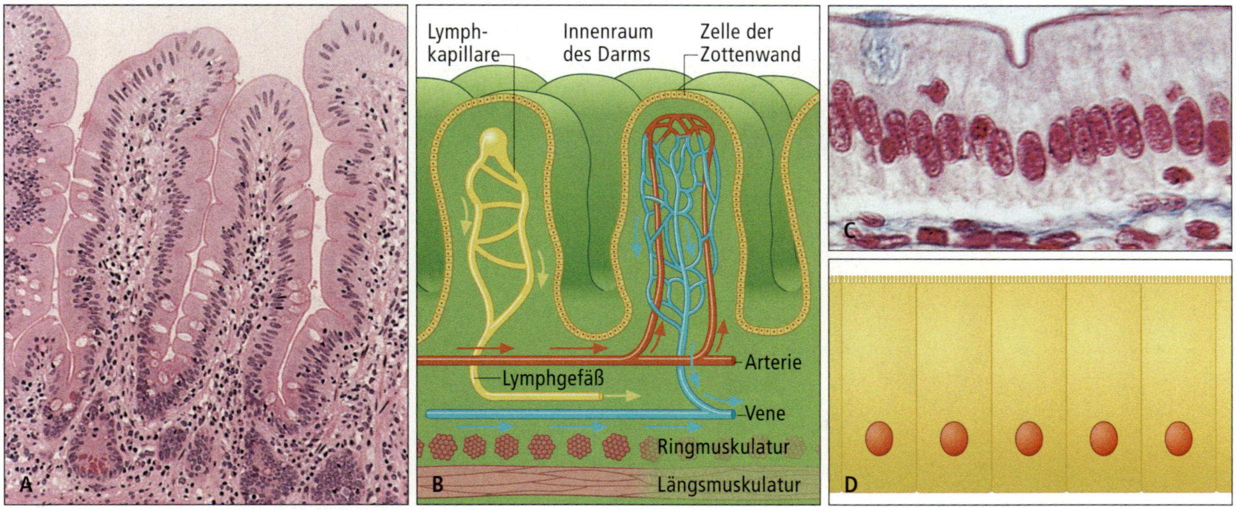

151.1 Oberflächenvergrößerung im Dünndarm. **A** Darmzotten (mikroskopische Aufnahme); **B** Darmzotten (schematischer Längsschnitt); **C** Zellen der Zottenwand (mikroskopische Aufnahme); **D** Zellen der Zottenwand (Schema)

Auf den Dünndarm folgt der **Dickdarm.** Am Übergang des Dünndarms in den Dickdarm liegt ein blind endender Darmabschnitt, der **Blinddarm.** An ihm befindet sich ein wurmartiger Fortsatz, der *Appendix*. Bei einer Blinddarmentzündung ist jedoch nicht der Blinddarm betroffen, sondern der Appendix.

Nahrungsbestandteile, die der Körper nicht verdauen kann, weil die erforderlichen Enzyme fehlen, gelangen in den Dickdarm. Dieser ist von Bakterien besiedelt, die sich von den Nahrungsresten ernähren. Der Stoffwechsel der Bakterien liefert lebensnotwendige Vitamine, allerdings auch Gase und Geruchsstoffe. Nicht alle Nahrungsreste können von Bakterien verwertet werden. Diese Ballaststoffe unterstützen die Tätigkeit der Muskeln des Dickdarms, durch die der Nahrungsbrei in den letzten Teil des Darms, den **Mastdarm**, weiterbefördert wird.

Der Darminhalt enthält beim Eintritt in den Dickdarm viel Flüssigkeit, die vor allem über die Verdauungssäfte zugesetzt wurde. Im Dickdarm wird dem Darminhalt Wasser mit den darin gelösten Salzen entzogen und dem Körper wieder zugeführt. Dadurch wird der Darminhalt eingedickt. Der verfestigte Kot besteht aus unverdauter Nahrung, Schleim und abgestoßenen Schleimhautzellen, vielen Bakterien und Wasser. Er wird im **Enddarm** gesammelt und mithilfe eines ringförmigen Schließmuskels, des **Afters,** ausgeschieden.

1. Beschreibe den Aufbau des Dünndarms!
2. Stelle die Drüsen, die in den Dünndarm münden, ihren Einmündungsort und die von ihnen gebildeten Flüssigkeiten und Enzyme in einer Tabelle zusammen!
3. Beschreibe die Verdauungsvorgänge im Dünndarm!
4. Beschreibe mithilfe der Abbildung 151.2 die Resorption der Nährstoffbausteine!

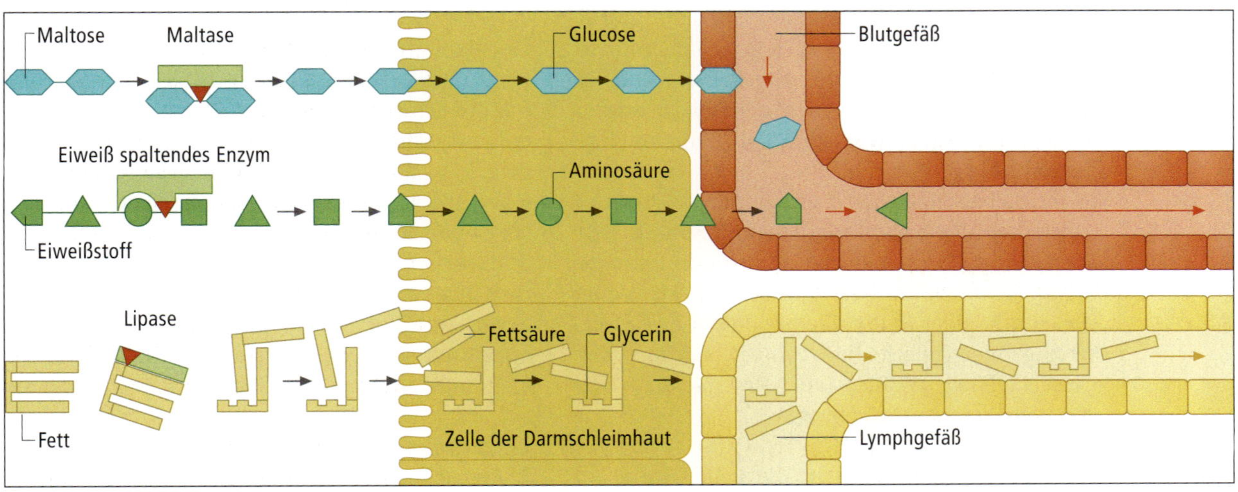

151.2 Resorption. Aufnahme der Nährstoffe durch Blut und Lymphe (Modellvorstellung)

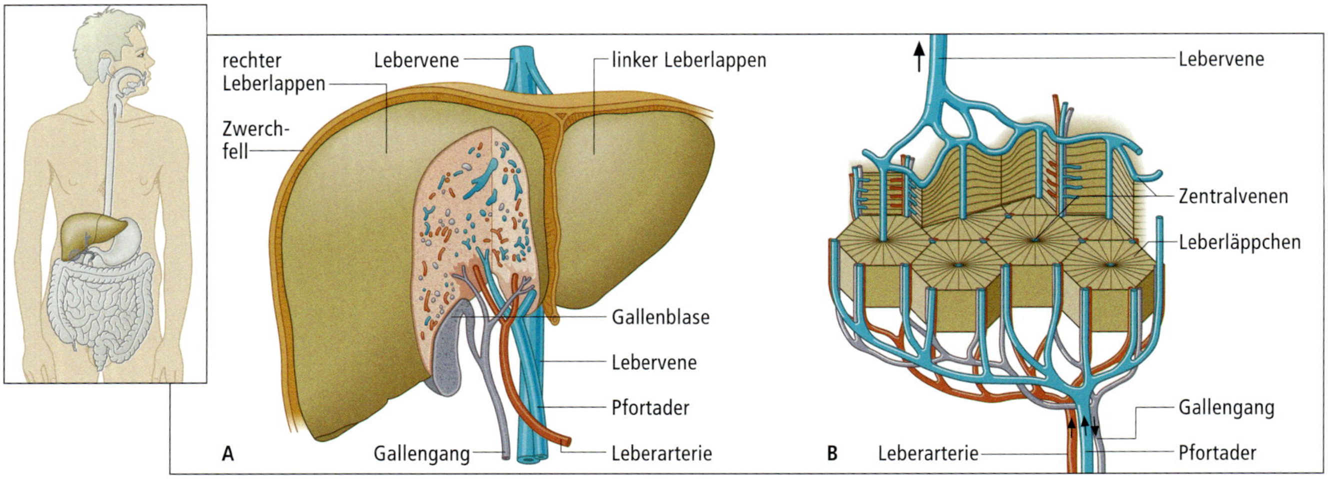

152.1 Bau der Leber. A Übersicht über Leber und Gallenblase; **B** Leberläppchen

2.3 Die Leber – das Zentrallabor des Körpers

Die **Leber** liegt im rechten Oberbauch geschützt unter der rechten Zwerchfellkuppel. Mit einer Masse von etwa 1500 Gramm ist sie die größte Drüse. Äußerlich ist die Leber durch eine Furche in einen größeren rechten und einen kleineren linken *Leberlappen* unterteilt. Die Leber ist aus vielen etwa ein bis zwei Millimeter großen Leberläppchen aufgebaut, die von kleinen Blutgefäßen und von Gallengängen durchzogen sind.

Die Leber erfüllt lebenswichtige Stoffwechselaufgaben. Aus dem Darm werden Verdauungsprodukte zum größten Teil in die **Pfortader** aufgenommen. Diese Vene transportiert die resorbierten Stoffe vom Darm zuerst in die Leber. Dort werden sie in körpereigene Stoffe umgebaut. Angeregt durch das Hormon *Insulin,* nimmt die Leber zum Beispiel Glucose aus der Blutbahn auf und wandelt sie zur tierischen Stärke *Glykogen* um. Glykogen wird als Energiereserve gespeichert. Bei Bedarf wird es wieder zu Glucose abgebaut und an das Blut abgegeben. Sind die Glykogen-Vorräte der Leber erschöpft, werden auch Fette und Eiweißstoffe in Kohlenhydrate umgewandelt.
In der Leber findet auch ein ständiger Um- und Abbau von Eiweißstoffen und Aminosäuren statt. Die Leber stellt die meisten der im Blut transportierten Eiweißstoffe her. Aus der großen Menge stickstoffhaltiger Stoffe, die bei diesen Stoffwechselvorgängen anfällt, bildet die Leber *Harnstoff.* Dieser gelangt ins Blut und wird mit dem Urin von den Nieren ausgeschieden.

Auch an der Verdauung ist die Leber durch die Erzeugung des *Gallensaftes* beteiligt. Über den *Gallengang* wird die Gallenflüssigkeit, die **Galle,** in die **Gallenblase** transportiert und dort aufbewahrt. Bei einer *Leberentzündung* sind die Abflusswege des Gallensaftes verstopft. Tritt die Galle ins Blut über, ruft sie eine gelbliche Hautfärbung hervor, die *Gelbsucht.* In der Gallenblase können sich durch Ausfällung von Salzen *Gallensteine* bilden, die Entzündungen hervorrufen. Können die Gallensteine nicht zertrümmert werden, muss die Gallenblase operativ entfernt werden, sodass der Gallensaft direkt in den Dünndarm abfließt.

Die Leber ist das wichtigste Organ für den Abbau von Fremdstoffen wie Alkohol und Medikamenten sowie von körpereigenen Stoffen wie Roten Blutkörperchen und überschüssigen Aminosäuren.

Alkoholiker leiden häufig an *Leberzirrhose:* Alkoholmissbrauch führt zunächst durch Ablagerungen von Fetttröpfchen zu einer vergrößerten Fettleber. Im fortgeschrittenen Stadium werden die Leberläppchen jedoch zerstört und die Leber schrumpft. Sie kann ihren Aufgaben im Stoffwechsel nicht mehr nachkommen. Leberzirrhose kann zum Tod führen. Schwere Lebererkrankungen können auch durch verschiedene Hepatitis-Viren verursacht werden. So verursachen die Viren vom Typ A die *Hepatitis A.* Diese Viruskrankheit kann man sich durch den Genuss verunreinigter Nahrungsmittel oder Trinkwasser zuziehen. Eine Infektion mit *Hepatitis-B-* oder *-C*-Viren kann zum Beispiel über verunreinigte mehrmals verwendete Spritzen, verunreinigte Blutkonserven oder auch Geschlechtsverkehr übertragen werden.

1. Die Leber ist eine Drüse. Erläutere!
2. Erstelle zu den Aufgaben der Leber eine Mind-Map! Vergleiche deine Mind-Map mit der deines Nachbarn!

PRAKTIKUM Verdauung

1 Schlucken im Kopfstand

Material: Tisch, Glas mit Milch, Trinkhalm
Durchführung: Stelle das Glas mit der Milch auf dem Boden bereit! Lege dich mit dem Bauch auf den Tisch! Rutsche mit dem Oberkörper so weit auf die Tischkante, dass nur noch die Beine auf dem Tisch liegen! Zwei Mitschüler halten deine Beine fest! Stütze dich mit den Händen auf dem Boden ab! Trinke mit dem Trinkhalm kopfüber aus dem Glas!
Aufgabe:
a) Erläutere den Schluckvorgang!
b) Erläutere hieran das Basiskonzept „Struktur und Funktion"!

2 Abbau von Stärke durch Speichel

Material: Speichelflüssigkeit oder Amylase-Lösung; Stärke; Iod-Kaliumiodid-Lösung; Salzsäure (5 %, Xi); 2 Reagenzgläser; Reagenzglasstopfen; Reagenzglasständer; 1 Becherglas (100 ml); 2 Bechergläser (250 ml); Pipetten; Spatel; Glasstab; Schutzbrille; Thermometer
Durchführung: Sammle im 100-ml-Becherglas etwas Speichelflüssigkeit! Rühre in ein 250-ml-Becherglas eine Spatelspitze Stärkepulver in 100 ml Wasser ein! Nummeriere die Reagenzgläser und gib in beide jeweils etwa 20 ml dieser Stärke-Lösung! Setze dem ersten Reagenzglas 2 ml Speichelflüssigkeit oder Amylase-Lösung zu! Gib in das zweite Reagenzglas anstelle von Speichelflüssigkeit 2 ml Wasser! Verschließe die Reagenzgläser mit Stopfen und schüttele sie gut! Stelle sie anschließend in das zweite 250-ml-Becherglas, das etwa 37 °C warmes Wasser enthält! Gib nach 5 Minuten in beide Reagenzgläser einen Tropfen Iod-Kaliumiodid-Lösung!
Aufgaben:
a) Protokolliere deine Beobachtungen und erläutere die Wirkung des Speichels auf Stärke!
b) Erläutere, weshalb bei diesem Versuch ein Kontrollversuch sinnvoll ist!

3 Wirkung von Salzsäure auf Fäulniserreger des Magens

Material: Hackfleisch; verdünnte Salzsäure (Xi); 2 Reagenzgläser; Reagenzglasständer; Pipette; Schutzbrille
Durchführung: Gib in beide Reagenzgläser je eine Teelöffelspitze Hackfleisch! Gib in das erste Reagenzglas 5 ml Wasser, in das zweite 5 ml verdünnte Salzsäure! Lasse beide Reagenzgläser bei Zimmertemperatur vier Tage stehen!
Aufgaben:
a) Protokolliere deine Beobachtungen!
b) Erläutere die Ergebnisse und stelle einen Zusammenhang mit der Magenverdauung her!

4 Wirkung von Magensäure auf Eiweißstoffe

Material: Milch; Becherglas (250 ml); Messzylinder; Glasstab; Pipette; verdünnte Essigsäure (Xi)
Durchführung: Verdünne in einem Becherglas 50 ml Milch mit 150 ml Wasser! Füge unter Umrühren tropfenweise verdünnte Essigsäure hinzu!
Aufgabe:
Beschreibe deine Beobachtung!

5 Verdauung von Eiweißstoffen im Magen

Material: frisches Hühnerei; Pepsin-Lösung (1 %); Salzsäure (1 %, Xi); Gasbrenner; Rundkolben (200 ml); 4 Reagenzgläser; Reagenzglasstopfen; Reagenzglasständer; Pipetten; Petrischale; Schere; Pinzette; Wasserbad (37 °C)
Durchführung: Schlage das Ei auf und trenne Dotter und Eiklar! Gib das Eiklar in eine Petrischale! Entferne mithilfe von Pinzette und Schere die Hagelschnüre! Gib das Eiklar in den Rundkolben, füge 30 ml Wasser hinzu! Erhitze den Kolben mit der Eiklarlösung unter ständigem Schütteln über einer Gasflamme, bis eine milchige Trübung auftritt, und kühle den Kolben unter Leitungswasser ab! Nummeriere die vier Reagenzgläser (RG 1 bis 4) und beschicke sie wie in der Tabelle angegeben:

	RG 1	RG 2	RG 3	RG 4
Eiweiß-Lösung	5 ml	5 ml	5 ml	5 ml
Wasser	5 ml	3 ml	2 ml	–
Pepsin-Lösung	–	2 ml	–	2 ml
Salzsäure	–	–	3 ml	3 ml

Verschließe alle Reagenzgläser mit einem Stopfen und schüttele sie gut durch! Stelle sie für 30 bis 45 Minuten in ein auf etwa 37 °C erwärmtes Wasserbad!
Aufgaben:
a) Protokolliere und erläutere deine Beobachtungen!
b) In einem fünften Reagenzglas könntest du einen Kontrollversuch ansetzen. Nenne die Bestandteile der Lösung!
c) Erläutere den Zusammenhang zwischen diesem Experiment und den Vorgängen bei der Verdauung im Magen!

6 Wirkung des Gallensaftes auf Fette

Material: Speiseöl; Ochsengalle (aus der Apotheke); 2 Reagenzgläser; Reagenzglasständer; Reagenzglasstopfen; Messzylinder; Pasteurpipette
Durchführung: Fülle in beide Reagenzgläser jeweils zehn Tropfen Speiseöl und etwa 5 ml Wasser! Gib in eines der Reagenzgläser zusätzlich 5 ml Gallensaft! Verschließe beide Reagenzgläser mit Stopfen und schüttele sie kräftig! Stelle sie dann für etwa 5 Minuten in einen Reagenzglasständer!
Aufgaben:
a) Vergleiche das Versuchsergebnis in den beiden Reagenzgläsern!
b) Erläutere die Bedeutung des Gallensaftes bei der Verdauung von Fetten!

PRAKTIKUM Verdauung

7 Wirkung des Leber-Enzyms Katalase

Sachinformation: In Leberzellen entsteht im Stoffwechsel Wasserstoffperoxid. Dieser Stoff ist ein Zellgift, das abgebaut werden muss. Ebenfalls in Leberzellen kommt das Enzym Katalase vor. Es beschleunigt den Abbau von Wasserstoffperoxid zu Sauerstoff und Wasser.
Material: rohe Leber (Schweineleber); Wasserstoffperoxid-Lösung (3 %, Xi); 2 Reagenzgläser; Reagenzglasständer; Holzspäne; Streichhölzer; Messer; Pinzette; Spatel; Schutzbrille
Durchführung: Gib in beide Reagenzgläser jeweils 2 ml Wasserstoffperoxid-Lösung! Schneide mit dem Messer ein etwa erbsengroßes Stück Leber ab und gib es mit der Pinzette in ein Reagenzglas! Zünde mit einem Streichholz einen Holzspan an und blase die Flamme aus, sobald der Holzspan brennt! Führe den nun glimmenden Span nacheinander vorsichtig in die beiden Reagenzgläser ein! Entflammt der Holzspan, wurde Sauerstoff nachgewiesen.
Aufgabe:
Erläutere das Versuchsergebnis!

8 Verdauung von Fetten im Dünndarm

Sachinformation: Phenolphthalein ist ein Farbstoff, der alkalische Lösungen mit roter Farbe anzeigt. Pankreatin wird aus Bauchspeicheldrüsensaft gewonnen. Es enthält alle Enzyme der Bauchspeicheldrüse.
Material: 2 Reagenzgläser; Reagenzglasständer; Natronlauge (0,5 %, Xi); Phenolphthalein-Lösung (F); 2 Tropfpipetten; Becherglas (250 ml); Gasbrenner; Dreifuß mit Keramikdreieck; Spatel; Pankreatin; Milch
Durchführung: Gib in beide Reagenzgläser 10 ml Milch und 3 Tropfen Phenolphthalein! Tropfe unter Schütteln gerade so viel Natronlauge hinzu, dass eine bleibende Rotfärbung auftritt! Gib in ein Reagenzglas eine Spatelspitze Pankreatin und schüttele! Erwärme beide Reagenzgläser im Wasserbad bei 40 °C etwa 10 Minuten!
Aufgabe:
Erläutere deine Beobachtung!

9 Stärkeverdauung im Dünndarm

Material: Pankreatin-Lösung (1 %); Stärke-Lösung (1 %); Iod-Kaliumiodid-Lösung; Soda-Lösung (5 %, Xi); 2 Reagenzgläser; Reagenzglasständer; Pasteurpipetten; Wasserbad
Durchführung: Fülle zwei Reagenzgläser mit je 5 ml Stärke-Lösung und 2 ml Soda-Lösung! Füge bis zur Blaufärbung ein bis zwei Tropfen Iod-Kaliumiodid-Lösung hinzu!
Gib in eines der Reagenzgläser zusätzlich 3 ml Pankreatin-Lösung, in das andere 3 ml Wasser! Stelle die Gläser in ein Wasserbad von 37 °C!
Aufgaben:
a) Erläutere, weshalb die Blaufärbung in einem der Reagenzgläser immer schwächer wird, bis sie schließlich verschwunden ist!
b) Ziehe Schlussfolgerungen aus der Wirkung des Pankreatins im Vergleich zur Stärkeverdauung des Mundspeichels!

10 Verdauung von Eiweißstoffen im Dünndarm

Material: Hühnerei; Pankreatin-Lösung (1 %); Soda-Lösung (5 %, Xi); Glastrichter; Glaswolle; 2 Bechergläser (100 ml); 2 Reagenzgläser; Reagenzglasständer; Reagenzglasstopfen; Gasbrenner; Dreifuß; Pasteurpipetten; Wasserbad
Durchführung: Schlage das Ei auf und gib das Eiklar in ein Becherglas! Verdünne es mit 20 ml Wasser und filtriere die Lösung durch Glaswolle in ein Becherglas! Erhitze das Filtrat, bis es sich milchig trübt! Fülle in beide Reagenzgläser je 2 ml des abgekühlten Filtrats und 2 ml Soda-Lösung! Gib in ein Reagenzglas 3 ml Pankreatin-Lösung, in das andere 3 ml Wasser! Verschließe beide Reagenzgläser mit Stopfen und schüttele kurz! Stelle sie dann für 30 Minuten in ein Wasserbad von 37 °C!
Aufgaben:
a) Erläutere, weshalb die Trübung in einem der Reagenzgläser verschwindet!
b) Erläutere, welche Enzyme im Pankreatin wirksam sind!
c) Erläutere an diesem Beispiel das Basiskonzept „Stoff- und Energieumwandlung"!

11 Abhängigkeit der Wirkung des Leber-Enzyms Katalase von der Temperatur

Material: rohe Schweineleber; Wasserstoffperoxid-Lösung (3 %, Xi); 4 Reagenzgläser; Reagenzglasständer; Becherglas; Pinzette; Messer; Wasserkocher; Eiswürfel; Holzspan; Streichhölzer; Schutzbrille
Durchführung: Nummeriere die Reagenzgläser eins bis vier! Gib in die Reagenzgläser eins bis drei je ein erbsengroßes Stückchen Leber! Fülle in die Reagenzgläser zwei bis vier jeweils 2 ml Wasserstoffperoxid-Lösung! Fülle das Becherglas halb mit Eiswürfeln! Gib so viel Wasser hinzu, dass die Eiswürfel vollständig im Wasser liegen! Stelle Reagenzglas zwei ins Eiswasser! Bringe in einem Wasserkocher etwas Wasser zum Kochen und gieße es in Reagenzglas eins! Erneuere das kochende Wasser nach etwa einer Minute! Nimm das Stück Leber vorsichtig aus dem kochenden Wasser und gib es in Reagenzglas vier! Führe in den Reagenzgläsern zwei bis vier die Glimmspanprobe durch!
Aufgaben:
a) Protokolliere deine Beobachtungen!
b) Ziehe Schlussfolgerungen aus deinen Beobachtungen!

RÜCKBLICK mit Basiskonzepten: Ernährung und Verdauung

Der Mensch nimmt mit der Nahrung ständig *Nährstoffe* auf, um körpereigene Stoffe aufzubauen und Energie bereitzustellen. Dies ist ein Beispiel für das **Basiskonzept „Stoff- und Energieumwandlung".**

Nahrungsmittel enthalten die drei Nährstoffgruppen Eiweißstoffe, Fette und Kohlenhydrate in unterschiedlicher Zusammensetzung und Menge. Die Teilchen der *Eiweißstoffe* bestehen aus einer langen Kette verschiedener Aminosäuren. Eiweißstoffe kommen zum Beispiel im Fleisch oder in der Milch vor. Butter und Haselnüsse hingegen enthalten überwiegend *Fette.* Fettteilchen bestehen aus einem Glycerinbaustein und drei Fettsäurebausteinen. Glucose oder Traubenzucker ist ein Baustein vieler *Kohlenhydrate* wie zum Beispiel des Zweifachzuckers Maltose oder des Vielfachzuckers Stärke. Kohlenhydrate finden sich in pflanzlichen Produkten wie Kartoffeln und Getreide.

Die in den Lebensmitteln vorkommenden Nährstoffe bestehen überwiegend aus langen Bausteinketten. Um die Einzelbausteine nutzbar zu machen, müssen die langkettigen Eiweißstoffe, Fette und Kohlenhydrate zerlegt werden. Dies geschieht durch besondere Wirkstoffe, die *Enzyme.* Sie bewirken die Zerlegung von Stoffen. Die Zerlegung von Nährstoffen durch Enzyme bezeichnet man als *Verdauung*. Sie erfolgt in mehreren miteinander verbundenen Verdauungsorganen. Dies ist ein Beispiel für das **Basiskonzept „Kompartimentierung".** Mehrere abgegrenzte Reaktionsräume ermöglichen einzelne Verdauungsschritte.

Im *Mund* wird die Nahrung zerkleinert und eingespeichelt. Das Enzym Amylase im Mundspeichel zerlegt Stärke zu Malzzucker. Eiweißstoffteilchen werden im *Magen* durch das Enzym Pepsin in kleine Bruchstücke zerlegt. Erst im *Dünndarm* werden alle Nährstoffgruppen vollständig in ihre Bausteine zerteilt. Unverdauliche Nahrungsreste gelangen mit dem dünnflüssigen Darminhalt in den Dickdarm.

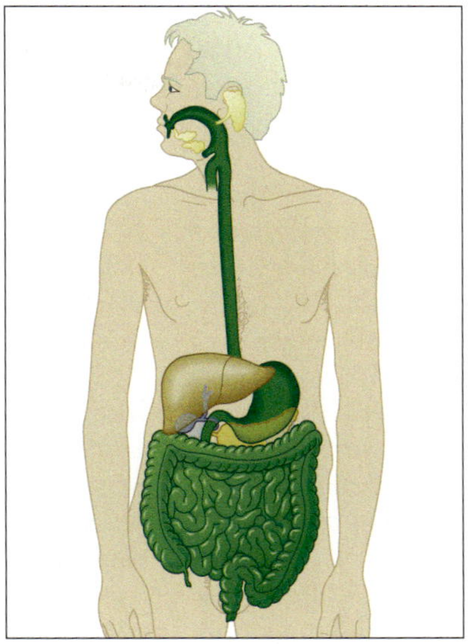

155.1 Verdauungssystem des Menschen

Hier wird der Nahrungsbrei eingedickt, im *Enddarm* gesammelt und von Zeit zu Zeit über den *After* abgegeben. Zur Verdauung von Fettteilchen im Dünndarm wird in der *Leber* Gallenflüssigkeit gebildet. Gallenflüssigkeit emulgiert das Nahrungsfett zu feinsten Fetttröpfchen, wodurch die Zerlegung der Fettteilchen durch Lipasen in Glycerin und Fettsäuren erleichtert wird. Der Abbau der anderen Nährstoffe geschieht durch Enzyme aus der *Bauchspeicheldrüse* und der Dünndarmschleimhaut.

Über die Darmzotten erfolgt die *Resorption* von Nährstoffbausteinen in die Blutgefäße. Die Blutgefäße, die den Dünndarm umgeben, münden in die Pfortader. Hierüber gelangen die resorbierten Nährstoffbausteine zunächst in die Leber. Diese vermag aufgenommene Nährstoffbausteine in andere Stoffe umzuwandeln und so körpereigene Stoffe aufzubauen und zu speichern. In den Leberzellen werden aber auch Stoffe wie zum Beispiel roter Blutfarbstoff, Medikamente und Alkohol abgebaut. Alkohol und Hepatitisviren können die Leber schwer schädigen.

Die über die Blutbahn transportierten Nährstoffbausteine werden von Körperzellen als Baustoffe genutzt. Die Umwandlung von körperfremden zu körpereigenen Stoffen findet im Baustoffwechsel statt. Man spricht auch von *Assimilation*. Sie ist ein Beispiel für das **Basiskonzept „Stoff- und Energieumwandlung".**

Stoffwechselvorgänge benötigen *Energie*. Der wichtigste Energie liefernde Vorgang in den Zellen ist der Abbau von Glucose. Sie wird hierbei mithilfe von Enzymen in die Stoffe Wasser und Kohlenstoffdioxid umgewandelt. Kohlenstoffdioxid wird ausgeatmet. Da bei dieser *Dissimilation* Sauerstoff aufgenommen werden muss, spricht man von *Zellatmung*. Die Zellatmung ist die Grundlage des Betriebsstoffwechsels. Auch Fette sind energiereiche Stoffe und können zur Energiefreisetzung abgebaut werden.

Zur Aufrechterhaltung der Körperfunktionen braucht der Mensch einen Mindestenergieumsatz. Unter diesem *Grundumsatz* versteht man die Energiemenge, die ein Mensch im Liegen zur Aufrechterhaltung von etwa Atmung, Blutkreislauf und Körpertemperatur benötigt. Körperliche und geistige Aktivitäten erhöhen den Energiebedarf beträchtlich. Man spricht vom *Arbeits-* oder *Leistungsumsatz.*

Um seinen Energiebedarf zu decken, muss der Mensch ständig Nahrung aufnehmen. Dabei kommt es nicht allein auf die Menge, sondern auch auf die Zusammensetzung der Nahrung an. Ziel ist eine *ausgewogene Ernährung*. Dazu sollte die tägliche Nahrung zu etwa 60 Prozent aus Kohlenhydraten, überwiegend in Form von Vielfachzuckern, zu etwa 10 Prozent aus Fetten und zu etwa 30 Prozent aus Eiweißstoffen bestehen.

Man spricht von Überernährung, wenn über den Bedarf hinaus Nahrung aufgenommen wird. Nährstoffe werden dann in Depotfette umgewandelt und gespeichert. Neben Nährstoffen sollte die tägliche Nahrung auch Vitamine, Mineralstoffe, Wasser und Ballaststoffe enthalten. Man spricht dann von einer *gesunden Ernährung*.

3 Ausscheidung und Gaswechsel

3.1 Bau und Funktion der Niere

Betrachtet man ein Rumpfmodell mit den inneren Organen, sind die *Nieren* nicht zu sehen. Erst wenn man die Organe im Bauchbereich aus dem Rumpfmodell entfernt, kann man die Nieren entdecken. Sie liegen auf der Körperrückseite zu beiden Seiten der Wirbelsäule dicht über der Taille. Diese paarigen Organe sind bohnenförmig, etwa elf Zentimeter lang, sechs Zentimeter breit und 2,5 Zentimeter dick. Sie wiegen etwa 150 Gramm und sind dunkel gefärbt. Sie sind von einer derben Schicht aus Bindegewebe, der *Nierenkapsel,* überzogen. Um die Nierenkapsel herum liegt eine kräftige Schicht Fettgewebe. Durch Fett- und Bindegewebe wird die Niere vor Verletzungen durch Stöße geschützt. Die Nieren bilden zusammen mit den zu- und ableitenden Blutgefäßen, dem *Harnleiter,* der *Harnblase* und der *Harnröhre* die **Harnorgane.**

Im Längsschnitt der **Niere** erkennt man zahlreiche schüsselförmige *Nierenkelche,* die in einen Hohlraum, der als *Nierenbecken* bezeichnet wird, münden. Der Harnleiter verbindet das Nierenbecken mit der Harnblase. Das Nierengewebe setzt sich aus der außen liegenden hellen *Nierenrinde* und dem innen liegenden dunkleren *Nierenmark* zusammen. In der Rinde liegen zahlreiche *Nierenkörperchen,* die aus einem ballonartigen Hohlraum und einer umgebenden festen Wand bestehen. Die Wand wird auch als **BOWMANsche Kapsel** bezeichnet. Im Inneren des Hohlraumes findet man ein Knäuel aus Blutkapillaren. Es wird von einer Kapillare gebildet, die sich im Inneren des Nierenkörperchens pinselartig aufspaltet und später wieder vereinigt, um das Nierenkörperchen zu verlassen. Vom Nierenkörperchen geht ein Nierenkanälchen ab, das in einer lang gezogenen Schleife bis ins Nierenmark reicht. Das Nierenkanälchen ist überall von feinen Blutgefäßen umgeben. Die Schleife wird auch **HENLEsche Schleife** genannt. Sie zieht zurück zur Rinde und mündet in einem *Harnsammelröhrchen.* Mehrere Sammelröhrchen vereinigen sich und münden schließlich in die Nierenkelche. Nierenkörperchen und Nierenkanälchen bilden das **Nephron.** Es gibt davon etwa eine Million in jeder Niere. Alle Nierenkanälchen zusammen sind etwa zehn Kilometer lang. Welche Aufgabe hat die Niere im Körper?

Die dunkelrote Farbe der Nieren zeigt an, dass sie besonders stark durchblutet werden. Neben Sauerstoff und Nährstoffen werden auch nicht verwertbare Stoffe, die im Stoffwechsel entstanden sind, im Blut transportiert. Da diese Stoffe in größeren Mengen den Körper vergiften, müssen sie ausgeschieden werden. Dies geschieht über die Nieren.

An der Einbuchtung der bohnenförmigen Nieren führt die *Nierenarterie* in das Organ hinein und die *Nierenvene* heraus. Täglich gelangen etwa 1500 Liter Blut über die Nierenarterien in die Nieren. Die Blutkapillaren der Nierenkörperchen verengen sich stark, sodass sich das Blut in ihnen staut. Durch den entstehenden hohen Blutdruck wird Wasser mit den darin gelösten Stoffen aus dem Blut in die BOWMANsche Kapsel gepresst. Feine Poren in den Wänden der Blutgefäße und der Nierenkörperchen wirken dabei wie ein Filter: Wasser und darin gelöste Stoffe wie Glucose und Mineralstoffe können die Poren passieren. Auch Harnstoff und Harnsäure, giftige Abbauprodukte des Eiweißstoffwechsels, gelangen durch die Poren. Blutkörperchen und Eiweißteilchen werden aufgrund ihrer Größe im Blut zurückgehalten. So entstehen täglich etwa 170 Liter **Primärharn,** der aus den BOWMANschen Kapseln in die Nierenkanälchen gelangt.

Die Ausscheidung des Primärharns wäre mit einem starken Flüssigkeitsverlust des Körpers verbunden. Auch für den Körper verwertbare Stoffe wie Glucose und Mineralstoffe gingen ihm verloren. In den Nierenkanälchen werden dem Primärharn daher Wasser und andere für den Körper lebensnotwendige Stoffe entzogen. Diese Rückgewinnung nennt man **Rückresorption.** Aus 170 Litern Primärharn entstehen so etwa 1,5 Liter **Endharn.** Er enthält vor allem Harnstoff und Harnsäure. Durch die Harnleiter gelangt der Endharn schließlich zur Harnblase. Hier wird er gespeichert und über die Harnröhre mehrmals täglich vom Körper abgegeben.
Neben der Reinigung des Blutes von Abfallstoffen haben die Nieren die Aufgabe, den Salzhaushalt zu regulieren. Von den lebensnotwendigen Salzen wird ein Teil der Calcium- und Kaliumsalze sowie Kochsalz ins Blut zurücktransportiert.
Auch die Regelung des Wasserhaushaltes des Körpers übernehmen die Nieren. Dies erfolgt über Hormone, die in der Hirnanhangsdrüse gebildet werden. Die Hormone wirken auf die Weite der Porenöffnungen der Nierenkanälchen. Hat man viel getrunken, sind die Poren relativ klein. Eine kleine Wassermenge gelangt aus dem Primärharn zurück ins Blut. Ist der Wassergehalt des Körpers dagegen zu niedrig, sind die Poren weit geöffnet,

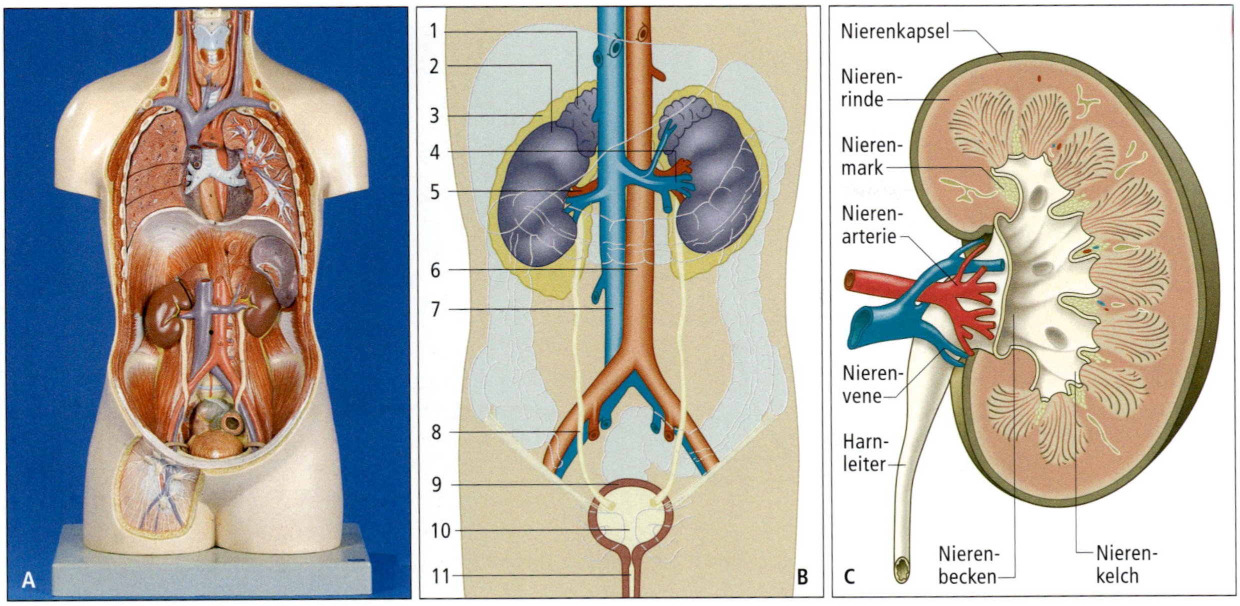

157.1 Lage und Bau der Niere. **A** Lage der Niere im Körper (Modell); **B** Lage der Niere (Schema): 1 Nebenniere, 2 Niere, 3 Fettgewebe der Niere, 4 Nierenvene, 5 Nierenarterie, 6 Aorta, 7 untere Hohlvene, 8 Harnleiter, 9 Blasenmuskulatur, 10 Harnblase, 11 Harnröhre; **C** Bau der Niere (Längsschnitt)

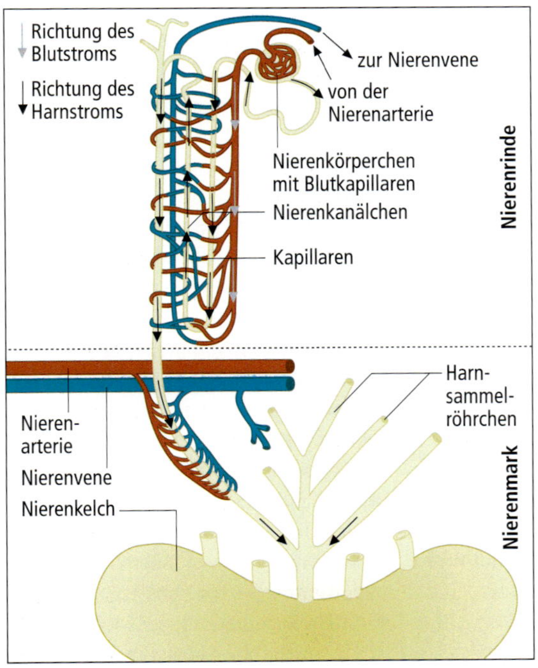

157.2 Bau eines Nephrons

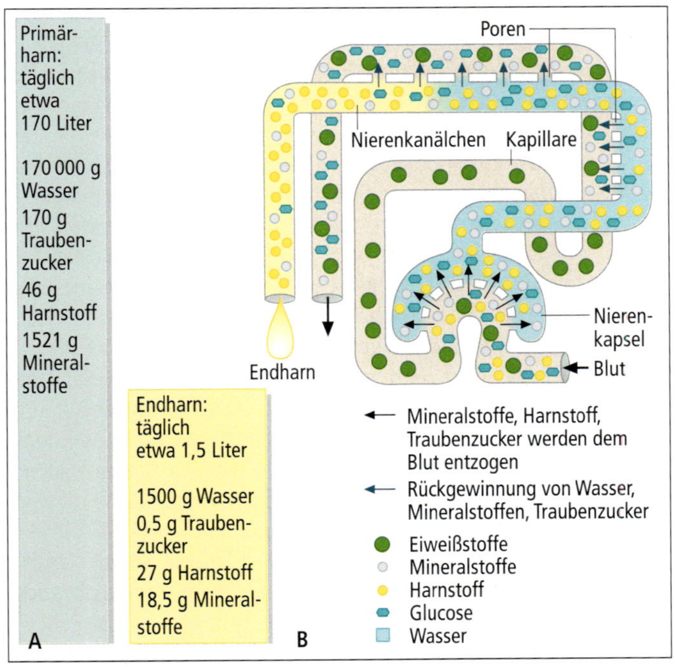

157.3 Funktion der Niere. **A** Vergleich von Primärharn und Endharn; **B** Bildung von Primärharn und Endharn

und es wird viel Wasser aus dem Primärharn ins Blut zurücktransportiert. Die Niere reagiert zusätzlich mit der Bildung eines Stoffes, der im Zwischenhirn ein Durstgefühl auslöst.

Bei Entzündungen der Harnwege und Nieren enthält der Urin Bakterien. Auch ein erhöhter Blutzuckerspiegel und eine Schwangerschaft können über den Urin festgestellt werden.

1. Beschreibe den Aufbau eines Nierenkörperchens und seine Funktion!
2. Erläutere die Bedeutung der Rückresorption!
3. Die Nieren gehören zu den am stärksten durchbluteten Organen des Körpers. Erläutere!
4. Erläutere an diesem Beispiel die Basiskonzepte „Steuerung und Regelung" und „Struktur und Funktion"!

EXKURS Nierenschädigungen

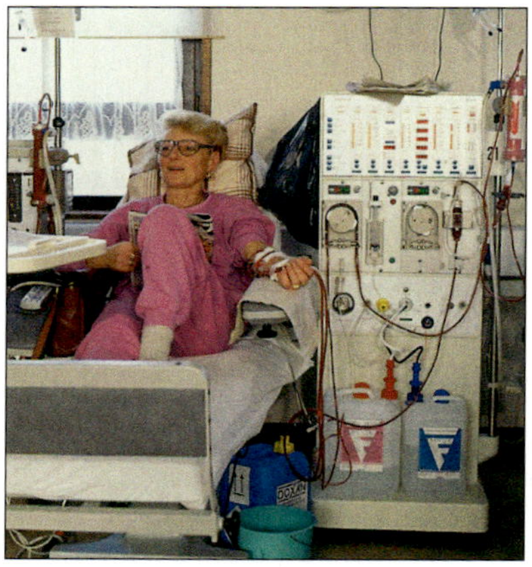

158.1 Patientin am Dialysegerät

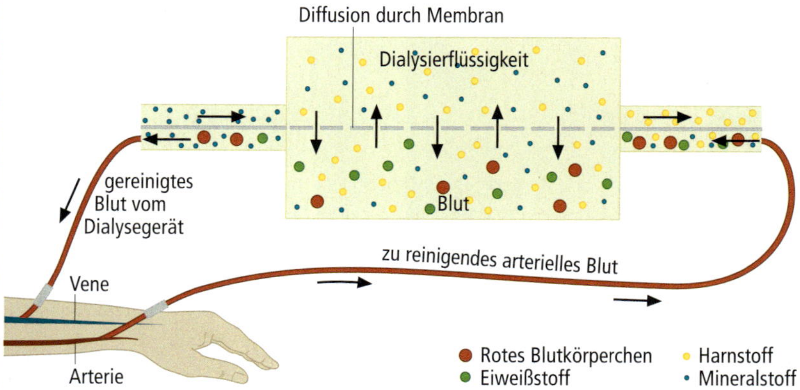

158.2 Funktionsweise der Dialyse

Schädigungen der Nieren werden durch eine Vielzahl von Faktoren hervorgerufen. Eine **Nieren-** und **Blasenentzündung** wird von Bakterien verursacht, die durch die Harnröhre in den Körper gelangen. Unterkühlung der Nierenregion und ein geschwächtes Abwehrsystem begünstigen die Ansiedlung der Bakterien. Die Entzündung ist verbunden mit Fieber, stechenden Schmerzen beim Wasserlassen und kolikartigen Schmerzen in der Nierengegend.
Sehr starke krampfartige Schmerzen deuten auf **Nierensteine** hin. Diese entstehen durch Kristallisation von Salzen, die normalerweise im Harn gelöst sind. Bleiben Nierensteine bei der Ausscheidung des Harns im Harnleiter stecken, lösen sie schmerzhafte Nierenkoliken aus. Bei Einnahme harntreibender Medikamente, reichlich Flüssigkeitszufuhr und durch spezielle Bewegungsübungen können Nierensteine oft mit dem Harn über den Harnleiter und die Blase ausgeschieden werden. Größere Steine werden vorher mit Ultraschallwellen zertrümmert. Nur in Einzelfällen ist eine operative Entfernung der Steine notwendig.

Ist eine Niere durch Krankheiten so stark geschädigt, dass sie ihre Aufgaben nicht mehr erfüllen kann, übernimmt die andere, gesunde Niere die Gesamtleistung. Ein Versagen beider Nieren ist jedoch lebensbedrohlich. Da die Blutreinigung durch die Nieren entfällt, reichern sich giftige Abfallstoffe im Körper an. Patienten mit Nierenversagen werden an eine künstliche Niere angeschlossen, die die Reinigung des Blutes übernimmt. Dieser Vorgang wird **Dialyse** genannt. Im Inneren eines solchen Dialyse-Gerätes, eines Dialysators, befindet sich eine Membran mit feinen Poren. Auf der einen Seite der Membran fließt das Blut aus einer Armschlagader des Patienten, auf der anderen Seite eine Waschflüssigkeit aus Wasser und Salzen, die Dialysierflüssigkeit. Gelöste Stoffe wie Harnstoff und Mineralstoffe gelangen durch die Poren der Membran in die Dialysierflüssigkeit und werden mit dieser weggeschwemmt. Rote Blutzellen und größere Eiweißstoffteilchen werden aufgrund ihrer Größe im Blut zurückgehalten. Die Salzteilchen aus der Dialysierflüssigkeit gelangen zum Teil wieder in das Blut und gleichen den Salzverlust aus. Das gereinigte Blut wird in eine Armvene zurückgeleitet.

Die Dialyse ist oft die einzige Möglichkeit, das Leben solcher Patienten zu retten. Der Patient muss sich allerdings nach einem festgelegten Zeitplan dreimal wöchentlich der fünfstündigen Behandlung unterziehen. Bestimmte Nahrungsmittel wie viele Obstsorten, Schokolade, Nüsse und Kartoffelchips darf er nicht essen. Seine Flüssigkeitszufuhr darf höchstens einen halben Liter pro Tag betragen. Er ist oft müde und in seiner Leistungsfähigkeit eingeschränkt.

Oftmals ist für Menschen mit Nierenversagen eine **Organtransplantation** der einzige Weg zu einem relativ normalen Leben. Die Spendernieren stammen häufig von Opfern von Verkehrsunfällen. Die Organentnahme darf nur mit ausdrücklicher Zustimmung des Verstorbenen oder seiner nächsten Angehörigen erfolgen. Solche Organspender tragen daher einen Organspendeausweis bei sich. Nachdem der Tod festgestellt wurde, werden dem Organspender Blut- und Gewebeproben für weitere Untersuchungen entnommen. Die Daten des Spenders müssen mit denen des Empfängers übereinstimmen, da das übertragene Organ sonst vom Körper als Fremdkörper erkannt und vom menschlichen Abwehrsystem abgestoßen wird. Über die Europäische Transplantationszentrale in den Niederlanden, in der Daten von Organempfängern gespeichert sind, wird der bestgeeignete Empfänger ermittelt. Auch bei Familienangehörigen ist die Gefahr einer Abstoßung des Organs gering. Da ein Mensch auch mit einer gesunden Niere gut leben kann, können sie mit ihrer Organspende das Leben eines Familienangehörigen retten.

1. Beschreibe Nierenschädigungen und die zugehörigen medizinischen Behandlungsmöglichkeiten! Erstelle dazu eine Tabelle!
2. Diskutiere die Transplantation von Organen! Nimm Stellung!

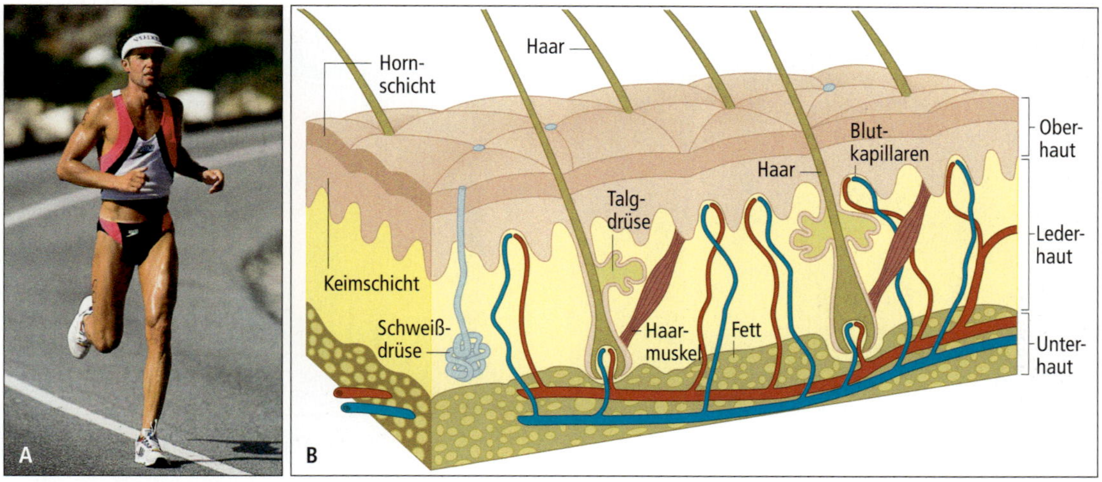

159.1 Ausscheidung über die Haut. **A** Marathonläufer; **B** Bau der Haut

3.2 Ausscheidung über die Haut

Ein Marathonlauf ist eine „schweißtreibende" körperliche Anstrengung. Auch an heißen Tagen wird die Haut feucht und der Schweiß läuft. Gerät ein Tropfen Schweiß auf die Zunge, schmeckt dieser salzig. Schweiß besteht also nicht nur aus Wasser. Er enthält bis zu 20 Gramm Salz pro Liter gelöst, außerdem auch nicht verwertbare Stoffe des Stoffwechsels wie zum Beispiel Harnstoff.
Schweiß wird in *Schweißdrüsen* produziert. In den Achselhöhlen, auf der Stirn und auf den Hand- und Fußflächen befinden sich besonders viele Schweißdrüsen. Über den Schweiß werden auch nicht verwertbare Stoffe ausgeschieden. So liefert die Haut neben den Nieren einen wichtigen Beitrag zur Entgiftung des Körpers. Da der Schweiß leicht sauer ist, unterbindet er die Ansiedlung von säureempfindlichen Krankheitserregern und schützt so die Haut. Über die Verdunstung des Schweißes wird der Körper gekühlt. Der Schweiß erfüllt daher wichtige Aufgaben für die Gesunderhaltung des Körpers. Dennoch empfinden wir Schweißbildung als unangenehm, weil er übel riechen kann. Der Schweiß selbst riecht jedoch nicht. Schweißgeruch entsteht, wenn Bakterien abgestorbene Hautzellen und vor allem das Fett auf der Haut zersetzen.

Die Haut erfüllt noch andere wichtige Aufgaben. Die äußere Schicht der Haut, die **Oberhaut,** schützt die darunterliegenden Gewebe vor Umwelteinflüssen und verhindert, dass Bakterien in den Körper eindringen. Ihre äußere Schicht, die *Hornschicht,* besteht aus abgestorbenen, stark verhornten Zellen. Diese schuppen ständig ab und werden durch Zellen aus der darunterliegenden *Keimschicht* nachgeliefert. Die Keimschicht bildet auch Hautpigmente, die unseren Körper vor starker Sonneneinstrahlung, insbesondere der ultravioletten Strahlung, schützen.

Unter der Oberhaut liegt die **Lederhaut.** Diese besteht aus netzartig verbundenen Bindegewebsfasern, die der Haut Festigkeit und Elastizität verleihen. Die Lederhaut enthält zahlreiche Blutkapillaren. Diese versorgen die Oberhaut mit Sauerstoff und Nährstoffen. Sie sind außerdem an der Wärmeregulation des Körpers beteiligt. Bei starker Erwärmung des Körpers erweitern sich die Blutkapillaren, sodass die Haut stärker durchblutet ist. Über das Blut gibt die Haut verstärkt Wärme ab. Bei Kälte ziehen sich die Kapillaren zusammen. Die Haut wird blass, weil sie weniger stark durchblutet ist. Der Körper verliert dann weniger Wärme über die Haut.
In der Lederhaut liegen außerdem die Haarbälge, aus denen die Haare wachsen. Jeder Haarbalg besitzt einen kleinen Muskel. Bei Kälte ziehen sich die Haarbalgmuskeln zusammen, eine Gänsehaut bildet sich. Auf diese Weise wird der Wärmeschutz verbessert. In die Haarbälge münden die Talgdrüsen. Diese sondern fetten Talg ab, der Haare und Hornhaut schmiert und Wasser abweist.
Über viele Sinneszellen und freie Nervenendigungen in der Lederhaut empfinden wir Wärme, Kälte, Berührung und Schmerz.
Die unterste Hautschicht ist die **Unterhaut.** Sie besteht aus lockerem Binde- und Fettgewebe. Sie dient als Wärmeschutz und schützt zugleich die darunterliegenden Muskeln und Organe vor Verletzungen. Außerdem speichert sie Nährstoffe.

1. Stelle in einer Tabelle die Schichten der Haut und ihre Aufgaben zusammen!
2. Erläutere die Bedeutung der Schweißbildung!

160.1 Schwimmen

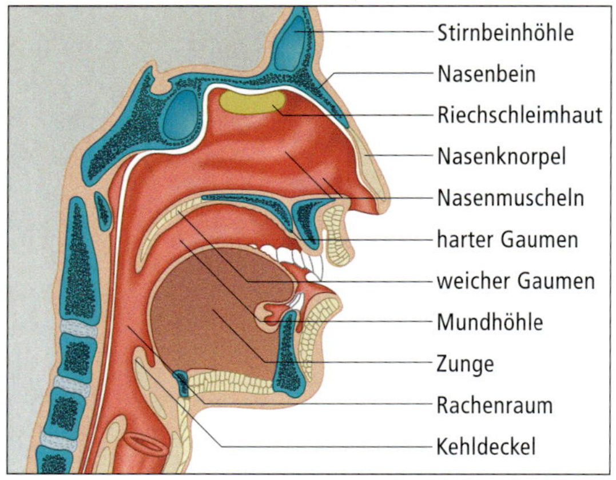

160.3 Obere Atmungswege

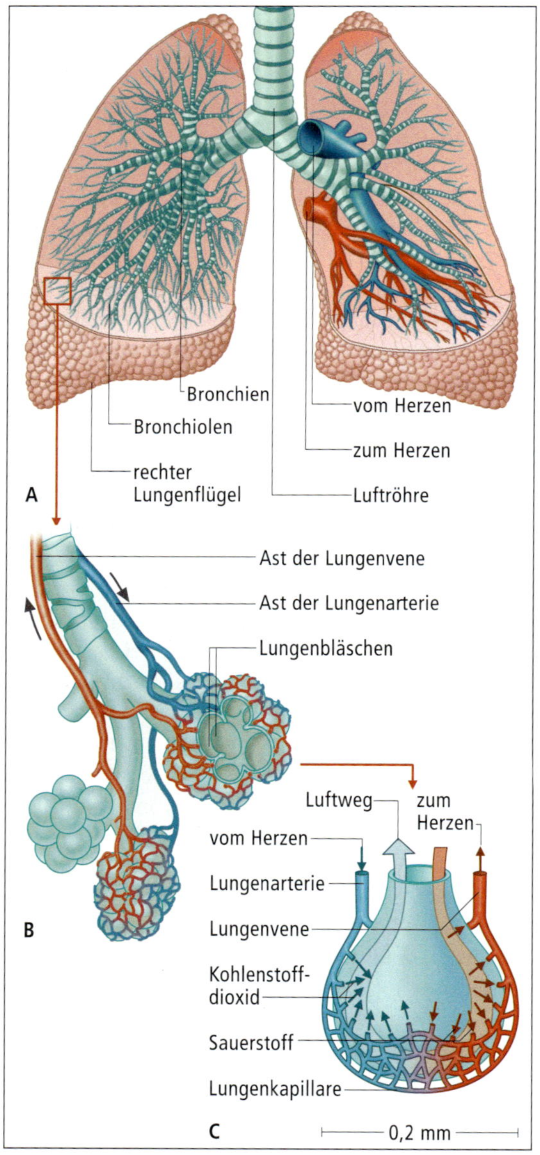

160.2 Atmungsorgane. A Bau der Lunge; **B** Bronchiolen mit Lungenbläschen; **C** Gaswechsel in der Lunge

3.3 Atmung und Gaswechsel

Der Kraulschwimmer dreht bei jedem Armzug seinen Kopf aus dem Wasser. Dabei nimmt er Luft durch den Mund in die Lungen auf. Diese atmet er unter Wasser durch die Nase wieder aus. In Ruhe atmet man etwa zwölf bis sechzehn Mal in der Minute, bei körperlicher Anstrengung, wie beim Schwimmen, kann die Atmung auf bis zu 60 Atemzüge in der Minute gesteigert werden.

Die Einatmungsluft gelangt über die Nase oder den Mund in die *Mundhöhle*. Bei der Atmung durch die Nase wird die Luft an den stark durchbluteten Nasenmuscheln erwärmt und durch die *Nasenschleimhaut* befeuchtet. Flimmerhärchen der Schleimhautzellen halten Staub und Krankheitserreger zurück und befördern diese in den Rachenraum. Gröbere Verunreinigungen der Atemluft werden durch Haare im Nasenraum herausgefiltert. Bei der Atmung durch den Mund kommen Mandeln und Kehlkopf direkt mit der kalten, ungereinigten Luft in Berührung. Enthält die Luft Krankheitserreger, können schnell Erkältungskrankheiten entstehen. Die Atmung durch die Nase ist daher gesünder.
Aus der Mundhöhle tritt die Atemluft in den *Rachenraum* ein. Von hier gelangt sie durch den Kehlkopf in die **Luftröhre.** Die Luftröhre teilt sich in die beiden Hauptbronchien, die zum rechten und zum linken **Lungenflügel** führen. In den Lungenflügeln verzweigen sich die **Bronchien** immer stärker in feine Atemkanälchen, die **Bronchiolen.** Diese enden in kugelförmigen Lungenbläschen, den **Alveolen.** Die Alveolen gleichen in ihrem Aussehen und in ihrer Anordnung den Beeren einer Weintraube. Sie haben einen Durchmesser von etwa 0,25 Millimetern, ihre Haut ist hauchdünn. Sie sind mit einem Netz aus feinsten Blutkapillaren umsponnen.

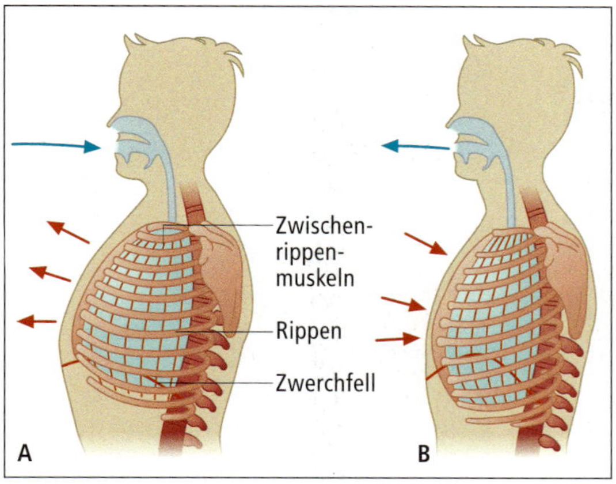

161.1 Brustatmung. **A** Einatmen; **B** Ausatmen

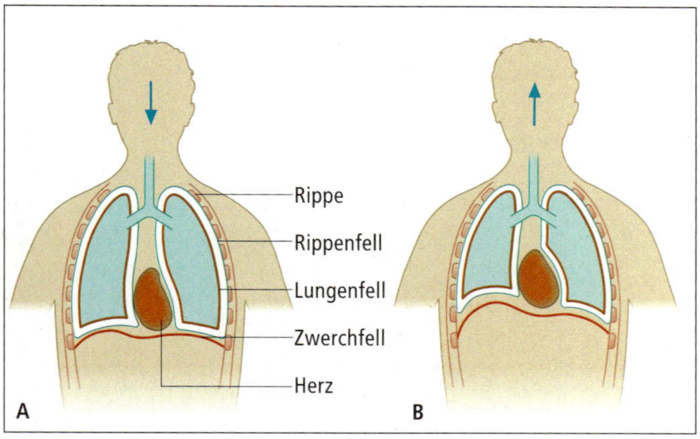

161.2 Bauchatmung. **A** Einatmen; **B** Ausatmen

Die eingeatmete Luft gelangt über die Luftröhre, die Bronchien und Bronchiolen schließlich zu den Lungenbläschen. Hier erfolgt der **Gaswechsel** zwischen der eingeatmeten Luft und dem Blut in den Kapillaren.
Die von den Organen in die Lunge führenden Blutgefäße enthalten kohlenstoffdioxidreiches und sauerstoffarmes Blut. Die Einatemluft ist sauerstoffreich und kohlenstoffdioxidarm. Dieser Konzentrationsunterschied zwischen dem Blut und der Luft in der Lunge ermöglicht den Austausch der Atemgase durch **Diffusion.** Das Kohlenstoffdioxid diffundiert mit dem Konzentrationsgefälle aus dem Blut durch die dünnen Außenwandungen der Blutkapillaren und Lungenbläschen in das Innere der Alveolen. Umgekehrt diffundiert Sauerstoff in die entgegengesetzte Richtung. Mehr als 300 Millionen Lungenbläschen bilden eine innere Oberfläche von fast 100 Quadratmetern, die Kapillaren erreichen eine Gesamtlänge von etwa 2000 Kilometern. Über diese große Kontaktfläche ist eine ausreichende Sauerstoffaufnahme in der Lunge gesichert. Man spricht vom *Prinzip der Oberflächenvergrößerung.*

Das mit Sauerstoff angereicherte Blut gelangt von der Lunge zum Herzen. Das Herz pumpt dieses Blut zu den Körperzellen. Hier wird der Sauerstoff zur Energiefreisetzung bei der *Zellatmung* benötigt. Gleichzeitig gelangt das bei der Zellatmung entstehende Kohlenstoffdioxid aus den Zellen ins Blut. Aufgrund des Gaswechsels unterscheidet sich die Zusammensetzung der Einatemluft von der der Ausatemluft: Die eingeatmete Frischluft enthält neben 78 Prozent Stickstoff und Spuren von Edelgasen 21 Prozent Sauerstoff und 0,03 Prozent Kohlenstoffdioxid. Die ausgeatmete Luft enthält unveränderte Mengen an Stickstoff und Edelgasen, jedoch nur etwa 16 bis 17 Prozent Sauerstoff, dafür etwa 4 Prozent Kohlenstoffdioxid.

Die Lungen selbst besitzen keine Muskeln. Sie können sich daher nicht selbst mit Luft füllen oder entleeren. Die Ein- und Ausatmung erfolgt durch Erweiterung und Verkleinerung des Brustraumes. An diesen Atembewegungen sind die *Zwischenrippenmuskulatur* und das *Zwerchfell* beteiligt.
Beim Einatmen ziehen sich die Muskeln zwischen den Rippen zusammen und heben den *Brustkorb.* Dadurch vergrößert sich der Brustraum. So entsteht ein Unterdruck im Brustraum, durch den Luft in die Lungen gesaugt wird. Erschlafft die Zwischenrippenmuskulatur, senkt sich der Brustkorb und die Luft wird durch den entstehenden Überdruck aus den Lungen wieder herausgepresst. Diese Atembewegungen heißen **Brustatmung.**
Das muskulöse Zwerchfell liegt zwischen der Bauchhöhle und der Brusthöhle. Im entspannten Zustand ist es kuppelförmig nach oben gewölbt. Zieht sich das Zwerchfell beim Einatmen zusammen, flacht die Wölbung ab, und der Brustraum vergrößert sich. Dadurch strömt Luft in die Lunge ein. Beim Ausatmen entspannt sich das Zwerchfell und wölbt sich wieder nach oben. Durch den Druck im Brustraum gelangt die Luft wieder nach außen. Beim Einatmen werden die Bauchorgane nach unten gedrängt, sodass sich der Bauch vorwölbt. Daher nennt man diese Atembewegungen **Bauchatmung.**
Außen wird die Lunge vom Lungenfell begrenzt. Zwischen dem Lungenfell und dem Rippenfell, das den Brustkorb auskleidet, liegt ein flüssigkeitsgefüllter Hohlraum. Dadurch ist eine gleitende Verschiebung der Lungen während der Atmung möglich.

1. Beschreibe den Weg der Atemluft bis in die Lungenbläschen!
2. Erläutere den Gasaustausch in der Lunge!
3. Erläutere an diesem Beispiel das Basiskonzept „Struktur und Funktion"!

PRAKTIKUM Atmung

1 Bestimmung der Vitalkapazität der Lunge

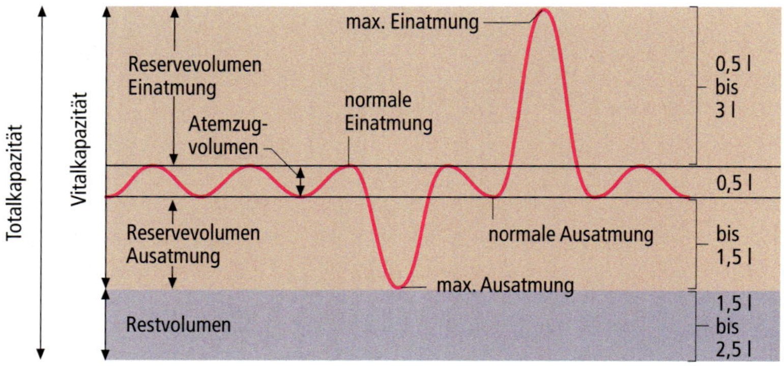

Sachinformation: Der Mensch atmet bei normaler Atmung etwa 0,5 Liter Luft pro Atemzug ein und wieder aus. Diese Luftmenge kann bei besonders tiefer Atmung auf zwei Liter erhöht werden. Dieses maximale Atemvolumen nennt man **Vitalkapazität** der Lunge. Auch bei maximaler Ausatmung bleibt noch ein Rest Luft in der Lunge. Dieses Restvolumen bildet zusammen mit der Vitalkapazität die **Totalkapazität.**
Material: Spirometer (Atemmessgerät); Pappmundstücke zum Wechseln
Durchführung: Stelle das Atemmessgerät so ein, dass der Zeiger auf null steht! Miss die Luftmenge bei normalem Ausatmen! Wiederhole die Messung, nachdem du so tief wie möglich eingeatmet hast und dann maximal ausatmest!
Jeder Schüler verwendet für seine Messungen ein neues, sauberes Mundstück!
Aufgaben:
a) Bestimme dein Atemvolumen bei normaler Atmung!
b) Bestimme die Vitalkapazität deiner Lunge und erkläre den Begriff!

2 Nachweis von Kohlenstoffdioxid in der Atemluft

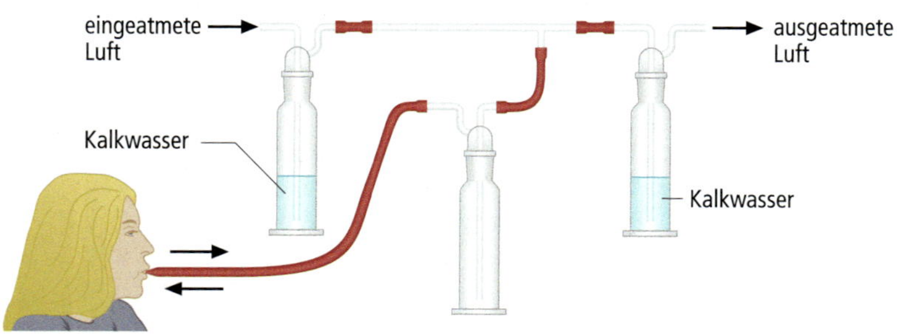

Material: 3 Waschflaschen; 2 kurze und 2 etwas längere, passende Gummischläuche; 1 passendes T-Stück; Kalkwasser; Kohlenstoffdioxid aus der Stahlflasche
Durchführung: Baue die Versuchsanordnung wie in der Abbildung dargestellt auf! Atme durch den freien Schlauch mehrmals tief ein und wieder aus!
Leite in einem Kontrollversuch Kohlenstoffdioxid aus der Stahlflasche in eine mit Kalkwasser gefüllte Waschflasche!
Aufgaben:
a) Protokolliere deine Beobachtungen!
b) Erläutere das Versuchsergebnis! Nimm den Kontrollversuch zu Hilfe!

3 Bau eines Lungenmodells

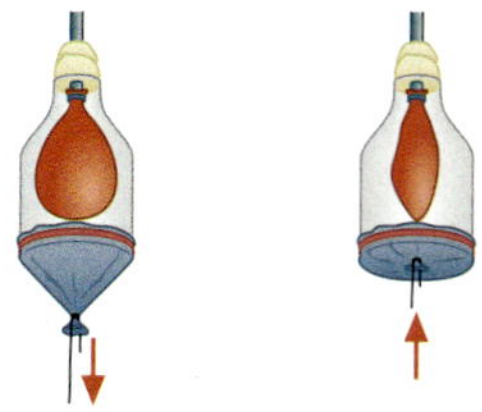

Material: durchsichtige Kunststoffflasche (2 l); Kugelschreiber ohne Mine; Schnur; zwei Gummiringe; ein großer und ein kleiner Luftballon; Knetmasse; Schere; Klebeband
Durchführung: Schneide die Flasche in Querrichtung halb durch! Befestige den kleineren Luftballon mithilfe eines Gummiringes luftdicht an dem Kugelschreiber! Stecke die Kugelschreibermine durch den Flaschenhals und befestige sie mit der Knetmasse luftdicht! Binde die Schnur fest an das Mundstück des größeren Luftballons und schneide den Ballon quer durch! Verbinde das Luftballonstück mithilfe des Klebebandes luftdicht mit dem unteren Ende des Flaschenstückes!
Aufgaben:
a) Ziehe mehrfach an der Schnur und lasse sie los! Beschreibe!
b) Vergleiche die Funktionsweise des Modells mit der Atmung!
c) Erläutere hieran das Basiskonzept „Struktur und Funktion"!

4 Eigenschaften ausgeatmeter Luft

Material: Thermometer; Handspiegel
Durchführung: Führe das Thermometer im Bereich des Messfühlers möglichst nah an den Mund heran! Atme durch den Mund so lange gegen das Thermometer aus, bis die Temperatur sich nicht mehr verändert!
Atme anschließend gegen das Spiegelglas aus!
Aufgaben:
a) Ermittle die Temperatur der ausgeatmeten Luft! Vergleiche mit der Temperatur der eingeatmeten Luft!
b) Erläutere deine Beobachtungen auf der Spiegeloberfläche!

METHODE Präparieren und Sezieren einer Lunge

Beachte beim Sezieren und Präparieren:

- Nur solche Wirbeltiere oder Teile verwenden, die im Lebensmittelhandel oder vom Schlachthof bezogen werden können!
- Beim Arbeiten Latexhandschuhe benutzen!
- Am Arbeitsplatz nicht essen oder trinken!
- Verletzungen sofort dem Lehrer melden!
- Abfälle sachgerecht entsorgen!

163.1 Untersuchungsgrundsätze

Hinweis: Durch das **Präparieren** wird ein biologisches Objekt so behandelt, dass es möglichst lebensgetreu erhalten bleibt.
Beim **Sezieren** geht es um das sachgerechte Auseinandernehmen und Zerlegen von Naturobjekten, um so Erkenntnisse über den inneren Bau des Körpers zu gewinnen.

Präparieren und Sezieren einer Lunge

Material: Skalpell; spitze Schere; Pinzette; Präpariernadel; große Plastikschale; Lupe; 1-l-Glasschale; Trinkhalm; Schweinelunge; Lineal

Durchführung:
Bei der Bestellung der Lunge sollte darum gebeten werden, ein etwa 15 cm langes Stück der Luftröhre stehen zu lassen und die Lunge nicht zu beschädigen.
1. Bau der Lunge in der Übersicht: Auf einem Arbeitstisch wird eine Plastikschale bereitgestellt. Darin wird die Lunge mit der glatten Seite nach unten gelegt (dies entspricht der Lage im Körper). Ertaste durch Anheben links zwei, rechts drei Lungenlappen und benenne sie mithilfe der Abbildung 163.2 B! Ertaste und betrachte auch die Luftröhre und die Bronchien!
2. Untersuchung der Luftröhre: Ertaste die knorpeligen Versteifungen, die in die Luftröhrenwand eingebaut sind! Drücke die Luftröhre kurz mit Daumen- und Zeigefinger zusammen und beobachte das Verhalten der Luftröhre danach!
3. Untersuchung der Lunge auf Luft: Nähere dich mit einem Ohr der Luftröhre und drücke die Lunge etwas zusammen! Achte auf mögliche Zischgeräusche! Schneide ein kartoffelgroßes Stück Lungengewebe heraus und lege es in die zur Hälfte mit Wasser gefüllte Glasschale!
4. Untersuchung der Verästelung der Bronchien: Schneide aus dem Gewebe eine Bronchie heraus und verfolge ihren Verlauf! Zupfe dabei mit der Pinzette das die Verästelungen umgebende Gewebe ab! Überprüfe den Durchmesser der Verzweigungen mit einem Lineal!
5. Untersuchung der Schnittfläche eines quer abgeschnittenen Lungenlappens: Betrachte die verschieden großen Löcher! Finde die knorpelversteiften feinen Bronchiolen! Die Bronchiolen ragen aus dem durchschnittenen Gewebe heraus. Führe einen Trinkhalm in eine Bronchiole und blase Luft hinein! Beobachte die Größe des Bereichs, der so mit Luft gefüllt wird und sich ausdehnt! Betrachte nun die nicht herausragenden Löcher in der Schnittfläche! Vergleiche ihre Wanddicke mit der der Bronchiolen! Drücke sie zusammen!

Aufgaben:
a) Führe die aufgeführten Präparations- und Untersuchungsschritte durch!
b) Erläutere die Beobachtungen!
c) Erläutere das zugrunde liegende Basiskonzept!

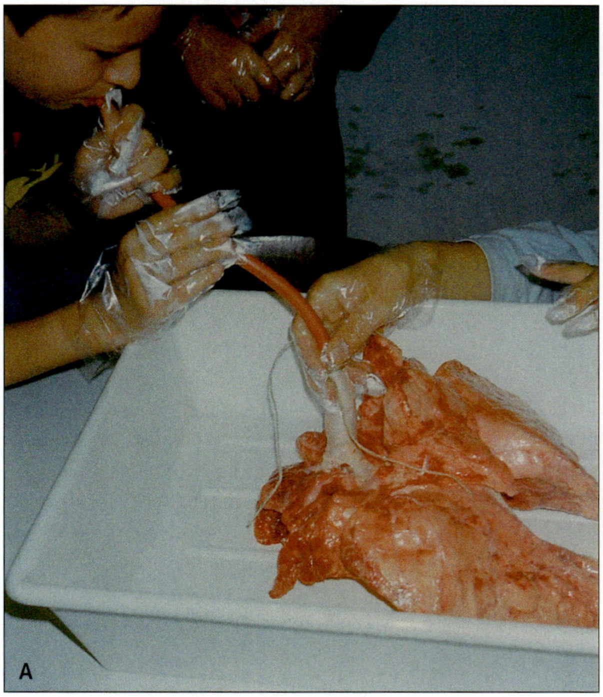

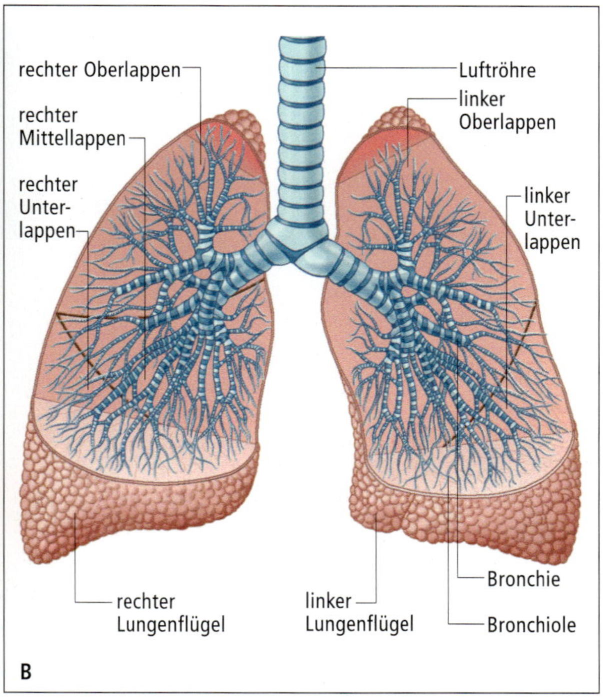

163.2 Lunge. A Foto; **B** Schema

METHODE Umfrage

Meinungsumfragen werden durchgeführt, um herauszufinden, was andere Menschen über ein Thema denken. Anlässe für Umfragen können aus vielfältigen Unterrichtssituationen hervorgehen. Ein solches Thema kann zum Beispiel das Raucherverhalten sein. Viele Menschen rauchen Zigaretten, obwohl sie wissen, dass dies ihrer Gesundheit abträglich ist und es nach längerer Zeit des Rauchens sogar zum Tode führen kann. Warum rauchen sie? Warum können sie damit nicht aufhören? Seit wann rauchen sie? Wie viele Zigaretten rauchen sie täglich? Solche Fragen können in einer schriftlichen Meinungsbefragung mithilfe eines Fragebogens nachgefragt werden. Wie erstellt man einen Fragebogen für eine Umfrage?

Zunächst muss man sich darüber klar werden, was man zum Thema „Raucherverhalten" wissen möchte. Anschließend muss geklärt werden, welche und wie viele Personen befragt werden sollen. Jugendlichen ab 16 Jahren ist das Rauchen in der Öffentlichkeit gesetzlich erlaubt. In der Schule können also alle Schüler von der 10. Klasse bis zur 13. Klasse befragt werden. In Schulen ist jedoch Schülern das Rauchen grundsätzlich verboten. Dies muss bei der Erstellung des Fragebogens berücksichtigt werden. Man muss auch darauf achten, dass Schüler in ausreichender Zahl und aus verschiedenen Jahrgängen in einem ausgewogenen Verhältnis befragt werden, da die Ergebnisse sonst nicht aussagekräftig sind. Außerdem muss darauf geachtet werden, dass die Anonymität der Befragten sichergestellt ist.

Bei der Ausarbeitung eines Fragebogens muss beachtet werden, dass die Fragen klar formuliert werden und dass sie eindeutig beantwortet werden können. Grundsätzlich kann man zwischen offenen Fragen und geschlossenen Fragen unterscheiden. Geschlossene Fragen müssen mit Ja oder Nein beantwortet werden. Sie lassen sich leicht auswerten, die Befragten müssen sich jedoch für eine der Vorgaben entscheiden, auch wenn sie eine andere Meinung besitzen. Offene Fragen können variabel beantwortet werden, es ergeben sich jedoch Probleme bei der Auswertung und der Vergleichbarkeit der Antworten. Sinnvoll ist es, den Fragebogen auf die Verständlichkeit der Fragen bei einigen Personen vorher zu testen.

Bei der Auswertung der Befragungsergebnisse lassen sich Prozentwerte berechnen. Diese Aufgabe, wie auch die der Erstellung des Fragebogens, lässt sich mithilfe von Computerprogrammen bearbeiten. Es muss auch überlegt werden, in welcher Form die Ergebnisse präsentiert werden sollen.

1. Führe mit der Klasse eine Umfrage zum Thema „Raucherverhalten der Schüler unserer Schule" durch!
2. Vergleiche das Ergebnis mit aktuellen Daten aus Umfragen in der Gesamtbevölkerung (solche Daten findet man im Internet beim Statistischen Bundesamt oder beim Bundesamt für gesundheitliche Aufklärung)!
3. Erstelle einen Fragebogen zum Thema „Alkoholkonsum bei Schülern" und führe die Umfrage durch!
4. Vergleiche die erhobenen Daten wie in der Aufgabe 2!

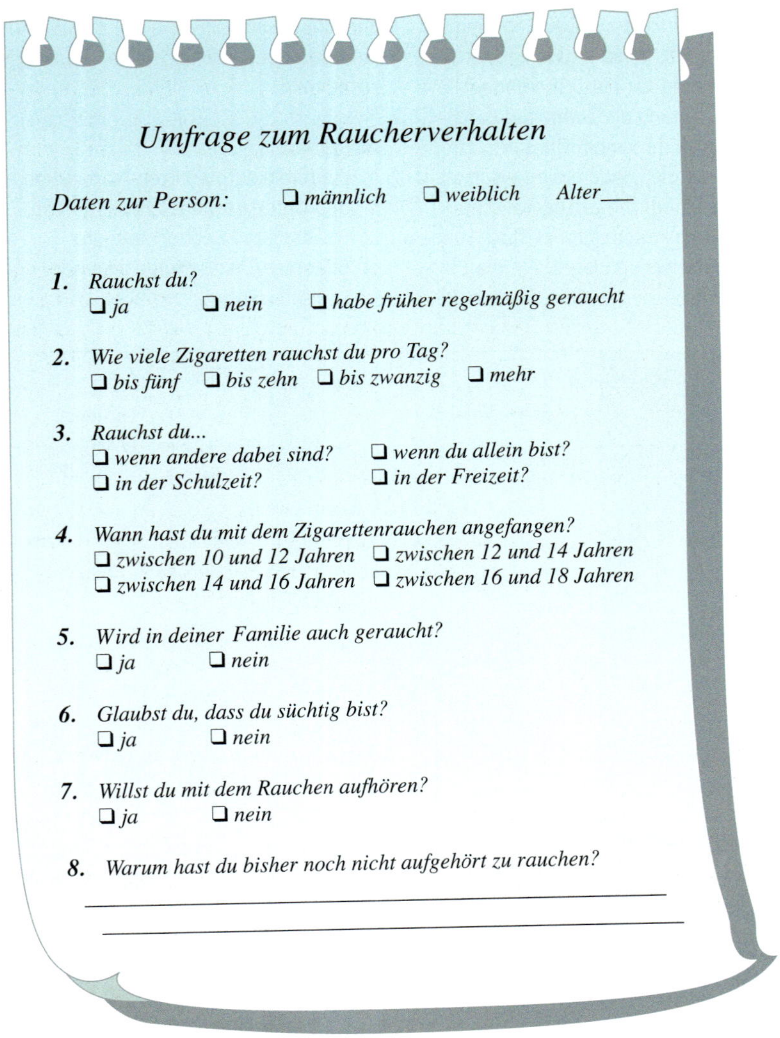

Umfrage zum Raucherverhalten

Daten zur Person: ❑ *männlich* ❑ *weiblich* *Alter___*

1. *Rauchst du?*
   ❑ *ja* ❑ *nein* ❑ *habe früher regelmäßig geraucht*
2. *Wie viele Zigaretten rauchst du pro Tag?*
   ❑ *bis fünf* ❑ *bis zehn* ❑ *bis zwanzig* ❑ *mehr*
3. *Rauchst du...*
   ❑ *wenn andere dabei sind?* ❑ *wenn du allein bist?*
   ❑ *in der Schulzeit?* ❑ *in der Freizeit?*
4. *Wann hast du mit dem Zigarettenrauchen angefangen?*
   ❑ *zwischen 10 und 12 Jahren* ❑ *zwischen 12 und 14 Jahren*
   ❑ *zwischen 14 und 16 Jahren* ❑ *zwischen 16 und 18 Jahren*
5. *Wird in deiner Familie auch geraucht?*
   ❑ *ja* ❑ *nein*
6. *Glaubst du, dass du süchtig bist?*
   ❑ *ja* ❑ *nein*
7. *Willst du mit dem Rauchen aufhören?*
   ❑ *ja* ❑ *nein*
8. *Warum hast du bisher noch nicht aufgehört zu rauchen?*

164.1 Fragebogen zum Raucherverhalten

EXKURS Erkrankungen der Atemwege

Viele Erkrankungen der Atemwege werden durch *Luftschadstoffe* hervorgerufen. Staub, Schwefeldioxid, Stickstoffoxide, Kohlenstoffmonooxid und Kohlenwasserstoffe belasten die Atemwege. Die Schadstoffe werden bei Verbrennungsvorgängen in Industrieanlagen und Fahrzeugmotoren gebildet. Bei ungünstigen Wetterlagen werden sie nicht durch Luftbewegungen wegtransportiert und verteilt. Sie sammeln sich in der Atemluft an, wobei **smog** (engl. **sm**oke – Rauch und f**og** – Nebel) entsteht.
Wintersmog bildet sich, wenn feuchte Luft bei niedrigen Temperaturen an Staub- und Rußteilchen kondensiert und dabei Nebel entsteht. Beim *Sommersmog* wird aus den Abgasen durch intensive Sonneneinstrahlung das giftige Ozon gebildet. Bei Smog können die Schadstoffe schnell in Konzentrationen vorliegen, die die Gesundheit gefährden. Um die Verschmutzung der Luft einzuschränken, sehen Smog-Alarmpläne die Einschränkung des Straßenverkehrs in Sperrgebieten und die Drosselung der Schadstoffabgabe durch Industriebetriebe vor.

Auch durch Zigarettenrauch gelangen größere Mengen gesundheitsschädlicher Stoffe in die Atmungsorgane. Tabakrauch enthält **Nikotin.** Die Menge an Nikotin einer Zigarette wird mit dem Warnhinweis **„N"** auf der Zigarettenschachtel angegeben. Nikotin gelangt über die Lungenbläschen ins Blut. Es bewirkt die Verkrampfung der Muskelzellen in den Wänden der Blutgefäße. Durch die Verengung der Blutgefäße steigt der Blutdruck. Dadurch steigen die Gefahren für Herzinfarkt und Schlaganfall. Die Verengung der Gefäße ruft auch Durchblutungsstörungen hervor. Außerdem treten bei längerem Nikotinkonsum Ablagerungen in den Blutgefäßen auf, die die Durchblutung erschweren. Dadurch können Gewebe absterben und müssen dann operativ entfernt werden. Die meisten Beinamputationen in Deutschland sind auf das sogenannte Raucherbein zurückzuführen.

165.1 Smog über einer Großstadt

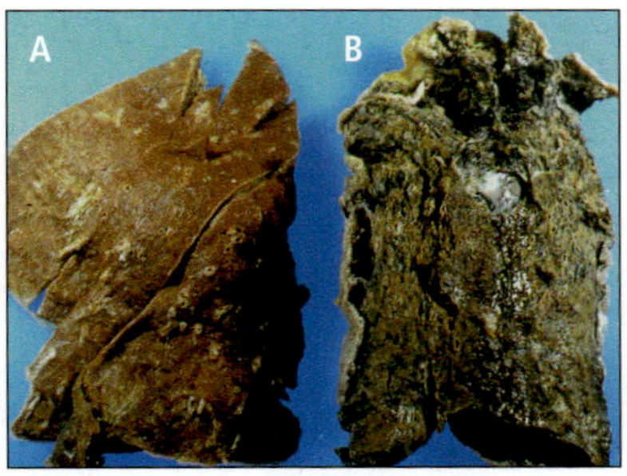

165.2 Lunge eines Nichtrauchers (A) und eines Rauchers (B)

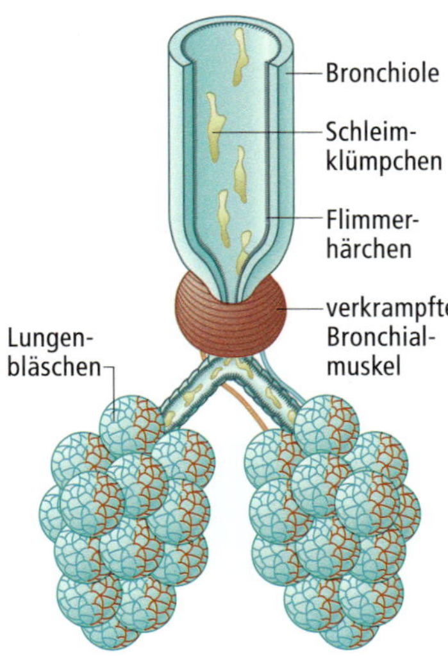

165.3 Bronchialasthma

Bei der Verbrennung des Tabaks verdampfen außerdem **Teerstoffe,** die in den Lungen kondensieren. Auf Zigarettenschachteln wird die Menge der Teerstoffe mit **„K"** für Kondensat angegeben. Teerstoffe verkleben die Flimmerhärchen der Schleimhäute in den Lungen. Diese haben in der gesunden Lunge die Aufgabe, Schleim zum Kehlkopf abzutransportieren. Sind die Flimmerhärchen verklebt, sammelt sich der Schleim in den Atemwegen und verengt diese. Er kann nur noch durch Husten entfernt werden. Raucher haben daher häufig chronischen Raucherhusten. Bei starken Rauchern können die Ablagerungen von Teerstoffen die Lungen schwarz färben. Man spricht von einer **Raucherlunge.**
In dem Schleim können sich außerdem Bakterien vermehren, die eine Lungenentzündung hervorrufen. Zur Abtötung der Bakterien reagiert der Körper mit hohem Fieber. Die Ansammlung von Schleim und Blutflüssigkeit in den Lungenbläschen führt zu Hustenanfällen und Atemnot.

Viele Teerstoffe sind krebserregend. Bereits ein relativ geringer Zigarettenkonsum führt schon zu einem deutlich vergrößerten Risiko, an **Kehlkopfkrebs** oder **Lungenkrebs** zu erkranken. Lungenkrebs ist eine meist tödlich verlaufende Krankheit. Vorzeichen des Lungenkrebses ist häufig der Raucherhusten. Die Gefahr, an Lungenkrebs zu erkranken, besteht allerdings nicht nur für Raucher. Auch Passivraucher atmen in Räumen, in denen geraucht wird, die Schadstoffe ein.

Asthma wird häufig durch Allergien ausgelöst. Beim Asthma verkrampfen die Muskelfasern, die die Bronchien umgeben. Die Atemkanäle verengen, sodass nur noch wenig Luft in die Lungenbläschen gelangt. Daher kommt es zur Kurzatmigkeit und zu erstickungsartigen Anfällen von Atemnot. Asthmapatienten tragen meist Asthmasprays bei sich, die die Muskulatur entkrampfen.

1. Beschreibe mindestens zwei Erkrankungen der Atemwege und ihre Ursachen ausführlich!

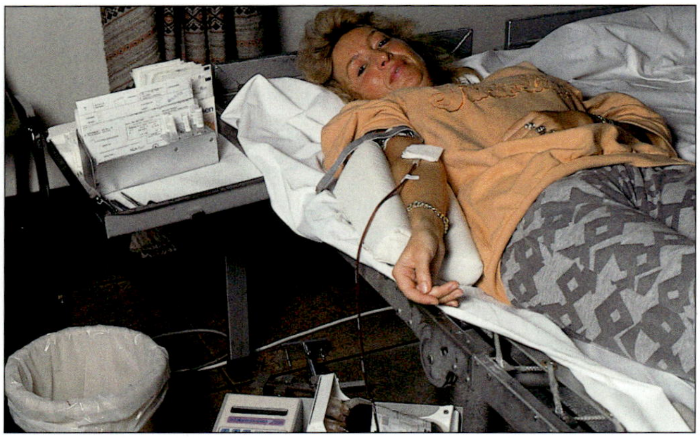

166.1 Blutspende

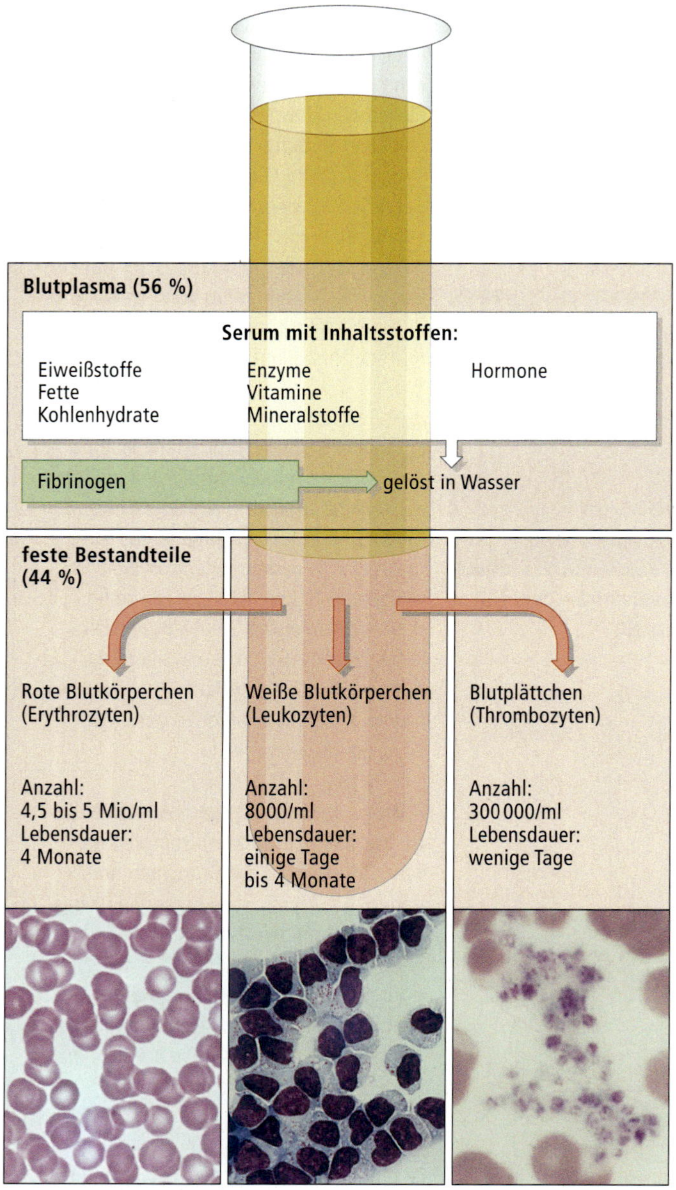

166.2 Blutinhaltsstoffe

4 Blut und Blutkreislauf

4.1 Blut ist mehr als eine Flüssigkeit

Ein kleiner Stich in den Arm kann Leben retten. Blutspenden sind heute alltäglich geworden. Dabei wird den jeweiligen Blutspendern, die älter als 18 Jahre sein müssen, bis zu einem halben Liter Blut abgenommen. Viele Menschen brauchen nach Unfällen, Verletzungen oder Operationen diese Leben rettende Flüssigkeit. Der Bedarf an Blutkonserven, die durch Kühlung lange haltbar gemacht werden, steigt ständig.

Auf den ersten Blick erscheint Blut als eine rote Flüssigkeit ohne Besonderheiten. Lässt man ein mit Blut gefülltes Reagenzglas über einige Zeit stehen, verklumpt das Blut. Diesen Vorgang nennt man **Blutgerinnung.** Um das Verklumpen zu verhindern, wird zum Blut im Reagenzglas das Salz Natriumoxalat hinzugegeben. Jetzt sinken die festen Bestandteile des Blutes im Reagenzglas nach unten. Im oberen Teil bleibt eine klare, gelbliche Flüssigkeit zurück, die **Blutplasma** genannt wird. Der untere, rote Bereich enthält die **festen Bestandteile** und wird *Blutkuchen* genannt.

Menschliches Blut besteht zu 56 Prozent aus Plasma und zu 44 Prozent aus festen Bestandteilen. Das Blutplasma enthält etwa 90 Prozent Wasser, weitere 10 Prozent sind gelöste Bestandteile. Zu ihnen gehören überwiegend Eiweißstoffe, aber auch Fette, Kohlenhydrate, Vitamine und Spurenelemente sowie Enzyme und Hormone. Ein weiterer Bestandteil des Blutplasmas ist der für den Wundverschluss wichtige Eiweißstoff *Fibrinogen.* Trennt man das Blutplasma vom Fibrinogen, so erhält man das *Blutserum.*

Beim Mikroskopieren des Blutkuchens entdeckt man verschiedene Zellen. Die meisten von ihnen sind rot gefärbt und haben die Form von runden, flachen, in der Mitte leicht eingedrückten Scheiben. Sie besitzen keinen Zellkern und machen etwa 99 Prozent der gesamten festen Blutbestandteile aus. Durch den eisenhaltigen Farbstoff **Hämoglobin** erhalten die Zellen die charakteristische rote Farbe. Deshalb werden diese Zellen **Rote Blutkörperchen** beziehungsweise **Erythrozyten** (griech. *erythros* = rot) genannt. Das Hämoglobin kann sehr leicht Sauerstoff binden und wieder abgeben. Damit übernehmen diese Zellen die Aufgabe des Sauerstofftransports zu verschiedenen Stellen im menschlichen Körper. Sie sind aber auch am Transport des Kohlenstoffdioxids beteiligt.

Erst nach Anfärben eines Blutausstrichpräparates kann man einen weiteren Typ von Blutzellen erkennen. Diese farblosen **Leukozyten** (griech. *leukos* = weiß), auch **Weiße Blutkörperchen** genannt, enthalten einen Zellkern, der unterschiedlich geformt sein kann. Sie haben keine feste Gestalt und bewegen sich wie Amöben fort. Dabei verlassen sie auch die Blutgefäße. Auf dem Weg durch den menschlichen Körper umschließen sie Fremdstoffe, wie zum Beispiel Krankheitserreger, und zerstören sie dabei. Sterben solche Blutzellen ab, werden sie als Eiter ausgeschieden.

Weiterhin entdeckt man unter dem Mikroskop kleine Zellbruchstücke. Diese **Blutplättchen** oder **Thrombozyten** (griech. *thrombos* = Klumpen) stammen von großen Blutzellen ab, die zerfallen sind. Sie spielen eine wichtige Rolle beim **Wundverschluss** von verletzten Blutgefäßen. Kleine Wunden können durch die Blutplättchen sofort verstopft werden. Bei größeren Verletzungen wird durch sie die **Blutgerinnung** eingeleitet.
Dieser komplizierte Prozess beginnt mit einer Anhäufung von Blutplättchen an den Wundrändern, wodurch sich auch das blutende Gefäß zusammenzieht und der Blutaustritt verlangsamt wird. Aus dem verletzten Gewebe treten Stoffe aus, die man *Gewebefaktoren* nennt. Sie bewirken den Zerfall der Blutplättchen, wobei Gerinnungsstoffe freigesetzt werden. Diese sorgen zusammen mit im Blut gelösten Gerinnungsstoffen, den *Plasmafaktoren,* und dem in einigen Mineralstoffen enthaltenen *Calcium* für die Bildung des Enzyms *Thrombin.* Dieses bewirkt die Umwandlung des im Blutplasma gelösten *Fibrinogens* in wasserunlösliches *Fibrin.* Lange Fibrinfäden bilden um die Wunde herum ein engmaschiges Netz, in dem sich Rote Blutkörperchen verfangen. Daraus entsteht der Wundschorf, der die Wunde schützt, sodass darunter neue Zellen gebildet werden können.

Es gibt Menschen, denen Stoffe für die Blutgerinnung von Geburt an fehlen. Diese vererbte **Bluterkrankheit** tritt vorwiegend bei Männern auf. Durch gerinnungsfördernde Mittel wird bei diesen Menschen der Gefahr des Verblutens begegnet.

Erythrozyten werden im roten Knochenmark der Rippen, des Brustbeins und der Oberschenkel gebildet. Pro Sekunde entstehen etwa zwei Millionen Zellen. Nach ungefähr vier Monaten werden sie in der Milz, der Leber oder im Knochenmark wieder abgebaut. Mischt man das Blut unterschiedlicher Personen zum Beispiel bei der Über-

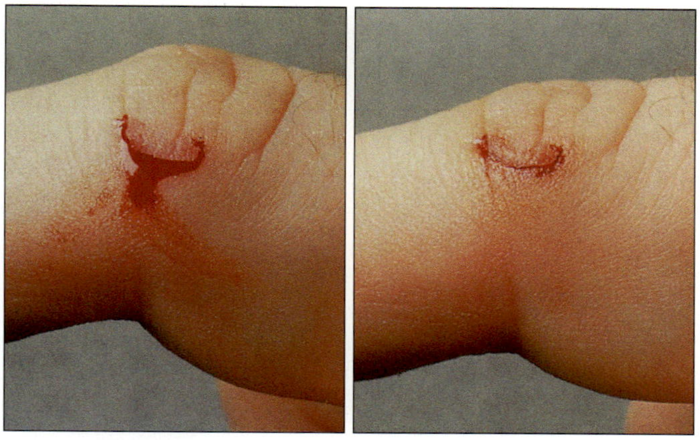

167.1 Wunde. A blutend; **B** verschorft

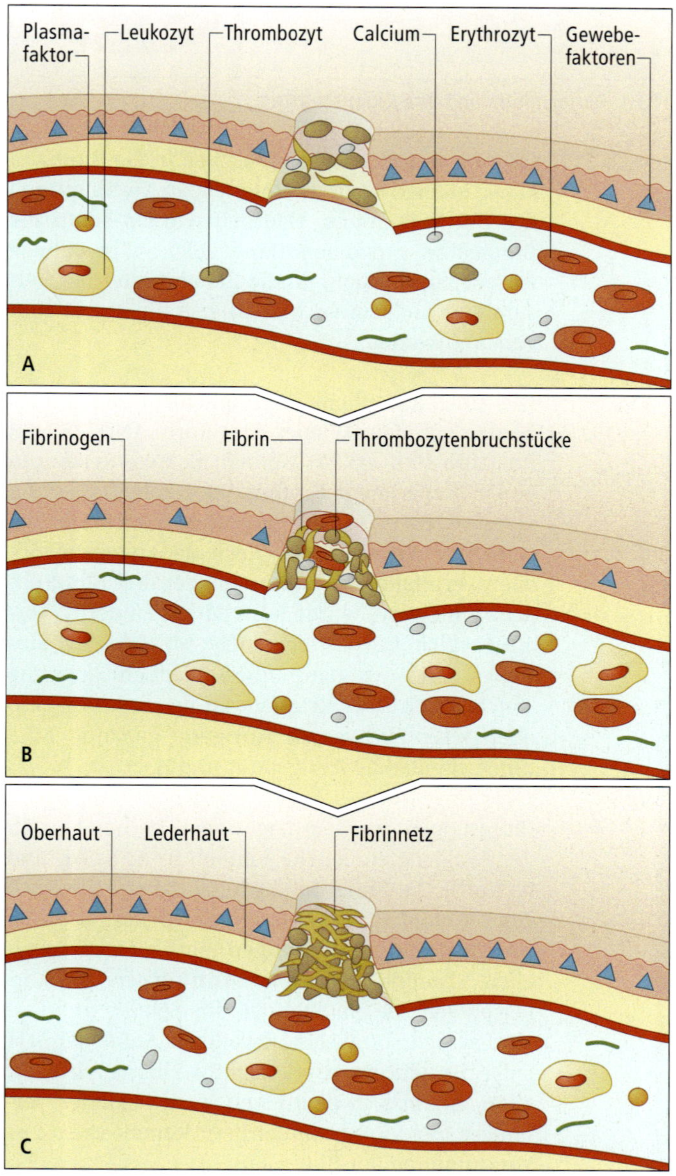

167.2 Phasen des Wundverschlusses. A Thrombozytenballung am Wundrand; **B** Thrombozytenzerfall; **C** Fibrinbildung

	Vermischung des Blutes mit:			Struktur		Beispiel
Blutgruppe	Anti-A-Serum	Anti-B-Serum	Anti-AB-Serum	Blutkörperchen: Antigen	Serum: Antikörper	Blutgruppe B mit Serum Anti-B
A					Anti-B	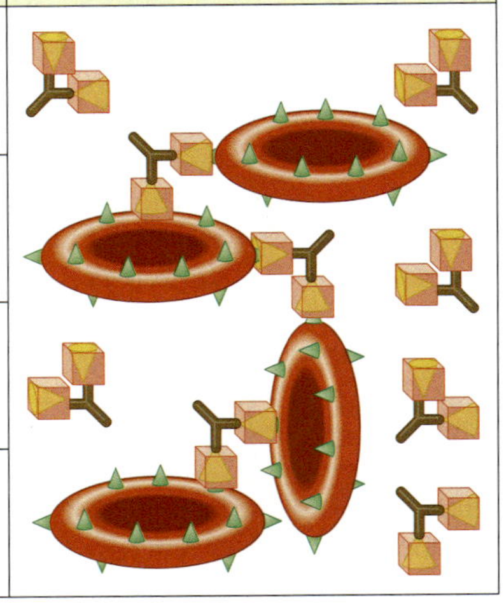
B					Anti-A	
AB					keine Antikörper	
0					Anti-B Anti-A	

168.1 Blutgruppen und ihre Eigenschaften

tragung von Blut eines Menschen in die Blutbahn eines anderen wahllos, kann es zur Verklumpung des Blutes kommen. Dadurch würden sofort die Blutgefäße verstopfen. Eine solche **Thrombose** ist lebensgefährlich, da die Zellen hinter der Verstopfung nicht mehr mit sauerstoffhaltigem Blut versorgt werden.

Die unterschiedliche Verträglichkeit des Blutes konnte von dem Wiener Arzt Karl LANDSTEINER im Jahre 1901 erklärt werden. Er trennte dazu in einem Experiment Erythrozyten vom Blutserum verschiedener Testpersonen und mischte die Bestandteile wechselseitig. Nach der unterschiedlichen Verträglichkeit unterschied er drei Blutgruppen. Eine vierte wurde kurz darauf entdeckt. Verantwortlich für die begrenzte Mischbarkeit des Blutes sind winzige, unterschiedlich geformte Teilchen von Eiweißstoffen auf der Erythrozytenoberfläche. Sie werden **Antigene** genannt. Man unterscheidet die Antigene A und B.

Blutgruppen werden nach dem Vorhandensein der Antigene eingeteilt, nämlich in A, B, AB und 0 (Null). Die Blutgruppe AB hat danach die Antigene A und B. Die Blutgruppe 0 besitzt keine Antigene. Zu jedem Antigen gibt es einen speziellen Eiweißkörper, einen **Antikörper.** Antikörper passen wie ein Schlüssel ins Schloss und verbinden sich so mit den jeweiligen Antigenen. Da jeder Antikörper zwei „Schlüsselbarte" besitzt, kann er auch zwei Blutzellen miteinander verbinden. Bei vielen Antikörpern kommt es so zur Verklumpung der Blutzellen.
Die Blutgruppe A hat die Antikörper Anti-B, welche mit den Antigenen B zur Verklumpung führen. Die Blutgruppe B enthält den Antikörper Anti-A, die Blutgruppe 0 hat sowohl Anti-A als auch Anti-B. Blutgruppe AB besitzt keine Antikörper. Bei einer Blutübertragung ist darauf zu achten, dass Spender- und Empfängerblut der gleichen Gruppe angehören. Im Notfall könnte die Blutgruppe 0 jedoch allen Empfängern gegeben werden, da sie keine Antigene enthält und die Antikörper im Empfängerblut stark verdünnt werden. Blutgruppe 0 ist also „Universalspender".

Neben dem **AB0-System** gibt es noch ein weiteres Blutgruppensystem: das **Rhesus-System,** das bei Rhesus-Affen zuerst entdeckt wurde. Etwa 86 Prozent aller Menschen haben Erythrozyten mit dem Antigen D (dem Rhesus-Faktor), man bezeichnet sie deshalb als Rhesus-positiv (Rh^+). Alle anderen Menschen besitzen dieses Antigen nicht. Sie sind Rhesus-negativ (rh^-). Nach einer Transfusion mit Rhesus-positivem Blut bilden sich in kurzer Zeit Anti-D-Antikörper, die bei erneuter Übertragung von Rhesus-positivem Blut zur Verklumpung führen.

Nicht alle Zellen können direkt durch Blutgefäße mit Blut versorgt werden. Manchmal liegen sie nur Bruchteile von Millimetern von der nächsten Ader entfernt. Deshalb verlässt ein Teil des Blutplasmas durch Poren die Adern. In den Zellzwischenräumen bildet es die Gewebsflüssigkeit oder **Lymphe.** Etwa 10 Prozent der Lymphe werden von einem eigenen Lymphsystem aufgenommen, das den Körper durchzieht. Der Transport erfolgt in Lymphgefäßen durch Muskelbewegung. Das Zurückströmen der Lymphe wird durch Klappen verhindert, die den Venenklappen ähneln. In der

Achsel- und Leistenbeuge durchlaufen die Lymphgefäße die Lymphknoten, in denen sich viele Leukozyten befinden, die zum Teil auch hier gebildet werden. Hier wird die Lymphe von Schadstoffen und Krankheitserregern befreit. Lymph- und Blutgefäße stehen in engem Kontakt miteinander und sorgen für eine optimale Versorgung des Körpers auch in den nichtdurchbluteten Regionen.

1. Vergleiche den Aufbau von Erythrozyten und Leukozyten miteinander!
2. Erläutere, welche Vorgänge ablaufen, wenn gleiche Mengen der Blutgruppe A und AB zusammengegeben werden!
3. Die Blutgruppe AB wird häufig als „Universalempfängerblut" bezeichnet. Begründe und vergleiche mit der Blutgruppe 0!
4. Jan hat die Blutgruppe 0, Lisa die Blutgruppe AB. Es stehen die Testseren Anti-A und Anti-B zur Verfügung. Wie testet man, ob die Angaben zu den Blutgruppen von Jan und Lisa zutreffen? Beschreibe!
5. Nenne den Unterschied zwischen dem AB0-Blutgruppensystem und dem Rhesus-System!

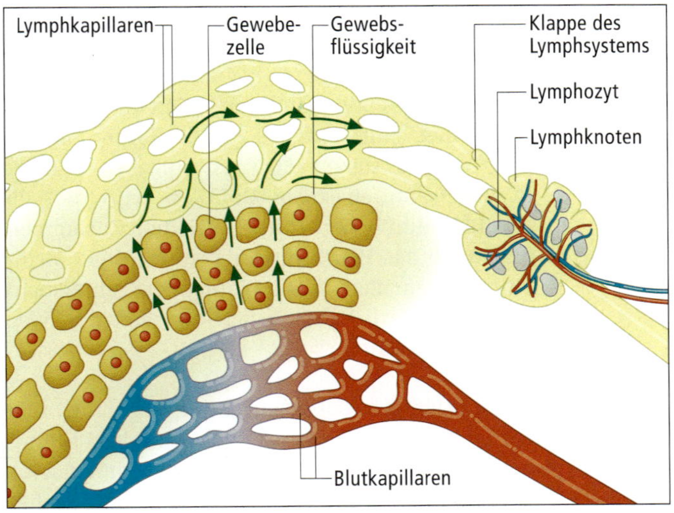

169.1 Blut- und Lymphsystem

6. Erläutere am Beispiel der Blutgruppen das Basiskonzept „Struktur und Funktion"!
7. Jeder Bundesbürger muss einen Impfpass mit Blutgruppendaten besitzen. Nenne Vorteile dieser Regelung!

PRAKTIKUM Blutuntersuchungen

1 Gerinnungshemmung

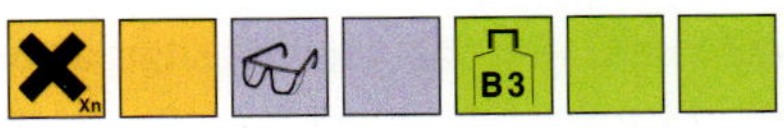

Material: 500 ml frisches Schweineblut (Schlachthof); Natriumoxalat-Lösung (Xn); zwei Bechergläser (250 ml); ein Messzylinder
Durchführung: Gib je 200 ml Tierblut in beide Bechergläser und gib in eines mithilfe des Messzylinders 10 ml Natriumoxalat-Lösung! Markiere dieses Glas! Lasse die Bechergläser einen Tag ruhig stehen!
Aufgaben:
a) Beobachte und beschreibe die Veränderungen in beiden Bechergläsern!
b) Benenne die Bereiche im Becherglas mit Natriumoxalat-Lösung!
c) Fertige eine Tabelle an, in der du die einzelnen Bestandteile dieser Bereiche und deren Funktion zusammenträgst!
d) Erläutere, was im Becherglas mit unbehandeltem Blut geschieht!

2 Fibrinwirkung

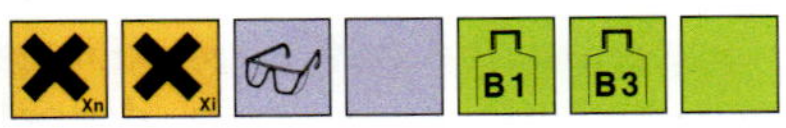

Material: 2 Bechergläser mit Blut aus dem Versuch 1; Calciumchlorid (Xi); 2 Holzstäbe oder kleine Quirle; ein Spatel
Durchführung: Quirle das Blut in beiden Bechergläsern aus Versuch 1 unterhalb der Flüssigkeitsoberfläche! Gib zum mit Natriumoxalat behandelten Blut eine Spatelspitze Calciumchlorid (enthält Calciumteilchen)!
Aufgaben:
a) Beschreibe, was sich in beiden Bechergläsern nach dem Quirlen verändert hat!
b) Natriumoxalat-Lösung entzieht dem Blut Calciumteilchen. Begründe die gerinnungshemmende Wirkung des Natriumoxalats!
c) Beschreibe deine Beobachtung nach Zugabe von Calciumchlorid! Berücksichtige deine Kenntnisse über das Zusammenwirken der Blutgerinnungsstoffe!

3 Mikroskopieren von Blut

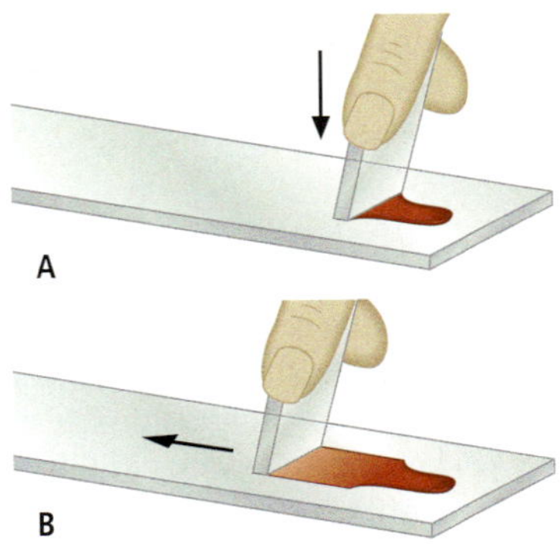

Material: frisches Schweineblut; Blutserum und Blutkuchen; Mikroskop und Zubehör; Objektträger; Deckgläser
Durchführung: Stelle Ausstrichpräparate des frischen Blutes, des Blutserums und des Blutkuchens her! Mikroskopiere alle drei Präparate!
Aufgaben:
a) Fertige Skizzen der mikroskopischen Bilder an! Beschreibe und vergleiche sie miteinander!
b) Erläutere die Unterschiede!

4.2 Das Blut strömt in einem Kreislauf

Blut erfüllt wichtige Aufgaben im Stoffwechsel und wird deshalb häufig als „Saft des Lebens" bezeichnet. Nur wenn es in alle Körperteile gelangt, kann es seine vielfältigen Aufgaben erfüllen. In vielen röhrenartigen **Gefäßen** wird deshalb das Blut durch den Körper geleitet. Zusammen bilden sie das **Blutkreislaufsystem.** Viele Mediziner haben das Blutkreislaufsystem untersucht und eine „Karte" erstellt, auf der man den Weg des Blutes leicht verfolgen kann.

Im Zentrum des Blutkreislaufsystems befindet sich das Herz. Bei jedem Herzschlag wird das Blut mit hohem Druck durch den Körper gepumpt. Aus der linken Herzkammer gelangt sauerstoffreiches Blut in die große Körperarterie, die **Aorta.** Die Aorta verzweigt sich in mehrere größere Gefäße, die Kopf, Arme, Beine und innere Organe mit Sauerstoff versorgen. Auch das Herz selbst erhält durch eine dieser Adern, die sich in viele kleine Herzkranzgefäße verzweigt, den notwendigen Sauerstoff. Alle Gefäße, die vom Herzen wegführen, nennt man **Arterien.**

Die Pumpstöße des Herzens sind so stark, dass man sie an verschiedenen Stellen des Körpers als **Pulsschlag** fühlen kann. Um den hohen Blutdruck auszuhalten, besitzen die Arterien sowohl eine elastische Hülle als auch eine Muskelschicht. Mithilfe dieser Muskelschicht wird das Blut weiter durch den Körper in Gefäße gepresst, die sich bis hin zu winzigen Verästelungen immer weiter verzweigen.

Sind die Blutgefäße haarfein und haben sie nur noch hauchdünne Wandschichten, werden sie **Kapillaren** genannt. Die Kapillaren umspannen und durchdringen die inneren Organe. Hier erfolgt der Stoffaustausch mit den Zellen. Das umgebende Gewebe erhält dabei vor allem Sauerstoff, Nährstoffe, Mineralstoffe, Vitamine und Wasser. Kohlenstoffdioxid und nicht mehr verwertbare Stoffe werden von den Kapillaren aufgenommen.

Anschließend vereinigen sich die Kapillaren wieder zu größeren Adern, den **Venen.** Nachdem das Blut die Kapillaren durchströmt hat, wird es durch diese Blutgefäße wieder zum Herzen zurückgeführt.
In den Venen ist der Blutdruck sehr niedrig. Die Muskelschichten in den Gefäßwänden sind zu dünn, um einen aktiven Bluttransport zu ermöglichen. Deshalb müssen die Venen eng an Muskeln oder Arterien anliegen. Durch Kontraktion der Skelettmuskulatur und den Pulsschlag der Arterien entsteht ein Druck auf die Venen. Durch zeitweise Verengung dieser Gefäße wird das Blut langsam transportiert. Ein Zurückfließen wird durch Taschenklappen verhindert. Bewegt man sich lange Zeit nicht, kann es zu einem Blutstau in den Venen kommen. Besonders gefährlich ist dies in den Beinen, da sich dort **Thrombosen** bilden können. Als Thrombose wird die Verstopfung von Adern mit Teilchen geronnenen Blutes bezeichnet. Dabei haftet geronnenes Blut an der Wand eines Blutgefäßes. Werden Kapillaren durch solche mitgerissenen Blutgerinnsel verstopft, so kann durch sie kein Blut mehr transportiert werden. Man spricht von einer **Embolie.**

Die verschiedenen Körpervenen vereinigen sich zu einem besonders großen Gefäß. Durch diese **Hohlvene** wird das Blut wieder direkt ins Herz transportiert. Damit ist der **Körperkreislauf** des Blutes geschlossen.

In der rechten Herzkammer beginnend, durchläuft es nun einen zweiten Kreislauf, den **Lungenkreislauf.** Durch die Lungenarterie gelangt kohlenstoffdioxidreiches Blut in die Lunge. In den Lungenkapillaren, die ein dichtes Netz um die Lungenbläschen bilden, erfolgt der Gasaustausch. Sauerstoff wird aus der Lunge aufgenommen und Kohlenstoffdioxid aus dem Blut abgegeben. Die Lungenvene transportiert nun das Blut wieder zum Herzen zurück. Damit ist auch der Lungenkreislauf geschlossen. Der Mensch besitzt also ein **doppeltes Blutkreislaufsystem.** In jeder Minute drückt das Herz eines gesunden, ruhenden Menschen viereinhalb bis fünf Liter Blut durch den Kreislauf. Den ständigen Strom durch unseren Körper spüren wir kaum. Erst Störungen wie Schwindelgefühle bei schlechter Durchblutung oder rasender Pulsschlag bei starker Anstrengung zeigen uns deutlich, wie sehr wir uns auf ein gut funktionierendes Blutkreislaufsystem verlassen können.

1. In Arterien fließt immer sauerstoffreiches Blut, in Venen immer sauerstoffarmes. Nimm zu dieser Aussage kritisch Stellung!
2. Erläutere den Begriff doppelter Blutkreislauf!
3. Einige Blutgefäße werden auch Schlagadern genannt. Erläutere diesen Begriff!
4. Erläutere den Bluttransport in den Venen mithilfe der Abbildung 171.2!
5. Erläutere die Begriffe Thrombose und Embolie! Erläutere, weshalb die Lungenembolie besonders gefährlich ist!
6. Erläutere an diesem Beispiel das Basiskonzept „Struktur und Funktion"!

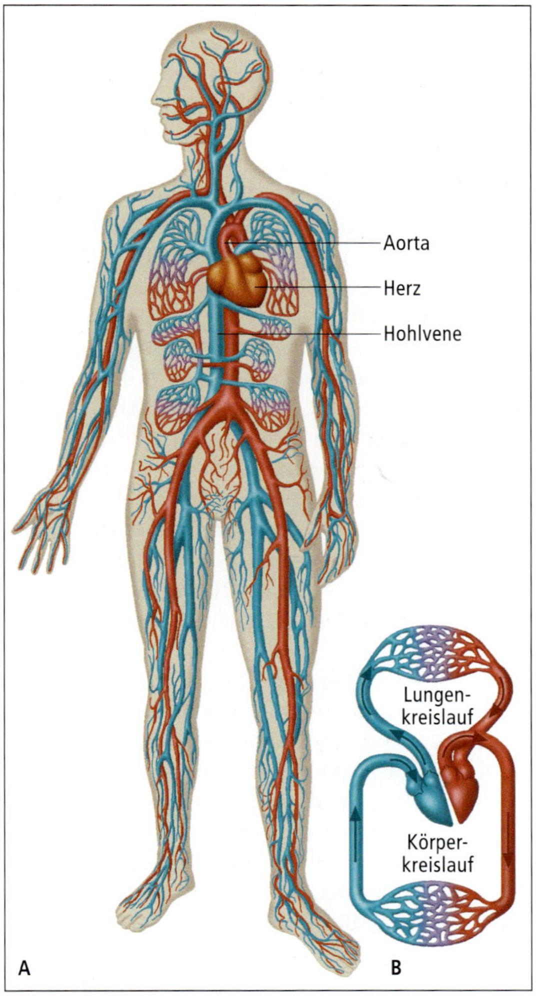

171.1 Blutkreislauf.
A Übersicht; **B** doppelter Blutkreislauf (Schema)

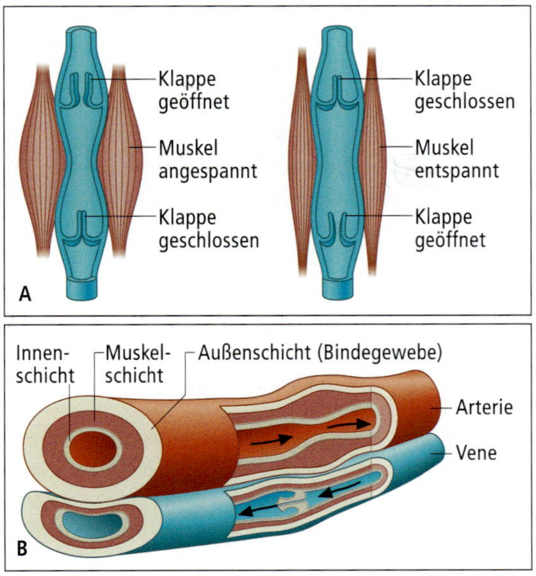

171.2 Bluttransport in den Venen.
A durch Muskeln; **B** durch benachbarte Arterie

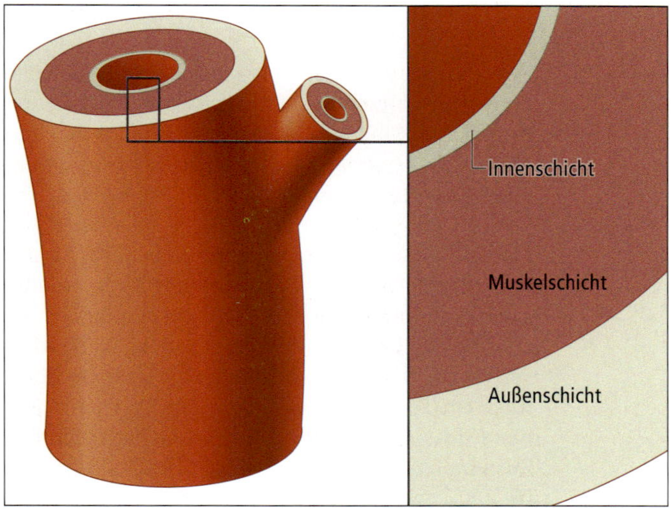

171.3 Bau der Arterie

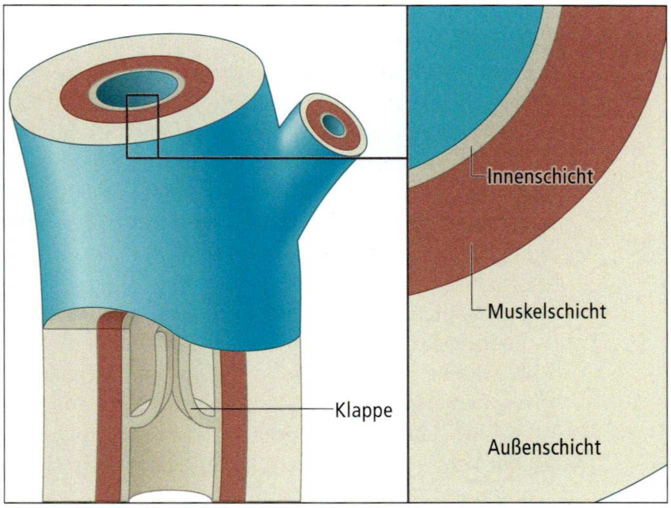

171.4 Bau der Vene

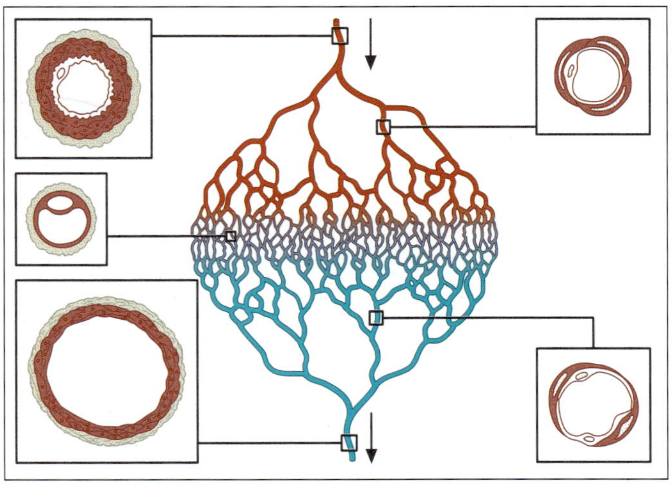

171.5 Kapillarsystem

4.3 Das Herz – Pumpe für den Blutkreislauf

Zuverlässig pumpt das Herz die gesamte Blutmenge ohne Unterbrechung ein Leben lang durch den Körper. In Ruhe schlägt es ungefähr 70-mal pro Minute, bei Aufregung oder körperlicher Anstrengung bedeutend schneller.

Mithilfe eines **E**lektro**k**ardio**g**ramms (EKG) kann der Herzschlag untersucht werden. Dazu werden an bestimmten Körperstellen Metallplatten als Elektroden befestigt, die mit einem Verstärker verbunden sind. Die empfangenen Impulse überträgt ein Schreiber auf einen Papierstreifen. Anhand des entstehenden Diagramms lässt sich das Zusammenspiel der einzelnen Bestandteile des Herzens während der einzelnen Arbeitsphasen genau nachvollziehen.

Das Herz ist ein faustgroßer Hohlmuskel, der in der Mitte des Brustkorbs liegt. Es ist etwas schräg gestellt. Beim Schlagen trifft seine Spitze die Rippen des Brustkorbs auf der linken Seite. Das Herz arbeitet wie ein „Zweitaktmotor". Zieht sich der starke Herzmuskel zusammen, so wird Blut in die Adern und damit in den Körper gedrückt. Erschlafft er, weitet sich das Herz und Blut wird angesaugt.

Durch die **Herzscheidewand** wird das Herz in einen linken und einen rechten Teil halbiert. Jede Herzhälfte ist außerdem in **Vorhof** und **Herzkammer** unterteilt. Die Vorhöfe nehmen Blut auf, das aus der Lunge und den anderen Körperteilen in den Venen zum Herzen kommt. Aus den Herzkammern dagegen pumpt das Herz bei jedem Schlag Blut durch die Arterien in den Körper. Durch *Segelklappen* sind die Vorhöfe von den Herzkammern getrennt. Im linken Teil des Herzens wird nur sauerstoffreiches Blut transportiert. Rechts ist es sauerstoffärmer, der Anteil an Kohlenstoffdioxid ist aber höher als auf der linken Seite. Dadurch kommt es zu einem sehr wirkungsvollen Transport der Atemgase. Im rechten Vorhof befindet sich die Verknüpfung vieler Nervenfasern, die mit dem Gehirn in Verbindung stehen. Man nennt diese Verknüpfung *Sinusknoten*. Er bündelt die elektrischen Signale und wirkt als Schrittmacher für die Erregung der Herzmuskulatur. Diese schwachen elektrischen Ströme lassen das Herz kontrahieren und werden im EKG aufgezeichnet.

Der im EKG fixierten Linie lassen sich die einzelnen Arbeitsphasen des Herzens zuordnen. Zu Beginn sind die Segelklappen geschlossen und die Vorhöfe füllen sich langsam mit Blut (A). Nach Öffnen der Segelklappen strömt das Blut in die Herzkammern, deren Muskulatur dabei erschlafft bleibt. Die Herzkammern werden erweitert (B). Dieser Vorgang des Füllens der Herzkammer heißt **Diastole.** Die Vorkammern sind zusammengepresst. Das Blut befindet sich in den Herzkammern. Nun beginnt sich die Muskulatur der Herzkammern zusammenzuziehen. Die Segelklappen verhindern den Rückstrom des Blutes in die Vorhöfe, indem sie wie Ventile zurückgedrückt werden. Dies können wir als dumpfen Ton wahrnehmen. Das Blut wird jetzt durch Aorta und Lungenarterie aus dem Herzen gepresst (C). Das Zurückfließen des Blutes verhindern die *Taschenklappen*. Der Vorgang heißt **Systole.** Am Ende der Systole sind die Herzkammern nahezu leer. Die Muskulatur der Vorkammern ist entspannt. In einer kurzen Ruhepause füllen sich die Vorhöfe wieder mit Blut (D). Danach beginnt eine neue Diastole. Aufgrund des ständigen Zusammenspiels von Systole und Diastole wird das Herz auch als **Saug-Druck-Pumpe** bezeichnet.

Eine ungesunde Lebensweise hat die Anzahl der Herz- und Kreislauferkrankungen stark ansteigen lassen. Sie werden heute als Volkskrankheit Nr. 1 bezeichnet. Arbeitet das Herz über lange Zeit auf „Hochtouren", ist häufig **Bluthochdruck** die Folge. Rauchen sowie fett- und kochsalzreiche Ernährung begünstigen den Blutdruckanstieg, denn dadurch können fett- und eiweißhaltige Ablagerungen an den Blutgefäßwänden entstehen. Die Adern werden verengt und ihre Elastizität wird vermindert. Die Blutdruckregulation durch die Arterienmuskulatur ist behindert. Durch eine Arterienverkalkung, eine **Arteriosklerose,** besteht auch die Gefahr, dass Blutgefäße verstopfen, bei zu starker Belastung platzen oder betroffene Organe nicht mehr genügend mit Sauerstoff und Nährstoffen versorgt werden können.

Besonders gefährlich ist die Arteriosklerose am Herzen oder im Gehirn. Verstopft eine Arterie im Gehirn, so ist ein Gehirnschlag oder **Schlaganfall** die Folge. Nervengewebe wird nicht mehr genug durchblutet und stirbt ab. Dadurch kann es zum Beispiel zu Lähmungen kommen, weil die Aktivierung bestimmter Muskeln ausfällt.

Verengungen der Herzkranzgefäße führen zur Mangeldurchblutung der Herzmuskelbereiche. Diese haben eine Störung der Herzmuskeltätigkeit zur Folge. Betroffene leiden plötzlich unter Druckgefühl und Schmerzen hinter dem Brustbein, Angstzuständen und Herzrhythmusstörungen. Im Endstadium kommt es dann zum **Herzinfarkt.** Im EKG kann der Arzt Vorstufen dieser Krankheit erkennen.

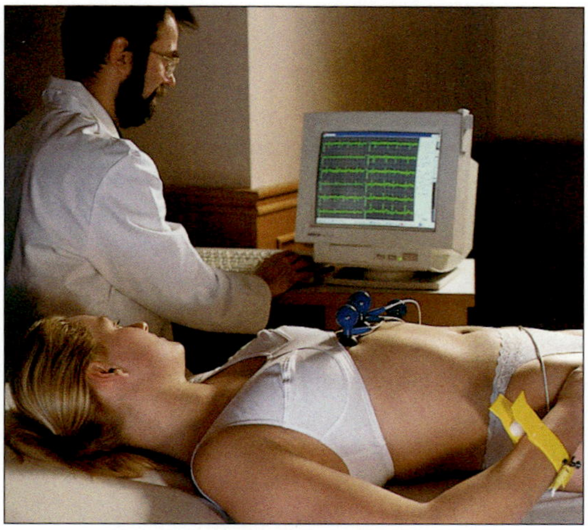

173.1 **Patientin beim EKG**

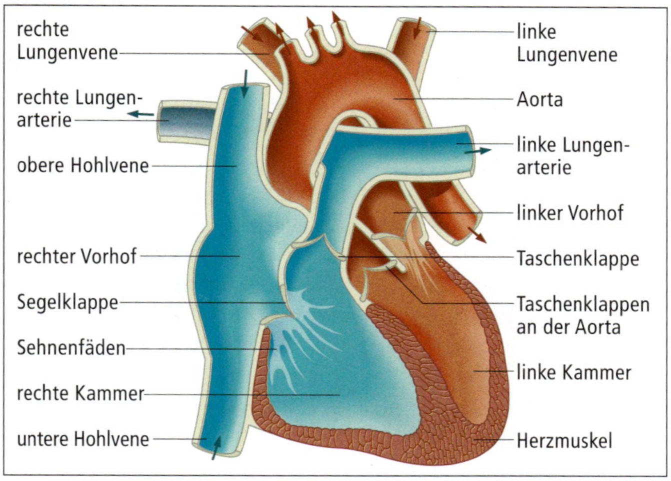

173.3 **Bau des Herzens** (Schema)

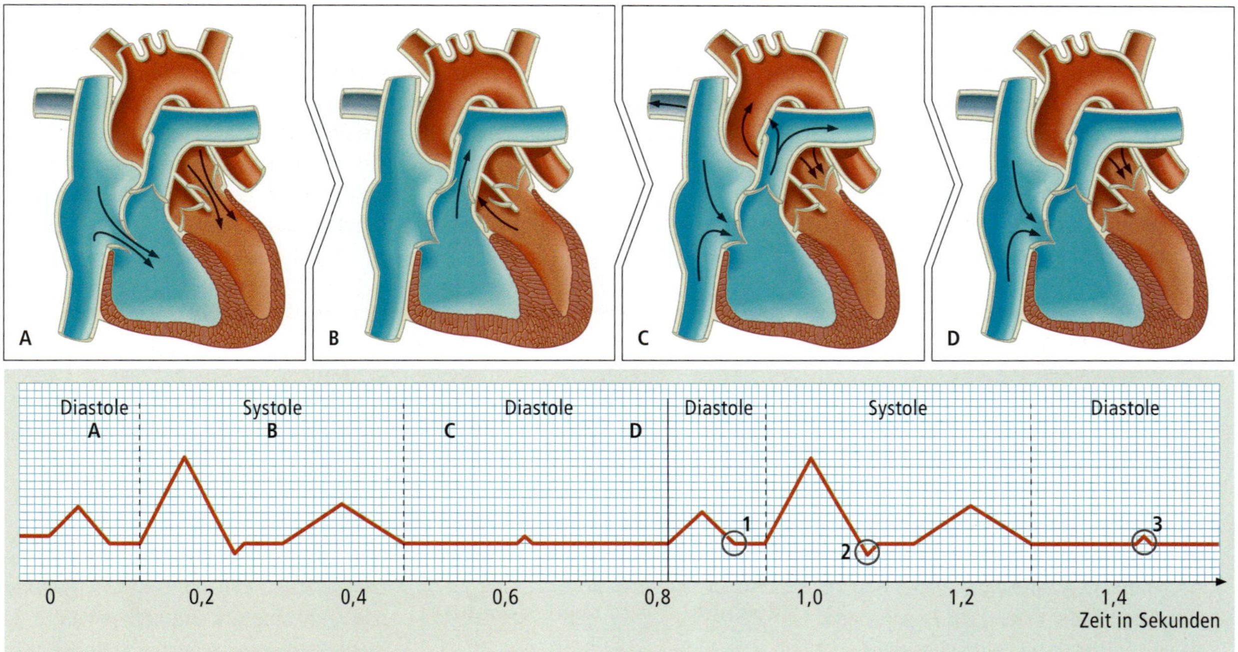

173.2 **Arbeitsphasen des Herzens. A** Füllung der Herzkammern (Diastole); **B** Austreibungsphase (Systole); **C** Erschlaffungsphase (Diastole); **D** Füllung der Vorkammern (Diastole)

1. Berechne die Anzahl der Pumpstöße, die das menschliche Herz durchschnittlich in einem Jahr ausführt!
2. Erläutere die Aussage, das Herz sei eine Saug-Druck-Pumpe! Nenne das passende Basiskonzept!
3. Beschreibe die Arbeitsphase, in der sich das Herz an den Punkten 1, 2 und 3 im EKG der Abbildung 173.2 befindet!
4. Beschreibe, welche Aufgabe der Sinusknoten im menschlichen Herz hat!
5. Informiere dich im Internet über mögliche Ursachen der Arteriosklerose und bereite einen Kurzvortrag darüber vor!
6. Erläutere die Begriffe Systole und Diastole!

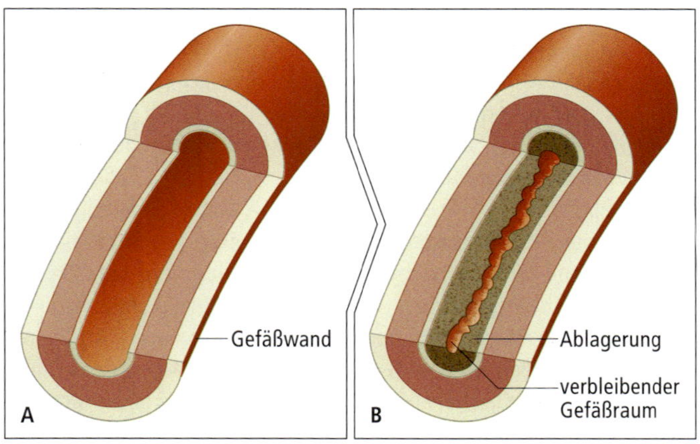

173.4 **Arterie (Längsschnitt). A** gesund; **B** mit Arteriosklerose

EXKURS Merkmalsausbildung – genetisch bedingt und umweltbedingt

Viele Radrennsportler haben das Ziel, einmal ein internationales Radrennen zu gewinnen. Diesem Ziel ordnen sie ihre Freizeitinteressen unter. Täglich trainieren sie mehrere Stunden auf dem Rad, mit Hanteln und mit anderen Fitnessgeräten. Ihre Körper wirken athletisch. Auch ihre inneren Organe haben sich im Verlaufe ihrer Zeit als Leistungssportler verändert. So hat sich ihr Herz vergrößert. Bei einigen Radrennfahrern werden Herzvolumina von mehr als 1150 ml gemessen. Untrainierte Männer in vergleichbarem Alter und von vergleichbarem Körperbau haben ein durchschnittliches Herzvolumen von nahezu 800 ml. Was ist für ein so großes Herz verantwortlich: die auch *Gene* genannten Erbanlagen oder das Training, also die *Umwelt*?

Normalperson/Sportler	Herzvolumen in ml
Normalpersonen	797
Gewichtheber	837
Turner	771
Boxer	859
Skilangläufer	935
Berufsradrennfahrer	1083

174.1 Herzvolumina bei unterschiedlichen Sportarten

Grundsätzlich gilt, dass alle Merkmale eines Lebewesens durch Gene festgelegt sind. Durch Gene wird zum Beispiel bestimmt, dass ein menschliches Herz zwei Herzkammern, zwei Vorhöfe, diverse Segelklappen und Taschenklappen hat. Genetisch bestimmt ist auch die Größe des menschlichen Herzens. Jedoch ist durch die Gene nicht eine ganz bestimmte Herzgröße vorgegeben, sondern nur ein Größenbereich. Dieser Größenbereich für ein menschliches Herz liegt etwa zwischen 700 ml und 1200 ml. Ein untrainierter Mann wird ein Herzvolumen von 800 ml erreichen. Ein Leistungssportler dagegen hat bei gleichem genetisch bedingtem Größenbereich die Möglichkeit, ein 1200 ml großes Herz zu entwickeln. Er schafft durch sein Ausdauertraining wachstumsfördernde Umweltbedingungen für sein Herz. Es wird 1200 ml groß. Ein solches Herz ist leistungsfähiger und steigert damit die Leistungsfähigkeit dieses Menschen. Die Gene sorgen also für die Grobabstimmung bei der Ausbildung eines Merkmals. Die Umweltbedingungen ermöglichen eine Feinabstimmung bei der Merkmalsausbildung und damit eine gute Angepasstheit an die jeweiligen Umweltbedingungen.

PRAKTIKUM Herz- und Kreislaufsystem

1 Untersuchung von Venenklappen

Material: Holzstab; Handtuch

Durchführung: Lege deine linke Hand flach auf den Tisch! Umfasse den Holzstab und balle die Hand zur Faust! Binde den Arm über dem Ellenbogengelenk leicht ab! Betrachte die Hand und den Verlauf der blau unter der Haut sichtbaren Venen! Drücke mit dem Mittelfinger der rechten Hand eine Vene ab und streiche mit dem Zeigefinger das Blut in dieser Vene in Richtung des Herzens aus! Wiederhole diesen Versuch, ohne dass du die Vene abdrückst!

Aufgaben:

a) Erläutere, weshalb am Versuchsanfang die Hand zur Faust geballt und der Arm leicht abgebunden werden muss!

b) Beschreibe die Beobachtungen!

c) Erläutere die Versuchsergebnisse!

d) Wenn du an den Venen entlangstreichst, kannst du keinen Pulsschlag fühlen. Erläutere!

2 Puls- und Blutdruckmessung

Name:				
	Ruhe		Belastung	
Blutdruck	systol.	diastol.	systol.	diastol.
1. Messung	—	—	—	—
2. Messung	—	—	—	—
3. Messung	—	—	—	—
Puls	Ruhe		Belastung	
1. Messung	—		—	
2. Messung	—		—	
3. Messung	—		—	

Material: Blutdruckmessgerät; Stethoskop; Uhr mit Sekundenzeiger

Durchführung: Die Messungen werden in Zweiergruppen durchgeführt. Eine Person misst, die andere protokolliert. Jede Messung wird dreimal wiederholt. Vor Beginn der Messungen wird als Messprotokoll eine Tabelle angelegt.

Messung des Blutdrucks mit mechanischem Gerät: Lege der Versuchsperson die Manschette am Oberarm und das Stethoskop in der Armbeuge an! Schließe das Ventil am Pumpball! Pumpe die Manschette auf, bis das Manometer 150 bis 170 mm Hg anzeigt! Öffne das Ventil langsam und notiere den Manometerdruck, wenn im Stethoskop zischende Geräusche beginnen und enden! Lass die Luft ab und nimm die Manschette vom Oberarm!

Messung des Pulses: Lege Zeige-, Mittel- und Ringfinger auf die Innenseite des Unterarms der Versuchsperson! Der Puls wird spürbar. Zähle die Pulsschläge in fünfzehn Sekunden, multipliziere ihn mit vier und notiere das Ergebnis! Miss nach zehn Kniebeugen oder Liegestützen der Versuchsperson erneut!

Aufgaben:

a) Nenne Ursachen der verschiedenen Werte mit und ohne Belastung!

b) Vergleiche die Werte von sportlich aktiven Versuchspersonen mit denen von anderen! Erläutere!

METHODE Bewertung

Werturteil	beruht auf persönlichen Argumenten (subjektiv)	• Sport ist langweilig! • Sport ist Mord! • Sport macht Spaß!
Sachurteil	beruht auf sachbezogenen Argumenten (objektiv)	• Muskulatur wird stärker • mehr Blutkapillaren werden gebildet • Muskulatur wird besser mit Sauerstoff versorgt • Herzmuskel wird vergrößert • Herz pumpt mehr Blut und arbeitet effektiver • Sportler ermüden nicht so schnell wie Nicht-Sportler • Sport birgt das Risiko einer Verletzung

175.1 Sport – bewertet

Christian ist begeisterter Fußballer und findet Sport gut. Sein bester Freund Timo ist da ganz anderer Meinung. „Sport ist Mord!", sagt er, wenn Christian gar nicht mehr aufhört, von seiner Sportart zu erzählen. Vergeblich versucht Christian immer wieder seinen Freund zu bewegen, auch eine Sportart zu betreiben. Stundenlang schwärmt Christian von seinem Lieblingsverein, bis sich Timo die Ohren zuhält. Timo beschäftigt sich lieber mit Computerspielen. Dabei wäre es auch für ihn ganz gut, wenn er sich mehr bewegen würde, meint Christian.
Beim Wandertag der Klasse war Timo immer der Letzte und Christian musste ständig auf ihn warten. Er hätte sich gern mit Timo unterhalten, der war aber aus der Puste, sodass ein Gespräch kaum möglich war. Christian war nach dem Wandertag überhaupt nicht müde, er hat abends sogar noch trainiert.

Christian findet Sport gut.
Timo lehnt Sport ab, er sei schlecht.
Christian meint, Sport macht Spaß.
Timo hält Sport für langweilig.
Wer hat Recht?

Um ein Urteil zu fällen, werden zunächst alle sachbezogenen Argumente aufgelistet. Medizinische Untersuchungen zeigen: Sport erhöht die körperliche Leistungsfähigkeit. Länger andauernder Bewegungsmangel kann zu einer Schwächung der Muskulatur führen. Untrainierte Menschen ermüden schneller als trainierte. Eine regelmäßige sportliche Betätigung hat also positive Auswirkungen auf den Körper. Dieses **Sachurteil** „Sport erhöht die körperliche Fitness" über den Sachverhalt Sport beruht auf sachbezogenen Argumenten und kann nicht widerlegt werden. Es ist richtig. Würde bei einer Entscheidung für oder gegen Sport lediglich dieses Sachurteil herangezogen werden, müsste sich Timo für eine Sportart entscheiden.

Neben Sachurteilen müssen aber auch **Werturteile** bei Entscheidungen berücksichtigt werden. Werturteile geben persönliche Einschätzungen oder Meinungen wieder. Sie können nicht durch sachbezogene Argumente unterstützt oder verworfen werden. „Sport macht Spaß!" Die Aussage von Christian lässt sich nicht durch wissenschaftliche Untersuchungen überprüfen.

Wenn Sach- und Werturteile gesammelt und gegenübergestellt worden sind, müssen sie gewichtet werden. Timo hält die durch sportliche Betätigung erreichbare körperliche Fitness für unwichtig, für wichtiger hält er sein Werturteil: „Sport macht mir keinen Spaß!" So kommt er zu der **Bewertung,** keinen Sport zu treiben.

Auf Sach- und Werturteilen fußende Entscheidungen sind nicht endgültig. Sie können durch neue Sach- und Werturteile umgestoßen werden. Sollte Timos Hausarzt Timo dringend körperliche Betätigung empfehlen, könnte sich Timo vielleicht doch für eine Sportart entscheiden.

1. „Sport kann zu Verletzungen führen!", sagt Timo. Ermittle, ob es sich um ein Sachurteil oder um ein Werturteil handelt! Begründe deine Ansicht!
2. „Ich habe keine Lust, Sport zu treiben!", sagt Timo. Ermittle, ob es sich um ein Sachurteil oder um ein Werturteil handelt! Begründe deine Aussage!
3. „Leben ist schön. Spende Blut!" Diese Aussage findet man auf Werbeplakaten für das Blutspenden. Nenne Sachurteile und Werturteile für und gegen das Blutspenden. Leite daraus deine Entscheidung ab!

EXKURS Stoffwechsel im Vergleich

Der menschliche Körper ruht niemals. Beim Sport und bei körperlicher Arbeit beispielsweise ist der Körper ständig in Bewegung. Auch bei fehlender Bewegung finden innerhalb des Körpers viele Lebensvorgänge statt. Das Herz schlägt und treibt das Blut durch den Körper, die Muskeln zittern unmerklich und bilden so die Körperwärme, Verdauung findet statt und bei geistiger Arbeit ist das Gehirn besonders aktiv. Viele dieser Vorgänge leistet unser Körper auch dann, wenn wir schlafen. Um solche Stoffwechselvorgänge aufrechterhalten zu können, benötigt der Mensch Nährstoffe und Sauerstoff. Der Sauerstoffbedarf eines ruhig liegenden, aber nicht schlafenden Menschen wird als Grundumsatz bezeichnet. Er wird pro Kilogramm Körpermasse und Stunde berechnet. Vergleicht man den Grundumsatz des Menschen mit dem eines Frosches, so fällt auf, dass der Grundumsatz des Frosches nur etwa ein Fünftel des Grundumsatzes des Menschen beträgt. Wie ist dieser Unterschied zu erklären?

Der Mensch gehört zu den *gleichwarmen* Lebewesen. Seine Körpertemperatur ändert sich bei wechselnden Umgebungstemperaturen nicht. Wenn die Umgebungstemperatur sinkt, produziert der Körper durch Muskelzittern mehr Wärme, um den Wärmeverlust an die Umgebung auszugleichen. Bei hoher Umgebungstemperatur werden im Körper Mechanismen zur Verbesserung der Wärmeabgabe eingeleitet wie zum Beispiel das Schwitzen.

Der Frosch hingegen gehört zu den *wechselwarmen* Tieren. Seine Körpertemperatur folgt der Umgebungstemperatur. Bei einer niedrigen Umgebungstemperatur ist der Frosch wenig aktiv und sein gesamter Stoffwechsel arbeitet auf niedrigem Niveau. Bei steigender Umgebungstemperatur werden die Stoffwechselprozesse des Frosches intensiviert und er wird aktiver. Damit steigt auch sein Sauerstoffbedarf, bis dieser bei 20 °C den Wert des Grundumsatzes erreicht. Der Sauerstoffbedarf des Menschen dagegen ist weitgehend von der Umgebungstemperatur unabhängig. Der Mensch benötigt jedoch mehr Sauerstoff als der Frosch, weil seine Stoffwechselprozesse auf eine gleichbleibende Körpertemperatur von 36 °C ausgelegt sind.

Die unterschiedlichen Werte für den Grundumsatz bei Frosch und Mensch sind also auf die Unterschiede im **Wärmehaushalt** beider Lebewesen zurückzuführen. Auch Kennzeichen des Körperbaus lassen sich durch den unterschiedlichen Wärmehaushalt erklären. Betrachtet man das Herz von Mensch und Frosch, erkennt man einen deutlichen Unterschied in der Ausbildung einer Herzscheidewand. Beim Menschen trennt sie die beiden Herzkammern vollständig voneinander. Somit bleiben sauerstoffreiches und sauerstoffarmes Blut voneinander getrennt. Das an Sauerstoff und Nährstoffen reiche Blut wird durch den Körper gepumpt, was eine konstante Körpertemperatur und schnelle Bewegungen weitgehend unabhängig von der Umgebungstemperatur ermöglicht. Bei Fröschen ist die Trennung der beiden Herzkammern unvollständig. Sauerstoffreiches und sauerstoffarmes Blut sind miteinander vermischt. Die Körpertemperatur passt sich der Umgebungstemperatur an. Schnelle Bewegungen sind nur dann kurzzeitig möglich, wenn der Körper durch eine höhere Umgebungstemperatur erwärmt wurde.

Im engen Zusammenhang mit der Regulation der Körpertemperatur steht auch die Beschaffenheit der Körperoberfläche. Säuger besitzen ein Haarkleid. Diese Körperbedeckung isoliert und begünstigt somit ein Konstanthalten der Körpertemperatur. Bei Fröschen und anderen wechselwarmen Tieren fehlen solche wärmeisolierenden Strukturen der Haut. Somit können sie leichter Wärme aus ihrer Umgebung aufnehmen, um so viele Lebensvorgänge zu beschleunigen.

Auch andere gleichwarme Lebewesen, die Säugetiere und Vögel, besitzen Merkmale, die sich mithilfe der Erfordernisse des Wärmehaushalts erklären lassen. Vögel halten wie der Mensch ihre Körpertemperatur bei verschiedenen Umgebungstemperaturen konstant. Ihr Sauerstoffbedarf ist ebenfalls nur wenig von der Umgebungstemperatur abhängig. Die Wärmeabgabe an die Umgebung wird durch ein Federkleid eingeschränkt. Ihr Herz ist wie das des Menschen durch eine Scheidewand zweigeteilt, sodass sauerstoffreiches und sauerstoffarmes Blut getrennt voneinander durch den Körper transportiert werden können. Beim Vergleich der Werte für den Grundumsatz für den Menschen und den Sperling sind jedoch erhebliche Unterschiede zu beobachten: Der Grundumsatz eines Sperlings ist etwa 15-mal höher als der Grundumsatz des Menschen. Der Mensch hat im Vergleich zu seinem Volumen eine relativ geringe Oberfläche, über die Wärme abgegeben wird. Bei Vögeln ist das Verhältnis von Oberfläche zu Volumen viel ungünstiger, sodass hohe Energieverluste durch erhöhten Energieumsatz ausgeglichen werden müssen.

Wärmehaushalt und Bauplan von Tieren geben einen Hinweis auf ihre Lebensweise. Frösche sind wie alle wechselwarmen Tiere in der Nutzung des Lebensraums eingeschränkt. Ihre Haut besitzt keine Isolierung. Sie ist feucht und gut durchblutet. Deshalb sind Frösche auf feuchte Lebensräume angewiesen und an diese angepasst. Ein Leben in trockenen Gebieten ist für sie fast unmöglich. Gleichwarme Lebewesen wie die Säugetiere und die Vögel können relativ unabhängig von der Außentemperatur und der Luftfeuchtigkeit leben. Deshalb können sie sich viele Lebensräume, von den polaren Gebieten bis hin zu den Wüsten, erschließen. Gleichwarme Tiere sind also überall auf der Erde anzutreffen, wechselwarme sind dagegen in kalten Zonen nur selten.

1. Vergleiche wechselwarme und gleichwarme Tiere bezüglich ihres Energiebedarfs und des bevorzugten Lebensraums miteinander!
2. Erläutere das Basiskonzept „Struktur und Funktion" am Beispiel von Herzaufbau und Energiehaushalt bei Mensch, Frosch und Vogel!

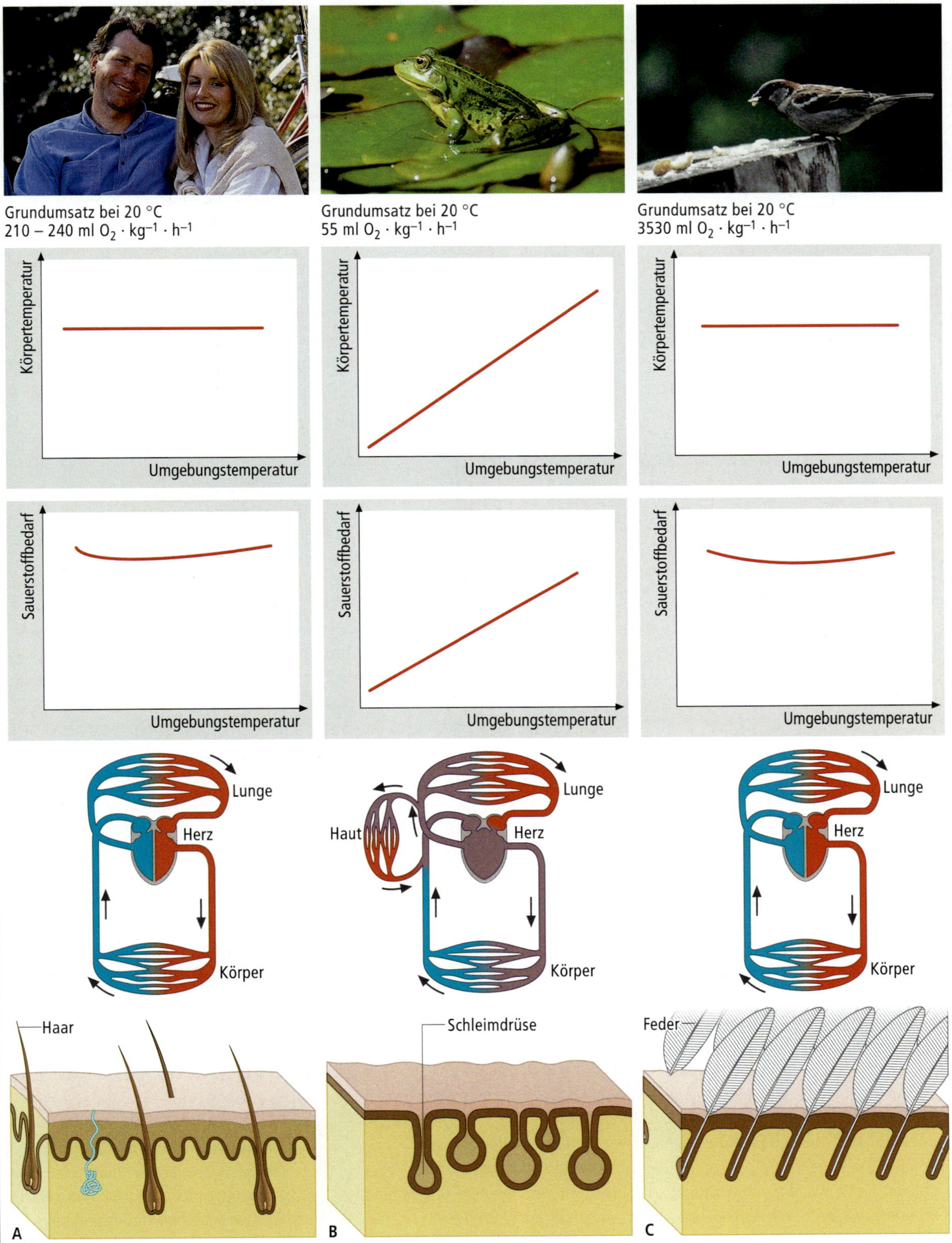

177.1 Stoffwechsel und Energiebedarf. A Mensch; **B** Frosch; **C** Vogel

AUFGABEN Herz und Kreislaufsystem

1 Infusionen

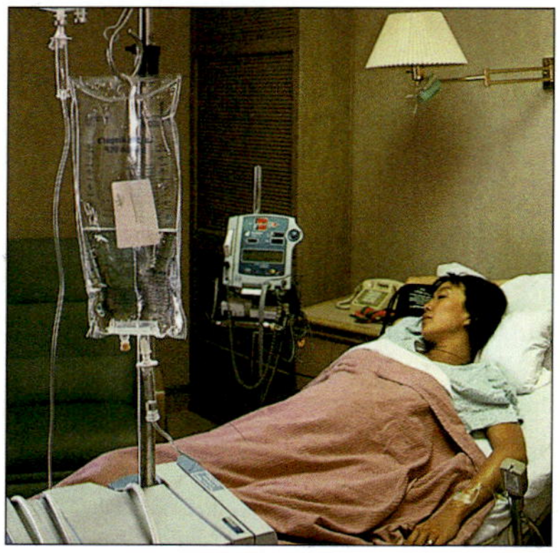

Bei stationärer Behandlung im Krankenhaus wird Patienten häufig ein Tropf gelegt. Dazu wird eine Hohlnadel in die Vene eingeführt. Über eine Schlauchleitung können die Patienten jetzt aus Vorratsgefäßen Infusionen direkt in den Blutkreislauf erhalten. So können Nährstoffe und Medikamente verabreicht werden.

a) Erläutere, weshalb ein Tropf an Venen und nicht an Arterien gelegt wird!

b) Nenne Vorteile der Infusionen bei Schwerkranken!

2 Verletzungen von Kapillaren

Bei leichten Schürfwunden wird nur die gefäßfreie Oberhaut verletzt. Aus der darunterliegenden Lederhaut sickert nur sehr wenig Blut aus der Wunde. Bei einem Stoß oder einem Schlag wird die Oberhaut oft nicht verletzt. Es entstehen jedoch Schwellungen („Beulen") und Blutergüsse („blaue Flecken"). Nach einigen Tagen färben sich diese Flecken dann gelblich bis bräunlich, bevor sie ganz verschwinden.

a) Erläutere, weshalb Schürfwunden meist nur wenig bluten!

b) Erläutere die Entstehung von „Beulen" und „blauen Flecken"!

c) Erläutere, was geschieht, wenn ein „blauer Fleck" wieder verschwindet!

d) Erläutere, weshalb sich durch sofortiges Kühlen die Bildung von Schwellungen verringern lässt!

3 Blutdruck und Fließgeschwindigkeit

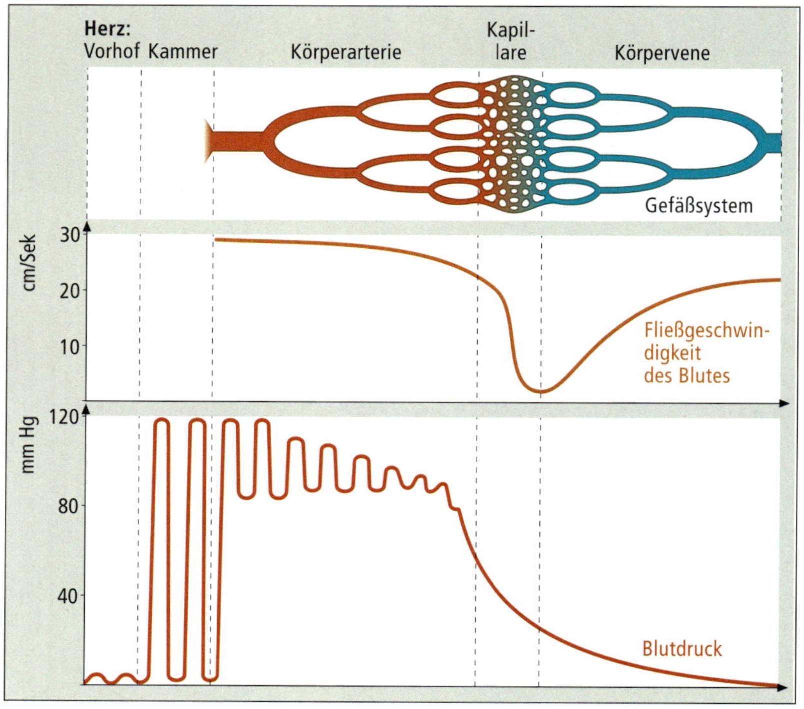

Im Blutkreislaufsystem des Menschen liegen unterschiedliche Blutdrücke und Fließgeschwindigkeiten des Blutes vor in Abhängigkeit von den durchflossenen Blutgefäßen. Die entsprechenden Zusammenhänge sind in den Abbildungen dargestellt.

a) Beschreibe die Abbildungen und erläutere die Kurvenverläufe!

b) Erläutere die Veränderung des Blutdrucks und der Fließgeschwindigkeit des Blutes anhand des Baues und der Funktion der dargestellten Blutgefäße!

4 Vorgänge im Blutkreislauf

Bilde aus den nachfolgenden Silben die neun Lösungswörter! Die jeweils zweiten Buchstaben der Lösungsworte ergeben von oben nach unten gelesen einen Begriff aus dem Blutgefäßsystem.

Blu, Blut, Der, Dia, Ekg, Er, Fäß, Ge, Kam, Kranz, Le, Ma, Mern, Ne, Plas, Sau, Spen, Sto, Stoff, Ter, Ve

1. Elektrokardiogramm
2. Atemgas in der Lungenvene
3. Fremdblut
4. Saugphase im Herzen
5. Blut ohne feste Bestandteile
6. Mensch mit fehlender Blutgerinnung
7. Vier Hohlräume im Herzen
8. Es versorgt das Herz mit Blut
9. Blutgefäß, das zum Herzen führt

5 Physiologische Kochsalzlösung

Bei Verletzungen mit schweren Blutungen werden dem Körper oft Blutersatzstoffe zugegeben. Dabei handelt es sich um Kochsalzlösungen mit der gleichen Salzkonzentration wie im menschlichen Blut. Manchmal enthalten diese Lösungen auch Kohlenhydrate und Eiweißstoffe.

a) Erläutere, welche Aufgabe die Kochsalzlösung hat!

b) Nenne wichtige Blutbestandteile, die der Kochsalzlösung fehlen! Leite daraus ab, welche Aufgaben die Kochsalzlösung nicht übernehmen kann!

c) Erläutere an diesem Beispiel das Basiskonzept „Struktur und Funktion"!

RÜCKBLICK mit Basiskonzepten: Ausscheidung und Gaswechsel sowie Blut und Blutkreislauf

Der Austausch von eingeatmetem Sauerstoff und ausgeatmetem Kohlenstoffdioxid erfolgt über spezielle *Atmungsorgane.*
Durch *Mund* und *Nase* kann die Luft leicht einströmen. Die *Nasenschleimhaut* feuchtet die Luft an, reinigt und erwärmt sie. Über den *Kehlkopf,* die *Luftröhre* und die *Hauptbronchien* strömt die Luft in die beiden *Lungenflügel* der Lunge. Dort wird die Atemluft in sich weiter verzweigende *Bronchien* und *Bronchiolen* geführt. Die Lunge ist so gebaut, dass sie eine sehr große innere Oberfläche besitzt: Die Luft strömt in etwa 300 Millionen *Alveolen,* die nur einen Durchmesser von etwa 0,25 Millimeter haben. Zusammen ist die innere Fläche etwa 100 Quadratmeter groß. Durch die Oberflächenvergrößerung kann in der Lunge der Sauerstoff der Luft sehr effektiv in das Blut aufgenommen werden. Die sehr dünne Haut der Alveolen ist mit einem feinen Netz von Blutgefäßen umsponnen, deren Gesamtlänge etwa 2000 Kilometer beträgt. Durch diese große Kontaktfläche diffundieren Sauerstoff und Kohlenstoffdioxid. Dieser Aufbau der Atmungsorgane ermöglicht einen effektiven Austausch der Atemgase. Dies ist ein Beispiel für das **Basiskonzept „Struktur und Funktion".**
Durch das *Atemzugvolumen* und die *Anzahl der Atemzüge* kann die Menge des transportierten Sauerstoffs verändert werden. Bei starker körperlicher Beanspruchung steigt der Energie- und Sauerstoffbedarf in den Muskeln. Durch erhöhte Atmungsaktivität kann dem Körper zusätzlich Sauerstoff zugeführt werden. Im Schlaf dagegen atmet der Mensch sehr flach und nimmt wenig Sauerstoff auf. Dies ist ein Beispiel für das **Basiskonzept „Steuerung und Regelung".**

In allen Körperzellen werden Glucose und Sauerstoff umgesetzt. Dabei wird Energie freigesetzt, die im menschlichen Körper für verschiedene Zwecke genutzt werden kann. Dies ist ein Beispiel für das **Basiskonzept „Stoff- und Energieumwandlung".**

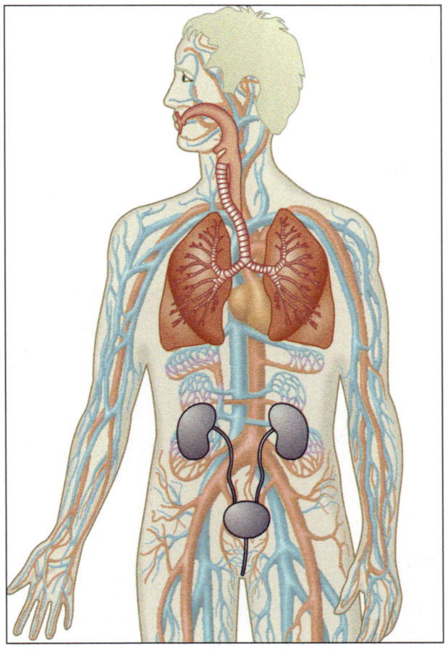

179.1 Atmungs-, Ausscheidungs- und Blutkreislaufsystem des Menschen

Der Transport der beteiligten Stoffe erfolgt durch das *Blut.* Es erscheint auf den ersten Blick als einheitlich rote Flüssigkeit. Lässt man es in einem Gefäß einige Zeit stehen, lassen sich zwei Bereiche unterscheiden. Die gelbliche Flüssigkeit des Überstandes heißt *Blutplasma.* Es besteht aus etwa 90 Prozent Wasser und 10 Prozent gelösten Stoffen, zum Beispiel Eiweißstoffe, Salze, Vitamine, Enzyme, Hormone und Abwehrstoffe gegen Krankheitserreger. Ein Eiweißstoff ist das *Fibrinogen.* Wird dieser Stoff dem Blutplasma entnommen, bleibt das *Blutserum* übrig.
Der Bodensatz ist rot gefärbt und enthält die festen Blutbestandteile. Etwa 99 Prozent von ihnen sind kernlose Blutzellen, die ihre rote Farbe dem eisenhaltigen Hämoglobin verdanken. Hämoglobin kann leicht Sauerstoff an sich binden und wieder abgeben. Deshalb dienen die *Erythrozyten* hauptsächlich dem Sauerstofftransport. Die *Leukozyten* sind farblose Blutzellen mit Zellkernen. Ihre Aufgabe ist die Abwehr von Krankheitserregern.

Die *Thrombozyten* sind kleine Zellbruchstücke. Sie haben eine wichtige Aufgabe bei der Blutgerinnung und damit beim Wundverschluss. Mischt man das Blut verschiedener Personen, kann es verklumpen. Ursache sind *Antigen-Antikörper-Reaktionen.* Je nach Art der Antigene und Antikörper teilt man das menschliche Blut in Blutgruppen ein, die speziell bei Transfusionen beachtet werden müssen. Besonders wichtige Blutgruppensysteme sind das *AB0-System* und das *Rhesus-System.*

Der Mensch ist von einem Röhrensystem, dem *Blutkreislaufsystem,* durchzogen. Es besteht aus einem doppelten Blutkreislauf mit einem Lungen- und einem Körperkreislauf. Beide Kreisläufe sind durch ein etwa faustgroßes muskulöses Organ, das *Herz,* verbunden, dessen Arbeit man durch den Pulsschlag fühlen kann. Wie eine Saug-Druck-Pumpe hält es das Blut in Bewegung. In einem Elektrokardiogramm (EKG) erkennt man, dass sich dabei Diastolen, Systolen und Ruhephasen abwechseln. Dadurch wird das Blut stoßweise in die Arterien gedrückt. Sie führen das Blut vom Herzen weg. Venen leiten es zum Herzen hin. Feine Kapillaren sorgen für die Verteilung des Blutes in den inneren Organen.

In den Zellen dieser Organe finden neben der Zellatmung auch andere Stoffwechselprozesse statt. Dabei entstehen zum Teil giftige Stoffe, die vom menschlichen Körper nach außen geleitet werden müssen. Diese Aufgabe übernehmen die *Ausscheidungsorgane.* Wichtige Ausscheidungsorgane sind die Nieren. Sie liegen paarig an der Rückwand der Bauchhöhle. Jede Niere enthält etwa eine Million Blutkapillaren. Die Nieren entziehen dem Blut unter anderem Harnstoff, Mineralstoffe und Wasser. Sie bilden dabei täglich bis zu 1,5 Liter Urin, der über die Harnwege nach außen gelangt. Mit dem Schweiß gelangen über das Ausscheidungsorgan Haut ebenfalls Wasser, Mineralstoffe und Harnstoff aus dem Körper. Das Zellgift Kohlenstoffdioxid wird durch die Lungen nach außen transportiert.

Aufnahme und Verarbeitung von Information

180.1 In der Disco

Ein Experiment. Du benötigst für diesen Versuch einen Partner und einen Bleistift. Dein Partner setzt sich dir auf Armeslänge gegenüber. Halte nun mit einer Hand eines deiner Augen zu! Dein Partner hält den Bleistift waagerecht quer vor dich. Versuche, in einer seitlichen Bewegung mit der Spitze deines ausgestreckten Zeigefingers die Bleistiftspitze anzutippen! Nimm die Hand vom Auge weg und wiederhole das Experiment! Stelle Vermutungen zur Erklärung deiner Beobachtungen an!

Blutzuckermessgerät. Informiere dich, wer ein solches Gerät benötigt!

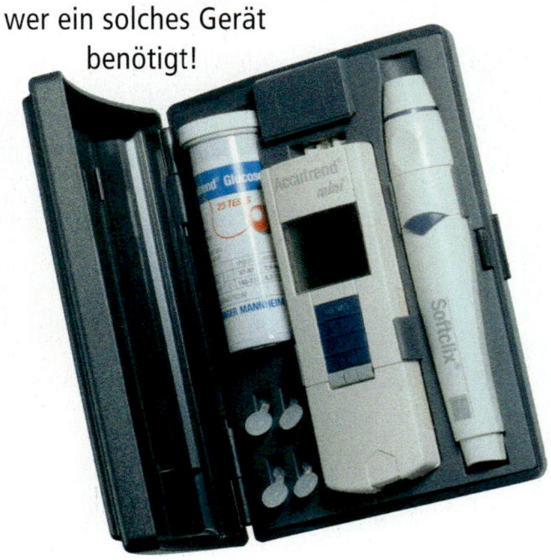

Elfmeter. Beim Elfmeter muss ein Torwart blitzschnell auf den heranfliegenden Ball reagieren. Stelle Vermutungen darüber an, welchen Weg die Information im Körper des Torwarts zurücklegen muss!

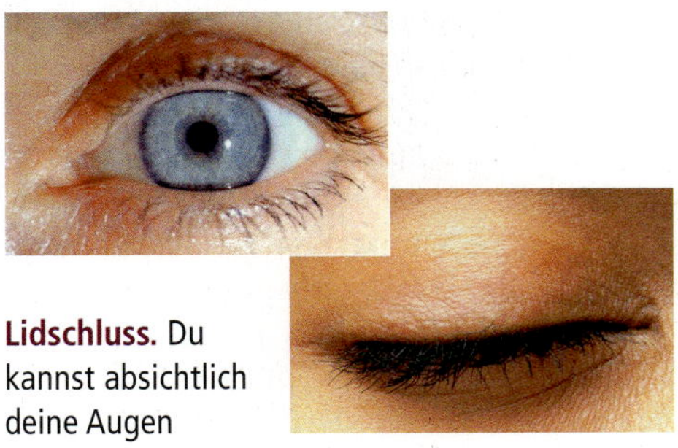

Lidschluss. Du kannst absichtlich deine Augen schließen und auch wieder öffnen. Wenn dir aber ein heftiger Luftzug (oder ein Mitschüler, probiere es ruhig aus!) überraschend ins Gesicht bläst, so schließen sich deine Augen, ob du nun willst oder nicht. Nenne weitere Beispiele solcher unabsichtlichen Bewegungen von Körperteilen!
Solche Reaktionen sind oft sehr schnell. So erfolgt der Lidschluss auf einen äußeren Reiz innerhalb einer Viertel-Sekunde. Stelle Vermutungen an, worin der Sinn der Schnelligkeit dieser Reaktionen liegt!

In der Disco. Stelle einen Zusammenhang zum Thema „Aufnahme und Verarbeitung von Information" her! Nenne Auswirkungen lauter Musik!

Planung.

Alle Schülerinnen und Schüler der Klasse bekommen drei DIN-A5-Karteikarten. Jeder schreibt nun auf jeweils eine Karte, was seiner Meinung nach bei der Besprechung des Themas „Aufnahme und Verarbeitung von Information" besonders wichtig ist. Die Buchstaben sollten möglichst groß geschrieben werden. Die Karteikarten werden gesammelt und gut gemischt. Alle Karten werden mit Klebeband an die Tafel geheftet. Nun werden die Begriffe geordnet, sodass ein Plan für den nachfolgenden Unterricht entsteht.

182.1 An einer Fußgängerampel

1 Der Körper reagiert auf Reize

An einer Straßenkreuzung warten Fußgänger vor einer roten Ampel. Sie blicken auf das rote „Halt"-Zeichen. Die Augen der Wartenden sind auf die Fußgängerampel gerichtet. Nur der blinde Mann hat seinen Kopf in eine andere Richtung gewendet. Er hat einen Blindenstock in der Hand. Endlich springt die Ampel auf Grün. Die Fußgänger hasten über den Zebrastreifen. Der Blinde zögert. Er kann das grüne „Geh"-Zeichen der Ampel nicht sehen. Doch er erfährt über andere **Sinne** von dem Umspringen der Ampel. Er hört die Motorengeräusche der haltenden Fahrzeuge und riecht ihre Abgase. Endlich ertönt das akustische Grün-Zeichen. Sein Gesicht entspannt sich, er setzt sich in Bewegung. Er hält seinen Stock schräg vor sich und bewegt ihn hin und her. So kann er Hindernisse erkennen und sie umgehen, ohne zu stolpern oder sich zu verletzen.

Auf einen Menschen wirkt also eine Vielzahl von Umwelteinflüssen ein. Für einige von ihnen besitzt der Mensch **Sinnesorgane.** Augen, Ohren, Nase, Haut sind auf unterschiedliche Umwelteinflüsse spezialisiert. Umwelteinflüsse, die der Mensch mithilfe von Sinnesorganen aufnehmen kann, nennt man **Reize.** Dabei ist jedes Sinnesorgan nur für einen bestimmten Reiz empfänglich. Für andere Umwelteinflüsse wie Röntgenstrahlen, magnetische Felder oder Ultraschall hat der Mensch keine passenden Sinnesorgane. Diese Einflüsse kann er nicht aufnehmen. Sie bleiben jedoch nicht ohne Wirkung auf den menschlichen Körper. UV-Strahlen können Sonnenbrand und Hautkrebs verursachen, die Röntgenstrahlen können Zellen im Inneren des Körpers schädigen.

Die Information über aufgenommene Reize wird an das **Gehirn** weitergeleitet und dort weiterverarbeitet. Die Weiterleitung erfolgt über Nervenbahnen. Auch an der Verarbeitung im Gehirn sind Nervenzellen beteiligt. Es kommt zu einer **Reaktion.** So überqueren die Fußgänger bei Grün den Zebrastreifen, sobald sie das Signal erblickt haben. Der Blinde schließt sich ihnen an, nachdem er das akustische Signal gehört hat. Man spricht von einem **Reiz-Reaktions-Zusammenhang.**

1. Nenne mögliche Reize, die Fußgänger an einer Verkehrsampel aufnehmen können!
2. Nenne die Sinnesorgane, die die Aufnahme dieser Reize ermöglichen!
3. Nenne Umwelteinflüsse, für die Menschen keine Sinnesorgane haben!
4. Vergleiche Mensch und Bewegungsmelder bei der Reaktion auf einen Reiz! Berücksichtige bei dieser Antwort die Abbildung 183.1!
5. Erläutere, weshalb es für einen Menschen wichtig ist, Reize aufzunehmen und die Information über sie im Gehirn zu verarbeiten!

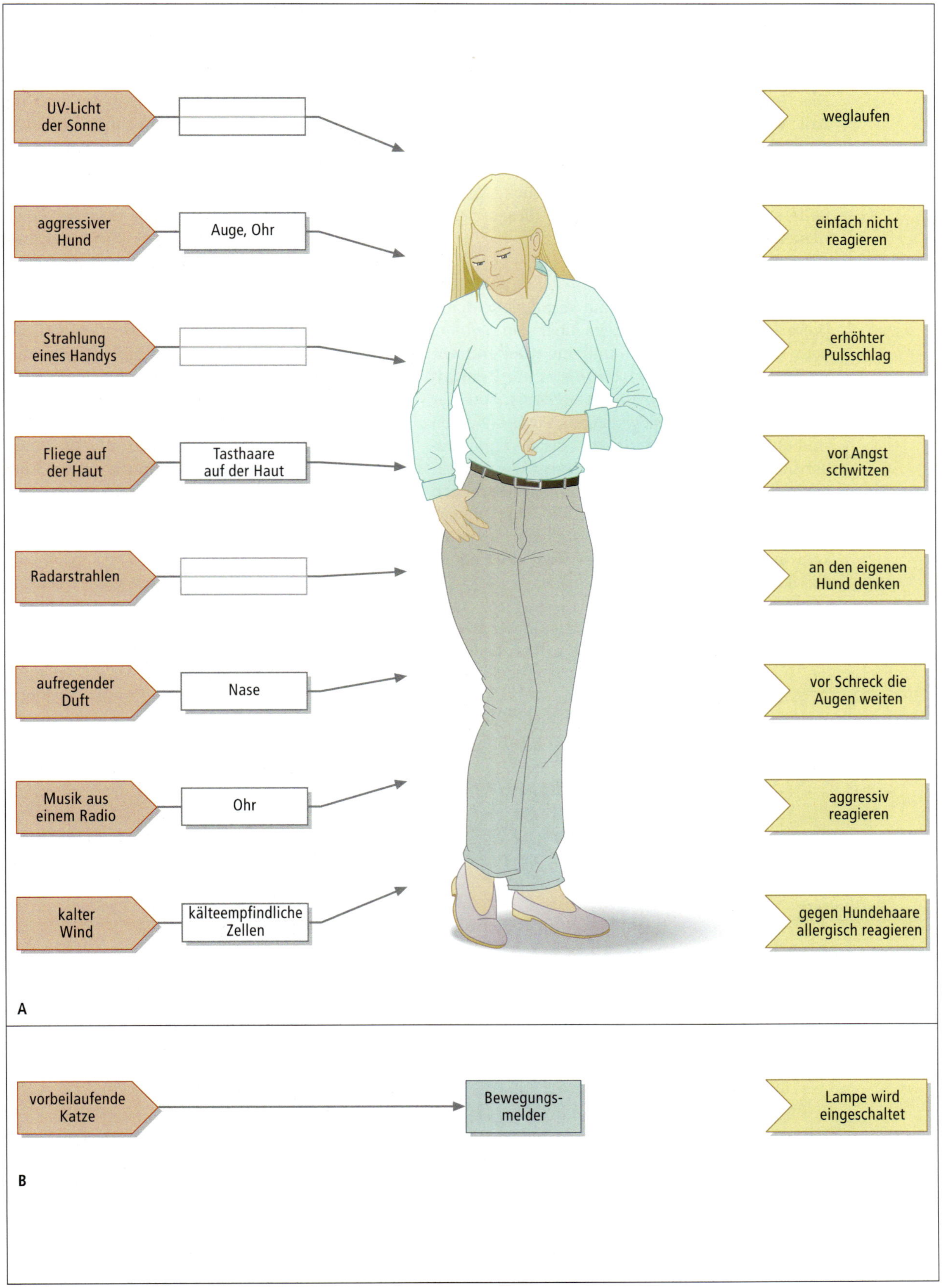

183.1 Reiz und Reaktion. A Mensch; **B** Bewegungsmelder

2 Informationsleitung und Informationsverarbeitung

2.1 Wie arbeitet das Nervensystem?

Die Tennisspielerin sieht den heranfliegenden Ball. Wie schon viele Tausend Mal zuvor stellt sie das rechte Bein nach vorn, dreht die rechte Schulter in Richtung des Balles, holt mit dem linken Arm aus und schlägt den Ball zurück. Welche Rolle spielt das Nervensystem bei dieser zielgerichteten Bewegung?

Das Auge nimmt die optischen Reize vom Ball, von der anderen Spielerin und vom Spielfeld auf. Diese Informationen gelangen über den *Sehnerv* zum **Gehirn.** Im Gehirn und im **Rückenmark** sind besonders viele Nervenzellen zum **Zentralnervensystem (ZNS)** zusammengefasst. Von hier durchziehen *Nerven* den ganzen Körper. Nerven sind Bündel von *Nervenfasern,* die der Informationsleitung dienen. *Sensorische Fasern* wie der Sehnerv leiten Informationen von den Sinnesorganen und den Sinneszellen an das ZNS. Über *motorische Fasern* setzt das ZNS die Tätigkeit der Muskeln in Gang, so zum Beispiel beim Rückschlag der Tennisspielerin.

Das ZNS leitet zwar auch Informationen weiter, seine Besonderheit liegt jedoch in der Verarbeitung und Speicherung von Informationen. Aus den über den Sehnerv eintreffenden Informationen werden im Gehirn die Flugbahn und die Geschwindigkeit des Balles errechnet. Aus dem Gedächtnis wird abgerufen, welche Muskeln im Körper aktiviert werden müssen, damit ein Tennisball mit der Vorhand zurückgeschlagen werden kann. Dieses Programm für eine Rückschlagbewegung muss allerdings noch angepasst werden an die aktuellen Bedingungen wie Flugbahn und Geschwindigkeit des Balles. Auch über andere Sinnesorgane einfließende Informationen müssen berücksichtigt werden, so zum Beispiel der über den Tastsinn erfühlte Gegenwind. Schließlich muss bei dem endgültigen Plan für die Rückschlagbewegung berücksichtigt werden, ob der Ball links oder rechts an der Gegnerin vorbeigeschlagen werden soll. Nun ist das Bewegungsprogramm fertig. Über motorische Fasern werden einzelne Muskeln aktiviert, andere werden gehemmt. Der Tennisball wird zurückgeschlagen.

1. Nenne die Organe, die am Zustandekommen einer Bewegung beteiligt sind!
2. Nenne Aufgaben des Gehirns beim Rückschlag eines Tennisballs!

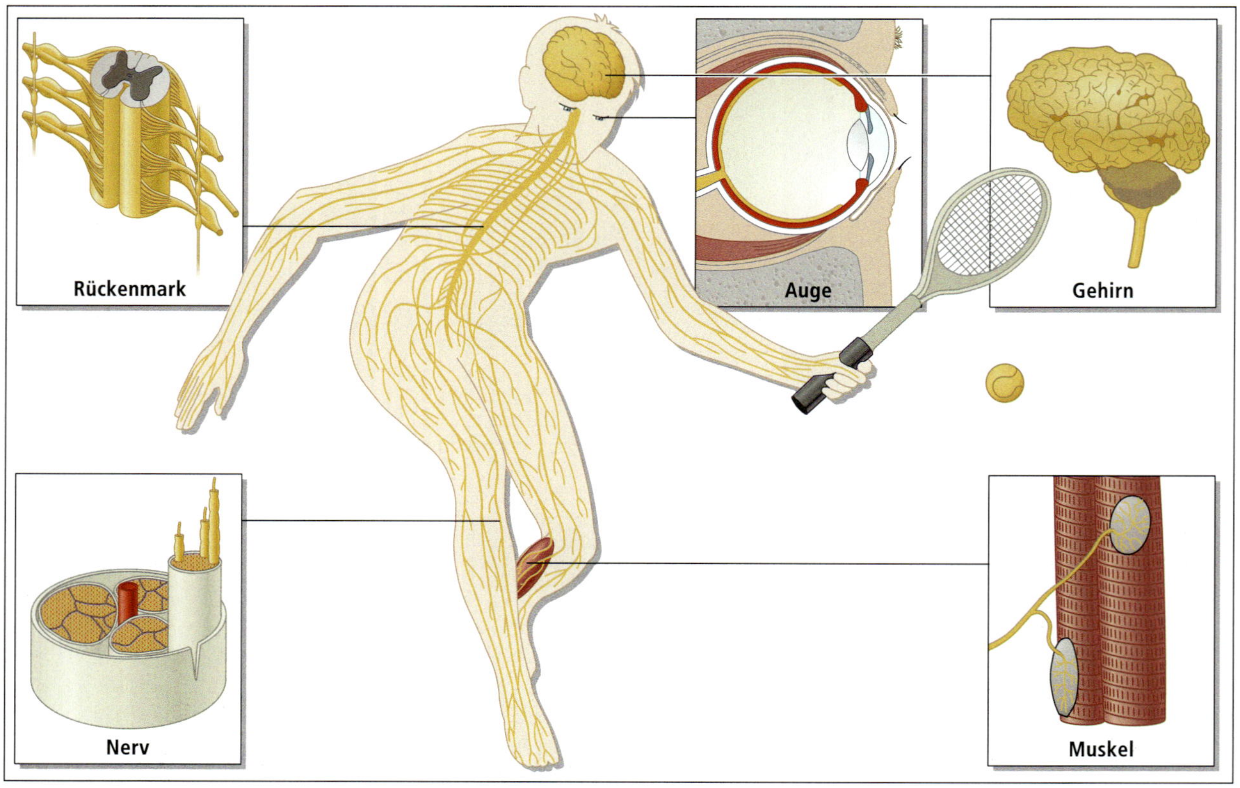

184.1 Zusammenspiel von Sinnesorganen, Nervensystem und Muskulatur bei einer Bewegung

2.2 Bau und Funktion der Nervenzellen

Etwa 114 000 aneinandergereihte Zellen der Mundschleimhaut ergeben eine Gesamtlänge von einem Meter. So lang kann eine einzige **Nervenzelle** sein. Von ihrem **Zellkörper,** der den Zellkern enthält, gehen zahlreiche dünne Fortsätze aus, die etwa 0,3 Millimeter langen **Dendriten.** Sie nehmen Informationen von Sinneszellen oder anderen Nervenzellen auf und leiten sie an den Zellkörper weiter. Hier werden die Signale der Dendriten gesammelt und miteinander verrechnet. Das Ergebnis wird über das **Axon** an Nervenzellen, Muskelzellen oder Drüsenzellen weitergeleitet. Ein Axon ist ein bis zu einem Meter langer Ausläufer des Zellkörpers. Axone sind von einer elektrisch isolierenden *Markscheide* umgeben, die von *SCHWANNschen Zellen* gebildet werden. Zwischen zwei benachbarten *SCHWANN*schen Zellen ist ein schmaler Bereich des Axons ohne Hülle. Die Markscheide erscheint eingeschnürt, sodass man von *RANVIERschen Schnürringen* spricht. Das Axonende ist verzweigt. Jede Abzweigung endet mit einer Verbreiterung. An Nervenzellen herantretende Verbreiterungen heißen *Endknöpfchen.* Endknöpfchen, die an Muskelzellen liegen, bilden *motorische Endplatten.*
Kontaktstellen zwischen zwei Nervenzellen oder auch zwischen Nervenzellen und Muskelzellen heißen **Synapsen.** Allerdings berühren sich die Zellmembranen beider Zellen nicht. Zwischen ihnen liegt ein flüssigkeitsgefüllter *synaptischer Spalt.*

Die von Nervenzellen weitergeleiteten Informationen sind verschlüsselt. Die Verschlüsselung verwendet *elektrische Impulse.* Darunter versteht man eine Spannungsschwankung an der Nervenzellmembran von 0,1 Volt bei einer Dauer von zwei Millisekunden. Diese Impulse werden entlang des Axons weitergeleitet. Dabei löst ein Impuls an einem Schnürring einen neuen Impuls am nächsten Schnürring aus und so fort. Die Leitungsgeschwindigkeit kann bis zu 120 Meter pro Sekunde betragen.

An der Synapse ankommende elektrische Impulse können den synaptischen Spalt nicht überspringen. Sie bewirken jedoch, dass aus Bläschen des Endknöpfchens ein *Überträgerstoff* in den synaptischen Spalt entlassen wird. Der Überträgerstoff heftet sich an die Membran der nachfolgenden Nervenzelle und bewirkt dort eine Spannungsänderung. Die Nervenzelle wird *erregt.* Die Erregungen mehrerer Synapsen werden verrechnet und können am *Axonhügel* zur Ausbildung von Impulsen führen.

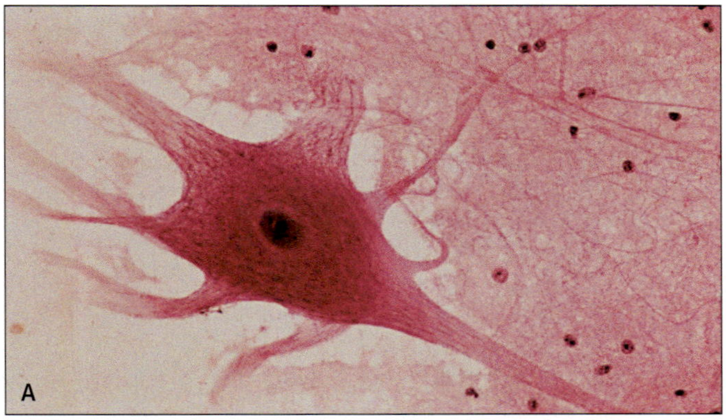

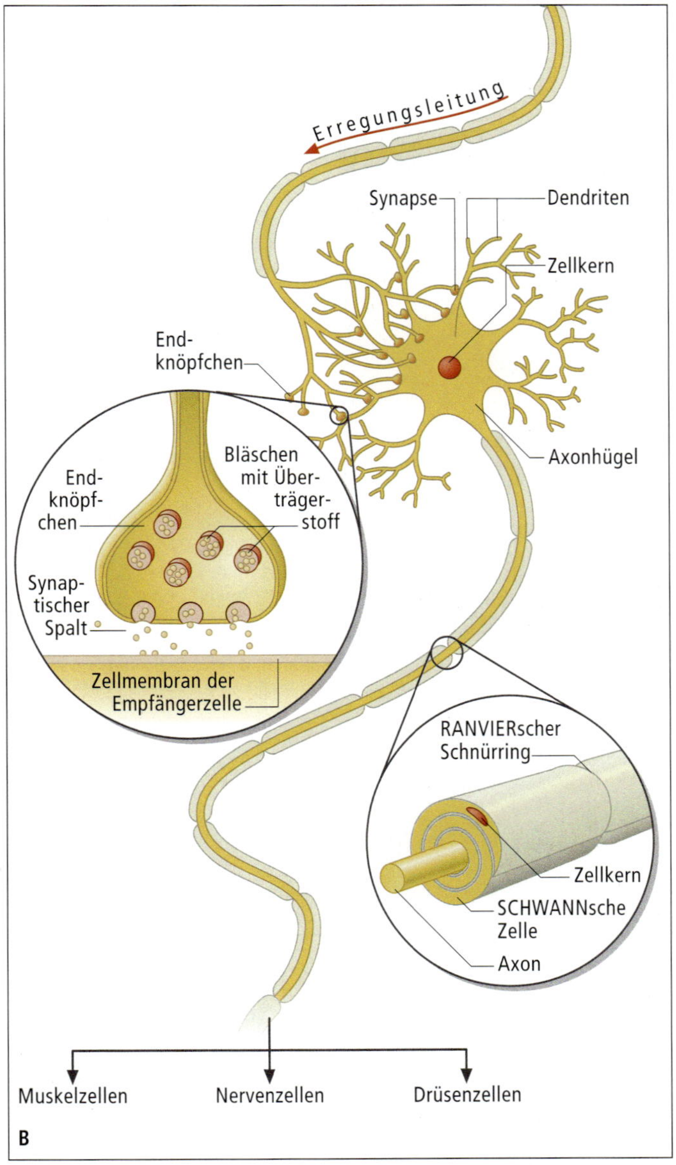

185.1 Nervenzellen. A mikroskopische Aufnahme; **B** Schema

1. Nenne die Zellen, von denen Nervenzellen Informationen erhalten können!
2. Nenne die Zellen, an die Nervenzellen Informationen weitergeben können!

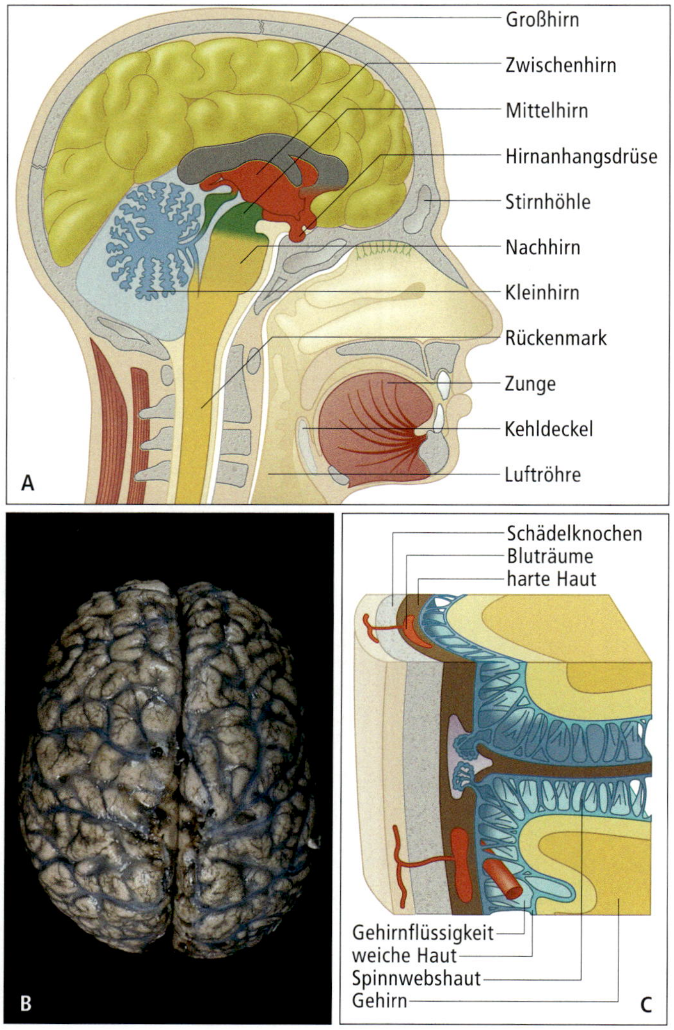

186.1 Gehirn. A Längsschnitt; **B** Hemisphären; **C** Schutz des Gehirns

2.3 Das Gehirn

Das Gehirn liegt geschützt innerhalb der Schädelkapsel und ist von drei Hirnhäuten umgeben. Die *weiche Hirnhaut* liegt dem Gehirn an, die *harte Hirnhaut* ist über die innere Knochenhaut mit dem Schädelknochen verwachsen. Zwischen diesen beiden Häuten liegt die *Spinnwebshaut.* Sie enthält zahlreiche feine Bindegewebsfäden, die den Spalt zwischen ihr und der weichen Hirnhaut durchziehen. Dieser Spalt ist mit *Gehirnflüssigkeit* gefüllt. Sie fängt leichte Stöße und Erschütterungen auf. Schwerere Einwirkungen können zu einer *Gehirnerschütterung* oder zu Verletzungen des Gehirns führen.

Im Gehirn eines Menschen sind eine Billion Nervenzellen konzentriert. Es ist in fünf Teile gegliedert: Großhirn, Zwischenhirn, Mittelhirn, Kleinhirn und Nachhirn. Oberflächlich lässt sich diese Gliederung allerdings nicht erkennen. Das **Großhirn** macht fast 90 % des Gehirnvolumens aus und überdeckt die anderen Gehirnteile fast vollständig. Von oben betrachtet, erkennt man zwei Großhirnhälften, die *Hemisphären.* Sie sind durch den *Balken* miteinander verbunden. Die Oberfläche ist in Falten gelegt. In der *Großhirnrinde* befinden sich die Zellkörper, in dem darunterliegenden *Großhirnmark* die Axone. Welche Aufgaben hat das Großhirn?

Mithilfe einer Untersuchungsmethode, der Tomografie, lässt sich die Stoffwechselaktivität einzelner Gehirnbereiche sichtbar machen. Helle Farben bedeuten eine hohe, dunkle eine niedrige Aktivi-

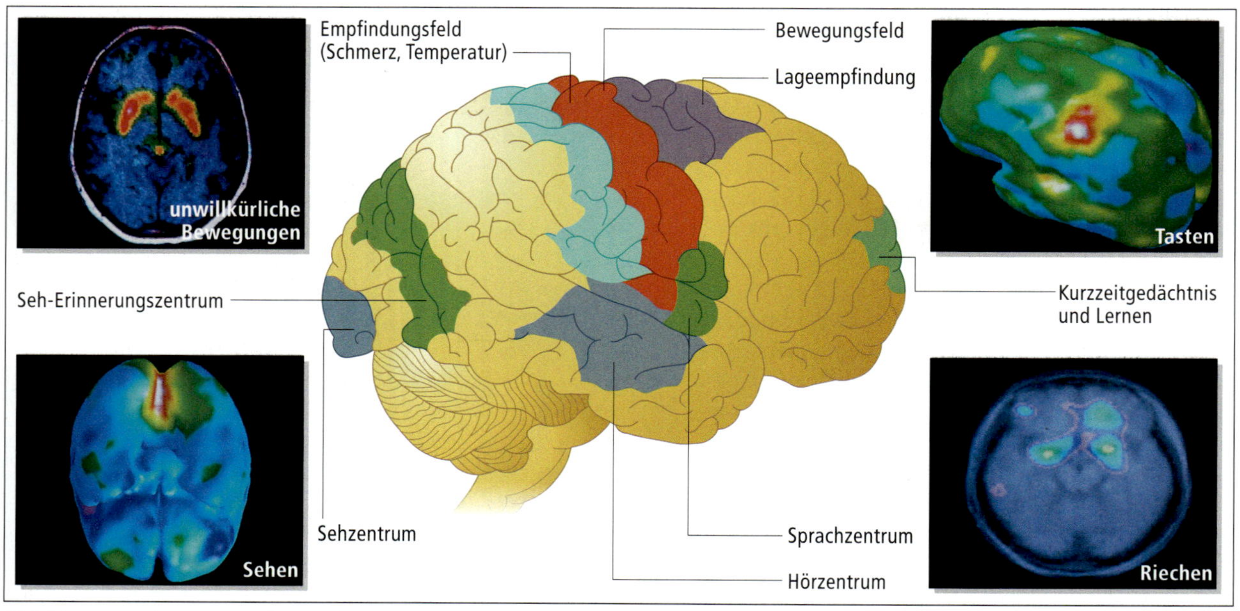

186.2 Untersuchungen an der Großhirnrinde mithilfe der Tomografie

tät. Bei einer Testperson, die ein Wort sieht, erscheint ein hinterer Bereich der Großhirnrinde in hellen Farben. Sprechen oder Hören eines Wortes aktiviert andere Großhirnbereiche. Offensichtlich besteht eine Arbeitsteilung zwischen verschiedenen Bereichen der Großhirnrinde. In *sensorischen Feldern* werden Informationen der Sinnesorgane verarbeitet. *Motorische Felder* sind für willkürliche Bewegungen verantwortlich. In *assoziativen Feldern* werden vielfältige Informationen miteinander verknüpft und gespeichert. Die Großhirnrinde ist Sitz des *Denkens.* Hier ist das Wissen niedergelegt, das im Laufe eines Lebens erworben wird.

Im **Zwischenhirn** entstehen *Gefühle* wie Freude, Angst, Trauer oder Wut. Informationen von den Sinnesorganen gelangen durch das Zwischenhirn zu den einzelnen Feldern der Großhirnrinde. Unwichtige Informationen werden herausgefiltert, sodass das Großhirn nicht überlastet wird. Vom Boden des Zwischenhirns, des *Hypothalamus,* werden lebenswichtige Funktionen wie zum Beispiel die Regulation der Körpertemperatur und des Wasserhaushaltes oder die Nahrungsaufnahme gesteuert.

Das **Mittelhirn** ist eine wichtige Umschaltstelle für optische und akustische Informationen. Es kontrolliert unter anderem die unwillkürlichen Augenbewegungen, die Pupillenweite und die Änderung der Brechkraft der Linse.
Das **Kleinhirn** ist der zweitgrößte Gehirnteil. Es ermöglicht, das Gleichgewicht zu halten. Bewegungen werden mithilfe des Kleinhirns aufeinander abgestimmt, wie zum Beispiel der Rückschlag eines Tennisballs. Gleichzeitig ist das Kleinhirn an der Automatisierung einer solchen immer wiederkehrenden Bewegung beteiligt.
Das auch als *verlängertes Mark* bezeichnete **Nachhirn** bildet den Übergang zum Rückenmark. Es arbeitet, ohne vom Willen beeinflusst zu werden. Gesteuert werden zum Beispiel Blutdruck und Atmung.

1. Nenne die Teile des Gehirns!
2. Erläutere die biologische Bedeutung der Windungen und Furchungen des Großhirns!
3. Erläutere am Beispiel des Gehirns das Basiskonzept „Kompartimentierung"!
4. Täglich sterben 50000 Nervenzellen des Gehirns. Errechne, wie viele Nervenzellen bis zum 80. Geburtstag eines Menschen sterben!

EXKURS Elektroenzephalogramm

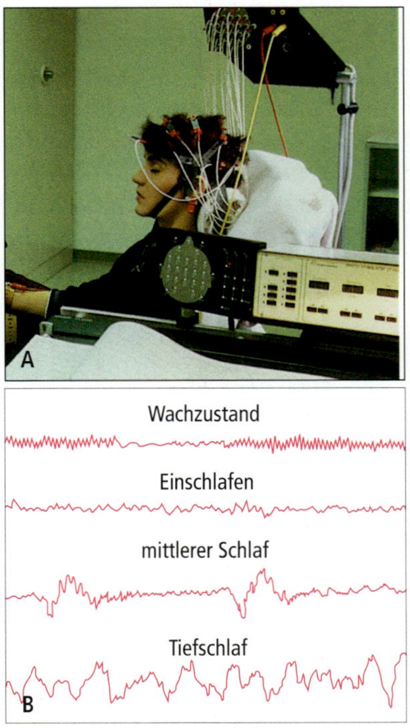

187.1 Elektroenzephalogramm.
A Patientin; **B** Messergebnisse

In einem **Elektroenzephalogramm** (EEG, griechisch *encephalos:* Gehirn; *graphein:* schreiben) werden die elektrischen Signale der Nervenzellen in der Gehirnrinde aufgezeichnet. Dazu legt man einem Menschen knopfförmige Elektroden auf die Kopfhaut der Schädeldecke. Eine weitere Elektrode bringt man am Ohrläppchen an. So kann man die Spannungsschwankungen zwischen dieser Elektrode und denen auf der Schädeldecke messen. Mit dieser Messmethode erfasst man nicht die elektrischen Vorgänge an einer einzelnen Nervenzelle, sondern die von etwa einer Million Nervenzellen.

Ein EEG gibt Aufschluss über die Aktivität bestimmter Gehirnbereiche. So unterscheidet sich das EEG eines gerade einschlafenden Menschen von dem eines Menschen, der mit offenen Augen auf einem Stuhl sitzt. Noch anders sehen die Enzephalogramme von Menschen unterschiedlicher Schlaftiefe aus. Das EEG eines Menschen im Tiefschlaf zeigt größere Spannungsschwankungen als das eines Menschen im Wachzustand.

In der Medizin sind Enzephalogramme von großer Bedeutung. Aus Unregelmäßigkeiten im EEG kann der Arzt Hinweise auf Erkrankungen wie Gehirntumore oder Anfallsleiden erhalten. Bei einem epileptischen Anfall werden die Ausschläge größer und häufiger.

Durch ein Enzephalogramm lässt sich auch der Tod eines Menschen feststellen. Sind keine Hirnströme mehr ableitbar, gilt der Mensch als hirntot. Erst nach Ausfall der Gehirnströme kann zum Beispiel die Entnahme von Organen erfolgen, falls dafür eine Zustimmung vorliegt.

1. Beschreibe die medizinische Bedeutung von Enzephalogrammen!

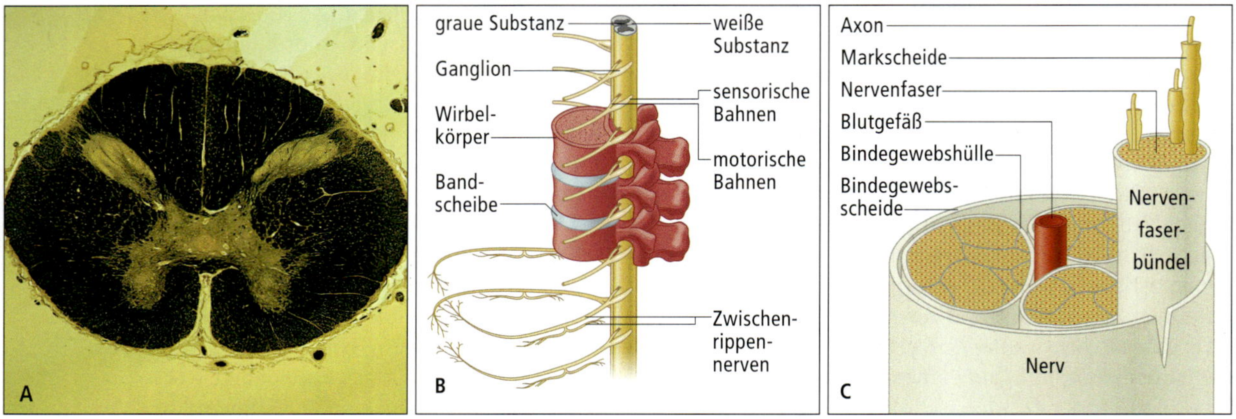

188.1 Rückenmark. **A** Querschnitt; **B** Rückenmark und Wirbelsäule; **C** Bau eines Nervs

2.4 Das Rückenmark

Die Nervenverbindungen zwischen dem Gehirn und den Organen im Rumpf und den Gliedmaßen nennt man **Rückenmark.** Es ist etwa 45 Zentimeter lang und fingerdick. Im Querschnitt erkennt man die innen liegende, schmetterlingsförmig erscheinende *graue Substanz.* Sie enthält vorwiegend Zellkörper von Nervenzellen. Die *weiße Substanz* liegt außen. Sie besteht aus Nervenbahnen, die zum Gehirn laufen oder vom Gehirn kommen. Nervenfasern, die Befehle des Gehirns zu den Muskeln leiten, nennt man *motorische Bahnen.* Nervenfasern, die Erregungen von den Sinnesorganen zum Gehirn leiten, heißen *sensorische Bahnen.* Jeweils zur linken und zur rechten Seite eines jeden Wirbels treten Nervenfasern aus. Die motorischen Nervenfasern verlassen in der Vorderwurzel des Spinalnervs die Wirbelsäule zur Bauchseite hin. Die sensorischen Nervenfasern laufen in der Hinterwurzel des Spinalnervs vom Rücken her in die Wirbelsäule ein.

Die Zellkörper der motorischen Bahnen liegen teils im Gehirn, teils im Rückenmark. Die Zellkörper der sensorischen Bahnen befinden sich neben den Wirbeln in deutlich verdickten Knoten, den **Ganglien** (Einzahl: Ganglion).

Das Rückenmark liegt innerhalb der Wirbelsäule im *Wirbelkanal.* Jeweils zwischen den Wirbeln verlässt ein Paar *Rückenmarks-* oder *Spinalnerven* diesen Kanal und läuft zu bestimmten Körperbereichen. Unter Nerven versteht man kabelartig gebaute Stränge, die den ganzen Körper durchziehen. Sie bestehen aus einem Bündel oder mehreren Bündeln von Axonen. Jedes Bündel ist, wie auch der Nerv als Ganzes, von einer Bindegewebshülle umgeben.

Durch einen Unfall kann das Rückenmark durchtrennt werden. Alle Körperteile, die durch Nervenzellen unterhalb der Verletzungsstelle versorgt werden, sind nicht mehr mit dem Gehirn verbunden. Eine *Querschnittslähmung* der Muskulatur und Gefühllosigkeit sind die Folgen.

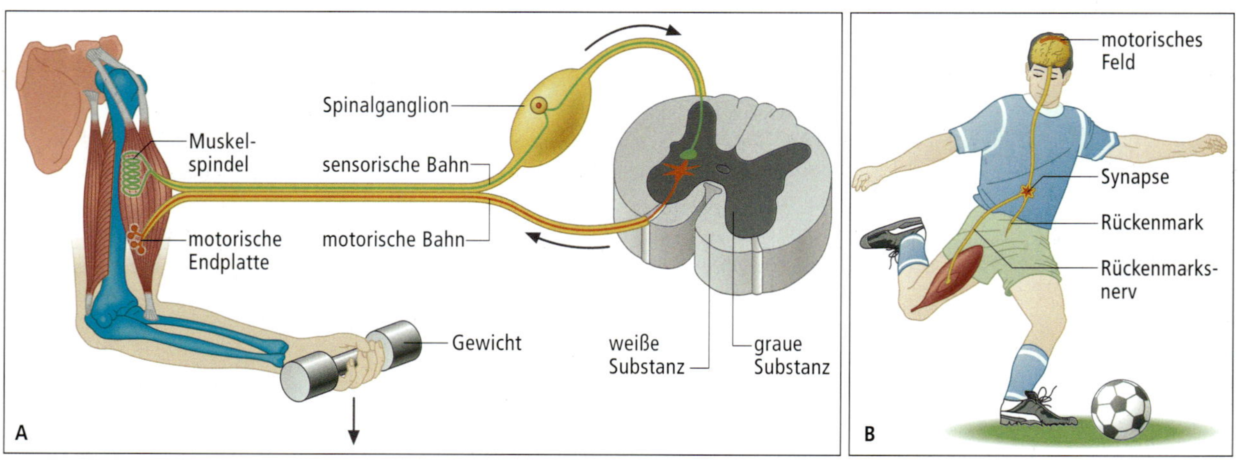

188.2 Bewegungen. **A** unwillkürliche; **B** willkürliche

Das Rückenmark kann nicht nur Informationen übertragen, sondern auch selbstständig verarbeiten. Das lässt sich durch einen einfachen Versuch demonstrieren. Ein Schüler hält seinen rechten Unterarm waagerecht. Dabei konzentriert er sich auf etwas anderes, wie das Lösen einer Aufgabe. Ohne Vorwarnung zieht eine Schülerin den Unterarm mit einem festen Zug nach unten. Der Unterarm schnellt rasch wieder nach oben, bevor der Schüler die Ablenkung seines Unterarms mitbekommen hat. Wie kommt es zu dieser Reaktion? Der Zug auf den Unterarm bewirkt eine Dehnung des Oberarmmuskels. Dieser Reiz wird von Sinnesorganen im Muskel, den *Muskelspindeln,* erfasst und in Erregung umgewandelt. Sensible Nervenfasern leiten diese Erregung in die graue Substanz des Rückenmarks.

Dort wird sie auf motorische Nervenzellen übertragen und zum Oberarmmuskel geleitet. Dieser zieht sich zusammen und macht die Dehnung wieder rückgängig. Man nennt eine solche unwillkürliche Reaktion auf einen Reiz **Reflex.** Den dabei von der Erregung zurückgelegten Weg bezeichnet man als *Reflexbogen.* Er umfasst bei dem beschriebenen *Muskeldehnungsreflex* lediglich zwei Nervenzellen. Folglich ist die Reaktionszeit mit 0,02 Sekunden sehr kurz. Bei einer willkürlichen Reaktion auf einen Berührungsreiz wird die Erregung zusätzlich über das Gehirn geleitet. Die Reaktionszeit ist mit etwa 0,1 Sekunden vergleichsweise lang.

Die Bedeutung von Reflexen für den Menschen wird deutlich, wenn ein heftiger Luftzug oder ein Fremdkörper die Hornhaut reizten. Innerhalb von nur 0,07 Sekunden wird das Augenlid heruntergezogen. So kann das Auge vor Verletzungen der Hornhaut und der Linse geschützt werden. Durch den *Nies-* und *Hustenreflex* werden die Atemwege von schädigenden Stoffen befreit.

1. Beschreibe den Aufbau eines Nervs!
2. Erläutere, weshalb die Reaktionszeit bei einem Reflex vergleichsweise kurz ist!
3. Nenne für den Muskeldehnungsreflex die beteiligten Sinnesorgane, Nervenzellen und Muskeln in der Reihenfolge, in der sie aktiv werden!
4. Erläutere den Sachverhalt einer Querschnittslähmung!

PRAKTIKUM Reflexe

1 Patellarsehnenreflex

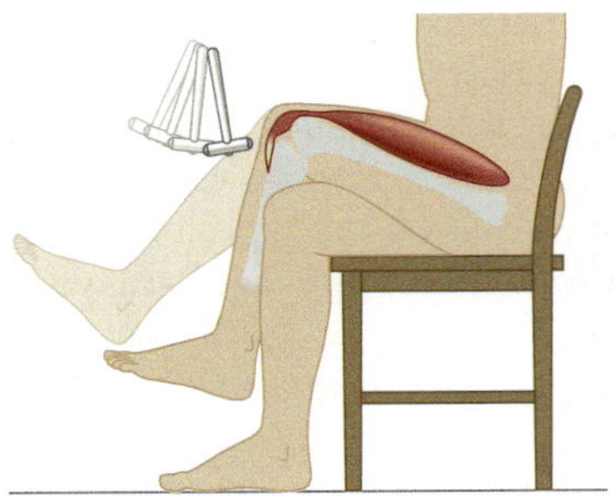

Material: Stuhl; Bleistift; Papier; Reflexhammer

Durchführung: Die Versuchsperson setzt sich auf den Stuhl und schlägt ein Bein über das andere. Schlage nun mit dem Reflexhammer auf den weichen Bereich direkt unterhalb der Kniescheibe des übergeschlagenen Beins!

Aufgaben:

a) Beschreibe die Reaktion der Versuchsperson!

b) Nenne die beteiligten Organe (Muskeln, Nervenzellen, Sinnesorgane) in der richtigen Reihenfolge!

2 Pupillenreaktion

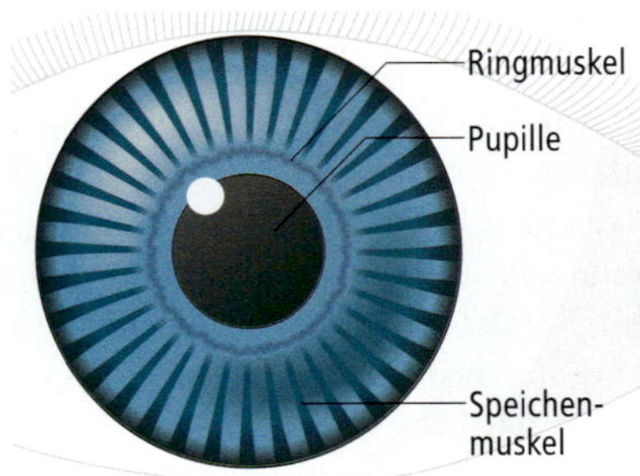

Material: Raum mit Verdunkelung; Taschenlampe

Durchführung: Der Raum wird so weit abgedunkelt, dass du gerade noch den Text dieser Seite lesen kannst. Beobachte die Pupillen der Versuchsperson! Richte den Strahl der Taschenlampe auf das rechte Auge der Versuchsperson! Schalte die Taschenlampe aus und nach einer Minute wieder an! Wiederhole den Versuch am linken Auge!

Aufgabe:

Beschreibe und erläutere deine Beobachtungen!

3 Achillessehnenreflex

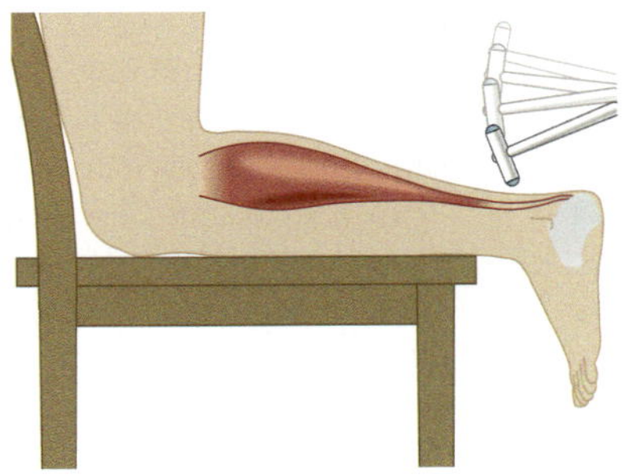

Material: Stuhl; Reflexhammer

Durchführung: Die Versuchsperson kniet so auf einem Hocker oder Stuhl, dass die Füße überstehen. Schlage mit dem Reflexhammer leicht auf die in der Abbildung gekennzeichnete Stelle!

Aufgaben:

a) Beschreibe die Reaktion!

b) Erläutere das Versuchsergebnis!

c) Erläutere die Bedeutung des Achillessehnenreflexes für den Menschen!

d) Erläutere hieran das Basiskonzept „Struktur und Funktion"!

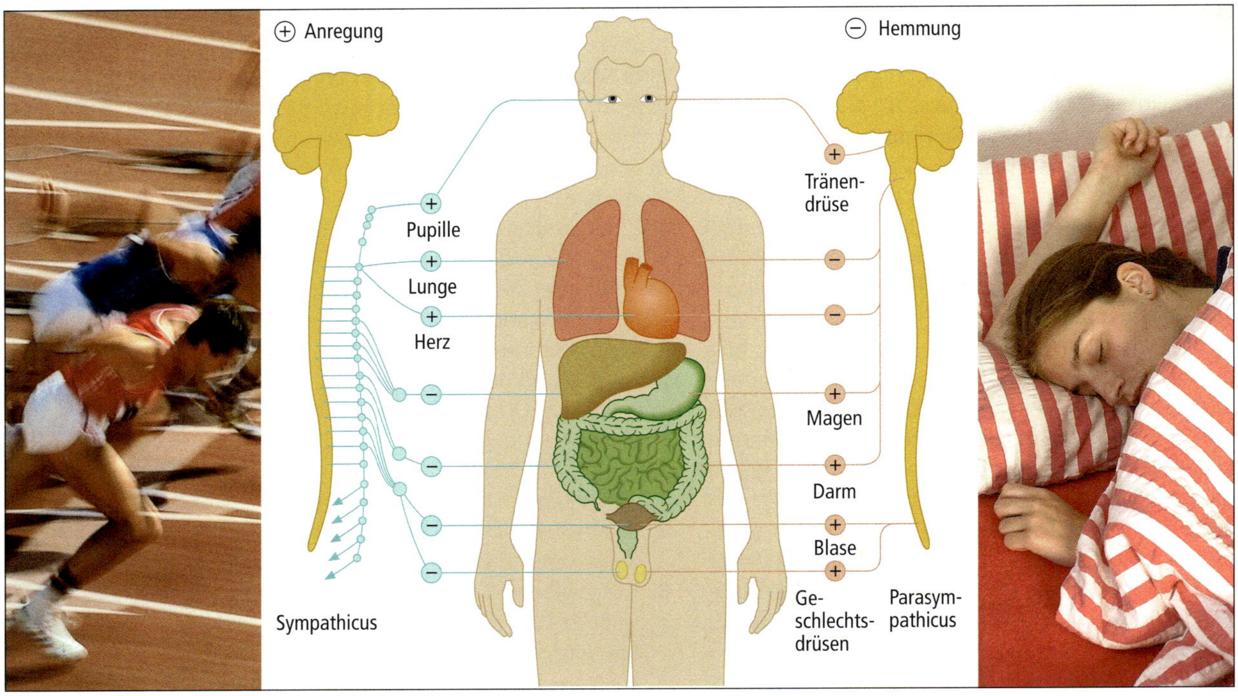

190.1 Das vegetative Nervensystem

2.5 Das vegetative Nervensystem

Die Läufer hocken in den Startlöchern und warten auf den Startschuss. Sie sind hoch konzentriert, ihre Muskeln sind angespannt. Ihr gesamter Körper ist auf *Aktivierung* eingestellt. Die Atmung ist vertieft, der Herzschlag ist beschleunigt. So kann mehr Sauerstoff vom Blut aufgenommen werden. Der verstärkte Blutstrom bringt Sauerstoff und Glucose zur Muskulatur. Dort wird die beim Abbau von Glucose freigesetzte Energie für die Kontraktionen der Muskeln genutzt. Gleichzeitig werden die Vorgänge im Körper gehemmt, die für die erforderliche Leistungssteigerung unbedeutsam oder hinderlich sind. So wird die Tätigkeit von Magen, Darm, Blase und Nieren herabgesetzt.
Nach dem Lauf steht die *Erholung* im Vordergrund. Einige Läufer traben noch einige Meter, andere legen sich auf den Rasen. Ihr Herzschlag und ihre Atmung verlangsamen sich. Stattdessen kommen die während des Wettbewerbs gehemmten Vorgänge wieder in Gang.

Sowohl die Aktivierung als auch die Erholung laufen unabhängig vom Willen ab, also unbewusst. Für die Steuerung und Abstimmung so vieler verschiedener Organfunktionen sind besondere Nerven verantwortlich. Da sie im Wesentlichen für die „Eingeweide" zuständig sind, spricht man vom *Eingeweidenervensystem* oder **vegetativen Nervensystem.** Dabei unterscheidet man zwei Teile. Der **Sympathicus** ist für die Aktivierung zuständig. Er stellt den Körper auf Leistung ein und bereitet ihn somit auf körperliche und seelische Belastungen vor. Man spricht auch vom „Alarmsystem" des Körpers. Der Sympathicus besteht aus zwei Nervensträngen, die links und rechts parallel zur Wirbelsäule verlaufen. Auf der Höhe eines jeden Wirbels bilden sie Ganglien aus. Von ihnen ziehen Nerven zu fast allen Organen.
Die Erholung des Körpers wird vom **Parasympathicus** gesteuert. Man spricht auch vom „Erholungsnerv". Unter seinem Einfluss verlangsamen sich die in der Alarmphase aktivierten Körpervorgänge wie Atmung und Herzschlag. Zuvor unterdrückte Körpervorgänge wie die Verdauung werden angeregt. Neue Energiereserven können aufgebaut werden. Der Parasympathicus besteht aus einem Gehirnnervenpaar und paarigen Nerven, die auf Höhe des Kreuzbeins vom Rückenmark ausgehen und ebenfalls zu fast allen Organen führen.

Sympathicus und Parasympathicus haben also entgegengesetzte Wirkungen auf die Organe. Man bezeichnet sie daher als *Gegenspieler.*

1. Nenne Wirkungen des Sympathicus!
2. Erläutere an diesem Beispiel das Basiskonzept „Steuerung und Regelung"!

2.6 Das Hormonsystem

Die Patientin leidet unter Trägheit, niedrigem Blutdruck, Appetitlosigkeit und Konzentrationsschwäche. Im Bereich des Kehlkopfes tritt eine Schwellung hervor, die man als Kropf bezeichnet. Eine Blutuntersuchung ergibt, dass die Konzentration an Schilddrüsenhormon zu niedrig ist, also ein Hormonmangel vorliegt. Welche Rolle spielen **Hormone** im Körper eines Menschen?

Hormone sind Wirkstoffe, die in besonderen Drüsen hergestellt werden. Diese *Hormondrüsen* unterscheiden sich von Speichel- und Verdauungsdrüsen dadurch, dass sie ihre Produkte direkt an das Blut abgeben. So wird in der *Schilddrüse* das Schilddrüsenhormon *Thyroxin* hergestellt. Mit dem Blutstrom gelangen die Hormone zu allen Organen des Körpers. An bestimmten Organen lagern sie sich an und entfalten bereits in geringen Mengen ihre spezifische Wirkung. So regt Thyroxin den Herzschlag und die Wärmebildung an. Wenn im Körper zu wenig Thyroxin vorhanden ist, so vergrößert sich die Schilddrüse.

Hormone erreichen über die Blutbahn ihre Zielorgane und steuern dort spezifische Aufgaben. Man nennt sie deshalb **Botenstoffe.** Die Übertragung über das Blut ist wesentlich langsamer als die Informationsübertragung der Nerven. Die Wirkungen bestimmter Hormone halten jedoch länger an, weil sie über längere Zeit im Blutkreislauf bleiben und nur allmählich abgebaut werden.

1. Nenne Kennzeichen der Hormone und ihrer Wirkungen!
2. Vergleiche die Hirnanhangsdrüse mit den anderen Hormondrüsen!

1 Zirbeldrüse

liegt im Zwischenhirn und hat etwa die Größe einer Haselnuss; hemmt die Entwicklung der Keimdrüsen im Kindesalter, wird im Erwachsenenalter zurückgebildet

2 Hirnanhangsdrüse (Hypophyse)

hängt an der Unterseite des Zwischenhirns; produziert verschiedene Hormone, die die Tätigkeit anderer Drüsen steuern

3 Schilddrüse

liegt unter dem Kehlkopf; produziert mehrere Hormone; das Thyroxin beeinflusst das Wachstum und reguliert Stoffwechselvorgänge im Körper

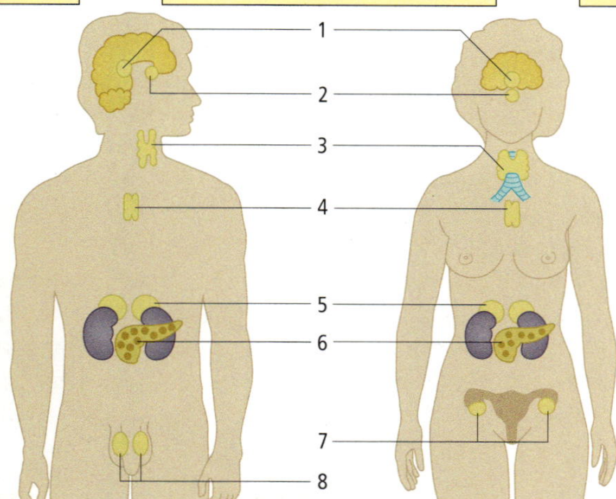

8 Hoden

liegen im Hodensack außerhalb des Bauchraums; produzieren Androgene (männliche Sexualhormone), von denen besonders das Testosteron für die Ausbildung der Geschlechtsmerkmale und für die Bildung der Spermien verantwortlich ist

4 Thymusdrüse

liegt hinter dem Brustbein; beeinflusst das Immunsystem und fördert Abwehr gegen Infektionen; wird im Erwachsenenalter zurückgebildet; Hormon: Thymosin

7 Eierstöcke

liegen im Bauchraum der Frau; produzieren Östrogene (weibliche Sexualhormone), die die weiblichen Geschlechtsmerkmale beeinflussen, und Gestagene, die zusammen mit den Östrogenen den weiblichen Zyklus steuern

6 LANGERHANSsche Inseln der Bauchspeicheldrüse

liegen in der Bauchspeicheldrüse; bilden Insulin und Glukagon, die den Blutzuckerhaushalt regulieren

5 Nebennieren

sitzen auf den Nieren; Hormone der Nebennierenrinde beeinflussen den Zucker-, Fett- und Eiweißstoffwechsel; Hormone des Nebennierenmarks, Adrenalin und Noradrenalin, beeinflussen die Leistungsbereitschaft

191.1 Hormondrüsen, Hormone und ihre Wirkungen

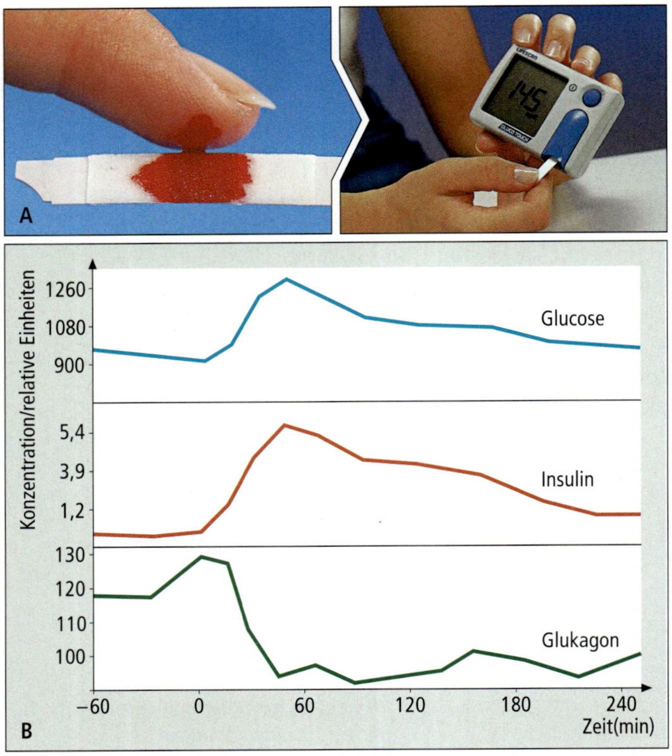

192.1 Blutzuckergehalt. A Messung; **B** Blutzuckerbelastungstest

2.7 Regulation und Steuerung durch Hormone

Steigt der Blutzuckergehalt des Blutes auf mehr als 2 Gramm pro Liter an, scheidet der Körper über die Niere den Energieträger Glucose aus. Sinkt der Glucose-Gehalt auf unter 0,2 Gramm pro Liter ab, ist die Energieversorgung der Nervenzellen gefährdet. Benommenheit, Zittern, Erbrechen und Ohnmacht können die Folge sein. Bei den meisten Menschen wird ein Blutzuckerspiegel zwischen 0,7 und 1,0 Gramm pro Liter eingehalten. Man spricht von einer **Regulation** des Blutzuckerspiegels. Wie gelingt eine solche Regulation?

In einem Glucose-Belastungstest werden einer Versuchsperson 50 Gramm Glucose verabreicht. In regelmäßigen Abständen werden der Blutzuckerspiegel sowie die Konzentrationen der Hormone **Insulin** und **Glukagon** bestimmt. Sie werden von Zellgruppen, den LANGERHANSschen Inseln, produziert, die inselartig innerhalb des Gewebes der Bauchspeicheldrüse verteilt sind. Die *α-Zellen* stellen Glukagon her, die *β-Zellen* Insulin. Nach der Verabreichung von Glucose steigt der Blutzuckerspiegel. Dieser Anstieg wird von

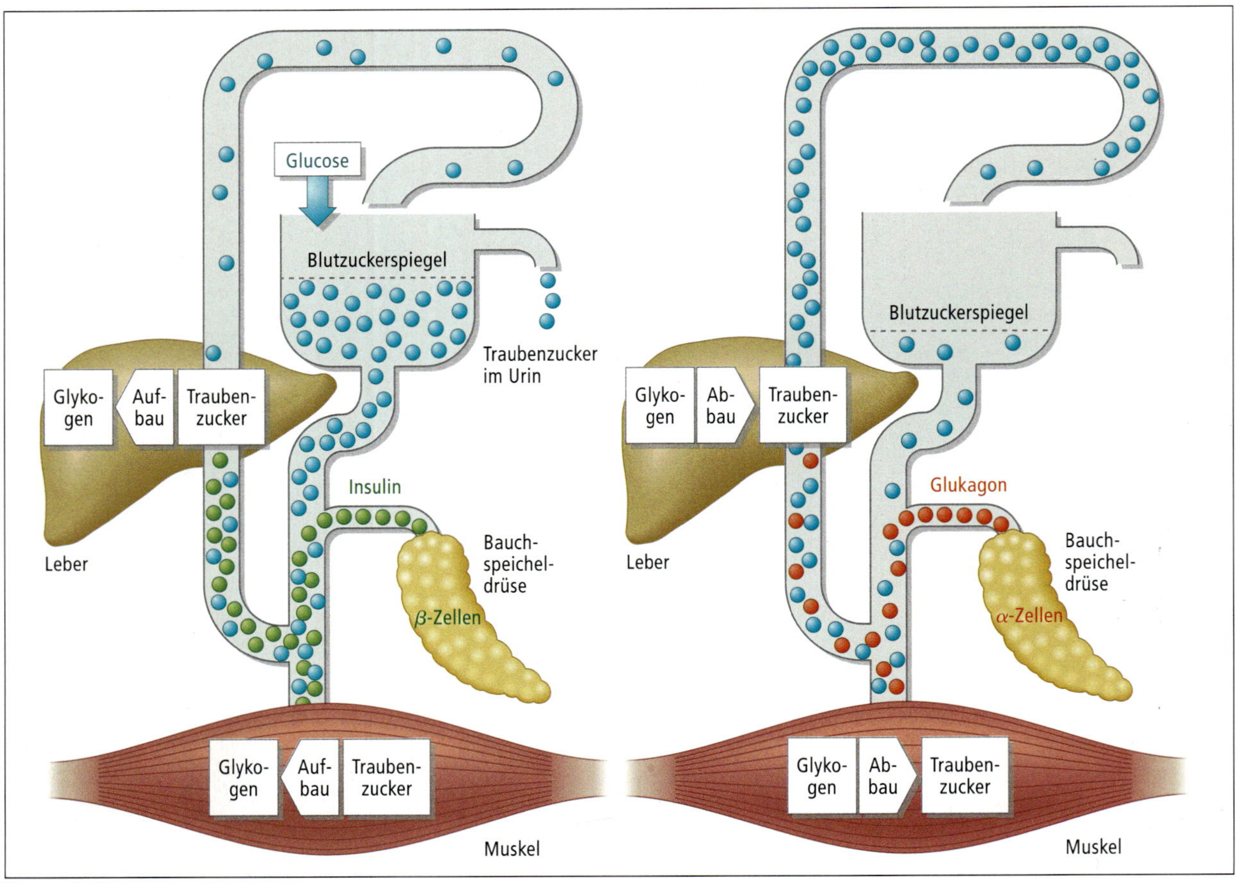

192.2 Regelung des Blutzuckergehaltes

den β-Zellen der Bauchspeicheldrüse erfasst. Sie geben vermehrt Insulin ins Blut ab. Dieses Hormon bewirkt, dass die Leber und die Muskulatur Glucose aus dem Blut aufnehmen und in Glykogen umwandeln. Der Blutzuckerspiegel sinkt. Dieser Abfall des Blutzuckerspiegels wird von den α-Zellen der Bauchspeicheldrüse registriert. Sie geben Glukagon ins Blut ab. Glukagon wirkt als Gegenspieler zum Insulin. In der Leber und in der Muskulatur wird Glykogen zu Glucose abgebaut, die in das Blut abgegeben wird. Der Blutzuckerspiegel steigt wieder an. Durch die Wechselwirkung von Insulin und Glukagon kann ein konstanter Blutzuckerspiegel eingehalten werden. Man spricht von *negativer Rückkoppelung*. Durch hohe Glucosewerte wird viel Insulin ausgeschüttet, das wiederum zu niedrigeren Glucosewerten führt.

Regulationsvorgänge lassen sich besser verstehen, wenn man sie schematisch darstellt. Ein solches Modell ist das **Regelkreisschema.** Es entstammt der Technik und kann daher an einem Beispiel aus der Technik gut veranschaulicht werden. Ein Wasserbad soll auf einer bestimmten Temperatur konstant gehalten werden. Die Temperatur ist also die zu regelnde Größe, die *Regelgröße*. Ein Thermometer, der *Messfühler*, misst die aktuelle Temperatur, den *Istwert*. Dieser Wert wird an den *Regler* übermittelt. Er vergleicht den Istwert mit dem *Sollwert*, also mit dem gewünschten, vom *Führungsglied* vorgegebenen Wert. Weicht der Istwert vom Sollwert ab, übermittelt der Regler als Information einen *Stellwert* an das *Stellglied* Heizstab. Dieser erzeugt Wärme, die Messgröße Temperatur steigt und erreicht somit den gewünschten Wert. Als *Störgröße* bezeichnet man die Wärmeabstrahlung des Wasserbades. Diese führt zum Absinken der Temperatur. Der Messfühler erfasst diese Temperaturänderung und setzt die Regulation erneut in Gang. Verordnet das Führungsglied einen anderen Sollwert, so resultiert daraus eine andere konstant zu haltende Temperatur. Man spricht von einer **Steuerung** der Temperatur, da hier die negative Rückkoppelung wegfällt.

1. Insulin und Glukagon sind Gegenspieler. Erläutere!
2. Stelle in einer Tabelle die Begriffe eines Regelkreisschemas (Regelgröße, Messfühler...) den biologischen Entsprechungen bei der Regulierung des Thyroxingehaltes im Blut gegenüber!
3. Eine Sportlerin trainiert für ihren Wettkampf. Ihr Blutzuckerspiegel sinkt. Beschreibe mithilfe des Regelkreisschemas die einzelnen Schritte der Blutzuckerregulation in ihrem Körper!
4. Menschen, deren Bauchspeicheldrüse nicht ausreichend Insulin herstellt, müssen eine strenge Diät einhalten. Beschreibe diese Diät!

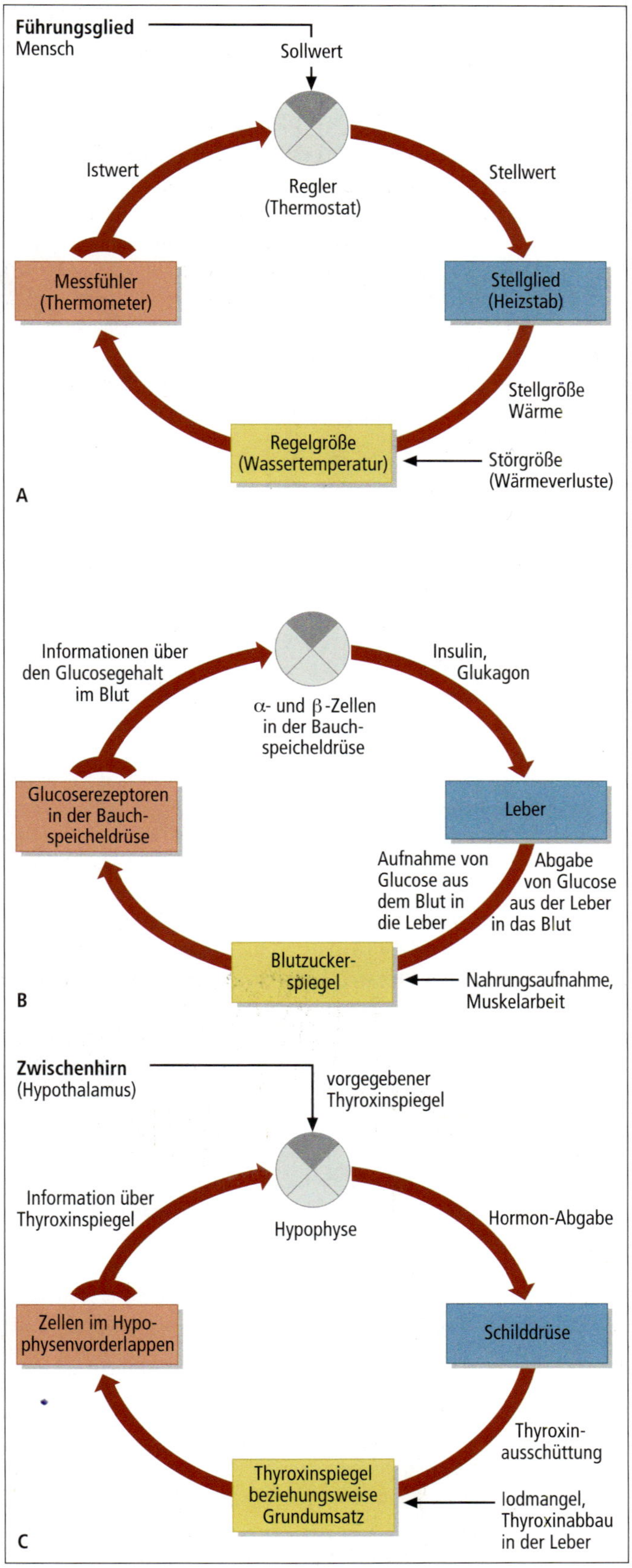

193.1 Regelkreisschema. A Regelung der Wassertemperatur; **B** Regulation des Blutzuckerspiegels; **C** Regelung des Thyroxingehaltes im Blut

EXKURS Basiskonzept „Steuerung und Regelung"

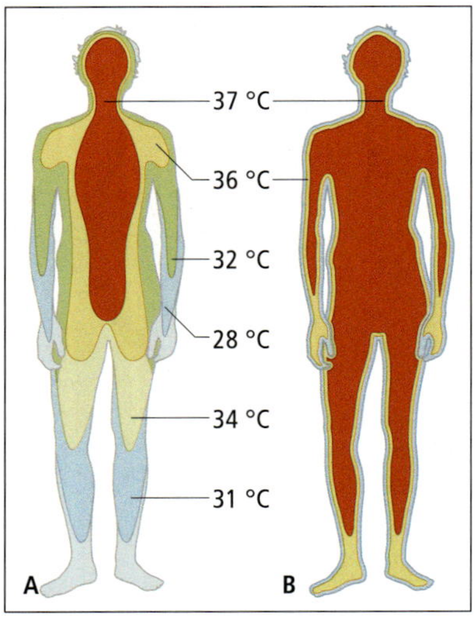

194.1 Körpertemperatur. A bei niedriger; **B** bei hoher Außentemperatur

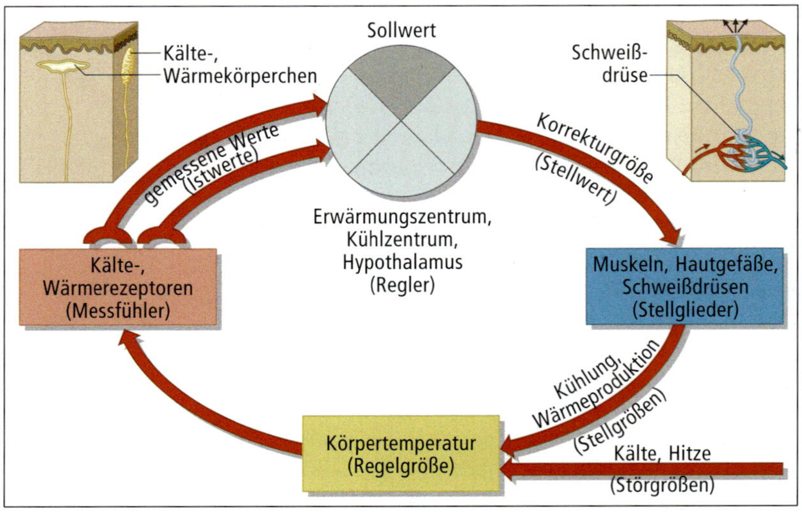

194.2 Regelung der Körperkerntemperatur

Die Körperkerntemperatur des Menschen von 37 Grad Celsius ist unabhängig von der Umgebungstemperatur nahezu konstant. Der Mensch gehört zu den **gleichwarmen Lebewesen,** die innerhalb bestimmter Grenzen die Temperatur nahezu konstant halten können. Die Aufrechterhaltung der Körpertemperatur erfolgt durch Vorgänge der **Regelung,** die sich in so genannten *Regelkreisen* darstellen lassen. Wie funktioniert zum Beispiel die Regelung der Körpertemperatur beim Menschen?
Auf die Kerntemperatur von 37 Grad Celsius wirken über die Körperschale Außenfaktoren störend ein. Zu solchen Störfaktoren gehören zum Beispiel Kälte oder Hitze. Würde der Körper auf diese Störfaktoren nicht reagieren, so würde sich die Körpertemperatur ändern. Bei Hitze würde sie steigen und bei Kälte fallen. Über solche Veränderungen müssen das Kühl- und Erwärmungszentrum im Gehirnbereich des Hypothalamus informiert werden, damit durch entsprechende Gegenmaßnahmen die Kerntemperatur konstant gehalten werden kann. Sinneszellen der Haut und im Körperkern erfassen die Temperaturänderungen. Bei Erwärmung senden die Wärmerezeptoren und bei Abkühlung die Kälterezeptoren elektrische Signale zum Gehirn. Im Hypothalamus des Gehirns werden die Signale im Kühl- beziehungsweise Erwärmungszentrum verarbeitet. In ihnen wird die gemessene Temperatur, der Istwert, mit dem konstant zu haltenden Temperaturwert, dem Sollwert, von 37 Grad Celsius verglichen. Bei einer Abweichung werden elektrische Signale über Nervenbahnen an Organe gesandt, die korrigierend für eine Wiederherstellung der Körpertemperatur von 37 Grad Celsius sorgen. Bei einer Erwärmung des Körpers werden Schweißdrüsen aktiviert und Blutgefäße erweitert. Durch Erweiterung der Blutgefäße wird vermehrt Wärme über die Haut abgeführt. Zusätzlich wird die Haut durch die Verdunstung von Schweiß abgekühlt. Bei einer Abkühlung werden die Blutgefäße verengt. Dadurch wird die Wärmeabgabe über die Haut eingeschränkt. Bei starker Abkühlung kann es zu einem Muskel- oder Kältezittern kommen, wobei viel Wärme erzeugt wird. Das Besondere der Regelung besteht darin, dass durch Wärme- und Kältesinneszellen jeweils überprüft wird, ob die durchgeführten Korrekturen ausreichend oder weitere Korrekturen notwendig sind. Der Körper ist nur in der Lage, die Körperkerntemperatur konstant zu halten. In der Körperschale können in Abhängigkeit von der Außentemperatur die Temperaturen schwanken. Würden wir uns nicht durch Kleidung schützen, so könnte uns bei tiefen Temperaturen auch das Regelungssystem nicht mehr schützen. Es würde mehr Wärme durch die unbedeckte Haut abgeben, als durch wärmebildende Organe nachgeliefert werden könnte. Auch die Kerntemperatur würde absinken. Der Mensch würde aufgrund dieser Auskühlung sterben.

Bei einer Infektion kommt es zu einer Erhöhung der Körpertemperatur auf zum Beispiel 39 Grad Celsius. Stoffe des Immunsystems dringen ins Gehirn ein und wirken auf einen übergeordneten Bereich des Hypothalamus ein. Dieser verstellt den Sollwert auf zum Beispiel 39 Grad Celsius. Diesen neuen Sollwert erreicht der Körper durch eine verstärkte Aktivität wärmebildender Organe. Erst mit Abklingen der Infektion wird der Sollwert wieder auf 37 Grad Celsius abgesenkt, das Fieber geht zurück. Diese Verstellung des Sollwertes bezeichnet man als **Steuerung.**
Durch Steuerung und Regelung werden also für den Organismus optimale Bedingungen hergestellt und eingehalten. Dies gilt für Pflanzen, Tiere und den Menschen, also für alle Lebewesen. **„Steuerung und Regelung"** ist also ein **Basiskonzept.**

1. Erläutere die Fachbegriffe in Abbildung 194.2!

2.8 Nervensystem und Hormonsystem arbeiten zusammen

Eine Fußgängerin will die Straße überqueren. Plötzlich erscheint ein Auto, das sie vom Bürgersteig aus nicht gesehen hatte. Sie erschrickt und macht einen Satz zurück in die Lücke zwischen den beiden parkenden Autos. Hier bleibt sie zunächst einmal stehen. Ihr Gesicht ist kreideweiß, ihr Herz schlägt schneller und ihre Atemtätigkeit ist erhöht. Was passiert im Körper in einer solchen Situation?

Über das Sinnesorgan Auge wird der Reiz „schnell herankommendes Auto“ erfasst. Diese Information wird in Form elektrischer Impulse in die Großhirnrinde geleitet, mit dort gespeicherten ähnlichen Situationen verglichen und als gefährlich bewertet. Diese Bewertung wird an das *Zwischenhirn* weitergeleitet. Dort werden zwei Alarmsysteme aktiviert. Über das sympathische Nervensystem wird das *Nebennierenmark* veranlasst, *Adrenalin* auszuschütten. Dieses Hormon aktiviert den Blutkreislauf und die Atmung. Gleichzeitig steigert es die Aufmerksamkeit der betroffenen Person. Das andere Alarmsystem aktiviert die Hypophyse, das **A**dreno**c**ortico**t**rope **H**ormon **ACTH** an das Blut abzugeben. ACTH veranlasst die *Nebennierenrinde* zur Abgabe von *Cortisol.* Es bewirkt eine Steigerung des Blutdrucks und in der Leber die Herstellung von Glucose. Gleichzeitig bewirkt es die Unterdrückung des Immunsystems. Beide Systeme gewährleisten also eine schnelle Versorgung der Muskulatur mit Glucose und Sauerstoff. Die Muskeln können schnell und kräftig auf die Impulse der motorischen Nerven reagieren. Der lebensrettende Sprung zurück in die Parklücke gelingt.

Man bezeichnet solche Situationen, die als bedrohlich oder gefährlich empfunden werden, als *Stresssituationen.* Die mit einer solchen Situation verbundene Belastung nennt man **Stress.** Der Körper reagiert auf Stress mit der Aktivierung der beiden Alarmsysteme. So vermag er, innerhalb kürzester Zeit Höchstleistungen zu vollbringen, um so die Stresssituation zu bewältigen. Hält sie jedoch zu lange an, sind gesundheitliche Schäden nicht auszuschließen: Immunschwäche, Erkrankungen von Herz und Kreislauf.

1. Kennzeichne die beiden Alarmsysteme, die in einer Stresssituation aktiviert werden!
2. Nenne den Gehirnbereich, der Nerven- und Hormonsystem miteinander verknüpft!
3. Erläutere, inwiefern Dauerstress die Gesundheit schädigen kann!

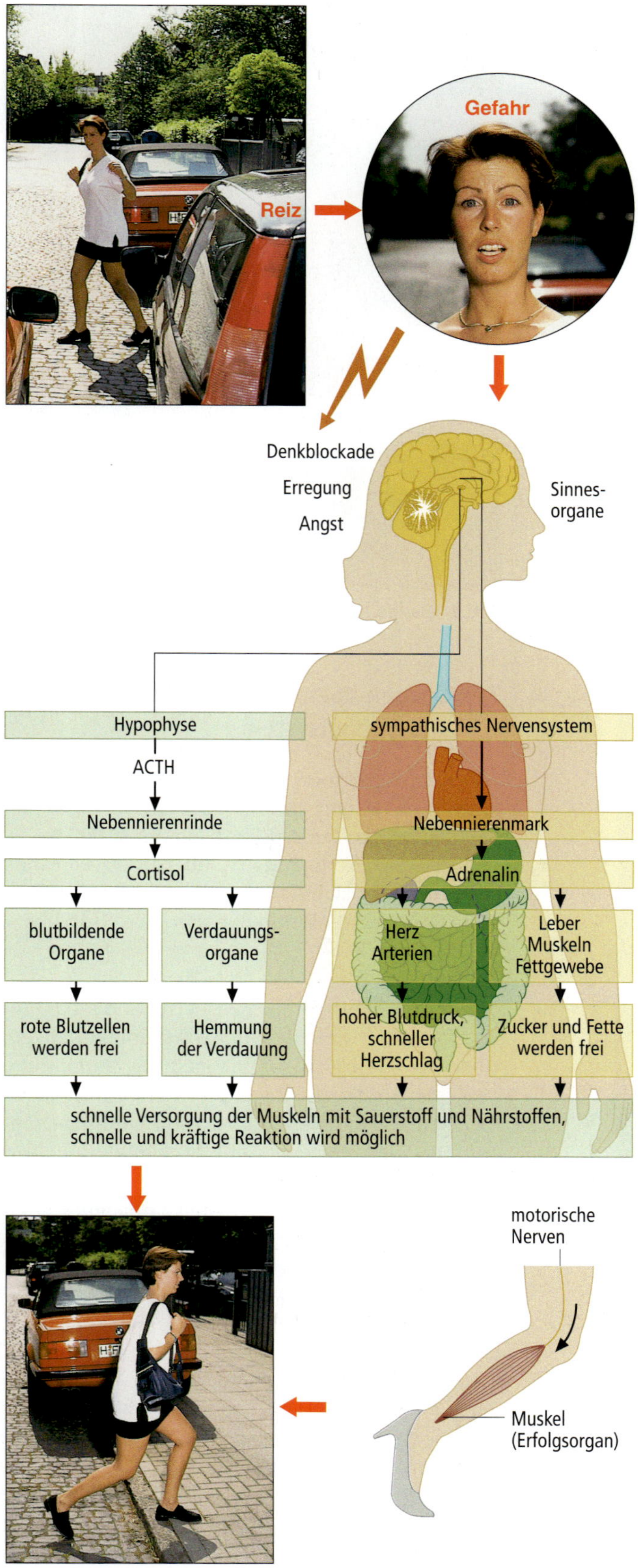

195.1 Zusammenarbeit von Nerven- und Hormonsystem in einer Stresssituation

196.1 Alkoholbedingter Unfall

Promille-wert	Stimmung	beobachtbare Wirkungen
bis 0,5 ‰	fröhlich, von Sorgen befreit	redselig, weniger ängstlich, etwas schläfrig, entspannt
0,5 ‰ bis 1,5 ‰	mutig, zum „Bäume-Ausreißen" aufgelegt	wenig selbstkritisch, Auffassungsgabe geschwächt, leichte Gleichgewichts-störungen, schwerfälliges Sprechen
1,5 ‰ bis 2,5 ‰	traurig, angriffs-lustig, weinerlich	unsichere Bewegungen, starkes Schwanken beim Gehen, stark verlängerte Reaktionszeit, leicht reizbar
über 2,5 ‰	innerlich unruhig, stark erregt	Umgebung wird nicht mehr realistisch wahrgenommen, körperlich hilflos, narkoseähnlicher Tiefschlaf, überängstlich oder aggressiv

196.2 Wirkungen des Alkohols

2.9 Drogen beeinflussen das Nervensystem

Jedes Jahr ereignen sich in Deutschland durchschnittlich 25 000 Unfälle, bei denen einer der Beteiligten alkoholisiert ist. Mehr als 30 000 Personen erleiden Verletzungen, über 1000 Personen sterben. Offensichtlich besteht ein Zusammenhang zwischen Alkoholkonsum und Unfallhäufigkeit.

Wie bei anderen Tätigkeiten beruht auch das Autofahren auf Reiz-Reaktions-Zusammenhängen. Über das Sinnesorgan Auge sieht der Autofahrer, dass die Straße in 400 Meter Entfernung nach rechts abknickt. Diese Information wird über sensorische Nerven zum Gehirn geleitet und dort verarbeitet. Dabei wird sie mit gespeicherten ähnlichen Situationen verglichen und bewertet. Rasch wird ein Programm mehrerer aufeinander abgestimmter Reaktionen entworfen und über motorische Nerven zu den einzelnen Muskeln geleitet: den rechten Fuß vom Gaspedal nehmen, leicht bremsen, Fahrgeschwindigkeit und Kurvenkrümmung wiederholt vergleichen, das Lenkrad nach rechts einschlagen, im Scheitel der Kurve wieder Gas geben. An dem geschilderten Reiz-Reaktions-Zusammenhang sind Tausende von Nervenzellen beteiligt, die über Synapsen miteinander Informationen austauschen. Alkohol und andere Drogen wie Kokain, Heroin oder Marihuana gelangen an diese Synapsen und beeinflussen die Informationsübertragung.

Dadurch kann die körperliche und psychische Leistungsfähigkeit eines Menschen beeinträchtigt werden. Ein Autofahrer mit einem Blutalkoholgehalt von 1,0 Promille ist nicht mehr in der Lage, Entfernungen richtig einzuschätzen, angemessenes Fahrverhalten in einer Kurve zu zeigen und so schnell zu reagieren wie ein nüchterner Fahrer. Gleichzeitig fühlt er sich mutig und stark: „Ich könnte Bäume ausreißen."

Drogen mindern nicht nur die körperliche und psychische Leistungsfähigkeit eines Menschen, sondern können auch zu einer **Abhängigkeit** führen. Bei *physischer Abhängigkeit* haben die Betroffenen das unbezwingbare Verlangen nach einer ständig erneuten Einnahme der Droge. Fehlt sie, kommt es zu *Entzugserscheinungen* wie Schweißausbrüchen, Zittern, Magenkrämpfen. Auch bei der *psychischen Abhängigkeit* stellt sich ein unkontrolliertes Verlangen nach der Droge ein. Nach Absetzen der Droge treten Niedergeschlagenheit, Traurigkeit oder geminderte Entscheidungsfähigkeit ein. Auch beim Entstehen einer Abhängigkeit wirken Drogen auf das Nervensystem ein. Bei physisch Drogenabhängigen hat sich das Nervensystem dauerhaft verändert. Im schlimmsten Falle beschleunigen die Drogen das Absterben von Nervenzellen.

1. Erläutere, inwiefern der Konsum von Alkohol das Risiko eines Unfalls erhöht!
2. Bildet Gruppen zu vier Schülern! Nehmt als Gruppe Stellung zu der Forderung: „als Autofahrer Null Promille"! Diskutiert alle Stellungnahmen in der Klasse!

MAGAZIN Drogen schädigen das Nervensystem

Alkohol

Alkohol ist in Getränken wie Bier, Wein oder Branntwein enthalten.
Bei jedem Vollrausch sterben Tausende von Nervenzellen ab. Ein stetiger Verlust von Nervenzellen kann schließlich zu neurologischen Ausfällen wie Gedächtnisstörungen führen. Die Persönlichkeit der Betroffenen ändert sich.
Mütter, die während der Schwangerschaft regelmäßig Alkohol getrunken haben, gebären häufig Kinder mit deutlich zu kleinem Gehirn.

Haschisch

Haschisch wird aus dem Harz des Indischen Hanfs (*Cannabis sativa*) gewonnen und überwiegend geraucht. Unter Marihuana versteht man die getrockneten und zerkleinerten Blätter dieser Pflanze. Diese illegale Droge ruft Sinnestäuschungen und Rauschzustände hervor. Direkte Schädigungen des Nervensystems treten bei lang andauerndem Missbrauch auf. Es besteht die Gefahr, dass Haschisch-Konsumenten zu „härteren" Drogen greifen.

Kokain

Aus den Blättern des Kokastrauches gewinnt man als weißes Pulver das Kokain. Wenn man es mit Zusätzen wie Backpulver streckt, erhält man Crack. Dessen kokaintypische Wirkung ist besonders intensiv. Kokain macht seelisch und körperlich abhängig. Es bewirkt dauerhafte Veränderungen im Gehirn, die zu Depressionen, Sinnestäuschungen oder Verfolgungswahn führen können. Durch lang anhaltenden Kokainkonsum werden Nervenzellen zerstört.

Ecstasy

Die künstliche Droge Ecstasy erhielt ihren Namen aufgrund ihrer stark anregenden Wirkung (engl. *to be in an ecstasy: außer sich sein*). Sie ist ähnlich in ihrer Wirkung wie die Weckmittel (Amphetamine). Ecstasy-Konsumenten belasten sich bis zur völligen Erschöpfung. Der Zusammenbruch kommt unerwartet. Der Kreislauf versagt, das Gehirn wird unzureichend durchblutet. Nervenzellen werden geschädigt, insbesondere im Gehirn.

Heroin

Aus dem Milchsaft der unreifen Kapsel des Schlafmohns gewinnt man Morphium. Dieses kann durch chemische Umsetzungen zu Heroin verarbeitet werden.
Heroin macht schnell seelisch und körperlich abhängig. Es kommt zu bleibenden Gehirnschäden, die sich in vielfältigen Symptomen bemerkbar machen können wie zum Beispiel Reizbarkeit, Ichbezogenheit, Aggressivität.

Nikotin

Aus geschnittenen Blättern der Tabakpflanze gewinnt man Tabak. Dieser enthält Nikotin, das seelisch und körperlich abhängig macht.
Eine direkte Schädigung des Nervensystems durch Nikotin konnte nicht nachgewiesen werden. Allerdings begünstigt Nikotin die Entstehung von Herz-Kreislauf-Erkrankungen und Schlaganfällen. Bei einem Schlaganfall können Millionen von Nervenzellen absterben.

2.10 Lernen und Gedächtnis

198.1 Lernen. A Nachahmung; **B** Versuch und Irrtum

„Grundstellung. Den rechten Fuß..." Der Tanzlehrer demonstriert die ersten Schritte des langsamen Walzers. Aufmerksam verfolgen die Jungen und Mädchen seine Vorführung und seine erläuternden Worte. Einige Paare versuchen es selbst, und sie haben Erfolg. Sie haben gelernt, die ersten Schritte des langsamen Walzers zu tanzen. In der Lernforschung definiert man **Lernen** folgendermaßen: „Lernen ist ein Prozess, bei dem ein Mensch oder ein Tier aktiv Informationen aus seiner Umwelt aufnimmt, speichert und später wieder verwendet."

Es gibt unterschiedliche Möglichkeiten, solche Informationen zu erwerben. In der Tanzschule übernehmen die Lernenden die Information, wie man langsamen Walzer tanzt, von ihrem Tanzlehrer. Sie ahmen ihn nach. Man spricht daher von Lernen durch *Nachahmung.*

Eine andere Lernstrategie verfolgt ein Junge, der mit verbundenen Augen vor einer Labyrinthschablone sitzt. Die Gänge des Labyrinths sind ausgespart, es liegt auf einem Blatt Papier. Der Junge soll nun mit der Spitze eines Bleistifts vom Startpunkt aus zum Ziel gelangen. Jeder Strich in eine Sackgasse wird ihm als Fehler angerechnet. An den Kreuzungen zögert er. „Links oder rechts?" Er versucht beide Möglichkeiten. Mit zwanzig Fehlern beendet er den ersten Durchgang. Bei den nachfolgenden Durchgängen macht er immer weniger Fehler. Wiederholt kann er sich merken, ob an einer bestimmten Kreuzung die Entscheidung für links oder die für rechts weiterführte. Kann er sich nicht erinnern, probiert er einfach und bemüht sich, das Ergebnis des Probierens zu behalten. So lernt er durch *Versuch und Irrtum,* den Weg durch das Labyrinth möglichst fehlerfrei zurückzulegen. Nach dem zehnten Durchgang ist er zufrieden: „Den Weg habe ich im Kopf."

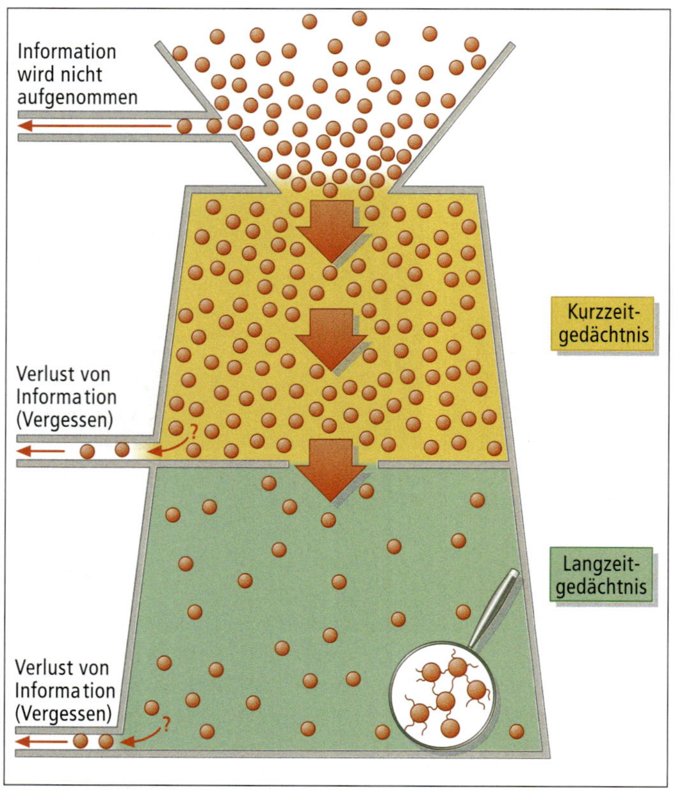

198.2 Gedächtnismodell

Informationen werden im Gehirn verarbeitet und gespeichert. Man bezeichnet diese Fähigkeit des Gehirns als **Gedächtnis.** Über die Sinnesorgane gelangen Informationen zunächst in das *Kurzzeitgedächtnis.* Hier können nur wenige Informationen für nur wenige Minuten gespeichert werden. Sie müssen neu hinzukommenden Informationen „Platz" machen. Die „alten" Informationen gelangen in das *Langzeitgedächtnis.* Dieser Speicher hat eine sehr große Kapazität und kann Informationen über längere Zeiträume bewahren, manchmal sogar lebenslang. Informationen, die nicht in den Langzeitspeicher gelangen, gehen verloren. Diesen Vorgang nennt man *Vergessen.*

Das Vergessen ist der Todfeind aller Lernbemühungen. Wie kann man erreichen, dass möglichst viele Informationen behalten werden?

Tests zeigen, dass der Behaltenserfolg davon abhängt, durch welches Sinnesorgan die Informationen aufgenommen werden. Viele Menschen behalten besonders gut, was sie gesehen haben. Man spricht dann vom *Sehtyp*. Andere Menschen gehören dem *Hörtyp* oder *Gesprächstyp* an. Der Sehtyp lernt Vokabeln besser, wenn er sie vom Vokabelheft abliest. Der Hörtyp dagegen behält Vokabeln besser, wenn er sie von einer CD abspielt. Welchem **Lerntyp** ein Mensch angehört, ist individuell verschieden. Verantwortlich sind Erbanlagen und Erfahrungen in der frühen Kindheit. Besonders gut kann man Vokabeln behalten, wenn man sie laut abliest, auf einer Kassette aufnimmt, diese abspielt und das Gehörte dann zusätzlich aufschreibt. Bei diesem Vorgehen gelangt die Information über verschiedene *Eingangskanäle* zum Gehirn und damit ins Gedächtnis. Lernforscher vermuten, dass die so abgespeicherten Informationen miteinander verknüpft werden. Man spricht auch von *Vernetzung*. Vernetzte Informationen werden sicherer abgespeichert und auch besser erinnert.

Jan kann im Gegensatz zu den meisten anderen Kursteilnehmern den langsamen Walzer auch im fünften Anlauf nicht fehlerfrei tanzen. Er hat einfach keine Lust zu tanzen: Er hat keine *Motivation* für den Lernvorgang Tanzen. Die Motivation ist eine der wichtigsten inneren **Lernbedingungen.** Aber auch äußere Lernbedingungen wie die Raumtemperatur, die Engagiertheit des Tanzlehrers oder die wiederholte Vorführung schwieriger Tanzbewegungen beeinflussen den Lernerfolg. Da man auf einige Lernbedingungen wie zum Beispiel das Auftreten der Lehrkraft nicht einwirken kann, ist es für den Lernenden umso wichtiger, die beeinflussbaren Lernbedingungen so zu gestalten, dass sie den Lernvorgang begünstigen.

1. Nenne Beispiele für das Lernen durch Nachahmung!
2. Ein ALZHEIMER-Patient kann sich zum Beispiel nicht mehr daran erinnern, wo er vor einer Stunde seinen Autoschlüssel abgelegt hat. Erkläre diese Schwäche mithilfe des Zweistufenmodells vom Gedächtnis!
3. Welcher Schlüssel eines Schlüsselbundes passt zu einem bestimmten Schloss? Beschreibe Vorgehensweisen!
4. Nenne von dir beeinflussbare Lernbedingungen im Biologieunterricht und dann solche, die nur dein Lehrer beeinflussen kann!

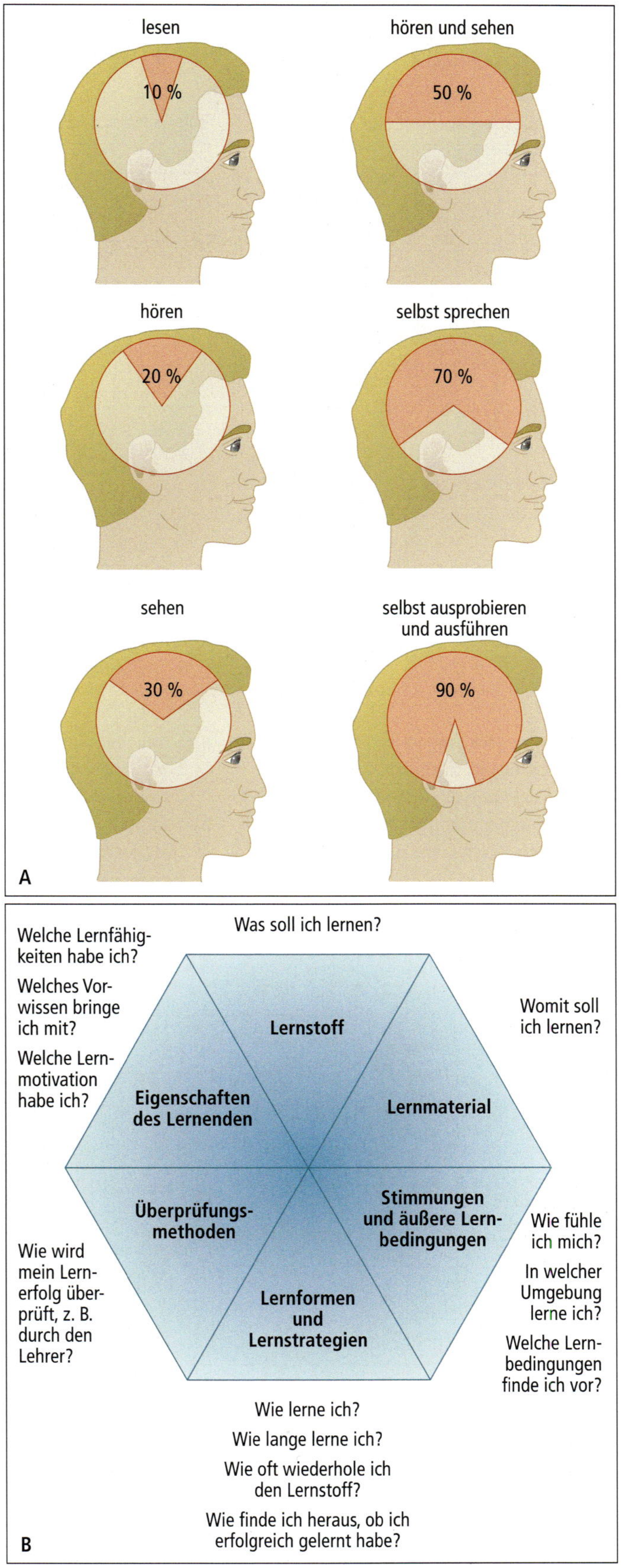

199.1 Lernen. A Eingangskanäle; **B** Lernbedingungen

AUFGABEN Nerven- und Hormonsystem

1 Bau einer Nervenzelle

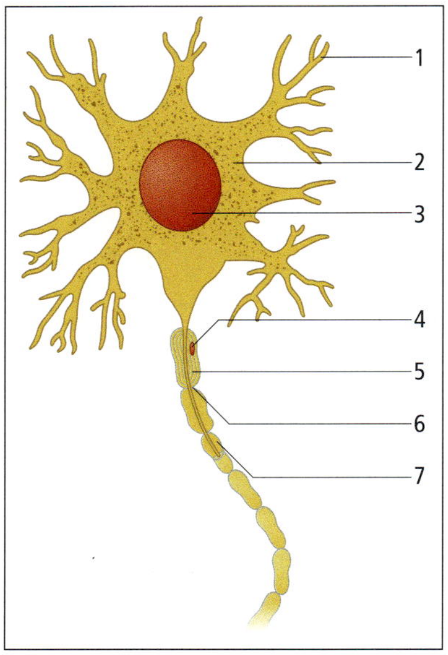

a) Ordne den Zahlen die entsprechenden Fachausdrücke zu!
b) Beschreibe die Richtung, in der die Erregung entlang eines Axons verläuft!
c) Nenne Zelltypen, zu denen ein Axon führen kann!

2 Rückenmark

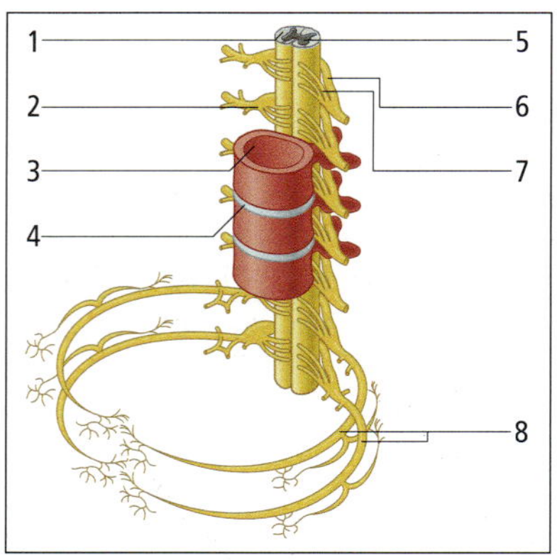

a) Ordne den Zahlen die entsprechenden Fachausdrücke zu!
b) Nenne die Aufgaben motorischer und sensorischer Bahnen!
c) Entwickle eine Hypothese zur Herkunft der Bezeichnung „Rückenmark"!

3 Vegetatives Nervensystem

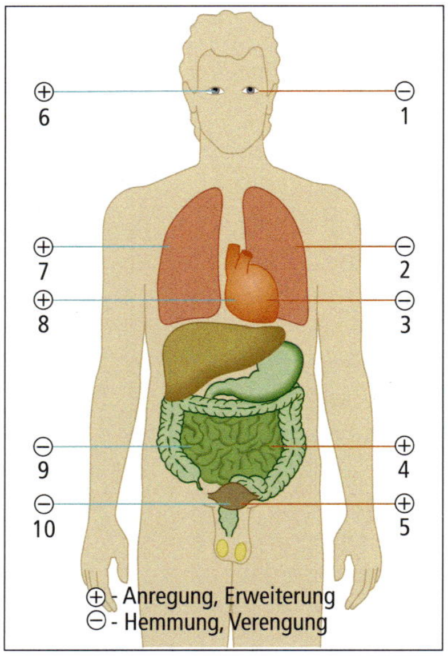

a) Ordne die Wirkungen 1 bis 5 sowie 6 bis 10 den Teilen des vegetativen Nervensystems zu!
b) Erläutere, weshalb man den Sympathicus auch als Alarmsystem bezeichnet!

4 Gehirn

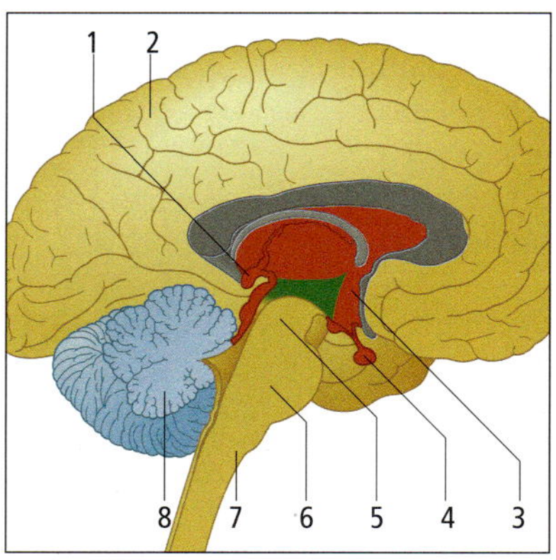

a) Ordne den Zahlen die entsprechenden Begriffe zu!
b) Erläutere die Bedeutung der Tatsache, dass die Großhirnrinde gefaltet ist!

5 Hormondrüsen

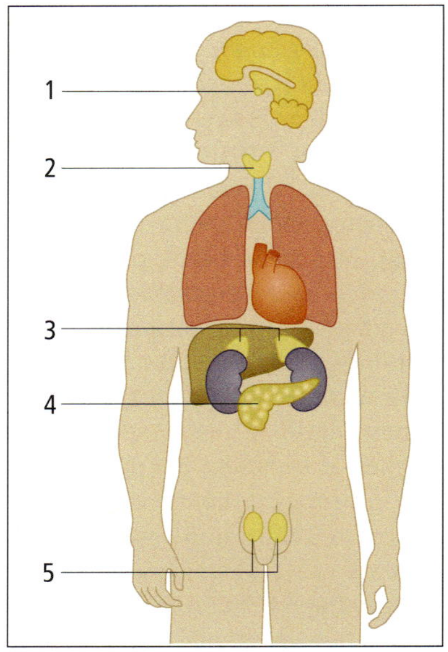

a) Ordne den Zahlen die entsprechenden Fachausdrücke zu!
b) Nenne die von den Hormondrüsen 1 bis 5 produzierten Hormone!
c) Erläutere, weshalb man einige Hormone als Gegenspieler bezeichnet!

6 Schutz des Gehirns

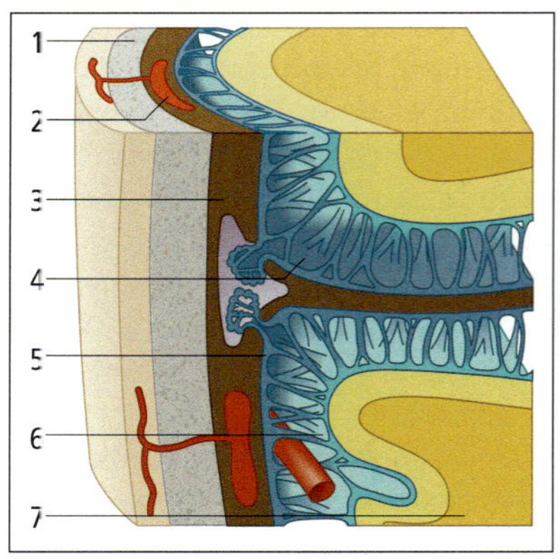

a) Ordne den Zahlen die entsprechenden Begriffe zu!
b) Erläutere den Sachverhalt einer Gehirnerschütterung!
c) Erläutere die Bedeutung der das Gehirn umgebenden Flüssigkeit!

7 Reflex

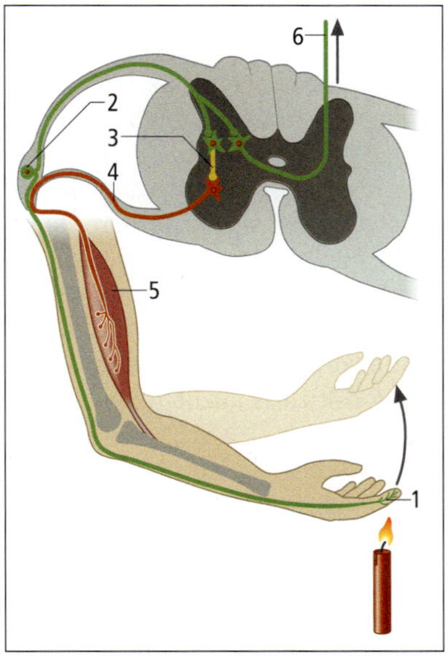

a) Ordne den Zahlen die entsprechenden Fachausdrücke zu!
b) Erläutere, wodurch sich der dargestellte Reflex von der Bewegung unterscheidet, mit der du deine Hand in deine Jackentasche steckst!
c) Nenne weitere Reflexe!

8 Regelung der Wassertemperatur

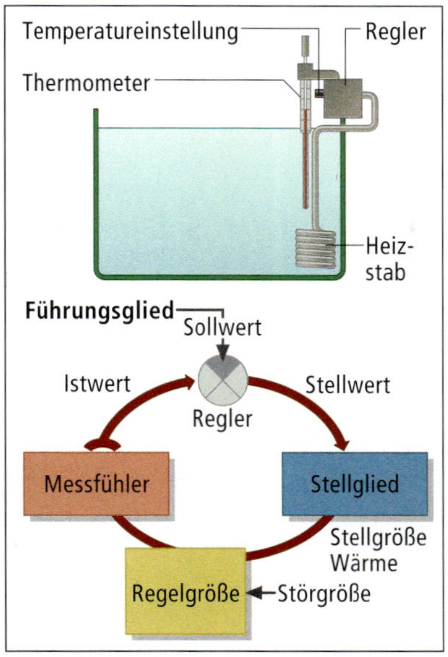

a) Ordne in Form einer Tabelle den Begriffen des allgemeinen Regelkreisschemas die entsprechenden Sachverhalte in einem temperaturgeregelten Wasserbad zu!
b) Nenne Sachverhalte, die in gleicher Weise geregelt werden!

9 Blutzuckerregulation

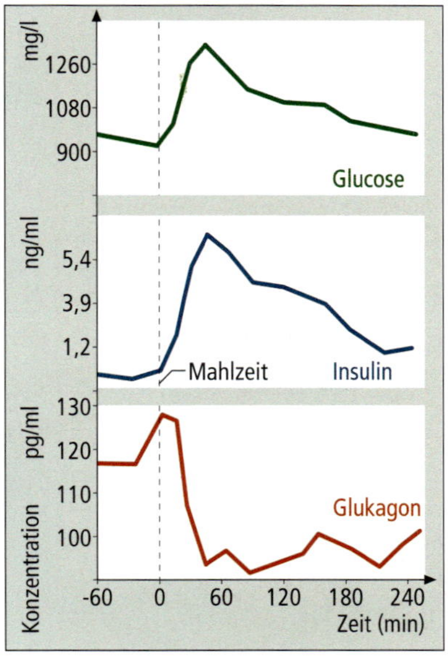

a) Erläutere, weshalb es für den Körper wichtig ist, dass der Blutzuckergehalt nicht zu sehr schwankt!
b) Nenne die an der Regulation des Blutzuckergehaltes beteiligten Hormone!
c) Beschreibe und erläutere die Untersuchungsergebnisse!

RÜCKBLICK mit Basiskonzepten: Nerven und Nervensystem

Menschen nehmen über Sinnesorgane und Sinneszellen Informationen aus ihrem Körper und aus ihrer Umwelt auf. Das Nervensystem leitet die Informationen weiter, verarbeitet und speichert sie und veranlasst eine Reaktion. Aufnahme, Leitung und Verarbeitung von Informationen sind Ausdruck des **Basiskonzepts „Information und Kommunikation"**.

Das Nervensystem besteht aus dem Zentralnervensystem mit Gehirn und Rückenmark sowie dem peripheren Nervensystem. Charakteristischer Zelltyp ist die Nervenzelle, das *Neuron.* Über zahlreiche Dendriten nimmt es Informationen auf und leitet sie zum Zellkörper, wo die Informationen verarbeitet werden. Über das Axon werden sie in Form elektrischer Impulse zu anderen Nervenzellen oder zu Muskelzellen geleitet.

Bei einem *Reflex* wird die Erregung von einem Sinnesorgan über sensorische Bahnen zum Rückenmark geleitet. Von dort wird sie über motorische Bahnen zu einem Muskel geführt. Dieser zieht sich daraufhin zusammen.
In kompliziertere *Reiz-Reaktions-Zusammenhänge* ist auch das Gehirn eingebunden. Es besteht aus den fünf Bereichen Großhirn, Zwischenhirn, Mittelhirn, Kleinhirn und Nachhirn. Das Großhirn macht fast 90 Prozent des Gehirnvolumens aus. In seiner Rinde werden Sinneseindrücke verarbeitet und Programme für Bewegungen entworfen. Die Großhirnrinde ist verantwortlich für das Denken und für Gedächtnisleistungen.
Das *vegetative Nervensystem* ist zuständig für die „niederen" Aufgaben. Über den Sympathicus aktiviert es Vorgänge wie Atmung und Kreislauf, über den Parasympathicus werden diese Vorgänge verlangsamt.
Eine weitere Möglichkeit, Informationen im Körper weiterzugeben, erfolgt über *Hormone.* Diese Botenstoffe werden in Hormondrüsen hergestellt und mit dem Blutstrom verteilt. An bestimmten Organen lagern sie sich an und entfalten ihre spezifische Wirkung. Zusammen mit dem Nervensystem regeln sie den Ablauf wichtiger Stoffwechselvorgänge.

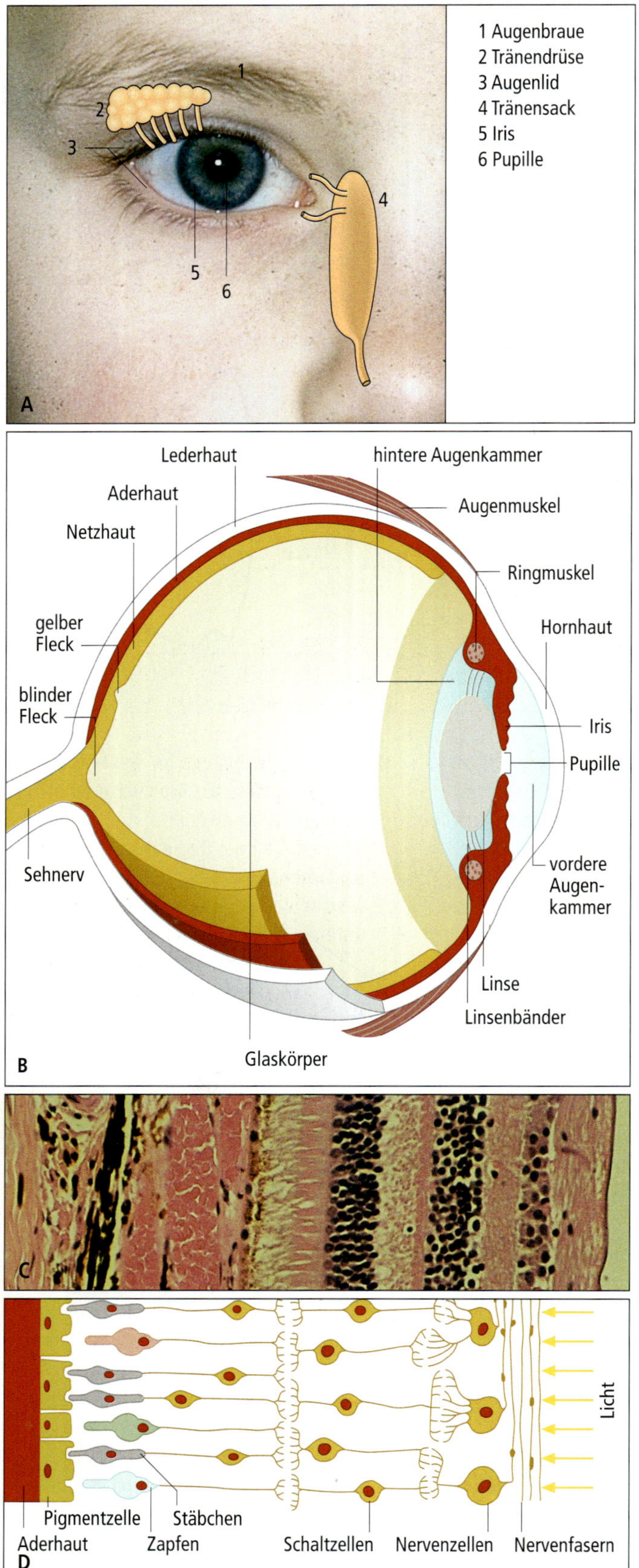

202.1 Auge. A Außenansicht; **B** Schema; **C** Netzhaut (mikroskopische Aufnahme); **D** Netzhaut (Schema)

3 Sinnesorgane

3.1 Der Lichtsinn

Die meisten Sinnesorgane liegen geschützt im Inneren des Körpers. Das **Auge** ist in die knöcherne Augenhöhle eingebettet und so vor Stößen und Schlägen geschützt. Nach vorn ist diese Höhle geöffnet. So kann der spezifische Reiz, das Licht, die lichtdurchlässige **Hornhaut** durchdringen und in das Augeninnere gelangen. Von Drüsen abgegebene *Tränenflüssigkeit* spült Staub und kleine Fremdkörper in den *Tränensack* und verhindert, dass die Hornhaut verkratzt wird und austrocknet. Nähert sich dem Auge ein größerer Gegenstand, so schließen sich reflexartig die **Augenlider.** Die **Augenbrauen** helfen, von der Stirn fließenden Schweiß seitwärts abzulenken.

Lichtreize gelangen durch die Hornhaut, die Pupille, die Linse und den Glaskörper auf die Netzhaut. Die **Pupille** ist eine kreisförmige Öffnung in der *Regenbogenhaut*. In diese, auch **Iris** genannte Haut, sind Farbstoffe eingelagert, die die Augenfarbe eines Menschen bestimmen. Den Raum zwischen Hornhaut und Iris nennt man *vordere Augenkammer*. Sie ist mit Flüssigkeit gefüllt. Hinter Iris und Pupille liegt die durchsichtige und elastische **Linse.** Sie ist durch *Linsenbänder* am *Ringmuskel* aufgehängt, der die Linse wie ein Ring umgibt. Den größten Teil des Auges nimmt der durchsichtige, gallertartig **Glaskörper** ein. Der Glaskörper und die den Augapfel umschließende weiße, sehr feste **Lederhaut** geben dem Auge Stabilität. Der Lederhaut liegt nach innen die **Aderhaut** an. Sie ist von zahlreichen Blutgefäßen durchzogen. Diese versorgen die anliegende Netzhaut mit Nährstoffen und Sauerstoff.

Die **Netzhaut** ist der lichtempfindliche Bereich des Auges. Unter einem Mikroskop kann man drei Schichten erkennen. Direkt an die *Pigmentschicht* schließt eine Schicht mit Lichtsinneszellen an. Davon gibt es zwei Typen. Die langen und schlanken *Stäbchen* sind sehr lichtempfindlich und ermöglichen das Hell-Dunkel- und das Dämmerungssehen. Die kurzen und gedrungenen *Zapfen,* die für das Farbensehen zuständig sind, benötigen zur Reizung intensiveres Licht als die Stäbchen. Zapfen befinden sich mehr im Zentrum der Netzhaut. Im *gelben Fleck*, einer vertieften Stelle der Netzhaut gegenüber der Hornhaut, befinden sich ausschließlich Zapfen. In den Lichtsinneszellen lösen Lichtreize elektrische Impulse aus. Diese gelangen über Nervenzellen mit kurzen Axonen, den *Schaltzellen*, die zweite Schicht, zu den *ableitenden Nervenzellen*, die dritte Schicht.

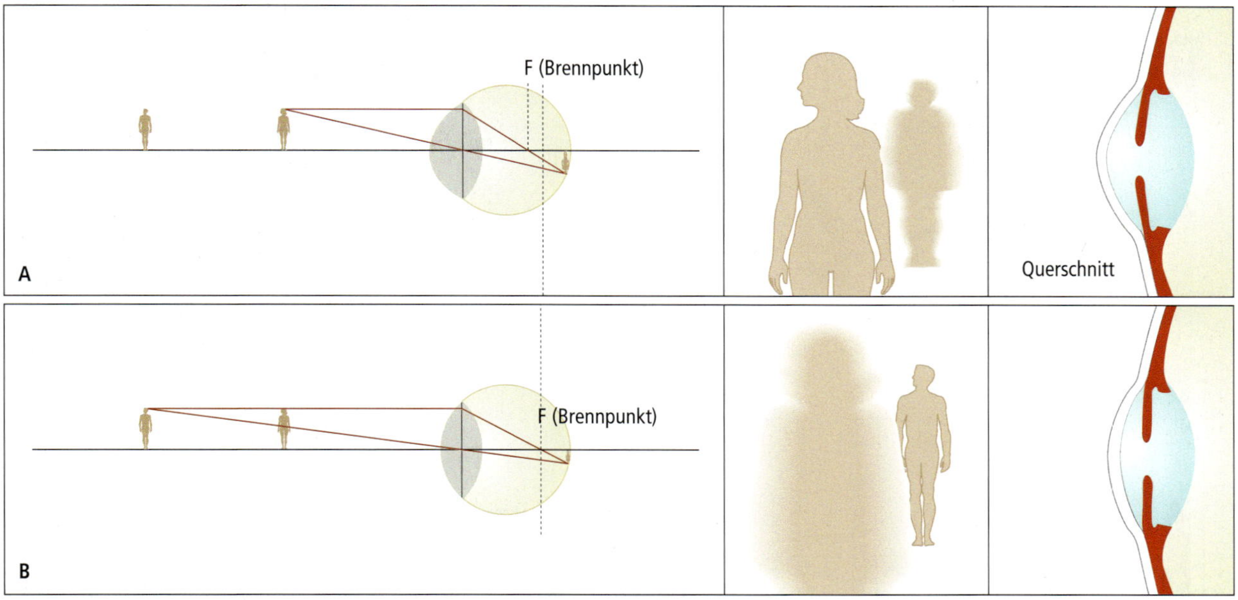

203.1 Regulation der Bildschärfe. A Nah-Akkommodation; **B** Fern-Akkommodation

Deren lange Axone bündeln sich zum **Sehnerv.** Dieser führt durch die Netzhaut hindurch zum Sehzentrum in der Großhirnrinde. Dort, wo der Sehnerv die Netzhaut durchbricht, findet man keine Lichtsinneszellen. Man spricht daher vom *blinden Fleck.*

Wie bei einem Fotoapparat zeichnet sich auch beim Lichtsinnesorgan Auge ein gutes Bild dadurch aus, dass es scharf und richtig belichtet ist. Wie gelingt im Auge die Einstellung auf unterschiedliche Entfernungen und auf unterschiedliche Lichtverhältnisse?
Wenn man mit einem Auge einen Menschen aus der Nähe fixiert, erscheint dieser scharf, ein weit entfernter gleichzeitig unscharf. Im Auge kommt es zu folgenden Veränderungen: Der Ringmuskel zieht sich zusammen, sein Umfang verringert sich, der Zug der Linsenbänder auf den Linsenrand lässt nach, die Linse nimmt ihrer Elastizität entsprechend eine stärker gewölbte Form an. Dadurch erhöht sich ihre Brechkraft. Die nah fixierte Person wird scharf auf der Netzhaut abgebildet. Diese Einstellung auf nahe Gegenstände nennt man **Nah-Akkommodation**. Zur Ferneinstellung oder **Fern-Akkommodation** erschlafft der Ringmuskel. Sein Umfang wird größer, der Zug der Linsenbänder auf den Linsenrand nimmt zu und die Linse flacht ab. Aufgrund der geringeren Brechkraft wird nun die weit entfernte Person scharf auf der Netzhaut abgebildet.

Auch bei der *Adaptation,* der Anpassung an unterschiedliche Lichtverhältnisse, sind Muskeln beteiligt. Im Dunkeln und bei Dämmerlicht kontrahieren die Speichenmuskeln in der Iris. Die Pupille öffnet sich. Bei grellem Licht verengt sie sich. Diese Vorgänge laufen reflektorisch ab, man spricht von der *Pupillenreaktion*.

1. Der Fotoapparat dient vielfach als Modell eines Auges. Vergleiche kritisch die Teile eines Fotoapparates mit denen eines Auges!
2. Die Linse aus dem Auge eines Schweins wird herauspräpariert, indem die Linsenbänder durchschnitten werden. Erläutere, welche Form eine solche Linse hat! Erläutere an diesem Beispiel das Basiskonzept „Struktur und Funktion"!

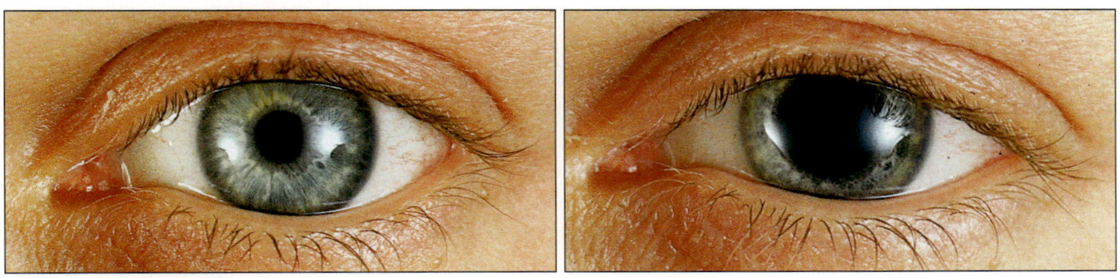

203.2 Pupillenreaktion

EXKURS **Strahlengänge**

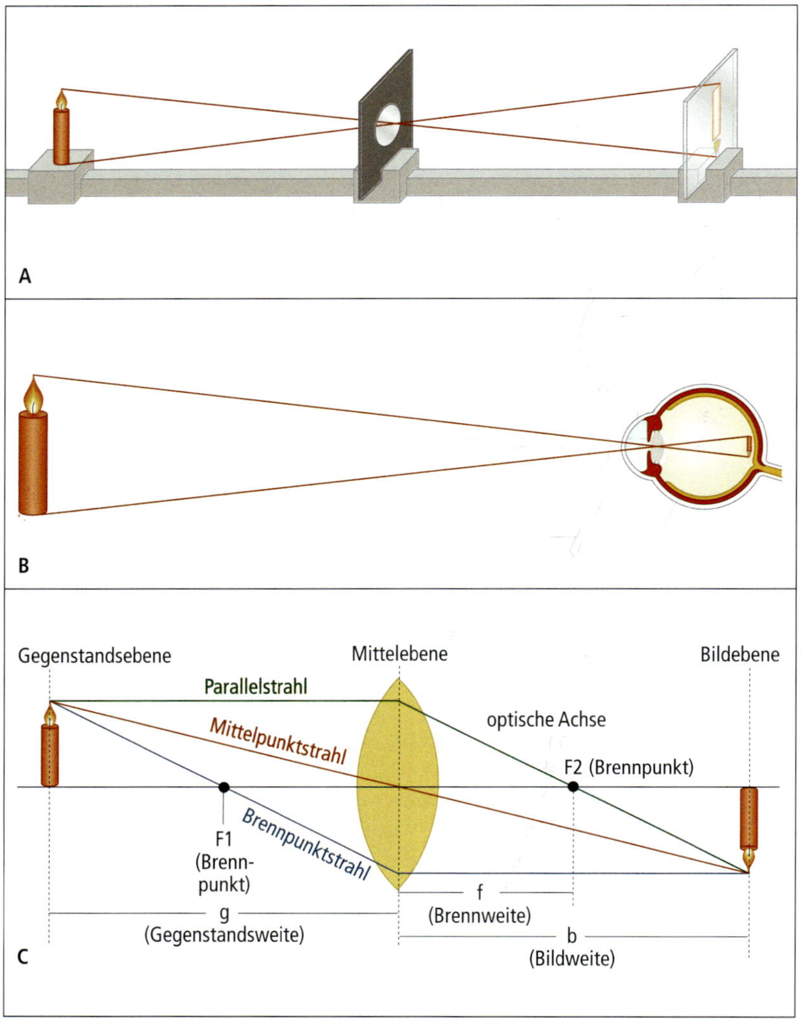

204.1 Strahlengänge. A optische Bank; **B** ins Auge; **C** Schema

Betrachten wir einen Gegenstand oder eine Person, so entsteht auf der Netzhaut ein auf dem Kopf stehendes, seitenverkehrtes Abbild des Gegenstandes oder der Person. Dieser Vorgang lässt sich mithilfe einer optischen Bank veranschaulichen. Auf dem Bildschirm ist ein seitenverkehrtes, auf dem Kopf stehendes und lichtschwaches Bild einer brennenden Kerze zu sehen. Zwar breiten sich von jedem Punkt der Kerze breite Strahlenbündel geradlinig aus, doch nur wenige Strahlen gelangen durch die kleine Öffnung der Lochblende auf den Schirm. So entsteht ein nur lichtschwaches Bild. Die Strahlen kreuzen sich genau in dem Loch der Lochblende. Sie sind in dem Bild oben und unten wie auch rechts und links vertauscht. Die Kerze wird also umgekehrt und spiegelbildlich abgebildet. Setzt man in das vergrößerte Loch einer Blende eine **Sammellinse** ein, so entspricht das den Bedingungen im menschlichen Auge. Eine Sammellinse ist in der Mitte dicker als am Rand. Parallel zur optischen Achse einfallende Lichtstrahlen werden so gebrochen, dass sie sich in einem Punkt, dem *Brennpunkt (F)*, schneiden. Den Abstand zwischen Linse und Brennpunkt nennt man *Brennweite (f)*.
Je stärker eine Sammellinse gewölbt ist, desto kleiner ist ihre Brennweite und desto größer ist ihre *Brechkraft (D)*. Denn die Brechkraft ist der Kehrwert der Brennweite: D = 1/f. Die Maßeinheit ist die Dioptrie (dpt). Eine *Sammellinse* liefert wie auch die Lochblende ein umgekehrtes Bild. Dieses Bild ist jedoch hell. Denn eine Sammellinse vereinigt Lichtstrahlen, die von Punkten des Gegenstandes kommen, wieder in einem Punkt. Somit werden weniger Lichtstrahlen als bei der Lochblende zurückgehalten, das Bild ist lichtstark.

Allerdings bildet eine Sammellinse einen Gegenstand nur dann scharf ab, wenn zwischen dem Abstand des Gegenstandes bis zur Linse, also der *Gegenstandsweite (g)*, und dem Abstand der Linse bis zum scharfen Abbild, also der *Bildweite (b)*, folgende Beziehung gilt:

1/f = 1/b + 1/g.

Diese *Linsengleichung* gilt auch für das Auge. Dort ist die Bildweite, also der Abstand zwischen Linse und Netzhaut, anatomisch vorgegeben und somit nicht veränderbar. Unterschiedlich weit vom Auge entfernte Gegenstände haben unterschiedliche Gegenstandsweiten. Damit sie scharf auf der Netzhaut abgebildet werden können, muss die Brechkraft der Augenlinse verändert werden. Der sich zusammenziehende Ringmuskel und die erschlafften Linsenbänder lassen zu, dass sich die elastische Linse zunehmend wölbt. Die Brechkraft wird erhöht. Nahe Gegenstände mit geringer Gegenstandsweite erfordern eine stark gewölbte Linse mit kleiner Brennweite. Bei weit entfernten Gegenständen, also großer Gegenstandsweite, muss die Linse abgeflacht werden. Ihre Brennweite nimmt ab. Die Brechkraft der Linse des menschlichen Auges liegt zwischen 18 und 32 Dioptrien. Hinzu kommt die Brechkraft der Hornhaut mit etwa 40 Dioptrien.

1. Die Brennweite einer Linse beträgt 0,2 Meter. Eine Kerze wird 0,4 Meter vor der Linse aufgestellt. Berechne den Abstand der Linse vom Schirm, der ein scharfes Bild auf dem Schirm ermöglicht!

EXKURS Viele Sehfehler sind korrigierbar

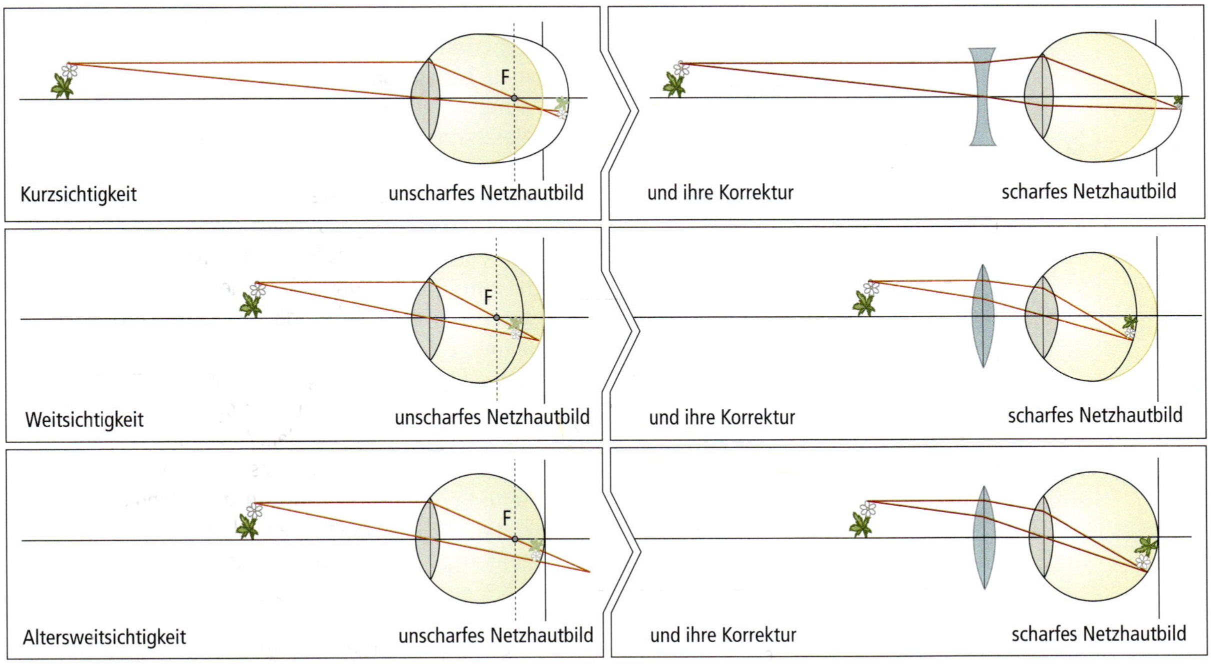

205.1 Augenfehler und ihre Korrektur

Manche Menschen können weit entfernte Gegenstände nicht scharf sehen, im Nahbereich dagegen erscheint alles scharf. Die betroffenen Personen leiden unter **Kurzsichtigkeit.** Die Ursache ist ein zu langer Augapfel und dadurch ein zu großer Abstand zwischen Augenlinse und Netzhaut. Bei der Fernakkommodation, das heißt bei äußerster Abflachung der Linse, entsteht ein scharfes Bild des Gegenstandes bereits vor der Netzhaut. Das Bild auf der Netzhaut ist unscharf. Die Brechkraft der fernakkommodierten Linse ist für einen verlängerten Augapfel zu groß.

Um diesen Sehfehler zu korrigieren, verordnet der Augenarzt eine Brille mit Zerstreuungslinsen. Diese Linsen sind am Rand dicker als in der Mitte. Parallel zur optischen Achse verlaufende Strahlen werden durch eine Zerstreuungslinse so gebrochen, dass sie hinter der Linse auseinanderstreben. In eine Brille eingesetzte Zerstreuungslinsen gleichen die zu hohe Brechkraft der Augenlinse aus. Trotz des zu langen Augapfels wird das Bild weit entfernter Gegenstände scharf auf der Netzhaut abgebildet. Andere Menschen sehen Gegenstände in der Nähe unscharf, weit entfernte dagegen scharf. Sie leiden unter dem Sehfehler **Weitsichtigkeit.** Die Ursache ist ein zu kurzer Augapfel. Dadurch ist der Abstand zwischen Augenlinse und Netzhaut kleiner als normal. In der Nähe befindliche Gegenstände werden trotz äußerster Wölbung der Linse zwar scharf hinter der Netzhaut abgebildet, auf der Netzhaut jedoch unscharf. Die Brechkraft der nahakkommodierten Linse ist für den verkürzten Augapfel zu gering. Weitsichtigen Patienten werden Brillen mit Sammellinsen verschrieben. Diese gleichen die ungenügende Brechkraft der Augenlinse aus.

Bei der **Altersweitsichtigkeit** können die meist älteren Patienten weit entfernte Gegenstände zwar scharf sehen, Gegenstände in der Nähe jedoch nur unscharf. Anders als bei der angeborenen Weitsichtigkeit liegt die Ursache für diese Sehschwäche nicht in einem zu kurzen Augapfel, sondern in einem Alterungsprozess der Linse. Mit fortschreitendem Alter nimmt ihre Elastizität immer mehr ab. Bei der Nah-Akkommodation wölbt sich die Linse nicht mehr in dem erforderlichen Maße. Eine Lesebrille mit Sammellinsen ermöglicht den Betroffenen, Zeitung zu lesen oder einen Brief zu schreiben.

Kurz- und Weitsichtigkeit kann man durch Tragen einer Brille oder durch **Kontaktlinsen** ausgleichen. Kontaktlinsen sind feine Linsen, die der Hornhautoberfläche direkt aufliegen. Sie ermöglichen ein besseres Bild als eine Brille, haben jedoch auch einige Nachteile. So können sie die Oberfläche der Hornhaut verändern. Zudem müssen sie regelmäßig abgenommen, gereinigt und desinfiziert werden.

Entstehen in großen Bereichen der Linse Trübungen, so bezeichnet man diese als **Grauen Star.** Das Sehvermögen ist stark herabgesetzt. Bei starken Trübungen muss die Linse entfernt und durch eine starre Kunststofflinse ersetzt werden.

1. Erläutere den Sachverhalt der Kurzsichtigkeit!
2. Vergleiche angeborene und altersbedingte Weitsichtigkeit!

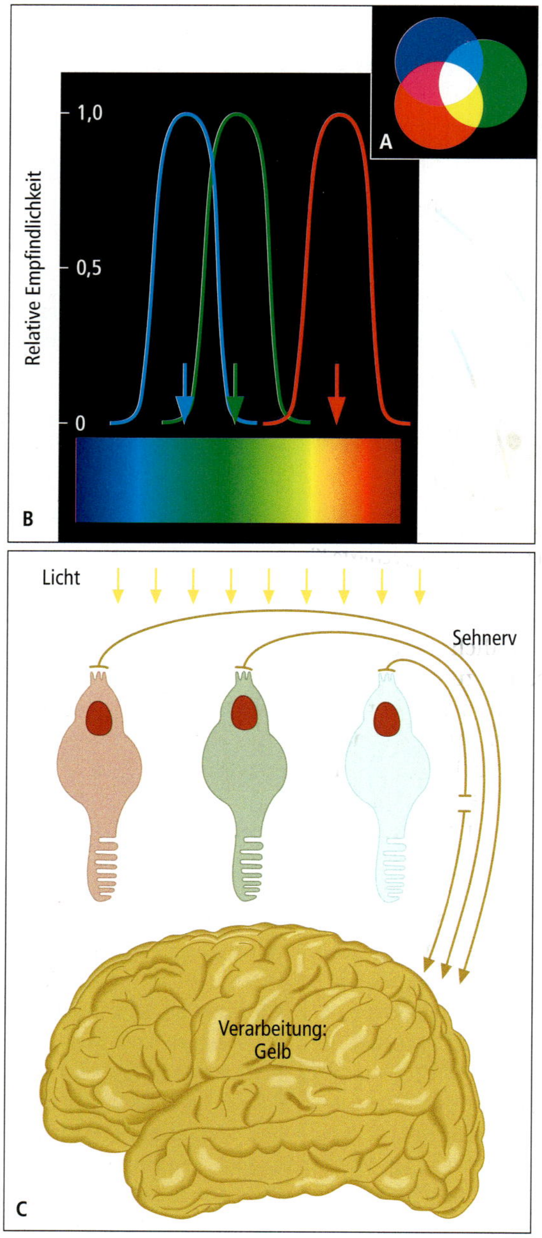

206.1 Farbensehen. A Farbmischung; **B** Empfindlichkeit der drei Zapfentypen; **C** Sehen der Farbe Gelb

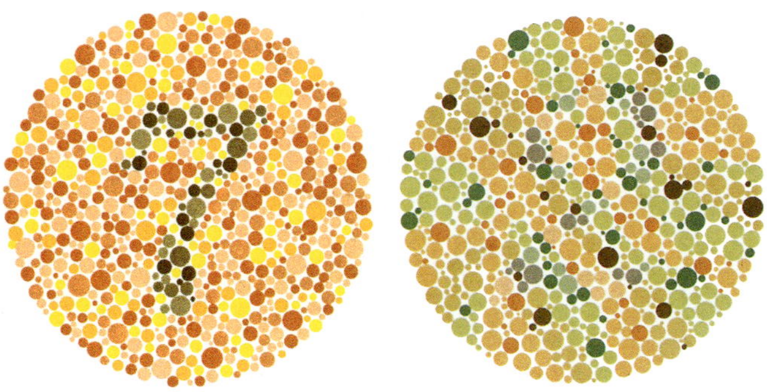

206.2 Test der Farbsehtüchtigkeit

3.2 Wir sehen farbig

Ein Mensch kann etwa 200 verschiedene Farbtöne wie kirschrot oder lindgrün benennen. Jeder Farbton kann in 20 Sättigungsstufen und 500 Helligkeitsstufen unterschieden werden. Somit erhält man insgesamt rund zwei Millionen Unterscheidungsmöglichkeiten für Farbigkeit. Wie kann die Netzhaut diese Vielfalt erzeugen?

Auf der Netzhaut befinden sich neben 125 Millionen Stäbchen sechs Millionen Zapfen. Gäbe es für jede farbliche Unterscheidungsmöglichkeit eine bestimmte Zapfensorte, kämen von jeder Zapfensorte nur etwa drei vor. Das reicht für das vollständige Erkennen eines farbigen Bildes nicht aus. Das Wissen über Farben und Farbmischungen hilft bei der Lösung des Problems weiter. Durch Mischung lässt sich aus den *Grundfarben* Rot, Grün und Blau jeder Farbton herstellen. So nimmt man beim Betrachten von rotem und grünem Licht die Farbe Gelb wahr. Alle drei Grundfarben zusammen ergeben den Farbeindruck Weiß.

Auch die Farbwahrnehmung über das Auge arbeitet mit den drei Grundfarben. In der Netzhaut gibt es drei verschiedene Zapfensorten, für jede Grundfarbe eine. Jede Zapfensorte wird besonders stark durch das Licht ihrer Grundfarbe erregt. Licht anderer Farben ruft nur schwache oder keine Erregungen hervor. Werden zum Beispiel gleichzeitig ein rotempfindlicher und direkt daneben ein grünempfindlicher Zapfen gleich stark gereizt, so werden die Erregungen dieser beiden Zapfen durch den Sehnerv zum Gehirn geleitet. Im für die Farbwahrnehmung zuständigen Bereich der Großhirnrinde wird die Farbe Gelb errechnet. Werden alle drei Zapfensorten in einem eng umgrenzten Netzhautbereich gleich stark gereizt, so erscheint der betrachtete Gegenstand weiß. Die unterschiedlich starke Erregung der drei Zapfensorten kann im Gehirn zu unzähligen Farbabstufungen verrechnet werden.

Bei einigen Menschen ist die Funktionstüchtigkeit der beiden Zapfentypen für Rot und Grün gestört. Sie können insbesondere die Farben Rot und Grün nicht voneinander unterscheiden. Man spricht von einer *Rot-Grün-Sehschwäche*. Sind alle drei Zapfentypen in ihrer Funktion gestört, liegt *Farbenblindheit* vor. Schwächen bei der Farbwahrnehmung kann man mithilfe von Farbtestbildern feststellen.

1. Erläutere, weshalb unzählig viele Farbwahrnehmungen entstehen können, obwohl die Netzhaut nur drei Zapfentypen enthält!

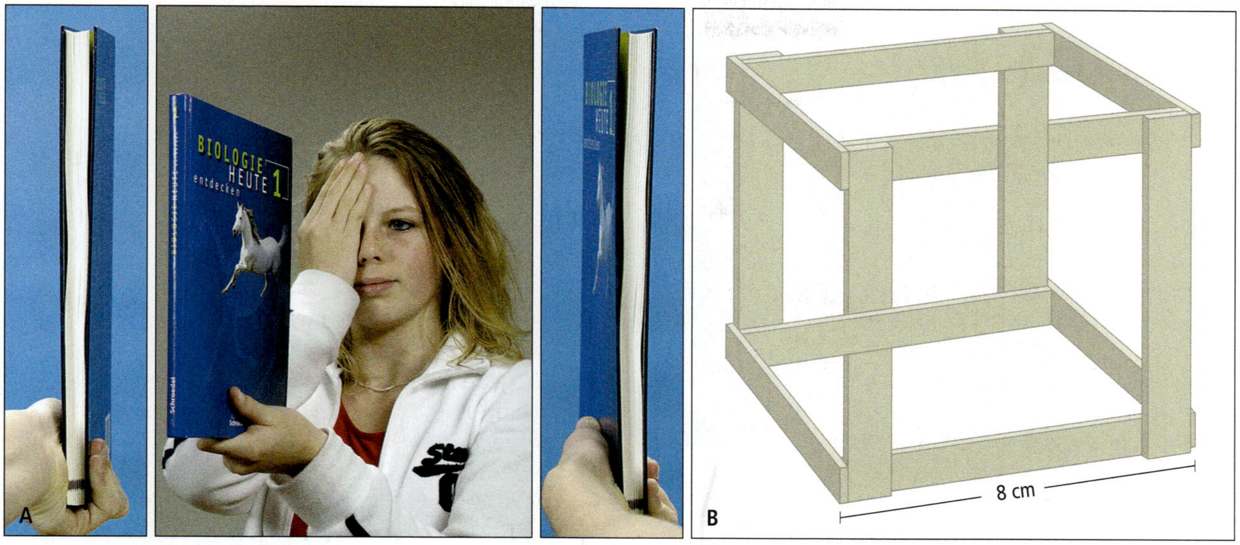

207.1 Räumliches Sehen. A abwechselnd mit dem rechten und linken Auge; **B** „Verflixte Kiste"

3.3 Wir sehen räumlich

Der Augenarzt legt dem Patienten eine Augenklappe für das linke Auge an. „Sie sollten auf keinen Fall Auto fahren, solange Sie die Augenklappe tragen!" Weshalb gibt der Arzt diesen dringenden Rat?

Eine Schülerin hält wie in der Abbildung 207.1 A ein Buch vor die Augen und betrachtet es abwechselnd mit dem rechten und mit dem linken Auge. Die Schülerin sieht zwei Bilder, die sich leicht voneinander unterscheiden. Betrachtet sie jedoch das Buch mit beiden Augen gleichzeitig, so sieht sie nicht die beiden unterschiedlichen Bilder. Stattdessen sieht sie nur ein Bild. Die Informationen über die etwas unterschiedlichen Bilder werden zwar gleichzeitig über die Sehnerven der beiden Augen zur Großhirnrinde geleitet, dort jedoch zu einem gemeinsamen, räumlich erscheinenden Bild verrechnet.

Welchen Vorteil der aus zwei Bildern vermittelte Seheindruck hat, lässt sich durch einen Zusatzversuch erschließen. Die Schülerin hält wie in der Abbildung 207.1 ein Buch, allerdings mit der rechten Hand. Dann schließt sie ihr rechtes Auge und versucht, mit dem Zeigefinger auf den Buchstaben „B" des Wortes Biologie zu tippen. Sie verfehlt den Buchstaben auch beim zweiten Versuch. Nun öffnet sie ihr rechtes Auge und wiederholt den Versuch. Es gelingt ihr auf Anhieb, das „B" zu treffen. Mit einem Auge kann sie die räumliche Position des Buchstabens „B" nur schwer einschätzen, mit beiden Augen dagegen sofort. Beidäugiges Sehen führt also im Normalfall zu einem räumlich erscheinenden Bild. Man kann den Abstand zu dem Bild und die Abstände innerhalb des Bildes sicher einschätzen. Menschen mit nur einem Auge können das nicht. Das ist zum Beispiel beim Autofahren nachteilig und gefährlich. Die Mahnung des Augenarztes an den Patienten, der nur mit einem Auge sehen kann, ist also berechtigt.

Allerdings kann man lernen, mit nur einem Auge einen räumlichen Eindruck von seiner Umwelt zu erlangen. Der Schülerin gelingt es schließlich, mit geschlossenem rechten Auge den Buchstaben „B" im dritten oder vierten Versuch zu treffen. Sie merkt sich, dass sie immer den Buchstaben „i" trifft, wenn sie auf den Buchstaben „B" zielt. Folglich zielt sie auf die Stelle links neben dem Buchstaben „B" und ist erfolgreich. Sie setzt also ihre Erfahrungen ein, um mit nur einem Auge räumlich sehen zu können. Eine solch hilfreiche Erfahrung kann auch sein, dass entfernte Gegenstände kleiner erscheinen als nahe.

Manchmal drängt sich unsere Erfahrung mit räumlichen Bildern so sehr in den Vordergrund, dass wir etwas sehen, was es gar nicht gibt: „Verflixte Kiste!"

1. Nenne Tätigkeiten, für die das beidäugige Sehen unabdingbar ist!
2. Nenne die Erfahrungen, die uns verleiten, beim Betrachten der „verflixten Kiste" eine richtige Kiste zu vermuten!
3. Zeichne nach den Abmessungen der „verflixten Kiste" in der Abbildung 207.1 B eine Kiste, die es tatsächlich gibt!

EXKURS

Optische Täuschungen

Im Gehirn werden die vom Auge vermittelten Bilder angeborenen oder erlernten Bedeutungen zugeordnet. Davon merken wir normalerweise nichts. Gelingt eine solche Zuordnung nicht oder sind verschiedene Zuordnungen, die zueinander im Widerspruch stehen, möglich, so spricht man von **optischen Täuschungen.**
Die neuen Bilder widersprechen den bisherigen Erfahrungen. Dennoch versucht das Gehirn, sinnvolle und eindeutige Bilder zu erkennen. Diese können auch fehlerhaft sein. Optische Täuschungen gelten als Beweis dafür, dass der Mensch mit Auge und Gehirn sieht. Häufig benutzte Fomulierungen wie „mit dem Auge sehen" oder „das Auge erkennt" sind unzutreffend.

5. Beschreibe, was du auf dem Bild siehst!
6. Nenne Merkmale, die hinzukommen müssten, damit eine eindeutige Bewertung des Bildes möglich ist!

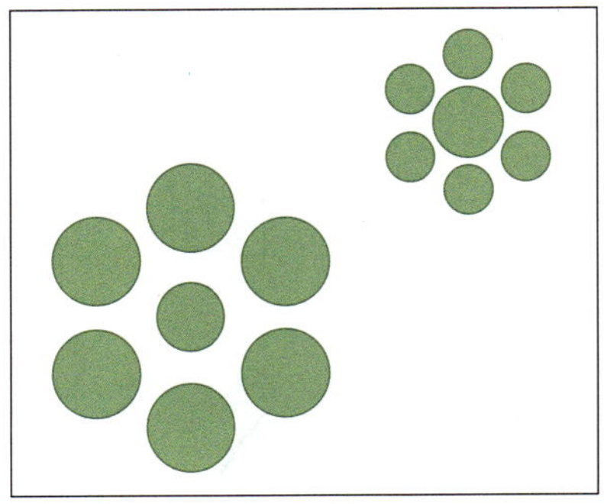

11. Formuliere, worin die optische Täuschung dieses Bildes besteht!
12. Welche Erfahrungen mit dem einen Bild wird bei der Deutung des anderen berücksichtigt?

1. Betrachte das Bild und sage, was du siehst!
2. Weshalb wird dem Bild keine eindeutige Bedeutung zugeordnet?

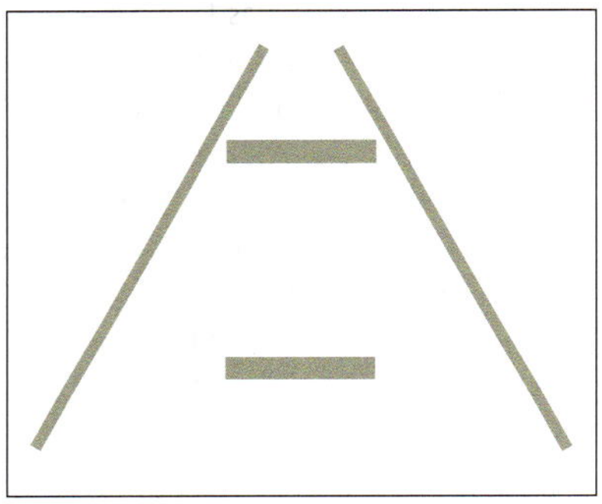

7. Vergleiche die Länge der beiden Holzstücke!
8. Auf welche Erfahrungen greift das Gehirn bei dem Vergleich zurück?

13. Lies die beiden Zeilen!
14. Lies die drei Spalten!
15. Nenne den Beitrag des Gehirns beim Lesen der Zeilen und Spalten!

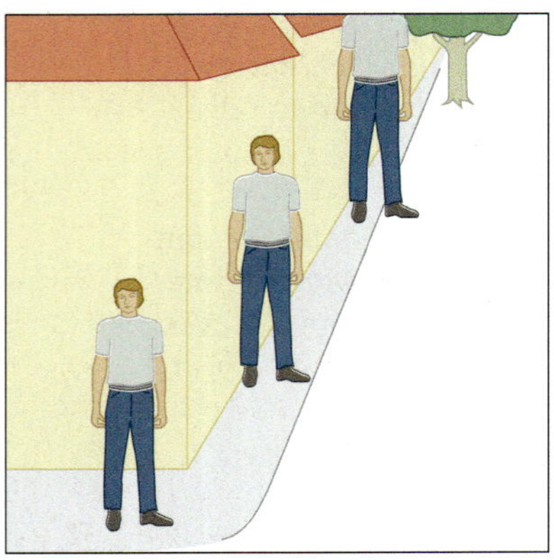

3. Schätze und miss die Größe der drei Männer!
4. Welche Erfahrung fließt bei der Bewertung des Bildes mit ein?

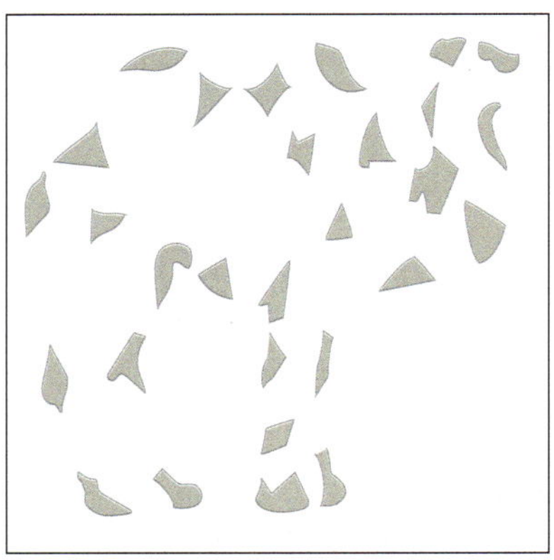

9. Was wird beim Betrachten des Bildes auf der Netzhaut abgebildet?
10. Welche Leistung vollbringt das Gehirn bei der Bewertung des Bildes?

16. Erläutere, weshalb man bei diesem Bild vom „Verflixten Dreieck" spricht!
17. Auf welche Erfahrungen greift das Gehirn bei der Bewertung zurück?

PRAKTIKUM Das Auge

1 Verteilung der Sehzellen

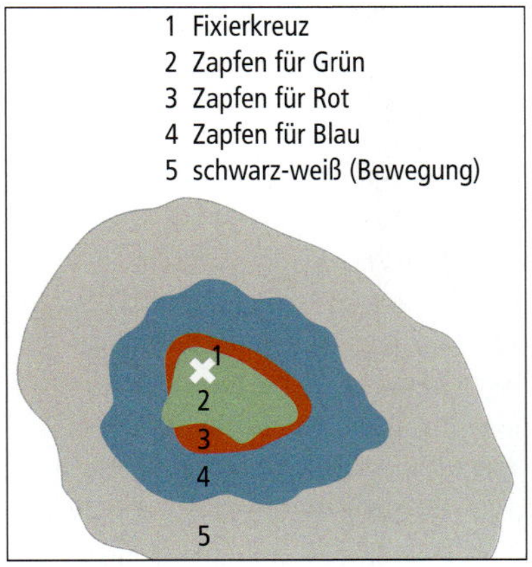

Material: Wandtafel; gleich große Stücke Farbkreide in Rot, Grün und Blau; weiße Kreide; Geo-Dreieck; Stecknadel
Durchführung: Zeichne ein weißes Kreuz auf die Mitte der Tafel! Fixiere es mit einem Auge während des gesamten Experiments! Schließe das andere Auge! Ein Mitschüler führt nun jeweils ein Farbkreidestück vom Tafelrand her aus verschiedenen Richtungen zum Kreuz. Du teilst mit, an welcher Stelle du erstmals die Bewegung und an welcher Stelle du erstmals die Farbe des Farbkreidestücks erkennst. Die Stelle der Bewegungswahrnehmung wird mit einem weißen Punkt, die der Farbwahrnehmung mit einem entsprechenden Farbpunkt markiert. Die Untersuchung wird mit den anderen beiden Farbkreidestücken wiederholt.
Aufgaben:
a) Bestimme dein Gesichtsfeld, indem du die weißen Punkte verbindest!
b) Erläutere, weshalb man vom Gesichtsfeld spricht!
c) Verbinde die gleichen Farbmarkierungen! Erläutere den Aussagewert der so erhaltenen Felder!
d) Erkläre, weshalb bei der Untersuchung ein Auge geschlossen sein muss!
e) Nenne Ergebnisse der Untersuchung bei einer Rot-Grün-Sehschwäche! Erläutere!
f) Erläutere an diesem Beispiel das Basiskonzept „Information und Kommunikation"!

2 Bestimmung des Nahpunktes

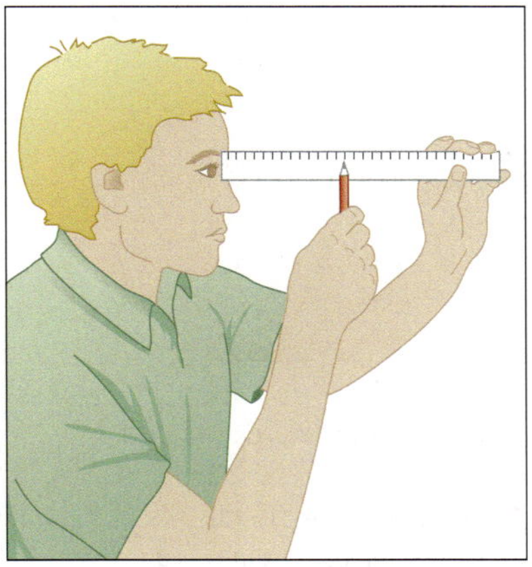

Material: Bleistift; Lineal
Durchführung: Halte das Lineal mit der Nullmarke rechts an die Nasenwurzel, schließe das linke Auge! Führe dann den Bleistift entlang des Lineals auf das Auge zu, bis er unscharf erscheint! Ein Mitschüler liest auf dem Lineal die Entfernung zum Auge ab.
Hinweis: Bei der Nah-Akkommodation des Auges gibt es eine Grenze, die nicht unterschritten werden kann, nämlich den Nahpunkt.
Aufgaben:
a) Bestimme den Nahpunkt für beide Augen!
b) Bestimme den Nahpunkt bei Mitschülern und Mitschülerinnen und vergleiche ihn mit deinem Nahpunkt!
c) Nenne die Teile des Auges, die mitverantwortlich für die Lage des Nahpunktes sind!
d) Erläutere, welche Werte du bei einem Kurzsichtigen, welche bei einem Weitsichtigen erwartest!
e) Führe die Bestimmung des Nahpunktes auch bei einer älteren Person durch und vergleiche mit deinem Nahpunkt!
f) Erläutere die Wirkung einer Brille mit Sammellinsen auf die Lage des Nahpunktes!
g) Nenne den Teil der Netzhaut, auf den das Bild des Bleistifts bei der Nahpunktbestimmung fällt!
h) Erläutere an diesem Beispiel das Basiskonzept „Struktur und Funktion"!

3 Bestimmung des Gesichtskreises

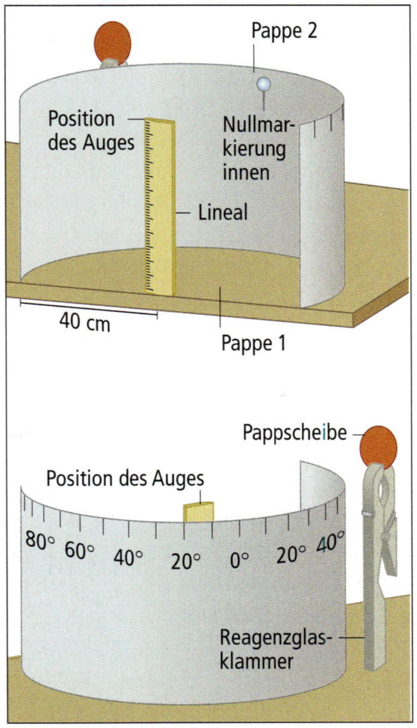

Material: Pappe 1 (80 cm × 40 cm); Pappe 2 (125 cm × 30 cm); kleine Pappscheiben von 3 cm Durchmesser in verschiedenen Farben; Reagenzglasklammer; Lineal (30 cm); Winkelmesser; Filzstifte; Bleistift; Klebeband; Schere
Durchführung: Schneide aus dem Pappstück 1 einen Halbkreis von 40 cm Radius aus! Markiere darauf mit dem Winkelmesser von der Mitte aus (0°) in Zehnerschritten 90° nach links und 90° nach rechts! Stelle das Pappstück 2 senkrecht herum um den Halbkreis auf und befestige es mit Klebeband! Übertrage die Gradmarken auf die Außenseiten dieses Pappstücks! Beschrifte es dann so wie in der Abbildung vorgegeben! Bringe auf der Seite, die der Nullmarkierung gegenüberliegt, einen Punkt an!
Stelle die Versuchsanordnung so auf den Tisch, dass der Durchmesser der halbkreisförmigen Pappe mit der Tischkante abschließt! Setze dich vor die Versuchsanordnung! Halte das Lineal senkrecht in die Mitte des Halbkreises! Nähere dich mit einem Auge der Oberkante

des Lineals und fixiere während des gesamten Versuchs den Punkt der Nullmarkierung! Schließe das andere Auge! Ein Mitschüler klemmt jeweils eine farbige Pappscheibe in den Reagenzglashalter und führt ihn langsam oben am Außenrand der Pappe 2 entlang.
Teile deinem Mitschüler mit, wann du die Pappscheibe siehst! Dein Mitschüler notiert in einer Tabelle, Scheibenfarbe und Winkel, bei dem die Scheibe sichtbar wurde.

Aufgaben:

a) Führe die Untersuchung an deinem rechten und linken Auge durch! Wiederhole die Untersuchung an einem Mitschüler!

b) Beschreibe und erläutere die Untersuchungsergebnisse!

4 Bau einer Lochkamera

Material: mehrere Deckel von gleichen Schuhkartons; Schuhkarton; Transparentpapier; Kerze; Streichhölzer; Schere

Durchführung: Schneide in die Mitte der Schuhkartondeckel unterschiedlich große runde Löcher (von 1 mm bis 1 cm Durchmesser)! Schneide in den Boden des Schuhkartons ein so großes Loch, dass am Rande 2 cm übrig bleiben! Klebe über dieses Loch Transparentpapier! Stelle die Lochkamera in einem abgedunkelten Raum auf einen Tisch und die Kerze in einem Abstand von 10 cm vor der Lochblende auf! Entzünde die Kerze! Betrachte das Bild der Kerze auf dem Transparentpapier!

Aufgaben:

a) Nenne Unterschiede zwischen der Kerze und ihrem Bild auf dem Transparentpapier!

b) Ordne Teile der Lochkamera denen eines menschlichen Auges zu!

c) Beschreibe und erläutere einen Zusammenhang zwischen dem Abstand der Kerze von der Lochkamera und der Bildgröße!

d) Beschreibe und erläutere einen Zusammenhang zwischen der Größe der Lochblende und der Bildschärfe!

5 Präparation eines Schweineauges

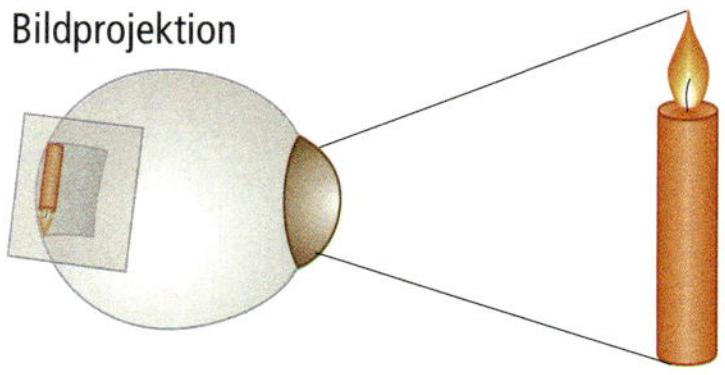

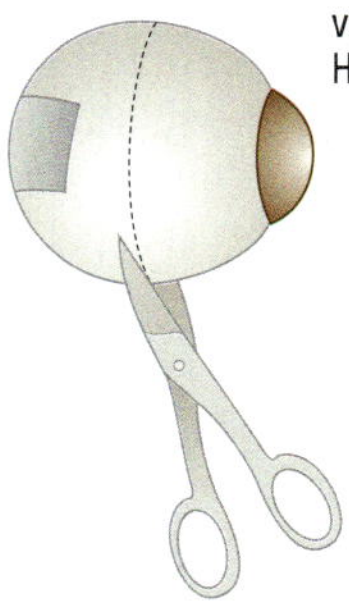

Material: Präparierwanne; Rasierklinge, deren eine Seite mit Isolierband abgeklebt ist; Erlenmeyerkolben; Pinzette; kleine Schere; Pergamentpapier; Kerze; Streichhölzer; Lupe; Handschuhe; Schweineauge; Becherglas

Durchführung: Ziehe Handschuhe an! Nimm das Auge in die Hand und betrachte die außen erkennbaren Teile: Augenmuskeln, weiße Augenhaut, Hornhaut, Iris, Linse, Pupille und Sehnerv! Lege das Auge mit der Hornhaut nach unten auf die Öffnung eines Erlenmeyerkolbens! Schneide mithilfe der Rasierklinge vorsichtig in die Rückwand des Auges ein etwa centgroßes Loch! Bedecke es mit Pergamentpapier! Halte nun das so präparierte Auge mit der Hornhaut in Richtung einer brennenden Kerze (Abstand etwa 15 cm)! Nähere es der Kerze und ziehe es dann wieder zurück! Beobachte die Veränderungen auf dem Pergamentpapier!
Schneide dann das Auge quer durch in eine Vorder- und Hinterhälfte! Gehe dabei folgendermaßen vor: Bringe mit der Rasierklinge einen kleinen Einschnitt an! Setze den weiteren Schnitt mit der Schere fort! Achte darauf, dass du den Glaskörper nicht zu sehr beschädigst! Löse die hintere Augenhälfte ab und gib sie in ein Becherglas mit Wasser. Schwenke nun das Auge hin und her, bis sich die Netzhaut löst. Betrachte die darunterliegende Aderhaut, nachdem du die Pigmentschicht weggewischt hast! Löse aus der vorderen Augenhälfte den Glaskörper heraus (falls er nicht beim Querschnitt des Auges herausgedrückt wurde)! Betrachte mithilfe der Lupe die Linse und die Linsenbänder! Drücke nun die Linse nach hinten heraus! Überprüfe die Form und die Beschaffenheit (zum Beispiel im Vergleich zum Glaskörper) der herausgelösten Linse!

Aufgaben:

a) Notiere deine Beobachtungen!

b) Vergleiche den Bau des Schweineauges mit der Abbildung 202.1 B!

3.4 Der Hörsinn

„Hallo!" Beim Sprechen eines Wortes werden die Stimmbänder in Schwingungen versetzt. Diese Schwingungen werden an die Luft übertragen. Es entstehen Luftdruckschwankungen, die man als **Schallwellen** bezeichnet. Sie sind der spezifische Reiz für den Gehörsinn.

Von der trichterförmigen *Ohrmuschel* werden die Schallwellen eingefangen und durch den Gehörgang zum *Trommelfell* geleitet. Hier endet das **Außenohr** und es beginnt das **Mittelohr.** Dieser Raum ist durch einen Gang, die *Ohrtrompete*, mit dem Rachenraum verbunden. Sie dient dem Druckausgleich, wie zum Beispiel nach einem lauten Knall. Durch Schallwellen wird das Trommelfell in Schwingungen versetzt. Diese werden auf die gelenkig miteinander verbundenen Gehörknöchelchen *Hammer*, *Amboss* und *Steigbügel* übertragen und dabei auf etwa das 20-Fache verstärkt.

Der Steigbügel gibt die Schwingungen über die Membran des *ovalen Fensters* an das **Innenohr** weiter. Es enthält das eigentliche Hörorgan, die *Schnecke*. Ihr aus zweieinhalb Windungen bestehender knöchener Teil ist von einem Hautschlauch durchzogen. Seine membranartige Wand unterteilt die Schnecke in drei Längsgänge. Der *Schneckengang* liegt in der Mitte. Er enthält etwa 16000 Sinneszellen, die Sinneshaare enthalten und als Haarzellen bezeichnet werden. Die Sinneshaare werden von einer *Deckmembran* überdeckt. Haarzellen und Deckmembran bilden zusammen das *CORTIsche Organ*. Über dem Schneckengang liegt der *Vorhofgang*. Er schließt mit dem ovalem Fenster zum Mittelohr ab. Unter dem Schneckengang befindet sich der Paukengang. Er endet am *runden Fenster*, das ebenfalls zum Mittelohr zeigt. In der Spitze der Schnecke, am *Schneckentor*, stehen Vorhof- und Paukengang miteinander in Verbindung. Alle drei Gänge sind mit wässriger *Ohrlymphe* gefüllt.

Durch die Gehörknöchelchen wird die Membran des ovalen Fensters in Schwingungen versetzt. Dadurch gerät die Ohrlymphe im Vorhofgang in Schwingungen. Diese Schwingungen übertragen sich auf den gesamten Bereich der Schnecke und damit auch auf die *Grundmembran*, die die Haarzellen trägt. Durch die Schwingungen der Grundmembran stoßen die Haarzellen gegen die Deckmembran und werden gereizt. Diese Reizung wird in Erregung umgesetzt. Sie wird über den Hörnerv zu dem Bereich der Großhirnrinde geleitet, der für die Wahrnehmung von akustischen Reizen zuständig ist.

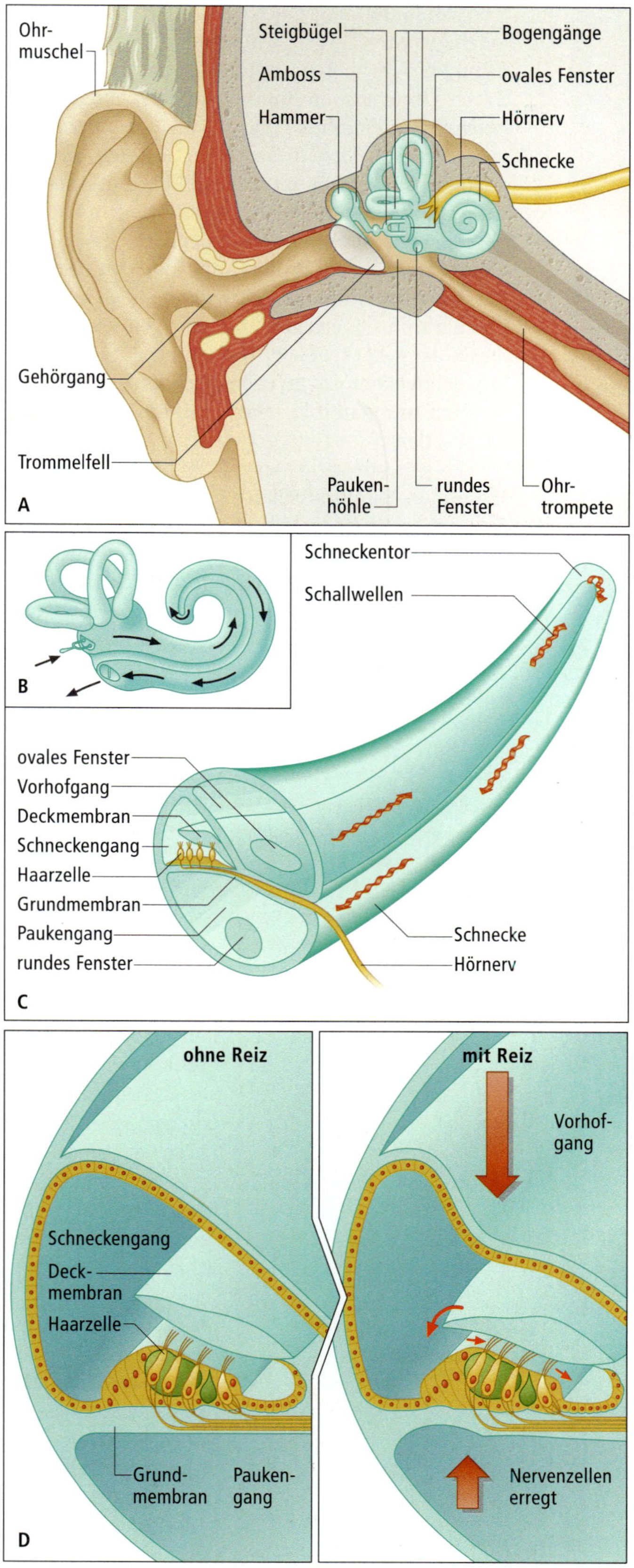

211.1 Bau des Ohres. A Längsschnitt; **B** inneres Ohr; **C** Schnecke (zur Veranschaulichung entrollt); **D** Schneckengang quer

Die Voraussetzung dafür, dass man eine Stimme oder ein Musikstück wahrnehmen kann, ist die Fähigkeit, *Tonhöhen* unterscheiden zu können. Hohe Töne haben eine hohe *Schwingungsfrequenz*, also eine hohe Anzahl von Schwingungen pro Sekunde. Tiefe Töne gehen auf eine niedrige Schwingungsfrequenz zurück. Ein Ton einer bestimmten Schwingungsfrequenz erregt nicht alle Sinneszellen im Schneckengang gleichmäßig. Hohe Töne verursachen in der Nähe des ovalen Fensters besonders heftige Schwingungen der Grundmembran und erregen die dortigen Haarzellen besonders stark. Tiefe Töne führen im Bereich des Schneckentores zu besonders heftigen Schwingungen und damit zu einer starken Erregung der Haarzellen.

Besonders empfindlich ist das Ohr für Frequenzen zwischen zwei und fünf Kilohertz, also zwischen 2000 und 5000 Schwingungen pro Sekunde. Um bei tieferen oder höheren Frequenzen eine gleich starke Lautstärkeempfindung zu erzeugen, muss die Schallstärke größer sein. Die Leistung des Gehörsinns ist altersabhängig. Bei einem Jugendlichen liegt die obere Hörgrenze bei 20 Kilohertz. Ein 45-Jähriger kann Töne bis 15 Kilohertz hören, ein 65-Jähriger nur noch Töne unter 5 Kilohertz. Bei tiefen Töne gibt es keine altersabhängigen Unterschiede. Die untere Hörgrenze liegt bei 16 Hertz.

Die Lage einer Schallquelle kann man auch mit geschlossenen Augen ausmachen. Befindet sich die Schallquelle direkt vor dem Hörer, so erreicht der Schall beide Ohren gleichzeitig. Für die Schallwellen einer rechts vor dem Hörer befindlichen Schallquelle ist der Weg zum rechten Ohr etwas kürzer als der zum linken. Sie erreichen das rechte Ohr etwas früher als das linke. Die Erregung des rechten Ohres wird etwas früher zur Großhirnrinde geleitet als die des linken. Aus diesem sehr kleinen Zeitunterschied errechnet die Großhirnrinde die Lage der Schallquelle. Dieses **Richtungshören** ist nur mithilfe beider Ohren möglich.

1. Erläutere das Prinzip des Richtungshörens!
2. Schwerhörige benutzen ein Hörgerät. Dieses besteht aus einem Mikrofon, einem Verstärker und einem Lautsprecher. Nenne die Bestandteile des Ohres, die durch diese Teile eines Hörgerätes unterstützt werden!

EXKURS Schall

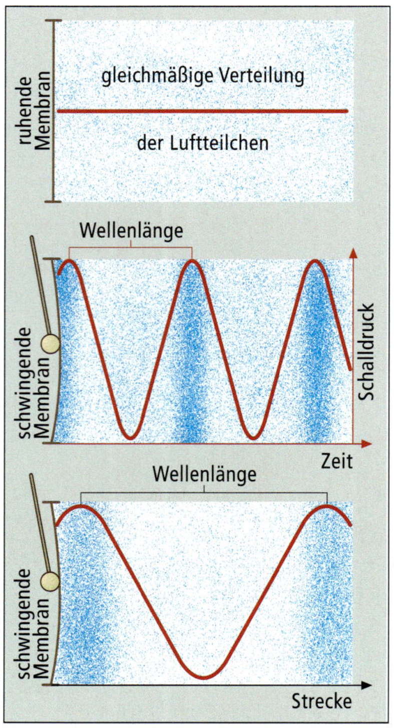

212.1 Die Entstehung des Schalls

Bei Stille sind die Luftteilchen im Raum gleichmäßig verteilt. Nach dem Schlag eines Schlegels gegen ein Tamburin wölbt sich dessen Membran nach vorn. Dort werden die Luftteilchen zusammengedrückt. Schwingt die Membran zurück, werden die Luftteilchen auseinandergezogen. So entstehen Bereiche erhöhten und erniedrigten Drucks. Die Schwingung der Membran hat sich auf die Luft übertragen. Kann man diese Schwingungen der Luft hören, spricht man von **Schall.**

Man kann die Druckveränderungen beim Schall als Welle darstellen. Die Wellenberge entsprechen den Bereichen höchsten Drucks, die Wellentäler denen niedrigsten Drucks. Der Abstand zweier Wellenberge heißt *Wellenlänge*. Er umfasst eine Schwingung. Eine kleine Wellenlänge bedeutet, dass viele Schwingungen in einer bestimmten Zeit auftreten. Man spricht dann von einer hohen **Frequenz**. Frequenzen gibt man in Hertz an (1 Hz = 1 Schwingung pro Sekunde, 1 kHz = 1000 Schwingungen pro Sekunde). Hohe Töne haben eine hohe Frequenz. Tiefe Töne haben eine große Wellenlänge und somit eine kleine Frequenz. Schwingungen mit einer bestimmten Frequenz empfindet man als **Ton.** Überlagern sich mehrere Töne unterschiedlicher Frequenz, so nimmt man einen **Klang** wahr, zum Beispiel in Form von Musik. Das Zerreißen von Papier dagegen erzeugt unregelmäßige Schwingungen. Man vernimmt keine bestimmten Töne, sondern ein *Geräusch*.
Die Lautstärke des Schalls, der **Schalldruckpegel,** wird in *Dezibel* (dB) angegeben. Dabei bedeutet eine Zunahme des Schalldruckpegels um zehn Dezibel eine Verdopplung der Lautstärke.

1. Erläutere, wie Schall entsteht!
2. Erstelle eine Grafik, in der ein Ton von zehn Hertz dargestellt wird!
3. Erläutere, wodurch sich ein Ton und ein Geräusch unterscheiden!

EXKURS Lärm schädigt das Gehörorgan

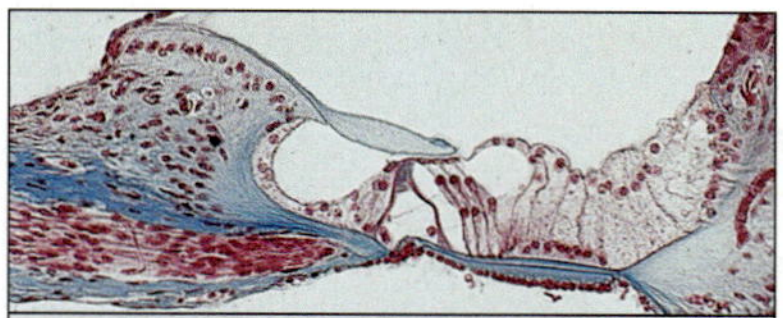

Lärmquelle	dB	Wirkung
Explosion, z. B. Sprengung	140	stark schädigend
Düsenflugzeug	120	
Discomusik, Pressluft-hammer,	100	schädigend
Stereoanlage, laut aufgedreht	80	
Laute Unterhaltung	60	störend
Gespräche im Normalton	40	
Flüstern	20	ohne Folgen

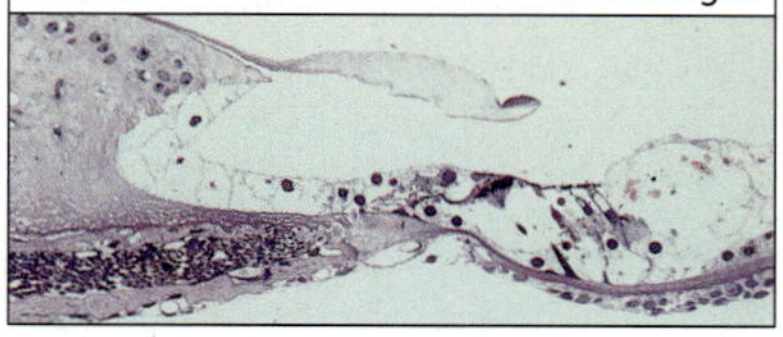

213.1 Zerstörungen im Schneckengang durch Lärm

Viele Beschäftigte tragen an ihrem Arbeitsplatz einen Gehörschutz. Dort, wo Autobahnen oder Bahngleise bewohnte Gebiete durchqueren, werden vermehrt Lärmschutzwände aufgestellt. Welche Bedeutung haben diese Schutzmaßnahmen?
Neben der Frequenz bestimmt auch die Lautstärke des Schalls, der *Schalldruckpegel,* das Hörempfinden. Er wird in *Dezibel* (dB) gemessen. Eine Steigerung des Schalldruckpegels um 10 dB entspricht einer Verdopplung der Lautstärke. Sehr hohe Schalldrücke, wie zum Beispiel eine Explosion, wirken auf das Ohr mit einem Schalldruck von etwa 150 Dezibel ein. Sie schädigen oder zerstören das Trommelfell und die Grundmembran.
In gleichem Maße gefährlich für die Gesundheit sind länger anhaltende Schalldrucke von etwa 100 Dezibel. Das ist zum Beispiel der Fall bei einem Disco-Besuch oder beim „Genießen" der eigenen Stereoanlage mit höchster Lautstärke. Durch die heftigen Schwingungen der Deckmembran werden immer mehr Hörsinneszellen zerstört. Man wird *schwerhörig* und im Extremfall gar *taub.* Drei Prozent aller Jugendlichen sind heute so schwerhörig, dass sie ärztlich behandelt werden müssen.
Aber auch geringere Schalldrucke können die Gesundheit beeinträchtigen, wenn sie Stunde für Stunde oder gar Tag für Tag einwirken. Anwohner stark befahrener Straßen, die Lautstärken von bis zu 70 Dezibel ausgesetzt sind, klagen über Schlaflosigkeit, erhöhten Blutdruck oder Konzentrationsschwächen.

Man bezeichnet solche Geräusche, die als störend empfunden werden oder die Gesundheit stören oder beeinträchtigen, als **Lärm.**

1. Der Gesetzgeber regelt durch Lärmschutzbestimmungen, wie laut Lärm sein darf. Erörtere Pro und Kontra!

PRAKTIKUM Richtungshören

1 Ortung einer Schallquelle

Material: Augenbinde; Oropax
Durchführung: Eine Versuchsperson stellt sich mit verbundenen Augen in die Mitte des Raumes. Sie erhält die Anweisung, während des Versuches nicht den Kopf zu wenden. Alle anderen Schüler und Schülerinnen setzen sich im Kreis um die Versuchsperson herum.
Ein Schüler, der Versuchsleiter, gibt einzelnen Schülern beziehungsweise Schülerinnen durch Handzeichen die Anweisung, einmal kurz in die Hände zu klatschen. Die Versuchsperson ist aufgefordert, mit dem Zeigefinger die jeweilige Schallrichtung anzugeben.
Nach 10 Ortungsversuchen wird der Versuch wiederholt, indem das eine Ohr mit Oropax verschlossen wird.
Aufgabe:
Führe den Versuch durch und erläutere die Ergebnisse!

2 Messung der Laufzeitdifferenz

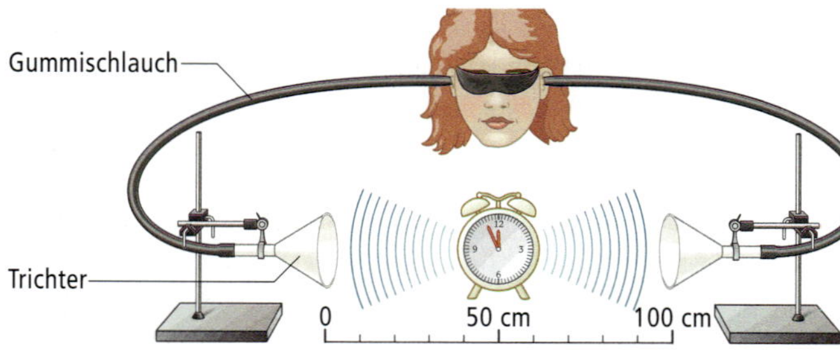

Material: Wecker; 2 Glastrichter; 2 Stative; 2 Muffen; 2 Klemmen; Meterstab; 2 Gummischläuche von je 1 m Länge; Augenbinde
Durchführung: Eine Versuchsperson setzt sich an den Versuchstisch. Der Versuch wird wie in der Abbildung aufgebaut. Der Wecker muss sich zu Beginn des Versuchs in der Mitte zwischen den Trichtern befinden, also bei der 50 cm-Marke des Meterstabes. Verschiebe den Wecker abwechselnd langsam nach beiden Seiten! Die Versuchsperson gibt an, ab wann der Schall nicht mehr von vorn zu kommen scheint. Notiere, bei welcher Entfernung von der Mittelstellung eine solche Richtungsänderung wahrgenommen wird!
Aufgabe:
Berechne, welche Zeitdifferenz noch wahrgenommen wird (Schallgeschwindigkeit: 340 m/s)!

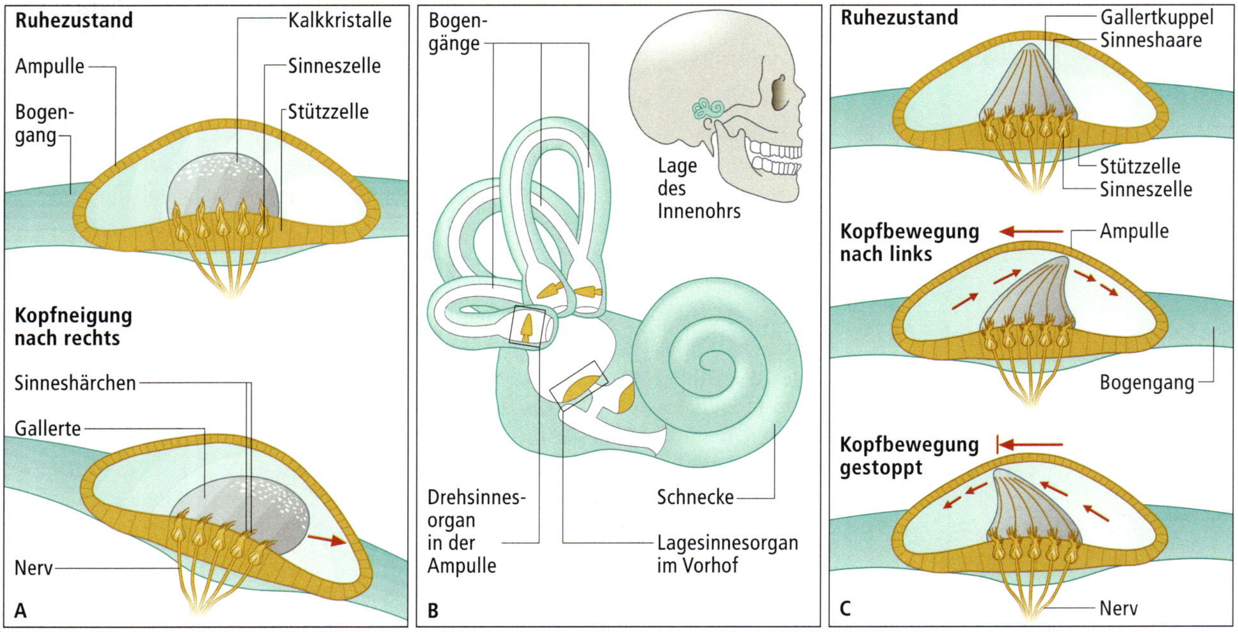

214.1 Lage und Drehsinn. **A** Reizung bei Kopfneigung; **B** Lage der Organe; **C** Drehreiz

3.5 Lage- und Bewegungssinn

Im Simulator herrscht Schwerelosigkeit. Der Astronaut hat die Augen geschlossen. Er kann nicht mit Sicherheit aussagen, ob er auf beiden Füßen oder auf dem Kopf steht. Wie ist diese Fehlleistung zu erklären?

Am Vorderende jeder Gehörschnecke liegen zwei bläschenförmige Erweiterungen, die *Vorhofsäckchen*. Sie enthalten je ein **Lagesinnesorgan.** Ein solches Organ besteht aus Sinneszellen mit Sinneshärchen. Diese ragen in eine Gallertplatte, in die Kalkkristalle eingelagert sind. Bei normaler Kopfhaltung liegt eines der beiden Sinnesorgane waagerecht, das andere senkrecht dazu. Neigt man den Kopf nach rechts, so rutscht die Gallertplatte des zuvor waagerechten Sinnesorgans aufgrund der Schwerkraft ebenfalls nach rechts. Dadurch verbiegen sich die unter ihm liegenden Sinneshärchen in die gleiche Richtung und erregen die Sinneszellen. Die Sinneszellen des anderen Lagesinnesorgans werden ebenfalls erregt, allerdings weniger stark.
Die Erregung beider Organe wird zum Gehirn geleitet. Herrscht wie in einer Raumkapsel keine Schwerkraft, verschieben sich bei einer Lageveränderung des Kopfes die Gallertplatten nicht. Die Sinneshärchen werden nicht verbogen, die Sinneszellen nicht gereizt. Zum Gehirn werden keine Daten über die Lage des Körpers im Raum geleitet. Der Astronaut weiß nicht, ob er auf dem Kopf oder auf beiden Füßen steht.

Bei einem weiteren Test im Simulator sitzt der Astronaut mit geschlossenen Augen auf einem Drehschemel. Dieser wird rechtsherum gedreht. Der Astronaut merkt, dass er sich dreht. Oberhalb des Lagesinnesorgans zweigen die drei *Bogengänge* in drei verschiedene Richtungen ab. Ein Gang liegt waagerecht, die beiden anderen stehen senkrecht in einem Winkel von 90° zueinander. An einem Ende eines jeden Bogenganges befindet sich jeweils eine bauchige Ausweitung, eine *Ampulle*. Auch in den Ampullen befinden sich Gallertkappen, in die Härchen von darunterliegenden Sinneszellen hineinragen. Bei einer Rechtsdrehung des Körpers bleibt die Flüssigkeit des waagerechten Bogenganges aufgrund ihrer Trägheit hinter der Drehung zurück. Die Gallertkappe wird gegen die Flüssigkeit gedrückt und abgebogen. Dadurch werden die Sinneszellen erregt. Die entstehenden Nervenimpulse werden zum Gehirn geleitet und zu einer Empfindung über eine Drehung des Körpers verarbeitet.

Bei anhaltender Drehung um die eigene Achse wird nach und nach auch die Flüssigkeit im waagerechten Bogengang in Bewegung versetzt. Beim Abstoppen der Drehbewegung strömt die Flüssigkeit weiter und biegt die nun ruhenden Gallertkappen in die andere Richtung. Man hat den Eindruck, man drehe sich in entgegengesetzter Richtung.

1. Beschreibe die Funktionsweise des Lage- und Bewegungssinnes!

PRAKTIKUM Lage- und Bewegungssinn

1 Modellversuch zum Drehsinn

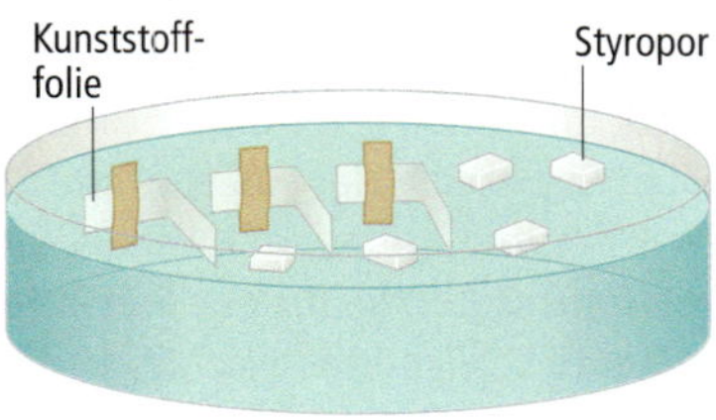

Material: Drehstuhl; runde Glasschale (Durchmesser etwa 20 cm); Kunststofffolie; Schere; Klebeband; Styroporstückchen

Durchführung: Schneide aus der Kunststofffolie kleine Streifen (etwa 7 cm × 1 cm)! Klebe sie entsprechend der Abbildung mit der Hälfte ihrer Länge an den Innenrand der Schale und knicke das freie Ende ab! Fülle die Glasschale bis einen Zentimeter unter ihrem Rand mit Wasser und stelle sie in die Mitte des Drehstuhls! Lege einige Styroporstückchen auf die Wasseroberfläche! Drehe den Stuhl langsam, dann immer schneller! Bremse dann plötzlich ab!

Aufgaben:

a) Beschreibe deine Beobachtungen!
b) Nenne die Teile des Drehsinnesorgans, die durch das Modell erfasst werden!
c) Erläutere mithilfe deiner Beobachtungen die Funktion des Drehsinns!

2 Funktionsmodell zum Lagesinn

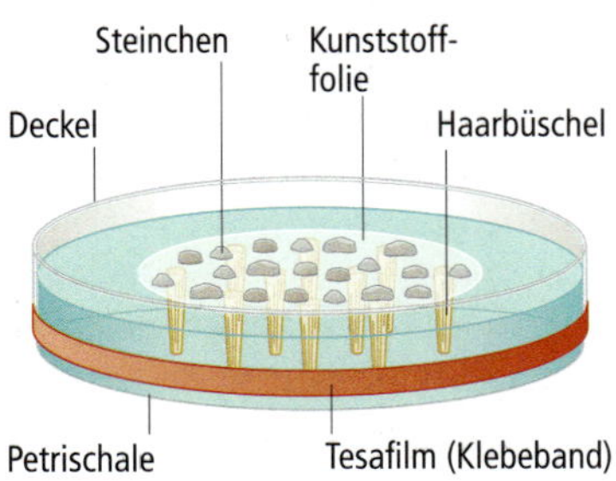

Material: Petrischale mit Deckel; Haarbüschel (zum Beispiel von einem Pinsel oder einem Besen); Klebeband; durchsichtige Folie für die Arbeitsprojektion; Steinchen; Klebstoff; Schere

Durchführung: Schneide eine kreisförmige Scheibe aus der Folie aus und klebe sie, wie in der Abbildung zu sehen, auf etwa 10 Haarbüschel von 1 cm Länge! Die Büschel müssen auch mit der Unterseite der Schale verklebt sein. Klebe auf die Oberseite der Scheibe etwa 20 Steinchen! Fülle die Schale mit Wasser und verschließe sie mithilfe des Deckels und des Klebebandes wasserdicht!

Aufgaben:

a) Führe mit dem zunächst waagerecht stehenden Modell Kippbewegungen durch und notiere deine Beobachtungen!
b) Erläutere deine Beobachtungen im Hinblick auf das entsprechende Sinnesorgan!

3 Party-Versuch zum Drehsinn

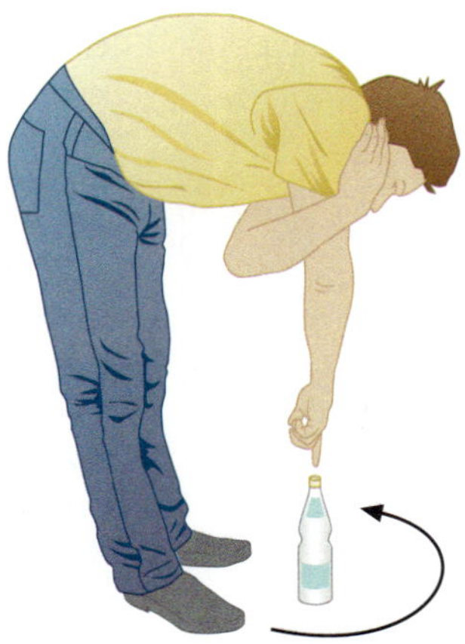

Material: Raum mit einer freien Fläche von etwa 5 m × 5 m; leere Flasche

Durchführung: Stelle dich an den Rand der freien Fläche! Fasse mit deiner linken Hand an dein rechtes Ohr! Strecke dann den rechten Arm durch den vom linken Arm gebildeten Ring und zeige mit dem Finger auf die am Boden stehende Flasche! Nimm dazu eine gebückte Haltung ein, damit sich dein rechter Zeigefinger nur wenige Zentimeter über der Flaschenöffnung befindet! Drehe dich in dieser Haltung etwa 10-mal um die Flasche! Nimm dann Normalhaltung ein und gehe etwa 5 m geradeaus!

Aufgaben:

a) Notiere deine Beobachtungen und Empfindungen während des Versuchs!
b) Erläutere deine Empfindungen und Beobachtungen!

4 Drehstuhlexperimente

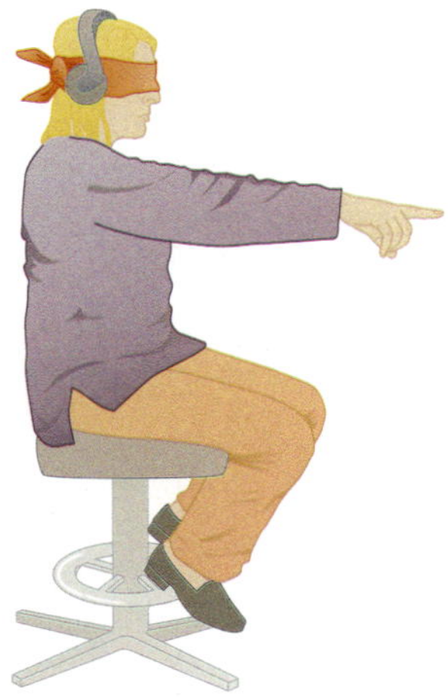

Material: Drehstuhl; Augenbinde oder Halstuch; Schallschutzkopfhörer oder Ohrstöpsel

Durchführung: Verbinde der Versuchsperson sorgfältig die Augen und setze ihr den Schallschutzkopfhörer auf! Bitte sie dann, sich so auf den Drehstuhl zu setzen, dass sie keinen Kontakt mit dem Boden hat! Bitte die Versuchsperson, den linken (oder rechten) Arm auszustrecken! Teile ihr mit, dass sie nun hin und her gedreht werden würde und dabei ihren Arm immer in dieselbe Richtung des Raumes halten und somit die Drehbewegungen ausgleichen solle! Drehe den Drehstuhl mehrmals rasch hin und her! Die Auslenkung aus der Ausgangsstellung darf 90° (Extremlage) nicht überschreiten. Beschleunige nun die Versuchsperson aus der Extremlage ganz langsam und gleichmäßig in die andere Extremlage! Bremse hier die Drehbewegung abrupt ab!

Aufgabe:

a) Notiere und erläutere das Verhalten der Versuchsperson!
b) Erläutere hieran das Basiskonzept „Information und Kommunikation"!

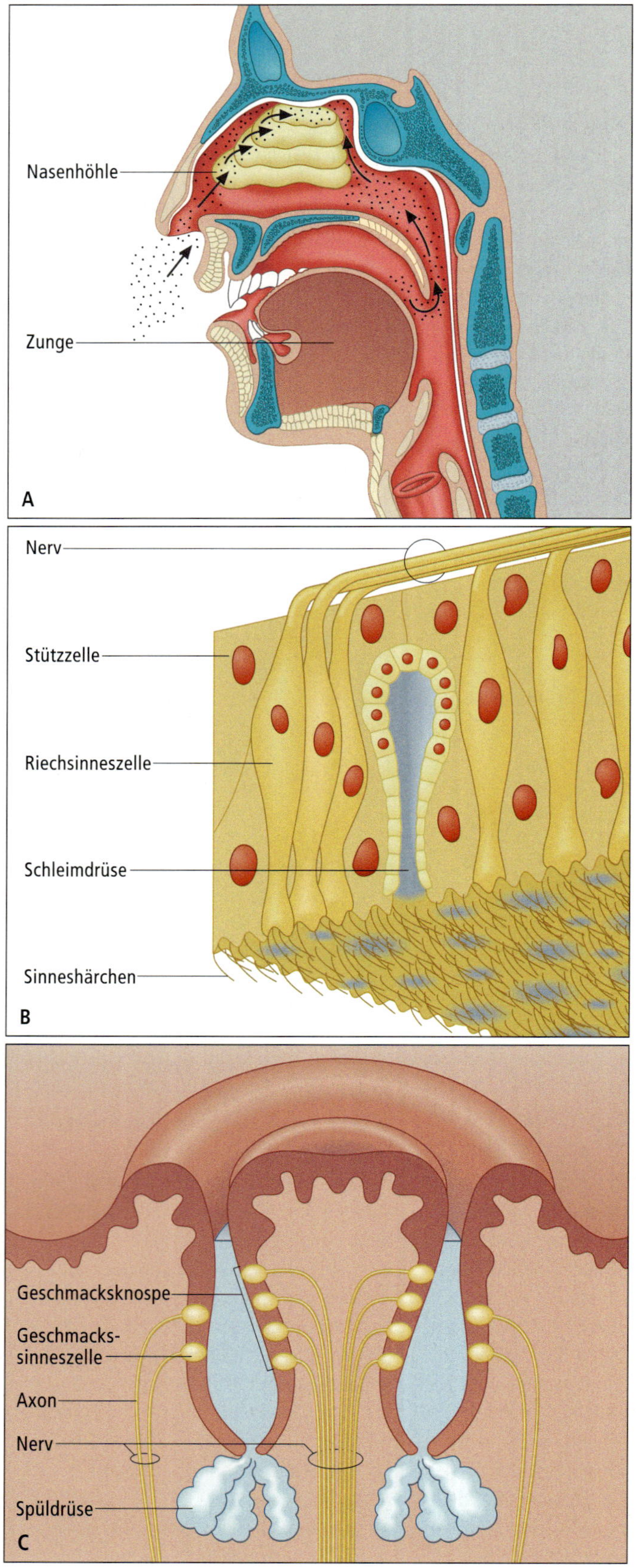

216.1 Riechen und Schmecken. A Lage der Organe; **B** Riechschleimhaut; **C** Geschmackspapille

3.6 Geruchs- und Geschmackssinn

Schon nach dem Öffnen der Wohnungstür steht fest, dass es zum heutigen Mittagessen gebratenen Hering gibt. Beim Zubereiten von Speisen verdampfen Stoffe, die sich in der Küche und schließlich in der ganzen Wohnung verteilen. Mit der eingeatmeten Luft gelangen diese Stoffe in die *Nasenhöhle.* Sie ist mit einer Schleimhaut ausgekleidet, die im oberen Bereich der Nasenhöhle die *Riechfelder* bildet. Hier findet man zwischen *Stützzellen* und *Schleimhautzellen* die für den **Geruchssinn** zuständigen *Riechzellen.* Man schätzt, dass es etwa 500 verschiedene Riechzellen gibt. Jede von ihnen hat eine spezifisch geformte Anheftungsregion, zu der ein spezifischer Geruchsstoff passt wie ein Schlüssel zu einem Schloss. Jede Riechzelle kann durch verschiedene Geruchsstoffe erregt werden. Insgesamt kann ein Mensch etwa 10 000 verschiedene Geruchsqualitäten unterscheiden. Von den Riechzellen wird die Erregung zum zuständigen Großhirnbereich *Riechhirn* geleitet und dort verarbeitet.

Der Geruchssinn spielt eine große Rolle bei der Überprüfung der Nahrung. So kann man riechen, wenn Fisch oder Fleisch verdorben sind. Aber auch im menschlichen Miteinander ist der Geruchssinn bedeutsam. Durch sorgfältige Körperpflege und den wohlüberlegten Einsatz von Parfüms möchte jeder erreichen, dass er gut riecht.

Beim Essen des gebratenen Herings nimmt man den heringstypischen Geruch viel intensiver wahr als beim Betreten der Wohnung. Es kommt noch eine weitere Empfindung hinzu: „Aber auch salzig!“ Für die Empfindung der *Geschmacksqualitäten* salzig, süß, sauer und bitter ist der **Geschmackssinn** zuständig. Die Oberseite der Zunge trägt warzenförmige Erhebungen, die *Geschmackspapillen.* In den Wandbereichen dieser Papillen befinden sich *Geschmacksknospen,* Gruppen von *Geschmackssinneszellen.* Für jede Geschmacksqualität ist ein spezieller Geschmackssinneszellentyp zuständig. Dies entspricht dem *Schlüssel-Schloss-Prinzip.*

„Die gebratenen Heringe haben heute wieder einmal sehr gut geschmeckt!“ Dieser Gesamteindruck beim Verzehr einer Speise kommt durch gleichzeitige Reizung der Geschmackssinneszellen und der Riechzellen zustande. In jüngerer Zeit sind auch für die Geschmacksqualitäten „Fleisch“ und „Fett“ Sinneszellen entdeckt worden.

1. Erläutere, weshalb du warme Speisen besser riechen kannst als kalte!

PRAKTIKUM Riechen und Schmecken

1 Bestimmung der Geschmacksschwelle

Material: 6 Bechergläser (250 ml); Filtrierpapier; 20 Wattestäbchen (oder Glasstäbchen); Rohrzucker; Leitungswasser; Waage; Messzylinder (100 ml); Flasche Mineralwasser

Durchführung: Stelle zunächst unterschiedlich konzentrierte Rohrzuckerlösungen her! Gib mithilfe des Messzylinders 100 ml Leitungswasser in ein Becherglas! Wiege mithilfe der Waage 0,5 g Rohrzucker ab und löse ihn in dem Wasser des Becherglases auf! Stelle entsprechend dieser 0,5 %igen Zucker-Lösung Lösungen mit den Konzentrationen 1 %, 1,5 %, 2 % und 2,5 % her! Bringe von jeder Lösung einen Tropfen auf die Zungenspitze! Die Versuchsperson teilt mit, ob sie die Geschmacksempfindung „süß" hat. Beginne die Testreihe mit der niedrigsten Konzentration! Halte die Versuchsperson an, nach jeder Geschmacksprobe den Mund mit Wasser auszuspülen und vor jedem Test die Zunge mit Filtrierpapier abzutrocknen!

Aufgaben:

a) Nenne Gründe dafür, weshalb mit der niedrigsten Konzentration begonnen wird!

b) Nenne Gründe, weshalb die Versuchsperson nach jedem Test den Mund mit Wasser ausspülen soll!

c) Erläutere, weshalb vor jeder Geschmacksprobe die Zungenspitze mit Filtrierpapier abgetrocknet werden soll!

d) Ermittle mithilfe des beschriebenen Tests, bei welcher Konzentration die Geschmacksempfindung „süß" erstmals wahrgenommen wird!

2 Zusammenwirken von Geschmacks- und Geruchssinn

Material: Apfel, Karotte, Kartoffel; Reibe; kleine Löffel aus Kunststoff; Messer; 3 Petrischalen; Augenbinde; Flasche Mineralwasser

Durchführung: Reibe vom Apfel, von der Karotte und von der Kartoffel etwas in die Petrischalen! Verbinde dann der Versuchsperson die Augen und fordere sie auf, sich mit Daumen und Zeigefinger die Nase zuzuhalten! Gib ihr nacheinander und jeweils mit einem neuen Löffel je eine kleine Kostprobe von den drei Breisorten! Die Versuchsperson teilt mit, was sie kostet. Es ist wichtig, dass sie nach jeder Kostprobe den Mund ausspült. Wiederhole die Testreihe mit einer anderen Reihenfolge der dargebotenen Breisorten! Dabei soll die Nase der Versuchsperson unverschlossen bleiben.

Aufgaben:

a) Notiere die Mitteilungen der Versuchsperson zu den beiden Versuchsreihen!

b) Erläutere die Ergebnisse der beiden Versuchsreihen!

c) Erläutere hieran das Basiskonzept „Information und Kommunikation"!

3 Erkennungsschwelle für Duftreize

Material: 6 bis 10 kleine verschließbare Flaschen (abhängig von der Zahl der zu testenden Stoffe); Folienstifte; gestoßene Küchengewürze; Parfüm; Ammoniak (C, N); Aceton (F, Xi); Essigsäure (Xi); Wasser; Stoppuhr

Durchführung: Die Flaschen werden mit den duftenden Stoffen beschickt, verschlossen und so gekennzeichnet, dass für die Versuchsperson nicht ersichtlich ist, was sich in ihnen befindet.
Die Tests werden in verschiedenen Räumen durchgeführt. Eine verschlossene Duftflasche wird auf den Tisch gestellt. Die Versuchsperson setzt sich so an den Tisch, dass ihre Nase etwa 1 m von der Flasche entfernt ist. Um Luftzug zu vermeiden, werden Fenster und Türen geschlossen gehalten, unnötige Bewegungen vermieden. Dann wird die Flasche geöffnet und die Stoppuhr in Gang gesetzt. Die Versuchsperson teilt mit, wann sie den Duft bemerkt (Wahrnehmungsschwelle) und wann sie ihn identifizieren kann (Erkennungsschwelle).

Aufgaben:

a) Bestimme bei der Versuchsperson die Wahrnehmungs- und Erkennungsschwelle (in Sekunden) für verschiedene Stoffe!

b) Erläutere die Unterschiede!

c) Plane Versuche für den Einfluss der Temperatur auf die Wahrnehmung!

4 Schnüffeln und seine Bedeutung

Material: 4 verschließbare Flaschen mit Parfüm, Essig, Aceton (F, Xi) und zerriebener Zwiebel; Augenbinde

Durchführung: Die Versuchsperson setzt sich aufrecht an einen Tisch. Stelle eine Riechprobe so auf den Tisch, dass sie sich unter der Nasenöffnung der Versuchsperson befindet! Öffne den Verschluss! Die Versuchsperson prüft den Geruch
- mit angehaltenem Atem,
- bei normaler Atmung,
- durch Schnüffeln (wiederholt kurz und schnell durch die Nase atmen).

Nach jeder Prüfung steht die Versuchsperson auf, macht fünf Schritte und nimmt wieder ihren Platz ein. Die Versuchsperson teilt mit, bei welchem Atemverhalten die Prüfung des Stoffes besonders rasch beziehungsweise besonders langsam gelingt.

Aufgabe:

Notiere die Ergebnisse der Geruchsprüfung und erläutere sie!

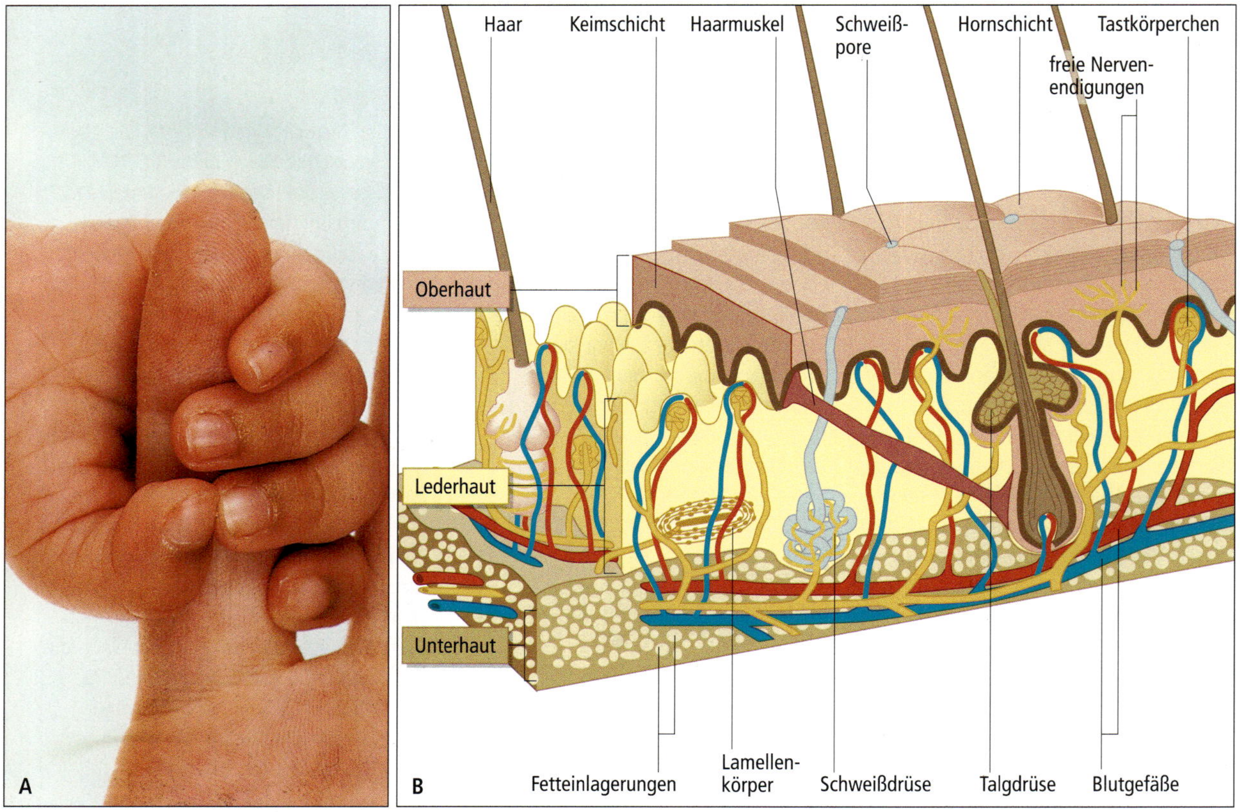

218.1 Haut. A Kontakte; **B** Aufbau (Schema)

3.7 Sinne der Haut

Hand in Hand geht das Paar über den Schulhof. Sie genießen die gegenseitige zärtliche Berührung ihrer Hände.

In der Haut des Menschen befinden sich unterschiedliche Organe, die für den Berührungs- oder **Tastsinn** verantwortlich sind. Beim Streicheln des Handrückens werden Haare umgebogen. Dadurch werden die Nervenendigungen gereizt, die als *Haarbalggeflecht* die Haarwurzeln umgeben. Die *Tastkörperchen* in den Papillen der Lederhaut dagegen bestehen aus Schichten von Tastzellen und Nervenfasern. Bei Berührung werden die Tastzellen zusammengedrückt und erregt. Die Erregung wird zum Gehirn weitergeleitet und mit anderen Informationen abgestimmt. Das bedeutet: „Ich halte die Hand des anderen. Die Berührung ist angenehm." Für starke Berührungsreize wie heftiges Drücken der Hand sind die *Lamellenkörper* der Unterhaut zuständig. Sie bestehen aus einer Nervenendigung, die von Bindehautschichten umschlossen ist.

„Deine Hand ist ganz heiß und feucht!" Temperaturen im Körper und auf der Körperoberfläche werden vom **Temperatursinn** erfasst. Bestimmte freie Nervenendigungen sprechen auf niedrige Temperaturen beziehungsweise deren Änderung an. Man nennt sie *Kältekörperchen.* Die ähnlich aufgebauten *Wärmekörperchen* reagieren bei höheren Temperaturen. So melden sie die durch den Wärmestau bedingte Temperaturerhöhung im Bereich zweier Hände, die einander umfassen, an das Gehirn. Dieses veranlasst Maßnahmen gegen ein Überhitzen, so zum Beispiel die Bildung von Schweiß.

„Au, du tust mir weh!" Drückt man die Hand zu fest, so schmerzt es. Auf extreme Reize wie sehr starke Druckeinwirkungen, sehr hohe oder sehr niedrige Temperaturen sprechen *freie Nervenendigungen* an. Der **Schmerzsinn** warnt vor Umwelteinwirkungen, die zu Schädigungen oder Verletzungen der Haut oder tiefer gelegener Schichten führen können.

1. Nenne die Organe der Haut, die auf mechanische Einwirkungen ansprechen!
2. Erläutere, weshalb in den Fingerkuppen Tastkörperchen in größerer Zahl vorkommen als in der Haut des Rückens!
3. Nenne weitere Umwelteinwirkungen, auf die der Schmerzsinn anspricht!

PRAKTIKUM Sinne der Haut

1 Tastempfindlichkeit der Haut

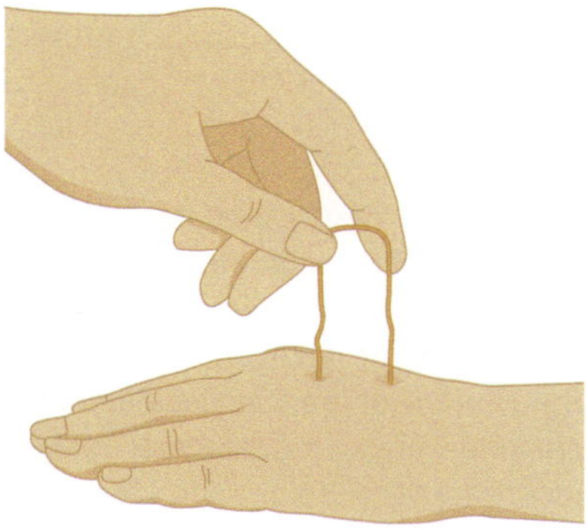

Material: Büroklammer; Lineal; Augenbinde

Durchführung: Biege die Büroklammer auf zu einem U, dessen Enden einen Abstand von 20 mm haben! Verbinde der Versuchsperson die Augen und bitte sie, die rechte oder linke Hand ganz entspannt auf die Tischplatte zu legen! Drücke die Enden der Klammer leicht auf die Haut der Versuchsperson! Fordere die Versuchsperson auf, mitzuteilen, ob sie einen oder zwei Tastreize wahrnimmt! Verringere nun den Abstand der Enden in kleinen Abständen und teste die Berührungsempfindung an derselben Stelle! Notiere den Abstand, bei dem nur noch ein Tastreiz wahrgenommen wird! Führe den Test in unregelmäßigen Abständen mit nur einem Ende durch!

Untersuche auf diese Weise den Handrücken, die Handfläche und die Fingerkuppe! Weite deine Untersuchungen auf andere Hautbereiche aus!

Aufgaben:

a) Nenne die Strukturen der Haut, die für die Tastempfindung verantwortlich sind!

b) Nenne ein Versuchsergebnis, das auf eine hohe Tastempfindlichkeit hindeutet!

c) Ermittle die Bereiche der Haut mit einer hohen Tastempfindlichkeit!

d) Erläutere die biologische Bedeutung dieser hohen Tastempfindlichkeit!

e) Erläutere, welches Ergebnis du für den Bereich der Lippen erwartest!

2 Übungen mit der Blindenschrift

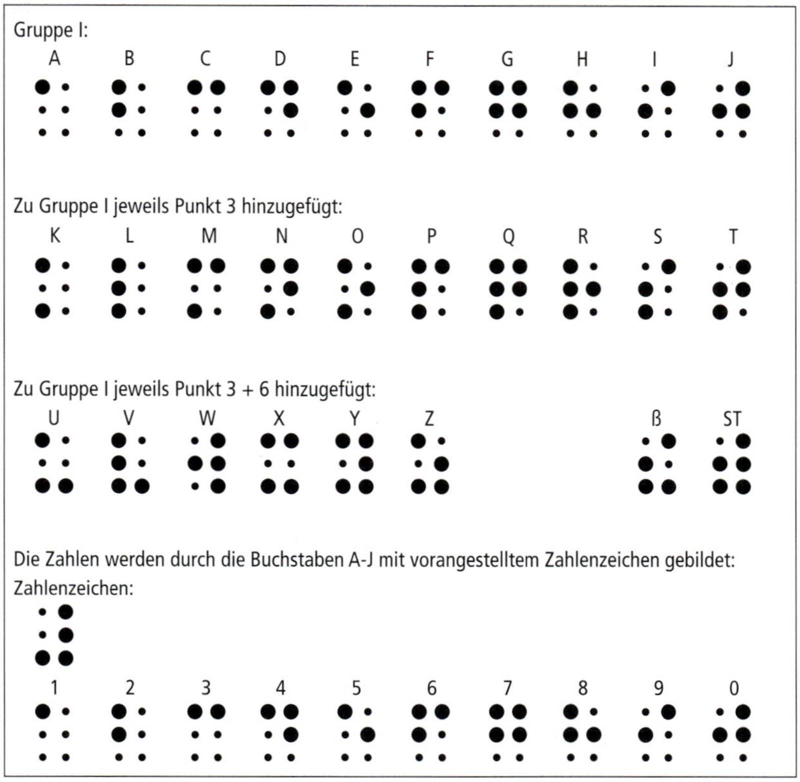

Material: Kopie der Abbildung; spitze Schere

Durchführung: Halte die Kopie mit der Schrift gegen eine Fensterscheibe und pieke die dicken Punkte mit der Scherenspitze zunächst leicht an!

Nimm dann das Blatt in die Hand und stich mit der Schere von der Rückseite des Blattes die dicken Punkte in ihrer vollen Größe ein!

Aufgaben:

a) Erläutere das Prinzip der Blindenschrift!

b) Ertaste mit geschlossenen Augen einzelne Buchstaben der Blindenschrift!

c) Schreibe „Ohr" in Blindenschrift! Steche die dicken Punkte mit der Schere durch und lass das Wort von einem Mitschüler mit geschlossenen Augen lesen!

d) Erläutere an diesem Beispiel das Basiskonzept „Information und Kommunikation"!

3 Temperaturtest

Material: 2 Schüsseln (Mindestdurchmesser 20 cm); Thermometer

Durchführung: Fülle in die beiden Schüsseln gleich warmes Wasser und gib in die eine Schüssel so viel wärmeres oder kälteres Wasser, dass zwischen den beiden Schüsseln ein Temperaturunterschied von 1 °C bis 3 °C besteht! Tauche je einen Finger mit seiner Kuppe in das unterschiedlich warme Wasser! Teile mit, ob du einen Temperaturunterschied empfindest! Wiederhole den Test, indem du je eine Hand eintauchst!

Aufgabe:

Fertige ein Versuchsprotokoll an!

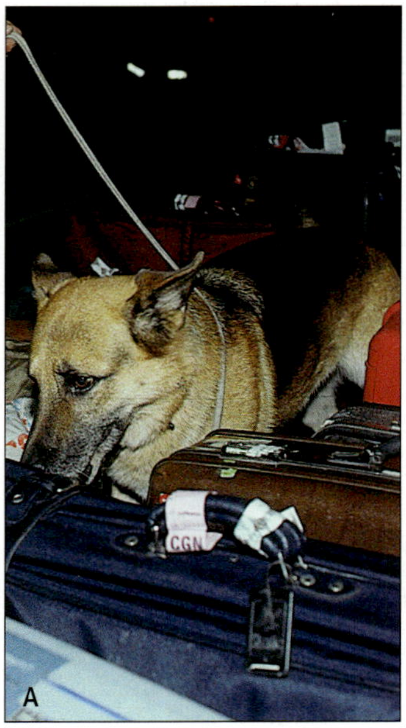

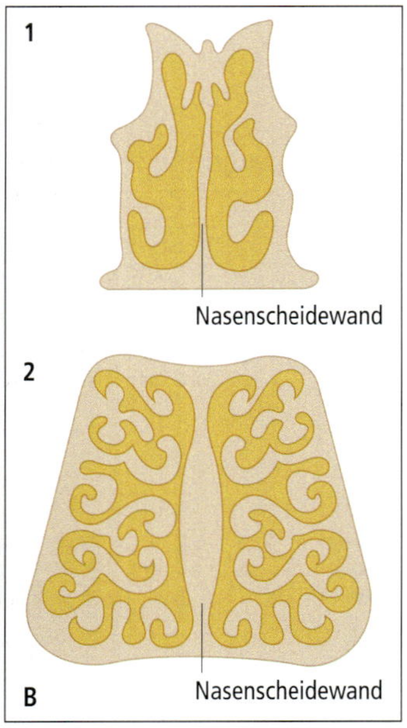

220.1 Sinnesleistung Riechen. A Drogenhund; **B** Riechschleimhaut bei Mensch (1) und Hund (2)

220.2 Fühler eines Seidenspinners

1. Erläutere, welche Baumerkmale die höhere Riechleistung eines Hundes gegenüber der eines Menschen verständlich machen!
2. Stelle Vermutungen an über die unterschiedlichen Wahrnehmungswelten von Mensch und Hund!
3. Nenne Tiere und ihre Sinnesleistungen, die der Mensch nutzt!
4. Erläutere, inwiefern Seidenspinnerweibchen auf die gute Riechleistung von Seidenspinnermännchen angewiesen sind!

3.8 Sinnesleistungen bei Tieren

Gepäckabfertigung des Frankfurter Flughafens: Der Schäferhund der Drogenfahnder schnüffelt aufgeregt. Plötzlich beginnt er, heftig an einem Koffer zu kratzen und zerrt an der Leine. Der Koffer wird geöffnet. 250 Gramm Heroin sind in Kunststofffolie eingeschweißt. Weshalb nehmen Drogenfahnder die Hilfe abgerichteter Hunde in Anspruch?

Ein Querschnitt durch den Nasenraum eines Hundes und eines Menschen zeigt auffällige Übereinstimmungen. Der Nasenraum ist von zahlreichen Knochenbälkchen durchzogen, die zusätzlich gefaltet sind. Ihnen ist die Riechschleimhaut mit den Riechsinneszellen aufgelagert. Neben diesen Übereinstimmungen sind auch deutliche Unterschiede festzustellen. Beim Hund ist die Ausbildung der Knochenbälkchen und deren Faltung viel feiner angelegt als beim Menschen. Die gesamten knöchernen Verästelungen der Hundenase sind von Riechschleimhaut überzogen, beim Menschen dagegen nur ein kleiner Teil im oberen Nasenraum. Beim Hund ist die Riechschleimhautfläche mit 85 Quadratzentimetern sehr groß, beim Menschen sind es nur etwa drei Quadratzentimeter. Folglich ist bei einem Hund auch die Anzahl der Riechsinneszellen mit 230 Millionen deutlich höher als beim Menschen, der nur über 30 Millionen derartiger Zellen verfügt. Damit ist bei einem Hund die Wahrscheinlichkeit groß, dass einzelne Geruchsstoffteilchen mit Riechsinneszellen in Berührung kommen und diese erregen. So wird verständlich, dass die Riechleistung eines Hundes um mehr als eine Million Mal besser ist als die eines Menschen. Der Hund ist ein „Nasentier" und somit in der Lage, die wenigen Herointeilchen, die von einer folienverschweißten Heroinportion an die Luft abgegeben werden, wahrzunehmen. Diese Riechleistung ist dem Hund angeboren. Er muss allerdings lernen, diese Wahrnehmung durch Bellen oder Kratzen anzuzeigen.

Noch geruchsempfindlicher sind die zu den Schmetterlingen zählenden Seidenspinner. Zur Fortpflanzungszeit geben die flugunfähigen Weibchen in ihren Hinterleibsdrüsen den Sexuallockstoff *Bombykol* ab. Dieser Stoff wird durch den Wind verbreitet. Er ist für die Seidenspinnermännchen äußerst attraktiv. Auf ihren Fühlern befinden sich zahlreiche feine, hohle Haare, sogenannte Riechhaare. Poren in diesen Haaren führen zu den Riechsinneszellen. Bereits ein einziges Bombykol-Teilchen reicht aus, um ein weit entferntes Männchen anzulocken.

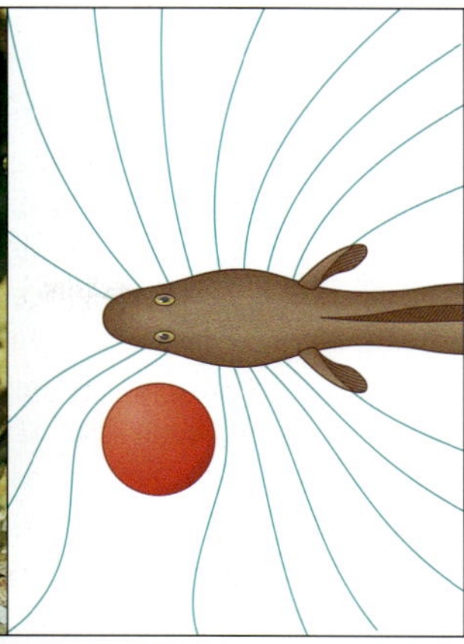

Die Mehrzahl der *Nilhecht*-Arten lebt in trübem Wasser oder ist nachts aktiv. Mithilfe spezieller elektrischer Organe erzeugen sie *elektrische* Felder. Diese elektrischen Felder wiederum können sie mithilfe spezieller **Elektrorezeptoren** erfassen. Werden die ausgesendeten elektrischen Felder durch Beutetiere, Hindernisse oder Feinde verändert, können Nilhechte diese Veränderung mithilfe der Elektrorezeptoren wahrnehmen und im Gehirn verrechnen. Das Ganze gleicht einer Art von „Radar", das auch zur Erkennung von Artgenossen genutzt werden kann.

Die *Grubenottern,* zu denen auch die Klapperschlangen gehören, nennt man auch die „Spürhunde unter den Schlangen". Sie spüren bevorzugt kleine Säugetiere und Vögel auf. Diese gleichwarmen Tiere geben Wärmestrahlung, so genannte *Infrarotstrahlung,* ab. Grubenottern verfügen über ein für diese Strahlung passendes Sinnesorgan. In der Mitte zwischen jedem Nasenloch und jedem Auge befinden sich zwei grubenförmige Einsenkungen, die **Grubenorgane.** Die dort fein verteilten Nervenendigungen registrieren kleinste Temperaturschwankungen.

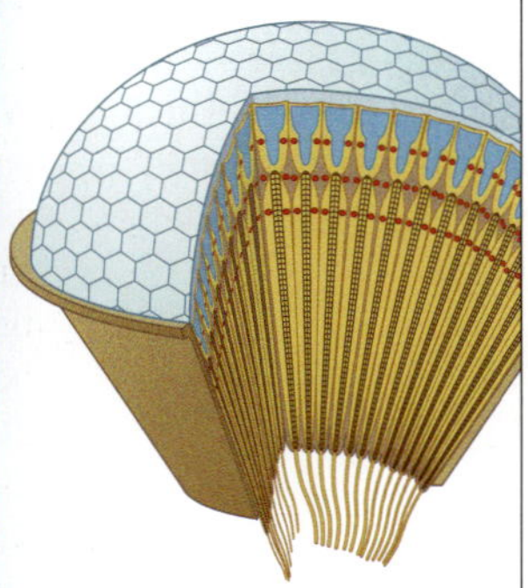

Die meisten *Insekten,* wie zum Beispiel die Honigbiene, haben paarige, am Kopf sitzende **Komplexaugen.**
Sie sind aus etwa 5000 Einzelaugen zusammengesetzt. Bienen sind farbsehtüchtig. Sie können alle Farben außer Rot erkennen. Zusätzlich können sie auch *Ultraviolett* sehen, das unser menschliches Auge nicht wahrnimmt. Eine Mohnblume erscheint einer Biene nicht rot, sondern ultraviolett. Diese Blüte reflektiert neben dem roten Anteil des Lichtes, für den unser menschliches Auge empfindlich ist, auch ultraviolettes Licht. Für dieses sind wir Menschen zwar nicht empfindlich, wohl aber die Bienen.

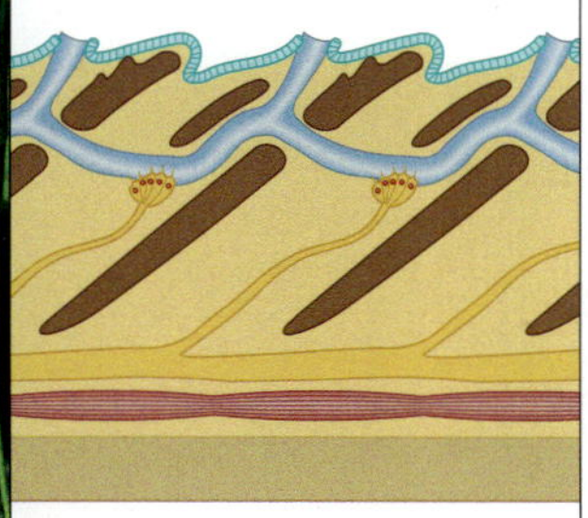

Viele *Fische,* wie zum Beispiel der Flussbarsch, besitzen ein **Seitenlinienorgan.** Beidseitig und über die ganze Körperlänge kann man eine Linie feiner Poren erkennen. Sie sind in der Unterhaut durch einen Längskanal verbunden. In diesen mit Gallerte gefüllten Kanälen befinden sich Sinnesknospen. Durch einen sich verändernden Wasserdruck verschiebt sich die Gallerte. Dadurch werden die Sinnesknospen gereizt. Mithilfe des Seitenlinienorgans können *Strömungsänderungen* erfasst werden, die auf von Hindernissen oder Lebewesen zurückgeworfene Wellen zurückgehen.

221.1 Sinnesleistungen verschiedener Tiere

EXKURS Basiskonzept „Information und Kommunikation“

Wahrscheinlich haben sich die ersten Menschen durch Laute und Töne verständigt. Daraus entstanden mit der Zeit die ersten Worte und, vermutlich vor etwa zwei Millionen Jahren, eine einfache Sprache. Erst vor rund 7000 Jahren entwickelten Menschen eine Bilder- und Keilschrift. So konnten sie auch schriftlich **Informationen** (lat. *informare* = darstellen) austauschen. Mit der Erfindung der Buchdruckerkunst im 15. Jahrhundert konnten immer mehr Menschen mit Informationen versorgt werden. Zu diesen Printmedien, zu denen nicht nur Bücher zählen, sondern auch Flugblätter und Zeitschriften, kamen im Laufe der Zeit weitere Medien hinzu: Funk, Telefon und Fernsehen sowie die elektronischen Medien wie Fax, Handy und Computer. Wenn auch der Informationsaustausch sehr unterschiedlich erfolgt, so liegt ihm doch ein gemeinsames Prinzip zugrunde.

Bei einem Austausch von Informationen, einer **Kommunikation** (lat. *communicare* = etwas mitteilen), zwischen zwei Menschen kommt es immer zu einer wechselseitigen Abgabe und Aufnahme von Informationen. Der eine Mensch fungiert als „Sender“, indem er zum Beispiel etwas ruft, also Töne abgibt. Diese erreichen als Schallwellen den Gesprächspartner, den „Empfänger“. Er nimmt über geeignete Sinnesorgane, wie in diesem Fall über die Ohren, die in den Schallwellen verschlüsselten Informationen auf. Sie werden in elektrische Impulse umgewandelt und über Nervenbahnen zum Gehirn weitergeleitet. Hier werden die Informationen verarbeitet. Dabei vergleicht das Gehirn sie mit gespeicherten Informationen, um sie zu verstehen und auch um auf sie reagieren zu können. Diese durch Worte vermittelte Kommunikationsart, die für den Menschen charakteristisch ist, wird als **verbale Kommunikation** bezeichnet. Dagegen spricht man von **nonverbaler Kommunikation,** wenn nicht Worte einer Sprache bei der Kommunikation eingesetzt werden, sondern Körperhaltung, Mimik, Gestik oder verabredete Zeichen. Das bekannteste Beispiel für eine solche Verständigung ist die Zeichensprache der Taubstummen. Es sind optische Signale, die zum Beispiel den „Empfänger“ über den Gemütszustand des „Senders“ informieren. Auch Gerüche und Geschmack vermitteln Informationen. Bestimmte Gerüche und Geschmacksempfindungen können zum Beispiel Gefahr signalisieren. Andere informieren über die Zusammensetzung von Speisen. Sie können zusätzlich die Verdauungsdrüsen anregen, Verdauungsenzyme zu bilden. Körpergerüche können bei der Auswahl des Geschlechtspartners eine Rolle spielen. Sie informieren aber auch über den Hygienezustand eines Lebewesens.

Ein Informationsaustausch findet nicht nur zwischen Lebewesen, sondern auch in ihnen selbst statt. So informieren Messfühler das Gehirn über die Konzentrationen von Sauerstoff, Kohlenstoffdioxid, Basen, Säuren und Salzen im Blut. Die Kommunikation zwischen den Organen erfolgt vielfach mit chemischen Botenstoffen. Das menschliche Gehirn kommuniziert zum Beispiel mithilfe von Hormonen, die mit dem Blut transportiert werden, mit den Fortpflanzungsorganen. So können diese darüber informiert werden, Geschlechtszellen zu bilden, andere Hormone zu produzieren und die Gebärmutterschleimhaut zu verändern.

Wie der Mensch tauschen auch Tiere miteinander Informationen aus, kommunizieren also miteinander. So signalisieren zum Beispiel Hunde durch Harnspritzen, dass ihnen ein so markiertes Revier gehört. Ein revierfremder Artgenosse drückt durch seine Körperhaltung aus, dass er die Revierverhältnisse akzeptiert.
Auch Pflanzen geben Informationen ab und nehmen andere Informationen auf. **„Information und Kommunikation“** ist also ein **Basiskonzept.**

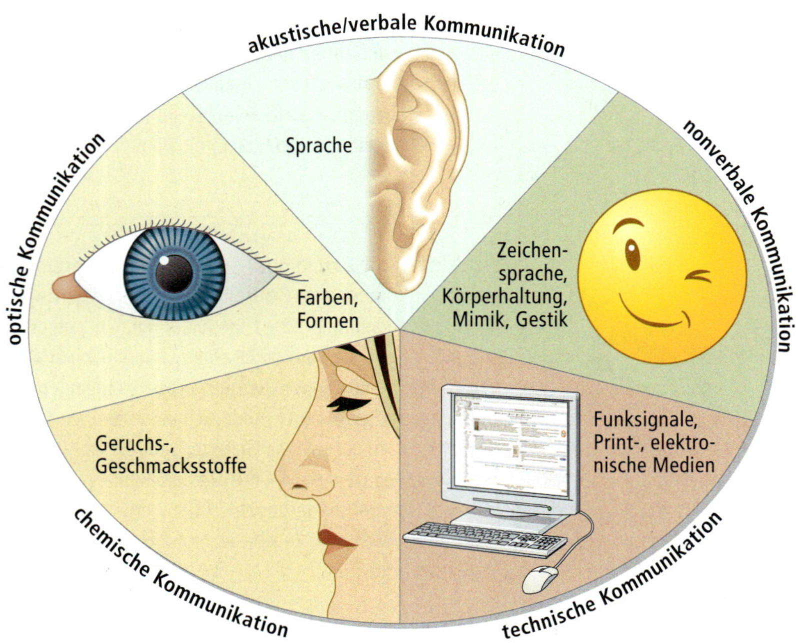

222.1 Informationsaustausch und Kommunikationsmöglichkeiten des Menschen

1. Eine Kommunikation kann akustisch, chemisch, optisch, nonverbal und verbal erfolgen. Erläutere die verschiedenen Kommunikationsmöglichkeiten an menschlichen und tierischen Beispielen! Benutze die Abbildung 222.1!
2. Beschreibe, in welcher Form Informationen beim und vom Menschen verschlüsselt und weitergeleitet werden können!
3. Nenne ein Beispiel dafür, dass Pflanzen mit anderen Lebewesen kommunizieren!

RÜCKBLICK mit Basiskonzepten: Sinne

223.1 Sinnesorgane des Menschen und auslösende Reize

Der Mensch erhält vielfältige Informationen aus seiner Umwelt und seinem Inneren, auf die er reagieren muss. Diese Informationen werden durch *Sinnesorgane* aufgenommen. Hier gilt das **Basiskonzept „Information und Kommunikation".** Doch auf viele Umwelteinflüsse wie zum Beispiel Radarstrahlen oder UV-Lichtstrahlen kann der Mensch nicht reagieren, da er hierfür keine Sinnesorgane besitzt. Umwelteinflüsse, die der Mensch mithilfe seiner Sinnesorgane aufnehmen kann, nennt man *Reize.* Jedes Sinnesorgan ist nur für einen bestimmten Reiz zuständig. So spricht das Auge nur auf Lichtstrahlen an, das Ohr nur auf Schallwellen. Dieser Zusammenhang entspricht dem **Basiskonzept „Struktur und Funktion".**

Nach der Besonderheit des Reizes kann man vier Gruppen von Sinnesorganen unterscheiden:

1. Sinnesorgane, die auf mechanische Einwirkungen reagieren, wie in der Haut, im Ohr und in den Gleichgewichtsorganen;
2. Sinnesorgane, die auf Temperaturänderungen ansprechen, wie die Kälte- und Wärmekörperchen;
3. Sinnesorgane, die auf bestimmte Stoffe reagieren, wie beim Geruchs- und Geschmackssinn;
4. Sinnesorgane, die für Lichtreize zuständig sind, wie die Netzhaut.

Sinnesorgane geben die aufgenommenen Informationen an das Nervensystem weiter. Damit das Nervensystem die von einem Sinnesorgan zugeführte Information „versteht", muss diese in den Sinneszellen in die Sprache der Nervenzellen „übersetzt" werden, das heißt, in eine Abfolge von elektrischen Impulsen umgewandelt werden.
Beim Hören eines Musikstückes rufen in der Schnecke ankommende Schallwellen die Bildung von elektrischen Impulsen hervor. Diese, und nicht etwa die Schallwellen, werden durch den Hörnerv zum Gehirn geleitet. Der für Hörreize zuständige Gehirnbereich verarbeitet die elektrischen Impulse zu einem Höreindruck, einem Ton. Alle Sinnesempfindungen gehen also auf eine Zusammenarbeit von Sinnesorgan und Nervensystem zurück.

Einige Sinnesorgane wie der Tast- oder der Geschmackssinn können nur dann gereizt werden, wenn sich die Reizquelle in ihrer unmittelbaren Nähe befindet. So kann man die Süße einer Birne nur dann schmecken, wenn etwas Birnensaft mit einer Geschmackspapille in Berührung kommt. Der Stoff Zucker reizt dann die für die Geschmacksempfindung „süß" zuständigen Geschmackssinneszellen. Die Licht-, Gehör- oder Geruchssinne dagegen sprechen auch auf Reize an, die von weiter entfernt liegenden Reizquellen ausgehen. Sie sind in der Lage, zusätzlich zur Reizart auch die Entfernung zur Reizquelle sowie die Stärke des Reizes aufzunehmen. So kann sich das Auge an die Helligkeit einer Lichtquelle anpassen, indem es bei großer Helligkeit die Öffnung für den Lichtdurchtritt, die Pupille, verkleinert. Bei schwachen Lichtverhältnissen wird die Pupille vergrößert. Auch auf unterschiedliche Entfernungen kann sich das Auge durch Wölbung (Nahakkommodation) oder Abflachung der Linse (Fernakkommodation) einstellen. Geruchs- und Gehörsinn verfügen nicht über so komplizierte Anpassungsmechanismen.

Viele Tiere haben Sinnesorgane wie der Mensch, sind aber für bestimmte Reize hochempfindlich und so an eine bestimmte Lebensweise angepasst. Andere Tiere verfügen über zusätzliche Sinnesleistungen und sind dadurch in besonderer Weise an ihren Lebensraum angepasst: **Basiskonzept „Variabilität und Angepasstheit".**

Sinnesorgane können von Geburt an, im Alter oder durch die Folgen einer Krankheit in ihrer Funktion beeinträchtigt sein. Beim Auge kann die Fähigkeit, beliebig entfernte Gegenstände scharf zu sehen, eingeschränkt sein. Hier helfen Brillen mit Sammel- oder Zerstreuungslinsen.

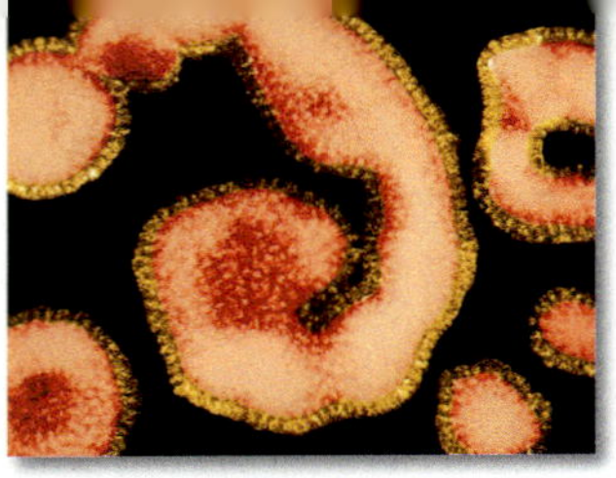

Immunbiologie

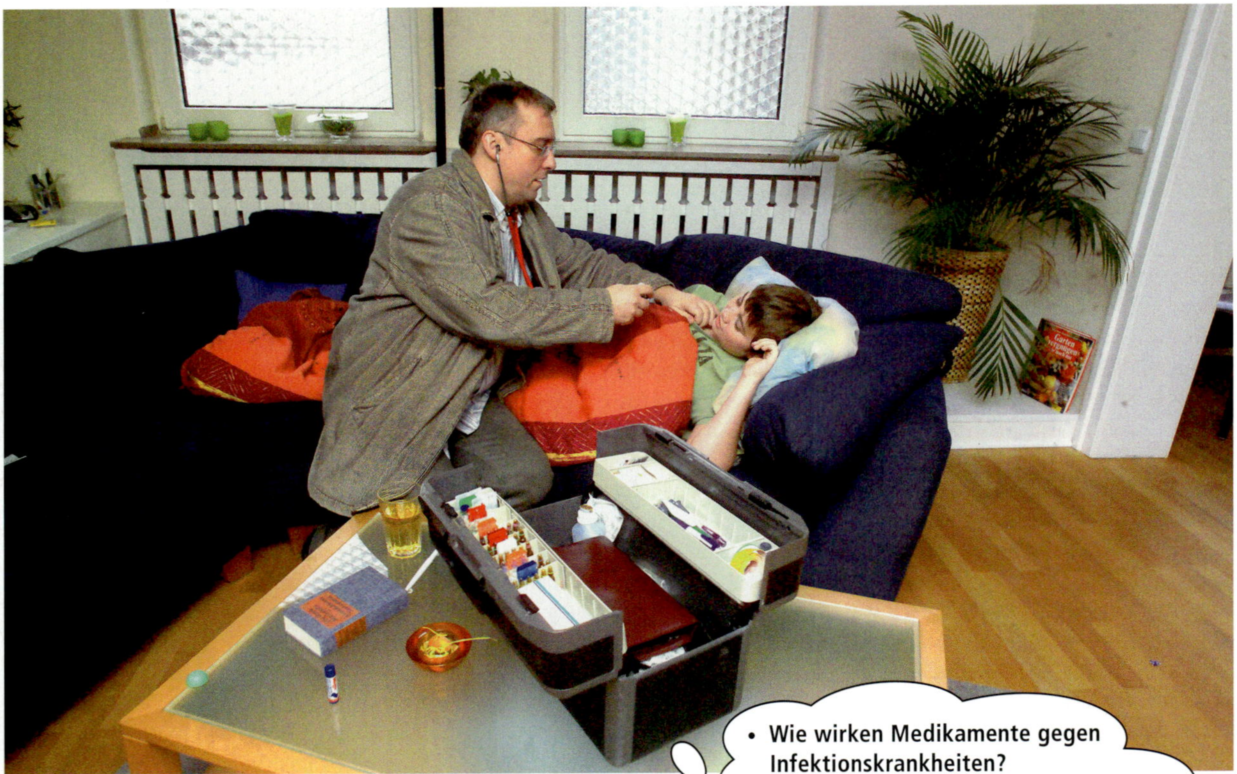

224.1 Gesund werden!

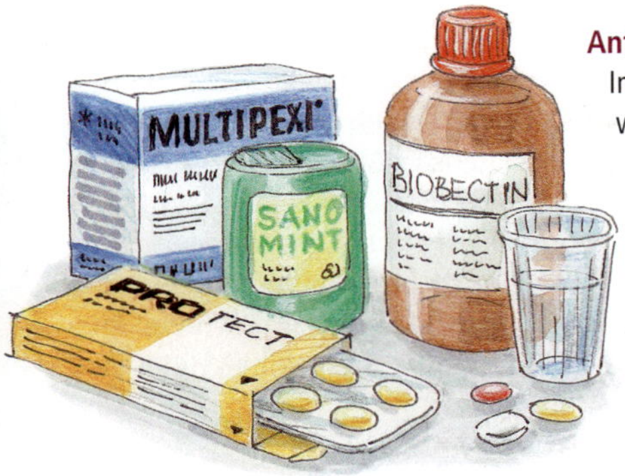

Antibiotika. Antibiotika sind wichtige Medikamente zur Bekämpfung bakterieller Infektionskrankheiten! Überlege zusammen mit deinem Tischnachbarn, bei welchen Krankheiten ihr bisher schon Antibiotika genommen habt! Recherchiert, bei welchen Krankheiten Antibiotika wirken!

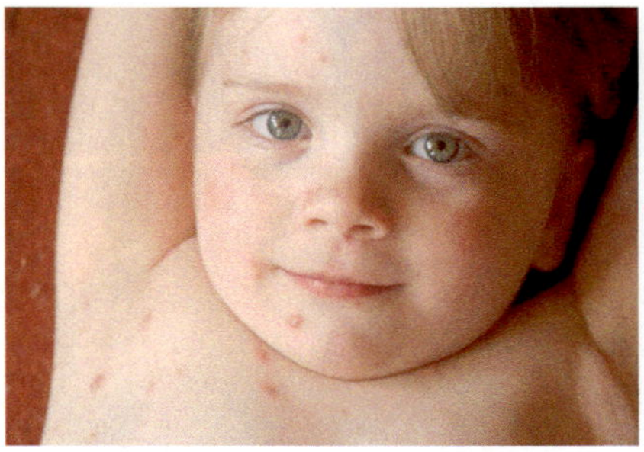

Kinderkrankheiten. Fragt bei euren Eltern nach einer Kinderkrankheit, die ihr selbst hattet. Diskutiert darüber, wie diese Krankheiten behandelt werden! Informiert euch über die Krankheitserreger!

„Gesundheit ist ein Zustand vollkommenen körperlichen, geistigen und sozialen Wohlbefindens und nicht allein das Fehlen von Krankheit und Gebrechen."

Kurzdefinition nach der Weltgesundheitsorganisation (WHO) 1946

Gesundheit. Diskutiert in der Gruppe, was diese Definition aussagt! Findet Beispiele für jeden Teil der Definition!

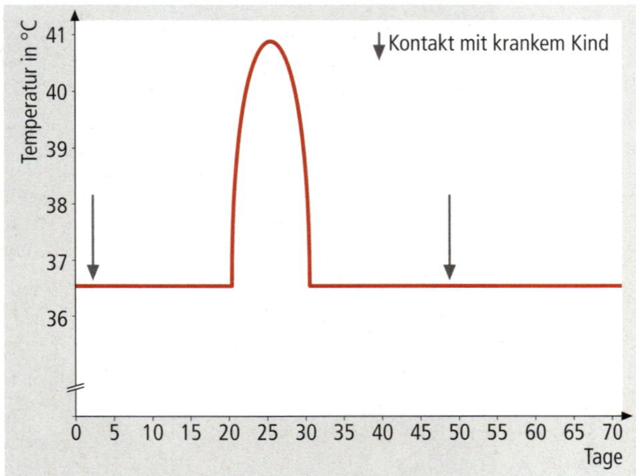

Fieber. Eine Infektionskrankheit ist häufig mit Fieber verbunden. Beschreibe deinen körperlichen Zustand, wenn du Fieber hast! Stelle Vermutungen an, was man aus einer Fieberkurve entnehmen kann! Teile die Kurve in Abschnitte ein! Entwickle Vorstellungen über die Vorgänge, die im menschlichen Körper während der einzelnen Abschnitte ablaufen!

Aids. Gib in einer Internetsuchmaschine den Begriff „Aids" ein! Recherchiere, was man unter Aids versteht! Ziehe Schlussfolgerungen aus der Anzahl der Eintragungen des Begriffs im Internet!

Gesund werden! Beschreibe die Abbildung 224.1! Nenne mögliche Maßnahmen, die dazu beitragen, wieder gesund zu werden! Formuliere Beziehungen zum Thema „Immunbiologie"!

Planung.

Alle Schülerinnen und Schüler der Klasse bekommen drei DIN-A5-Karteikarten. Jeder schreibt nun auf jeweils eine Karte, was seiner Meinung nach bei der Besprechung des Themas „Immunbiologie" besonders wichtig ist.
Die Buchstaben sollten möglichst groß geschrieben werden. Die Karteikarten werden gesammelt und gut gemischt. Alle Karten werden mit Klebeband an die Tafel geheftet. Nun werden die Begriffe geordnet, sodass ein Plan für den nachfolgenden Unterricht entsteht.

1 Was versteht man unter Gesundheit?

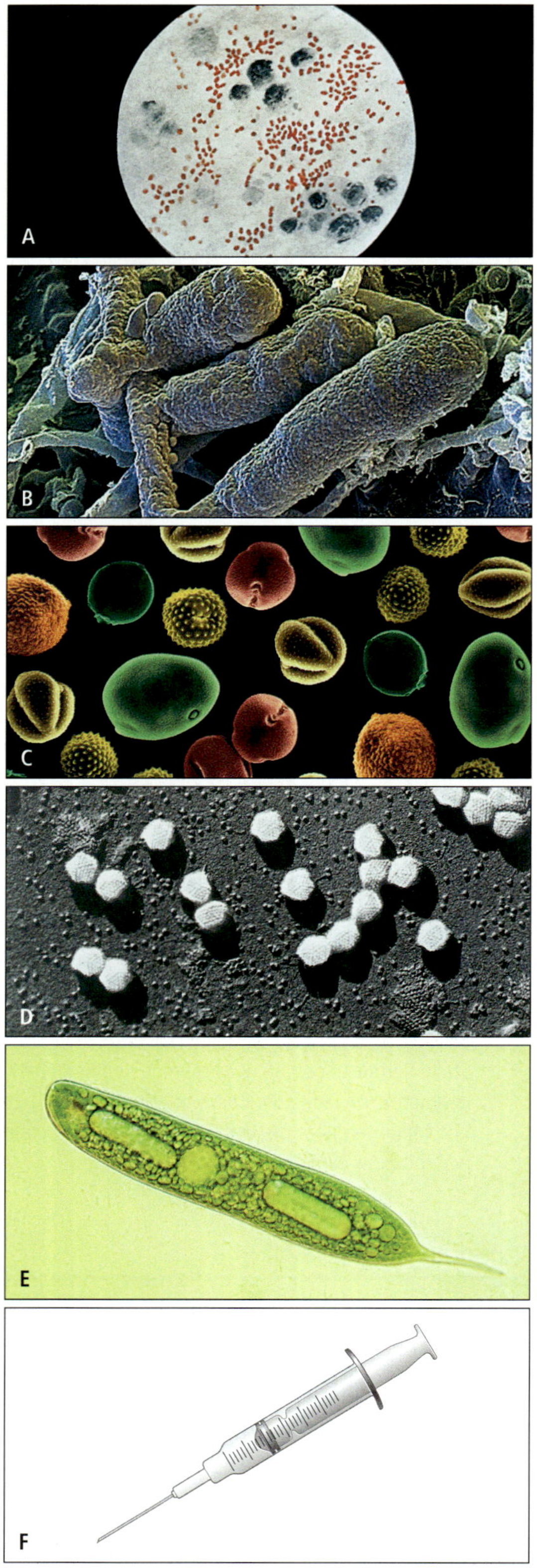

226.1 Einflüsse auf unseren Körper. A Pestbakterien; **B** Fußpilz; **C** Pollenkörner; **D** Adenovirus; **E** Einzeller Euglena; **F** Impfstoff

Oft wird einem viel Gesundheit gewünscht, beispielsweise zu Geburtstagen oder zum neuen Jahr. Man denkt selten darüber nach, was dieser Wunsch bedeuten soll. Erst wenn man sich nicht richtig wohlfühlt, überlegt man, was einem fehlen könnte. Die Richtigkeit dieser Überlegung erkannte schon Wilhelm VON HUMBOLDT mit seinem Ausspruch: „Es gibt nur eine Gesundheit und eine Menge von Krankheiten."

Unser Körper wird täglich unzähligen Einflüssen ausgesetzt, die ihn krank machen könnten. So befinden sich beispielsweise in der Luft, im Wasser und in unserer Nahrung krankheitserregende *Bakterien, Viren* und *Pilzsporen.* Auch *Pollenkörner* von Pflanzen sind mitunter verantwortlich für Krankheiten.

Allerdings sind es oftmals gar nicht die Krankheiten selbst, die uns bewusst werden, sondern die Alarmsignale des Körpers. Sie lassen uns eine Krankheit spüren. Solche Alarmsignale gibt es in verschiedenen Formen. Das wichtigste Alarmsignal ist der Schmerz.
Er signalisiert, dass der Körper unter einer bestimmten Krankheit leidet. *Schmerzen* werden von Menschen sehr unterschiedlich wahrgenommen. So fühlen sich manche Menschen trotz der gleichen Krankheit wesentlich kränker als andere Menschen. Das liegt an ihren unterschiedlichen Schmerzschwellen. Ein anderes Alarmsignal ist die Mattigkeit. Sie zwingt uns zur Ruhe, damit der Körper gegen die Krankheit kämpfen kann. Auch ein verstärktes Schlafbedürfnis kann Ausdruck einer Krankheit sein. Diese Alarmsignale machen uns bewusst, dass der persönliche Wohlfühlzustand nicht erreicht ist.

Neben diesem subjektiven Empfinden können aber auch bestimmte Messdaten Auskunft über den momentanen Gesundheitszustand unseres Körpers geben. Beispielsweise werden Messdaten, wie Körpertemperatur, die Anzahl der Weißen Blutkörperchen, der Verlauf der Hirnströme oder der Verlauf der Herztätigkeit, ermittelt, um den Gesundheitszustand eines Menschen zu überprüfen.

Ein wichtiger, die Gesundheit eines Menschen beeinträchtigender Faktor ist der *Stress.* Er versetzt unseren Körper in erhöhte Flucht- und Angriffsbereitschaft. Der Körper befindet sich in einem Dauerspannungszustand. Infolge des Stresses entstehen Bluthochdruck, Erhöhung der Herzschlagfrequenz und Gefäßverengungen. Dadurch werden bestimmte Organe in ihrer Funktion beeinträch-

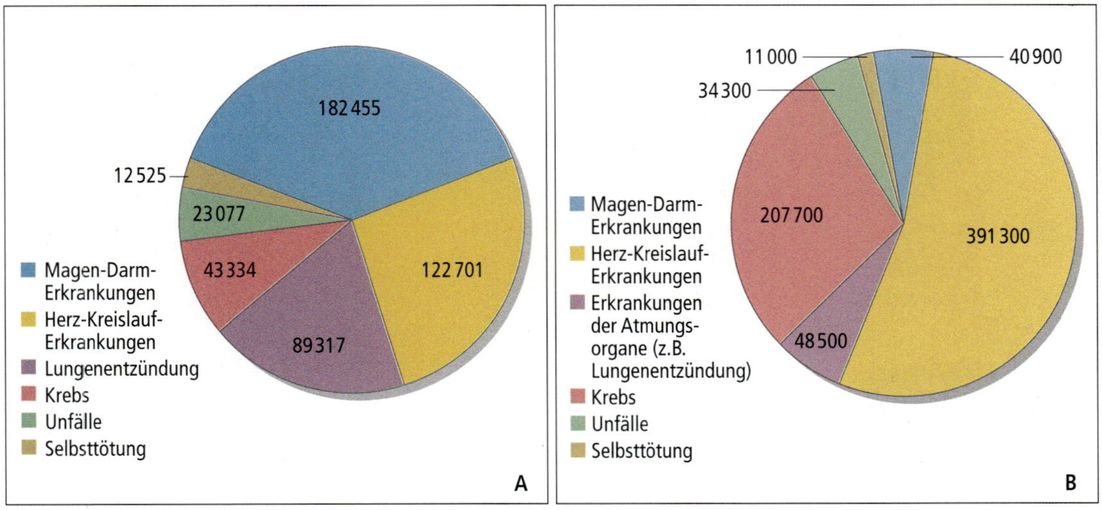

227.1 Häufige Todesursachen in Deutschland. **A** 1905; **B** 2001

tigt oder auch lebensgefährlich geschädigt, wie beispielsweise das Herz. Stress sorgt auch dafür, dass sich in den Blutadern vermehrt Stoffe absetzen, sodass die Durchblutung behindert wird. Dies ist besonders gefährlich, wenn die Durchblutungsstörungen die Kapillaren am Herzen oder im Gehirn betreffen. Ein Herzinfarkt oder ein Schlaganfall können die Folge sein. Beeinträchtigungen in der Blutversorgung werden unter dem Namen Herz-Kreislauf-Erkrankungen zusammengefasst.

Da gerade der Stress in unserer modernen Welt immer stärker zunimmt, haben sich auch die Todesursachen seit 1905 bis heute deutlich verschoben: Im Jahre 1905 starben die meisten Menschen an Magen-Darm-Erkrankungen. 2001 hingegen wurden als häufigste Todesursache Herz-Kreislauf-Erkrankungen genannt. Auch Krebs hat als Todesursache zugenommen. Das hat verschiedene Ursachen: Die Lebenserwartung hat sich seit dieser Zeit deutlich erhöht. Dadurch ist unser Körper viel länger den krebsauslösenden Mutagenen aus der Umwelt ausgesetzt und die Wahrscheinlichkeit, an Krebs zu erkranken, nimmt zu. Deutlich weniger Menschen sterben heute an Atemwegserkrankungen. Hier spielen die wesentlich besseren hygienischen Bedingungen, die Vorsorgeuntersuchungen und ein gezielter Einsatz von Antibiotika eine Rolle.

Die Weltgesundheitsorganisation hat für den Begriff Gesundheit folgende Definition aufgestellt: „Gesundheit ist ein Zustand vollkommenen körperlichen, sozialen und geistigen Wohlbefindens." Um diesen Zustand zu erreichen, muss man ein Gesundheitsbewusstsein entwickeln. Dazu gehört regelmäßige Bewegung. Durch Sport wird Stress abgebaut und das Herz-Kreislauf-System wird angeregt.

Für viele Menschen ist die Planung und Ausführung von Urlaubsreisen zur Gesunderhaltung nicht mehr wegzudenken. Menschen, die eine schwere Krankheit überstanden haben, können auch Kuren in Anspruch nehmen. Außerdem kann man zur Früherkennung von Krankheiten Vorsorgeuntersuchungen nutzen.

1. Definiere den Begriff „Gesundheit"!
2. Erläutere, woran man eine Krankheit erkennen kann!
3. Informiere dich in der Literatur oder im Internet über die Werte von Blutdruck und Puls bei einem gesunden Menschen!
4. Erläutere den Wandel bei den häufigsten Todesursachen in der Geschichte!

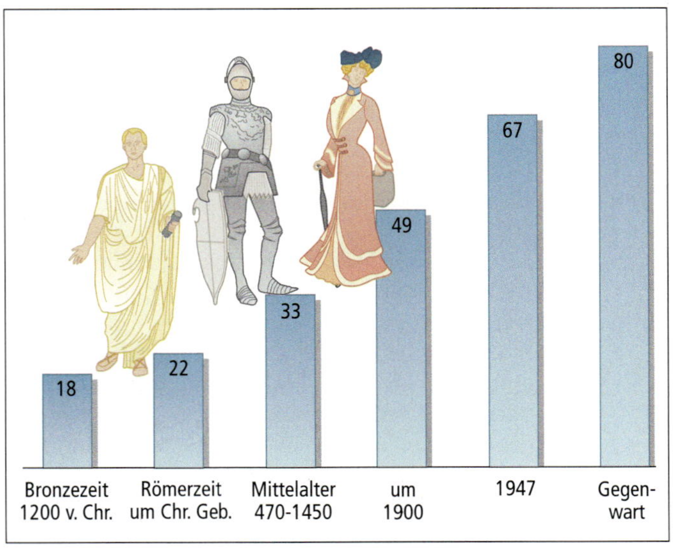

227.2 Durchschnittliche Lebenserwartung in Jahren

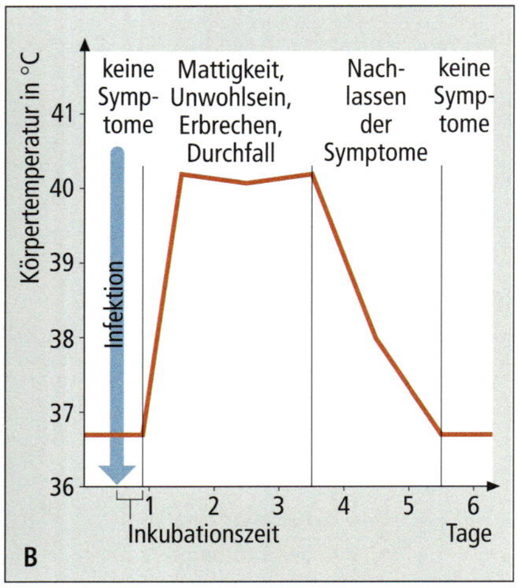

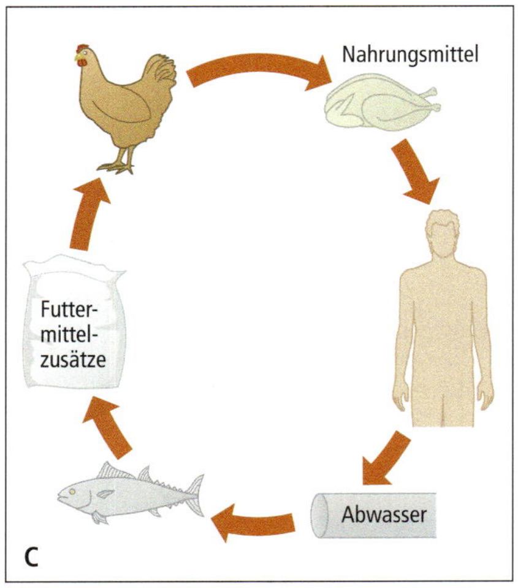

228.1 Salmonellenerkrankungen. **A** Kind mit Brathähnchen; **B** Fieberkurve bei Durchfallerkrankung; **C** Übertragungswege von Salmonellen

2 Abwehr von Krankheiten

2.1 Bakterien verursachen Infektionskrankheiten

Bei Jan gab es mittags Hähnchen vom Grill. In der folgenden Nacht konnte er nicht schlafen und fühlte sich schlapp. Gegen Morgen bekam er Bauchschmerzen und musste sich mehrfach übergeben. Als dann noch Durchfall und Fieber hinzukamen, wurde der Notarzt gerufen. Dieser stellte anhand der Symptome eine **Lebensmittelvergiftung** fest. Bei der Untersuchung im Labor wurde eine Erkrankung durch Salmonellen als Ursache ermittelt.

Bei **Salmonellen** handelt es sich um krankmachende **Bakterien,** deren Übertragung meist über die Nahrung erfolgt. Die häufigsten Infektionsquellen stellen hierbei Speisen dar, welche aus rohen Eiern zubereitet werden, sowie nicht durchgegartes Geflügel. Etwa 75 000 Erkrankungen pro Jahr werden von den Gesundheitsbehörden in Deutschland registriert. Besonders gefährlich ist die Salmonellenerkrankung für alte Menschen und für kleine Kinder. Bei ihnen kann sie tödlich verlaufen.
Beim gründlichen Durchgaren und Kochen von Lebensmitteln, wie Eiern oder Hühnerfleisch, werden die Salmonellen getötet. Sie verlieren ihre krankheitsauslösende Wirkung. Wichtig ist auch eine ausreichende Kühlung empfindlicher Lebensmittel, um der Vermehrung der Salmonellen entgegenzuwirken. Nichtkonservierte Speisen müssen möglichst schnell verarbeitet werden.

Nach dem Kontakt mit rohen Eiern oder rohem Fleisch sollten stets die Hände gewaschen werden, ehe weitere Lebensmittel berührt werden. Die Erkrankung, welche durch Salmonellen hervorgerufen wird, nennt man *Salmonellose.*

Der Verlauf der Salmonellose ist typisch für Infektionskrankheiten durch Bakterien. Die Übertragung der Salmonellen auf den menschlichen Körper nennt man **Infektion.** Nach der Infektion folgt eine kurze Anpassung der Salmonellen an den menschlichen Körper. Dann beginnen sie sich zu teilen: Sie vermehren sich! Während ihres Stoffwechsels produzieren sie Giftstoffe, die **Toxine.** Diese werden über das Blut und die Lymphe im gesamten menschlichen Körper verteilt. Der Mensch reagiert auf die Giftstoffe mit Fieber und anderen Symptomen, wie Durchfall und Erbrechen.
Die Zeit zwischen Infektion und Ausbruch der Krankheit nennt man **Inkubationszeit.** Sie dauert von Bakterienart zu Bakterienart unterschiedlich lange. Für die Salmonellose beträgt sie einige Stunden.
Neben der Aufnahme über die Nahrung kann man sich auch über das Trinkwasser, über offene Wunden oder die Atemluft mit verschiedenen Bakterien infizieren.

Die Dauer und der Verlauf der Krankheit sind vom allgemeinen Gesundheitszustand, vom Alter und von den Abwehrkräften des Menschen abhängig. Sind die Abwehrkräfte stark genug, kann der Ausbruch der Krankheit sogar verhindert werden. Bakterielle Erkrankungen können nicht immer mithilfe der Abwehrkräfte des Menschen verhindert werden. Aus diesem Grunde ist ein Einsatz von **Antibiotika** manchmal unumgänglich.

Antibiotika sind Stoffe, welche von Bakterien oder Pilzen produziert werden. Diese Stoffe sind in der Lage, die Vermehrung der Bakterien zu hemmen beziehungsweise die Bakterien zu töten.

Allerdings kann es bei der Einnahme von Antibiotika neben der gewünschten Wirkung zu unangenehmen Begleiterscheinungen kommen. So werden durch die Antibiotika nicht nur die Krankheitserreger getötet, sondern auch die für die Verdauung wichtigen Bakterien im Darm. Über die Notwendigkeit, bei einer Infektion Antibiotika einzusetzen, kann nur der behandelnde Arzt entscheiden. Um einen Therapieerfolg erzielen zu können, muss sich der Patient genau an die Einnahmevorschrift des Arztes halten.

1. Beschreibe den Verlauf einer Salmonellenerkrankung!
2. Nenne die wichtigste Bedingung für die Verabreichung von Antibiotika!
3. Antibiotika müssen mindestens eine Woche lang eingenommen werden. Nenne Gründe für diese Vorschrift!

EXKURS Antibiotika

Im Jahre 1928 machte Alexander FLEMING in einer verschimmelten Bakterienkultur eine bedeutende Entdeckung: Dort, wo Schimmelpilze der Art *Penicillium notatum* wuchsen, siedelten sich keine Bakterien an. Offensichtlich hatte der Schimmelpilz einen Stoff abgegeben, der das Wachstum von Bakterien hemmte. Dieser Stoff wurde als Penicillin bezeichnet. Das erste Antibiotikum war entdeckt. Für diese Leistung erhielten FLEMING und zwei andere Forscher 1945 den Nobelpreis.
Antibiotika können verschieden wirken. Einige von ihnen hemmen den Aufbau der Bakterienzellwand oder schädigen die Zellmembran. Andere Antibiotika können den gesamten Stoffwechsel der Bakterien blockieren. Da menschliche und bakterielle Zellen einen unterschiedlichen Aufbau besitzen, schädigen die Antibiotika gezielt nur die Zellen der Bakterien. Bis in die heutige Zeit stellt die Entwicklung immer neuer Antibiotika eine hohe Anforderung an die Pharmaindustrie dar, denn Bakterien können unempfindlich gegenüber Antibiotika werden. Man sagt: Sie entwickeln **Resistenzen.**
Beim Bakterienbefall können zufällig resistente Bakterien beteiligt sein. Diese werden dann vom Antibiotikum nicht zerstört. Bei der Teilung dieser resistenten Bakterien wird die Eigenschaft an die nächste Bakteriengeneration weitergegeben. Wird nun das Antibiotikum erneut eingesetzt, bleibt die Behandlung erfolglos.
Neben den natürlich gewonnenen Antibiotika können heute auch viele Bakterien tötende Stoffe synthetisch hergestellt werden. Ein Beispiel dafür sind *Sulfonamide*. Sie greifen so in den Stoffwechsel der Bakterien ein, dass die Entwicklung der Bakterien gehemmt wird. Bei der Einnahme von Antibiotika können manchmal Nebenwirkungen auftreten, beispielsweise Störungen im Magen- und Darmbereich. Dazu kommt es, weil Antibiotika neben den krank machenden Bakterien auch nützliche Bakterien, wie Milchsäurebakterien oder bestimmte Darmbakterien, bekämpfen. Man sagt, Antibiotika haben eine Breitbandwirkung.

229.1 Alexander FLEMING (1881–1955)

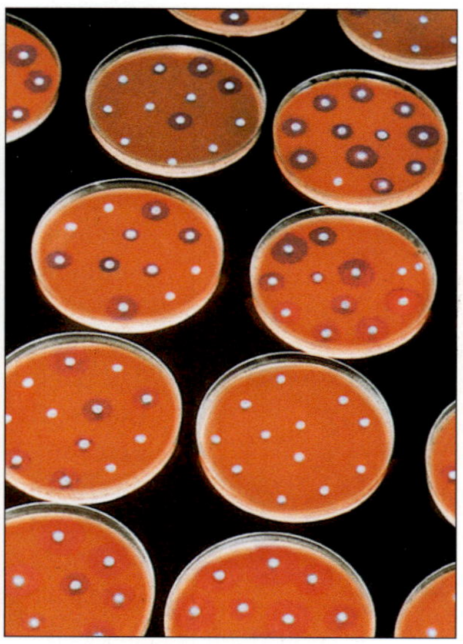

229.2 Wirkung von Antibiotika auf Bakterien

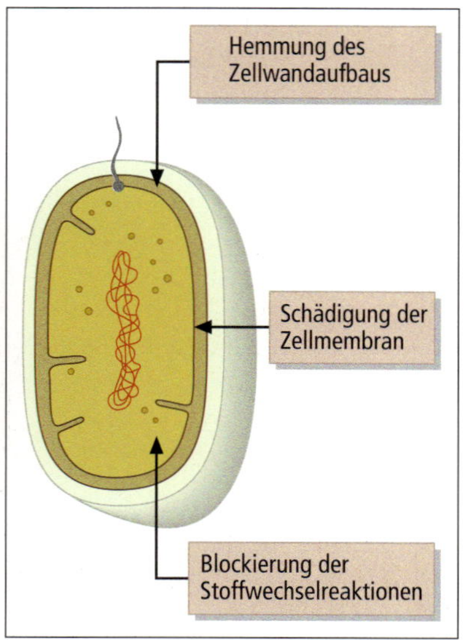

229.3 Wirkungsweise von Antibiotika

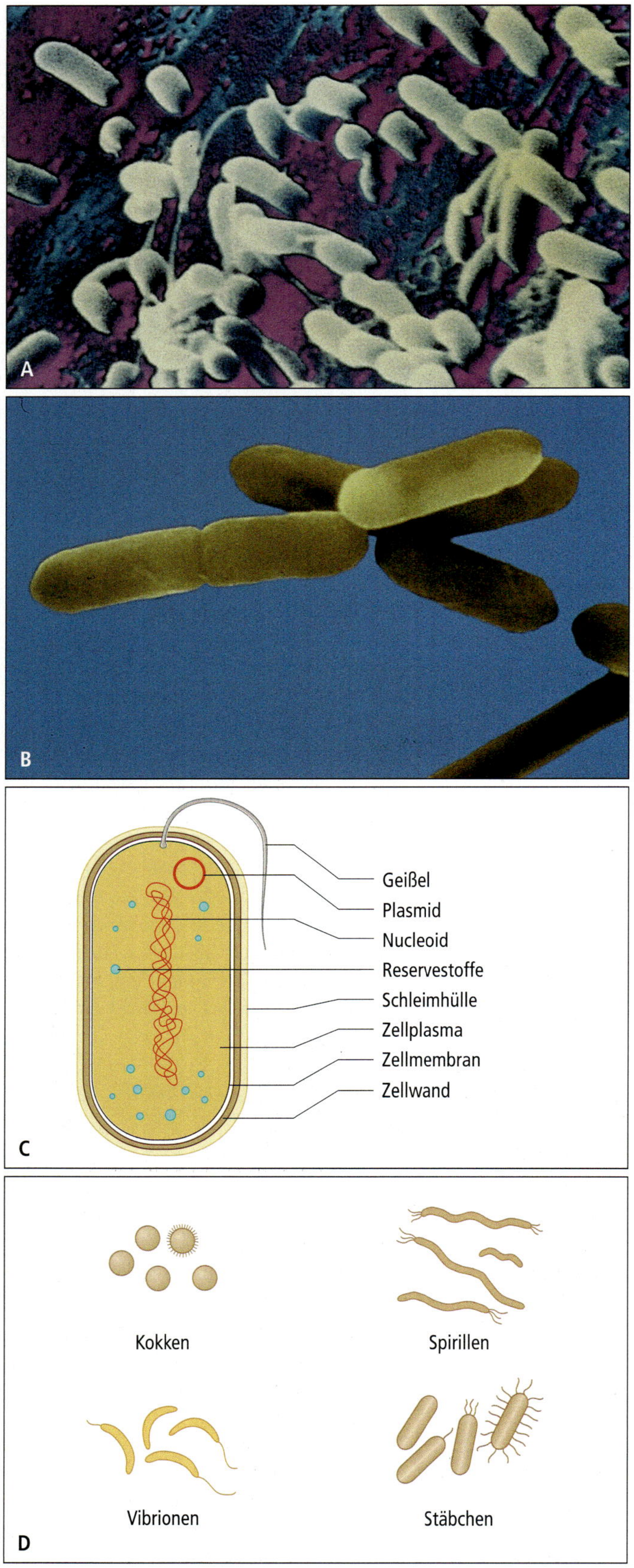

230.1 Bakterien. A Bakterien im Zahnbelag (mikroskopische Aufnahme); **B** Bau (mikroskopische Aufnahme); **C** Bau (Schema); **D** Bakterienformen

2.2 Bau der Bakterien

Im Jahre 1683 entdeckte der Holländer Anthony VAN LEEUWENHOEK mithilfe seines einfachen Mikroskops winzige Gebilde im Zahnbelag. Er hatte Bakterien gesehen. Da diese Bakterien sehr groß gewesen sind, konnte er sie erkennen. Durchschnittlich haben Bakterien eine Größe von etwa fünf tausendstel Millimetern. Mit modernen Mikroskopen kann man auch den Bau von Bakterien erkennen.

Viele Bakterien sind **stäbchenförmig.** Andere Formen sind **korkenzieherartig** gewunden, auch **kommaförmig** gekrümmt oder **kugelförmig.** Nach ihrer Form werden sie als *Stäbchen, Spirillen, Vibrionen* oder *Kokken* bezeichnet.

Obwohl es verschiedene Formen und Größen bei den Bakterien gibt, besitzen sie alle den gleichen Aufbau. Er unterscheidet sich deutlich vom Aufbau tierischer oder pflanzlicher Zellen. Einen Zellkern, der von einer Kernhülle begrenzt wird, besitzen die Bakterien nicht. Ihre Erbsubstanz liegt in Form eines **Nucleoids** frei im Zellplasma. Neben diesem Nucleoid gibt es noch kleine Ringe aus Erbsubstanz, die **Plasmide.** Das Zellplasma wird durch eine dünne Zellmembran von der festen, relativ dicken Zellwand abgegrenzt. Diese Zellwand kann noch von einer Schleimhülle umgeben sein. Im Zellplasma hat das Bakterium Reservestoffe gespeichert. Zur Fortbewegung besitzen manche Bakterien Geißeln. Diese Geißeln sind im Zellplasma verankert.

Bakterien benötigen zur Fortpflanzung drei Bedingungen: Feuchtigkeit, geeignete Nahrung und Temperaturen um 30 °C. Liegen diese Bedingungen vor, beginnen sie sich zu teilen. Danach nehmen sie durch ihre gesamte Oberfläche Nahrung auf, sodass die Tochterzellen auf die Größe der Mutterzelle heranwachsen können. Bei guten Bedingungen können sich die Bakterien alle 20 Minuten teilen. Bakterien können, bevor sie sich teilen, untereinander Erbsubstanz austauschen. Dadurch erhalten sie beispielsweise die Fähigkeit, gegen Antibiotika unempfindlich zu sein.

Bei sehr ungünstigen Umweltbedingungen bildet das Bakterium eine feste Kapsel um seine Zelle. Dieses Dauerstadium nennt man Spore. Darin kann es überleben, bis die äußeren Bedingungen für die Vermehrung wieder günstig sind.

1. Vergleiche den Bau von Bakterien, Pflanzen- und Tierzellen! Fertige dazu eine Tabelle an!
2. Erläutere das Basiskonzept „Variabilität und Angepasstheit“ bei Bakterien unter ungünstigen Lebensbedingungen!

MAGAZIN Bakterielle Infektionskrankheiten

Diphtherie

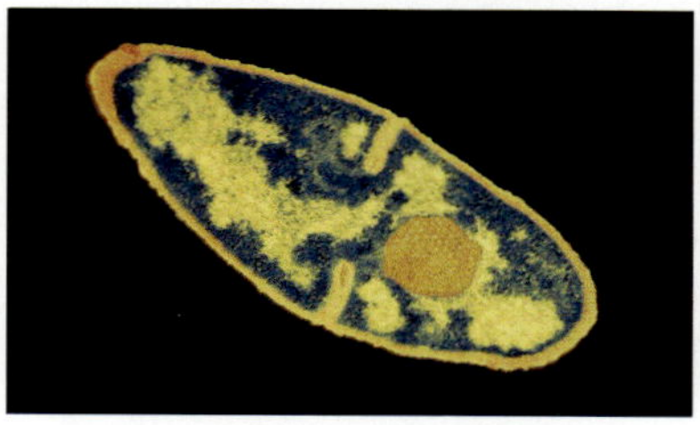

Diphtherie ist eine akute Infektion des Nasen-Rachenraumes, welche durch Tröpfcheninfektion übertragen wird. Nach einer Inkubationszeit von zwei bis fünf Tagen beginnt die Krankheit mit starken Halsschmerzen, Schluckbeschwerden und allgemeinem Krankheitsgefühl. Danach bilden sich auf der Rachen- und Atemwegsschleimhaut graue Beläge, so genannte Membranen. Diese können zu Erstickungsanfällen führen. Weiterhin kann das Diphtherietoxin das Herz und das Nervensystem schädigen und damit zum Tode des Menschen führen.

Keuchhusten

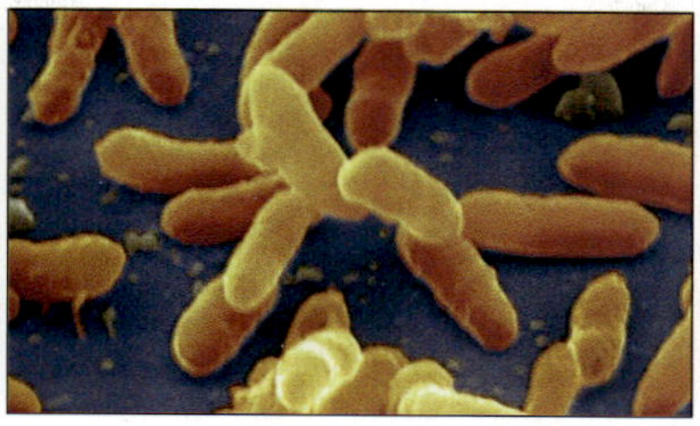

Keuchhusten ist eine Infektionskrankheit der Atemwege. Die Übertragung erfolgt über Tröpfcheninfektion. Die Tröpfchen werden von den Patienten ausgehustet oder ausgeatmet. Nach einer Inkubationszeit von bis zu zwei Wochen kommt es zuerst zu Krankheitsbeschwerden, welche einer Erkältung ähneln. Danach folgt eine mehrwöchige Phase, die durch schwere Hustenanfälle gekennzeichnet ist. Die Hustenanfälle können mehrere Minuten andauern und zu Atemnot führen. Abhusten von Schleim, Atemnot und Erbrechen sind typische Kennzeichen dieses Abschnittes der Krankheit.

Scharlach

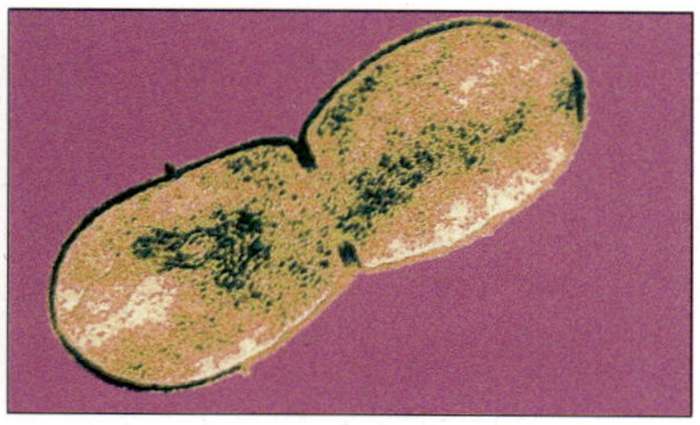

Bei Scharlach handelt es sich um eine Infektion der oberen Luftwege. Die Ansteckung erfolgt über direkten Kontakt mit dem Kranken. Nach einer relativ kurzen Inkubationszeit von drei bis fünf Tagen beginnt die Krankheit mit hohem Fieber und einem stark geröteten Rachen. Bald darauf kommt es zur Entzündung der Zunge. Die Mandeln (Tonsillen) sind mit gelblichen Flecken belegt. Innerhalb der ersten zwei Tage nach Beginn der Krankheit erscheint am Hals und an der Brust ein roter Ausschlag, welcher sich später weiter über den Körper ausbreitet.

Tetanus

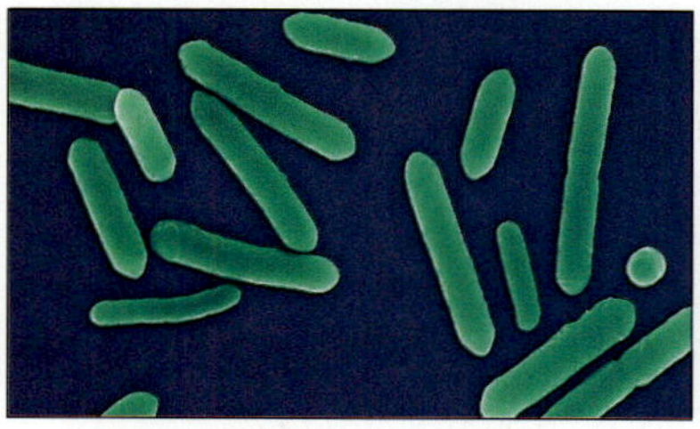

Tetanus ist eine krampfhafte Erstarrung der Muskulatur. Deshalb wird Tetanus auch als Wundstarrkrampf bezeichnet. Beim Kontakt mit Straßenschmutz oder Gartenerde können die Erreger über kleine Verletzungen der Haut in den Körper eindringen. Nach einer Inkubationszeit von wenigen Tagen bis zwei Wochen produzieren die Erreger ein Toxin, welches zunächst zu Krämpfen der Kiefer- und Zungenmuskulatur führt und später dann auch Verkrampfungen im Nacken, Rücken und Bauch hervorruft. Bei einer unbehandelten Tetanuserkrankung beträgt die Sterblichkeit etwa 50 Prozent.

Tripper

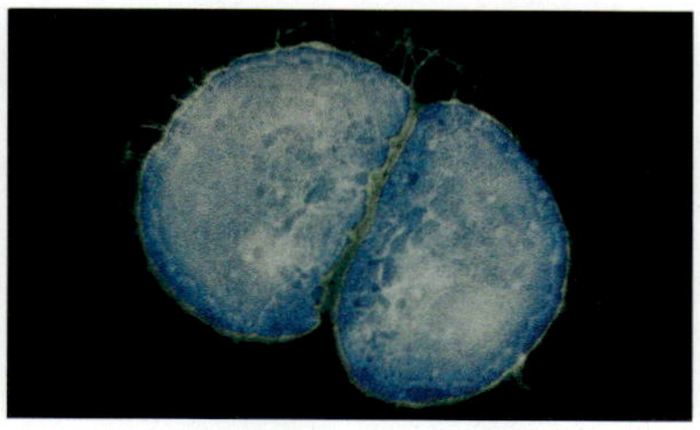

Als Tripper bezeichnet man eine Erkrankung der Geschlechtsorgane. Die Übertragung der Bakterien erfolgt durch Geschlechtsverkehr. Nach einer Inkubationszeit von zwei bis acht Tagen kommt es zu Beschwerden beim Wasserlassen. Eitrige Absonderungen aus der Harnröhre begleitet von Schmerzen treten auf. Wird der Tripper nicht behandelt, kann er zu Unfruchtbarkeit von Mann und Frau führen. Bei einer Tripperelkrankung während der Schwangerschaft besteht die Möglichkeit der Übertragung der Krankheit auf das Kind. Dies geschieht dann während der Geburt.

Tuberkulose

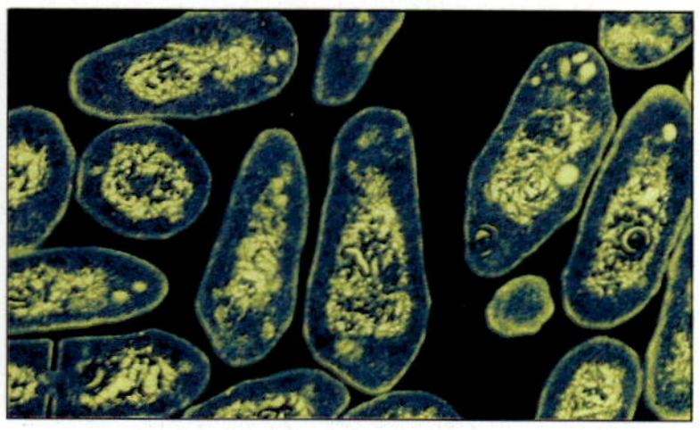

Tuberkulose wird durch Tuberkelbakterien hervorgerufen. Diese Bakterien befallen zunächst die Lungen, können aber später auch auf andere Organe übergehen. Die Krankheit beginnt mit Nachtschweiß, geringem Fieber und Husten. Wenn andere Organe betroffen sind, kommen Symptome dazu, wie zum Beispiel Schmerzen der Knochen und Gelenke oder Bauchschmerzen, Sehstörungen oder Kopfschmerzen. Begünstigt wird die Ausbreitung der Krankheit durch Mangelernährung oder Hunger. Unbehandelt verläuft die Krankheit oft tödlich.

2.3 Viren verursachen Infektionskrankheiten

Husten, Schnupfen, starke Gliederschmerzen, hohes Fieber mit Schüttelfrost und Mattigkeit sind die Symptome einer Grippeerkrankung. Nach der Ansteckung bemerkt man die ersten Symptome oft schon nach wenigen Stunden. Die Inkubatonszeit ist kürzer als bei einer Erkältung. Bis zum Ausheilen der Krankheit vergehen etwa zehn Tage. Eine Erkältung dauert nur sieben Tage. Die Grippe wird nicht durch Bakterien ausgelöst, sondern durch **Viren.** Diese Viren können außer den oberen Luftwegen auch andere Organe befallen, zum Beispiel das Herz. Durch ihre schnelle Vermehrung und den Befall lebenswichtiger Organe kann eine Grippe bleibende Schäden verursachen oder sogar tödlich verlaufen.

Die Verbreitung von Grippeviren erfolgt aufgrund einer Tröpfcheninfektion sehr schnell. Deshalb erkranken im Umkreis eines Grippepatienten viele Kontaktpersonen, die wieder weitere Menschen infizieren können.

Gegen Grippeviren sind Antibiotika wirkungslos, denn Viren sind keine Zellen: Sie bestehen aus einer Eiweißhülle, die die Erbsubstanz umschließt. Ihnen fehlt der eigene Stoffwechsel, sie können nicht wachsen und sich nicht bewegen. Viren können sich auch nicht selbst vermehren. Dazu benötigen sie Zellen von Lebewesen, so genannte Wirtszellen. Wirtszellen versorgen das Virus mit allen notwendigen Stoffen, die es zur Vermehrung benötigt.
Dabei nutzt das Virus bestimmte passende Zellen, um dort seine Erbsubstanz einzuschleusen. Dieses Einschleusen kann je nach Virusart auf unterschiedliche Weise erfolgen. Das Grippevirus heftet sich zunächst an eine Schleimhautzelle der Atemwege an. Unter Bildung eines Bläschens, welches man Vesikel nennt, dringt das Virus in die Zelle ein. Nun streift das Virus seinen Eiweißmantel ab und setzt seine Erbsubstanz frei. Die Erbsubstanz des Virus gelangt in den Zellkern. Dadurch stellt sich die Wirtszelle völlig auf das Virus ein, indem sie den Stoffwechsel für das Virus übernimmt. Sie produziert Viruseiweißstoffe und vervielfältigt die Erbsubstanz des Virus. Die Virusbestandteile sammeln sich unter der Zellmembran der Wirtszelle, werden dort zusammengebaut und verlassen die Wirtszelle. Es können so gleichzeitig sehr viele Viren entstehen. Dabei wird die Wirtszelle zerstört. Nun können die Viren weitere Zellen befallen oder durch Tröpfcheninfektion auf andere Menschen übertragen werden.

Häufig breitet sich die Grippe auf diese Weise sehr schnell in einem bestimmten Gebiet aus, viele Menschen erkranken. Man spricht von einer **Epidemie.**
Oft bleibt das Virus in diesem Gebiet ansässig und löst von Zeit zu Zeit neue Epidemien aus, welche jahreszeitlichen Schwankungen unterworfen sind.
Manchmal tritt gleichzeitig an verschiedenen Stellen der Erde eine Epidemie auf. Dieses Phänomen nennt man **Pandemie.** Die Zahl der Erkrankungen ist bei solchen Pandemien im Allgemeinen sehr hoch.

Vermutlich hat es Grippepandemien schon in früheren Jahrhunderten gegeben. Erste Beschreibungen solcher Pandemien stammen aus dem 16. Jahrhundert, wo sie in Deutschland und in England aufgetreten sind. Russland und Osteuropa sowie Nord- und Südamerika waren im 18. Jahrhundert von schweren Grippepandemien betroffen. Im 19. Jahrhundert gab es nach einer erneuten Grippepandemie in Russland und Ost- sowie Mitteleuropa erste Diskussionen um den Auslöser dieser Krankheit. 1918 bis 1923 wütete die bisher schwerste Pandemie in Europa und in anderen Teilen der Welt. Sie wurde Spanische Grippe genannt. 700 Millionen Menschen erkrankten weltweit und etwa 50 Millionen Menschen ließen dabei ihr Leben. 1957 bis 1958 verursachte die Pandemie mit dem Namen Asiatische Grippe ungefähr eine Million Tote. Die letzte große Pandemie trat 1968 bis 1969 auf. Sie wurde als Hongkong Grippe bezeichnet. Auch hier starben etwa eine Million Menschen. Allein in den alten Bundesländern starben während dieser Pandemie 20 000 bis 30 000 Menschen. Die letzte große Grippeepidemie trat in der Bundesrepublik Deutschland 1995 bis 1997 auf. Sie forderte 28 000 Todesopfer. Weshalb konnte das Grippevirus immer wieder solche Pandemien auslösen, ohne dass es wirkungsvoll bekämpft werden konnte?

Viren verändern häufig ihre Oberfläche. Dadurch können sie nach einer überstandenen Grippe sehr leicht erneut denselben Menschen befallen. Da der menschliche Körper das Virus nicht erkennt, kommt es erneut zum Ausbruch der Grippe. Diese Eigenschaft der Oberflächenveränderung macht das Bekämpfen von Viren sehr schwierig. Genaue Kenntnisse über den Bau der Viren waren erst nach der Entwicklung hochauflösender Mikroskope möglich. So teilte man die Grippeviren in drei verschiedene Typen ein, die mit A, B und C bezeichnet wurden. Die Grippeforschung ist seitdem wesentlicher Bestandteil der Medizin. Nur bei genauer Kenntnis des Aufbaus der Viren lässt

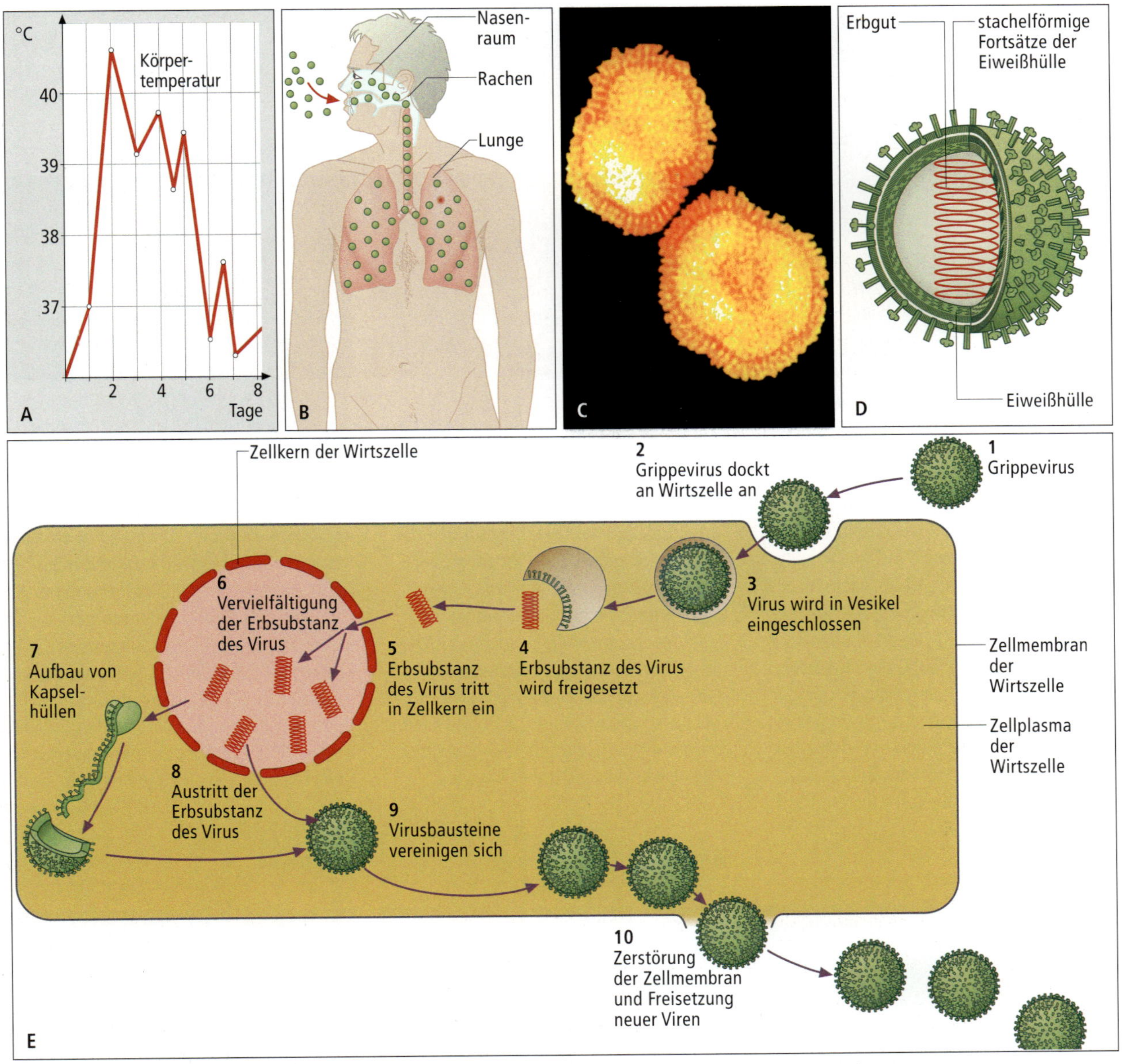

233.1 Grippeviren. A Fieberkurve; **B** Übertragung; **C** mikroskopische Aufnahme; **D** Schema; **E** Vermehrung des Virus

sich ein passender Impfstoff herstellen. Dieser Impfstoff muss jedes Jahr auf die zu erwartenden Viren eingestellt werden. Aus diesem Grund ist die Grippeimpfung jährlich zu wiederholen, um einen optimalen Schutz vor Grippe gewährleisten zu können.

1. Erläutere mithilfe der Abbildung 233.1 E die Vermehrung der Viren!
2. Erläutere das Basiskonzept „Struktur und Funktion" am Beispiel Viren!
3. Beschreibe die Begriffe Epidemie und Pandemie!
4. Begründe, weshalb Antibiotika bei einer Virusinfektion nicht helfen!
5. Beschreibe und erläutere den Verlauf der Fieberkurve!

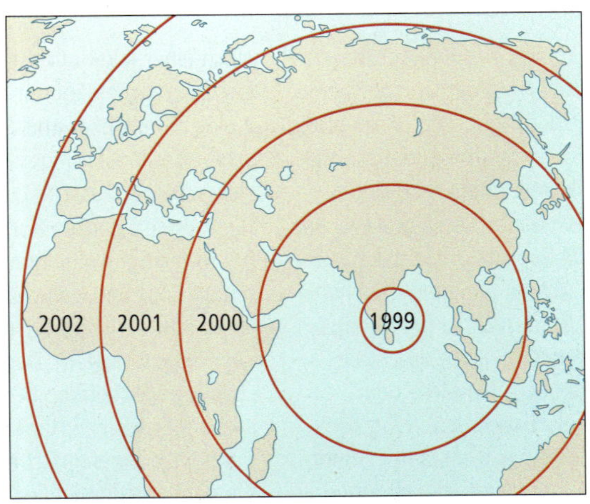

233.2 Ausbreitung einer Grippeepidemie

MAGAZIN Virale Infektionskrankheiten

Hepatitis

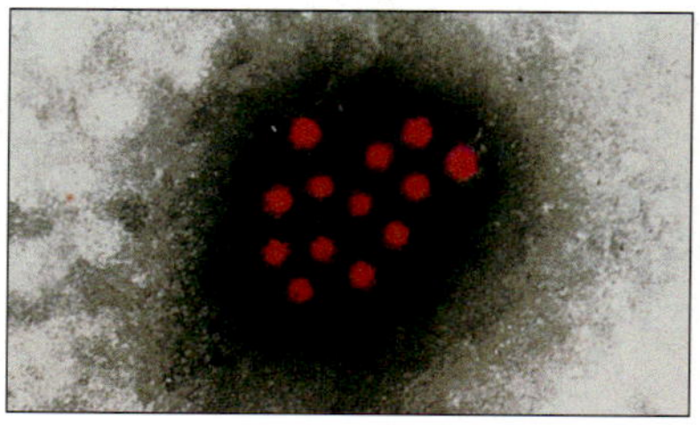

Hepatitis A ist eine Erkrankung der Leber. Die Übertragung der Viren erfolgt über verunreinigtes Trinkwasser, enge Kontakte mit Erkrankten oder durch Verzehr nicht abgekochter Speisen. Nach einer Inkubation von zwei Wochen bis zwei Monaten kommt es bei Erwachsenen zu allgemeinen Krankheitszeichen wie Abgeschlagenheit, Durchfall oder Übelkeit. Da die Leber die Gallenflüssigkeit nicht mehr richtig verarbeiten kann, tritt Gallenfarbstoff in das Blut. Der Augapfel wird gelb und der Stuhlgang ist grau bis weiß gefärbt. Bei Kindern verläuft die Krankheit oft unbemerkt.

Kinderlähmung

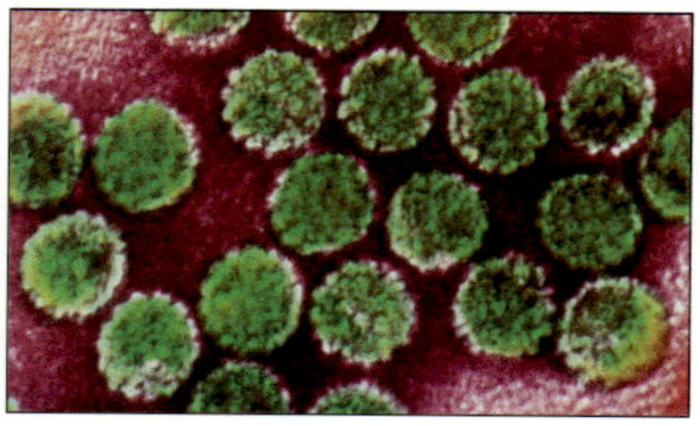

Bei Kinderlähmung handelt es sich um eine durch Viren ausgelöste Erkrankung des Rückenmarks. Die Viren werden durch Tröpfcheninfektion oder Schmierinfektion, zum Beispiel bei mangelnder Hygiene in sanitären Anlagen, weitergegeben. Der Krankheitsverlauf kann sehr unterschiedlich sein. Gefürchtet sind die Erkrankungen, welche von typischen Lähmungen begleitet werden, wobei es zu dauerhaften Schäden mit Muskelschwund kommt. Wird die Atemmuskulatur von Viren befallen, kann der Tod durch Atemstillstand eintreten.

Masern

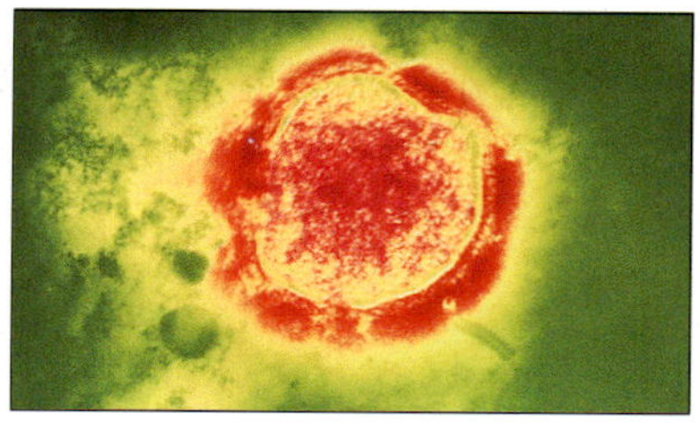

Das Masernvirus wird durch Tröpfcheninfektion übertragen. Jährlich erkranken in Deutschland 50 000 bis 60 000 Menschen an Masern. Nach einer Inkubation von 10 bis 14 Tagen kommt es zu einem heftigen Krankheitsverlauf mit hohem Fieber, Bindehautentzündung, Schnupfen und Bronchitis. Charakteristisch für Masern ist die Bildung von grauweißen Flecken an der Mundschleimhaut. Später stellt sich ein dunkelroter, großflächiger Hautausschlag ein. Besonders gefährlich ist das Virus, wenn es zum Beispiel das Gehirn oder andere Organe befällt.

Mumps

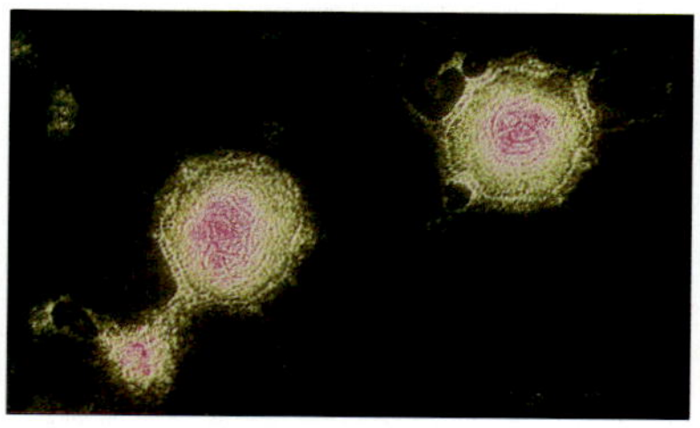

Bei Mumps kommt es zu einer schmerzhaften Anschwellung der Ohrspeicheldrüsen. Die Übertragung der Viren erfolgt durch Tröpfcheninfektion oder unmittelbaren Kontakt mit einem Erkrankten. Die Inkubation dauert etwa drei Wochen. Neben der Ohrspeicheldrüsenvergrößerung stellen sich allgemeine Krankheitszeichen ein. Gefährlich ist bei Mumps der Befall anderer Organe durch die Viren. So kann es zur Hoden- oder Bauchspeicheldrüsenentzündung kommen. Als Folge einer Hodenentzündung kann sich Zeugungsunfähigkeit einstellen.

Röteln

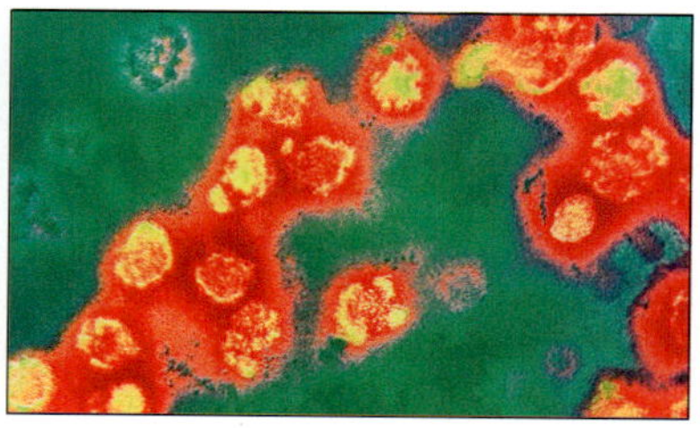

Nach einer Inkubationszeit von zwei bis drei Wochen kommt es bei Röteln zu leichtem Fieber und der typischen schmetterlingsförmigen Rötung des Gesichts. Dieser Ausschlag breitet sich später über den ganzen Körper aus. Weiterhin treten Schwellungen der Lymphknoten an Kopf und Hals auf. Problematisch ist eine Infektion mit dem Rötelnvirus bei werdenden Müttern. Das Virus kann schwere Missbildungen des Kindes verursachen. Es können Augenmissbildungen, Herzfehler, Innenohrschädigungen sowie schwere geistige Behinderungen beim ungeborenen Kind ausgelöst werden.

Windpocken

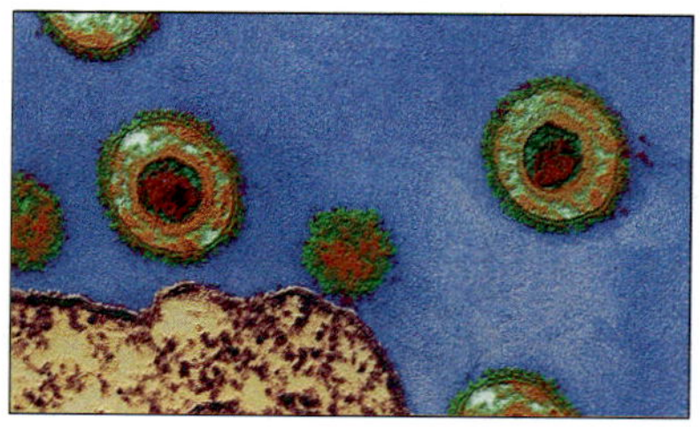

Das Windpockenvirus ist hochgradig ansteckend. Die Übertragung erfolgt durch Tröpfcheninfektion oder durch Berührung von Kranken. Nach einer Inkubationszeit von zwei bis drei Wochen stellen sich Krankheitszeichen wie Fieber und Gliederschmerzen ein. Einige Tage später erscheinen rote Flecken auf der Haut, die sich mit Flüssigkeit füllen und so zu Bläschen werden. Diese Bläschen verursachen einen starken Juckreiz. Werden die Bläschen aufgekratzt, kommt es zu weiteren Infektionen der Haut, sodass Narben zurückbleiben können. Die Krankheit dauert sieben bis zehn Tage.

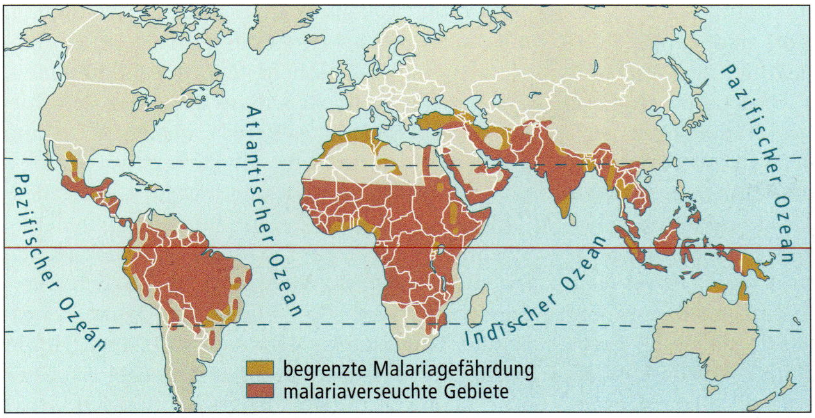

235.1 Verbreitung der Malaria

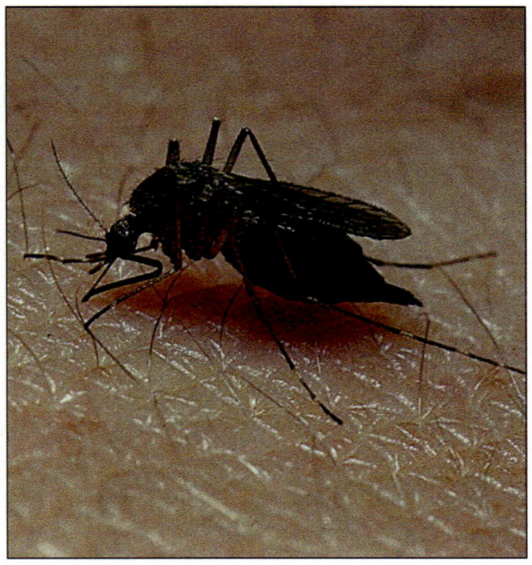

235.2 Stechmücke *Anopheles*

2.4 Auch Einzeller können krank machen

Nach Schätzungen der Weltgesundheitsorganisation (WHO) erkranken jährlich mehr als 300 Millionen Menschen an **Malaria.** Bis zu drei Millionen Menschen sterben an dieser Infektionskrankheit, darunter etwa eine Million Kinder. Die Hauptverbreitungsgebiete von Malaria sind tropisch-subtropische Gebiete Mittel- und Südamerikas, Afrikas sowie Südostasiens. In Europa ist sie als Reisekrankheit bekannt, die durch Touristen auch nach Deutschland gelangt.
Die Symptome der auch als Sumpf- oder Wechselfieber bekannten Tropenkrankheit sind Kopf- und Rückenschmerzen, Frösteln und Hitzegefühl und vor allem hohes Fieber. Der Beginn einer Malariaerkrankung ist zunächst kaum von dem Beschwerdebild einer Grippe zu unterscheiden. Erst die rhythmischen Fieberanfälle, die je nach Erreger von unterschiedlicher Dauer sind, geben einen Hinweis auf eine Malariaerkrankung.

Es gibt verschiedene Erreger, die zu verschiedenen Malariaformen führen. Alle Erreger sind Einzeller der Gattung ***Plasmodium.*** Da sie sich nur bei Temperaturen über 17 °C entwickeln können, ist die Verbreitung dieser Krankheit auf wärmere Länder begrenzt.

Die für den Menschen infektiösen Entwicklungsstadien der Malariaerreger entwickeln sich ausschließlich in Stechmücken-Weibchen der Gattung ***Anopheles.*** Im Verlaufe seiner Entwicklung tritt *Plasmodium* in verschiedenen Formen auf. Bei einem Mückenstich werden sichelförmige Zellen, die Sporozoiten, mit dem Speichel der Mücke in das Blut des Menschen übertragen. Von dort dringen sie in die Leber ein. In den Leberzellen vermehren sie sich stark. Die Tochterzellen haben ihre Gestalt verändert und heißen nun Merozoiten. Nach mehreren Tagen verlassen sie die Leberzellen, die dabei zerstört werden. Nun dringen sie in Rote Blutkörperchen ein.

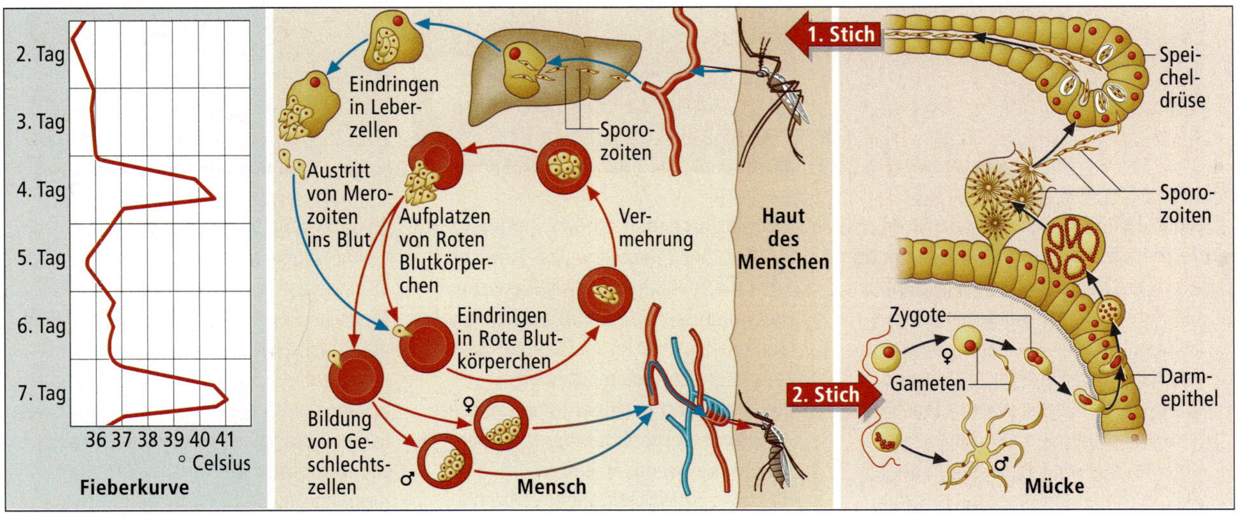

235.3 Lebenszyklus des Malariaerregers

Auch hier findet eine Vermehrung statt. Dabei werden die Blutzellen zerstört und giftige Stoffwechselprodukte von *Plasmodium* freigesetzt, auf die der Körper mit einem Fieberschub reagiert. Die neu entstandenen Merozoiten können sich entweder in weiteren Roten Blutkörperchen vermehren oder sich zu geschlechtlichen Formen entwickeln. Wird der Malariakranke von einer zweiten Mücke gestochen, gelangen die geschlechtlichen Formen in den Darm des Tieres. Hier wandeln sie sich zu Gameten um. Es kommt zur Befruchtung. Die befruchteten Eizellen, die Zygoten, vermehren sich in den Darmzellen durch Vielfachteilungen. Danach werden Speicheldrüsenzellen der Mücke von den Sporozoiten befallen. Von hier aus gelangen die Erreger mit dem nächsten Mückenstich in den Menschen. Der Kreislauf ist geschlossen.

Wer plant, in die Tropen zu reisen, und nicht das Risiko einer Malariaerkrankung eingehen will, muss rechtzeitig ärztlichen Rat suchen. Eine Impfung, die langfristigen Schutz gegen die Malariaerreger bieten könnte, steht nicht zur Verfügung. Man kann nur durch die Einnahme von Medikamenten eine zeitlich befristete Abwehr aufbauen. Dabei ist zu bedenken, dass diese Art von Vorbeugung, Prophylaxe, keinen absoluten Schutz gegen die Malaria bietet. Die äußerst wandlungsfähigen Erreger entwickeln rasch Widerstandsfähigkeit, Resistenz, gegen Malariamedikamente. Wichtig ist daher, dass man sich in Malariagebieten so verhält, dass Mückenstiche möglichst vermieden werden. So sollten ab Dämmerungsbeginn langärmelige Hemden und lange Hosen getragen und zusätzlich die unbedeckte Haut mit Mückenabwehrmitteln eingerieben werden.

1. Beschreibe den Verlauf der Fieberkurve in der Abbildung 235.3! Erläutere!
2. Erläutere die den Lebenszyklus des Malariaerregers betreffenden Basiskonzepte!
3. Aufgrund des Klimawandels erstreckt sich das Verbreitungsgebiet der Anopheles-Mücke inzwischen auch auf Südeuropa. Erläutere die Auswirkungen auf die Malaria-Erkrankung!

MAGAZIN Einzeller als Krankheitserreger

Ruhramöbe

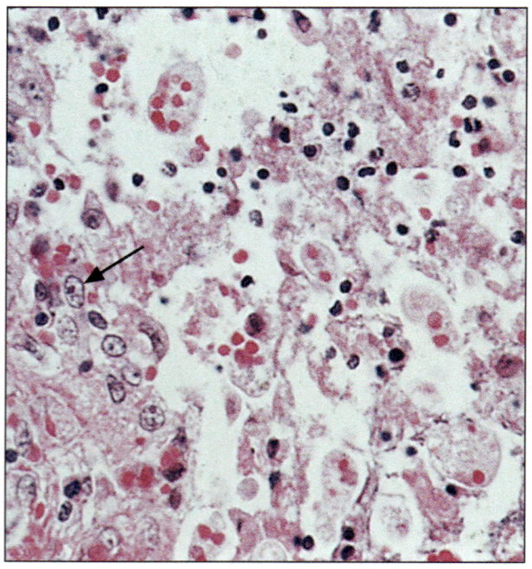

Die Ruhramöbe gehört zu den Wechseltierchen. Sie kommt in tropischen und subtropischen Zonen vor. Dort befällt sie Menschen und Säugetiere. Die Amöbenruhr wird durch verunreinigtes Wasser und verunreinigte Nahrung sowie durch Fliegen übertragen. Sie ruft blutige Dickdarmentzündungen mit Durchfall hervor, der zu einem hohen Wasserverlust und Kreisaufversagen führen kann.

Toxoplasma

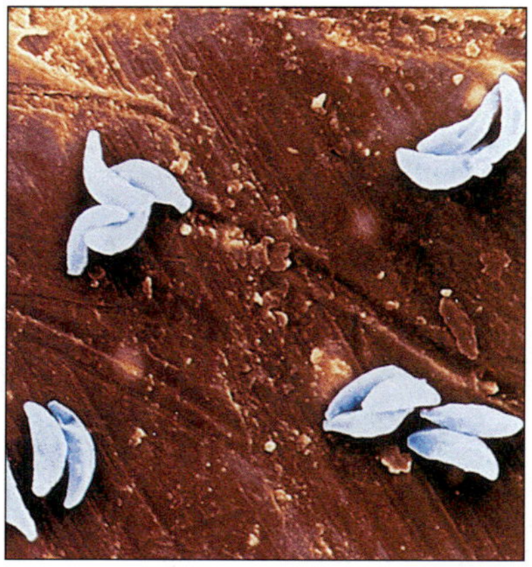

Toxoplasma gehört zu den Sporentierchen. Sie kommen weltweit vor und rufen die Toxoplasmose bei Menschen und Säugetieren hervor. Toxoplasma wird durch nicht gegartes Fleisch und zum Beispiel durch Katzenkot übertragen. Obwohl häufig bei einer Infektion keine Symptome ausgebildet werden, kann aber bei Schwangerschaften die Toxoplasmose zu Missbildungen beim Kind führen.

Trypanosoma

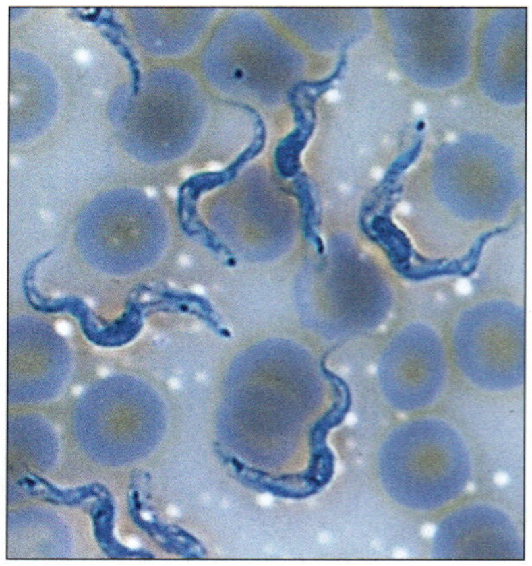

Trypanosoma gambiense gehört zu den Geißelträgern und kommt in Afrika und Südamerika vor. Dieser Erreger befällt Menschen und Säugetiere. Er wird über die Tsetse-Fliege übertragen und verursacht die Schlafkrankheit. Sie verläuft anfangs ohne Beschwerden, dann folgen Fieber, Kopfschmerzen und geistiger sowie körperlicher Verfall. Wird die Krankheit nicht im Frühstadium behandelt, verläuft sie tödlich.

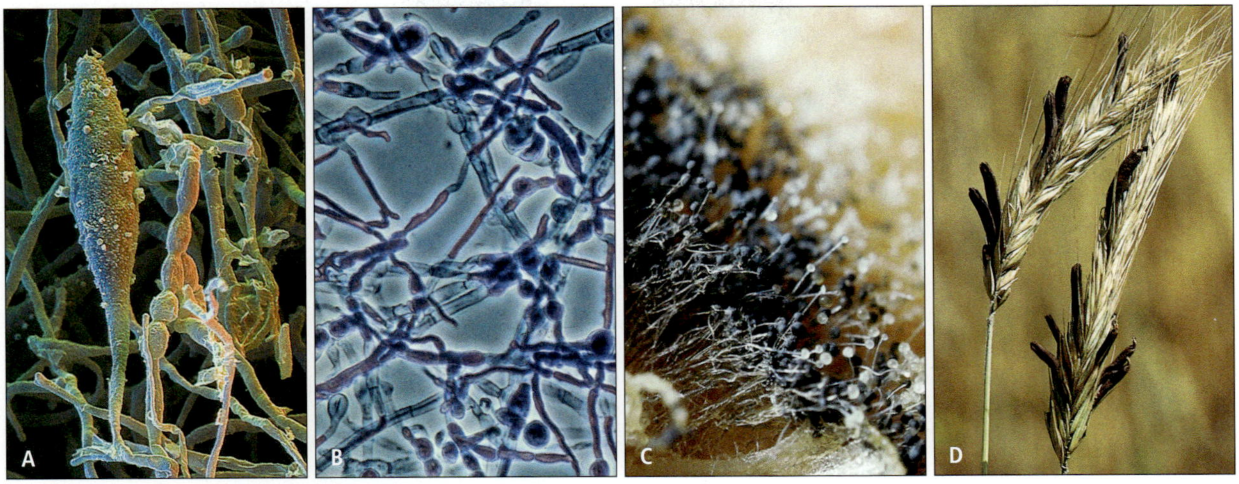

237.1 **Pilze.** **A** Fußpilz; **B** Soor; **C** Schimmelpilz; **D** Mutterkorn

2.5 Pilze können krank machen

Die ersten Anzeichen einer Erkrankung der Fußhaut sind heftig juckende Bläschen zwischen den Zehen, die sich über den ganzen Fuß ausbreiten können. Sie werden durch den *Fußpilz,* einen **Hautpilz,** verursacht. Anstecken kann man sich vor allem in Schwimmbädern, auf feuchten Holzrosten und Teppichböden oder beim Kontakt mit einer infizierten Person. Der Fußpilz ernährt sich von den oberen abgestorbenen Hornhautzellen der Haut und schädigt selber die Haut nicht. Erst durch eine allergische und entzündliche Reaktion der Haut auf die Pilze beziehungsweise ihrer Ausscheidungsprodukte kommt es zu den typischen Symptomen. Feuchte, warme Luft begünstigt das Auskeimen der Pilzsporen. Um sich vor dem Fußpilz zu schützen, sollte die Haut der Füße immer gut abgetrocknet werden, bevor Strümpfe und Schuhe angezogen werden. In Schwimmbädern schützt das Tragen von Badeschuhen.

Bei Säuglingen lässt sich manchmal im Mund ein weißer Belag beobachten. Dies sind die Anzeichen einer Pilzinfektion durch einen hefeähnlichen Pilz, dem *Soor-Pilz.* Für einen gesunden Menschen ist er relativ harmlos, bei Tuberkulosekranken kann er jedoch in der Lunge schwerwiegende Erkrankungen hervorrufen.

Schimmelpilze wie Köpfchen-, Pinsel- oder Gießkannenschimmel wirken indirekt auf den Menschen. Die Pilze befallen Brot, Marmelade und andere Nahrungsmittel, die an warmen Orten stehen. Schimmelpilze verderben nicht nur die Nahrung, sie bilden auch hochgiftige Stoffe, die *Mykotoxine.* Besonders gefährlich sind die krebserzeugenden *Aflatoxine* des Gelben Gießkannenschimmels, benannt nach dem wissenschaftlichen Namen des Pilzes *Aspergillus flavus.* Diese Gifte dringen mit dem Pilz tief in die Nahrungsmittel ein. Sie schädigen vor allem die Leber, wenn sie unbedacht mit der Nahrung aufgenommen werden. Da die Sporen dieser Pilze meistens über die Luft verbreitet werden, gelangen sie beim Einatmen in die Bronchien der Lungen und können dort auch einen allergischen Asthmaanfall auslösen.

Im Mittelalter litten die Menschen häufig an einer Krankheit, die von Krämpfen, Brennen und Kribbeln in den Händen begleitet war. Im Verlauf der Krankheit verfärbten sich schließlich Arme und Beine, bis sie abfielen und die Menschen letztendlich starben. Die Mönche des Antoniusordens pflegten damals diese erkrankten Menschen, weshalb die Krankheit auch „Antoniusfeuer" heißt. Die Ursache dieses schweren Krankheitsbildes ist ein Schlauchpilz, der *Mutterkornpilz.* Er befällt Blüten und Früchte von Getreidepflanzen. Hohe Mengen dieser Gifte führen zu starken Durchblutungsstörungen und schließlich zu den oben beschriebenen Symptomen.

Die Gifte aus dem Mutterkorn werden in geringen Mengen in der Medizin eingesetzt, zum Beispiel zum Einleiten der Wehen oder zum Stillen nachgeburtlicher Blutungen. Daher hat der Pilz seinen Namen. Heute wird Getreide sehr genau auf einen Befall durch den Mutterkornpilz untersucht, bevor es verarbeitet wird.

1. Erläutere, weshalb die Füße nach dem Baden immer gut abgetrocknet werden sollen!
2. Verschimmelte Nahrungsmittel sollten niemals gegessen werden. Begründe!

2.6 Der Körper wehrt sich

Bei einer Grippe helfen keine Antibiotika. Man sagt, der Körper muss sich selbst helfen. Zur Abwehr von Krankheitserregern stehen unserem Körper zahlreiche Möglichkeiten zur Verfügung. Bereits das Eindringen von Krankheitserregern kann an verschiedenen Bereichen unseres Körpers verhindert werden. Zu diesen **Infektionsbarrieren** gehören alle Teile des Körpers, die saure Flüssigkeiten enthalten, wie zum Beispiel der Magen (Salzsäure), die Haut (Buttersäure) und die Harnorgane (Harnsäure). Die Säuren verändern die Eiweißstoffe der Krankheitserreger. Einige Körperflüssigkeiten, wie beispielsweise die Tränenflüssigkeit, enthalten das Enzym *Lysozym.* Es zerstört die Zellwände von Bakterien. An verschiedenen Stellen in unserem Körper leben auch harmlose Bakterien, die mit den Erregern um Nahrung und Raum konkurrieren, beispielsweise in unserem Darm. Im Darm des Menschen wird der Speisebrei transportiert. Die Erreger werden zusammen mit den unverdaulichen Speiseresten über den After ausgeschieden.

Sind aber trotz der Infektionsbarrieren Erreger in unseren Körper eingedrungen, stehen im Blut weitere Abwehrmöglichkeiten zur Verfügung. Abwehrzellen werden über das Blut und über die Lymphe durch den Körper transportiert. Bei Bedarf können diese Zellen Blutgefäße und Lymphbahnen verlassen und in das Gewebe eindringen. Einige von ihnen greifen die Erreger sofort an, unabhängig davon, um welche Erreger es sich handelt. Sie bilden die **unspezifische Immunabwehr** des Menschen. Zu diesem Abwehrsystem gehören beispielsweise Weiße Blutkörperchen wie *Makrophagen* und die *natürlichen Killerzellen.* Die natürlichen Killerzellen zerstören Körperzellen, die von Viren befallen sind, und auch entartete Zellen, welche man als Krebszellen bezeichnet. Makrophagen bilden tentakelartige Fortsätze aus, mit denen sie sich amöbenartig fortbewegen und ernähren können. Dabei umfließen sie auch die Erreger und nehmen sie so in ihr Zellplasma auf. Man spricht deshalb auch von Fresszellen. Die Erreger werden im Inneren der Fresszellen verdaut. Diesen Vorgang bezeichnet man als *Phagozytose.* Teile der aufgelösten Erreger können sie an ihrer Oberfläche präsentieren. Diese Teile des Erregers, aber auch die Erreger selbst, werden als **Antigene** bezeichnet. Dadurch, dass der Makrophage Antigene an seiner Oberfläche zeigt, werden andere Weiße Blutkörperchen über den Bau der eingedrungenen Antigene informiert. Diese Weißen Blutkörperchen, eine Gruppe der **Lymphozyten,** nennt man **T-Helferzellen.**

Die T-Helferzellen aktivieren eine andere Gruppe von Lymphozyten, die **B-Zellen.** Die B-Zellen teilen sich nach ihrer Aktivierung sehr rasch zu **Plasmazellen.** Plasmazellen sind in der Lage, große Mengen von **Antikörpern** zu produzieren. Diese Antikörper sind Eiweißstoffe von Y-artigem Aufbau. Sie passen zu den eingedrungenen Antigenen wie ein Schlüssel in ein Schloss, denn sie wurden speziell für die Antigene hergestellt. Treffen nun die Antikörper im Blut oder in den anderen Körperflüssigkeiten auf die passenden Antigene, verbinden sie sich miteinander. Es kommt zur Verklumpung der Antigene mit den Antikörpern: Es entsteht ein **Antigen-Antikörper-Komplex.** Diese Komplexe werden von den Makrophagen durch Phagozytose verdaut. Da diese Form der **spezifischen Immunabwehr** nur gegen die in den Körperflüssigkeiten vorkommenden Antigene stattfindet, spricht man auch von **humoraler Immunabwehr** (lat. **humor** = Körperflüssigkeit).

Viren sind in der Lage, in Körperzellen einzudringen, sodass die Antikörper sie nicht erreichen. Um auch diese Viren bekämpfen zu können, werden spezielle Lymphozyten, die **T-Killerzellen,** produziert. Sie erkennen Körperzellen, welche von Viren befallen sind. Die T-Killerzellen lösen diese Körperzellen auf und verhindern dadurch, dass sich die Viren weitervermehren können. Diese Form der spezifischen Abwehr bezeichnet man als **zelluläre Immunabwehr.**
Wenn alle Antigene und infizierten Zellen beseitigt sind, schaltet eine weitere Gruppe von T-Zellen, die **T-Unterdrückerzellen,** die Immunreaktion ab.

Viele Infektionskrankheiten macht der Mensch nur einmal durch, beispielsweise die Masern. Wer diese Krankheit einmal überstanden hat, erkrankt nie wieder daran. Man sagt, dass man immun gegen Masern geworden ist. Woran liegt das?
Bestimmte Lymphozyten speichern den Bau eines jeden Antigens, mit dem der Körper in Berührung gekommen ist. Man nennt sie **Gedächtniszellen.** Sie gehen aus aktivierten B-Zellen hervor. Masernviren können daher sofort erkannt werden, wenn die Krankheit bereits einmal durchgemacht wurde. Die Bildung von Antikörpern geht dann so schnell vor sich, dass die Masernviren keine Chance haben, sich zu vermehren. Die in den Körper eingedrungenen Masernviren werden vernichtet, sodass ein erneuter Ausbruch der Krankheit verhindert wird.

1. Erläutere das Basiskonzept „Struktur und Funktion" am Beispiel der spezifischen Immunabwehr!
2. Beschreibe mithilfe der Abbildung 239.5 den Verlauf der zellulären und humoralen Abwehr!

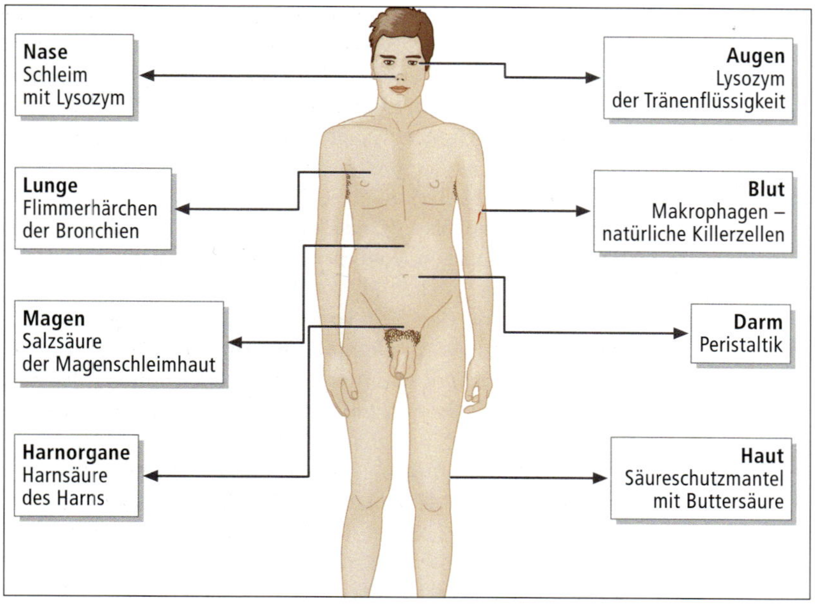

239.1 Infektionsbarrieren und unspezifische Immunabwehr

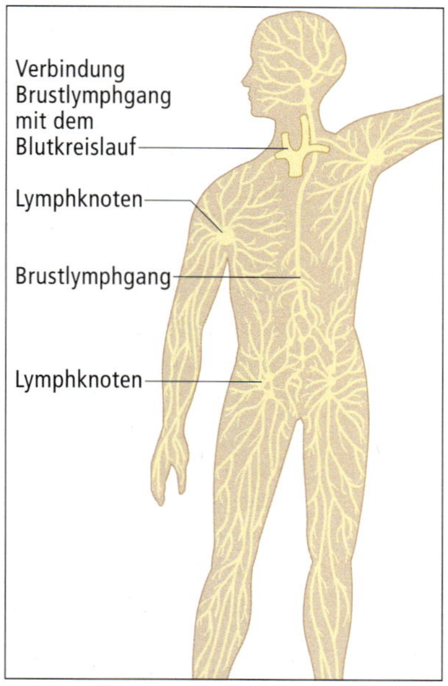

239.2 Lymphsystem des Menschen

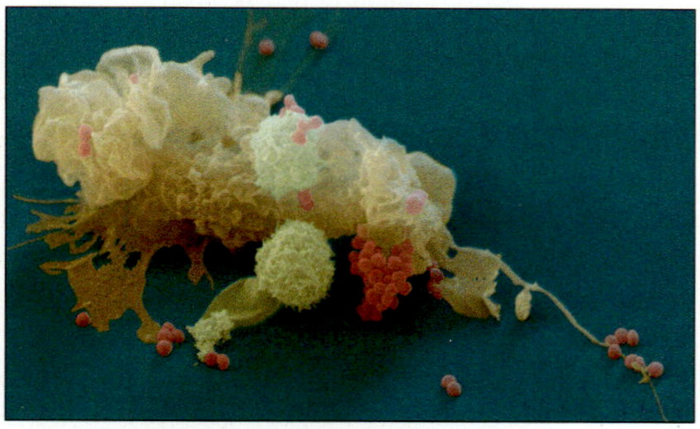

239.3 Makrophage bei Phagozytose

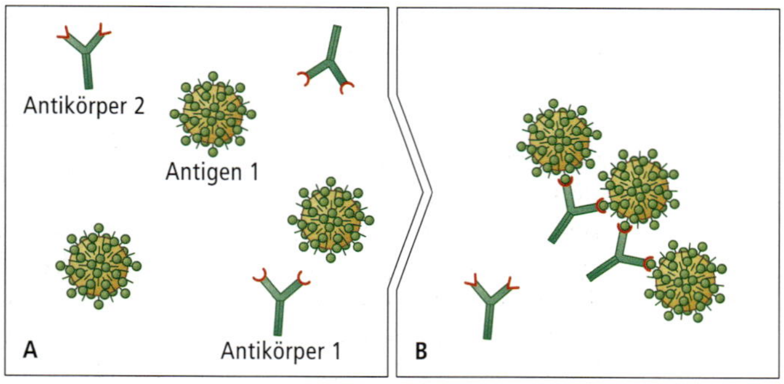

239.4 Antigen-Antikörper-Komplex. **A** Antigen, Antikörper; **B** Verklumpung

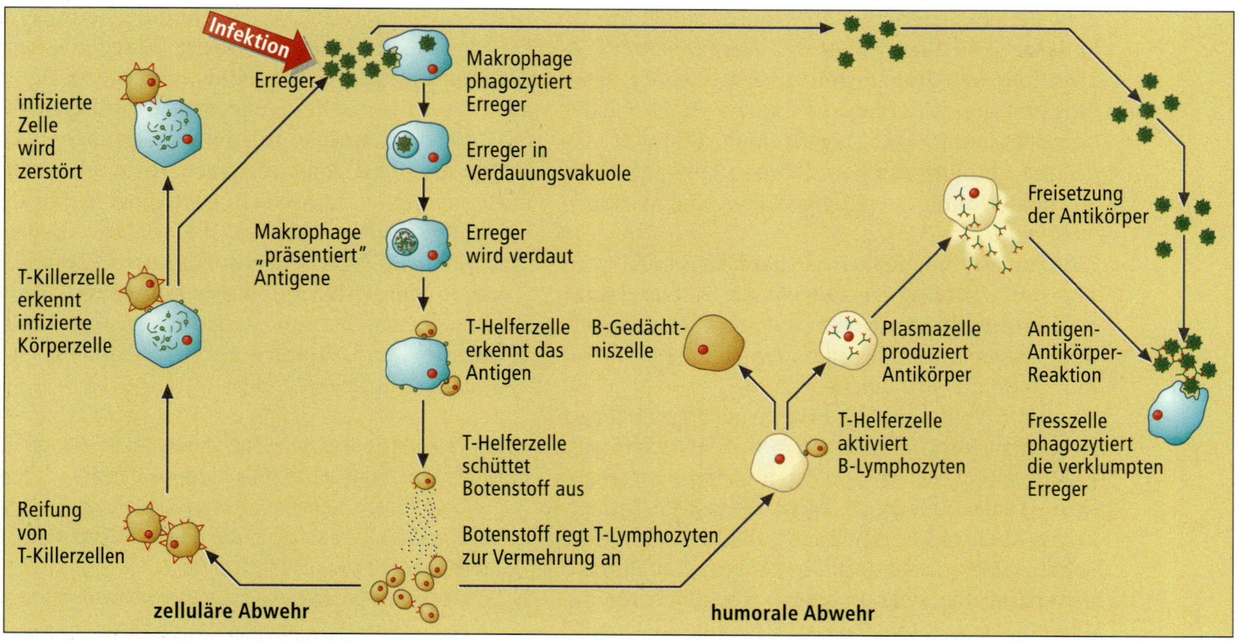

239.5 Funktionen der Immunabwehr

2.7 Aktive und passive Immunisierung

Wenn ein Mensch eine **Schutzimpfung** gegen die Krankheit Tetanus erhalten hat, so ist er vor dem Ausbruch dieser Krankheit geschützt. Woraus besteht der Impfstoff gegen Tetanus? Was geschieht nach der Impfung im menschlichen Körper?

Bei der Herstellung eines geeigneten Impfstoffes werden die Erreger von Tetanus in großen Mengen isoliert. Dann werden sie chemisch behandelt, damit sie ihre infektiöse Wirkung verlieren. Wichtig ist dabei jedoch, dass sie ihre spezifischen Antigene behalten. Nachdem diese abgeschwächten Erreger mithilfe einer Spritze in die Blutbahn des Menschen gelangt sind, bildet das Immunsystem Antikörper und Gedächtniszellen aus. Die Antikörper bekämpfen nun die Erreger, ohne dass der Geimpfte dabei erkrankt. Beim erneuten Kontakt mit Tetanuserregern sind die gebildeten Gedächtniszellen sofort in der Lage, Plasmazellen zur Bildung von Antikörpern anzuregen. Innerhalb kürzester Zeit stehen große Mengen passender Antikörper zur Verfügung. Eine Erkrankung wird dadurch vermieden.
Da bei dieser Art von Impfung der Körper selbst einen Schutzmechanismus aufbaut, spricht man von **aktiver Immunisierung.** Bis zum Abbau der Gedächtniszellen können mehr als zehn Jahre vergehen. In dieser Zeit genießt man vollständigen Impfschutz. Manche Impfungen verleihen aber auch lebenslange **Immunität.**

Hat man keine Schutzimpfung vorgenommen oder die Auffrischungsimpfung versäumt, kann man bei einer Infektion auch nachträglich durch Spritzen von Antikörpern den Krankheitsverlauf abkürzen. Ein **Heilserum** für eine derartige Immunisierung stellt man her, indem man Schafe oder Pferde mit den Erregern impft. Dadurch bildet ihr Immunsystem Antikörper. Diese werden aus dem Blut der Tiere entnommen und zu Impfstoff verarbeitet.
Eine andere Möglichkeit ist die Gewinnung von Impfstoff mithilfe der Gentechnik. Dieser Impfstoff entspricht in seinem Aufbau häufig besser dem menschlichen Körper. Deshalb sind diese Impfstoffe oft verträglicher.
Wenn die Antikörper die Erreger bekämpft haben, werden sie vom Immunsystem des Menschen abgebaut. Bei dieser Art von Immunisierung werden keine Gedächtniszellen produziert. Der Patient besitzt bei einer erneuten Infektion keinerlei Schutz. Man spricht deshalb von **passiver Immunisierung.** Sie stellt nur eine Notfallversorgung dar, da die meisten Patienten bereits an Krankheitssymptomen leiden.

Durch intensive Impfstoffforschung und konsequentes Impfverhalten sind beispielsweise die Pocken als Infektionskrankheit ausgerottet. Noch 1967 erkrankten weltweit jährlich 2,5 Millionen Menschen an Pocken. In den Siebzigerjahren gelang es der Weltgesundheitsorganisation (WHO), die klassischen Pockenverbreitungsgebiete, wie beispielsweise Brasilien und Indien, durch Massenimpfungen vom Pockenerreger zu befreien. Der letzte Pockenfall trat 1977 in Somalia auf. 1980 wurde die Welt von der WHO für pockenfrei erklärt. Da es seitdem keine Pockenimpfungen mehr gibt, könnte es sich als Katastrophe erweisen, wenn der Erreger noch einmal auftreten sollte.

Erkrankungen, die durch Viren hervorgerufen werden, benötigen besondere Aufmerksamkeit bei der Forschung. Da sich die Viren ständig verändern können, müssen die Impfstoffe immer neu angepasst werden. Für einige Infektionskrankheiten ist es bisher überhaupt noch nicht gelungen, geeignete Impfstoffe zu entwickeln, wie beispielsweise für Aids oder SARS (**S**chweres **A**kutes **R**espiratorisches **S**yndrom).

In den Industrieländern ist in den letzten Jahren eine Impfmüdigkeit zu verzeichnen. Deshalb ist zu erwarten, dass Infektionskrankheiten unter der Bevölkerung wieder zunehmen. Unterstützt wird dieser Trend durch das Bestreben, möglichst eine keimfreie Umgebung zu schaffen. Das Immunsystem wird dadurch untrainiert und hat mehr Mühe, schnell und zuverlässig zu reagieren.

Der Impfkalender gibt Auskunft über die zeitliche Abfolge der nötigen aktiven Immunisierungen. Die Eltern sind für das ordnungsgemäße Einhalten der Impfungen ihrer Kinder verantwortlich. Aber auch als Erwachsener sollte man darauf achten, dass die Impfabstände für nötige Impfungen nie länger als zehn Jahre betragen. Nur so erhält man sich seine Immunität gegenüber gefährlichen Infektionskrankheiten. Bei Reisen in das Ausland kann sich jeder Bürger beim Gesundheitsamt über nötige Impfungen informieren. Alle Impfungen müssen im Impfausweis vom Arzt notiert werden. Dadurch kann man jederzeit seinen Impfstatus überprüfen.

1. Ein Patient hat sich eine stark verschmutzte Wunde zugezogen. Seine letzte Tetanusimpfung liegt 20 Jahre zurück. Nenne mögliche Maßnahmen!
2. Erläutere das Basiskonzept, das durch die Antigen-Antikörper-Reaktion deutlich wird!
3. Vergleiche die passive und die aktive Immunisierung! Nenne Gemeinsamkeiten und Unterschiede!
4. Beschreibe die Folgen der Impfmüdigkeit!

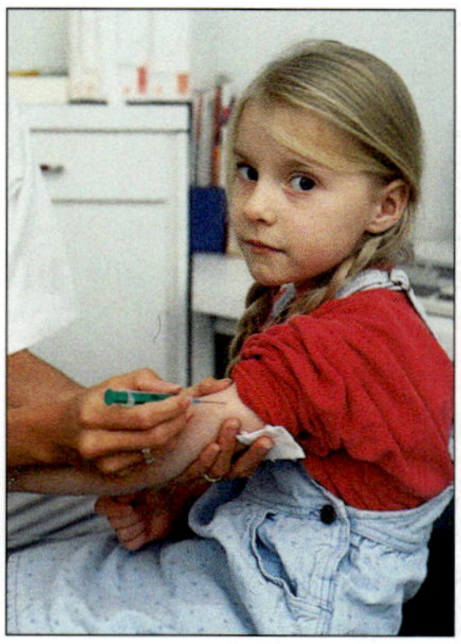

241.1 Schutzimpfung

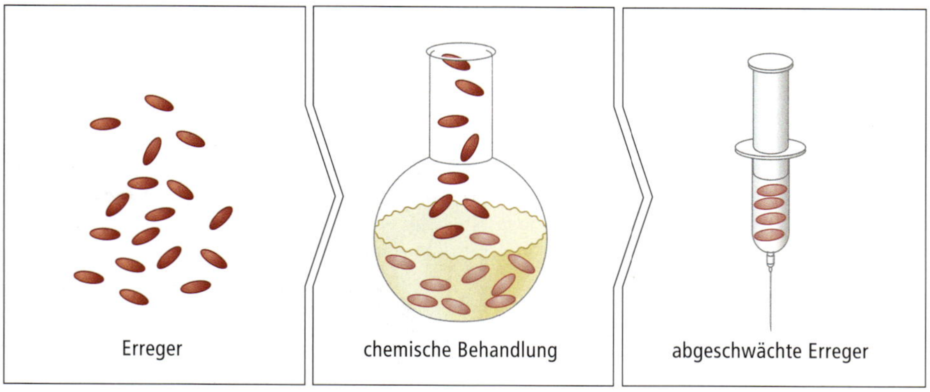

241.2 Abschwächen der Erreger

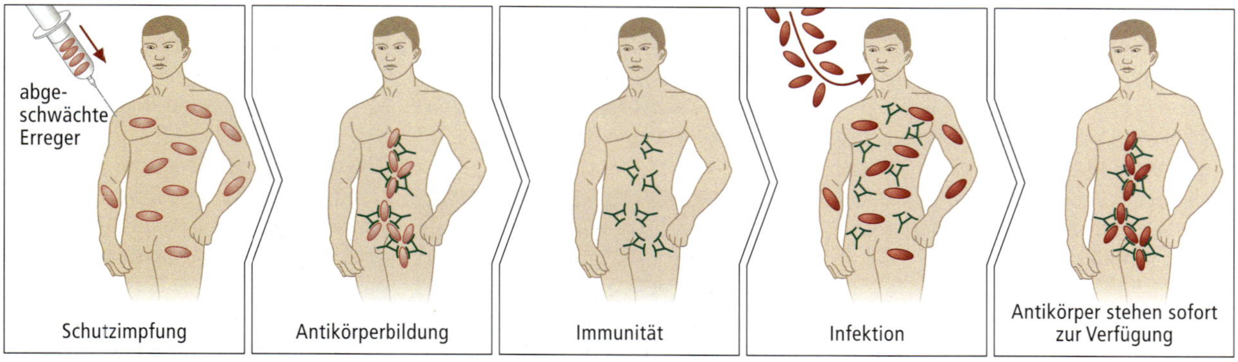

241.3 Aktive Immunisierung

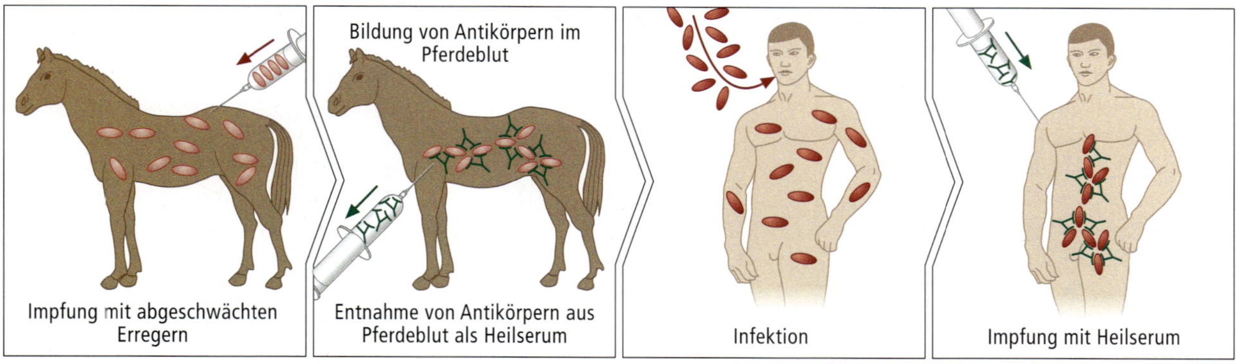

241.4 Passive Immunisierung

Lebensalter (vollendete Monate/Jahre)	2. Monat	3. Monat	4. Monat	11. bis 14. Monat	15. bis 23. Monat	5 bis 6 Jahre	9 bis 17 Jahre
Impfungen gegen	Diphtherie, Tetanus, Keuchhusten, Haemophilus influenzae, Kinderlähmung, Hepatitis B	Diphtherie, Tetanus, Keuchhusten	Diphtherie, Tetanus, Keuchhusten, Haemophilus influenzae, Kinderlähmung, Hepatitis B	Diphtherie, Tetanus, Keuchhusten, Haemophilus influenzae, Kinderlähmung, Hepatitis B, Mumps, Masern, Röteln	Mumps, Masern, Röteln	Diphtherie, Tetanus, Keuchhusten	Diphtherie, Tetanus, Keuchhusten, Kinderlähmung, Hepatitis B

241.5 Impfkalender für Kinder und Jugendliche

EXKURS Allergien

Als **Allergie** bezeichnet man eine unangemessene, übersteigerte Reaktion des Körpers auf harmlose Substanzen, wie Blütenpollen, bestimmte Stoffe aus Nahrungsmitteln, Milbenkot, Schimmelpilzsporen oder Ähnliches. Die Patienten reagieren *hypersensibel* auf diese Stoffe. Man bezeichnet die allergieauslösenden Stoffe als **Allergene.**

Die meisten Allergien entwickeln sich ähnlich. Kommt ein Allergiker erstmals mit den Allergenen, zum Beispiel über die Nahrung oder die Atemluft, in Kontakt, werden in seinem Körper die B-Zellen aktiviert. Sie bilden Antikörper und geben sie ins Blut ab. Diese Antikörper besetzen die Oberfläche einer Gruppe von Weißen Blutkörperchen, den **Mastzellen.** Man spricht von **Sensibilisierung.**

Bei einem erneuten Kontakt mit dem Allergen bindet sich dieses an die gebildeten Antikörper. Daraufhin entsteht in den Mastzellen ein entzündungsfördernder Stoff, das **Histamin.** Durch die Histaminabgabe kommt es zur Rötung und Schwellung der Schleimhäute oder von äußeren Hautpartien. Typische Symptome einer Allergie wie Schnupfen, Bindehautentzündung, Entzündung der Atemwege oder starke Hautrötungen sind die Folge. Es sind noch nicht alle Ursachen für Allergien genau bekannt. Manchmal entwickeln sich Allergien während oder nach besonderen Stresssituationen. Da man in vielen Familien eine Häufung von Allergien feststellt, wird vermutet, dass bei der Ausbildung von Allergien Erbanlagen eine Rolle spielen.

Eine der häufigsten Allergien ist der *Heuschnupfen.* Es handelt sich dabei um eine Pollenallergie. Der Blütenstaub vieler Samenpflanzen wirkt als Allergen. Durch die allergische Reaktion schwellen die Bindegewebe in Augen und Nase an. Es kommt zu einer ständigen Augenrötung. Die Augen tränen. Der Allergiker muss laufend niesen. Ähnliche Symptome sind bei *Tierhaarallergien* zu erkennen, die häufig von Haustierhaaren ausgelöst werden.

242.1 **Heuschnupfensymptome**

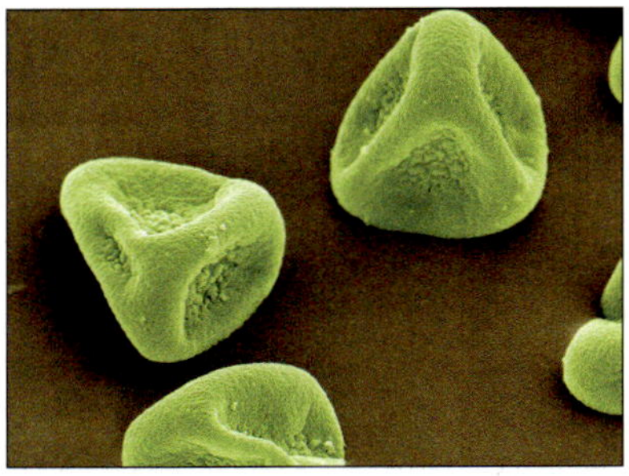

242.2 **Pollenkörner (mikroskopisches Bild)**

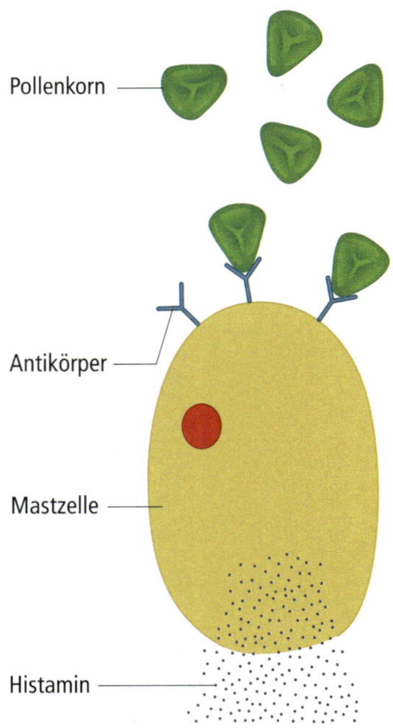

242.3 **Histaminabgabe beim Heuschnupfen (Schema)**

Bei einer *Hausstauballergie* reagieren sensibilisierte Menschen auf die Ausscheidungen der Hausstaubmilbe.
Zu *Lebensmittelallergien* kommt es, wenn der Allergiker bestimmte Lebensmittel isst, denen gegenüber er sensibilisiert ist. *Kontaktallergien* entstehen durch eine bloße Berührung mit dem Allergen durch die Haut. Besonders nickelhaltiger Schmuck oder Münzen enthalten mögliche Allergene. Immer mehr Menschen leiden an einer großflächigen Rötung der Haut mit starkem Juckreiz. Diese *Neurodermitis* ist eine heftige Reaktion des Körpers auf ganz unterschiedliche Allergene.

Eine besonders schwere Form der Allergie ist das *Asthma bronchiale.* Hierbei schwellen die Schleimhäute der Bronchien sehr stark an und produzieren sehr viel Schleim. Bei äußerst heftigen allergischen Reaktionen kann es zu Bronchialkrämpfen und Blutdruckabfall kommen. Diesen Zustand, der auch bei *Insektenstichen* und *Medikamentenunverträglichkeit* zu beobachten ist, nennt man **allergischen Schock.** Deshalb sollte die Ursache einer Allergie stets gründlich geklärt werden, um eine geeignete Therapie zu finden.

Um Allergien zu behandeln, sollte man den Kontakt mit dem Allergen vermeiden oder durch Medikamente verhindern, dass die Mastzellen das Histamin freisetzen. Erfolg versprechend sind auch **Hypo-** oder **Desensibilisierungsbehandlungen.** Dabei wird der Allergiker über einen längeren Zeitraum mit steigenden Dosen des Allergens behandelt, sodass ein Gewöhnungseffekt eintritt. Eine Möglichkeit, eine spätere Allergieanfälligkeit zu senken, ist das lange Stillen von Babys mit Muttermilch. In der Muttermilch befinden sich Antikörper, die vom Kind aufgenommen werden. Dadurch wird eine frühe Sensibilisierung verhindert. Etwa ein Drittel aller Menschen in Deutschland leiden an der **Zivilisationskrankheit** Allergie. Ihre Zahl nimmt zu.

1. Beschreibe die Entstehung einer allergischen Reaktion beim Heuschnupfen!

243.1 HIV verursacht Aids. A Aids-Kranker mit Hauttumor am Kinn; **B** HIV (Schema); **C** Gib Aids keine Chance!

2.8 HIV – Gib Aids keine Chance!

Der Patient auf dem Bild ist schwer krank. An seiner Haut erkennt man viele Krebsgeschwüre. Sein Körper ist stark abgemagert. Ingesamt ist er sehr geschwächt: Er hatte häufig Lungenentzündung und Durchfälle. Der Patient leidet an **Aids.** Diese Abkürzung steht für **A**cquired **i**mmune **d**eficiency **s**yndrome. Dahinter verbirgt sich eine erworbene Immunschwäche des Menschen, die durch **HI-Viren** (**H**uman **I**mmunodeficiency **V**irus) hervorgerufen wird. Das geschwächte Immunsystem kann sich nicht mehr gegen Krankheitserreger zur Wehr setzen. Deshalb setzt sich das Krankheitsbild von Aids aus den Symptomen mehrerer Krankheiten zusammen.
Aids wurde 1981 in Amerika entdeckt. Dort traten zur selben Zeit mehrere Fälle einer ungewöhnlichen Lungenentzündung und einer seltenen Krebsart auf. Die betroffenen Patienten litten unter einer sehr schweren Immunschwäche. Glücklicherweise wurde schnell ein Zusammenhang zwischen den Erkrankungen hergestellt. Man nahm an, dass es sich bei der Erkrankung um eine seuchenartige Infektionskrankheit handelte.

Anfänglich ging man davon aus, dass es sich hierbei um eine Erkrankung handeln muss, die nur Homosexuelle befällt, denn die ersten Patienten waren ausschließlich homosexuell. Aber sehr bald musste man feststellen, dass dies ein Irrtum war. Auch Heterosexuelle zählten zu den Erkrankten. Allerdings nahm man auch hier fälschlicherweise an, dass die besondere Lebensweise der Grund für die Erkrankung war. Die ersten heterosexuellen Erkrankten gehörten der Drogenszene an, waren Bluter oder prostituierten sich. Inzwischen hat man Aids-Erkrankungen unabhängig vom Geschlecht und unabhängig von Sexualpraktiken auf der ganzen Welt diagnostiziert. Besonders hoch ist die Verbreitung in Afrika und Nordamerika. In den Neunzigerjahren hat die Weltgesundheitsorganisation (WHO) einen beträchtlichen Anstieg der Erkrankung registriert, obwohl die genaue Erfassung der Erkrankten sehr schwierig ist. Das hat mehrere Ursachen: Die Inkubationszeit dauert sehr lange. Manche Menschen erkranken trotz Infektion nie und es gibt in den Entwicklungsländern keine genauen Zahlen zu den tatsächlich Erkrankten.

Seit der Entdeckung der Krankheit wurde intensiv an der Erforschung ihrer Ursache gearbeitet. Im Mai 1983 ist es einem Forscherteam in Frankreich gelungen, das HI-Virus zu entdecken. Im März 1986 wurde ein weiteres Virus als Auslöser von Aids gefunden. Man nannte es HIV 2.
Danach wurde weltweit an der Herstellung eines passenden Impfstoffes gearbeitet. Die Suche nach einem Impfstoff beschäftigt noch heute viele Wissenschaftler. Um einen geeigneten Impfstoff entwickeln zu können, muss man sehr viel über das Virus wissen, beispielsweise, welche Zellen des menschlichen Körpers befallen werden und wie sich eine HIV-Infektion auf den Menschen auswirkt.

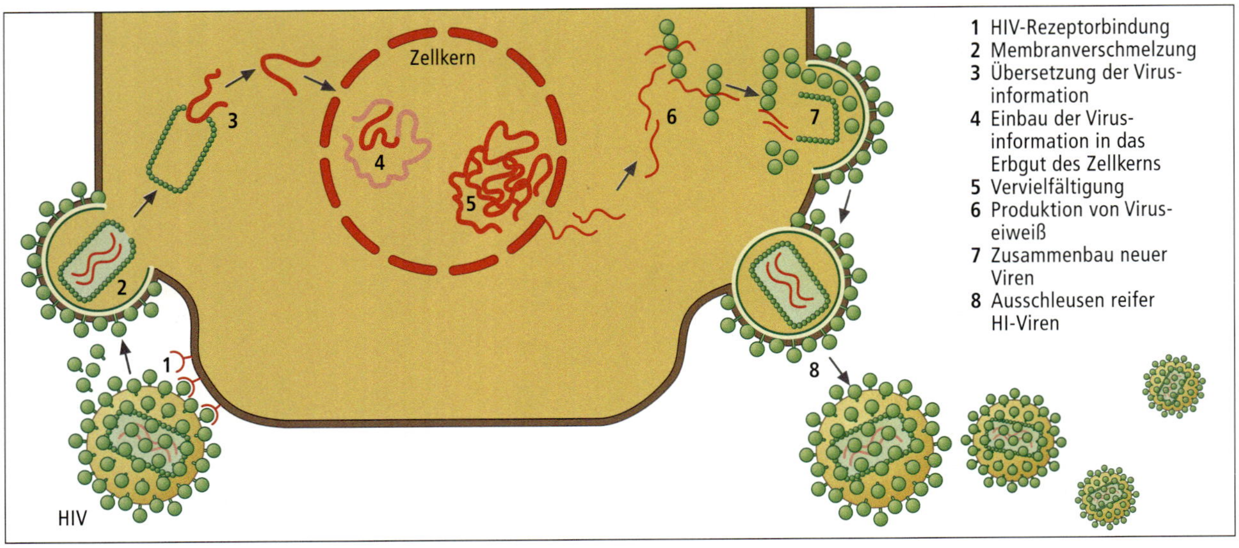

244.1 Entwicklung von HIV in menschlichen T-Helferzellen

Zunächst dringt das Virus über Körperflüssigkeiten, beispielsweise Blut, in den Körper ein. Dort befällt es die T-Helferzellen. Mit einem Eiweißstoff seiner Hülle heftet sich das Virus an den Rezeptor auf der Zellmembran der T-Helferzelle. Dann entlässt das Virus seine Erbsubstanz in die Zelle, während die Eiweißhülle außerhalb der Zelle bleibt. Die Erbsubstanz des Virus wird nun umgebaut. Durch den Umbau kann die Virus-Erbsubstanz in die Erbsubstanz der T-Helferzelle eingebaut werden und jahrelang ruhen.

Die Vermehrung des Virus beginnt mit der Vervielfältigung seiner Erbsubstanz im Zellkern der T-Helferzelle. Im Zellplasma der T-Helferzelle werden weitere Virus-Bausteine gebildet. Aus der Erbsubstanz und den Bausteinen werden nun neue Viren zusammengebaut und im letzten Schritt aus der T-Helferzelle ausgeschleust. Die T-Helferzelle ist durch die Virusvermehrung so stark geschädigt, dass sie abstirbt. Die neu gebildeten Viren befallen nun noch nicht infizierte T-Helferzellen. Durch die massenhafte Vermehrung von HIV wird die Zahl der T-Helferzellen so stark vermindert, dass das Immunsystem andere Krankheitserreger nicht mehr abwehren kann. Das volle Krankheitsbild von Aids kommt zum Ausbruch.
Kurz nach der Erstinfektion verspüren die Patienten nur geringfügige Symptome, welche grippeähnlich sind. In dieser Zeit werden Antikörper gegen die Viren produziert. Man sagt, die Patienten sind HIV-positiv, denn diese Antikörper sind im Aids-Test nachweisbar. Dann folgt im Krankheitsverlauf eine unterschiedlich lange Ruhephase, von etwa sechs Monaten bis zu zehn Jahren. In dieser Zeit sind die Patienten entweder symptomfrei oder es zeigen sich nur leichte Symptome wie Lymphknotenschwellungen, Nachtschweiß oder Durchfälle. Durch das Auftreten schwerer Krankheiten kommt es zum Aids-Vollbild. Das Immunsystem ist nicht mehr in der Lage, die Krankheitserreger abzuwehren. Schwere Lungenentzündungen, chronischer Durchfall verbunden mit starkem Gewichtsverlust, Herpesinfektionen und Pilzbefall gehören zum Krankheitsbild des Aids-Kranken. Durch das geschädigte Immunsystem kommt es zum Ausbrechen verschiedener Krebserkrankungen wie Hautkrebs. Auch das Nervensystem kann stark angegriffen sein, sodass Sprechschwierigkeiten, Verlust des Erinnerungsvermögens und Abnahme der Sehkraft auftreten können.

Die gesamte Aids-Erkrankung verläuft anfallartig. Zwischen unterschiedlich langen Krankheitsschüben treten Phasen auf, in denen sich der Patient besser fühlt. Bis heute ist es nicht gelungen, den befallenen Körper von den Viren zu befreien. Der Patient stirbt nicht am HIV, sondern an den Erkrankungen, die durch die fehlende Immunabwehr auftreten können. Allerdings gibt es verschiedene Medikamente, um die Symptome zu lindern und die Virusvermehrung einzuschränken. Dadurch ist es möglich, das Leben der Aids-Patienten zu verlängern.

1. Beschreibe anhand der Abbildung 244.1 die Vermehrung des HIV!
2. Erläutere das Basiskonzept „Reproduktion“ am Beispiel der Vermehrung des HIV!
3. Nenne Maßnahmen, durch die man sich gegen eine HIV-Infektion schützen kann!
4. Die Zahl der jährlichen HIV-Infektionen hat in Deutschland in der letzten Zeit zugenommen. Nimm Stellung!

EXKURS HIV-Therapie – Medikamente gegen HIV

Nach Schätzungen der UNO sind heute fast 40 Millionen Menschen mit dem *HI-Virus* infiziert. Man kann sie nach dem heutigen Stand der medizinischen Forschung nicht heilen. Die Ärzte haben lediglich die Mittel, durch eine medizinische Behandlung die Folgekrankheiten erfolgreich zu lindern, die wegen der Schädigung des Immunsystems durch das HIV auftreten. Sie zögern dabei den vollständigen Zusammenbruch des Immunsystems hinaus und können so das Leben der Infizierten verlängern. Da jährlich etwa drei Millionen Menschen an den Folgen einer HIV-Infektion sterben, wird intensiv nach einer erfolgreichen Behandlung geforscht.

Alle Schritte, vom Eindringen in den Körper bis zum Einbau der Erbsubstanz des Virus in das Erbgut der T-Helferzelle und der Produktion und Freisetzung neuer Viren, sind bekannt. Da eine Heilung jedoch nicht mehr möglich ist, wenn das Virus den Einbau seiner Erbsubstanz in das Erbgut der befallenen Zelle erreicht hat, versucht man das Virus vorher abzufangen. Dazu stärkt man zuerst mit Medikamenten die Abwehrfähigkeit des Immunsystems. So können viele Viren mithilfe von Antikörpern zerstört werden. Alle Viren, die den Antikörpern entkommen konnten, versucht man beim Andocken an die Körperzellen zu hindern. Gelangt dennoch Erbsubstanz der Viren in die Zellen, kann man den Einbau in das Erbgut der befallenen Zellen vermindern. Schließlich kann der Zusammenbau neuer Viren und die Freisetzung aus den befallenen Körperzellen behindert werden.

Eine erfolgreiche Bekämpfung des Virus ist jedoch schwierig, da es sich geschickt diesen Angriffen entzieht. Das Virus verändert ständig seine Oberfläche, weshalb Antikörper nur über wenige Virusgenerationen wirksam sind. Es zieht sich in ruhende Zellen des Immunsystems, die Gedächtniszellen, zurück. Dort ist es nicht angreifbar. Hinzu kommt, dass HIV zu seiner Vermehrung gerade die Zellen benutzt, durch die es eigentlich abgewehrt werden soll.
Die Behandlung eines HIV-Infizierten kostet in Deutschland mehrere Tausend Euro pro Jahr. Die UNO versuchte 2005 mit drei Millionen behandelten Patienten etwa sieben Prozent der weltweit Erkrankten zu erreichen. Sie kann damit so viele Infizierte behandeln, wie sich jedes Jahr neu anstecken. Obwohl es durch Spenden von Industrieländern und Arzneimittelkonzernen gelungen ist, die Kosten für die Behandlung eines Patienten auf 250 Euro pro Jahr zu senken, werden viele Millionen von Betroffenen keine Hilfe erhalten können. Ohne Medikamente werden sie viel früher an *Aids* sterben. Die beste und kostengünstigste Vorbeugung gegen eine HIV-Infektion wird auch in Zukunft sein: konsequenter Schutz bei sexuellen Kontakten.

1. Beschreibe alle Schritte, an denen die Vermehrung des Virus heute bekämpft werden kann!
2. Erläutere, warum man bei einer solchen Behandlung stets an mehreren Punkten ansetzt!
3. Nenne drei Gründe, die eine Behandlung von HIV-Infektionen grundsätzlich erschweren!
4. Beurteile: „Leben mit HIV – eine Frage des Geldes."

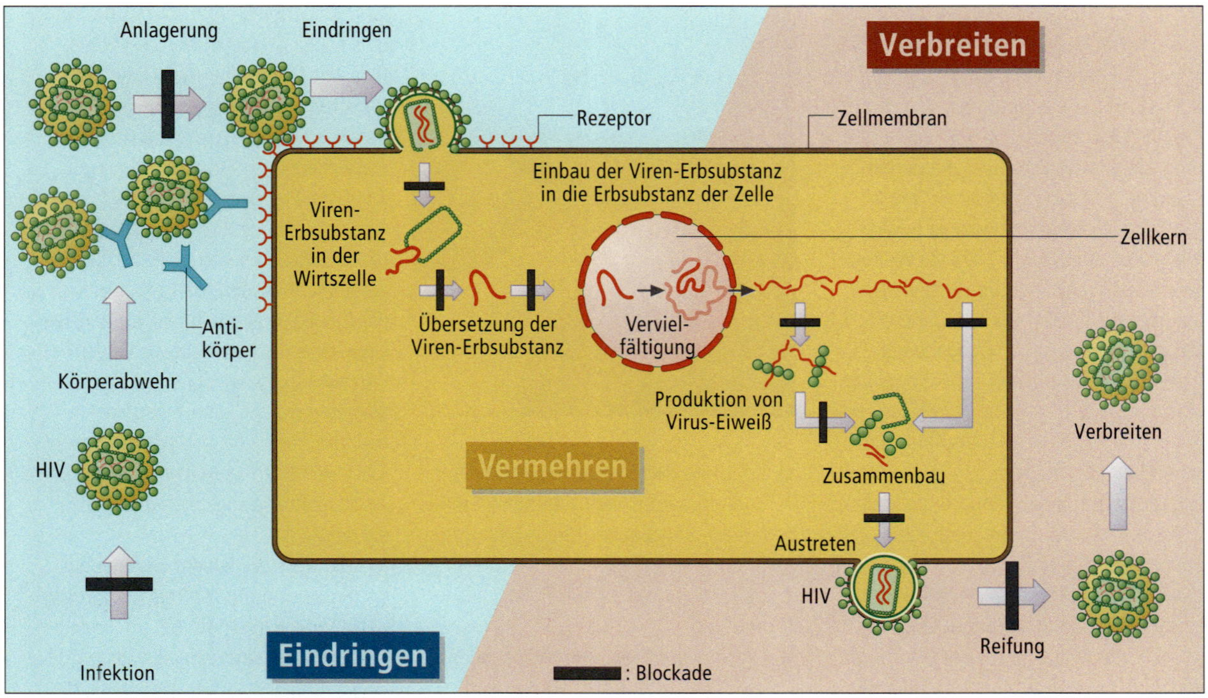

245.1 Angriffspunkte für die HIV-Bekämpfung

1 Cholera

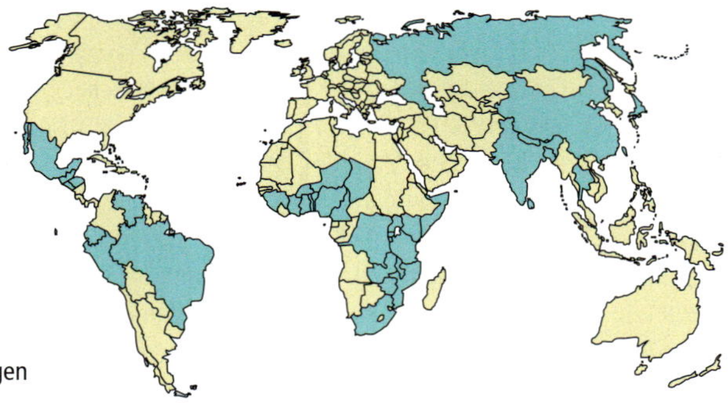

a) Benenne die Staaten, in denen es immer noch zu Meldungen über Cholerafälle kommt! Verwende einen Atlas!
b) Stelle eine Hypothese für die unterschiedliche Choleraverbreitung auf der Erde auf!
c) Begründe, weshalb bei großen Umweltkatastrophen, wie zum Beispiel Überschwemmungen, die Gefahr einer Choleraepidemie wächst!
d) Erläutere Vorbeugungsmaßnahmen gegenüber Choleraerkrankungen!

Steckbrief „Cholera“

Der Erreger, das *Vibrio cholerae*, ist ein kommaförmig gebogenes, begeißeltes Stäbchenbakterium. Er wird über Kontaktinfektionen häufig durch Wasser, Nahrungsmittel, aber auch durch Fliegenkot übertragen. Das Bakterium gelangt in den Dünndarm und produziert dort einen Giftstoff, der die Darmschleimhaut angreift. Die Inkubationszeit der Krankheit beträgt ein bis fünf Tage.
Die Krankheit beginnt mit Übelkeit, Bauchschmerzen und schweren Brechdurchfällen. Durch zu hohen Flüssigkeitsverlust kommt es zur Austrocknung des Körpers. Krämpfe, Benommenheit, Herzstörungen und Untertemperatur sind weitere Begleiterscheinungen. Das Gift der Bakterien kann weiterhin zum Nierenversagen und nach ein bis zwei Tagen zum Tode führen. Zur Vorbeugung dienen hygienische Maßnahmen und die Impfung mit abgetöteten Bakterien.

2 Impfmüdigkeit

Bis Anfang der Sechzigerjahre des vorigen Jahrhunderts war die Kinderlähmung (Polio) eine gefürchtete Krankheit, an der in Deutschland jährlich etwa 4000 Menschen neu erkrankten. Immer wieder gab es verheerende Masseninfektionen (Epidemien), bei denen viele Menschen starben oder schwere Behinderungen davontrugen. Im Jahr 1962 begann deshalb ein Impfprogramm unter dem Titel „Kinderlähmung ist grausam, Schluckimpfung ist süß“. Dieses Programm war so erfolgreich, dass am 21. Juni 2004 die Weltgesundheitsorganisation Europa für poliofrei erklärte. Leider hat die Impfbereitschaft seitdem wieder nachgelassen. Viele Experten sprechen daher sogar von „Impfmüdigkeit“.
Bei immer mehr nicht geimpften Menschen besteht die Gefahr, dass sie sich auf Fernreisen infizieren und die Polioviren mit zurückbringen. Begünstigt durch eine höhere Zahl von nicht geimpften Menschen könnte sich die Kinderlähmung wieder ausbreiten. Auch bei Krankheiten wie Diphtherie, Röteln und Keuchhusten befürchtet man durch die Impfmüdigkeit ein erneutes Ausbreiten.

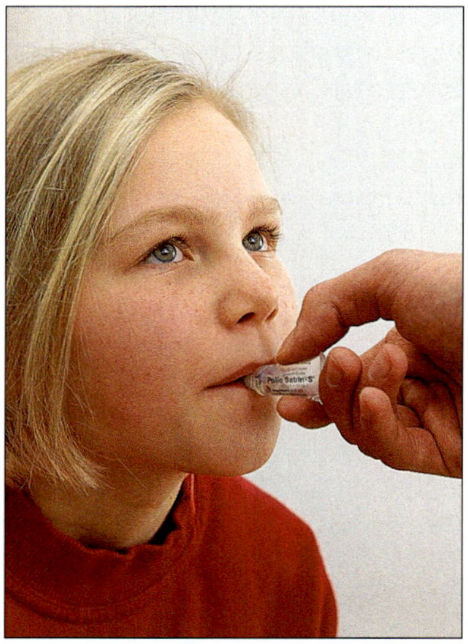

a) Erläutere den Begriff Impfmüdigkeit und die daraus resultierenden Gefahren am Beispiel der Kinderlähmung!
b) Informiere dich über die Art der Immunisierung bei der Polioschluckimpfung!
c) Ordne die im Text angesprochenen Krankheiten danach, ob sie durch Viren oder Bakterien ausgelöst werden!

3 Tetanusschutzimpfung

Wundstarrkrampf oder Tetanus ist eine akute, meldepflichtige, bakterielle Infektionskrankheit, die unbehandelt zu tödlichen Störungen des Nervensystems führt. Dauerformen des Tetanus-Bakteriums finden sich zum Beispiel in Staub, Erde, Kot, Holzsplittern oder Rost. Über Verletzungen gelangen sie in den Körper. Dazu reichen bereits kleine Wunden aus. Zur Vorbeugung wird durch mehrere Impfungen im Kinder- und Jugendalter eine Grundimmunisierung durchgeführt, die im Erwachsenenalter alle zehn Jahre aufgefrischt werden soll. Es handelt sich dabei um eine aktive Immunisierung. Bei einer Verletzung der Haut wird, sofern kein ausreichender Impfschutz nachgewiesen werden kann, eine so genannte kombinierte Impfung durchgeführt. Sie besteht aus einem Gemisch von Antikörpern und abgetöteten Tetanus-Bakterien.

a) Erläutere an diesem Beispiel die aktive und passive Immunisierung!
b) Erläutere, weshalb bei unzureichendem Impfschutz eine so genannte kombinierte Impfung eingesetzt wird!

RÜCKBLICK mit Basiskonzepten: Immunbiologie

Gesundheit ist ein Zustand vollkommenen körperlichen, sozialen und geistigen Wohlbefindens. Wird dieser Zustand stark beeinträchtigt, spricht man von *Krankheit*.

Infektionskrankheiten werden von Krankheitserregern, wie Bakterien, anderen Einzellern, Viren und Pilzen ausgelöst. Bei einer Infektion werden die Krankheitserreger auf den menschlichen Körper übertragen. Während der symptomfreien Inkubationszeit vermehren sie sich stark. Sie scheiden Toxine aus, die sich über das Blut und die Lymphe im ganzen Körper verteilen und ihn zu schädigen beginnen. Damit bricht die Infektionskrankheit aus.

Der menschliche Körper wehrt sich gegen die Erreger von Infektionskrankheiten auf verschiedene Weise. Einige Körperteile besitzen *Infektionsbarrieren*, die das Eindringen von Krankheitserregern verhindern sollen. Dazu gehören säurehaltige Flüssigkeiten auf der Haut, im Magen oder in den Harnorganen. Durch sie werden die Eiweißstoffe der Erreger verändert und unwirksam. Das Enzym Lysozym im Nasenschleim und der Tränenflüssigkeit zerstört die Zellwände von Bakterien. Sowohl Säuren als auch Lysozym töten somit Krankheitserreger ab.

Dringen Erreger trotzdem in den Körper ein, werden sie zuerst durch die *unspezifische Immunabwehr* bekämpft. *Makrophagen* und natürliche *Killerzellen*, die sich ständig im Blut oder der Lymphe befinden und auch in das Gewebe eindringen, greifen jede Art von Krankheitserreger an. Durch Phagozytose nehmen diese *Fresszellen* genannten Makrophagen Erreger auf: Teile des aufgelösten Erregers werden an der Oberfläche der Fresszellen präsentiert. Die präsentierten Teile wie auch die Erreger selbst werden als *Antigene* bezeichnet, welche besondere *Lymphozyten*, die *T-Helferzellen*, aktivieren. Sie regen über einen Botenstoff die *B-Lymphozyten* an und leiten damit die nächste Stufe der Immunantwort ein. Diese stufenweise Aktivierung ist ein Beispiel für das **Basiskonzept „Steuerung und Regelung"**.

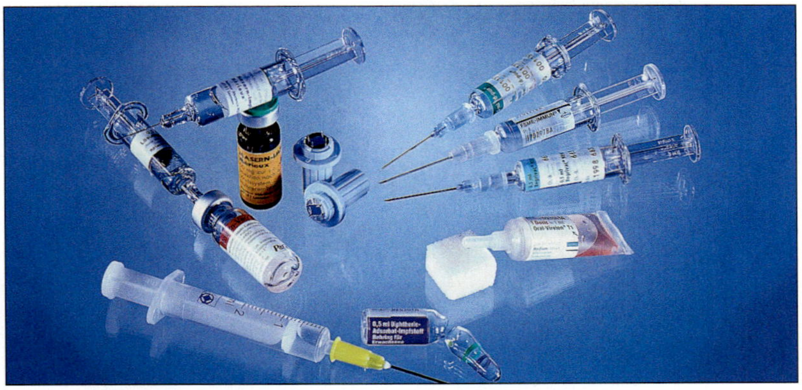

247.1 Impfschutz

Nach ihrer Aktivierung teilen sich die B-Lymphozyten sehr schnell und differenzieren sich zu Plasmazellen, die in der Lage sind, große Mengen von *Antikörpern* zu produzieren. Diese verbinden sich nach dem Schlüssel-Schloss-Prinzip mit den Antigenen. Die entstandenen *Antigen-Antikörper-Komplexe* werden von Makrophagen aufgenommen und abgebaut. Diese *spezifische Immunabwehr* richtet sich nur gegen in Körperflüssigkeiten vorkommende Erreger. Deshalb wird sie *humorale Immunabwehr* genannt. Viren jedoch können in Körperzellen eindringen und werden durch die Antikörper nicht erreicht. T-Helferzellen geben Botenstoffe ab, die zur Reifung von *T-Killerzellen* führen. Sie lösen von Viren befallene Körperzellen auf und verhindern dadurch eine weitere Vermehrung der Viren. Diese Form der spezifischen Immunabwehr heißt *zelluläre Immunabwehr*. Nach erfolgreicher Immunabwehr schalten *T-Unterdrückerzellen* die Immunreaktion ab.

An vielen Infektionskrankheiten erkrankt man nur einmal. Verantwortlich dafür sind *Gedächtniszellen*, die nach erfolgreicher Immunreaktion aus aktivierten B-Lymphozyten entstehen. In ihnen wird der Bau der entsprechenden Antigene gespeichert, sodass beim nächsten Kontakt mit dem Erreger eine Immunantwort sehr schnell erfolgen kann. So werden Krankheitserreger vernichtet, bevor sie sich explosionsartig vermehren können. Bei spezifischen und unspezifischen Immunreaktionen übernehmen unterschiedlich gebaute Zellen unterschiedliche Aufgaben. Dies ist ein Beispiel für das **Basiskonzept „Struktur und Funktion"**.

Damit es bei einer Infektion nicht zum Ausbruch der Krankheit kommt, kann man eine Schutzimpfung vornehmen lassen. Bei der *aktiven Immunisierung* erhält man eine Impfung mit abgeschwächten Erregern, wodurch das spezifische Immunsystem Gedächtniszellen bildet. Bei der *passiven Immunisierung* erhält der Körper fertige Antikörper.
Einige Infektionskrankheiten lassen sich mithilfe von Medikamenten behandeln. Bakterielle Infektionskrankheiten zum Beispiel werden mit *Antibiotika* bekämpft. Sie entfalten ihre Wirkung dadurch, dass sie das Bakterienwachstum hemmen beziehungsweise die Bakterien abtöten. Durch ihre schnelle Vermehrung und ihre hohe Variabilität kommt es häufig zur *Resistenzbildung* bei Erregern. Schwierig ist die Behandlung von Viruserkrankungen. Da sie keinen eigenen Stoffwechsel besitzen, können sie sich nur in lebenden Zellen vermehren. Eine Behandlung gegen Viren schädigt gleichzeitig die meisten Körperzellen.
Auch Einzeller und Pilze lösen Infektionskrankheiten aus. So wird die Malariaerkrankung durch den Einzeller *Plasmodium* verursacht. Pilze wie der Fußpilz befallen die Haut des Menschen. Giftstoffe der Pilze wie die Aflatoxine der Schimmelpilze lösen beim Menschen Krankheiten wie Krebs aus.

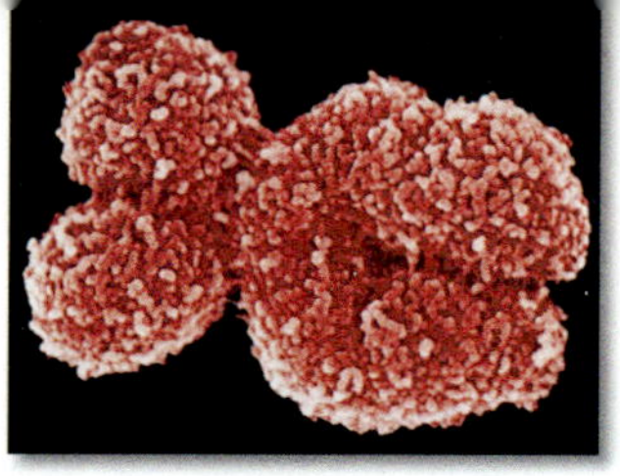

Grundlagen der Vererbung

248.1 Zwei Hunde-Generationen

Familienbande. Stöbere zuhause in Fotoalben und vergleiche Jugendfotos deiner Eltern und Großeltern mit deinem Aussehen! Suche nach Gemeinsamkeiten! Entwickle Vermutungen über ihr Zustandekommen!

Zelltyp	Chromosomenzahl
Nervenzelle	46
Muskelzelle	46
Hautzelle	46
Eizelle	23
Spermienzelle	23

Chromosomenzahlen. In der Tabelle sind Chromosomenzahlen in menschlichen Zellen aufgelistet! Stelle Vermutungen über die unterschiedlichen Chromosomenzahlen an!

Untersuchung. Untersucht, wie viele Kinder der Klasse einen geraden oder einen spitzen Haaransatz besitzen! Stellt Vermutungen über die Ursachen an! Untersucht anschließend in der Pause 100 weitere Schüler auf dem Schulhof! Vergleicht das Ergebnis mit dem Ergebnis in eurer Klasse!

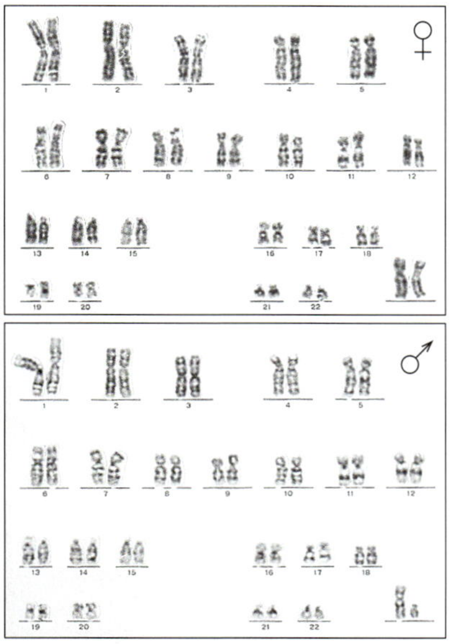

Chromosomen des Menschen. Diese Darstellung der Chromosomen wird als Karyogramm bezeichnet. Beschreibe die Karyogramme und vergleiche! Nenne den Unterschied zwischen Karyogrammen von Frauen und Männern!

Planung.

Alle Schülerinnen und Schüler der Klasse bekommen drei DIN-A5-Karteikarten. Jeder schreibt nun auf jeweils eine Karte, was seiner Meinung nach bei der Besprechung des Themas „Grundlagen der Vererbung" besonders wichtig ist.
Die Buchstaben sollten möglichst groß geschrieben werden. Die Karteikarten werden gesammelt und gut gemischt. Alle Karten werden mit Klebeband an die Tafel geheftet. Nun werden die Begriffe geordnet, sodass ein Plan für den nachfolgenden Unterricht entsteht.

Zwei Hunde-Generationen. Wenn eine Hündin und ein Rüde Welpen bekommen, so lassen sich ihre Nachkommen miteinander vergleichen. Notiere mögliche Gemeinsamkeiten und Unterschiede zwischen Elterntieren und Jungtieren!

1 Kinder weisen ähnliche Merkmale wie ihre Eltern auf

Die Familienmitglieder verschiedener Generationen können Ähnlichkeiten aufweisen. So kann man zum Beispiel in einer Familie die Beobachtung machen, dass die Mutter und einer ihrer Söhne die Endglieder ihres Daumens fast im rechten Winkel nach außen biegen können. Offenbar ist diese Fähigkeit von der Mutter an ihren Nachkommen weitergegeben worden.
Das „Biegen“ sowie das „Nichtbiegen“ des Daumenendgliedes sind äußere Eigenschaften, die als körperliche **Merkmale** bezeichnet werden. Das äußere Erscheinungsbild eines Menschen, sein **Phänotyp,** setzt sich aus einer Vielzahl von Merkmalen zusammen. Dazu gehören beispielsweise auch die Farbe von Haut und Haaren, die Form der Haare sowie die Form von Ohrläppchen oder Nase. Nicht alle Merkmale beruhen darauf, dass sie von Generation zu Generation weitergegeben, *vererbt,* werden. Manche werden auch während des Lebens *erworben.* Die Unterscheidung zwischen erworbenen und ererbten Merkmalen ist oft nicht einfach. Erst wenn ein Merkmal über mehrere Generationen hinweg beobachtet wird und immer wieder auftritt, kann man von einer Vererbung ausgehen.

Verfolgt man ein Merkmal über Generationen, eignet sich zur Beschreibung ein **Familien-Stammbaum.** Hier werden die verschiedenen Generationen der Nachkommen einer Familie grafisch durch Symbole und Verbindungslinien dargestellt. Personen, die zum Beispiel die Eigenschaften des Biegens des Daumenendgliedes besitzen, heißen **Merkmalsträger.**

Alle Informationen zur Ausbildung von Merkmalen liegen in einer befruchteten Eizelle, der Zygote, bereits vor. Die Gesamtheit dieser Informationen, die *Erbanlagen* oder **Gene,** ergibt das Erbbild des Menschen, den **Genotyp.** Die Erbanlagen des Menschen befinden sich im Zellkern einer Zelle. Wenn aus der Zygote zunächst ein Embryo und später ein ausgewachsener Mensch entsteht, so finden viele Zellteilungen statt. Dabei werden die Erbanlagen von Zelle zu Zelle weitergegeben, sodass jede Körperzelle eines Menschen die gleichen Erbanlagen besitzt wie die Zygote. Während der Zellteilung können die Erbanlagen durch ein Lichtmikroskop beobachtet werden. Im Zellkern werden knäuelartige Gebilde sichtbar, die sich durch einen Farbstoff färben lassen. Man nennt sie *Chromosomen.*
Bei der Entstehung von Geschlechtszellen, den Spermien und Eizellen, werden die Chromosomen in besonderer Weise auf die Zellkerne verteilt. Bei der Befruchtung der Eizelle durch eine Spermienzelle werden die Erbanlagen der Mutter und des Vaters kombiniert. Daher können Kinder Eigenschaften der Eltern aufweisen. Kinder können sich aber von ihren Eltern in manchen Eigenschaften erheblich unterscheiden. Auch Geschwister können sich ähneln oder in bestimmten Eigenschaften stark unterscheiden.

Mit der Erforschung der Ursachen von Übereinstimmungen, aber auch mit der Erklärung der unterschiedlichen Ausbildung von Merkmalen über viele Generationen hinweg, beschäftigt sich die Vererbungslehre oder **Genetik.** Dabei beschränkt die Genetik sich nicht nur auf körperliche Merkmale, sondern auch auf Familienähnlichkeiten und Unterschiede in bestimmten Verhaltensweisen, Fähigkeiten und besonderen Veranlagungen. Da sich die Erbanlagen im Zellkern von Zellen befinden, gehören auch der Zellkern sowie die darin befindlichen Chromosomen zu den Forschungsobjekten der Genetik. Ein besonderer Bereich der Genetik beschäftigt sich mit dem molekularen Aufbau des Erbmaterials. Dieser Bereich der Forschung wird *Molekulargenetik* genannt.

1. Erläutere die Begriffe Genotyp, Phänotyp, Stammbaum und Genetik!
2. Die Geschwister der Mutter im Familien-Stammbaum der Abbildung 251.1 A zeigen folgende Merkmale: ein Bruder ist „Bieger“, ein weiterer Bruder sowie eine Schwester sind „Nichtbieger“. Die Eltern der Mutter sind „Nichtbieger“, einer ihrer Großväter hingegen ist „Bieger“.
Übertrage den Familien-Stammbaum der Abbildung 251.1 A in dein Heft! Vervollständige ihn mit den zusätzlich genannten Verwandten!
Verwende dazu folgende Symbole:

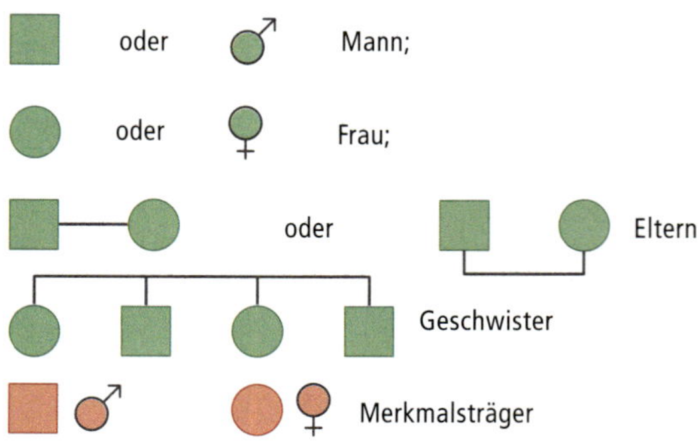

3. Nenne ein Basiskonzept, das auf dieser Seite im Vordergrund steht! Nenne drei Beispiele, die deine Entscheidung begründen!
4. Informiere dich über den Bau von Pflanzenzellen und Tierzellen! Nimm dazu die Seiten 26/27 und 30/31 zu Hilfe! Erläutere die Aufgaben des Zellkerns!

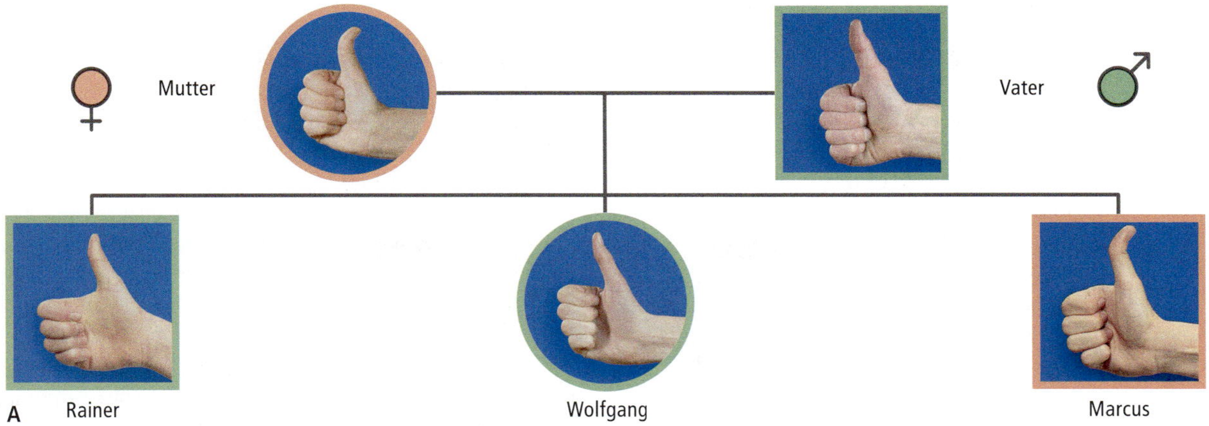

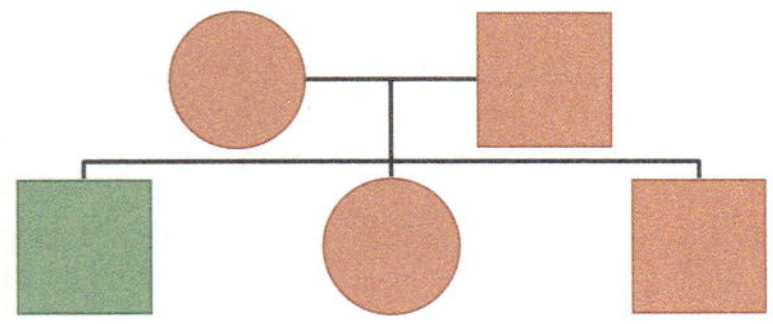

In einer Familie sind die Eltern „Zungenroller". Das heißt, sie können ihre Zunge willentlich mit den seitlichen Rändern nach oben einrollen. Etwa 30 Prozent sind „Zungen-Nichtroller". Allerdings können die „Nichtroller" das Zungenrollen teilweise erlernen.

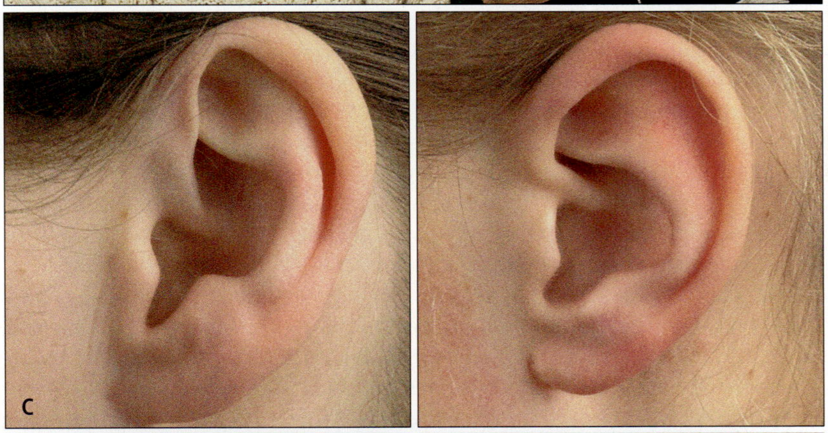

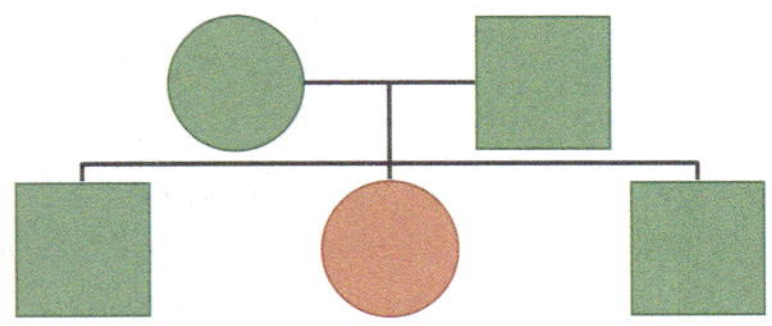

In der Familie unter A kommt ein weiteres Merkmal vor: „angewachsene Ohrläppchen". Beide Elternteile haben „freie Ohrläppchen". Das Merkmal „angewachsene Ohrläppchen" tritt selten in der Bevölkerung auf.

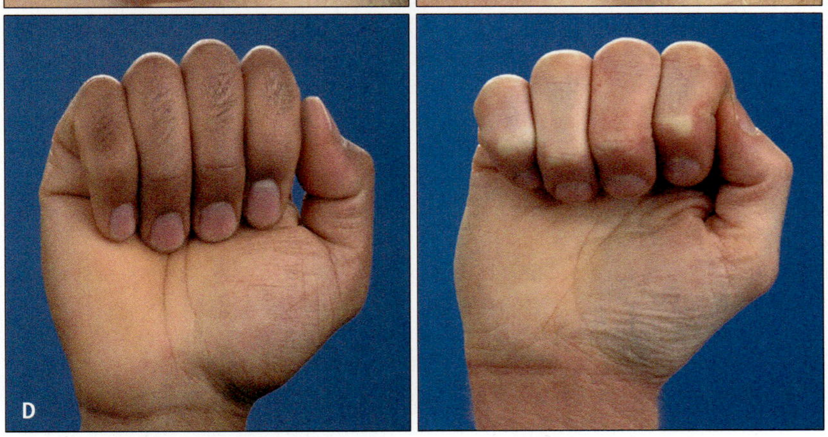

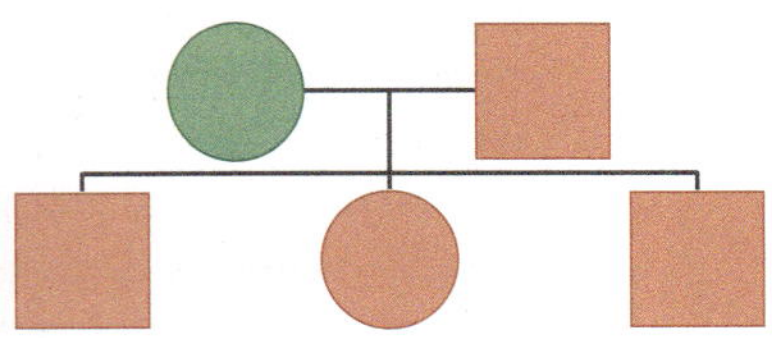

Dem Vater der Familie unter A wachsen auf dem zweiten Fingerglied kleine Härchen, der Mutter dagegen nicht. Etwa 70 Prozent der Bevölkerung zeigen das Merkmal „Fingerbehaarung" auf dem zweiten Fingerglied.

251.1 Merkmale beim Menschen mit zugehörigen Familien-Stammbäumen. A Daumenbiegen und Nicht-Daumenbiegen; **B** Zungenrollen und Nicht-Zungenrollen; **C** angewachsenes Ohrläppchen und freies Ohrläppchen; **D** behaartes Fingerglied und glattes Fingerglied

2 Chromosomen sind Träger der Erbanlagen

2.1 Mitose und Zellteilung

Die zahlreichen, unterschiedlich differenzierten Zellen eines Menschen, eines Hundes, einer krautigen Pflanze oder eines Baumes sind jeweils aus einer einzigen Zelle hervorgegangen: aus der befruchteten Eizelle, der *Zygote*. Durch Zellteilungen erfolgt das Wachstum, die Vermehrung von Zellen.

Für mikroskopische Untersuchungen von Zellteilungen eignen sich besonders gut die Wurzelspitzen von Pflanzen wie zum Beispiel der Küchenzwiebel. Hier finden Zellteilungen statt. Verfolgt man eine sich teilende Zelle zum Beispiel anhand von Zeitraffer-Filmaufnahmen, beobachtet man vor der eigentlichen Zellteilung zunächst eine Kernteilung. Diese Kernteilung heißt **Mitose.** Den Ablauf der Mitose kann man in einzelne Zeitabschnitte oder Phasen einteilen.

In der ersten Phase, der *Prophase*, ist der Zellkern deutlich als ein kugeliges Gebilde zu erkennen, das von einer Kernhülle begrenzt ist. Durch Anfärbung sind im Zellkern, dem Kernplasma oder Karyoplasma, fädige Kernstrukturen zu erkennen. Aufgrund ihrer Anfärbbarkeit bezeichnet man sie als **Chromosomen** (griech. *chroma* = Farbe; *soma* = Körper). Sie liegen wie in einem Knäuel angeordnet vor. Durch Aufschraubung und Faltung werden die Chromosomen verkürzt. In dieser dichteren Form sind sie im Lichtmikroskop deutlich zu erkennen.
Im weiteren Verlauf der Prophase werden Kernhülle und Kernkörperchen in kleinere Teile zerlegt, sodass sie mikroskopisch nicht mehr zu sehen sind. Gleichzeitig werden zwei gegenüberliegende Bereiche der Zelle, die Zellpole, durch die Ausbildung von feinen, faserigen Strukturen sichtbar. Diese *Spindelfasern* verlängern sich zur Zellmitte. Dabei heften sich einzelne Spindelfasern an eine bestimmte Stelle, an das *Centromer*, der sich verdichtenden Chromosomen. Auf diese Weise werden die Chromosomen zur Zellmitte bewegt.

Hier ordnen sich die inzwischen stark verkürzten und daher leicht transportierbaren Chromosomen in einer Ebene an, die man *Äquatorialebene* nennt. Diese Anordnung ist typisch für die *Metaphase*. Deutlich lässt sich nun der Bau der Chromosomen erkennen: Jedes Metaphase-Chromosom setzt sich aus zwei identischen Längshälften, den *Chromatiden*, zusammen. Sie werden an dem Centromer zusammengehalten. Chromosomen, die zwei Chromatiden enthalten, bezeichnet man als **Zwei-Chromatiden-Chromosomen.** In jeder Wurzelzelle der Zwiebel zählt man 16 Zwei-Chromatiden-Chromosomen. In der Prophase handelt es sich sowohl um nichtverdichtete als auch sich verdichtende, bei den Metaphase-Chromosomen um verdichtete Zwei-Chromatiden-Chromosomen.

In der nun folgenden *Anaphase* verkürzen sich die Spindelfasern. Dabei werden die Chromatiden eines jeden Zwei-Chromatiden-Chromosoms getrennt und als **Ein-Chromatid-Chromosomen** zu den entgegengesetzten Polen transportiert. Somit liegt an jedem Zellpol die gleiche Anzahl von Ein-Chromatid-Chromosomen vor. Bei der Wurzelzelle der Zwiebel sind es jeweils 16 Ein-Chromatid-Chromosomen.

An jedem Pol entschrauben und entfalten sich die Ein-Chromatid-Chromosomen und bilden wieder ein Fadenknäuel. Gleichzeitig werden Kernhüllen und Kernkörperchen sichtbar. Die Spindelfasern sind nicht mehr zu erkennen. Diese letzte Phase der Mitose heißt *Telophase.*

Bereits während der späten Anaphase beginnt die Zelle mit der **Zellteilung.** In der Äquatorialebene wird Zellwandmaterial aufgebaut und so die Teilung der Zelle eingeleitet. Dabei kommt es zu einer zufälligen Verteilung der übrigen Zellbestandteile auf die Tochterzellen. Nach der Telophase wird der Bau der Zellwand als Querwand abgeschlossen. Aus der Ausgangszelle sind zwei Tochterzellen mit einer identischen Anzahl von Chromosomen gebildet worden. Jede Tochterzelle wächst nun zur Größe der Mutterzelle heran.

Vor erneuter Teilung einer Tochterzelle müssen sich die Ein-Chromatid-Chromosomen zu Zwei-Chromatiden-Chromosomen verdoppeln. Diese Verdopplung geschieht in einem Zeitabschnitt zwischen der Zellteilung und der Mitose, den man als **Interphase** bezeichnet. Den gesamten Vorgang von einer Interphase bis zur nächsten nennt man *Zellzyklus.*

1. Fertige eine Tabelle an, in der du die Phasen der Mitose notierst! Halte für jede Phase in Stichpunkten fest, in welchem Zustand sich die Chromosomen befinden! Nenne das diesem Thema zugrunde liegende Basiskonzept!
2. Stelle Zell- und Kernteilung gegenüber!
3. Informiere dich im Internet oder in Fachbüchern über Gewebe mit sich häufig teilenden Zellen im Körper des Menschen! Erläutere die Aufgaben dieser Gewebe! Stelle die Ergebnisse dieser Recherche in einem Kurzvortrag der Klasse vor!

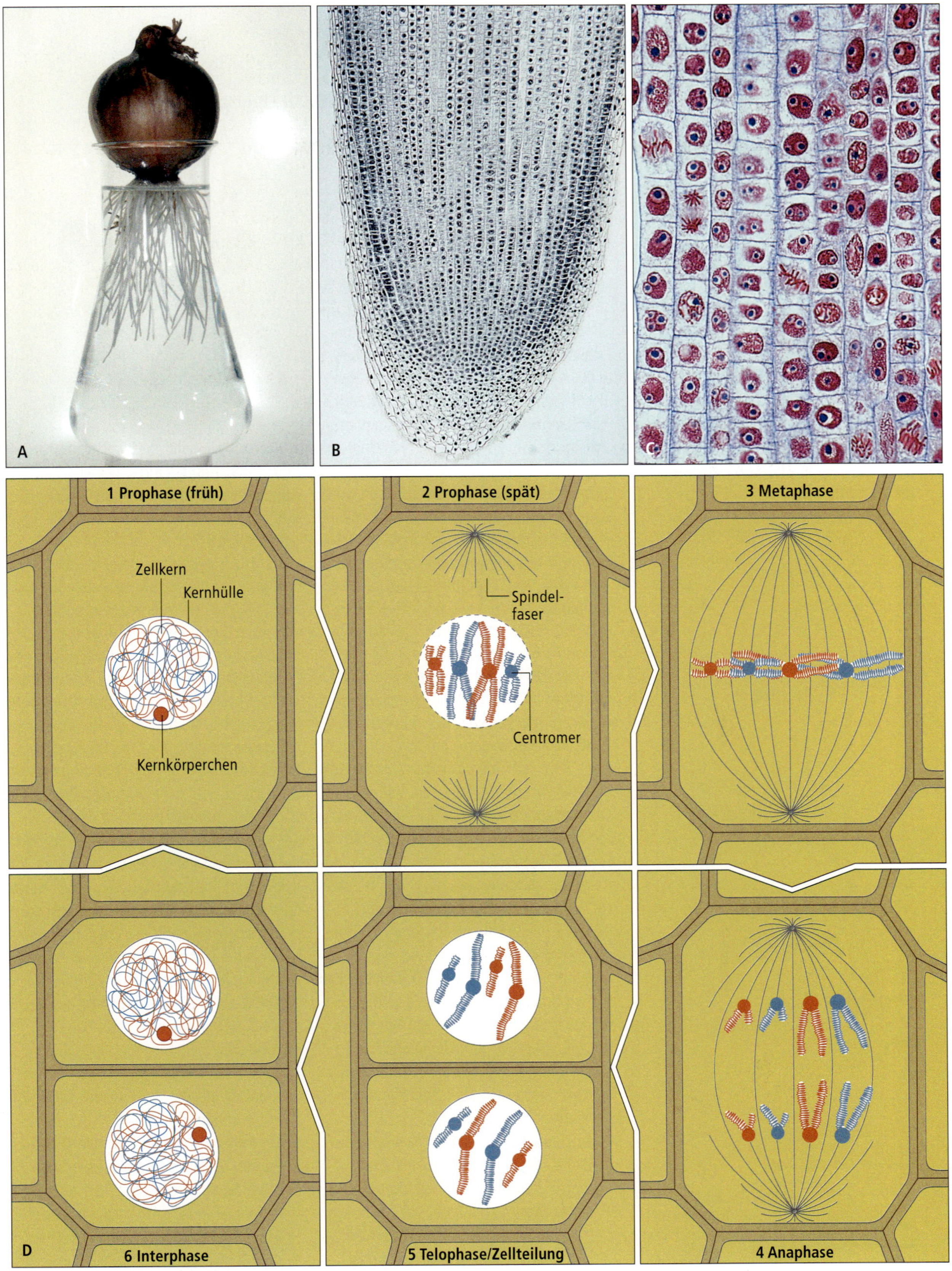

253.1 Küchenzwiebel. **A** Wachstum von Wurzeln; **B** Wurzelspitze, längs (mikroskopische Aufnahme); **C** Gewebe mit sich teilenden Zellen (Ausschnitt, mikroskopische Aufnahme); **D** Zellzyklus (Mitose, Zellteilung, Interphase; Schemata)

PRAKTIKUM Mitose

1 Chromosomenpräparation

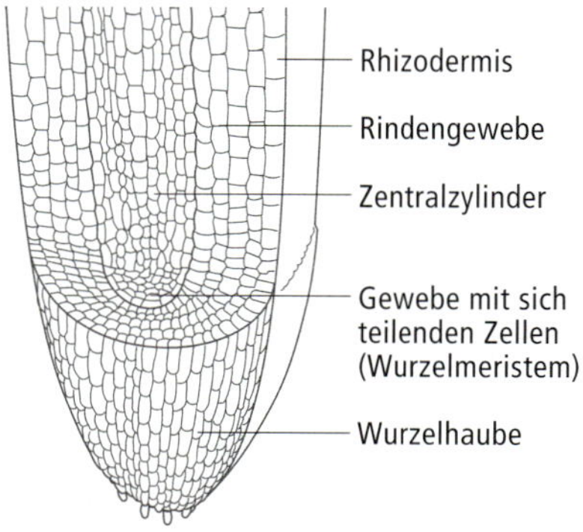

254.1 Wurzelspitze der Küchenzwiebel (Längsschnitt, Schema)

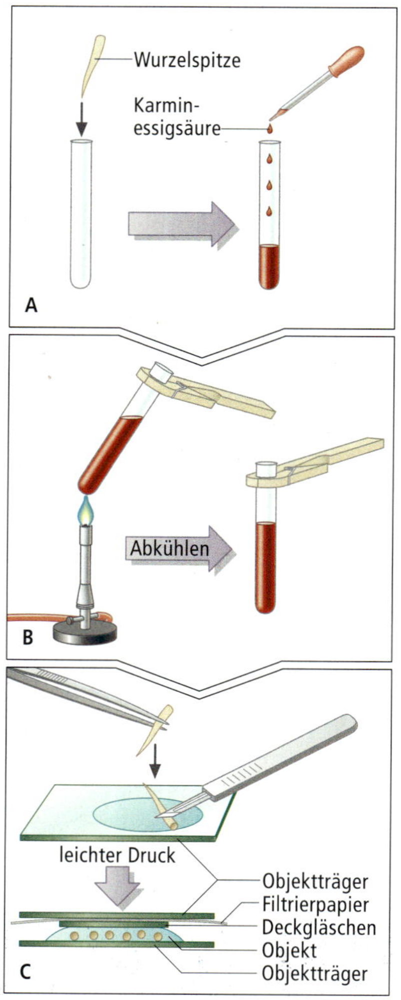

254.2 Präparation einer Wurzelspitze

Material: Hyazinthenglas oder Weithals-Erlenmeyerkolben; Mikroskop und Zubehör; Reagenzglas; Reagenzglasständer; Reagenzglasklammer; Schere; Lineal; Bunsenbrenner; Gasanzünder; Filtrierpapier; Schutzbrille; Karminessigsäure (Xi); Wasser; Küchenzwiebel

Durchführung: Fülle ein Hyazinthenglas oder einen Weithals-Erlenmeyerkolben mit Wasser! Setze eine Küchenzwiebel so auf die Glasöffnung, dass die gestauchte Sprossachse („Zwiebelkuchen" oder „Zwiebelscheibe") dicht oberhalb der Wasseroberfläche liegt (vergleiche mit der Abbildung 253.1 A)! Nach einigen Tagen beginnen zwischen den vertrockneten Wurzeln neue Wurzeln zu wachsen. Schneide nach etwa einer Woche vier Wurzelspitzen von etwa vier Millimetern Länge ab! Gib sie mit einer Pinzette vorsichtig in ein Reagenzglas! Mit einer Pipette fülle das Reagenzglas etwa einen Zentimeter hoch mit Karminessigsäure und schüttele leicht (VORSICHT!)! Karminessigsäure färbt Zellkernstrukturen rot. Halte das Reagenzglas mit der Reagenzglasklammer und erhitze es vorsichtig unter leichtem Schütteln mit der Sparflamme des Bunsenbrenners (VORSICHT! Siedeverzug möglich!)!
Nach dem Abkühlen des Reagenzglases gib einen Tropfen Wasser auf einen Objektträger und übertrage eine Wurzelspitze mit der Pinzette in den Tropfen! Schneide die Wurzelspitze mit einer Rasierklinge mehrmals längs durch und setze dann seitlich ein Deckglas auf! Bedecke das Präparat mit einem Streifen Filtrierpapier! Lege einen zweiten Objektträger genau über den ersten auf das Filtrierpapier! Zerquetsche das Objekt mit leichtem Daumendruck! Gegebenenfalls gib mit einer Pipette einen Tropfen Wasser an den Rand des Deckgläschens! Mikroskopiere das Quetschpräparat!

Aufgaben:

a) Fertige eine Übersichtszeichnung des Längsschnittes an! Vergleiche mit dem Schema in der Abbildung 254.1!

b) Suche das Wurzelmeristem! Zeichne bei 400-facher Vergrößerung vier Zellen mit verschiedenen Kernstrukturen!

c) Ordne die Mitose einem passenden Basiskonzept zu!

2 Chromosomenmodell

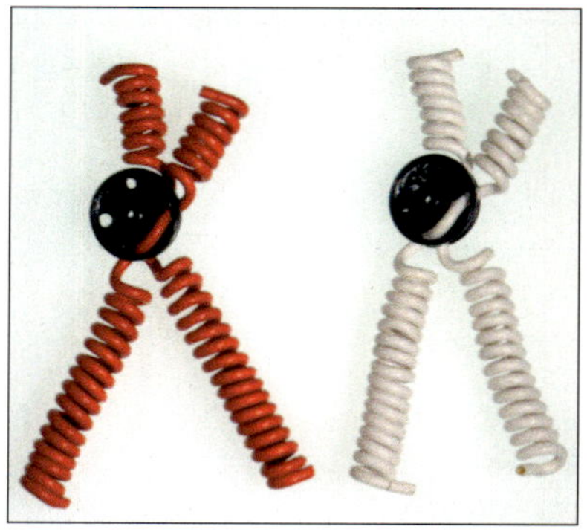

Material: Klingeldraht (weiß und rot); vier Druckknöpfe (Durchmesser 11 mm); Kugelschreibermine oder kleiner Glasstab; Drahtschere; Lineal; weißes DIN-A4-Papier

Durchführung: Schneide von dem Klingeldraht vier 40 cm lange weiße und vier 20 cm lange rote Drahtstücke ab! Aus zwei gleich langen Klingeldrahtstücken und einem Druckknopf wird das Modell eines Zwei-Chromatiden-Chromosoms gebaut: Ziehe jedes Drahtstück so durch zwei benachbarte Löcher einer Druckknopfhälfte, dass ungleich lange Bereiche entstehen! Verbinde anschließend die Drahtstücke über den Druckknopf miteinander!
Zur Veranschaulichung der Verdichtung der Chromosomen wickele die Drahtstücke mithilfe einer Kugelschreibermine oder eines Glasstabes auf! So erhält man geschraubte Modelle der Chromosomen. Knäuele die so hergestellten vier Chromosomenmodelle und lege sie auf das Blatt Papier! Dies entspricht der späten Prophase der Mitose.

Aufgaben:

a) Lege dar, welche Teile des Chromosomenmodells den Teilen eines Chromosoms entsprechen!

b) Lege die vier Modelle auf ein DIN-A4-Papier! Vollziehe die Mitose in Anlehnung an Abbildung 253.1 nach!

c) Gehe wie in b) vor! Vollziehe dieses Mal mit den Chromosomenmodellen die Meiose (Abbildung 257.1) bei der Bildung von Spermienzellen nach!

2.2 Der Chromosomensatz des Menschen

Erst seit 1956 kennt man die genaue Anzahl der Chromosomen des Menschen, seinen **Chromosomensatz.** Chromosomen sind unter dem Lichtmikroskop nur erkennbar, wenn sich der Zellkern in der Metaphase der Mitose befindet. Dann lassen sie sich als verdichtete Zwei-Chromatiden-Chromosomen gut betrachten und zählen.

Zur Darstellung menschlicher Chromosomen hat sich folgende Präparationsmethode bewährt: Zunächst werden aus der Fingerkuppe einige Tropfen Blut entnommen und in eine Nährlösung gegeben. Im Blut befinden sich viele kernlose Rote Blutkörperchen und nur wenige kernhaltige Weiße Blutkörperchen. Die Nährlösung enthält Stoffe, durch die die weißen Blutzellen zu Zellteilungen angeregt werden. Diese Kultivierung von weißen Blutzellen geschieht in einem Brutschrank.

Nach drei Tagen wird der Kultur Colchicin zugesetzt. Colchicin ist ein Zellgift, das in einer Pflanze, der Herbstzeitlose, vorkommt. Colchicin verhindert das Verkürzen der Spindelfasern, sodass die Zwei-Chromatiden-Chromosomen nicht geteilt werden können.

Nun wird zur Blutzellenkultur destilliertes Wasser gegeben, was zum Zerplatzen der Roten Blutkörperchen führt. Anschließend wird zentrifugiert, wodurch die weißen Blutzellen von der Blutflüssigkeit getrennt werden. Mithilfe einer Pipette lässt man die Zellen auf einen Objektträger fallen. Dabei platzen sie und werden so ausgebreitet. Nach dem Anfärben wird der Chromosomensatz mikroskopiert und fotografiert. Bei Verwendung eines bestimmten Farbstoffes werden Bandenmuster auf den Chromosomen sichtbar. Die Chromosomen werden aus dem Foto ausgeschnitten und nach ihrer Größe und der Lage des Centromers geordnet. Der geordnete Chromosomensatz heißt **Karyogramm.**

Im Karyogramm des Menschen zählt man 46 Chromosomen. Jeweils zwei Chromosomen stimmen in Form, Größe und Bandenmuster überein. Man nennt sie *homologe Chromosomen.* Im Karyogramm eines Mannes findet man 22 solcher Chromosomenpaare. Sie heißen *Autosomen.* Hinzu kommen noch zwei unterschiedlich gestaltete Chromosomen, die Geschlechtschromosomen oder *Gonosomen.* Im Karyogramm einer Frau liegen auch 22 Autosomenpaare und zwei gleich aussehende Gonosomen vor.

1. Ordne den Chromosomensatz in der Abbildung 255.1 D einem Mann oder einer Frau zu!

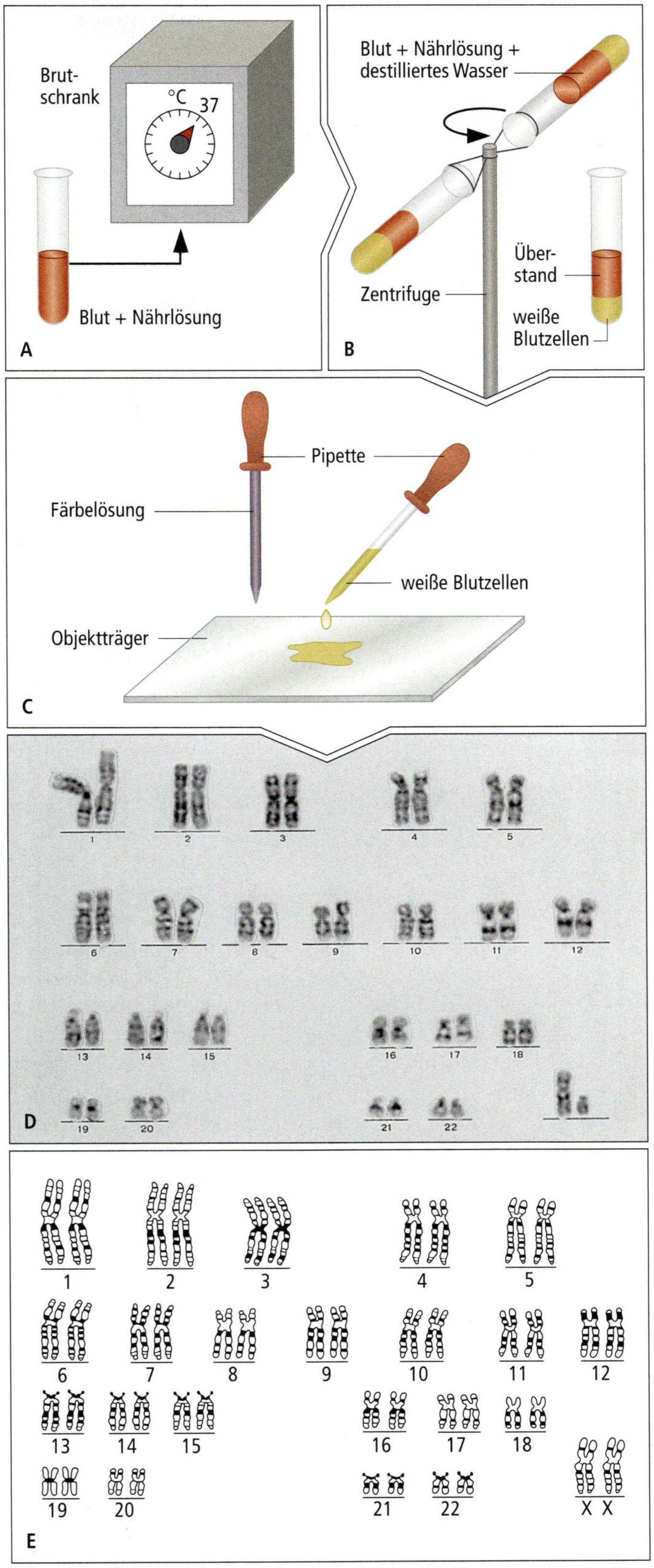

255.1 Chromosomenpräparation. A Kultivierung von Blutzellen; **B** Zentrifugation; **C** Auftropfen von Blutzellen; **D** Chromosomensatz (mikroskopische Aufnahme); **E** Karyogramm einer Frau (Schema)

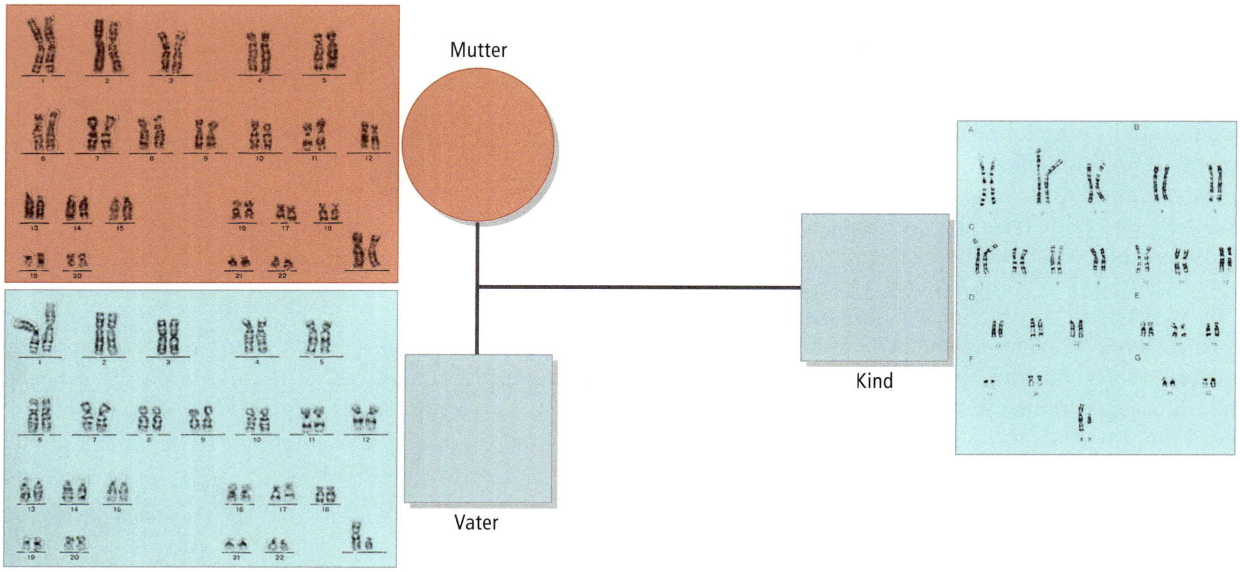

256.1 Chromosomensätze in einer Familie

2.3 Geschlechtszellenbildung und Meiose

Beim Menschen enthält jede Körperzelle 46 Chromosomen. Beim Hund sind es 78, bei der Zwiebel 16. Die Anzahl der Chromosomen einer Zelle bildet den *Chromosomensatz.*

Auffallend ist die gerade Anzahl der Chromosomen in den Körperzellen. Genaue Untersuchungen zeigen: Je zwei Chromosomen sehen völlig gleich aus. Der Chromosomensatz einer menschlichen Körperzelle besteht also aus 23 Chromosomenpaaren. Man sagt, die Chromosomen eines solchen Paares sind **homolog.** Bei der Befruchtung kommt die eine Hälfte der Chromosomen von der weiblichen Geschlechtszelle, die andere Hälfte von der männlichen. Die Geschlechtszellen des Menschen enthalten demnach 23 Chromosomen. Einen solchen einfachen Chromosomensatz bezeichnet man als **haploid,** abgekürzt mit **n.** Die befruchtete Eizelle, die *Zygote,* enthält den doppelten oder **diploiden** Chromosomensatz, abgekürzt mit **2n.** Diesen Wechsel vom haploiden zum diploiden Zustand des Zellkerns nennt man *Kernphasenwechsel.*

Die Chromosomen in den Körperzellen würden sich von Generation zu Generation verdoppeln, wenn nicht spätestens bei der Reifung der Geschlechtszellen der diploide Chromosomensatz halbiert würde. Die hierbei ablaufenden Zellteilungen heißen *Reifeteilungen.* Zur Bildung von Geschlechtszellen aus einer Geschlechtsmutterzelle sind zwei Reifeteilungen erforderlich, die man zusammen als **Meiose** bezeichnet.

Die Halbierung des diploiden Chromosomensatzes einer Geschlechtsmutterzelle erfolgt in der *1. Reifeteilung.* Da der diploide Chromosomensatz verringert, also reduziert wird, spricht man auch von der *Reduktionsteilung* (abgekürzt *R!*). Im Verlaufe der *Prophase I* verdichten sich die bis dahin fädigen Zwei-Chromatiden-Chromosomen. Gleichzeitig teilt sich das *Centrosom,* ein Zellbestandteil, von dem in menschlichen Zellen die Bildung der Spindelfasern ausgeht. In der *Metaphase I* ordnen sich die homologen Chromosomen in der Äquatorialebene an. In der folgenden *Anaphase I* werden die homologen Zwei-Chromatiden-Chromosomen getrennt: Jedes Chromosom wird zum entgegengesetzten Pol gezogen. Dabei ist es dem Zufall überlassen, welches Zwei-Chromatiden-Chromosom aus jedem Paar zu dem einen oder anderen Zellpol gelangt. Auf diese Weise können die „elterlichen" Chromosomen **neu kombiniert** werden, so entstehen vielfältige Genotypen. In der *Telophase I* liegt nun in jeder Tochterzelle ein haploider Satz aus verdichteten Zwei-Chromatiden-Chromosomen vor.
An die 1. Reifeteilung schließt sich die 2. Reifeteilung an. Sie verläuft in jeder der beiden Zellen wie eine Mitose ab. So entstehen aus einer Spermienmutterzelle vier haploide Spermienzellen. Auch aus einer Eimutterzelle gehen vier Zellen hervor. Allerdings verkümmern drei Zellen zugunsten einer haploiden, plasmareichen Eizelle.

1. Erläutere den Unterschied zwischen mitotischer und meiotischer Anaphase!
2. Erläutere den biologischen Sinn der Meiose bei der Geschlechtszellenbildung!

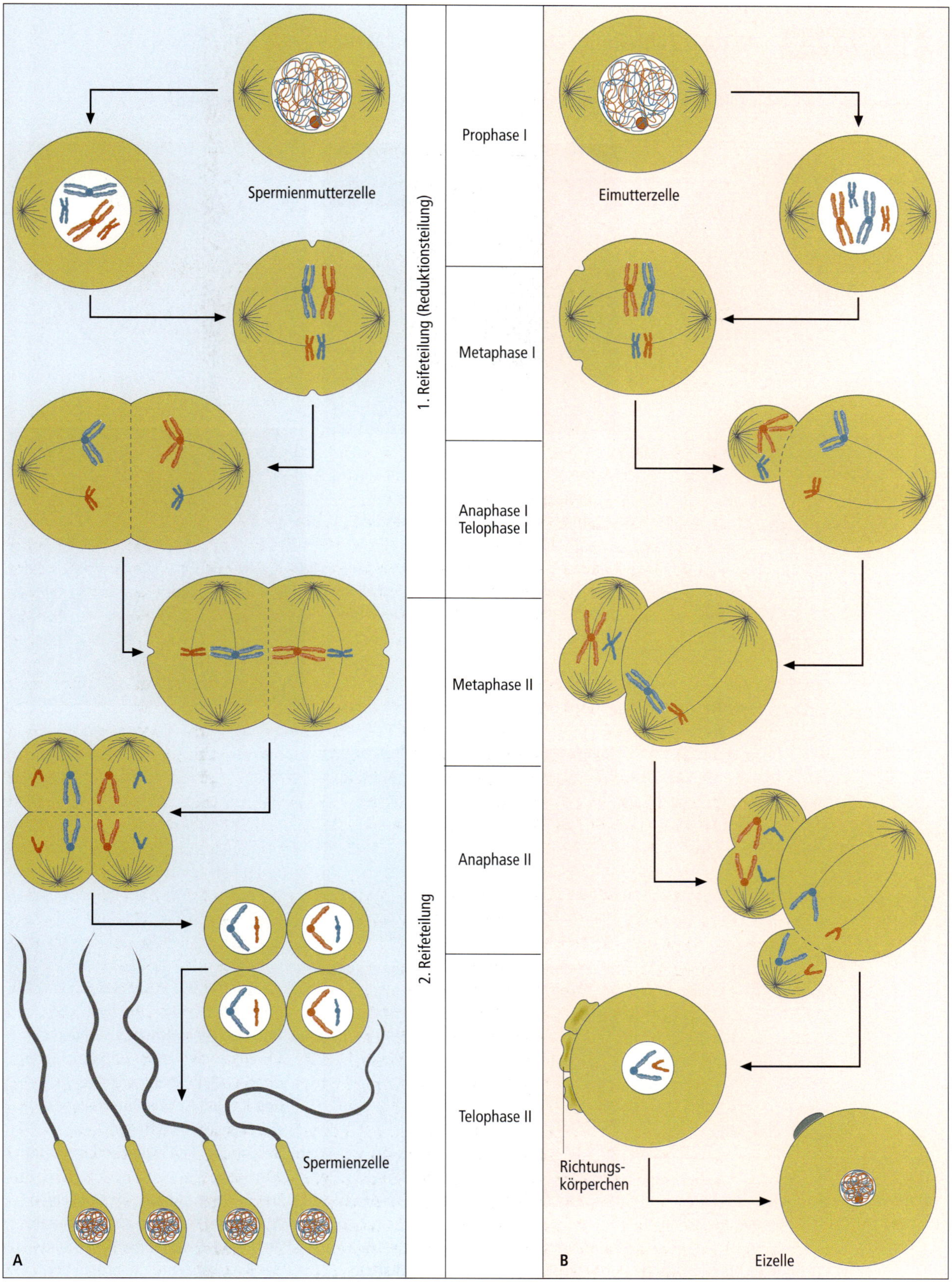

257.1 Reifung von Geschlechtszellen beim Menschen am Beispiel von zwei Chromosomenpaaren, die stellvertretend für den diploiden Chromosomensatz stehen (Schema). A Spermienzellen; **B** Eizelle

AUFGABEN Mitose, Zellteilung, Chromosomen und Meiose

1 Mitose bei tierischen Zellen

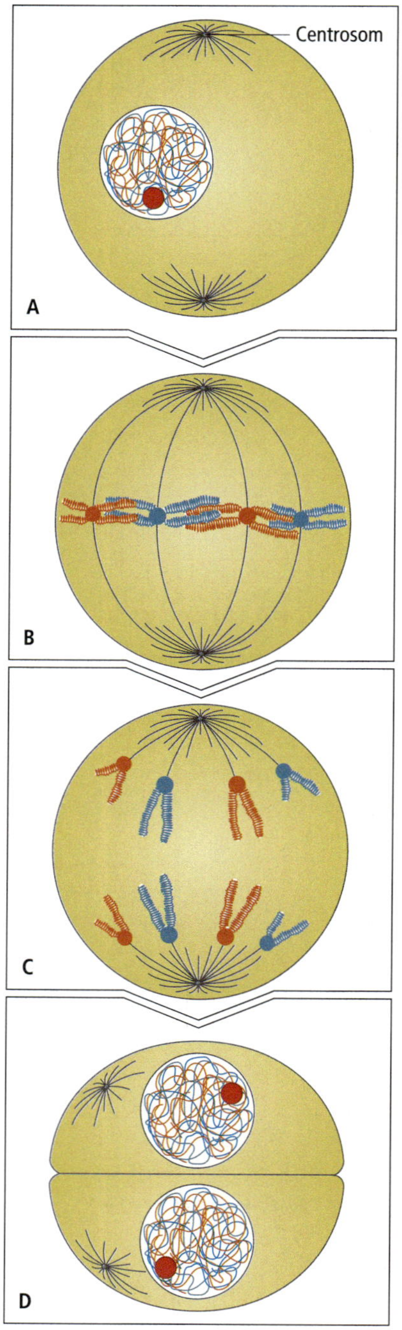

a) Beschreibe den Ablauf der Mitose und der Zellteilung einer tierischen Zelle!

b) Vergleiche die Mitosen von tierischen und pflanzlichen Zellen!

2 Maulesel – Maultier

Maulesel heißen die Nachkommen eines Pferdehengstes und einer Eselstute, Maultiere die eines Eselhengstes und einer Pferdestute.
Maulesel und Maultiere können keine befruchtungsfähigen Geschlechtszellen bilden. Erläutere! Nimm die Tabelle aus Aufgabe 3 zu Hilfe!

3 Chromosomensätze

Chromosomensätze bei Pflanzen

Adlerfarn	104	Löwenzahn	24
Raps	38	Birke	84
Erbse	14	Rosskastanie	40
Liguster	46	Fichte	24
Schachtelhalm	216	Gartenbohne	22
Kartoffel	48	Küchenzwiebel	16

Chromosomensätze bei Tieren

Stechmücke	6	Biene	32
Mehlkäfer	20	Regenwurm	32
Karpfen	104	Erdkröte	22
Grasfrosch	26	Amsel	80
Haushuhn	78	Hase	48
Hauskatze	38	Hund	78
Pferd	64	Esel	62
Eidechse	38	Stubenfliege	12

Die Chromosomensätze pflanzlicher und tierischer Körperzellen enthalten immer eine gerade Anzahl von Chromosomen. Erläutere!

4 Chromosomen

a) Erläutere, in welchen Zuständen die Chromosomen in der unbefruchteten Eizelle (A), in Spermienzellen (B) und in Mundschleimhautzellen (C) des Menschen vorliegen!

b) Beschreibe die Eizellenbildung beim Menschen!

c) Der Zellkern mit den Chromosomen ist Träger der Erbsubstanz. Erläutere an diesem Beispiel die Bedeutung der Basiskonzepte „Reproduktion" und „Information und Kommunikation"!

5 *Acetabularia*

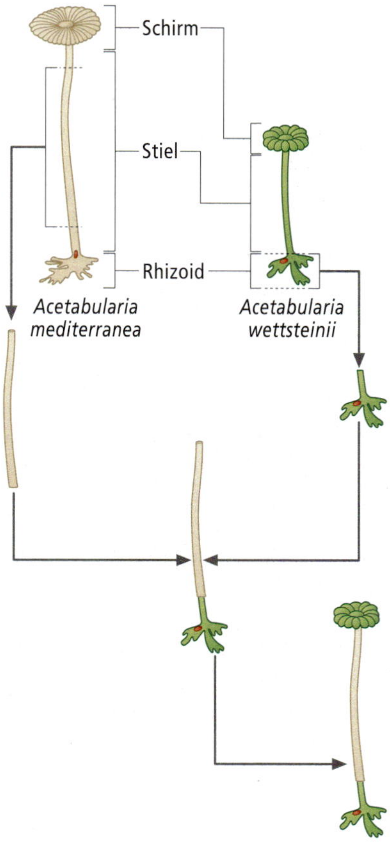

Acetabularia ist eine Grünalge, die aus einer mehrere Zentimeter großen Zelle besteht. Sie gliedert sich in einen gekammerten Schirm, einen Stiel und ein wurzelartiges Gebilde, das Rhizoid. Im Rhizoid befindet sich der Zellkern. Es gibt mehrere *Acetabularia*-Arten, die sich vor allem in der Form des Schirmes unterscheiden. Um die Funktion des Zellkerns zu erforschen, wurden mit diesen Algen verschiedene Versuche durchgeführt. Dabei machte man sich die Möglichkeit zunutze, verschiedene Zellabschnitte von einer *Acetabularia*-Art auf eine andere übertragen zu können.

a) Beschreibe anhand der Abbildung die Durchführung des vorgestellten Versuches!

b) Erläutere das Versuchsergebnis mithilfe deiner Kenntnisse über die Funktion des Zellkerns bei Zellteilungsprozessen!

6 Zellteilungsprozesse

Bilde aus den nachfolgenden Silben die sieben Lösungsworte! Die jeweils sechsten Buchstaben der Lösungsworte ergeben einen wichtigen Begriff aus der Vererbungslehre.

1. geordneter Chromosomensatz
2. Kernteilung einer Körperzelle
3. Gerät zur Beobachtung von Zellteilungen
4. Teilungsvorgänge bei Geschlechtszellen
5. äußeres Erscheinungsbild
6. Bestandteil der Chromosomen
7. Zustandsform der Ein-Chromatid-Chromosomen in der Telophase

Bel, Chen, Cle, Den, El, Fa, Gramm, In, Ka, Knäu, Kü, Mei, Mi, No, Nu, O, O, Phä, Re, Ry, Säu, Se, Se, To, Typ, Zwie

7 Crossing over

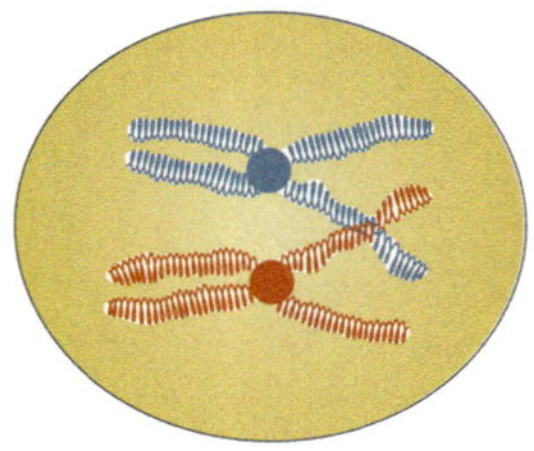

A

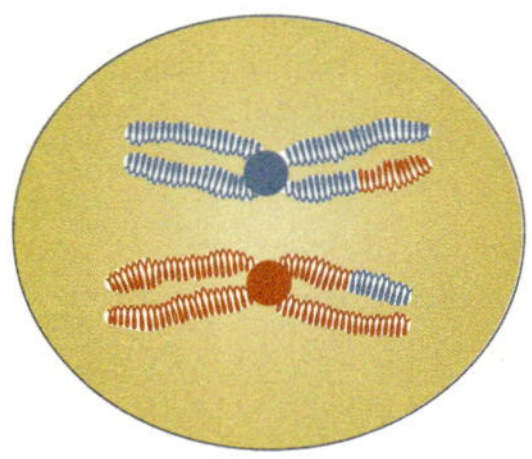

B

In der Metaphase I der Meiose lagern sich die homologen Chromosomen, wie in Abbildung A dargestellt, ganz dicht aneinander. Unter bestimmten Bedingungen kann es dabei zu dem in Abbildung B gezeigten Vorgang des „Crossing over" kommen.

a) Beschreibe den Vorgang des „Crossing over"!

b) Erläutere die Folgen des „Crossing over" für die Verteilung der Erbinformation!

8 Zellteilung bei eineiigen Zwillingen

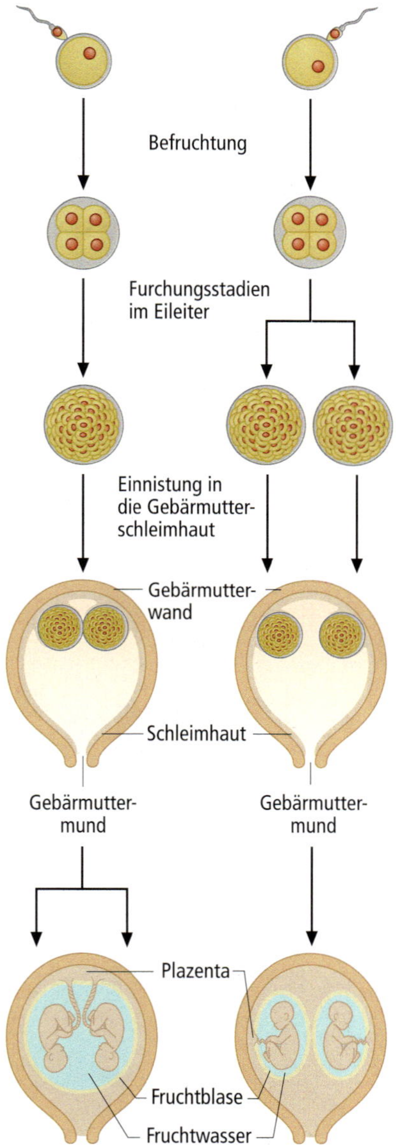

Die Abbildung zeigt zwei Möglichkeiten der Entstehung von eineiigen Zwillingen.

a) Erläutere die dargestellten Vorgänge!

b) Begründe anhand der Darstellung, weshalb eineiige Zwillinge sich in vielen Merkmalen ähnlich sind!

c) Informiere dich über die Entstehung von zweieiigen Zwillingen!

d) Erläutere, weshalb nur zweieiige Zwillinge verschiedenen Geschlechts sein können!

3 Gesetzmäßigkeiten der Vererbung

260.1 **Johann Gregor MENDEL (1822–1884)**

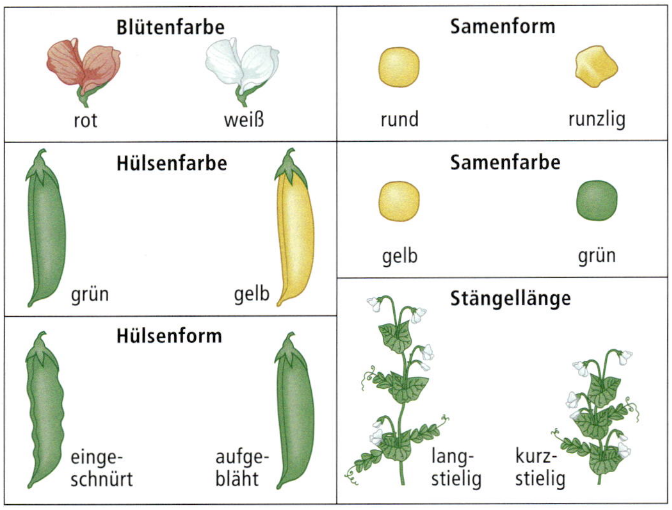

260.2 Merkmale von Erbsenpflanzen (Auswahl)

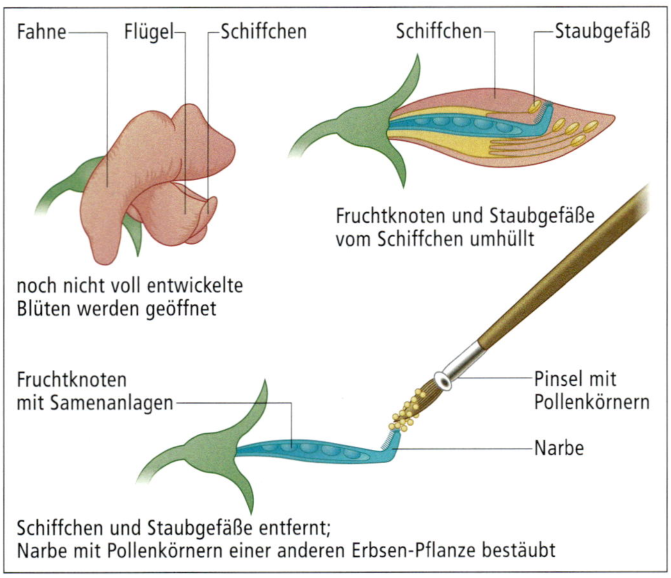

260.3 Künstliche Bestäubung der Erbsenblüte

3.1 Phänotyp und Genotyp

Der Augustinermönch Gregor MENDEL entdeckte in der Mitte des 19. Jahrhunderts einige Regeln der Vererbung. MENDEL experimentierte mit Rassen der Gartenerbse. Als *Rasse* bezeichnete er die Erbsenpflanzen, also Pflanzen einer Art, die sich in einem oder mehreren Merkmalen wie zum Beispiel Farbe und Form von Blüten, Hülsen sowie Samen voneinander unterschieden. MENDEL verwendete bezüglich eines Merkmals jeweils **reinerbige** Pflanzen. Eine Pflanze ist zum Beispiel reinerbig rot blühend, wenn alle ihre Vorfahren ebenfalls rote Blüten hatten.

MENDEL wandte eine bestimmte Versuchstechnik an: Er entfernte die Staubblätter der jungen Erbsenblüten einer Pflanze, um eine Bestäubung durch Pollenkörner derselben Pflanze zu verhindern. Anschließend bestäubte er die Narben mit Pollenkörnern einer anderen Erbsenrasse und umhüllte die Blüten mit Tütchen. So verhinderte er weitere Bestäubungen durch Insekten. Er kreuzte zum Beispiel reinerbige gelbsamige Pflanzen mit reinerbigen grünsamigen, indem er die Narben der gelbsamigen Pflanzen mit dem Blütenstaub der grünsamigen bestäubte.
Die Pflanzen bilden die *Eltern-* oder **Parentalgeneration (P).** In den heranreifenden Hülsen der Elternpflanzen fand MENDEL zu seiner Überraschung nur gelbe Samen. Diese Samen und die aus ihnen keimenden Pflanzen sind die *1. Tochter-* oder **1. Filialgeneration (F_1).**
Auch die umgekehrte Kreuzung, bei der die Narben von grünsamigen Pflanzen mit Pollenkörnern von gelbsamigen bestäubt werden, erbringt einheitlich gelb gefärbte Samen. Diese Beobachtungen sowie weitere Untersuchungen auch mit anderen Merkmalen führten MENDELzur Entdeckung einer Regel, die später als die **1. MENDELsche Regel** bezeichnet wurde:
Kreuzt man Lebewesen einer Art, die sich in einem Merkmal unterscheiden, für das sie reinerbig sind, so sind die Nachkommen in der 1. Tochtergeneration in Bezug auf das Merkmal untereinander gleich (= uniform; Uniformitätsregel).

MENDEL erntete die gelben F_1-Erbsensamen aus den Hülsen der P-Generation. Im Folgejahr säte er sie aus und ließ sie zu F_1-Pflanzen heranwachsen. Die Ernte der F_2-Samen erbrachte ein unerwartetes Ergebnis. Sie waren nicht einheitlich gefärbt. Neben gelben Samen traten nun auch wieder grüne auf. MENDEL zählte die Samen einer großen Anzahl von Pflanzen aus. Er fand 6022 gelbe und

2001 grüne Samen. Das entspricht annähernd einem Verhältnis von 3/4 : 1/4.
Das Merkmal „gelbe Samenfarbe" ist vorherrschend oder **dominant.** Das Merkmal „grüne Samenfarbe" ist verdeckt oder **rezessiv.** Hier liegt ein **dominant-rezessiver** Erbgang vor. MENDEL konnte nun das Spaltungsverhältnis in der F_2 voraussagen. Dieser Sachverhalt wurde später in der **2. MENDELschen Regel,** der *Spaltungsregel,* formuliert: *Kreuzt man die Lebewesen der 1. Tochtergeneration untereinander, so spalten sich die Merkmale in bestimmten Anzahlenverhältnissen auf, und zwar beim dominant-rezessiven Erbgang im Verhältnis 3/4 : 1/4.*

In der 1. Tochtergeneration gibt es keine grünen Samen, in der 2. treten sie aber wieder auf. Die Information für die grüne Samenfarbe muss also von den Elternpflanzen auf die 1. Tochtergeneration übertragen worden sein. Dort hat sie verdeckt vorgelegen und wurde später an die 2. Tochtergeneration weitergegeben. MENDEL folgerte daraus, dass den äußerlich sichtbaren Merkmalen entsprechende Erbanlagen in der Samenanlage und dem Pollenkorn zugrunde liegen müssten.

Nach MENDEL kommt jedes Merkmal durch das Zusammenwirken zweier Erbanlagen zustande. Wie man später feststellte, liegen die beiden Erbanlagen oder Gene auf entsprechenden Genorten homologer Chromosomen, man spricht von homologen Genen oder **Allelen.** Treffen in der befruchteten Eizelle gleiche Erbanlagen zusammen, zum Beispiel zweimal die Anlage für grüne Samen, so ist die entstehende Erbse reinerbig oder **homozygot.** Bekommt die Eizelle verschiedene Anlagen, zum Beispiel eine für gelb, eine für grün, so ist die entstehende Erbse mischerbig oder **heterozygot.** Bei mischerbigen Pflanzen spricht man von Mischlingen oder *Hybriden,* bei mischerbigen Tieren von *Bastarden.* In einem Erbschema wird die dominante Erbanlage für das Merkmal „gelb" mit dem großen Buchstaben (G) gekennzeichnet. Die rezessive Anlage für das Merkmal „grün" erhält den entsprechenden kleinen Buchstaben (g). Die gelben Erbsen der 2. Tochtergeneration sind teils reinerbig (GG), teils mischerbig (Gg). Im Erscheinungsbild, dem **Phänotyp,** sind sie alle gelb, in ihrem Erbbild, dem **Genotyp,** sind sie aber unterschiedlich.

1. Erläutere mindestens fünf der auf dieser Seite fett gedruckten Fachbegriffe!
2. Erläutere am Beispiel der MENDELschen Vererbungsregeln das Basiskonzept „Reproduktion"!
3. Erstelle ein Erbschema für die Kreuzung von Erbsenpflanzen mit homozygot grünen Samen mit Erbsenpflanzen mit heterozygot gelben Samen! Erläutere das Ergebnis!

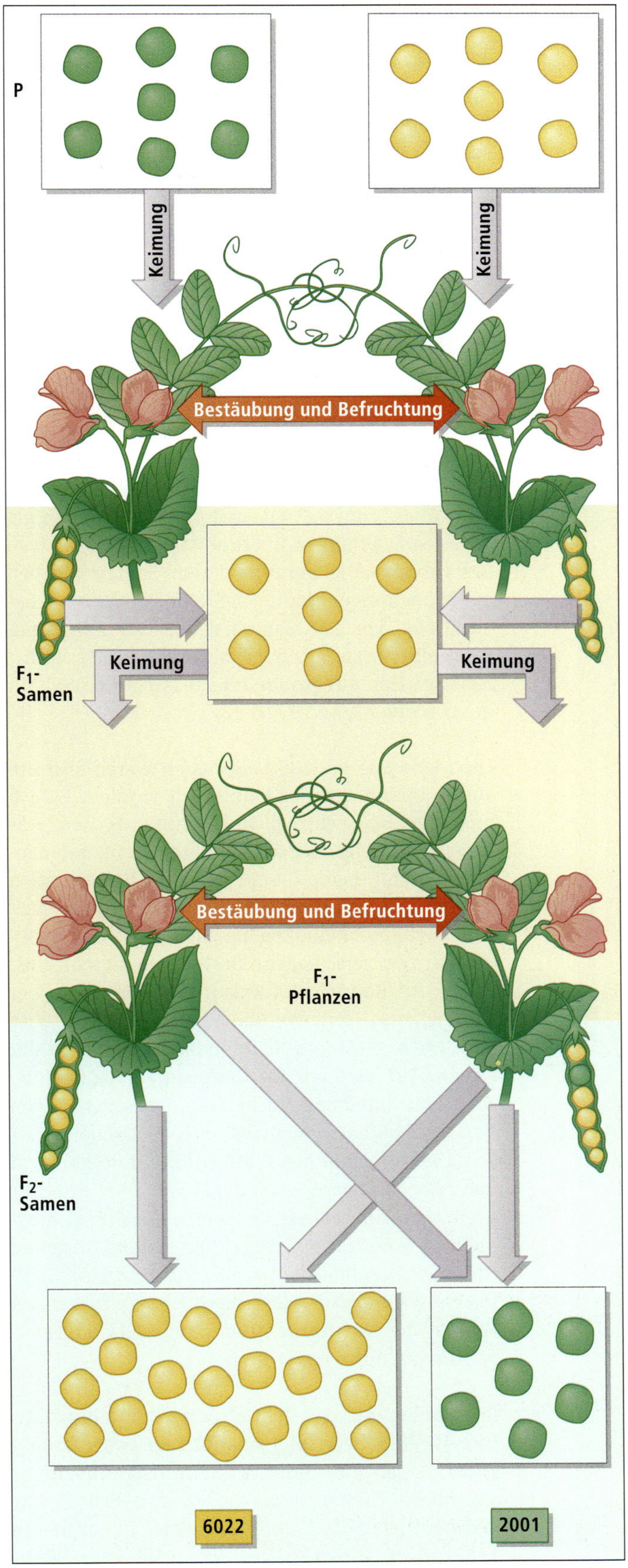

261.1 Vererbung der Samenfarbe bei der Erbse

3.2 Erbanlagen können kombiniert werden

MENDEL kreuzte auch Erbsenpflanzen, die sich in mehreren Merkmalen unterschieden. Im Erbschema der Abbildung 263.1 unterscheiden sich die Erbsensamen nicht nur in der Farbe, sondern auch in der Form. Ein solcher Erbgang mit zwei Merkmalen heißt **dihybrider Erbgang.** Unterscheiden sich die Eltern nur in einem Merkmal, spricht man von einem **monohybriden Erbgang.**

Im dihybriden Erbgang der Abbildung 263.1 sind die Eltern in Bezug auf die Merkmale „grüne/runzlige Samen" beziehungsweise „gelbe/runde Samen" jeweils reinerbig. Die 1. Tochtergeneration besteht aus durchweg gelben/runden Samen. „Gelb" dominiert also über „grün". „Rund" dominiert über „runzlig". Die aus diesen F_1-Samen gezogenen F_1-Pflanzen überließ MENDEL der Selbstbestäubung. Die heranreifenden Samen ergaben die 2. Tochtergeneration. MENDEL zählte sie sorgfältig aus: Von 556 Samen waren 315 gelb/rund, 101 gelb/runzlig, 108 grün/rund und 32 grün/runzlig. Das entspricht einem Anzahlenverhältnis von etwa 9/16 : 3/16 : 3/16 : 1/16.

Die Merkmale der Ausgangsrassen waren also unabhängig voneinander kombiniert worden. Es gab nun zum Beispiel auch grüne/runde Samen. Das Erbschema zeigt, wie es zu diesen Neukombinationen kommt. Beide Geschlechter der F_1-Generation erzeugen Geschlechtszellen, in denen vier verschiedene Genkombinationen möglich sind, das heißt, es gibt vier verschiedene Sorten von Geschlechtszellen. Im Kombinationsquadrat ergeben sich vier mal vier, also 16 Genkombinationen für die F_2. Vier von ihnen sind doppelt reinerbig. Sie sind in der Diagonalen des Kombinationsquadrats angeordnet. Zwei von ihnen entsprechen den Großeltern. Zwei sind Neukombinationen, also neu entstandene Rassen. Deshalb heißt die **3. MENDELsche Regel** auch *Regel der Neukombination* der Gene:
Kreuzt man Lebewesen einer Art, die sich in mehreren Merkmalen reinerbig unterscheiden, so gelten für jedes Merkmal die Uniformitäts- und die Spaltungsregel. In der F_2-Generation können neben den Formen der Elterngeneration neue Merkmalskombinationen auftreten.

Erbanlagen lassen sich also neu kombinieren. Ihre Weitergabe erfolgt unabhängig voneinander. MENDEL gewann seine Erkenntnisse aus mehr als 10 000 Kreuzungsversuchen mit Erbsen! Er veröffentlichte die Ergebnisse seiner Experimente 1865/66 in seiner Arbeit „Versuche über Pflanzenhybriden".

MENDEL vermutete, dass sich die Erbanlagen in den Zellen befinden und mit den Geschlechtszellen von einer Generation auf die andere übertragen werden. Über ihre Lage und Beschaffenheit konnte er nichts aussagen. Die Zelle war 1865 noch nicht genügend untersucht.

1875 beobachtete der Biologe Oscar HERTWIG unter dem Mikroskop das Verschmelzen der Zellkerne von Ei- und Spermienzellen bei Seeigeln während der Befruchtung. Die anschließenden Zellteilungen ließen in den Zellkernen fädige Gebilde, die *Chromosomen,* erkennen. Die Tochterzellen enthielten stets die gleiche Anzahl Chromosomen wie die Ausgangszelle. Sollten die Erbanlagen auf den Chromosomen liegen?

Um diese Frage zu klären, verglich man die Kreuzungsergebnisse mit den mikroskopischen Zelluntersuchungen: Zwischen der Verteilung der Chromosomen auf die Tochterzellen und der Verteilung der Erbanlagen fand man auffällige Übereinstimmungen. Die mikroskopischen Untersuchungen zeigen:

1. Die Chromosomen werden als selbstständige Einheiten weitergegeben.
2. Die Chromosomen liegen in den Körperzellen paarig vor.
3. Bei der Meiose gelangt nur jeweils ein Chromosom jedes Paares in die Geschlechtszelle.
4. Dabei werden die Chromosomen mütterlicher und väterlicher Herkunft frei kombiniert.

Aus den Kreuzungsversuchen lässt sich folgern:

1. Die Erbanlagen werden als selbstständige Einheiten weitergegeben.
2. Die Erbanlagen liegen in den Körperzellen paarig vor.
3. Die Geschlechtszellen tragen nur einen einfachen Anlagensatz.
4. Die Erbfaktoren werden frei kombiniert.

Obgleich man Gene mikroskopisch nicht sieht, lassen diese Übereinstimmungen den Schluss zu, dass die Gene auf den Chromosomen liegen.

1. Erstelle für die Vererbung der Samenfarbe bei der Erbse in Abbildung 262.1 ein Erbschema bis zur F_1-Generation und ein Kombinationsquadrat für die Kreuzung der F_1-Nachkommen!
2. Erstelle Kombinationsquadrate für die Kreuzung von Erbsenrassen mit reinerbig purpurfarbenen und weißen Blütenfarben bis zur F_2-Generation! Entnimm notwendige Hinweise hierzu der Aufgabenstellung auf Seite 262!
3. Nenne das dieser Seite zugrunde liegende Basiskonzept! Erläutere deine Nennung!

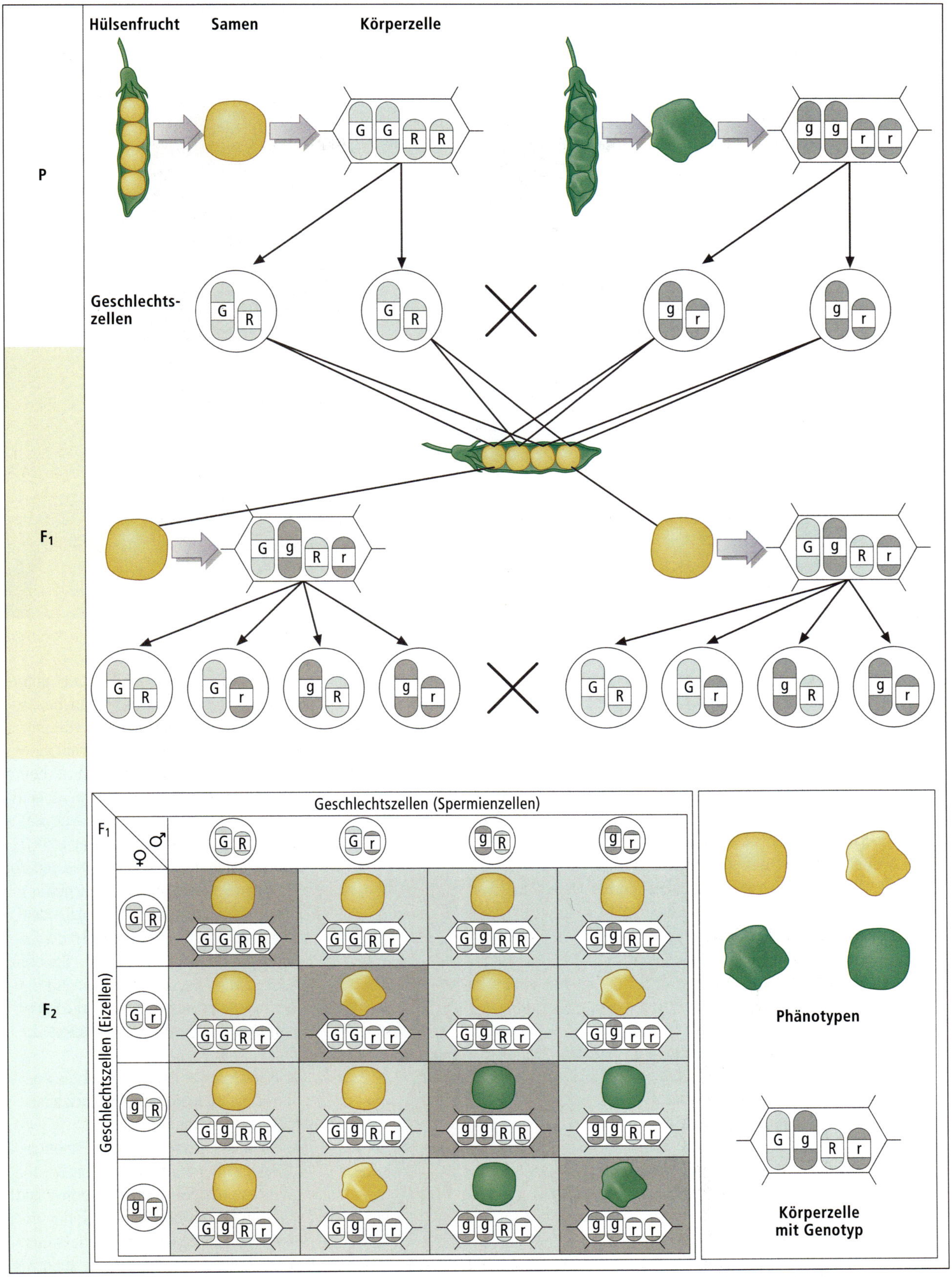

263.1 Dihybrider Erbgang. F_1-Generation als Erbschema, F_2-Generation als Kombinationsquadrat (G = Anlage für gelbe Samenfarbe, g = Anlage für grüne Samenfarbe, R = Anlage für rund, r = Anlage für runzlig)

Vererbung der Hautfarbe

264.1 Unglaublich?

Am 10. Oktober 1980 hieß es unter anderem in der Kölner Tageszeitung Express: „Wo immer Pat Smith mit ihren Zwillingen Kelly und Carly (3) auftaucht, sind die beiden die Attraktion. Denn Kelly ist weiß und Carly farbig. Ob die Kleinen tatsächlich nur einen Vater haben, nämlich Pats Ehemann Tony, wird die Mutter immer wieder gefragt. Doch für die Mutter gibt es da keinen Zweifel [...]. Für die Wissenschaft ist der Fall des schwarzweißen Duos keineswegs sensationell. Tonys Vater war farbig und heiratete eine Weiße. [...]"

Eltern mit heller und dunkler Hautfarbe haben in den meisten Fällen Kinder, deren Hautfarbe zwischen derjenigen der Eltern liegt. Die Nachkommen dieser Kinder zeigen aber nicht die erwartete Aufspaltung wie bei einem dominant-rezessiven Erbgang. Stattdessen beobachtet man ein breites Spektrum von Pigmentierungsstufen der Haut, von hellbraun bis schwarz. Die Vererbung der Hautfarbe ist *polygen* bedingt. Mehrere Gene wirken sich gleichermaßen auf die Pigmentbildung aus. Jedes Gen hat zwei Allele. Eines fördert die Pigmentierung, das andere nicht. Je mehr Allele vorhanden sind, die die Pigmentbildung fördern, umso farbtiefer ist der Phänotyp der Haut. Eine Anhäufung vieler Allele, die die Pigmentbildung nicht fördern, bewirkt eine helle Haut.

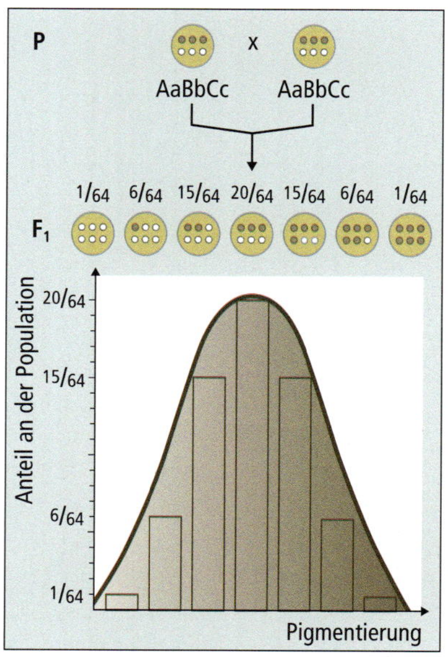

264.2 Pigmentierung und Häufigkeit

Untersucht man die Häufigkeit der unterschiedlich pigmentierten Phänotypen, so erhält man folgendes Ergebnis: Besonders häufig sind Nachkommen mit einer mittleren Pigmentierung. Bei ihnen halten sich die Pigmentierung-fördernden Allele und solche Allele die Waage, die nicht zur Pigmentierung beitragen. Seltener sind die Phänotypen, die von der mittleren Pigmentierung abweichen. Ganz selten sind eine sehr dunkle oder eine sehr helle Hauttönung, also die Extreme der Merkmalsausbildung. Bei diesen Personen liegen fast nur die Pigmentbildung-fördernden oder die Pigmentbildung-nichtfördernden Allele vor.

1. Nenne den Vorgang, der für die Allelverteilung in den Geschlechtszellen verantwortlich ist!
2. Bestimme die Anzahl der Pigmentierungsstufen für den Fall, dass 3 Gene für die Hautfarbe verantwortlich sind!
3. Entwickle ein Schema wie in der Abbildung 264.2 für den Fall, dass nur zwei Gene die Hautfarbe bestimmen!
4. Erläutere das „Zwillingswunder"!

AUFGABEN Vererbung

1 Vererbung bei der Wunderblume

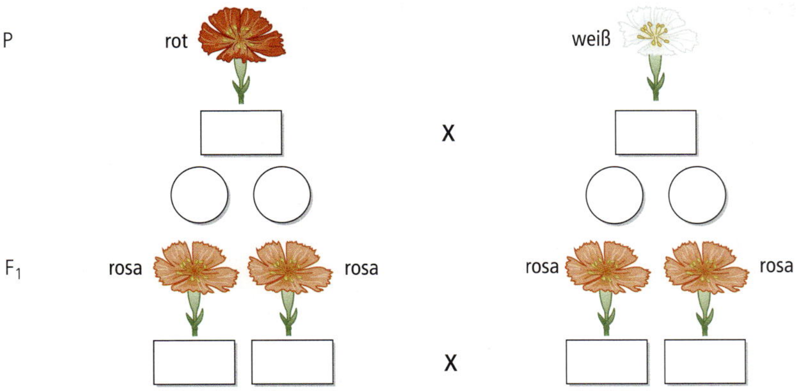

Es wurden reinerbige Nelkenpflanzen miteinander gekreuzt, die sich in dem Merkmal Blütenfarbe (rot/weiß) unterschieden.

a) Übertrage den Erbgang in dein Heft und fülle ihn aus!
b) Beschreibe die Vererbung der Blütenfarbe bei der Wunderblume!
c) Benenne den Erbgang!
d) Führe den Erbgang fort bis zur F_2-Generation!

2 Zahlen geben Auskunft

MENDEL fand bei der Auswertung seiner Kreuzungen mit verschiedenen Erbsenrassen für die F_2-Generation von 5 monohybriden Erbgängen folgende Zahlen:

1.	428 Pflanzen mit grünen Hülsen	152 Pflanzen mit gelben Hülsen
2.	787 Pflanzen mit langer Blütenachse	277 Pflanzen mit kurzer Blütenachse
3.	6022 Pflanzen mit gelben Keimblättern	2001 Pflanzen mit grünen Keimblättern
4.	882 Pflanzen mit einfach gewölbten Hülsen	299 Pflanzen mit eingeschnürten Hülsen
5.	651 Pflanzen mit achsenständigen Blüten	207 Pflanzen mit endständigen Blüten

a) Ermittle die dominanten und rezessiven Allele!
b) Belege mithilfe der Zahlen ein Vererbungsgesetz!

3 Rückkreuzung

Rückkreuzung (RF)			
Phänotyp	x		RF_1
Genotyp	Aa	aa	
Geschlechts-zellen	Ⓐ ⓐ	ⓐ ⓐ	
Genotypen-verteilung	♀\♂: ⓐ ⓐ; Ⓐ: Aa Aa; ⓐ: aa aa		RF_2
Phänotyp	1 : 1		

Um den Genotyp von F_2-Individuen, die das durch das dominante Allel bedingte Merkmal tragen, zu untersuchen, führt man eine Kreuzung mit dem homozygot rezessiven Elternteil durch. Eine solche Kreuzung nennt man Rückkreuzung.

a) Erläutere das Rückkreuzungsergebnis!
b) Sage voraus, welches Ergebnis bei einer Kreuzung eines homozygot dominanten mit einem heterozygoten Elternteil zu erwarten ist! Erstelle die Kreuzungsschemata!

4 Modellversuch: Welches Allel gelangt in die Geschlechtszelle?

2. Münze \ 1. Münze	A	a
A	AA	Aa
a	aA	aa

Die beiden Seiten einer Münze sollen die beiden Allele A und a einer Urgeschlechtszelle darstellen: Zahlseite A und andere Seite a.
Wirft man die Münze, so kommt entweder A oder a nach oben zu liegen. Eine zweite Münze wird ebenfalls geworfen.

a) Erläutere, was durch das Werfen der Münzen simuliert wird!
b) Ermittle, wie groß die Wahrscheinlichkeit ist, dass ein bestimmtes Spermium oder eine bestimmte Eizelle das Allel A bekommt!
c) Ermittle, wie groß die Wahrscheinlichkeit ist, dass eine Eizelle bei der Befruchtung die Allele A und a bekommt!

5 Modellversuch: Welche Allele kommen in die Geschlechtszelle?

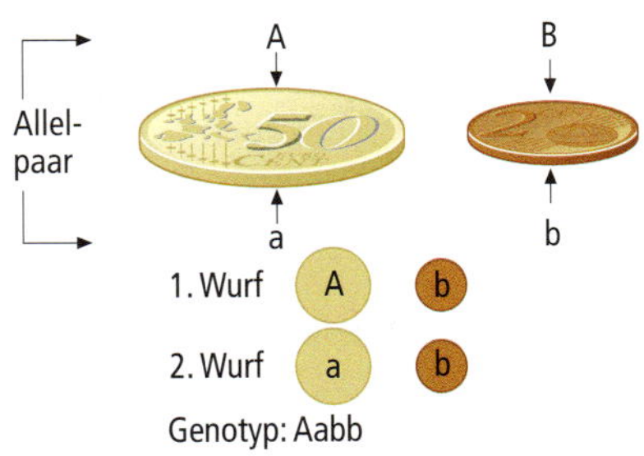

a) Benenne, was durch die Würfe simuliert wird!
b) Ermittle den Genotyp der befruchteten Eizelle, die aus dem 1. und 2. Wurf mit beiden Münzen hervorgeht!
c) Nenne die Anzahl der möglichen Genotypen!

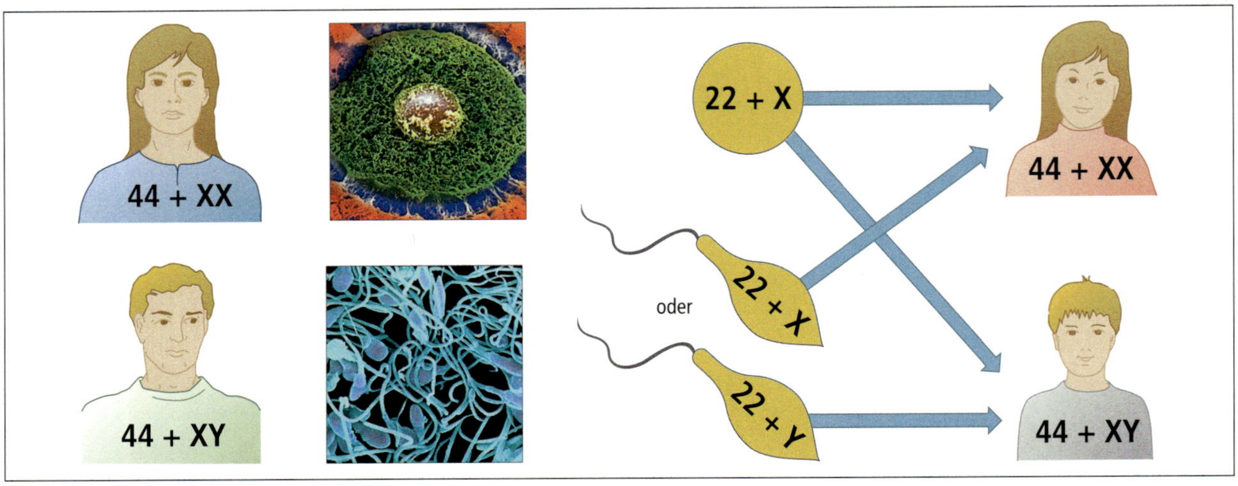

266.1 Vererbung des Geschlechts

4 Mädchen oder Junge – Vererbung des Geschlechts

Menschen besitzen in jeder Zelle ihres Körpers 44 Autosomen und zwei Geschlechtschromosomen, die Gonosomen. Anhand der Gonosomen kann man die Zellen von Mann und Frau voneinander unterscheiden. In weiblichen Körperzellen befinden sich neben den Autosomenpaaren stets zwei X-Chromosomen. Dagegen besitzt der Mann in seinen Zellen ein X-Chromosom und ein etwas kleineres Y-Chromosom als Geschlechtschromosomen.

Die Geschlechtszellen der Menschen sind die einzigen Zellen, die nicht mit 46 Chromosomen ausgestattet sind. Sie werden während der Meiose gebildet. Dabei wird der diploide Chromosomensatz der Geschlechtsmutterzellen auf einen haploiden Chromosomensatz reduziert. Nach der Meiose der Frau liegen in ihren Eierstöcken Eizellen mit 22 Autosomen und einem X-Chromosom vor. Als Ergebnis der Meiose des Mannes werden zwei verschiedene Arten von Spermienzellen gebildet: Spermienzellen mit 22 Autosomen und einem X-Chromosom und Spermienzellen mit 22 Autosomen und einem Y-Chromosom.

Die Entscheidung über das Geschlecht des Kindes hängt vom Zufall bei der Befruchtung ab. Verschmilzt eine Spermienzelle mit einem X-Chromosom mit einer Eizelle, so entsteht eine Zygote mit 44 Autosomen und zwei X-Chromosomen. Das Geschlecht des sich entwickelnden Kindes ist weiblich. Dringt dagegen eine Spermienzelle mit einem Y-Chromosom in die Eizelle ein, dann enthält die Zygote neben den 44 Autosomen ein X-Chromosom und ein Y-Chromosom. Das Geschlecht des Kindes ist männlich. Damit ist erwiesen, dass für die Geschlechtsgebung des Kindes nur die Spermienzelle des Mannes verantwortlich ist.

Da durch die Meiose 50 Prozent der Spermienzellen ein X-Chromosom und 50 Prozent ein Y-Chromosom enthalten, könnte man annehmen, dass genauso viele Mädchen wie Jungen geboren werden. Tatsächlich werden aber etwas häufiger Jungen geboren. Da diese Tendenz weltweit existiert, kommen verschiedene Umwelteinflüsse als Ursache für dieses ungleiche Geburtenverhältnis nicht infrage. Bei der Erforschung der Ursachen fand man heraus, dass sich Y-Spermienzellen etwas schneller bewegen können, da sie leichter sind als X-Spermienzellen. Dadurch gelangen sie schneller zur Eizelle. Weiterhin entdeckte man, dass X-Spermienzellen einige Stunden länger leben als Y-Spermienzellen. Findet der Geschlechtsverkehr zwei Tage vor dem Eisprung statt, ist die Entstehung eines Mädchens wahrscheinlicher. Liegen Geschlechtsverkehr und Eisprung nahe zusammen, ist die Entstehung eines Jungen eher möglich.

1. Katrin und Markus sind Zwillinge. Entscheide und begründe, ob es sich bei den beiden um eineiige oder zweieiige Zwillinge handelt!
2. Begründe mithilfe eines Kreuzungsschemas, dass die Vererbung der Geschlechter im Verhältnis 1:1 erfolgt!
3. Nenne das der Vererbung des Geschlechts zugrunde liegende Basiskonzept!
4. Informiere dich mithilfe des Internets über das Geschlechterverhältnis in Deutschland und vergleiche mit den Angaben im Buch! Diskutiere mit deinen Mitschülern!

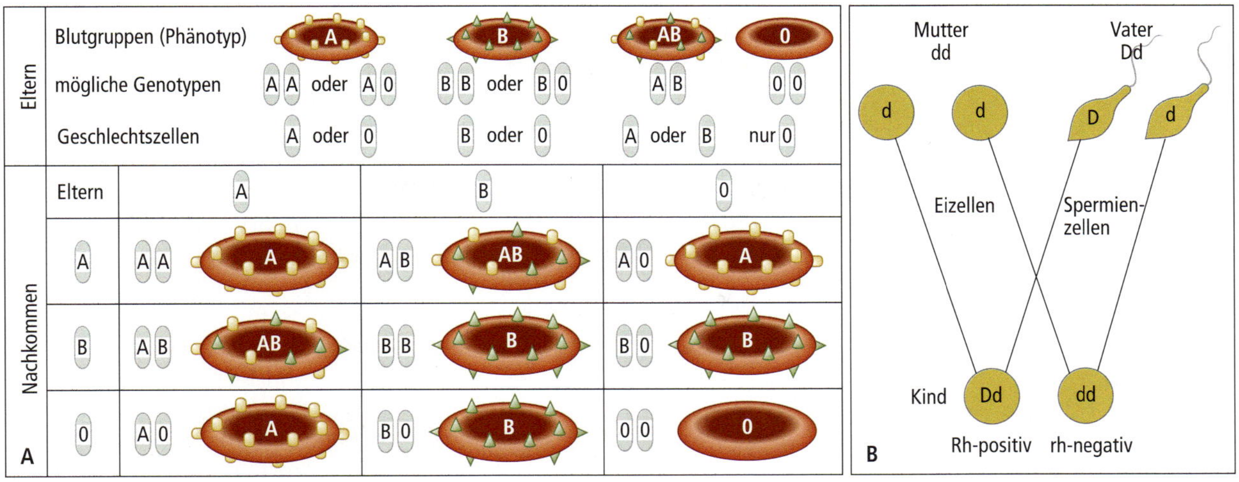

267.1 Vererbung von Blutmerkmalen. A Blutgruppen; **B** Rhesusfaktor

5 Vererbung der Blutgruppen

Ein charakteristisches Merkmal eines Menschen ist seine Blutgruppe. Dieses Merkmal wird im Laufe des Lebens nicht verändert. Man unterscheidet im AB0-System die Blutgruppen A, B, AB und 0.
Das Blutgruppenmerkmal ist durch bestimmte Eiweißstoffe gekennzeichnet, die in der Zellmembran der Roten Blutkörperchen des Menschen liegen, die **Antigene.** Die Information zur Ausbildung dieser Antigene wird in Genen auf den Chromosomen verschlüsselt. Man bezeichnet sie als die Allele A, B und 0. Im Serum des Blutes werden bei den Blutgruppen A, B und 0 weitere Eiweißstoffe gebildet, die **Antikörper.**

Die Vererbung der Blutgruppen erfolgt nach den MENDELschen Regeln. Es handelt sich hierbei um einen dominant-rezessiven Erbgang. Man hat herausgefunden, dass die Information für das Blutgruppenmerkmal 0 rezessiv vererbt wird. Das bedeutet, dass Menschen mit der Blutgruppe 0 für dieses Merkmal stets reinerbig sind. Der Genotyp zur Blutgruppe 0 lautet 00. Dominant werden die Informationen für die Blutgruppenmerkmale A und B vererbt. Da beide Merkmale ausgeprägt werden, spricht man von **Codominanz.** Die Genotypen für die Ausbildung des Merkmals Blutgruppe A sind entweder reinerbig AA oder mischerbig A0. Blutgruppe B kann über die Genotypen BB reinerbig oder B0 mischerbig angelegt sein. Aufgrund der Codominanz liegt als Genotyp der Blutgruppe AB immer Mischerbigkeit vor.

Das AB0-Blutgruppensystem kann als Grundlage zum Ausschluss einer Vaterschaft in Vaterschaftsklagen verwendet werden: Zunächst werden die Blutgruppen aller Beteiligten bestimmt. Mithilfe von Kreuzungsschemata kann man bei bestimmten Blutgruppen eine Vaterschaft ausschließen. Beispielsweise kann ein Kind mit der Blutgruppe 0 niemals von einem Vater mit der Blutgruppe AB abstammen. Bei etwa 20 Prozent aller Vaterschaftsklagen kann bereits über die Blutgruppen der eindeutige Ausschluss der Vaterschaft erbracht werden. Erst wenn der Vaterschaftsausschluss mithilfe des AB0-Systems nicht möglich ist, werden andere Merkmale zum Vergleich herangezogen.

Ein weiteres Merkmal ist der **Rhesusfaktor.** Er befindet sich als Antigen ebenfalls in der Zellmembran der roten Blutzellen. Menschen, welche dieses Rhesus-Antigen besitzen, bezeichnet man als Rhesus-positiv (Rh-positiv). Das Symbol für diese Erbanlage lautet D. Rhesus-positive Menschen können für dieses Merkmal reinerbig DD oder mischerbig Dd sein. Rhesus-negative Menschen sind für dieses Merkmal stets reinerbig dd.

Neben dem AB0-System und dem Rhesus-System kennt man noch etwa 30 weitere Blutgruppensysteme.

1. Vier Geschwister haben die Blutgruppen A, B, AB und 0. Die Eltern haben die Blutgruppen A und B. Kommen diese Eltern tatsächlich für alle vier Kinder als leibliche Eltern infrage? Belege deine Aussagen mithilfe eines Kreuzungsschemas!
2. Ein Mann ist Rhesus-positiv und seine Frau ist Rhesus-negativ. Die Mutter des Mannes war Rhesus-negativ. Könnte dieses Paar Rhesus-negative Kinder bekommen? Begründe deine Antwort, indem du für alle Personen die Genotypen hinsichtlich des Rhesus-Faktors bestimmst!

6 Zusammenspiel von Erbgut und Umwelt

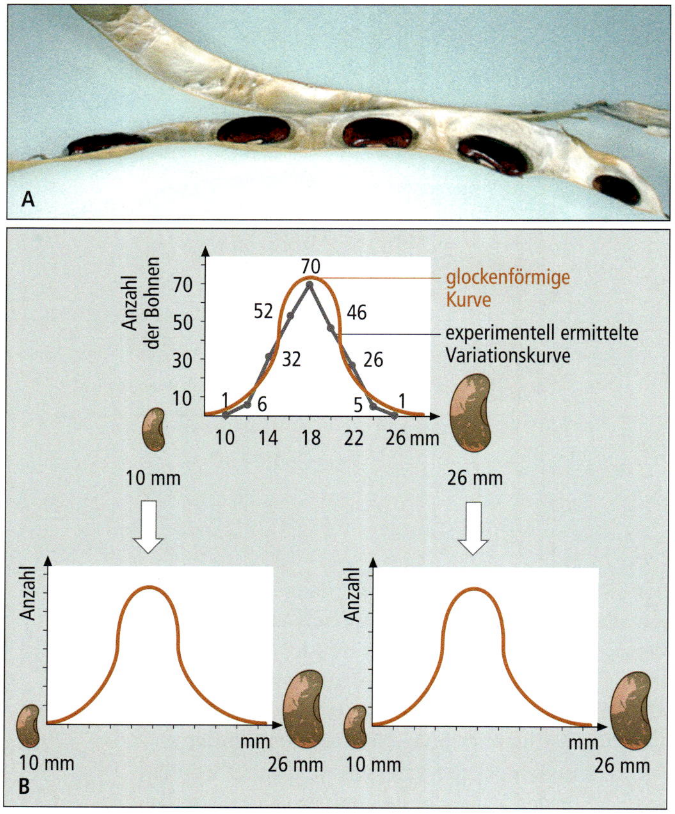

268.1 Feuerbohne. A Hülsenfrucht mit Samen;
B GAUSSsche Verteilungskurven von Samenlängen

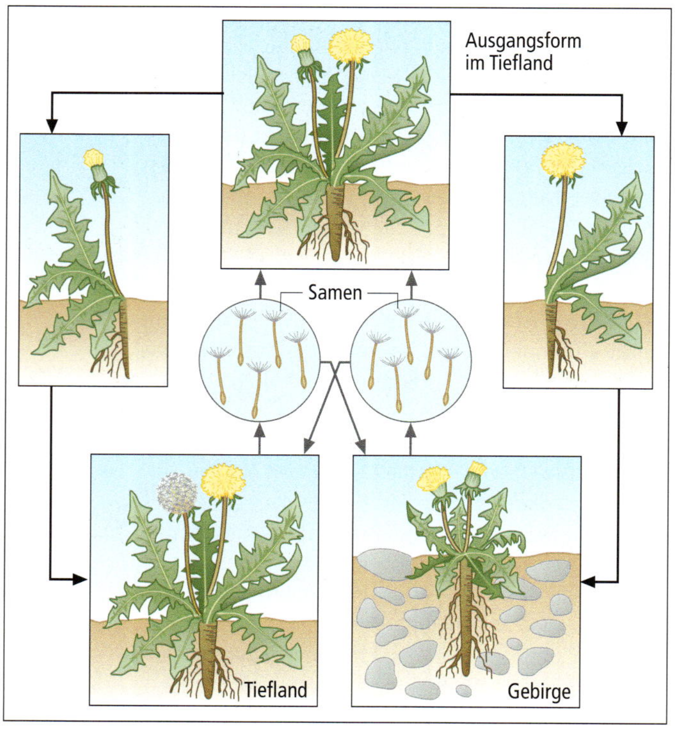

268.2 Modifikationen vom Löwenzahn

Betrachtet man die Samen erbgleicher Pflanzen der Feuerbohne, entdeckt man Unterschiede im Phänotyp. So variieren die Bohnen trotz ihrer Erbgleichheit in ihren Längen. Messungen ergeben, dass die kleinsten Bohnen zehn Millimeter, die größten Bohnen 26 Millimeter lang sind. Zwischen beiden Werten gibt es Bohnen unterschiedlicher Länge, wobei die meisten gemessenen Samen 16 bis 20 Millimeter lang sind.
Trägt man die jeweilige Anzahl der Samen gegen die Längenangabe in ein Koordinatensystem ein, erhält man eine grafische Darstellung der Längenverteilung der untersuchten Samen. Bei einer entsprechend hohen Anzahl von Samen hat die Grafik das Aussehen einer glockenförmigen *Variationskurve.*
Bringt nun eine Pflanze, die aus einem kleinen Samen hervorgegangen ist, nur kleine Samen hervor? Ergeben Pflanzen aus großen Samen nur große Samen? In einem Experiment sät man 26 Millimeter lange Bohnen und zehn Millimeter lange Bohnen aus und zieht die beiden Pflanzengruppen unter gleichen Bedingungen, aber getrennt auf. Auf diese Weise wird eine wechselseitige Befruchtung ausgeschlossen. Die Samen, die man von beiden Pflanzengruppen erntet, werden getrennt vermessen: In beiden Fällen gibt es jeweils wenige 26 Millimeter lange, wenige zehn Millimeter lange Samen und eine große Anzahl Samen mittlerer Länge. Trägt man die Mess- und Anzahlergebnisse beider Nachkommenschaften wieder ins Koordinatensystem ein, erhält man übereinstimmende Variationskurven, die sich wieder der glockenförmigen Kurve nähern. Wie kommt es zur unterschiedlichen Länge erbgleicher Bohnensamen?

Vererbt wird nicht die Anlage für eine bestimmte Länge, sondern Anlagen für einen Spielraum, der für die erwähnte Bohnensorte zehn bis 26 Millimeter beträgt. Diesen Spielraum nennt man auch **Reaktionsnorm.** Umwelteinflüsse, wie zum Beispiel Feuchtigkeit, Bodenbeschaffenheit, Mineralstoffe, Temperatur und Licht, sind dafür verantwortlich, welche Länge ein Samen innerhalb der Reaktionsnorm erreicht. Treffen in seltenen Fällen nur günstige Faktoren zusammen, steht die Pflanze zum Beispiel an einer gut belichteten Stelle, an der sie ausreichend mit Mineralstoffen und Wasser versorgt ist, entstehen große Samen. Eine ebenso seltene Summierung nur ungünstiger Faktoren ergibt dagegen nur kleine Samen. Die Mehrzahl der Samen unterliegt sowohl günstigen als auch ungünstigen Faktoren, was zu Samen mittlerer Größe führt.

Die Auswirkung von Umwelteinflüssen auf die Ausbildung des Phänotyps bezeichnet man als **Modifikation.** Modifikationen sind nicht vererbbar. Da bei den Bohnensamen alle Übergänge von kleinen über mittlere bis hin zu großen Samen vorkommen, spricht man von *fließender Modifikation.*
Auch Löwenzahnpflanzen zeigen fließende Modifikationen. So wurde in einem Experiment eine junge Löwenzahnpflanze in zwei Längshälften geteilt. Die eine Hälfte wurde im Tiefland, die andere im Hochgebirge ausgepflanzt. Die erbgleichen Teilpflanzen entwickelten sich zu verschiedenen Modifikationen: Die Tiefland-Modifikation zeigte einen hohen, kräftigen Wuchs mit normal ausgebildeter Pfahlwurzel. Die Hochgebirgs-Modifikation war dagegen kleinwüchsig mit tief reichender, kräftiger Pfahlwurzel. Durch die jeweiligen Standortfaktoren wurde die Ausprägung des Phänotyps beeinflusst.

Auch bei Tieren findet man Modifikationen: Bei den überwiegend weißen Russenkaninchen sind Ohren, Schnauzenspitze, Pfoten und Schwanz schwarz gefärbt. Diese Teile sind der Abkühlung stärker ausgesetzt als der übrige Körper. Sie haben deshalb eine Temperatur unter 34 °C. Kühlt man andere Hautstellen für längere Zeit ab, so wachsen dort ebenfalls schwarze Stellen heran. Leben die Tiere längere Zeit in warmen Ställen, so kann man reinweiße Tiere bekommen. Da diese Merkmalsausprägung nicht fließend erfolgt, sondern zwischen zwei Ausbildungsmöglichkeiten umschlägt, spricht man von *umschlagender Modifikation.*

Auch bei der Schwarzdrossel, der Amsel, kommen manchmal weiße Tiere vor. Einer weißen Amsel fehlen die Pigmente, die Augen und Federn normalerweise schwarz färben würden. Man nennt ein solches Tier einen Albino. Kreuzt man Albinos untereinander, sind die Nachkommen weiß gefärbt. Es liegt bei der Albinoform also keine Modifikation vor. Die Nichtausbildung von Farbstoffen beruht auf einer Veränderung des Erbgutes. Erbgutänderungen nennt man **Mutationen.**

1. Erläutere die Begriffe Reaktionsnorm, fließende und umschlagende Modifikation sowie Mutation!
2. Beschreibe die Experimente mit den Löwenzahnpflanzen in der Abbildung 268.2! Erläutere!
3. Erläutere, welches Basiskonzept durch die Abbildung 268.2 belegt wird!
4. Stelle die Kreuzungen in der Abbildung 269.2 von der P- bis zur F_3-Generation in Erbschemata dar! Verwende die Symbole S (= schwarz) und s (= weiß)!

269.1 Russenkaninchen

269.2 Amsel. A Normalform; **B** Albino; **C** Kreuzungsschema

7 Untersuchungen der Vererbung beim Menschen

In manchen Familien treten immer wieder Nachkommen auf, bei denen es zu Störungen im Stoffwechsel des Farbstoffes Melanin, eines Pigments, kommt. Sie besitzen eine weiße Behaarung, eine hellrosa gefärbte Haut und rötliche Augen. Die rote Augenfarbe ist auf das Durchschimmern von Blut der Aderhaut zurückzuführen, da die Iris keine Pigmente enthält. Diese Menschen sind sehr lichtempfindlich. Selbst Wintersonne kann zu schweren Sonnenbränden führen. Man nennt diesen Phänotyp *Albinismus.* Albinismus wird auf ein defektes Gen zurückgeführt. Durch diesen Gendefekt erfolgt in den Zellen der *Albinos* keine oder eine zu geringe Pigmentbildung. Wie wird der Albinismus vererbt?

Um solche Fragen zu beantworten, werden bei Tieren Kreuzungsversuche durchgeführt. Diese Versuche sind aber aus ethischen Gründen am Menschen verboten. Um hier genaue Informationen über die Erbgänge zu erhalten, nutzt man verschiedene Methoden. Für die Untersuchung der Vererbung des Albinismus eignet sich beispielsweise die **Familienforschung.** Hierbei wird das Auftreten des Albinismus über viele Generationen verfolgt. Anhand der Ergebnisse erstellt man für die betreffende Familie einen **Stammbaum.** Mithilfe des Stammbaumes und der Erbregeln ermittelt man die Wahrscheinlichkeiten für das Auftreten des Albinismus in den folgenden Generationen.
Betrachtet man nun den Stammbaum in der Abbildung 271.1, erkennt man, dass sowohl Männer als auch Frauen fast in gleicher Anzahl von dieser Krankheit betroffen sind. Außerdem tritt diese Krankheit in manchen Generationen nicht auf, obwohl ein Elternteil erkrankt war. Daraus kann man schlussfolgern, dass Albinismus auf eine rezessive Vererbung zurückzuführen ist. Um an Albinismus zu leiden, muss das Kind von beiden Eltern je ein defektes Allel erhalten haben. Dadurch ist das Kind für das Merkmal Albinismus homozygot.

Auf 40 000 Geburten kommt in Deutschland eine Albinogeburt. Die regionale Verbreitung für Albinismus kann sehr unterschiedlich sein. Wenn man eine große Anzahl von Menschen hinsichtlich des Auftretens einer Erbkrankheit untersucht, spricht man von einer **genetischen Bevölkerungsanalyse.** Dadurch gewinnt man Aussagen zur Verbreitung einer Erbkrankheit innerhalb einer bestimmten Region sowie in der Gesamtbevölkerung. Dies ist besonders wichtig, um Vorsorgeuntersuchungen an Neugeborenen zu veranlassen. Bei einigen Erbkrankheiten kann danach eine Therapie erfolgen, wodurch die Symptome der Erbkrankheit gelindert werden. Bei Albinismus ist eine solche Therapie nicht möglich.

Albinismus und andere Erbkrankheiten können noch nicht geheilt werden, da die Gene hierfür repariert werden müssten. Gene bleiben normalerweise zeitlebens in unveränderter Form bestehen. Andere Merkmale eines Menschen können aber innerhalb des Lebens stark variieren. Dazu gehört beispielsweise die Körpergröße oder auch das Körpergewicht. Wird die Ausbildung solcher Merkmale möglicherweise von der Umwelt beeinflusst?

Zur Beantwortung dieser Frage wendet man die Methode der **Zwillingsforschung** an. Es gibt eineiige und zweieiige Zwillinge. Eineiige Zwillinge entstehen aus einer Zygote, indem sich diese Zygote während ihrer ersten Zellteilung in zwei Tochterzellen, die sich trennen, teilt. Aus jeder Tochterzelle entwickelt sich ein genetisch erbgleicher Zwilling. Zweieiige Zwillinge hingegen entstehen aus zwei befruchteten Eizellen. Zweieiige Zwillinge haben also unterschiedliches Erbmaterial.

Bei der Zwillingsforschung werden die Körpermerkmale eineiiger und zweieiiger Zwillingspaare miteinander verglichen. Besonders interessant sind dabei die Ergebnisse der Untersuchungen bei eineiigen Zwillingspaaren, die getrennt voneinander aufwuchsen. Bei diesen Zwillingen kann man den Einfluss der Umwelt auf die Gene besonders gut ermitteln. Die Körpergröße gemeinsam aufgewachsener eineiiger Zwillinge unterscheidet sich beispielsweise um etwa 1,3 Zentimeter. Getrennt aufgewachsene Zwillinge besitzen einen Größenunterschied von etwa 2,1 Zentimetern. Daraus kann man einen Einfluss auf das Merkmal Körpergröße durch die Umwelt schlussfolgern. Zweieiige Zwillinge haben einen durchschnittlichen Größenunterschied von 4,5 Zentimetern. Hieran erkennt man den großen Einfluss der Gene auf die Ausprägung dieses Merkmals.
Betrachtet man das Auftreten bestimmter Krankheiten bei zweieiigen und bei eineiigen Zwillingen, so erkennt man größere Übereinstimmungen bei eineiigen Zwillingen. Daraus lässt sich schlussfolgern, dass diese Erscheinungen überwiegend erbbedingt sind.

1. Erläutere die Methoden, mit denen die Vererbung beim Menschen untersucht werden kann!

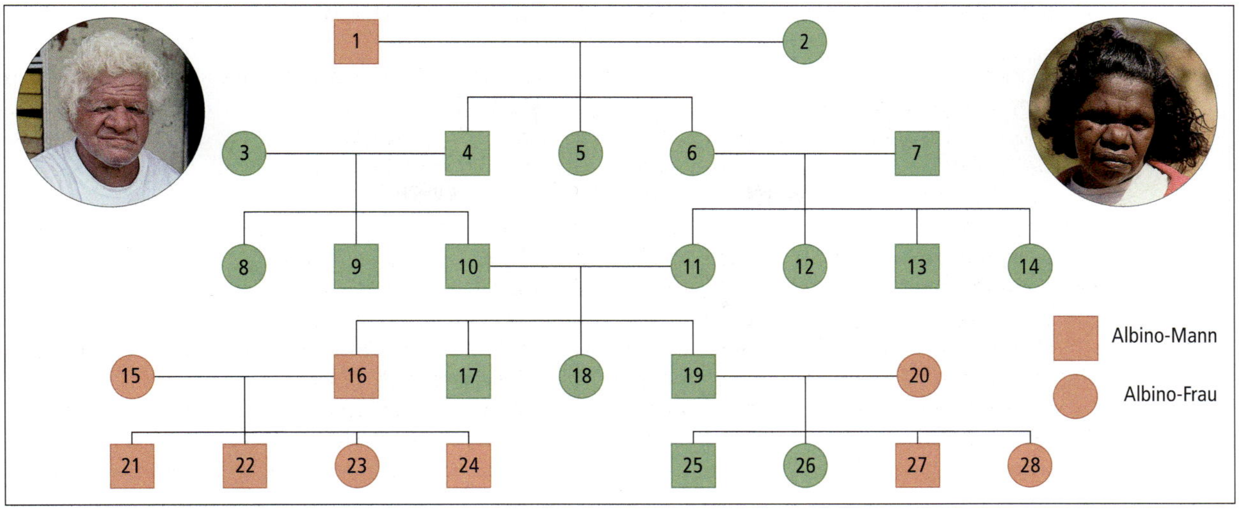

271.1 Stammbaum Albinismus

Zwillingspaare	Unterschiede in Körpergröße	Unterschiede in Gewicht	Unterschiede in Punkten beim Intelligenztest
Eineiige Zwillinge gemeinsam aufgewachsen	1,3 cm	4,7 kg	7,4
Eineiige Zwillinge getrennt aufgewachsen	2,1 cm	4,8 kg	9,5
Zweieiige Zwillinge	4,5 cm	7,9 kg	13,4

B

Eineiige Zwillinge		Krankheit		Zweieiige Zwillinge
23	(35)	**Klumpfuß**	(133)	2
84	(63)	**Zuckerkrankheit**	(70)	37
88	(60)	**Rachitis**	(74)	22
95	(189)	**Masern**	(146)	87
64	(31)	**Scharlach**	(30)	47

Übereinstimmung in Prozenten
Zahlen in Klammern: untersuchte Zwillingspaare

C

271.2 Zwillingsforschung. **A** Entstehung von Zwillingen; **B** Merkmalsvergleich; **C** Krankheiten bei Zwillingen

272.1 Rot-Grün-Sehschwäche. A Farberkennung bei Normalsichtigen; **B** Farberkennung bei Rot-Grün-Sehschwäche; **C** Stammbaum mit Rot-Grün-Sehschwäche

8 Veränderungen des Erbgutes

Manche Menschen haben Probleme bei der Erkennung von Mischfarben wie Ocker, Olivgrün oder Beige. Auch bereitet ihnen das Erkennen der Farben Rot oder Grün auf größere Entfernung Schwierigkeiten. Sie leiden unter der **Rot-Grün-Sehschwäche.** Die Rot-Grün-Sehschwäche ist eine Erbkrankheit.

Erbkrankheiten entstehen durch **Mutationen.** Mutationen sind sprunghafte und ungerichtete Veränderungen des Erbgutes. Sie können spontan, also ohne erkennbare Ursache, oder nach gezielten physikalischen und chemischen Einwirkungen auftreten. Wenn Mutationen bei der Bildung von Geschlechtszellen auftreten, werden sie weitervererbt.

Je nach der Art der Veränderung des Erbgutes kann man die Mutationen in verschiedene Gruppen einteilen. Ist nur ein einzelnes Gen von der Mutation betroffen, spricht man von einer **Genmutation.** Um eine solche Genmutation handelt es sich bei der Rot-Grün-Sehschwäche. Von dieser Mutation sind acht Prozent aller Männer, aber nur 0,5 Prozent aller Frauen betroffen. Wie kommt es zu diesem geschlechtsspezifischen Unterschied?

Die Rot-Grün-Sehschwäche wird durch die Mutation eines Gens auf dem X-Chromosom bewirkt. Da Männer nur ein X-Chromosom besitzen, reicht diese eine Mutation zur Sehbeeinträchtigung aus. Hat eine Frau die gleiche Mutation wie der Mann auf einem X-Chromosom, so erkrankt sie nicht, da sie ein zweites nicht verändertes X-Chromosom besitzt. Es handelt sich um eine rezessiv vererbbare Krankheit. Bei der Frau müssen daher beide X-Chromosomen von der Genmutation betroffen sein, damit das Krankheitsbild in Erscheinung tritt. Eine Frau ist also **Überträgerin** der Krankheit. Diese Art der Vererbung bezeichnet man als **X-chromosomal-rezessiv.** Auch die **Bluterkrankheit** wird X-chromosomal-rezessiv vererbt.

Genmutationen können aber auch die Autosomen betreffen. Dann gibt es hinsichtlich der Häufigkeit einer Erkrankung keinen geschlechtsspezifischen Unterschied. Ein Beispiel dafür ist das **MARFAN-Syndrom.** Diese Erkrankung wurde von dem französischen Kinderarzt Jean Bernhard Antoine MARFAN 1896 erstmals beschrieben. Die Ursache für diese Erkrankung ist die Mutation eines Gens auf dem Chromosom Nummer 15. Die Vererbung des MARFAN-Syndroms erfolgt dominant. Infolge dieser Mutation kommt es zu einem Bindegewebsdefekt. Da Bindegewebe an verschiedenen Stellen des Körpers vorkommt, entstehen zahlreiche krankhafte Veränderungen an unterschiedlichen Organen. Die Gesamtheit aller Symptome wird als *Syndrom* bezeichnet.
Das veränderte Bindegewebe führt zu Erkrankungen am Stütz- und Bewegungsapparat des Menschen. Menschen mit MARFAN-Syndrom sind überdurchschnittlich groß, Arme und Beine sowie Finger und Zehen sind besonders lang. Deshalb bezeichnet man die Krankheit auch als „Spinnenfingrigkeit“. Bei den Rippenknochen ist ein verstärktes Längenwachstum zu verzeichnen. Es entsteht eine Trichterbrust sowie eine Wirbelsäulenverkrümmung. Die Gelenke sind überdehnbar. Beispielsweise können diese Menschen beide Schulterblätter vor der Brust zusammenfügen.

Skelett	hoher Gaumen, Zahnfehlstellung, Wirbelsäulenverkrümmung, Trichterbrust, überdehnbare Gelenke, „Spinnenfinger", überlange Gliedmaßen
Auge	Hornhautverkrümmung, Augapfelverlängerung, Linsenverlagerung, Linsentrübung, Netzhautablösung
Herz und Gefäße	Herzklappendefekte, Aortenaussackung, Aortenriss, niedriger Blutdruck
Lunge	Gewebedefekte

273.1 MARFAN-Syndrom

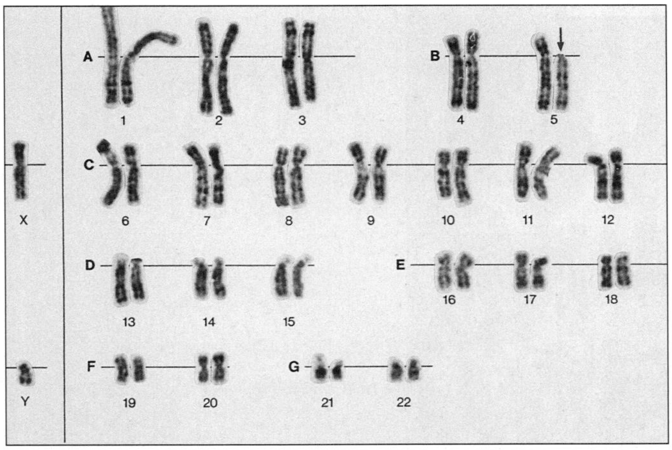

273.2 Karyogramm eines Menschen mit dem Katzenschreisyndrom

Weitere Fehlbildungen betreffen die Augen. So können eine Hornhautverkrümmung und eine Verlängerung des Augapfels auftreten, sodass die Menschen eine Brille tragen müssen. Veränderungen an der Linse und Netzhautablösungen können sogar zum Erblinden führen. Herz und Blutgefäße sind durch das veränderte Bindegewebe ebenfalls betroffen. Die Herzklappen funktionieren nicht richtig, und die Blutgefäße sind übermäßig geweitet. Deshalb ist der Blutdruck bei diesen Menschen oft sehr niedrig.

Bei einer anderen genetisch bedingten Erkrankung schreien Säuglinge wie junge Katzen. Daher nennt man diese Erkrankung **Katzenschreisyndrom.** Ursache hierfür ist eine Missbildung des Kehlkopfes. Deshalb können diese Kinder auch kaum sprechen. Sie bleiben in ihrer geistigen Entwicklung weit zurück und leiden an einer Reihe krankhafter Veränderungen der Organe. Durch diese Veränderungen kann die Lebenserwartung eingeschränkt sein. Die körperliche Entwicklung ist stark verzögert.
Schaut man sich das Karyogramm dieser Menschen an, erkennt man, dass ein Chromosom Nummer 5 deutlich kürzer ist als das homologe Chromosom. Hierbei ist durch eine Mutation ein Stück dieses Chromosoms verloren gegangen. Das bedeutet, dass diesen Menschen mehrere Gene fehlen. Eine solche Mutation tritt einmal bei 50 000 Geburten auf.
Sind durch die Mutation mehrere Gene eines Chromosoms betroffen, spricht man von einer **Chromosomenmutation.**

Verändert sich die Anzahl der Chromosomen innerhalb eines Chromosomensatzes, spricht man von einer **Genommutation.** Sie entsteht durch Fehlverteilungen der Chromosomen während der Meiose. Dabei kommt es zur Verminderung oder Vermehrung einzelner Chromosomen oder ganzer Chromosomensätze. Der Verlust von Chromosomen wiegt meist schwerer als ein Überschuss, wobei das Fehlen eines Autosoms von einem Menschen nicht überlebt wird.

Menschen mit nur einem X-Chromosom und keinem Y-Chromosom leiden an dem **TURNER-Syndrom.** Auf 1000 Geburten kommen durchschnittlich drei bis vier Neugeborene mit dieser Anomalie. Sie sind weiblich, ohne jedoch funktionsfähige Eierstöcke auszubilden. Neben der dadurch entstandenen Unfruchtbarkeit leiden sie an Fehlbildungen des Skeletts, des Herzens und der Nieren. Außerdem sind sie kleinwüchsig. Bei Neugeborenen sind kissenartige Schwellungen an Hand- und Fußrücken sowie eine überschüssige Nackenhaut charakteristisch.

Menschen mit nur einem Y-Chromosom und keinem X-Chromosom sind nicht lebensfähig. Das liegt daran, dass sich auf dem X-Chromosom neben dem Gen für die Ausbildung des Geschlechts noch weitere Gene befinden, wie beispielsweise für die Ausbildung von Blutgerinnungsfaktoren.

Ein Beispiel für das Vorhandensein eines überzähligen Geschlechtschromosoms ist das **KLINEFELTER-Syndrom.** Menschen mit dieser genetischen Veränderung besitzen zwei X-Chromosomen und ein Y-Chromosom. Sie haben männliche Geschlechtsorgane, sind aber zeugungsunfähig. Auffällig ist ihre weibliche Körperbehaarung. Sie sind sehr groß. Der Intelligenzquotient ist geringfügig beeinträchtigt.

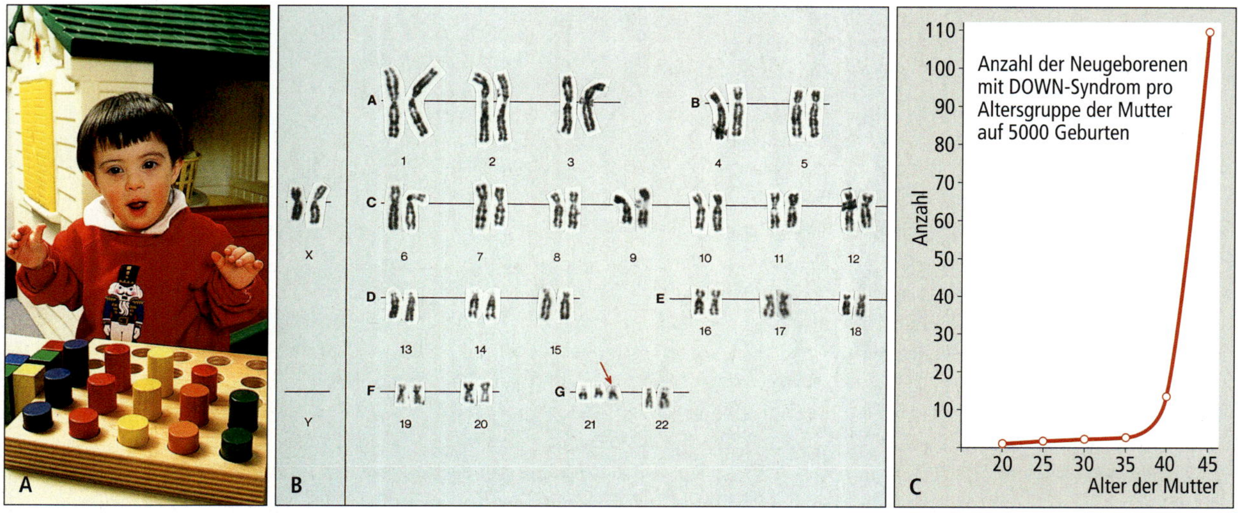

274.1 Trisomie 21. A Kind mit Trisomie 21; **B** Karyogramm; **C** Abhängigkeit vom Alter der Mutter

Wesentlich häufiger werden Kinder mit einem überzähligen Autosom geboren. Ein wichtiges Beispiel für diese Art der Genommutation ist die **Trisomie 21.** Diese Erkrankung wurde erstmalig im Jahre 1866 von dem Londoner Arzt John L. DOWN beschrieben. Im Karyogramm eines Betroffenen erkennt man drei Chromosomen Nummer 21. Bei einigen Menschen allerdings hat sich das überzählige Chromosom Nummer 21 an ein Chromosom mit besonders kurzen Armen, wie beispielsweise das Chromosom Nummer 14, angehängt. Man spricht dann von einer *Translokationstrisomie.*

Eine Trisomie hat Auswirkungen auf den menschlichen Körper. So liegen Enzyme, deren Bildung auf das Chromosom Nummer 21 zurückgeht, durch die Trisomie des Chromosoms in erhöhter Konzentration vor. Dadurch kommt es zu einer Reihe von Veränderungen bei an Trisomie 21 erkrankten Menschen: Sie sind klein, die Hände sind kurz, an den Handflächen kann man eine typische Vierfingerfurche erkennen. Der Kopf hat eine rundliche Form mit tief sitzenden Ohren. Die Zunge ist stark vergrößert. An den Augen fällt die schmale Lidfalte auf.
Innere Organe wie Herz und Darm können Fehlbildungen aufweisen. Die Menschen leiden an erhöhter Infektionsanfälligkeit, besonders in Bezug auf den Magen-Darmbereich.
Die Lebenserwartung galt früher als stark herabgesetzt. Heute erreichen Menschen mit Trisomie 21 durch die verbesserte medizinische Versorgung ein beträchtliches Alter.
Früher wurden viele der Betroffenen in Heimen für geistig Behinderte verwahrt. Aufgrund mangelnder Förderung konnten sie keine Schule besuchen und auch keinen Beruf erlernen. Heute werden bereits im Kindesalter durch intensive Fördermaßnahmen Voraussetzungen geschaffen, die einen Schulbesuch und eine nachfolgende Berufsausbildung ermöglichen.
Untersuchungen ergaben, dass ältere Frauen häufiger Kinder mit Trisomie 21 zur Welt bringen. 20-jährige Frauen bringen bei 2000 Geburten ein Kind mit Trisomie 21 zur Welt. Bei den 30-jährigen Frauen weist schon jedes 1000ste Kind Trisomie 21 auf und bei den 35-jährigen ist ein Kind von 800 Geburten erkrankt. Wenn die Mutter 40 Jahre alt ist, beträgt die Wahrscheinlichkeit, ein Kind mit Trisomie 21 zu bekommen, 1:100. Bei 45-jährigen Müttern liegt die Wahrscheinlichkeit bei 1:50. Auch bei Männern nimmt die Wahrscheinlichkeit einer Fehlverteilung der Chromosomen während der Meiose mit steigendem Alter zu.

Andere Autosomen können ebenfalls dreimal vorliegen, wie beispielsweise das Chromosom Nummer 13. Auch hier haben die betroffenen Menschen unter schweren körperlichen Symptomen zu leiden. In diesem Fall sind die geborenen Kinder taub, haben Augendefekte und Missbildungen an Herz, Nieren und Kleinhirn. Bis zum fünften Lebensjahr sterben die meisten Jungen. Für betroffene Mädchen ist die Lebenserwartung etwas höher.

1. Erläutere die Begriffe Genmutation, Chromosomenmutation und Genommutation und nenne für jede Mutation ein Beispiel!
2. Rot-Grün-Sehschwäche und die Blutererkrankung treten gehäuft bei Männern auf. Begründe diesen geschlechtsgebundenen Unterschied!
3. Nenne zwei Möglichkeiten, wie das Karyogramm von Menschen mit Trisomie 21 aussehen kann!

EXKURS Genetische Familienberatung

Susanne und Wolfgang wünschen sich ein erstes Kind. Sie informieren sich bei ihrem Arzt über mögliche Risiken einer Schwangerschaft.
Er rät ihnen, die *genetische Familienberatung* in Anspruch zu nehmen, da in Wolfgangs Familie eine seltene Muskelerkrankung aufgetreten ist, die vererbt wird. Sie werden in der Beratungsstelle über das Auftreten von Krankheiten in ihren Familien befragt. Der beratende Arzt erstellt dann von beiden Familien einen *Stammbaum*, dem entnommen werden kann, welche Familienmitglieder die krankheitsverursachenden Allele tragen und mit welcher Wahrscheinlichkeit Susannes und Wolfgangs Kind von dieser Erbkrankheit befallen sein wird. Um seine Bewertung abzusichern, kann der Arzt auch Untersuchungen der Eltern und des Embryos vornehmen. Dies wird er besonders dann in Betracht ziehen, wenn zusätzlich nicht erbgebundene Risiken, wie Umweltfaktoren oder ein höheres Lebensalter der Mutter, vorliegen.

Besonders schwere Entwicklungsstörungen werden durch Chromosomen- und Genommutationen verursacht. Diese Veränderungen an Form und Anzahl einzelner Chromosomen kann man in einem *Karyogramm* erkennen. Mit einer besonderen Färbetechnik kann man auch feststellen, ob Teile von Chromosomen auf andere Chromosomen übertragen worden sind. Die zur Erstellung eines Karyogramms benötigten Zellen des Embryos gewinnt man aus dem Fruchtwasser. Sie werden für zwei Wochen kultiviert, um genügend Zellen im Stadium der Metaphase zu erhalten. In einem von 100 Fällen wird der Embryo bei der Entnahme des Fruchtwassers geschädigt.

Das entnommene Fruchtwasser der Mutter wird routinemäßig einer Reihe von Stoffwechseltests unterzogen. Bei dieser *pränatalen Diagnose* werden erbbedingte Stoffwechselerkrankungen festgestellt. Viele Mutationen führen lediglich zur Erhöhung oder Erniedrigung von Enzymaktivitäten. Störungen des Stoffwechsels von Aminosäuren spielen dabei eine besondere Rolle, da sie zu Stoffwechselprodukten führen, die besonders für Gehirnzellen schädlich sind. Dies ist auch bei der Phenylketonurie der Fall.

Entwicklungsstörungen des Skeletts und innerer Organe können mithilfe der *Ultraschalltechnik* sichtbar gemacht werden. Dies ist allerdings erst bei fortgeschrittener Schwangerschaft möglich. Dazu werden Geräte verwendet, die entweder von der Bauchdecke oder direkt von der Scheide aus Ultraschallwellen aussenden. Da diese Wellen an den Oberflächen der Organe und der Skelettbestandteile unterschiedlich reflektiert werden, kann man daraus ein dreidimensionales Bild errechnen und am Monitor darstellen. Diese Methode kann ohne Risiko für Embryo und Mutter durchgeführt werden.

Da Susanne und Wolfgang das konkrete Risiko erfahren wollen, mit dem ihr Kind von der Muskelerkrankung betroffen sein kann, kann der Arzt eine Untersuchung der Erbsubstanz, eine *DNA-Analyse*, durchführen. Dabei werden die möglicherweise mutierten Abschnitte der Erbsubstanz vervielfältigt. Diese Reaktionsprodukte werden mit Genabschnitten von Gesunden verglichen. Bei einer Mutation tritt der DNA-Abschnitt nicht auf. Man kann die Wahrscheinlichkeit für das Auftreten der Erkrankung vorhersagen. Diese Untersuchung kann auch im Rahmen einer Fruchtwasseruntersuchung durchgeführt werden. Die Hoffnungen der Mediziner, genetische Schäden in den Erbanlagen betroffener Zellen direkt zu reparieren, haben sich noch nicht erfüllt.

Eine genetische Familienberatung sollte man grundsätzlich immer dann durchführen lassen, wenn der Verdacht auf ein Risiko für die Unversehrtheit des ungeborenen Lebens besteht. Diese Beratung wird von Humangenetikern durchgeführt. Sie können Art und Umfang solcher Risiken abschätzen und damit den angehenden Eltern helfen, eine verantwortungsvolle Entscheidung für oder gegen eine Schwangerschaft zu treffen.

1. Beschreibe drei Diagnoseverfahren, die für die genetische Familienberatung von Bedeutung sind!
2. Erläutere, wann man zur genetischen Familienberatung gehen sollte!

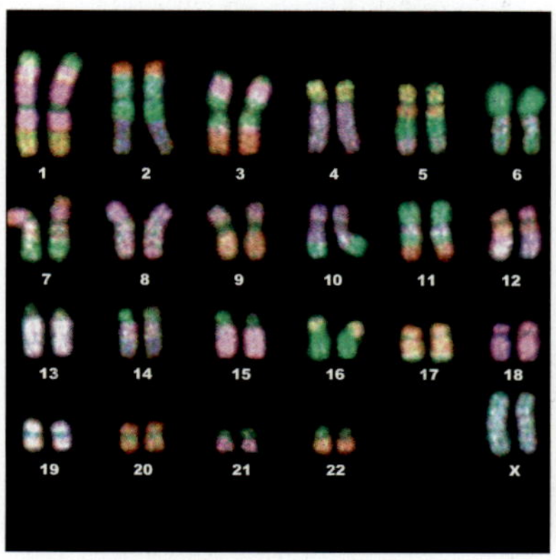

275.1 Karyogramm

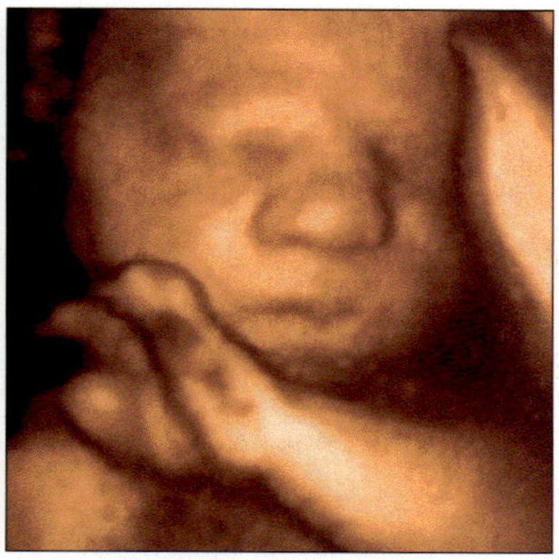

275.2 Ultraschallbild eines Fetus

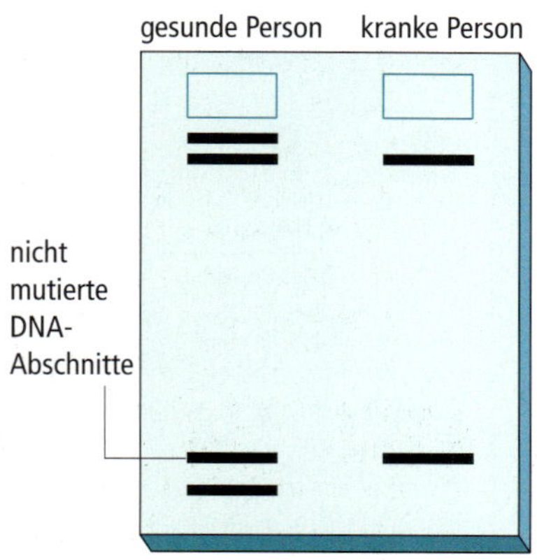

275.3 DNA-Analyse

AUFGABEN Humangenetik

1 Roller oder Nichtroller

Hermann und Isolde haben ein Adoptivkind Peter.

a) Benenne den Erbgang für Zungenrollen!

b) Suche aus dem Stammbaum Peter und Hermann heraus! Erläutere deine Wahl!

2 Albinismus

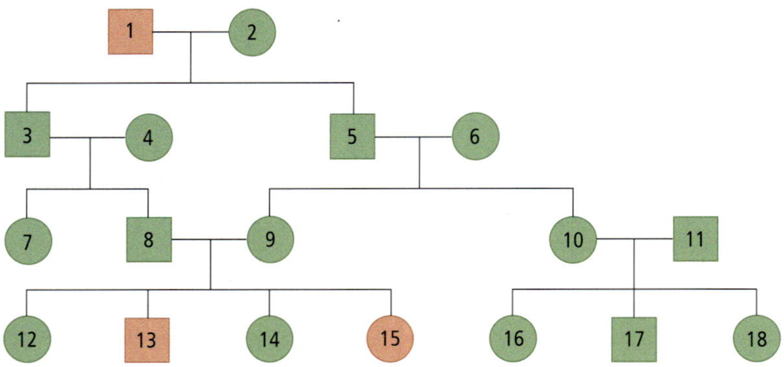

a) Übertrage den Stammbaum in dein Heft und trage die möglichen Genotypen ein!

b) Ermittle den Erbgang! Begründe deine Entscheidung!

c) Erläutere das hinter der Weitergabe von Merkmalen stehende Basiskonzept!

d) Prüfe, ob die Diploidie das Überspringen von Merkmalen in der Generationenfolge ermöglicht!

e) Recherchiere im Internet die Anzahl der Menschen in Deutschland mit Albinismus! Ermittle, ob sie sich im täglichen Leben in besonderer Weise verhalten! Bereite mithilfe dieser Erkenntnisse einen Kurzvortrag vor!

3 Bluterkrankheit

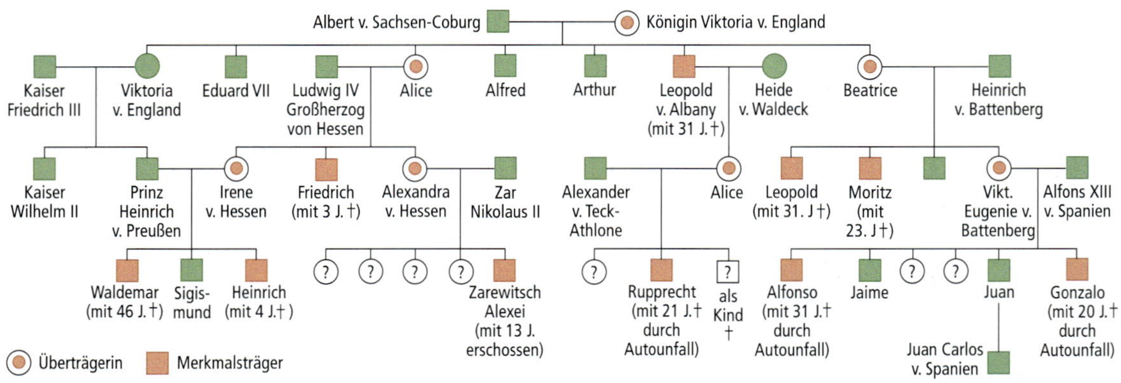

a) Nenne Besonderheiten, die dir am Erbgang der Krankheit auffallen! Erläutere!

b) Kann es auch bluterkranke Frauen geben? Erläutere deine Antwort!

4 Karyogramme

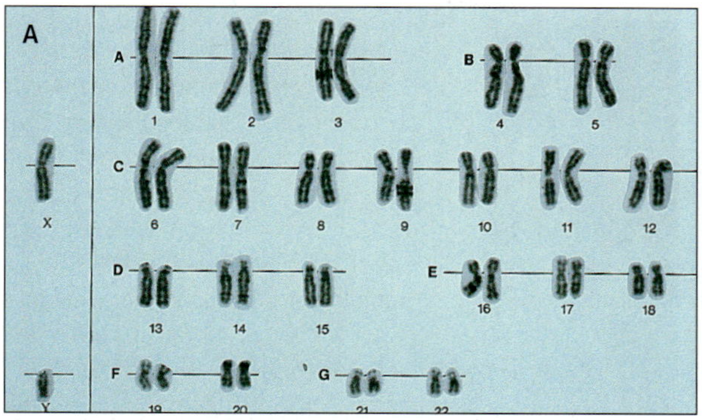

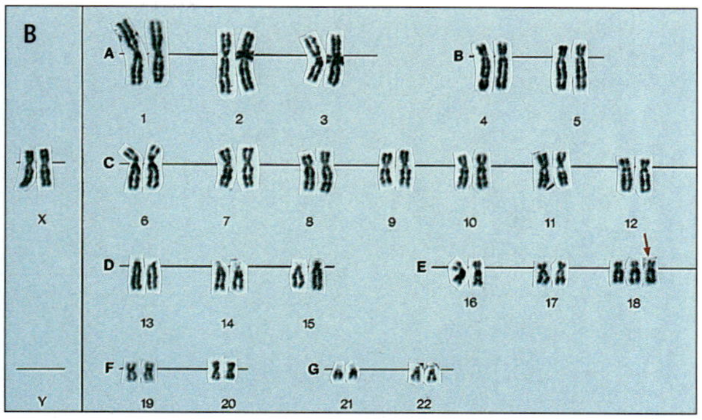

Dies sind Karyogramme von zwei verschiedenen Menschen. Einer der beiden leidet unter dem EDWARDS-Syndrom. Kinder mit diesem Syndrom sind bei der Geburt stark untergewichtig. Sie haben schwere Fehlbildungen der Organe, insbesondere des Herzens und des Gehirns. Sie sterben meist als Säugling an Herz- oder Kreislaufversagen.

a) Nenne das Geschlecht der beiden Personen, deren Karyogramme hier dargestellt sind!
b) Nenne Gemeinsamkeiten und Unterschiede der beiden Karyogramme!
c) Erläutere, wie die Unterschiede zustande gekommen sein könnten!

5 Zwillinge – Anlage und Umwelt

	Eineiige Zwillinge		**Zweieiige Zwillinge**	
	Beide erkrankt (%)	**Nur einer erkrankt (%)**	**Beide erkrankt (%)**	**Nur einer erkrankt (%)**
Tuberkulose	65	35	25	75
Keuchhusten	96	4	94	6

a) Beschreibe die Entwicklung zu eineiigen und zweieiigen Zwillingen und fertige zum Vergleich eine schematische Zeichnung an!
b) Erläutere, weshalb sich Zwillinge für die Untersuchung von Erbanlagen eignen!
c) Vergleiche die beiden Krankheiten in Bezug auf ihre Anteile von Anlage und Umwelt miteinander! Erläutere!

6 Blutgruppen

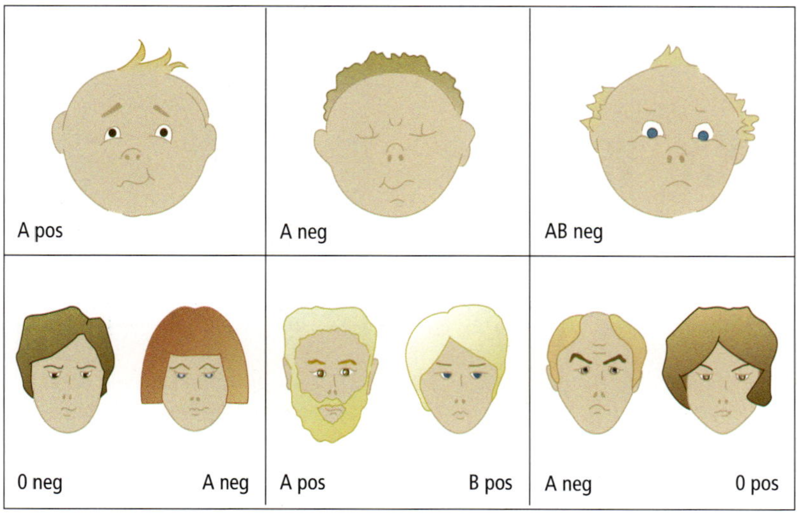

Auf der Geburtsstation war Hochbetrieb, als Thomas, Maike und Lisa geboren wurden. Man hat die Kinder versehentlich vertauscht. Um herauszufinden, wer die Eltern der Kinder sind, hat man den Eltern und den Kindern zum Vergleich der Blutgruppen Blut abgenommen.

a) Bestimme, welches Kind zu welchem Elternpaar gehört!
b) Eine Mutter hat die Blutgruppe A, ihr Kind die Blutgruppe 0. Nenne die möglichen Blutgruppen des Vaters!
c) Berechne, wie hoch die Wahrscheinlichkeit ist, dass eine Rhesus-positive Mutter und ein Rhesus-positiver Vater Rhesus-negative Kinder haben können!

AUFGABEN Humangenetik

7 Die BACHs – eine Musikerfamilie

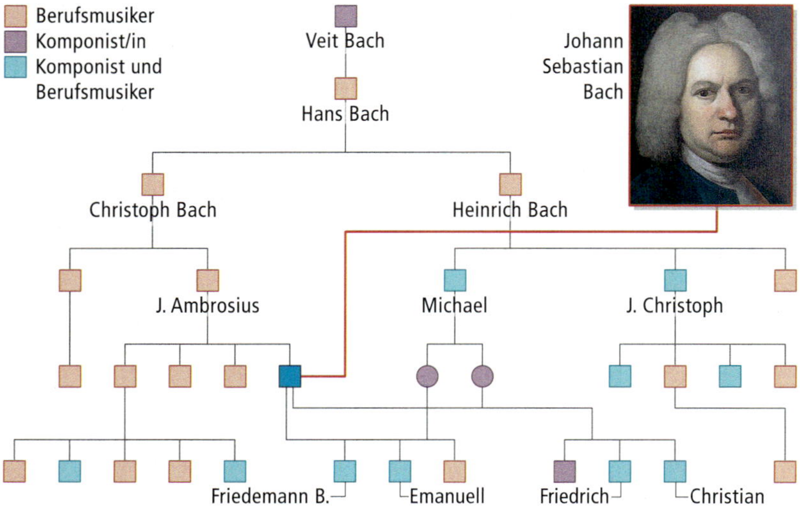

a) Kennzeichne die Familie BACH hinsichtlich ihrer Beziehung zur Musik!
b) Leite aus dem Stammbaum eine Aussage zur genetischen Bedingtheit dieser Beziehung zur Musik ab!
c) Stelle deine Aussage infrage, indem du nach weiteren Gründen dafür suchst, dass alle Personen des Stammbaums ein mehr oder weniger enges Verhältnis zur Musik hatten!
d) Stelle Vermutungen an, weshalb in diesem Stammbaum nur zwei Frauen aufgeführt sind!

8 Vererbung der Hautfarbe

dunkel x hell

P: DDHH × ddhh

Keimzellen: DH, dh

F_1: DdHh „mittelbraun"

F_2

Eizellen \ Spermien	DH	Dh	dH	dh
DH	DDHH	DDHh	DdHH	DdHh
Dh	DDHh	DDhh	DdHh	Ddhh
dH	DdHH	DdHh	ddHH	ddHh
dh	DdHh	Ddhh	ddHh	ddhh

a) Erläutere die Wirkung der Allele D, H, d und h auf die Hautfarbe!
b) Nenne die Anzahl der Phänotypen in der F_2-Generation!
c) Benenne den Erbgang!

9 Fehler in der Meiose

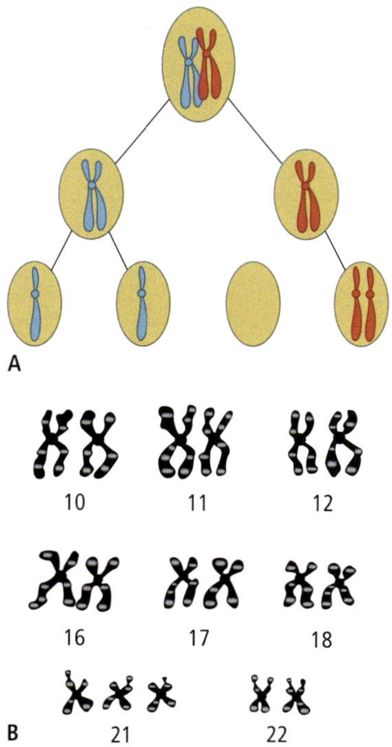

a) Beschreibe und erläutere die Abbildungen A und B!
b) Stelle einen Zusammenhang zwischen den Abbildungen her!

10 Genetische Untersuchungen

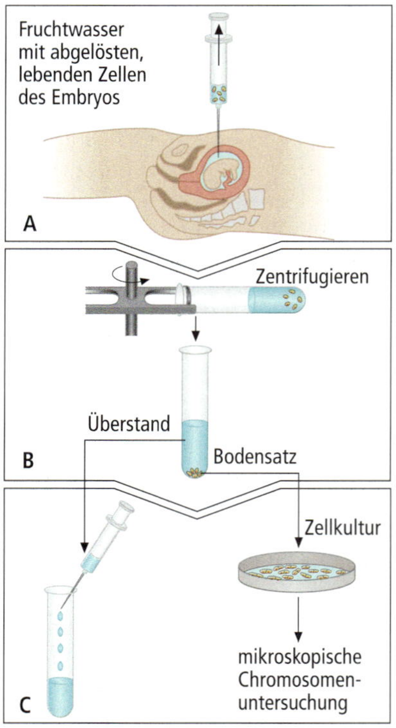

a) Erläutere die Abbildungen A bis C!
b) Lege dar, welche weiteren Untersuchungen mit dem Überstand erfolgen und erläutere den Zweck solcher Untersuchungen!

RÜCKBLICK mit Basiskonzepten: Grundlagen der Vererbung

Schon vor Jahrtausenden war den Menschen aufgefallen, dass Merkmale, die sie bei den Eltern beobachteten, bei den Kindern wieder auftraten. Allgemein akzeptierte Erklärungen gab es nicht. Erst Johann Gregor MENDEL kam Mitte des 19. Jahrhunderts auf die Idee, dass einzelne *Erbanlagen* für bestimmte Merkmale verantwortlich sein könnten. 1865 veröffentlichte er seine Arbeit „Versuche über Pflanzenhybriden", der Vererbungsversuche mit der Gartenerbse zugrunde lagen. Die Arbeit blieb unbeachtet. Erst 1900 wurden die von ihm erkannten Gesetzmäßigkeiten wieder entdeckt und ihm zu Ehren MENDELsche Regeln genannt. Es sind die *Uniformitätsregel,* die *Spaltungsregel* und die *Regel von der Neukombination der Erbanlagen.*

Die Merkmale eines Lebewesens, sein Erscheinungsbild, bezeichnet man als *Phänotyp.* Der Phänotyp wird ausgebildet aufgrund der Erbinformation und der Umwelteinflüsse. Der Zusammenhang der Weitergabe der Erbanlagen und der Merkmalsausbildung ist Ausdruck des **Basiskonzepts „Information und Kommunikation".** Umweltbedingte Ausprägungen bezeichnet man als *Modifikationen.* Sie sind nicht vererbbar. Angeboren ist den Lebewesen allerdings eine Reaktionsnorm, innerhalb derer sie auf Umwelteinflüsse reagieren.
MENDEL nahm an, dass jedes Merkmal durch das Zusammenwirken von zwei Erbanlagen, den *Allelen,* ausgebildet wird. Man spricht vom Erbbild oder *Genotyp.* Diese Annahme wurde später bestätigt. Für die von MENDEL benannten Erbanlagen setzte sich die Bezeichnung *Gene* durch.

MENDEL kreuzte eine reinerbig oder *homozygot* weiß blühende mit einer reinerbig purpurfarben blühenden Erbsenrasse. Die Ausgangspflanzen bilden die *Parentalgeneration* (P). Die folgenden Generationen sind die erste (F_1) und zweite (F_2) Tochter- oder *Filialgeneration.* Diese Nachkommen oder *Hybriden* sind mischerbig oder *heterozygot.* Alle Hybriden zeigen denselben Phänotyp, sie haben alle purpurfarbene Blüten. Man nennt das sich in der F_1-Generation durchsetzende Allel *dominant,* das zurücktretende *rezessiv.*

Kreuzt man die Individuen der F_1-Generation miteinander, so spalten die Nachkommen in der F_2-Generation im Verhältnis 3:1 wieder auf. Diese Zahlen gelten für einen *monohybriden* Erbgang, bei dem sich die Individuen in nur einem Merkmal unterscheiden. Bei einem *dihybriden* Erbgang kann das Aufspaltungsverhältnis 9:3:3:1 sein. In der F_2-Generation treten Formen auf, die in der P-Generation nicht vorhanden waren. Ist die Anzahl der Phänotypen in der F_2-Generation vielfältiger als nach der Spaltungsregel zu erwarten, kann *Polygenie* vorliegen: Mehrere Gene bestimmen ein Merkmal wie zum Beispiel die Hautfarbe des Menschen oder die Farbe von Weizenkörnern.

Der Zellkern enthält *Chromosomen,* die je nach Teilungsphase der Zelle in verschiedenen Zustandsformen auftreten. So zeigt eine sich teilende Zygote in der Metaphase der *Mitose* verdichtete und somit gut erkennbare Zwei-Chromatiden-Chromosomen. Man erkennt weiter, dass jedes Chromosom zweifach vorliegt. Körperzellen sind also *diploid,* sie haben einen zweifachen *Chromosomensatz.* Das rührt daher, dass bei der Befruchtung jede Geschlechtszelle einen einfachen oder *haploiden* Chromosomensatz mitbringt. Die befruchtete Eizelle enthält demnach zu gleichen Anteilen Gene der Eltern.

Kreuzungsversuche an Menschen kommen aus ethischen Gründen nicht infrage. Einsicht in Vererbungszuammenhänge beim Menschen kann man stattdessen mithilfe der *Familienforschung* gewinnen. Die Analyse von Familien-Stammbäumen zeigt, dass die MENDELschen Regeln auch auf viele Merkmale des Menschen zutreffen. Von besonderem Interesse sind Erbkrankheiten. Rezessiv werden zum Beispiel Albinismus oder die Phenylketonurie, dominant das MARFAN-Syndrom vererbt.

Das Geschlecht eines Menschen wird, wie viele andere Merkmale auch, durch Gene bestimmt. Diese liegen auf den Geschlechtschromosomen X und Y, den *Gonosomen.* Zwei X-Chromosomen bedingen die Ausbildung des weiblichen Geschlechts, ein X- und ein Y-Chromosom führen zum Geschlecht männlich. Das X-Chromosom enthält zudem weitere Gene, die für geschlechtsunabhängige Merkmale zuständig sind, so für die Blutgerinnung oder die Farbsehtüchtigkeit. Neben den Gonosomen besteht ein menschliches *Karyogramm* aus 22 *Autosomen*paaren.

Das Wissen um Erbkrankheiten ist für den Menschen bedeutsam. Eltern, in deren Familien eine Erbkrankheit beobachtet wurde, können beraten werden in der Frage, ob und mit welcher Wahrscheinlichkeit ein betroffenes Kind zu erwarten ist.

Bei den Mutationen, die zum Albinismus oder zum MARFAN-Syndrom führen, ist jeweils nur ein Gen betroffen. Man spricht von *Genmutationen.* Ist der Bau eines Chromosoms verändert, liegt eine *Chromosomenmutation* vor. Ein Chromosomenstückverlust ist zum Beispiel die Ursache für das Katzenschreisyndrom. Hat sich die Anzahl der Chromosomen im diploiden Chromosomensatz, im *Genom,* verändert, liegt eine *Genommutation* vor. Dies ist bei der Trisomie 21 der Fall.

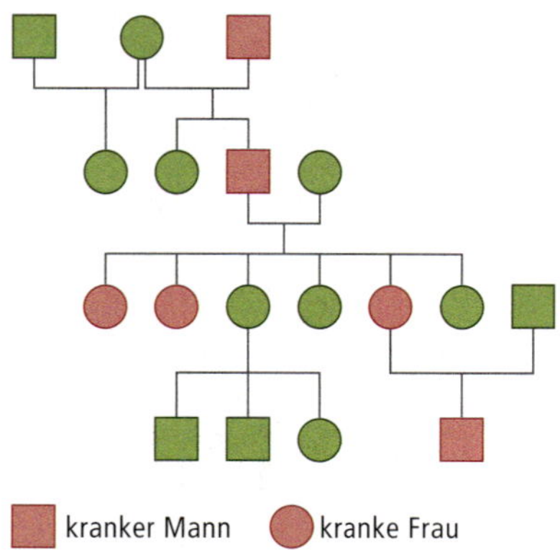

279.1 Stammbaum „MARFAN-Syndrom"

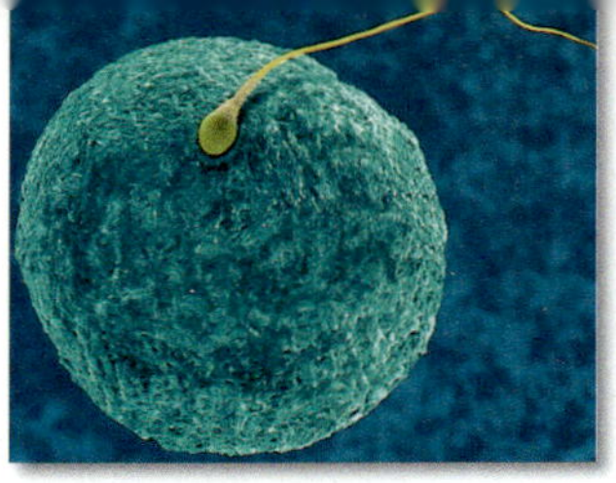

Sexualität des Menschen

280.1 Clique auf dem Schulhof

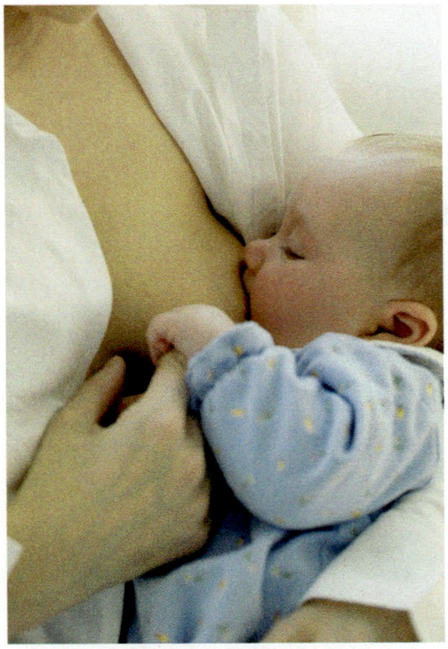

Stillende Mutter. Beschreibe die Abbildung! Warum werden Babys gestillt? Informiere dich über die Ansprüche von Neugeborenen!

Verliebt – verlobt – verheiratet? Stelle stichwortartig Eigenschaften zusammen, die für dich wichtig sind, wenn du dich in ein Mädchen oder einen Jungen verliebst! Vergleiche deine Liste mit der deines Tischnachbarn! Arbeitet Gemeinsamkeiten heraus!

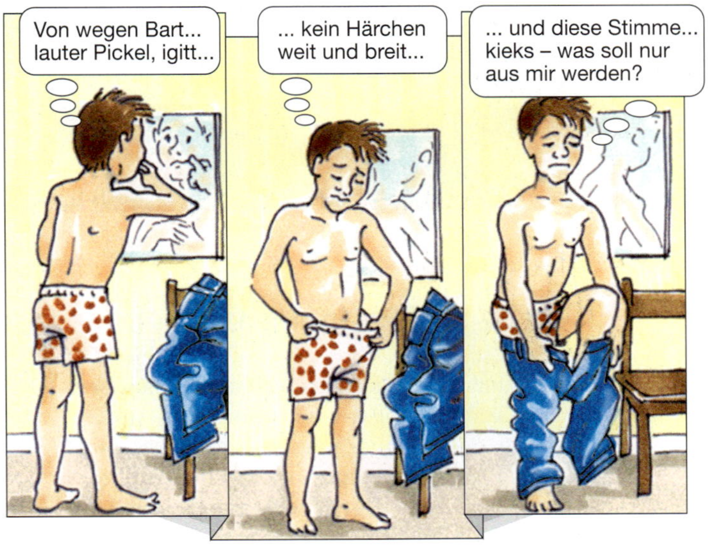

Pubertät. Beschreibe die Veränderungen eines Jungen in der Pubertät! Vergleiche die Veränderungen eines Jungen in der Pubertät mit denen eines Mädchens in der Pubertät! Stelle Gemeinsamkeiten und Unterschiede heraus!

Verhütungsmittel. Kondome sind die bekanntesten Verhütungsmittel. Erstelle eine Liste anderer dir bekannter Verhütungsmittel! Informiere dich unter www.profamilia.de über für Teenager geeignete Verhütungsmittel!

Clique auf dem Schulhof. Beschreibe die Abbildung 280.1! Zeige den Zusammenhang zum Thema „Sexualität des Menschen" auf!

Planung.

Alle Schülerinnen und Schüler der Klasse bekommen drei DIN-A5-Karteikarten. Jeder schreibt nun auf jeweils eine Karte, was seiner Meinung nach bei der Besprechung des Themas „Sexualität des Menschen" besonders wichtig ist.
Die Buchstaben sollten möglichst groß geschrieben werden. Die Karteikarten werden gesammelt und gut gemischt. Alle Karten werden mit Klebeband an die Tafel geheftet. Nun werden die Begriffe geordnet, sodass ein Plan für den nachfolgenden Unterricht entsteht.

282.1 Graffiti

1 Liebe und Partnerschaft beim Menschen

Miriam und Stefan kennen sich nun schon seit einigen Jahren. Angefangen hatte alles in der Oberstufe des Gymnasiums. In der Mittelstufe waren sie beide getrennt in ihren Cliquen unterwegs. Später interessierten sie sich jedoch immer mehr für das andere Geschlecht. So wurde bei beiden der Wunsch immer stärker, mehr Zeit miteinander zu verbringen. Miriam und Stefan verliebten sich ineinander. Das erste Jahr ihres Miteinander-Gehens verflog wie im Rausch. Mit weichen Knien spürten sie ihre gegenseitige Zuneigung. Sie unternahmen viel miteinander, gingen gemeinsamen Interessen nach und lachten oft, wenn sie zusammen waren. Dabei gab es nicht immer nur schöne Zeiten, sondern auch manchmal Missverständnisse und Streitigkeiten. Mit der Zeit wurde ihnen jedoch bewusst, wie viel sie einander bedeuteten.

Die Veränderungen und Entwicklungen, die im Leben von Miriam und Stefan zu beobachten sind, durchläuft jeder Mensch im Laufe seines Lebens in der **Pubertät.**

Bei Mädchen beginnt die Pubertät im Alter von zehn bis zwölf Jahren, bei Jungen etwa zwei Jahre später. Neben den Veränderungen im Verhalten finden in der Pubertät große körperliche Veränderungen statt. Sie werden durch bestimmte **Hormone,** die *Geschlechtshormone,* ausgelöst. Hormone sind Wirkstoffe, die in besonderen Drüsen im Körper hergestellt und mit dem Blutstrom in alle Regionen des Körpers verteilt werden. Die Geschlechtshormone werden zu Beginn der Pubertät in den wachsenden Geschlechtsdrüsen wie Hoden und Eierstöcken gebildet. Die Geschlechtshormone sorgen in der Pubertät für das Wachstum und die Ausreifung der Geschlechtsorgane. In den Hoden entwickeln sich Spermien, in den Eierstöcken befruchtungsfähige Eizellen. Nach vier bis fünf Jahren sind die hormonellen Umstellungen und die damit verbundenen körperlichen Reifungsprozesse abgeschlossen. Mädchen und Jungen sind nun geschlechtsreif. Aus Mädchen sind Frauen geworden, die Kinder bekommen können, und aus Jungen sind Männer geworden, die Kinder zeugen können.

Miriam und Stefan wollten am Anfang ihrer Beziehung möglichst oft allein miteinander sein. Gemeinsame Gespräche und Unternehmungen, übereinstimmende Interessen, der Austausch von Zärtlichkeiten waren Ausdruck ihres Verliebtseins. Daraus entwickelte sich langsam ein Gefühl der Zusammengehörigkeit und der Liebe, sodass sie sich das Leben ohne den anderen nicht mehr vorstellen konnten. Rauschhafte Gefühle traten immer seltener auf, dafür vertrauten sie einander auch in schwierigen Situationen. So entstand ein Gefühl gegenseitiger Achtung. Miriam und Stefan wollen nun in eine gemeinsame Wohnung ziehen und vielleicht *heiraten*.

Gegenseitige Achtung und Vertrauen sind Grundlagen für eine **Partnerschaft.** In einer Partnerschaft werden das Verständnis füreinander und der gegenseitige Respekt intensiviert. Die Achtung der Wünsche des anderen und Rücksichtnahmen führen manchmal auch zur Zurückstellung von eigenen Absichten. Die Partnerschaft entwickelt sich zu einer dauerhaften Bindung. Wenn zwei Menschen miteinander leben wollen, dann können unterschiedliche Ansichten jedoch hin und wieder auch zu Konflikten führen. Gerade dann ist es wichtig, die Gefühle des anderen zu respektieren und über die unterschiedlichen Ansichten in gegenseitiger Achtung zu sprechen. Meist lassen sich Kompromisse finden, die beide Seiten akzeptieren können. Gelungene Konfliktlösungen tragen dazu bei, die Grundlagen der Partnerschaft zu festigen.

In einer Partnerschaft, die lange dauern soll, müssen auch die Bestrebungen der Partner für die Zukunft offen und gleichberechtigt besprochen werden. Welche beruflichen Pläne haben die Partner? Wollen sie Kinder haben und eine **Familie** gründen? Für die Pflege, die Entwicklung und die Erziehung der Kinder übernimmt die Familie eine besondere Verantwortung. Alle Entscheidungen des Alltags müssen gleichberechtigt getroffen werden, wenn die Partnerschaft Bestand haben soll. Der Staat schützt die **Ehe** und die Familie durch besondere Ehegesetze. So müssen Mann und Frau mindestens 18 Jahre alt sein, um heiraten zu können.

1. Beschreibe die Entwicklung der Beziehung zwischen Miriam und Stefan! Sage voraus, wie diese Beziehung in Zukunft verlaufen könnte!
2. Erläutere die Veränderungen, die bei Mädchen und Jungen im Verlauf der Pubertät zu beobachten sind!
3. Nenne und erläutere Gründe, weshalb eine Partnerschaft misslingen kann! Vergleiche diese Gründe mit der Darstellung im Text!

283.1 Verliebtheit

283.2 Partnerschaft

283.3 Familie

284.1 Beziehungen bei Jugendlichen. A Verliebtheit; **B** Streit; **C** Alleinsein

2 Beziehungen zwischen Mädchen und Jungen

Miriam und Stefan sind nun schon lange ein Paar. Sie kannten sich aus der Oberstufe des Gymnasiums, in das sie gemeinsam gingen. Aber wie sind sie zusammengekommen? Stefan sagt: „Anfänglich hatte ich keinen Mut zu einem Gespräch mit ihr. Viele Jungen haben sie schon ‚angebaggert'. Sie lässt sie aber immer abblitzen, auch wenn es die coolsten Typen sind." Miriam: „In Stefan bin ich schon lange heimlich verliebt. Die meisten Jungen, die ich bisher getroffen habe, sind so aufdringlich gewesen, doch Stefan ist eher schüchtern. Und genau das gefällt mir an ihm. Ohne die Hilfe seiner Schwester hätten wir uns nie unterhalten." Stefan: „Als wir uns im Schwimmbad getroffen haben, habe ich sie angesprochen. Aber nur, weil meine Schwester mir gut zugeredet hat."

So wie Stefan und Miriam geht es vielen Jugendlichen und Erwachsenen. Sie sind zu schüchtern, einem Menschen zu sagen, dass sie ihn mögen. Es gehört auch eine ganze Menge Mut dazu, dem anderen deutlich zu machen, dass man ihn näher kennenlernen möchte. Man kann leicht verletzt werden, denn bei Jugendlichen ist das Selbstbewusstsein auf diesem Gebiet noch nicht entwickelt. Viele Jungen glauben deshalb, nur durch großsprecherisches Auftreten ein Mädchen für sich gewinnen zu können, und viele Mädchen glauben, dass die Initiative stets vom Jungen auszugehen habe und dass sie kühl und unnahbar auftreten müssten, um einen Jungen zu beeindrucken. Dabei verhindern solche Verhaltensweisen häufig das Knüpfen enger Kontakte. Missverständnisse und Streit sind dann die zwangsläufige Folge, wenn deutlich wird, dass Junge oder Mädchen ganz anders sind, als sie sich nach außen geben. So erreichen viele das Gegenteil von dem, was sie anstreben: Statt zu zweit sind sie allein. Schön ist es dagegen, wenn man mit weichen Knien und mit Kribbeln im Bauch spürt, dass man von einem anderen Menschen geliebt wird. Dies versetzt einen Menschen in eine einmalige Hochstimmung. Man möchte den anderen ganz für sich einnehmen, den anderen anfassen, ihn streicheln und ihm so zu verstehen geben, dass man verliebt ist.

In der Pubertät bekommt die **Sexualität** im Leben eines Menschen einen besonderen Stellenwert. Man möchte mit dem anderen Zärtlichkeiten austauschen, ihn küssen und vielleicht auch mit ihm schlafen. Da beim Geschlechtsverkehr ein Kind entstehen kann, sollte sich das Paar vorher auf eine Methode der Empfängnisverhütung einigen. Angesichts der Gefahr einer HIV-Infektion ist die Verwendung eines Kondoms sinnvoll. Liebe, Zärtlichkeit und gemeinsam erlebte Sexualität führen bei Partnern zu starken seelischen Bindungen, machen sie einander auch vertrauter und führen oft zu dem Wunsch, zusammenzubleiben.

1. Erläutere, welche Verhaltensweisen im Verhalten von Stefan und Miriam schüchtern zu nennen sind! Nenne weitere Beispiele!
2. „Liebe braucht keine Worte." Nimm Stellung zu dieser Aussage!

AUFGABEN Beziehungen zwischen Mädchen und Jungen

1 Typisch Mann – typisch Frau

Jeder Schüler erhält einen Filzschreiber mit einer roten und einer blauen Karteikarte. In 30 Sekunden muss eine typisch männliche Eigenschaft auf die blaue und eine typisch weibliche Eigenschaft auf die rote Karteikarte geschrieben werden. Die Karteikarten werden getrennt nach Mädchen und Jungen mit Klebeband an der Tafel befestigt.

a) Die Karteikarten der verschiedenen Rubriken werden nach Häufigkeit geordnet.
b) Die Jungen müssen begründen, weshalb sie eine bestimmte Eigenschaft besonders häufig als typisch männlich oder typisch weiblich eingestuft haben. Die Mädchen nehmen dazu Stellung.
c) Die Mädchen müssen begründen, weshalb sie eine bestimmte Eigenschaft besonders häufig als typisch weiblich oder typisch männlich eingestuft haben. Die Jungen nehmen dazu Stellung.

2 Partnerschaft

Jeder Schüler bekommt eine Anzahl Karteikarten (zum Beispiel 5) und muss zum Thema Partnerschaft mit einem dicken Filzschreiber alle Begriffe auf je eine Karteikarte schreiben, die ihm in einer Minute einfallen. Die Karteikarten werden getrennt nach Mädchen und Jungen mithilfe von Klebeband an der Tafel befestigt.

a) Die Karteikarten der beiden Rubriken werden nach Häufigkeit geordnet.
b) Vergleiche die beiden Begriffslisten miteinander! Nenne Gemeinsamkeiten zwischen den Einschätzungen von Mädchen und Jungen, nenne Unterschiede! Nenne mögliche Gründe für die Unterschiede!
c) Nun wird zu jedem Begriff sein Gegenbegriff gebildet (zum Beispiel Vertrauen – Misstrauen). Welche Bedeutung haben diese Gegenbegriffe in einer Partnerschaft?

3 Zuneigung zeigen

Die Klasse wird in Gruppen von vier Schülern aufgeteilt. Jede Gruppe bekommt ein etwa 1,5 Meter langes Tapetenstück. Jedes Gruppenmitglied hat nun die Aufgabe, mit dem Filzschreiber gut lesbar Liebesgrüße an eine ihm nahestehende Person zu notieren. Die Tapetenstücke werden anschließend mithilfe des Klebebandes an der Tafel oder an der Klassenraumwand befestigt.

a) Prüfe, ob sich die Liebesgrüße an Familienmitglieder oder an außerhalb der Familie Stehende richten!
b) Ist es schwieriger, Liebesgrüße zu schreiben oder zu sprechen?
c) Wie könnte ein Liebesgruß an eine Person formuliert werden, in die man verliebt ist?

4 Kennenlernen

Die Klasse wird nach Jungen und Mädchen geteilt und es werden Gruppen von vier Schülern gebildet.

a) Betrachtet das Bild und denkt euch eine Kennenlern-Geschichte dazu aus!
b) Alle Kennenlern-Geschichten werden in der Klasse als Rollenspiel vorgespielt.
c) Vergleicht die Rollenspiele von Mädchen und Jungen miteinander! Überlegt Gemeinsamkeiten und Unterschiede! Arbeitet Gründe für die Unterschiede heraus!

5 Schönheitsoperationen

In einer Zeitungsmeldung heißt es: „In Deutschland wächst die Zahl der Jugendlichen, die ihr Aussehen durch Schönheitschirurgen verändern lassen wollen. ‚Zu mir kommen Jugendliche, die wollen aussehen wie Britney Spears oder Pamela Anderson', sagt Professor Mang, Gründungspräsident der Deutschen Gesellschaft für ästhetische Chirurgie. ‚Bei den Jungen ist es dann Brad Pitt. Teilweise wünschen sich die Jugendlichen Schönheitsoperationen zum Geburtstag.' Besonders gefragt sind Nasenkorrekturen, Fettabsaugen, Brustoperationen und bei Jungen die Aknebehandlung via Laser – und das, obwohl diese Operationen alle um die 5000 € kosten. Unter Experten ist umstritten, ob solche Operationen bei Jugendlichen überhaupt Sinn machen, schließlich verwachse sich mit den Jahren noch vieles. Neben den allgemeinen Gefahren wie Infektionen, Blutungen, Narben und Narkoserisiken tragen Jugendliche besondere Risiken. So wachsen die Narben noch und werden mit der Zeit größer. Wenn die Brust noch nicht ausgewachsen ist, kommt es häufig dazu, dass sich um das Implantat eine Narbe bildet, die Brust sich dadurch verhärtet und verformt. Daher gilt laut Mang: ‚Keine Brustoperation unter 18, Fettabsaugen und Nasenkorrekturen erst ab 16. Wenn aber wirklich eine entstellte Nase oder missgebildete Ohren vorliegen, dann kann man zu einer Operation raten!' Ein seriöser Schönheitschirurg wird immer einen Psychologen zu Rate ziehen und den Patienten erst nach einer längeren Bedenkzeit operieren. Bei Jugendlichen, die noch nicht volljährig sind, müssen die Eltern einverstanden sein."

a) Nenne Gefahren und Probleme bei Schönheitsoperationen!
b) Erläutere, welche Gründe dafür verantwortlich sein könnten, dass sich trotz der Gefahren immer mehr Jugendliche für eine Schönheitsoperation interessieren!

EXKURS Sexualität beim Menschen

Die **Sexualität** hat für die meisten Lebewesen eine besondere Bedeutung. Im Verlauf der sexuellen Vorgänge werden Geschlechtszellen gebildet, die die Erbanlagen tragen. Wenn die Geschlechtszellen miteinander verschmelzen, dann werden die Erbanlagen gemischt, sodass Nachkommen entstehen, die gegenüber ihren Eltern veränderte Erbanlagen aufweisen. Der biologische Vorteil besteht darin, dass Nachkommen mit veränderten Eigenschaften entstehen können.

Für den Menschen geht die Bedeutung der Sexualität weit über ihre Rolle bei den Fortpflanzungsprozessen hinaus. Sie ist ein grundlegendes Bedürfnis und begleitet ihn lebenslang. Sie durchdringt alle Bereiche im menschlichen Leben. Der Mensch ist dem Bedürfnis nach Sexualität jedoch nicht so sehr ausgeliefert wie andere Lebewesen. Er kann die Sexualität sehr vielfältig gestalten, was auch an verschiedenen Ausdrucksformen deutlich wird, in denen die Sexualität beim Menschen auftreten kann.

Zu den Gefühlen der Zuneigung und der Liebe gehört in einer Partnerschaft zwischen Mann und Frau auch die gegenseitige Erfüllung sexueller Bedürfnisse. Nicht alle Menschen leben in solchen getrenntgeschlechtlichen oder **heterosexuellen Beziehungen.** Einige lieben auch Partner des eigenen Geschlechts. Dieses Verhalten bezeichnet man als **Homosexualität.** Homosexuelle Männer werden *schwul* genannt. Homosexualität bei Frauen wird auch als *lesbische* Liebe bezeichnet. Vielen Menschen fällt es auch heute noch schwer, homosexuelle Beziehungen zu tolerieren.
Neben den heterosexuellen und den homosexuellen gibt es auch **bisexuelle Beziehungen.** Darunter versteht man, dass jemand seine Sexualität mit beiden Geschlechtern ausleben kann.

Da die Sexualität ein grundlegendes Bedürfnis ist, kann sie von Menschen ohne partnerschaftliche Bindung auch anders ausgelebt werden. Die Mehrzahl aller männlichen Kinder und Jugendlichen kennt und praktiziert **Selbstbefriedigung,** auch viele Mädchen tun dies. Für die meisten Menschen ist die Selbstbefriedigung eine vorübergehende Aktivität während ihrer Pubertätsphase, für manche Männer und Frauen kann sie jedoch auch lebenslang wichtig bleiben. Es gibt Männer, seltener Frauen, die ins Bordell gehen. Dort finden sie Männer und Frauen, die **Prostituierten,** die ihren Körper gegen Bezahlung anderen für sexuelle Handlungen zur Verfügung stellen. Zwischen Prostituierten und ihren Kunden gibt es im Allgemeinen keine persönlichen Beziehungen.

Bei manchen Menschen führt das Bedürfnis nach Sexualität zu krankhaften Verhaltensweisen: So gewinnt der Sadist seine Befriedigung nur, wenn er anderen Schmerzen zufügen kann. Der Masochist gelangt nur dann zur sexuellen Erfüllung, wenn er bei den sexuellen Handlungen Schmerzen erleidet. Masochistisches und sadistisches Verhalten werden auch als sexuelle **Perversionen** bezeichnet.
Krankhafte Störungen des sexuellen Verhaltens liegen auch vor, wenn die Sexualität gewaltsam ausgelebt wird. So werden Frauen vergewaltigt und Kinder missbraucht. **Sexueller Missbrauch** geschieht meist im persönlichen Umkreis des Opfers. Für die Opfer wirken sich solche Erfahrungen oft verheerend aus. Hilfe finden Betroffene bei Beratungsstellen des Jugendamtes, beim Kinderschutzbund, bei Pro Familia oder bei Lehrern des Vertrauens.

1. Erläutere drei der fett gedruckten Begriffe dieser Seite!

286.1 Heterosexuelles Paar

286.2 Schwules Paar

286.3 Lesbisches Paar

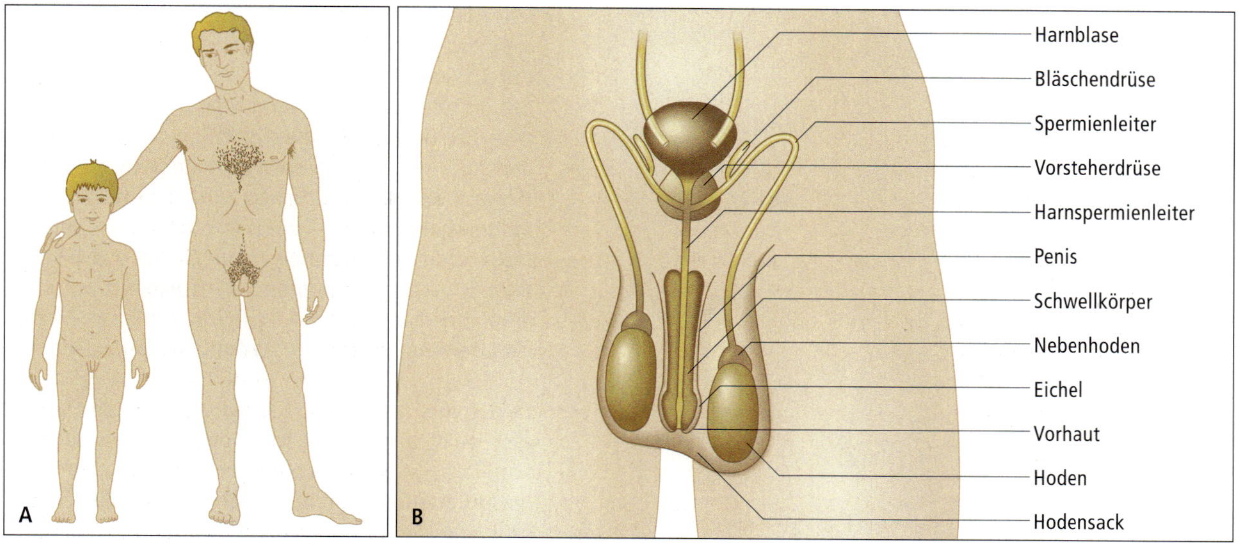

287.1 Vom Jungen zum Mann. A Junge und Mann; **B** männliche Geschlechtsorgane

3 Geschlechtsmerkmale des Menschen

3.1 Bau und Funktion der männlichen Geschlechtsorgane

Während der Pubertät reifen Jungen zu Männern heran. Jungen sind in der Kindheit an den Geschlechtsorganen, dem Penis und dem Hodensack, erkennbar. Im Gegensatz zu diesen **primären Geschlechtsmerkmalen** werden die **sekundären Geschlechtsmerkmale** erst während der Pubertät ausgebildet. Durch den Einfluss von Geschlechtshormonen entwickeln sich beim Jungen die Achsel- und die Schambehaarung. Auch der Bartwuchs und die Brustbehaarung setzen ein. Die Schultern werden breiter, die Hüften bleiben jedoch schmal. Der Körper wächst in die Länge und die Muskulatur wird kräftiger. Der Kehlkopf senkt sich ab, sodass der Stimmbruch entsteht und die Stimme schließlich tiefer wird. Im Körper eines Mannes werden auch geringe Mengen weiblicher Geschlechtshormone gebildet. Je kleiner ihre Konzentration im Blut ist, desto stärker werden die sekundären Geschlechtsmerkmale ausgebildet.

Auch die Geschlechtsorgane wachsen nun zu ihrer endgültigen Größe heran und werden voll funktionsfähig. In den **Hoden** werden die männlichen Geschlechtszellen, die **Spermien,** erzeugt. Jeden Tag reifen etwa 200 Millionen Spermien, die im Nebenhoden gespeichert werden. Die Bildung der Spermien hält ein Leben lang an. Etwa ab dem 45. Lebensjahr verringert sich die produzierte Anzahl, ein Mann bleibt jedoch lebenslang zeugungsfähig.

Bei einem Spermienerguss wird ein Teil der gespeicherten Spermien aus dem Nebenhoden nach außen transportiert. Dabei werden die Spermien durch Muskelkontraktionen in den Spermienleiter und schließlich in den Harnspermienleiter gepresst. Auf diesem Weg werden den Spermien von der Bläschendrüse und der Vorsteherdrüse ernährende Flüssigkeiten zugegeben. Diese Flüssigkeiten und die Spermien bilden zusammen das *Sperma,* das als weißliche Flüssigkeit aus dem Penis austritt. Dies kann während des Schlafes geschehen und ist für den Jungen meist ein Zeichen dafür, dass die Geschlechtsreife eingetreten ist.

Ein Spermium kann eine weibliche Eizelle befruchten. Beim Geschlechtsverkehr führt der Mann seinen versteiften Penis in die Scheide der Frau ein. Die Versteifung nennt man auch **Erektion.** Sie kommt zustande, wenn Blut in den Schwellkörpern des Penis gestaut wird. Durch Bewegungen in der Scheide der Frau werden die Scheidenwand und der Penis gereizt, sodass angenehme Gefühle entstehen. Beim Mann ist die Eichel des Penis besonders berührungsempfindlich. Sie ist normalerweise durch die Vorhaut bedeckt und geschützt.
Beim Höhepunkt der geschlechtlichen Erregung, dem **Orgasmus,** wird das Sperma aus dem Penis herausgeschleudert. Dieser Vorgang wird auch **Ejakulation** genannt. Durch Berührungen des Penis kann ein Junge selbst eine Erektion und einen Orgasmus auslösen. Man spricht dann von Selbstbefriedigung.

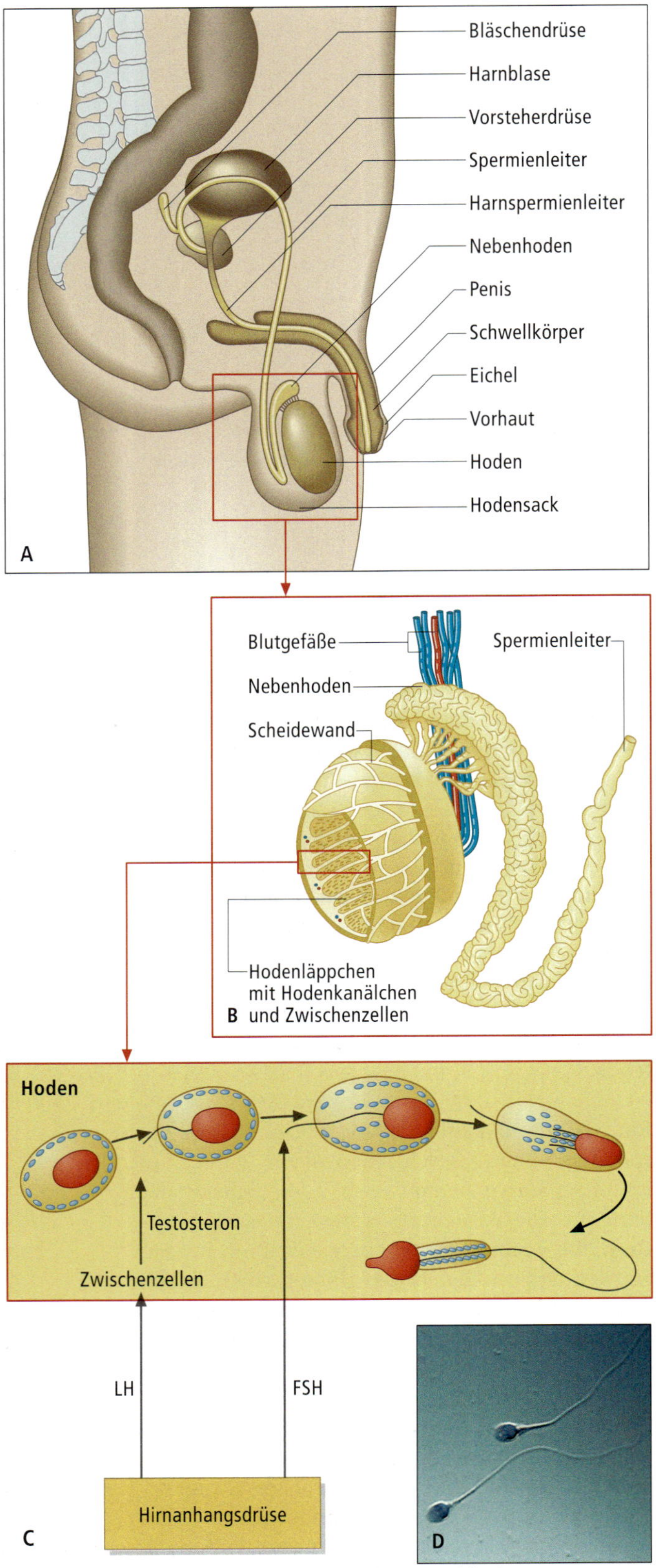

288.1 Spermienbildung in den männlichen Geschlechtsorganen.
A Schema der männlichen Geschlechtsorgane; **B** Bau des Hodens (Schema); **C** Hormonelle Steuerung der Spermienreifung; **D** Spermien (mikroskopisches Bild)

Die körperlichen Veränderungen in der Pubertät und die Reifung der Geschlechtsorgane werden durch besondere Hormone ausgelöst und gesteuert. Am Beginn der Pubertät regt das Sexualzentrum im Gehirn die *Hirnanhangsdrüse* dazu an, mehrere auf die Geschlechtsdrüsen wirkende Hormone ins Blut abzugeben. Zu diesen Hormonen gehören das *Follikel stimulierende Hormon (FSH)* und das *Luteinisierende Hormon (LH)*. Mit dem Blutstrom gelangen die Hormone auch zu den Hoden des Jungen. FSH regt dort das Wachstum der Hoden und die Reifung der Spermien an.

Der *Hoden* ist in viele Läppchen unterteilt, in denen sich Kanälchen befinden. In den Hodenkanälchen reifen die Spermien heran. Aus einer Vorläuferzelle entsteht das Kopfstück des Spermiums, das das Erbmaterial enthält, das Energie liefernde Mittelstück und der Schwanzfaden, der der Fortbewegung dient. Die Entwicklung eines Spermiums dauert etwa zwei Monate. Zwischen den Hodenkanälchen liegen im Hoden die Zwischenzellen. Das Hormon LH regt die Zwischenzellen dazu an, das männliche Geschlechtshormon *Testosteron* zu bilden. Testosteron wird in die Hodenkanälchen transportiert und unterstützt dort die Spermienreifung. Ein anderer Teil des Testosterons wird an das Blut abgegeben und ist verantwortlich für die Ausbildung der sekundären Geschlechtsmerkmale.

Die Abgabe von FSH und LH an das Blut wird durch Testosteron reguliert. Wenn viel Testosteron im Blut vorhanden ist, dann drosselt die Hirnanhangsdrüse die Ausschüttung von FSH und LH. Dadurch sinkt die Testosteronproduktion in den Zwischenzellen ab. Wenn wenig Testosteron im Blut vorhanden ist, dann steigert die Hirnanhangsdrüse die Ausschüttung von FSH und LH, sodass die Zwischenzellen die Testosteronproduktion steigern. So wird die Testosteronkonzentration konstant gehalten.

Die Entwicklung der Spermien kann leicht durch äußere Einflüsse gestört werden. Bei normaler Körpertemperatur können sich Spermien nicht zur Funktionsreife entwickeln. Die Temperatur im Hodensack ist etwas niedriger als im Inneren des Körpers.

1. Nenne die körperlichen Veränderungen, die in der Pubertät durch Hormone ausgelöst werden!
2. Erstelle ein Pfeildiagramm, das die Regulation der Testosteronkonzentration im Blut zusammenfasst! Verwende die Zeichen ⊕ für die Förderung und ⊖ für die Hemmung! Erläutere an diesem Beispiel das Basiskonzept „Steuerung und Regelung"!

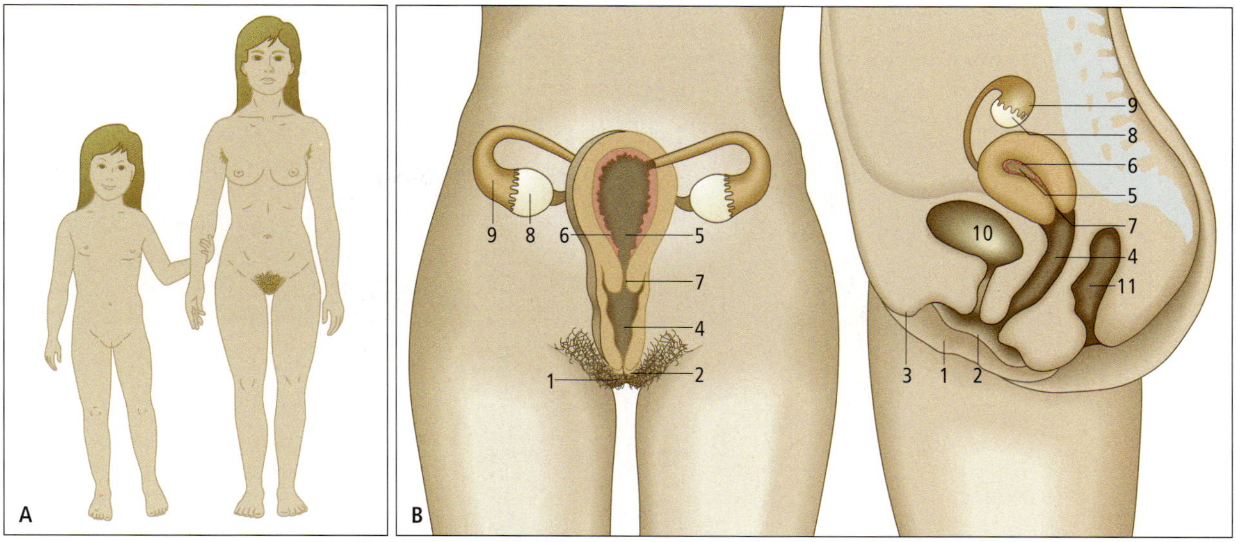

289.1 Vom Mädchen zur Frau. A Mädchen und Frau; **B** Bau der Geschlechtsorgane: 1 Große Schamlippen, 2 Kleine Schamlippen, 3 Kitzler, 4 Scheide, 5 Gebärmutter, 6 Gebärmutterschleimhaut, 7 Muttermund, 8 Eierstock, 9 Eileiter, 10 Harnblase, 11 Enddarm

3.2 Bau und Funktion der weiblichen Geschlechtsorgane

Jungen und Mädchen sind vor der Pubertät nur an den **primären Geschlechtsmerkmalen** zu unterscheiden. Bei Mädchen sind die *Schamlippen*, der *Kitzler* und der Eingang der *Scheide* äußerlich erkennbar. Die Scheide selbst, die beiden etwa walnussgroßen *Eierstöcke*, die beiden *Eileiter* und die birnengroße *Gebärmutter* liegen im Inneren des Körpers. Die etwa zehn Zentimeter lange Scheide ist ein schlauchförmiger Hohlmuskel. Sie ist mit einer Schleimhaut ausgekleidet. Auch die muskulöse Gebärmutter ist von einer gut durchbluteten Schleimhaut bedeckt. Die Übergangsstelle zwischen Gebärmutter und der Scheide wird *Gebärmuttermund* genannt. Die Gebärmutter ist durch zwei besondere Gänge, die Eileiter, mit den beiden Eierstöcken verbunden. Die Eierstöcke sind mithilfe von Bindegewebsbändern an der Bauchdecke befestigt. Jeder Eileiter stülpt sich wie ein Trichter mit Fransen über einen Teil des Eierstocks.

Während der Pubertät werden bei Mädchen, wie auch bei Jungen, die **sekundären Geschlechtsmerkmale** ausgebildet. Durch den Einfluss von Geschlechtshormonen entwickeln sich die Achsel- und die Schambehaarung. Das Becken wird breiter, die Schultern bleiben jedoch schmal. Das breitere Becken ist notwendig für einen ungehinderten Durchtritt des Kindes bei der Geburt. Die Brüste bilden sich. Sie enthalten Milchdrüsen, die in Bindegewebe und Fett eingebettet sind. Diese Drüsen produzieren nach einer Geburt die Muttermilch zur Ernährung des Säuglings. Die Körperformen werden insgesamt rundlicher. Im Körper einer Frau werden auch geringe Mengen männlicher Sexualhormone gebildet. Das Mischungsverhältnis weiblicher und männlicher Sexualhormone im Körper legt die späteren Körperproportionen fest.

Durch den Einfluss der Geschlechtshormone wachsen in der Pubertät auch die Geschlechtsorgane zu ihrer endgültigen Größe heran. Die **Eierstöcke** enthalten bereits bei der Geburt eines Mädchens etwa 400 000 Zellen, die sich zu **Eizellen** weiterentwickeln können. Im Körper einer Frau entsteht etwa ein Mal im Monat eine befruchtungsfähige Eizelle. Sie reift im Eierstock innerhalb eines mit Flüssigkeit gefüllten Bläschens, dem *Follikel*, heran. Der Follikel kann eine Größe von zwei Zentimetern erreichen. Er besteht aus Zellen, die die Eizelle mit Reservestoffen versorgen, und einem flüssigkeitsgefüllten Hohlraum. Wenn die Eizelle ausgereift ist, wandert der Follikel an den Rand des Eierstocks. Er platzt auf und entlässt die Eizelle mit etwas Flüssigkeit nach außen. Dieser Vorgang wird *Eisprung* genannt. Die innerhalb des Eierstocks zurückbleibenden Follikelzellen werden zum *Gelbkörper* umgebaut. Er hat seinen Namen nach der gelben Farbe, die im mikroskopischen Bild sichtbar wird. Die Eizelle wird vom Trichter des Eileiters aufgenommen. Da sie sich nicht selbst bewegen kann, wird sie jedoch durch Flimmerhärchen, die den Eileiter auskleiden und die eine Schlagbewegung in Richtung der Gebärmutter ausführen, sowie durch Muskelkontraktionen im Eileiter zur Gebärmutter transportiert.

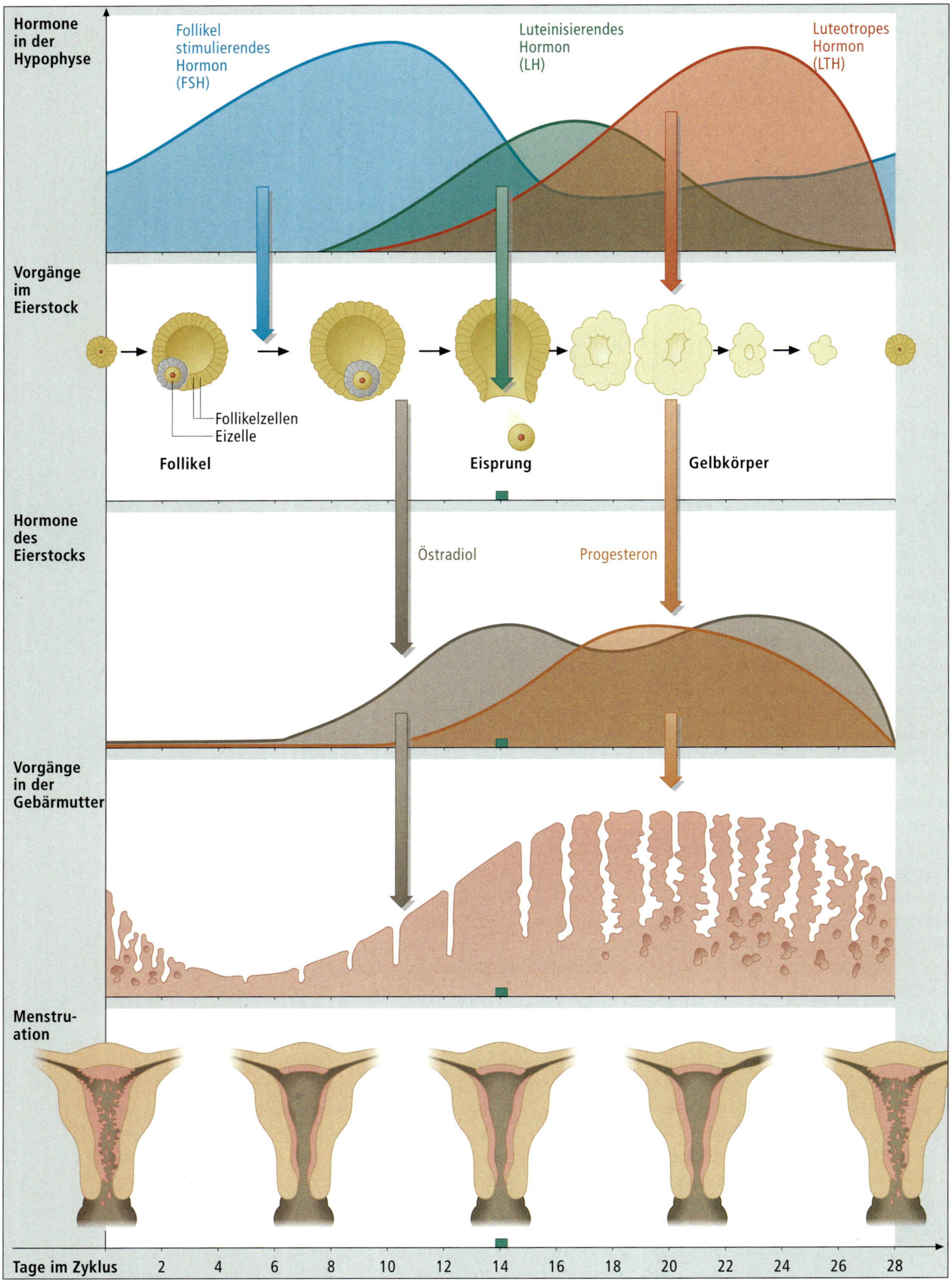

290.1 Hormonelle Steuerung des weiblichen Zyklus (FSH: Follikel stimulierendes Hormon, LH: Luteinisierendes Hormon, LTH: Luteotropes Hormon)

Die Eizelle ist nach dem Eisprung nur etwa vier bis sechs Stunden befruchtungsfähig. Damit eine Befruchtung stattfinden kann, müssen Spermienzellen die Eizelle während ihrer Wanderung durch den Eileiter erreichen. Eine befruchtete Eizelle beginnt noch im Eileiter sich zu teilen. Der entstehende Keim nistet sich in der Gebärmutterschleimhaut ein, die in der Zeit des Follikelwachstums auf etwa das Zehnfache ihrer ursprünglichen Dicke angewachsen ist. Falls keine Befruchtung erfolgt, stirbt die Eizelle ab. Auch die Gebärmutterschleimhaut wird einige Tage nach dem Eisprung bis auf eine dünne Schicht abgebaut. Die abgestorbene Eizelle, ein wenig Blut und die Bestandteile der abgebauten Schleimhaut werden während der Regelblutung, der **Menstruation,** durch die Scheide nach außen abgegeben. Ein Mädchen ist geschlechtsreif, wenn die erste Menstruationsblutung auftritt. Es kann nun selbst Kinder bekommen.

Im Körper einer Frau folgen die Vorgänge der Eizellreifung, des Schleimhautwachstums und der Menstruation einem regelmäßigen Rhythmus von 28 Tagen. Man spricht deshalb auch von einem **Zyklus.** Der Verlauf des Zyklus wird durch Hormone gesteuert.

Zu Beginn des Zyklus, noch während der Menstruationsblutung, gibt die Hirnanhangsdrüse, die *Hypophyse,* auf ein Signal des Sexualzentrums hin das *Follikel stimulierende Hormon (FSH)* ins Blut ab. Im weiblichen Körper löst das FSH im Eierstock das verstärkte Wachstum eines Follikels aus. Die Zellen des Follikelbläschens bilden das Hormon *Östradiol,* das ebenfalls ins Blut abgegeben wird. Östradiol bewirkt in der Gebärmutter das Wachstum der Gebärmutterschleimhaut. Die Konzentration an Östradiol im Blut nimmt während der ersten Tage des Zyklus rasch zu. Östradiol bewirkt außerdem, dass die Ausschüttung von FSH durch die Hypohyse verringert wird. Die gegenseitige Beeinflussung von FSH und Östradiol entspricht dem Prinzip der *negativen Rückkoppelung.* Ab einer bestimmten Östradiol-Konzentration gibt die Hypohyse ein weiteres Hormon, das *Luteinisierende Hormon (LH),* ins Blut ab. Auf seinen Einfluss hin erfolgt in der Mitte des Zyklus, am 14. Tag, der Eisprung und danach die Umwandlung der Follikelzellen zu *Gelbkörperzellen.* Die Konzentration an Östradiol und FSH im Blut nimmt dadurch ab. Auch die Gebärmutterschleimhaut wächst nun nicht mehr weiter.

Die Hypophyse gibt am Beginn der zweiten Hälfte des Zyklus ein drittes Hormon ab, das *Luteotrope Hormon (LTH).* Es sorgt dafür, dass der Gelbkörper im Eierstock erhalten bleibt und nicht vorzeitig zugrunde geht. Die Zellen des Gelbkörpers

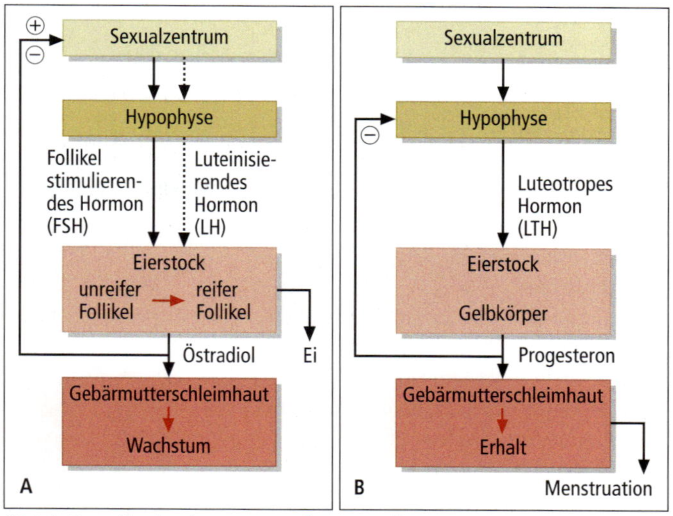

291.1 Regelkreisschemata zur hormonellen Steuerung des weiblichen Zyklus. A erste Phase; **B** zweite Phase

bilden nun das Hormon *Progesteron.* Es sorgt dafür, dass in der Gebärmutter die Schleimhaut mit feinen Gefäßen durchzogen und so für die Versorgung des Keims vorbereitet wird. Außerdem hemmt Progesteron die Ausschüttung von FSH und LH, sodass die Heranreifung eines neuen Follikels unterdrückt wird. Falls keine Befruchtung erfolgt, verkümmert der Gelbkörper am Ende des Zyklus. Die Progesteronbildung geht zurück, die Menstruation setzt ein. FSH und LH können von der Hirnanhangsdrüse erneut ins Blut abgegeben werden, weil der hemmende Einfluss des Progesterons fehlt. Der Zyklus beginnt von vorn. Das Zyklusgeschehen wiederholt sich normalerweise alle 28 Tage. Besonders bei jungen Mädchen oder im Fall von Krankheits- oder Stresseinfluss kann sich die Dauer des Zyklus verändern. Auch der Eisprung findet dann nicht genau am 14. Tag des Zyklus statt.

Ein Mädchen kann, ähnlich wie ein Junge, die Geschlechtsorgane durch Berührung reizen. Besonders berührungsempfindlich ist der Kitzler. Bei sexueller Erregung schwillt der Kitzler an. Die Scheidenwand gibt dabei eine Flüssigkeit in die Scheide ab und macht sie gleitfähig.

1. Nenne die Veränderungen, die in der Pubertät durch Hormone ausgelöst werden!
2. Beschreibe den Verlauf des Zyklus!
3. Erstelle eine Liste aller Hormone, die am Zyklus beteiligt sind! Trage in die Liste alle aktivierenden und hemmenden Einflüsse der Hormone ein!
4. Ermittle, wann der Eisprung erfolgt, wenn der Menstruationsbeginn am 4. März lag!
5. Erläutere an diesem Beispiel das Basiskonzept „Steuerung und Regelung"!

AUFGABEN **Sexualität des Menschen**

1 Der weibliche Zyklus

An Säugetieren wurde die hormonelle Steuerung des weiblichen Zyklus untersucht. Dabei ergaben sich folgende Ergebnisse:

1. Durch die Entfernung der Hypophyse kam das zyklische Geschehen zum Erliegen. Es reifte kein Ei und es fand keine Menstruation statt. Im Blut fanden sich keine Geschlechtshormone. Tiere ohne Hypophyse wurden für weitere Versuche benutzt.
2. Spritzte man solchen Tieren FSH ins Blut, so wuchs ein Follikel und man konnte Östradiol im Blut nachweisen. Ein Eisprung fand jedoch nicht statt.
3. Spritzte man solchen Tieren LH ins Blut, so wuchs kein Follikel und es war kein Östradiol im Blut nachzuweisen.
4. Spritzte man solchen Tieren zunächst FSH und später LH, so fand man Follikelwachstum, später einen Eisprung, die Follikelzellen wandelten sich zum Gelbkörper um (der jedoch schnell zugrunde ging) und es fand sich Östradiol im Blut.
5. Spritzte man solchen Tieren nach erfolgter FSH- und LH-Infusion anschließend LTH ins Blut, so ging der Gelbkörper nicht zugrunde, sondern blieb erhalten. Es fanden sich dann auch hohe Konzentrationen von Progesteron im Blut.

a) Erläutere die Befunde 1 bis 5!

b) Nach einer Schwangerschaft wird der Säugling durch Muttermilch aus den Brustdrüsen der Mutter ernährt. Die Milchbildung wird durch das Hormon LTH ausgelöst. Während des „Stillens" kann die Frau nicht schwanger werden. Erläutere diese Aussage!

2 Testosteron

A In früherer Zeit wurden in Italien einigen Kindern die Hoden entfernt, damit sie in Opern mit hoher Stimme singen konnten.

B Testosteron und einige andere, chemisch verwandte Substanzen werden von Sportlern verbotenerweise als leistungssteigernde Mittel (Anabolika) eingesetzt.

Erläutere diese Sachverhalte!

3 Viagra

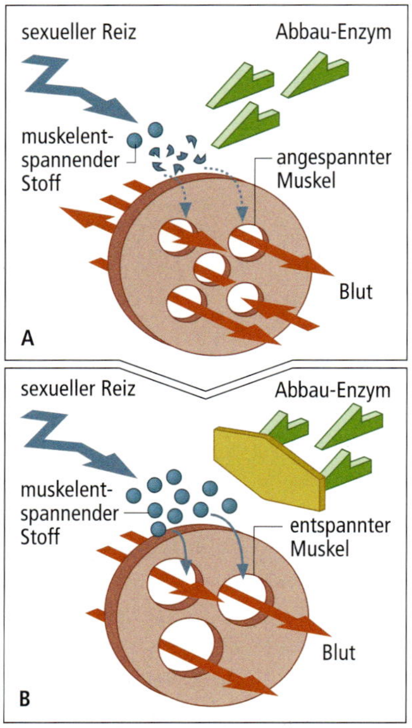

Im Penis befinden sich Schwellkörper, die reichlich mit Adern durchsetzt sind. Wenn sich die Schwellkörper mit Blut füllen, dann richtet sich der Penis auf (Erektion). Bei vielen Männern mit Erektionsstörungen fließt das Blut zu schnell aus dem Schwellkörper ab. Ihnen kann Viagra helfen. Die Wirkung tritt 30 Minuten nach der Einnahme ein und hält drei bis vier Stunden an. Viagra hat leichte Nebenwirkungen und darf bei bestimmten Gegenanzeigen nicht eingenommen werden. Es wird in Deutschland nach einer Untersuchung vom Arzt verschrieben, aber nicht von den Krankenkassen bezahlt.

a) Beschreibe anhand der Abbildungen die Wirkung von Viagra!

b) Nenne Gründe, weshalb Viagra von einem Arzt verschrieben werden muss und nicht frei verkäuflich ist!

c) Erläutere, weshalb Viagra nicht allen impotenten Männern helfen kann!

d) Viele Menschen glauben, durch die Einnahme von Viagra steigere sich ihre sexuelle Lust. Nimm Stellung zu dieser Auffassung!

4 Die „Pille für den Mann"

Die „Pille für den Mann", ein Verhütungsmittel, kann man noch nicht käuflich erwerben. Sie wird noch in groß angelegten Versuchen mit vielen Freiwilligen erprobt. Die „Pille für den Mann" enthält Testosteron in hoher Dosierung. Es gelangt in die Blutbahn, jedoch nicht in die Hoden. Bei den Versuchen mit Freiwilligen ergab sich, dass zwei Drittel der Versuchspersonen keine Spermien mehr produzieren konnte, solange das Mittel angewandt wurde. Bei einem Drittel der Versuchspersonen war die Spermienzahl jedoch nur verringert. Die Ursache dafür ist unklar und wird weiter erforscht. Nach dem Absetzen der Testosteron-Behandlung dauerte es sechs bis zwölf Wochen, bis die Fortpflanzungsfähigkeit beim Mann wiederhergestellt war.

a) Beschreibe die Wirkungen von Testosteron! Nimm dazu das Kapitel 3.1 zur Hilfe!

b) Erläutere die Wirkung des Testosterons als Verhütungsmittel!

5 Selbstbefriedigung

Die meisten Jungen machen die Erfahrung, dass es angenehm ist, den Penis zu reiben. Dabei kann es auch ohne Geschlechtsverkehr zu einem Orgasmus kommen. Man nennt diese Selbstreizung auch Selbstbefriedigung, weil man sich anschließend entspannt fühlt. Auch Mädchen können sich selbst befriedigen. Die Gefühle gleichen beim Streicheln des Kitzlers denen des Jungen.

In früheren Zeiten herrschte die Auffassung vor, Selbstbefriedigung habe schreckliche körperliche Folgen, wie zum Beispiel Schwindsucht, Minderung der Sehkraft oder Störungen der Verdauung. Alle diese Behauptungen haben sich als falsch herausgestellt.

a) Sammle Aussagen zum Thema Selbstbefriedigung!

b) Nimm Stellung zu diesen Aussagen!

c) Bewerte Selbstbefriedigung aus heutiger Sicht!

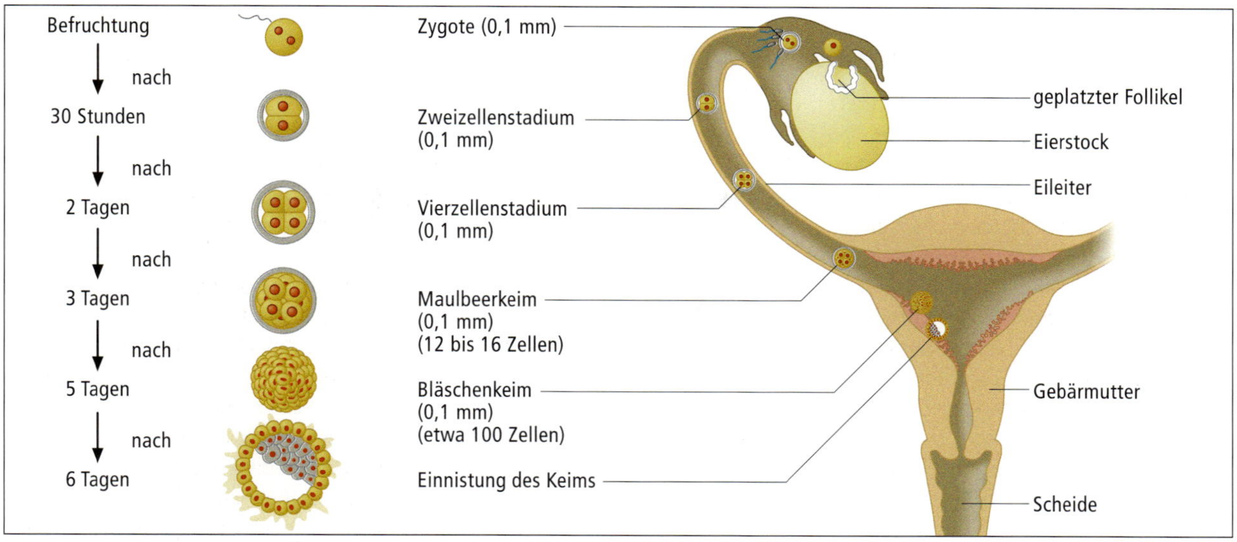

293.1 Von der Befruchtung zur Einnistung des Keims

4 Befruchtung, Keimesentwicklung und Geburt

4.1 Von der befruchteten Eizelle zum Fetus

In der Mitte des weiblichen Zyklus, zum Zeitpunkt des Eisprungs, kann ein Geschlechtsverkehr zur Befruchtung einer Eizelle führen. Nach der Ejakulation wandern die Spermien durch die Gebärmutter in die Eileiter. Im oberen Teil des Eileiters befindet sich nach einem Eisprung eine befruchtungsfähige Eizelle. Nur das schnellste Spermium kann die Eihülle durchdringen und mit seinem Kopfstück, das das männliche Erbmaterial enthält, in das Eiinnere eindringen. Der Schwanzfaden und das Mittelstück des Spermiums bleiben außerhalb der Eizelle. Der Kern der Eizelle und der Spermienkern verschmelzen miteinander. Dies ist der Vorgang der **Befruchtung.** Aus der Eizelle ist durch die Befruchtung eine **Zygote** geworden.

Etwa 30 Stunden nach der Befruchtung beginnt die Zygote sich zu teilen, sodass die Zahl der Zellen zunimmt. Während der Zellteilungen wird der Keim im Eileiter zur Gebärmutter transportiert. Die Zellen weichen auseinander und bilden einen flüssigkeitsgefüllten Hohlraum. Dieser **Bläschenkeim** wächst etwa am sechsten Tag nach der Befruchtung in die Gebärmutterschleimhaut ein. Dieser Vorgang wird als **Einnistung** bezeichnet. Mit der Einnistung beginnt die *Schwangerschaft*. Während der Schwangerschaft wird das Hormon Progesteron in verstärktem Maße gebildet, sodass keine Menstruation eintritt und auch kein neuer Follikel reifen kann.

Nur die Zellen aus dem Inneren des Bläschenkeims sind an der weiteren Entwicklung des Keims zum **Embryo** beteiligt. Die Zellen der Außenwand des Bläschenkeims dienen der Ausbildung von Hilfsorganen für die Embryonalentwicklung. Im Inneren des Bläschenkeims entsteht die mit Flüssigkeit gefüllte *Fruchtblase,* die den Embryo vor Erschütterungen schützt. Dort, wo sich der Bläschenkeim eingenistet hat, werden mütterliche Blutgefäße aufgelöst. An dieser Stelle bildet sich der Mutterkuchen, auch **Plazenta** genannt. Die Plazenta wird aus Bestandteilen der mütterlichen Gebärmutterschleimhaut und der Außenwand des Bläschenkeims aufgebaut. In ihr fließen mütterliches Blut und das Blut des Embryos ganz nahe aneinander vorbei, ohne in direkten Kontakt zueinander zu treten. Sie dient dem Stoffaustausch und übernimmt für den wachsenden Embryo die Aufgaben der Ernährung, Atmung und Ausscheidung. Die Plazenta ist über Blutadern, die in der *Nabelschnur* verlaufen, mit dem Embryo verbunden. Mithilfe dieser Versorgung wächst der Embryo rasch heran. Nach ungefähr acht Wochen sind alle Organe des Kindes angelegt. Man spricht nun vom **Fetus.** Nach sieben Schwangerschaftsmonaten ist die Entwicklung abgeschlossen. In der Folgezeit nimmt der Fetus lediglich an Größe und Gewicht zu.

1. Beschreibe die Entwicklung eines befruchteten Eies!
2. Die Trennung von mütterlichem und embryonalem Blut durch eine dünne Zellschicht stellt nicht nur die Versorgung des Embryos sicher, sondern beinhaltet auch Gefahren. Erläutere!

EXKURS Basiskonzept „Reproduktion“

Das Wort Reproduktion stammt aus dem Lateinischen und bedeutet in wörtlicher Übersetzung „Wiedergabe eines Originals“ oder „Vervielfältigung“. In der Biologie wird der Begriff Reproduktion häufig mit dem Begriff Fortpflanzung gleichgesetzt. Dabei ist die wörtliche Übersetzung jedoch falsch, denn die Jungtiere von Enten, Fröschen, Molchen oder Fischen sind keine Kopien ihrer Eltern. Wie beim Menschen unterscheiden sich die Kinder von ihren Eltern – trotz aller Ähnlichkeiten.

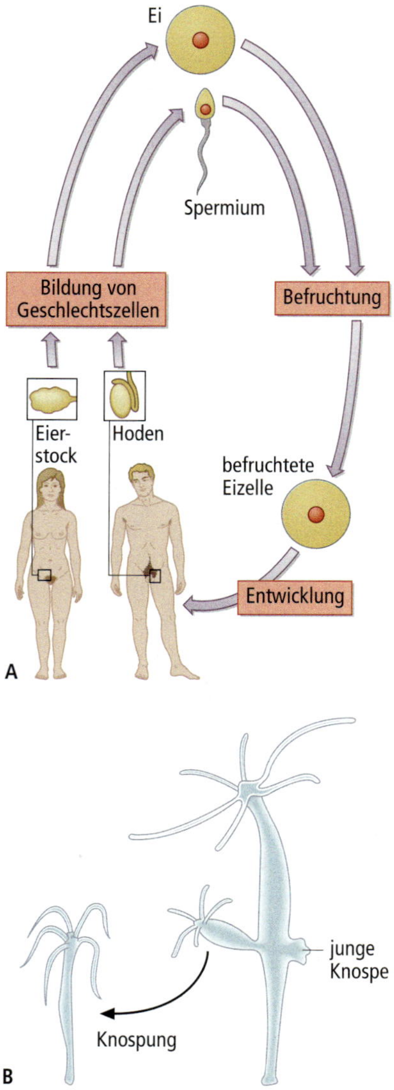

294.1 Fortpflanzung. A Geschlechtliche Fortpflanzung beim Menschen; **B** Ungeschlechtliche Fortpflanzung bei *Hydra*

Beim Menschen werden im Eierstock der Frau Eizellen gebildet und in den Hoden des Mannes Spermienzellen. Beide Typen von Geschlechtszellen enthalten Erbmaterial. Bei der Befruchtung vereinigen sich die Zellkerne der Eizelle und der Spermienzelle miteinander, sodass das Erbmaterial von Vater und Mutter miteinander kombiniert wird. Beim Menschen findet wie bei allen anderen Säugetieren die Befruchtung im Inneren des weiblichen Körpers statt. Auch die Entwicklung des Embryos erfolgt im Mutterleib. Sie ist mit der Geburt beendet. Das heranwachsende Kleinkind zeigt viele Merkmale, die auch Vater oder Mutter aufweisen – es ist jedoch keine Kopie eines der Elternteile. Diese Unterschiedlichkeit zwischen Kind und Eltern ist auf die Kombination des Erbmaterials der Spermienzelle und der Eizelle bei der Befruchtung zurückzuführen: Da Erbmaterial von beiden Elternteilen in der befruchteten Eizelle vorhanden ist, kann das Kind nicht einem der beiden Elternteile vollständig gleichen.

Die Vorgehensweise bei den verschiedenen Arten von Lebewesen im Rahmen der Reproduktion ist unterschiedlich. Bei den Wirbeltieren zeigen nur die Vögel und die Reptilien eine innere Befruchtung wie die Säugetiere. Ihre befruchteten Eizellen entwickeln sich jedoch im Unterschied zu den Eizellen der Säugetiere in der Regel außerhalb des weiblichen Körpers. Bei Amphibien und Fischen erfolgt auch die Befruchtung meist außerhalb des Körpers. Diese Vorgehensweise findet man ebenso bei vielen wirbellosen Tieren. Allen gemeinsam ist jedoch die Bildung von Geschlechtszellen sowie die anschließende Befruchtung. Diese Form der Fortpflanzung wird wegen der Bildung von Geschlechtszellen *geschlechtliche Fortpflanzung* genannt.

Auch bei Pflanzen findet man die geschlechtliche Fortpflanzung. Bei Blütenpflanzen werden Pollen einer Blüte auf den Stempel einer anderen Blüte übertragen. Aus dem Pollen entwickeln sich männliche Geschlechtszellen, die die Eizelle im Fruchtknoten befruchten. Bei Algen, Moosen und Farnen kann man ebenfalls die Bildung von Geschlechtszellen und eine Befruchtung beobachten. Da also die geschlechtliche Fortpflanzung bei fast allen Lebewesen zu beobachten ist, spricht man vom **Basiskonzept „Reproduktion“.**

Existiert also im Bereich des Lebendigen keine Nachkommensbildung, bei der die Nachkommen völlig identisch mit ihren Eltern sind? Beim Brutblatt, einem Dickblattgewächs, werden zusätzlich zu den Blüten an den Spitzen der gezackten Blätter neue Pflänzchen gebildet. Sie werden Ableger genannt. Wenn sie vom Blatt der Mutterpflanze heruntergefallen sind, können sie wurzeln und zu Pflanzen heranwachsen, die hinsichtlich ihres Erbmaterials völlig identisch mit der Mutterpflanze sind. Da bei diesem Vorgang keine Geschlechtszellen gebildet werden, spricht man von einer *ungeschlechtlichen Fortpflanzung.*

Die ungeschlechtliche Fortpflanzung gibt es auch bei Tieren. Der Süßwasserpolyp *Hydra* kann sich sowohl geschlechtlich als auch ungeschlechtlich fortpflanzen. Dabei entstehen an seinem Körper erbgleiche Knospen, die sich zu kleinen Polypen entwickeln. Nach einiger Zeit lösen sich die Tochterpolypen ab und führen ein eigenständiges Leben.

1. Definiere die verschiedenen Formen der Fortpflanzung!
2. Erläutere, weshalb die wörtliche Übersetzung des Begriffs Reproduktion für den Bereich der Biologie irreführend ist!
3. Aus einer Kartoffelknolle können sich viele neue Triebe entwickeln, die zu Kartoffelpflanzen heranwachsen. Ordne diese Beobachtung einer Fortpflanzungsform zu!
4. Bei günstigen Lebensbedingungen können sich Bakterien sehr schnell teilen und nach kurzer Zeit eine Nahrungsquelle vollständig bedecken. Ordne diese Beobachtung einer Fortpflanzungsform zu!

4.2 Geburt

Vom Zeitpunkt der Befruchtung an bis zur Geburt vergehen durchschnittlich 270 Tage. Eine Abweichung vom berechneten Geburtszeitpunkt ist jedoch kein Grund zur Besorgnis. Eine Geburt stellt für die zukünftigen Eltern, besonders für die werdende Mutter, ein einschneidendes Erlebnis dar. Viele Paare besuchen daher Geburtsvorbereitungskurse, damit sie wissen, was sie tun können, damit die Geburt gut verläuft.

Am Ende einer Schwangerschaft kündigt sich die Geburt durch **Wehen** an. Wehen sind krampfartige Schmerzen, die durch das Zusammenziehen der Gebärmuttermuskulatur zustande kommen. Da die Muskelkontraktionen von oben nach unten über die Gebärmutter verlaufen, wird das Kind mit dem Kopf voran gegen den Muttermund gedrückt. Der Muttermund öffnet sich. Der zeitliche Abstand zwischen den verschiedenen Wehen beträgt zunächst 15 bis 20 Minuten. Er verkürzt sich in der Folgezeit. Wenn die Wehen immer stärker werden und in immer kürzerem zeitlichen Abstand auftreten, platzt die Fruchtblase und das Fruchtwasser fließt durch die Scheide nach außen ab. Damit ist die **Eröffnungsphase** der Geburt beendet und es beginnt die **Austreibungsphase.** Durch starke, kurz aufeinanderfolgende Presswehen wird das Kind in den Geburtskanal gedrückt. Mit dem Kopf voran wird das Kind durch die Scheide gedrückt, die durch das Fruchtwasser gleitfähig gemacht wurde. Sobald der Kopf aus der Scheide herausgetreten ist, erleichtert sich der Geburtsvorgang, weil Schulter- und Beckengürtel kaum breiter als der Kopf sind.

Wenn der Körper des Kindes den Geburtskanal verlassen hat, erfolgt der erste Schrei des Neugeborenen. Damit entfalten sich die Lungen und das Kind beginnt selbstständig zu atmen. Danach wird die Nabelschnur eine Handbreit vom Nabel entfernt abgebunden und durchgeschnitten. Dieser Vorgang wird *Abnabelung* genannt. In der **Nachgeburtsphase** erfolgen weitere, schwächere Wehen. Dadurch löst sich die Plazenta von der Gebärmutterwand ab. Sie wird etwa 20 Minuten nach der Geburt des Kindes zusammen mit der zerrissenen Fruchtblase und dem Rest der Nabelschnur als **Nachgeburt** nach außen abgegeben.

Nach der Geburt wird das Kind auf den Bauch der Mutter gelegt. Die Eltern können sich nun mit ihm vertraut machen. Das Kind ist jetzt auf die Fürsorge von Mutter und Vater angewiesen.

1. Beschreibe die Phasen einer Geburt!
2. Erläutere an diesem Beispiel das Basiskonzept „Reproduktion"!

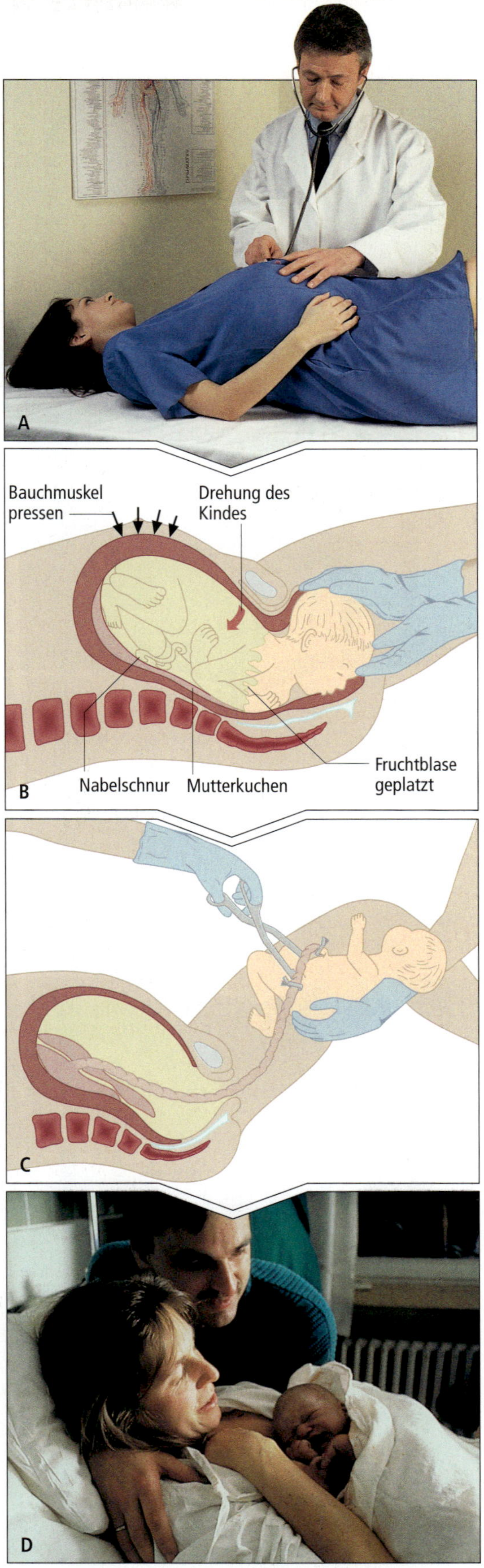

295.1 Geburt. A Untersuchung; **B** Geburtsvorgang; **C** Abnabelung; **D** Eltern und Kind nach der Geburt

296.1 **Entwicklung des Kindes**

4.3 Vom Säugling zum Kleinkind

Für das Kind bedeutet die Geburt eine radikale Veränderung der Lebensbedingungen. Es kommt aus einer gleichmäßig warmen in eine kühlere Umgebung. Es muss sich von einem Leben in Fruchtwasser und Dunkelheit auf Luft und Licht umstellen. Während es vor der Geburt fast gewichtslos im Wasser schwebte, spürt es jetzt sein Eigengewicht. Die Nahrung fließt ihm nicht mehr automatisch zu, sie muss mit eigener Kraft durch Saugen aufgenommen werden. Obwohl das Neugeborene Verhaltensweisen wie Saugen, Klammern, Weinen und Schreien beherrscht, ist es doch vollkommen auf die Eltern und deren Fürsorge und Pflege angewiesen. Ohne ihre Hilfe oder die einer anderen festen Bezugsperson könnte der Säugling nicht überleben. Zwischen den Bezugspersonen und dem Kind entsteht eine feste Bindung, die die Grundlage für die weitere Entwicklung bildet. Darüber hinaus fördern Erfahrungen, die ein Kleinkind in den ersten Lebensjahren macht, den Entwicklungsprozess.

Während der ersten drei Monate schlafen Kinder 14 bis 18 Stunden am Tag. In den Wachphasen braucht der Säugling Nahrung. Muttermilch enthält alle Nähr- und Abwehrstoffe für eine gesunde Entwicklung.
Mit dem Ende des ersten Lebensjahres können Kinder sitzen und krabbeln. Sie können sich an Möbeln aufrichten, an der Hand gehen und erste Worte sprechen.
Im Verlauf des zweiten Lebensjahres lernen die Kinder, allein mit dem Löffel zu essen und aus Tassen zu trinken. Sie bilden einfache Sätze und lernen viele neue Worte.
Mit dem Ende des dritten Lebensjahres sind alle Milchzähne vorhanden. Die Kinder können sicher laufen und spielen viel. So lernen sie ihre Umwelt kennen und testen ihre Möglichkeiten.
Bis zum sechsten Lebensjahr umfasst der Wortschatz etwa 6000 Worte. Die Kinder bewegen sich geschickt. Viele können sogar Rad fahren.

Mit dem sechsten Lebensjahr gehen die Kinder in die Grundschule. Der Entwicklungsprozess zu einem selbstständigen Leben ist damit jedoch noch lange nicht abgeschlossen. Er dauert beim Menschen mindestens 20 Jahre.

1. Beschreibe die Veränderungen, die sich für das Kind mit der Geburt ergeben!
2. Erläutere die Bedeutung fester Bezugspersonen für die Entwicklung des Kindes!
3. Lernen und Entwicklung finden ein Leben lang statt. Erarbeitet in Zweiergruppen Beispiele und tragt sie vor!

5 Familienplanung und Empfängnisverhütung

Viele Paare wünschen sich Kinder. Sie möchten aber den Zeitpunkt einer Geburt selbst bestimmen, weil sie erst eine Berufsausbildung oder ein Studium abschließen wollen. Eine wichtige Voraussetzung dieser **Familienplanung** ist die **Empfängnisverhütung.**

Für die Empfängnisverhütung stehen mehrere Methoden zur Auswahl. Besonders zuverlässig sind die *hormonellen Verhütungsmittel.* Dabei muss eine Frau regelmäßig Tabletten einnehmen, die künstlich hergestelltes, leicht verändertes Östradiol und Progesteron enthalten. Dieses Medikament, auch **„Pille“** genannt, muss vom Arzt verordnet werden. Das Progesteron in der Hormonpille verhindert, dass die Hypophyse FSH und LH ausschüttet. So unterbleibt die Reifung eines Follikels und ein Eisprung. Die Mischung aus Östradiol und Progesteron erlaubt jedoch den Aufbau der Gebärmutterschleimhaut. Etwa drei Tage nach der letzten Tabletteneinnahme kommt es zur so genannten Abbruchblutung. Dabei werden große Teile der Schleimhaut ähnlich wie bei der Menstruation nach außen abgegeben.

Die *mechanischen Verhütungsmittel* Kondom, Spirale und Diaphragma werden deutlich seltener als die Hormonpille in Deutschland verwendet. Das **Kondom** ist ein mechanisches Verhütungsmittel, das der Mann benutzt. Es fängt beim Geschlechtsverkehr das Sperma auf. Kondome wirken nicht nur als Verhütungsmittel, sondern verhindern auch die Übertragung des Human Immunodefiency Virus (HIV), das für die Ausbildung von Aids verantwortlich ist.

Die **Spirale** besteht aus Kunststoff, seltener aus Metall. Sie verhindert, dass sich ein Keim in der Gebärmutter einnisten kann.
Das **Diaphragma** muss vor jedem Geschlechtsverkehr so eingeführt werden, dass es den Gebärmuttereingang überdeckt. So können die Spermien nicht in die Gebärmutter gelangen.

Bei sachgemäßer Anwendung bietet die Spirale unter den mechanischen Verhütungsmitteln den sichersten Schutz. Sehr unsicher sind dagegen *chemische Mittel* wie Cremes oder Zäpfchen, die Spermien abtötende Stoffe enthalten. Als Verhütungsmethode abzulehnen sind ebenso das „Aufpassen“ und die Zeitwahlmethode. Mit „Aufpassen“ meint man den unterbrochenen Geschlechtsverkehr, bei dem der Mann vor der Ejakulation den Penis aus der Scheide zieht. Es kann jedoch vor der Ejakulation bereits etwas Sperma aus dem Penis austreten. Auch die Zeitwahlmethode, bei der man während der fruchtbaren Tage der Frau enthaltsam lebt, ist unsicher, weil der Zeitpunkt des Eisprungs nicht exakt bestimmt werden kann. Durch die Messung der Körpertemperatur kann der Zeitpunkt des Eisprungs festgestellt werden, weil Progesteron die Körpertemperatur um 0,5 Grad anhebt. Auch diese Verhütungsmethode ist sehr unsicher, weil die Körpertemperatur vielen Einflussfaktoren unterworfen ist.

1. Jungen Mädchen sollte die „Pille“ nicht verschrieben werden. Nenne Gründe dafür!
2. „Jedes Verhütungsmittel ist nur so sicher wie seine Anwendung.“ Erläutere!

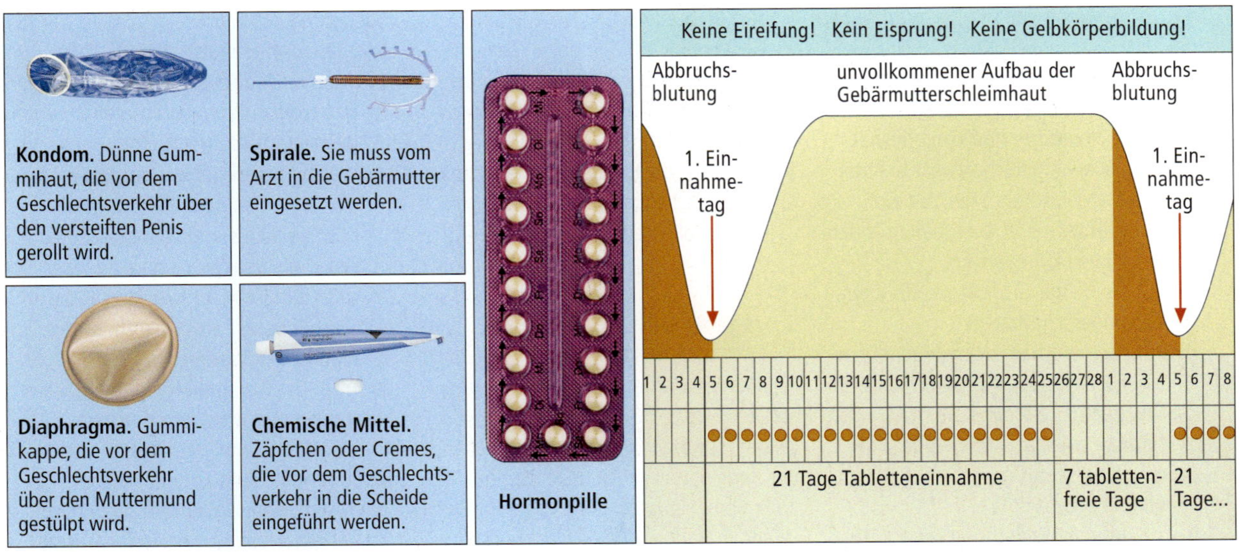

297.1 Verschiedene Verhütungsmittel

AUFGABEN Fortpflanzung und Entwicklung

1 Schwangerschaftstest

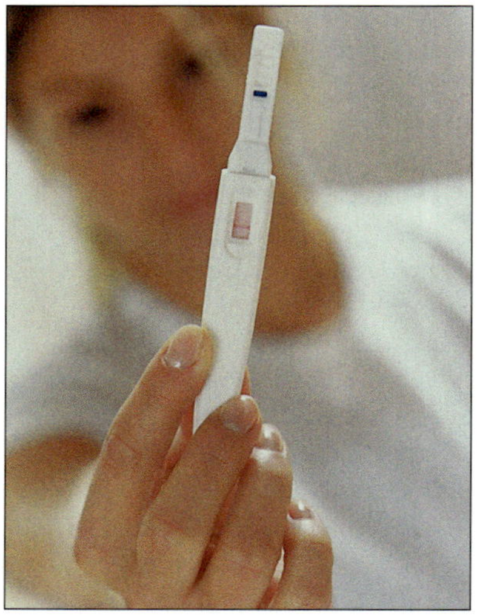

Wenn die befruchtete Eizelle sich in die Gebärmutterschleimhaut einnistet, dann werden mütterliche Blutgefäße von den Zellen der Außenwand des Bläschenkeims aufgelöst. An dieser Stelle bildet sich die Plazenta. Dies ist der Beginn der Schwangerschaft. Dabei bilden die Zellen der späteren Plazenta in großen Mengen ein besonderes Hormon, das Humane Choriongonadotropin (HCG). Es bewirkt im Eierstock den Erhalt des Gelbkörpers über das Zyklusende hinaus. Der Gelbkörper bildet weiterhin Progesteron. In der zweiten Hälfte der Schwangerschaft wird Progesteron von der Plazenta selbst gebildet.
HCG ist am Beginn einer Schwangerschaft in großen Mengen im Blut und im Urin nachweisbar und kann deshalb für einen Schwangerschaftstest benutzt werden. Dazu wird ein Stab, der ein Nachweismittel für HCG enthält, mit dem morgendlichen Urin benetzt.

a) Beschreibe die Grundlagen für einen Schwangerschaftstest!
b) Erläutere, weshalb der morgendliche Urin für den Schwangerschaftsnachweis genutzt werden soll!
c) Erläutere, weshalb am Beginn einer Schwangerschaft große Mengen HCG gebildet werden!
d) Erläutere die Bedeutung des Progesterons während der Schwangerschaft!

2 Plazenta

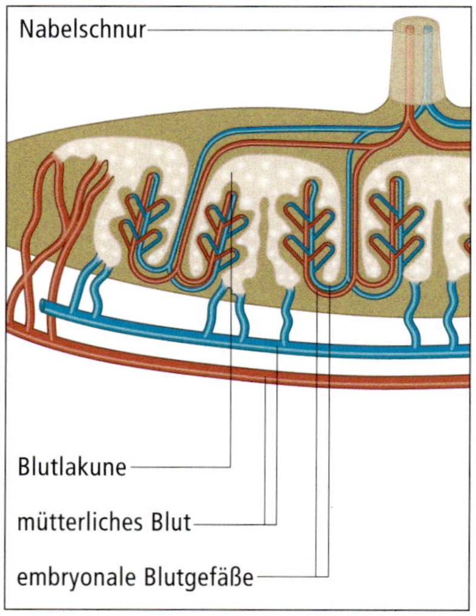

Aus einer medizinischen Zeitschrift: „Nikotin im Blut verringert den Durchmesser von Blutadern. Dadurch kann pro Zeiteinheit weniger Blut die Adern durchfließen. Bei Schwangeren, die während der Schwangerschaft rauchen, vergrößert sich die Plazenta. Es konnte jetzt nachgewiesen werden, dass die Anzahl der Blutgefäße erhöht ist und dass diese sich stärker winden. Rauchen während der Schwangerschaft ist mit einem verringerten Wachstum des Fetus, mit gesteigertem Kindstod während der Geburt und mit Entwicklungsstörungen nach der Geburt verbunden."

a) Beschreibe mithilfe des Bildes, wie die Plazenta die Aufgaben der Atmung, Ernährung und Ausscheidung erfüllt!
b) Erläutere die Befunde, die in dem Text der medizinischen Zeitschrift dargestellt sind!

3 Fragestunde

Aus den Leserbriefen an eine Beratungsstelle:
„Kann man beim gemeinsamen Baden in der Badewanne schwanger werden?"
„Sex ohne Liebe ist ...?"
„Kann man durch Petting schwanger werden?"
„Was ist Petting?"
„Braucht man für das erste Mal eine Check-Liste?"
„Was ist Schlimmes an Pornos?"
„Woran merkt man, dass man verliebt ist?"
„Ist Sperma giftig?"
„Sind Knutschflecke gefährlich?"
„Was ist ‚Die Pille danach'?"

a) Setzt euch in Gruppen zusammen und beantwortet die Fragen!
b) Findet weitere Fragen und Antworten!
c) Erläutere an diesem Beispiel das Basiskonzept „Reproduktion"!

4 Sterilisation

Die Sterilisation ist die radikalste Verhütungsmethode, weil sie nicht mehr rückgängig zu machen ist. Bei der Sterilisation des Mannes werden in einer ambulanten Operation die Spermienleiter durchtrennt. Damit enthält die Flüssigkeit, die bei der Ejakulation nach außen abgegeben wird, keine Spermien mehr. Sie besteht nur noch aus den Flüssigkeiten der Prostata und der Bläschendrüse. Die im Nebenhoden verbleibenden Spermien werden abgebaut. Bei der Sterilisation der Frau werden in einer ambulanten Operation die Eileiter durchtrennt und abgebunden. Die reifen Eizellen, die durch den Eisprung in den oberen Teil des Eileiters gelangen, werden im Eileiter abgebaut.

a) Setzt euch nach Mädchen und Jungen getrennt in Gruppen zusammen und beantwortet folgende Fragen: Welche Überlegungen sollte ein Mann oder eine Frau anstellen, wenn er oder sie sich sterilisieren lassen will? Wenn ein Paar sich sicher ist, dass es keine Kinder mehr bekommen will, wer sollte sich sterilisieren lassen, Mann oder Frau?
b) Tragt die Gruppenergebnisse nach Jungen und Mädchen getrennt zusammen und vergleicht!
c) Stellt Vermutungen an, welche Ursachen für die unterschiedlichen Auffassungen verantwortlich sind!

5 In der Disco

Für ein Rollenspiel gilt diese Vorgabe:
Es ist Samstagabend. Einige Jungen haben sich in der Disco verabredet und stehen an der Theke. Sie mustern die Mädchen. Da kommt ein Mädchen, das schon lange getanzt hatte, zur Theke und will sich etwas zu trinken bestellen. Die Jungen stellen sich so hin, dass die Bedienung das Mädchen nicht bemerken kann und lassen es auch nicht zur Theke durch. Nach einiger Zeit lassen die Jungen das Mädchen zur Theke, aber so, dass es gerade zwischen zweien von ihnen hindurchpasst. Die Jungen versuchen, das Mädchen anzumachen.

a) Mädchengruppen und Jungengruppen üben mithilfe der Vorgabe getrennt voneinander Rollenspiele ein und führen sie in der Klasse vor. Die Rollenspiele sollen nicht länger als fünf Minuten dauern.
b) Sammle die Unterschiede und die Gemeinsamkeiten zwischen den Rollenspielen der Mädchen und den Rollenspielen der Jungen! Erkläre die Unterschiede! Wie haben sich die Jungen in der Rolle der Mädchen und die Mädchen in der Rolle der Jungen gefühlt? Begründe!
c) Beurteile, ob die Szenen echt waren und den Alltag wiedergespiegelt haben!
d) Diskutiert, was Mädchen und Jungen an ihrem Verhalten ändern sollten! Einigt euch in nach Geschlechtern gemischten Kleingruppen auf eine Version des Rollenspiels, mit der Mädchen und Jungen einverstanden sind!

6 Ungewollte Schwangerschaft

A Aus einer Anfrage an eine Jugendzeitschrift:
„Ich bin 14 Jahre alt. Letztes Jahr kam ein Junge in unsere Klasse, in den sich alle gleich verliebten und mit dem alle gehen wollten. Ich hatte den Mut, ihn zu fragen, und zu meiner großen Freude sagte er ja. Irgendwann lud er mich in die Wohnung seiner Eltern ein – die waren verreist. Jetzt bin ich schwanger. Wenn meine Eltern wüssten …
Meine Ärztin hat ja Schweigepflicht. Mein Freund weiß, dass ich schwanger bin, aber er sagt, das sei mein Problem. Bitte geben Sie mir so bald wie möglich einen Rat."

B Statistische Daten aus Deutschland aus dem Jahr 2000:

Geburten bei minderjährigen Müttern	8 500
Abtreibungen bei Minderjährigen	8 100
Familienstand minderjähriger Mütter:	
verheiratet	2 100
ledig	6 400

C Aus einer Untersuchung über jugendliche Schwangere:
„Teenager mit Schwangerschaftserfahrung waren sehr oft bereits vor ihrer Schwangerschaft in einer schwierigen Lebenslage. Eine schlechte Beziehung zu den Erziehungsberechtigten, Suchtprobleme, Trennung, Scheidung, Krankheiten, Unfälle oder Tod im engsten Familienkreis können wesentliche Voraussetzungen für unregelmäßige oder keine Verhütungsmaßnahmen darstellen. Frühe Schwangerschaften sind so nicht in erster Linie die Ursache, sondern die Folge massiver psychischer und sozialer Probleme der Betroffenen."

a) Werte die Materialien A bis C aus und beschreibe, wie es zu einer ungewollten Schwangerschaft kommen kann!
b) Informiere dich bei Beratungsstellen und beim Jugendamt, welche Hilfen jugendlichen Schwangeren und Müttern angeboten werden!
c) Setzt euch in Gruppen zusammen und gebt der Vierzehnjährigen einen Rat!
d) Etwa seit dem Jahr 2000 steigt die Anzahl der Schwangerschaften bei minderjährigen Mädchen drastisch an. Besonders hoch ist die Steigerungsrate bei Mädchen unter 14 Jahren. Erläutere diese Beobachtung!

7 Sichere Verhütung

Die Sicherheit von Verhütungsmitteln wird durch statistische Untersuchungen erfasst. Dabei wenden 100 Frauen das Mittel ein Jahr lang an. Anschließend wird die Anzahl der Schwangerschaften gezählt, die trotz der Anwendung des Mittels eingetreten sind. Diese Zahl wird als Pearl-Index bezeichnet. Es ergaben sich folgende Ergebnisse:

Methode	Pearl-Index
Hormonpille	<1
Kondom	14
Spirale	7
Diaphragma	12
Chemische Mittel	26
Sterilisation	0
„Aufpassen"	37
Zeitwahl	22
Temperaturmessung	19

a) Fasse die Anwendung und die Funktionsweise der verschiedenen Verhütungsmethoden in einer Tabelle zusammen!
b) Erläutere das Zustandekommen der unterschiedlichen Pearl-Indices!

EXKURS Schwangerschaftsabbruch

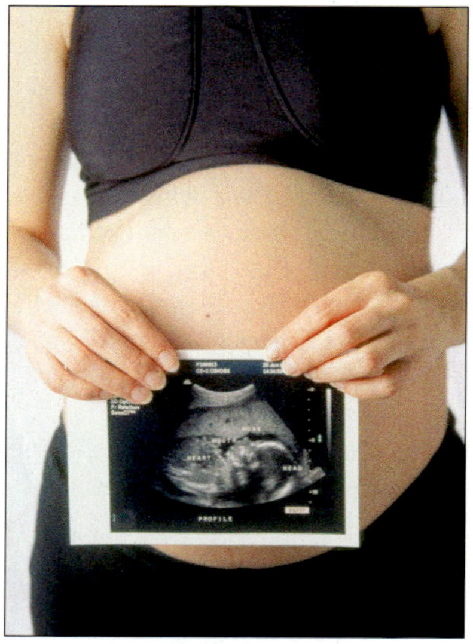

300.1 Schwangere Frau mit Ultraschallbild

§218
Schwangerschaftsabbruch

(1) Wer eine Schwangerschaft abbricht, wird mit einer Freiheitsstrafe bis zu drei Jahren oder mit Geldstrafe bestraft. (...)

§218a
Straflosigkeit des Schwangerschaftsabbruchs

(1) Der Tatbestand des §218 ist nicht verwirklicht, wenn
1. die Schwangere den Schwangerschaftsabbruch verlangt und dem Arzt durch eine Bescheinigung nach §219 Absatz 2 Satz 2 nachgewiesen hat, dass sie sich mindestens drei Tage vor dem Eingriff hat beraten lassen,
2. der Schwangerschaftsabbruch von einem Arzt vorgenommen wird und
3. seit der Empfängnis nicht mehr als zwölf Wochen vergangen sind. (...)

300.2 Rechtliche Grundlagen des Schwangerschaftsabbruches

Wenn eine Frau schwanger ist, so freut sie sich in vielen Fällen mit dem Vater des entstehenden Kindes darüber. Manchmal jedoch kann die Frau sich nicht vorstellen, das Kind, das in ihrem Bauch entsteht, auszutragen. Dafür kann es für die Frau viele Gründe geben. Manche davon können für sie so wichtig sein, dass sie darüber nachdenkt, einen **Schwangerschaftsabbruch** vornehmen zu lassen.

Wann ein Schwangerschaftsabbruch vorgenommen werden kann, ist gesetzlich durch den Paragrafen 218 geregelt. Danach ist ein Schwangerschaftsabbruch nicht rechtswidrig, wenn ein Arzt der Meinung ist, die körperliche oder seelische Gesundheit der Frau sei durch eine Schwangerschaft ernsthaft gefährdet. Dann liegt eine *medizinische Indikation* vor. Auch wenn die Frau durch eine Straftat wie eine Vergewaltigung oder einen Missbrauch schwanger geworden ist, eine *kriminologische Indikation*, kann eine Abtreibung im Einklang mit den Gesetzen vorgenommen werden.

Jährlich werden in Deutschland etwa 130 000 Abtreibungen vorgenommen. Dies entspricht einer Abtreibungsrate von ungefähr 8,2, das heißt, dass von 1000 Frauen 8,2 Frauen eine Abtreibung vornehmen lassen. In Deutschland sind von den 130 000 Abtreibungen nur etwa 4000 auf eine medizinische oder kriminologische Indikation zurückzuführen. Sehr viele Frauen entscheiden sich also aus privaten Gründen für einen Schwangerschaftsabbruch. Manche Frauen möchten beispielsweise kein Kind, weil sie sich gerade mit dem Vater ihres Kindes in einer schwierigen Phase der Beziehung befinden. Andere fühlen sich zu jung für die Verantwortung für ein eigenes Kind. In solchen Fällen gilt, dass der Abbruch der Schwangerschaft gesetzeswidrig ist. Die Frau bleibt dabei jedoch straffrei, wenn sie sich vor dem Schwangerschaftsabbruch durch einen Arzt bei ihrer Entscheidung beraten und die Abtreibung vor der zwölften Schwangerschaftswoche vornehmen lässt.

Bei der **Schwangerschaftskonfliktberatung** muss die Frau den Beratenden die Gründe dafür nennen, weswegen sie einen Abbruch der Schwangerschaft in Erwägung zieht. Die Beratenden zeigen der Frau dann Lösungen für ihr Problem und praktische Hilfen bei seiner Bewältigung auf. Das Sozialamt erteilt Auskunft über die Einrichtungen, die eine solche Schwangerschaftskonfliktberatung durchführen. Die Berater unterliegen der Schweigepflicht. Nach Abschluss der Schwangerschaftskonfliktberatung erhält die Schwangere eine Bescheinigung über das stattgefundene Beratungsgespräch. Manche Frauen entscheiden sich nach einem solchen Gespräch dafür, das Kind zu behalten. Einem Arzt ist es nun jedoch auch ihrem Wunsch gemäß gestattet, den Schwangerschaftsabbruch straffrei vorzunehmen. Der Arzt wird dann den Embryo mit einer Saugpumpe aus der Gebärmutter absaugen. Zunehmend werden auch Medikamente eingesetzt, die eine Fehlgeburt auslösen.

Ein Schwangerschaftsabbruch ist für die meisten Frauen ein sehr belastendes Ereignis in ihrem Leben. Kaum eine Frau entscheidet sich leichtfertig für eine Abtreibung, denn dabei wird werdendes Leben getötet. Für manche jungen Frauen oder Mädchen sind die Folgen einer Schwangerschaft jedoch kaum zu überblicken. Oft kommt noch Druck von den eigenen Eltern oder vom Vater des Kindes hinzu. Manchmal entscheiden sich die jungen Frauen dann vorschnell und unüberlegt für einen Schwangerschaftsabbruch. Deshalb ist es sehr wichtig, dass es Beratungsgespräche gibt. Manchen Frauen fehlt ein kompetenter Gesprächspartner, der deutlich machen kann, dass ein Problem durchaus lösbar sein kann, sodass es nicht zu einem Schwangerschaftsabbruch kommen muss.

1. Bildet Gruppen zu vier Schülern! Nennt und diskutiert Gründe für und gegen einen Schwangerschaftsabbruch! Einigt euch auf eine Gruppenmeinung!

RÜCKBLICK mit Basiskonzepten: Sexualität des Menschen

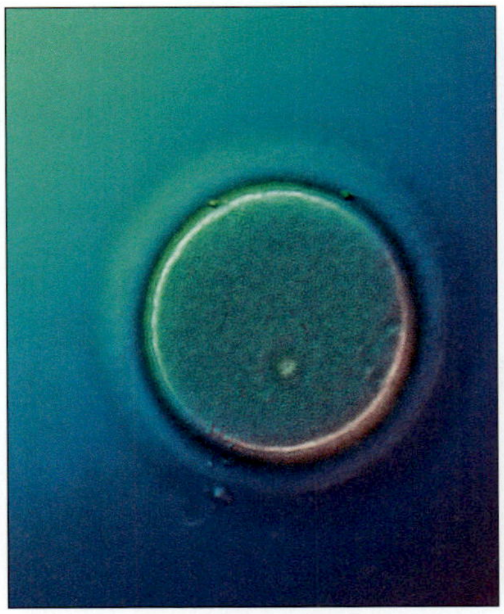

301.1 Eizelle

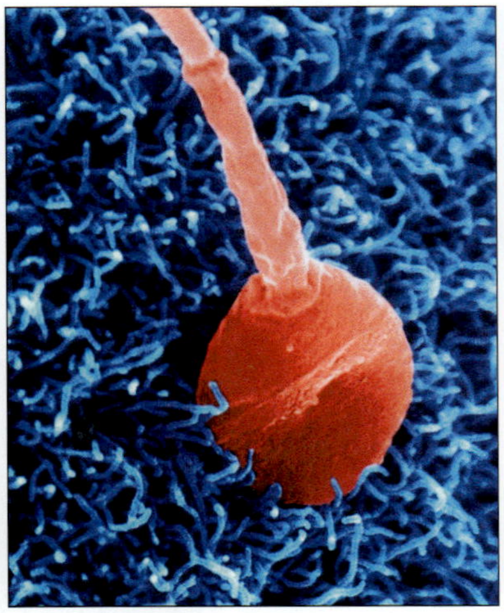

301.2 Befruchtung

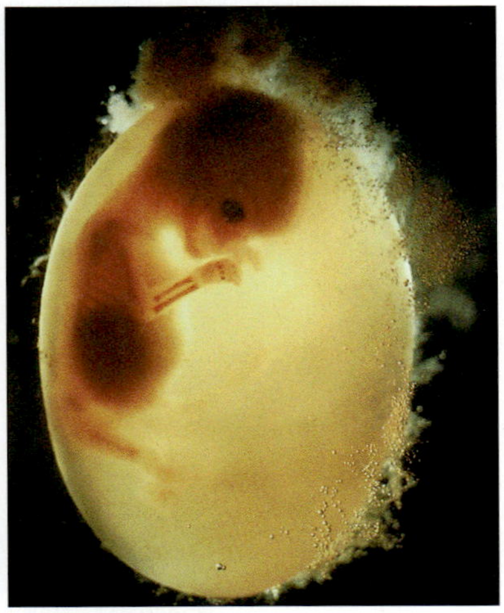

301.3 Embryo

In der *Pubertät* werden Jugendliche geschlechtsreif. Die Entwicklung wird durch *Geschlechtshormone* ausgelöst. Neben den körperlichen Merkmalen ändert sich auch das Verhalten. Mädchen und Jungen interessieren sich auch sexuell füreinander und beginnen, feste Partnerbeziehungen aufzubauen.

Unter dem Einfluss von Hormonen aus der Hirnanhangsdrüse (Hypophyse) verändert sich der Körper der Jungen. Die Geschlechtsorgane reifen und erreichen ihre volle Funktionsfähigkeit. Hormone aus der Hypophyse lösen im Hoden die Spermienreifung und die Testosteronbildung aus. *Testosteron* wirkt bei der Spermienreifung mit. Außerdem löst es in der Pubertät die Ausbildung der sekundären Geschlechtsmerkmale aus.

Unter dem Einfluss von weiblichen Geschlechtshormonen verändert sich in der Pubertät der Körper des Mädchens. Die Geschlechtsorgane entwickeln sich weiter und erreichen ihre volle Funktionsfähigkeit. Hormone der Hypophyse steuern den *Menstruationszyklus*. Während der ersten 14 Tage des Zyklus reift im Eierstock in einem *Follikel* eine Eizelle heran. In der Gebärmutter wird eine dicke Schleimhaut gebildet. Am 14. Tag des Zyklus erfolgt der Eisprung. Der Follikel wird zum Gelbkörper umgewandelt. Falls das Ei nicht befruchtet wird, geht der *Gelbkörper* am Ende des Zyklus zugrunde und die Schleimhaut wird abgebaut. Der erste Tag der Menstruationsblutung ist der erste Tag des neuen Zyklus. Das Follikelhormon *Östradiol* und das Gelbkörperhormon *Progesteron* sind für die Ausbildung der sekundären Geschlechtsmerkmale beim Mädchen verantwortlich. Die Steuerung des Menstruationszyklus und die Auslösung der Geschlechtsreife in der Pubertät durch Hormone ist ein Beispiel für das **Basiskonzept „Steuerung und Regelung"**.

Die *Befruchtung* findet im Eileiter der Frau statt. Dabei verschmelzen die Zellkerne einer Eizelle und eines Spermiums miteinander. Die befruchtete Eizelle teilt sich in rascher Folge, sodass sechs Tage nach der Befruchtung ein *Bläschenkeim* entstanden ist. Der Bläschenkeim nistet sich in die Gebärmutterschleimhaut ein.

Die Zellen der Keimaußenwand lösen Blutgefäße der Schleimhaut auf und bilden die *Plazenta*. Sie erzeugen das Hormon Humanes Choriongonadotropin (HCG), das für den Erhalt des Gelbkörpers sorgt. Der Gelbkörper bildet Progesteron, das das Wachstum eines neuen Follikels während der Schwangerschaft verhindert.

Die Entwicklung des *Embryos* und des *Fetus* während der Schwangerschaft wird durch die Plazenta sichergestellt, in der mütterliches und fetales Blut eng aneinander vorbeifließen. Die Plazenta erfüllt die Aufgaben der Atmung, der Ernährung und der Ausscheidung für den Fetus. Das Kind wird durch die *Fruchtblase* vor Erschütterungen geschützt. Während der *Geburt* wird der Fetus durch Presswehen mit dem Kopf voran durch den Geburtskanal gedrückt. Wenn das Kind geboren wurde, werden die Plazenta, die Fruchtblase und die Reste der durchtrennten *Nabelschnur* als *Nachgeburt* nach außen abgegeben. Die Reifung der Geschlechtszellen, die Befruchtung sowie die Entwicklung des Embryos und des Fetus sind ein Beispiel für das **Basiskonzept „Reproduktion"**.

Eine Befruchtung kann durch *Verhütungsmittel* verhindert werden. Die *Hormonpille* ist das am häufigsten angewendete Verhütungsmittel. *Mechanische Verhütungsmittel* wie Kondom, Spirale oder Diaphragma werden seltener angewendet und bieten eine geringere Verhütungssicherheit als die Pille. Vollends unsicher sind *chemische Mittel, natürliche Verhütungsmethoden* oder „Aufpassen". Falls eine ungewollte Schwangerschaft eingetreten ist, steht oft ein *Schwangerschaftsabbruch* zur Diskussion. Bei dieser schwierigen Entscheidung steht dem Lebensrecht des ungeborenen Kindes die Notlage der schwangeren Frau gegenüber.

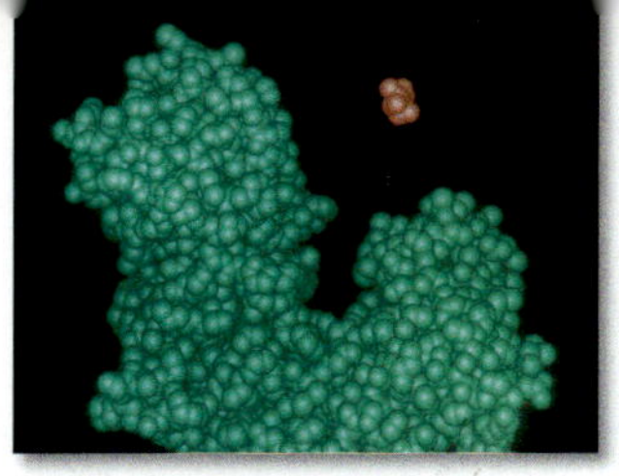

Enzyme im Stoffwechsel

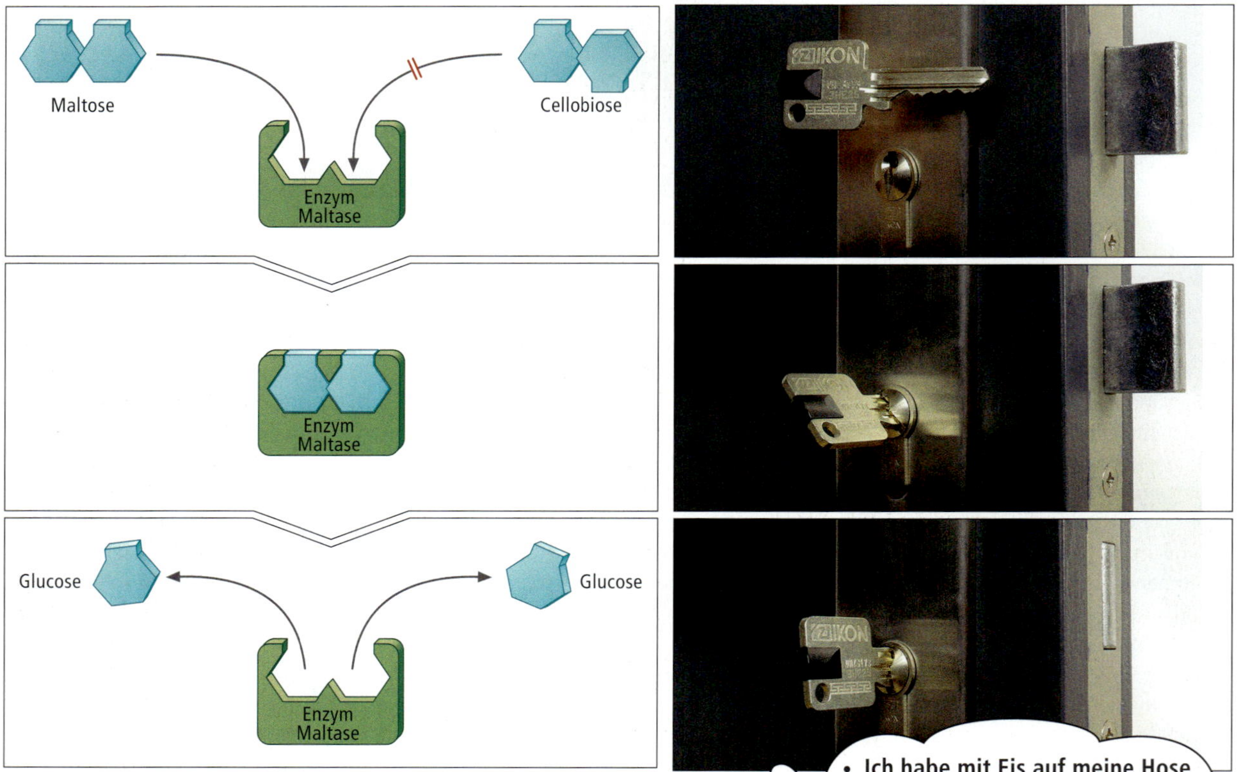

302.1 Schlüssel-Schloss-Prinzip

Experiment. Löse in einem Reagenzglas eine Spatelspitze löslicher Stärke in Wasser und gib einige Tropfen Jod-Kaliumjodid-Lösung hinzu! Füge dann Mundspeichel hinzu! Protokolliere deine Beobachtungen! Führe den Versuch erneut mit zuvor gekochtem Mundspeichel durch! Formuliere ein Ergebnis! Stelle einen Zusammenhang zum Thema „Enzyme im Stoffwechsel" her!

Enzyme über den Ladentisch. Enzyme kann man heute in der Apotheke, Drogerie oder sogar im Supermarkt kaufen. Informiere dich dort oder mithilfe des Internets über die Anwendungsgebiete dieser Enzyme!

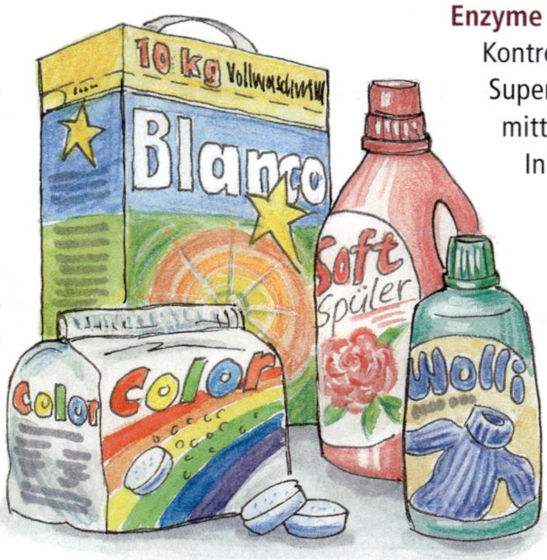

Enzyme in der Waschmaschine? Kontrolliere zuhause oder im Supermarkt einige Waschmittelpackungen auf ihre Inhaltsstoffe! Viele enthalten Enzyme und manche Firmen werben auch damit. Stelle Vermutungen an, wie die Wäsche mithilfe von Enzymen sauber wird! Nimm dazu Abbildung 302.1 zu Hilfe!

Schlüssel-Schloss-Prinzip. Beschreibe das Schlüssel-Schloss-Prinzip anhand der Abbildung 302.1!

Planung.

Alle Schülerinnen und Schüler der Klasse bekommen drei DIN-A5-Karteikarten. Jeder schreibt nun auf jeweils eine Karte, was seiner Meinung nach bei der Besprechung des Themas „Enzyme im Stoffwechsel" besonders wichtig ist.
Die Buchstaben sollten möglichst groß geschrieben werden. Die Karteikarten werden gesammelt und gut gemischt. Alle Karten werden mit Klebeband an die Tafel geheftet. Nun werden die Begriffe geordnet, sodass ein Plan für den nachfolgenden Unterricht entsteht.

304.1 Proteine. **A** ohne; **B** mit Hitzeeinwirkung

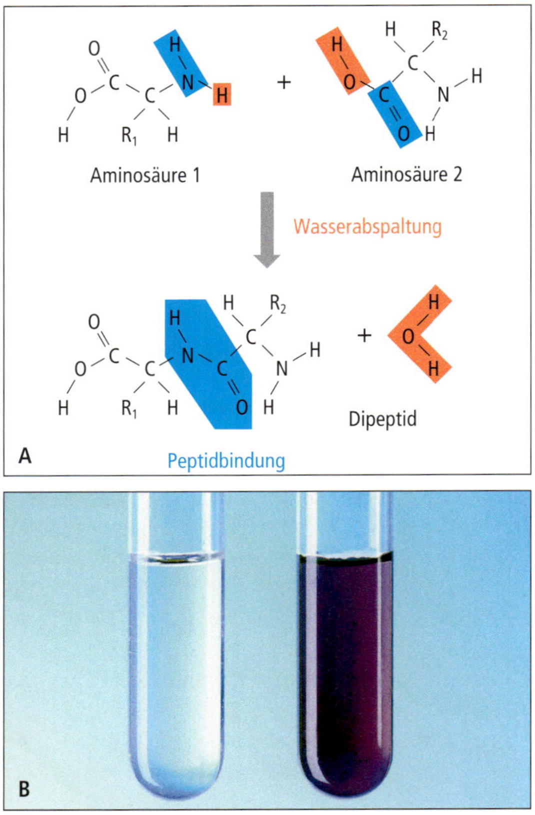

304.2 Peptidbindung. **A** Schema; **B** BIURET-Reaktion

1 Proteine zeigen unterschiedliche Strukturen

Eier werden in die heiße Pfanne geschlagen. Zunächst ist das Eiklar der aufgeschlagenen Eier durchsichtig und farblos. Doch schon nach kurzer Zeit kann man feststellen, dass das der Pfanne anliegende Eiklar undurchsichtig, weiß und fest wird. Bald ist das gesamte Eiklar so beschaffen. Wie ist diese Veränderung zu erklären?

Hauptbestandteil des Eiklars sind **Proteine.** Dieser Name bedeutet sinngemäß „an erster Stelle stehend" (griech. *protos,* an erster Stelle). Damit soll die Bedeutung der Proteine für den Aufbau pflanzlicher und tierischer Zellen zum Ausdruck gebracht werden. Wegen ihres chemisch ähnlichen Verhaltens mit dem Eiklar des Hühnereis nennt man Proteine auch *Eiweißstoffe.*

Durch Erhitzen mit Salzsäure lassen sich Proteine in ihre Bausteine, die **Aminosäuren,** zerlegen. 20 verschiedene Aminosäuren sind am Aufbau der Proteine von Lebewesen beteiligt. Sie zeigen einen einheitlichen Aufbau. An ein zentrales Kohlenstoffatom sind – zu den Ecken eines Tetraeders ausgerichtet – vier verschiedene Atome oder Atomgruppen gebunden. Es sind eine *Aminogruppe* ($-NH_2$), eine *Carboxylgruppe* ($-COOH$), ein *Wasserstoffatom* ($-H$) und ein *organischer Rest* ($-R$). Die 20 verschiedenen Aminosäuren unterscheiden sich durch diesen Rest. Bei der Aminosäure Alanin ist es $-CH_3$, bei der Aminosäure Serin $-CH_2-OH$. Nach den chemischen Eigenschaften der Reste teilt man die Aminosäuren in vier Gruppen ein.

Eine Carboxylgruppe einer Aminosäure kann mit der Aminogruppe einer anderen Aminosäure reagieren. Dabei entstehen Wasser und ein *Dipeptid.* Die dabei zustandegekommene Bindung zwischen zwei Aminosäuren nennt man *Peptidbindung.* Peptidbindungen kann man durch eine Farbreaktion nachweisen. Dazu versetzt man eine wässrige Eiklarlösung mit Natronlauge, erwärmt sie leicht und gibt tropfenweise $CuSO_4$-Lösung hinzu. Nach kurzer Zeit ist eine Rotviolettfärbung zu beobachten. Diesen Nachweis einer Peptidbindung nennt man BIURET-Reaktion. Erhitzt man die Eiklarlösung mit Salzsäure, werden die Peptidbindungen aufgelöst. Die BIURET-Reaktion ist negativ. In der Lösung liegen viele Aminosäuremoleküle vor.

Wenn, wie beim Eiklar, mehr als 100 Aminosäuren miteinander verbunden sind, spricht man von einem Protein oder Eiweißstoff. Bei weniger als 100 Aminosäuren handelt es sich um ein *Peptid*. Bei zwei miteinander verbundenen Aminosäuren spricht man von Dipeptiden, bei drei von Tripeptiden und bei vielen Aminosäuren von Polypeptiden.

Die Eigenschaften eines Proteins sind nicht nur durch die Anzahl und Art der miteinander verknüpften Aminosäuren bestimmt, sondern auch durch deren Reihenfolge. Diese *Aminosäuresequenz* wird auch **Primärstruktur** genannt. Bei einem Protein aus 100 Aminosäuremolekülen sind unter der Annahme, dass alle 20 Aminosäuren verwendet werden, 10^{130} verschiedene Aminosäuresequenzen beziehungsweise Proteine möglich. Die extrem hohe Zahl von Kombinationsmöglichkeiten ist größer als die Anzahl aller Atome in Verbindungen des Weltalls.

Proteine haben unterschiedliche Aufgaben im Körper eines Lebewesens. Sie können diese Aufgaben nicht erfüllen, wenn sie alle den fadenförmigen Bau der Primärstruktur aufweisen würden. Proteine sind daher vielfältig räumlich geformt. So schreibt man zum Beispiel den Proteinen eines Haares folgende Raumstruktur zu: Man stellt sich das Protein um einen Zylinder gewickelt vor, sodass eine Schrauben- oder *α-Helix-Struktur* entsteht. Dabei stehen die CO- und NH-Gruppen verschiedener Peptidbindungen so übereinander, dass zwischen ihnen Wasserstoffbrückenbindungen ausgebildet werden können. Dadurch wird die Schraubenstruktur stabilisiert. Man bezeichnet solche Schraubung oder anderweitige regelmäßige Formung der Primärstruktur als **Sekundärstruktur.** Welche Sekundärstruktur ausgebildet wird, hängt von der Aminosäuresequenz oder Primärstruktur des jeweiligen Proteins ab.

Häufig ist die α-Helix-Struktur eines Proteins noch zusätzlich aufgewunden oder anderweitig geformt. Man nennt die zusätzliche räumliche Organisation **Tertiärstruktur.** Auch sie wird stabilisiert durch Wasserstoffbrückenbindungen, diesmal jedoch zwischen den Resten der Aminosäuren. Beim Erwärmen von Proteinen werden die Sekundär- und Tertiärstruktur teilweise oder ganz zerstört. Durch die Temperaturerhöhung schwingen einzelne Teile des Proteinmoleküls verstärkt hin und her. Bindungen lösen sich. Das gilt besonders für die vergleichsweise schwachen Wasserstoffbrückenbindungen. Dadurch ändert sich die *Raumstruktur* des Proteins. Als Folge seiner Strukturveränderung ändern sich seine

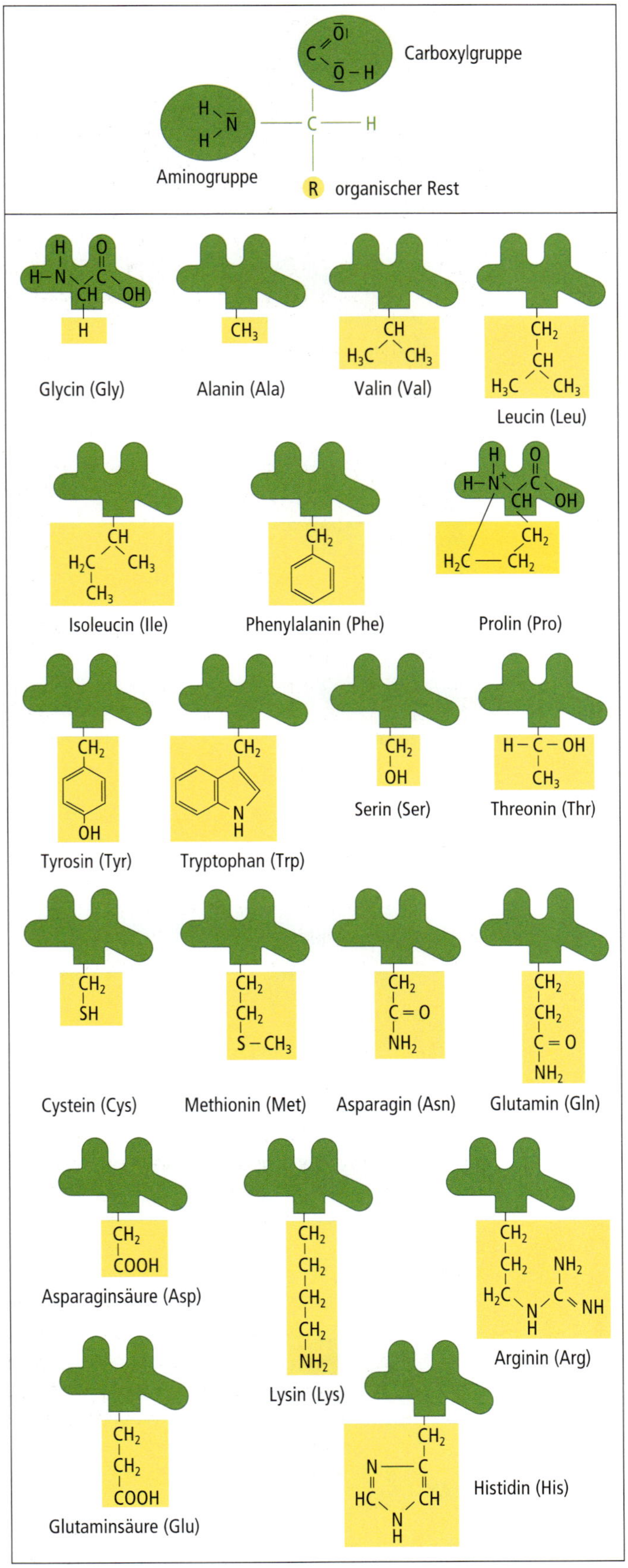

305.1 Aminosäuren

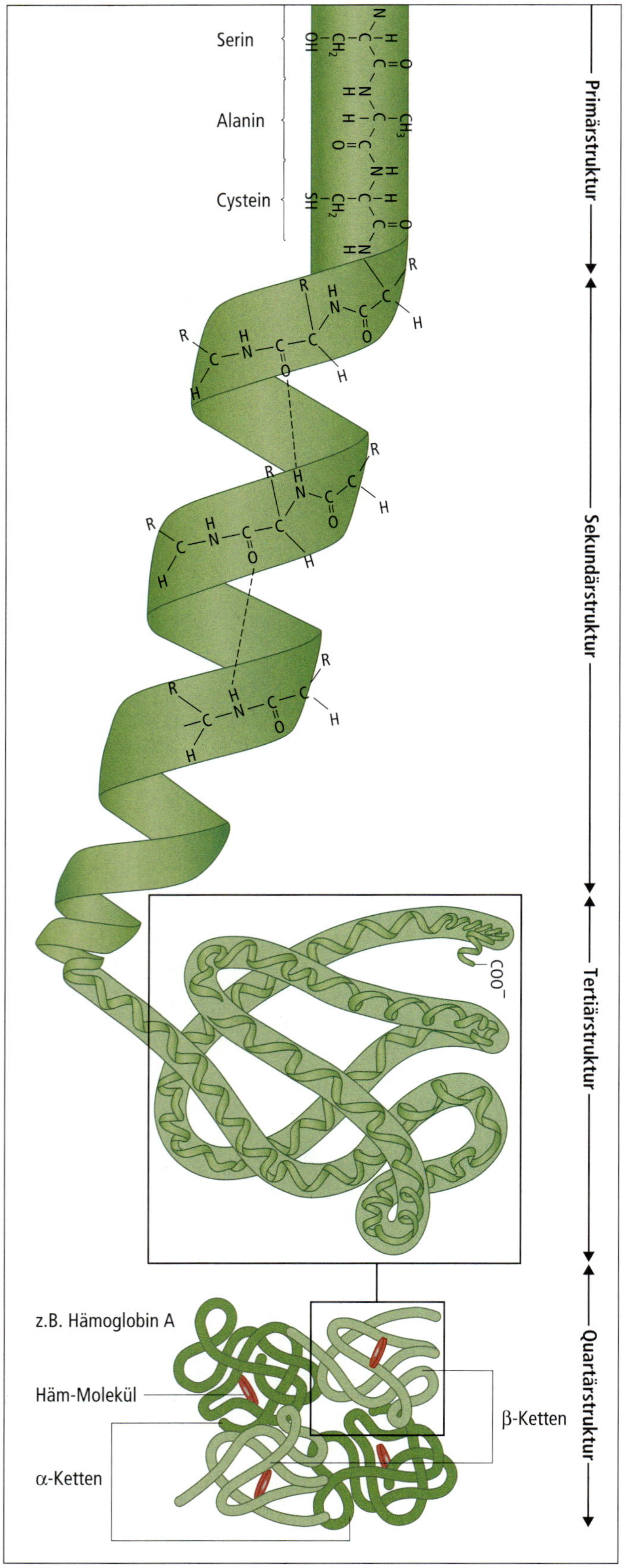

306.1 Proteinstrukturen

Eigenschaften. So wird Eiklar beim Erhitzen undurchsichtig, weiß und fest. Zudem verlieren Eiweißstoffe durch das Kochen ihre biologische Wirksamkeit. Dieser Vorgang wird als *Denaturierung* bezeichnet.

Treten mehrere in ihrer Tertiärstruktur vorliegende Polypeptidketten zu einem großen Proteinmolekül zusammen, spricht man von **Quartärstruktur.** Die Einzelketten bezeichnet man als Untereinheiten.
Eine solche Struktur findet man zum Beispiel beim roten Blutfarbstoff, dem Hämoglobin. Es besteht aus vier Polypeptidketten, von denen je zwei miteinander identisch sind: zwei α-Ketten und zwei β-Ketten.

Proteine können neben Aminosäuren auch noch Moleküle anderer Stoffe enthalten, so von Lipiden, Kohlenhydraten, Nucleinsäuren oder Farbstoffen. Man nennt diese Eiweißverbindungen dann Lipo-, Gluco- oder Nucleoproteine. Im Hämoglobin sind die vier Polypeptidketten mit je einem Häm-Molekül verbunden.

1. Beschreibe den grundsätzlichen Aufbau einer Aminosäure!
2. Prüfe folgende Aussage: Es gibt 20 verschiedene Primärstrukturen eines Peptids aus 20 Aminosäuren!
3. Lege dar, wodurch die α-Helix-Struktur eines Proteins stabilisiert wird!
4. Erläutere, weshalb man Lebensmittel durch Erhitzen haltbarer machen kann!
5. Erläutere den Sachverhalt der Quartärstruktur!
6. Nenne die international üblichen Abkürzungen für die Aminosäuren Tryptophan, Glutamin und Glutaminsäure!
7. Suche die Aminosäure mit der kürzesten Seitenkette heraus!
8. Schreibe die Strukturformeln für die Aminosäuren Glycin, Alanin, Tryptophan, Valin und Methionin auf!
9. Schreibe die Strukturformel für ein Dipeptid aus den Aminosäuren Alanin und Glycin auf! Vergleiche deine Strukturformel mit der anderer Schülerinnen und Schüler!
10. Nimm Stellung zu folgender Aussage: „Ein Peptidmolekül hat immer zwei unterschiedlich strukturierte Enden." Belege deine Stellungnahme mithilfe einer Strukturformel!
11. Erläutere, warum Eiklar beim Erhitzen seine Sekundär- und Tertiärstruktur verliert, nicht aber seine Primärstruktur!
12. Erläutere den Namen „Proteine"!
13. Bei der Bildung eines Dipeptids aus Serin und Alanin entsteht ein weiteres Reaktionsprodukt. Erläutere!

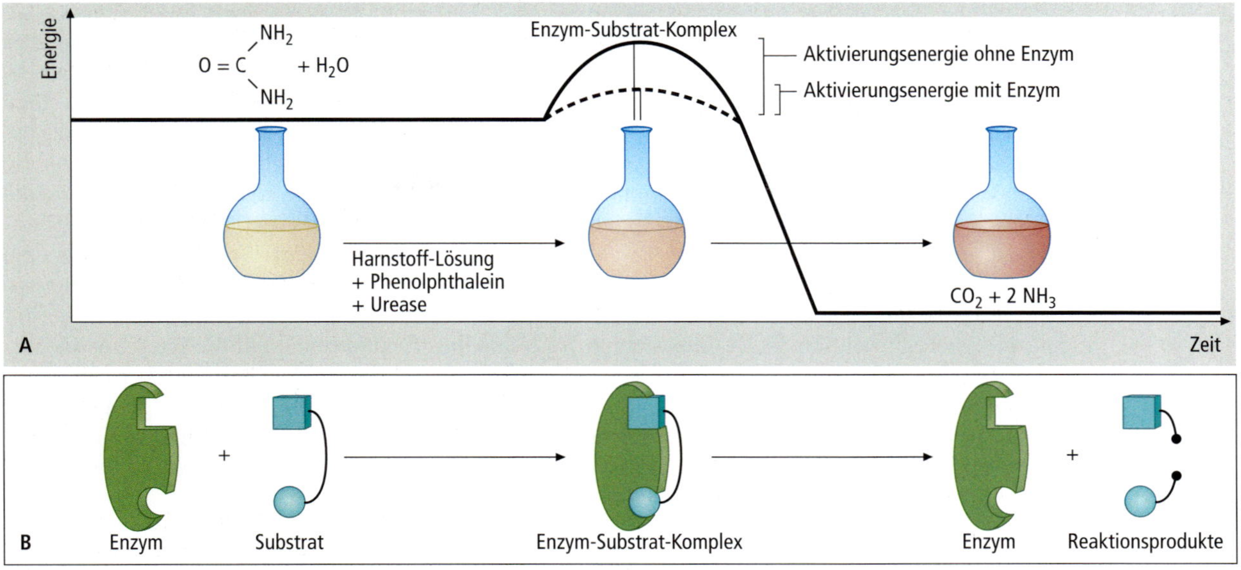

307.1 Enzymatische Zerlegung von Harnstoff. A Experiment; **B** Modellvorstellung

2 Proteine als Katalysatoren der Zelle

Wenn man etwas Harnstoff und einige Tropfen Wasser in einem Reagenzglas erhitzt, steigen stechend riechende Dämpfe auf. Dabei handelt es sich um das Gas Ammoniak. Zusätzlich entsteht Kohlenstoffdioxid. Harnstoff, $CO(NH_2)_2$, wird also in Gegenwart von Wasser (H_2O) durch die Zufuhr von Wärme in die beiden Gase Ammoniak (NH_3) und Kohlenstoffdioxid (CO_2) zerlegt:

$$CO(NH_2)_2 + H_2O \xrightarrow{\text{Wärme}} CO_2 + 2\ NH_3.$$

Löst man Harnstoff jedoch bei Zimmertemperatur in Wasser, ist kein Harnstoffzerfall feststellbar. Erst wenn man zusätzlich einige Tropfen einer Urease-Suspension hinzugibt, beginnt Harnstoff zu zerfallen. Man kann dies mithilfe des Indikators Phenolphthalein sichtbar machen. Das entstehende Ammoniak reagiert mit Wasser alkalisch und färbt so den Indikator allmählich rot. Offensichtlich fördert die in geringen Mengen zugesetzte Urease den Zerfall von Harnstoff. Urease ist ein Protein. Man nennt solche Proteine, die anstelle von Wärmezufuhr den Ablauf biochemischer Reaktionen beschleunigen und dabei nicht verbraucht werden, **Enzyme** oder *Biokatalysatoren.* Wie ist die katalytische Wirkung von Enzymen zu erklären?

Soll eine chemische Reaktion stattfinden, wie der Zerfall von Harnstoff, müssen die Reaktionspartner zunächst durch Zufuhr von Energie aktiviert werden. Diese Energie nennt man *Aktivierungsenergie.* Man kann die Aktivierungsenergie in Form von Wärme zuführen: Beim Erhitzen zerfällt Harnstoff. Soll die Reaktion jedoch bei Zimmer- oder Körpertemperatur ablaufen, muss die Aktivierungsenergie herabgesetzt werden. Diese Aufgabe übernehmen Enzyme. Mit ihrer Hilfe können biochemische Reaktionen, also Reaktionen in Lebewesen, bei so niedrigen Temperaturen ablaufen, dass für Lebewesen wichtige Stoffe und Strukturen nicht geschädigt werden.

Die Wirkungsweise eines Enzyms stellt man sich so vor: Das Enzymmolekül besitzt in einem bestimmten Bereich ein so genanntes *aktives Zentrum.* Dies ist eine Vertiefung im Proteinmolekül, die durch die besondere Formung der Peptidkette als Tertiärstruktur zustande kommt. In dieses aktive Zentrum passt der umzusetzende Stoff, das *Substrat,* wie ein Schlüssel in ein Schloss. Man spricht vom **Schlüssel-Schloss-Prinzip.** Enzym- und Substratmolekül ziehen sich an und bilden einen *Enzym-Substrat-Komplex,* so zum Beispiel auch Urease und Harnstoff. Dabei werden Bindungen im Harnstoffmolekül gelockert. In einem weiteren Schritt zerfällt dieser Komplex in die Reaktionsprodukte, in Ammoniak und Kohlenstoffdioxid. Das Enzymmolekül bleibt unverändert und kann nun die Umsetzung eines weiteren Substratmoleküls katalysieren.

Thioharnstoff, $CS(NH_2)_2$, ist in seiner Molekülstruktur dem Harnstoff ähnlich, wird jedoch durch Urease nicht gespalten. Urease katalysiert nur die Umsetzung eines spezifischen Substrats, des Harnstoffs. Eine solche *Substratspezifität* ist kennzeichnend für Enzyme. Zudem kann ein Enzym nur eine bestimmte chemische Veränderung an einem Substrat katalysieren. Man spricht von der *Wirkungsspezifität*. Häufig leitet man den Namen eines Enzyms vom Namen seines Substrats ab, dem man die Endsilbe *-ase* anhängt. So erklärt sich auch der Name der Urease (griech. *urea*, Harnstoff).

Manche Enzyme können jedoch nur aktiv sein, wenn ein „Nicht-Protein-Molekül" hinzukommt. Man bezeichnet solche Stoffe, die zusammen mit dem eigentlichen Enzym eine Reaktion katalysieren, auch als *Coenzyme*. Da sie aus einer solchen Reaktion jedoch verändert hervorgehen und sich folglich wie ein Substrat verhalten, ist die Benennung als *Cosubstrat* zutreffender.

Ein wichtiges Coenzym ist das *Adenosintriphosphat (ATP)*. Bei seinem Zerfall in Adenosindiphosphat (ADP) und einen Phosphatrest (P) wird Energie frei, die für energieaufwendige Reaktionen verwendet werden kann. Umgekehrt ist ADP als Coenzym an Reaktionen beteiligt, die ihrerseits Energie freisetzen. Diese wird in dem ATP gespeichert, das aus ADP und P aufgebaut wird. ATP steht als „Energiewährung" für alle energieaufwendigen Vorgänge zur Verfügung.

Enzymatisch gesteuerte Reaktionen sind temperaturabhängig. Im Temperaturbereich unter 30 °C gilt die Reaktionsgeschwindigkeits-Temperatur-Regel, die *RGT-Regel*. Bei einer Erhöhung der Temperatur um 10 °C verdoppelt sich die Reaktionsgeschwindigkeit. Man erklärt dies damit, dass die Moleküle sich mit steigender Temperatur schneller bewegen und somit die Bindung des Enzyms an das Substrat erleichtert wird. Man bezeichnet diesen Vorgang als Aktivierung. Eine darüber hinausgehende Temperaturerhöhung bewirkt, dass bei immer mehr Enzymmolekülen die Sekundär- und Tertiärstruktur zerstört wird, die Enzyme werden *denaturiert*. Durch diese Denaturierung verlieren sie ihre Wirksamkeit, sodass die Substratmoleküle immer weniger gut in das zunehmend verformte aktive Zentrum passen. Im *Temperaturoptimum* hat ein Enzym seine höchste Wirksamkeit. Neben der Temperatur beeinflussen weitere Faktoren die Enzymaktivität: pH-Wert, Konzentration von Substrat und Enzym, bestimmte Kationen wie die von Quecksilber, Blei und Cadmium.

1. Nenne die Stoffgruppe, zu der Enzyme gehören!
2. Beschreibe das Wirkungsprinzip von Enzymen!
3. Erkläre die Wirkungsspezifität eines Enzyms mithilfe des Schlüssel-Schloss-Prinzips!
4. Erkläre, warum man Coenzyme auch Cosubstrate nennt!
5. Bilde den Namen des Enzyms, das den Malzzucker, die Maltose, zerlegt!
6. Erläutere folgende Aussage: „Enzyme ermöglichen den Ablauf biochemischer Reaktionen bei biologisch sinnvollen Temperaturen!"
7. Überprüfe folgende Behauptung: „Es gibt so viele verschiedene Enzyme wie biochemische Reaktionen!"
8. Der Saft der Bauchspeicheldrüse enthält verschiedene Enzyme zur Spaltung unterschiedlicher Nahrungsbestandteile. Erläutere anhand dieses Sachverhaltes das Basiskonzept „Struktur und Funktion"!
9. Erläutere die Bedeutung von ATP!

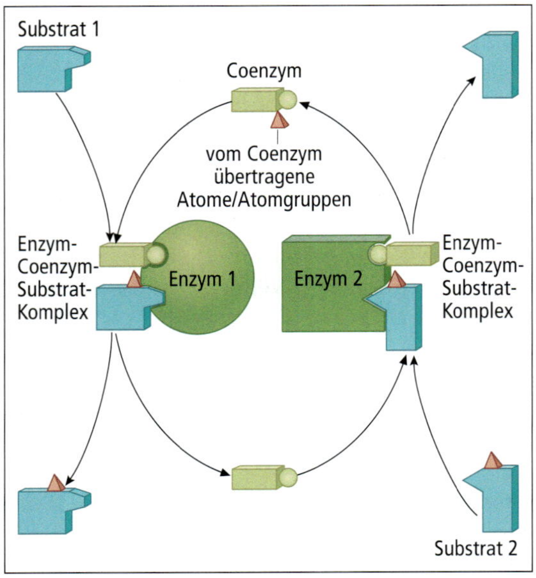

308.1 **Coenzyme**

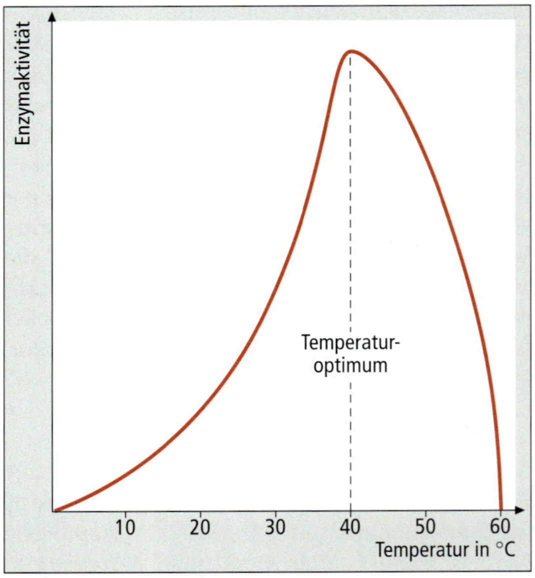

308.2 **Temperatur und Enzymaktivität**

EXKURS Schlüssel-Schloss-Prinzip – eine Modellvorstellung

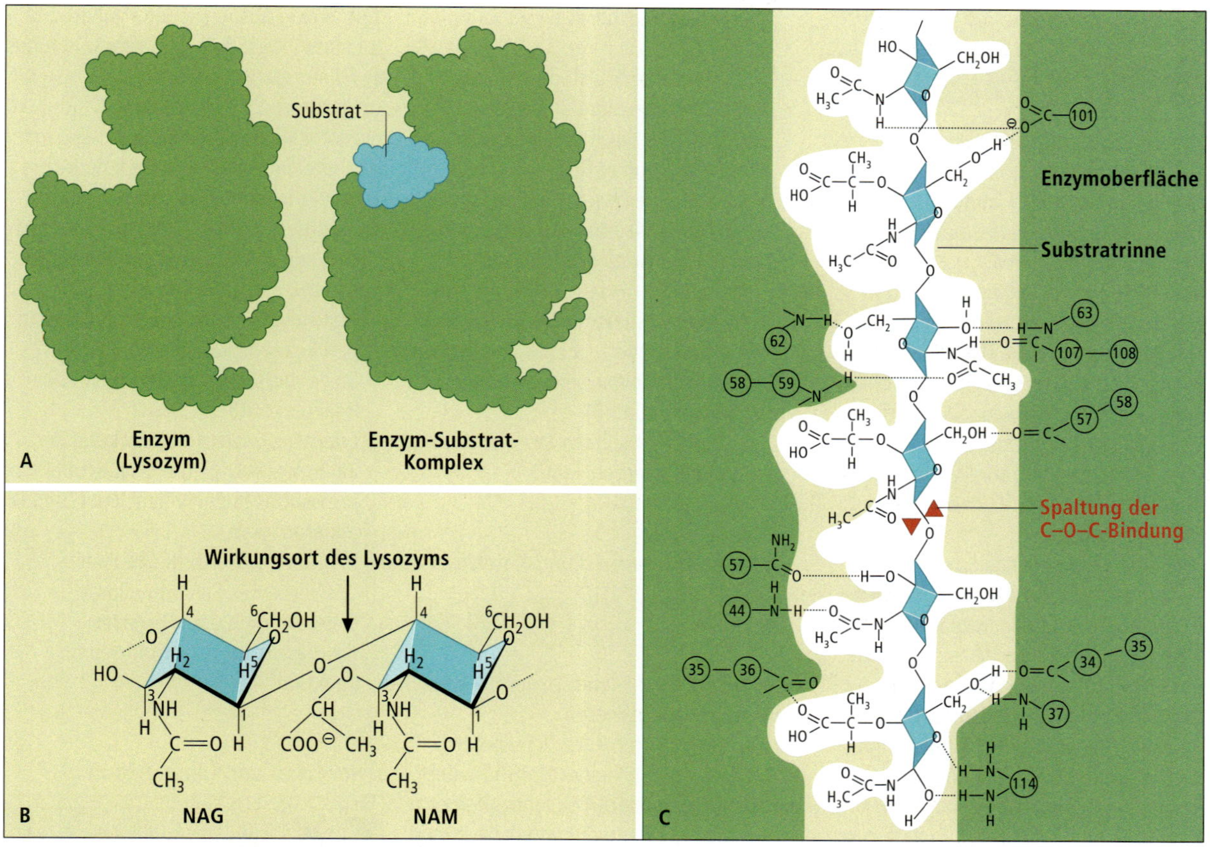

309.1 Lysozym. A Enzym-Substrat-Komplex; **B** Wirkungsort; **C** Substratrinne (Ausschnitt)

Als Alexander FLEMING 1922 einige Tropfen Nasenschleim zu einer Bakterienkultur gab, starb ein Großteil der Bakterien ab. FLEMING vermutete, dass sich im Schleim ein Bakterien auflösendes Enzym befinde. Er nannte es *Lysozym*. Inzwischen hat man die Wirkung dieses Enzyms aufgeklärt.

Das Lysozym löst die Zellwände von Bakterien auf. Dazu baut es Murein, einen Stoff der bakteriellen Zellwand, ab. Murein besteht aus miteinander vernetzten, stärkeähnlichen Molekülketten. Diese Ketten wiederum sind aus NAG- und NAM-Molekülen aufgebaut, die abwechselnd miteinander verbunden sind. Diese Bindungen werden vom Lysozym aufgelöst.

Lysozym ist ein Protein aus 129 Aminosäuren. Seine Raumstruktur ist vollständig aufgeklärt. Man kann seine Gestalt als eiförmig bezeichnen. An seiner Oberfläche bildet es eine tiefe Rinne, die das Substratmolekül aufnimmt. Auf der einen Seite dieser Rinne befinden sich unter anderem die Aminosäuren der fortlaufenden Aminosäuresequenz 35, 36, 44, 57, 58 und 62, auf der anderen Seite die Aminosäuren 114, 37, 34, 35, 57, 58, 107, 108, 63 und 101. In diese Rinne passt ein sechs NAG- und NAM-Moleküle umfassender Bereich des Substrats. Beim Anlagern dieses Bereichs „verbiegt" sich ein Teil der Polypeptidkette des Lysozymmoleküls. Man spricht von einer *induzierten Anpassung* des Enzymmoleküls an das Substratmolekül. Zwischen beiden Molekülen werden im Bereich der Substratrinne Wasserstoffbrückenbindungen ausgebildet. Dadurch entsteht im NAM-Molekül eine Spannung. Diese Spannung schwächt Bindungen im NAM-Molekül, was wiederum die Spaltung der C-O-C-Bindung zwischen einem NAM- und einem NAG-Molekül erleichtert. Die Schwächung der Bindung entspricht der Herabsetzung der Aktivierungsenergie. Die Spaltung der Bindungen zwischen vielen NAM- und NAG-Molekülen führt zur Auflösung der Zellwand und somit zum Tod des Bakteriums.

Man vergleicht die räumliche Passung von Substrat- und Enzymmolekül im Bereich der Substratrinne mit dem Passen eines Schlüssels zu einem Schloss. Man spricht daher vom **Schlüssel-Schloss-Prinzip.** Es ist eine vereinfachte Vorstellung von einer Struktur der Wirklichkeit, darf jedoch nicht mit dieser verwechselt werden. Man bezeichnet solche vereinfachten Vorstellungen von Strukturen der Wirklichkeit als **Modelle.**

1. Erläutere das Schlüssel-Schloss-Prinzip!
2. Erläutere, inwiefern das Schlüssel-Schloss-Prinzip eine Vereinfachung ist!

PRAKTIKUM Enzyme

1 Urease und Harnstoff

Hinweis: Bromthymolblau ist ein Säure-Base-Indikator, der im sauren Bereich eine gelbe Farbe und im alkalischen Bereich eine blaue Farbe ausbildet. Zur Herstellung gibt man 0,1 g Bromthymolblau in 100 ml 20%igen Ethanol (F).

Material: Harnstoff; Harnstoff-Lösung (2%ig); Urease-Lösung (0,2%ig, Xi); Bromthymolblau-Lösung; pH-Universalindikatorpapier; Reagenzglasständer; 3 Reagenzgläser mit passenden Stopfen; Gasbrenner; Reagenzglasklammer; Spatel; Pipetten; Essigsäure (0,2%ig)

Durchführung:

A Fülle in ein Reagenzglas zwei Spatelspitzen Harnstoff! Erhitze das Reagenzglas mithilfe der Reagenzglasklammer über dem Gasbrenner bis zum Sieden! Prüfe vorsichtig den entstandenen Geruch! Befeuchte ein Stück Indikatorpapier, knicke es und befestige es mithilfe eines Stopfens am Rand des Reagenzglases!

B Fülle in ein Reagenzglas 4 ml der Harnstoff-Lösung! Erhitze sie mithilfe der Reagenzglasklammer über dem Gasbrenner bis zum Sieden! Prüfe den entstandenen Geruch! Befeuchte ein Stück Indikatorpapier und befestige es mithilfe eines Stopfens!

C Fülle in ein Reagenzglas 3 ml der Harnstoff-Lösung! Tropfe 5 Tropfen der Bromthymolblau-Lösung hinzu! Gib nun 1 ml der Urease-Lösung hinzu! Mische die Lösung!

D Füge nach Beendigung von Versuch C tropfenweise Essigsäure zu dem Gemisch, bis die Indikatorfärbung eine saure Lösung ausweist! Pipettiere nun erneut 3 ml der Harnstoff-Lösung in das Reagenzglas und mische gut durch! Dieser Versuch kann wiederholt werden, solange die Zeit reicht.

Aufgaben:

a) Protokolliere deine Beobachtungen!

b) Deute die Versuche, indem du folgende Teilaufgaben bearbeitest:
- Welche chemische Reaktion findet in allen vier Reagenzgläsern statt? Stelle das Reaktionsschema dieser Reaktion auf!
- Weshalb verfärbt sich das feuchte Indikatorpapier bei den Versuchen A und B? Stelle das Reaktionsschema dieser Reaktion auf!
- Weshalb verfärbt sich der Indikator Bromthymolblau bei den Versuchen C und D? Stelle das Reaktionsschema auf!
- Erläutere, weshalb die Versuchsansätze bei den Versuchen C und D nicht erhitzt werden müssen wie in den Versuchen A und B!
- Erläutere, weshalb der Versuch D oft wiederholt werden kann!

2 Wasserstoffperoxid und Katalase

Hinweis: Mit der Glimmspanprobe wird Sauerstoff nachgewiesen.

Material: Kartoffel; Kartoffelreibe; Becherglas (250 ml); kleines Haushaltssieb; Reagenzglasständer; 4 Reagenzgläser; Reagenzglasklammer; Pipetten; Gasbrenner; Glimmspäne; Wasserstoffperoxid-Lösung (3%ig, Xi); Zigarettenasche; Spatel

Durchführung:

A Reibe die Kartoffel auf der Kartoffelreibe und fange den Brei in dem kleinen Haushaltssieb auf! Lege das Sieb dabei auf das Becherglas! Drücke den Kartoffelbrei anschließend auf dem Sieb aus, sodass die Flüssigkeit in das Becherglas tropft!

B Fülle in ein Reagenzglas 5 ml Wasserstoffperoxid-Lösung und führe die Glimmspanprobe durch!

C Fülle in ein Reagenzglas 5 ml Wasserstoffperoxid-Lösung sowie eine Spatelspitze Zigarettenasche und führe die Glimmspanprobe durch!

D Fülle in ein Reagenzglas 5 ml Wasserstoffperoxid-Lösung sowie 1 ml des Kartoffelpresssaftes und führe die Glimmspanprobe durch!

E Erhitze in einem Reagenzglas mithilfe der Reagenzglasklammer 2 ml des Kartoffelpresssaftes bis zum Sieden! Fülle nun in ein Reagenzglas 5 ml Wasserstoffperoxid-Lösung sowie 1 ml des abgekochten Kartoffelpresssaftes und führe die Glimmspanprobe durch!

Aufgaben:

a) Protokolliere deine Beobachtungen!

b) Deute die Versuche, indem du folgende Teilaufgaben bearbeitest:
- Erläutere, welche Schlussfolgerungen sich aus der Glimmspanprobe ziehen lassen!
- Welche chemische Reaktion findet in den Reagenzgläsern C und D statt? Stelle das Reaktionsschema dieser Reaktion auf!
- Erläutere, wie sich die Wirkung der Zigarettenasche und des Kartoffelpresssaftes in den Versuchen C und D erklären lässt!
- Erläutere, wie sich die Beobachtung des Versuches E erklären lässt!
- Erläutere an diesem Beispiel das Basiskonzept „Struktur und Funktion"!

3 Harnstoff und Thioharnstoff

Hinweis: Thioharnstoff unterscheidet sich chemisch vom Harnstoff nur dadurch, dass im Molekül statt des Sauerstoffatoms ein Schwefelatom mit dem Kohlenstoffatom verbunden ist.

Material: Harnstoff-Lösung (2%ig); Thioharnstoff-Lösung (2%ig, Xn, N); Urease-Lösung (0,2%ig, Xi); Bromthymolblau-Lösung; 2 Petrischalen; Pipetten

Durchführung: Gib in eine der Petrischalen 8 ml Harnstoff-Lösung, in die andere Petrischale 8 ml der Thioharnstoff-Lösung! Der Boden der Petrischalen muss bedeckt sein. In beide Petrischalen werden 10 Tropfen Bromthymolblau-Lösung pipettiert. Gib nun jeweils 2 ml Urease-Lösung in beide Petrischalen und mische die Lösungen gut durch!

Aufgaben:

a) Protokolliere deine Beobachtungen!

b) Deute deine Beobachtungen!

c) Erläutere an diesem Beispiel das Basiskonzept „Struktur und Funktion"!

4 Enzyme und Temperatur

Hinweis: Die Bäckerhefe ist ein einzelliger Pilz, der Glucose abbauen kann. Dabei entsteht gasförmiges Kohlenstoffdioxid (CO_2), das von den Hefepilzen abgegeben wird. Der Abbau erfolgt im Inneren der Hefezellen in einer Reaktionskette, bei der jede einzelne Reaktion durch ein bestimmtes Enzym katalysiert wird.
Material: Heizrührgerät mit Rührkern; Becherglas (250 ml); 2 Erlenmeyerkolben (250 ml); Gärröhrchen; Eiswürfel; Thermometer; Waage; Pipetten; Bäckerhefe; Glucose-Lösung (10%ig)
Durchführung: Stelle in einem Erlenmeyerkolben 100 ml einer 10%igen Glucose-Lösung her! Vermische in dem zweiten Erlenmeyerkolben etwa die Hälfte einer Packung Bäckerhefe mit 100 ml Wasser! Fülle das Becherglas mit etwa 200 ml Wasser! Es dient als Wasserbad. Pipettiere 8 ml der Glucose-Lösung und 8 ml der Hefesuspension in das Gärröhrchen und mische gut durch! Der Ansatz wird sofort in das Wasserbad gestellt. Es wird bei folgenden Temperaturen gemessen: 10 °C (Eis!), Zimmertemperatur, 30 °C, 40 °C, 60 °C, 80 °C. Alle Temperaturen, die höher als die Zimmertemperatur liegen, müssen zunächst mithilfe des Heizrührers im Wasserbad eingestellt werden. Erst dann kann der jeweilige Versuch gestartet werden. Nach jeweils 10 Minuten wird an der Kalibrierung des Gärröhrchens die gebildete Gasmenge abgelesen. Nach jedem Versuch wird das verwendete Gärröhrchen gut mit Wasser ausgespült.
Aufgaben:
a) Protokolliere deine Beobachtungen!
b) Stelle die gemessenen Daten in einem Koordinatensystem dar (Ordinate: Kohlenstoffdioxidmenge; Abszisse: Temperatur)!
c) Deute die Kurve mithilfe deiner Kenntnisse über den Bau von Enzymen!
d) Erläutere an diesem Beispiel das Basiskonzept „Stoff- und Energieumwandlung"!

5 Enzyme und Konzentration

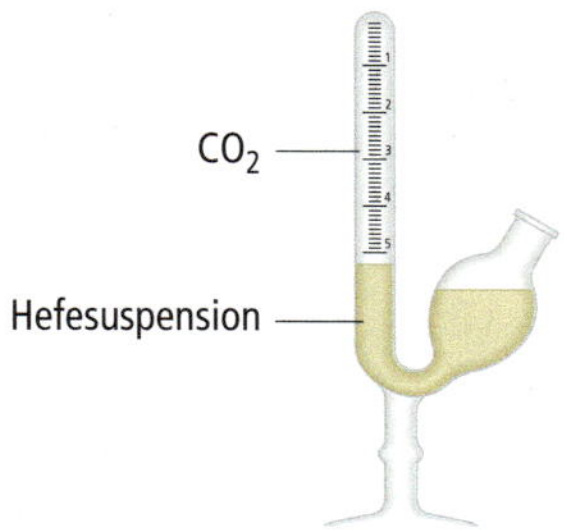

Material: Reagenzglasständer; 10 Reagenzgläser; Gärröhrchen; Waage; Glucose-Lösung (0,01%ig, 0,05%ig, 0,1%ig, 0,5%ig, 1%ig, 2%ig, 3%ig, 5%ig, 10%ig, 15%ig); Hefesuspension (aus Versuch 4); Pipetten; Spatel
Durchführung: Stelle zunächst mithilfe der Waage 10 ml der Glucose-Lösungen in den verschiedenen Konzentrationen in den 10 Reagenzgläsern her! In einem Gärröhrchen werden anschließend jeweils 8 ml einer Glucose-Lösung und 8 ml der Hefesuspension gemischt. Lies jeweils nach 10 Minuten die gebildete Gasmenge an der Kalibrierung des Gärröhrchens ab!
Aufgaben:
a) Protokolliere deine Beobachtungen!
b) Stelle die gemessenen Daten grafisch in einem Koordinatensystem dar (Ordinate: Kohlenstoffdioxidmenge; Abszisse: Temperatur)!
c) Deute die entstandene Kurve mithilfe deiner Kenntnisse über die Funktion des aktiven Zentrums von Enzymen!

6 Enzyme in Waschmitteln

Material: 4 Bechergläser (100 ml); 3 Bechergläser (250 ml); Gasbrenner mit Dreifuß und Keramikdrahtnetz; Teelöffel; Puddingpulver; Gelatine; Vollwaschmittel; Kühlschrank
Durchführung:
A Mithilfe eines Gasbrenners werden in einem Becherglas (250 ml) etwa 200 ml Wasser erhitzt. Fülle in das heiße Wasser unter Rühren den Inhalt einer Packung Puddingpulver ein! Verteile den noch warmen Inhalt auf zwei weitere Bechergläser (100 ml)!
B Setze in einem Becherglas (250 ml) eine Mischung aus 150 ml Wasser und 3 Teelöffeln Vollwaschmittel an! Mische gut durch!
C Ein Becherglas mit Pudding wird mit der Vollwaschmittel-Lösung überschichtet. Stelle beide Bechergläser in den Kühlschrank!
D In ein Becherglas (250 ml) werden etwa 200 ml Wasser gefüllt und mithilfe des Gasbrenners erhitzt. Rühre in das warme Wasser etwa die Hälfte des Inhalts einer Gelatine-Packung ein! Verteile den Inhalt auf zwei weitere Bechergläser (100 ml)!
E Ein Becherglas mit Gelatine wird mit Vollwaschmittel-Lösung überschichtet. Stelle beide Bechergläser in den Kühlschrank!
Aufgaben:
a) Protokolliere deine Beobachtungen!
b) Deute deine Beobachtungen!
c) Erläutere die Bedeutung der Enzyme in Vollwaschmitteln!

7 Enzyme und Schwermetalle

Material: Harnstoff-Lösung (2%ig); Urease-Lösung (0,2%ig, Xi); Bromthymolblau-Lösung; Kupfersulfat-Lösung (10^{-3} mol/l, Xn, N); Reagenzglasständer mit 2 Reagenzgläsern; Pipetten
Durchführung: Pipettiere in die beiden Reagenzgläser je 5 ml Harnstoff-Lösung und einige Tropfen Bromthymolblau-Lösung! Gib zum ersten Reagenzglas 1 ml der Kupfersulfat-Lösung und zum zweiten Reagenzglas 1 ml Wasser! Starte den Versuch durch die Zugabe von je 1 ml Urease-Lösung zu den beiden Versuchsansätzen! Schüttle gut durch!
Aufgaben:
a) Protokolliere deine Beobachtungen!
b) Deute deine Beobachtungen!

METHODE Lösen einer materialgebundenen Aufgabe

Eine materialgebundene Aufgabe besteht aus einem Material (Zeichnung, Graph, Text) und darauf bezogenen Aufgaben. Lies beides sorgfältig durch!

Thema: Temperatur und Reaktionsgeschwindigkeit bei Enzymreaktionen

Material:

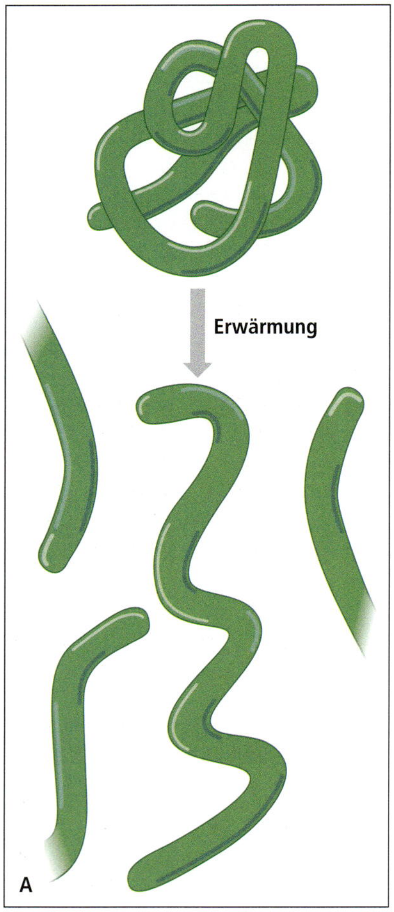

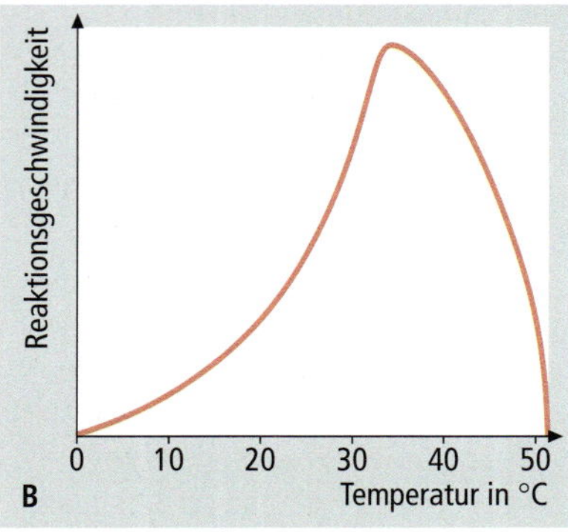

Aufgaben:
a) Beschreibe die Befunde in Material B!
b) Erläutere die Befunde mithilfe von Material A!

Bei der Bearbeitung einer Aufgabe sind Grundsätze zu beachten, die jedoch nicht zur Lösung gehören. Man muss zahlreiche Zwischenüberlegungen anstellen, die bei der Bearbeitung helfen, jedoch ebenfalls nicht zur eigentlichen Lösung gehören. Die Ausführungen zur Lösung sollten sich auf das Wesentliche beschränken.

Grundsatz 1: Eine Beschreibung darf keine erklärenden Aussagen vorwegnehmen!
Grundsatz 2: Bei der Beschreibung sollte vorweg kurz mitgeteilt werden, worum es in dem Material geht!

Zu Aufgabe a):
Es geht um die Abhängigkeit der Reaktionsgeschwindigkeit, der abhängigen Variablen, von der Temperatur, der unabhängigen Variablen. Mit steigender Temperatur nimmt die Reaktionsgeschwindigkeit überproportional zu, man könnte eine exponentielle Abhängigkeit erkennen. Ab 35 °C verlangsamt sich die Zunahme, stagniert und nimmt ab 40 °C schließlich rapide ab.

Grundsatz 3: Man kann besser erklären oder in einen erklärenden Zusammenhang bringen, was man beschrieben hat!

Zu Aufgabe b):
Material A behandelt offensichtlich die Raumstruktur eines Moleküls vor und nach Wärmezufuhr. Vor der Erwärmung liegt eine spezifische Raumstruktur vor. Nach dem Erwärmen ist das Molekül in vier (oder mehr) Teile zerfallen, die spezifische Raumstruktur ist verloren gegangen.

Grundsatz 4: Man kann nur erklären oder in einen erklärenden Zusammenhang stellen, was man in Teilen, in erweiterter oder in abgewandelter Form kennengelernt hat.

Also ist es sinnvoll und hilfreich, für die beiden Materialien A und B Begriffslisten oder Aussagelisten anzufertigen.

Material A
Schlüssel-Schloss-Prinzip
Raumstruktur
Proteinmolekül
Enzyme
Wasserstoffbrückenbindungen
aktives Zentrum
Verlust der Raumstruktur bei Erwärmung

Material B
Reaktionsgeschwindigkeit
Temperatur und Teilchenbewegung
RGT-Regel
Enzymaktivität
Zunahme der Reaktionsgeschwindigkeit bei steigender Temperatur

Grundsatz 5: Nicht alle Aussagen eines Materials sind durch dieselbe Erklärung verständlich zu machen. Daher sollte man ein Material, wenn erforderlich, in Erklärungsbereiche unterteilen.

Die Kurve in Material B sollte in den Bereich I exponentieller Zunahme (bis etwa 35 °C) und den Bereich II Stagnation / Abnahme der Reaktionsgeschwindigkeit unterteilt werden.

Bereich I: Mit steigender Temperatur erhöht sich die Teilchengeschwindigkeit und damit die Wucht des Aufpralls; gleichzeitig erhöht sich die Auftreffwahrscheinlichkeit von Enzym- und Substratmolekül. Beide Effekte fördern die Reaktionsgeschwindigkeit.
Bereich II: Die für den Bereich I bedeutsamen Effekte liegen auch hier vor, sind aber nicht wirksam. Ein dritter Effekt ist wirksamer: Die zunehmenden Schwingungen im Enzymmolekül lösen Bindungen und führen zum Verlust der Raumstruktur. Die Spezifität des aktiven Zentrums geht verloren und damit sinkt die Reaktionsgeschwindigkeit.

Nun ist die Aufgabe perfekt gelöst!

RÜCKBLICK mit Basiskonzepten: Enzyme im Stoffwechsel

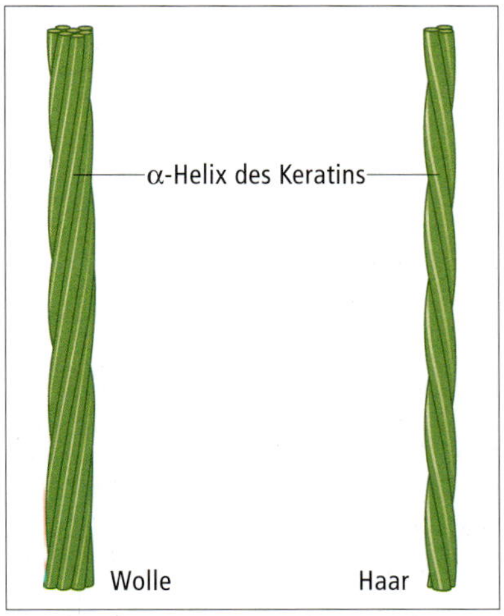

313.1 Keratin – ein Strukturprotein

Proteintyp	Funktion
Strukturproteine	Formgebung, Halt
Speicherproteine	Speicherung von Aminosäuren
Transportproteine	Transport von Stoffen
Hormonproteine	Koordination der Aktivitäten eines Organismus
Rezeptorproteine	Reaktion einer Zelle auf chemische Reize
kontraktile Proteine	Bewegung
Abwehrproteine	Schutz vor Krankheit
enzymatische Proteine	Beschleunigung chemischer Reaktionen

313.2 Proteintypen und ihre Funktion

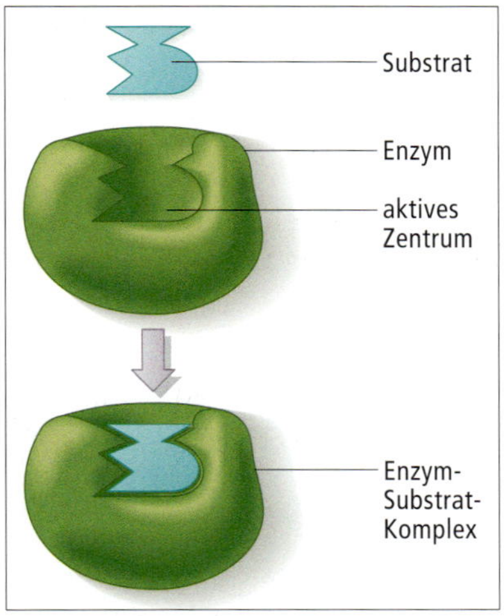

313.3 Enzymprotein – Schlüssel-Schloss-Prinzip

Die drei am häufigsten vertretenen Stoffgruppen in Zellen sind Kohlenhydrate, Fette und Proteine. Innerhalb dieser Gruppen nehmen die Proteine den ersten Rang ein. Proteine machen mehr als 50 Prozent der Masse der meisten Zellen aus. In Zellen sind sie Werkzeug für fast alle biochemischen Reaktionen, Signalträger bei Informationsvorgängen und Bestandteil fast aller Strukturbausteine wie zum Beispiel der Haare.

Die Grundlage dieser Vielfalt bilden die Bausteine der Proteine, die *Aminosäuren*. Jede der 20 verschiedenen Aminosäuren trägt an einem zentralen Kohlenstoffatom ein Wasserstoffatom, eine Aminogruppe, eine Carboxylgruppe und einen organischen Rest. Durch diesen organischen Rest unterscheiden sich die verschiedenen Aminosäuren. Über die Aminogruppe einer Aminosäure und die Carboxylgruppe einer zweiten Aminosäure sind die Aminosäuren eines Proteinmoleküls miteinander verbunden. Man spricht von einer *Peptidbindung*. Die Abfolge der Aminosäuren in einem Proteinmolekül ist bei jedem Protein unterschiedlich. Man nennt sie *Aminosäuresequenz* oder *Primärstruktur*. Die meisten Proteine haben in ihrer Kette aufeinanderfolgender Aminosäuren Abschnitte, die in sich gedreht oder gefaltet sind. Diese *Sekundärstruktur* wird durch Wasserstoffbrückenbindungen zwischen polaren Gruppen der Peptidbindungen stabilisiert. Eine weitere Formung der Sekundärstruktur ergibt die *Tertiärstruktur*. Sie wird durch Wechselwirkungen zwischen den organischen Resten der miteinander verknüpften Aminosäuren erreicht. Viele Proteine wie das Hämoglobin setzen sich aus mehreren spezifisch geformten, voneinander getrennten Proteinketten, den Untereinheiten, zusammen. Man spricht dann von der *Quartärstruktur* eines Proteins. Welche Raumstruktur und damit welche Funktion ein Protein hat, ist bestimmt durch seine Aminosäuresequenz. Dies ist kennzeichnend für das **Basiskonzept „Struktur und Funktion"**.

In Zellen laufen weit über 500 verschiedene chemische Reaktionen ab. Dabei werden zum einen Stoffe wie Glucose abgebaut, um benötigte Energie für Lebensvorgänge freizusetzen. Zum anderen werden Stoffe wie das Hämoglobin aufgebaut, um für Lebewesen benötigte Strukturen herstellen zu können. Dieser Auf- und Abbau von Stoffen ist kennzeichnend für das **Basiskonzept „Stoff- und Energieumwandlung"**.

Bei Temperaturen allerdings, wie sie in Lebewesen vorliegen, würden die meisten chemischen Reaktionen nur sehr langsam ablaufen. Eine Aktivierung durch höhere Temperaturen ist nicht möglich, da bei höheren Temperaturen körpereigene Stoffe wie die hitzeempfindlichen Proteine zerstört würden. Zur Lösung dieses Problems haben alle Lebewesen, Pilze, Pflanzen und Tiere, dieselbe Strategie entwickelt: *Enzyme*. Dies ist Ausdruck des **Basiskonzepts „Stammesgeschichtliche Verwandtschaft"**.

Es gibt so viele Enzyme wie biochemische Reaktionen. Dabei katalysiert ein Enzym jeweils eine bestimmte Veränderung eines bestimmten Stoffes, den man auch Substrat nennt. Enzyme sind also *wirkungs-* und *substratspezifisch.* Dafür gibt es folgende Erklärung: Enzyme sind Proteine und haben eine spezifische Raumstruktur. Ein bestimmter Bereich, das *aktive Zentrum,* ist passend zur Raumstruktur des Substrats. Man spricht vom *Schlüssel-Schloss-Prinzip*. Ein Enzym mit einer bestimmten Raumstruktur kann also ein bestimmtes Substrat verändern. Die Aktivität von Enzymen ist temperaturabhängig. Nach der *Reaktionsgeschwindigkeits-Temperatur-Regel* bewirkt eine Temperaturerhöhung von 10 °C eine Verdopplung der Reaktionsgeschwindigkeit. Bei weiterer Temperaturerhöhung allerdings wird die Raumstruktur der Enzymmoleküle zerstört, sie werden *denaturiert*.

Molekulargenetik

314.1 James WATSON und Francis CRICK mit einem Modell der DNA

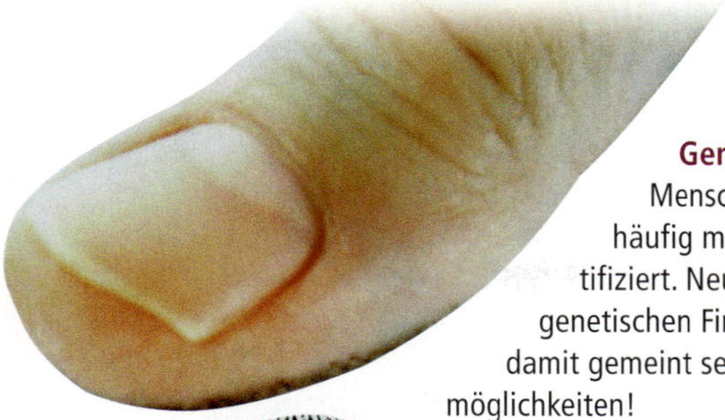

Genetischer Fingerabdruck. Menschen werden in der Kriminalistik häufig mit einem Fingerabdruck identifiziert. Neuerdings gibt es auch den genetischen Fingerabdruck. Überlege, was damit gemeint sein könnte! Nenne Einsatzmöglichkeiten!

Elektronenmikroskop und Lichtmikroskop. Feinstrukturen in der Zelle können oft nur mit dem Elektronenmikroskop sichtbar gemacht werden. Vergleiche die beiden Abbildungen und ordne sie dem Elektronenmikroskop und Lichtmikroskop zu! Informiere dich über das Auflösungsvermögen, welches mit dem Elektronenmikroskop erreicht werden kann!

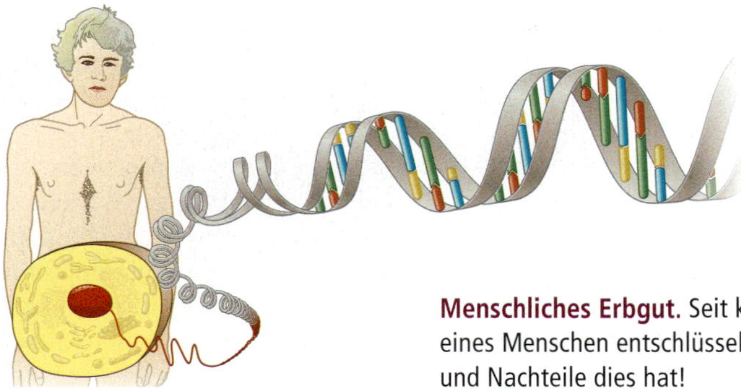

Menschliches Erbgut. Seit kurzer Zeit ist die genetische Information eines Menschen entschlüsselt. Diskutiert in der Gruppe, welche Vorteile und Nachteile dies hat!

James WATSON und Francis CRICK mit einem Modell der DNA. Die beiden Wissenschaftler WATSON und CRICK haben den Aufbau der DNA entdeckt und dazu ein Modell entwickelt. Informiere dich über das Wirken beider Forscher!

Planung.

Alle Schülerinnen und Schüler der Klasse bekommen drei DIN-A5-Karteikarten. Jeder schreibt nun auf jeweils eine Karte, was seiner Meinung nach bei der Besprechung des Themas „Molekulargenetik" besonders wichtig ist.
Die Buchstaben sollten möglichst groß geschrieben werden. Die Karteikarten werden gesammelt und gut gemischt. Alle Karten werden mit Klebeband an die Tafel geheftet. Nun werden die Begriffe geordnet, sodass ein Plan für den nachfolgenden Unterricht entsteht.

1 Zellbiologische Grundlagen der Molekulargenetik

1.1 Der Bau der Zelle im elektronenmikroskopischen Bild

Betrachtet man Gegenstände aus der Nähe, so dürfen sie eine bestimmte Mindestgröße nicht unterschreiten: Objekte, die kleiner sind als etwa 0,1 Millimeter, kann der Mensch nicht mehr erkennen. Diese Grenze beruht auf dem Auflösungsvermögen des menschlichen Auges.

Der Mensch kann Hilfsmittel wie Lupen und Mikroskope bauen und benutzen, um besonders kleine Objekte zu untersuchen. Leistungsfähige *Lichtmikroskope* erhöhen das Auflösungsvermögen bis hin zur Unterscheidung von Gegenständen, die etwa ein Mikrometer groß sind. Bei Pflanzenzellen beispielsweise lassen sich so die Zellwand, der Zellkern und die Vakuole erkennen. Grüne Pflanzenteile enthalten in ihren Zellen Chloroplasten. Das Zellplasma erscheint im lichtmikroskopischen Bild als eine undeutlich strukturierte Masse. Will man mehr über den Feinbau des Zellplasmas und der anderen Zellbestandteile erfahren, so reicht auch das Auflösungsvermögen des Lichtmikroskops nicht aus.

Beim *Elektronenmikroskop* werden zur Durchstrahlung eines biologischen Objektes statt der Lichtstrahlen Elektronenstrahlen benutzt. Die Auflösungsgrenze des Lichtmikroskops wird durch die Wellenlänge des sichtbaren Lichtes bestimmt, die zwischen 400 und 700 Nanometern liegt. Elektronen können wie das Licht sowohl als Teilchen als auch als Wellen beschrieben werden. Deren Länge bestimmt die Auflösungsgrenze des Elektronenmikroskops. Die Wellenlänge von Elektronenstrahlen ist von der Geschwindigkeit der Elektronen abhängig. Beschleunigt man die Elektronen in einem Elektronenmikroskop auf zwei Drittel der Lichtgeschwindigkeit und durchstrahlt damit ein biologisches Objekt, so steigt das Auflösungsvermögen auf einen Wert von 0,1 Nanometer.

Mithilfe dieser Technik wurden viele weitere Zellbestandteile entdeckt. Auch der Feinbau der bis dahin bekannten Zellbestandteile konnte untersucht werden. Es konnten auch Bakterienzellen untersucht werden, was mit dem Lichtmikroskop aufgrund ihrer geringen Größe unmöglich ist.

Bei solchen Untersuchungen entdeckte man, dass bei tierischen und pflanzlichen Zellen der Zellkern von zwei Membranen umgeben wird, die einen flachen Hohlraum einschließen. Es sind Poren zu sehen, die groß genug sind, um große Moleküle hindurchzulassen. So kann zwischen dem Zellplasma und dem Zellkern ein ungehinderter Stoffaustausch stattfinden.
Ähnlich wie die Kernhülle aussehende membranumgrenzte Hohlräume durchziehen das gesamte Zellplasma. Sie bilden ein Geflecht von Membranröhren und Membransäckchen, das *Endoplasmatisches Retikulum* (ER) genannt wird. Einige Bereiche des Endoplasmatischen Retikulums sind an ihrer Außenseite mit kugelförmigen Ribosomen besetzt. *Ribosomen* können auch frei im Zellplasma vorkommen. An den Ribosomen werden aus Aminosäuren Proteine gebildet.

Das Membransystem der Zelle kann an einigen Stellen Stapel aus flachen, membranumgrenzten Hohlräumen bilden, die *Dictyosom* genannt werden. An den Rändern der Dictyosomen können sich einzelne Membranbläschen oder *Vesikel* abschnüren, die mit unterschiedlichen Stoffen beladen sein können. Diese *Vesikel* erfüllen Transportaufgaben: So wandern Vesikel, die Stoffe zum Aufbau der pflanzlichen Zellwand enthalten, zur Zellmembran, verschmelzen mit ihr und entlassen diese Stoffe nach außen. Dort werden sie in die noch unfertige Zellwand eingebaut.

Die *Zellmembran* und die *Vakuolenmembran* ähneln im elektronenmikroskopischen Bild allen anderen Membranen der Zelle.

Bei Mitochondrien und Chloroplasten erkennt man als äußere Begrenzung zwei Membranen. Die innere Membran zeigt vielfältige Einfaltungen und Ausstülpungen, die bei Chloroplasten teilweise zu Stapeln aus scheibenförmig abgeflachten Vesikeln zusammengefasst sind. Mitochondrien sind in allen Zellen an den Vorgängen zur Stoff- und Energieumwandlung beteiligt, die es den Zellen ermöglichen, ihre Lebensvorgänge aufrechtzuerhalten. Chloroplasten sind die Orte der Fotosynthese.

Im elektronenmikroskopischen Bild der Zelle erkennt man also vielfältige, voneinander abgegrenzte Reaktionsräume. In diesen *Kompartimenten* können Stoffwechselprozesse ungestört von den Vorgängen in benachbarten Zellbereichen stattfinden.

1. Beschreibe die Abbildung 317.2!
2. Unterscheide die Zellbestandteile aus Abbildung 317.1 B danach, ob sie schon im lichtmikroskopischen oder erst im elektronenmikroskopischen Bild der Zelle zu erkennen sind!

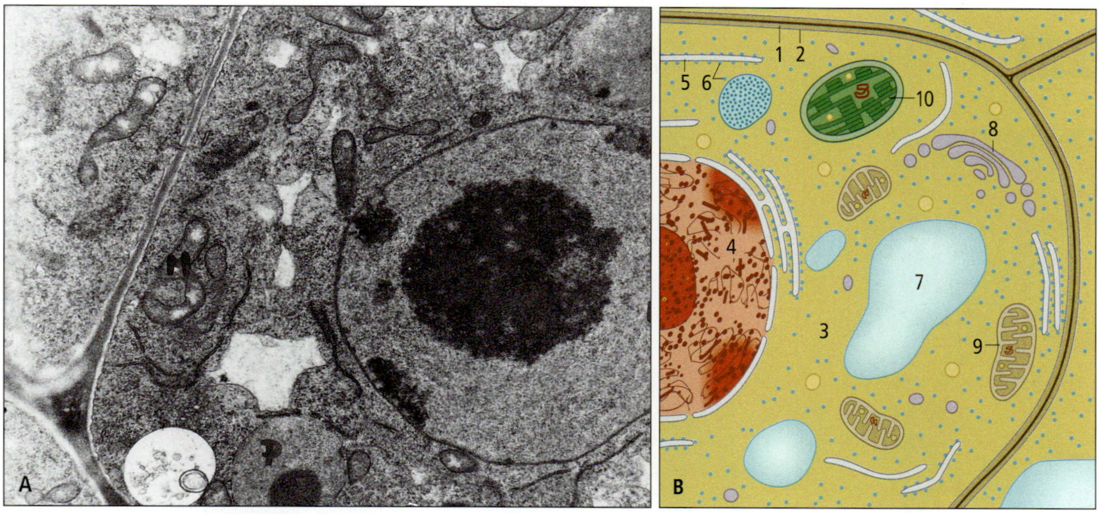

317.1 Pflanzliche Zelle. A Elektronenmikroskopische Aufnahme; **B** Schema: 1 Zellwand, 2 Zellmembran, 3 Zellplasma, 4 Zellkern, 5 Endoplasmatisches Retikulum (ER), 6 Ribosomen, 7 Vakuole, 8 Dictyosom, 9 Mitochondrium, 10 Chloroplast

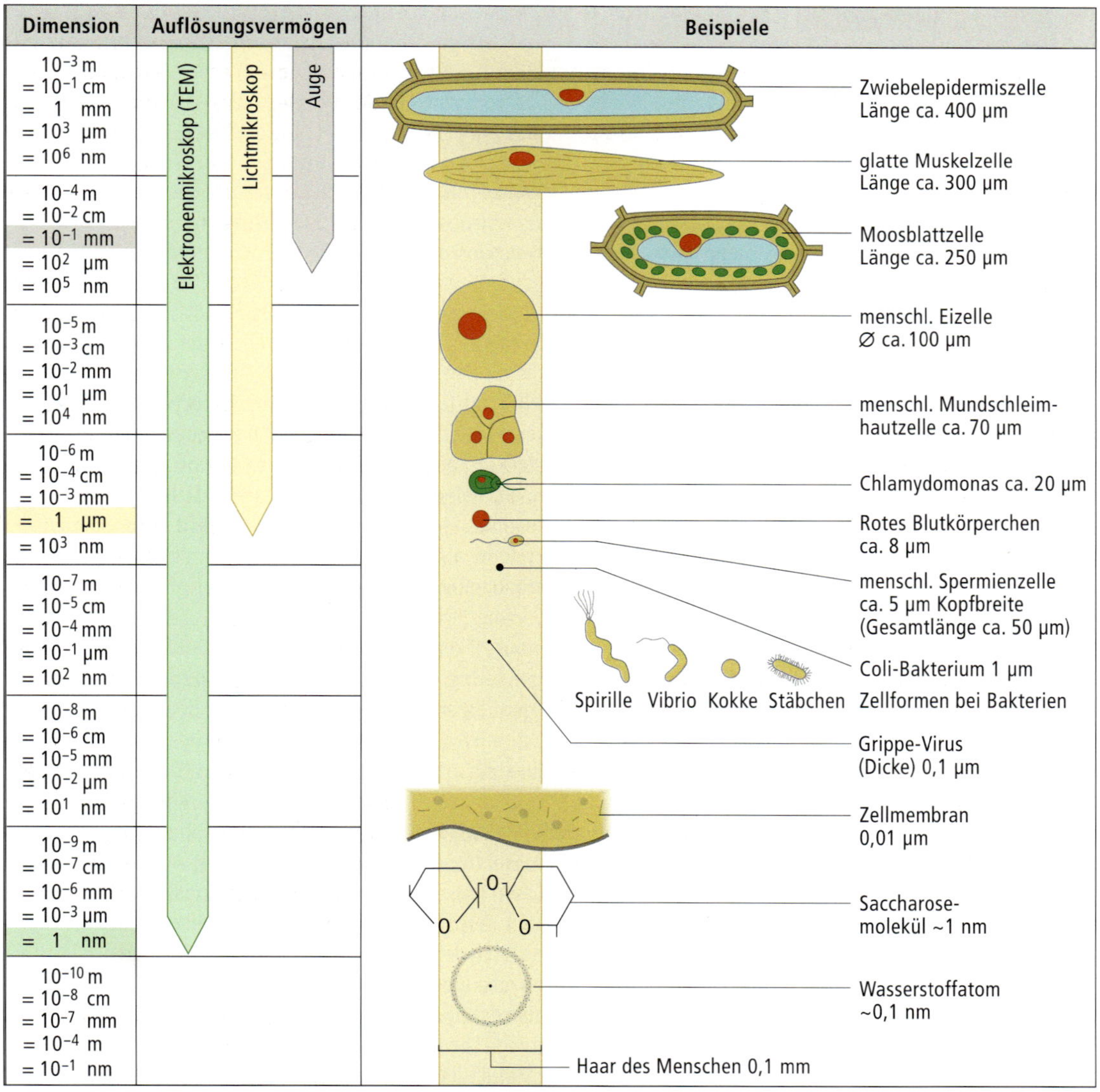

317.2 Größen- und Formenvergleich von Zellen und Zellbestandteilen

EXKURS Hochauflösende Mikroskopie

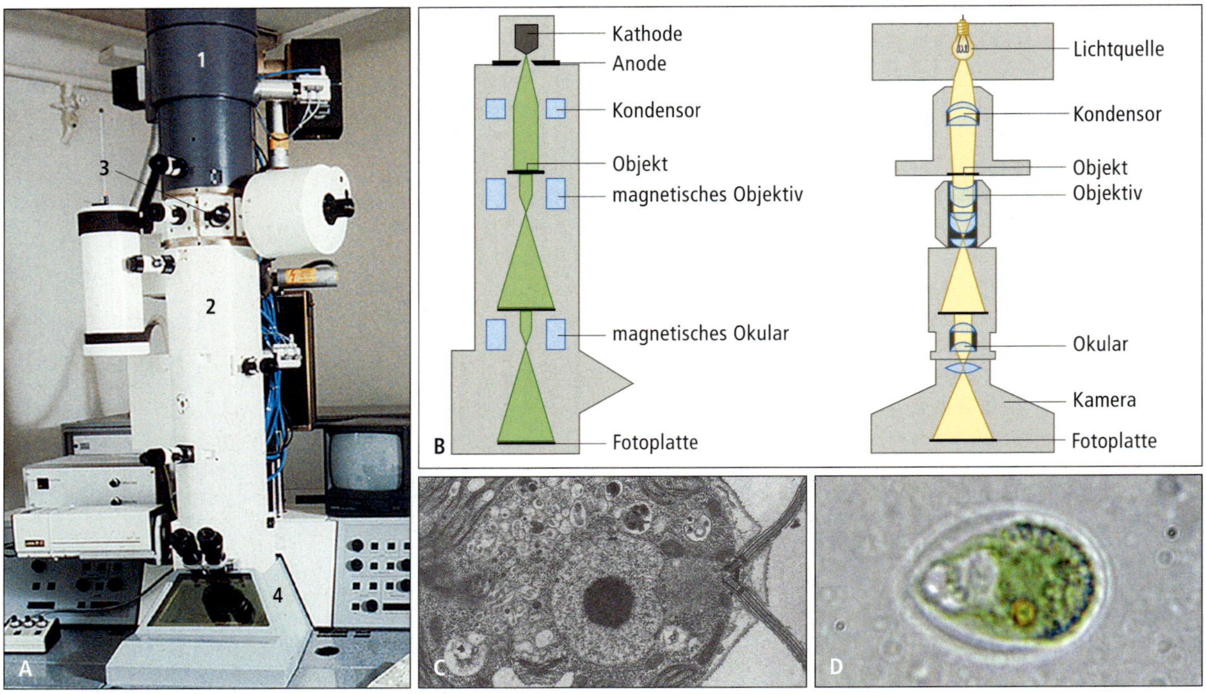

318.1 Hochauflösende Mikroskopie. A Elektronenmikroskop: 1 Elektronenstrahlenquelle, 2 Tubus, 3 Objekteingabe, 4 Fenster zum Leuchtschirm; **B** Strahlengänge beim Elektronenmikroskop (links) und beim Lichtmikroskop (rechts); **C** Einzeller *Chlamydomonas* (EM-Bild); **D** *Chlamydomonas* (LM-Bild).

Mithilfe der **Elektronenmikroskopie** lassen sich Bilder von biologischen Objekten erstellen, die einem Auflösungsvermögen von 0,1 Nanometern entsprechen. Ein Elektronenmikroskop arbeitet mit Elektronenstrahlen, die von einem glühenden Wolframdraht, der Kathode, ausgehen. In einer Röhre, dem Tubus, werden sie durch Hochspannungsfelder stark beschleunigt. Je schneller die Elektronen sind, desto größer ist das Auflösungsvermögen. Da die Elektronenstrahlen keine Glaslinsen durchtreten können, werden zur Bündelung der Elektronenstrahlen magnetische Felder eingesetzt. Die magnetischen Felder sind in dem Tubus genauso angeordnet wie die Linsen in einem Lichtmikroskop. Daher ist der Strahlengang der Elektronenstrahlen mit dem von Lichtstrahlen in einem Lichtmikroskop vergleichbar. Da Luftteilchen die Elektronen ablenken würden, muss im Tubus ein Vakuum herrschen. Die Elektronenstrahlen treffen schließlich auf ein sehr dünn geschnittenes biologisches Objekt, durchtreten es und fallen anschließend auf einen Leuchtschirm. Hier werden die für den Menschen unsichtbaren Elektronenstrahlen in Lichtpunkte umgewandelt. Stellen des durchstrahlten Objektes, die viele Elektronen durchlassen, erscheinen hell, andere Stellen, die nur wenige Elektronen durchlassen, erscheinen auf dem Bildschirm dunkel. Elektronenmikroskopische Bilder sind deshalb immer schwarzweiß. Bilder von lichtmikroskopischen Präparaten sind dagegen farbig, sie zeigen jedoch aufgrund des geringeren Auflösungsvermögens des Lichtmikroskops deutlich weniger Einzelheiten.

Neben dieser **Transmissions-Elektronenmikroskopie**, bei der die Elektronen das Objekt durchdringen müssen (lat. *transmittere*, hindurchschicken), lässt sich das Elektronenmikroskop auch verwenden, um Aufsichtbilder zu erzeugen. Bei der **Raster-Elektronenmikroskopie** wird die Oberfläche eines biologischen Objektes mit einem dünnen Metallfilm beschichtet und anschließend mit einem Elektronenstrahl rasterartig abgetastet. Dabei werden einige Elektronen abgelenkt und weitere Elektronen aus der Metallschicht herausgeschlagen. Solche Elektronen werden von einem Detektor aufgefangen und in Lichtpunkte umgewandelt. So entsteht ein dreidimensionales Bild von der Oberfläche eines Objektes.

Ein völlig anderes Funktionsprinzip liegt der **Rastertunnelmikroskopie** zugrunde. Eine Sonde mit sehr dünner Spitze wird über die Oberfläche des zu untersuchenden Objektes geführt. Diese Bewegungen werden elektronisch registriert und in ein dreidimensionales Bild der Objektoberfläche umgesetzt. Die Auflösungsgrenze der Rastertunnelmikroskopie liegt wie bei der Elektronenmikroskopie bei 0,1 Nanometern.

1. Vergleiche Licht- und Elektronenmikroskop miteinander!
2. Nenne Vorteile und Nachteile dieser Methoden!

1.2 Prokaryoten und Eukaryoten

Alle Lebewesen bestehen aus Zellen. Jede Zelle ist von einer Membran umgeben, sodass ein Raum entsteht, der von der Außenwelt abgegrenzt ist. Elektronenmikroskopische Untersuchungen haben allerdings ergeben, dass man trotz gemeinsamer Merkmale zwischen zwei Zelltypen trennen muss: Der Bau von Bakterienzellen einerseits und der Bau von Zellen der Einzeller, Pflanzen, Pilze und Tiere andererseits unterscheidet sich in wesentlichen Kennzeichen.

Escherichia coli ist ein Bakterium, das im Darm von Säugetieren und Vögeln lebt. Bei einer elektronenmikroskopischen Untersuchung seiner Zellbestandteile fällt im Inneren der Zelle ein faseriges Netzwerk auf. Es wird von der Erbsubstanz, dem *Nucleoid*, gebildet. Das Nucleoid, das Kernäquivalent, ist nicht von Membranen umgeben, wie dies bei pflanzlichen oder tierischen Zellen zu beobachten ist. Die Erbsubstanz hat eine ringförmige Struktur und liegt frei im Zellplasma. Im Zellplasma des Bakteriums findet man keine Mitochondrien oder Chloroplasten, auch Membransysteme sind selten. Einzelne membranumgrenzte Vesikel enthalten Reservestoffe. Manchmal sind im Zellplasma kleine Ringe aus Erbsubstanz, die *Plasmide*, zu finden. Sie sind viel kleiner als das Nucleoid und können zwischen verschiedenen Bakterien ausgetauscht werden. Des Weiteren kann man im elektronenmikroskopischen Bild des Zellplasmas *Ribosomen* erkennen. Eine chemische Untersuchung zeigt, dass die Ribosomen der Bakterienzellen durchgängig kleiner sind als die Ribosomen in pflanzlichen Zellen oder in tierischen Zellen. Das Zellplasma wird außen von einer *Zellmembran* abgegrenzt. Sie kann ins Innere eingestülpt sein. Solche Membraneinstülpungen sind bei Bakterien, die Fotosynthese betreiben, wie zum Beispiel *Cyanobakterien*, besonders häufig zu finden. Alle Bakterienzellen sind nach außen von einer *Zellwand* begrenzt. Sie besitzt jedoch einen anderen Aufbau als die pflanzliche Zellwand. Sie wird aus einem Geflecht von Eiweißstoffen und Kohlenhydraten gebildet, das *Murein* genannt wird. Murein ist nur bei Bakterien zu finden. Viele Bakterien besitzen an einem Ende oder rund um die Zelle *Geißeln*. Sie dienen der Fortbewegung.

Die Zellen aller Bakterien zeigen untereinander einen einheitlichen Grundbauplan: Sie werden als Procyten bezeichnet. Lebewesen, die aus Procyten aufgebaut sind, werden **Prokaryoten** genannt (griech. *pro*, vor; *karyon*, Kern). Sie werden den **Eukaryoten** gegenübergestellt (griech. *eu*, echt). Diese sind aus Eucyten aufgebaut. Die Eucyten sind im Vergleich zu den Procyten komplexer gebaut und im Durchschnitt etwa zehnmal größer. Zu den Bakterien gehören die kleinsten bekannten Lebewesen, die *Mycoplasmen*.

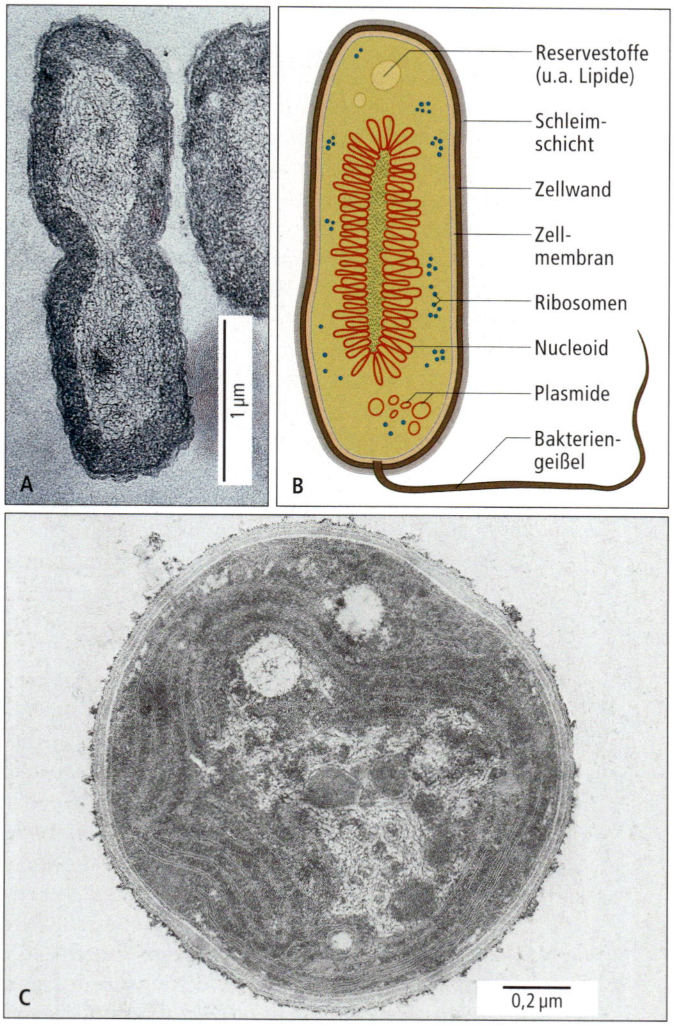

319.1 Prokaryoten. A EM-Bild von *Escherichia coli;* **B** Schema; **C** EM-Bild eines *Cyanobakteriums*

	Prokaryoten	Eukaryoten
Zellkern	–	+
Erbmaterial	DNA-Ring (Nucleoid)	Chromosomen
Ribosomen	klein	groß
Membransystem	wenig	viele
Chloroplasten	–	+ (Pflanzen)
Mitochondrien	–	+

319.2 Vergleich von Prokaryoten und Eukaryoten

1. Beschreibe mithilfe der Tabelle 319.2 den unterschiedlichen Aufbau von Prokaryoten und Eukaryoten!
2. „Eine Procyte besitzt viel weniger Kompartimente als eine Eucyte." Erläutere diese Aussage!

1.3 Biomembranen

Betrachtet man elektronenmikroskopische Bilder von Eucyten, so fällt auf, dass sie von ausgedehnten Membranen durchzogen sind. Die Membranen sehen im elektronenoptischen Bild doppelschichtig aus. Im Zellplasma grenzen sie ein System von Röhren und Säckchen ab, das Endoplasmatische Retikulum. Die Zellmembran, die Kernhülle und, bei Pflanzenzellen, die Vakuolenmembran sind aus ähnlich aussehenden Membranen aufgebaut. Aufgrund dieses weit verbreiteten Vorkommens in Lebewesen werden solche Membranen **Biomembranen** genannt.
Durch chemische Untersuchungen fand man heraus, dass Biomembranen hauptsächlich aus Proteinen und einer Gruppe schlecht wasserlöslicher Stoffe, den Lipiden, bestehen. Wie können schlecht wasserlösliche Lipide in der wässrigen Umgebung einer Zelle maßgeblich am Bau von Biomembranen beteiligt sein?

Untersucht man den chemischen Bau der *Membranlipide*, so findet man große Ähnlichkeiten zum Bau von Fetten. Fette bestehen aus einem Baustein Glycerin, der mit drei Fettsäure-Bausteinen verbunden ist. Ein Fettmolekül kann dabei unterschiedliche Fettsäuren aufweisen. Manche Fettsäuren enthalten in ihren lang gestreckten Kohlenwasserstoffketten Zweifachbindungen zwischen zwei Kohlenstoffatomen. An einer solchen Stelle entsteht in der Kohlenwasserstoffkette ein Knick. Die Kohlenwasserstoffketten lösen sich aufgrund ihres unpolaren Charakters nicht in Wasser. Zwar ist der Glycerinanteil eines Fettmoleküls wasserlöslich, die Anziehungskräfte zwischen den unpolaren Gruppen untereinander sind jedoch größer als die Anziehungskräfte zwischen dem Glycerin und den Wassermolekülen, sodass sich die Fettmoleküle nicht im Wasser verteilen. Membranlipide weisen nun gegenüber dem Bau der Fette einen entscheidenden Unterschied auf: Eine der drei gebundenen Fettsäuren ist durch mehrere polare, also gut wasserlösliche Molekülteile ersetzt. Beim Lecithin, einem der am häufigsten vorkommenden Membranlipide, ist eine Fettsäure durch einen Phosphatrest und durch einen daran gebundenen Cholinrest ersetzt. So entstehen Moleküle mit einem polar gebauten Kopfteil und einem unpolar gebauten Schwanzteil. Deshalb ist der Kopfteil gut wasserlöslich, *hydrophil*, der Schwanzteil schlecht wasserlöslich, *hydrophob*.

Die Eigenschaften von Membranlipiden können in chemischen Experimenten weiter untersucht werden. Gibt man beispielsweise einige Tropfen Lecithin in Wasser, so lassen sich drei verschiedene Anordnungen der Teilchen beobachten: Auf der Wasseroberfläche bildet Lecithin eine einfache Molekülschicht aus. Dabei tauchen die hydrophilen Köpfe ins Wasser und die hydrophoben Schwänze ragen in den Luftraum. Im Inneren des Wassers kann das Lecithin Kugeln bilden, in deren Inneren Wasser eingeschlossen ist. Die Kugelwand besteht dabei aus einer Doppelschicht von Membranlipiden, wobei die hydrophilen Köpfe jeweils in das wässrige Medium ragen und die hydrophoben Schwänze zueinander gerichtet sind. Eine ähnliche Anordnung der Teilchen findet man in ausgedehnten Schichten, die das Lecithin im Wasser bildet.

Diese Anordnung der Lecithin-Moleküle im Experiment erklärt den Feinbau von Biomembranen. Membranlipide wie Lecithin bilden die Grundsubstanz der Biomembranen. Die hydrophilen Köpfe sind dem wässrigen Milieu zugewandt, die hydrophoben Schwänze weisen zueinander. Die Kohlenwasserstoffketten der Fettsäureschwänze ziehen sich gegenseitig an und halten zusammen. Sie bilden eine *Lipid-Doppelschicht*. Ähnlich wie Öltröpfchen auf einer Wasseroberfläche zusammenfließen können und nur schwer wieder zu trennen sind, ziehen sich auch unpolare Kohlenwasserstoffketten an. Auf diese Weise wird eine Membran zusammengehalten und bleibt in der wässrigen Umgebung doch flexibel und beweglich.

Eiweißstoffe, *Proteine*, können je nach untersuchtem Zelltyp in unterschiedlichen Mengen in einer Biomembran vorkommen. Auch Proteine können polar und unpolar gebaute Oberflächenbereiche aufweisen. Unpolare Oberflächenbereiche eines Proteins können in einer Biomembran verankert werden, weil die ebenfalls unpolaren Kohlenwasserstoffketten der Membranlipide sie anziehen. Solche Proteine reichen durch die gesamte Membran. Sie dienen häufig dazu, wasserlösliche Stoffe, die selbst die Membran nicht passieren können, durch einen hydrophilen „Tunnel" auf die andere Membranseite zu transportieren. Eine weitere Aufgabe besteht in der Erkennung von Signalen. Proteine in den Zellmembranen reagieren zum Beispiel mit Hormonen und leiten so Informationen ins Zellinnere weiter. Solche Proteine sind manchmal mit Kohlenhydratketten verbunden, die als Erkennungsregionen dienen. Andere Proteine sind der Membran lediglich aufgelagert. Bei ihnen überwiegen polar gebaute Oberflächenbereiche.

Aufgrund ihres mosaikähnlichen Aufbaus aus Membranlipiden und Membranproteinen sowie

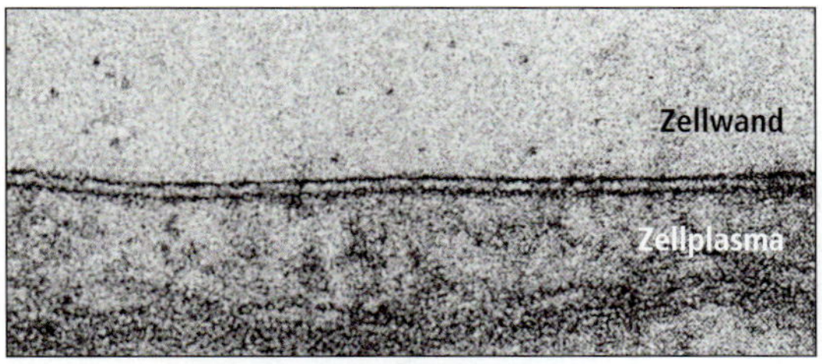

321.1 Zellmembranen bei Pflanzenzellen

aufgrund ihrer beweglichen Eigenschaften wird die Biomembran auch **Flüssig-Mosaik-Membran** genannt.

Der gleichartige Bau der Biomembranen in einer Zelle ist darauf zurückzuführen, dass alle Membranbausteine einen gemeinsamen Ursprungsort besitzen: In Eucyten werden alle Membranbausteine vom ER gebildet und mithilfe von Vesikeln zu den unterschiedlichen Zellbestandteilen transportiert. Bei Procyten ist die Zellmembran der Ort der Membranneubildung.

1. Vergleiche den chemischen Bau und die Eigenschaften von Fetten und Membranlipiden!
2. Erläutere den Bau der Flüssig-Mosaik-Membran!
3. Erläutere das Verhalten von Lecithin im Experiment mit Wasser!
4. Erläutere die Parallelen, die sich aus diesem Experiment zum elektronenoptischen Bild von Biomembranen in der Zelle ergeben!
5. Deute das EM-Bild in Abbildung 321.1 mithilfe deiner Kenntnisse aus der Abbildung 321.2!

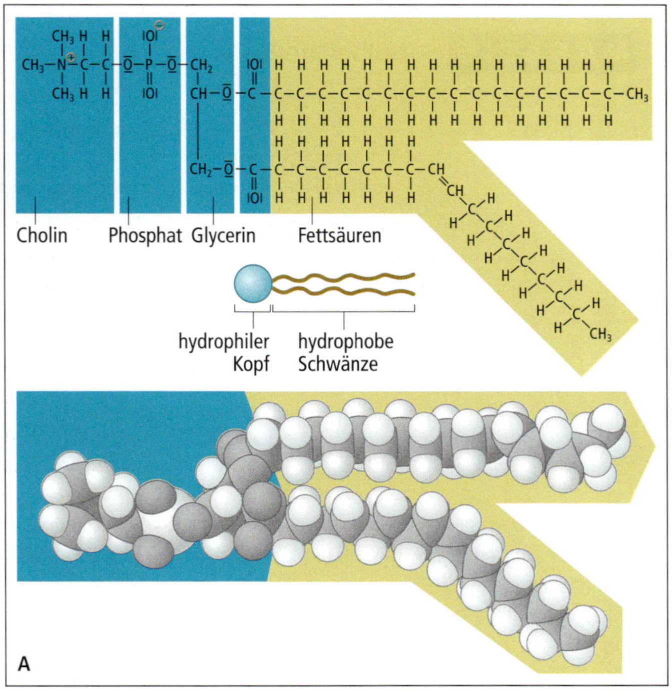

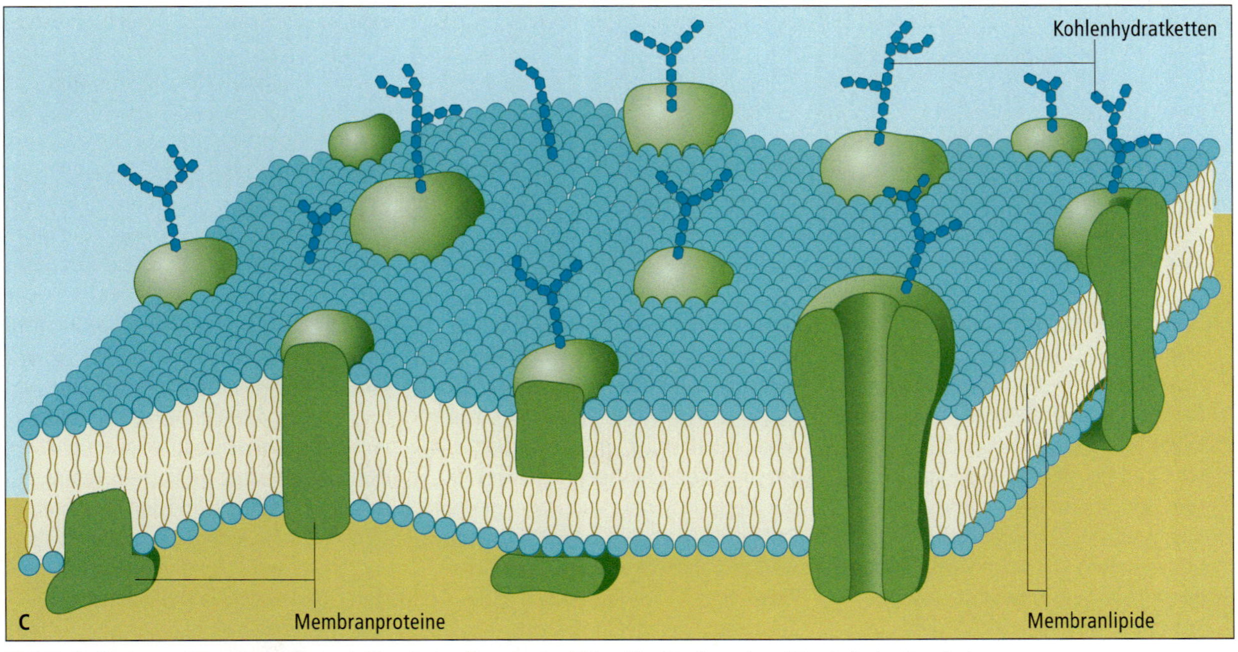

321.2 Aufbau von Biomembranen. A Chemischer Bau des Lecithins (Strukturformel und Symbolschreibweise); **B** Anordnung von Membranlipiden in Wasser (Schema); **C** Flüssig-Mosaik-Membran (Schema)

MAGAZIN Zellbestandteile

Chloroplast

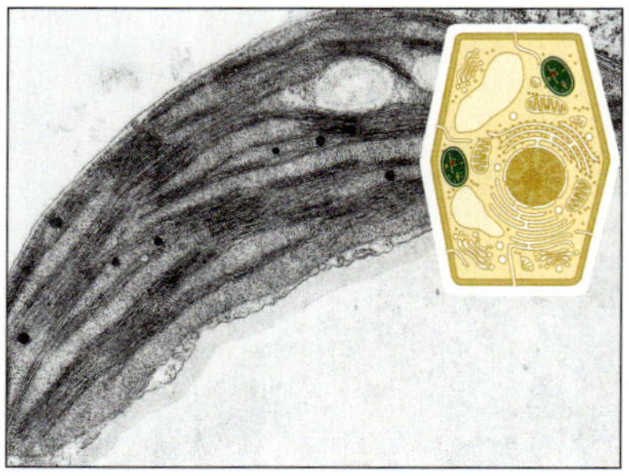

Chloroplasten werden von einer doppelten Membran umgrenzt. Die innere Membran schnürt zahlreiche Einstülpungen ab, die zu Membranstapeln zusammengefasst sein können. Die Membranen enthalten den grünen Blattfarbstoff, das Chlorophyll, und Proteine. Chloroplasten sind die Orte der Fotosynthese, in deren Verlauf Zucker gebildet wird. In den Palisadenzellen fotosynthetisierender Blätter findet man oft Hunderte von Chloroplasten.

Endoplasmatisches Retikulum (ER)

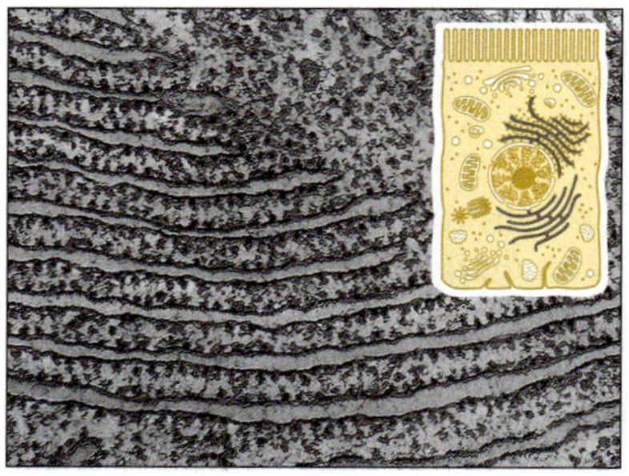

Das ER ist ein membranumgrenztes Netzwerk aus Röhren und Säckchen, das das gesamte Zellplasma durchzieht. An vielen Stellen ist das ER auf seiner Außenseite mit Ribosomen besetzt. Das ER ist der Bildungsort der Lipide und der Proteine, die in Membranen eingebaut werden. Durch die Abschnürung von Vesikeln gelangt das Membranmaterial zu den anderen Zellbestandteilen, beispielsweise zur Zellmembran oder zu Dictyosomen. Auf diese Weise ändert sich das Aussehen des ERs in einer Zelle ständig.

Ribosom

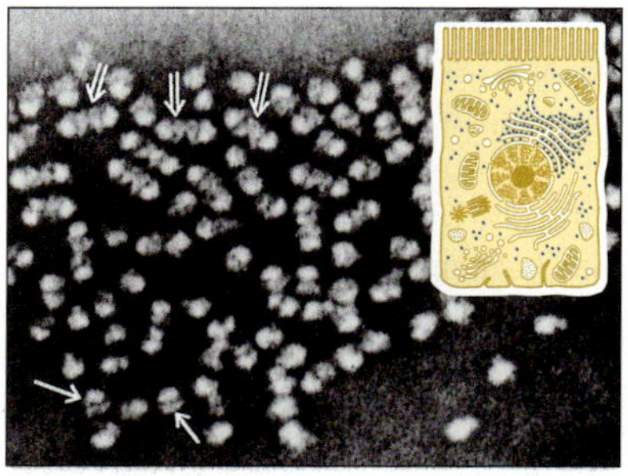

Ribosomen, im elektronenmikroskopischen Bild kugelförmige dunkle Punkte, bestehen aus zwei verschiedenen Untereinheiten. Sie bilden aus Aminosäuren Proteine. Die „Bauanleitung" dafür erhalten sie durch einen Botenstoff aus dem Zellkern. Im Zellplasma erscheinen die Ribosomen oft perlschnurartig aufgereiht, wenn sie die Bauanleitung des Botenstoffes nacheinander ablesen. Ribosomen können auch dem ER direkt aufsitzen. Dann bilden sie die Proteine, die in Membranen eingebaut werden.

Dictyosom

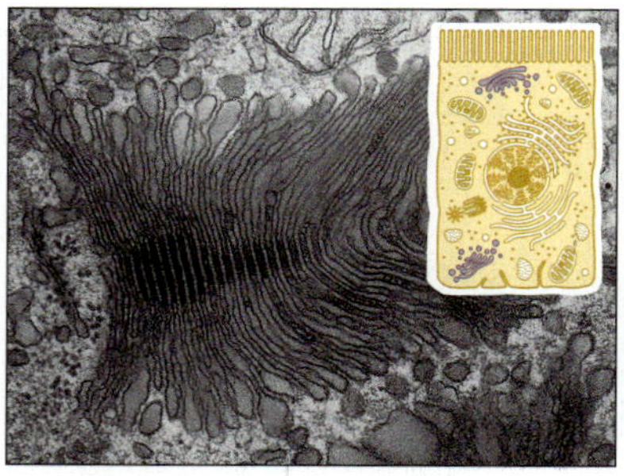

Dictyosomen bestehen aus Stapeln von Membranen. Diese stellen besondere Reaktionsräume dar, in denen zum Beispiel Proteine oder Zellwandmaterial in Vesikel verpackt werden. Die Vesikel schnüren sich anschließend vom Dictyosom ab und wandern an ihren Bestimmungsort. Der Membranverlust der Dictyosomen wird durch Vesikel ausgeglichen, die vom Endoplasmatischen Retikulum stammen. Die Verschmelzung und die Abschnürung erfolgen immer an bestimmten Seiten des Dictyosoms.

Mitochondrium

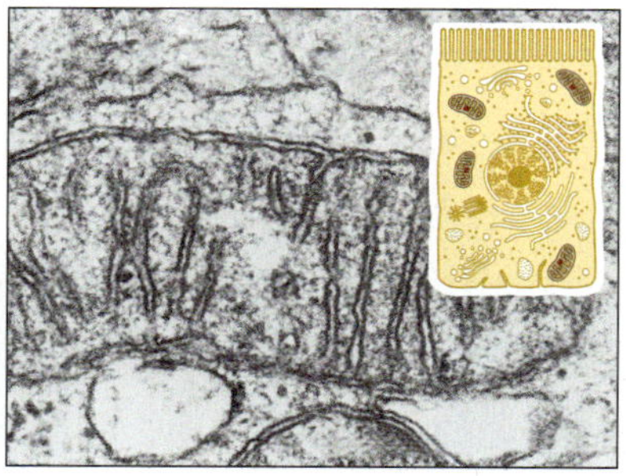

Mitochondrien sind von einer Doppelmembran umgrenzt. Die innere Membran kann vielfach in das Innere des Mitochondriums eingestülpt sein. Auf diesen Membraneinstülpungen findet man die Enzyme, die an bestimmten Prozessen der Stoff- und Energieumwandlung, der Zellatmung, beteiligt sind. Mitochondrien werden daher oft als „Kraftwerke der Zelle" bezeichnet. Ihre Anzahl in der Zelle hängt von der Stoffwechselaktivität dieser Zelle ab.

Zellkern

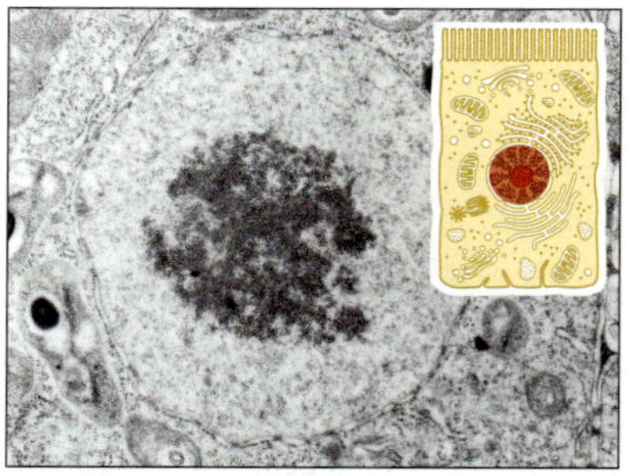

Der Zellkern ist der größte Zellbestandteil einer Zelle. Er ist von Membranen umgeben, die flache Hohlräume bilden. Durch große Poren findet der Stoffaustausch zwischen dem Zellplasma und dem Zellkern statt. Im Inneren befindet sich das Erbmaterial in Form der Chromosomen. Zur Steuerung der Stoffwechselvorgänge werden Botenmoleküle gebildet, die ins Zellplasma wandern. Außerdem fallen Kernkörperchen auf, die Nucleoli. Sie sind an der Bildung von Ribosomen beteiligt.

AUFGABEN Das elektronenmikroskopische Bild der Zelle

1 Elektronenmikroskopie

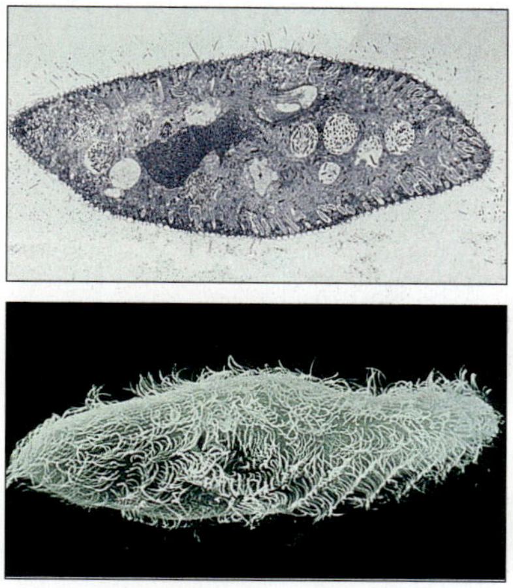

Das Bild stellt ein Pantoffeltierchen, einen Einzeller, in elektronenmikroskopischen Aufnahmen dar.

a) Entscheide, welches der Bilder mit der Transmissions-Elektronenmikroskopie und welches mit der Raster-Elektronenmikroskopie aufgenommen wurde!

b) Erläutere deine Entscheidung!

3 Pflanzenzellen und tierische Zellen im EM-Bild

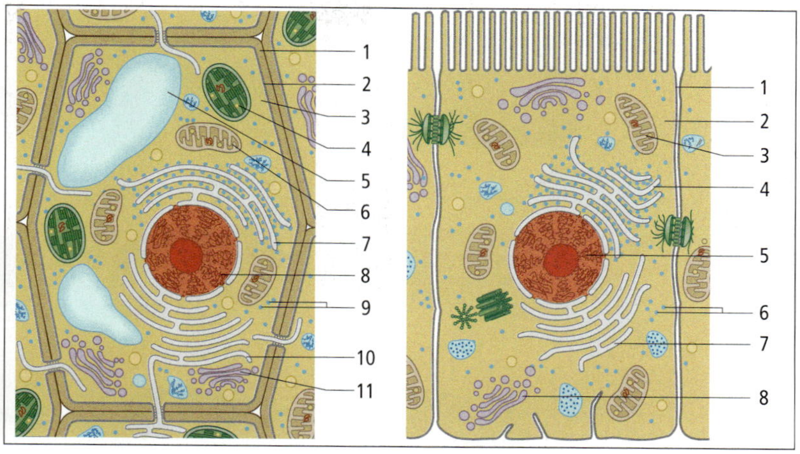

a) Übertrage die Nummerierung der Bilder in dein Heft und ordne die Fachbegriffe zu!

b) Entscheide, welches der beiden Bilder zu einer Pflanzenzelle und welches zu einer tierischen Zelle gehört! Begründe!

c) Liste die Gemeinsamkeiten und die Unterschiede zwischen pflanzlichen und tierischen Zellen in Form einer Tabelle auf!

d) Erläutere die Aufgaben der verschiedenen Zellbestandteile!

e) Erläutere an einer Zelle das Basiskonzept „Kompartimentierung" sowie das Basiskonzept „Struktur und Funktion"!

2 Spülmittel und Membranlipide

In eine große Glasschale wurde Wasser gefüllt. Die Wasseroberfläche wurde mit Kohlenstoffpulver bestreut. Anschließend wurde auf die Wasseroberfläche ein Tropfen einer verdünnten Spülmittellösung pipettiert. Man konnte nun beobachten, wie das Kohlenstoffpulver blitzschnell an den Rand gedrängt wurde und wie es langsam in der Wassersäule nach unten sank.

Hinweis: Spülmittelteilchen sind ähnlich aufgebaut wie Membranlipide. Sie besitzen ebenfalls einen hydrophilen und einen hydrophoben Molekülanteil.

a) Deute die Beobachtungen des Versuches mithilfe deiner Kenntnisse über die Eigenschaften von Membranlipiden!

b) Erläutere anhand des molekularen Baus und der Eigenschaften von Membranlipiden das Basiskonzept „Struktur und Funktion"!

4 Biomembran

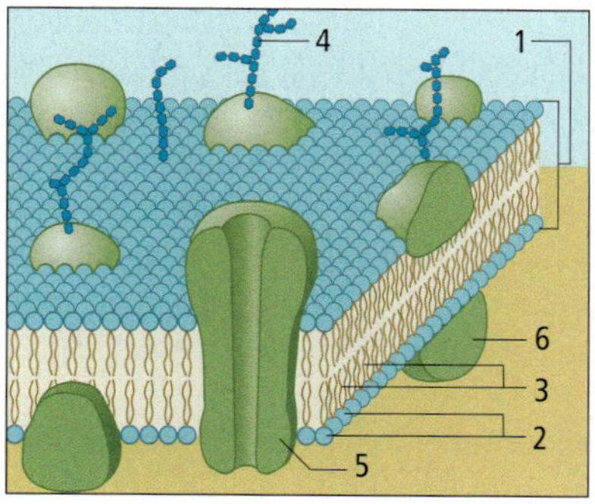

a) Übertrage die Nummerierung in dein Heft und ordne die Fachbegriffe zu!

b) Erläutere die Aufgaben der einzelnen Bestandteile der Biomembran!

c) Erläutere anhand deiner Kenntnisse über den molekularen Bau und die Eigenschaften der Membran die Basiskonzepte „Struktur und Funktion" sowie „Information und Kommunikation"!

5 Membranfluss

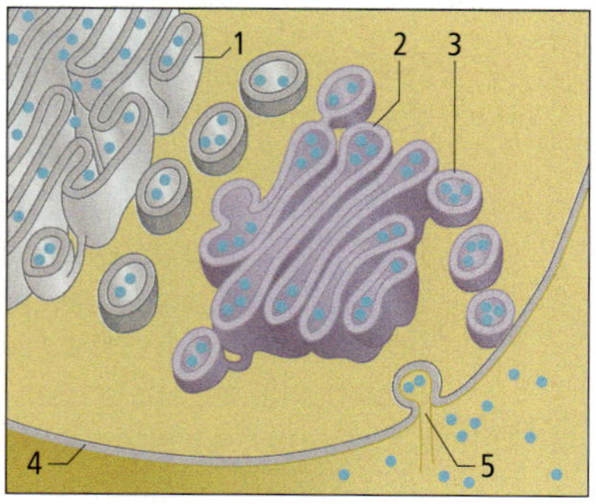

a) Übertrage die Nummerierung in dein Heft und ordne die Fachbegriffe zu!

b) Erläutere die dargestellten Vorgänge!

c) In membranumgrenzten Vesikeln befinden sich häufig wasserlösliche Stoffe. Entwickle eine Hypothese, weshalb diese Stoffe in den Vesikeln bleiben! Entwerfe ein Experiment zur Überprüfung!

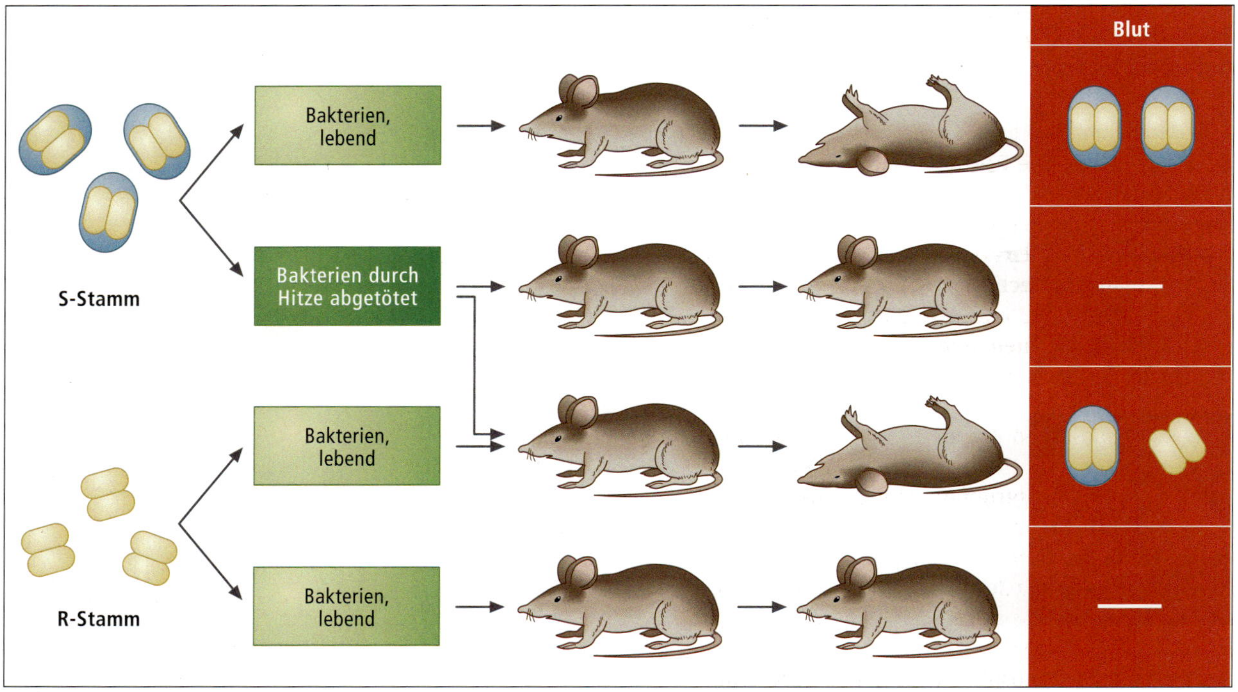

324.1 GRIFFITH-Experimente mit Erregern der Lungenentzündung

2 DNA – der Stoff aus dem Gene bestehen

2.1 DNA – eine Kernsäure als Erbsubstanz

Zellkerne, genauer die Chromosomen, sind Träger der Erbinformation. Chromosomen setzen sich aus Proteinen und der Nucleinsäure **DNA** (**d**esoxyribo**n**ucleic**a**cid) zusammen. Welche dieser Verbindungen ist nun die Erbsubstanz?

Ursprünglich vermutete man, dass Proteine Träger der Erbinformation seien. Zwar entdeckte der deutsche Chemiker Friedrich MIESCHER 1869 die Nucleinsäuren in den Zellkernen verschiedener Lebewesen, doch erst nahezu 80 Jahre später konnte der experimentelle Nachweis für die stoffliche Natur der Erbsubstanz erbracht werden. Dabei spielten Bakterien der Gattung *Pneumococcus* eine wichtige Rolle. Pneumokokken kommen als Doppelzellen vor, die normalerweise von einer schleimigen Kapsel umgeben sind. Man bezeichnet sie als **S**-Formen, weil sie glatte (engl. *smooth*, glatt) Kolonien bilden. Sie sind *pathogen*, das heißt krankheitserregend, da sie im Menschen und in anderen Säugetieren Lungenentzündung verursachen. Eine andere Pneumokokken-Form bildet keine schützende Schleimkapsel aus und wird daher im Körper abgebaut. Sie ist also nicht pathogen. Da ihre Kolonien ein raues (engl. *rough*, rau) Aussehen zeigen, spricht man vom **R**-Stamm.

Im Jahre 1928 injizierte der amerikanische Biologe Frederick GRIFFITH Mäusen lebende S-Pneumokokken. Die Mäuse starben. Dagegen überlebten Mäuse, denen er durch Hitze abgetötete S-Pneumokokken oder aber lebende R-Bakterien verabreicht hatte. Ein überraschendes Ergebnis zeigte das Experiment, in dem er Mäusen ein Gemisch aus lebenden R- und durch Hitze abgetöteten S-Pneumokokken verabreichte. Die Tiere starben. Ihr Blut enthielt sowohl lebende Bakterien des S-Stammes als auch des R-Stammes. Offensichtlich war die Information zur Kapselbildung aus den abgetöteten S-Pneumokokken in die lebenden R-Bakterien gelangt. So konnten die R-Bakterien eine Kapsel ausbilden und pathogen wirken.

Später stellten Biologen fest, dass die Übertragung dieser genetischen Information auch außerhalb eines Säugetieres ablaufen kann. Der amerikanische Biologe Oswald AVERY isolierte 1944 aus hitzegetöteten S-Pneumokokken die Proteine und die DNA. Fügte er diese S-Stamm-Proteine zu kapsellosen R-Pneumokokken, so blieben diese unverändert. Gab er dagegen S-Stamm-DNA zu den R-Pneumokokken, so traten in der Bakterienkultur S-Formen mit Kapseln auf. Die S-Stamm-DNA war offensichtlich in die R-Pneumokokken gelangt und hatte diese befähigt, die Kapsel auszubilden. Damit war belegt, dass die DNA die

Erbsubstanz ist. Man bezeichnet die Übertragung von Erbinformation mithilfe isolierter DNA als *Transformation*.

Die DNA ist ein fädiges Makromolekül. Es lässt sich in die Bausteine **Phosphorsäure**, den **Zucker** Desoxyribose und vier verschiedene organische **Stickstoffbasen** zerlegen. Zwei dieser Basen, **Cytosin** (C) und **Thymin** (T), sind von einem stickstoffhaltigen Sechsringmolekül, dem *Pyrimidin*, abgeleitet. Die anderen Basen **Adenin** (A) und **Guanin** (G) leiten sich von einem stickstoffhaltigen Doppelringmolekül, dem *Purin*, ab.

Beim enzymatischen Abbau von DNA erhält man Spaltprodukte, die aus jeweils einem Phosphorsäurerest (Phosphatgruppe), einem Zuckermolekül Desoxyribose und einer der vier organischen Basen aufgebaut sind. Man nennt solche Bausteine **Nucleotide.** Nucleotide können auch zwei oder drei Phosphatgruppen tragen: Adenosinmonophosphat (AMP), Adenosindiphosphat (ADP) oder Adenosintriphosphat (ATP). Die Base eines Nucleotids ist jeweils mit dem C_1-Atom und der Phosphatrest mit dem C_5-Atom der Desoxyribose verbunden.

Unter den Spaltprodukten beim Abbau von DNA findet man neben Nucleotiden mit einem Phosphatrest auch solche mit zwei Phosphatresten. Der zweite Phosphatrest ist mit dem C_3-Atom der Desoxyribose verbunden. Hieraus und aus der Tatsache, dass in einem DNA-Molekül gleich viele Desoxyribosemoleküle und Phosphatreste vorhanden sind, kann man schließen, dass das Grundgerüst eines DNA-Moleküls aus einer Kette von Nucleotiden mit regelmäßig abwechselnden Zucker-Phosphat-Verbindungen besteht. Eine solche Kette von Nucleotiden bezeichnet man als *Polynucleotid*. Die Nucleotidsequenz eines DNA-Moleküls ist seine *Primärstruktur*. Das Zucker-Phosphat-Band eines Polynucleotid-Stranges hat zwei verschiedene Enden: Am so genannten 3′-Ende (sprich: Drei-Strich-Ende) ist das C_3-Atom der Desoxyribose mit keiner Phosphatgruppe verbunden. Am 5′-Ende dagegen trägt das C_5-Atom des Zuckers eine Phosphatgruppe.

Das Zucker-Phosphat-Band ist in DNA-Molekülen verschiedener Lebewesen gleich. Die Erbinformation zur Ausbildung verschiedener Merkmale muss demnach in der Basenfolge, der *Basensequenz*, verschlüsselt sein. Tatsächlich unterscheiden sich die DNA-Moleküle nicht erbgleicher Lebewesen in ihrer Basensequenz.
Quantitative Analysen haben ergeben, dass in der DNA stets gleiche Mengen von Adenin und

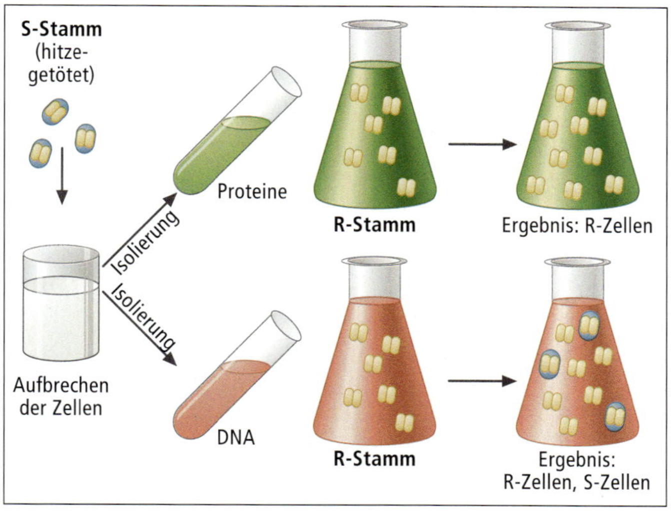

325.1 AVERY-Experiment zur Transformation

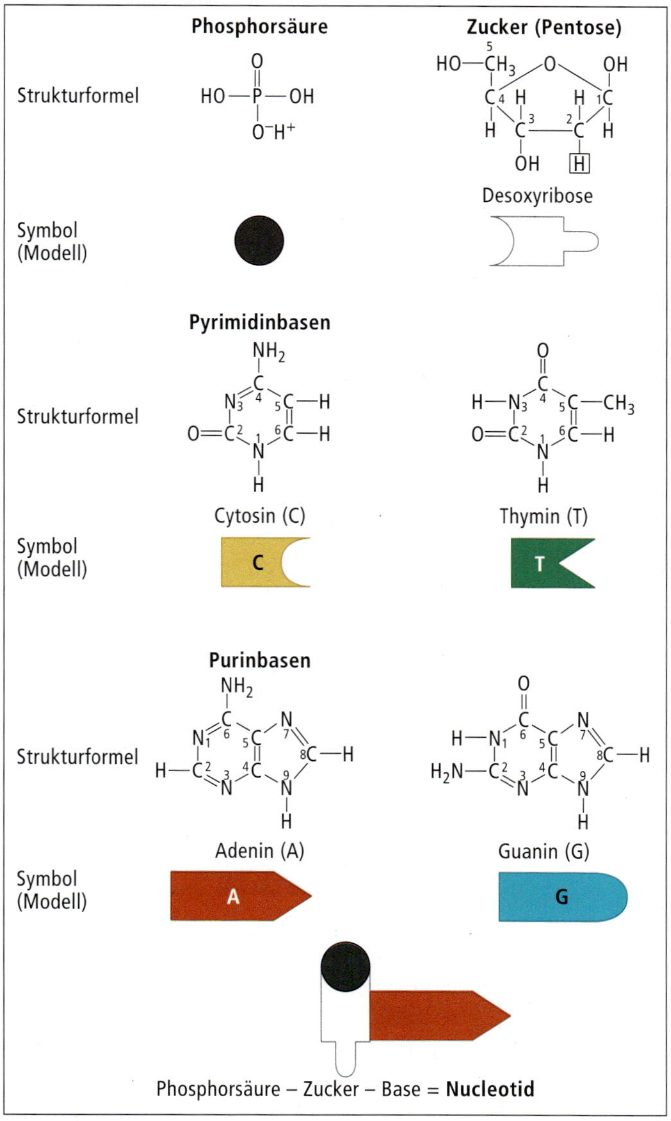

325.2 Bausteine der DNA

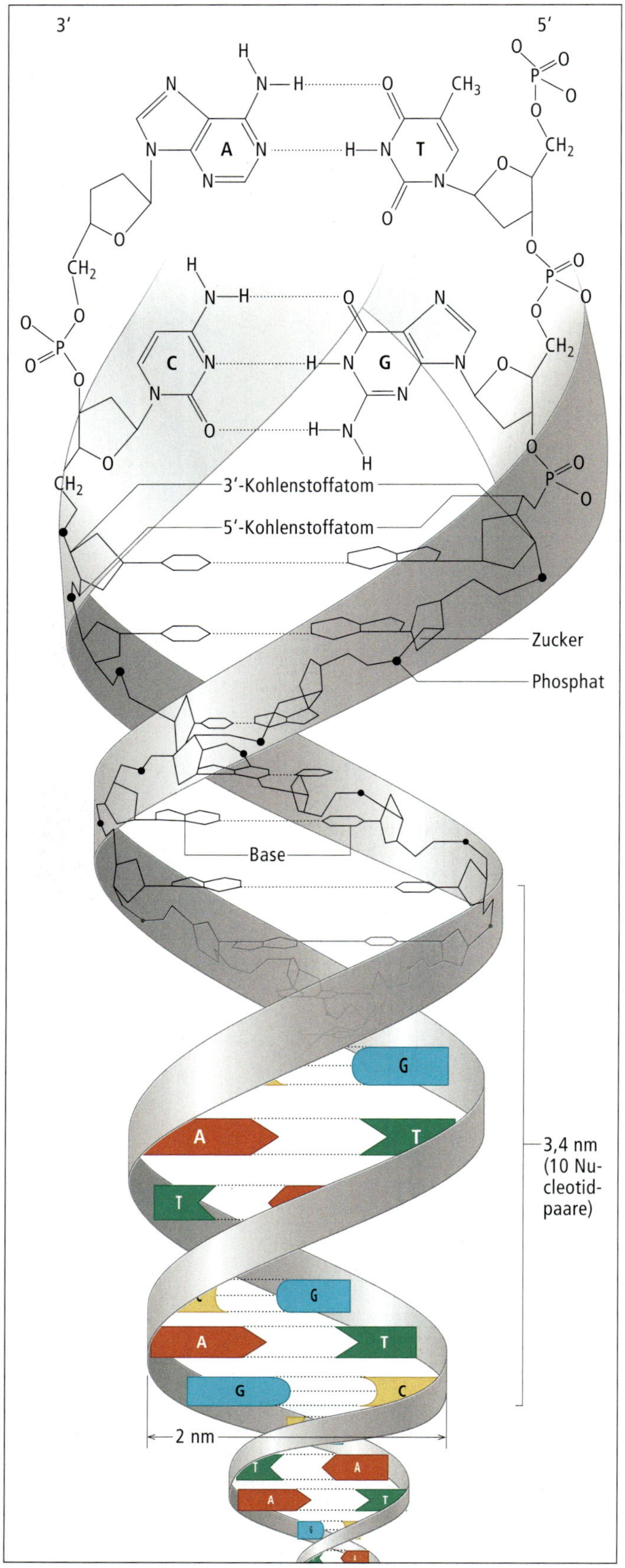

326.1 Zusammensetzung und Raumstruktur der DNA

Thymin sowie von Guanin und Cytosin zu finden sind. Aus diesen Befunden sowie aus Ergebnissen von Röntgenuntersuchungen an kristallisierter DNA entwickelten die englischen Biochemiker Francis H.C. CRICK und James D. WATSON 1953 das nach ihnen benannte räumliche Modell der DNA.
Der räumliche Bau der DNA, ihre Sekundärstruktur, gleicht einer in sich gedrehten Strickleiter. Dabei stellen die Zucker-Phosphat-Bänder die Seile, jeweils zwei Basen die Sprossen dar. Man spricht auch von einer **DNA-Doppelhelix** (griech. *helix*, spiralig gewunden).

Die einander gegenüberstehenden Basen sind durch Wasserstoffbrücken miteinander verbunden. Nach dem Schlüssel-Schloss-Prinzip können nur Adenin und Thymin sowie Guanin und Cytosin einander gegenüberstehen und Wasserstoffbrücken ausbilden. Bei dieser **Basenpaarung** bilden Adenin und Thymin zwei, Guanin und Cytosin drei Wasserstoffbrücken aus. Die so einander gegenüberstehenden Polynucleotidstränge sind nicht identisch, sondern zueinander **komplementär**. Diese räumliche Passung komplementärer DNA-Stränge ist ein weiteres Beispiel für das Schlüssel-Schloss-Prinzip. Die Basensequenz des einen Stranges bestimmt aufgrund der Komplementarität die Basensequenz des anderen Stranges. Außerdem sind sie hinsichtlich ihrer Bindungsrichtung *gegenläufig*. In dem einen Strang erfolgt die Bindung zwischen der Desoxyribose und dem Phosphatrest vom 3'- zum 5'-Ende, im komplementären Strang vom 5'- zum 3'- Ende.

1. Beschreibe die Experimente von GRIFFITH!
2. Überprüfe, ob GRIFFITH eine Aussage dazu treffen konnte, welcher Stoff die Erbinformation trägt!
3. Überprüfe, ob man bei den Experimenten von GRIFFITH von einer Transformation sprechen konnte!
4. Beschreibe die Untersuchungen von AVERY!
5. Als AVERY isolierte S-Stamm-DNA vor der Übertragung mit einem DNA abbauenden Enzym versetzte, blieb die pathogene Wirkung aus. Erläutere, welche Schlussfolgerungen AVERY daraus ziehen konnte!
6. Beschreibe die Primärstruktur der DNA!
7. Erläutere das Strickleitermodell der DNA!
8. Überprüfe die Richtigkeit folgender Aussage: „Die DNA ist ein Polynucleotidmolekül!"
9. Überprüfe folgende Aussage: „Wenn man DNA erhitzt, zerfällt sie in zwei Polynucleotidstränge. Durch Abkühlen kann man wieder eine DNA-Doppelhelix erhalten."
10. Erläutere den Sachverhalt, dass die beiden Polynucleotidstränge eines DNA-Moleküls gegenläufig sind!
11. Definiere den Sachverhalt „komplementär"!

EXKURS Die Erforschung der DNA von gestern bis heute

In einem winterkalten Labor – der ehemaligen Schlossküche in Hohentübingen – gelingt Friedrich MIESCHER 1869 als Erstem die Isolierung der DNA. Er verwendet dazu die Weißen Blutkörperchen aus den eitrigen Verbänden von Kriegsverwundeten. MIESCHER führt chemische Analysen durch und vermutet aufgrund seiner Ergebnisse, dass die DNA dem Körper als Phosphorspeichermolekül dient. Von der grundlegenden Bedeutung der DNA für die Vererbung ahnt er jedoch nichts. Erst Oswald AVERY, der die Versuche von Frederick GRIFFITH aus dem Jahr 1928 mit Pneumokokken-Infektionen von Mäusen fortführt, kann 1944 zeigen, dass die DNA Träger der Erbinformation ist.

Nach dem Zweiten Weltkrieg führen Rosalind FRANKLIN und Maurice WILKINS die grundlegenden Versuche durch, auf deren Ergebnisse die Erläuterung der DNA-Raumstruktur durch James WATSON und Francis CRICK 1953 aufbaut.
Durch die Verwendung von Nährstoffen mit Stickstoff-Isotopen bei der Vermehrung von Bakterien gelingt es 1958 Matthew MESELSON und Franklin STAHL, das Prinzip der Verdopplung der Erbsubstanz vor der Teilung von Zellen nachzuweisen und alternative Mechanismen auszuschließen.
Noch bevor man die Abfolge der DNA-Bausteine entschlüsseln konnte, war es seit 1966 möglich, einer Basenabfolge der DNA die Aminosäureabfolge in Proteinen zuzuordnen und in gewissem Umfang von der Aminosäureabfolge in Proteinen auf die Basenabfolge der DNA zu schließen. Dies ist Marshall NIRENBERG und seinen Kollegen zu verdanken.

Die Bestimmung der Basenabfolge der DNA ist seit 1977 mithilfe einer von Frederick SANGER und Alan COULSON entwickelten enzymatischen Methode möglich, die in automatisch arbeitenden Sequenziergeräten eingesetzt werden kann. Damit konnte man beginnen, das gesamte Erbgut von Lebewesen zu analysieren.
Mit dem *Human-Genom-Projekt* wird die Kartografierung der Genanordnung auf den Chromosomen und die vollständige Sequenzanalyse des menschlichen Erbguts begonnen. Die Bewältigung dieser gewaltigen Aufgabe erforderte die Arbeit von Tausenden von Forschern und dauerte mehrere Jahre. Man erhofft sich aus den gewonnenen Sequenzinformationen Aufschluss über die Ursache von Krankheiten und Möglichkeiten zu ihrer Bekämpfung.

1. Erstelle eine maßstabsgetreue Zeitleiste und trage die Jahreszahlen der Forschungsergebnisse ein! Formuliere ein Ergebnis!

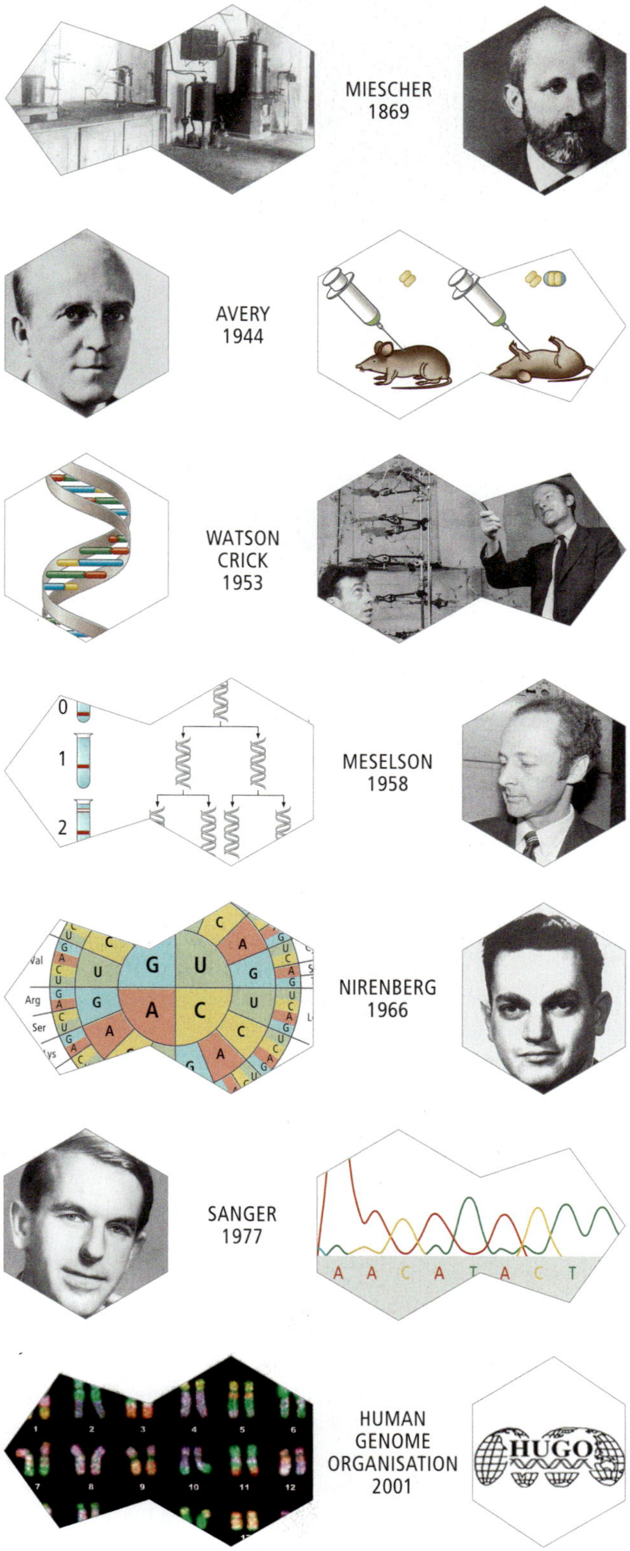

327.1 Stationen der DNA-Erforschung

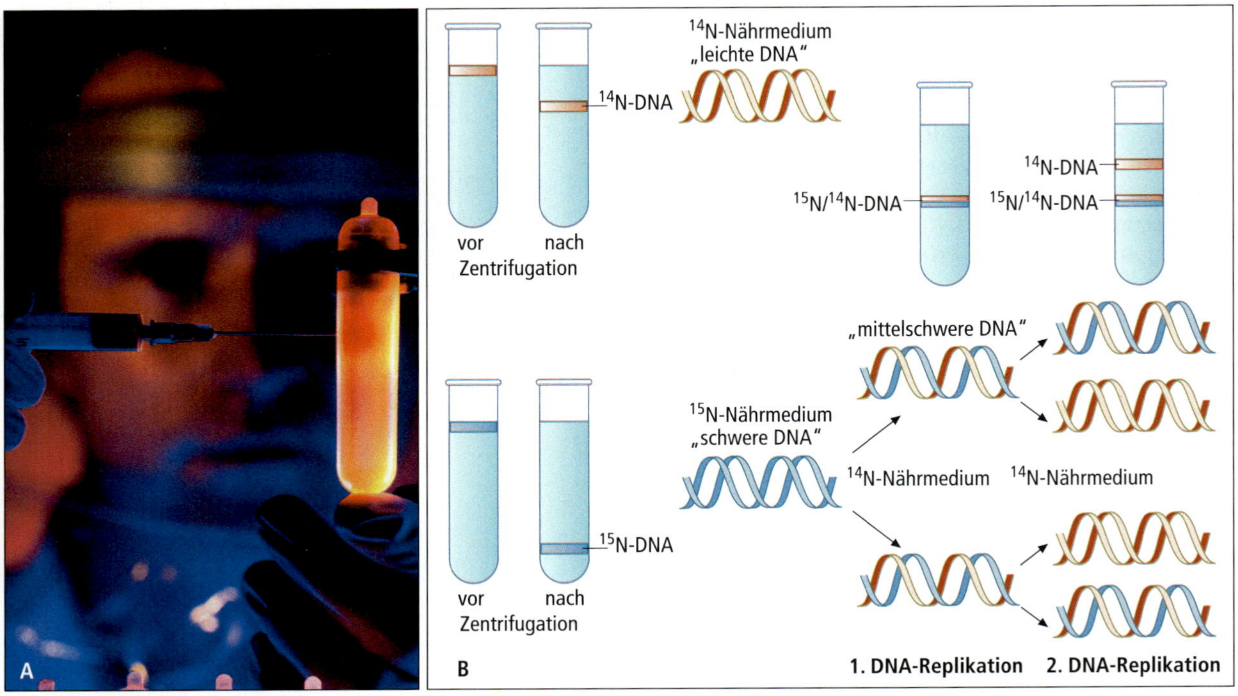

328.1 MESELSON-STAHL-Experiment. A DNA-Banden im UV-Licht; **B** Experiment

2.2 Verdopplung der DNA

Vor jeder Mitose werden in der Interphase aus Ein-Chromatid-Chromosomen Zwei-Chromatiden-Chromosomen gebildet. Wie erfolgt diese identische Verdopplung der Erbsubstanz und damit der DNA?

Der doppelsträngige Aufbau der DNA legt folgenden Mechanismus nahe: Die DNA-Doppelspirale wird wie ein Reißverschluss in zwei Einzelstränge getrennt. An jeden Einzelstrang lagern sich Nucleotide mit komplementären Basen an und werden untereinander verbunden. Es entstehen zwei identische Doppelstränge. Dieser Vorgang wird **Replikation** genannt. Dabei besteht je ein Strang aus elterlicher und je ein Strang aus neu synthetisierter DNA. Man spricht daher von einer *semikonservativen* (griech. *semi*, halb, lat. *conservare*, erhalten, bewahren) Replikation.

1958 konnten die beiden amerikanischen Biochemiker Matthew MESELSON und Franklin STAHL diese Hypothese experimentell bestätigen. Dabei bedienten sie sich der *Dichtegradientenzentrifugation*. DNA wird über lange Zeit in einer konzentrierten Salzlösung zentrifugiert. Es stellt sich ein Konzentrationsgefälle und damit ein Dichtegefälle der Salzlösung ein. Am Boden des Zentrifugenröhrchens sind Konzentration und Dichte der Lösung am größten. Die DNA sammelt sich bandenförmig dort an, wo die Dichte der Salzlösung ihrer eigenen Dichte entspricht. Die Bande lässt sich durch UV-Licht sichtbar machen.

Die beiden Forscher ließen Darmbakterien *(Escherichia coli)* in einem Medium sich vermehren, das als einzige Stickstoffquelle ein Stickstoffsalz mit dem schweren ^{15}N-Isotop enthielt. Dieses Isotop hat eine größere Atommasse als normaler Stickstoff (^{14}N). Nach mehreren Teilungszyklen enthielten alle Bakterien „schwere" DNA, also DNA, deren Basen ausschließlich das schwere ^{15}N-Isotop enthielten.
Bei der Dichtegradientenzentrifugation sammelt sich „schwere" DNA in einer Bande an, die sich näher zum Gefäßboden befindet als die Bande der „leichten" DNA, die nur normalen Stickstoff (^{14}N) enthält. Dann überführten MESELSON und STAHL Bakterien mit „schwerer" DNA in ein Medium mit normalem Stickstoff. Nach einer Zellteilung wurde die DNA dieser Bakteriengeneration untersucht. Die Dichte der DNA lag zwischen den Dichten von „schwerer" und „leichter" DNA, war also „mittelschwer". Dieses Ergebnis ist damit zu erklären, dass die DNA-Moleküle gleich viele ^{15}N- und ^{14}N-Nucleotide enthalten. Bei der nachfolgenden Generation waren zwei DNA-Banden zu beobachten: Die untere Bande enthielt „mittelschwere" DNA, die obere „leichte" DNA. Die Ergebnisse der Versuche bestätigen also die Hypothese der semikonservativen Replikation.

Auch die molekularen Grundlagen der Replikation wurden zunächst am Darmbakterium untersucht. Es hat nur ein einziges, ringförmiges Chromosom. Von einem festgelegten Startpunkt kann die Replikation in beide Richtungen fortschreiten. Durch das Enzym *Helicase* wird die Doppelhelix entwunden und in zwei Einzelstränge zerlegt, die man zusammen als *Replikationsgabel* bezeichnet. Ein weiteres Enzym, die *Primase,* katalysiert die Synthese eines kurzen, komplementären RNA-Stücks, vergleichbar einem DNA-Stück. Dieses RNA-Stück dient als Startmolekül für die **DNA-Polymerase III.** Dieses Enzym synthetisiert aus komplementären Nucleotiden neue komplementäre Einzelstränge, die zusammen mit den bereits vorhandenen Einzelsträngen zwei identische Doppelstränge bilden.

Allerdings kann die DNA-Polymerase Nucleotide nur in 5′→3′-Richtung verknüpfen, das heißt sie kann nur 3′-Enden verlängern. Da die beiden DNA-Stränge gegenläufig sind, kann die Replikation demnach nur am 3′→5′-Strang kontinuierlich ablaufen. Am anderen Strang werden zunächst an mehreren Stellen Startmoleküle hergestellt. An diesen synthetisiert die DNA-Polymerase III nun kurze DNA-Stücke vom 5′- zum 3′-Ende. Dazu setzt die Polymerase III im Bereich der Replikationsgabel immer wieder neu an. Man spricht von einer diskontinuierlichen Synthese. Diese DNA-Stücke werden nach ihrem Entdecker *OKAZAKI-Fragmente* genannt. Sie werden nachträglich durch die *DNA-Ligase* mit dem bestehenden Strang verbunden. Die Startermoleküle werden mithilfe der DNA-Polymerase I entfernt und durch DNA-Nucleotide ersetzt.

1. Erläutere das MESELSON-STAHL-Experiment unter Zuhilfenahme des WATSON-CRICK-Modells!
2. Zeichne das Bandenmuster für die DNA-Verteilung nach drei Teilungen im MESELSON-STAHL-Experiment!
3. Das DNA-Molekül von *Escherichia coli* besteht aus vier Millionen Basenpaaren. Die Replikationsdauer beträgt 30 Minuten. Berechne, wie viele Nucleotide pro Sekunde miteinander verknüpft werden!
4. Untersuche das Schema in Abbildung 329.1 auf die Anzahl unterschiedlicher Enzyme! Bedenke dabei, dass ein Enzym immer nur eine Funktion erfüllen kann!
5. Erläutere, warum die Verknüpfung der Nucleotide nur an einem Strang kontinuierlich, am anderen jedoch nur diskontinuierlich verlaufen kann!
6. Überprüfe folgende Aussage: „Die Erbgleichheit von Körperzellen lässt sich mit der Mitose und der semikonservativen Replikation der DNA begründen."

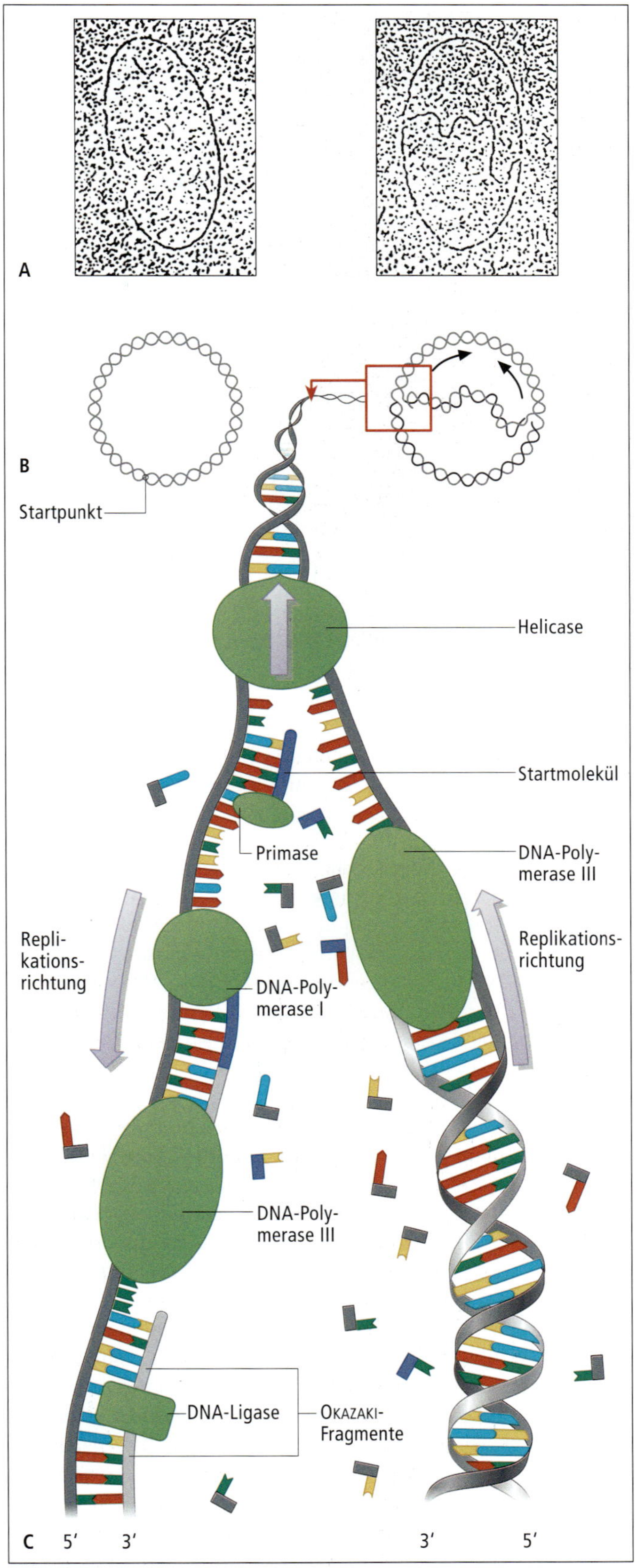

329.1 DNA-Replikation bei *Escherichia coli*.
A EM-Bild (Schema); **B** Schema zu A; **C** Vorgang

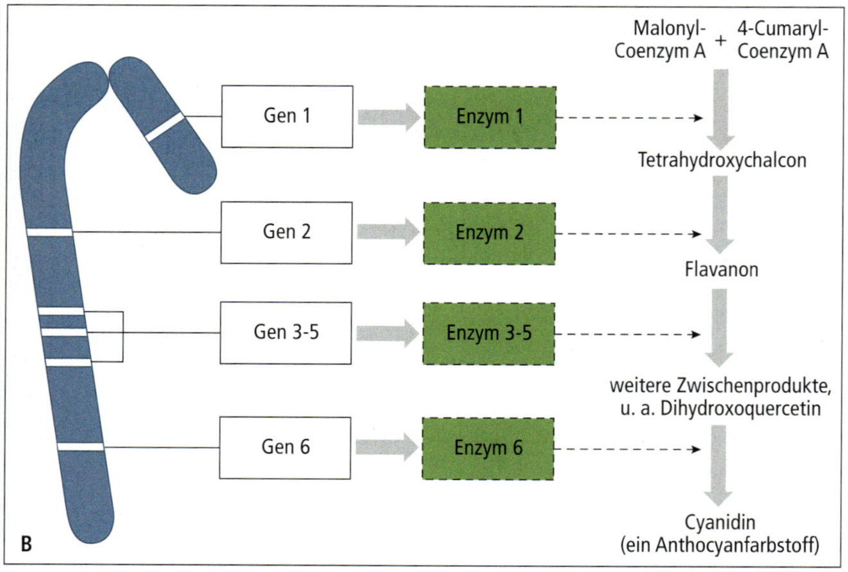

330.1 Großes Löwenmaul. A Blüten; **B** Reaktionsweg bei der Bildung des Blütenfarbstoffs

3 Der genetische Code

Das Große Löwenmaul hat verschiedenfarbige Blüten. Es gibt Sorten mit weißen, aber auch solche mit violetten Blütenkronblättern. Wie kommt es zur Ausbildung des Merkmals Blütenfarbe?

Viele Untersuchungen belegen: Der Zellkern enthält die Informationen für die Ausbildung der Merkmale eines Lebewesens. Er enthält die Chromosomen, die Träger der Erbsubstanz. Jede Art hat eine bestimmte Anzahl von Chromosomen. So findet man beim Großen Löwenmaul zum Beispiel einen diploiden Chromosomensatz von acht Chromosomenpaaren.

Eine Pflanze des Großen Löwenmauls hat jedoch mehr als 16 Merkmale und damit auch mehr als 16 für die Merkmalsausbildung verantwortliche Gene. Man kann daraus schließen, dass auf jedem Chromosom mehrere Gene untergebracht sind. Doch welcher Zusammenhang besteht zwischen dem Gen für die Ausbildung der Blütenfarbe und dem Merkmal Blütenfarbe? Die violette Farbe der Blütenblätter ist im Wesentlichen durch Cyanidin bestimmt, einen Anthocyanfarbstoff. Der Syntheseweg dieses Farbstoffs ist bekannt, er umfasst mehrere Schritte. Jeder dieser Schritte wird durch ein Enzym gesteuert, so zum Beispiel die Umwandlung von Tetrahydroxychalcon zu Flavanon durch die Chalcon-Isomerase. Fehlt dieses Enzym, kann der Farbstoff Cyanidin nicht gebildet werden. Es entstehen cyanidinfreie Blüten, die weiß gefärbt sind.

Eine Löwenmaulpflanze mit weißen Blüten hat also einen *Stoffwechseldefekt.* Sie kann den Farbstoff Cyanidin nicht herstellen, weil ihr innerhalb des Syntheseweges zum Cyanidin ein Enzym fehlt. Die Nachkommen dieser Löwenmaulpflanze sind ebenfalls weiß blühend, der Stoffwechseldefekt ist also erblich bedingt. Es hängt demzufolge von den Genen ab, ob der Blütenfarbstoff hergestellt wird oder nicht. Es liegt nahe, anzunehmen, dass jeweils ein Gen für ein Enzym dieses Syntheseweges verantwortlich ist. Man spricht von einer **Ein-Gen-ein-Enzym-Hypothese.** Sie wurde 1941 von den Amerikanern George W. BEADLE und Edward TATUM aufgrund ähnlicher Untersuchungen an dem Roten Brotschimmel *(Neurospora crassa)* formuliert. Später wurde sie zur *Ein-Gen-ein-Polypeptid-Hypothese* erweitert.

Um herauszufinden, welche Enzyme des Stoffwechselweges fehlen, wo also der Stoffwechsel blockiert ist, geht man von folgenden Annahmen aus: Zum einen müsste sich das Zwischenprodukt vor dem blockierten Stoffwechselschritt ansammeln, weil es wegen des fehlenden Enzyms nicht weiterverarbeitet wird. Zum anderen sollte eine normalerweise weiß blühende Form dann Cyanidin bilden, wenn ihr von außen das hinter dem blockierten Stoffwechselschritt liegende Zwischenprodukt zugeführt wird. Beide Annahmen konnten experimentell bestätigt werden. So bilden zum Beispiel weiße Blüten des Löwenmauls, denen eines der Enzyme 1 bis 5 fehlt, Cyanidin,

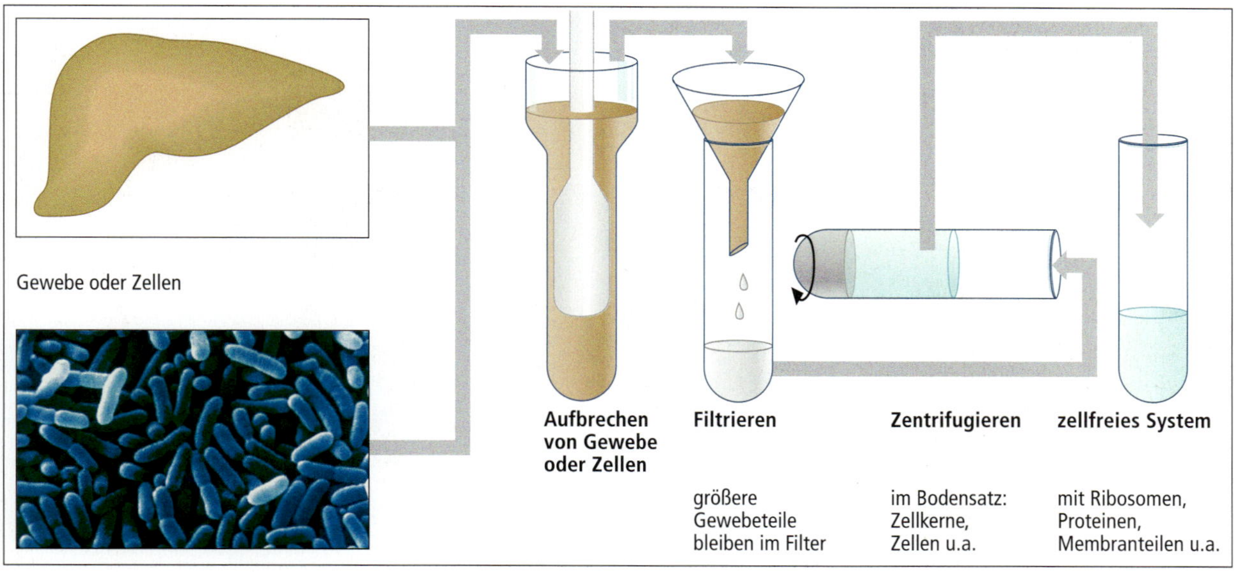

331.1 Gewinnung eines zellfreien Systems

wenn man ihnen Dihydroxoquercetin zuführt. Auf den weißen Blütenblättern entwickeln sich nach und nach violette Flecken.

Über den Zusammenhang zwischen einem Gen und dem von ihm bestimmten Enzym wurden viele Überlegungen und Untersuchungen angestellt. Bedeutsam waren insbesondere folgende Überlegungen: Enzyme sind Proteine, die sich in ihrer Primärstruktur, also ihrer *Aminosäuresequenz*, unterscheiden. Die Information über die Aminosäuresequenz muss in den Genen verschlüsselt sein. Für die Verschlüsselung ist die genetische Substanz, also die DNA, verantwortlich. Folglich muss in der DNA die Information für die Ausbildung der jeweiligen Aminosäuresequenz verschlüsselt, also codiert vorliegen. Welche Bausteine der DNA ermöglichen diese Codierung?

Die Zucker-Phosphat-Bänder sind bei allen DNA-Molekülen gleich, sie kommen für die Codierung nicht infrage. DNA-Moleküle unterscheiden sich aber in ihrer *Basensequenz*, nämlich in der Abfolge der vier Basen Adenin, Guanin, Cytosin und Thymin. Wird eine Aminosäure durch eine Base codiert, ist der Code einbuchstabig? Dann ständen für die Codierung von 20 Aminosäuren nur 4 Codewörter zur Verfügung. Also könnten allenfalls 4 Aminosäuren codiert werden. Bei einer Codewortlänge von zwei Basen ständen $4^2 = 16$ Codewörter zur Verfügung. Auch diese Zahl reicht nicht aus. Wird dagegen eine Aminosäure durch drei Basen der DNA, ein *Basentriplett*, codiert, so reichen die insgesamt $4^3 = 64$ Codewörter aus, um die 20 Aminosäuren zu verschlüsseln. Man bezeichnet dieses Codierungsprinzip als **genetischen Code.** Welches Basentriplett verschlüsselt nun welche Aminosäure?

Die Untersuchungen zur Aufklärung des genetischen Codes wurden nicht an DNA vorgenommen, sondern man verwendete dazu eine **Ribonucleinsäure,** abgekürzt **RNA** (engl. *acid*, Säure), die während der Proteinsynthese als Kopie eines DNA-Abschnitts hergestellt wird. Diese RNA ist einsträngig und stimmt in ihrer Basensequenz mit dem Strang der DNA, der die genetische Information trägt, überein; nur findet man hier statt der Base Thymin die gleichbedeutende Base Uracil.

Die lebende Zelle ist ein höchst komplexes System, in dem man Teilvorgänge und die Wirkung einzelner Faktoren nur schwer verfolgen und kontrollieren kann. Man versuchte daher, den genetischen Code in einem *zellfreien System* zu entschlüsseln. Dazu wurde in einem Glasgefäß ein eingeschliffener Kolben so auf und ab bewegt, dass die Zellen zwischen Kolben und Glaswand hindurchgepresst werden und aufplatzen. Der so entstandene dünnflüssige Brei aus Geweberesten, unzerstörten Zellen und Zellbestandteilen wird mit einem DNA abbauenden Enzym versetzt, filtriert und zentrifugiert. Der Überstand enthält unter anderem Ribosomen, Proteine und Membranteile. Gibt man RNA hinzu, so erhält man ein zellfreies System, das zur Proteinsynthese befähigt ist.

1961 veröffentlichten Marshall NIRENBERG und seine Mitarbeiter Ergebnisse solcher Untersuchungen mit zellfreien Systemen. Sie hatten künstliche

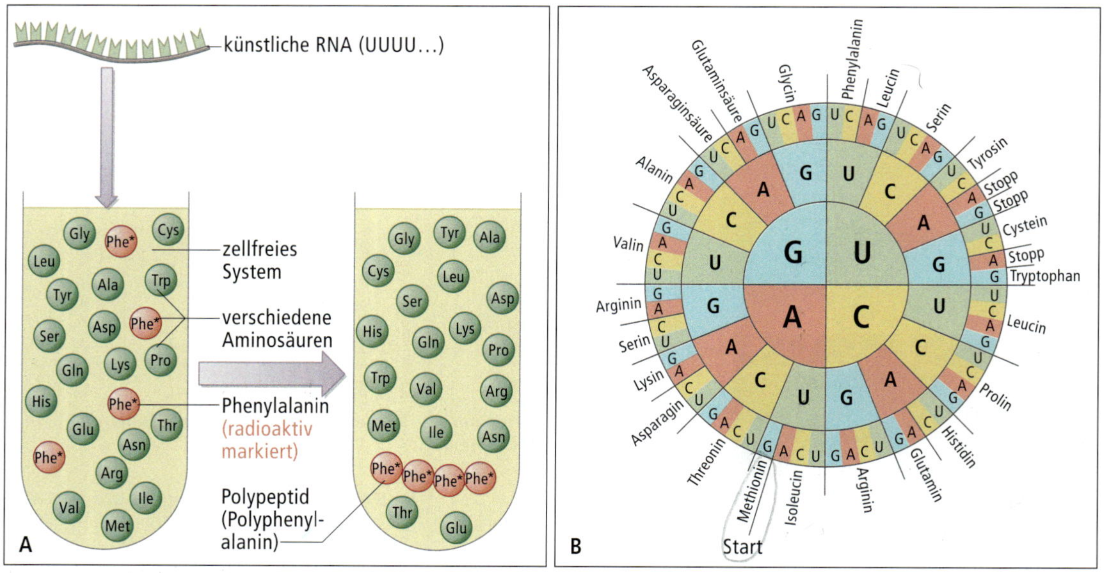

332.1 Genetischer Code. A Experimente; **B** Codons der in RNA

RNA mit der einförmigen Basensequenz UUUU... verwendet. In 20 verschiedenen Versuchsansätzen hatten sie dem zellfreien System alle 20 Aminosäuren zugegeben, wobei von Versuchsansatz zu Versuchsansatz eine andere Aminosäure radioaktiv markiert war. Aus dem Versuchsansatz mit radioaktiv markiertem Phenylalanin (Phe) hatten die Forscher ein radioaktiv markiertes Polypeptid isolieren können, das ausschließlich aus der Aminosäure Phenylalanin zusammengesetzt war. Eine RNA mit der monotonen Basenabfolge U-U-U-U-... codiert also ein Polypeptid mit der Aminosäureabfolge Phe-Phe-Phe-Phe-... Damit war nachgewiesen, dass für die Aminosäure Phenylalanin das Codewort aus den drei Basen UUU bestehen muss. Man bezeichnet ein solches Codewort auch als *Codon*. Verwendet man eine synthetische RNA mit der Base Cytosin, so wird ein Polypeptid hergestellt, das ausschließlich die Aminosäure Prolin (Pro) enthält. Das Codon für Prolin ist also CCC. Für die Aminosäuren Lysin (Lys) und Glycin (Gly) bestimmte man auf gleichem Wege die Codons AAA und GGG.

Zur Entschlüsselung weiterer Codons arbeitete man mit synthetischen Polynucleotiden, die zwei oder drei verschiedene Basen enthielten. So kann man zum Beispiel ein Polynucleotid herstellen, in dem abwechselnd Uracil- und Cytosin-Nucleotide aufeinanderfolgen. Im zellfreien System erhält man ein Polypeptid mit den Aminosäuren Serin und Leucin, die Codons für die beiden Aminosäuren sind also UCU und CUC. Mithilfe weiterer, allerdings bedeutend komplizierterer Experimente konnten schließlich 61 der 64 möglichen Tripletts den 20 verschiedenen Aminosäuren zugeordnet werden. Die Tripletts UAA, UAG und UGA dagegen sind keine Codons für Aminosäuren, sondern stehen für den Befehl „Stopp". Bei der Proteinsynthese signalisieren diese Tripletts, dass keine weitere Aminosäure an das gerade synthetisierte Polypeptid gebunden wird. Das Proteinmolekül ist fertiggestellt. Das Codon AUG codiert die Aminosäure Methionin und bedeutet zugleich den Start der Proteinsynthese.

Der genetische Code ist also ein *Triplettcode*: Drei Nucleotide codieren eine Aminosäure. Der Code wird als *eindeutig* bezeichnet, denn ein Codon bestimmt den Einbau einer einzigen Aminosäure. So lässt das Triplett AAG nur den Einbau von Lysin zu. Bis auf Methionin und Tryptophan werden alle Aminosäuren durch mehr als ein Triplett codiert. Leucin zum Beispiel kann durch CUU, CUC, CUA oder CUG codiert werden. Man spricht von einem *degenerierten* Code. Der Vorteil dieses Sachverhaltes liegt auf der Hand. Kommt es bei dem dritten Nucleotid zu einem Basenaustausch, so bleibt dennoch die ursprüngliche Information erhalten: Das Triplett codiert die Aminosäure Leucin.

Der Informationsgehalt eines RNA-Abschnitts wird jedoch völlig verändert, wenn ein oder zwei Nucleotide eingeschoben oder weggenommen werden. Der genetische Code ist *kommafrei*, das bedeutet, dass die einzelnen Codewörter nicht durch gesonderte Pausenzeichen voneinander getrennt sind. Das erspart Material, hat aber den Nachteil, dass nach Wegnahme oder Einschub einer Base sich das Leseraster verschiebt. Eine völlig andere Triplettsequenz codiert eine völlig andere Aminosäuresequenz.

Der genetische Code ist *nicht überlappend*. Die Basen eines Tripletts dienen nur der Verschlüsselung einer Aminosäure. Diese Basen können nicht gleichzeitig Bestandteil eines benachbarten Tripletts sein. 100 Aminosäuren werden also durch die fortlaufende Abfolge von 300 Nucleotiden bestimmt.
Zudem ist der genetische Code *universell*. Er gilt für alle Lebewesen: für den Menschen, für einen Regenwurm und auch für das Große Löwenmaul. So wird die Aminosäuresequenz des Enzyms 6, das die Bildung des blauvioletten Cyanidins katalysiert, bestimmt durch eine bestimmte Abfolge von Basentripletts in dem Gen 6. Allerdings gibt es auch einige Ausnahmen. So codieren beim Pantoffeltierchen *Paramecium* die Tripletts UAA und UAG nicht „Stopp", sondern die Aminosäure Glutamin (Glu).

Diese und weitere Ausnahmen schränken jedoch den universellen Charakter des genetischen Codes nicht ein. Im Gegenteil, die offensichtliche Universalität ist ein Beleg für den gemeinsamen Ursprung und somit für die Verwandtschaft aller Lebewesen.

1. Erläutere am Beispiel des genetischen Codes das Basiskonzept „Stammesgeschichtliche Verwandtschaft"!
2. Kläre mithilfe der Abbildung 332.1 B zum genetischen Code, welche Basensequenz auf der RNA folgende Aminosäuresequenz codiert: Phe-Phe-Lys-Val-Ala-His-Trp!
3. Erläutere, inwiefern die Ein-Gen-ein-Polypeptid-Hypothese als Erweiterung der Ein-Gen-ein-Enzym-Hypothese zu verstehen ist!
4. Definiere zellfreies System!
5. Erkläre, warum den zellfreien Systemen, die NIRENBERG zur Aufklärung des genetischen Codes verwendete, ein DNA abbauendes Enzym zugesetzt wurde!
6. Erläutere die Aussage, der genetische Code sei universell!
7. Erläutere, wie man überprüfen kann, an welcher Stelle eines Stoffwechselweges ein Enzym ausgefallen ist!
8. Beurteile, wie sich der Einschub eines Basentripletts auf das codierte Protein auswirkt (siehe Abbildung 333.1)!
9. Überprüfe, unter welchen Bedingungen der Einschub oder die Herausnahme einer Base zu einem extrem kurzen Polypeptid führen kann (siehe Abbildung 333.1)!
10. Erläutere, warum nicht jeder Basenaustausch zu einer veränderten Aminosäuresequenz führen muss!
11. Erläutere am Beispiel des genetischen Codes das Basiskonzept „Information und Kommunikation"!

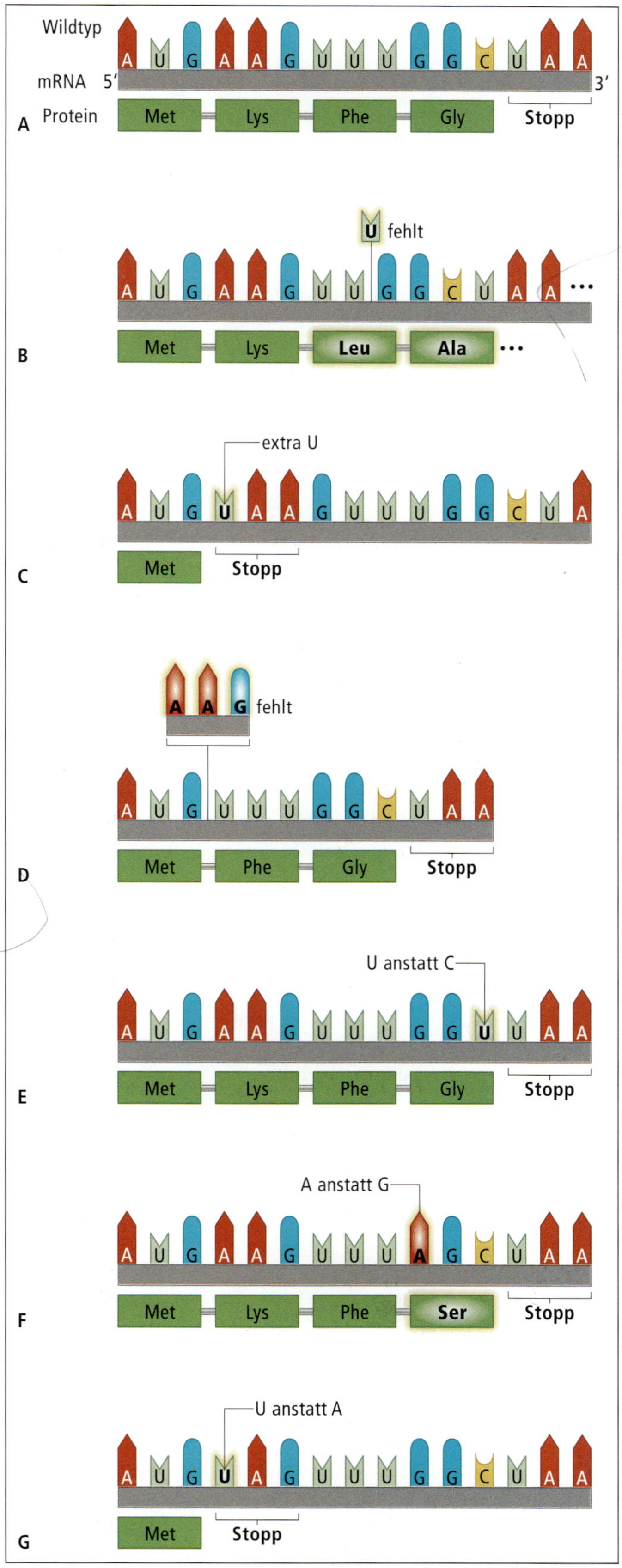

333.1 Mutationen

4 Die Synthese von Proteinen

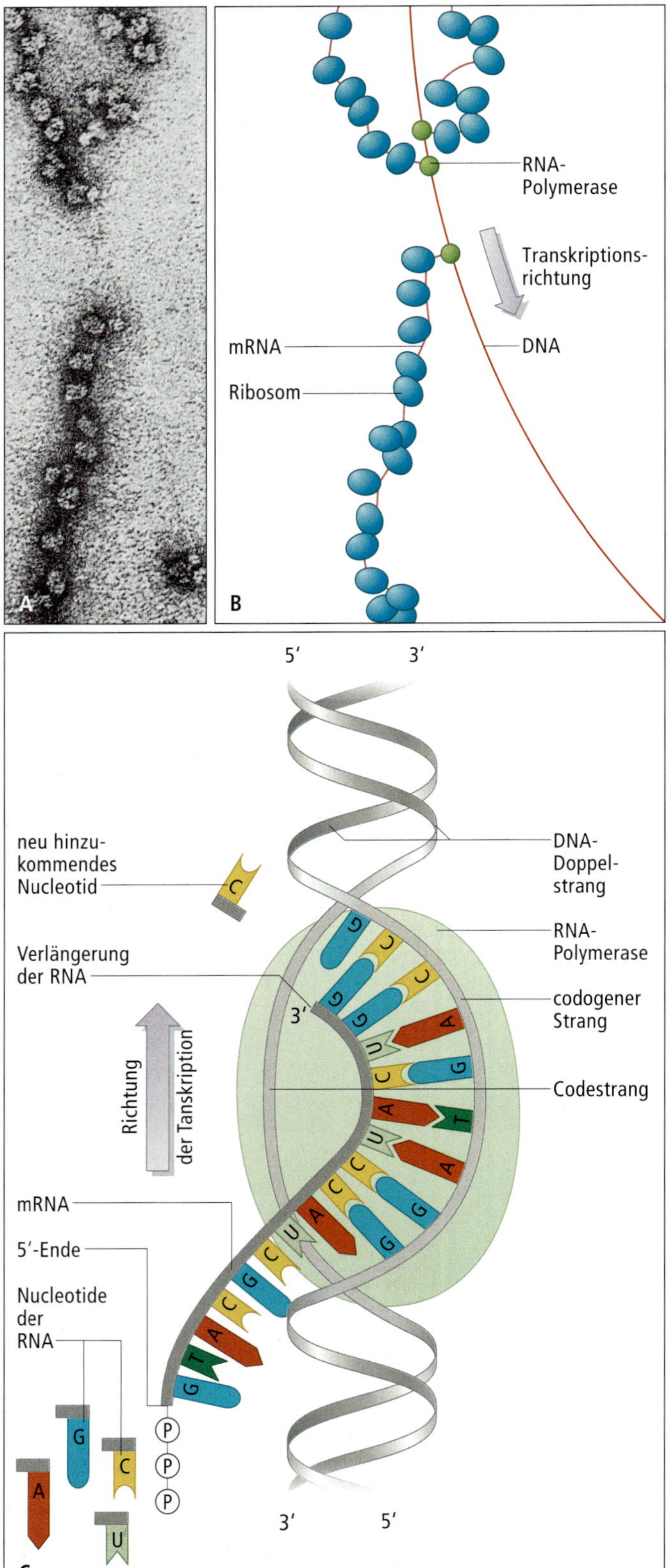

334.1 Transkription. A EM-Aufnahme bei *Escherichia coli*; **B** Schema (Übersicht); **C** Schema (Detail)

4.1 Transkription und Translation

Bietet man einer Zelle radioaktiv markierte Aminosäuren an, so lassen sich radioaktive Proteinmoleküle nur an den Ribosomen im Zellplasma nachweisen, nicht jedoch im Zellkern, wo sich die genetische Information für die Synthese der Proteine in Form der DNA befindet. Wie gelangt die Information der DNA ins Zellplasma?

Zur Klärung dieser Frage bot man Bakterien radioaktiv markiertes Cytosin an. Anschließend brach man die Zellen auf, das nicht eingebaute Cytosin wurde ausgewaschen. Den Zellrückstand deckte man mit einem fotografischen Film ab. Das entwickelte Bild eines solchen Films nennt man **Autoradiogramm.** Dort, wo radioaktives Cytosin eingebaut worden war, war eine Schwarzfärbung zu beobachten. An einem nicht gut identifizierbaren Zentralfaden sind beidseitig perlschnurartige Fransen zu erkennen, deren Länge zunimmt. Bei dem Zentralfaden handelt es sich um DNA, bei den Fransen um *Ribonucleinsäure*, abgekürzt **RNA.** Diese Kernsäure ist einsträngig. Die Base Uracil nimmt den Platz von Thymin ein, der Zucker Ribose den von Desoxyribose. Diese RNA übermittelt die Information von der DNA zu den Ribosomen und heißt daher *messenger-RNA* oder **mRNA.** Sie wird durch „Abschreiben" der DNA gebildet. Den Vorgang bezeichnet man als **Transkription.**

Dabei lagert sich zunächst das Enzym **RNA-Polymerase** an eine spezifische Basensequenz der DNA, den *Promotor.* Die Wasserstoffbrückenbindungen werden gelöst, und es kommt zu einer Auftrennung des DNA-Abschnittes in die beiden Einzelstränge. An einen der beiden Einzelstränge, den **codogenen Strang,** lagern sich komplementäre Ribonucleotide. Die RNA-Polymerase wandert und verknüpft dabei die RNA-Nucleotide in 5′→3′-Richtung. Das Ende des abzulesenden Bereichs, der ein oder mehrere Gene enthält, ist durch eine spezifische Basensequenz, den *Terminator,* markiert. Die RNA-Polymerase löst sich vom codogenen Strang, die Transkription ist abgeschlossen.

Schon während der Transkription werden bei Bakterien der mRNA perlschnurartig etwa 20 nm große Zellbestandteile, die *Ribosomen,* angelagert. An jedem Ribosom wird ein Proteinmolekül synthetisiert. Wie gelingt es, die in der mRNA gespeicherte Information in ein Protein umzusetzen? Proteinmoleküle bestehen aus Ketten von

Aminosäuren. Sie liegen zunächst frei in der Zelle vor. Bei der Proteinbiosynthese werden bestimmte Aminosäuren miteinander verknüpft.

Für das Bereitstellen der Aminosäuren sind zwei Molekülgruppen von Bedeutung: spezielle Enzyme und ein weiterer RNA-Typ, die *transfer-RNA*, kurz **tRNA.**

Für jede Aminosäure gibt es eine spezifische tRNA. Ein tRNA-Molekül besteht aus etwa 80 Nucleotiden, die sowohl doppelsträngige Bereiche als auch dazwischenliegende einzelsträngige Schleifen ausbilden. Die einzelsträngige Schleife des langen Armes trägt ein charakteristisches Triplett, das **Anticodon.** Es ist komplementär zu dem Codon auf der mRNA, das die Aminosäure codiert, die dieser tRNA zugeordnet ist. So hat die für Lysin zuständige tRNA das Anticodon UUU. Dieses ist komplementär zum Triplett AAA, das Lysin codiert. Am kurzen Arm liegt die Aminosäurebindungsstelle für die jeweilige Aminosäure.
Doch wie ist es gewährleistet, dass die jeweils richtige Aminosäure angeheftet wird? Es gibt 20 verschiedene Enzyme für die Bindung einer Aminosäure, für jede Aminosäure eines. Ein solches Enzymmolekül hat jeweils zwei Bindungsstellen. So hat ein solches Enzym für Lysin eine so geformte Aminosäurebindungsstelle, dass nach dem Schlüssel-Schloss-Prinzip nur ein Lysin-Molekül andocken kann. Die tRNA-Bindungsstelle hat eine solche Raumstruktur, dass nur die für Lysin zuständige tRNA nach demselben Prinzip hineinpasst. Haben Aminosäure und dazugehörige tRNA angedockt, können sie über eine Elektronenpaarbindung miteinander verknüpft werden.

Zur Proteinbiosynthese vereinigen sich zunächst mRNA, Start-tRNA, die kleine ribosomale Untereinheit und schließlich die große ribosomale Untereinheit. Im Bereich des Ribosoms gibt es drei Bindungsstellen mit je einem Codon. Die Start-tRNA ist identisch mit der für Methionin zuständigen tRNA. Zunächst befindet sie sich an der P-Stelle des Ribosoms, die das Codon AUG trägt. Die A-Stelle ist frei, ebenso die E-Stelle. Nun wird eine Aminosäure nach der anderen an die mit der Start-tRNA verbundene Aminosäure Methionin gehängt. Dazu bildet das mRNA-Codon an der A-Stelle Wasserstoffbrückenbindungen zum Anticodon eines eintreffenden tRNA-Moleküls, das die passende Aminosäure trägt. Enzymatisch wird eine Peptidbindung zwischen dem Methionin und der gerade eingetroffenen Aminosäure an der A-Stelle hergestellt. Ein Dipeptid entsteht. Dieses

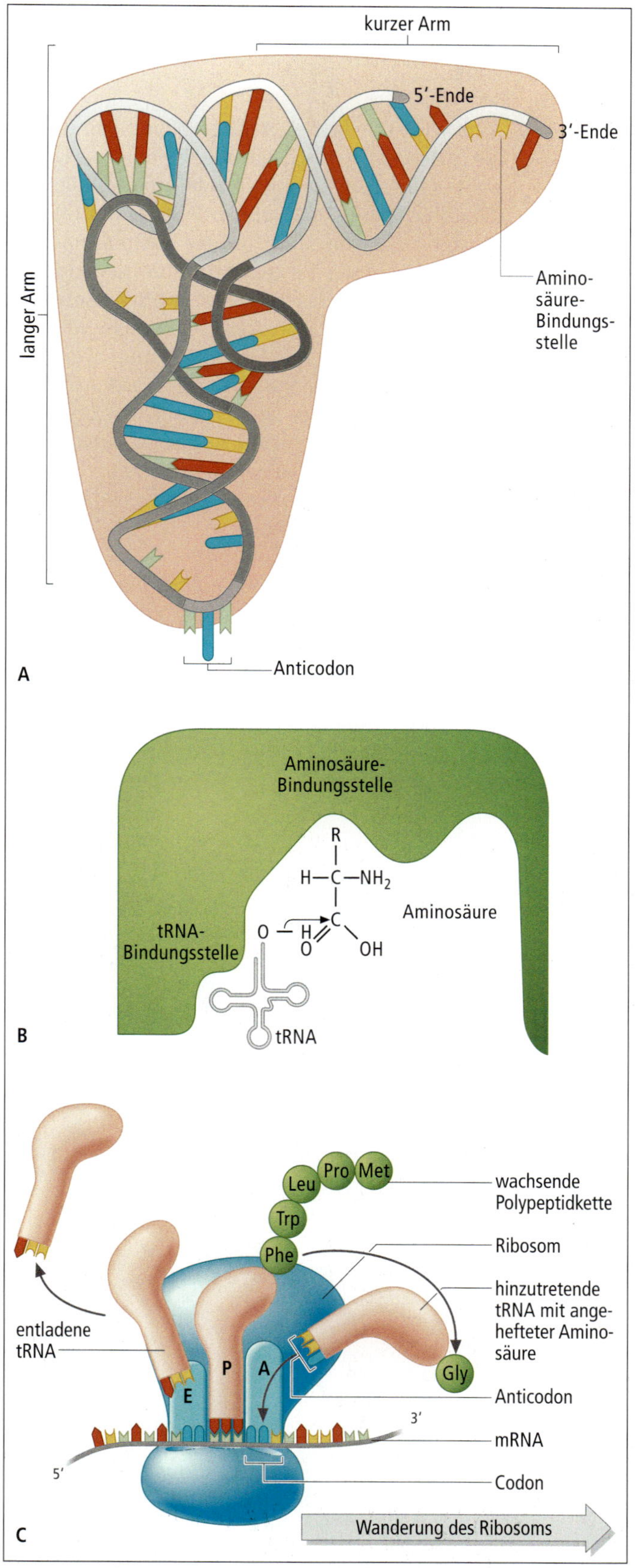

335.1 Translation. A tRNA; **B** Enzym für die Bindung einer Aminosäure an die passende tRNA; **C** Schema

trennt sich von der an die P-Stelle gebundenen tRNA und bindet an die neue Aminosäure in der A-Stelle.

Nun wird die in der A-Stelle befindliche tRNA, die das Peptid trägt, in die P-Stelle verlagert. Dabei nimmt sie die mRNA mit. Gleichzeitig wird die unbeladene tRNA von der P-Stelle zur E-Stelle bewegt und von dort in das Zellplasma freigesetzt. Durch die Bewegung der mRNA wird das nächste Codon, das übersetzt werden soll, zur A-Stelle gebracht. Dort kann eine passende, mit einer Aminosäure beladene tRNA andocken. Der beschriebene Vorgang wiederholt sich, bis mit dem Erreichen eines Stoppcodons – UAA, UAC oder UAG – die **Proteinbiosynthese** beendet ist. Diese „Übersetzung" einer Basensequenz auf der mRNA in die Aminosäuresequenz eines Proteins nennt man **Translation.**

Die beschriebenen Vorgänge sind bei Bakterien, Prokaryoten, erforscht worden. Bei Eukaryoten verlaufen die Prozesse grundsätzlich ähnlich. Dennoch gibt es einige wichtige Unterschiede. Während die DNA der Bakterien keine Stützproteine enthält, bildet sie bei Eukaryoten zusammen mit den so genannten Histonen Komplexe. Diese Chromosomen genannten Strukturen sind von einer Kernhülle umgeben. Die Transkription findet im Kern statt, die Translation im Zellplasma. Sie beginnt erst nach Abschluss der Transkription. Bei Prokaryoten dagegen beginnt die Translation, bevor die Transkription abgeschlossen ist.

Durch den Promotor und den Terminator wird festgelegt, wo auf der DNA abgelesen wird. Über so genannte *Genschalter* wird geregelt, wann bestimmte Gene abgelesen werden. So ist die Bildung unterschiedlicher Zelltypen aus einer befruchteten Eizelle zu erklären: Die Gene für die spezifischen Merkmale eines Zelltyps werden jeweils eingeschaltet, andere Gene werden abgeschaltet.

1. Nenne Unterschiede zwischen DNA und RNA!
2. Vergleiche Replikation und Transkription!
3. Den zum codogenen Strang komplementären Strang nennt man Codestrang. Erläutere, welcher Strang die genetische Information trägt!
4. Nenne und erläutere die räumlichen Besonderheiten der Enzyme, die für die Anheftung der Aminosäuren verantwortlich sind!

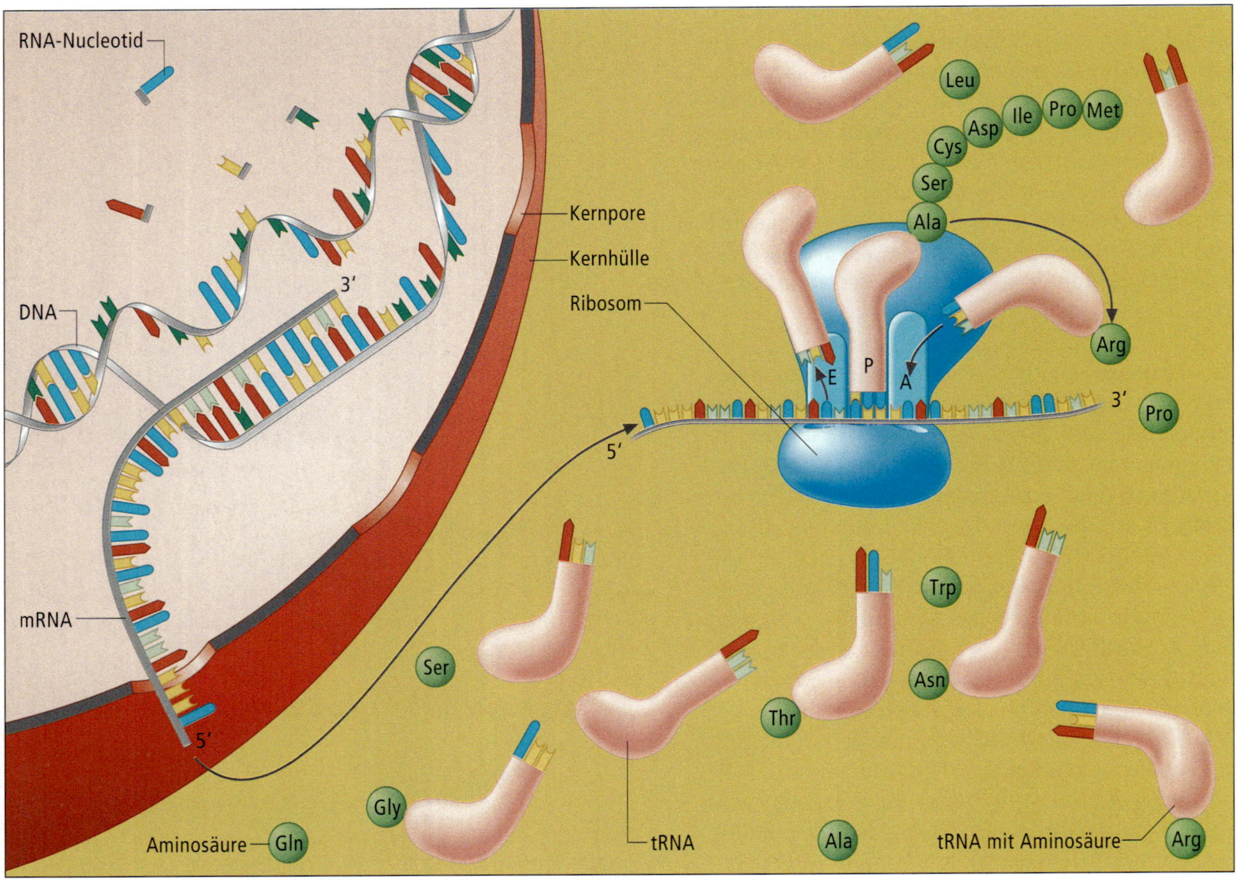

336.1 Proteinbiosynthese (Übersicht)

4.2 Veränderungen der DNA

In mit Malaria verseuchten Gebieten Zentralafrikas trifft man auf Bevölkerungsgruppen, die zu fast 40 Prozent resistent gegenüber Malaria-Erregern sind. Untersucht man sauerstoffarmes Blut dieser Menschen, so erkennt man neben normalen Roten Blutkörperchen auch solche, die durch ihre Sichelform auffallen. Wie ist diese außergewöhnliche Form der Roten Blutkörperchen zu erklären?

Normalerweise enthalten Rote Blutkörperchen den Blutfarbstoff Hämoglobin A. Die vier Polypeptidketten dieses sehr großen Moleküls setzen sich aus zwei α- und zwei β-Ketten zusammen. Die Roten Blutkörperchen malariaresistenter Menschen besitzen neben dem Hämoglobin A einen weiteren Blutfarbstoff: Hämoglobin S. Es besteht ebenfalls aus vier Polypeptidketten. In den beiden α-Ketten jedoch ist die in Position 6 befindliche Aminosäure Glutaminsäure gegen Valin ausgetauscht. Da auch die Aminosäuresequenz der Polypeptidketten des Hämoglobins durch die DNA codiert ist, muss die Änderung der Aminosäuresequenz in der β-Kette auf eine Veränderung der genetischen Information zurückzuführen sein. Tatsächlich lässt sich auf der DNA, die für die Codierung von Hämoglobin S verantwortlich ist, eine veränderte Basensequenz nachweisen. Statt des Tripletts GAG für Glutaminsäure (Glu) findet man das Triplett GTG, das Valin (Val) codiert. Es liegt ein *Basenaustausch* vor. Solche Veränderungen der genetischen Information, die nur ein Gen betreffen und sich somit nur auf ein Genprodukt auswirken, bezeichnet man als **Genmutation.**

Das Vorhandensein von Hämoglobin A und Hämoglobin S bei malariaresistenten Personen lässt sich mit der Annahme erklären, dass bei ihnen nur auf einem Chromosom eine Genmutation stattgefunden hat. Sie sind folglich heterozygot für diese Mutation. Unter Sauerstoffmangel und nach Befall durch Malaria-Erreger neigt Hämoglobin S dazu, lange dünne Stränge zu bilden. Diese verzerren die normalerweise scheibenförmigen Roten Blutkörperchen zu halbmondförmigen Sichelzellen. Dabei vergrößert sich die Durchlässigkeit der Zellmembran für Kalium-Ionen. Ihre Konzentration in den Blutzellen sinkt. Der Malaria-Erreger geht zugrunde. So erklärt sich die Resistenz der heterozygoten „Sichler" gegenüber dem Malaria-Erreger.

Bei Personen, die für diese Mutation homozygot sind, bilden sich schon unter normalen Bedingungen Sichelzellen. Der Sauerstofftransport ist beeinträchtigt, Blutzellen sterben ab. Diese Blutarmut nennt man *Sichelzellenanämie.* Sie endet mit dem Tod.

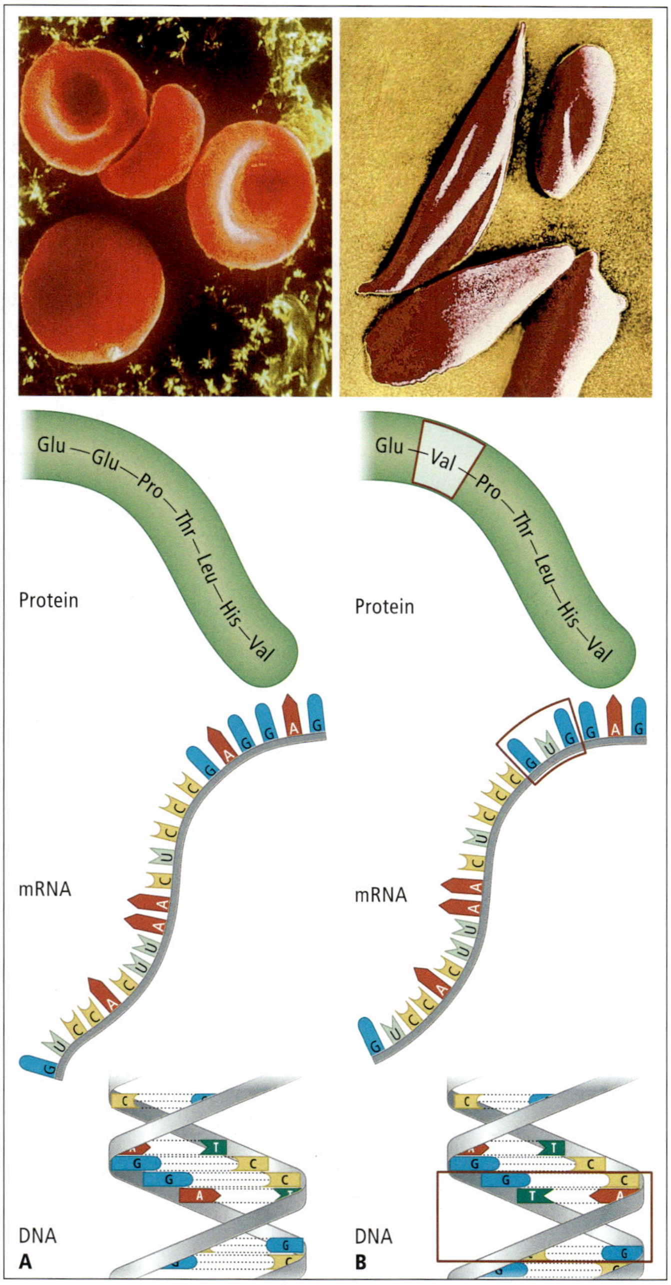

337.1 Sichelzellenanämie – molekulare Grundlagen.
A normale Rote Blutkörperchen; **B** Sichelzellen

Bei der Sichelzellenanämie wird durch den Austausch einer Base die DNA verändert. Das kann passieren, wenn während der Interphase in kurzer Zeit die DNA vollständig repliziert wird. Bei *Escherichia coli* zum Beispiel werden 4,2 Millionen Basenpaare in 20 Minuten repliziert. Allerdings ist die Fehlerquote niedrig: Nur eins von 10^9 Basenpaaren wird falsch repliziert.

Die DNA kann auch durch chemische und physikalische Faktoren in sehr verschiedener Weise verändert werden. Durch Chemikalien wie Acridin können einzelne Basen herausgelöst werden, man spricht von einer *Deletion*. Wird zusätzlich eine Base eingeschoben, liegt eine *Insertion* vor. UV-Strahlen bewirken die Ausbildung von Elektronenpaarbindungen zwischen „schräg" gegenüberliegenden Basen, man nennt dieses *cross link*. Ebenfalls durch UV-Strahlen werden benachbarte Thymin-Basen miteinander verknüpft. Dabei entstehen so genannte *Thymindimere*. Beide Thymin-Moleküle eines Thymindimers können keine Wasserstoffbrückenbindungen zu Adenin-Molekülen ausbilden. Die besonders energiereichen Röntgenstrahlen können Bindungen im Zucker-Phosphat-Band der DNA auflösen und somit einen *Einzel-* oder *Doppelstrangbruch* herbeiführen.

Untersuchungen zeigen, dass sich täglich viele Hundert solcher DNA-Schädigungen in Zellen ereignen. Eigentlich müssten sich in kurzer Zeit so viele Schädigungen ansammeln, dass die Zellen absterben. Dass es nicht dazu kommt, liegt am zellulären **Reparatursystem.**

Gut untersucht ist die *Ausschnittsreparatur* von Thymindimeren. Zunächst erkennt eine Gruppe von Enzymen die Schadstelle anhand der räumlichen Verformung der DNA. Vor und hinter dem Dimer bewirkt ein Enzym je einen Schnitt, eine *Incision*. Ein anderes Enzym entfernt den herausgeschnittenen Bereich, man spricht von der *Excision*. Nun wird die einzelsträngige Lücke geschlossen, indem sich komplementäre Nucleotide an den intakten Einzelstrang anlagern und enzymatisch miteinander verknüpft werden. Abschließend wird der neu synthetisierte Einzelstrang mit dem ursprünglichen Teil des Stranges verknüpft, auch hier ist ein Enzym beteiligt.

Menschen mit der seltenen Hautkrankheit Xeroderma pigmentosum erkranken oft noch vor dem dreißigsten Lebensjahr an den Tochtergeschwülsten schweren Hautkrebses. Bei ihnen ist das Enzym, das die Incision einleitet, defekt. Dimere werden nicht abgebaut. Die Vielzahl der Mutationen führt zu Zellen mit überaus hoher Teilungsaktivität, den Krebszellen.

Auch die DNA von Bakterien verändert sich. Die meisten dieser Veränderungen sind für die betroffenen Zellen schädlich. Einige Mutationen jedoch sind von Vorteil. So können einzelne Zellen durch Mutationen resistent werden gegenüber Antibiotika wie Penicillin oder Chloramphenicol. Antibiotika werden zum Beispiel von Pilzen hergestellt. Sie hemmen das Wachstum von Bakterien oder töten sie ab.

1. Nenne fünf DNA-Schäden und mögliche Ursachen!
2. Vergleiche die β-Ketten eines „Sichlers" und eines gesunden Menschen!
3. „Nicht jede Schädigung der DNA führt zu einer Mutation!" Nimm Stellung!
4. Durch salpetrige Säure wird Cytosin zu Uracil verändert. Zeige die möglichen Konsequenzen auf!

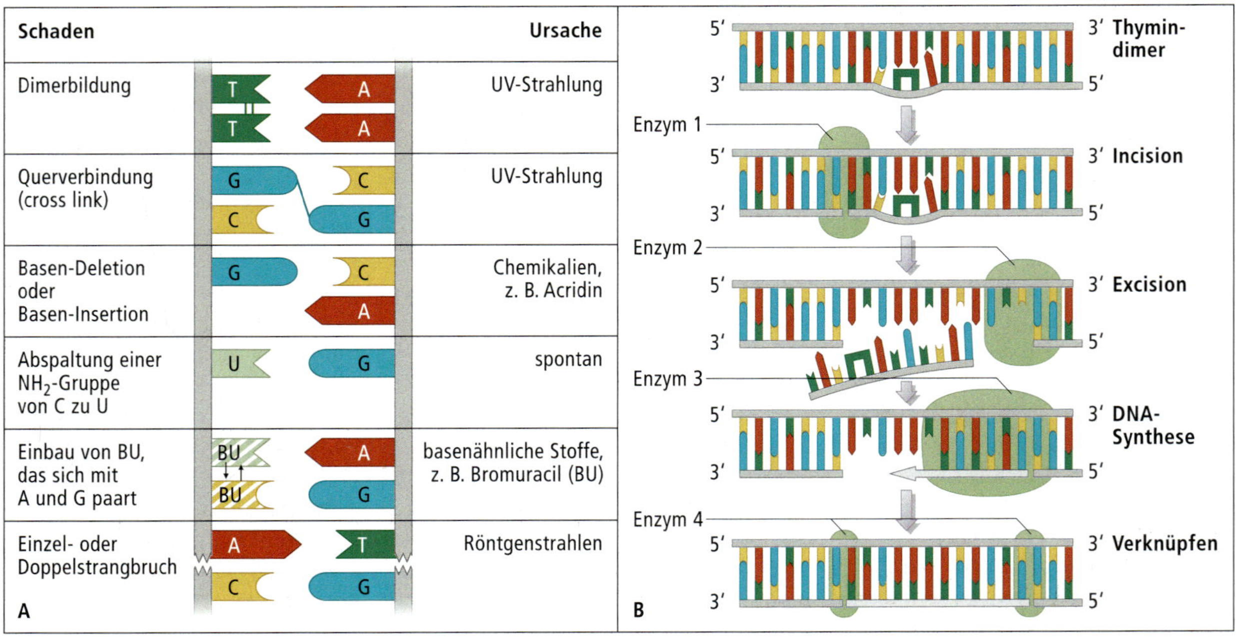

338.1 DNA-Schäden. A Entstehung; **B** Reparatur

EXKURS Braun und gesund?

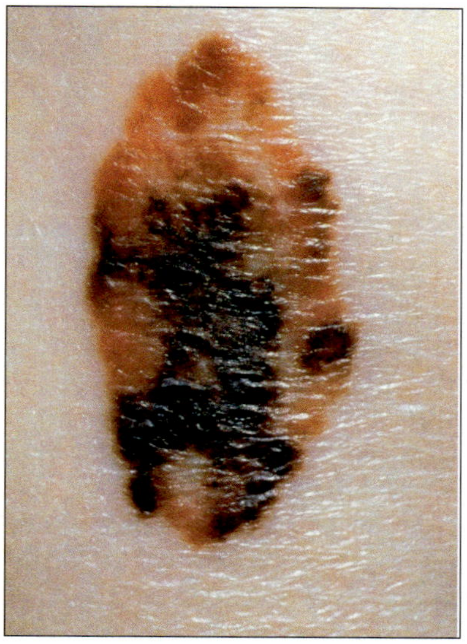

339.1 Hautkrebs

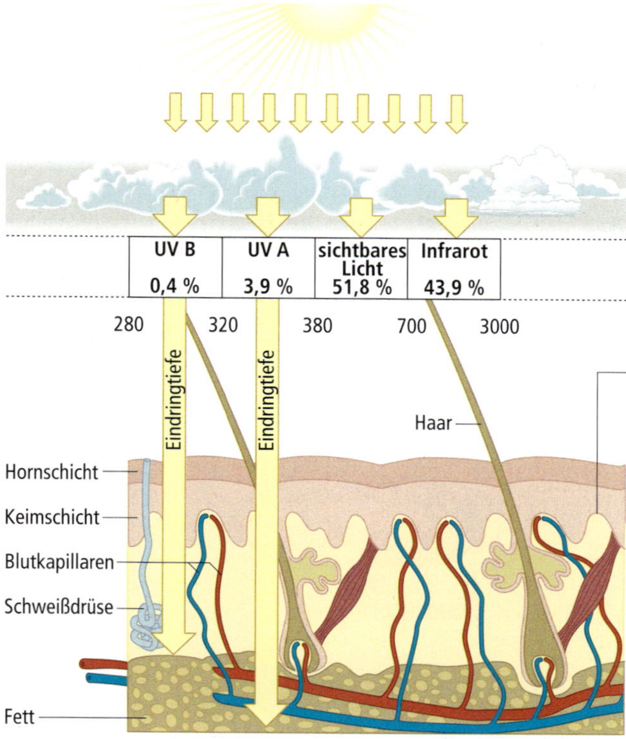

339.2 UV-Strahlung und Eindringtiefe in die Haut

Tom sitzt im Wartezimmer seines Hautarztes. Sein Blick fällt auf das Titelbild einer ausliegenden Zeitschrift. Es zeigt ein Hautkrebsgeschwür und die Schlagzeile in grellem Rot: „Todes(UV)-Strahlung – immer mehr Menschen erkranken an Hautkrebs." Da wird Tom aufgerufen: „Tom Krause, bitte zur UV-Bestrahlung!" Tom ist irritiert.

Die Strahlung der Sonne setzt sich aus Anteilen unterschiedlicher Wellenlängen zusammen. Den Bereich von 380 bis 200 Nanometer (nm) bezeichnet man als *Ultraviolett(UV)-Strahlung*. Die langwellige UV-Strahlung (320 bis 380 nm), auch UV-A-Strahlung genannt, dringt etwa 5 mm tief bis zur Unterhaut vor. Sie regt die *Melanozyten* an, den Hautbräunungsstoff Melanin zu bilden. Die Haut wird gebräunt. Man bezeichnet die UV-A-Strahlung daher auch als Bräunungsstrahlung.

Die kurzwellige UV-B-Strahlung (280 bis 320 nm) dringt zwar nur bis zur Lederhaut vor, vermag aber aufgrund ihres hohen Energiegehaltes obere Hautschichten zu schädigen. Kurze Strahlungszeiten führen zur Rötung der Haut, längere Einwirkungen rufen einen Sonnenbrand und bleibende Veränderungen hervor. Die Haut wird geschädigt.

Die Schädigung kann man auch auf molekularer Ebene untersuchen. Die kurzwellige UV-Strahlung wird bevorzugt von der DNA absorbiert. Dabei kann es zur Dimerbildung, einer Mutation, kommen. Solche DNA-Fehler werden normalerweise mithilfe eines Reparatursystems behoben. Häufen sich die Fehler infolge starker Sonneneinwirkung, gelingt nicht jede Reparatur. Es entstehen Zellen mit einer überhöhten Zellteilungsrate. Ein bösartiges Geschwür, ein *Tumor*, entwickelt sich. Dieser Tumor kann durch einen Arzt entfernt werden, bevor er Tochtergeschwülste in den gesamten Körper entlässt.

Ein Großteil der UV-Strahlung wird durch den Ozonschild in der Atmosphäre absorbiert und gelangt somit nicht auf die Erdoberfläche. Dieses schützende Ozonschild ist gefährdet durch Ozon vernichtende Stoffe, die der Mensch in die Atmosphäre entlässt. Weit verbreitete „Ozon-Killer" sind die FCKW abgekürzten **F**luor**c**hlor**k**ohlen**w**asserstoffe.

Die Zahl der Hautkrebserkrankungen hat in den letzten Jahrzehnten deutlich zugenommen. Hautärzte machen dafür verschiedene Ursachen verantwortlich. Der Anteil der UV-B-Strahlung im Sonnenlicht nimmt zu. Zugleich steigt die Neigung vieler Menschen, sich durch die Sonne oder durch UV-Lampen in Sonnenstudios bräunen zu lassen. Motivforscher haben ermittelt, dass viele Menschen gebräunte Haut in Zusammenhang bringen mit Erfolg, Vitalität und Gesundheit. Statistiker dagegen können belegen, dass hautkrebsartige Erkrankungen besonders häufig bei Menschen auftreten, die sich verstärkt der Sonne aussetzen.

Tom erfährt von seinem Arzt: „Bei Akne oder chronischen Ausschlägen kann man mit gutem Behandlungserfolg UV-A-Strahlung einsetzen. Auch deine Akne hat sich im Laufe der Bestrahlungszeit gebessert. Und setze dich nie zu lange und ohne Sonnenschutzmittel der Sonne aus!"

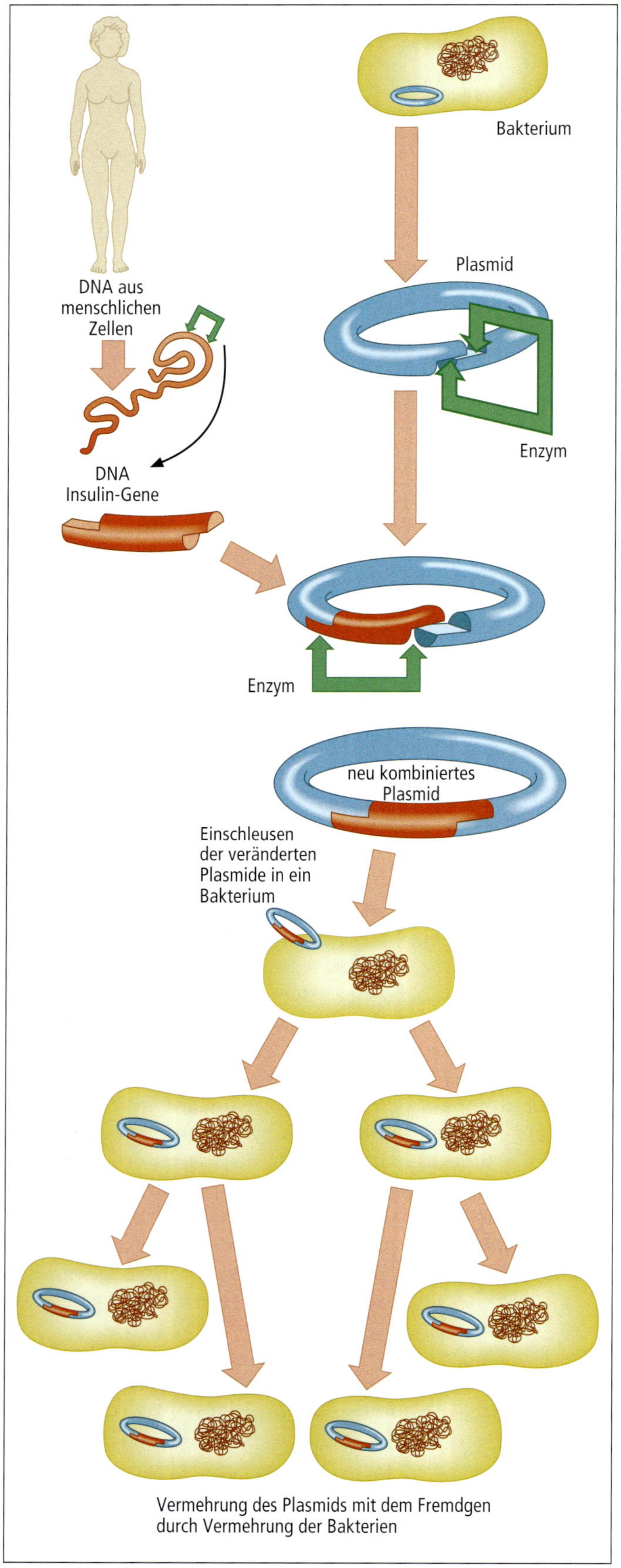

340.1 Gentechnische Herstellung von Insulin

5 Gentechnik

5.1 Methoden und Anwendungen der Gentechnik

Viele Menschen, die an der Zuckerkrankheit *Diabetes mellitus* leiden, benötigen zur Behandlung Insulin. Ohne Insulin würden sie nach einiger Zeit in ein Koma fallen und sterben. Wie aber erhält man große Mengen menschlichen Insulins?

Sehr einfach kann man aus dem Bauchspeicheldrüsengewebe von Schlachttieren wie Schweinen das Insulin gewinnen. Um einen einzigen Insulinpatienten ein Jahr lang zu versorgen, der pro Tag 0,1 Gramm Insulin benötigt, müssten jedoch 140 Schweinen die Bauchspeicheldrüsen entnommen werden. Hinzu kommt, dass das Schweineinsulin sich geringfügig vom menschlichen Insulin unterscheidet, sodass es zu Unverträglichkeitsreaktionen kommen kann.

Inzwischen hat man eine bessere Methode zur Herstellung menschlichen Insulins gefunden. Die Fähigkeit der Bauchspeicheldrüse Insulin herzustellen, beruht auf einer Erbanlage, einem Gen. Dieses Gen lässt sich aus dem Erbgut des Menschen isolieren und in die Erbsubstanz eines Bakteriums, dem Coli-Bakterium, übertragen. Coli-Bakterien besitzen außer einem Chromosom auch Erbsubstanzen, die ringförmig angeordnet sind. Solche **Plasmide** werden isoliert und mithilfe bestimmter Wirkstoffe oder Enzyme so verändert, dass sie das menschliche Insulingen in ihren Ring einbauen. Man spricht von einem **Gentransfer.** Da die „Sprache" der Gene bei allen Lebewesen gleich ist, ist diese Gen-Manipulation möglich. Fortan produziert die Wirtszelle anhand des eingeschleusten menschlichen Insulingens neben den eigenen Genprodukten das gewünschte Hormon Insulin. Vermehrt man die Coli-Bakterien in einem geeigneten Nährmedium, dann ist man in der Lage, Insulin in einer beliebigen Menge zu produzieren, ausreichend, um alle Diabetiker damit zu versorgen. Der Zweig der Biologie, der versucht, Lebewesen, wie zum Beispiel Bakterien, in ihren Genen so zu verändern, dass sie ganz bestimmte Eigenschaften zeigen, heißt **Gentechnologie** oder **Gentechnik.**

Bei einer anderen Krankheit fehlt dem Patienten ein bestimmtes Enzym. Die Körperzellen können es wegen eines Gendefektes nicht selber herstellen. Dies bewirkt, dass die Lunge angegriffen wird und es zu ausgeprägten Atemproblemen kommt. Auch hier kann mithilfe der Gentechnik durch **„Gen-Pharming"** ein Medikament produziert werden. Zunächst wird dazu das Gen, das dem Patienten fehlt, aus den Körperzellen gesunder Menschen isoliert. Dieses Gen wird anschließend in eine frisch befruchtete Eizelle eines weiblichen Spenderschafes eingeschleust. Diese befruchtete, nun *transgene* Eizelle wird einem Leihmutterschaf in die Gebärmutter eingepflanzt. Die Körperzellen der Nachkommen dieses Schafes, vor allem die Milchdrüsenzellen, enthalten Erbanlagen, die das gewünschte menschliche Enzym produzieren. Damit enthält die Milch dieses Enzym. Nach der Isolation aus der Milch steht es den Patienten zur Verfügung, und die Krankheitssymptome können so gelindert werden.

Bei der **Gentherapie** schleust man in die Körperzellen kranker Menschen gezielt Erbmaterial ein, das die Krankheit heilen oder lindern kann. Das Verfahren ist noch nicht ausgereift, aber es gibt Erfolg versprechende Ansätze.

Auch in der Tierzucht werden gentechnische Verfahren erprobt. Das Ziel dieser Versuche ist es, leistungsstarke und widerstandsfähige Tiere zu produzieren. So hat man beispielsweise in das Erbgut von Karpfen Gene von Forellen eingeschleust, die bewirken, dass das Gewicht der Karpfen stark zunimmt. Damit kann der Fischzüchter für die Karpfen einen höheren Preis verlangen.

Die Gentechnik steckt erst in den Kinderschuhen, bietet aber bereits jetzt viele Möglichkeiten und weckt Hoffnung auf Heilung von Krankheiten. Kritiker sehen allerdings auch viele Risiken und Möglichkeiten des Missbrauchs. Jeder Schritt in der Entwicklung der Gentechnik muss daher sorgfältig abgewogen werden.

1. Beschreibe das Prinzip der Gentechnik!
2. Erläutere, weshalb das im Bakterium erzeugte Insulin für Menschen verträglicher ist als Schweineinsulin!
3. Nenne Eigenschaften der Coli-Bakterien, die sie zu einem bevorzugten Forschungsobjekt in der Gentechnik machen!
4. Nenne Ängste, die die Gentechnik bei Menschen auslösen könnte!

EXKURS Gentechnik – Pro und Contra

Moderatorin: Sehr geehrte Damen und Herren. In der heutigen Gesprächsrunde sollen Gründe erörtert werden, die für oder gegen den Einsatz der Gentechnik sprechen. Dazu haben wir Vertreter verschiedener Gruppen eingeladen, die jeweils ihren Standpunkt vorstellen und begründen. Frau Süß, was halten Sie von der Gentechnik?

Frau Süß: Für mich ist das sehr klar. Ich bin Diabetikerin seit meiner frühesten Jugend und benötige eine tägliche Dosis Insulin. Mein Insulin wird auf gentechnischem Weg von Coli-Bakterien hergestellt, da ich das von Schweinen hergestellte nicht vertragen habe. Ohne dieses neue Verfahren wäre ich vielleicht schon tot. Ich denke, dass man kranken Menschen helfen muss, wenn dies mithilfe transgener Tiere möglich ist.

Dr. Heile: Das stimmt! Frau Süß ist bereits seit langer Zeit meine Patientin, und bevor sie das gentechnisch hergestellte Insulin bekommen hat, ging es ihr sehr schlecht. Aber auch andere meiner Patienten bekommen gentechnisch hergestellte Medikamente. So behandle ich im Augenblick einen Jungen mit einer Atemwegserkrankung mit einem Enzym, das mithilfe der Gentechnik aus der Milch von Schafen hergestellt wird.

Herr Löv: Natürlich sehe ich, dass diese Medikamente vielen Patienten helfen. Aber ich sehe auch das Leid der Tiere. Dieses Schaf, aus dessen Milch das Enzym gewonnen wird, kann nicht artgerecht leben. Es muss in einer möglichst keimfreien Umgebung gehalten werden, damit die Enzymbildung nicht durch Krankheitserreger gestört wird. Es darf nicht erlaubt sein, menschliches Leid mit der Ausbeutung von Tieren zu lindern. Auch Tiere haben eine Würde, die respektiert werden muss.

Frau Neumann: Da muss ich widersprechen. Gerade bei dem von Ihnen angesprochenen Gen-Pharming genießen die Tiere eine sehr intensive Pflege. Auch die Entnahme des Medikaments erfolgt sehr schonend für die Tiere – sie werden einfach gemolken! Die Würde des Tieres wird dabei nicht im Geringsten angetastet, das sehe ich jeden Tag in unseren Labors.

Herr Löv: Aber sagen Sie doch einmal: Bei der Entwicklung dieses Verfahrens, wie viele Tiere sind dabei gestorben? Die Auswirkungen der Übertragung von Genen artfremder Organismen in das Erbmaterial der Schafe können noch nicht abgeschätzt werden.

Frau Schwer: Die Bedenken, die ich der Gentechnik gegenüber habe, sind eher gesellschaftlicher Natur. Wenn es den Forschern gelänge, einige Menschen vor Krankheiten und Behinderungen mithilfe der Gentechnik zu bewahren, so würde sich das Verständnis für Menschen mit anderen Behinderungen oder Krankheiten verringern. Der Druck, gesund sein zu müssen, würde wachsen, die Gesellschaft wäre vielleicht nicht mehr bereit, behinderte oder kranke Menschen zu tragen.

Moderatorin: Vielen Dank für Ihre Redebeiträge. Ich bin sicher, dass Sie vielen Menschen geholfen haben, sich eine eigene Meinung zum Thema zu bilden.

1. Nenne die Gruppierungen, die die Teilnehmer der Diskussionsrunde mit ihren Redebeiträgen vertreten!
2. Fertige eine Liste der Argumente für und gegen die Gentechnik an und vergleiche! Ergänze die Liste mit weiteren Argumenten! Begründe anschließend deinen eigenen Standpunkt!

EXKURS PCR

Nach einem besonders milden Sommer im Jahre 1991 waren die Alpengletscher stärker als sonst abgeschmolzen. Dabei wurde in den Ötztaler Alpen an der Grenze zwischen Nord- und Südtirol eine tiefgefrorene Leiche freigelegt. Zuerst dachte man an ein Verbrechen aus unserer Zeit, aber bald wurde klar, dass der „Ötzi" genannte Mann bereits in der Steinzeit zu Tode gekommen war. Der mumifizierte Leichnam bot die Möglichkeit, durch intensive Untersuchung mehr über diesen Menschen und seine Lebensumstände herauszufinden.
Dabei wurde auch die Methode der **Polymerase-Kettenreaktion** (engl. *polymerase chain reaction,* PCR) eingesetzt. Ihre Anwendung half, durch Analyse sehr kleiner Gewebeteilchen des Ötzis herauszufinden, aus welcher Gegend er stammt. Auch über seinen Tod fand man etwas heraus: Die Blutspuren an seinen Waffen stammen von drei Personen.

Die PCR ist ein Verfahren, das der Natur abgeschaut ist. Genau wie vor der Vermehrung von Zellen die gesamte DNA identisch vervielfältigt wird, produzieren bei der PCR Enzyme identische Kopien von einem Teilstück der DNA. Die entstehenden DNA-Moleküle werden wieder als Vorlage für die nächste Produktionsrunde verwendet und so fort. Die Anzahl der Produktmoleküle wächst also exponentiell. Für das Festlegen der Startpositionen für diese Reaktionen benutzt man kleine DNA-Stücke, die *Primer*, deren Sequenz so gewählt wird, dass sie sich an die DNA-Einzelstränge komplementär anlagern können und dabei das zu vervielfältigende Stück „einrahmen". Der DNA-Doppelstrang wird durch Erwärmen in die Einzelstränge aufgetrennt. Nach Anlagerung der Primer werden die Komplementärstränge durch die Polymerase synthetisiert. Dieser Prozess, der nur wenige Minuten dauert, wird in der Praxis so oft wiederholt, bis mit einer Million Moleküle eine genügend große Anzahl für weitere Analysen hergestellt worden ist. Die Idee, für die DNA-Synthese eine Polymerase aus Bakterien zu verwenden, die in heißen Quellen leben, geht auf

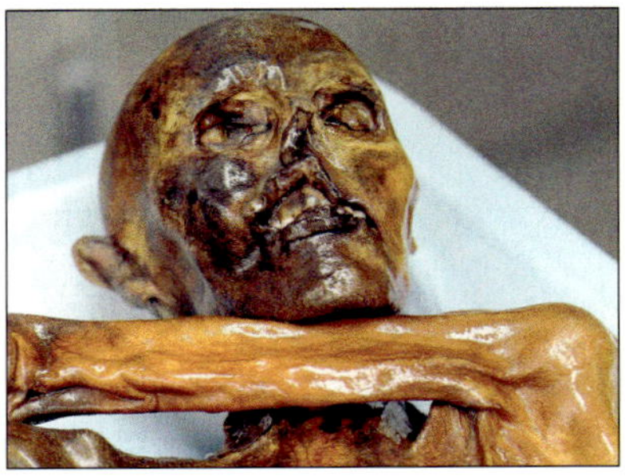

342.1 Gletschermumie „Ötzi"

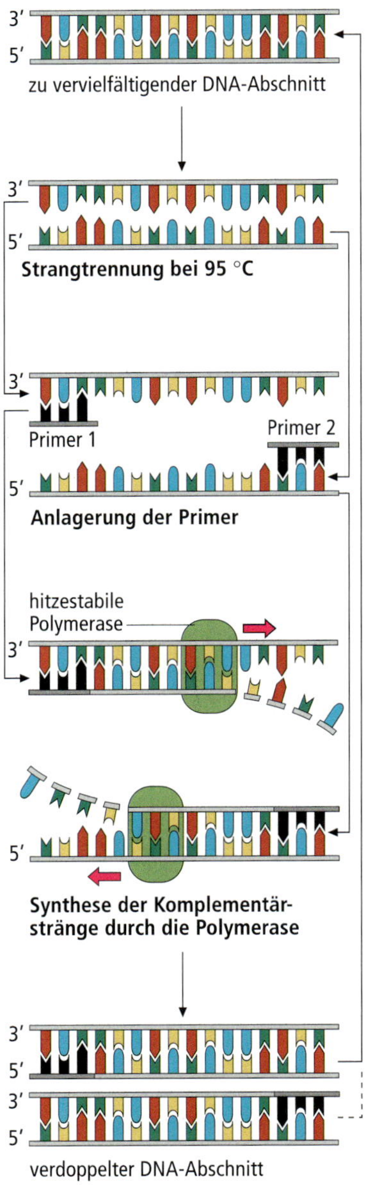

342.2 Schritte eines PCR-Zyklus

Kary MULLIS zurück. Durch den Einsatz dieses hitzestabilen Enzyms entfällt die Zugabe von Polymerase nach jeder Produktionsrunde, und man kann die PCR vollautomatisch ablaufen lassen. Sie liefert eine Vielzahl von identischen DNA-Stücken, die man weiter untersuchen kann. Dieses Verfahren eignet sich vor allem dann, wenn für eine Untersuchung nur sehr geringe Mengen an DNA zur Verfügung stehen.
So kann man durch die Analyse von PCR-Produkten eine sichere Diagnose der Erreger von bakteriell und durch Viren hervorgerufenen Krankheiten stellen. Auch Nahrungsmittelbefall durch Bakterien und Pilze lässt sich so sicher nachweisen. Durch die Untersuchung des Magen- und Darminhaltes von Ötzi konnte man so auch feststellen, dass er an seinem Todestag Reh- und Gemsenfleisch gegessen hatte und an einer Darminfektion litt.

Besonders bei Täteranalysen, Vaterschaftsfragen und anderen Identifizierungen wird heute die Untersuchung der DNA routinemäßig von den Rechtsmedizinern angewandt. Sie erlaubt eine Zuordnung von DNA-haltigem Material zu Personen. Auch dabei wird die PCR angewandt.

Ebenfalls 1991 gelang eine weitere spektakuläre Identifizierung. Nahe der Stadt Jekaterinburg im Ural wurde ein Massengrab mit den Skelettresten von neun Personen gefunden. Es wurde vermutet, dass es sich dabei um die Überreste der Familie des letzten russischen Zaren Nikolaus II. handelt. Durch den Vergleich von PCR-Produkten aus der DNA der Skelettreste mit der DNA heute lebender Verwandter konnte man die Knochenreste den einzelnen Mitgliedern der Zarenfamilie genau zuordnen.

1. Beschreibe das Grundprinzip der Polymerase-Kettenreaktion!
2. Schätze die Anzahl der PCR-Zyklen für die Synthese von 500000 Produktmolekülen ab!
3. Berechne die dafür benötigte Zeit, wenn ein PCR-Zyklus zwei Minuten dauert!

EXKURS Der „genetische Fingerabdruck“ des Menschen

Markus und Anja sind verwirrt: Zur Testamentseröffnung ist ein allen Anwesenden unbekannter Mann erschienen, der erklärt, ihr Halbbruder zu sein. Zum Beweis seiner Behauptung ist er mit der Erstellung eines „genetischen Fingerabdrucks“ einverstanden.

Der **„genetische Fingerabdruck“** zur Klärung von Verwandtschaft oder Täterschaft geht auf eine Idee von Alec JEFFRIES aus dem Jahre 1985 zurück. Individuen unterscheiden sich in einer ganzen Reihe von Punktmutationen auf der DNA, die sich in aller Regel nicht phänotypisch zeigen. Das Vorhandensein einer solchen Mutation kann zum Entstehen oder Wegfall einer Schnittstelle für ein bestimmtes DNA-schneidendes Enzym führen.
Je nach Vorhandensein oder Abwesenheit solcher Schnittstellen erhält man beim Schneiden von DNA-Proben mit diesem Enzym eine individuell verschiedene Anzahl von Fragmenten unterschiedlicher Längen. So erhöht das Entstehen einer Schnittstelle die Anzahl der Fragmente. Da hierbei einzelne DNA-Stücke zusätzlich gespalten werden, führt dies zu einer höheren Anzahl an kürzeren DNA-Stücken. Der Wegfall einer Schnittstelle führt dagegen zu weniger und längeren Fragmenten.

JEFFRIES gelang es, dieses Muster sichtbar zu machen. Dazu wählte er folgende Vorgehensweise: Proben mit ausreichender Menge an DNA der Probanden werden durch ein geeignetes Enzym geschnitten und die entstandenen Fragmente durch Gelelektrophorese aufgetrennt. Diese Auftrennung gelingt deshalb, weil längere Fragmente langsamer im elektrischen Gleichstromfeld wandern als kürzere. Da man eine Vielzahl ähnlich langer Fragmente erhält, identifiziert man nur solche, die eine bekannte DNA-Sequenz eines Gens enthalten. Dazu überträgt man die DNA-Fragmente nach einem Verfahren von SOUTHERN auf eine hitzestabile Membran. Dieses Verfahren wird *Blotting* genannt. Man fixiert die DNA an die Membran und trennt sie durch Erwärmen in Einzelstränge auf. Nun kann man an die Einzelstränge kleine komplementäre DNA-Stücke anlagern. Um die Anlagerung dieser *Gensonden* an die DNA-Einzelstränge auf der Membran sichtbar zu machen, sind diese mit fluoreszierenden Farbstoffen gekoppelt worden. Entfernt man nun die nicht gebundenen Gensonden, zeigt sich ein Muster von Banden, das für jedes Individuum charakteristisch ist. Deshalb nannte man das Analyseergebnis den „genetischen Fingerabdruck“. Bei kriminaltechnischen Untersuchungen stehen im Gegensatz zu Vaterschaftsanalysen oft nur sehr geringe Mengen an DNA für die Analyse zur Verfügung. Man verwendet dann eine PCR-Analyse von DNA-Abschnitten, die individuell spezifische Besonderheiten aufweisen. Diese Unterschiede bestehen aus einer von Mensch zu Mensch verschiedenen Anzahl von Wiederholungen kurzer DNA-Sequenzen.

1. Erläutere anhand der Abbildung 343.1 Nr. 5, warum der Unbekannte nicht der Halbbruder von Markus und Anja sein kann!
2. Vergleiche Fingerabdruck und „genetischen Fingerabdruck“!
3. „Genetischer Fingerabdruck von jedem Bürger!“ Informiere dich über die Standpunkte der Befürworter und Gegner! Trage der Klasse deine Ergebnisse vor!

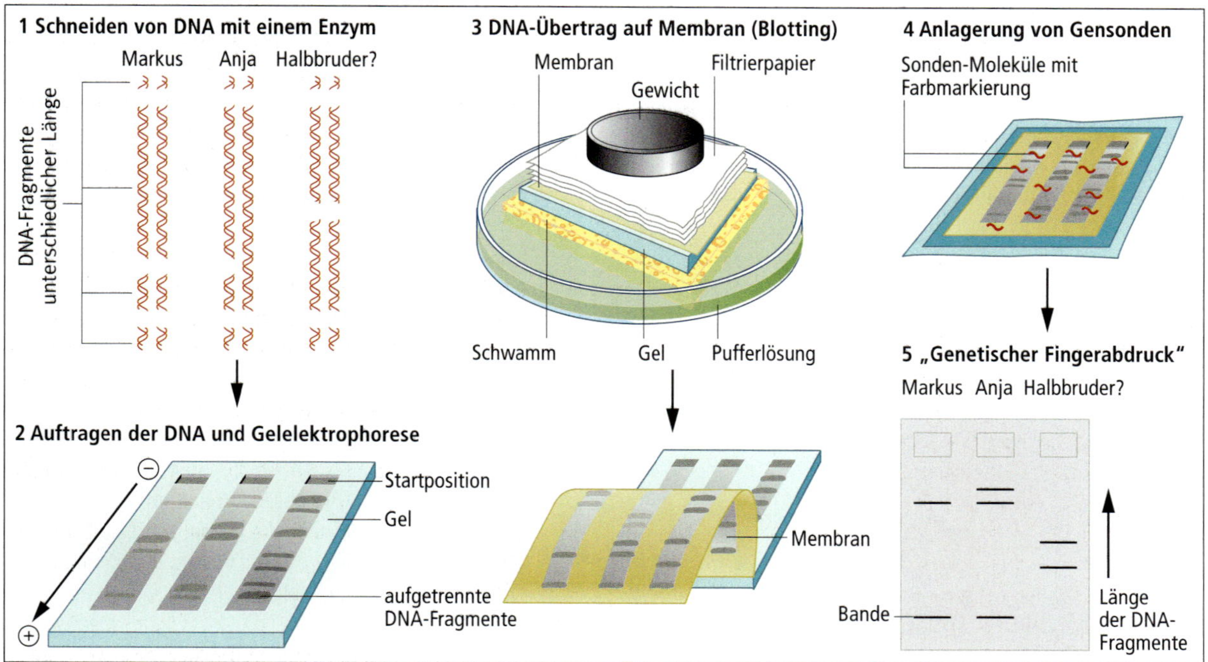

343.1 Erstellung eines „genetischen Fingerabdrucks“

EXKURS Reproduktionsbiologie

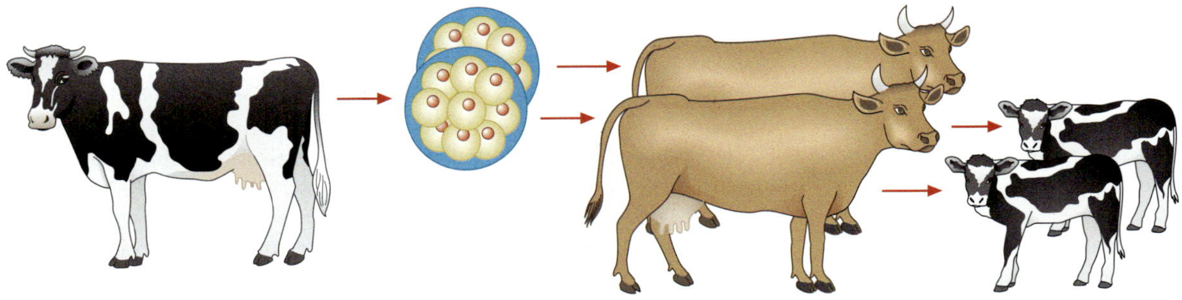

344.1 Nachkommen beim Rind durch Reproduktionsbiologie

In der Rinderzucht werden Tiere bevorzugt, die sich durch hohe Milchleistung und gute Fleischqualität auszeichnen. Damit man besonders viele Nachkommen mit den gewünschten Eigenschaften erzeugen kann, hält man in Zuchtbetrieben ausschließlich solche Bullen, die die gewünschten Eigenschaften in hohem Maße vererben können. Man sammelt ihre Spermienzellen und verkauft sie an andere Betriebe zur Besamung von Kühen. Neben dieser **Künstlichen Besamung** mehrerer Tiere können bei einer einzelnen, besonders leistungsfähigen Kuh nach einer Hormonbehandlung mehrere Eizellen gleichzeitig zur Reifung angeregt werden. Nach einer künstlichen Besamung entwickeln sich aus den befruchteten Eizellen der Spenderkuh Embryonen. Die fünf bis sieben Tage alten Embryonen werden durch Spülung der Gebärmutter entnommen und mikroskopisch untersucht. Brauchbare Embryonen werden dann in die Gebärmutter anderer Kühe, so genannter Ammentiere, übertragen. Dieses Verfahren nennt man **Embryotransfer.** Die Ammenkühe tragen dann „züchterisch wertvolle" Kälber der Spenderkuh aus. Die Künstliche Besamung und der Embryotransfer werden zu den Methoden der **Reproduktionsbiologie** gezählt.

Bei einer veränderten Methode werden einer zuvor künstlich besamten Spenderkuh ebenfalls Embryonen entnommen, allerdings wird jeder Embryo mittels einer Glasnadel in zwei gleich große Hälften getrennt. In jeweils einer Ammenkuh entwickelt sich jede Embryohälfte zu einem Kalb. Diese beiden Kälber stammen also von einem Keim. Solche Individuen mit identischen Erbanlagen heißen **Klone.**
Solche Klone lassen sich nicht nur aus Embryonen gewinnen, sondern auch aus Körperzellen erwachsener Tiere. Dieser Nachweis gelang 1997 schottischen Forschern. Sie entnahmen einem Schaf A eine unbefruchtete Eizelle und entfernten den Zellkern. Diese kernlose Eizelle verschmolz man mit einer Körperzelle aus dem Euter eines erwachsenen Schafes B. Anschließend wuchs diese verschmolzene Zelle in einer Nährlösung zu einem vielzelligen Keim heran, der in die Gebärmutter eines Leihmutterschafes übertragen wurde. Dieses Leihmutterschaf trug dann das Lamm mit den Eigenschaften des Schafes B aus. Damit wurde es möglich, ein Säugetier zu klonen, das identische genetische Anlagen wie ein bereits erwachsenes Säugetier besitzt. Leider musste das erste auf diese Weise erzeugte Schaf nach sechseinhalb Jahren wegen einiger Krankheiten eingeschläfert werden. Doch mittlerweile ist es gelungen, viele weitere Säugetiere auf diese Weise zu klonen, unter anderem auch Rinder.

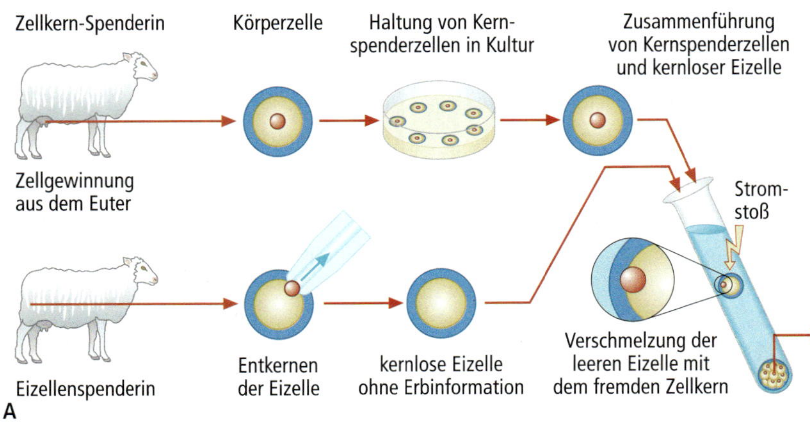

344.2 Klonen eines ausgewachsenen Schafes. A Schema; **B** Leihmutterschaf mit Klon

EXKURS Reproduktionsmedizin

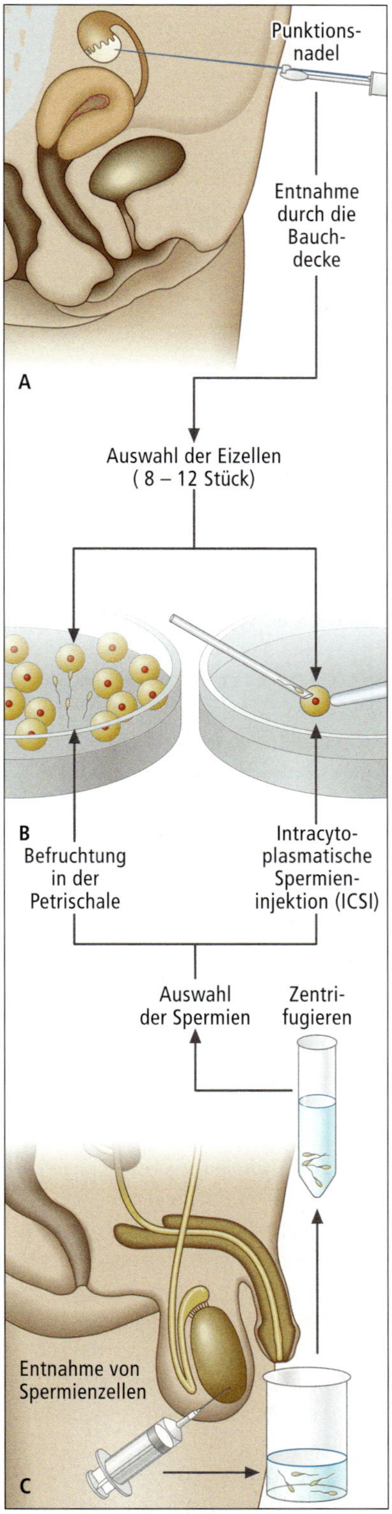

345.1 Reproduktionsmedizin.
A Eizellgewinnung; **B** in-vitro-Befruchtung; **C** Spermiengewinnung

Marja und Klaus wünschen sich sehnlichst ein Kind. Alle Versuche sind bisher jedoch vergeblich geblieben. Inzwischen ist deshalb auch ihre Beziehung stark belastet. Sie entschließen sich, einen Facharzt für Reproduktionsmedizin aufzusuchen. Von ihm erfahren sie, dass ihr Problem immerhin jedes siebte Paar betrifft. Zunächst klärt er sie über mögliche medizinische Ursachen ungewollter Kinderlosigkeit auf. Diese können bei beiden Partnern liegen.

Beim Mann kann enge Kleidung zu erhöhter Temperatur im Hoden und damit zur Produktion defekter Spermien führen. Erhöhte Körpertemperatur aufgrund einer schweren Infektion kann dieselbe Folge haben. Bei Klaus ist jedoch beides nicht der Fall. Deshalb sind bei ihm erbliche Faktoren oder hormonelle Störungen als Ursache anzunehmen. Sie können entweder einen Verschluss der Spermienleiter oder die Produktion weniger oder gar keiner Spermien zur Folge haben. Neben der Anzahl kann auch die Qualität der Spermien Ursache der Unfruchtbarkeit sein, wenn sie zum Beispiel schlecht beweglich oder aber ganz unbeweglich sind.
Bei Marja kommen als Ursache ebenfalls hormonelle Störungen infrage, die einen normalen Ablauf des Zyklus verhindern. Infektionen oder Entwicklungsstörungen können auch zu einem Verschluss der Eileiter geführt haben.
In einer eingehenden Befragung klärt der Mediziner, dass alle natürlichen Maßnahmen erfolglos geblieben sind. Durch eingehende Untersuchungen stellt er dann fest, welche der möglichen Störungen bei Marja und Klaus vorliegen. Alle Maßnahmen, die er dann ergreift, hängen von seiner Diagnose ab.

Die Untersuchungen ergeben, dass Klaus nur wenige und dazu bewegungsunfähige Spermien produziert. Bei Marja findet regelmäßig ein Eisprung statt, aber beide Eileiter sind verschlossen. Da beide Partner Geschlechtszellen produzieren, sind eigene Kinder möglich. Dies erfordert jedoch eine Befruchtung außerhalb des menschlichen Körpers, die *in-vitro-Befruchtung*. Anschließend muss der Embryo in Marjas Gebärmutter übertragen werden. Dazu werden Marjas Eierstöcke durch Hormongabe angeregt, mehrere Eizellen gleichzeitig zur Reifung zu bringen. Kurz vor dem Eisprung werden sie dann entnommen. Mit einer Kanüle wird unter Ultraschallkontrolle durch die Bauchdecke direkt in die Follikel im Eierstock gestochen. Die Eizellen werden aufgesaugt, unter dem Mikroskop sortiert und für die künstliche Befruchtung vorbehandelt.
Die Spermienproduktion von Klaus wird ebenfalls durch eine Hormontherapie angeregt. Das Sperma wird entweder durch Ejakulation gewonnen oder die Spermien werden direkt mit einer Kanüle aus den Hoden entnommen. Dies geschieht unter Narkose. Die Spermien werden durch Zentrifugation konzentriert und unter dem Mikroskop ausgewählt. Völlig unbewegliche Spermien müssen mit einer Kapillarkanüle direkt in eine Eizelle übertragen werden. Diese Technik nennt man *intracytoplasmatische Spermieninjektion (ICSI)*.

Die in-vitro-Befruchtung führt man mit acht Eizellen durch, von denen fünf für den Fall eines Fehlschlags kältekonserviert werden. Drei befruchtete Eizellen überträgt man nach wenigen Zellteilungen in die durch eine Hormontherapie entsprechend vorbereitete Gebärmutter. Diesen Vorgang nennt man *Embryotransfer*. Im Erfolgsfall können sich häufig zwei oder auch alle Embryonen einnisten. Dies erklärt den hohen Anteil an Mehrlingsgeburten bei künstlichen Befruchtungen.
Da Marja nicht schwanger geworden ist – was in der Mehrzahl der Versuche leider der Fall ist – könnte der Reproduktionsmediziner zwei weitere Versuche durchführen. Vor einem solchen Entschluss will Marja zusammen mit ihrem Partner die körperlichen und seelischen Belastungen einer Wiederholung und das Risiko von Entwicklungsstörungen bei künstlich gezeugten Kindern noch einmal sorgfältig überdenken.

EXKURS Heterozygotentest

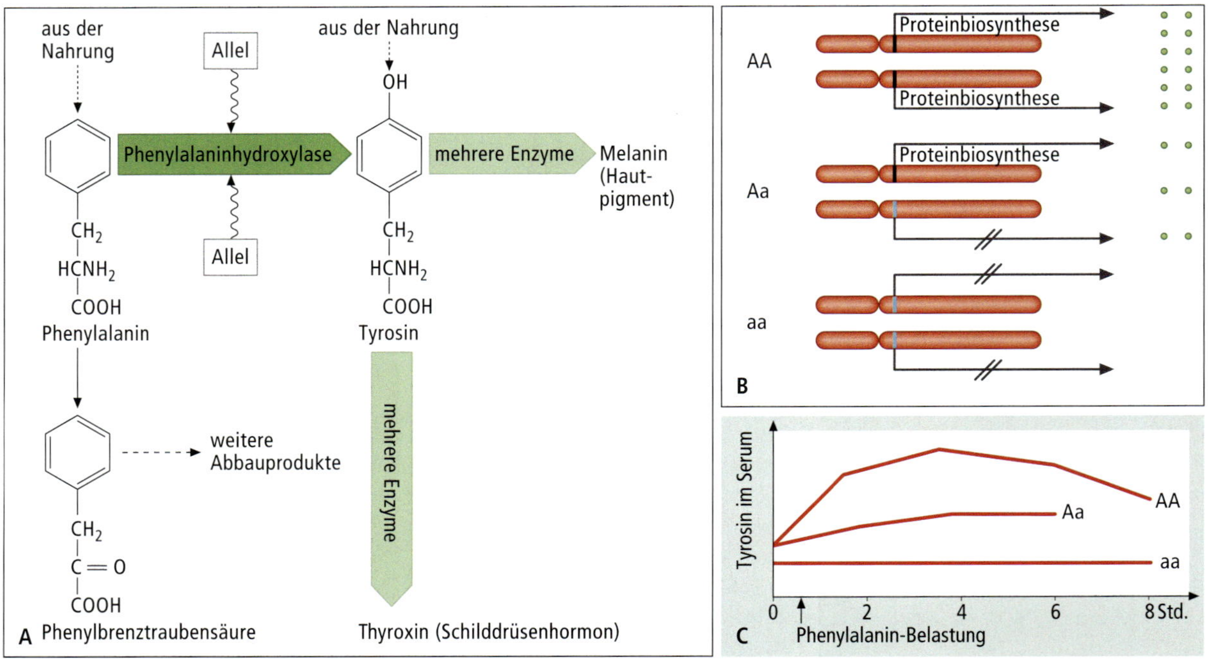

346.1 Phenylketonurie. A Stoffwechsel; **B** Allelkombinationen; **C** Belastungstest

Phenylketonurie (PKU) ist eine häufige Erbkrankheit des Menschen. Betroffene haben sehr hohe Konzentrationen der Aminosäure Phenylalanin im Blut. Bis zu 30 mg pro 100 ml Blut werden bei ihnen festgestellt, während es bei Gesunden 1 bis 2 mg sind. Unbehandelt führt die Krankheit zu geistiger Behinderung.
PKU wird rezessiv vererbt. Die Krankheit wird also nur dann ausgebildet, wenn die beiden Allele des zuständigen Gens defekt sind. Wie ist dieser genetische Zusammenhang zu erklären?

Jedes *Gen* trägt die Information für die Herstellung eines *Genproduktes,* eines Proteins. Der Genort für die PKU liegt auf dem langen Arm des Chromosoms 12. Sind beide Allele intakt, bewirken sie über die Proteinbiosynthese die Herstellung des Genproduktes Phenylalaninhydroxylase. Dieses Enzym katalysiert die Umwandlung der Aminosäure Phenylalanin in die Aminosäure Tyrosin. Diese unterliegt weiteren Umwandlungsschritten. Sind dagegen beide Allele defekt, kann kein wirksames Genprodukt hergestellt werden. Die mit der Nahrung aufgenommene Aminosäure Phenylalanin wird nicht zu Tyrosin umgewandelt. Phenylalanin reichert sich an und reagiert aufgrund dieser Anreicherung zu Phenylbrenztraubensäure und anderen Abbauprodukten. Durch sie wird die Entwicklung des kindlichen Gehirns blockiert, schwere Formen der geistigen Behinderung können die Folge sein. Wird allerdings das Vorliegen von PKU rechtzeitig diagnostiziert, kann durch eine phenylalaninarme Diät solchen Schädigungen vorgebeugt werden. Das Kind entwickelt sich dann völlig normal.

Sind also beide Allele defekt, wird kein Genprodukt, nämlich das Enzym Phenylalaninhydroxylase, gebildet. Aufgrund des fehlenden Enzyms entsteht das Krankheitsbild der PKU. Sind beide Allele intakt, bilden beide Allele ihr Genprodukt. Das Enzym Phenylalaninhydroxylase ist dann reichlich vorhanden. Die so ausgestatteten Personen sind gesund. Wie wirkt es sich aber aus, wenn ein Allel defekt, das andere intakt ist? Man spricht bei Vorliegen eines solchen Genotyps von *Heterozygotie.* Eigentlich müsste eine heterozygote Person gesund sein. Zwar bildet das defekte Allel kein Genprodukt, also keine Phenylalaninhydroxylase, aus. Doch dieser Mangel könnte ausgeglichen werden durch das intakte Allel, das die Synthese des Enzyms veranlasst. Durch einen **Heterozygotentest** lässt sich diese Vermutung bestätigen. Verabreicht man Eltern eines PKU-kranken Kindes eine hohe Dosis Phenylalanin, so steigt bei ihnen der Tyrosingehalt im Serum deutlich langsamer an als bei Personen, die zwei intakte Allele für die Bildung der Phenylalaninhydroxylase haben. Dieser relativ langsame Anstieg des Tyrosingehaltes erklärt sich aus der vergleichsweise geringen Enzymkonzentration im Serum heterozygoter Personen. Diese geringere Enzymmenge bewirkt eine langsamere Umwandlung von Phenylalanin zu Tyrosin. Unter normalen Bedingungen allerdings reicht die geringere Enzymmenge heterozygoter Personen aus, das vorhandene Phenylalanin in Tyrosin umzuwandeln.

Früher klärte man durch den Heterozygotentest, ob eine gesunde Person ein defektes Allel trägt. Heute weist man es direkt auf der DNA nach.

AUFGABEN Molekulargenetik

1 DNA-Schäden

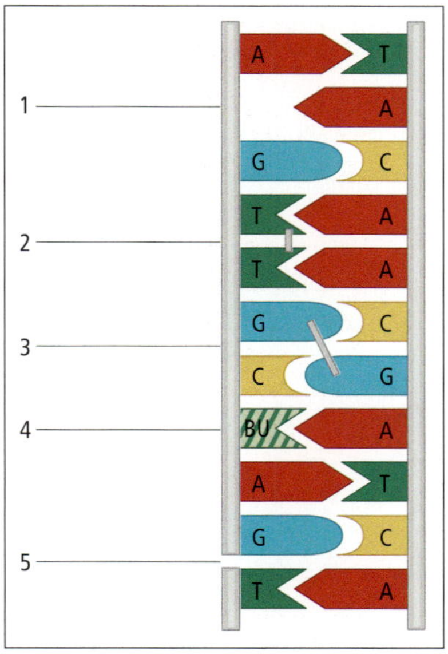

a) Benenne die DNA-Schäden 1 bis 5!
b) Nenne mögliche Ursachen für den Schaden 2!

2 DNA-Reparatur

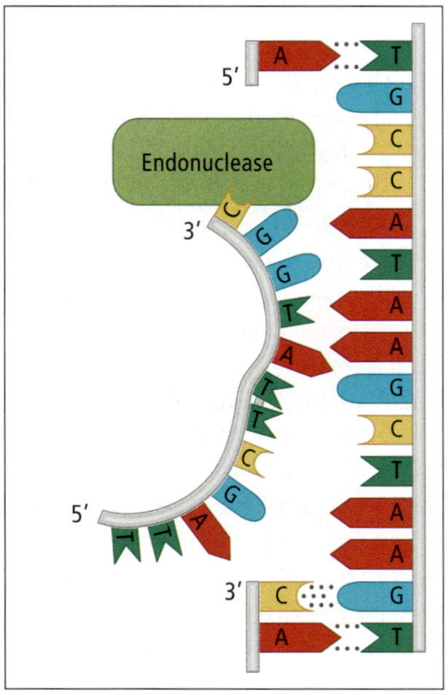

a) Erläutere das Schema!
b) Erläutere die für die DNA-Schäden verantwortlichen Umstände!

3 Experimente mit Bakterien

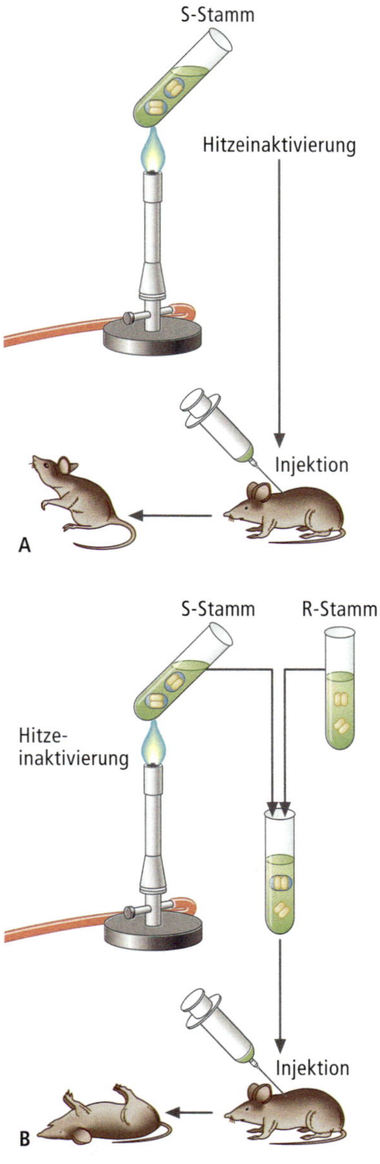

Normalerweise rufen Bakterien des S-Stammes bei Mäusen eine tödlich verlaufende Lungenentzündung hervor, Bakterien des R-Stammes nicht.

a) Erläutere die den Experimenten zugrunde liegende Frage!
b) Beschreibe die beiden Experimente A und B!
c) Erläutere die experimentellen Befunde unter dem Gesichtspunkt der zugrunde liegenden Frage!

4 Tetranucleotid

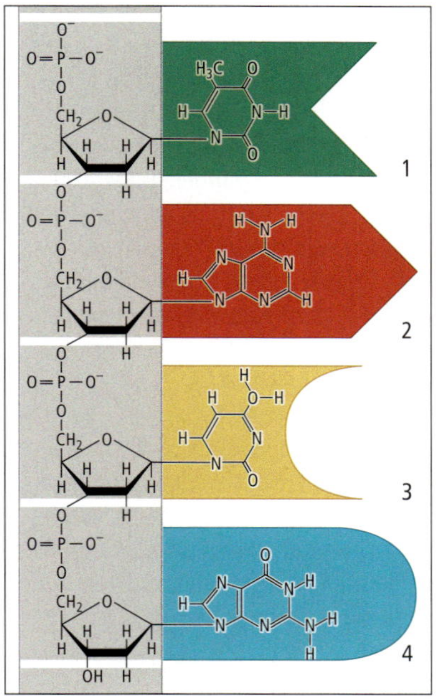

a) Beschreibe das Molekül!
b) Erläutere die Symbole 1 bis 4!
c) Nimm Stellung zu folgender Behauptung: „Es handelt sich bei dem abgebildeten Molekül um ein kurzes Stück DNA!"

5 Genwirkkette

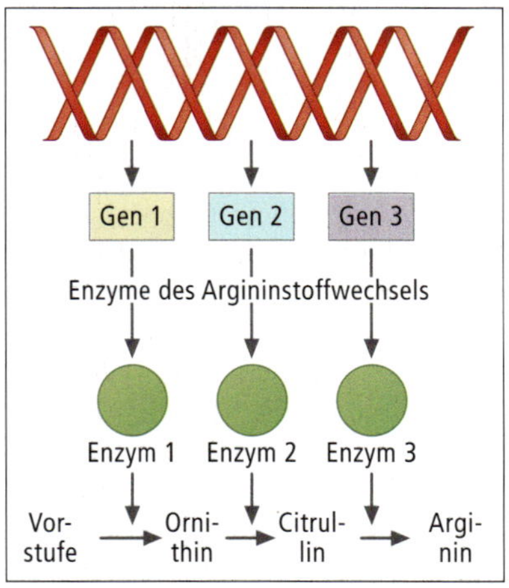

a) Erläutere das Schema!
b) Nenne Konsequenzen für eine Mutation im Gen 1!

AUFGABEN Molekulargenetik

6 Entschlüsselung des genetischen Codes

Der genetische Code wurde unter anderem dadurch entschlüsselt, dass in einem zellfreien System Polynucleotide mit sich wiederholenden Sequenzen als mRNA eingesetzt wurden. Dabei konnten die Ribosomen die Translation an jedem Nucleotid der mRNA beginnen, ohne dass ein besonderes Startcodon nötig gewesen wäre. Folgende Polynucleotide wurden eingesetzt:

A. AAAAAAAAAAAAAA...
B. AUAUAUAUAUAUAU....
C. AUCAUCAUCAUCAUC...

Kläre mithilfe der Abbildung zum genetischen Code auf der Seite 332, welche Polypeptide zu erwarten sind, wenn die genannten Polynucleotide als Matrize in einem solchen zellfreien System eingesetzt würden!

7 Experiment von GRIFFITH

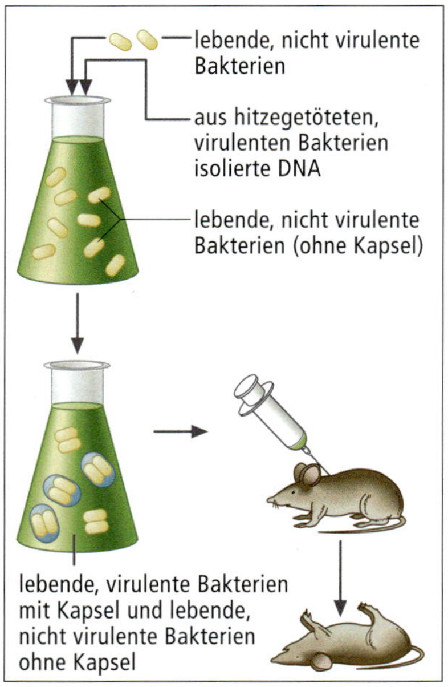

a) Beschreibe die Durchführung und das Ergebnis des Experiments!
b) Nenne die dem Experiment zugrunde liegende Fragestellung!
c) Diskutiere die Aussagekraft des Ergebnisses!

8 Wo werden die Proteine hergestellt?

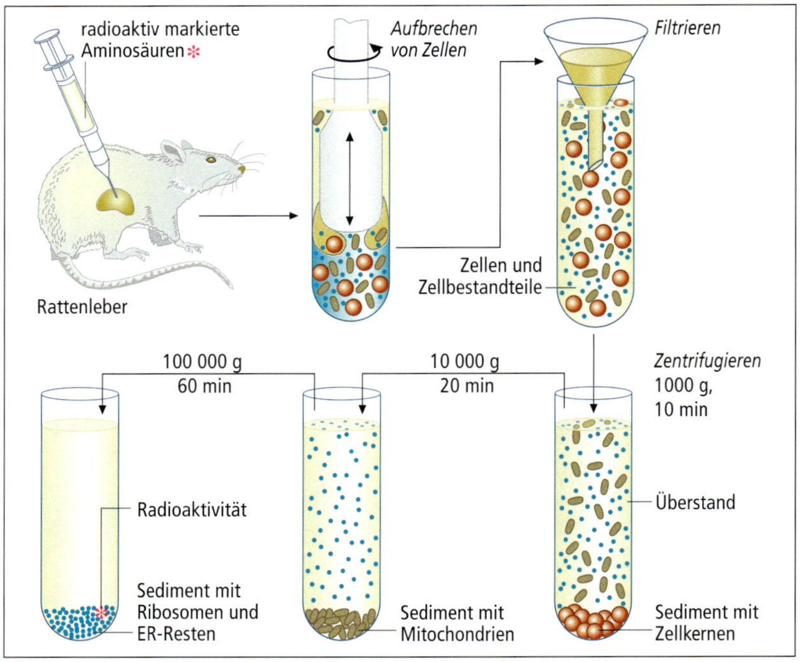

a) Beschreibe den Ablauf und das Ergebnis des Experiments!
b) Erläutere die Bedeutung der radioaktiv markierten Aminosäuren!
c) Beantworte die dem Experiment zugrunde liegende Fragestellung!
d) Erläutere, wo man radioaktiv markierte Nucleotide wiederfinden würde!
e) Erläutere das zugrunde liegende Basiskonzept!

9 Ein Schema

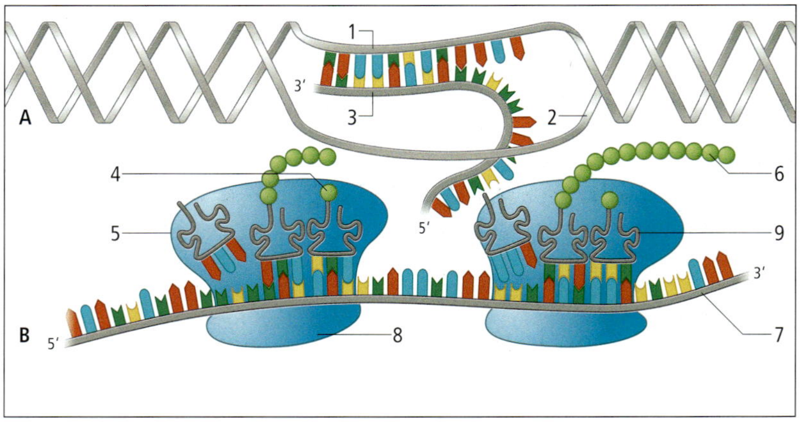

a) Nenne den in der Abbildung dargestellten Vorgang!
b) Ordne den Buchstaben A und B die jeweiligen Begriffe für die Teilvorgänge zu!
c) Ordne den Zahlen die entsprechenden Fachbegriffe zu!
d) Beschreibe die dargestellten Vorgänge!

RÜCKBLICK mit Basiskonzepten: Molekulargenetik

Zentrale Begriffe der *Klassischen Genetik*, auch MENDEL-Genetik genannt, waren das *Gen* (Anlage) und das *Phän* (Merkmal). Unklar waren jedoch die stoffliche Natur der Erbanlagen und der Mechanismus der Merkmalsausbildung.

Mithilfe der *Elektronenmikroskopie* wurde es möglich, bis dahin unbekannte Strukturen der Zelle zu entdecken und genauer zu betrachten. Man fand die aus zwei Lipid-Doppelschichten bestehenden biologischen Membranen. Sie unterteilen die Zelle großräumig in eine Vielzahl von Röhren und Säckchen, das Endoplasmatische Retikulum. Diese Abgrenzung von Kompartimenten entspricht dem **Basiskonzept „Kompartimentierung"**. Es findet sich wieder in den schon durch das Lichtmikroskop erkennbaren Strukturen wie Zellkern, Chloroplast und Mitochondrium.

Mithilfe der *Molekulargenetik* konnten die genetisch bedeutsamen Stoffe und ihre Reaktionen untersucht werden. 1944 konnte AVERY belegen, dass die *DNA* die Erbsubstanz ist. Sie ist ein fädiges Makromolekül, dessen Bausteine Nucleotide sind. Jedes Nucleotid besteht aus einem Molekülrest Phosphorsäure, Desoxyribose und einem Molekülrest der vier Basen Adenin, Cytosin, Guanin oder Thymin. Aufgrund ihres Molekülbaus bilden Adenin und Thymin beziehungsweise Guanin und Cytosin Wasserstoffbrückenbindungen aus. Sie sind zueinander komplementär. Dieses entspricht dem **Basiskonzept „Struktur und Funktion"**. 1953 konnten WATSON und CRICK die Raumstruktur der DNA beschreiben, die *Doppelhelix*.

Die vor jeder Zellteilung erforderliche Verdopplung der DNA, die *Replikation*, läuft semikonservativ ab. MESELSON und STAHL zeigten 1958, dass jeder der beiden Einzelstränge als Vorlage für die Bildung eines komplementären Stranges dient.
Den Mechanismus der Merkmalsausbildung versteht man erst, seit man weiß,

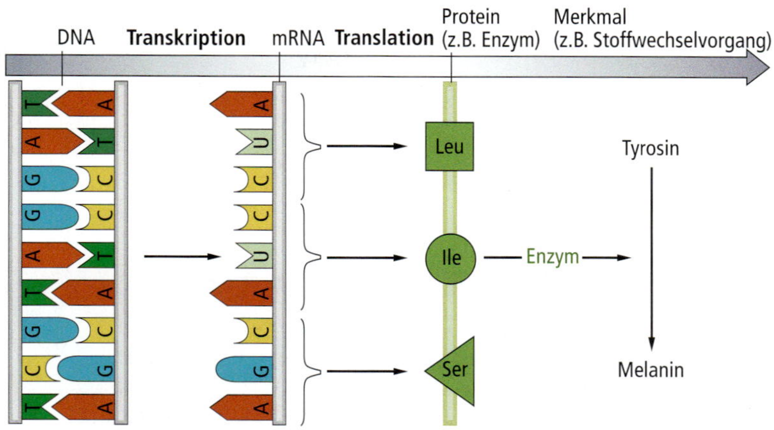

349.1 Der Weg der genetischen Information

dass *Proteine* alle Vorgänge und somit auch alle Merkmalsausbildungen in Lebewesen bewirken. Jedes Protein ist an einer Merkmalsausbildung beteiligt. So sorgt auch ein spezifisches Protein dafür, dass aus Tyrosin Melanin wird und somit die Haut pigmentiert ist. Jedes Protein unterscheidet sich von einem anderen Protein durch seine *Aminosäuresequenz.* Diese Information muss von Generation zu Generation, von Zelle zu Zelle weitergegeben werden: Das ist Vererbung. Dabei ist diese Information in der DNA gespeichert. Jeweils ein Basentriplett codiert eine Aminosäure.

Dieser *genetische Code* gilt für alle Lebewesen, ist also universell. Er arbeitet kommafrei und ohne Überlappung. Der genetische Code weist auf das **Basiskonzept „Information und Kommunikation"**.

Die Umsetzung der genetischen Information in ein Protein erfolgt zunächst durch die *Transkription* in ein Botenmolekül, die mRNA. Dabei wird immer nur ein Teil der DNA transkribiert. Dessen Basensequenz wird dann an den Ribosomen in eine Folge von Aminosäuren übersetzt, das ist der Vorgang der *Translation.* Dabei ist das **Basiskonzept „Struktur und Funktion"** von großer Bedeutung: Für jede Aminosäure gibt es ein spezielles Enzym, das aufgrund seines spezifischen Baues erkennt, welche Aminosäure mit welchem Transportmolekül, ihrer tRNA, verknüpft werden muss. Jede so beladene tRNA findet mithilfe ihres *Anticodons* ein passendes *Codon* auf der mRNA und somit seinen Platz in der Abfolge der Aminosäuren. Ein „Stopp" codierendes Triplett beendet den Vorgang der Translation.

Bei der Replikation kann es zu Fehlern kommen. Das Ergebnis ist eine *Mutation.* Die Aminosäuresequenz des codierten Proteins kann verändert sein. So kann es zu einem Stoffwechselfehler kommen. Häufiger sind Mutationen, die durch Umwelteinflüsse wie UV-Strahlen, Röntgenstrahlen oder mutationsauslösende Stoffe hervorgerufen werden. Einige dieser Mutationen können durch zelleigene Reparatursysteme behoben werden, andere bleiben unkorrigiert und belasten den jeweiligen Organismus.

Man kann in Fortpflanzungs- und Vererbungsvorgänge eingreifen. So sind die *in-vitro-Befruchtung,* die Befruchtung außerhalb des Körpers, oder die *Klonung,* die Herstellung erbgleicher Organismen, schon nicht mehr sensationell, sondern Routine. Gleiches gilt für die *Gentechnologie,* wenn zum Beispiel Säugetiergene für Insulin in Bakterien übertragen werden. Bei diesem und ähnlichem Tun muss stets darauf geachtet werden, die Würde des Menschen und der Natur zu respektieren.

Abstammungslehre

350.1 Unser nächster Verwandter?

Das Leben an Land. Amphibieneier entwickeln sich im Wasser, Reptilieneier an Land. Überlege, welche Bedeutung diese unterschiedlichen Arten der Fortpflanzung für das Leben an Land haben!

Züchtung. Der Wolf ist der Stammvater aller heutigen Hunderassen, die vom Menschen gezielt gezüchtet wurden. Stelle Vermutungen an, wie man vorgehen muss, wenn man beispielsweise besonders kurzbeinige Hunde wie Bassets züchten will!

Reptil oder Vogel? Die Abbildung zeigt die Rekonstruktion eines Tieres, das vor etwa 150 Millionen Jahren in China lebte. Diskutiere die Frage: „Reptil oder Vogel?"!

Planung.

Alle Schülerinnen und Schüler der Klasse bekommen drei DIN-A5-Karteikarten. Jeder schreibt nun auf jeweils eine Karte, was seiner Meinung nach bei der Besprechung des Themas „Abstammungslehre" besonders wichtig ist.
Die Buchstaben sollten möglichst groß geschrieben werden. Die Karteikarten werden gesammelt und gut gemischt. Alle Karten werden mit Klebeband an die Tafel geheftet. Nun werden die Begriffe geordnet, sodass ein Plan für den nachfolgenden Unterricht entsteht.

Unser nächster Verwandter? Finde heraus, welches Tier in Abbildung 350.1 dargestellt ist! Informiere dich über verwandtschaftliche Beziehungen zwischen Affen und Menschen!

1 Argumente für die Abstammungslehre

1.1 Ähnlichkeit und Verwandtschaft

„Die Augen hat er vom Vater." Ein kleiner Junge ist geboren worden und Menschen, die ihn sehen, wollen Ähnlichkeiten zwischen ihm und seinen Eltern herausfinden. Solche Ähnlichkeiten lassen sich oft entdecken. Die Farbe der Augen oder der Haare, die äußere Form der Ohren oder besondere Kennzeichen wie zum Beispiel Muttermale können sich in einer Familie sehr stark ähneln. Die Ausprägung solcher körperlichen Merkmale wird von Erbanlagen gesteuert, die in der Familie von Generation zu Generation weitergegeben werden. Kinder besitzen daher gleichartige Erbanlagen wie ihre Eltern und ihre Großeltern. Die Familienmitglieder sind miteinander verwandt.

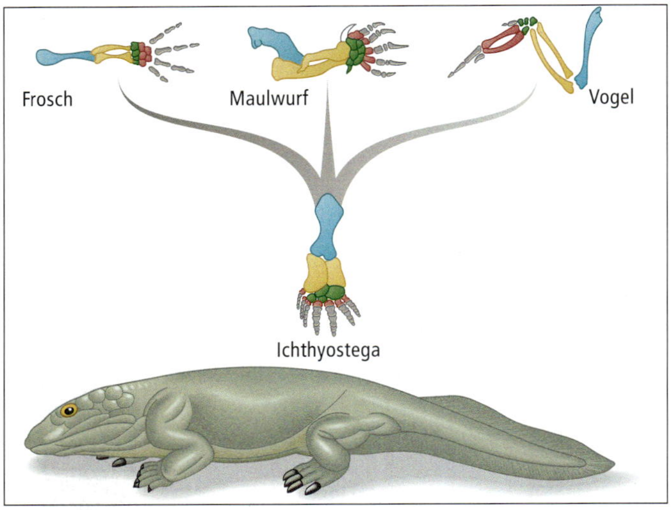

352.1 **Ähnlichkeiten bei Wirbeltiergliedmaßen**

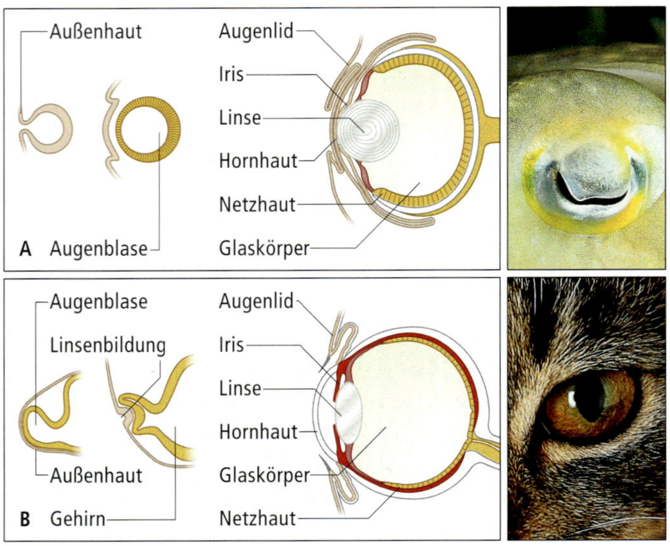

352.2 Ähnlichkeit bei Augen. **A** Tintenfisch; **B** Katze

Wie innerhalb von Familien, so lassen sich auch zwischen verschiedenen Pflanzen- und Tierarten Ähnlichkeiten finden, die auf Verwandtschaftsbeziehungen hindeuten können. Betrachtet man beispielsweise die Vorderbeine eines Frosches und eines Maulwurfs sowie einen Vogelflügel genauer, so fällt auf, dass ihre Skelette sich alle aus Oberarmknochen, Unterarmknochen, Handwurzelknochen, Mittelhandknochen und Fingerknochen zusammensetzen. Zwar sind die Abmessungen der Knochen bei den unterschiedlichen Tierarten verschieden und die Aufgaben dieser Vordergliedmaßen wie laufen, graben und fliegen unterscheiden sich stark – die Gliederung ist jedoch bei allen gleich. Sie leitet sich ab von dem ersten landlebenden Wirbeltier, dem ausgestorbenen Lurch *Ichthyostega.* Alle landlebenden Wirbeltiere wie Lurche, Kriechtiere, Vögel und Säugetiere weisen im Bau ihrer Gliedmaßen eine ähnliche Gliederung auf – sie sind miteinander verwandt.

Auch bei anderen Tiergruppen lässt sich anhand von Ähnlichkeiten im Körperbau auf eine Verwandtschaft schließen. So folgt der Aufbau von Insektenbeinen trotz unterschiedlicher Aufgaben bei den verschiedenen Arten ebenfalls einer gemeinsamen Gliederung. Solche Merkmale, die aufgrund gleichartiger Erbanlagen im Bau übereinstimmen wie die Insektenbeine oder die Wirbeltiergliedmaßen, nennt man **homologe Merkmale.** Sie weisen auf die stammesgeschichtliche Verwandtschaft dieser Lebewesen hin.

Die Beine von Käfern und Hunden haben gleiche Aufgaben. Während das Hundebein aber ein Innenskelett aus Knochen aufweist, findet man beim Käferbein ein Außenskelett aus Chitin. Die Baupläne sind nicht auf die Ausprägung gleichartiger Erbinformationen zurückzuführen. Solche nicht homologen Merkmale mit gleicher Aufgabe heißen analog. **Analoge Organe** können ähnlich aussehen, geben aber keinen Hinweis auf eine stammesgeschichtliche Verwandtschaft.

Die Linsenaugen von Tintenfischen und Wirbeltieren weisen so große Ähnlichkeiten auf, dass man sie für homologe Organe halten könnte. Verfolgt man jedoch die Entstehung der Augen während der Embryonalentwicklung beider Tierarten, so findet man, dass die verschiedenen Bestandteile des Tintenfischauges aus Zellen der äußeren Zellschicht des Embryos gebildet werden. Die meisten Bestandteile des Wirbeltierauges hingegen entstehen aus einer Ausstülpung des Gehirns. Da die Entwicklung dieser Organe sehr unterschiedlich verläuft, kann sie nicht durch gleichartige Erbanlagen gesteuert werden. Wenn analoge Organe während der Stammesentwicklung solche Ähnlichkeiten ausbilden, dann spricht man von einer konvergenten Entwicklung oder von **Konvergenz.**

Homologe Merkmale bei verschiedenen Tier- oder Pflanzenarten belegen die Verwandtschaft dieser Arten und sind deshalb Argumente für die Abstammungslehre. Im Laufe dieser **Evolution** haben sich alle Tier- und Pflanzenarten nach und nach entwickelt.

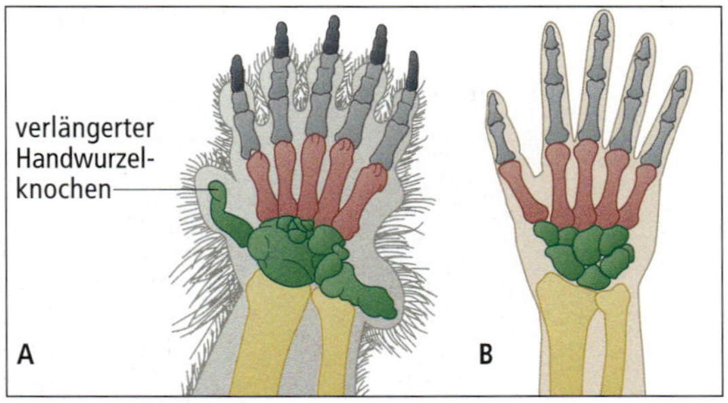

353.1 Ähnlichkeit bei Daumen. A Panda; **B** Mensch

Kein Ingenieur würde so unterschiedliche Organe wie die Wirbeltiergliedmaßen nach einem einheitlichen Muster entwickeln. Sie können nur aus einem gemeinsamen Vorläufer stammesgeschichtlich entstanden sein. Ebensowenig würde ein Ingenieur ein Organ mit gleicher Funktion auf zwei verschiedene Arten konstruieren: Große Pandas ernähren sich von Bambusblättern, indem sie die Bambusrohre zwischen ihren Pfoten halten und die Blätter mithilfe der Finger und eines Daumens abstreifen. Ein Daumen aber ist ein besonderes Kennzeichen des Menschen. Bei näherem Hinsehen zeigt sich, dass der Pandabär fünf Finger hat wie alle anderen Bären auch und dass sich sein Daumen aus einem Handwurzelknochen entwickelt hat. Die Stammesgeschichte des Pandas führt zu einem anderen Ergebnis als die des Menschen.

1. Beschreibe die Unterschiede zwischen homologen und analogen Merkmalen!
2. Erläutere, weshalb man aus homologen Merkmalen auf Verwandtschaft schließt!
3. Nenne Argumente für die Abstammungslehre!

EXKURS Arten – ähnlich und doch verschieden

Immer wieder werden Grauspecht und Grünspecht miteinander verwechselt. Zwar sucht der etwas kleinere Grauspecht seine Nahrung auf Bäumen, der Grünspecht dagegen am Boden, doch auf den ersten Blick sehen sie sich aufgrund ihres überwiegend grünen Gefieders zum Verwechseln ähnlich. Einige Beobachter vermuten gar, dass es sich bei Grau- und Grünspecht um eine „Sorte" handelt. Wie nahe sind diese beiden Spechte miteinander verwandt?

Grauspecht und Grünspecht haben vermutlich gemeinsame Vorfahren. Diese wurden zu Beginn der Eiszeit durch vorrückende Eismassen teils nach Osten, teils nach Westen abgedrängt. So entstanden eine östliche und eine westliche *Population.* Unter einer Population versteht man eine Gruppe von Individuen, die in einem Biotop leben und sich untereinander fortpflanzen können. Die beiden Spechtpopulationen waren durch das Eis voneinander isoliert. Aufgrund dieser *Isolation* entwickelten sie sich unterschiedlich. Die westliche Population brachte größere Tiere hervor, die ihre Nahrung am Boden suchen. Unüberhörbar ist ihr sehr lautes, schallendes „Lachen" gleichbleibender Tonfolge, das der Verständigung dient. Aus der westlichen Population sind also die Grünspechte hervorgegangen. Die östliche Population entwickelte sich zu den etwas kleineren Grauspechten. Ihr Balzruf ist weniger schallend und sinkt in der Tonfolge ab.

Nach der Eiszeit drangen beide Populationen wieder nach Mitteleuropa vor. Die Grauspechte pflanzten sich weiterhin untereinander fort, gleiches gilt für die Grünspechte. Grauspechte hatten jedoch mit Grünspechten keine Nachkommen. Es waren zwei **Arten** entstanden, Grünspechte und Grauspechte. Unter einer Art versteht man Lebewesen, die miteinander fruchtbare Nachkommen haben, mit Lebewesen einer anderen Art jedoch nicht.

Wie funktioniert die Isolierung zweier Arten im selben Biotop? Bei den beiden Spechtarten könnte der unterschiedliche Balzgesang dafür verantwortlich sein, dass sie keine gemeinsamen Nachkommen haben. Sie verstehen einander nicht.

353.2 Grauspecht

353.3 Grünspecht

354.1 Ausgrabung eines Saurier-Skeletts

1.2 Fossilien – Zeugnisse aus der Urzeit

Dinosaurier gehören zu den bekanntesten Tieren, die jemals auf der Erde gelebt haben. Jeder kennt von Fotos oder Postern den Pflanzen fressenden *Brachiosaurus,* der so groß wie ein vierstöckiges Haus wurde, den sechs Meter hohen Fleisch fressenden *Tyrannosaurus rex* oder den *Stegosaurus,* der Knochenplatten auf seinem Rücken trug. Auch Fischsaurier und Flugsaurier werden in Bildern dargestellt, man findet sie als Legepuzzles, als Spielfiguren, als Rekonstruktionen in wissenschaftlichen Fachbüchern und in Kinofilmen. Und doch hat niemand Dinosaurier lebend gesehen. Sie sind ausgestorben, lange bevor der Mensch auf der Erde erschien. Man findet lediglich noch versteinerte Reste von ihnen, die **Fossilien.** Wie entstehen aus Lebewesen Fossilien?

Wenn ein Lebewesen stirbt, dann wird sein Leichnam normalerweise vollständig zersetzt, sodass nach wenigen Jahren keine Spur mehr von ihm übrig ist. Aasfresser, zum Beispiel Geier, manche Fliegenlarven, Käfer oder Bakterien, nutzen die Weichteile wie Muskulatur und Innereien rasch nach dem Tod des Lebewesens zur eigenen Ernährung. Die langlebigeren Knochen oder Schalen werden meist von im Boden befindlichen Säuren aufgelöst. Nur unter besonderen Umständen kann der Leichnam eines Lebewesens vor der Verwesung geschützt werden. Er muss möglichst schnell von Ablagerungen, den Sedimenten, überdeckt werden, um damit vom Sauerstoff abgeschlossen zu sein. Wenn das Sediment anschließend erhärtet und sich der Leichnam des Lebewesens langsam zersetzt, so hinterlässt er einen **Abdruck** im Sediment. Das Sediment kann jedoch auch in den Leichnam eindringen und erst anschließend aushärten. So entsteht ein versteinerter Kern des Lebewesens, ein **Steinkern.**
Solche Bedingungen für eine **Fossilisation** findet man häufig an Orten schneller Sedimentation wie in Sümpfen, Mooren, Seen oder Flachmeeren. Auch jetzt noch kann ein entstandenes Fossil durch Veränderungen der Erdkruste wie Faltungen wieder zerstört werden. Ältere Gesteinsschichten enthalten daher noch weniger Fossilien als jüngere. Nur aus einem verschwindend geringen Bruchteil der Lebewesen entstehen Fossilien, die bis heute überdauern. Das Auffinden von Fossilien, beispielsweise bei Steinbrucharbeiten, ist oft vom Zufall abhängig. So wurde 1861 in einem Kalkstein-

354.2 Abdruck

354.3 Steinkerne

bruch bei Solnhofen ein Fossil gefunden, das heute zu einem der wertvollsten Fossilienfunde zählt: ***Archaeopteryx,*** der Urvogel. Er besitzt typische Merkmale von Vögeln wie zum Beispiel Federn und typische Merkmale von Reptilien wie zum Beispiel Zähne, einen Schwanz mit Wirbeln und Krallen an den Fingerspitzen. Inzwischen wurden viele weitere Fossilien des Urvogels und ähnlicher Tiere gefunden, die als Übergangsformen zwischen den Dinosauriern und den Vögeln angesehen werden. Die Existenz solcher **Übergangsformen** wird als Argument für die Abstammungslehre gewertet.

Auch auf andere Weise als durch Versteinerung können Fossilien entstehen. So findet man entlang der Ostseeküste häufig im Harz ausgestorbener Nadelbäume eingeschlossene Insekten. Das Harz erstarrte mit der Zeit und bildete den Bernstein. Auf solche Art erhalten gebliebene Lebewesen werden **Einschlüsse** genannt. Auch im Dauerfrostboden Sibiriens gefundene Mammuts werden zu den Einschlüssen gezählt.

Wenn Fossilien gefunden worden sind, so möchte man sie in die Stammesgeschichte der Lebewesen einordnen. Dazu muss das Alter der Fundstücke bestimmt werden. Wenn Fossilien in Sedimentgestein eingeschlossen waren, so liefert die Schichtfolge des Gesteins einen ersten Hinweis auf das Alter des Fossils. Manche Fossilien treten nur in ganz bestimmten Gesteinsschichten auf. Sie werden als **Leitfossilien** bezeichnet. Weitere Fossilfunde der gleichen Arten lassen sich deshalb ohne genauere Untersuchung zeitlich einordnen. Diese Methoden liefern nur ungenaue Zahlen. Genaue Altersangaben ermöglicht die Untersuchung radioaktiver Elemente. Dabei wird der Gehalt an radioaktiven Elementen im Fundstück mit dem in heutigen Lebewesen verglichen und aus dem Unterschied der Zeitpunkt des Todes berechnet.

Wenn viele Fossilien aus einem bestimmten Zeitabschnitt gefunden worden sind, so lassen sich die Lebensbedingungen eines bestimmten Lebewesens genauer benennen. Ob beispielsweise ein Saurier im Wald lebte oder in Steppen wanderte, ob er Jäger war, Aasfresser oder Pflanzenfresser, oder sich tarnen musste oder vor Feinden sicher war – all dies lässt sich aus den fossilen Funden herauslesen. Diese Daten werden benutzt, um ein Bild des lebenden Tieres herzustellen. Diese **Rekonstruktionen** von Dinosauriern mit Tarnfärbung oder dem *Archaeopteryx* mit bunten Federn sind heute allgemein bekannt, obwohl an keinem Fundplatz der Welt gefärbte Fossilien erhalten sind.

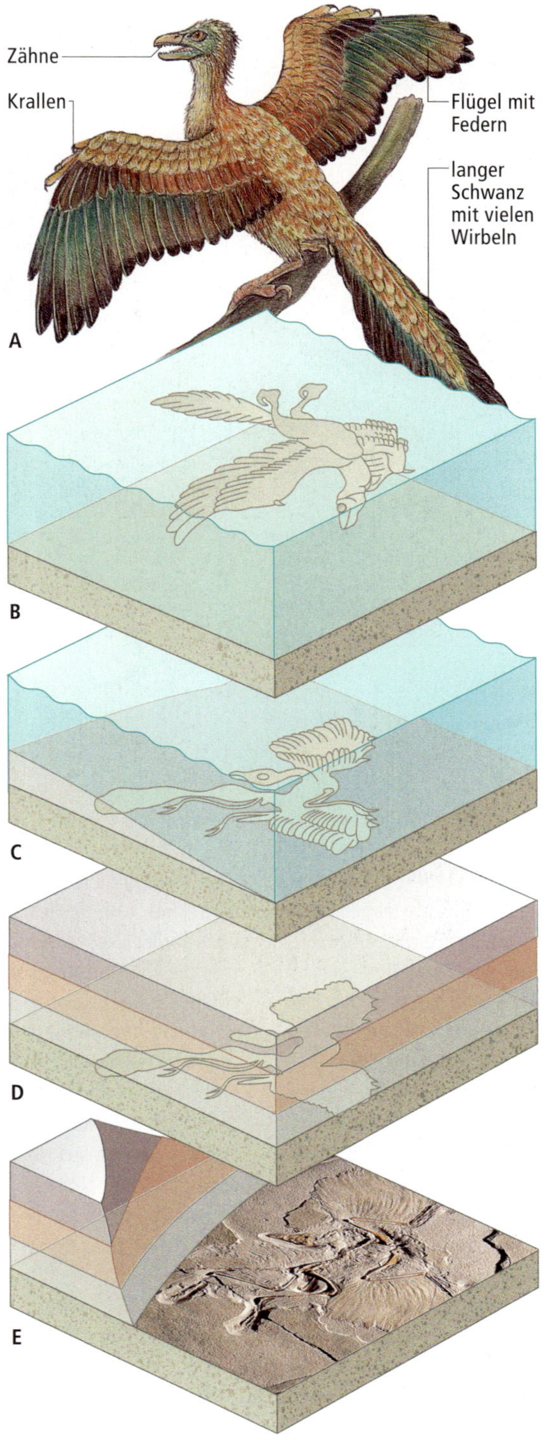

355.1 Urvogel. A Rekonstruktion; **B** bis **D** Fossilisation; **E** gefundenes Fossil

1. Erläutere die Entstehung von Abdrücken, Steinkernen und Einschlüssen!
2. *Archaeopteryx* lebte als Klettervogel auf Bäumen und konnte aktiv fliegen. Seine Fossilien wurden jedoch in Sedimenten ehemaliger Meere gefunden. Erläutere!
3. Beschreibe, wie aus Fossilfunden die Rekonstruktion eines Tieres entstehen kann!

EXKURS

Basiskonzept „Stammesgeschichtliche Verwandtschaft“

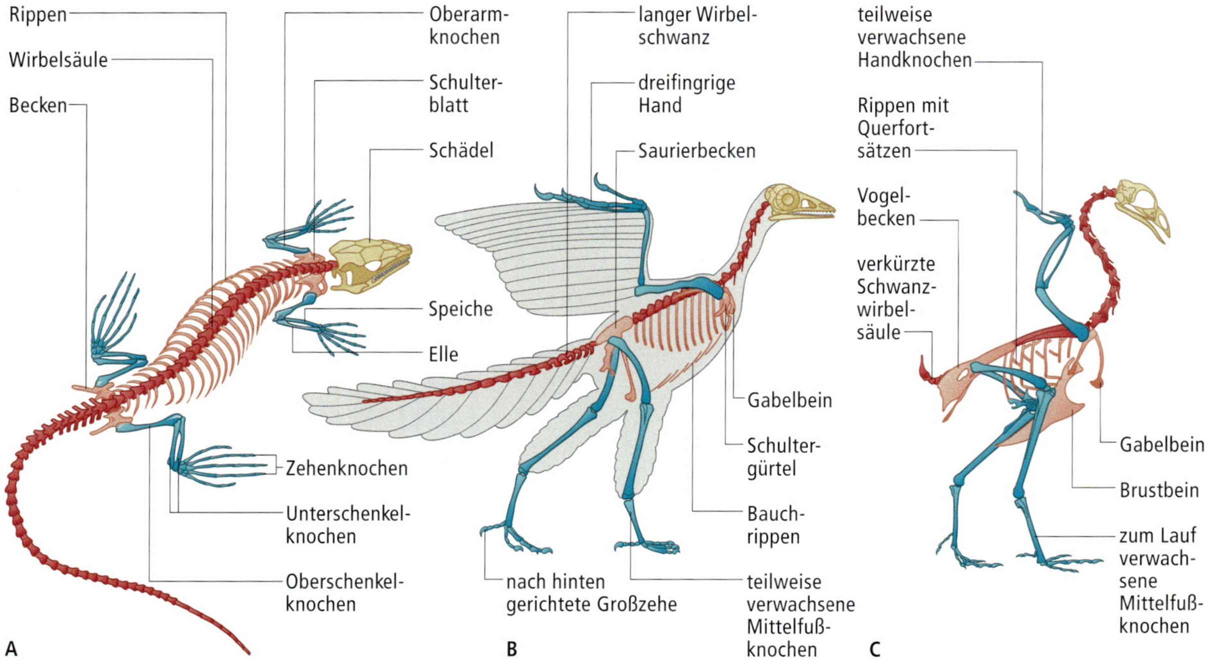

356.1 Verwandte Wirbeltiere. A Reptil; **B** *Archaeopteryx;* **C** Vogel

Zum *Stamm* der Wirbeltiere gehören alle Tiere, die eine Wirbelsäule tragen, also Tiere der fünf *Klassen* Fische, Amphibien, Reptilien, Vögel und Säugetiere. Der Bauplan dieser Wirbelsäule ist bei allen Wirbeltieren gleich: Ein aus zahlreichen Wirbeln zusammengesetzter Stab durchzieht ihren Körper im Rückenbereich und gibt ihm Halt. Diese Übereinstimmung im Bauplan kann man sich gut erklären. Die fünf Wirbeltierklassen haben gemeinsame Vorfahren, von denen sie *Gene* für den Bauplan einer Wirbelsäule geerbt haben. Lebewesen, die gemeinsame Vorfahren haben, haben gemeinsame Gene für übereinstimmende Merkmale und sind folglich miteinander *verwandt*. Man bezeichnet solche im Bauplan übereinstimmende Merkmale als *homolog*.

Analog sind Merkmale, die die gleiche Funktion erfüllen, aber einen völlig unterschiedlichen Bauplan haben. So sind die Wirbelsäule der Wirbeltiere und der Chitinpanzer der Insekten einander analog. Beide Strukturen geben dem Körper Halt, haben allerdings sehr unterschiedliche Baupläne.

Viele homologe Merkmale deuten auf eine enge stammesgeschichtliche Verwandtschaft. Merkmale, die nur bei wenigen Tiergruppen vorkommen, belegen eine besonders enge Verwandtschaft. So findet man nur bei den eng verwandten Vögeln und Reptilien Eier und beschuppte Beine.
Die meisten Verwandtschaftsbeziehungen werden aus dem Vergleich heute vorkommender Lebewesen abgeleitet. Selten stößt man auf Fossilien, die Verwandtschaftsbeziehungen klären helfen.

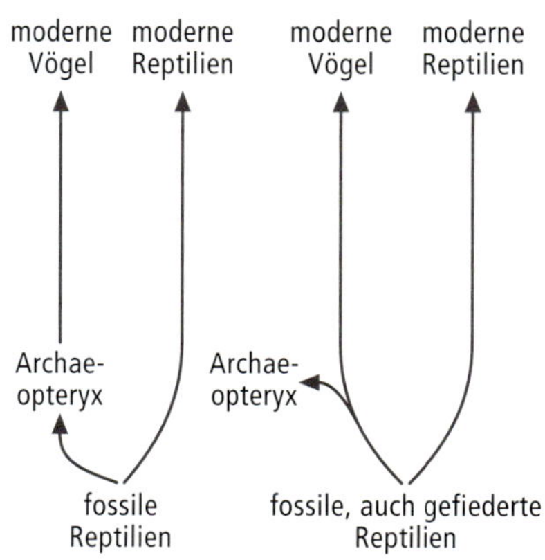

356.2 Stammbäume

Ein Beispiel dafür ist der Urvogel *Archaeopteryx,* der vor 150 Millionen Jahren lebte. Er vereint Reptilien- und Vogelmerkmale. So besitzt er wie die Reptilien Zähne im Ober- und Unterkiefer, Krallen an den Fingern, einen ziemlich langen Schwanz sowie unverwachsene Knochen an der Hand. Vogeltypisch sind beim Urvogel außer dem Federkleid Flügel, drei Finger, der Vogelschädel und eine nach hinten gerichtete Großzehe. Der Urvogel steht also zwischen den Klassen der Reptilien und der Vögel. Man spricht von einer *Übergangsform*. Früher leitete man daraus die Entwicklungslinie fossile Reptilien → Urvogel → moderne Vögel ab. Heute ist man aufgrund aktueller Funde sicher, dass unsere Vögel von gefiederten, fossilen Reptilien abstammen. Der Urvogel führt nicht direkt zu den modernen Vögeln.
Heute vorkommende Lebewesen zeigen Ähnlichkeiten, die auf gemeinsame Vorfahren hindeuten. Fossilien legen nahe, dass sich Lebewesen im Verlaufe der Erdgeschichte verändert haben. Daraus lässt sich das **Basiskonzept „Stammesgeschichtliche Verwandtschaft“** ableiten.

1 Sammeln und Bestimmen von Fossilien

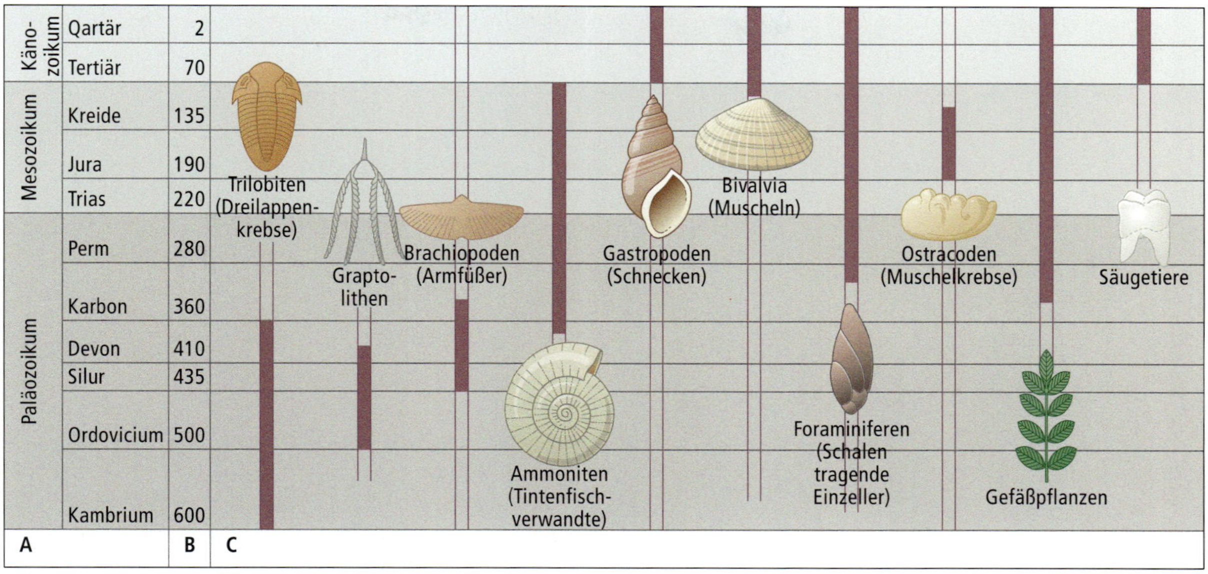

357.1 Leitfossilientafel. A Namen der Erdzeitalter; **B** Zeit in Millionen Jahren; **C** wichtige Leitfossilien

Hinweis: An vielen Steinbrüchen und Abraumhalden ist es möglich, Fossilien zu finden. Meist muss dazu die Erlaubnis des Betreibers eingeholt werden. Manchmal werden auch Führungen angeboten. Sicherer Halt ist in einem Steinbruch oberstes Gebot!

Material: Arbeitshandschuhe; Hammer; Meißel; Sammelbehälter; Lupe; Schreibmaterial; Nachschlagewerke aus der Bibliothek; Schutzbrille; Helm

Durchführung: Suche im Abraum des Steinbruchs! Schlage größere Steine mit Hammer und Meißel auf! Bewahre jedes Fundstück in dem Sammelbehälter auf! Bestimme in der Schule die Fundstücke mithilfe der Leitfossilientafel und mithilfe von Nachschlagewerken!

Aufgaben:

a) Erstelle zu jedem Fundstück eine Beschriftungskarte mit dem Namen, Ort und Datum, zeitlicher Einordnung und dem Namen des Finders!

b) Bereite mit allen Fundstücken in der Klasse eine Ausstellung vor! Ergänze die Ausstellung durch Bildmaterial aus Büchern!

c) Begründe, weshalb die zeitliche Einordnung der Fundstücke mithilfe von Leitfossilien ungenau ist!

2 Fossilienmodell

Material: Plastikschale (zum Beispiel Speisequarkverpackung); Gips; dünne Plastikfolie; Schneckengehäuse oder Muschelschale (oder andere Hartteile von Lebewesen)

Durchführung: Rühre die Gipsmasse mit Wasser an und fülle sie 2 bis 3 Zentimeter hoch in die Plastikschale! Decke den Brei mit der Plastikfolie ab! Drücke die Hartteile der Lebewesen in die noch weiche Gipsmasse! Fülle eine zweite Gipsportion in die Plastikschale, wenn der Härtungsprozess der unteren Schicht gerade eingesetzt hat! Alle Hartteile der Lebewesen müssen vollständig mit Gips bedeckt sein. Nimm nach dem Aushärten den Gipsblock aus der Schale und brich ihn an der Plastikfolie in zwei Hälften!

Aufgaben:

a) Vergleiche die Gipsbilder mit dem verwendeten Original!

b) Welche Typen von „Fossilien" wurden im Modellversuch hergestellt? Begründe!

c) Vergleiche den Modellversuch mit dem Prozess der Fossilisation!

3 Zeitleiste

Material: 1 Rolle Raufasertapete (mindestens 10 Meter lang); Klebeband; Maßband; dicke Faserstifte; Nachschlagewerke

Durchführung: Rolle die Tapete stückweise auf dem Schulflur aus! Beschrifte jedes Tapetenstück längs in der Mitte mit einem Zeitpfeil! Beginne mit dem Zeitpunkt vor einer Milliarde Jahren und ziehe mithilfe des Maßbandes auf der Zeitleiste im Abstand von 10 Zentimetern jeweils einen kurzen senkrechten Strich! Ziehe bei jeder Metermarkierung einen längeren, dicken senkrechten Strich! Die 10 Zentimeter-Markierung entspricht 10 Millionen Jahren. Klebe nun die Zeitleiste mit dem Klebeband etwa in Augenhöhe an eine Wand im Schulflur!

Aufgabe:

Informiere dich in deinem Schulbuch und in Nachschlagewerken aus der Bibliothek über den Zeitpunkt des ersten Auftretens und des Aussterbens wichtiger Gruppen von Lebewesen! Trage diesen Zeitpunkt gut lesbar in die Zeitleiste ein und füge ein Bild eines typischen Vertreters hinzu! Oberhalb der Zeitleiste sollten die Tiere zu sehen sein, unterhalb die Pflanzen.

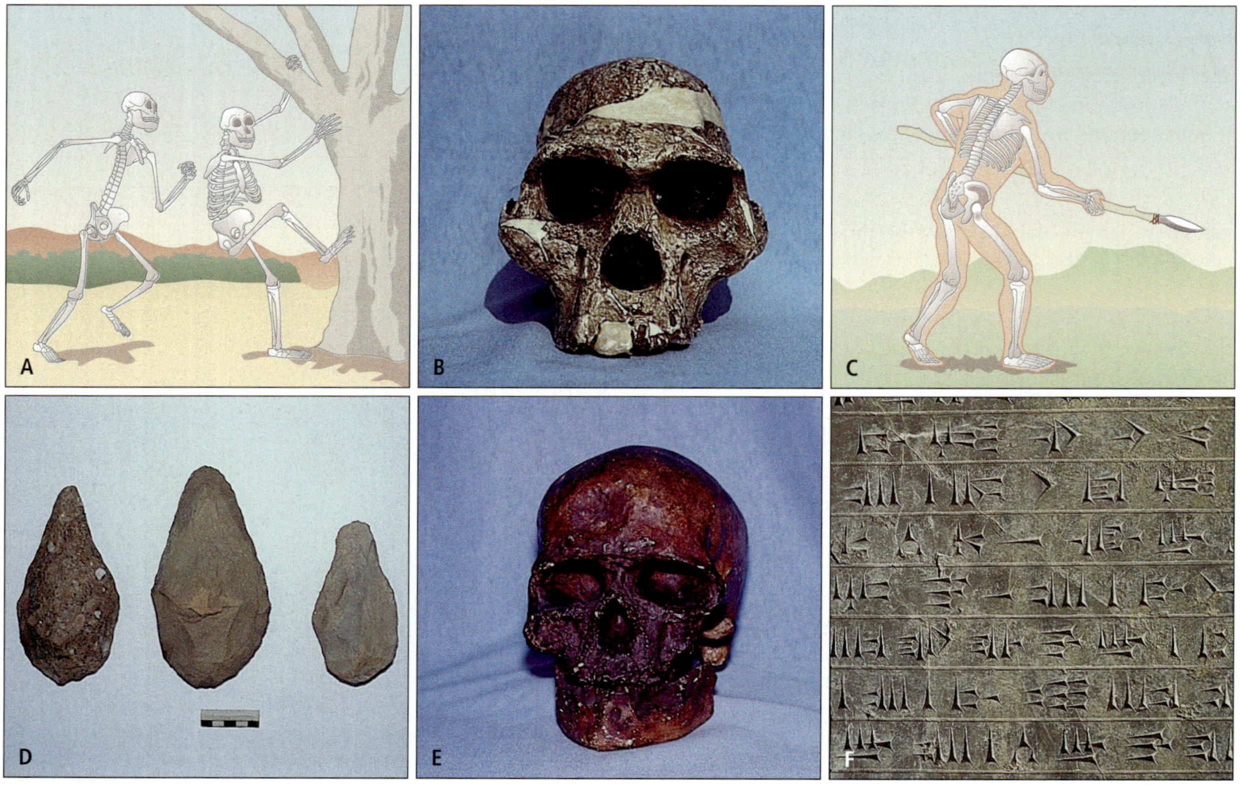

358.1 Entwicklung zum Menschen. A Lucy (Rekonstruktion); **B** Schädel eines *Australopithecus*; **C** Neandertaler (Rekonstruktion); **D** Faustkeile; **E** Schädel eines *Homo sapiens*; **F** Keilschrifttafel

2 Der Ursprung des Menschen

Im Jahre 1974 fand der US-Amerikaner JOHANSON in der Afarwüste in Äthiopien etwa vier Millionen Jahre alte versteinerte Knochen eines menschenähnlichen Lebewesens. Ungefähr 40 Prozent des Skelettes wurden gefunden, darunter Teile des Schädels, Wirbel, Rippen, Beckenknochen sowie Arm- und Beinknochen. Eine genaue Untersuchung dieser Fossilien ergab, dass „Lucy" – so wurde das Lebewesen genannt – zwar wie der Mensch aufrecht gehen konnte, dass ihre Schädelform jedoch sehr dem Schädel der großen Menschenaffen glich.

Nur wenige Jahre später, 1978, wurde einige hundert Kilometer südlich der Afarwüste, in Laetoli im Norden Tansanias, die bisher älteste versteinerte Fußspur menschenähnlicher Lebewesen gefunden. Die Lebewesen, die sie hinterlassen haben, gingen ebenfalls aufrecht und müssen einen ähnlichen Körperbau wie Lucy besessen haben.

Beide Fundorte, die Afarwüste in Äthiopien und das tansanische Laetoli, finden sich entlang des Ostafrikanischen Grabensystems, das sich von Äthiopien über Kenia bis nach Tansania und Südafrika zieht. Entlang dieses Grabensystems bricht die Erdkruste des afrikanischen Kontinents langsam auseinander. Dieser geologische Vorgang begann vor etwa 6 Millionen Jahren. Er führte dazu, dass die ursprüngliche Vegetation dieser Region, der Regenwald, zurückwich und dass sich eine Savannenvegetation entwickelte. Die meisten Forscher, die sich mit der Abstammung und Entwicklung des Menschen, seiner *Evolution*, beschäftigen, sind sich darin einig, dass die Entstehung der Savannenvegetation die Entwicklung des aufrechten Ganges begünstigt hat, weil ein neuer Lebensraum erobert werden konnte.

Entlang des Ostafrikanischen Grabensystems sind bis heute sehr viele versteinerte Knochen gefunden worden, die Ähnlichkeiten mit dem Skelett von Lucy aufweisen. Nach einem der ersten Fundorte, der im Süden Afrikas liegt, wurden die Lebewesen dieser Gruppe *Australopithecus*, „Südaffen", genannt. Der Name deutet darauf hin, dass die Australopithecinen im Körperbau Ähnlichkeiten zu den Menschenaffen aufweisen, wobei der aufrechte Gang und das größere Hirnvolumen sie von ihnen unterscheiden.

Aus der Gruppe der Australopithecinen stammt sicher der Vorfahre des modernen Menschen. Auch der Mensch, *Homo*, hat in verschiedenen Formen auf der Erde gelebt. Die meisten dieser Menschenarten sind heute ausgestorben. Alle heute lebenden Menschen gehören der Art *Homo sapiens* an. Vergleicht man die Schädel von Australopithecinen mit denen des Menschen, so fällt beim Menschen zunächst der große Hirnschädel auf, der Platz für ein großes Gehirn bietet. Der Gesichtsschädel des Menschen ist flach, Kiefer und Gebiss sind im Vergleich zum Australopithecus-Schädel wenig ausgeprägt.

Fossilien, die den frühen, heute ausgestorbenen Menschenarten wie dem *Homo habilis* (der „geschickte Mensch“) zugerechnet werden, finden sich wie die Fossilien des *Australopithecus* entlang des Ostafrikanischen Grabensystems. Die ältesten dieser Funde sind etwa zweieinhalb Millionen Jahre alt. Der Name wurde gewählt, weil *Homo habilis* bereits in der Lage war, Steinwerkzeuge mit scharfen Kanten herzustellen.

Fossilien einer weiteren Menschenart, des *Homo erectus*, findet man nicht nur entlang des Ostafrikanischen Grabensystems, sondern in ganz Afrika, in Europa und in Asien. *Homo erectus* hat sich von Ostafrika aus über die übrigen Kontinente verbreitet. An Lagerstätten des *Homo erectus* findet man fein gearbeitete Steinwerkzeuge und Reste von Feuerstellen. Für die Besiedelung kühlerer Regionen stellt die Fähigkeit, Feuer zu machen, einen wichtigen Vorteil dar.

Wie der *Homo erectus* entstand auch der moderne Mensch, der *Homo sapiens*, in Ostafrika und hat sich von dort bis heute über die gesamte Welt verbreitet. Eine Vielzahl von Fossilien wurde in Afrika gefunden, die einen allmählichen Übergang von *Homo erectus* zum anatomisch modernen Menschen belegen. Vor etwa 100 000 Jahren begann die Verbreitung des modernen Menschen über die gesamte Welt. Dabei wurden andere Menschenformen wie zum Beispiel der Neandertaler verdrängt. Die kurze Zeitspanne vom Beginn der Verbreitung des modernen Menschen bis heute lässt vermuten, dass alle heute lebenden Menschen viel stärker miteinander verwandt sind als beispielsweise *Homo sapiens* mit *Homo erectus*.

1. Beschreibe die Entwicklung zum Menschen, wie sie sich aus Fossilfunden ableiten lässt!
2. Erläutere, inwiefern die Entstehung einer Savanne anstelle eines Regenwaldes die Entwicklung des aufrechten Ganges begünstigte!

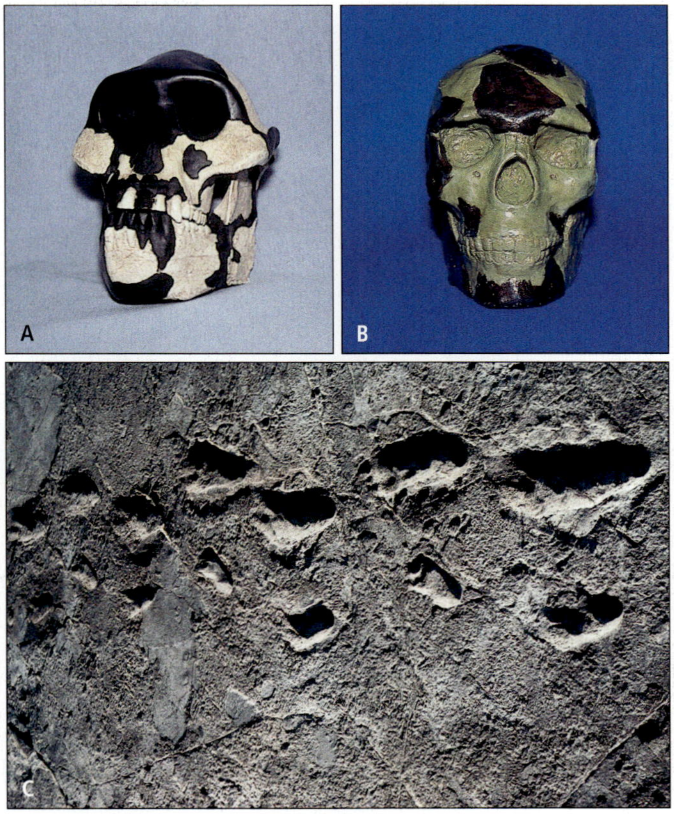

359.1 Zeugnisse der Menschentwicklung.
A Schädel eines *Australopithecus (Alter etwa drei bis vier Millionen Jahre)*;
B Schädel eines *Homo sapiens (Alter etwa 130 000 Jahre)*;
C versteinerte Fußspuren von Laetoli

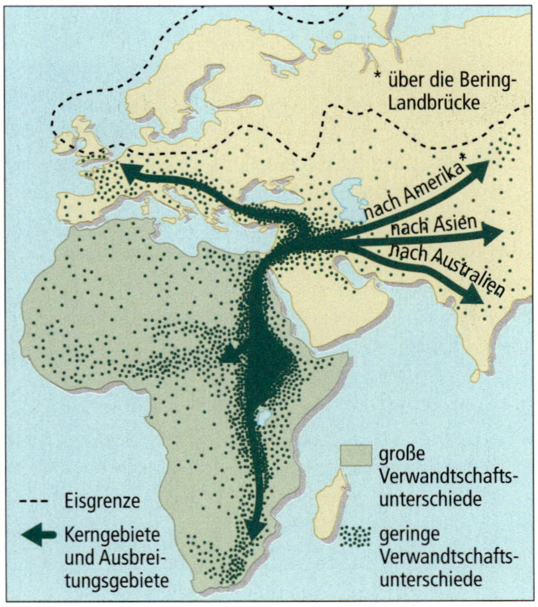

359.2 Ausbreitung des *Homo sapiens*

3. *Homo sapiens* ist in Afrika entstanden und hat sich dann verbreitet. Erläutere diese Aussage anhand der Abbildung 359.2!

AUFGABEN **Vergleich Schimpanse – Mensch**

1 Körperhaltung

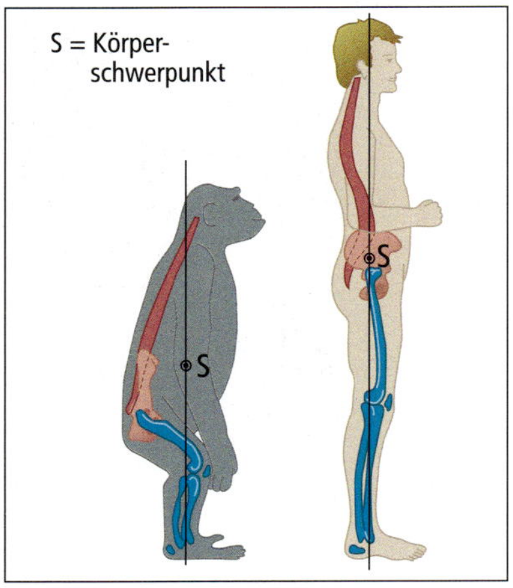

a) Beschreibe die Körperhaltung des Schimpansen und des Menschen!

b) Erläutere die unterschiedliche Körperhaltung anhand der dargestellten Skelette!

2 Schädel

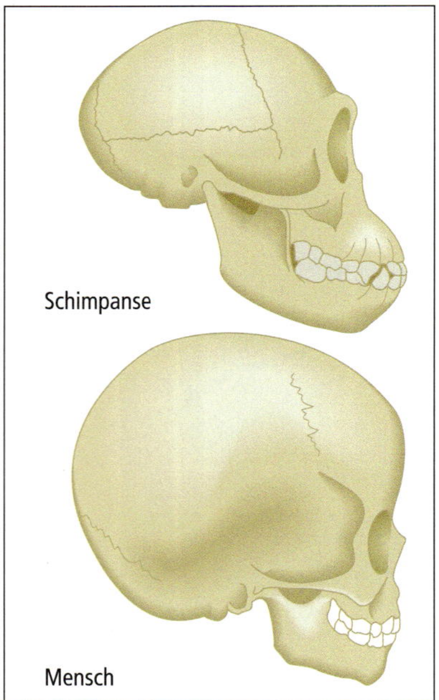

a) Vergleiche den Schädel eines Schimpansen mit dem eines Menschen und nenne Unterschiede!

b) Vergleiche mit dem Schädel eines *Homo erectus* in Abbildung 362.3!

3 Handskelett

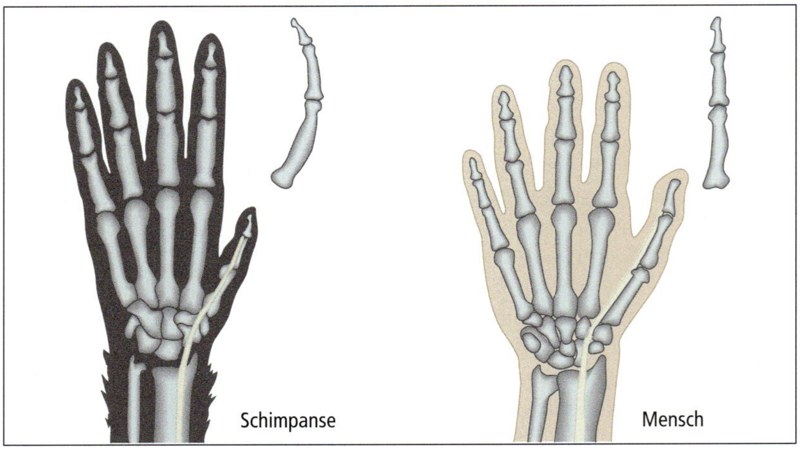

a) Vergleiche das Handskelett eines Schimpansen mit dem eines Menschen und nenne Unterschiede!

b) Das Handskelett zeigt, dass Schimpansen an das Leben auf Bäumen angepasst sind. Begründe diese Aussage!

c) Könnte ein Schimpanse wie ein Mensch mit einem Bleistift schreiben? Begründe deine Ansicht!

4 Fußskelett

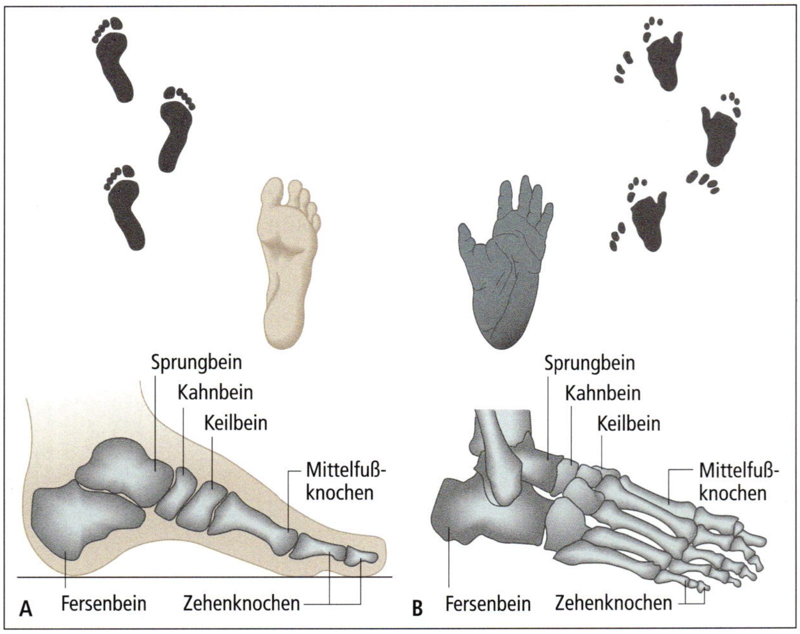

a) Vergleiche das Skelett des menschlichen Fußes mit dem des Schimpansenfußes und nenne Unterschiede!

b) Deute die Unterschiede im Hinblick auf den aufrechten Gang!

c) Ordne die Spuren der Bilder A und B dem Schimpansen und dem Menschen zu! Begründe deine Entscheidung!

3 Die Vorfahren des Menschen

3.1 Australopithecus

Das bis heute vollständigste *Australopithecus*-Skelett stammt von Lucy, einer zierlichen „Südaffen"-Frau, die vor etwa 3,2 Millionen Jahren im heutigen Äthiopien in der Afar-Wüste lebte. Dieser Fundort hat ihr den wissenschaftlichen Namen gegeben: *Australopithecus afarensis*. Die männlichen Exemplare dieser Art wurden deutlich größer als die weiblichen und besaßen auch größere Eckzähne. Hervorstehende Wangenknochen und knöcherne Überaugenwülste ähneln den Menschenaffen. Beckenform und Kniegelenke lassen jedoch keinen Zweifel daran, dass *Australopithecus afarensis* sich aufgerichtet auf den Hinterbeinen bewegen konnte. Die versteinerten Fußspuren aus Laetoli im Norden Tansanias, die ein ähnliches Alter wie die Knochen Lucys aufweisen, aber wahrscheinlich von einer anderen *Australopithecus*-Art hervorgerufen worden sind, bestätigen dies: Die Ferse hinterließ einen tiefen Eindruck im Untergrund, die Knochen des Fußes bildeten ein Gewölbe und lagen deshalb nicht flach dem Boden auf wie beim Schimpansen. Das Körpergewicht wurde bereits über die Zehen abgerollt, die deshalb im Untergrund deutlich abgebildet sind. Diese Art zu gehen ist der des Menschen sehr ähnlich. Sicherlich konnten diese Australopithecinen auch gut klettern. Möglicherweise hielten sie sich tagsüber zur Nahrungssuche in offenem Gelände auf und zogen sich nachts zum Schutz in den Wald zurück. In offenem Gelände hatte der aufrechte Gang Vorteile, weil er einen guten Überblick verschaffte und weil die Hände bei der Fortbewegung nicht mehr mit benutzt werden mussten. Die gefundenen Zahnfossilien entsprechen einem Allesfressergebiss. Das weist darauf hin, dass Australopithecinen sich vorwiegend von pflanzlichem Material wie Wurzeln oder Früchten, aber auch von Aas ernährten.

Die ältesten Australopithecinen lebten vor etwa vier Millionen Jahren, die letzten starben vor etwa einer Million Jahren aus. Im Laufe der Jahrmillionen haben sich viele verschiedene *Australopithecus*-Arten gebildet, deren Fossilien zumeist im Umkreis des Ostafrikanischen Grabensystems gefunden wurden. Sie konnten alle aufrecht gehen, unterschieden sich jedoch voneinander durch ihre Ernährungsweise und durch die Form des Schädels.

361.1 ***Australopithecus afarensis*** (Rekonstruktion)

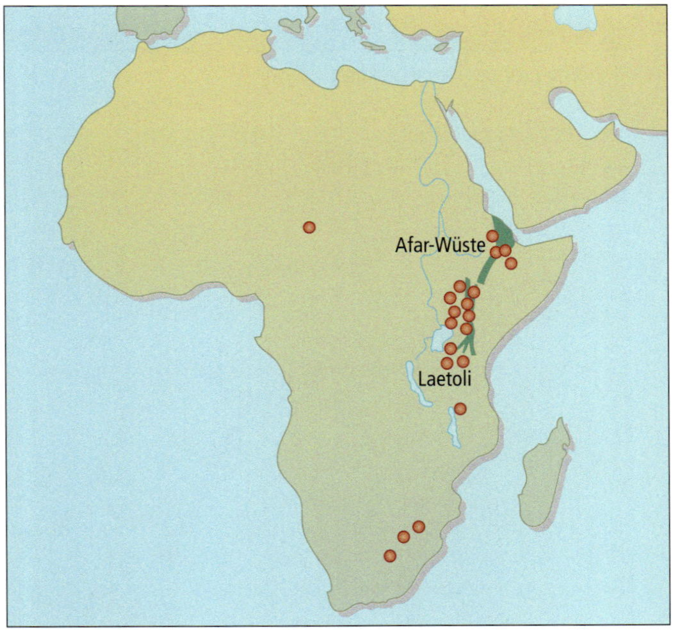

361.2 Fundorte von Fossilien des Australopithecus

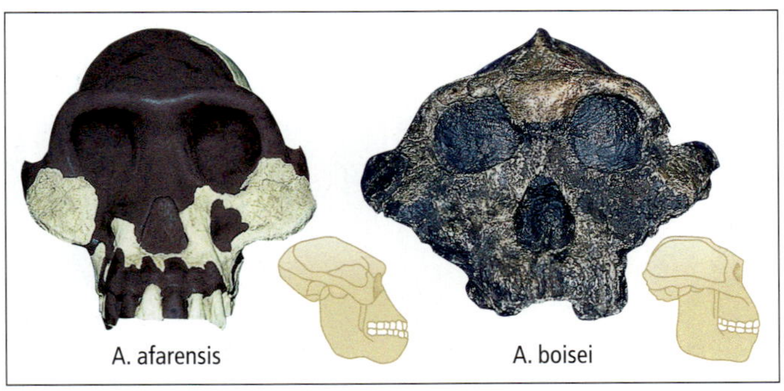

361.3 Australopithecus-Schädel

1. Erstelle eine Tabelle, in der die Merkmale der Australopithecinen, die menschenaffenähnlich sind, denen, die menschenähnlich sind, gegenüber gestellt werden!

2. Beschreibe anhand des Bildes 361.1 den Lebensraum von *Australopithecus afarensis* und nenne Unterschiede der zwei Australopithecus-Schädel in Bild 361.3!

362.1 *Homo erectus* (Rekonstruktion)

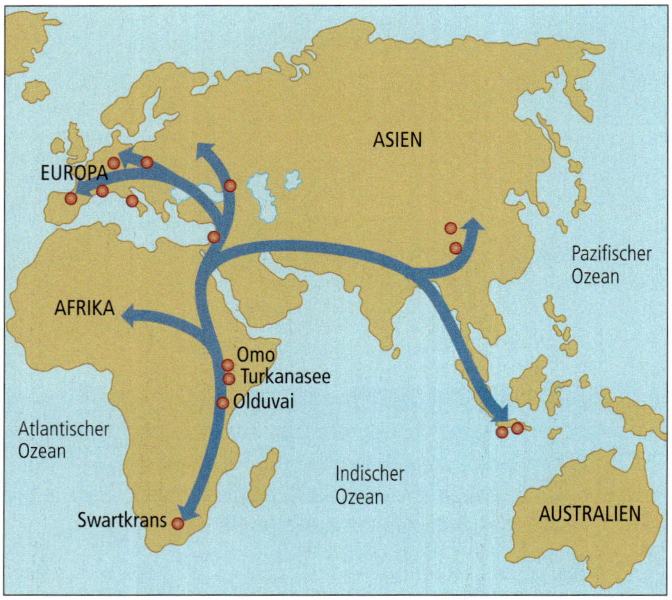

362.2 **Verbreitungswege und Fundorte**

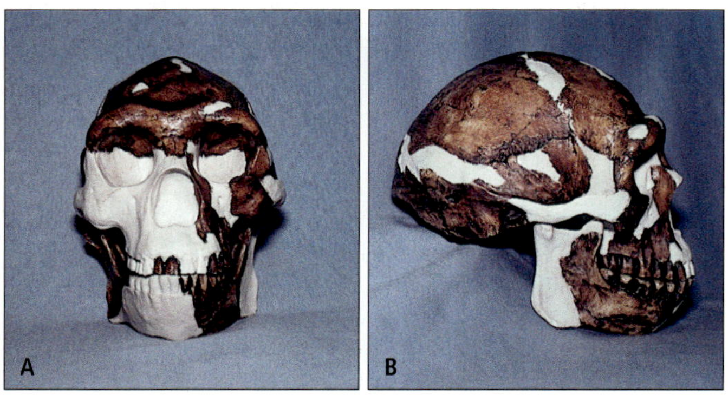

362.3 **Schädelform des *Homo erectus***

3.2 Homo erectus

Am Turkana-See im Norden Kenias konnte im Jahre 1984 ein Skelett eines etwa elfjährigen Jungen ausgegraben werden. Dieser 1,5 Millionen Jahre alte Fund erregte besonderes Aufsehen, weil das Skelett fast vollständig erhalten war und weil es mit 1,6 Metern eine beträchtliche Größe aufwies. Der Körperbau des Turkana-Jungen, so wurde der Fund genannt, unterschied ihn nicht besonders vom heutigen Menschen. Das Volumen des Hirnschädels war jedoch mit etwa 900 Kubikzentimetern noch deutlich geringer als das des heutigen Menschen, das durchschnittlich 1400 Kubikzentimeter beträgt.

Fossilien, die denen des Turkana-Jungen ähneln, wurden an vielen Stellen auf verschiedenen Kontinenten gefunden. Sie werden zur Menschenart *Homo erectus* (der aufrechte Mensch) gezählt. Die ältesten Funde des *Homo erectus* stammen aus Ostafrika und sind etwa zwei Millionen Jahre alt. Weitere Fundorte jüngeren Alters liegen in Nord-Israel, in Südeuropa, in Westasien, in China und auf Java. *Homo erectus* muss sich also auf verschiedenen Wanderrouten über Afrika, Südeuropa und Asien verbreitet haben.

An Lagerstätten des *Homo erectus* findet man Reste von Feuerstellen, Steinwerkzeuge und häufig versteinerte Reste von Beutetieren. Die Fähigkeit, das Feuer zu nutzen, wie auch die Entstehung von Jagdtechniken und die damit verbundene Ernährungsumstellung auf fleischliche Kost waren wichtige Voraussetzungen, um Afrika verlassen zu können. Möglicherweise war die Suche nach Beute sogar die Triebkraft, um den Lebensraum auszudehnen. Erjagte Beute wurde mit einer neuartigen Form von Steinwerkzeugen, den Faustkeilen, bearbeitet. Das Wissen um die Herstellung von Faustkeilen wurde von Generation zu Generation weitergegeben. Diese Weitergabe von Wissen wie auch das gemeinschaftliche Vorgehen beim Jagen großer Wildtiere erforderten ein Verständigungssystem. Die Sprache entstand. Mit der Entwicklung dieser Kulturtechniken ging eine Vergrößerung des Hirnvolumens einher. Die jüngsten Fossilfunde des *Homo erectus* weisen ein Hirnvolumen von 1200 Kubikzentimetern auf.
Die meisten Vertreter dieser Menschenart starben vor etwa 500 000 Jahren aus.

1. Beschreibe den Lebensraum des *Homo erectus* anhand des Bildes 362.1!
2. Vergleiche den *Homo erectus* mit dem *Australopithecus* und dem modernen Menschen! Nenne Unterschiede im Körperbau und in der Kultur!

3.3 Neandertaler

Das Neandertal bei Düsseldorf beherbergt die Fundstelle einer Menschenform, deren Name nach dem Tal gewählt wurde: *Homo neandertalensis*, der Neandertaler. Im Jahre 1856 entdeckten Arbeiter im Neandertal einige urtümliche Knochen. Bis heute konnten ähnliche Knochenfunde an etwa 70 Stellen gemacht werden, die von Spanien bis nach Westasien reichen. Oft wurden ganze Skelette gefunden, weil der Neandertaler als erste Menschenform die Fähigkeit entwickelte, seine Toten in Gräbern zu bestatten.

Der Neandertaler lebte zu einer Zeit, als weite Teile von Europa von großen Eismassen bedeckt waren. So sind viele seiner körperlichen Besonderheiten als Anpassungen an das raue eiszeitliche Klima zu verstehen. Der Neandertaler wurde mit durchschnittlich 1,65 Metern Körpergröße kleiner und mit durchschnittlich 75 Kilogramm Körpermasse schwerer als heutige Europäer. Seine Körperoberfläche war dadurch im Verhältnis zum Volumen klein, sodass die Abgabe von Körperwärme an die Umgebung gering gehalten wurde. Die Knochen des Neandertalers sind auffällig robust, was darauf hindeutet, dass er körperlich stark belastbar und ausdauernd war. Als erfolgreicher Jäger schreckte er auch vor Auerochsen und Mammuts nicht zurück, die in die Enge getrieben und dann aus kurzer Distanz mit einem Lanzenstoß getötet wurden. Der Schädel des Neandertalers ist lang gestreckt und weist ein Hirnvolumen auf, das mit durchschnittlich 1500 Kubikzentimetern etwa so groß ist wie das des heute lebenden Menschen. Im Unterschied zum heutigen Menschen ist er durch ein fliehendes Kinn, eine flache Stirn, große Überaugenwülste und eine vorspringende Nase gekennzeichnet.

Die ältesten Fossilien des Neandertalers ähneln dem *Homo erectus* und sind etwa 200 000 Jahre alt. Die letzten Neandertaler starben vor etwa 25 000 Jahren aus. Viele Forscher nehmen an, dass der Neandertaler vom modernen Menschen verdrängt wurde. Auf welche Weise dies jedoch geschah, ist unbekannt. Im Nahen Osten wurde ein Ort ausgegraben, an dem Neandertaler und moderne Menschen fast 50 000 Jahre offenbar friedlich nebeneinander lebten. Kriegerische Auseinandersetzungen spielten beim Aussterben des Neandertalers offensichtlich eine untergeordnete Rolle. Die Besonderheiten dieses Fundplatzes machen auch deutlich, dass es keine Vermischung zwischen den Neandertalern und den modernen Menschen gegeben hat. *Homo neandertalensis* gehört nicht zu den direkten Vorfahren des *Homo sapiens*.

363.1 ***Homo neandertalensis*** (Rekonstruktion aus dem Neandertal-Museum bei Düsseldorf)

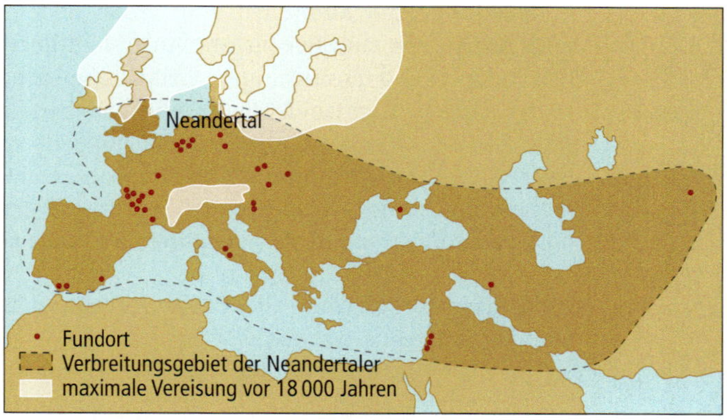

363.2 Verbreitungswege und Fundorte

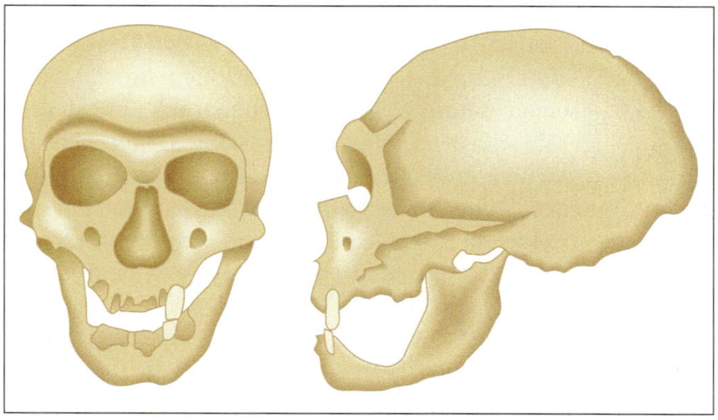

363.3 Schädelform des *Homo neandertalensis*

1. Beschreibe anhand der Abbildung 363.1 die Lebensweise des *Homo neandertalensis*!
2. Nenne Unterschiede zwischen dem Körperbau des *Homo neandertalensis* und dem des modernen Menschen!
3. Nenne kulturelle Fortschritte, die den *Homo neandertalensis* vom *Homo erectus* unterscheiden!

364.1 Menschliche Volksgruppen

4 Die Menschen heute

Wenn über die Entstehung des modernen Menschen nachgedacht wurde, so spielte Afrika bei diesen Überlegungen lange Zeit keine Rolle. Zwar war es bekannt, dass viele Fossilien, die in der Entwicklung zum Menschen eine große Bedeutung haben, wie zum Beispiel die Australopithecinen oder *Homo erectus*, aus Afrika stammen, *Homo sapiens* aber sollte in Europa entstanden sein. Die Menschen anderer Erdteile mit gelber, roter oder schwarzer Hautfarbe sollten anderen Rassen angehören – eine Beurteilung, die häufig mit einer Abwertung dieser Rassen einher ging.

Diese Auffassungen und Sichtweisen haben sich heute grundlegend gewandelt!

Die ältesten Fossilien des *Homo sapiens* stammen aus Afrika und sind etwa 200 000 Jahre alt. Sie ähneln noch sehr dem *Homo erectus*, nähern sich jedoch immer mehr dem Aussehen des modernen Menschen an, bis vor etwa 150 000 Jahren kein Unterschied mehr zwischen einem fossilen und einem heutigen Skelett erkennbar ist. Eine ähnlich lückenlose Abfolge der Fossilien findet sich auf keinem anderen Kontinent. Die ältesten Fossilien des *Homo sapiens* auf anderen Kontinenten sind jüngeren Alters. Es hat kaum eine Vermischung von anderen Menschenformen mit dem *Homo sapiens* gegeben.
Alle Menschen, die heute auf der Welt leben, stammen also von der afrikanischen Ursprungsgruppe des *Homo sapiens* ab, die etwa vor 100 000 Jahren damit begann, sich über die ganze Welt zu verbreiten. Die heute lebenden Menschen sind damit stärker miteinander verwandt als *Homo sapiens* beispielsweise mit dem Neandertaler. Deshalb spricht man heute nicht mehr von verschiedenen Menschenrassen, sondern besser von verschiedenen Volksgruppen, die eigene Sprachen und Kulturen entwickelt haben. Wie wenig sich die heutigen Menschen voneinander unterscheiden, lässt sich in Abbildung 364.1 erkennen. Es sind nur Schminke, Perücken und farbige Kontaktlinsen nötig, um eine Frau einer bestimmten Volksgruppe scheinbar in Frauen anderer Volksgruppen zu verwandeln.

Der frühe *Homo sapiens* lebte zunächst noch wie *Homo erectus* als Jäger und Sammler. Er konnte jedoch feinere Werkzeuge herstellen und er hinterließ Zeugnisse einer künstlerischen Aktivität. Höhlenmalereien, zum Beispiel Jagdszenen in der Höhle von Lascaux in Südfrankreich, oder aus Mammutelfenbein geschnitzte Statuetten aus Italien sind mehr als 15 000 Jahre alt. Vor etwa 10 000 Jahren begannen Menschen im Nahen Osten mit dem Ackerbau. Es wurden Häuser aus getrockneten Lehmziegeln gebaut, Haustiere wie Schafe und Ziegen wurden gezähmt und gezüchtet. Der Mensch wurde sesshaft. Vor etwa 5 000 Jahren entstand in Mesopotamien und in Ägypten fast zeitgleich die Schrift. Die Schriftzeichen wurden in Tontäfelchen eingraviert, die später gehärtet wurden. So sind die heute lebenden Menschen in den Besitz von Keilschrifttafeln oder beschrifteten Tontafeln gekommen, konnten sie entziffern und etwas über das Leben und die Kultur der vor Tausenden von Jahren lebenden Menschen erfahren.

1. Begründe, weshalb der Begriff „Menschenrasse" heute nicht mehr verwendet wird!
2. Stelle in Stichworten die wichtigsten kulturellen Entwicklungsschritte des *Homo sapiens* in einer Zeitleiste dar!
3. Die Entfernung von Ostafrika bis nach Südamerika über Sibirien, Alaska und Nordamerika beträgt etwa 25 000 Kilometer. Berechne, wie lange eine *Homo sapiens*-Gruppe braucht, um diese Strecke zurückzulegen, wenn sie sich pro Tag nur einen Kilometer weiter bewegt!

MAGAZIN Menschen der Welt

Afrikanerin

Schwarzafrikaner besiedelten ursprünglich Gebiete südlich der Sahara und haben sich dort sehr unterschiedlichen Lebensbedingungen angepasst. So bilden sie viele verschiedene Völker mit sehr unterschiedlichen Merkmalen. Als Sklaven wurden sie besonders nach Amerika verschleppt. Dort bilden die Schwarzafrikaner heute einen großen Anteil an der Bevölkerung.

Indianer

Die Indianer Nord- und Südamerikas sind über Asien nach Amerika eingewandert. In Amerika besiedelten sie viele unterschiedliche Lebensräume wie zum Beispiel die Prärien Nordamerikas oder Gebirgsregionen in Südamerika. Durch die Ankunft und Ausbreitung weißer Siedler in Amerika wurden die indianischen Kulturen zerstört.

Australier

Die australischen Ureinwohner lebten vor dem Eintreffen weißer Einwanderer als Jäger und Sammler. Sie hatten große Teile des australischen Kontinentes besiedelt. Mit der Ausbreitung der weißen Siedler in Australien wurden sie zurückgedrängt und ihre Zahl verringerte sich drastisch. Heute bilden sie nur noch eine Minderheit an der Gesamtbevölkerung.

Kaukasierin

Menschen dieser Volksgruppe sind zunächst in Westasien und Europa entstanden. Sie haben sich später über alle anderen Kontinente verbreitet. Oft haben sie dort als Siedler die ansässigen Ureinwohner verdrängt und ihre Kulturen zerstört. Man findet sie heute neben dem europäischen und westasiatischen Raum vor allem in Nordamerika, in Australien und in Nordafrika.

Verwandtschaft der Menschen

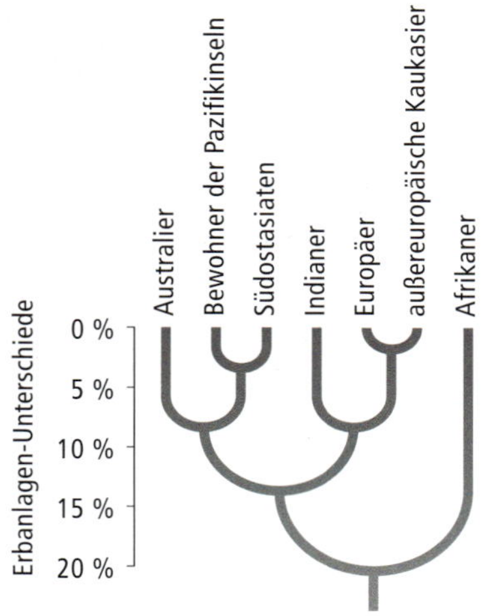

Stammbaum der Menschen

Homo sapiens hat sich nach seiner Entwicklung in Afrika über die gesamte Welt verbreitet. Vor 100 000 Jahren erreichte er Westasien, vor 60 000 Jahren Südasien und Europa, später Australien und den amerikanischen Kontinent.
Alle Menschengruppen sind miteinander verwandt. Dies lässt sich durch eine Untersuchung ihrer Erbanlagen nachweisen. Die Erbanlagen der verschiedenen menschlichen Volksgruppen unterscheiden sich nur geringfügig voneinander.
Wenn zwei Volksgruppen lange getrennt voneinander leben, so häufen sich in ihren Erbanlagen aufgrund des Auftretens von Mutationen Unterschiede an. Bei einem Vergleich zeigt sich, dass die Erbanlagen der Afrikaner zu den Erbanlagen der anderen Volksgruppen die größten Unterschiede aufweisen. Sie müssen daher am längsten von den anderen getrennt gelebt haben. Sehr geringe Unterschiede findet man dagegen bei einem Vergleich der Erbanlagen der Europäer mit denen der außereuropäischen Kaukasier. Ihre Trennung kann daher noch nicht besonders lange zurückliegen. Diese Daten zeigen, dass die verschiedenen Volksgruppen des modernen Menschen auseinander hervorgegangen sind. Sie lassen sich in einem Stammbaum anordnen.

366.1 Hunderassen

5 Die Erklärung der Artenvielfalt

5.1 Variation, Selektion und Isolation

Der Haushund ist das älteste Haustier des Menschen. Zunächst diente der Hund wahrscheinlich als Wachhund, später auch als Hirtenhund. Bis heute kamen weitere Aufgaben hinzu. Für diese Aufgaben züchtete der Mensch unterschiedliche Hunderassen. Wie können aus einer Ursprungsform so viele unterschiedliche Rassen entstehen?

Hunde einer Hunderasse unterscheiden sich geringfügig voneinander. Diese **Variation** kommt dadurch zustande, dass die Erbanlagen väterlicher und mütterlicher Hunde in der *Meiose* neu kombiniert werden können. Die Nachkommen einer Generation sehen daher aufgrund dieser **Rekombination** anders aus als ihre Eltern. Hinzu kommt, dass Veränderungen im Erbgut, die **Mutationen,** dafür sorgen können, dass Merkmale anders ausgeprägt werden können als bei den Eltern. Ein Züchter, der zum Beispiel eine Hunderasse mit besonders hohen Beinen züchten möchte, wählt ausschließlich Tiere zur Fortpflanzung aus, die aufgrund der Variation bereits etwas hochbeiniger sind als die anderen Hunde. Nach vielen Generationen wird er durch diese Zuchtwahl sein Zuchtziel erreichen.
Wie können aus einer Ursprungsform neue Arten hervorgehen? Alle Lebewesen einer Art zeigen Variationen. Die unterschiedlichen Merkmale sind verantwortlich dafür, dass die Individuen einer Art unterschiedlich gut an ihre Umwelt angepasst sind. Die am besten angepassten Individuen aber können sich fortpflanzen. Diese Zusammenhänge lassen sich am Fuchsschwanzgras verdeutlichen. Man findet es häufig auf freien Ackerflächen. Landwirte bekämpfen das Fuchsschwanzgras mit Pflanzenschutzmitteln, den Herbiziden, weil sie auf den Äckern Nutzpflanzen anbauen wollen. Die Herbizide sind für das Fuchsschwanzgras giftig, für die Nutzpflanzen jedoch ungiftig. Manche Fuchsschwanzgräser überleben die Gifteinwirkung, sie sind resistent gegenüber dem Gift und können sich fortpflanzen. Nach einiger Zeit findet man deshalb auf dem Acker neben den Nutzpflanzen ausschließlich resistente Fuchsschwanzgräser. Diese Auslese durch die Umwelt entspricht der Vorgehensweise des Hundezüchters. Sie wird natürliche Zuchtwahl oder **Selektion** genannt. Unter veränderten Umweltbedingungen führt die Selektion langfristig zu einer Veränderung des Genbestandes der Population einer Art. Zunächst entstehen so verschiedene Rassen wie zum Beispiel Hunderassen. Aus den Rassen können sich verschiedene Arten entwickeln, wenn sie über längere Zeit unterschiedlichen Umweltbedingungen ausgesetzt sind und wenn sie sich nicht mehr miteinander fortpflanzen können. Eine solche Unterbrechung der gemeinsamen Fortpflanzung nennt man **Isolation.** Gebirge, Meere oder Wüsten können dafür verantwortlich sein, aber auch unterschiedliches Paarungsverhalten. Die Hunde aller Rassen können sich untereinander fortpflanzen. Sie haben noch keine neue Art gebildet, weil sie nicht gruppenweise isoliert voneinander leben.
Mutation, Rekombination, Variation, Selektion und Isolation werden auch als **Evolutionsfaktoren** bezeichnet. Ihr Zusammenwirken hat dafür gesorgt, dass im Laufe der Evolution viele Millionen Arten entstanden sind.

1. Erläutere die Evolutionsfaktoren!

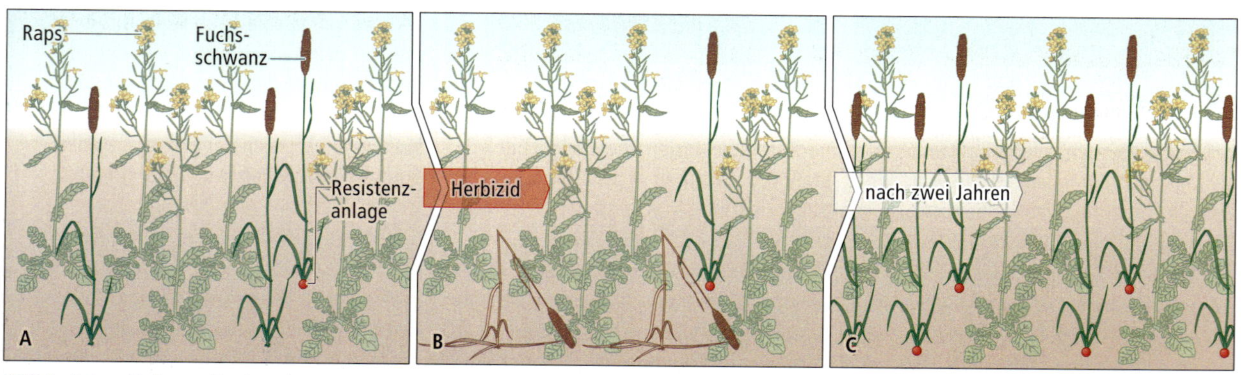

366.2 Acker-Unkraut Fuchsschwanzgras. A vor der Herbizideinwirkung; **B** nach der Herbizideinwirkung; **C** nach zwei Jahren

EXKURS **Basiskonzept „Variabilität und Angepasstheit"**

367.1 Spitzschlammschnecken

Manchmal findet man an der Wasseroberfläche eines Teiches eine Ansammlung von Schnecken. Sie scheinen frei im Wasser zu schweben. Eine genauere Untersuchung zeigt jedoch, dass sie sich mit ihrem Fuß an die Wasseroberfläche geheftet haben und an dieser entlangkriechen. Es handelt sich um Spitzschlammschnecken, die in stehenden Gewässern sehr häufig sind. Sie ernähren sich vom Algenbelag auf Wasserpflanzen, den sie abraspeln, und von Wasserpflanzen. Sie selbst werden Beute von Kleintiere fressenden Fischen, die im Teich leben. Fängt man mehrere Spitzschlammschnecken, so stellt man fest, dass die Form und die Farbe ihrer Gehäuse nicht vollständig übereinstimmt. Die Farbe des Gehäuses ist braun; dabei kann man hellbraune und dunkelbraune Gehäuse unterscheiden. Die Windungen ihres Gehäuses können unterschiedlich groß und verschieden gefärbt sein. Wie entsteht diese Variabilität bei den Gehäusen der Spitzschlammschnecken?

Das unterschiedliche Aussehen der Gehäuse verschiedener Spitzschlammschnecken hat verschiedene Ursachen. Bei der Befruchtung der Eizelle einer Spitzschlammschnecke durch eine Spermienzelle werden mütterliche und väterliche Erbanlagen miteinander kombiniert, sodass die Nachkommen sich untereinander und von ihren Eltern genetisch unterscheiden und deshalb unterschiedliche Farben und Formen ihrer Gehäuse ausbilden. Bei den Schnecken ist die Farbe des Gehäuses zusätzlich vom Nahrungsangebot abhängig: Bestimmte Inhaltsstoffe der Nahrung können in die wachsenden Schneckengehäuse eingebaut werden und sorgen dort für eine bestimmte Farbvariante. Die *Variabilität* der Schneckengehäuse wird also durch Erbfaktoren und durch Umweltfaktoren erzeugt. Die Variabilität kann zusätzlich durch Veränderungen des Erbgutes, so genannte *Mutationen,* erhöht werden.

Welche Bedeutung hat die Variabilität für die Schnecken? Die Variabilität ist mitverantwortlich dafür, dass die Individuen einer Art unterschiedlich gut an ihre Umwelt angepasst sind. Bei sich ändernden Umweltbedingungen sind immer einige Schnecken gut angepasst und sichern ihr Überleben.

Ein Modellexperiment verdeutlicht diese Zusammenhänge: Zahnkärpflinge sind kleine Fische, die in vielen Arten in Süßwasserseen vorkommen und die auch als Aquarienfische zu finden sind. Eine bestimmte Art kommt in einer grauen und in einer schwarzen Farbvariante vor. Gibt man nun je 100 graue und 100 schwarze Zahnkärpflinge in einen Behälter mit grauem und mit schwarzem Untergrund und setzt die Behälter drei Tage lang fischfressenden Vögeln aus, so findet man in dem Behälter mit schwarzem Untergrund mehr schwarze überlebende Fische und in dem Behälter mit grauem Untergrund mehr graue überlebende Fische.

Auch bei den Spitzschlammschnecken werden sich nur diejenigen Farbvarianten fortpflanzen können, die in einer sich ändernden Umgebung gut getarnt sind und deshalb von ihren Feinden nicht gefressen werden. Sie geben ihre Erbanlagen an ihre Nachkommen weiter, sodass ihre *Angepasstheit* auch bei den Nachkommen beobachtet werden kann.

Variabilität und Angepasstheit sind auch bei vielen anderen Lebewesen zu finden. Sobald man eine Gruppe von Lebewesen der gleichen Art untersucht, findet man in ihrem Aussehen geringfügige Unterschiede untereinander. Diese Variabilität lässt sich auch bei anderen Merkmalen nachweisen.

Der Zusammenhang von Variabilität und Angepasstheit ist bei Lebewesen, die sich geschlechtlich fortpflanzen, besonders deutlich zu beobachten. Er stellt ein biologisches Prinzip dar: **Basiskonzept „Variabilität und Angepasstheit".**

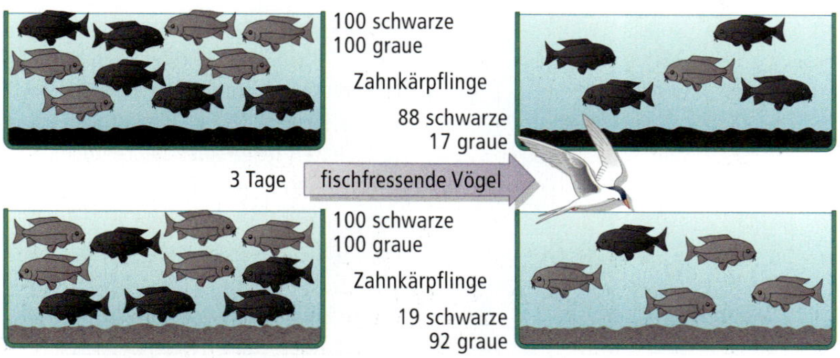

367.2 Variabilität und Angepasstheit: Modellexperiment

1. Beschreibe das Zustandekommen von Variabilität!
2. Beschreibe die Bedeutung der Variabilität!
3. Erläutere die Bedeutung der Angepasstheit!
4. Erläutere die Auswirkungen in einer schwarz gefärbten Umwelt, wenn alle Zahnkärpflinge grau gefärbt wären!

EXKURS Evolutionstheorien

368.1 Entstehung des Giraffenhalses nach LAMARCK

Der französische Wissenschaftler Baron Georges CUVIER (1769–1832) schuf neue Grundlagen für die Systematik und beschäftigte sich akribisch mit fossilen Überresten von Lebewesen. Durch seine Arbeiten entwickelte er die Theorie der Wechselwirkung, die besagte, dass bestimmte Organe und Anteile eines Lebewesens ganz im Dienste des Überlebens und des Funktionierens des gesamten Organismus stehen und entsprechend dieser Aufgaben geformt und ausgestaltet sein müssen. Aus einem fossilen Fundstück müsse man deshalb auf das Aussehen des gesamten Organismus rückschließen können. Diese Theorie der Wechselwirkung, die in abgewandelter Form auch heute noch ihre Bedeutung hat, bewirkte, dass Cuvier die Unveränderbarkeit von Lebewesen für richtig und ihre Wandelbarkeit für unmöglich hielt: Wenn alle Teile eines Lebewesens eine wichtige Funktion erfüllen, dann können sich diese Teile nicht ohne schädigende Wirkungen für den Gesamtorganismus verändern. Aussterben von Arten ist in einer solch konstanten Welt nur durch Katastrophen denkbar. CUVIERS Auffassungen deckten sich in diesem Bereich mit denen seiner meisten Zeitgenossen und mit dem Schöpfungsglauben der Bibel.

Eine Ausnahme bildete Jean-Baptiste de LAMARCK (1744–1829), ein französischer Zoologe, der bei vergleichenden Untersuchungen an Tieren Variationen in ihren Merkmalen fand und daraus auf die Wandelbarkeit von Arten schloss. Als Mechanismus dafür stellte er sich vor, dass alle Organe eines lebenden Tieres durch Gebrauch verfeinert und verstärkt würden, während sie durch den Nichtgebrauch verkümmern sollten. So sollen die langen Hälse der Giraffen durch ihr Bedürfnis entstanden sein, an die Blätter hoher Bäume zu gelangen. Indem sie ihre Hälse reckten, wurden diese immer länger. Die so eingetretene Veränderung könne das Tier an seine Nachkommen weiter vererben. LAMARCKs Vorstellungen sind heute widerlegt. Geschlechtszellen, die das Erbmaterial für die nachfolgenden Generationen enthalten, werden sehr früh in der Embryonalentwicklung eines Lebewesens von den späteren Körperzellen getrennt. Erfahrungen, die ein Lebewesen im Laufe seines Lebens macht, können daher nicht an die Geschlechtszellen weiter gegeben werden. LAMARCKs Leistung besteht darin, dass er die Wandelbarkeit von Arten erkannte.

Auch Charles DARWIN (1809–1882) hielt die Wandelbarkeit der Arten für richtig, er schlug in seinem Buch „On the origin of species", das 1859 erschien und heute als Beginn der wissenschaftlichen Erforschung der Evolution gilt, jedoch einen anderen Mechanismus für die Wandelbarkeit als LAMARCK vor. Für ihn bildeten die Variation der Individuen einer Art und ihr Nachkommensüberschuss das Material für die natürliche Zuchtwahl, die Selektion. Nur die am besten an die Umgebungsbedingungen angepassten Individuen einer Art können sich fortpflanzen. Diejenigen Giraffen, die zufällig etwas längere Hälse haben als andere, können sich von Blättern hoher Bäume ernähren und sind deshalb auch in Notzeiten gut genährt. Sie können sich deshalb erfolgreicher fortpflanzen. Ihren längeren Hals werden sie ihren Nachkommen vererben. DARWINs Selektionstheorie ist in weiten Teilen auch heute noch gültig. Durch weitere Forschungsergebnisse wurde sie jedoch verfeinert und ergänzt.

368.2 Entstehung des Giraffenhalses nach DARWIN

1. Beschreibe die Evolutionsvorstellungen von CUVIER, LAMARCK und DARWIN!

EXKURS Synthetische Theorie

Genetische Forschungen zeigen, dass Erbinformationen durch Rekombination neu kombiniert und durch Mutation verändert werden können. Dies ist die Grundlage für die Variation, die DARWIN beobachtet hatte. Die Giraffenindividuen einer Gruppe, einer Population, unterscheiden sich in dem Bestand ihrer Erbanlagen geringfügig. Diese Unterschiede führen zur Variation, die wiederum einen unterschiedlich großen Fortpflanzungserfolg zur Folge hat.
Die Gesamtheit aller Erbanlagen einer Population wird Genpool genannt. Biogeografische Untersuchungen zeigen die Bedeutung, die Wanderungsbewegungen, die Migrationen, für die Entwicklung von Arten haben können. Durch die Auswanderung von Giraffen aus ihrer Population zum Beispiel wird auch der Genpool der Population verändert. Falls die beiden Giraffengruppen sich nicht mehr untereinander fortpflanzen können, sind zwei verschiedene Populationen mit jeweils einem eigenen Genpool entstanden. Die Trennung der Giraffenpopulationen kann zum Beispiel durch Flüsse erfolgen, die nicht überquert werden können, durch Berge oder durch Wüsten. Diese Form der Trennung von Populationen wird geografische Isolation genannt. Beide Giraffenpopulationen können sich nun getrennt voneinander weiter entwickeln. So entstehen zunächst Unterarten und später Arten, die sich nicht mehr miteinander fortpflanzen können.
Die Kombination von DARWINs Selektionstheorie mit neueren Forschungsergebnissen wird **Synthetische Theorie** genannt.

1. Beschreibe die Unterschiede in den Evolutionstheorien von CUVIER, LAMARCK, DARWIN und der Synthetischen Theorie!
2. Erläutere die Entstehung neuer Arten nach der Synthetischen Theorie!
3. Erläutere mögliche Formen der Isolation!
4. Viele Höhlentiere sind blind. Begründe diese Tatsache nach LAMARCKs Vorstellungen und dann nach der DARWINschen Selektionstheorie!

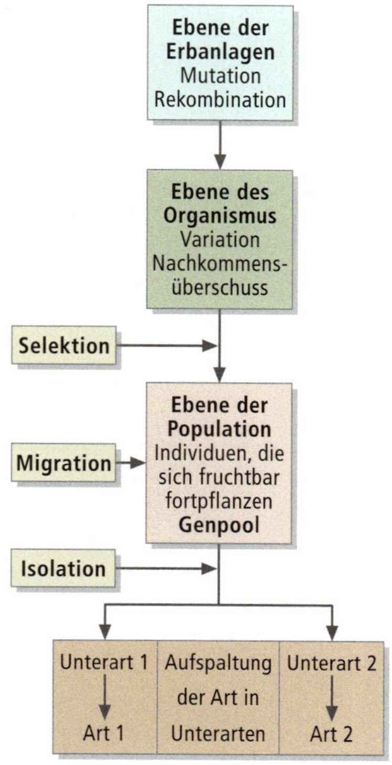

369.1 Synthetische Theorie (Schema)

EXKURS Darwins Theorie wurde missbraucht

„Zwei der hervorstechendsten Merkmale des Negers entsprechen denen des unreifen Stadiums der weißen Rasse. Die mangelhaft ausgebildete Wade ist das Merkmal von Kleinkindern in einem frühen Stadium; doch wichtiger noch, der eingedrückte Nasenrücken und die verkürzten Nasenknorpel sind allgemein Zeichen der Unreife bei entsprechenden Körperteilen der Weißen." (E.D. COPE, 1887)

E.D. COPE war ein berühmter amerikanischer Paläontologe, der sich wissenschaftliche Anerkennung durch seine Arbeiten über ausgestorbene Säugetiere erworben hat. Wie konnte solch ein Wissenschaftler sich in diesen rassistischen Abwegen verlieren?

Nicht nur in den Naturwissenschaften, sondern vor allem in der Gesellschaft waren etwa ab dem Ende des 19. Jahrhunderts Vorstellungen über einen evolutionären Wandel verbreitet. Danach sollte jede Gemeinschaft nach denselben natürlichen Gesetzen funktionieren, wie DARWIN sie in seiner Selektionstheorie beschrieben hatte. Demnach setzen sich auch in der menschlichen Gesellschaft im Laufe der Geschichte nur die Tüchtigen gegenüber den weniger Tüchtigen durch. Im Überlebenskampf überlebt auch hier, getreu DARWINs „Survial of the Fittest", nur der Stärkste. Als eigentlicher Urheber dieses „Sozialdarwinismus" gilt der Engländer Herbert SPENCER (1820–1903). Er bekämpfte jede Art von Sozialfürsorge und hielt den Kampf ums Dasein für die „grundlegende gesellschaftliche Kraft." DARWIN selbst lehnte den Sozialdarwinismus ab.
Der Sozialdarwinismus war weltweit verbreitet, aber er hatte in keinem Land so fatale Folgen wie in Deutschland. Er wurde zur Grundlage der nationalsozialistischen Ideologie, die die „Ausmerzung" angeblich „lebensunwerten Lebens" zum Staatsziel erhob und in den Konzentrationslagern zur bitteren Realität werden ließ.

1. Erläutere den Begriff „Sozialdarwinismus"!
2. Erläutere, welchen Zweck COPE mit seinen Zeilen verfolgte! Bewerte seinen Text!

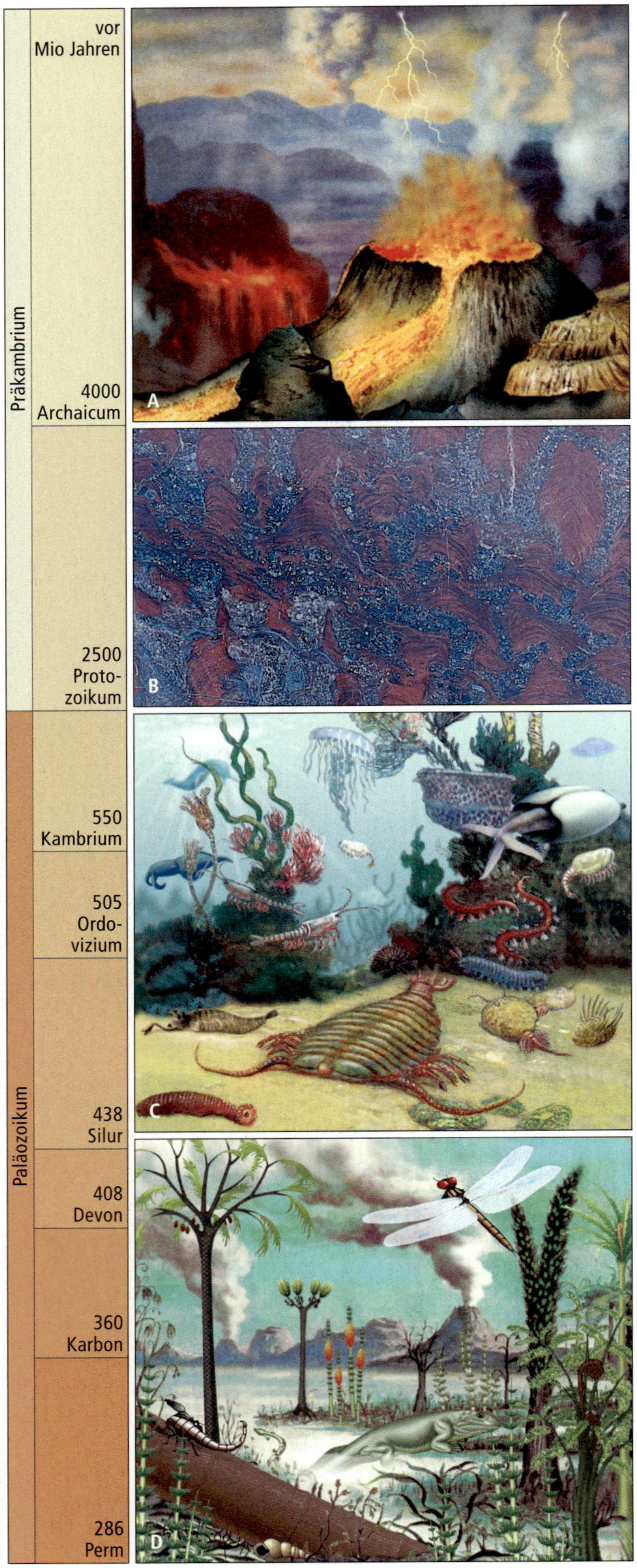

5.2 Die Entwicklung des Lebens

Vor etwa 4,6 Milliarden Jahren bildete sich unser Planetensystem mit der Erde. Sie bestand zunächst aus glühend heißem Gestein, das nur langsam abkühlte. Mit der Abkühlung entstanden die ersten festen Gesteine, die sich übereinander ablagerten und eine Schichtenfolge bildeten. Die ältesten Gesteine, die man bis heute gefunden hat, sind 4,2 Milliarden Jahre alt. Die junge Erde wurde mit einem Dauerregen von Gesteinen und Eisbrocken aus dem Weltall bombardiert. So füllten sich die Ozeanbecken allmählich mit Wasser. In diesen Meeren sind bakterienähnliche Lebewesen entstanden. Man findet sie schon in 3,8 Milliarden alten Gesteinen. Die Atmosphäre enthielt überwiegend Stickstoff und Kohlenstoffdioxid, jedoch noch keinen Sauerstoff. Folglich war auch in den Meeren kein Sauerstoff gelöst. Vermutlich ernährten sich die ersten Lebewesen wie es einige Bakterien noch heute tun: Sie bauten organische Verbindungen *anaerob* ab, also in Abwesenheit von Sauerstoff. Die dabei freiwerdende Energie nutzten sie, um zelleigene Stoffe herzustellen.

Die ersten die Fotosynthese betreibenden Lebewesen waren die zu den *Cyanobakterien* gehörenden *Stromatolithen*. Sie entstanden vor etwa 3 Milliarden Jahren. Der von ihnen produzierte Sauerstoff löste sich zunächst im Meerwasser. Als dieses mit Sauerstoff gesättigt war, drang dieses Gas in die Atmosphäre ein. Für viele Lebewesen war der erhöhte Sauerstoffgehalt tödlich. Einige Lebewesen nutzten den Sauerstoff für ihren Stoffwechsel. Sie bauten organische Verbindungen *aerob* ab, betrieben also Zellatmung. Diese Form der Energienutzung setzte sich zunehmend durch. Allmählich stellte sich beim *Sauerstoff-Kohlenstoffdioxid-Haushalt* der Erde ein Gleichgewicht ein.

Sauerstoff bildete in höheren Schichten der Atmosphäre das Ozon, das die Erdoberfläche vor den schädlichen UV-Strahlen der Sonne schützt. Alle

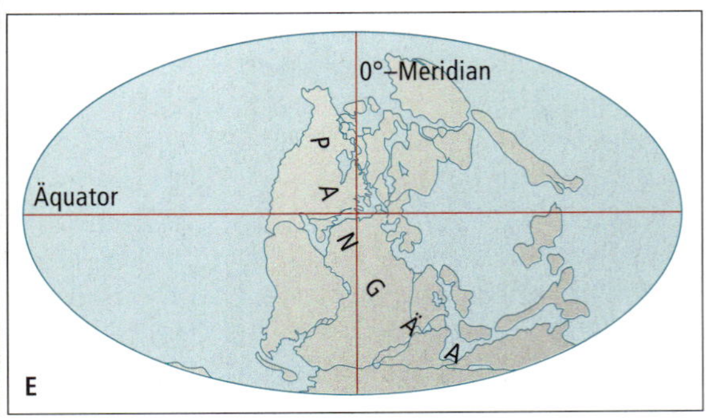

370.1 Verlauf der Evolution. A Uratmosphäre; **B** Stromatolithen (fossil, Algenmatte); **C** Tierwelt im Kambrium; **D** Tierwelt und Pflanzenwelt im Karbon; **E** Lage der Kontinente im Perm

diese Vorgänge nahmen fast vier Milliarden Jahre Zeit in Anspruch und werden dem Zeitalter des **Präkambriums** zugeordnet. Erst ab dem **Kambrium,** vor etwa 550 Millionen Jahren, lassen sich vielzellige Pflanzen und Tiere in fossilen Funden nachweisen. Fast alle Tierstämme, die wir heute neben einigen bereits ausgestorbenen kennen, waren im Kambrium vertreten. Die Gliedertiere des Kambriums besaßen einen festen Panzer, der es ihnen später, im **Silur,** erlaubte, das Wasser zu verlassen und das Land zu besiedeln. Auch Pflanzen entwickelten Einrichtungen wie einen Verdunstungsschutz in Form einer festen Rinde, Wasserleitungsbahnen und Stützgewebe, die eine Besiedelung des Landes ermöglichten. Im Silur lebten auch die Vorläufer der Landwirbeltiere, die Quastenflosser. Sie hatten muskulöse Brust- und Bauchflossen mit einem fünfstrahligen Skelett. Ein Nachfahre dieser Fische, die für ausgestorben gehalten wurden, der Quastenflosser *Latimeria,* wurde 1938 als „lebendes Fossil" vor der südafrikanischen Küste gefangen. *Latimeria* gilt als Übergangsform zwischen den Wirbeltiergruppen der Fische und der Amphibien. Die ersten völlig wasserunabhängig lebenden Wirbeltiere waren die Reptilien. Sie besaßen eine wasserundurchlässige Schuppenhaut und Eier, die durch eine pergamentartige Haut vor der Austrocknung geschützt waren, sodass die Tiere auch zur Fortpflanzung nicht mehr das Wasser aufsuchen mussten. Im **Karbon** bildeten Landpflanzen wie Schachtelhalme und Bärlappgewächse ausgedehnte Wälder, aus denen nach ihrem Absterben die Steinkohle hervorging.

Im **Perm** vereinigten sich die Kontinentalplatten, die auf dem flüssigen Erdinneren schwimmen und die durch Strömungen in der Flüssigkeit langsam bewegt werden, zu einer einzigen großen Landmasse. Nach dem Perm trennten sich die Kontinentalplatten wieder und wanderten langsam zu ihrem heute bekannten Ort. Vom Perm bis zur **Kreide** herrschten auf der Erde Saurier. Sie besiedelten

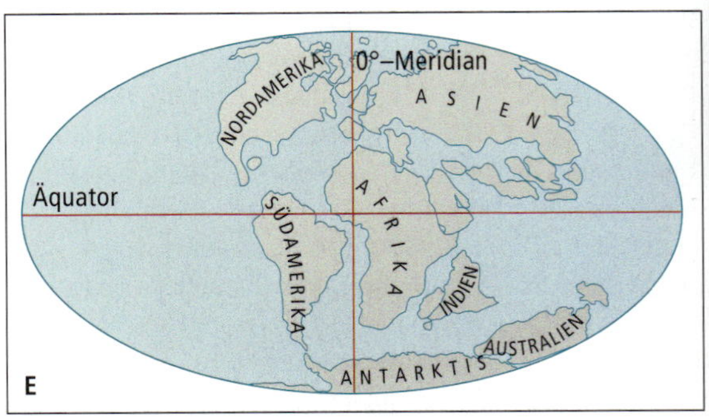

371.1 Verlauf der Evolution. **A** Skelett eines Dinosauriers; **B** Ammonit; **C** *Archaeopteryx* (Rekonstruktion); **D** Meteoreinschlag (Montage); **E** Lage der Kontinente in der Kreidezeit

372.1 Verlauf der Evolution (Buckelwal)

nicht nur das Land, sondern auch die Luft und das Wasser. Die Saurier brachten die größten und schwersten Landwirbeltiere hervor. Vögel und auch erste Säugetiere entstanden, diese mussten sich jedoch auf ein Nischendasein beschränken. Aufgrund ihrer gleichwarmen Körpertemperatur konnten sie nachts aktiv sein, wenn die Saurier vor Kälte erstarrten. Die Herrschaft der Saurier wurde am Ende der Kreidezeit, vor etwa 65 Millionen Jahren, beendet. Wahrscheinlich wurde durch den Einschlag eines großen Meteoriten eine plötzliche Klimaveränderung ausgelöst, die den Sauriern und vielen anderen Gruppen wie den Ammoniten zum Verhängnis wurde. Nun, im Tertiär, begann der Aufstieg der Säugetiere. Sie konnten sich zu großer Artenfülle entwickeln und besetzten alle ökologischen Nischen der Dinosaurier. Neben der gleichwarmen Körpertemperatur ist die Entwicklung des Gehirns ein besonderes Kennzeichen der Säugetiere. Das Vorderhirn, das bei Lernvorgängen eine große Rolle spielt, entwickelte sich besonders stark und überdeckt beim Menschen als Großhirn alle anderen Hirnteile. Der Mensch erschien erst vor etwa zwei Millionen Jahren auf der Erde.

1. Beschreibe die Entwicklung des Lebens im Präkambrium!
2. Die Entwicklung der Tiere im Kambrium wird auch als „Faunenexplosion" bezeichnet. Erläutere!
3. Erläutere die Voraussetzungen, die Tieren und Pflanzen den Übergang vom Wasser zum Land ermöglichten!

EXKURS Die kulturelle Evolution

Zu den wichtigsten Kulturgütern des Menschen zählen die Sprache, die Religion, die Kunst und die Fähigkeit, naturwissenschaftliche Erkenntnisse in Form der Technik anzuwenden. Die Entwicklung und die Weitergabe von Kulturgütern ist eine Fähigkeit, die in allen menschlichen Volksgruppen zu beobachten ist. Ansätze davon finden sich auch bei manchen Menschenaffen und bei Vögeln, keine andere Art zeigt jedoch eine solch ausgeprägte kulturelle Entwicklung wie der Mensch.

Biologische Evolution und Kulturgeschichte weisen Übereinstimmungen und Unterschiede auf. Zu den Übereinstimmungen gehört die Weitergabe ausgewählter Informationen, die bei dieser Weitergabe verändert werden, sodass eine Entwicklung eintritt. Die Unterschiede überwiegen jedoch. Während bei der biologischen Evolution Gene weitergeben werden, sind bei der kulturellen Evolution Gedächtnis, Bücher oder Zeitungen die Träger, mit denen Erfahrungen anderen Individuen vermittelt werden können. Ein weiterer Unterschied betrifft die gewaltige Geschwindigkeit, mit der die kulturelle Evolution im Vergleich zur biologischen Evolution verläuft. Während die biologische Evolution mit einem großen Aufwand an Material und Zeit durch Zufall stattfindet, können Menschen zielgerichtet für die Weitergabe und die Erweiterung ihres Wissens arbeiten. Jede Generation kann aus dem Vorrat an Erfahrungen und Kenntnissen ihrer Vorfahren lernen. Dieser Informationsfluss wird durch die lange Jugendzeit des Menschen und durch die engen Kontakte zwischen den Generationen begünstigt.

Mehr als irgendein Tier vor ihm hat der Mensch seine kulturellen Möglichkeiten dazu genutzt, die Welt, in der er lebt, zu beeinflussen und die Umwelt seinen Bedürfnissen anzupassen. Der Mensch hat sich damit weitgehend von den natürlichen Selektionsbedingungen unabhängig gemacht. Mithilfe von Werkzeugen konnten neue Nahrungsquellen erschlossen und Feinde bekämpft werden. Die Nutzung und die Zucht von Haustieren machte die Menschen von Schwankungen des Nahrungsangebots unabhängiger. Fortschritte in der Medizin drängten Krankheiten zurück. Die Lebenserwartung und die Bevölkerungszahl des Menschen stiegen dadurch stark an. Während 1850 nur eine Milliarde Menschen auf der Erde lebten, sind es heute schon sieben Milliarden und im Jahre 2050 wahrscheinlich mehr als zehn Milliarden. Durch diese große Zahl und durch seine Lebensweise zerstört der Mensch die Lebensgrundlagen anderer Arten. Von den etwa zehn Millionen lebenden Arten sterben heute stündlich drei Arten aus. Diese Zahl ist größer als die nach dem Meteoriteneinschlag am Ende der Kreidezeit, der zusammen mit Klimaveränderungen zum Aussterben der Dinosaurier und vieler anderer Lebewesen führte.

1. Beschreibe die Unterschiede zwischen der biologischen und der kulturellen Evolution!

5.3 Ordnung in der Vielfalt – das System der Lebewesen

Die fünf Reiche. Die Lebewesen auf der Erde zeigen eine enorme Vielfalt verschiedener Arten. So haben Biologen bis heute über 1,5 Millionen Arten gefunden, darunter 280 000 Pflanzenarten, 50 000 Wirbeltierarten und 750 000 Insektenarten. Jährlich kommen neu entdeckte Arten dazu.

Der Überblick über eine solche Vielfalt von Arten kann nur durch eine Einteilung ähnlicher Arten in Gruppen versucht werden. Der schwedische Naturforscher Carl VON LINNE veröffentlichte 1735 in seinem Werk „Systema naturae" eine solche Einteilung. Pflanzen gliederte er nach Blütenorganen und Tiere ordnete er nach den Merkmalen des Körperbaus. Als umfassendste Verwandtschaftsgruppen stellte er die Pflanzen den Tieren gegenüber. Später wählte man für diese Verwandtschaftsgruppen die Bezeichnung **Reiche.** Diese Vorstellung von den zwei Reichen der Pflanzen und Tiere hatte lange Bestand, auch im Alltagsverständnis der Menschen. Als dann die Bakterien entdeckt wurden, ordnete man sie aufgrund ihrer starren Zellwände dem Pflanzenreich zu. Einzeller wie Pantoffeltierchen oder das Wechseltierchen, die nicht zur Fotosynthese befähigt sind, wurden dem Tierreich zugeordnet. Schließlich wurde die Fülle neuer Forschungsergebnisse so groß, dass man die Vorstellung von nur zwei Reichen aufgeben musste. Die Vielfalt der Lebewesen wurde auf fünf Reiche verteilt. Durch die Anwendung neuer Methoden, wie der Vergleich der Erbsubstanz verschiedener Arten, werden ständig neue Erkenntnisse gewonnen, sodass einige Wissenschaftler eine erweiterte Einteilung in sechs, acht oder noch mehr Reiche vornehmen. Diese Reiche lassen sich in die drei **Domänen** *Bakterien, Archaeen* und *Eukaryoten* einteilen. Zu den ersten beiden Domänen gehören Lebewesen, die kernlose, *prokaryotische* Zellen besitzen.

Nach traditionellen Vorstellungen werden die Arten in die fünf Reiche **Prokaryoten, Protisten** (eukaryotische Einzeller und Algen), **Pilze, Pflanzen** und **Tiere** eingeteilt. Innerhalb der Reiche werden sie nach ihren gemeinsamen oder ähnlichen Merkmalen bei den Pflanzen und Pilzen in Abteilungen und bei den Tieren in Stämme zusammengefasst. Diese werden wiederum in Klassen und die Klassen in verschiedene Ordnungen unterteilt. Die Ordnung ist eine Gruppe von verschiedenen Familien, zu denen die unterschiedlichen Gattungen gehören. Zu den Gattungen zählen wiederum viele Arten. Arten bestehen in der Regel aus zwei oder mehr Rassen.

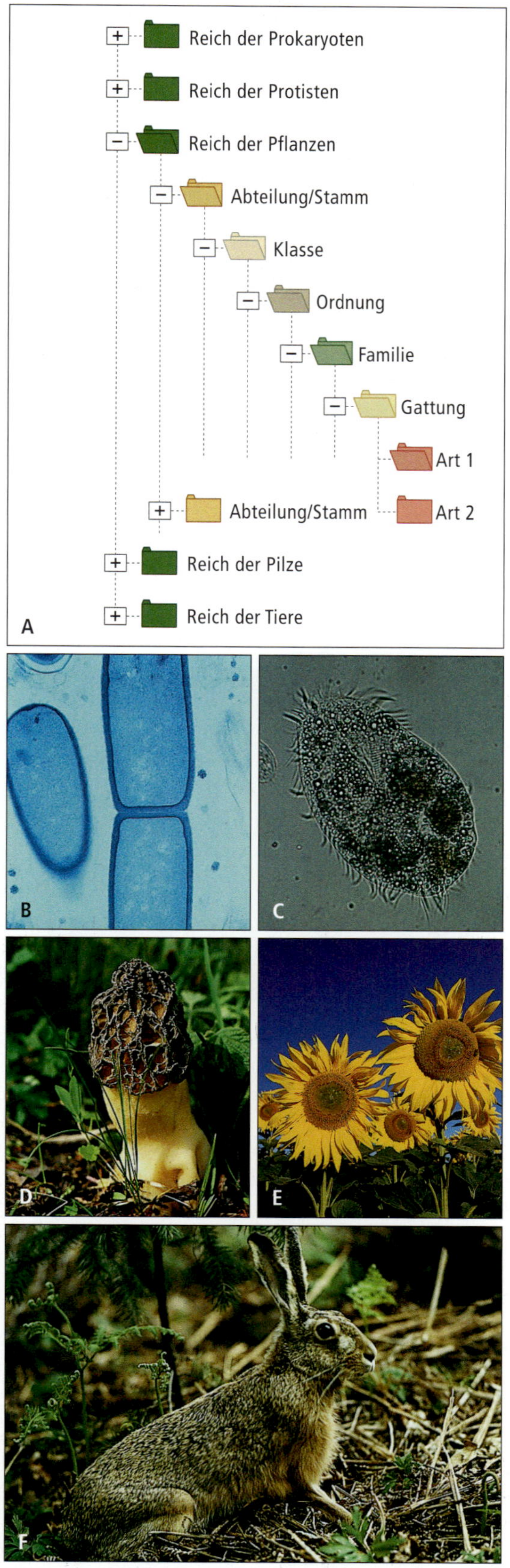

373.1 Die fünf Reiche. **A** Systematik; **B** Prokaryoten; **C** Protisten; **D** Pilze; **E** Pflanzen; **F** Tiere

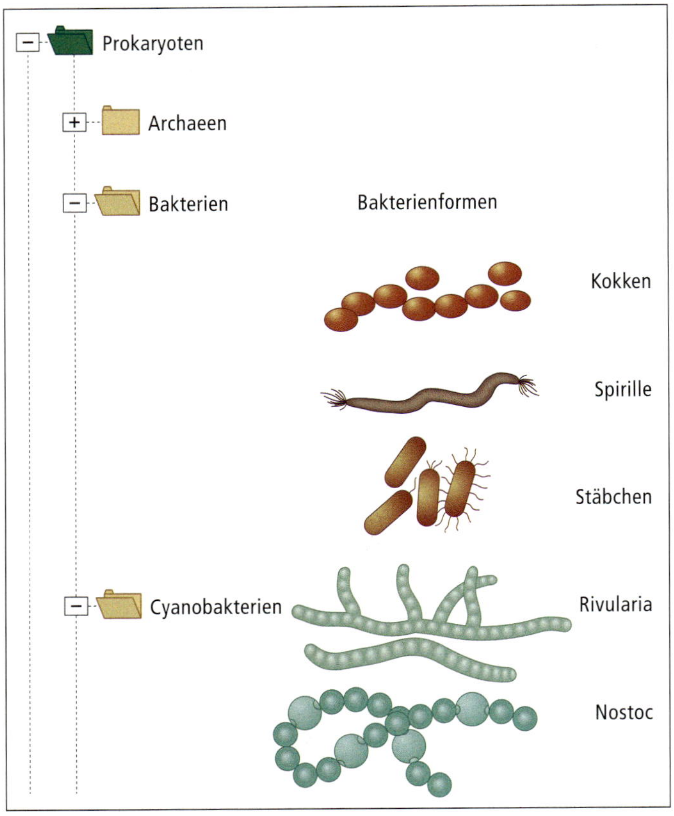

374.1 Kernlose Einzeller

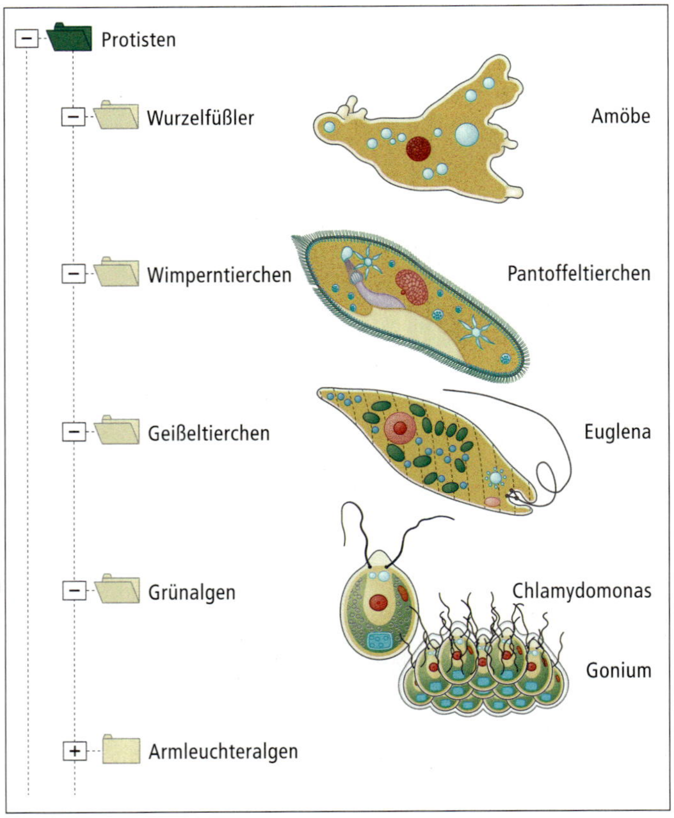

374.2 Kernhaltige Einzeller

Prokaryoten. Diese kernlosen Einzeller sind mit dem bloßen Auge nicht zu erkennen. Erst unter dem Mikroskop werden sie sichtbar. Prokaryoten sind einfach gebaute Lebewesen. Nach außen werden sie durch Membranen abgegrenzt, häufig sind sie noch von einer Zellwand umgeben. Andere durch Membranen abgegrenzte Zellbestandteile fehlen. Die Erbsubstanz befindet sich frei im Zellplasma. Unter günstigen Bedingungen vermehren sie sich durch Zweiteilung oder Knospung. Sie werden in drei Abteilungen gegliedert.
Archaeen sind Bakterien, die extreme Lebensräume besiedeln. Die meisten Archaeen leben in heißen Quellen, eiskalten Regionen, wie der Arktis, oder in einer besonders sauren, salzigen oder alkalischen Umgebung. Der Stoffwechsel erfolgt bei fast allen anaerob.
Bakterien unterscheiden sich durch ihren Stoffwechsel. Sie leben heterotroph und ernähren sich von Mineralstoffen oder Nährstoffen. Einige Bakterien leben aerob in sauerstoffreichen und andere anaerob in sauerstoffarmen Lebensräumen.
Cyanobakterien, auch als *Blaualgen* bezeichnet, können mithilfe von Chlorophyll das Sonnenlicht nutzen, sie leben autotroph.

Protisten. Die Einzeller unter den Protisten gehören zu den Eukaryoten, da ihre Erbsubstanz von einer Kernhülle umgeben ist. Auch andere durch Membranen umgebene Zellräume wie Vakuolen, Mitochondrien, Golgiapparat oder Chloroplasten kommen in den Zellen vor. Sie ernähren sich meist heterotroph. Zu den Protisten zählen auch ein- und vielzellige Algen. Algen können sich autotroph ernähren. Die meisten Einzeller pflanzen sich durch Zweiteilung ungeschlechtlich fort. Manche können auch Geschlechtszellen bilden und sich geschlechtlich fortpflanzen. Bei vielen Arten kommt auch ein Generationswechsel vor, dabei wechseln sich ungeschlechtliche und geschlechtliche Fortpflanzung ab.
Wurzelfüßer, zu denen unter anderem die *Amöbe* gehört, sind wasserbewohnende Einzeller. Sie haben keine feste äußere Hülle. Durch Verlagerung des Cytoplasmas können sie Scheinfüßchen bilden, mit deren Hilfe sie sich fortbewegen.
Wimperntierchen haben eine feste Form und besitzen auf ihrer Oberfläche Wimpern, die sie zur Fortbewegung nutzen. Andere, wie die **Geißeltierchen,** bewegen sich mithilfe von Geißeln fort. Es kommen grüne, autotroph sowie farblose, heterotroph lebende Formen vor.
Algen sind pflanzliche Lebewesen. Sie besitzen Chlorophyll und können Fotosynthese betreiben. Einige Arten, wie *Gonium,* bilden Kolonien aus gleichartigen Zellen, die durch eine Gallerthülle verbunden sind.

Pilze. Pilze sind meist vielzellige, Sporen bildende Lebewesen. In der Abteilung der Echten Pilze unterscheidet man *Schlauchpilze* und *Ständerpilze*. Ihre Zellen sind häufig von einer chitinhaltigen Zellwand umgeben. Da die Pilze kein Chlorophyll bilden können, ernähren sie sich ausschließlich heterotroph. Manche Pilze bauen die Reste abgestorbener Lebewesen ab, andere leben parasitisch oder bilden mit anderen Lebensformen eine Symbiose.
Schimmelpilze bilden ein weit verzweigtes schlauchförmiges Mycelgeflecht mit keulenförmigen Sporenträgern. Sie besiedeln häufig altes Brot, Obst oder Käse.
Zu den **Schlauchpilzen** gehört auch der einzellige Hefepilz, der auf zuckerhaltigen Lebensmitteln wächst. Hefepilze besiedeln Obst oder Obstsäfte als Lebensraum. Ihre Vermehrung erfolgt durch Knospung. Auch die Morcheln zählen aufgrund ihres Körperbaus zu den Schlauchpilzen.
Der Körper der **Ständerpilze** besteht aus einem Mycel, aus dem sich die Fruchtkörper entwickeln. In diesen reifen die Sporen heran.
Flechten bilden eine Lebensgemeinschaft aus Pilzen und Grün- oder Blaualgen. Flechten wachsen an Bäumen und Mauern. Ihre Gestalt kann je nach Art sehr unterschiedlich sein.

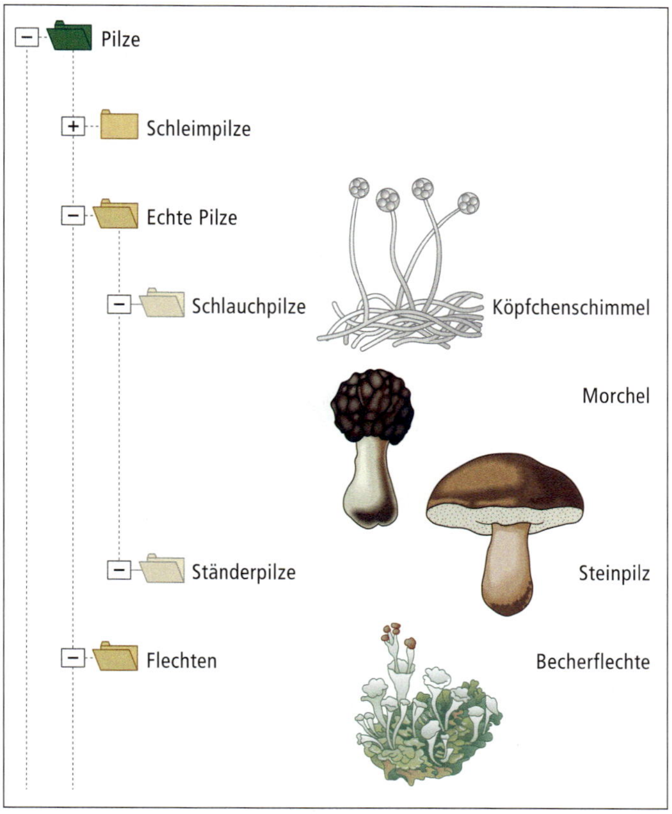

375.1 Pilze

Pflanzen. Pflanzen sind vielzellige, Fotosynthese betreibende Lebewesen. Ihre Zellen sind von einer Zellwand aus Cellulose umgeben. Es gibt pflanzliche Lebensformen, die sich ungeschlechtlich oder geschlechtlich fortpflanzen. Manche pflanzen sich auch mithilfe eines Generationswechsels fort. Die meisten Pflanzenarten sind Landbewohner. Innerhalb des Reiches der Pflanzen unterscheidet man verschiedene Abteilungen.
Die Abteilung der **Moose** weist die Klassen Hornmoose, Lebermoose und Laubmoose auf. Lebermoose besitzen einen Thallus, der auf der Unterseite feine Würzelchen, die Rhizoide, enthält. Auf der Thallusoberseite befinden sich viele kleine Atemöffnungen. Lebermoose kommen an feuchten Standorten wie Bachufern und Wassergräben vor.
Laubmoose wachsen aufrecht. Jede Pflanze setzt sich aus einem wurzelähnlichen Rhizoid, einem Stängel und Blättchen zusammen. Die Einzelpflanzen stehen meist in Gruppen, den Moospolstern, und sind auf feuchte Standorte angewiesen.
Auch **Farnpflanzen** bevorzugen feuchte, schattige Standorte. Sie sind wie die Moose Sporenpflanzen und bilden einen Erdspross, aus dem zahlreiche Wurzeln entspringen. Der oberirdische Teil der Pflanze besteht aus wedelartigen Blättern, die in Form einer Rosette angeordnet sind. Auch die Farnpflanzen führen wie die Moose einen Generationswechsel durch.

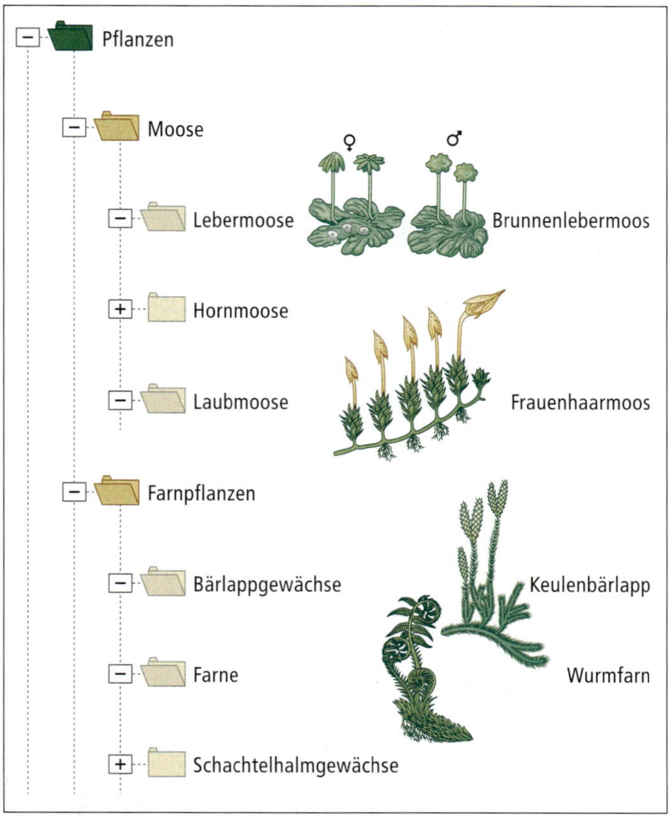

375.2 Pflanzen

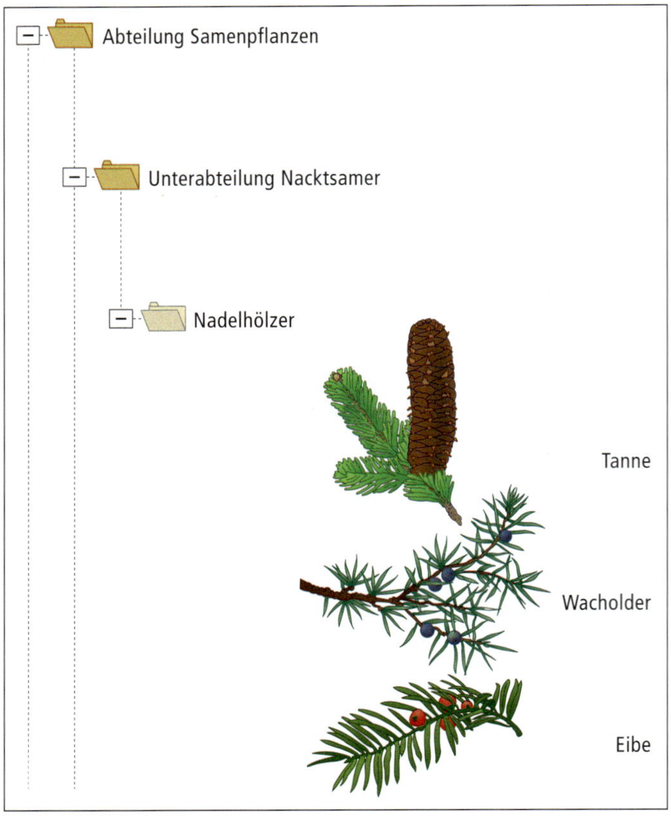

376.1 Nacktsamer

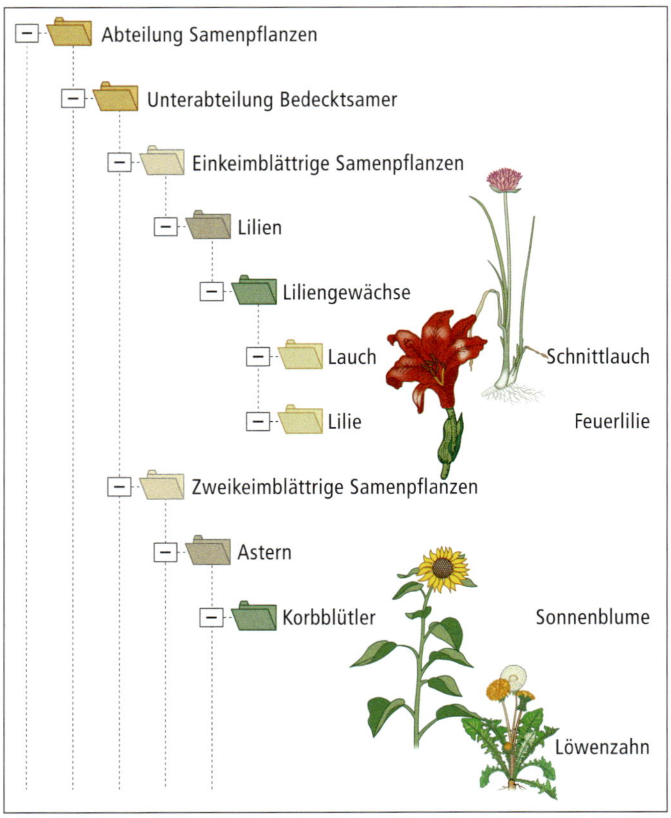

376.2 Bedecktsamer

Samenpflanzen. Samenpflanzen kommen an Land und im Wasser vor. Ihr Körper lässt sich in Spross und Wurzeln gliedern. Für den Transport von Wasser und anderen Stoffen haben sie besondere Leitsysteme entwickelt. Der Spross besteht aus einer Sprossachse, dem Stängel, an dem sich die Blätter befinden. Als Angepasstheit an das Leben auf dem Land findet man einen wachsartigen Überzug auf den Blättern. An der Spitze des Sprosses bildet die Pflanze häufig eine auffällige Blüte. Sie ist das eigentliche Fortpflanzungssystem der Samenpflanzen. Aus den befruchteten Eizellen in den Samenanlagen entwickeln sich die Samen der Pflanzen. Je nach Lage der Samenanlagen werden die Pflanzen den Abteilungen der Nackt- oder Bedecktsamer zugeordnet.

Bei den **Nacktsamern** liegen die Samen frei auf dem Fruchtblatt. Zu dieser Gruppe gehören Bäume mit schuppen- oder nadelförmigen Blättern. Sie entwickeln unscheinbare, eingeschlechtliche Blüten, die in zapfenförmigen Blütenständen angeordnet sind. Die Bestäubung der Blüten erfolgt durch Wind. Die Samen entwickeln sich an der Oberseite der fleischigen Fruchtblätter. Die Fruchtstände entwickeln sich bei den meisten Nacktsamern zu holzigen Zapfen.

Den **Bedecktsamern** werden die Kräuter, die Sträucher und die meisten Bäume zugeordnet. Obwohl die Körperform der Bedecktsamer sehr vielgestaltig ist, gleichen sie sich doch in ihrem Grundaufbau. Dieser besteht aus Wurzeln, Sprossachse, Blättern und Blüten. Letztere sind oft auffällig gefärbt und in der Regel zweigeschlechtlich. Die Bestäubung erfolgt meist durch Wind oder Insekten. Die Samen entwickeln sich geschützt durch die Fruchtblätter im Innern des Fruchtknotens. Die Abteilung der Bedecktsamer wird in zwei weitere Klassen unterteilt.

Einkeimblättrige Pflanzen bilden nur ein Keimblatt, zu ihnen zählen zum Beispiel alle Gräser und die Liliengewächse. Weitere Kennzeichen dieser Klasse sind die paralleladrigen Blätter, die sprossbürtigen Wurzeln und die unregelmäßig auf den ganzen Stängelquerschnitt verteilten Leitbündel.

Zweikeimblättrige Pflanzen bilden zwei Keimblätter. Diese Klasse ist wesentlich artenreicher als die der Einkeimblättrigen Pflanzen. Ihr werden alle Laubbäume, Sträucher sowie zahlreiche Stauden und Kräuter zugeordnet. Typisch für diese Pflanzen sind die netzartig geaderten Blätter. Ihre Wurzeln bestehen meist aus einer Hauptwurzel mit zahlreichen Seitenwurzeln. Die Leitbündel des Stängels sind regelmäßig im Kreis angeordnet.

Tiere. Tiere sind mehrzellige eukaryotische Lebewesen, die sich heterotroph ernähren. Ihre Baupläne können sehr unterschiedlich sein, sodass sie in etwa 30 Tierstämme eingeteilt sind. Die Zellen der Tiere sind von einer Zellmembran begrenzt. Je nach Funktion sind die Zellen sehr unterschiedlich gebaut. Die Fortpflanzung erfolgt meist geschlechtlich.

Die **Schwämme** sind sehr einfach gebaute, festsitzende Tiere. Ihre Körperwand besteht aus zwei Zellschichten, die durch eingelagerte Kalknadeln gestützt werden. Die Körperwand hat viele Poren, durch die der Schwamm Wasser ins Innere des Körpers saugt. Diesem Wasserstrom entnimmt der Schwamm die Nahrung. Schwämme besitzen weder Nerven- noch Muskelgewebe.

Nesseltiere bestehen aus einem zweizellschichtigen Gewebe. Zwischen den beiden Geweben befinden sich Stützelemente. Der innere Hohlraum dieser Tiere wird von der Verdauungshöhle gebildet. Nesseltiere kommen als festsitzende Polypen oder freischwebende Medusen vor.

Plattwürmer haben einen wurmförmigen Körper und können winzig klein sein. Manche Arten, wie die Bandwürmer, erreichen aber auch eine Länge von bis zu 20 Metern. Ihr Körper ist abgeflacht und zweiseitig symmetrisch. Der Darm ist sehr stark verzweigt, hat aber keinen Ausgang. Blutkreislauf und Atmungsorgane sind bei den Plattwürmern noch nicht ausgebildet. Plattwürmer können sich sowohl geschlechtlich als auch ungeschlechtlich fortpflanzen.

Rädertiere sind mikroskopisch kleine, vielzellige Tiere. Um das Mundfeld herum haben sie einen Kranz aus Wimpernhärchen. Mit diesem erzeugen sie einen Wasserstrom in Richtung Mundfeld, um sich die Nahrung herbeizustrudeln. Die Bewegung der Wimpern dient auch der Fortbewegung. Ihr Körper wird durch ein Hydroskelett gestützt. Rädertiere besitzen einen vollständigen Verdauungstrakt mit Mund und After.

Schnurwürmer haben einen ungegliederten Körper. Ihre Länge variiert von einem Millimeter bis zu dreißig Metern. Schnurwürmer haben einen vollständigen Verdauungstrakt und einen geschlossenen Blutkreislauf, aber kein Herz.

Zum Stamm der **Weichtiere** gehören Lebensformen wie Schnecken, Tintenfische und Muscheln. Sie weisen alle einen ähnlichen Grundbauplan auf. Ihr Körper besteht aus einem sehr kleinen Kopf, einem Fuß und dem Eingeweidesack, der durch den Mantel, eine Hautfalte, abgedeckt ist. Sie besitzen eine schützende Kalkschale. Das Blut wird durch ein Rückenherz frei in den Körper

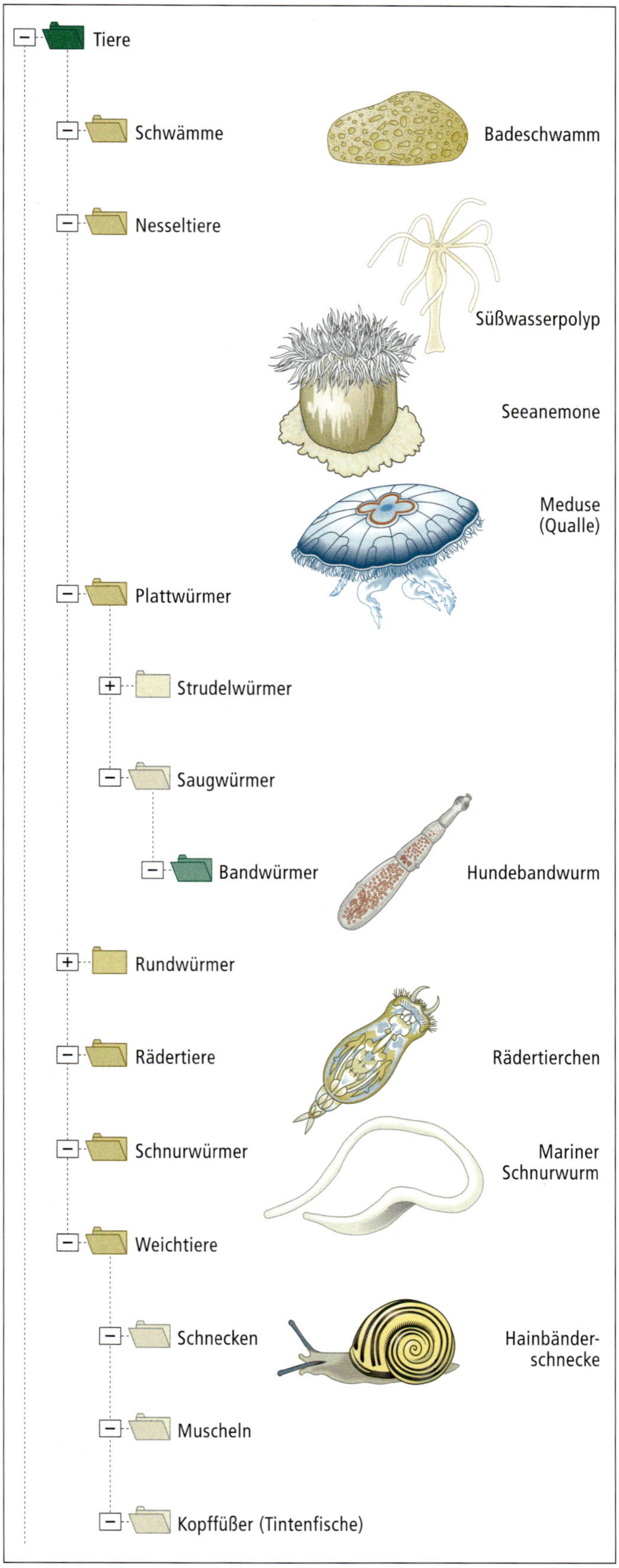

377.1 Reich der Tiere

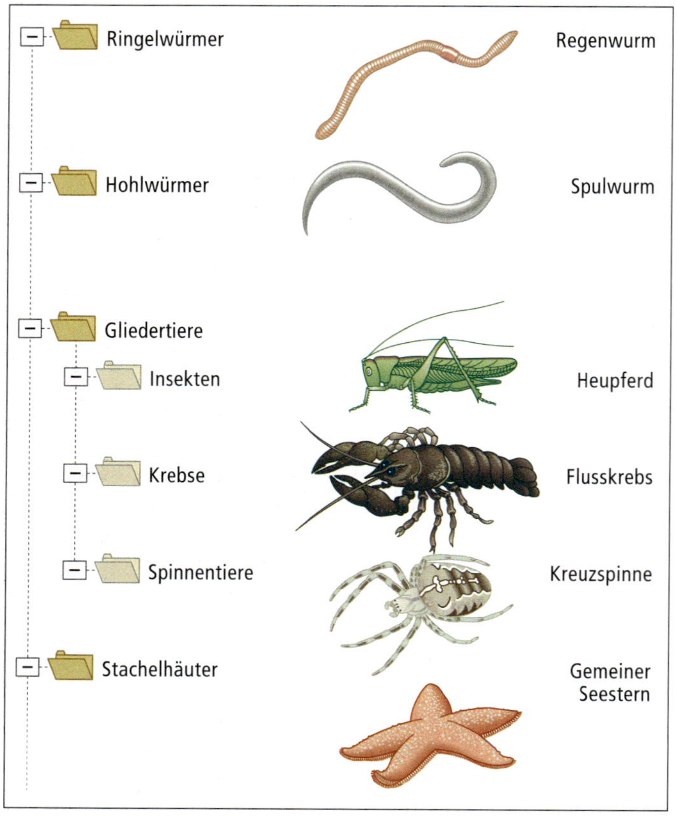

378.1 Wirbellose

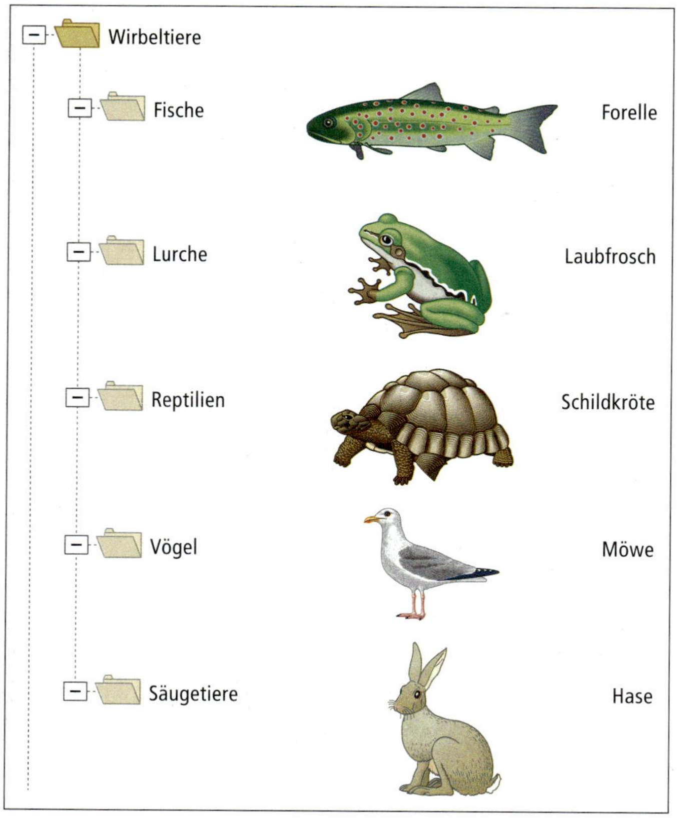

378.2 Wirbeltiere

gepumpt. Weichtiere atmen durch Kiemen oder Lungen.

Ringelwürmer weisen einen segmentierten Körperbau auf. Sie besitzen einen Hautmuskelschlauch, der mit dem Hydroskelett die Körperform aufrecht hält. Die Leibeshöhle ist durch Scheidewände in Segmente gegliedert. Ihr Strickleiternervensystem befindet sich auf der Bauchseite. Der Blutkreislauf ist geschlossen. Ringelwürmer atmen durch die Haut.
Der unsegmentierte Körper der **Fadenwürmer** ist zylindrisch und läuft am hinteren Ende spitz zu. Nach außen sind die Würmer durch eine Cuticula geschützt, die sie während des Wachstums durch Häutung abstoßen. Ihr einfach gebauter Darm ist durchgehend, sie haben keinen Blutkreislauf und ihr Nervensystem ist strangförmig.

Der Stamm der **Gliedertiere** ist die artenreichste Tiergruppe. Zu ihm gehören die Klassen der Krebse, Spinnentiere, Tausendfüßer und Insekten. Typisch sind vor allem die gegliederten Beine und das gegliederte Außenskelett, die Cuticula. Sie besteht aus Chitin, Eiweißstoffen und bei einigen Gruppen auch aus Kalk. Während des Wachstums müssen sich die Gliedertiere mehrmals häuten. Gliedertiere atmen durch Kiemen oder Tracheen. Sie haben ein Strickleiternervensystem und sehr gut ausgeprägte Sinnesorgane.

Die meisten **Stachelhäuter** haben einen fünfstrahligen Körperbau. Zu den Stachelhäutern zählen die Seesterne, Seeigel, Seelilien und Seegurken. Nach außen sind die Stachelhäuter durch Kalkplatten, die von einer stacheligen Haut überzogen sind, geschützt. Charakteristisch ist das Wassergefäßsystem mit den Saugfüßchen für die Fortbewegung. Die Füßchen dienen auch der Haftung am Untergrund, der Nahrungsaufnahme und der Atmung.

Wirbeltiere werden in die Klassen Fische, Lurche, Kriechtiere, Vögel und Säugetiere eingeteilt. Alle Wirbeltiere haben ein innen liegendes Skelett aus festen Knochen. Charakteristisch ist vor allem die aus Wirbeln aufgebaute Wirbelsäule, die diesem Stamm den Namen gab. Ein weiteres Merkmal ist das komplex entwickelte Nervensystem mit dem Rückenmark und den im Gehirn zentrierten Nervenzellen. Der Blutkreislauf der Wirbeltiere ist geschlossen. Die Atmung erfolgt durch Kiemen oder Lungen. Wirbeltiere pflanzen sich geschlechtlich fort. Sie sind bis auf die Fische überwiegend Landbewohner. Vögel und einige wenige Säugetierarten können sich fliegend fortbewegen.

RÜCKBLICK mit Basiskonzepten: Abstammungslehre

Alle Lebewesen, die auf der Erde leben oder gelebt haben, sind auseinander hervorgegangen und deshalb miteinander verwandt. Diese Grundaussage der Abstammungslehre oder Evolution wird erst seit 1859, dem Erscheinungsdatum des Buches „On the origin of species" von Charles DARWIN, allgemein akzeptiert. Sie entspricht dem **Basiskonzept „Stammesgeschichtliche Verwandtschaft".**

Früher hielt man den Schöpfungsbericht der Bibel für richtig: In der ersten Schöpfungswoche seien alle Lebewesen entstanden, daran habe sich später nichts geändert. DARWIN dagegen betonte die Wandelbarkeit der Arten durch Variation und Selektion. Seine so begründete Selektionstheorie wurde um die Sachverhalte Mutation, Rekombination und Isolation zur Synthetischen Theorie erweitert: Die Zufallsereignisse Mutation und Rekombination sorgen für die genetische Vielfalt in einer Population. Aus dieser Vielfalt werden durch die natürliche Zuchtwahl die Individuen ausgelesen, die die meisten Nachkommen haben.
Die schon von DARWIN angenommene Wandelbarkeit erklärt man sich folgendermaßen: Eine Population wird durch geografische Isolation in zwei Teilpopulationen getrennt. Beide Populationen entwickeln sich so weiter, dass sie nur noch Nachkommen innerhalb ihrer Population haben können. Es sind zwei neue Arten entstanden: **Basiskonzept „Reproduktion".**

Ähnlichkeitsbetrachtungen stützen die Abstammungslehre. Lebewesen verschiedener Arten können Organe aufweisen, die nach demselben Bauplan aufgebaut sind. Es ist wahrscheinlich, dass dieser Bauplan auf gleichartige und somit verwandte Erbanlagen zurückzuführen ist. Man spricht von homologen Merkmalen. Analoge Merkmale weisen zwar eine große Ähnlichkeit auf, gehen aber nicht auf gleichartige Erbanlagen zurück. Gleichartig ist aber die Funktion analoger Merkmale.

Auch Fossilien stützen die Abstammungslehre. Sie entstehen durch Versteinerung abgestorbener Lebewesen. Besonders bedeutsam sind die Funde versteinerter Übergangsformen – Lebewesen, die Merkmale unterschiedlicher Gruppen auf sich vereinen. So erkennt man am Urvogel *Archaeopteryx* sowohl für Reptilien typische als auch für Vögel typische Merkmale.
Auch der heutige Mensch hat stammesgeschichtliche Vorfahren. Aus den in Ostafrika entstandenen *Australopithecus*-Arten, die bereits aufrecht gehen konnten, entwickelte sich vor etwa 2,5 Millionen Jahren die Gattung Homo, der Mensch. Die Art *Homo erectus* lebte in Ostafrika, aber auch in Europa und Asien. Ostafrika war dann auch die Wiege des Jetztmenschen *Homo sapiens.* In Mitteleuropa tauchten die ersten Vertreter von *Homo sapiens* vor etwa 40 000 Jahren auf. Ihr stark entwickeltes Großhirn ermöglichte ihnen vielfältige Leistungen, so zum Beispiel Sprache und Schrift, die Herstellung von Werkzeug und künstlerischen Erzeugnissen. Der so befähigte Mensch wurde unabhängig von den Selektionsbedingungen seiner Umwelt.
Die Abstammungsverhältnisse der Lebewesen auf der Erde können in einem Stammbaum zusammengefasst werden. Eng verwandte Formen sind durch wenige Verzweigungen voneinander getrennt, entfernt verwandte durch viele. Erste Lebewesen glichen heutigen Bakterien und lebten vor 3,8 Milliarden Jahren in einer Atmosphäre ohne Sauerstoff. Man spricht von Archaebakterien. Später kamen Eubakterien hinzu. Sie sind nicht sauerstoffempfindlich, einige nutzen Sauerstoff. Sauerstoff wurde immer reichlicher, als vor etwa 3 Milliarden Jahren die ersten Fotosynthese betreibenden Bakterien entstanden.
Archaebakterien und Eubakterien haben keinen Zellkern und sind somit Prokaryoten. Aus ihnen entwickelten sich Eukaryoten, Zellen mit echtem Zellkern, aus denen alle vielzelligen Lebewesen wie Pflanzen, Tiere und Pilze hervorgingen.

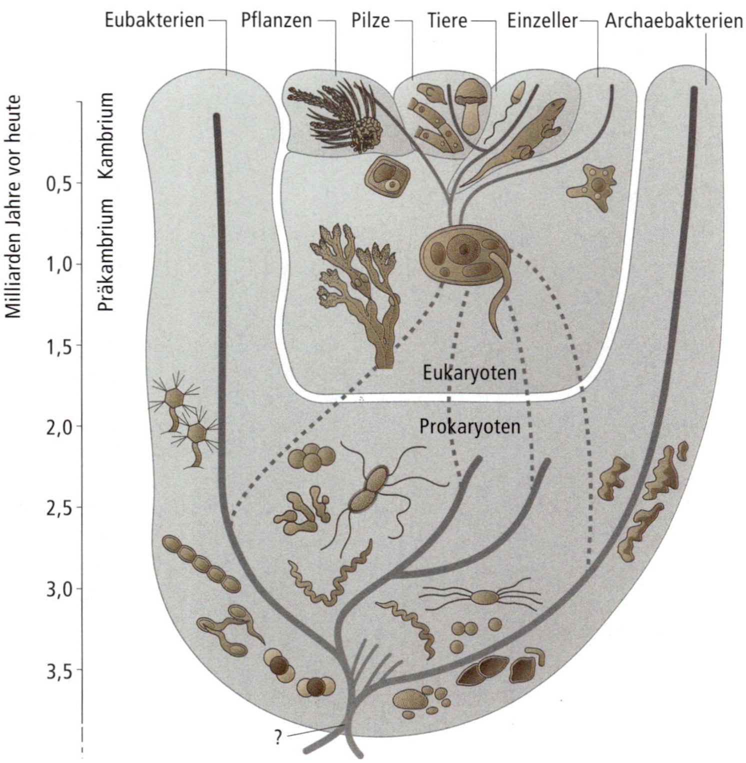

379.1 Stammbaum der Lebewesen

Kleines Chemie-ABC: Biomoleküle

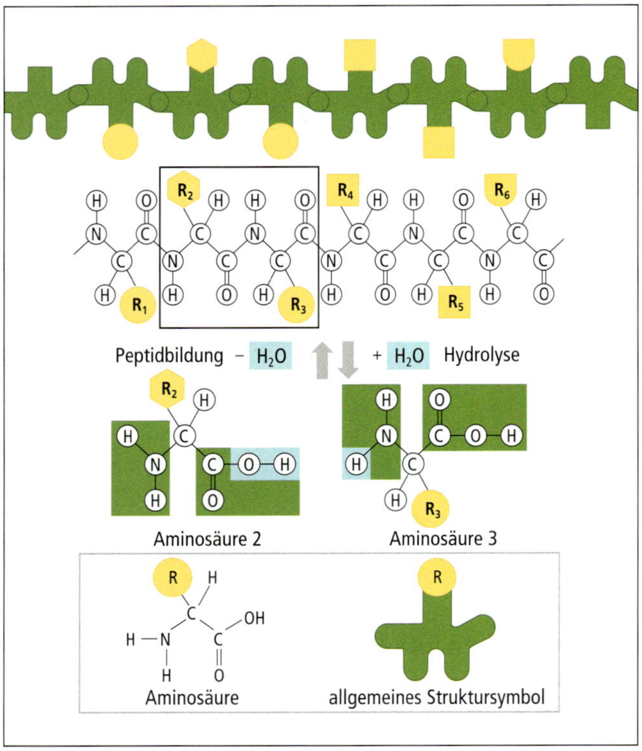

380.1 Eiweißstoffe

Eiweißstoffe (Proteine, vergleiche Seite 304)

Eiweißstoffe oder Proteine sind aus **Aminosäuren** aufgebaut. In Lebewesen kommen 20 verschiedene Aminosäuren vor, die sich durch ihre Reste unterscheiden. Anhand der Wasserlöslichkeit der Reste werden die Aminosäuren in vier verschiedene Gruppen eingeteilt. Aminosäuren werden unter Wasserabspaltung zu Ketten verbunden: Diese Abfolge der Aminosäuren nennt man **Primärstruktur** oder Aminosäuresequenz eines Proteins. Dabei reagieren die Carboxylgruppe einer Aminosäure und die Aminogruppe einer anderen Aminosäure miteinander. Die entstandene Bindung nennt man Peptidbindung.

Die Aminosäurekette kann abschnittweise schraubig gewunden (α-Helix) oder wie ein Faltblatt geformt sein (β-Faltblatt). Diese **Sekundärstruktur** eines Proteins wird durch Wasserstoffbrückenbindungen stabilisiert. Das Proteinmolekül mit Schrauben- oder Faltblattform kann knäuelartig geformt sein oder langgestreckt vorliegen: **Tertiärstruktur** eines Proteins. Manchmal treten Proteine mit Tertiärstruktur als Untereinheiten zu größeren Aggregaten zusammen: **Quartärstruktur** eines Proteins. Proteine besitzen in Lebewesen vielfältige Aufgaben: Muskulatur, Kollagen, Haare, Enzyme bestehen zumeist aus Proteinen. Auch das Hormon Insulin ist ein Protein.

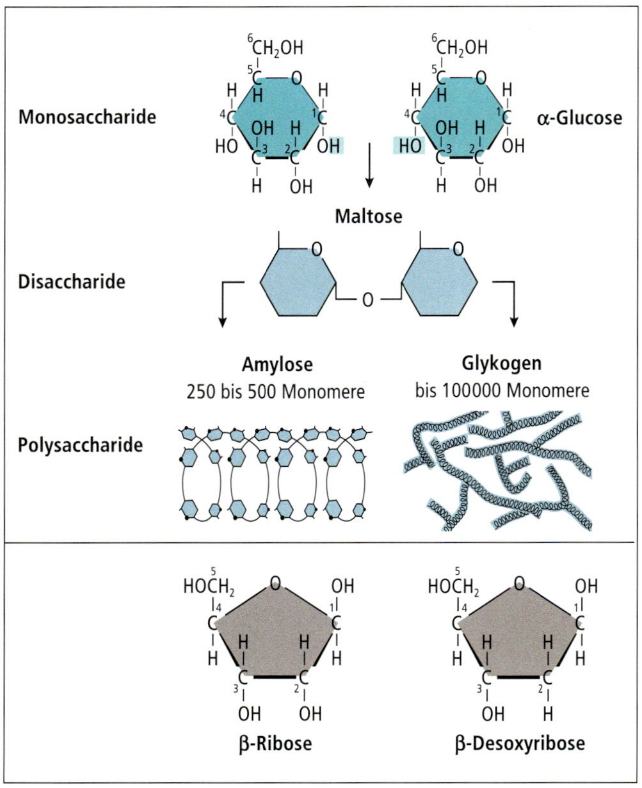

380.2 Kohlenhydrate

Kohlenhydrate

Kohlenhydrate sind organische Verbindungen mit der Summenformel $C_n(H_2O)_n$. Zu ihnen gehören Zucker wie Traubenzucker (Glucose) oder Fruchtzucker (Fructose). Diese **Einfachzucker** (Monosaccharide) werden unter Wasserabspaltung miteinander zu **Zweifach-** und **Vielfachzucker** (Disaccharide und Polysaccharide) verbunden. So entsteht in Pflanzen aus zwei Molekülen α-Glucose das Disaccharid Maltose. Wenn weitere α-Glucose-Moleküle miteinander verbunden werden, entsteht das Polysaccharid Amylose, ein Bestandteil der Stärke. Ihre Raumstruktur ist schraubenförmig. In tierischen Lebewesen entsteht aus α-Glucose das Polysaccharid Glykogen, das gegenüber der Stärke einen stärkeren Verzweigungsgrad aufweist und ebenfalls als Reservestoff dient.

Pflanzenzellen bilden aus β-Glucose das Disaccharid Cellobiose sowie das Polysaccharid Cellulose. Die Cellulose besitzt eine lang gestreckte Raumstruktur und kommt nur in Pflanzen vor.

Monosaccharide, die sechs Kohlenstoffatome enthalten, werden **Hexosen** genannt (griech. *hexa,* sechs). Monosaccharide aus fünf Kohlenstoffatomen heißen **Pentosen** (griech. *penta*, fünf). Zu ihnen gehören die Ribose und die Desoxyribose, die als Bausteine der Nucleinsäuren vorkommen.

Lipide (vergleiche Seite 320)

Unter dem Oberbegriff **Lipide** werden Fette und fettähnliche Substanzen zusammengefasst. Ihnen gemeinsam ist ihr hydrophober Charakter.

Fette entstehen unter Wasserabspaltung aus Glycerin, einem dreiwertigen Alkohol, und drei Fettsäuren. Als Fettsäuren werden Carbonsäuren mit einer langen Kohlenwasserstoffkette bezeichnet. Die Kohlenwasserstoffkette ist für den hydrophoben Charakter der Fettsäuren verantwortlich.
Zu den fettähnlichen Stoffen gehören die **Membranlipide**. Sie bestehen aus Glycerin, das mit zwei Fettsäuren verbunden ist. Die dritte Hydroxylgruppe des Glycerins ist mit einem Phosphatrest verbunden, der eine Cholin-Gruppe tragen kann. Membranlipide besitzen einen hydrophilen und einen hydrophoben Molekülanteil. Sie lösen sich deshalb sowohl in hydrophoben Flüssigkeiten wie Ölen als auch in hydrophilen Flüssigkeiten wie Wasser. Membranlipide bilden in Wasser ausgedehnte Doppelschichten oder Vesikel mit einer Doppelschicht von Membranlipiden als Begrenzung. Auf Wasseroberflächen ordnen sie sich in einfachen Schichten an, wobei die hydrophilen Köpfe in das Wasser und die hydrophoben Schwänze des Moleküls in den Luftraum ragen.

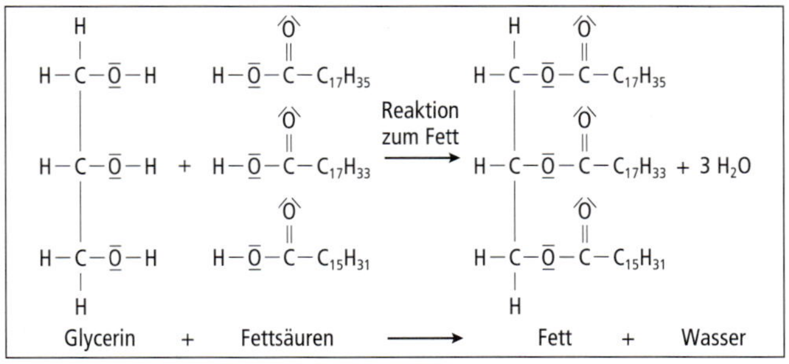

Fette

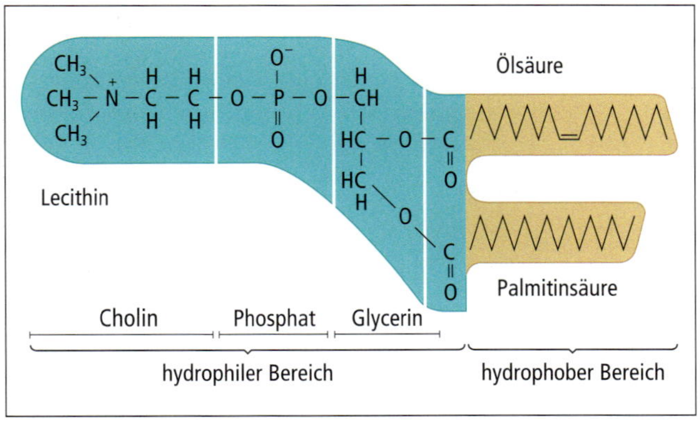

381.1 Membranlipide: Lecithin

Nucleinsäuren (vergleiche Seite 324)

Nucleinsäuren oder Kernsäuren sind die **Desoxyribonucleinsäure**, DNA und **Ribonucleinsäuren,** RNA. Bei letzteren unterscheidet man mRNA, tRNA und rRNA. Die DNA ist wie eine α-Helix, einer gewundenen Strickleiter ähnlich, gebaut. Die Holme der Strickleiter bestehen aus Desoxyribose und Phosphorsäure in alternierender Folge. Die Sprossen der Strickleiter werden aus vier verschiedenen Basen gebildet, die nach dem Prinzip der komplementären Basenpaarung jeweils durch Wasserstoffbrückenbindungen paarweise miteinander verbunden sind. Im Zellkern von Eukaryoten findet man die DNA vielfach gewunden in Form von **Chromosomen**. Sie enthalten die DNA zusammen mit Proteinpartikeln, den Histonen. Histone und DNA sind schleifenförmig aufgewickelt.

Erwärmt man die DNA, so werden die Wasserstoffbrückenbindungen zerstört. Der DNA-Doppelstrang zerfällt in zwei Polynucleotidstränge. Diese lassen sich enzymatisch in eine Vielzahl von **Nucleotiden** zerlegen. Jedes dieser Nucleotide besteht aus einem Phosphatrest, einem Molekül Desoxyribose und einer der vier organischen Basen. Die RNA ist einsträngig. Ihr chemischer Bau unterscheidet sich von dem der DNA: Sie enthält die Pentose Ribose (statt Desoxyribose) und die Base Uracil (statt Thymin).

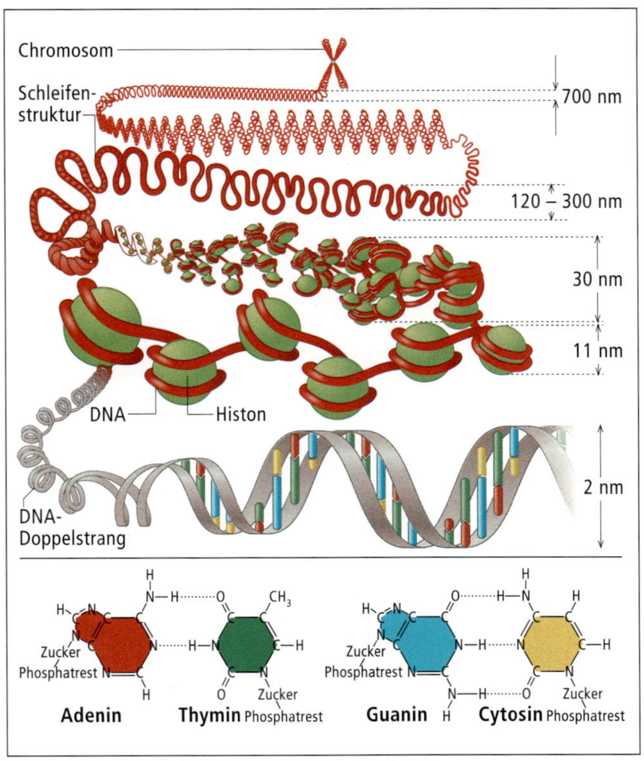

381.2 Bau der DNA

EXKURS Kleines Chemie-ABC: Grundbegriffe

Alkane: Kohlenwasserstoffverbindungen mit der Summenformel C_nH_{2n+2}. Beispiel: CH_4, C_2H_6. Alkane werden auch als gesättigte Kohlenwasserstoffverbindungen bezeichnet. Wenn Kohlenstoffatome durch eine Zweifachbindung verbunden sind, spricht man von ungesättigten Kohlenwasserstoffverbindungen oder von Alkenen. Summenformel: C_nH_{2n}. Beispiel: C_2H_4, C_3H_6.

Alkohole: Kohlenwasserstoffverbindungen mit einer (oder mehreren) Hydroxylgruppe(n) (–OH). Beispiel: Ethanol: $CH_3–CH_2–OH$, Glycerin oder Propan-1,2,3-triol: $C_3H_5(OH)_3$. Die Hydroxylgruppe ist polar gebaut und somit hydrophil.

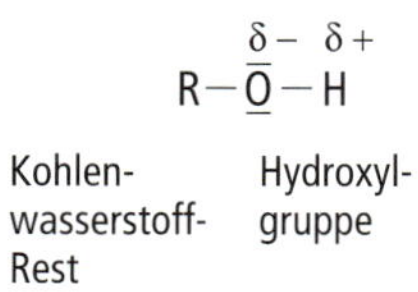

Aminosäuren: Kohlenwasserstoffverbindungen, die gleichzeitig eine Aminogruppe ($–NH_2$) und eine Carboxylgruppe (–COOH) enthalten. Beispiel: Glycin, (R:H). Aminosäuren reagieren an der Carboxylgruppe sauer und an der Aminogruppe basisch. Aminosäuren sind die Bausteine von Eiweißstoffen. In Lebewesen kommen 20 verschiedene Aminosäuren vor, die sich durch ihre Reste unterscheiden.

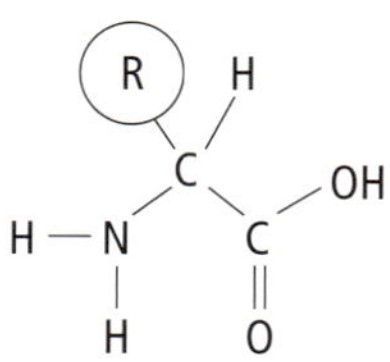

Chemische Bindung: Atome können durch chemische Verbindungen auf unterschiedliche Arten miteinander verbunden sein. Ausschlaggebend ist der Unterschied der Elektronegativitäten (EN) zwischen den Bindungspartnern. Wenn die EN bei den Bindungspartnern sehr unterschiedlich ist, dann wird der Bindungspartner mit der größeren EN die Bindungselektronen vollständig an sich ziehen, sodass Ionen entstehen, zum Beispiel beim Kochsalz: Na^+ und Cl^-. Die elektrischen Anziehungskräfte zwischen den unterschiedlich geladenen Ionen halten die Ionen im Salzkristall zusammen. Wenn die EN der Bindungspartner nur geringfügig unterschiedlich ist, dann werden Bindungselektronen zum elektronegativeren Partner gezogen, ohne dass Ionen entstehen. Man spricht von einer polaren Elektronenpaarbindung. So können Moleküle mit Teilladungen entstehen, beispielsweise das H_2O-Molekül. Wenn die EN bei den Bindungspartnern gleich oder nahezu gleich ist, zum Beispiel bei zwei Wasserstoffatomen, dann werden die Atome der Verbindung durch ein gemeinsames Elektronenpaar zusammengehalten: H–H, H_2. Diese Art der Bindung heißt unpolare Elektronenpaarbindung. Sie bewirkt auch den unpolaren Charakter von Kohlenwasserstoffverbindungen.

Dipol: Ein Dipolmolekül weist aufgrund der unterschiedlichen EN der Bindungspartner polare Elektronenpaarbindungen auf. Das Molekül hat Teilladungen. Beispiel: H_2O-Molekül.

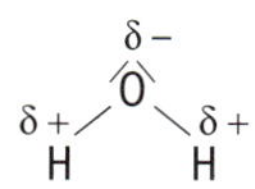

Elektronegativität (EN): Maß für die Fähigkeit eines Atoms, in einer Verbindung die Bindungselektronen anzuziehen.

Hydratation: Entstehung einer Hülle aus Wassermolekülen (Hydrathülle) um ein Ion oder um ein polares Molekül im Verlauf eines Lösungsvorganges.

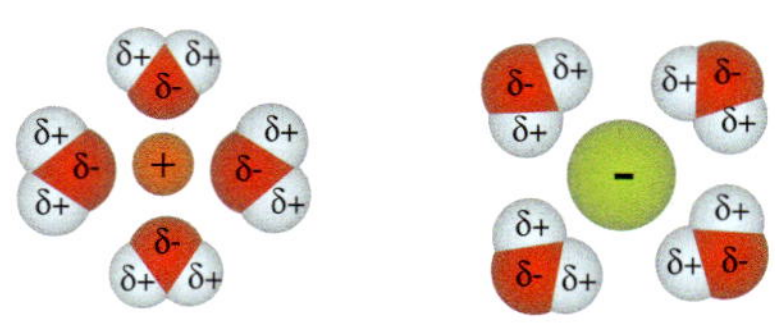

Hydrolyse: Spaltung eines Moleküls unter Aufnahme eines Wassermoleküls.

hydrophil: Wasser anziehend. Wasser anziehende Eigenschaften besitzen Ionen oder Moleküle mit Teilladungen. Sie können die polar gebauten Wassermoleküle anziehen.

hydrophob: Wasser abweisend. Wasser abweisende Eigenschaften besitzen Moleküle mit unpolaren Elektronenpaarbindungen. Sie können deshalb keine Wechselwirkungen mit Wassermolekülen eingehen.

Molekül: Abgeschlossene Verbindung aus Atomen mit Elektronenpaarbindungen.

pH-Wert: Die H^+-Ionenkonzentration einer Lösung wird durch den pH-Wert angegeben: pH 0 bis 6 = saurer Bereich (hohe H^+-Ionenkonzentration), pH 7 = neutral, pH 8 bis 14 = basischer Bereich (niedrige H^+-Ionenkonzentration).

Polarität: *Polar* werden Moleküle genannt, die polare Elektronenpaarbindungen enthalten. Sie bilden Teilladungen aus. Auch Ionen besitzen aufgrund ihrer Ladungen polare Eigenschaften. *Unpolar* werden Moleküle genannt, die unpolare Elektronenpaarbindungen enthalten. Sie bilden keine Teilladungen aus.

Salz: Verbindung aus Metall- und Nichtmetallionen, die Ionengitter bilden.

Säure-Base-Reaktion: Säuren geben im Wasser Wasserstoffionen (Protonen, H^+) ab. Basen bestehen aus Teilchen, die in Wasser Hydroxidionen (OH^-) freisetzen. In einer Neutralisationsreaktion reagieren Säuren und Basen miteinander: $H_2SO_4 + 2\ NaOH \rightarrow Na_2SO_4 + 2\ H_2O$.

VAN-DER-WAALS-Kräfte: Anziehungskräfte zwischen unpolar gebauten Molekülen.

Wasserstoffbrückenbindungen: Diese zwischenmolekularen Kräfte treten auf, wenn in einem Molekül stark polar gebundene Wasserstoffatome zu finden sind und gleichzeitig freie Elektronenpaare stark elektronegativer Atome, z. B. wie Sauerstoff- oder Stickstoffatome, zugänglich sind.

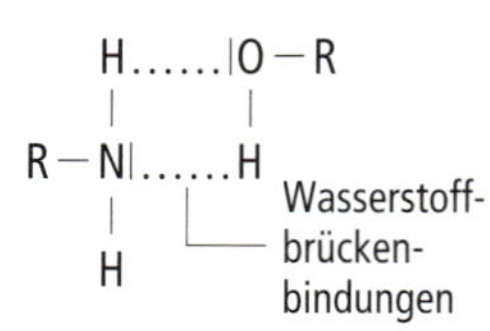

Hinweise zum sicheren Experimentieren

Den Praktikumversuchen ist in diesem Buch eine **Sicherheitsleiste** vorangestellt, die in bis zu sieben Symbolfeldern Hinweise zu den Gefahren und zur Entsorgung gibt.

Die *orangefarbenen* Felder enthalten die Gefahrensymbole der verwendeten Stoffe. Diese Symbole geben Hinweise auf die Gefahren beim Umgang mit den betreffenden Stoffen. Folgende Gefahrensymbole werden verwendet:

Kennbuchstabe **Xi**
reizend

Kennbuchstabe **Xn**
gesundheitsschädlich

Kennbuchstabe **C**
ätzend

Kennbuchstabe **T**
giftig

Kennbuchstabe **T+**
sehr giftig

Kennbuchstabe **O**
brandfördernd

Kennbuchstabe **F**
leicht entzündlich

Kennbuchstabe **F+**
hoch entzündlich

Kennbuchstabe **E**
explosionsgefährlich

Kennbuchstabe **N**
umweltgefährlich

Die *violetten* Felder geben *Hinweise zur sicheren Handhabung* der jeweiligen Stoffe.

Schutzbrille tragen

Schutzhandschuhe tragen

Versuch unter dem Abzug oder in einer geschlossenen Apparatur durchführen

Die grünen Felder geben Hinweise zur sicheren und *umweltschonenden Entsorgung.*

Entsorgung. Das für die Praktikumversuche in diesem Buch empfohlene Entsorgungssystem basiert auf folgenden Prinzipien:

- *gefährliche Abfälle vermeiden:*
  Zu den wichtigsten Regeln für einen verantwortungsvollen Umgang mit Stoffen gehört es, die Entstehung von unnötigen Abfällen oder unnötig großen Mengen an Abfällen zu vermeiden. Dazu ist eine sorgfältige Planung der experimentellen Arbeit in Hinblick auf Art und Menge der verwendeten Stoffe notwendig.
- *gefährliche Abfälle umwandeln:*
  Nicht vermeidbare gefährliche Abfallstoffe sollen in weniger gefährliche Stoffe umgewandelt werden: Säuren und Laugen werden neutralisiert. Lösliche Stoffe können zu schwer löslichen Stoffen umgesetzt werden.
- *gefährliche Abfälle sammeln:*
  Abfälle, die nicht an Ort und Stelle in ungefährliche Produkte umgewandelt werden können, sind zu sammeln, um sie später einer geordneten Entsorgung zuzuführen. Durch das Sammeln in getrennten Behältern wird zum einen die endgültige Beseitigung erleichtert und zum anderen eine Wiederaufbereitung ermöglicht.

Entsorgungskonzept. Alle Abfallstoffe der Praktika müssen sachkundig beseitigt werden. Nach ihrer Einordnung in Gefahrengruppen und der verwendeten Konzentration kann sofort entsorgt werden oder die Abfälle werden gesammelt.

Kleine Mengen wenig umweltgefährdender Stoffe können unter Zugabe von viel Wasser im **Waschbecken** beseitigt werden.
Kleine Mengen solcher Feststoffe können auch im **Papierkorb** entsorgt werden.

Gefährliche Abfälle, die nicht vermeidbar sind und nicht in ungefährliche Produkte umgewandelt werden können, werden getrennt gesammelt. Das hier empfohlene Entsorgungssystem verwendet vier Sammelgefäße. Bei den Behältern 2, 3 und 4 erfolgt die endgültige Entsorgung durch ein zugelassenes Entsorgungsunternehmen.

B1
Im **Behälter 1** werden saure und alkalische Lösungen gesammelt. Der Inhalt dieses Behälters sollte neutralisiert werden, bevor er ganz gefüllt ist. Der neutralisierte Inhalt kann dann der Kanalisation zugeführt werden. Abfälle, die giftige Stoffe enthalten, etwa saure Chromat-Lösungen, dürfen deshalb nicht in diesen Behälter gegeben werden.

B2
Im **Behälter 2** werden giftige anorganische Stoffe wie Schwermetallsalze oder Chromate gesammelt.

B3
Im **Behälter 3** werden wasserlösliche und wasserunlösliche halogenfreie organische Verbindungen gesammelt.
Um das Volumen an brennbaren Flüssigkeiten gering zu halten, soll man im Einzelfall abwägen, ob nicht kleinere Mengen wasserlöslicher organischer Verbindungen wie Ethanol oder Aceton in den Ausguss gegeben werden können.

B4
Im **Behälter 4** werden halogenhaltige organische Verbindungen gesammelt.

Stoffliste

Stoff	Gefahrensymbole, Sicherheitssymbole, Entsorgungssymbole	Ratschläge R/S-Sätze (S. 385)
Aceton	F Xi B3	R: 11–36–66–67 S: 9–16–26
Ammoniak konz. ca. 25 %	C N B1	R: 34–50 S: 26–36/37/39–45–61
Benzin (Waschbenzin, Siedepunkt 100 bis 140 °C)	F Xn B3	R: 11–65 S: 9–16–23–24–33–62
Brennspiritus (Ethanol vergällt)	F B3	R: 11 S: 7–16
Bromthymolblau in 20 %igem Ethanol		R: – S: –
Calciumhydroxid-Lösung (Kalkwasser)	Xi B1	R: 36 S: 22–24–26–39
Calciumchlorid	Xi B1	R: 41 S: 22–24
Essigsäure 10 bis 25 %	Xi	R: 36/38 S: 23–26–45
Flüssigkleber	Xi F B3	R: 11–36–66–67 S: 9–16–26–29–33
Harnstoff 2 %		R: – S: 22–24/25
Indigoblau	Xi	R: 36/37/38 S: 26–36
Iod-Kaliumiodid-Lösung		R: – S: –
Kupfersulfat-Lösung 10^{-3} mol/l	Xn N B2	R: 22–36/38–50/53 S: 22–60–61
Methylenblau	Xn	R: 22 S: 22–24/25
Natriumoxalat	Xn B3	R: 21/22 S: 24/25
Natronlauge (Natriumhydroxid-Lösung, 0,5 bis 2 %)	Xi B1	R: 36/38 S: 26–37/39–45
n-Heptan	F Xn N B3	R: 11–38–50/53–65–67 S: 9–16–29–33–60–61–62
Phenolphtalein-Lösung (alkoholische Lösung)	F	R: 11 S: 7–16
Salzsäure 10 bis 25 %	Xi B1	R: 36/37/38 S: 26–45
Soda (Natriumcarbonat)	Xi	R: 36 S: 22–26
Thioharnstoff 2 %	Xn N B3	R: 22–40–51/53–63 S: 36/37–61
Urease	Xi	R: 36/37/38–42 S: 22–24–26–36/37
Wasserstoffperoxid 3 %	Xi	R: 36/38 S: 3–28–36/39–45

Gefahrenhinweise und Sicherheitsratschläge für die Praktika

Gefahrenhinweise (R-Sätze)

Diese Hinweise geben in einer ausführlicheren Weise als die Gefahrensymbole Auskunft über die Art der Gefahr.

R 8 Feuergefahr bei Berührung mit brennbaren Stoffen

R 10 entzündlich

R 11 leicht entzündlich

R 20 gesundheitsschädlich beim Einatmen

R 21 gesundheitsschädlich bei Berührung mit der Haut

R 22 gesundheitsschädlich beim Verschlucken

R 34 verursacht Verätzungen

R 36 reizt die Augen

R 37 reizt die Atmungsorgane

R 38 reizt die Haut

R 40 irreversibler Schaden möglich

R 41 Gefahr ernster Augenschäden

R 42 Sensibilisierung durch Einatmen möglich

R 50 sehr giftig für Wasserlebewesen

R 51 giftig für Wasserorganismen

R 53 kann in Gewässern längerfristig schädliche Wirkungen haben

R 61 kann das Kind im Mutterleib schädigen

R 65 gesundheitsschädlich: kann beim Verschlucken Lungenschäden verursachen

R 66 wiederholter Kontakt kann zu spröder oder rissiger Haut führen

R 67 Dämpfe können Schläfrigkeit und Benommenheit verursachen

Sicherheitsratschläge (S-Sätze)

Hier werden Empfehlungen gegeben, wie Gesundheitsgefahren beim Umgang mit gefährlichen Stoffen abgewehrt werden können.

S 1 unter Verschluss aufbewahren

S 3 kühl aufbewahren

S 7 Behälter dicht geschlossen halten

S 9 Behälter an einem gut gelüfteten Ort aufbewahren

S 16 von Zündquellen fernhalten, nicht rauchen

S 22 Staub nicht einatmen

S 23 Gas/Rauch/Dampf/Aerosol nicht einatmen (geeignete Bezeichnung(en) vom Hersteller anzugeben)

S 24 Berührung mit der Haut vermeiden

S 25 Berührung mit den Augen vermeiden

S 26 bei Berührung mit den Augen sofort gründlich mit Wasser abspülen und Arzt konsultieren

S 28 bei Berührung mit der Haut sofort abwaschen mit viel ... (vom Hersteller anzugeben)

S 29 nicht in die Kanalisation gelangen lassen

S 33 Maßnahmen gegen elektrostatische Aufladung treffen

S 36 bei der Arbeit geeignete Schutzkleidung tragen

S 37 geeignete Schutzhandschuhe tragen

S 39 Schutzbrille/Gesichtsschutz tragen

S 45 bei Unfall oder Unwohlsein sofort Arzt hinzuziehen (wenn möglich, dieses Etikett vorzeigen)

S 60 Stoff und Behälter als gefährlichen Abfall entsorgen

S 61 Freisetzung in die Umwelt vermeiden, besondere Anweisungen einholen, Sicherheitsdatenblatt zurate ziehen

S 62 bei Verschlucken kein Erbrechen herbeiführen, sofort ärztlichen Rat einholen und Verpackung oder dieses Etikett zeigen

Register

Fette Seitenzahlen weisen auf ausführliche Behandlung im Text oder auf Abbildungen hin; f. = die folgende Seite; ff. = die folgenden Seiten.

H

I

J

K

L

M

N

O

P

Q

R

S

L

M

N

O

P

Q

R

S

Titelbild: Biophoto Associate/SPL/Focus, Hamburg; 10.0: Ziesler/Tierbildarchiv Angermayer, Holzkirchen; 10.1 li.: André Pöhlmann/Mauritius, Mittenwald; 10.1 re.: Das fotoarchiv, Essen; 11.1: Schroedel Archiv; 11.3: Michael Jütte, Dortmund; 12.1: Tönnies, Laatzen; 14.1 A: Robert Henno/Wildlife Pictures/Okapia, frankfurt; 14.1 B: Dr. Erich Kretzschmar, Dortmund; 15.1 A ob. + Mi.: Dr. Erich Kretzschmar, Dortmund; 15.1 A unt.: Andreas Hartl/Okapia, frankfurt; 16.1: Herbert Schwind/Okapia, frankfurt; 16.2: felix Labhardt, Basel; 17.1 A: H. Schwarz/Mauritius, Mittenwald; 17.1 B: Layer/Mauritius, Mittenwald; 17.3: Schroedel Archiv; 19.2: Robert Maier/Okapia, frankfurt; 21.2: Schroedel Archiv; 22.1 A: Reinhard/Okapia, frankfurt; 22.1 B: L. Martinez/Okapia, frankfurt; 22.1 C: Martinez/TopicMedia Service, Ottobrunn; 22.1 D: Reinhard Tierfoto, Heiligkreuzsteinach; 22.1 E: Pfletschinger/Tierbildarchiv Angermayer, Holzkirchen; 24.0: J. C. Révy/ISM/Okapia, frankfurt; 24.1: Klaus G. Kohn, Braunschweig; 25.1 + 2: Klaus G. Kohn, Braunschweig; 25.3: Tegen, Hambühren; 26.1 A: Deutsches Museum, München; 26.1 B: Wisniewski/TopicMedia Service, Ottobrunn; 26.2 A: Minkus, Isernhagen; 26.2 B: Schroedel Archiv; 27.1: Schroedel Archiv; 28.1 A: Schroedel Archiv; 28.3 A – D: Schroedel Archiv; 30.1 A: Schroedel Archiv; 32.1 A: Schroedel Archiv; 32.3: Schroedel Archiv; 34.2: Schroedel Archiv; 34.3: Lieder, Ludwigsburg; 34.5: Schroedel Archiv; 34.6: Nittinger/Xeniel-Dia, Neuhausen; 35.1: Carl Zeiss Jena GmbH/Optisches Museum Jena; 35.3 A: Schroedel Archiv; 35.3 B: Lieder, Ludwigsburg; 36.1: Tegen, Hambühren; 38.1: Hecker/TopicMedia Service, Ottobrunn; 39.1: Tegen, Hambühren; 39.2: Schroedel Archiv; 41.9: Glaser/TopicMedia Service, Ottobrunn; 42.1 A: Albinger/Mauritius, Mittenwald; 43.1: Nigel Cattlin/Holt Studios/Okapia, frankfurt; 43.2: Kalden/TopicMedia Service, Ottobrunn; 44.1: Tegen, Hambühren; 44.5: Schroedel Archiv; 45.1 A: Hans Reinhard/Okapia, frankfurt; 45.1 C: Uwe Umstätter/Mauritius, Mittenwald; 46.0: imagebroker.net/Mauritius, Mittenwald; 46.1: Jim Lindsey, Vielsalm, Belgium; 47.1: age fotostock/Mauritius, Mittenwald; 47.2 A: Lothar Martinez/Okapia, frankfurt; 47.2 B: imagebroker.net/Mauritius, Mittenwald; 47.3 A: Jef Meul/Okapia, frankfurt; 47.3 B: Das fotoarchiv, Essen; 47.3 C: Karl Gottfried Vock/Okapia, frankfurt; 47.4: Ladislav Havel/Mauritius, Mittenwald; 48.1 A ob. + B: Dr. Philipp, Berlin; 48.1 C: Gross/TopicMedia Service, Ottobrunn; 50.1 – 3: Tegen, Hambühren; 51.1 A: Kuch/TopicMedia Service, Ottobrunn; 51.1 B: Tierbildarchiv Angermayer, Holzkirchen; 51.1 C: Kuch/TopicMedia Service, Ottobrunn; 51.1 D: Schwind/Okapia, frankfurt; 52.1: Brockhaus/TopicMedia Service, Ottobrunn; 52.2: Lothar Lenz, Dohr; 54.1 A: Dr. Brehm/TopicMedia Service, Ottobrunn; 54.1 B: Lothar Lenz, Dohr; 54.1 C: Pieper/TopicMedia Service, Ottobrunn; 54.1 D: Brockhaus/TopicMedia Service, Ottobrunn; 55.1: Dr. Bellmann, Lonsee; 55.2: Pfletschinger/Tierbildarchiv Angermayer, Holzkirchen; 56.1: Kalden/TopicMedia Service, Ottobrunn; 56.2: Scheuerecker/Mauritius, Mittenwald; 59.1 A ob.: Thompson/OSF/Okapia, frankfurt; 60.1 A: Geyer/TopicMedia Service, Ottobrunn; 60.1 C: Da-Costa/Okapia, frankfurt; 61.3: Lothar Lenz, Dohr; 61.4: Kretzschmar, Dortmund; 63.1 A: Schroedel Archiv; 64.1 A ob.: Hartl/Okapia, frankfurt; 64.2 B li.: Dr. Sauer/Hecker/Xeniel-Dia, Stuttgart; 64.2 C li.: Bühler/TopicMedia Service, Ottobrunn; 66.2 A: Roth/Okapia, frankfurt; 66.2 B + C: Pfletschinger/Tierbildarchiv Angermayer, Holzkirchen; 67.1 A: J.A.L. Cooke/OSF/Okapia, frankfurt; 67.1 B: Roth/Okapia, frankfurt; 67.1 C: Pfletschinger/Tierbildarchiv Angermayer, Holzkirchen; 68.0: Krug/Okapia, frankfurt; 68.1: age fotostock/Mauritius, Mittenwald; 70.1: O'Brien/Mauritius, Mittenwald; 71.1: Pott/Okapia, frankfurt; 71.2: Rabisch, Duingen; 71.3: Bühler/TopicMedia Service, Ottobrunn; 71.4: Reinhard/Okapia, frankfurt; 74.1: Dr. Nowak/TopicMedia Service, Ottobrunn; 74.2: Kuch/TopicMedia Service, Ottobrunn; 74.3 A: Ekholm/Mauritius, Mittenwald; 74.3 B: Dr. Wernicke/Okapia, frankfurt; 75.2 A: AKG, Berlin; 75.2 B: Reinhard/Okapia, frankfurt; 80.1 B: Heppner/TopicMedia Service, Ottobrunn; 80.1 C: Tierbildarchiv Angermayer, Holzkirchen; 80.1 D: Elfner/Tierbildarchiv Angermayer, Holzkirchen; 83.1 A: Tero Niemi/Naturbild/AB/Okapia, frankfurt; 83.1 B + C: Schmidt/Tierbildarchiv Angermayer, Holzkirchen; 85.1: Wothe/Okapia, frankfurt; 85.3: Hrdlicka/TopicMedia Service, Ottobrunn; 86.1: Dr. Sauer/Hecker/Xeniel-Dia, Stuttgart; 86.2: Dr. Ehrmann/Dr. Ehrmann, Neuffen; 88.1: Eschment/TopicMedia Service, Ottobrunn; 88.3: Dale Robert franz/Okapia, frankfurt; 89.1: Heine/TopicMedia Service, Ottobrunn; 89.4: fSC Arbeitsgruppe Deutschland e. V., freiburg; 90.2 A: Voss/TopicMedia Service, Ottobrunn; 90.2 B: Ziesler/Tierbildarchiv Angermayer, Holzkirchen; 91.1: Schacke/Naturbild/Okapia, frankfurt; 92.1: Schacke/Naturbild/Okapia, frankfurt; 93.1 A: Reinhard/Okapia, frankfurt; 93.2 A: Mildenberger/Okapia, frankfurt; 93.3 A: freund/Okapia, frankfurt; 93.4 A: Birke/Okapia, frankfurt; 94.1: Jeff O'Brien/Mauritius, Mittenwald; 94.5: Lieder, Ludwigsburg; 96.1 A, C, E, f: Pfletschinger/Tierbildarchiv Angermayer, Holzkirchen; 96.1 B: Sauer/Okapia, frankfurt; 96.1 D: Hecker/TopicMedia Service, Ottobrunn; 97.1 A: Groß/Okapia, frankfurt; 97.1 B: Cooke/OSF/Okapia, frankfurt; 97.1 C: Birke/Mauritius, Mittenwald; 97.1 D: Reinhard/Mauritius, Mittenwald; 97.1 E: Dr. Pott/Mauritius, Mittenwald; 97.1 f: Oudet/Okapia, frankfurt; 98.1 A: Tierbildarchiv Angermayer, Holzkirchen; 103.1: Jakobi/TopicMedia Service, Ottobrunn; 105.3: Telegraph Colour/TopicMedia Service, Ottobrunn; 106.1 A: Lindenburger/TopicMedia Service, Ottobrunn; 106.1 B: Partsch/TopicMedia Service, Ottobrunn; 106.1 C: Dr. Wernicke/Okapia, frankfurt; 106.1 D: Skibbe/TopicMedia Service, Ottobrunn; 107.1: Manfred Mehlig/Mauritius, Mittenwald; 108.0: NAS/ARC Science Simul./Okapia, frankfurt; 108.1: Glaeser/mediacolors; 109.1: Klaus G. Kohn, Braunschweig; 109.2: Klaus Hackenberg/Mauritius, Mittenwald; 109.3: Astrofoto, Sörth; 110.1: Hackenberg/TopicMedia Service, Ottobrunn; 111.1: Richner/TopicMedia Service, Ottobrunn; 111.2 A: M. Bunzel-Drüke/ABU, Bad Sassendorf-Lohne; 111.2 B: M. Scharf/ABU, Bad Sassendorf-Lohne; 112.1 A: Büttner/Naturbild/Okapia, frankfurt; 112.1 B: Endt/Gesamtverband des deutschen Steinkohlebergbaus; 112.1 C: Schwesig/Gesamtverband des deutschen Steinkohlebergbaus; 113.1: Nishibata/Okapia, frankfurt; 113.2: Green Globe; 113.3: Uselmann/Okapia, frankfurt; 114.1: Lange/Tierbildarchiv Angermayer, Holzkirchen; 115.1: Jakobi/TopicMedia Service, Ottobrunn; 115.2: Ziesler/Tierbildarchiv Angermayer, Holzkirchen; 115.3: Gebhard/TopicMedia Service, Ottobrunn; 115.4: Heblich/TopicMedia Service, Ottobrunn; 115.5: Partsch/TopicMedia Service, Ottobrunn; 115.6: Hamblin/OSF/Okapia, frankfurt; 117.1 A: Nowell/Mauritius, Mittenwald; 117.1 B: fLPA/TopicMedia Service, Ottobrunn; 117.1 C: Dietrich/TopicMedia Service, Ottobrunn; 117.1 D: Büttner/Naturbild/Okapia, frankfurt; 118.1 B – D: Schroedel Archiv; 120.1 li.: Sammlung Gesellschaft für ökologische forschung; 120.1 re.: Wolfgang Zängl/Gesellschaft für ökologische forschung; 123.2: Ausloos/Mauritius, Mittenwald; 124.2: Niedersächsischer Landesbetrieb für Wasserwirtschaft, Küsten- und Naturschutz (NLWKN); 125.1 A: Czerski/Mauritius, Mittenwald; 126.1 A: AKG, Berlin; 126.1 C: Hildebrand/Okapia, frankfurt; 128.1.1: United Nations; 128.1.2: imagebroker.net/Mauritius, Mittenwald; 128.1.3: The Copyright Group/Mauritius, Mittenwald; 128.1.4: Bildagentur-online, Burgkunstadt; 128.1.5: Huber/Schapowalow, Hamburg; 128.1.6: Bildagentur-online, Burgkunstadt; 129.1 A: age fotostock/Mauritius, Mittenwald; 129.1 B: Jaime Plaza van Roon/Auscape/SAVE/Okapia, frankfurt; 129.1 C: Pat Springle/Mauritius, Mittenwald; 129.1 D: Photo New Zealand/Mauritius, Mittenwald; 129.1 E: Bordis-Deuter/Mauritius, Mittenwald; 129.1 f: V. Kilian/Mauritius, Mittenwald; 129.1 G: photolibrary/Mauritius, Mittenwald; 129.1 H: fred Bruemmer/Okapia, frankfurt; 129.1 I: H.R. Bramaz/Helga Lade, frankfurt; 130.1 A: Grossmann/Helga Lade, frankfurt; 130.2 A: Reinhard/Okapia, frankfurt; 130.2 B: Jäkel/Okapia, frankfurt; 130.2 C: fLPA/TopicMedia Service, Ottobrunn; 132.0: Minkus, Isernhagen; 132.1: Axel Weiss/Okapia, frankfurt; 133.1 – 3: Klaus G. Kohn, Braunschweig; 134.1: Breloer/dpa, frankfurt; 135.1: Minkus, Isernhagen; 136.1 ob. + Mi.: Tönnies, Laatzen; 136.1 unt.: Pöhlmann/Mauritius, Mittenwald; 137.2 ob.: O'Brien/Mauritius, Mittenwald; 137.2 Mi.: Kehrer/Okapia, frankfurt; 137.2 unt.: Sporting/Mauritius, Mittenwald; 138.1 ob.: Minkus, Isernhagen; 138.1 Mi.: Tegen, Hambühren; 140.1: Minkus, Isernhagen; 142.1 + 4: Minkus, Isernhagen; 145.2: Minkus, Isernhagen; 146.1 re.: Minkus, Isernhagen; 149.1: age/Mauritius, Mittenwald; 151.1 A: Reschke/Arnold/Okapia, frankfurt; 151.1 C: eye of science, Reutlingen; 157.1 A: Minkus, Isernhagen; 158.1: fischer/Mauritius, Mittenwald; 159.1 A: Gebhardt/Mauritius, Mittenwald; 160.1: Power Stock/Mauritius, Mittenwald; 163.2 A: Ilka Gropengießer, Bremen; 165.1: Mattes/Mauritius, Mittenwald; 165.2: Glauberman/PR ScienceSource/Okapia, frankfurt; 166.1: O'Brien/Mauritius, Mittenwald; 166.2 li.: NAS/Biophoto Associates/Okapia, frankfurt; 166.2 Mi.: Dr. J. Ortaldo/P Arnold, Inc./Okapia, frankfurt; 166.2 re.: Lieder, Ludwigsburg; 167.1: Schrempp/Okapia, frankfurt; 173.1: JIRI/Mauritius, Mittenwald; 175.1: André Pöhlmann/Mauritius, Mittenwald; 177.1 A: Colorstock/Okapia, frankfurt; 177.1 B: Schätzle/Mauritius, Mittenwald; 177.1 C: Wildlife, Hamburg; 178.1: age fotostock/Mauritius, Mittenwald; 180.0: NAS/Okapia, frankfurt; 180.1: Das fotoarchiv, Essen; 181.1: Klaus Hackenberg/Mauritius, Mittenwald; 181.2 A: J. C. Révy/ISM/Okapia, frankfurt; 181.2 B: NAS/Charles D. Winters/Okapia, frankfurt; 181.3: Klaus G. Kohn, Braunschweig; 181.4: dpa/picture-alliance, frankfurt; 182.1: Karly, München; 185.1 A: Reschke/Okapia, frankfurt; 186.1 B: Glaubermann/Okapia, frankfurt; 186.2: CNRI/Okapia, frankfurt; 187.1 A: Zillmann/Okapia, frankfurt; 188.1 A: focus, Hamburg; 190.1 li.: pictor international, Hamburg; 190.1 re.: Minkus, Isernhagen; 192.1 A: Habel/Mauritius, Mittenwald; 195.1: fabian, Hannover; 196.1: Rutz/Mauritius, Mittenwald; 197.1 + 2: Minkus, Isernhagen; 197.3: Weinzierl/TopicMedia Service, Ottobrunn; 197.4: Arthur/Mauritius, Mittenwald; 197.5: Kiepke/Okapia, frankfurt; 197.6: M.Omidvar/Mauritius, Mittenwald; 198.1 A: dpa/picture-alliance, frankfurt; 198.1 B: Stelter; 202.1 A: Behrens, Lehrte; 202.1 C: NAS/Ralph Eagle/Okapia, frankfurt; 203.2: Rabisch, Duingen; 207.1 A: Minkus, Isernhagen; 213.1: Institut für wissenschaftliche fotografie Kage, Lauterstein; 218.1 A: A. Jorgensen/Petit format/Okapia, frankfurt; 220.1 A: Steimer/Okapia, frankfurt; 220.2: Harstrick/Mauritius, Mittenwald; 221.1 Nilhecht: Reinhard/Okapia, frankfurt; 221.1 Grubenotter: Zellner/Mauritius, Mittenwald; 221.1 Honigbiene: Rauch/TopicMedia Service, Ottobrunn; 221.1 flussbarsch: Hecker/TopicMedia Service, Ottobrunn; 223.1: Minkus, Isernhagen; 224.0: Phototake/Mauritius, Mittenwald; 224.1: Das fotoarchiv, Essen; 225.3: age fotostock/Mauritius, Mittenwald; 226.1 A: NAS/Photo Researchers/Okapia, frankfurt; 226.1 B: Scharf/Arnold, Inc./Okapia, frankfurt; 226.1 C: Phototake/Mauritius, Mittenwald; 226.1 D: BIOPHOTO ASS./SCIENCESOU./Okapia, frankfurt; 226.1 E: Rakosy/CMSP/Okapia, frankfurt; 228.1 A: Minkus, Isernhagen; 229.1: dpa, frankfurt; 229.2: Levy/Okapia, frankfurt; 230.1 A: NAS/C.Bjornberg/Okapia, frankfurt; 230.1 B: Phototake/Mauritius, Mittenwald; 231.1: Kim/Okapia, frankfurt; 231.2: Phototake/Mauritius, Mittenwald; 231.3: Meckes/Focus, Hamburg; 231.4: Kim/Okapia, frankfurt; 231.5: Phototake/Mauritius, Mittenwald; 231.6: Kim/Okapia, frankfurt; 233.1 C: Karly, München; 234.1: Green/Okapia, frankfurt; 234.2 + 3: Phototake/Mauritius, Mittenwald; 234.4 – 6: focus, Hamburg; 235.2: fLPA/TopicMedia Service, Ottobrunn; 236.1: f.C.Skvara/P. Arnold/Okapia, frankfurt; 236.2: Phototake/Mauritius, Mittenwald; 236.3: NAS M.Abbey/Okapia, frankfurt; 237.1 A: Scharf/Arnold, Inc./Okapia, frankfurt; 237.1 B: LOND.SC.FILMS/OSF/Okapia, frankfurt; 237.1 C: Rapkre/TopicMedia Service, Ottobrunn; 237.1 D: Partsch/TopicMedia Service, Ottobrunn; 239.3: Meckes/eye of science, Reutlingen; 241.1: Ripp/Mauritius, Mittenwald; 242.1: Schätzle/Mauritius, Mittenwald; 242.2: eye of science, Reutlingen; 243.1 A: Neufried/Okapia, frankfurt; 243.1 C: Minkus, Isernhagen; 246.2: Poehlmann/Mauritius, Mittenwald; 247.1: Gerhard Bumann Photographie, Schwangau; 248.0: NAS/Biophoto Associates/Okapia, frankfurt; 248.1 A: Juniors, Ruhpolding; 248.1 B: S. Born/Juniors, Ruhpolding; 248.1 C: Juniors, Ruhpolding; 249.1: Ruben Scott/Mauritius, Mittenwald; 249.2 ob. + unt.: Robba/TopicMedia Service, Ottobrunn; 249.3: Dr. E. Lucius, Schierensee; 251.1 A, C, D: Minkus, Isernhagen; 251.1 B: Behrens, Lehrte; 253.1 A: Schroedel Archiv; 253.1 B: Lichtbild-Archiv Dr. Keil, Neckargemünd; 253.1 C: Lieder, Ludwigsburg; 254.2: Schroedel Archiv; 255.1 D: Robbe/TopicMedia Service, Ottobrunn; 256.1 li.: Robba/TopicMedia Service, Ottobrunn; 256.1 re.: Lessin/Arnold Inc./Okapia, frankfurt; 258.2: Wendler/Okapia, frankfurt; 258.4 A: Lieder, Ludwigsburg; 258.4 B: Phototake/Mauritius, Mittenwald; 258.4 C: Michler/Xeniel-Dia, Stuttgart; 260.1: AKG, Berlin; 264.1: Bulls Press, frankfurt; 266.1 ob.: Bagavandoss/PR ScienceSc./Okapia, frankfurt; 266.1 unt.: S. Cinti/CNRI/Okapia, frankfurt; 268.1 A: Schroedel Archiv; 269.1: Schroedel Archiv; 269.2 A: Reinhard/Mauritius, Mittenwald; 269.2 B: Brandl/TopicMedia Service, Ottobrunn; 271.1 li.: Jonkmanns/Bilderberg, Hamburg; 271.1 re.: f. Damm/zefa/Corbis, Düsseldorf; 271.2 A li.: age fotostock/Mauritius, Mittenwald; 271.2 A re.: Lindenburger/TopicMedia Service, Ottobrunn; 272.1: Paul Brierly; 273.2: Lieder, Ludwigsburg; 274.1 A: McCoy/Rainbow/Okapia, frankfurt; 274.1 B: Lieder, Ludwigsburg; 275.1: Dept. of Clinical Cytogenetics, Addenbrookes Hospital/SPL/Focus, Hamburg; 275.2: Dr. Najeeb Layyous/SPL/Focus, Hamburg; 277.4: Lieder, Ludwigsburg; 278.7: Pöhlmann/Mauritius, Mittenwald; 280.0: Phototake/Mauritius, Mittenwald; 280.1: Peter Enzinger/Mauritius, Mittenwald; 281.1: Workbookstock.com/Mauritius, Mittenwald; 281.2: TH foto/Tschanz-Hofmann/Okapia, frankfurt; 281.3: Deniz Kalkavan/Mauritius, Mittenwald; 282.1: Zeeb, Holzgerlingen; 283.1 + 2: Minkus, Isernhagen; 283.3: Enzinger/Mauritius, Mittenwald; 284.1: Minkus, Isernhagen; 285.4: Minkus, Isernhagen; 286.1: Kerscher/TopicMedia Service, Ottobrunn; 286.2: age fotostock/Mauritius, Mittenwald; 286.3: Twigg/Mauritius, Mittenwald; 288.1 D: Abbey/Okapia, frankfurt; 295.1 A: Cortier/Okapia, frankfurt; 295.1 D: Leiber/picture Press, Hamburg; 296.1 A: Guenther/Mauritius, Mittenwald; 296.1 B – D: Tönnies, Laatzen; 296.1 E: Worm; 297.1: Minkus, Isernhagen; 298.1: fergusson/Mauritius, Mittenwald; 299.1: PowerStock/Mauritius, Mittenwald; 300.1: age fotostock/Mauritius, Mittenwald; 301.1: frazier/Okapia, frankfurt; 301.2: Phillips/Okapia, frankfurt; 301.3: Photri/Mauritius, Mittenwald; 302.0: Prof. T. A. Steitz/Yale University; 302.1 D – f: Klaus G. Kohn, Braunschweig; 303.1: Klaus G. Kohn, Braunschweig; 303.2: Matthias Tunger/Mauritius, Mittenwald; 304.1 + 2 B: Minkus, Isernhagen; 314.0: Prof. P. Motta & T. Naguro/SPL/Focus, Hamburg; 314.1: focus, Hamburg; 315.1: imagebroker.net/Mauritius, Mittenwald; 315.2 A: Ed Reschke/P. Arnold, Inc./Okapia, frankfurt; 315.2 B: Manfred P. Kage/Okapia, frankfurt; 317.1 A: Schroedel Archiv; 318.1 A: Prof. Dr. G. Wanner/Karly, München; 318.1 C: W. Dentler; 318.1 D: Biologisches Labor Wien-Ost; 319.1 A: Lichtbild-Archiv Dr. Keil, Neckargemünd; 319.1 C: aus: Kleinig/Maier: Zellbiologie, EM-Aufnahme: J.R. Golecki, 1999 © Elsevier GmbH, Spektrum Akademischer Verlag, Heidelberg; 321.1: aus Sitte et al: Strasburger Lehrbuch der Botanik, 1998, Aufnahme H. falk © Elsevier GmbH, Spektrum Akademischer Verlag, Heidelberg; 322.1: Schroedel Archiv; 322.2 + 3: Okapia, frankfurt; 322.4: aus: Kleinig/Sitte: Zellbiologie, 1999 © Elsevier GmbH, Spektrum Akademischer Verlag, Heidelberg; 322.5: Berkaloff u. a., Biologie und Physiologie der Zelle, Vieweg Verlag, Wiesbaden; 322.6: Prof. G. Wanner/Karly, München; 323.1: Lichtbild-Archiv Dr. Keil, Neckargemünd; 327.1: Universitätsbibliothek Tübingen; 327.2: SPL/Focus, Hamburg; 327.3: Bettmann/Corbis, Düsseldorf; 327.6: focus, Hamburg; 327.8: Bettmann/Corbis, Düsseldorf; 327.10 + 11: dpa/picture-alliance, frankfurt; 327.13: Dept. of Clinical Cytogenetics, Addenbrookes Hospital/SPL/Focus, Hamburg; 328.1 A: Bayer AG; 330.1 A: Erich Geduldig/Naturbild/Okapia, frankfurt; 331.1: J. forsdyke/OSF/Okapia, frankfurt; 334.1 A: Bresch/Hausmann: Klassische und molekulare Genetik, Springer-Verlag; 337.1 li.: CNRI/Okapia, frankfurt; 337.1 re.: NAS/Bill Longcore/Okapia, frankfurt; 339.1: Dr. P. Marazz/SPL/Focus, Hamburg; 342.1: dpa/picture-alliance, frankfurt; 344.2 B: dpa, frankfurt; 350.0: Staatl. Museum für Naturkunde Stuttgart; 350.1: K. Wothe/Arco Images, Lünen; 351.1 A: Jürgen freund/Okapia, frankfurt; 351.1 B: Pfletschinger/Tierbildarchiv Angermayer, Holzkirchen; 351.2 A: Klein & Hubert/BIOS/Okapia, frankfurt; 351.2 B: Roland Wittek/Mauritius, Mittenwald; 351.3: Dorling Kindersley; 352.2 A: fleetham/TopicMedia Service, Ottobrunn; 352.2 B: LSF/OSF/Okapia, frankfurt; 353.2 + 3: McPhoto/Blickwinkel, Witten; 354.1: Manzoni/Pantarei/Centro Studi Ricerche Ligabue, Venezia; 354.2: J. Cancalosi/Okapia, frankfurt; 354.3: Arthur/Mauritius, Mittenwald; 358.1 B, D, E: Prof. Dr. G. Bräuer, Hamburg; 358.1 f: fm/Mauritius, Mittenwald; 359.1 A + B: Prof. Dr. G. Bräuer, Hamburg; 359.1 C: Reader/Focus, Hamburg; 360.3: Prof. Dr. G. Bräuer, Hamburg; 362.3: Prof. Dr. G. Bräuer, Hamburg; 363.1: Stiftung Neanderthal Museum, Mettmann; 364.1: Todd Eberle; 365.1: Hollweck/TopicMedia Service, Ottobrunn; 365.2: Vidler/Mauritius, Mittenwald; 365.3: Hackenberg/TopicMedia Service, Ottobrunn; 365.4: Vidler/Mauritius, Mittenwald; 366.1: Reinhard/Okapia, frankfurt; 367.1: Dr. Eckart Pott/Okapia, frankfurt; 368.1 + 2: Deutsches Museum, München; 370.1 B: Cancalosi/Okapia, frankfurt; 371.1 A: Gohier/Okapia, frankfurt; 371.1 B: Sinclair Stammers/OSF/Okapia, frankfurt; 372.1: Aitken/TopicMedia Service, Ottobrunn; 373.1 B: Ca. Biological/Phototake/Okapia, frankfurt; 373.1 C: Robba/TopicMedia Service, Ottobrunn; 373.1 D: Jacobi/TopicMedia Service, Ottobrunn; 373.1 E: Giel/Okapia, frankfurt; 373.1 f: Reinhard/Mauritius, Mittenwald

Es war nicht in allen Fällen möglich, die Inhaber der Bildrechte ausfindig zu machen und um Abdruckgenehmigung zu bitten. Berechtigte Ansprüche werden selbstverständlich im Rahmen der üblichen Konditionen abgegolten.